编审委员会

主　任　侯建国

副主任　窦贤康　陈初升
　　　　　张淑林　朱长飞

委　员（按姓氏笔画排序）

方兆本　史济怀　古继宝　伍小平
刘　斌　刘万东　朱长飞　孙立广
汤书昆　向守平　李曙光　苏　淳
陆夕云　杨金龙　张淑林　陈发来
陈华平　陈初升　陈国良　陈晓非
周学海　胡化凯　胡友秋　俞书勤
侯建国　施蕴渝　郭光灿　郭庆祥
奚宏生　钱逸泰　徐善驾　盛六四
龚兴龙　程福臻　蒋　一　窦贤康
褚家如　滕脉坤　霍剑青

"十二五"国家重点图书出版规划项目

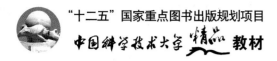

席道瑛　徐松林／编著

Rock Physics and Constitutive Theory

岩石物理与本构理论

中国科学技术大学出版社

内容简介

本书围绕多孔岩土材料本构理论的建立,较全面地讲述了多孔岩土材料的实验现象和相关本构理论。全书共11章,内容主要包括:实验室和野外实验,非线性弹性理论,经典弹塑性理论及其发展,多孔岩土材料的弹塑性本构,内变量理论,多孔岩土材料的动态响应及本构描述,颗粒材料的数值方法,以及相关工程应用。

本书包含了国内外最新的研究成果,具有较强的前沿性;在内容的组织上注重追本溯源,具有较强的基础性。本书可供地球科学、岩土工程、环境、水利、矿山等领域的高等院校和科研单位研究人员参考,也可作为相关专业研究生的教材。

图书在版编目(CIP)数据

岩石物理与本构理论/席道瑛,徐松林编著. —合肥:中国科学技术大学出版社,2016.4
(中国科学技术大学精品教材)
"十二五"国家重点图书出版规划项目
ISBN 978-7-312-03691-0

Ⅰ. 岩… Ⅱ. ① 席… ② 徐… Ⅲ. 岩石物理学—研究 Ⅳ. P584

中国版本图书馆 CIP 数据核字(2016)第 005706 号

中国科学技术大学出版社出版发行
安徽省合肥市金寨路96号,230026
http://press.ustc.edu.cn
安徽省瑞隆印务有限公司印刷
全国新华书店经销

开本:787 mm×1092 mm 1/16 印张:43.75 插页:2 字数:1071千
2016年4月第1版 2016年4月第1次印刷
印数:1—2000册
定价: 80.00元

总　　序

2008年,为庆祝中国科学技术大学建校五十周年,反映建校以来的办学理念和特色,集中展示教材建设的成果,学校决定组织编写出版代表中国科学技术大学教学水平的精品教材系列。在各方的共同努力下,共组织选题281种,经过多轮、严格的评审,最后确定50种入选精品教材系列。

五十周年校庆精品教材系列于2008年9月纪念建校五十周年之际陆续出版,共出书50种,在学生、教师、校友以及高校同行中引起了很好的反响,并整体进入国家新闻出版总署的"十一五"国家重点图书出版规划。为继续鼓励教师积极开展教学研究与教学建设,结合自己的教学与科研积累编写高水平的教材,学校决定,将精品教材出版作为常规工作,以《中国科学技术大学精品教材》系列的形式长期出版,并设立专项基金给予支持。国家新闻出版总署也将该精品教材系列继续列入"十二五"国家重点图书出版规划。

1958年学校成立之时,教员大部分来自中国科学院的各个研究所。作为各个研究所的科研人员,他们到学校后保持了教学的同时又作研究的传统。同时,根据"全院办校,所系结合"的原则,科学院各个研究所在科研第一线工作的杰出科学家也参与学校的教学,为本科生授课,将最新的科研成果融入到教学中。虽然现在外界环境和内在条件都发生了很大变化,但学校以教学为主、教学与科研相结合的方针没有变。正因为坚持了科学与技术相结合、理论与实践相结合、教学与科研相结合的方针,并形成了优良的传统,才培养出了一批又一批高质量的人才。

学校非常重视基础课和专业基础课教学的传统,也是她特别成功的原因之一。当今社会,科技发展突飞猛进、科技成果日新月异,没有扎实的基础知识,很难在科学技术研究中作出重大贡献。建校之初,华罗庚、吴有训、严济慈等老一辈科学家、教育家就身体力行,亲自为本科生讲授基础课。他们以渊博的学识、精湛的讲课艺术、高尚的师德,带出一批又一批杰出的年轻教员,培养了一届又一届优秀学生。入选精品教材系列的绝大部分是基础课或专业基础课的教材,其作者大多直接或间接受到过这些老一辈科学家、教育家的教诲和影响,因此在教材中也贯穿着这些先辈的教育教学理念与科学探索精神。

改革开放之初,学校最先选派青年骨干教师赴西方国家交流、学习,他们在带回先进科学技术的同时,也把西方先进的教育理念、教学方法、教学内容等带回到中国科学技术大学,并以极大的热情进行教学实践,使"科学与技术相结合、理论与实践相结合、教学与科研相结合"的方针得到进一步深化,取得了非常好的效果,培养的学生得到全社会的认可。这些教学改革影响深远,直到今天仍然受到学生的欢迎,并辐射到其他高校。在入选的精品教材中,这种理念与尝试也都有充分的体现。

中国科学技术大学自建校以来就形成的又一传统是根据学生的特点,用创新的精神编写教材。进入我校学习的都是基础扎实、学业优秀、求知欲强、勇于探索和追求的学生,针对他们的具体情况编写教材,才能更加有利于培养他们的创新精神。教师们坚持教学与科研的结合,根据自己的科研体会,借鉴目前国外相关专业有关课程的经验,注意理论与实际应用的结合,基础知识与最新发展的结合,课堂教学与课外实践的结合,精心组织材料、认真编写教材,使学生在掌握扎实的理论基础的同时,了解最新的研究方法,掌握实际应用的技术。

入选的这些精品教材,既是教学一线教师长期教学积累的成果,也是学校教学传统的体现,反映了中国科学技术大学的教学理念、教学特色和教学改革成果。希望该精品教材系列的出版,能对我们继续探索科教紧密结合培养拔尖创新人才,进一步提高教育教学质量有所帮助,为高等教育事业作出我们的贡献。

中国科学院院士
第三世界科学院院士

前　言

本构理论(constitutive relationship)描述的是宏观和细微观尺度下,材料或结构在外载荷作用下的响应,属于材料物理力学特性范畴。从描述材料线弹性特性的胡克(Hooke)定律发现至今,已经形成各种类型材料的本构理论。本构理论的研究已经非常深入,相关认识也已经非常深刻。但是对于岩土介质而言,大多数的本构描述属于经验型描述,沿用基于连续介质假定的固体力学模型,均有其局限性,这使得在运用已有的本构理论处理以下实际问题时经常遇到困难:岩体应力-应变全过程的描述,应变软化现象的描述,Ⅱ型后区的存在性和相关描述,复杂应力路径下岩体的响应描述,等等。

岩土介质作为自然存在的岩石和土的总称,是地球上最广泛存在的工程材料,对其研究由来已久。岩土介质一般具有细微观的孔洞、裂纹,宏观的节理、裂隙等几何缺陷,因此,自然存在的岩体具有多重尺度(multi-scale)、多相(multi-phase)等特性,是极其复杂的材料。例如,火山喷出岩和一些砂岩的孔隙度可达20%,大多数的结晶岩的孔隙度为0.1%~1%,其他岩石的孔隙度介于这两者之间。对这种复杂介质进行本构描述是非常困难的。国内外所做的努力很多。除了各类会议中的专题讨论之外,逐渐形成了一些专门的会议:2007年第一届国际岩土本构研讨会在香港理工大学举行,2012年10月在清华大学举行了第二届,第三届于2014年在日本京都大学举行;同期,2008年11月在北京航空航天大学举行了第一届全国岩土本构理论研讨会,第二届于2014年5月在上海大学举行。这些举措表明了岩土本构理论研究及其在工程和基础研究领域的地位日益增加。

从目前的研究成果来看,大多数理论仍立足于等效介质假定的连续介质模型。编写本书的目的是:希望能抛砖引玉,以多孔岩土介质的描述为契机,逐步形成描述此类复杂材料的本构理论。出于此目的,本书的组织具有以下3个明显的特点。① 注重实验和理论的结合。岩石力学本身是基于实验的学科,不同岩石试样的力学行为差异性很大,要对特定的对象进行合理描述,其前提是对特定对象有较充分的实验室和现场的物理力学实验测试。本书在材料组织上比较注重实验事实与本构模型建立之间的联系。② 注重宏观力学和细微观力学的结合。材料的宏观响应与材料的细微观结构的变形发展是息息相关的。对于多孔岩土材料而言,已不能将其作为简单的等效介质进行处理,需要考虑其细微观尺度几何结构对整体宏观力学响应的影响。本书在实验部分特别介绍了多孔岩石的实验技术,在理论模型的介绍中特别介绍了多孔材料的力学模型的建立。③ 注重静力学和动力学的结合。复杂材料与均匀材料力学行为的区别主要在于动态响应方面。对于多孔岩土介质,单一的加载速率效应不足以描述其静动态力学行为。本书在静力学模型的基础上,突出了动态(SHPB 冲击)以及超高压(轻气炮冲击)方面的模型描述。

本书内容分为 11 章。第 1 章岩土本构理论相关基础,从力学和本构描述的需要出发,简单讲述了本书需要的基础知识,并从一般力学问题的分析方法入手,指出了本构理论在力学问题分析中的地位。第 2 章多孔岩土材料的实验研究,从岩石单轴压缩全过程线的研究入手,讨论了获取岩石合理全过程线的实验控制技术;介绍了研究岩土材料结构特性的扫描电镜技术、CT(computed tomography)扫描技术以及压汞法等细微观实验技术;介绍了高孔隙度岩石的室内和野外实验现象,包括野外剪切带和压缩带等与高孔隙度岩石相关的局部化变形现象和相关机制;对高孔隙度岩石中孔洞压缩变形过程也进行了重点介绍。例如,孔洞崩塌、压缩过程、孔洞崩塌的传播速度以及相应的声发射特征等。第 3 章岩土材料非线性弹性本构模型,从一般弹性的描述入手,介绍了岩土材料中的几种非线性弹性模型。这是一种非常依赖于实验的本构描述。第 4 章岩土材料塑性模型,基于塑性力学的一般分析步骤,介绍了岩土塑性力学分析的屈服面模型、硬化模型、流动法则等,以及塑性理论的数值方法。考虑到岩体的特殊之处,此章还介绍了节理面的弹塑性模型。第 5 章多孔岩土材料塑性理论及其应用,从 Gurson 多孔材料塑性模型出发,介绍了多孔岩石介质塑性理论的系统模型,然后介绍了塑性理论用于多孔岩石中剪切带、膨胀带等局部化变形现象分析的相关结果。第 6 章岩土材料内变量理论,将损伤、塑性变形等作为材料的内变量,微孔洞、微裂纹等的演化作为内变量产生的机制,介绍了建立复杂岩土介质本构描述的内变量理论方法,给出了不同内变量描述,以及其演化方程的建立方法。第 7 章岩土中的应力波传播及动态实验,介绍了应力波理论的一般知识以及应用应力波理论进行材料实验的实验技术。为突出岩土介质的压剪破坏特征,介绍了动态压剪联合加载实验技术。第 8 章脆性材料动力学特性研究,介绍了在动态载荷作用下,塑性理论(帽盖模型)和损伤理论的应用。第 9 章多孔材料动力学模型研究,介绍了动态载荷作用下,多孔材料的弹塑性模型,并基于离散元数值方法,分析了脆性孔洞崩塌模型。第 10 章岩土材料连续和离散模型模拟分析,基于离散元和有限元方法,介绍了复杂岩土材料的数值分析过程。第 11 章岩土本构模型的工程应用,主要介绍了本构理论在核废料储存背景下的"热-液-力-化学"4 场耦合下的应用,本构理论在地震岩体动态摩擦中的应用以及本构模型在滑坡预测中的应用。

本书是编者在中国科学技术大学地球与空间科学学院 20 多年的教学经验总结和科学研究积累。部分工作得到了国家自然科学基金项目(40174050,40474065,40874093,10202022,10672157,11272304)的资助,在此对其致以诚挚的谢意。本书的出版要感谢杜赟博士在图件绘制和部分校稿方面所做的工作,感谢荷兰代尔夫特(Delft)理工大学的邓向允博士在文献收集方面给予的帮助。

由于编者水平有限,书中定存在错误和不足之处,欢迎读者批评指正。

编 者

目　　次

总序 ·· (ⅰ)

前言 ·· (ⅲ)

绪论 ·· (1)
　0.1　发展多孔岩土材料本构理论的重要性和迫切性 ······································ (1)
　0.2　与其他学科的关系 ·· (3)
　0.3　发展历史及研究动向 ·· (4)

第1章　岩土本构理论相关基础 ·· (6)
　1.1　应变与应变张量 ··· (6)
　1.2　应力张量与运动方程 ·· (8)
　1.3　偏应力张量与偏应变张量 ·· (9)
　1.4　主应力空间与π平面 ·· (12)
　1.5　一般力学分析体系 ··· (14)
　1.6　本构关系的一般理论 ·· (15)
　参考文献 ··· (17)

第2章　多孔岩土材料的实验研究 ·· (18)
　2.1　岩石的典型实验及相关讨论 ·· (18)
　　2.1.1　加载路径与岩石力学实验 ··· (18)
　　2.1.2　单轴压缩的控制条件及Ⅱ型全过程线的获得 ······························· (19)
　　2.1.3　Ⅱ型全过程线的存在性与岩石材料的结构性 ································ (21)
　　2.1.4　等围压三轴压缩实验与岩石强度准则 ·· (24)
　2.2　多孔岩土介质的结构特性实验研究 ·· (28)
　　2.2.1　扫描电子显微镜（SEM）镜下观察 ·· (28)
　　2.2.2　CT扫描技术 ··· (29)
　　2.2.3　压汞法与孔隙度测定谱 ··· (32)
　2.3　高孔隙度岩石局部变形带的野外证据和实验研究 ································· (33)
　　2.3.1　高孔隙度岩石局部变形带的野外证据 ·· (34)
　　2.3.2　高孔隙度岩石压缩带实验研究结果 ·· (39)
　　2.3.3　高孔隙度岩石中的孔洞崩塌 ·· (46)

2.3.4 高孔隙度岩石中压缩带的传播 …………………………………（50）
　2.4 土体中的压缩实验 ………………………………………………………（53）
　　2.4.1 侧限压缩实验 …………………………………………………（53）
　　2.4.2 土体中的常规三轴压缩实验（$\sigma_1 \geqslant \sigma_2 = \sigma_3$） ………………………（54）
　2.5 小结 ………………………………………………………………………（56）
　参考文献 …………………………………………………………………………（56）

第3章 岩土材料非线性弹性本构模型 ……………………………………（60）
　3.1 一般弹性 …………………………………………………………………（60）
　3.2 非线性弹性分析方法 ……………………………………………………（65）
　3.3 岩土介质中典型非线性弹性分析 ………………………………………（67）
　　3.3.1 E-ν 弹性模型（双曲线模型） …………………………………（68）
　　3.3.2 K-G 弹性模型 …………………………………………………（73）
　　3.3.3 非线性的变弹性体模型 ………………………………………（75）
　　3.3.4 变模量模型 ……………………………………………………（79）
　3.4 双曲线模型用于岩土材料的非线性弹性分析 …………………………（89）
　　3.4.1 双曲线模型用于饱和砂土 ……………………………………（89）
　　3.4.2 双曲线模型用于岩土体的各向异性研究 ……………………（93）
　参考文献 …………………………………………………………………………（99）

第4章 岩土材料塑性模型 …………………………………………………（102）
　4.1 流动法则与增量型本构关系 ……………………………………………（102）
　　4.1.1 塑性应变增量 …………………………………………………（102）
　　4.1.2 流动法则 ………………………………………………………（103）
　　4.1.3 屈服面与硬化模型 ……………………………………………（105）
　　4.1.4 增量型本构描述 ………………………………………………（106）
　4.2 加、卸载条件 ……………………………………………………………（111）
　4.3 常用屈服面模型 …………………………………………………………（111）
　　4.3.1 Tresca 屈服面 …………………………………………………（112）
　　4.3.2 Mises 屈服面 …………………………………………………（112）
　　4.3.3 Mohr-Coulomb 屈服面 ………………………………………（113）
　　4.3.4 Drucker-Prager 屈服面 ………………………………………（115）
　　4.3.5 Hoek-Brown 屈服面 …………………………………………（117）
　4.4 岩土介质中的帽盖模型 …………………………………………………（118）
　　4.4.1 剑桥模型 ………………………………………………………（118）
　　4.4.2 K-W 模型 ………………………………………………………（131）
　　4.4.3 L-D 模型 ………………………………………………………（132）
　　4.4.4 Rowe 剪胀模型 ………………………………………………（135）
　　4.4.5 几个帽盖模型实例 ……………………………………………（137）

4.5 岩土介质屈服模型的统一形式	(143)
4.6 岩土介质塑性理论的数值计算	(146)
4.6.1 半径回归法	(146)
4.6.2 严格的增量型本构算法	(149)
4.6.3 软化材料的计算	(150)
4.7 岩石的非相关联黏塑性本构模型	(152)
4.7.1 实验结果	(153)
4.7.2 本构方程	(156)
4.7.3 与实验结果的比较	(160)
4.8 土的弹黏塑性本构模型的发展	(163)
4.8.1 天然软黏土的力学特征	(164)
4.8.2 研究进展	(165)
4.8.3 弹黏塑性本构模型及验证	(166)
4.9 屈服面理论模型的发展	(176)
4.9.1 多重屈服面的发展	(176)
4.9.2 非等向硬化(软化)模型	(179)
4.9.3 基于多机制概念的塑性模型	(180)
4.9.4 结构性岩土介质的数学模型	(181)
4.10 无屈服面的塑性模型	(187)
4.10.1 基于塑性耗散能的本构关系	(187)
4.10.2 无屈服面黏塑性模型	(189)
4.11 岩石结构面的弹塑性本构关系	(191)
4.11.1 岩石结构面的本构关系	(191)
4.11.2 模型参数	(195)
4.11.3 模型验证	(199)
4.12 小结	(205)
参考文献	(205)

第5章 多孔岩土材料塑性理论及其应用 (213)

5.1 多孔岩土材料的屈服面模型	(213)
5.1.1 Gurson 屈服面模型	(213)
5.1.2 Gurson-Tvergaard-Needleman 模型	(218)
5.1.3 孔隙介质屈服面模型小结	(219)
5.2 多孔岩土材料的 MSDPu 屈服模型	(226)
5.3 多孔岩土模型应用:从剪切包络线向帽盖的光滑过渡	(234)
5.4 多孔岩土塑性理论用于局部化变形带的研究	(238)
5.4.1 高孔岩石的典型应力-应变关系曲线	(238)
5.4.2 压缩带和剪切带与帽盖模型的关系	(239)
5.4.3 高孔岩石中压缩带、剪切带和膨胀带的形成条件	(241)

  5.4.4 高孔隙度岩石局部变形带的简化模型 ………………………………… (251)
  5.4.5 脆性岩石膨胀性态的理论模型 …………………………………………… (258)
 参考文献 ……………………………………………………………………………… (265)
 附件 5.3 节计算程序 …………………………………………………………… (271)

第6章 岩土材料内变量理论 ………………………………………………… (273)
 6.1 状态量和内变量 ………………………………………………………………… (273)
 6.2 热力学定律与熵不等式 ………………………………………………………… (274)
  6.2.1 热力学第一定律与连续介质能量方程 ………………………………… (274)
  6.2.2 熵不等式 …………………………………………………………………… (275)
 6.3 内变量理论 ……………………………………………………………………… (276)
 6.4 损伤内变量理论 ………………………………………………………………… (278)
  6.4.1 损伤研究概述 ……………………………………………………………… (278)
  6.4.2 弹性损伤和弹塑性损伤 …………………………………………………… (279)
  6.4.3 弹脆性损伤理论 …………………………………………………………… (283)
  6.4.4 弹塑性损伤理论 …………………………………………………………… (286)
 6.5 损伤变量 ………………………………………………………………………… (290)
  6.5.1 损伤变量的宏观研究方法 ………………………………………………… (290)
  6.5.2 损伤变量的细微观研究方法 ……………………………………………… (294)
 6.6 基于微裂纹分析的脆性地质材料连续损伤模型 ……………………………… (301)
  6.6.1 模型的提出 ………………………………………………………………… (302)
  6.6.2 基于微裂纹的连续损伤模型 ……………………………………………… (303)
  6.6.3 应用 ………………………………………………………………………… (307)
 6.7 脆性材料的微破裂模型 ………………………………………………………… (312)
 6.8 微损伤系统的演化模型 ………………………………………………………… (317)
  6.8.1 一维相空间确定性扩展理想微损伤系统 ……………………………… (317)
  6.8.2 多维相空间微损伤系统的统计演化 …………………………………… (319)
  6.8.3 微损伤系统用于动态损伤分析 ………………………………………… (321)
 6.9 脆性材料中微裂纹破裂的传播 ………………………………………………… (323)
 6.10 孔洞的动态延性生长 …………………………………………………………… (324)
 6.11 损伤累积效应 …………………………………………………………………… (328)
 6.12 内蕴时本构理论 ………………………………………………………………… (329)
  6.12.1 Valanis 内蕴时本构理论 ………………………………………………… (329)
  6.12.2 Bazant 内蕴时本构理论 ………………………………………………… (330)
 参考文献 ……………………………………………………………………………… (331)

第7章 岩土中的应力波传播及动态实验 ……………………………………… (338)
 7.1 应力波的基本概念 ……………………………………………………………… (338)
  7.1.1 应力扰动的传播 …………………………………………………………… (338)

7.1.2　间断波和连续波 ……………………………………………………………………（338）
7.2　波阵面的分析 ………………………………………………………………………………（341）
　　7.2.1　波阵面质量守恒条件 ………………………………………………………………（341）
　　7.2.2　波阵面动量守恒条件 ………………………………………………………………（342）
　　7.2.3　波阵面能量守恒条件 ………………………………………………………………（343）
　　7.2.4　波速 …………………………………………………………………………………（343）
7.3　冲击波的性质 ………………………………………………………………………………（344）
　　7.3.1　冲击波形成的条件 …………………………………………………………………（344）
　　7.3.2　冲击绝热过程 ………………………………………………………………………（345）
7.4　介质的波阻抗和动态响应 …………………………………………………………………（350）
7.5　波阵面运动的描述 …………………………………………………………………………（351）
　　7.5.1　空间坐标 ……………………………………………………………………………（352）
　　7.5.2　物质坐标 ……………………………………………………………………………（353）
7.6　物质坐标中连续波的控制微分方程组 ……………………………………………………（355）
　　7.6.1　物质坐标中的质量守恒定律 ………………………………………………………（356）
　　4.6.2　物质坐标中的运动方程：动量守恒 ………………………………………………（356）
　　4.6.3　物质坐标中的能量守恒 ……………………………………………………………（357）
7.7　动态本构的实验研究以及冲击波的静态和动态响应模型 ………………………………（358）
　　7.7.1　实验方法 ……………………………………………………………………………（359）
　　7.7.2　拉格朗日分析方法的计算理论 ……………………………………………………（363）
　　7.7.3　波形特征分析 ………………………………………………………………………（364）
　　7.7.4　实验结果分析 ………………………………………………………………………（365）
　　7.7.5　干燥的 Kayenta 砂岩的静力和动力响应模型 ……………………………………（370）
7.8　状态方程与本构关系 ………………………………………………………………………（378）
　　7.8.1　固体中的状态方程和应力-应变关系 ………………………………………………（378）
　　7.8.2　常见的高压状态方程 ………………………………………………………………（379）
7.9　脆性材料压剪联合冲击特性 ………………………………………………………………（382）
　　7.9.1　脆性材料压剪联合冲击实验与 S 波跟踪技术 ……………………………………（382）
　　7.9.2　水泥基复合材料压剪联合冲击性能 ………………………………………………（388）
　　7.9.3　岩盐压剪联合冲击性能 ……………………………………………………………（395）
参考文献 ……………………………………………………………………………………………（399）

第8章　脆性材料动力学特性研究 ……………………………………………………………（402）

8.1　高应变率加载下土壤的压缩性能：黏塑性帽盖模型 ……………………………………（402）
　　8.1.1　黏塑性帽盖模型 ……………………………………………………………………（402）
　　8.1.2　算法 …………………………………………………………………………………（404）
　　8.1.3　模型验证 ……………………………………………………………………………（406）
　　8.1.4　爆炸实验的数值模拟 ………………………………………………………………（408）
8.2　混凝土的冲击特性描述：动态帽盖模型 …………………………………………………（412）

8.2.1　概述 ………………………………………………………………… (412)
　　8.2.2　率相关的经验型帽盖模型 ………………………………………… (413)
　　8.2.3　强冲击特性的多组分模型 ………………………………………… (415)
　8.3　爆炸载荷下混凝土材料动态损伤描述 ……………………………………… (419)
　　8.3.1　混凝土的断裂和连续损伤模型 …………………………………… (420)
　　8.3.2　模拟结果 ……………………………………………………………… (422)
　8.4　行星和地核动态冲击性能研究 ……………………………………………… (425)
　　8.4.1　对地球和行星的现有认识 ………………………………………… (425)
　　8.4.2　冲击波数据在限定地球构造方面的作用 ………………………… (427)
　　8.4.3　吉林球粒陨石与南丹铁陨石状态方程和对地幔地核构造的贡献 … (440)
　　8.4.4　陨石与其他高速体对行星（含地球）表面的碰撞 ……………… (446)
　参考文献 ……………………………………………………………………………… (449)

第9章　多孔材料动力学模型研究 ……………………………………………… (455)
　9.1　基于 Gurson-Tvergaard-Needleman 模型的动力学分析 ………………… (455)
　　9.1.1　本构关系 ……………………………………………………………… (455)
　　9.1.2　柱状孔洞模型分析 …………………………………………………… (457)
　9.2　Carrol-Holt 模型及动态孔洞崩塌分析 …………………………………… (460)
　　9.2.1　Carrol-Holt 模型 …………………………………………………… (460)
　　9.2.2　孔洞崩塌分析 ………………………………………………………… (464)
　9.3　孔隙介质中的弹塑性波 ……………………………………………………… (468)
　　9.3.1　弹塑性孔隙介质的数学模型 ………………………………………… (468)
　　9.3.2　压力作用下孔隙介质响应 …………………………………………… (468)
　　9.3.3　压剪作用下孔隙介质响应 …………………………………………… (469)
　　9.3.4　一维流动 ……………………………………………………………… (471)
　9.4　脆性多孔介质动态孔洞崩塌模拟分析 ……………………………………… (473)
　　9.4.1　基于细观动力学的离散元方法简介 ………………………………… (474)
　　9.4.2　脆性孔洞材料孔洞崩塌模拟分析 …………………………………… (476)
　　9.4.3　含随机分布的孔洞和裂纹共同作用时脆性材料崩塌模拟分析 … (479)
　参考文献 ……………………………………………………………………………… (481)

第10章　岩土材料连续和离散模型模拟分析 ………………………………… (484)
　10.1　颗粒材料的细观力学模型及其本构方程 ………………………………… (484)
　　10.1.1　物理力学基础 ……………………………………………………… (484)
　　10.1.2　Nemat-Nasser 系统的主要关系 …………………………………… (485)
　10.2　颗粒状孔隙介质破坏演化的广义颗粒流模型 …………………………… (487)
　　10.2.1　理论-联结粒子模型 ………………………………………………… (487)
　　10.2.2　力-位移关系 ………………………………………………………… (488)
　　10.2.3　接触本构关系 ……………………………………………………… (489)

	10.2.4 运动法则	(490)
	10.2.5 颗粒的破碎	(490)
	10.2.6 模型建立	(492)
	10.2.7 数值化阻尼与衰减关系	(493)
	10.2.8 颗粒联结模型	(493)
	10.2.9 实际应用的验证及合理性	(495)
	10.2.10 Lac du Bonnet 花岗岩模型中剪切断裂的演化	(499)
	10.2.11 Westerly 花岗岩中剪切断裂的演化	(502)
10.3	颗粒离散模型用于脆性材料动态响应的研究	(505)
	10.3.1 石英砂压缩性能研究的多尺度模型	(505)
	10.3.2 石英砂动态压缩性能模拟	(513)
10.4	颗粒离散模型用于混凝土材料层裂特性研究	(519)
	10.4.1 混凝土层裂实验	(519)
	10.4.2 实验结果	(520)
	10.4.3 数值分析	(521)
	10.4.4 水泥层裂现象的数值模拟	(524)
10.5	固液混合物在颗粒接触范畴的本构关系	(527)
	10.5.1 模型的提出	(527)
	10.5.2 公式	(529)
	10.5.3 宏观本构关系作为接触函数的推导	(533)
	10.5.4 宏观本构关系作为接触函数 φ_{ij} 的固-液混合物的结构依赖性	(535)
	10.5.5 讨论	(541)
10.6	岩石断裂破坏的水流、应力和损伤(FSD)耦合模型分析方法	(543)
	10.6.1 水流-应力-损伤耦合模型	(544)
	10.6.2 用 RFPA^{2D} 源程序进行 FSD 模型的数值计算	(547)
	10.6.3 模型验证的实例及探讨	(547)
10.7	脆性变形状态下多孔颗粒岩石力学行为的孔隙裂纹模型	(553)
	10.7.1 模型的提出	(553)
	10.7.2 孔隙裂纹模型	(554)
	10.7.3 砂岩的实验与理论的比较	(559)
10.8	节理岩块在动态循环加载作用下的力学特性和疲劳损伤模型	(566)
	10.8.1 非贯通节理岩体模型实验	(566)
	10.8.2 节理岩体的动态强度特性	(567)
	10.8.3 非贯通节理岩体的疲劳损伤模型	(568)
参考文献		(571)

第11章 岩土本构模型的工程应用 (580)

11.1 盐岩蠕变本构方程与核废料长期储存的预测 (580)

11.1.1 概述 (580)

- 11.1.2 实验方案的选取 ……………………………………………………… (582)
- 11.1.3 盐岩的蠕变实验：标本的制备及实验设备 ……………………… (584)
- 11.1.4 盐岩的蠕变实验结果 ………………………………………………… (585)
- 11.1.5 描写蠕变的方程 ……………………………………………………… (586)
- 11.1.6 变形机制描述 ………………………………………………………… (589)
- 11.1.7 由蠕变本构方程预测盐岩的温度、压力和应变速率 ……………… (591)
- 11.1.8 天然盐岩作为废料仓库的性状随深度变化 ………………………… (593)
- 11.2 节理岩体连续介质和离散元模型 ………………………………………… (596)
  - 11.2.1 节理岩体中温度-水流-变形耦合过程的一般处理 ………………… (596)
  - 11.2.2 离散元法：独立单元法 ……………………………………………… (598)
  - 11.2.3 节理岩体变形-水流过程的连续介质描述 …………………………… (604)
  - 11.2.4 节理岩体中水流-温度-力学变形耦合过程的连续介质和离散单元法比较 ………………………………………………………………… (607)
- 11.3 核废料储存中岩体温度场-渗流场-力学场和化学场的耦合分析模型 …… (611)
  - 11.3.1 核素迁移研究概况 …………………………………………………… (612)
  - 11.3.2 现场岩体中四项耦合效应行为 ……………………………………… (614)
  - 11.3.3 四项耦合过程的时间和空间尺度 …………………………………… (615)
- 11.4 寒区温度-渗流-应力-损伤耦合模型 ……………………………………… (616)
  - 11.4.1 岩体冻融循环对工程建设的危害 …………………………………… (617)
  - 11.4.2 低温条件下岩土介质物理力学特性研究 …………………………… (618)
  - 11.4.3 冻岩冻融过程热力学特性研究 ……………………………………… (622)
  - 11.4.4 冻岩冻融过程渗流特性研究 ………………………………………… (623)
  - 11.4.5 冻岩水、热、力耦合特性研究 ……………………………………… (626)
  - 11.4.6 寒区隧道温度-渗流-应力-损伤耦合模型 …………………………… (630)
  - 11.4.7 小结 …………………………………………………………………… (636)
- 11.5 地震和摩擦的本构定律 …………………………………………………… (636)
  - 11.5.1 岩石摩擦的本构定律 ………………………………………………… (637)
  - 11.5.2 地震耦合与地震类型 ………………………………………………… (643)
  - 11.5.3 摩擦律的复杂性及地震机理研究中未解决的问题 ………………… (646)
- 11.6 岩质边坡稳定性及其地质力学模型：滑坡动力分析模型 ……………… (648)
  - 11.6.1 滑坡动力分析的研究现状 …………………………………………… (650)
  - 11.6.2 滑坡动力分析研究方法 ……………………………………………… (656)
  - 11.6.3 滑坡动力数值模式 …………………………………………………… (657)
  - 11.6.4 最佳整治方案的滑坡动力分析 ……………………………………… (664)
  - 11.6.5 关于滑坡研究 ………………………………………………………… (671)
- 参考文献 …………………………………………………………………………… (674)

绪 论

0.1 发展多孔岩土材料本构理论的重要性和迫切性

1. 基本观点

编写本书的目的是让大家知道本构理论是指什么,运用它能干什么以及能解决什么岩土工程实际问题。

本构理论是力学中的一个最基本的理论,是现代岩土力学的核心问题,是岩土工程及岩土力学界一个经久不衰的研究课题。它表征着材料在复杂应力状态和加载历程、多种应变率和复杂的环境因素影响下各种物理参量间的定量关系。这种取决于物质内部组织构造的固有关系的数学表达式(本构方程)是研究各种变形体力学问题的基本依据。它对于在更高层次和更符合物性的基础上发展岩土力学及其相关学科和应用分支学科具有重要的理论意义;同时,它又是进行岩石的强度、刚度,地基的稳定性、可靠性等大量工程力学、岩土力学分析的基础。因此,它对于解决国民经济重大工程建设及找矿、采矿具有重要的应用价值。由于一个国家在该领域中的研究水平和态势在很大程度上标志着这个国家岩石力学研究的理论高度和研究活力及其工程设计基础的水平,因而该项研究也是我国力学赶上国际先进水平的突破口,应该把该项研究作为地学和岩石力学学科优选的基础研究方向,以期促进地学和岩石力学学科向纵深发展,给地学注入新的活力,并为那些迄今为止难以分析的工程及找矿问题的解决提供新的基础和希望。

2. 岩石和岩体的本构理论

本构理论是探讨应力波在岩石介质中的传播规律及其与地下结构相互作用的基础。在估计地下结构对地震和各种爆炸作用的抵抗能力,以便设计经得起这些作用的防护结构时,在预报周围环境的运动及确定结构-岩石介质相互作用(也就是工程抗震)时,都需要对岩石和岩体介质的动力响应进行精确描述。近年来,岩石本构理论也被用于地震成因和机制的研究、地震工程的分析。研究爆炸源产生的应力波在岩体介质中的传播时要考虑爆心处的高温高压汽化区、爆心临近处的熔化区或流体动力区以及距爆心一定距离的弹塑性固体区。对于这样广的状态范围,要用单一的本构模型或状态方程来描述材料的性状,显然是不可能的。对于高温高压汽化区(几百万大气压以上),一般采用自由电子汽化理论进行计算。对于高压流体动力区(十万至数百万大气压),现广泛应用 Grüneison 状态方程进行计算。对于弹塑性固体区(十万大气压以下)的计算,则属于本书研究的本构理论的范围。

3. 本构理论的工程应用背景

生产实践的迫切需要促使了岩土本构理论的研究持续发展:高速、大容量计算机,高级材料实验机的出现以及非线性连续介质力学的发展,为反映材料真实响应特性的非线性模型的提出以及这种非线性模型在生产中的应用提供了现实可能性,已经并将继续产生巨大的社会经济效益。

以前的渗流力学数学模型太简单,能解决的实际问题有限,而现在,由于高性能计算机和现代计算技术的出现,为渗流问题创造了条件。可以比较好地做到在数学模型中考虑需要考虑的各种因素和机理,使渗流理论得以深化,使解决生产实际问题的能力大大提高。比如,利用特殊性能的核磁共振成像设备进行孔群层次的细观研究,从而观测到大庆油田注入聚合物驱油过程的岩石样品中油、水和聚合物的分布,也能观测这些流体的运动,有益于提高石油的采收率。

孔隙水平的细观研究技术使我们通过显微观测发现了水驱油渗流过程中"小孔包围大孔"的机理。它可能是大量原油滞留在地下而采不出来的原因之一,从而提供了一个提高采收率的线索。再如,晶格层水平的细观研究技术表明,碳酸盐表面活性剂的吸附,主要是指在蒙脱石的晶格层间的吸附,而在蒙脱石表面上的吸附是次要的。这一发现对注入表面活性剂而提高石油的采收率很有意义。

加强建立更高水平渗流机理和渗流数学模型的研究对渗流理论及应用的进一步发展具有关键性的意义。

土壤压实是目前农业机械化水平较高的国家十分重视的一个问题。研究的问题有压实程度预测和减少压实的方法,目前一般将土壤容重作为压实程度的指标。实际上压实问题就是半无限空间的一小部分边界上作用有某种类型载荷时,所引起的 σ-ε 及相应的体积应变分布。近年有不少学者采用有限元法研究压实问题,并取得了一定的成果。由于土壤本构关系复杂,所受到的载荷也很复杂,因此压实预测没有得到很好的解决。要解决好这个问题,首先要解决土压实的本构关系。钢筋混凝土力学就是一门借用现代计算机手段和断裂力学理论以微观的方式研究钢筋混凝土结构、各受力阶段的非线性力学性能和本构关系的学科。

实践已经证明,用经典弹性和蠕变理论难以描述岩石材料的响应特性,在土建、水利、采掘和地下工程中,正确掌握岩土应力和应变的客观规律,对于节约土石方与混凝土用量,加快设计施工进度,防止滑坡、塌方、瓦斯突出和井崩、地震等灾害性事故都具有十分重要的意义。长期以来,岩土工程的研究水平不高,原因在于工程人员多从经验出发,而研究人员则常把由金属发展而来的塑性理论往岩土中套,很难反映岩土的许多复杂的性质(如剪胀、液化效应等)。

力学的重要概念对深入理解自然界所发生现象的规律和机理是极其有用的。比如,对于泥石流,虽有大量观测数据,但描述这类现象的方法尚不成熟。对这类现象的描述,关键在于用力学方法建立适当的本构关系。它依赖于泥石流的成分,可采用非牛顿流、两项流或颗粒流模型来获得泥石流起动、维持、沉积的规律。我国是一个土地沙漠化很严重的国家,对于沙漠推进与沙丘移动规律也需要建立精细的力学模型。研究污染的产生、扩散过程以及净化处理技术或促进水的再生系统,都需要研究弥散对流的力-液-质耦合模型。膨胀模式本构定律和有关岩土体稳定性分析的本构定律的研究,与地震预报和工程地震的理论非常密切。

从这些点滴情况我们可以看出,材料本构理论的研究与生产实践和工程应用是息息相关的,涉及国民经济的方方面面,用处很多,应用面很广。

0.2 与其他学科的关系

由于岩石物理和本构理论是研究变形体力学问题的基本根据,它在相关的工程学科研究中的重要地位是不言而喻的。

1. 与力学的关系

目前,力学与地学的结合将在地学定量化、精确化方面起到比 20 世纪更大的作用,特别是在固体地球物理,地球构造动力学,各种类型的地质灾害,以及水资源,水循环,污染物的扩散、控制与治理等方面。

一批重要的力学过程(现象),如多相介质(气-液、固-液)的流动,在自然界与各项工程中,有相当一部分未被认识或未被足够清晰地认识,还没有可靠的数学模型对之加以描述。解决这些问题是力学界义不容辞的责任。力学的根本任务是通过实验与观察、分析和数值计算,为一个复杂的客观体系建立数学模型,从而取得对这个体系力学行为的深刻理解及对它的行为做出可靠而精确的预测。

力学家主要着眼于建立材料的宏观本构理论和强度理论。

前对本构理论对研究岩土力学方面的重要性与迫切性已做了阐述,这促使国际上很多杰出的力学家(如 Valanis,Malvern,Nemat-Nasser,Dafalias 和王仁等)都投入到岩土本构理论的研究中。在学科发展中这一研究的重要意义在于:岩土的本构关系更复杂,在金属中难以观察到的现象(如损伤)在岩土中却可以明显地观察到,反过来岩土本构理论的研究对金属特别是空洞扩张联结机制的金属材料的损伤力学分析有启迪。

2. 与计算力学的关系

计算机与计算力学的发展促使反映材料真实特性的本构理论在工程上得到应用,因而是促使材料本构理论研究热潮出现的基本原因之一。反过来材料本构理论的发展对计算力学的发展也起到了促进作用:

(1) 由于采用了较符合材料特性的本构方程,大大扩展了计算力学的工程应用范围,如描述和预测地震作用下加利福尼亚州大坝的变形与崩塌。

(2) 通过计算力学的手段建立材料组织结构变化与宏观本构关系之间的联系,材料的本构关系是大型计算的理论基础,使复杂的物理力学现象的大型计算机模拟成为可能,而正确地描述材料的本构关系是岩土变形过程的模拟与破坏预测的关键。

按照传统观念，本构关系的研究工作是理论工作和实验工作，似乎没有什么计算力学的任务，但是本构关系是关于微团的 σ-ε 关系，实验只能观察宏观规律，对微团来说几乎是不可能的。计算力学则可以在实验与理论之间架起一座桥梁。计算力学根据一定理论模型进行计算得到宏观结果，然后再针对宏观结果进行实验验证。

例如，由单晶及晶界的性能推断多晶体的本构关系；由砂土颗粒的运动及相互作用分析土壤的剪胀和路径相关等本构特性；由奥氏体、马氏体组分及其转变或损伤的演化预测材料的宏观性能等。

(3) 将初边值问题算法的发展与本构关系的建立从大系统上联系起来，从而建立一些经济实用的新算法(如不采用屈服面)。

3. 与实验岩石力学的关系

材料本构理论研究热潮出现的另一个重要原因是实验机及实验技术的发展，反过来材料本构理论的研究对实验力学的发展提出了更高的要求，如用激光光学及红外方法对大变形全场应变与温度的动态测定，材料内部损伤等组构参数的测定，三维应力状态下的岩土及金属冲击特性的测定(在研究地震波和穿甲中有重要应用)，残余应力及相变的测定等。在采用红外、激光和声学等新技术以满足这些要求的过程中，实验岩石力学必将获得有力的发展。

由于本构理论的研究涉及国民经济的方方面面，所以它与许多学科都有密切的关系，这里就不一一叙述了。

0.3 发展历史及研究动向

20 世纪 60 年代以前用的是线弹性模型，即 $\sigma = E\varepsilon$。但即使在较低的应力水平上，也已证明线弹性模型不是很合适。

20 世纪 60 年代理想弹-塑性模型得到了发展，即

$$\sigma = E\varepsilon \quad (\varepsilon \leqslant \varepsilon_e)$$

$$\sigma = \sigma_e = E\varepsilon_e \quad (\varepsilon > \varepsilon_e)$$

20 世纪 60 年代中后期出现了直接模拟实验资料而不考虑屈服性状的变模量模型：

$$P = 3Ke$$

$$S_{ij} = 2Ge_{ij}$$

这里，S_{ij} 和 e_{ij} 分别为偏应力和偏应变，P 和 e 分别为平均应力和平均应变，剪切模量 G 和体积模量 K 是依赖于应力和应变的不变量及加载历史的。所以变模量模型不包括明确的屈服条件，K，G 为应力和应变张量、加载历史的非线性函数，而加载与卸载时取不同的函数。

20 世纪 70 年代初开始在岩石介质的应力波传播分析研究中采用帽子模型——一种弹性非理想塑性且考虑应变硬化的模型。该模型在 80 年代得到了深入的研究，为了更逼真地模拟岩石的非线性特征而推广了帽子模型，使其成为变模量的帽子模型。考虑到多孔岩石

在动、静载荷下性状的差异而提出了动力帽子模型,为了适应于地震时周期载荷作用下地质材料的形状而在帽子模型中考虑黏性和运动硬化。

80年代至今出现的新的岩土本构模型有:临界状态模型、非等向硬化(软化)模型、多重屈服面模型、基于多机构概念的塑性模型。

近些年还出现了基于连续介质损伤力学的损伤和破坏的生长模型、逾渗网络模型等。

美国岩石力学研究中心是1992年成立的,挂靠在阿克拉哈马大学。它是由州政府、企业界、大学共同组成的一个国家科学基金支持的重点单位。研究的中心项目有:

(1) 储油层的压密或沉降。借助于实验研究方法模拟孔隙塌陷的本构关系。

(2) 天然裂隙油层的模拟。考虑孔隙-热-力学的耦合作用,建立本构关系。

岩石物理的理论模型就是一种孔隙介质本构模型。

Biot在1956年建立了各向同性、忽略热弹性效应的孔隙介质波动理论——Biot理论。这一理论发现在流体饱和的孔隙介质中存在3种类型的波,分别称为第一类P波(快P波)、第二类P波(慢P波)和S波。

后来人们通过实验(Plona,1980)发现在流体饱和介质中存在快P波和慢P波,证实了Biot理论的正确性。但在波的衰减和速度色散方面,Biot理论给出的结果与实验结果出现了系统的偏差。

Nur等人提出喷射机制可引起波的衰减和色散,1993年Dvorkin等把Biot理论与喷射理论统一起来,根据部分饱和与全饱和介质在喷射模式上的差异,分别建立起关于P波的BISQ模型。

在流体饱和的孔隙介质中,除了流体与固体的相互作用(通过质量耦合与喷射)外,固体颗粒之间的摩擦同样会引起波的衰减和色散。Leurer(1977)根据有效颗粒模型,修正了Biot-Stoll(Stoll,1977)模型中忽略颗粒之间存在摩擦这一不足,消除了Biot-Stoll模型理论结果与实验结果存在的另一种系统偏差,建立起有效颗粒模型(EGM),使理论得到的衰减值和实验值在误差允许范围内一致。

Liu Qing-Rui(刘清瑞)等(1990)根据现代很成熟的孔隙介质力学理论——混合物理论(Mixture Theory),采取与Biot相同的思路,分别在关于流体和固体的本构关系中引入质量耦合项,从另外一个角度建立起新的孔隙介质波动理论,所得结果与Biot理论的结果类似,该理论预测还存在第二类S波。不过,从已有的实验结果还未发现第二类S波的存在。

席道瑛等(2003~2004)将适应低频的热激活弛豫机制引入Biot理论,建立了热激活弛豫波动理论模型。该模型将适用于超声频段的Biot模型扩展到低频的天然地震波和地震勘探的频段。该模型既能解释已有的原来无法解释的实验结果,又呈现了目前实验还未发现的结果。

综上所述,无可置疑的是:本构模型的应用前景是广阔的。

第1章 岩土本构理论相关基础

1.1 应变与应变张量

当岩土体受到外载荷(外力或温度)的作用时,其内每一物质点的空间位置都会发生改变,产生相对位移。如图 1.1.1 所示,对岩土体内的任一物质点 M 建立直角坐标系,其初始空间位置为矢量 X。发生变形后,物质点 M 运动到 M',对应空间位置为矢量 x,由此产生的位移矢量 u 可表示为

$$u = x - X \tag{1.1.1}$$

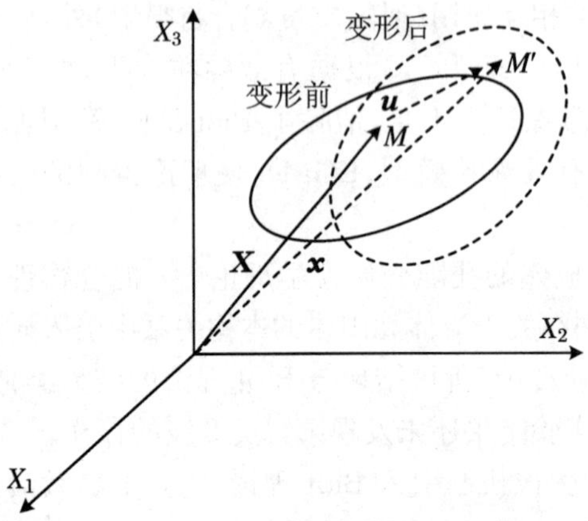

为描述一点附近的变形情况,只要知道此点附近的任一方向线元的伸缩变形情况即可。研究 M 点和与此点无限接近的一点,与它们对应的位置矢量分别为 $X(X_1, X_2, X_3)$ 和 $X + \mathrm{d}X(X_1+\mathrm{d}X_1, X_2+\mathrm{d}X_2, X_3+\mathrm{d}X_3)$。此两点对应线元的初始长度 $\mathrm{d}L$ 满足

$$\mathrm{d}L^2 = \mathrm{d}X_1^2 + \mathrm{d}X_2^2 + \mathrm{d}X_3^2 \tag{1.1.2}$$

物质点 M 运动到 M',与初始线元相对应的两点的位置矢量变化为 $x(x_1,x_2,x_3)$ 和 $x+\mathrm{d}x(x_1+\mathrm{d}x_1, x_2+\mathrm{d}x_2, x_3+\mathrm{d}x_3)$,则变形后线元的长度 $\mathrm{d}l$ 满足

图 1.1.1 岩土体形变

$$\mathrm{d}l^2 = \mathrm{d}x_1^2 + \mathrm{d}x_2^2 + \mathrm{d}x_3^2 \tag{1.1.3}$$

考虑到式(1.1.1),上式可写为

$$\mathrm{d}l^2 = (\mathrm{d}X_1 + \mathrm{d}u_1)^2 + (\mathrm{d}X_2 + \mathrm{d}u_2)^2 + (\mathrm{d}X_3 + \mathrm{d}u_3)^2 \tag{1.1.4}$$

其中,$\mathrm{d}u(\mathrm{d}u_1, \mathrm{d}u_2, \mathrm{d}u_3)$ 为相应的位移。

若 $u = u(X_1, X_2, X_3)$,则必有全微分形式:

$$\mathrm{d}u_i = \frac{\partial u_i}{\partial X_k}\mathrm{d}X_k \quad (i=1,2,3; k \text{ 为哑标}) \tag{1.1.5}$$

由式(1.1.2)、式(1.1.4)和式(1.1.5),可以得到

$$\mathrm{d}L^2 - \mathrm{d}l^2 = \left(\frac{\partial u_i}{\partial X_j} + \frac{\partial u_j}{\partial X_i} + \frac{\partial u_k}{\partial X_i}\frac{\partial u_k}{\partial X_j}\right) \cdot \mathrm{d}X_i \mathrm{d}X_j \tag{1.1.6}$$

由此引入一个新的张量,即应变张量,其表达式为

$$\varepsilon_{ij} = \frac{1}{2}\left(\frac{\partial u_i}{\partial X_j} + \frac{\partial u_j}{\partial X_i} + \frac{\partial u_k}{\partial X_i}\frac{\partial u_k}{\partial X_j}\right) \quad (i,j=1,2,3;k\text{ 为哑标}) \tag{1.1.7}$$

一般将 $\partial u_i/\partial X_j$ 记为 $u_{i,j}$,上式可以改写为

$$\varepsilon_{ij} = \frac{1}{2}(u_{i,j} + u_{j,i} + u_{k,i}u_{k,j}) \tag{1.1.8}$$

上式为一般意义下应变张量的定义,可用于研究大变形。对于小变形的情况,上式可简化为

$$\varepsilon_{ij} = \frac{1}{2}(u_{i,j} + u_{j,i}) \tag{1.1.9}$$

当上述分析过程采用 Euler 坐标系时,相应应变张量的表达式为

$$\varepsilon_{ij}^E = \frac{1}{2}\left(\frac{\partial u_i}{\partial x_j} + \frac{\partial u_j}{\partial x_i} - \frac{\partial u_k}{\partial x_i}\frac{\partial u_k}{\partial x_j}\right) \tag{1.1.10}$$

在大变形情况下,与式(1.1.7)形式上存在差异。但在小变形情况下,二者形式相同。

应变张量 ε_{ij} 具有对称性,即 $\varepsilon_{ij} = \varepsilon_{ji}$,其中每一个分量都有其物理意义。从张量中各元素的分布来看,有对角线元素和非对角线元素之分,其物理意义有差别。

1. 对角线元素

式(1.1.6)中,若将线元限制在 X_1 方向,则有 $\mathrm{d}L^2 = \mathrm{d}X_1^2, \mathrm{d}l^2 = \mathrm{d}x_1^2$,有

$$\mathrm{d}x_1 = (1 + 2\varepsilon_{11}) \cdot \mathrm{d}X_1^2 \tag{1.1.11}$$

假定线元在 X_1 方向的伸缩量为 $\delta(X_1)$,即 $\|\mathrm{d}x_1\| = [1 + \delta(X_1)] \cdot \|\mathrm{d}X_1\|$,则有

$$[1 + \delta(X_1)]^2 = 1 + 2\varepsilon_{11} \tag{1.1.12}$$

对于小变形情况,有

$$\varepsilon_{11} = \delta(X_1) \tag{1.1.13}$$

上式表明,小变形情况下,应变张量的对角线元素对应于该方向上线元的线性伸缩。

2. 非对角线元素

考察过 M 点的两个微小矢量 $\mathrm{d}X$ 和 $\mathrm{d}Y$,变形后这两个矢量变化为 $\mathrm{d}x$ 和 $\mathrm{d}y$。研究变形前后这两个矢量的点积,类似于式(1.1.6)的推导(可作为练习题),可以得到

$$\mathrm{d}x \cdot \mathrm{d}y = \mathrm{d}X \cdot \mathrm{d}Y + 2\varepsilon_{ij} \cdot \mathrm{d}X_i \mathrm{d}Y_j \tag{1.1.14}$$

对上式,如 $\mathrm{d}X$ 和 $\mathrm{d}Y$ 初始正交,则 $\mathrm{d}X \cdot \mathrm{d}Y = 0$。

不妨取 $\mathrm{d}X$ 在 X_1 方向,$\mathrm{d}Y$ 在 X_2 方向。应用对角线元素的结论,则式(1.1.14)可写为

$$(1+\varepsilon_{11}) \cdot \|\mathrm{d}X_1\| \cdot (1+\varepsilon_{22}) \cdot \|\mathrm{d}X_2\| \cdot \cos(\mathrm{d}x,\mathrm{d}y) = 0 + 2\varepsilon_{12} \cdot \|\mathrm{d}X_1\| \cdot \|\mathrm{d}X_2\|$$

式中,$\cos(\mathrm{d}x,\mathrm{d}y)$ 为变形后的两个矢量 $\mathrm{d}x$ 和 $\mathrm{d}y$ 夹角的余弦。

当研究小变形的情况时,$1+\varepsilon_{11} \approx 1, 1+\varepsilon_{22} \approx 1$,则有

$$\cos(\mathrm{d}x,\mathrm{d}y) = \cos\left(\frac{\pi}{2} - \theta_{12}\right) \approx \theta_{12} \tag{1.1.15}$$

式中,θ_{12} 为两个微小矢量 $\mathrm{d}X$ 和 $\mathrm{d}Y$ 的夹角在变形前后发生的微小变化。

由此,可得到

$$\varepsilon_{12} = \frac{1}{2}\theta_{12} \tag{1.1.16}$$

上式表明,小变形情况下,应变张量的非对角线元素对应于岩土体内两个矢量之间的夹角的变化。

3. 对角线元素之和——应变张量的迹(Trace)

考虑一个由矢量 $\mathrm{d}\boldsymbol{X},\mathrm{d}\boldsymbol{Y}$ 和 $\mathrm{d}\boldsymbol{Z}$ 形成的体积单元,其体积为 $\mathrm{d}V$,变形后成为由矢量 $\mathrm{d}\boldsymbol{x}$, $\mathrm{d}\boldsymbol{y}$ 和 $\mathrm{d}\boldsymbol{z}$ 形成的体积单元,其体积为 $\mathrm{d}v$,有

$$\mathrm{d}V = \mathrm{d}\boldsymbol{X} \cdot (\mathrm{d}\boldsymbol{Y} \times \mathrm{d}\boldsymbol{Z})$$
$$\mathrm{d}v = \mathrm{d}\boldsymbol{x} \cdot (\mathrm{d}\boldsymbol{y} \times \mathrm{d}\boldsymbol{z}) \tag{1.1.17}$$

将矢量 $\mathrm{d}\boldsymbol{X},\mathrm{d}\boldsymbol{Y}$ 和 $\mathrm{d}\boldsymbol{Z}$ 限制在主方向,只考虑伸缩,不考虑畸变,则有

$$\mathrm{d}v = (1+\varepsilon_{11})(1+\varepsilon_{22})(1+\varepsilon_{33})\mathrm{d}V \tag{1.1.18}$$

对于小变形,可得体积应变的表达式为

$$\varepsilon_V = \varepsilon_{11} + \varepsilon_{22} + \varepsilon_{33} = \mathrm{tr}(\varepsilon_{ij}) \tag{1.1.19}$$

上式表明,小变形情况下,应变张量的迹(对角线元素之和)对应于体积应变,是一个张量不变量。

由式(1.1.9)可知,体积应变还可以表示为位移的散度,即

$$\varepsilon_V = \mathrm{div}(\boldsymbol{u}) \tag{1.1.20}$$

1.2 应力张量与运动方程

连续介质所受的力主要包括体积力和表面力。体积力是在物体内部按体积分布的外力,如重力、电磁力等。表面力则是指作用在物体表面的外力,如接触力、压力、摩擦力等。物体受到外力作用后,其内部不同部位将产生不同的作用力。为描述这种在物体内部产生的内力场,Cauchy 引入了应力的概念。相关论述较多,这里不一一赘述。

在应力分析中,需关注的一点是应力状态和斜面上的应力两个概念。如图 1.2.1 所示,在微单元体内任意截取一个微面,将微单元体沿微面切开,微面的法向为矢量 $\boldsymbol{n}$。这时在微面作用有作用力,对应矢量为 $\boldsymbol{F}$。

若已知微单元的应力状态为 $\sigma_{ij}(i,j=1,2,3)$,根据受力分析,则斜面上的作用力可表示为

$$F_i = \sigma_{ij} \cdot n_j \quad (i,j=1,2,3) \tag{1.2.1}$$

上式表明,一点的应力状态是唯一的。对某一微单元体,使用不同的斜面将其分开,所得到的斜面上的作用力是不同的,产生这种差异主要源于斜面方向的不同。

岩土体内一点的应力状态可以采取下面任何一种方式表示:

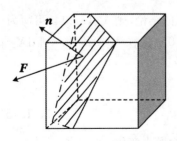

图 1.2.1 斜面上的作用力

$$\begin{bmatrix} \sigma_x & \tau_{xy} & \tau_{xz} \\ \tau_{yx} & \sigma_y & \tau_{yz} \\ \tau_{zx} & \tau_{zy} & \sigma_z \end{bmatrix} \text{ 或 } \begin{bmatrix} \sigma_{11} & \sigma_{12} & \sigma_{13} \\ \sigma_{21} & \sigma_{22} & \sigma_{23} \\ \sigma_{31} & \sigma_{32} & \sigma_{33} \end{bmatrix} \text{ 或 } \sigma_{ij}(i,j=1,2,3) \quad (1.2.2)$$

应力张量 σ_{ij} 具有对称性,即 $\sigma_{ij}=\sigma_{ji}$,其中每一个分量都有其物理意义。从张量中各元素的分布来看,有对角线元素和非对角线元素之分,其物理意义有差别。对角线元素表示作用在该面上的正应力,而非对角线元素表示作用在该面上的剪应力。一个面上正应力只有一个,剪应力有两个。

对已知应力状态为 $\sigma_{ij}(i,j=1,2,3)$ 的微单元进行受力分析,可以得到相应的运动方程为

$$\sigma_{ij,j} = \rho a_i = \rho \frac{\partial^2 u_i}{\partial t^2} \quad (i=1,2,3) \quad (1.2.3)$$

式中,ρ 为密度,a_i 为 i 方向的加速度。

当上式的右边为零时,退化为平衡方程。

1.3 偏应力张量与偏应变张量

以上的应力张量和应变张量为对称张量,均具有实的本征向量,即主应力和主应变方向。在以这些主方向为法向的面元上,只有正应力和正应变,而没有剪切应力和剪切应变。它们对应的主方向是正交的,而且在整个变形过程中均保持如此。

根据本征向量的求法,可得到主应力方向的求解方程:

$$(\sigma_{ij} - \lambda \delta_{ij})n = 0 \quad (1.3.1)$$

式中,λ 为本征值;n 为本征方向;δ_{ij} 为 Kronecker 符号,是一个二阶张量,可表示为

$$\delta_{ij} = \begin{cases} 0 & (i \neq j) \\ 1 & (i = j) \end{cases}$$

上式存在非平凡解的条件为

$$\det(\sigma_{ij} - \lambda \delta_{ij}) = 0 \quad (1.3.2)$$

三个主应力 $\sigma_1, \sigma_2, \sigma_3$ 是下面这个三次方程的根:

$$\lambda^3 - I_1 \lambda^2 + I_2 \lambda - I_3 = 0 \quad (1.3.3)$$

其中,I_1, I_2, I_3 称为应力张量的三个不变量,且

$$I_1 = \mathrm{tr}(\sigma_{ij})$$
$$= \sigma_{11} + \sigma_{22} + \sigma_{33} = \sigma_1 + \sigma_2 + \sigma_3 \quad (1.3.4)$$
$$I_2 = -\frac{1}{2}(\sigma_{ii}\sigma_{kk} - \sigma_{ik}\sigma_{ik})$$
$$= \sigma_{11}\sigma_{22} + \sigma_{22}\sigma_{33} + \sigma_{33}\sigma_{11} - \sigma_{12}^2 - \sigma_{23}^2 - \sigma_{31}^2$$
$$= \sigma_1\sigma_2 + \sigma_2\sigma_3 + \sigma_3\sigma_1 \quad (1.3.5)$$

$$I_3 = \det(\sigma_{ij})$$
$$= \sigma_{11}\sigma_{22}\sigma_{33} + 2\sigma_{12}\sigma_{23}\sigma_{31} - \sigma_{11}\sigma_{22}^2 - \sigma_{22}\sigma_{33}^2 - \sigma_{33}\sigma_{12}^2$$
$$= \sigma_1\sigma_2\sigma_3 \tag{1.3.6}$$

若令主应力的平均值为 σ_{m}，则有
$$\sigma_{\mathrm{m}} = \frac{1}{3}\sigma_{ii} = \frac{1}{3}I_1$$
$$= \frac{(\sigma_1 + \sigma_2 + \sigma_3)}{3} = \frac{(\sigma_{11} + \sigma_{22} + \sigma_{33})}{3} \tag{1.3.7}$$

应力偏量 s_{ij} 可表示为
$$s_{11} = \sigma_{11} - \sigma_{\mathrm{m}}, \quad s_{22} = \sigma_{22} - \sigma_{\mathrm{m}}, \quad s_{33} = \sigma_{33} - \sigma_{\mathrm{m}}$$
$$s_{12} = \sigma_{12}, \quad s_{23} = \sigma_{23}, \quad s_{31} = \sigma_{31} \tag{1.3.8}$$

或者写成张量的形式：
$$s_{ij} = \sigma_{ij} - \delta_{ij}\sigma_{\mathrm{m}} \tag{1.3.9}$$

其中，δ_{ij} 为 Kroneker 符号。

再令
$$s_1 = \sigma_1 - \sigma_{\mathrm{m}}, \quad s_2 = \sigma_2 - \sigma_{\mathrm{m}}, \quad s_3 = \sigma_3 - \sigma_{\mathrm{m}} \tag{1.3.10}$$

并称它们为偏主应力。与偏主应力相应的偏应力不变量称为偏张量的应力不变量，即为
$$J_1 = s_{ii} = s_{11} + s_{22} + s_{33} = s_1 + s_2 + s_3 = 0 \tag{1.3.11}$$

$$J_2 = \frac{s_{ij}s_{ij}}{2}$$
$$= [s_{11}^2 + s_{22}^2 + s_{33}^2 + 2(s_{12}^2 + s_{23}^2 + s_{31}^2)]$$
$$= s_1s_2 + s_2s_3 + s_3s_1 = s_1^2 + s_2^2 + s_3^2$$
$$= \frac{(\sigma_1 - \sigma_2)^2 + (\sigma_2 - \sigma_3)^2 + (\sigma_3 - \sigma_1)^2}{6} \tag{1.3.12}$$

$$J_3 = \frac{s_{ij}s_{jk}s_{ki}}{3}$$
$$= s_{11}s_{22}s_{33} - s_{11}s_{23}^2 - s_{22}s_{31}^2 - s_{33}s_{12}^2 + 2s_{12}s_{23}s_{31}$$
$$= s_1s_2s_3 = \frac{(s_1^3 + s_2^3 + s_3^3)}{3}$$
$$= \frac{(2\sigma_1 - \sigma_2 - \sigma_3)(2\sigma_2 - \sigma_1 - \sigma_3)(2\sigma_3 - \sigma_1 - \sigma_2)}{27} \tag{1.3.13}$$

同样可以进行应变张量和偏应变张量的分析。偏应变张量 e_{ij} 定义为
$$e_{ij} = \varepsilon_{ij} - \delta_{ij}\varepsilon_{\mathrm{m}} \tag{1.3.14}$$

同样有应变张量的三个不变量和偏应变张量的三个不变量。

引入偏应力张量和偏应变张量对于岩土体本构理论的研究具有十分重要的意义。对于大多数金属材料而言：在较大的静水压力作用下，材料仍表现为弹性性质；在一定的偏应力作用下，材料才能够进入塑性状态。在塑性状态其体积基本保持不变，表现出塑性体积不可压缩性。在这里静水压力的作用，实际上就是 I_1 的作用；偏应力的作用，则为 J_2 的作用。后面章节将对其进行具体探讨。由此可见，金属材料中二者相互独立。而对于岩土体而言，其

典型的剪胀行为表明二者并不独立,需要进行联合分析。以下对两个重要的量做出说明:

(1) 与 I_1 有关的物理意义。根据式(1.3.4)定义,I_1 表征静水压作用。

(2) 与 J_2 有关的物理意义。根据式(1.3.12)定义,J_2 表征偏应力作用,一般以 $\sqrt{J_2}$ 的形式出现。

这些不变量同时可以作为不同应力状态的联系纽带。例如,在单轴应力作用下和三轴应力作用下对岩土体的响应进行评估,可基于这些不变量进行分析。由此引入以下三组定义:

(1) 等效应力和等效应变

等效应力 $\bar{\sigma}$:

$$\bar{\sigma} = \sqrt{\frac{3}{2} s_{ij} s_{ij}} \tag{1.3.15}$$

等效应变 $\bar{\varepsilon}$:

$$\bar{\varepsilon} = \sqrt{\frac{2}{3} e_{ij} e_{ij}} \tag{1.3.16}$$

对于简单拉伸情况,若材料不可压缩,则

$$\varepsilon_{11} = \varepsilon, \quad \varepsilon_{22} = \varepsilon_{33} = -\frac{1}{2}\varepsilon$$

可得到

$$\bar{\varepsilon} = \varepsilon$$

同时,$\sigma_{11} = \sigma$,$\sigma_{22} = \sigma_{33} = 0$,由此可得

$$\bar{\sigma} = \sigma$$

这表明定义的复杂应力状态下的等效应力和等效应变可以在简单拉伸下退化为一维的应力和应变,表征相应的应力强度和应变强度。

(2) 等效剪应力和等效剪应变

等效剪应力 $\bar{T}$:

$$\bar{T} = \sqrt{\frac{1}{2} s_{ij} s_{ij}} \tag{1.3.17}$$

等效剪应变 $\bar{\Gamma}$:

$$\bar{\Gamma} = \sqrt{2 e_{ij} e_{ij}} \tag{1.3.18}$$

在纯剪切时,可以得到

$$\bar{T} = \tau, \quad \bar{\Gamma} = \gamma$$

其中,τ 和 γ 分别为纯剪切时的剪应力和剪应变。

这表明定义的复杂应力状态下的等效剪应力和等效剪应变可以在纯剪切情况下退化为一维的剪应力和剪应变,表征相应的剪应力强度和剪应变强度。

(3) 八面体剪应力和八面体剪应变

八面体剪应力和八面体剪应变分别定义为

$$t_8 = \sqrt{\frac{1}{3} s_{ij} s_{ij}}, \quad \gamma_8 = \sqrt{\frac{4}{3} e_{ij} e_{ij}} \tag{1.3.19}$$

定义的这两个量对应于法向与三个主应力方向之间有相同的夹角的平面上的工程剪应力和工程剪应变。这样的平面一共有八个，其外法向量 n 可写为

$$(n_1, n_2, n_3) = \left(\pm\frac{\sqrt{3}}{3}, \pm\frac{\sqrt{3}}{3}, \pm\frac{\sqrt{3}}{3}\right) \tag{1.3.20}$$

1.4 主应力空间与 π 平面

为分析问题简明起见，大多数的力学问题可在三个主应力 $\sigma_1, \sigma_2, \sigma_3$ 构成的直角坐标系内进行研究。此直角坐标系即为主应力空间，如图 1.4.1 所示。

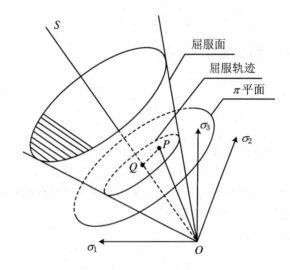

图 1.4.1 主应力空间内的屈服面、π 平面

在主应力空间中，过原点 O 作与三个主应力轴夹角相同的直线 OS，此直线上任意一点都对应着一种特殊的应力状态：

$$\sigma_1 = \sigma_2 = \sigma_3 \tag{1.4.1}$$

此即为静水压状态，称该直线为静水压力线。图 1.4.1 中的 OS 轴与 $\sigma_1, \sigma_2, \sigma_3$ 三轴的倾向都等于 $\arccos(1/\sqrt{3}) \approx 54.7°$。金属材料沿静水压力线不会发生屈服，但是岩土材料沿静水压力线会发生屈服。

图 1.4.1 中过原点、以 OS 轴为法向的平面可写为

$$\sigma_1 + \sigma_2 + \sigma_3 = 0 \tag{1.4.2}$$

习惯上称之为 π 平面。由此，也可以在图中 Q 点处，同样以 OS 轴为法向作平面，此平面上具有与 π 平面相似的属性，不过 $\sigma_1 + \sigma_2 + \sigma_3$ 的值不为零而已。这样可以得到无穷多个平行的面，这些面有时也称为 π 平面。基于这种意义，凡是在同一 π 平面上的点，其 $\sigma_1 + \sigma_2 + \sigma_3$ 值都是相等的，如图 1.4.1 中 P 点与在空间对角线上的 Q 点同在一个 π 平面上，它们各自

的主应力之和是相等的。同时,对于这种广义的 π 平面,有两个重要的参数,即

$$\overline{OQ} = \frac{\sigma_1 + \sigma_2 + \sigma_3}{\sqrt{3}} = \frac{I_1}{\sqrt{3}} \tag{1.4.3}$$

$$\overline{PQ} = \frac{\sqrt{(\sigma_1 - \sigma_2)^2 + (\sigma_2 - \sigma_3)^2 + (\sigma_3 - \sigma_1)^2}}{\sqrt{3}} = \sqrt{2J_2} \tag{1.4.4}$$

前者为当前应力状态偏离对应静水压状态的程度,是衡量偏应力状态的重要指标。后者为当前 π 平面与过原点的 π 平面之间的距离。

在此基础上,还需引入一个重要的参数,即 Lode 参数。

为更好地描述材料在主偏应力中的行为,如图 1.4.2 所示,将主应力空间中的基本矢量和当前应力状态一起投影到 π 平面上。三个主应力轴投影成夹角为 120°的三条射线。在 π 平面上建立如图所示的直角坐标系(x, y)和极坐标系(r_σ, μ_σ),可得到以下公式:

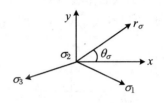

图 1.4.2 π 平面上的投影

直角坐标系下:

$$x = \frac{\sqrt{2}}{2}(s_1 - s_3) = \frac{\sqrt{2}}{2}(\sigma_1 - \sigma_3) \tag{1.4.5a}$$

$$y = \frac{\sqrt{6}}{6}(2s_2 - s_1 - s_3) = \frac{\sqrt{6}}{6}(2\sigma_2 - \sigma_1 - \sigma_3) \tag{1.4.5b}$$

极坐标系下:

$$r_\sigma = \sqrt{2J_2} \tag{1.4.6a}$$

$$\tan \theta_\sigma = \frac{\sqrt{3}}{3} \frac{2\sigma_2 - \sigma_1 - \sigma_3}{\sigma_1 - \sigma_3} \equiv \frac{\sqrt{3}}{3} \mu_\sigma \tag{1.4.6b}$$

其中,μ_σ 称为 Lode 应力参数,表征主应力之间的相对比值关系;θ 称为 Lode 角,一般写为 θ_σ,后面沿用此符号。

在简单应力状态下,单轴拉伸 $\mu_\sigma = -1$,纯剪切 $\mu_\sigma = 0$,单轴压缩 $\mu_\sigma = 1$。

若规定 $\sigma_1 \geqslant \sigma_2 \geqslant \sigma_3$,则有

$$-1 \leqslant \mu_\sigma \leqslant 1, \quad -\frac{\pi}{6} \leqslant \theta_\sigma \leqslant \frac{\pi}{6}$$

可以得到三个主偏应力的表达式为

$$s_1 = \frac{2\sqrt{J_2}}{\sqrt{3}} \sin\left(\theta_\sigma + \frac{2\pi}{3}\right) \tag{1.4.7a}$$

$$s_2 = \frac{2\sqrt{J_2}}{\sqrt{3}} \sin \theta_\sigma \tag{1.4.7b}$$

$$s_3 = \frac{2\sqrt{J_2}}{\sqrt{3}} \sin\left(\theta_\sigma - \frac{2\pi}{3}\right) \tag{1.4.7c}$$

因此,有

$$\theta_\sigma = \frac{1}{3} \sin^{-1}\left[\frac{-\sqrt{27} J_3}{2 (J_2)^{3/2}}\right] \tag{1.4.8}$$

图 1.4.2 可进一步细化成图 1.4.3,将三个主轴的投影反向延长形成 LL', MM' 和 NN',进一步引入

$$p = \frac{(\sigma_1 + \sigma_2 + \sigma_3)}{3} = \frac{I_1}{3} \tag{1.4.9}$$

和

$$q = \frac{[(\sigma_1 - \sigma_2)^2 + (\sigma_2 - \sigma_3)^2 + (\sigma_3 - \sigma_1)^2]^{\frac{1}{2}}}{\sqrt{2}} = \sqrt{3J_2} \tag{1.4.10}$$

前者为八面体法向应力,后者为八面体剪应力。这样 p,q,μ_σ 可构成应力的三个独立不变量,可以取代 σ_1,σ_2,σ_3 或 I_1,I_2,I_3 或 J_1,J_2,J_3 来表示应力状态。

如果将任何一个以不变量 I_1,I_2,I_3 或 J_1,J_2,J_3 表征的函数

$$F(I_1, J_2, I_3) = 0 \tag{1.4.11}$$

描绘在主应力(σ_1,σ_2,σ_3)空间中,就可以得到一个面。这个面与任何一个 π 平面相交,就将形成一根闭合曲线 Γ,如图 1.4.3 所示。若 F 为屈服函数,则对应的闭合曲线 Γ 为屈服轨迹。由于 σ_1,σ_2,σ_3 在这个函数中是可以互换的,所以这根曲线 Γ 必然与图中的 LL',MM',NN' 三轴对称。因此只要知道曲线的 1/6 分段(如 $L'N$)的形状,Γ 线的全部形式就确定了。

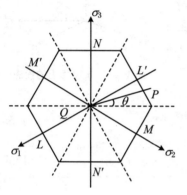

图 1.4.3 π 平面上投影的细化

1.5 一般力学分析体系

一般工程问题关注的是研究对象的受力、变形以及强度三个方面,求解工程问题,就是要得到在某一些特定外载荷(外力或温度)作用下物体的响应。一般力学分析体系主要包含以下三组方程:

(1) 运动方程或平衡方程:

$$\sigma_{ij,j} = \rho \frac{\partial^2 u_i}{\partial t^2} \quad (i,j = 1,2,3) \tag{1.5.1}$$

由此建立应力场 σ_{ij} 与位移场 u_i 之间的关系。

(2) 几何关系:

$$\varepsilon_{ij} = \frac{1}{2}(u_{i,j} + u_{j,i}) \tag{1.5.2}$$

其中,$u_{i,j} = \frac{\partial u_i}{\partial x_j}$。由此建立应变场 ε_{ij} 与位移场 u_i 之间的关系。

(3) 物理关系(也称本构关系):

$$\sigma = \sigma(\varepsilon, T, \dot{\varepsilon}, \cdots) \tag{1.5.3}$$

由此建立材料的应力与应变的关系,此关系只与材料物性相关。

式(1.5.1)、式(1.5.2)和式(1.5.3)建立了 $\sigma_{ij} \Leftrightarrow u_i \Leftrightarrow \varepsilon_{ij} \Leftrightarrow \sigma_{ij}$ 的一个闭合关系,由此可以得到相应的问题的解。此解为一个通解,具有广泛的适用意义。

若假定材料的本构关系满足 Hooke 定律,即

$$\sigma_{ij} = \lambda \cdot \mathrm{tr}(\boldsymbol{\varepsilon}) \cdot \delta_{ij} + 2\mu\varepsilon_{ij} \tag{1.5.4}$$

式中,λ 和 μ 为 Lame 系数。

因此,联立式(1.5.1)、式(1.5.2)和式(1.5.4),可得

$$(\lambda + 2\mu) \cdot \mathrm{grad}[\mathrm{div}(\boldsymbol{u})] - \mu \cdot \mathrm{curl}[\mathrm{curl}(\boldsymbol{u})] = \rho \frac{\partial^2 \boldsymbol{u}}{\partial t^2} \tag{1.5.5}$$

式中,**div**,**grad** 和 **curl** 分别表示相关量的散度、梯度和旋度。

可针对方程(1.5.5)进行一般求解,要得到具体问题的解,还需要增加以下条件:

(1) 初始条件(initial condition),即 $t = 0$ 或 $t = t_0$ 时某一物理量的状况。

(2) 边界条件(boundary condition),即 $\boldsymbol{X} = 0$ 或 $\boldsymbol{X} = \boldsymbol{X}_0$ 处某一物理量的状况。

将方程(1.5.5)与初始、边值条件联立,可得到具体问题的解,此解为特解。

本书所关注的内容主要为岩土材料的本构理论,在一般力学分析体系中,实际上是解决式(1.5.3)相关的问题。

1.6 本构关系的一般理论

材料本构关系的理论体系由 Noll 和 Trusdell 等人在 20 世纪 60 年代建立。其目的是,期望以一系列的公理化体系的假说为基础,通过严格的逻辑推理,统一处理各种材料的力学和热力学特性(如耗散机制、温度效应等),建立本构关系的数学表达形式,并对各种材料的本构关系进行科学分类。其基本思想是,以材料的运动历史和温度历史作为本源变量,寻求材料的各种响应量对其本源变量的依赖关系。由此,其基本数学方法可以分为两大类:一类是将因变量的当前值作为本源变量整个历史的泛函来描述,即泛函表述(functional formulation);另一类是将因变量的当前值作为本源变量以及若干内变量当前值的函数来描述,即内变量表述(internal variales formulation)。二者的区别在于,泛函表述以本源变量的整个历史来反映材料的历史记忆效应,而内变量表述则以若干个对材料的变形历史有记忆标记的内变量来反映材料的历史记忆效应,它们的数学表述不同,但它们的理论处理方式类似。

本构关系的理论体系主要原理如下:

(1) 确定性原理。此原理认为,物体 B 中任一粒子 X 在 t 时刻的热力学行为由物体 B 中所有粒子 X' 的直至 t 时刻为止的整个运动历史和温度历史确定。

具体而言,物体 B 中的 Cauchy 应力 σ、比熵 s、比自由能 ψ、Euler 热流矢量 $\boldsymbol{h}$ 按此原理可表述为

$$\sigma(\boldsymbol{X}, t) = \hat{\sigma}[x(\boldsymbol{X}', t), T(\boldsymbol{X}', t); \boldsymbol{X}, t]$$

$$s(\boldsymbol{X},t) = \hat{s}[x(\boldsymbol{X}',t),T(\boldsymbol{X}',t);\boldsymbol{X},t]$$
$$\psi(\boldsymbol{X},t) = \hat{\psi}[x(\boldsymbol{X}',t),T(\boldsymbol{X}',t);\boldsymbol{X},t]$$
$$h(\boldsymbol{X},t) = \hat{h}[x(\boldsymbol{X}',t),T(\boldsymbol{X}',t);\boldsymbol{X},t] \tag{1.6.1}$$

式中，$\hat{\sigma},\hat{s},\hat{\psi},\hat{h}$ 为这些量关于运动历史 $x(\boldsymbol{X}',t)$ 和温度历史 $T(\boldsymbol{X}',t)$ 的泛函。泛函中的 $\boldsymbol{X},t$ 分别表征介质的非均质效应和介质的老化效应，一般可不予考虑。

(2) 局部作用原理。此原理认为，任一粒子 $\boldsymbol{X}$ 的响应只由该粒子附近很小领域内的粒子的运动历史和温度历史确定。这样式(1.6.1)中的粒子 $\boldsymbol{X}'$ 将被限制在 $\boldsymbol{X}$ 的邻域内。

当粒子附近很小的领域为一无穷小的邻域时，则可将确定性原理化为粒子 $\boldsymbol{X}$ 的响应对粒子 $\boldsymbol{X}$ 本身的运动历史和温度历史，具体为变形梯度历史 $\boldsymbol{F}^t$、温度历史 T^t 和温度梯度历史 $\boldsymbol{G}^t$ 的依赖关系。以 Cauchy 应力 σ 为例，可表示为

$$\sigma(\boldsymbol{X},t) = \hat{\sigma}[\boldsymbol{F}^t(\boldsymbol{X},\tau),T^t(\boldsymbol{X},\tau),\boldsymbol{G}^t(\boldsymbol{X},\tau)] \tag{1.6.2}$$

式中，τ 为流逝时间，即从现时刻向回追溯的时间。

这种材料也就是简单材料。

相应地，也可以得到其内变量形式的本构关系：

$$\sigma(\boldsymbol{X},t) = \hat{\sigma}[\boldsymbol{F}(\boldsymbol{X},t),T(\boldsymbol{X},t),\boldsymbol{G}(\boldsymbol{X},t),\xi_\beta] \quad (\beta = 1,2,\cdots,n) \tag{1.6.3}$$

和内变量的演化方程：

$$\dot{\xi}_\alpha = f_\alpha[\boldsymbol{F}(\boldsymbol{X},t),T(\boldsymbol{X},t),\boldsymbol{G}(\boldsymbol{X},t),\xi_\beta] \quad (\alpha = 1,2,\cdots,n;\beta = 1,2,\cdots,n)$$
$$\tag{1.6.4}$$

式中，$\xi_\beta(\beta=1,2,\cdots,n)$ 为与 n 种耗散机制相对应的内变量。此时，$\hat{\sigma},f_\alpha$ 为本构函数，而不是泛函。

局部作用原理对确定性原理进行空间上的近似处理。

(3) 减退记忆原理。此原理认为，越久远的历史对材料现时刻响应的影响越小。此原理对确定性原理进行时间上的近似。

(4) 坐标不变性原理。即描述材料性质的本构方程与坐标系的选择无关。当对本构方程采用张量方程表述时，此原理自动满足。

(5) 构架无关原理。即对任何两个相互做刚性运动的构架中的不同观察者来说，材料的本构方程应该具有相同的形式，此原理又称客观性原理。

(6) 许可性原理或一致性原理。即本构方程必须和质量守恒、动量守恒、能量守恒等方程，以及反映不可逆过程的熵均衡方程和熵不等式相容，共同组成连续介质力学的基本方程组。这一原理最终主要是本构方程与熵不等式的相容性或一致性。

(7) 材料对称性原理。即当材料本身存在某些构造上的对称性时，材料本构方程的形式会受到某些限制。

(8) 等存性原理。即当我们没有明确的依据时，我们必须假设各种不同因变量的本构泛函中出现同样的自变量，除非是许可性原理、构架无关原理或材料对称性原理将某些因素排除在泛函之外。此原理保证我们不至于遗漏某些因素。

在这些原理中，最重要的是构架无关原理、局部作用原理、许可性原理和材料对称性原理。通过这些原理，我们可以理性地对研究对象进行分析，形成具有严格意义的本构关系的

具体理论表述。更详细的内容,参见李永池教授编著的《张量初步和近代连续介质力学概论》一书(222~252页)。

此处进行本构关系的理论论述目的是给读者建立较完整的概念,同时也为后续的相关内容做铺垫。后面要介绍的塑性理论,实际上是以不可逆的塑性变形为内变量的;损伤理论则以不可逆的损伤因子为内变量。它们的本构关系除了要求给出应力-应变关系外,还必须给出相应内变量的演化方程。

关于泛函的表述,我们在有限元分析里接触到了一种泛函,其用途与上述讨论不同,下面列出以作比较,其形式为

$$\prod = \frac{1}{2}\int_\Omega \dot{\sigma}_{ij} u_{j,i} \mathrm{d}V - \int_\Omega \dot{F}_i u_i \mathrm{d}V - \int_{\partial\Omega} \dot{T}_i u_i \mathrm{d}s \tag{1.6.5}$$

式中,Ω 和 $\partial\Omega$ 分别为研究对象的体积域和外边界,F 为体积力,T 为边界作用的面力。

这种泛函表达是有限元分析的基础,对其进行一次变分:

$$\delta\prod = \int_\Omega \dot{\sigma}_{ij} \delta u_{j,i} \mathrm{d}V - \int_\Omega \dot{F}_i \delta u_i \mathrm{d}V - \int_{\partial\Omega} \dot{T}_i \delta u_i \mathrm{d}s \tag{1.6.6}$$

$\delta\prod = 0$ 是物体平衡的充要条件。对式(1.6.6)应用散度定理,可得到相应的平衡方程和边界条件。这也就说明,平衡方程和边界条件可以很好地包含到上述泛函表达中,因此,将此泛函应用于有限元数值分析是可行的。

对泛函进行二次变分,得到

$$\delta^2 \prod = \int_\Omega \delta\dot{\sigma}_{ij} \delta u_{j,i} \mathrm{d}V \tag{1.6.7}$$

上式可用于判断系统的稳定性。

参 考 文 献

布尔贝 T,库索 O,甄斯纳 B.1994.孔隙介质声学[M].许云,等,译.北京:石油工业出版社.
陈明祥.2007.弹塑性力学[M].北京:科学出版社.
李国琛,耶纳 M.2003.塑性大应变微结构力学[M].3版.北京:科学出版社.
李永池.2012.张量初步和近代连续介质力学概论[M].合肥:中国科学技术大学出版社.
王仁,黄克智,朱兆祥.1988.塑性力学进展[M].北京:中国铁道出版社.
王仁,黄文彬,黄筑平.1982.塑性力学引论[M].修订版.北京:北京大学出版社.
俞茂宏.1998.双剪理论及其应用[M].北京:科学出版社.
席道瑛,徐松林.2012.岩石物理学基础[M].合肥:中国科学技术大学出版社.
熊祝华,傅衣铭,熊慧而.1997.连续介质力学基础[M].长沙:湖南大学出版社.

第 2 章　多孔岩土材料的实验研究

由于岩土材料是典型的多相(固体骨架、含液体、含气体)、多组分(含不同矿物成分)、多重尺度(微观尺度的矿物颗粒、细观尺度的含裂纹和孔洞的岩土体、宏观尺度的节理岩体甚至是更大的研究对象)的介质,所以具有复杂的物理力学特性,主要有:① 与不同加载速率相关的应变率效应;② 与研究尺寸相关的岩土尺度效应;③ 与加载过程相关的加载路径效应。这使得岩土材料本构行为的研究尤为困难,但充满挑战。

实验研究是得到岩土材料本构行为的基础,在这种意义上,岩土力学实际上是一种基于实验的学科。为得到岩土材料的本构模型,一般通过少量简单的实验,得到在比较简单的应力状下的应力-应变关系实验曲线,然后利用一些理论方法,如等效介质理论方法等,把这些实验结果推广应用到复杂的复合应力状态上去,从而得到应力与应变的一般关系。这种应力与应变关系的数学表达式就是模型。

2.1　岩石的典型实验及相关讨论

2.1.1　加载路径与岩石力学实验

加载路径影响材料的力学性能,这是塑性力学中的一个重要结论。由于岩石自身的复杂性,加载路径对其力学性能也有较大的影响。

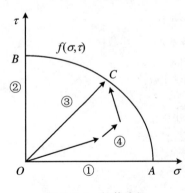

图 2.1.1　加载路径

图 2.1.1 所示为在 (σ,τ) 空间中的 4 条不同的加载路径。图中,$f(\sigma,\tau)$ 为岩土材料的屈服面:在屈服面内,材料基本为线性加载;而超过屈服面,材料表现为非线性加载。从初始状态点 O 到最终材料的状态点 C,图中给出了 4 条不同的加载路径:(1) 加载路径①,从点 O 沿 σ 轴加载到点 A,然后沿屈服面 $f(\sigma,\tau)$ 变载到点 C;(2) 加载路径②,从点 O 沿 τ 轴加载到点 B,然后沿屈服面 $f(\sigma,\tau)$ 变载到点 C;(3) 加载路径③,从点 O 直接按比例加载到点 C;(4) 加载路径④,从点 O 沿屈服面内一条设计好的路径加载到点 C。下面进行简单分析说明。

加载路径①，从点 O 沿 σ 轴加载到点 A，对应一般的单轴加载实验，即 $d\sigma>0$。此过程产生的不可逆的变形即塑性变形，是在压缩过程中产生的。后续的沿屈服面 $f(\sigma,\tau)$ 变载到点 C 的过程是一个在屈服面上的中性变载过程，不产生塑性变形。因此，沿加载路径①产生的总的不可逆变形为

$$\varepsilon^p = \varepsilon - \int \frac{d\sigma}{E} \tag{2.1.1}$$

加载路径②，从点 O 沿 τ 轴加载到点 B，此过程对应一般的纯剪切实验，即 $d\tau>0$。此过程产生的是由剪切加载产生的塑性变形。后续的沿屈服面 $f(\sigma,\tau)$ 中性变载到点 C，不产生塑性变形。因此，沿加载路径②产生的总的不可逆变形为

$$\gamma^p = \gamma - \int \frac{d\tau}{G} \tag{2.1.2}$$

加载路径③，从点 O 直接按比例加载到点 C，此过程对应压剪联合加载实验，即 $d\sigma>0$；$d\tau>0$，且 $d\sigma = k \cdot d\tau$。此过程产生的变形是由压剪联合加载产生的塑性变形。沿此加载路径产生的总的不可逆变形为

$$\bar{\varepsilon}^p = \int d\bar{\varepsilon}^p \tag{2.1.3}$$

将比例加载过程考虑进去，可以退化为上述两种形式中的任何一种。

加载路径④，从点 O 沿屈服面内一个设计好的路径加载到点 C，此过程为复杂应力路径，$d\sigma$ 和 $d\tau$ 大于 0 是否成立，都需要进行具体分析。因此，其塑性变形的产生相对比较复杂，必须沿路径进行逐步累积求解。沿此加载路径产生的总的不可逆变形为 $\bar{\varepsilon}^p = \int_{\Gamma} d\bar{\varepsilon}^p$，其中，$\Gamma$ 为加载路径。

由此可见，虽然初始和最终的应力状态是一样的，但是沿不同的加载路径，产生的不可逆变形是不一样的。同样可以进行分析，若初始和最终的变形状态是一样的，但是沿不同的加载路径，对应的最终的应力状态是不同的。产生这种差别的内在原因仍在于岩土材料的非线性特性。

岩土材料常规实验中一般有单轴压缩和单轴拉伸实验，与图 2.1.1 中的路径①对应；直剪实验与图 2.1.1 中的路径②对应；压剪联合加载实验与加载路径③对应。下面对常规三轴压缩实验进行分析。

在常规三轴压缩实验中，其加载过程为固定某一个围压 σ_3，增加轴向压力 σ_1，直至材料破坏。虽然最终的实验结果一般基于 Mohr 圆进行剪切强度分析，但实际上，在加载过程中静水压和剪应力共同增加，因此该过程是一个压剪联合加载的过程，但是二者的增加幅度并不同步，与比例加载不同。

2.1.2 单轴压缩的控制条件及Ⅱ型全过程线的获得

为了得到相对比较可靠的实验数据，岩石单轴压缩实验经历了从简单的载荷控制到应变控制，直到现在的伺服控制等多个发展阶段，实验机也从柔性机(不太关注实验机的刚度)到刚性机，直到现在的伺服控制实验系统。图 2.1.2 列出了岩石单轴压缩实验的不同控制方式。

图 2.1.2(a)为最初使用的载荷控制方式。在这种加载模式下,试样所受的外载荷随时间单调增加,即 dσ>0,直到试样的极限载荷,试样因无法进一步承载而突然被破坏,实验终止。此类实验得到的数据相对比较简单,一般只能提供加载阶段的相关参数。更重要的是,此实验技术无法进行具有软化特性的岩石材料的研究,因为软化材料加载过程必然要出现载荷降低区域。

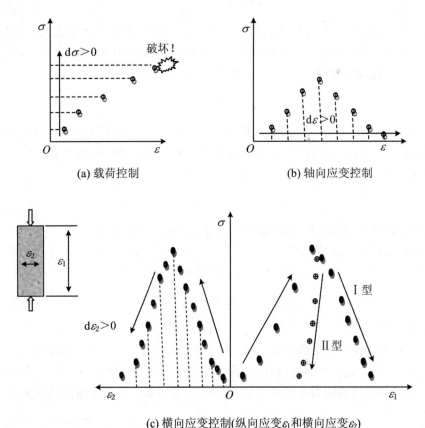

(a) 载荷控制 (b) 轴向应变控制

(c) 横向应变控制(纵向应变ε_1和横向应变ε_2)

图 2.1.2 单轴压缩实验的不同控制模式

图 2.1.2(b)为轴向应变控制方式。在这种加载模式下,实验机控制试样的应变(变形)随时间单调增加,即 dε>0,同时记录当前应变下试样所受的载荷。由此,直到试样因无法承载而被破坏,实验终止。由于实验机控制试样的轴向应变单调增加,而不必要求载荷也单调增加,因此,此类实验技术可以得到岩石单轴压缩下的软化性能。在此过程中,若控制恒定的应变增加速率,则可以得到在应变率下岩石的应力-应变全过程。此处"全过程"是指应力-应变关系包含前区(峰值前面部分)和比较完整的后区(峰值后面部分)。改变应变率,可研究不同应变率下岩石试样的应变率效应。

对一些硬岩和一些结构性比较强的岩石而言,采用轴向应变控制方式仍然很难得到完整的应力-应变全过程。同时,在进行岩石试样的应变率效应的研究中也发现,随着应变率的增加,得到完整的应力-应变全过程也愈加困难(图2.1.3)。在这种情况下,考虑到岩石具有剪胀特性,因此可尝试采用横向应变作为加载过程的控制指标,如图2.1.2(c)所示。在这种加载模式下,实验机控制试样的横向应变(变形)随时间单调增加,即 $d\varepsilon_2>0$,同时记录在当前的横向应变下试样的轴向应变(ε_1)和试件两端所受的载荷(σ)。由此,直到试样因无法承载而被破坏,实验终止。此过程中,实验机控制试样的横向应变单调增加,而不必要求轴向应变和载荷也单调增加,因此,此类实验技术可以得到岩石单轴压缩下比较复杂的后区行为,如图 2.1.2(c)中的 I 型后区或 II 型后区。单轴压缩下 II 型后区的发现正是此控制技术带来的惊喜。针对 II 型后区进行的相关研究,对揭示岩石结构效应、岩爆特性等都有重要的意义,但同时也带来了争议(郑宏等,1997;王明洋等,1998),后面将进行讨论。

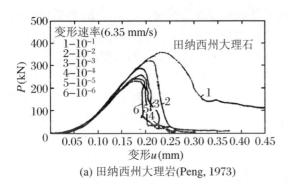
(a) 田纳西州大理岩(Peng, 1973)

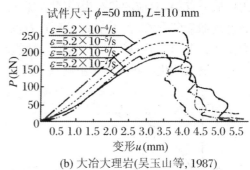
(b) 大冶大理岩(吴玉山等, 1987)

图 2.1.3　不同应变率下岩石的应力-应变全过程

采用横向应变控制方式得到 II 型后区的争议主要在于 MTS(material testing system)伺服控制中横向应变的测量方法。一般采用链条式环向应变硅测量岩样周向变形,有研究认为这种应变硅限制了侧向变形,改变了应力状态。后来也有采用位移传感器(LVDT)来测试岩样径向变形,但是由于岩石本身的不均匀性,这种两点式的测量得到的横向应变具有较大的偶然性。为更好地研究岩石的后区行为,Okubo 等(1985,1996)提出了一种线性联合控制加载的方法。在这种方法中,将试件两端所受的载荷(σ)和试样的轴向应变(ε_1)共同作为反馈信号,将其组合 $\varepsilon_1 - \dfrac{\sigma}{E''}$ 作为控制参数,即令 $\varepsilon_1 - \dfrac{\sigma}{E''} = C \cdot t$(其中,$C$ 为材料参数,E'' 为特征模量)进行逐级加载。由此得到了多种岩石的单轴压缩和单轴拉伸应力-应变全过程线,并发现较高应变率下,很多岩石都表现出 II 型后区。这种控制思想的实质是以不可逆的塑性变形作为控制量,加载过程中塑性变形单调增加,有其科学性,但是,也有其复杂性,因此 C 的确定、E'' 的取值以及加载速率的确定都存在一定的困难。

2.1.3　II 型全过程线的存在性与岩石材料的结构性

在材料性质研究中有几个常用的假设或公设,主要为:稳定材料假设、Drucker 公设和 Ilyushin 公设。

稳定材料假设认为:当应力的单调变化引起应变的同号的单调变化,或反之亦成立,则称此材料为稳定的。若加载路径为直线路径,此假设可表述为

$$d\sigma_{ij} \cdot d\varepsilon_{ij} \geqslant 0 \quad (2.1.4)$$

Drucker 公设认为:材料的物质微元在应力空间的任意应力闭循环中的余功非正。其表达式为

$$\oint \varepsilon_{ij} d\sigma_{ij} \leqslant 0 \tag{2.1.5}$$

此公设在物理上表明,在一个应力闭循环系统中,不可能提取有用功。

Ilyushin 公设则认为:材料的物质微元在应变空间的任意应变闭循环中的功非负。其表达式为

$$\oint \sigma_{ij} d\varepsilon_{ij} \geqslant 0 \tag{2.1.6}$$

Drucker 公设能够很好地解释硬化材料。如图 2.1.4(a) 所示,对于硬化材料,在屈服面内任取一点 A,对应的状态为 $(\sigma_{ij}^{(A)}, \varepsilon_{ij}^{(A)})$。对其加载到塑性屈服面上的一点 B,然后沿屈服面继续加载到点 C,在 C 点卸载到点 D,D 点的状态为 $(\sigma_{ij}^{(D)} = \sigma_{ij}^{(A)}, \varepsilon_{ij}^{(D)})$,由此形成一个应力循环。在 $A \Rightarrow B \Rightarrow C \Rightarrow D \Rightarrow A$ 这个闭循环中,所做的功为阴影部分的面积,其值非负。但是此公设在软化材料的解释中遇到了困难。

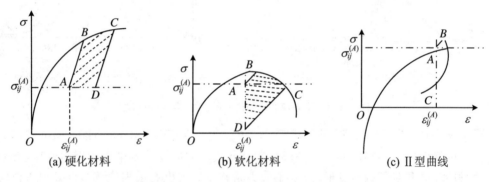

图 2.1.4 Drucker 公设和 Ilyushin 公设

如图 2.1.4(b) 所示,对于软化材料,在屈服面内任取一点 A,对应的状态为 $(\sigma_{ij}^{(A)}, \varepsilon_{ij}^{(A)})$。对其加载到塑性屈服面上的一点 B,然后沿屈服面继续加载到点 C。此时在点 C 进行卸载,已经无法在应力空间形成闭循环,Drucker 公设无法应用。因此,需采用 Ilyushin 公设。在点 C 处卸载到点 D,对应的状态为 $(\sigma_{ij}^{(D)}, \varepsilon_{ij}^{(D)} = \varepsilon_{ij}^{(A)})$,由此形成一个应变的循环。在 $A \Rightarrow B \Rightarrow C \Rightarrow D \Rightarrow A$ 这个应变闭循环中,所做的功为阴影部分的面积,其值非负。Ilyushin 公设可应用于硬化和软化材料。但是在岩石 II 型后区的解释中存在困难。

图 2.1.4(c) 所示,对于岩石中的 II 型后区,在屈服面内任取一点 A,对应的状态为 $(\sigma_{ij}^{(A)}, \varepsilon_{ij}^{(A)})$。对其加载到塑性屈服面上的一点 B,然后沿屈服面继续加载到点 C。此时在点 C 进行卸载,不仅无法在应力空间形成应力闭循环,而且也无法在应变空间形成应变的闭循环。Drucker 公设和 Ilyushin 公设均不可用。上一节的论述已经表明,岩石中的 II 型后区是可以通过多种控制模式得到的,因此,该特性在一定程度上反映了岩石的某一种内在性质。

He 等(1990)考虑单轴压缩过程岩样在轴向具有不均匀性,得到了 II 型后区。王明洋等(1998)则应用直杆模型分析了 II 型后区的存在条件,认为试样轴向不均匀分布的尺寸效应可产生不同的后区。还有一些其他的相关分析。在这些分析中已经有了一个共识,即岩石试样无论大小都有一定的结构特性。

图 2.1.5 所示的单轴压缩实验所用的大理岩为大冶地区三叠系上新统第四层(T_1d^4)。

该岩石颜色为白色至灰白色,致密块状构造,均匀性好;变晶结构,结晶程度好;质纯,杂质较少,矿物成分主要为方解石,其含量在 90%以上,含有少量的石英,其平均容重为 $2.68×10^3 \text{ kg/m}^3$。为研究试样的结构特性,对直径为 50 mm、高度为 100 mm 的圆柱体试件,在单轴压缩过程中同时进行试件两端和试件中部(长度为 50 mm)的应变的测量,测试示意图如图 2.1.5(a)所示。

图 2.1.5(b)和(c)分别为加载速率为 10^{-2} mm/s 和 $6.5×10^{-5}$ mm/s 时的测试结果,由此可见以下两点:① 整个试件的全过程线有明显的压密阶段,但试件中部的压缩过程却没有明显的压密过程。Olsson(1999)应用声发射(acoustic emission,AE)技术跟踪 Castlegate 砂岩的压缩过程,发现岩石的初始压密阶段就有 AE 信号的存在,但主要位于试样的两端。声发射观测的结果表明,岩石全过程线的初始压密阶段源于试样两端的非线性变形。② 二者的加载过程差异明显。在峰前,当应变率较低时[图 2.1.5(c)],二者近似平行发展,即切线模量几乎一样;当应变率较高时[图 2.1.5(b)],二者差异很大。这不仅反映试样的结构特性,同时也揭示了岩石应变率效应的本质。这种模量的差异随应变率的变化可用于评价岩体的结构特性和应变率效应。在峰后,这种差异更加明显。当应变率较低时,整个试样的全过程线表现为Ⅰ型后区,而试件中部的应变初始表现为Ⅰ型后区,而后转变为Ⅱ型后区;当应变率较高时,整个试样的全过程线初始表现为Ⅰ型后区,而后逐渐转变为Ⅱ型后区,而试件中部的应变表现为Ⅱ型后区。产生这种差异的原因在于岩样的不均匀性,在峰后,试样局部被破坏,可能带来相邻区域的卸载。数值分析可以很清楚地揭示这一过程。

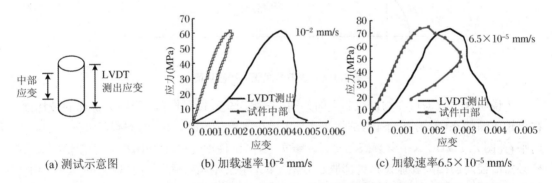

(a) 测试示意图 (b) 加载速率10^{-2} mm/s (c) 加载速率$6.5×10^{-5}$ mm/s

图 2.1.5 大理岩单轴压缩的结构特性(徐松林等,2000)

以上的讨论可能带来一些混乱:现在所做的所有的岩石实验都没有能反映岩样的真实本构行为,那么岩石力学实验还有意义吗?这里需说明的是:进行以上的讨论的目的在于将目前实验中存在的问题说清楚,以便在进行本构研究中,发现问题时,将以上的讨论考虑进去,进行更深入的研究。

事实上,关于实验复杂性的思考,也催生了力学研究的两种不同的途径。途径之一是将试样的不同响应都考虑到本构关系中去,建立比较合乎实验现象的本构关系,然后将其应用于力学分析体系中进行研究,此途径可简称为"物理复杂、几何简单"。此处的"几何简单"是指材料在结构上采用均匀化的单元。途径之二则与此相反。材料单元的本构关系采用最简单的线弹性描述,并给出单元失效的临界条件。而对于所研究对象的几何结构则采用一些特别的方式进行单元细分,每个单元以随机的方式赋予缺陷或其他的影响因素。在此基础上将其应用于力学分析体系中进行研究。这一途径可简称为"物理简单、几何复杂"。两种途径在力学问题的研究中都得到了很好的发展。

2.1.4 等围压三轴压缩实验与岩石强度准则

岩石的等围压三轴压缩实验一般用于岩石的屈服强度和破坏强度的确定,得到的破坏面和屈服面在$(I_1, \sqrt{J_2})$空间的形式如图 2.1.6 所示。在较低的应力状态下,这两个面基本一致,如图 2.1.6 中的 AB 段。超过此应力范围(图中点 B),二者有较大的差异,破坏面沿 BC 方向发展,而屈服面沿 BDE 方向发展。用等围压三轴压缩实验的全过程线结合 Mohr 圆进行分析,可以得到这两个面。同时,单轴压缩实验的数据也可以被包含进去。实际上,这仅是工程上为方便数据处理而提出的一种经验处理方法,这些数据点对应的物理机制有一定的差别。

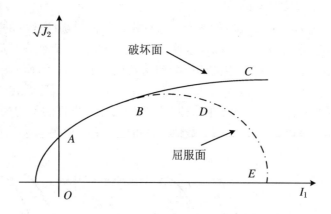

图 2.1.6 岩石的屈服面和破坏面

为说明这些数据点在物理机制上的差别,先观察图 2.1.7 中不同围压下试样的破坏面。在单轴压缩状态(零围压)下,当试件两端与实验机光滑接触时,试件的破裂面大致与加载方向平行[图 2.1.7(a)],呈劈裂破坏模式。事实上,当试件承受单轴压缩时,由于泊松效应,试样必然沿径向向四周膨胀。这种膨胀趋势使得试件内部存在一种承受拉应力的界面。由于岩石材料抗拉强度相对很低,因此很容易在这些受拉的界面产生拉破裂,从而产生宏观的劈裂破坏的模式。这也说明,岩石单轴压缩破坏的内在机制是拉伸破坏。当然,当试件的两端与实验机非光滑接触时,情况就变得比较复杂了,后面将对其单独进行讨论。

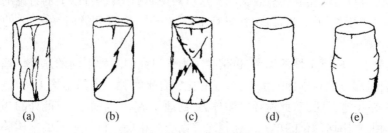

图 2.1.7 大理岩试件在不同围压下的宏观破坏(林卓英等,1992)

随着围压的增加,试件的破裂面与加载方向的夹角随围压的增加逐渐增加。当大理岩围压在 10~40 MPa 时,试件的破裂形式为单个宏观破裂面[图 2.1.7(b)],此破裂面与加载方向的夹角由比较小的角度增加到约 30°。角度的增加表明此时试件的破坏模式由以拉破裂为主逐渐转化为以剪破裂为主。但是,在此过程中拉应力和剪应力的作用都或多或少相互依存。

当围压进一步增加,如围压在 40~60 MPa 时,试件的破裂形式由单个宏观破裂面转变为一对共轭的剪切破裂带[图 2.1.7(c)],共轭剪切带的夹角约为 65°。此时试件的破坏已经转化为压剪破坏。随着围压的增加,达到脆延转化的临界围压时,试件宏观上看不到破裂面,也看不出明显的膨胀现象[图 2.1.7(d)]。超过此临界围压,压缩过程试件中间出现明显的鼓胀[图 2.1.7(e)]。试件的宏观变形模式表明,试件的破坏机制已经从"以剪切为主、压缩为辅",转化为"以压缩为主、剪切为辅"了。由于岩石天然含有一定的孔洞等细微观缺陷,静水压作用很容易使得其进入屈服状态。这种静水压屈服对应图 2.1.6 中的 BDE 段。

以上的分析表明,不同围压下,岩石的等围压三轴压缩实验实际包含有拉应力、剪切应力、静水压三种作用机制及其联合作用过程,因此使用由等围压三轴压缩实验结果确定的屈服面和破坏面的时候要特别注意。

Mogi(1971)、林天健(1989)等对花岗岩、大理岩和砂岩等岩石不同的强度曲线分别进行了讨论,认为等围压三轴压缩实验确定的强度线存在着多种岩石破坏机理。图 2.1.8 给出了两种类型:A 型和 B 型。

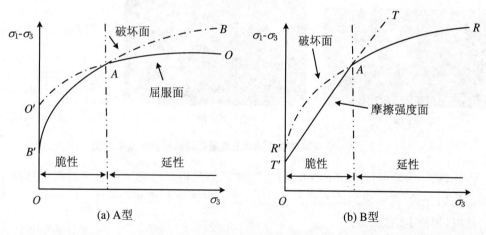

图 2.1.8 两种类型的岩石破坏机理

A 型岩石破坏机理认为岩石的失效是由屈服强度和破坏强度交替控制的。如图 2.1.8(a) 所示,在 A 点以前,材料的屈服强度(虚线 $O'A$)高于其破坏强度(实线 $B'A$),因此,此阶段控制材料强度的指标为破坏强度,材料表现出脆性破坏的特征。由于破坏强度一般随围压增加而显著增加,而屈服强度对围压的依赖性相对较小,因此,随着围压的增加,屈服强度线和破坏强度线就有交点(A 点)。在 A 点以后,材料的破坏强度(虚线 AB)高于其屈服强度(实线 AO),因此,此阶段材料强度由屈服强度控制,材料表现出延性破坏的特征。大理岩和胶结程度较差的砂岩表现出此类机理。

B型岩石破坏机理认为岩石的失效是由摩擦强度和破坏强度交替控制的。如图2.1.8(b)所示,在 A 点以前,材料的破坏强度(虚线 $R'A$)高于其摩擦强度(实线 $T'A$),因此,此阶段控制材料强度的指标为摩擦强度。在岩石材料内,摩擦强度易产生应力降,材料表现出脆性破坏的特征。由于破坏强度和摩擦强度均随围压增加而显著增加,比较而言,摩擦强度的增加速度更快,因此,随着围压的增加,摩擦强度线和破坏强度线就有交点(A 点)。在 A 点以后,材料的摩擦强度(虚线 AR)高于其破坏强度(实线 AT),因此,此阶段材料强度由破坏强度控制,同时材料表现出延性破坏的特征。一般大理岩有较典型的此类机理,花岗岩和胶结较好的砂岩也表现出此类机理。

下面将讨论在单轴压缩实验中,接触端面存在摩擦约束时的情况。宏观破裂模式可比照端面润滑和非润滑情况下混凝土试块的压缩实验。

当接触端面存在摩擦约束时,单轴压缩实验试件的破坏不再是图2.1.7(a)所示的劈裂式破坏。以大理岩为例,其试件破坏断口呈现图2.1.9(a)和(b)的形式。此时,单轴压缩试件中部破坏断口呈不规则流纹状,不平整,但比较光滑,无明显断裂的痕迹,其破坏为劈裂式张拉破坏。但是在端部附近的破坏形式比较复杂,形成一个圆锥体,其作用有张拉也有剪切。由此,试件的破坏可总结为图2.1.9(c)所示的两级台阶式。试件中部,即第二台阶的破坏是由拉应力产生的劈裂破坏;靠近端部附近的第一台阶则为应力状态较复杂的压剪破坏。

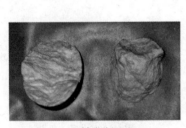
(a) 轴向断口

(b) 侧向断口

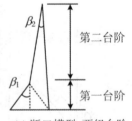
(c) 断口模型:两级台阶

图2.1.9 大理岩单轴压缩的宏观断口及两级台阶简化模型

由此,第一台阶可用 Mohr-Column 准则来近似分析。考虑试件与实验机接触部位,由初始的均匀介质,在一定的应力状态($\sigma_1,\sigma_2 = \sigma_3$)下产生角度为 α 的斜面,如图2.1.10所示。此时,斜面上的应力为

$$\sigma_n = \sigma_1 \cos^2\alpha + \sigma_3 \sin^2\alpha, \quad \tau_n = \frac{(\sigma_1 - \sigma_3)\sin 2\alpha}{2} \tag{2.1.7}$$

退化到单轴加载状态,则

$$\sigma_n = \sigma_1 \cos^2\alpha, \quad \tau_n = \frac{\sigma_1 \sin 2\alpha}{2} \tag{2.1.8}$$

在斜面上应用 Mohr-Column 准则:

$$\tau_s = \sigma_n \tan\varphi + C \tag{2.1.9}$$

将单轴加载下斜面上的应力状态代入准则,则

$$\tau_s = \sigma_1 \cos^2\alpha \tan\varphi + C \tag{2.1.10}$$

据式(2.1.8)和式(2.1.10)将 σ_n, τ_n, τ_s 曲线在图 2.1.11 中列出。由图可见,抗剪强度线和剪应力线有两个交点,即试件有两个可能的剪切破坏角:α_1 和 α_2 分别对应高剪应力区和低剪应力区。

令 $F = \tau_s - \tau_n$,当剪断发生时,F 处于极小值状态。由 $dF/d\alpha = 0$,可以得到剪切破裂面的角度 β:

$$\beta = 45° + \frac{\varphi}{2}$$

对某大理岩进行不同加载速率下的单轴压缩实验,具体参见表 2.1.1。实验后对于每一试件的破坏特征按图 2.1.9(c)所示的模式进行统计并列入表 2.1.1。由此,根据上面的分析,可以基于第一台阶,将夹角 β_1 近似看作剪切破裂角 β 来分别反算试件的内聚力 C 和摩擦角 φ,并将结果列入表 2.1.1。

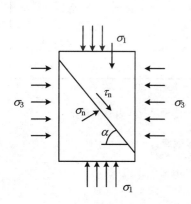

图 2.1.10 斜面应力分析

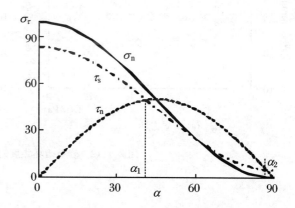

图 2.1.11 σ_n, τ_n, τ_s 曲线

表 2.1.1 单轴压缩实验试件统计

编号	加载说明 $\dot{\varepsilon}$ (mm/s)	第二台阶高度 (cm)	σ_{max} (MPa)	$\beta_1(°)$	C, φ C(MPa)	$\varphi(°)$	平均值
2-2#	1×10^{-2}	6.4	61.43	18.2	10.1	53.6	
5-1#	5×10^{-3}	6.0	79.76	21.0	15.3	48.0	
5-3#	1×10^{-3}	5.7	77.75	22.8	16.3	44.4	
4-10#	1×10^{-3}	5.4	49.84	20.3	9.5	49.4	$C_1 = 13.28$ $\varphi_1 = 46.0$
4-1#	5×10^{-4}	5.3	53.83	22.5	11.1	45.0	
1-1#	1×10^{-4}	4.8	61.73	24.6	14.1	40.8	
5-2#	6×10^{-5}	5.3	73.71	24.4	16.7	41.2	
1-4#	—	4.6	43.84	27.6	11.5	34.8	
1-10#	—	5.2	46.29	23.8	10.2	42.4	$C_1 = 13.80$ $\varphi_1 = 38.4$
5-6#	—	4.7	63.38	27.6	16.6	34.8	
3-8#	—	4.9	75.65	24.2	17.0	41.6	

表中的 C, φ 值均是假设试件中部和两端形成斜破裂面的应力为 σ_{max} 计算而来的。由此得到,材料的强度参数平均为 $C_1 = 13.56$ MPa, $\varphi_1 = 43.2°$,这与三轴实验的结果 $C_1 = 14.04$ MPa, $\varphi_1 = 37.6°$ 比较接近。这也证明了摩擦约束下端部处于复杂应力状态,由此产生的圆锥状破坏是由剪切破坏产生的。

同时,还可以得到不同的应变率下,岩石破碎的 C 和 φ 值发展趋势,结果如图2.1.12所示。由此可见,随着应变率的增加,试件的 C 值增大,而 φ 值减小。此结果表明岩石的强度和其相关参数均表现出一定的应变率效应。同时,由于较高的应变速率作用下,材料内部所储存的破碎能高,其破碎程度也强烈,从而表现出材料的内聚力低,而内摩擦系数略有增加,即摩擦特征更明显。这也说明 C 和 φ 值也可用来表征岩石的破碎能。

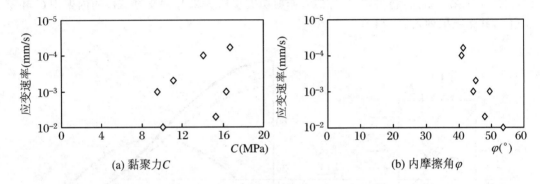

图 2.1.12　岩石破坏强度的应变率效应

2.2　多孔岩土介质的结构特性实验研究

对于多孔介质而言,了解其细微观的结构形态,对于认识该材料、理解和分析其物理力学特性有着十分重要的意义。随着科学技术的发展,对多孔介质孔隙结构的研究也从开始的镜下观察,发展到了现在的CT扫描重构(refactoring)。

2.2.1　扫描电子显微镜镜下观察

扫描电子显微镜(SEM)镜下观察技术以可以固化的某种流体,如环氧树脂等合成树脂,在真空条件下注入多孔试件中,采用加热等方式使之聚合。然后应用常规的切片、磨光片等技术得到可用于镜下分析的样品。对其直接进行镜下观察,或者采用盐酸、氢氟酸等破坏掉矿物相,只对剩下的树脂进行镜下观察。由此可得到介质内部的孔隙分布。在此技术的基础上,采取一些特殊的技巧,如改变两次摄像之间样品的倾角等,可得到三维的影像。

图2.2.1(a)为某孔隙度为23%的松散岩体的SEM照片,注入树脂前可以观察到材料内部几何结构。由于SEM具有一定的景深,其照片有一定的三维效果。注入树脂后,可以得到某一个切片的形态,如图2.2.1(b)所示。图中浅色的为树脂填充。为得到孔隙的三维

分布,可将注入树脂的样品中的矿物部分清理掉,留下的就是岩体内部孔隙的三维形态。

(a) 未注入树脂的SEM照片

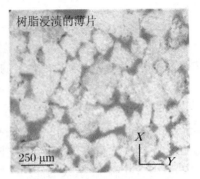
(b) 注入树脂后的照片

图 2.2.1 多孔岩石的细微观结构实验(孔隙度 23%, ETH Rep. 2011)

2.2.2 CT 扫描技术

CT 扫描技术用于岩石损伤破坏过程以及岩石细微观几何结构的测试,源于医用 CT 机。其基本工作原理如下:当 X 射线穿过被测物体,由探测器接收衰减后的信号,试件在扫描过程中做 360°旋转,转动每一特定的角度由 X 射线接收器(CCD)接收投影图像,获取相应的信号,最后通过数学重建算法进行图像的重构,由此可获得试件内部微结构的横截面重建图像。一般的 X 射线为锥束[图 2.2.2(a)],具有一定的宽度,所得的每层图像具有一定的扫描厚度。因此,每幅图像反映了一定厚度材料内部的线性衰减系数的平均值,把具有厚度的每个像素称为体素。比较而言,同步辐射可提供波长范围窄、平直性更好的光源[图 2.2.2(b)],其测试结果精度更高。多种物质组成的样品,不论它是化合物、混合物还是固溶体,其线性衰减系数与物质的聚集态无关,它等于组成物质的不同成分的线性衰减系数与该成分在样品中的质量百分数乘积之和。一般材料的衰减系数难以测取,但由于材料的线性衰减系数与材料密度有近似的对应关系,因此,可采用这种线性近似。由此得到的 CT 图像可反映物质内部密度的变化。

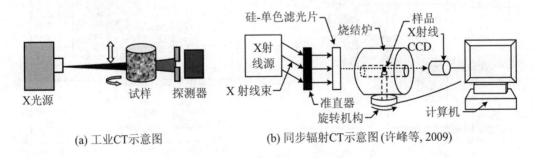

(a) 工业CT示意图
(b) 同步辐射CT示意图(许峰等, 2009)

图 2.2.2 CT 扫描实验示意图

X 射线岩石 CT 图像反映岩石各部位对 X 射线吸收程度的大小,本质上是一幅数字图像,每一像素点的值即为 CT 数。其定义源于 1969 年 Housfield 建立的医用 CT 机的标准方程:

$$H_{rm} = 1000 \times \frac{\mu_{rm} - \mu_{H_2O}}{\mu_{H_2O}} \tag{2.2.1}$$

式中，H_{rm} 为 CT 数，又称 Hounsfield 数，表示物质对 X 射线的相对吸收程度；μ_{rm} 为某图像点物体的 X 射线吸收系数；μ_{H_2O} 为纯水的 X 射线吸收系数。

根据 CT 扫描的工作原理，CT 数与对应的岩石密度成正比，CT 图像的亮色表示岩石高密度区，暗色表示低密度区。岩石中的矿物组成、结构、构造不均一造成各部位密度不同，而密度与 X 射线吸收系数成正比，因此，CT 图像也可以看作岩石扫描断面密度分布图。对于较为均匀的岩石样品，通过一幅 CT 图像观测到的密度信息难以反映细观结构特点。通过对样品同一层位在不同应力状态的多幅 CT 图像进行比较，可以得出细观结构的演化信息。岩石内部一定区域内微孔洞、微裂纹的活动必然引起该区域密度的变化。反之，岩石内部一定区域密度的异常变化也可反映本区域微孔洞、微裂纹活动的集合效应。根据式(2.2.1)，Housfield 建立了以纯水的 CT 数为零的理想图像标准。在此标准下，某点对 X 射线的吸收强弱可直接用 CT 数表示出来。如果被测体是仅存在密度 ρ 变化的同一种物质(其单位密度质量吸收系数为 μ_m)，则被检测物质对 X 射线的吸收系数为

$$\mu_{rm} = \rho \mu_m \tag{2.2.2}$$

令 $\mu_{H_2O} = 1$，可得物质密度的 CT 表达为

$$\rho = \frac{\frac{H_{rm}}{1000} + 1}{\mu_m} \tag{2.2.3}$$

由此，在已知这种物质的 X 射线吸收系数 μ_m 的条件下，CT 数就直接表示了物质的密度 ρ。

图 2.2.3 所示为 Mandonna 等总结的 CT 扫描技术应用于不同研究领域，以及所对应的研究对象的尺度。由此可见，较大的尺度，即体积从 $(0.1\ mm)^3$ 量级到 m^3 量级，可采用同步辐射 CT、医用 CT 等技术；而对于较小的尺度，即体积从 $(10\ nm)^3$ 量级到 $(10\ mm)^3$ 量级，可采用 3D 原子探针、电子探针、X 射线等技术。由此，CT 技术已经可以涵盖从 nm 到 m 量

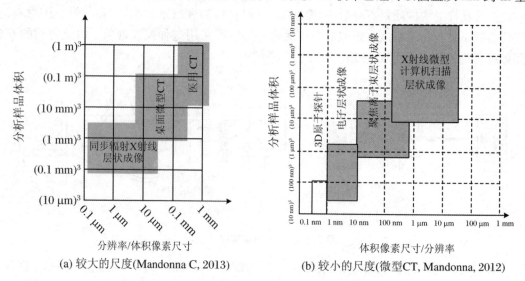

(a) 较大的尺度(Mandonna C, 2013)　　(b) 较小的尺度(微型CT, Mandonna, 2012)

图 2.2.3　CT 扫描技术与所研究对象尺度示意图

级的各种微观结构的测量。关于应用微型 CT 技术研究压力作用下,孔隙岩体内部微结构的演化,尤其是孔洞崩塌的演化方面,Wong(黄庭芳)研究小组最近有系列的工作(Zhang,等,1990;Wong 等,1997;Zhu 等,2010;Baud 等,2000,2006,2009;Ji 等,2012)。

为研究碳酸盐类岩石的非线性弹性变形行为,Wong 研究小组对 Indiana,Majella 和 Tavel 石灰岩结合三轴压缩实验进行了一系列的微结构演化实验。3 种石灰岩的孔隙度分别为 16%,31% 和约 10%,SEM 镜下照片可见其组成基本为异化晶粒、晶石质胶结物、微晶和孔洞等。这里的孔隙一般有两类,即宏观孔隙和微观孔隙,其中微观孔隙占约 10%,对于孔隙度较小的 Tavel 石灰岩,其微观孔隙度超过 9%。对直径为 4 mm 的 Indiana 石灰岩圆柱样品,进行 X 射线微型 CT 扫描,得到不同位置的扫描图像,如图 2.2.4(a)所示。其扫描分辨率在 1 800 dpi,最小识别的孔洞尺寸在 33 μm。对这些图形进行三维重构,可得到三维的几何微结构图。对其进行分析,可以统计 Indiana 石灰岩的微结构组成主要有三部分:固体矿物颗粒部分,约占 85%[图 2.2.4(b)];宏观孔隙部分,约占 4%[图 2.2.4(c)];过渡区域微观孔隙部分,约占 11%[图 2.2.4(d)]。这里的微观孔隙部分无法完全分离,实际上是微孔隙与部分固体共同组成的。

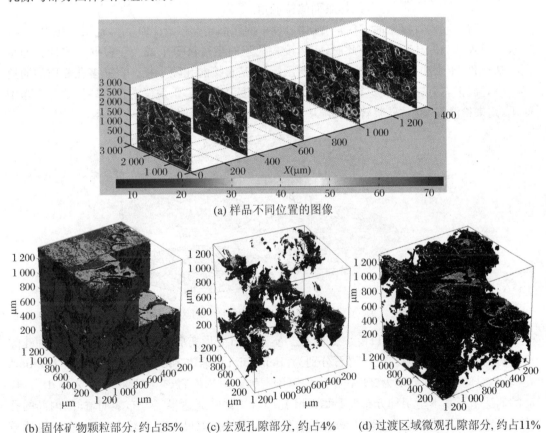

(a) 样品不同位置的图像

(b) 固体矿物颗粒部分,约占85%　　(c) 宏观孔隙部分,约占4%　　(d) 过渡区域微观孔隙部分,约占11%

图 2.2.4　Indiana 石灰岩的 X 射线微型 CT 扫描结果(Ji 等,2012)

2.2.3 压汞法与孔隙度测定谱

压汞法(mercury intrusion porosimetry,简称 MIP),又称汞孔隙度法。它是由 Purcell(1949)推广使用的一种测试孔隙度的方法。其基本原理是利用某一流体与固体之间分界面的毛细作用特性来确定孔隙几何特性(图2.2.5)。将样品预先置于真空环境,施加一定的压力,使水银逐渐侵入样品。由于水银对一般岩石固体不浸润,欲使水银进入岩石孔隙需施加一定的外压。若将多孔隙岩石看作毛细管网络进行处理(图2.2.6),假定毛细管平均半径为 R,外压使得水银通过半径为 R 的管喉进入毛细管。此时,半径 R 满足 Jurin 方程:

$$P_c = \frac{2t_s \cos\theta}{R} \qquad (2.2.4)$$

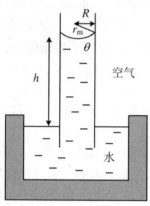

图 2.2.5 毛细管现象

式中,P_c 为毛细压力,t_s 为分界面上的表面张力,θ 为液体与固体表面的接触角。

水银与一般矿物接触时,其排出液体过程中的浸润角度接近 140°。给定某一压力作用,使水银浸入部分的孔隙空间。此时,实际浸入孔隙的半径将等于或大于根据上式计算的半径。基于此,压汞法一般得到的是通达半径,而不是直接的孔隙半径。普通多孔介质的通达半径呈对数正态分布,对其进行求导,可得到孔隙度测定谱。压汞仪常在材料科学与工程中使用,用来检测混凝土、砂浆等的孔隙度,用以表征混凝土内部的气孔等指标。

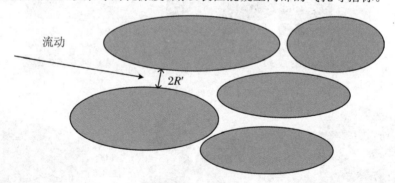

图 2.2.6 浸润示意图

图 2.2.7(a)所示为 ZTH(苏黎世高工)实验岩石变形实验室的一个课程中对三种孔隙度岩石的压汞测试结果。三种岩石分别为:Bentheim 砂岩、Crab Orchard 砂岩和 Takidani 花岗岩,对应孔隙度分别为 23%[图 2.2.7(b)]、5%[图 2.2.7(c)]和 1%[图 2.2.7(d)]。样品的通达半径基本呈某种分布。Takidani 花岗岩试件的通达半径分布表明,样品内部的孔隙尺寸较小而且比较集中;Bentheim 砂岩样品内部的孔隙尺寸相对较大,其分布相对比较分散;而 Crab Orchard 砂岩的孔隙尺寸介于二者之间,但其尺寸分布最为分散。这些信息对于岩石的宏观物理力学性质的认识有着非常重要的作用。

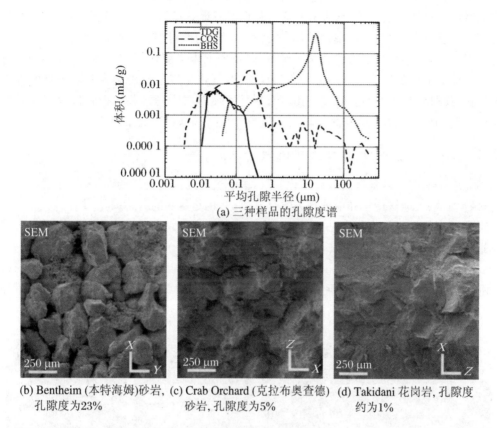

图 2.2.7 压汞法测试不同孔隙样品的孔隙度谱(A course of Experimental Rock Deformation Lab, ZTH, Zurich. 2011. www.rockdeformation.ethz.ch)

2.3 高孔隙度岩石局部变形带的野外证据和实验研究

岩石局部变形带的野外证据和实验研究是涉及地壳变形与稳定性的地震学、构造地质学、斜坡稳定性等多个地学问题的基础性科学问题之一,也是国内外相关领域的研究热点之一。在地壳岩石圈中最早被人们发现,也是最常见的、规模最大的局部化变形带是剪切带(shear zone)(张家声,1995),它与地震和一些突发性地质灾害有关。近年来人们(Du Bernard 等,2002)又在野外高孔岩石露头中发现了剪切条带(shear band)、压缩条带和膨胀条带(后文中所指的剪切带、压缩带和膨胀带),它们也与地震产生的摩擦滑动有关(Toro 等,2006);它们影响液体的储藏和输运,与核废料的长期储藏和泄漏相关;又由于高孔岩石是地壳运动的主体,这些局部化变形带与人类生产、生活息息相关。所以局部化变形带引起了地学和岩石力学工作者及地震学家的广泛关注。要了解人类居住的地球的运动规律和受力变形情况,如大尺度的变形带、板块运动、俯冲带的产生等,首先必须了解地壳岩石局部化变形状态以及演化规律。在野外,众多的研究者从世界各地寻找到了压缩带、剪切带和膨胀带的野外证据,还试图在实验室重现这种局部化变形带。为此对多孔岩石进行了进一步的实验研究:用等围压三轴压缩实验研究脆-延转化以及压缩带与剪切带的转换关系,得到了垂直于最大主应力方向的压缩带(Olsson,1999),由此,促进了以分岔理论为基础进行的理论模型的探讨(Rudnicki,2002)。研究高孔岩石局部化变形对于理解和认识各板块内部局部区域不同尺度的变形以及地壳中发生的各种地质作用过程都有着重要的意义。

2.3.1 高孔隙度岩石局部变形带的野外证据

地壳中普遍存在各种尺度的局部化变形,了解这些局部化变形的产生、演化规律和机制对地球物理学、大地构造学和地球动力学是基本的,也是重要的。

最早被人们发现的也是常见的局部化变形是剪切带。它是地壳岩石圈中广泛发育的主要构造类型之一,造山带或变质基底内几十千米宽和上千千米长的韧性剪切带(张家声,1995;刘德民等,2003;Aydin等,2006)都发育在强烈挤压变质变形地区,位于两板块的接合部,图2.3.1(a)为显微尺度的韧性剪切带;在局部地壳应力场的作用下发育的剪切条带如图

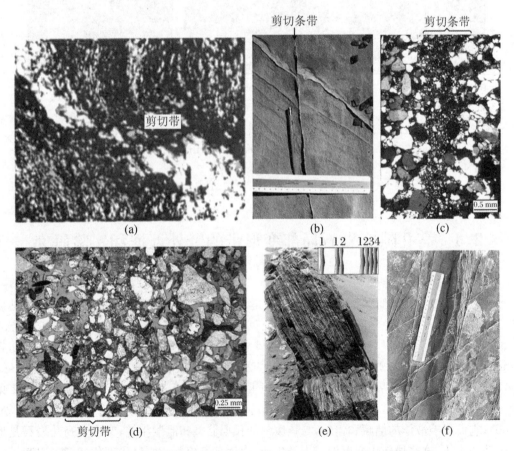

图 2.3.1 显微尺度的韧性剪切带[(a)](刘德民等,2003)及部分出露在地表的
剪切带形状[(b)~(f)](Aydin等,2006)

2.3.1(b)所示,该图为犹他州 San Rafael(圣拉斐尔)沙漠的 Entrada 砂岩的露头照片,其中箭头指向的是一条剪切条带,这条剪切带有几毫米的横向滑动;图 2.3.1(c)为 Entrada 砂岩中剪切条带的薄片图,括号标示部分为剪切带,带内的岩石颗粒远小于带外的岩石颗粒;图 2.3.1(d)为位于北加州的 Mc Kinleyville 的松散沉积物中的剪切条带,带中未见有岩石碎裂;图 2.3.1(e)为 Entrada 砂岩的一个剪切条带区域的露头照片,图中插图示意性地表示了一个变形带区域的横向扩展,所放锤子作为尺度参考;图 2.3.1(f)是在犹他州 San Rafael 沙漠的一个剪切条带网和剪切条带的露头照片。

地震的发生通常与地层岩石破坏强度随滑动或滑动速度增加而弱化的现象相关。对震后稳定地壳断裂岩层的观测数据表明,岩层滑动主要集中在较薄(小于 1~5 mm)的剪切带内。图 2.3.2 中所示图像所处的主滑移带(principle slide surface,PSS)被认为是已经经过了千米量级的滑移(Chester,1998)。图 2.3.2(a)描述了沿着 Punchbowl 断裂带,分布在地下深度 2~4 km 的区间,累积已经滑移 44 km 的一条滑动带。图 2.3.2(b)中是对滑移带的局部放大(Chester 等,2003;Chester,Goldsby,2003),展示的是主滑移带的局部剪切带。此带的厚度仅有约 1 mm,其局部剪切滑动带带宽变化范围为 0.6~1.1 mm,并且伴随有散乱分布的更细小的滑动带,对应厚度一般为 100~300 μm[图 2.3.2(b)中的深色部分]。这些证据似乎说明,滑动发生在零厚度的条带之中。同时,也反映出地震剪切带的尺度跨越较大:既有较大带宽的主滑移带,又有分布较细密的次滑移带。这种剪切带带宽虽然仅有毫米量级,滑移距离却可达到几十千米长。Toro 等(2006)提供了类似剪切条带——类玄武玻璃形成的一个未经扰动的英云闪长岩中传播的单一的地震破裂带,这是类玄武玻璃表示的野外主断层实例。其中类玄武玻璃注入横穿阿达梅洛(Adamello)的英云闪长岩岩基(意大利

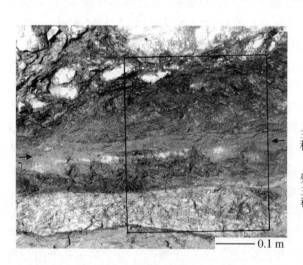 

(a) Chester(1998), Ultracntaclasite 带,黑色箭头所指区域采用 100 mm 标尺,为一剪切带超显微放大图

(b) Chester 等(2003); Chester, Goldsby(2003) 细截面标尺为 5 mm,约 1 mm 局部带(明亮的窄条是穿过偏振导致的优选方向),微剪切局部化的最大剧烈应变厚度是 100~300 μm,采用 1 mm 标尺,剪切厚度约为 1 mm(Rice,2006)

图 2.3.2 Punchbowl 断裂剪切带形貌

阿尔卑斯山)(Toro,Teza 等,2005;Toro 等,2005),而且类玄武玻璃的厚度沿走向是变化的。该断裂带暴露在冰川磨光的露头上,由大约 200 个近乎平行的断层组成。Rice(2006)提供的地震局部剪切滑动带的实例更证实了,这种与地震相关的局部剪切带,在地震多发的时代尤其需要重视对其的研究。

大量的实验研究和野外观测表明,岩石在不同温压条件下的变形可分为脆性、延性和脆-延转换三个阶段(Scott 等,1991),岩石在脆性变形阶段通常表现出明显的体积膨胀和局部化剪切变形带。延性阶段以颗粒破碎、空隙崩塌和均匀的物质流动为主要特征。脆-延性转换阶段则更为复杂,通常会出现多个交叉的剪切裂纹或大角度的共轭剪切带。井孔水压致裂和巴西实验等现象表明,在一定条件下,岩石在垂直于最小主应力的方向上会发生拉张破裂,但是传统观念认为局部化变形结构不会发生在垂直于最大主应力方向上。而压缩带的发现改变了关于局部化变形的认识。Lajtai(1974)早在 1974 年的实验研究中就观察到了压缩带结构。但直到近几年压缩带才引起众多研究者的关注而被深入研究。Hill(1989)、Cakir 等(1994)在美国南内华达州 Valley of Fire(火焰谷)的州立公园的 Aztec(阿兹特克)砂岩中,第一次在野外发现了压缩带状构造[2.3.3(a)～(e)]。从图 2.3.3(a)和(b)的岩石出露照片看出,压缩带的地形比未变形砂岩地形显著向上凸起。这是因为压缩带所处位置的砂岩孔隙度明显小于周围未变形的砂岩,所以它的强度大,抗风化能力强,不易被两边剪切方向的砂岩穿过。图 2.3.3(e)为 Veroruka 等(2003)给出的压缩带实物照片,从图中可以观察到明显的孔隙崩塌和颗粒破坏现象。图中箭头所指的两个压缩带在中心位置交叠并在此散开。Sternlof 和 Pollard(2001,2002)还研究了 Aztec 砂岩中压缩带的平均孔隙度和岩石的不连续位移,提出压缩带与线弹性加载实验下的"反破裂"有相似的形状,并预测压缩带的平面扩张和传播结果与开放模式下的破裂相似。此后 Mollema 等(1996)在南犹他州东,Kaibab(凯巴布)单斜的 Navajo(纳瓦霍)砂岩(孔隙度为 20%～25%)中发现了一系列板片状结构,它们比周围岩石更致密、更抗风化而出露显著,其孔隙度只有百分之几。在这种高孔隙度砂岩中,会产生不连续的局部的水平变形带,这就是具有潜在重要性的压缩带结构。一个压缩带表现为一封闭的水平带,没有明显的切向位移。显微观察表明,在压缩带中发生了无旋转的颗粒压缩。Mollema 等(1996)提出了两种压缩带:厚的压缩带(thick compaction band)和弯曲压缩带(crooked compaction band)。厚的压缩带的厚度一般为 0.5～1.5 cm,长度为几厘米到数米;而弯曲压缩带的厚度一般为 0.1～0.5 cm。野外观察表明,厚的压缩带由剪切带顶部附近的压缩扇形产生,在人工剪切带的顶部发育的裂纹可能也是压缩带。这种伴随着拉伸带产生的压缩带裂纹表明了"反破裂"模型的正确性(Haimson,1998),因此,压缩带有可能可用"反破裂"模型进行较全面的解释。Mollema 等(1996)还提出孔隙度大于 20%的高孔岩石中的压缩带和孔隙度的关系,压缩带可能会影响孔洞附近的渗透路径。野外压缩带特别是弯曲压缩带可能不完全限定在剪切带顶部,而是分布于整个层中;可能为一个压力作用的结果,而不是剪切带顶部的局部作用。

在孔隙度为 22%的 Berea(佰里亚)砂岩中也观察到了压缩带。这些压缩带起源于由孔洞缺陷导致的最大应力集中点,且和最大压应力垂直。当孔隙度为 17%时,孔隙裂纹呈狗耳状,是准平行于最大主应力方向的拉伸裂纹,垂直于伴生的压缩带。从这里看出,压缩带和剪切带是伴随在一起的,只有在非均匀的岩石中,在压缩应力作用下,在其非均匀的地方会产生应力集中,出现局部化变形现象,这才会导致剪切作用产生剪切带,而在均匀材料中只有压缩带。与剪切带一样,压缩带的形成和发展会影响局部应力场。另外,压缩带内的局部

(a) 压缩带的露头照片,箭头指示出相对周围无变形砂岩的地形向上凸起,无宏观剪切穿过压缩带的位置

(b) 同一位置的压缩带网的照片

(c) 压缩带样品扫描图,右边的标尺标出了相应的尺寸

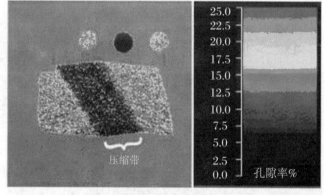

(d) 图(c)的CT扫描图,并给出了由密度分布反演而来的孔隙度分布,砂岩原岩的平均孔隙度大约为20%,而经压缩后的黑色压缩带的孔隙度为5%~7%

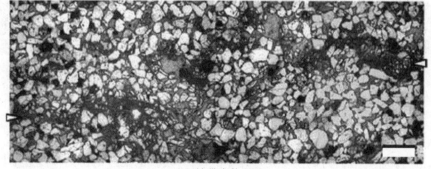

(e) 压缩带实物照片

图2.3.3 内华达州 Valley of Fire 公园 Aztec 砂岩中的压缩带(Aydin 等,2006;Hill,1989;Cakir 等,1994)

孔隙度(小于10%)明显小于其周围的岩石(20%~25%)会影响沉积物中流体的输运和应力-应变分布,成为阻止流体流动的障碍。这对于石油、水利以及核废料的长期储藏,处置场库的设计等方面都有很多潜在的应用价值。

Issen 和 Rudnicki(2000)曾将岩石特性、加载条件、应力历史等因素与 Rudnicki 和 Rice(1975)理论结合,建立了关于岩石局部化变形的数学模型,这个分岔理论模型预测到了膨胀带的存在,这已在野外观察中被证实。该膨胀带与已发现的低孔隙脆性砂岩中常见的张性破裂或节理有明显的不同(Pollard 等,1988):膨胀带以狭小区域内的较大孔隙为特征,而张性破裂或节理则是以两个不连续的分开的平面为特征。Du Bernard 等(2002)第一次在北 California(加利福尼亚)的 Mc Kinleyville(麦金利维尔)地区 Savage Creek 海相阶地中发现了膨胀带的野外证据[2.3.4(a)~(d)],并根据已有的数学模型用砂的临界状态理论做了膨胀带的预测。膨胀带一般发生在松散砂岩中垂直于最小主应力的方向上,与剪切带共生并与剪切带的夹角小于30°,带内充填有黏土矿物、铁的氧化物和其他有机物质,孔隙度明显大于周围岩石。

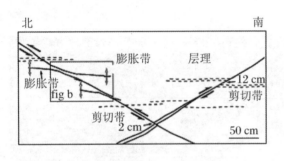

(a) 显示膨胀带同时伴有两个剪切带的存在

(b) 实物照片,显示了存在的剪切带和膨胀带

(c) 膨胀带标本切片的显微照片
(内有黏土等材料的填充)

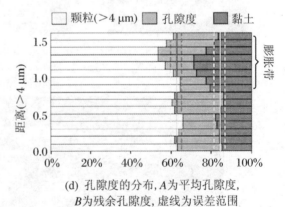

(d) 孔隙度的分布,A 为平均孔隙度,
B 为残余孔隙度,虚线为误差范围

图 2.3.4　北 California 的 Mc Kinleyville 地区的膨胀带(Du Bernard 等,2002)

压缩带与膨胀带在野外的发现是近几年的事,对发现的地区的研究程度远不如大型剪切带,对压缩带、膨胀带产生机理以及压缩带阻碍地壳中液体的输运、防止核泄漏等方面已取得一些初步认识。但对压缩带和膨胀带的研究来说,基本上还处在对野外特征的描述阶段,其产生机理、演化发展规律、形成条件以及在构造地质、地壳变形与稳定性方面的作用还

需深入研究。比如,在野外是否有更厚更大规模的压缩带和膨胀带?它们对地壳运动有何影响?尤其在国内,该领域几乎是空白,没有人关注这方面的研究,更没有人进行过这方面的野外调查。

剪切带、压缩带和膨胀带是高孔隙度岩石中常见的三种局部化变形,这种局部化变形带是近些年来岩石物理和岩石动力学中研究的热点问题之一,非常值得地质、地球物理和岩石动力学研究者去关注和深入探讨。

2.3.2 高孔隙度岩石压缩带实验研究结果

主要介绍高孔隙度岩石中压缩带典型的实验 σ-ε 曲线和本构参数。压缩带是脆延转换的产物,并给出了产生应力平台的实验条件。

1. 孔隙度为 28%的 Castlegate 砂岩的等围压三轴压缩实验

Olsson(1999)对孔隙度约为 28% 的 Castlegate 砂岩进行等围压三轴压缩实验,得到的脆-延性转换阶段的岩石特性参数与 Issen 和 Rudnicki(2000)提出的压缩带形成条件理论中的岩石特性参数类似,因此预测可能有压缩带产生。实验结果的确出现了与野外观察到的压缩带类似的压缩局部化结构,但要比野外观察到的出露岩石中的压缩带厚一些(达到 2.5 cm)。不过,Olssen 等(2000)做的实验直接证明了压缩带形成理论。

从图 2.3.5 中可以看到,Castlegate 砂岩的应力-应变曲线被划分为 4 个阶段。Ⅰ 阶段从 $\sigma_D = 0$ 持续到 $\sigma_D = 65$ MPa,为线弹性变形阶段,应力随应变呈线性增加。Ⅱ 阶段为非线性弹性变形阶段,应力随应变增长的速度变慢,但仍处于弹性变形阶段,此阶段所达到的局部应力峰值 $\sigma_D = 90$ MPa。Ⅲ 阶段为压实段,此阶段首先出现了一个明显的幅度为 5 MPa 的应力降,试样内开始出现压缩带,此现象可能是由孔隙开始塌缩以及颗粒开始破坏而引起的。此后随应变的增加,应力几乎保持不变的"应力平台",与塑性力学中的"流动"现象类似。可以认为这对应着压缩带的产生,直到应变为 0.065。Ⅳ 阶段开始进入非线性的塑性加载阶段,出现硬化现象,应力随应变增加呈非线性的增大。比较遗憾的是,这个实验没有做到应力-应变曲线的峰值应力以后的阶段;而根据理论推测,曲线后的阶段很有可能出现剪切带以及宏观破坏。其他高孔隙度砂岩也有类似的 σ-ε 曲线。

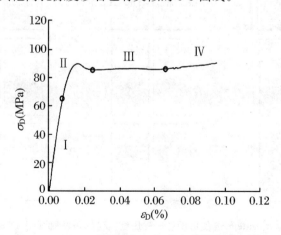

图 2.3.5 Castlegate 砂岩的差应力-应变曲线(Olsson 等,2000)

这个实验中同时还进行了声发射的观测,其结果见图2.3.6。每个声发射图的右边都配有应力-应变曲线,以表明该声发射信息对应不同加载时刻的应力状态。中间的两个部分为垂直于最小主应力方向的样品的正交剖面,其中的点对应着声发射的位置;最左边的小横线指向声发射密度最大的区域。图2.3.6(d)~(g)的4个图正好对应图2.3.5中的应力平台阶段,即压缩带区域,可见声发射的密集区域也对应着压缩带产生的区域。

图2.3.6(a)对应加载过程的线弹性加载阶段,声发射主要出现在轴向加载面上,这是由于此时声发射主要由样品加载面上的摩擦滑动引起的。同时,需注意的是初始加载阶段较多的声发射信号发生在试件的端部,这说明开始加载过程岩样的变形主要集中在端部,这也是一般岩石应力-应变关系开始的压密阶段产生的主要原因。图2.3.6(b)对应塑性变形开始发生阶段,样品底部的声发射集中区域消失,声发射事件分布均匀,直到达到峰值应力(c)。对应图2.3.6(c),加载到一定程度,在岩石内部出现了一个声发射密度很高的扁平状条带,可认为是压缩带的产生位置,在这个区域内产生孔隙塌缩或者颗粒破坏。图2.3.6中(d)和(e)对应压缩带的发展阶段,此时声发射密度最大的区域基本保持不变,这说明压缩带已经定位成形。而从图2.3.6(f)开始,在岩样的上部又出现了一个声发射的密集面,随着加载的进行,这个面渐渐发展,最终与原来的压缩带位置汇合,形成新的压缩带,见图2.3.6中(g)和(h)。到图2.3.6(i)之后岩样进入塑性变形阶段,由于声发射主要反映岩石脆性破裂特征,所以此时声发射事件明显减少。Olsson等(2000)还分析了压缩带形成过程中的声发射特征,样品中声发射区域的边界代表了压缩和未压缩区域的分界。在加载过程中,这个界面沿最大主应力方向推进,形成一个沿最大主应力方向生长(增厚)的片状区域。该实验证明了压缩带不仅可在实验中获得,而且可在实验中进行模拟。该实验还将图2.3.6的声发射密集面发展的过程与图2.3.5的σ-ε曲线的4个阶段结合分析,以说明压缩带的形成过程,不失为以实验手段证明压缩带存在和形成的良好途径。

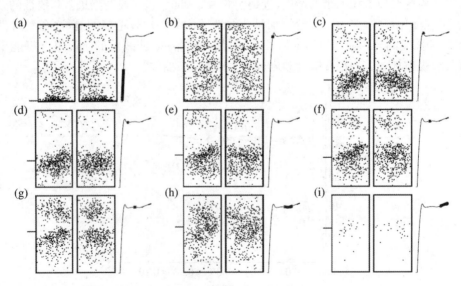

图2.3.6 Castlegate砂岩的等围压三轴压缩实验的声发射观测(Olsson等,2000)

2. 不同围压下 Castlegate 砂岩的三轴压缩实验

Mollema 等(1996)认为孔隙度和颗粒尺寸是自然压缩带形成的重要因素。对 Castlegate 砂岩进行了 6 次静水压实验,压力变化范围为 180～250 MPa。样品在 69 MPa 和 100 MPa 的三轴压缩实验的 σ-ε 曲线与图 2.3.5 类似。在曲线的弯曲处有一显著的平台,是孔隙崩塌和颗粒压碎的确切应力值。在压密结束时应力开始增加,σ-ε 曲线进入随 ε 的增大而强度上升的硬化阶段,通常到达一个接近剪切破坏的峰值点。在加载中引入了几组卸载曲线,以便观察可能与压缩作用的硬化相关的模量,这样的卸载曲线同样用来测量剪切模量 G 和泊松比 ν 的变化。在第一个屈服后(Castlegate 砂岩约为 150 MPa)对应大约 7%的应变时引起硬化。此后,Castlegate 和 Berea 及 Adamswiller 砂岩的力学行为区别很大。Castlegate 砂岩在第一个屈服后应力降低,而其他两种砂岩硬化前出现一个平坦的屈服段,Castlegate 砂岩 σ-ε 曲线的极值点不明显可能是由于硬化的影响,100 MPa 下的 Castlegate 砂岩,当变形被压缩了 5.5%时,曲线仍没有显示上升的趋势。

在横向应变和轴向应变的关系中,当轴向应变缩短量在 1.5%～4%时,所有样品半径都有所增加,相应横向应变增大。有四种样品直到卸载或轴向应变达到 3.5%后,才经历近似的单轴应变加载的特征。样品 CG1P 在轴向应变从 3.5%变化到 5%时,经历了一个轴向应变加速阶段,轴向应变的加速可能和孔隙的压缩崩塌有关,类似的显微观测结果参照图 2.3.10。

下面是实验样品的变形描述:

(1) 64 MPa 围压下的 Castlegate 砂岩样品变形。

① CG3P 应变为 2%时,在样品的侧向左上方部分有轻微的凸出,显示出厚度为 1 mm 且与最大压应力方向成 36°的薄剪切带。

② CG2P 应变为 4.4%时,在样品的 1/3 长度处,边界凸出,其直径由变形前的 50.3 mm 增大到 52.5 mm。有一些可见的剪切带生成,呈放射状排列在样品周围,未变形和变形区的边界近似平坦,而且正交于最大应力方向,这就是压缩带。

③ CG1P 应变为 24%时,样品中间部位有一个大约 10 mm 厚且垂直于最大应力方向的压缩带。然后扩展到 2/3 直径处,从压缩带边缘伸展出去的是与最大应力方向成 65°的明显的剪切带。

(2) 100 MPa 围压下样品的变形。

① CG8P 应变为 2.5%时,样品有约为 25 mm 厚的既受压缩又受剪切的变形带,经测量,压缩带外径未发生变化。在压缩带内部,直径有 0.5～1.0 mm 的永久增加,$\theta = 14°$。

② CG7P 应变为 5%时,样品上部存在一厚为 38 mm 的近似圆桶状的压缩带,在样品的下部存在与样品端部成 43°交角的剪切带。

上述样品压缩带出现的情况与高孔隙度岩石的三轴压缩实验 σ-ε 曲线特征较为吻合。但剪切带的出现与此不完全相符。有些剪切带与压缩带同时甚至早于压缩带出现。初步分析可能是,样品的均匀或加载后的非均匀程度、样品物性参数的变化以及加载方式存在差异,从而使得岩样的局部满足局部化变形带出现的条件而导致剪切带的出现。

表 2.3.1 给出了测量的本构参数(膨胀因子 $\beta = \mathrm{d}\varepsilon_v^p/\mathrm{d}\gamma^p$,剪切和体积屈服线的斜率 $\mu = \partial\bar{\tau}/\partial\sigma$)和用理论预测的变形带的方位(Olsson,1999),并给出了相应的正切模量 $E_{\tan}$。其中 $\mathrm{d}\varepsilon_v^p$ 为非弹性体积应变增量,$\mathrm{d}\gamma^p$ 为非弹性剪切应变增量,$\bar{\tau} = \sqrt{J_2}$ (J_2 为第二偏应力不

变量)。

表 2.3.1 样品的本构参数(Olsson,1999)

测试号	σ_1(MPa)	ν	β(max/min)	μ(max/min)	预测 θ(°)	实测 θ(°)	$E_{\tan}$(MPa)(max/min)
CG3P	69	0.17	−0.26/−1.10	0.39/−0.053	40.4/21.2	36	−7074/1739
CG2P	69	Na	Na	0.39/−0.053	Na	0	Na
CG1P	69	0.19	−0.28/−1.04	0.39/−0.053	40.5/22.5	0 和 65	−1064/2051
CG8P	100	0.22	−0.41/−1.03	0.39/−0.053	39.4/23.0	14	−2949/653
CG7P	100	0.21	−0.40/−1.00	0.39/−0.053	39.3/23.4	0 和 43	−3289/1667

角度计算需要的数据为 μ,ν,β。这些参数值的正确性主要影响局部化变形的方位,但参数选择很困难。因为确切的局部化区的识别并不强烈依赖于 σ-ε 数据本身。泊松比 ν 的选择,由表 2.3.1 可见,ν 变化很小,一般选为 0.22。合理选择膨胀因子 β,从本质上看 β 与应变显示出双线性函数关系。在一个与最大差应力有关的应变区域上,体应变曲线有一个转折点,β 的最大值发生在第一个最大应力前的加载区,β = −1.1;然后,β 平稳地减小到最小值 −0.41。表 2.3.1 给出了 β 的最大和最小值。与最大差应力相关的值应位于它们之间。内摩擦参数 μ 同样很难选择,最简单的是利用 τ 的顶点值,然后计算 $\partial\tau/\partial\sigma$ 而得到 μ = 0.33;另外一种方法是应用屈服面的帽盖模型从恒定塑性体积应变的轮廓线定义 μ 值。由于缺乏构成一完整的形变轮廓线的足够数据,难以精确确定帽盖形状,因此,根据实验推测 μ 的最大可能范围为 −0.053~0.39。参数变化范围估计(Olsson,1999):当 μ,β 增大时,则 θ 角增大,但 $E_{\tan}$ 减小;当一个应力状态在屈服面的帽盖模型上同时发生时,介质显示出静水压导致的塑性体积的流动。三轴压缩的局部区(顶点)有滞后出现,β 的负值能显著增加模量。如果 σ-ε 曲线上的一个特殊点可以被确切地鉴定为局部化产生的临界点,则 ν,β,μ 变化范围可以变窄。由于缺少这种点,所以最好的办法是对变形带方位做范围上的估计,可以通过 θ-β 曲线找出确定的 μ,然后确定可以接受的 β 值,再给出 θ 的变化范围。

这个实验证实了应力平台的存在,给出了实验样品中剪切带、压缩带的变形位置和变形特征以及描写局部化变形的帽盖数学模型的本构参数,还预测了这些参数变化对局部产生变形带的方位影响,这是十分难得的。

3. 其他砂岩的对称三轴压缩实验结果分析

表 2.3.2 列出了其他等围压三轴压缩实验所用砂岩的物性参数(Wong 等,1997)。Wong 等研究了在不同围压的轴向加载条件下,高孔隙砂岩从脆性到延性的转变。当围压较低(小于或等于 20 MPa)时,岩石首先发生体积压缩,形成压缩带,持续加载导致体积膨胀,最终形成剪切带而遭破坏。当围压达到 60 MPa 以上,岩石颗粒受压达到某个极限值时,在受力点附近产生拉张应力导致颗粒破碎。Bésuelle 等(2003)利用定量的微结构分析和 X 射线 CT 成像技术,研究了 Rothbach 砂岩(孔隙度约为 20%)脆性(有效应力小于 45 MPa)和脆-延性转换阶段(有效应力为 45~130 MPa)的应变局部化变形的微观结构特征。分析表明:脆性阶段的岩石被膨胀的剪切带所破坏,剪切带中心部分颗粒遭强烈破坏,而剪切带外

围发生大量晶间和穿晶破坏,破坏程度随距剪切带中心距离增大而迅速减轻,到4～5个颗粒之外几乎没有遭破坏。变形带中部破坏强度是外部的5倍左右,在脆-延性转换阶段,存在大角度的压缩剪切带和压缩带,且随有效应力的增加,破坏的各向异性程度减轻。可见压缩带就是高孔隙度岩石在脆-延性转换阶段出现的局部化变形。

表2.3.2　几种砂岩的物性参数

砂岩种类	孔隙度(%)	颗粒半径(mm)	组分
Boise	35.0	0.28	石英67%、长石14%、云母2%、黏土13%
Berea	21.0	0.13	石英71%、长石10%、碳酸盐5%、黏土10%
Adamswiller	22.6	0.09	石英71%、长石9%、氧化物及云母5%、黏土11%
Rothbach	19.9	0.23	石英68%、长石16%、氧化物及云母3%、黏土12%
Bentheim	23.0	0.10	未找到相关资料

注:Veronika等,2003;Wong等,1997;Patrick等,2000;Klien等,2001。

Patrick等(2000)对孔隙度为35%的Boise砂岩进行过三轴压缩实验[图2.3.7(a)],主要目的是研究液体对岩石特性的影响。但也能看到岩石在对称三轴压缩下出现局部应力峰之后的"应力平台"。干燥岩石样品尤其明显,含水岩石的应力降比干燥岩石小,可能是由于液体的填充作用以及对孔隙、颗粒破坏的影响,造成岩石破坏之后的应力降不明显。Adamswiller砂岩(孔隙度为22.6%)的三轴压缩实验曲线:在较低围压下,对应于压缩变形带的岩石"应力平台"很显著;而当围压较高时,这个平台就不很明显[图2.3.7(b)]。以60 MPa围压为分界线,高于60 MPa围压(100～150 MPa),岩石的"应力平台"几乎不再存在。推测可能与Berea砂岩(孔隙度为21%)一样,由于较高围压下(100～360 MPa)砂岩本身的孔隙及颗粒已经遭到破坏,不可能出现再压缩,所以不再或者很少出现孔隙塌缩、闭合和颗粒破坏等导致出现应力平台,即压缩带的现象。Rothback砂岩(孔隙度为19.9%)的三轴压缩实

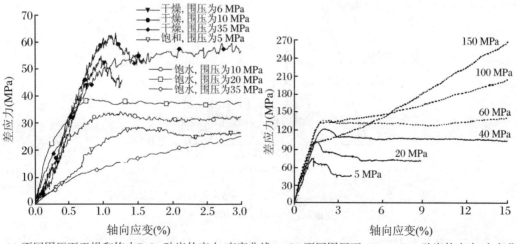

(a) 不同围压下干燥和饱水Boise砂岩的应力-应变曲线　　(b) 不同围压下Adamswiller砂岩的应力-应变曲线

图2.3.7　不同围压下Boise砂岩和Adamswiller砂岩的对称三轴压缩应力-应变曲线(Patrick等,2000)

验曲线如图 2.3.8 所示：(a) 围压为 20 MPa 下的加载曲线和声发射率统计；(b) 围压为 140 MPa 下的加载曲线和声发射率统计。图中的 C^* 为延性变形中剪切增强压缩应力的起点。图 2.3.8 也证实,低围压下的压缩带比较明显,而高围压下,从应力-应变曲线上看不出压缩带所对应的"应力平台"。

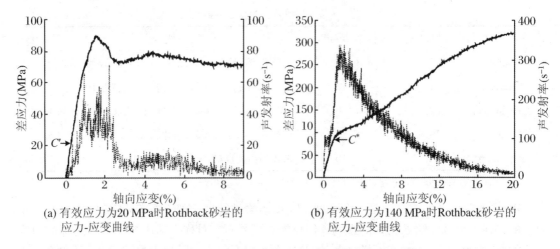

图 2.3.8　不同有效应力下 Rothback 砂岩的对称三轴压缩应力-应变曲线(Wong 等,1997)

Veronika 等(2003)对 Bentheim 砂岩(孔隙度为 25%)进行了对称三轴压缩实验,对变形后的样品进行了切片观察。全程应力-应变及声发射率曲线见图 2.3.9。

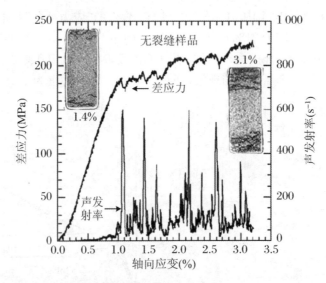

图 2.3.9　Bentheim 砂岩的对称三轴压缩实验的应力-应变及声发射率-应变曲线(Veronika 等,2003)

在轴向应变为 1.4% 和 3.1% 的时候出现了压缩带(样品形态如图 2.3.10 所示)。从切片图上分析可得知压缩带是逐渐发展、不断增厚的,并由样品加载端向样品的中间部分发展,这与 Castlegate 砂岩的压缩实验和 Katsman 的数值模拟结果一致。随着围压的增加,压缩带的产生情况也变得不同(Bessinger 等,1997;Wong 等,2001)。如图 2.3.10 所示,围压为 90 MPa 时,岩样产生两个明显的共轭变形带,随围压的增加,变形带与最大主应力之间的夹角逐渐增大。因此,不同围压下 Bentheim 砂岩产生最大轴向应变时,通过对样品状态的观察可得出结论:实验中观察到的压缩带的厚度随着差应力的增加而增厚。但在 300 MPa 时略有不同,图中可以确切地分辨出几个独立的与最大主应力垂直或近于垂直的变形带,每个带的厚度都在 18 mm 左右。这里有可能产生了"剪切增强压缩"(硬化)现象。这些实验(Klein 等,2001;Olsson,1999;Olsson 等,2001;Wong 等,2001)的应力-应变曲线在拐点之后均有"应力平台"段(图 2.3.9)。还发现在应力-应变曲线上存在一些应力幅度约为 30 MPa 的波动(图 2.3.9),波动的次数与压缩带的数目和声发射率的高峰数目是基本相对应的(图 2.3.9),这与 Katsman 等(2005)的数值模拟结果也较吻合。

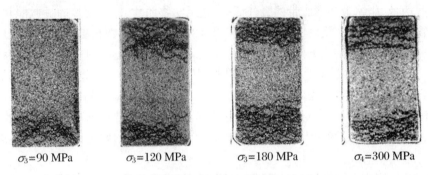

图 2.3.10　不同围压下 Bentheim 砂岩产生最大轴向应变时样品的状态[分别对应 2.8%(90 MPa)、3.5%(120 MPa)、4.0%(180 MPa)和 3.0%(300 MPa)的最大轴向应变](Wong 等,2001)

以上研究表明,实验室条件下的压缩带厚度一般比野外观测到的压缩带厚度要大。我们认为:在实验室条件下,样品在较短时间内就获得较大差应力,这有利于孔隙的崩塌和颗粒的破碎;而在野外环境中,由于周围地质环境较稳定,应力状态可能会长时间保持恒定,应变速率非常小,而且在野外积累的应力很可能会逐渐释放,这对孔隙崩塌和颗粒破坏很不利。由于野外和实验室条件的差异,所以导致实验室压缩带结构比野外压缩带厚。

这个实验不但证实了前面两个实验在 σ-ε 曲线上发现的应力平台,而且这个平台对应了声发射率(AE)的高峰(图 2.3.8 和图 2.3.9)。这个 AE 高峰与声发射密集面相对应,有趣的是应力-应变曲线的波动次数也与声发射率的高峰数目和声发射密集面的数目是一致的,即与压缩带数目相同。压缩带是随着差应力的增加不断增厚的,这与声发射密集面的形成过程也是吻合的。而且实验标本切片分析结果也证实了压缩带不但存在,而且还随围压的增加而增厚。这些一致与吻合的确证实了压缩带的存在以及压缩带的发展。压缩带的上述实验证据也是对野外压缩带的印证。同时这些实验还给出了获得应力平台的压力范围以及压缩带发展中一些问题的解释。图 2.3.10 所示为不同围压下 Bentheim 砂岩产生最大轴向应变时样品的状态。

Menendez 等(1996)通过一系列实验,研究了 Berea 砂岩中的剪切带。进行了孔隙压力为 10 MPa,围压分别为 20 MPa,50 MPa 和 260 MPa 的三组压缩实验,分别对应带有正膨胀的局部剪切,具有相对较小膨胀的局部剪切,分布式碎裂流破裂模式。同时,还进行了静水压实验。对变形后的样品进行切片,用光学显微镜和扫描电子显微镜进行了观察,并得到了描述岩石微细结构的定量参数,如微裂隙的密度、孔隙分布、孔隙度的减小以及粉末体积、矿物学损伤指数等,讨论了不同破裂模式下(脆性破裂与碎裂流)微细损伤的过程。在脆性状况下:随着应力增加,首先出现颗粒之间的相互翻转和滑动,导致整体体积增大,出现剪切膨胀;然后随着应力增大到峰值附近,颗粒逐渐碎裂,这些碎裂颗粒聚结最终形成局部剪切。当平均应力增到足够高而使得颗粒之间的相互移动和局部剪切受到限制时,这时由脆性破裂转变成碎裂流。颗粒碎裂和孔隙崩塌同时出现,这是一个剪切增强压缩过程。碎裂的粉末小微粒迅速填充孔隙,使得孔隙度迅速减小,最终形成压缩碎裂流。研究表明,剪切带中的微裂纹密度与野外观测所得结果非常接近。

近年来,高孔隙度岩石的局部化变形带引起了地学工作者的广泛关注。上述讨论提供了有力的剪切带、压缩带和膨胀带的野外证据,包括实物照片、标本切片的显微照片、孔隙度变化的实物照片等。从实物图中可以观察到明显的孔隙塌缩和颗粒破坏现象以及用计算机模拟的孔隙度分布。这是从天然出露地表的高孔隙砂岩中观测到的压缩带变形结构。这些自然现象可能和钻孔破裂模型、滑移裂纹模型的压缩条带相关。这些研究的一个重要新发现是观测到了条带变形带的法向和最大压力方向夹角明显小于45°的剪切带,它可能会导致从高孔隙度砂岩中由断层方向判断原始应力场的困难。压缩带是近十几年发现的,引起了岩石物理、岩石力学和地球动力学学者的重视,并引起学者对其从野外和室内实验以及理论三方面进行了初步研究。

压缩带结构可能在高孔隙度砂岩中对液体的渗透起重要的阻碍作用。由于渗透率降低,这些带能够吸附碳氢化合物,对砂岩体石油储层的渗透和核废料的泄漏存在潜在的不利影响,对核废料的长期储藏有意义,进一步深入识别压缩带及它们形成的机制的研究将很有价值。

2.3.3 高孔隙度岩石中的孔洞崩塌

1. 孔洞崩塌的细观观察

图 2.3.11 为 Tavel 石灰岩在外载荷作用下变形的 SEM 照片。图 2.3.11(a)为孔隙度为 13.6% 的 Tavel 石灰岩单轴压缩下试样的变形特性。当峰值载荷达到 106 MPa 后,试样表现出应变软化,并产生了一个与最大主应力方向成 30°夹角的剪切带。图中虚线框显示的是最终的宏观剪切带的一个初始剪切的形态。应力诱发很多的微裂纹,载荷作用下,部分微裂纹聚集、成核。但是,宏观剪切带的形成似仅与直径约为 10 μm 的孔洞的开裂有关。这种强烈破坏区域与右边未损伤区域形成对比。

对试样进行 60 MPa 的静水压实验(低于其崩塌的临界载荷 180 MPa),观察孔洞的崩塌过程。图 2.3.11(b)为静水压作用下孔洞的变形情况。图中孔洞的直径约为 20 μm,孔洞周边强烈变形和损伤区域的厚度约为 2 μm。可认为孔洞在这种作用下处于球对称状态,其损伤强度随半径的增大而减小。由此,微晶基体在超过 6 μm 以后似未发生变形。

图 2.3.11(c)为孔隙度为 10.4% 的 Tavel 石灰岩在围压 150 MPa 下的三轴压缩变形。试样内部剪切增强的压实现象明显。当载荷达到临界应力状态时,试样卸载。图所示为在此剪切增强的压实区域中的一个宏观孔洞,在孔洞表面出现强烈的损伤破坏。此区域内产

生大量平行于最大主应力方向的裂纹,这些裂纹会聚成核,其现象与图2.3.11(a)相似。

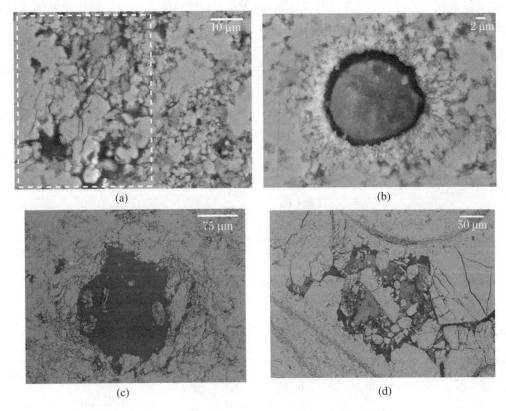

图 2.3.11　石灰岩变形的 SEM 照片(Zhu 等,2010)

注:(a)为孔隙度为 13.6%的 Tavel 石灰岩单轴压缩下试件的破坏。虚线框内显示剪切带形成初期的形态,外载荷沿垂直方向。(b)为 Tavel 石灰岩静水压作用下孔洞的变形情况。图中孔洞的直径约为 20 μm,孔洞周边损伤区域的厚度约为2 μm。(c)为孔隙度为 10.4%的 Tavel 石灰岩在围压 150 MPa 下的三轴压缩变形情况。孔洞周边出现大量强烈的损伤破坏。(d)为孔隙度为 17.9%的 Indiana 石灰岩在围压 20 MPa 下的三轴压缩变形情况,宏观孔洞崩塌。

图 2.3.11(d)为孔隙度为 17.9%的 Indiana 石灰岩在围压 20 MPa 下的三轴压缩变形。试样内部剪切增强的压实现象明显。当载荷达到临界应力状态时,试样卸载。其损伤变形与图 2.3.11(c)相似。破坏性的损伤主要在胶结物内发展,而异化矿物等保持完整。

2. 孔洞崩塌的宏观力学性能

图 2.3.12 所示为四种不含水的石灰岩试样的三轴压缩实验结果。这些数据来自 Zhu 等(2010),四种石灰岩分别为:Solnhofen 石灰岩(Baud 等,2000),Chauvigny 石灰岩(Fortin,2009),Tavel 石灰岩和 Indiana 石灰岩(Vajdova 等,2004)。图 2.3.12(a)为四种石灰岩的静水压缩过程。由于岩样表面微裂纹的存在,在开始的比较低的压力作用下,试样在静水压作用下会产生一定的变形,表现出初始的非线性的压密实过程(Vajdova 等,2004)。此后,试样进入线性压缩阶段。到一定载荷后,压缩曲线又从线性压缩过渡到非线性压缩。图中的 Solnhofen 石灰岩一直到压破坏,基本为线性压缩,其非线性趋势不是很明显;但是其他三种石灰岩的后期的非线性压缩过程比较明显。在此过程中,存在一个从线性压缩向非线性压缩的临界点,即图中 P^* 所指的曲线的拐点。此临界点具有较重要的物理意义,即它对

应着样品内部孔洞崩塌的开始。此现象在其他岩石中也被观察到了,相关数据和临界载荷 P^* 的具体数据可参见表 2.3.3。由表可见,临界载荷 P^* 总体上表现为随孔隙度的增加而降低。

表 2.3.3 含孔洞石灰岩的孔洞崩塌临界载荷(Zhu 等,2010)

石灰岩	孔隙度(%)	单轴抗压强度(MPa)	孔洞崩塌临界载荷 P^*(MPa)	参考文献
微晶				
Solnhofen	1.70	320.00	—	
	3.00	—	>450(~550)	
	3.70	369.00	—	
	4.10	275.00	—	
	5.50	280.00	—	
	5.50	320.00	—	
Bouye(M)	7.49	158.90		
Bouye(W1)	8.10	147.20		Lezin 等,2009
Bouye(M3)	8.82	142.50		
Tavel	10.40	180.00	290	Zhu 等,2010
Tavel	13.60	105.00	180	
Pillar(Bed2brac)	20.30	17.12	—	
Pillar(Mud1)	21.70	24.50	—	Lezin 等,2009
Pillar(Mud2)	21.90	21.87	—	
变质				
Madison(R61-16)	0.55	208.00	—	Hugman,Friedman,1979
Madison(T-69)	2.03	46.00		
Mariana	13.00	40.00	—	Handin,Hager,1957
Chauvigny	17.00	—	120	Fortin,2009
	17.40		140	
	17.70	41.00	—	Fabre,Gustkiewicz,1997
Indiana	19.40	41.00	—	
	18.20	—	60	Hugman,Friedman,1979
	8.43	80.00	—	

续表

石灰岩	孔隙度(%)	单轴抗压强度(MPa)	孔洞崩塌临界载荷 P^*(MPa)	参考文献
Lavoux	21.8	30.4	30	Fabre,Gustkiewicz,1997
Anstrude	23.2	43.2	—	Lion 等,2005
Estaillades	27.0	—	30	Dautriat 等,2009
Majella	30.0	15.9	37	Baud 等,2009;Zhu 等,2010

作为对比,图 2.3.12(b)列出了 Tavel 石灰岩在 5 种不同的围压作用下的三轴压缩过程。图中虚线为该岩石的静水压曲线,实线则显示了不同围压下平均应力与体积应变的关系,反映的是球量应力和球量应变的关系。这也是一种静水压性能,不过,同时还有一定的剪应力作用。此时曲线表现出明显的三个阶段:第一阶段曲线沿静水压力线发展;第二阶段是当静水压力达到临界载荷,即图中的 C^* 处时,曲线偏离静水压力线,此时偏应力达到了一定幅值,对岩石性能有了较大的影响,该阶段也就是剪切增强的压实阶段;此过程进一步发展,当到达图中的 $C^{*'}$ 处后,曲线出现反转,进入第三阶段,此时岩样发生体积膨胀。将 4 种岩石的剪切增强的压实阶段临界状态,以差应力和平均应力的关系绘入图 2.3.12(c),图所示为含孔隙石灰岩的压缩屈服过程,即帽盖模型的帽子部分,近似为椭圆。

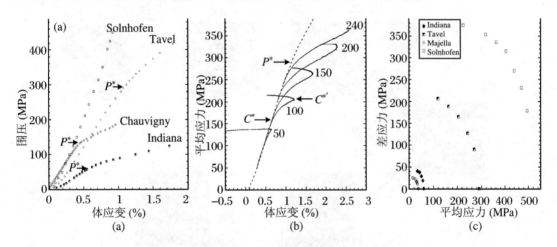

图 2.3.12 四种石灰岩三轴压缩行为(Zhu 等,2010)

注:(a) 为 4 种石灰岩的静水压缩过程:Solnhofen 石灰岩(Baud 等,2000),Chauvigny 石灰岩(Fortin,2009),Tavel 石灰岩和 Indiana 石灰岩(Vajdova 等,2004)。(b) 为 Tavel 石灰岩在 5 种不同的围压作用下的三轴压缩过程,图中虚线为该岩石的静水压曲线,实线则显示了不同围压下平均应力与体积应变的关系。(c) 为差应力与平均应力关系曲线,给出了与剪切增强的压密过程的临界状态相对应的 4 种石灰岩的压缩屈服面,对应帽盖模型中帽子部分。

在压缩过程中超过一定的应力限度,挤压(孔隙减小和颗粒压碎)表示模型中平衡长度和弹簧的弹性性质同时会发生变化。如果仅孔隙减小(即颗粒很硬),预计材料会变硬(硬化)且它的弹性模量增大会导致颗粒之间的接触面积增大(图 2.3.13)。如果仅仅是颗粒压碎(颗粒很软),保持相同孔隙度时,材料变软(软化)和弹性模量减小是可能发生的,因为发生颗粒之间的连接断开(Katsman,2005)。正如图 2.3.13 所显示的,在载荷施压作用下,颗粒挤紧、变硬,产生硬化现象,继续加载,有的较软的颗粒被挤碎又产生崩塌变软,出现软化现象(Katsman,2005)。

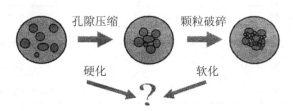

图 2.3.13　当挤压时发生孔隙减小(硬化)和颗粒压碎(软化),其结论是弹性系数依赖这些过程的相互关系

在图 2.3.14 中,样品在三轴应力(F_σ)作用下,在差应力-轴向应变曲线的 C^*(即静水压达到的临界值)水平时,已处于非弹性状态,产生颗粒之间胶结物破坏(Hertzian 破坏),颗粒挤紧,引起剪切增强压缩,导致应变硬化。继续加载,将产生压缩状态下的碎裂流;当剪切增强压缩继续发展到应力水平对应于 $C^{*'}$ 直到峰值应力前时,产生颗粒破裂、移动或旋转,同时引起密集声发射活动。应力水平达到峰值应力后,微裂纹串联成裂纹簇开始剪切诱导体积膨胀,导致出现应力降,从而引起应变软化,同时产生剪切局部化。

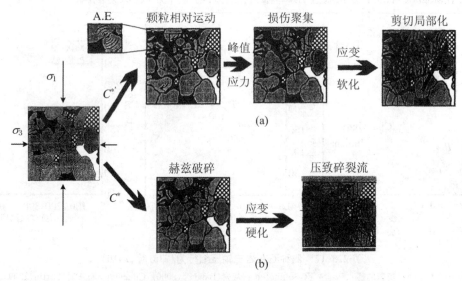

图 2.3.14　微观机制包括两个发展过程(Menendezd 等,1996)
(a)在脆性状态剪切诱导膨胀和剪切局部化。(b)在延性状态剪切增强压缩和碎裂流。

2.3.4　高孔隙度岩石中压缩带的传播

图 2.3.6 和图 2.3.10 都表明,在加载过程,高孔隙度岩石中会产生压缩带;同时,随着载荷的增加,压缩带会向前传播。该图也表明,压缩带的形成实际上伴随初始的高孔隙介质中孔洞崩塌而被压密成新的孔隙度低、具有较高密度的介质。这样在岩石试样中必然存在

高孔隙度岩石和低孔隙岩石的分界面,随着载荷的增加,这个界面逐渐向前发展。由于这个界面同时也是压缩带的界面,研究其在加载过程的传播特性对于压缩带的形成机制的研究有十分重要的意义。

图 2.3.15 为 Olsson(2001)对 Castlegate 砂岩进行围压为 80 MPa 的三轴实验的结果。图 2.3.15(a)为应力-应变关系曲线。此曲线具有 3 个明显的特征:(1) 极值点前的线弹性和非线性阶段(图中 a);(2) 明显的极值点和极值点后有较小的应力降(图中 b);(3) 有一个应变无关的应力平台段(图中 c)。前期的实验工作已经表明,当围压低于 40 MPa 时,会观测到剪切带的产生;而当围压高于 150 MPa 时,会观测到压缩带的产生。压缩带的产生导致应力-应变关系曲线上应力平台段的出现。实验过程中同时记录时间的横向变形,将横向应变和纵向应变的关系列在图 2.3.15(b)中。由此可见:a 段横向变形急剧增加;b 段横向变形降低;在压缩带产生阶段,即 c 段,纵向应变迅速增加,但是横向应变基本维持不变,并略有降低。此实验结果说明,压缩带的产生并不伴随横向应变的增加,它是纵向应变迅速增加的原因。

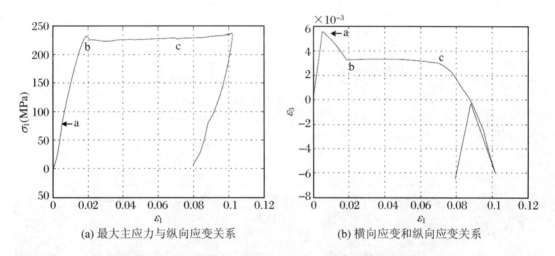

(a) 最大主应力与纵向应变关系　　(b) 横向应变和纵向应变关系

图 2.3.15　围压 80 MPa 下 Castlegate 砂岩三轴实验结果

然而,不同实验组发现的压缩带的外观很不一致,Olsson 和 Holcomb(2000),Olsson (2001),Olsson(2000)用声发射和渗透率的测量法推断出一个比较宽的压缩带的存在[图 2.3.16(a)]。这种压缩带产生于样品的底部,并且其带的前端面扩展速度大于活塞运动速度。根据 Olsson(2001)的分析,这个前端面的扩展速度与样品中压缩部分和未压缩部分的渗透率差成比例。与之形成对照的是,Klein(2001)和 Wong(2001)在他们的实验中发现了未压缩材料中的平面状薄压缩带[图 2.3.16(b)],这些压缩带同样产生于样品底部,并且离活塞的距离越远,压缩带传播速度越快。这两组实验所选的砂岩不同,但目前并不清楚到底是砂岩种类不同还是其他什么因素导致了得到的压缩带的外观和性质有这么大的差别。

Katsman 等(2005)对高孔隙度沉积岩中压缩带的发展进行了数值模拟。弹性不匹配系数 $K_{bc} = E^{bc}/E$,其中,E^{bc} 为边界弹簧的杨氏模量,E 为网格内部弹簧的杨氏模量;$K_E = E_{new}/E_{old}$ 为弹性比值,其中,E_{new} 为弹簧压缩之后的杨氏模量,E_{old} 为弹簧压缩之前的杨氏模

量;$R_l = L_{new}^{eq}/L_{old}^{eq} < 1$,$R_l$ 为压缩的程度,其中,L_{new}^{eq} 为压缩之前弹簧的平衡长度,L_{old}^{eq} 为压缩之后弹簧的平衡长度;$D = |\Delta F_0^{cr}/\bar{F}_0^{cr}|$ 为具体模拟时扰动程度的表征,其中,ΔF_0^{cr} 为应力门槛分布的半宽,为每个弹簧的应力门槛,$\bar{F}_0^{cr}$ 为分部的中心值。其材料中的无序性和弹性不匹配都会改变压缩带的形成位置(席道瑛等,2008)。图 2.3.17 就是席道瑛等模拟的没有无序性影响的压缩带发展和传播的数值模拟的结果,展示了压缩带由样品的上下端面向样品中部逐渐扩展的过程。这一模拟结果与李廷等(2008)不同围压下 Bentheim 砂岩切片图显示逐渐扩展的不断增厚的压缩带的发展是一致的。

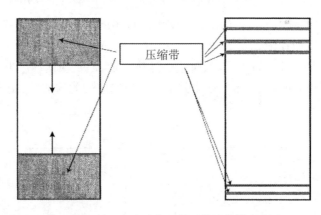

图 2.3.16　两个实验小组得到的压缩带示意图

(a) Olsson 和 Holcomb(2000)[16],Olsson(2001)[15] 和 Olsson(2000)[16]。
(b) Klein(2001)[17] 和 Wong(2001)[18]。

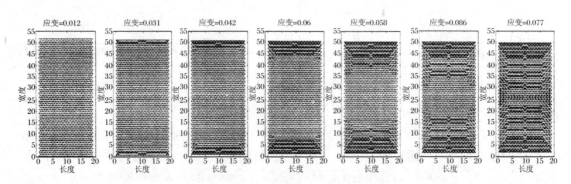

图 2.3.17　没有无序性影响的压缩带发展和传播的数值模拟结果

注:在不同应变没有无序性影响的弹性情况下经历的压缩过程[14](2005),模拟参数:$K_{bc} = 20$,$K_E = 1$,$R_l = 0.9$,$D = 0$。

实验过程用声发射(AE)技术监测伴随剪切带或压缩带产生时岩石试样内部的声发射信息。监测结果表明,在此实验过程中(其他实验情况与此存在一定差异,此处所列实验结果并不唯一),在岩样的两端各出现了一个 AE 信号密集区,而且随着载荷的增加,AE 密集区向前发展。将 AE 密集区的前沿作为压缩带的前沿,统计其随载荷的增加而移动的情况,结果见图 2.3.18。当实验过程中,实验机活塞的移动速度为 5.8×10^{-4} mm/s 时,顶部压缩带前沿的移动速度为 32×10^{-4} mm/s,而底部压缩带前沿的移动速度为 16×10^{-4} mm/s。压缩带前沿所扫过的区域,原始的高孔隙度岩石发生孔隙崩塌成为低孔隙的新的介质。

Olsson(2001)应用冲击波的观点进行了分析。虽然从压缩带的传播速度来看非常慢,与常规的波的传播速度差6个数量级,但是这种分析思想值得借鉴。

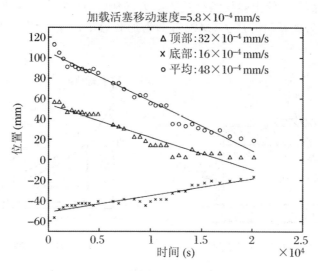

图 2.3.18 压缩带的位置与时间的关系

注:图中列出了样品顶部、底部产生的压缩带前沿的传播速度,以及它们的相对速度。

2.4 土体中的压缩实验

土体作为古老的地球介质,相关研究很多,这里不展开说明。本节只列出由于土体和岩石的差别,其实验手段和分析指标存在的差异,到后面关系到具体内容需要进行说明时,再仔细讨论。

2.4.1 侧限压缩实验

由于土体相对比较松散,一般采用侧限压缩实验,如图 2.4.1 所示。土体试样周围采用侧向"刚性"护环维护,试样的上下表面垫透水石,以利于加载过程中土体中所含水分的渗出,避免产生较高的水头压力。在实验过程中,增加载荷或减小载荷时土样只能在垂直方向上产生压缩或回胀,而不产生侧向变形。这样的实验称为侧限压缩实验。实验时要力求使实验条件符合土在天然状态和建筑物作用下的受力情况。

因为实验过程中土颗粒体积是不变的,因此,试样在各级压力 P_i 下的变形,常用孔隙比 e 的变化来反映。实验结果用 e-P 曲线或 e-$\ln P$ 曲线表示(图 2.4.2)。当压力变化范围不大(一般为 $0.1 \sim 0.3$ MPa)时,土的压缩曲线可以近似地用图 2.4.2 中的直线 $M_1 M_2$ 表示。其直线表达式为

$$-\Delta e = a \Delta P$$

或

$$e_1 - e_2 = a(P_2 - P_1) \tag{2.4.1}$$

式中,P_1 为当前载荷下已使土样压缩稳定的压力(MPa);e_1 为当前载荷 P_1 作用下压缩稳定时的孔隙比;P_2 为加载后的压力(MPa);e_2 为加载后土样在 P_2 作用下压缩稳定时的孔隙比。

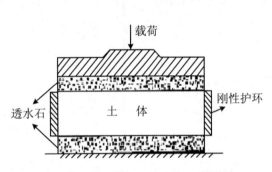

图 2.4.1 侧限压缩实验示意图

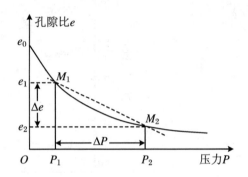

图 2.4.2 侧限压缩实验压缩系数的确定

式(2.4.1)中引入了一个表征土体压缩性能的参数,即 a,称为压缩系数。压缩系数可用直线 M_1M_2 的斜率来计算,其值为 $a = \dfrac{e_1 - e_2}{P_2 - P_1} = -\dfrac{\Delta e}{\Delta P}$(单位:MPa^{-1}),其中负号表示孔隙比 e 随载荷 P 增加而减小。

2.4.2 土体中的常规三轴压缩实验($\sigma_1 \geqslant \sigma_2 = \sigma_3$)

利用土的常规三轴压缩($\sigma_2 = \sigma_3$)仪,最常进行的实验分为下列几种:

(1) 三向等压固结实验。即 $P = \sigma_1 = \sigma_2 = \sigma_3$ 的排水压缩实验,得到 σ-ε 关系曲线,即孔隙比 e 与静水压力 P 间的 e-P 关系曲线,或把它化成 ε_v-P 曲线,如用 e 及 $\ln P$ 坐标画,则可得到图 2.4.3 中的直线,即

$$e = e_{a0} - \lambda \ln P \tag{2.4.2}$$

卸载及重复加载曲线,亦即回弹曲线,则可用下式表示:

$$e = e_k - K \ln P \tag{2.4.3}$$

(2) 保持围压 $P = \sigma_2 = \sigma_3$ 不变,增加轴向压力 $\sigma_z = \sigma_1$ 直至标本被破坏。然后再另取一土样,采用一新的 σ_1 值,再做同样实验,如此可得到一组 σ-ε 曲线。

(3) 实验时减小围压 σ_3 值,做加大轴向压力 σ_z 值,但 $P = \sigma_1 + \sigma_2 + \sigma_3 = \sigma_1 + 2\sigma_3$ 值维持不变的一组实验。

通过上述(2)、(3)两种三向压缩固结实验,根据不同的土可以得到两类不同的应力-应变关系曲线。现详述如下:

正常固结黏土和松沙所得的实验曲线如图 2.4.4 所示,加载曲线是双曲线型的,可用下式表示:

$$q = \dfrac{\varepsilon_a}{a + b\varepsilon_a} \tag{2.4.4}$$

式中,a 与 b 为两个实验常量,$q = \sigma_1 - \sigma_3$ 为偏应力或剪应力,ε_a 为轴向应变。加载时体积

发生收缩。卸载和重复加载曲线或回弹曲线的梯度与加载曲线的起始梯度相等。应变从一开始即可分为可回复的弹性应变与代表永久变形的塑性应变两部分。这种类型的曲线称为加工硬化曲线。

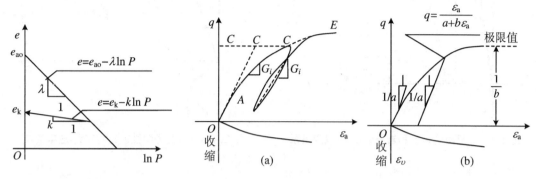

图 2.4.3　e-$\ln P$ 曲线　　　　　　图 2.4.4　应力-应变关系曲线

超固结黏土和密实沙或岩石所得的实验曲线如图 2.4.5 所示,为加载曲线具有驼峰的曲线,可用下式表示:

$$q = \frac{\varepsilon_a(a + c\varepsilon_a)}{(a + b\varepsilon_a)^2} \tag{2.4.5}$$

式中,a,b,c 为实验常量。加载时体积最初略收缩,以后大量膨胀。剪应力或偏应力 q 超过峰值后急剧下降,曲线的梯度变成负值,直至剪应力落至一极限值,它代表土的剩余强度。这种类型的 σ-ε 曲线称为加工软化类型曲线,这也是岩土材料的一大特征。金属材料不会出现这一软化现象。

在经典的弹性理论和塑性理论中,对于材料的应力-应变关系曲线,通常假定如图 2.4.6 所示,其中,OY 代表弹性阶段的 σ-ε 关系,这种关系是线性的。图中的 Y 点称屈服点,与此点相应的应力 σ^* 称屈服应力。过 Y 点后,σ-ε 关系是一条水平线 YN,代表塑性阶段。在这一阶段应力不能增大,而变形却渐增,并且从到达 Y 点时起所产生的变形都是不可回复的永久变形或塑性变形。如果应力降低,卸载曲线的梯度将和 OY 线的梯度相等。重复加载也将沿着这条曲线回到原处。在塑性阶段,材料的体积将不变,即泊松比等于 1/2。这些现象和图 2.4.4 与图 2.4.5 的两种弹塑性材料(即加工硬化和加工软化材料)相比,差别是非常大的。因此不能仅靠经典的弹塑性理论来准确解决土和岩石的 σ-ε 关系问题。

土和岩石不是各向同性材料,而且不但应力水平影响它的性能,土和岩石的受力过程[即应力路径(stress path)]也影响它的应力-应变关系。因此,要选择一种数学模型来全面地、正确地反映这些复杂关系的所有特点是非常困难的。即使找到了这种模型,也将因为它太复杂而难以在各种土工建筑和地基性能的分析中得到应用。因此,研究的方向应该是,针对特殊的土料、特殊的岩石、特殊的工程对象和问题的特点,去寻找最简单却能说明最主要问题的数学模型。要做到这一点是非常不容易的。

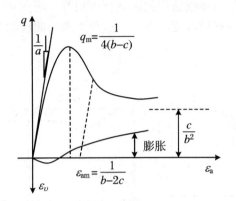
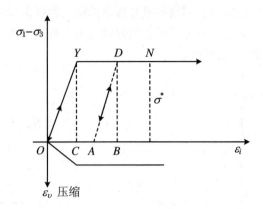

图 2.4.5 超固结黏土和岩石的应力-应变关系　　图 2.4.6 经典弹塑性理论的应力-应变关系

2.5 小　　结

本章从岩石单轴压缩全过程线的研究入手,讨论了获取岩石合理全过程线的实验控制技术;基于全过程线揭示了岩土材料的结构特性以及岩土材料复杂的破坏机制;介绍了研究岩土材料结构特性的扫描电镜技术、CT 扫描技术以及压汞法等细微观实验技术;介绍了高孔隙度岩石的室内和野外实验现象,主要介绍了野外剪切带和压缩带等与高孔隙度岩石相关的局部化变形现象和相关机制;对高孔隙度岩石中孔洞压缩变形过程进行了重点介绍,如孔洞崩塌、压缩过程、孔洞崩塌的传播速度以及相应的声发射特征等;最后简单介绍了土体中研究本构关系的常用实验技术。

参 考 文 献

Aydin A, Borja R I, Eichhunb P. 2006. Geological and mathematical framework for failure modes in granular rock[J]. J. Struct Geo, 28:83-98.
Baud P, Schubnel A, Wong T F. 2000. Dilatancy, compaction and failure mode in Solnhofen limestone[J]. Journal of Geophysical Research, 105:19289-19303.
Baud P, Vajdova V A, Wong T F. 2006. Shear-enhanced compaction and strain localization:inelastic deformation and constitutive modeling of four porous sandstones[J]. Journal of Geophysical Research, 111. B12401, doi 10.1029/2005 JB004101.
Baud P, Vinciguerra S, David C, et al. 2009. Compaction and failure in high porosity carbonates:mechanical data and microstructural observations[J]. Pure Appl. Geophys., 166:869-898.

Be'suelle P, Patrick B, Wong T F. 2003. Failure mode and spatial distribution of damage in Rothbach sandstone in the brittle-ductile transition[J]. Pure Appl. Geophys., 160:851-868.

布尔贝 T,库索 O,甄斯纳 B. 1994. 孔隙介质声学[M]. 许云,等,译. 北京:石油工业出版社.

Cakir M, Aydin A. 1994. Tectonics and fracture characteristics of the northern lake mead[C]//Proceedings of the Stanford rock fracture project field workshop. Nevada:Stanford University.

陈明祥. 2007. 弹塑性力学[M]. 北京:科学出版社.

Chester F M, Chester J S. 1998. Ultracataclasite structure and friction processes of the Punchbowl fault, San Andreas system, California[J]. Tectonophysics, 295:199-221.

Di Toro G, Hirose T, Nielsen S, et al. 2006. Natural and experimental evidenceof melt lubrication of faults during earthquakes[J]. Science, 311:647-649.

Du Bernard X, Eichhubl P, Aydin A. 2002. Dilation bands:a new form of localized failure in granular media[J]. Geophysical Research Letters, 29(24):21-29.

Fortin J, Stanchits S, Dresen G, et al. 2006. Acoustic emission and velocities associated with the formation of compaction bands in sandstone[J]. Geophysical Journal International, 111(B10).

Fortin J, Stanchits S, Dresen G, et al. 2009. Micro-mechanisms involved during inelastic deformation of porous carbonate rocks[C].

葛修润,任建喜,蒲毅彬,等. 2000. 岩石细观损伤扩展规律的 CT 实时实验[J]. 中国科学:E辑,30(2):104-111.

Haimson B C, Sona I. 1998. Borehole breakouts in Berea sandstone:two porosity-dependent distinct shapes and mechanisms of formation[C]// SPE/ISRM rock mechanics in petroleum engineering. Soc of Pet Eng:229-238.

He C, Okubo S, Nishimatsu Y. 1990. A study on the class II behavior of rock[J]. Rock Mech. Rock Engng., 23:261-273.

Hill R E. 1989. Analysis of deformation bands in the Aztec Sandstone, Valley of Fire State Park, Nevada [D]. Las Vegas:Univ. Nevada.

Issen K A. 2000. Conditions for localized deformation in compacting porous rock[D]. Evanston:Northwestern University.

Issen K A, Rudnicki J W. 2000. Conditions for compaction bands in porous rock[J]. Journal of Geophysical Research, 105(B9):21529-21536.

Issen K A, Rudnicki J W. 2001. Theory of compaction bands in porous rock[J]. Physics and Chemistry of the Earth, Part A:Solid Earth and Geodesy, 26(1/2):95-100.

Issen K A. 2002. The influence of constitutive models on localization conditions for porous rock[J]. Engineering Fracture Mechanics, 69(17):1891-1906.

Ji Y T, Baud P, Vajdova V A, et al. 2012. Characterization of pore geometry of Indiana limestone in relation to mechanical compaction[J]. Oil & Gas Science and Technology, 67(5):753-775.

Katsman R, Aharonov E, Scher H. 2005. Numerical simulation of compaction bands in high-porosity sedimentary rock[J]. Mechanics of Materials, 37:143-162.

Klien E, Baud P, Reuschle T, et al. 2001. Mechanical behaviour and failure mode of Bentheim sandstone under triaxial compression[J]. Phys. Chem. Earth:A, 26(1/2):21-25.

Lajtan E Z. 1974. Brittle fracture in compression[J]. Int. J. Fract., 10:525-536.

李廷,杜赟,王鑫,等. 2008. 高孔隙度岩石局部变形带的野外证据和实验研究进展[J]. 岩石力学与工程学报,27(增1):2593-26043.

林天健. 1989. 岩石力学若干假说及其工程意义的评述[J]. 力学与实践,11(6):64-70.

林卓英,吴玉山,关伶俐. 1992. 岩石在三轴压缩下脆-延性转化的研究[J]. 岩土力学,13(2/3):45-53.

刘德民,李德威,杨巍然.2003.定结地区韧性剪切带变形特征与糜棱岩研究[J].地学前缘,10(2):479-486.

毛灵涛,赵丹,袁则循.2008.软土微细观结构特征的 CT 实验分析[J].中国科技论文在线:1-5.

Madonna C, Almqvist B S G, Saenger E H. 2012. Digital rock physics: numerical prediction of pressure-dependent ultrasonic velocities using micro-CT imaging[J]. Geophysical Journal International, 189: 1475-1482.

Madonna C, Quintal B, Frehner M, et al. 2013. Synchrotron-based X-ray tomographic microscopy for rock physics investigations[C]//75th EAGE Conference & Exhibition incorporating SPE Europe, London:10-13.

Menendez B, Zhu W, Wong T F. 1996. Micromechanics of brittle faulting and cataclastic flow in Berea sandstone[J]. Journal of Structural Geology, 18(1):1-16.

Mogi K. 1971. Fracture and flow of rocks under high triaxial compression[J]. Journal of Geophysical Research, 76(5): 1255-1269.

Mollema P N, Antonellini M A. 1996. Compaction bands:a structural analog for anti-mode I cracks in aeolian sandstone[J]. Tectonophysics, 267:209-228.

Okubo S, Nishimatsu Y. 1985. Uniaxial compression testing using a linear combination of stress and strainas the control variable[J]. Int. J. of Rock Mech & Mining Sci & Geomechanic Abs., 22(5): 323-330.

Okubo S, Fukui K. 1996. Complete stress-strain curves for various rock types in uniaxial tension [J]. Int. J. of Rock Mech. & Mining Sci. & Geomechanic Abs., 33(6): 549-556.

Olsson W A. 1999. Theoretical and experimental investigation of compaction bands in porous rock [J]. Journal of Geophysical Research, 104(B4): 7219-7228.

Olsson W A, Holcomb D J. 2000. Compaction localization in porous rock[J]. Geophys. Res. Lett., 27(21):3537-3540.

Olsson W A. 2001. Quasistatic propagation of compaction fronts in porous rock[J]. Mechanics of Materials, 33: 659-668.

Patrick B, Zhu W L, Wong T F. 2000. Failure mode and weakening effect of water on sandstone[J]. J. Geophys. Res., 105(B7):16371-16389.

Peng S S. 1973. Time-dependent aspects of rock behavior as measured by a servo-controlled hydraulic testing machine[J]. Int. J. of Rock Mech & Mining Sci & Geomechanic Abs., 10: 235-246.

Pollard D D, Aydin A. 1988. Progress in understanding jointing over the past century[J]. Geol. Soc. Am. Bull, 100:1181-1204.

2011. Pore fluid and porosity, a course of Experimental Rock Deformation Laboratory of ETH [R]. Web: www. rockdeformation. ethz. ch.

Purcell W R. 1949. Capillary pressures: their measurement using meicury and the calculation of permeability therefrom[J]. J. of Petroleum Technology: 39-47.

Ling H, Smyth A, Betti R. Poromechanics IV: Proceedings of the Fourth Biot Conference[C]: 378-388.

曲圣年,殷有泉.1981.塑性力学的 Drucker 公设和 Ilyushin 公设[J].力学学报,13(5):415-473.

Rice J R. 2006. Heating and weakening of faults during earthquake slip[J]. Journal of Geophysical Research, 111(B5):148-227.

Rudnicki J W. 2002. Conditions for compaction and shear bands in a transversely isotropic material[J]. Int. J. Sol. Struct., 39:3741-3756.

Rudnicki J W, Rice I R. 1975. Conditions for the localization of deformation in pressure-sensitive dilatant materials[J]. J. Mech. Phys. Solids, 23:371-394.

Rudnicki J W. 2004. Shear and compaction band formation on an elliptic yield cap[J]. Journal of

Geophysical Research,109(B3).

Scott T E,Nielsen K C. 1991. The effects of porosity on the brittle-ductile transition in sandstone[J]. J. Geophys. Res.,96(B1):405-414.

Sternlof K,Pollard D D. 2001. Deformation bands as linear elastic fractures:progress in theory and observation[J]. Eos. Trans. Am. Geophys. Union,82(47):F1222.

Sternlof K,Pollard D D. 2002. Numerical modeling of compactive deformation bands as granular anticracks[J]. Eos. Trans. Am. Geophys. Union,87(47):F1347.

王明洋,严东晋,周早生,等.1998.岩石单轴实验全程应力-应变曲线讨论[J].岩石力学与工程学报,17(1):101-106.

王仁,黄克智,朱兆祥.1988.塑性力学进展[M].北京:中国铁道出版社.

王鑫.2006.利用分岔分析理论研究高孔隙度岩石的局部化变形[D].合肥:中国科学技术大学.

Vajdova V,Baud P,Wong T F. 2004. Compaction, dilatancy and failure in porous carbonate rocks[J]. Journal of Geophysical Research,109(B05).

Veronika V,Wong T F. 2003. Incremental propagation of discrete compaction bands:acoustic emission and microstructural observations on circumferentially notched samples of Bentheim[J]. Geophys. Res. Lett.,30(14):1775-1778.

Wong T F,David C,Zhu W. 1997. The transition from brittle faulting to cataclastic flow in porous sandstones:mechanical deformation[J]. Journal of Geophysical Research,102:3009-3025.

Wong T F,Baud P,Klien E. 2001. Localized failure modes in a compa-ctant porous rock[J]. Geophys. Res. Lett.,28(13):2521-2524.

吴玉山,林卓英.1987.单轴压缩条件下岩石破坏后区力学特性的实验研究[J].岩土工程学报,9(1):23-31.

席道瑛.2000.岩石物理学及本构模型(研究生讲义)[M].合肥:中国科学技术大学出版社.

席道瑛,杜赟,李廷,等.2008.高孔隙度岩石中压缩带的理论和形成条件研究进展[J].岩石力学与工程学报,27(增2):3888-3898.

席道瑛,徐松林.2012.岩石物理学基础[M].合肥:中国科学技术大学出版社:186-194.

席道瑛,徐松林,宛新林.高孔隙度岩石局部压缩屈服与帽盖模型[J].地球物理学进展,34(4):1926-1934,2015.

席道瑛,徐松林,王鑫,等.高孔隙度岩石局部变形带的简化模型[J].地球物理学进展,34(4):1935-1940,2015.

许峰,胡小方,赵建华,等.2009.氮化硅陶瓷烧结微结构演化的同步辐射CT实时研究[J].化学学报,67(11):1205-1210.

徐松林,吴文.2001.大理岩单轴压缩过程的强度确定及其应变率影响[J].地下空间,21(4):272-275.

徐松林,吴文,吴玉山,等.2000.单轴压缩岩石(大理岩)结构效应的实验研究[C]//第六次全国岩石力学与工程学术大会论文集.广州:中国岩石与工程力学学会:218-221.

张家声.1995.造山后伸展构造研究的最新进展[J].地学前缘,12(1/2):67-84.

Zhang J,Wong T F,Davis D M. 1990. Micromechanics of pressure induced grain crushing in porous rocks[J]. Journal of Geophysical Research,95:341-352.

郑宏,葛修润,李焯芬.1997.脆塑性岩体的分析原理及其应用[J].岩石力学与工程学报,16(1):8-21.

Zhu W,Baud P,Wong T F. 2010. Micromechanics of cataclastic pore collapse in limestone[J]. Journal of Geophysical Research:115(B4).

陈渠.2003放射性废料的地下储存中的岩土力学问题[M]//冯夏庭,黄理兴.21世纪的岩土力学与岩土工程:194-195.

第3章 岩土材料非线性弹性本构模型

3.1 一般弹性

弹性表示材料在受载后,其应力与应变之间存在着一一对应的关系。弹性是分析力学问题的基础,相关论述很多,这里不一一赘述。本节将弹性的概念和用途更一般化。对材料或结构进行系统分析的时候,连续介质力学中常需要定义一个应变能函数,以满足许可性原理(即热力学定律)的需要。寻找合适的应变能函数是关键。由应变能函数的不同表达,Truesdell(1955,1966)提出可以将一般的弹性归纳为3种,即弹性、超弹性和亚弹性(Fung,1965;Prager,1961;Hill,1959)。

通常意义上的弹性的应力与应变之间一一对应。此时,物质不具有时序记忆效应。对弹性本构关系的研究有两种方式,即 Green 弹性(1941)和 Cauchy 弹性(1929)。

Green 弹性本构关系从基于应变为变量的内能(应变能)表达中导出。

若内能的表达为

$$U = U(\varepsilon_{ij}) \tag{3.1.1}$$

应力的表达为

$$\sigma_{ij} = \frac{\partial U}{\partial \varepsilon_{ij}} \tag{3.1.2}$$

对内能进行展开

$$U = U_0 + b_{ij}\varepsilon_{ij} + c_{ijkl}\varepsilon_{ij}\varepsilon_{kl}/2 + \cdots \tag{3.1.3}$$

式中的系数仅与位置坐标有关,且

$$c_{ijkl} = c_{klij} \tag{3.1.4}$$

考虑小应变情况,忽略式(3.1.3)中 ε_{ij} 二次以上的项,可得

$$\sigma_{ij} = b_{ij} + c_{ijkl}\varepsilon_{kl} \tag{3.1.5}$$

式中,b_{ij} 为初始应力矢量,为分析简明起见,一般取为零。

因此,小应变的应力-应变关系一般可写为

$$\sigma_{ij} = c_{ijkl}\varepsilon_{kl} \tag{3.1.6}$$

这里张量 c_{ijkl} 具有弹性模量的物理意义,具有一定的对称性:

$$c_{ijkl} = c_{klij}, \quad c_{ijkl} = c_{jikl}, \quad c_{ijkl} = c_{ijlk} \tag{3.1.7}$$

相关参数个数的分析后面将具体说明。

Cauchy 弹性本构关系直接假设应力为应变的函数,即

$$\sigma_{ij} = \sigma_{ij}(\varepsilon_{ij}) \tag{3.1.8}$$

对其进行展开,则有

$$\sigma_{ij} = b_{ij} + c_{ijkl}\varepsilon_{kl} + \cdots \tag{3.1.9}$$

其意义与式(3.1.5)相同。一般认为 Green 弹性是 Cauchy 弹性的一种特殊情况,对于 Green 弹性,同样可得到表达式(3.1.6),此式就是广义 Hooke 定律,张量 c_{ijkl} 为弹性常量。

对于一般的弹性介质,由于应变能函数的存在,此时 c_{ijkl} 具有式(3.1.7)的对称性,张量中参数的独立个数从 81(3×3×3×3)个减少到 21 个。

此时应力-应变关系可简化为

$$(\sigma_{11}, \sigma_{22}, \sigma_{33}, \sigma_{23}, \sigma_{31}, \sigma_{12})^{\mathrm{T}} = (c_{ijkl})(\varepsilon_{11}, \varepsilon_{22}, \varepsilon_{33}, \varepsilon_{23}, \varepsilon_{31}, \varepsilon_{12})^{\mathrm{T}} \tag{3.1.10}$$

式中,

$$(c_{ijkl}) = \begin{bmatrix} c_{1111} & c_{1122} & c_{1133} & c_{1123} & c_{1131} & c_{1112} \\ & c_{2222} & c_{2233} & c_{2223} & c_{2231} & c_{2212} \\ & & c_{3333} & c_{3323} & c_{3331} & c_{3312} \\ & \text{对} & & c_{2323} & c_{2331} & c_{2312} \\ & & \text{称} & & c_{3131} & c_{3112} \\ & & & & & c_{1212} \end{bmatrix} \tag{3.1.11}$$

此时共有 21 个独立常量。

对于一些特殊的弹性介质,这些参数可以进一步减少。举例如下:

1. 具有一个弹性对称面的弹性介质

若弹性体内每一点都存在这样的一个对称平面,即和该平面对称的两个方向具有相同的弹性性质,则该平面为弹性对称面,垂直于该平面的方向为弹性主方向。

如图 3.1.1 所示,z 轴为弹性主方向,xy 平面为弹性对称面。基于对称关系,必有

$$\begin{cases} (\sigma_{x'}, \sigma_{y'}, \sigma_{z'}, \sigma_{y'z'}, \tau_{z'x'}, \tau_{x'y'})^{\mathrm{T}} = (\sigma_x, \sigma_y, \sigma_z, -\tau_{yz}, -\tau_{zx}, \tau_{xy})^{\mathrm{T}} \\ (\varepsilon_{x'}, \varepsilon_{y'}, \varepsilon_{z'}, \varepsilon_{y'z'}, \nu_{z'x'}, \nu_{x'y'})^{\mathrm{T}} = (\varepsilon_x, \varepsilon_y, \varepsilon_z, -\nu_{yz}, -\nu_{zx}, \nu_{xy})^{\mathrm{T}} \end{cases}$$

要保持坐标变换后应力-应变关系不变,上述表达中取"−"号的项都不能出现,因此,弹性常量表达式为

$$(c_{ijkl}) = \begin{bmatrix} c_{1111} & c_{1122} & c_{1133} & 0 & 0 & c_{1112} \\ & c_{2222} & c_{2233} & 0 & 0 & c_{2212} \\ & & c_{3333} & 0 & 0 & c_{3312} \\ & \text{对} & & c_{2323} & c_{2331} & 0 \\ & & \text{称} & & c_{3131} & 0 \\ & & & & & c_{1212} \end{bmatrix} \tag{3.1.12}$$

此时独立的弹性常量减少到 21−8=13 个。

2. 具有两个弹性对称面的弹性介质

具有两个弹性对称面的弹性介质即为正交各向异性介质,此时通过弹性介质内部每一点都存在相互垂直的弹性对称面。

如图3.1.2所示,此时介质中除了图3.1.1的 xy 对称面外,还存在以 yz 平面为对称面的弹性对称面。基于对称关系,必有

$$\begin{cases} (\sigma_{x'},\sigma_{y'},\sigma_{z'},\tau_{y'z'},\tau_{z'x'},\tau_{x'y'})^T = (\sigma_x,\sigma_y,\sigma_z,\tau_{yz},-\tau_{zx},-\tau_{xy})^T \\ (\varepsilon_{x'},\varepsilon_{y'},\varepsilon_{z'},\nu_{y'z'},\nu_{z'x'},\nu_{x'y'})^T = (\varepsilon_x,\varepsilon_y,\varepsilon_z,\nu_{yz},-\nu_{zx},-\nu_{xy})^T \end{cases}$$

图 3.1.1　　　　　　　　　　图 3.1.2

要保持坐标变换后应力-应变关系不变,上述表达中取"－"号的项都不能出现,因此,弹性常量表达式为

$$(c_{ijkl}) = \begin{bmatrix} c_{1111} & c_{1122} & c_{1133} & 0 & 0 & 0 \\ & c_{2222} & c_{2233} & 0 & 0 & 0 \\ & & c_{3333} & 0 & 0 & 0 \\ & 对 & & c_{2323} & 0 & 0 \\ & & 称 & & c_{3131} & 0 \\ & & & & & c_{1212} \end{bmatrix} \quad (3.1.13)$$

此时独立的弹性常量减少到 $13-4=9$ 个。

3. 横观各向同性介质

横观各向同性介质中最典型的是层状岩层和土层。此时弹性介质内部所有的点都有相互平行的弹性对称面,且对称面的所有方向都是弹性等效的。即过每一点都有一个弹性主方向,这样每一点有一个弹性对称轴和相应的各向同性面。

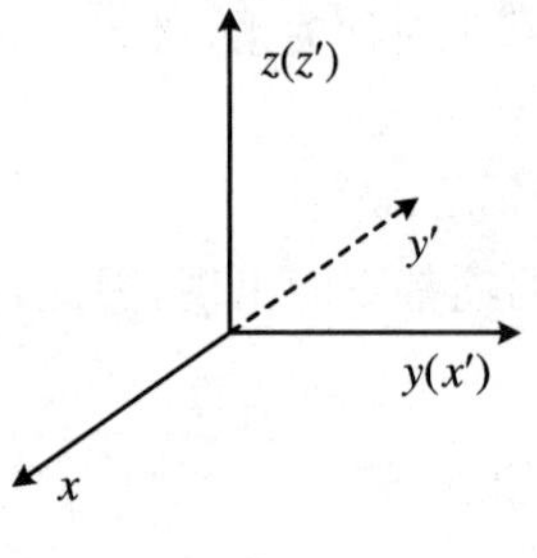

如图3.1.3所示,设 z 轴为对称轴, xy 平面为各向同性面。将介质绕 z 轴进行任意角度的旋转,材料的弹性参数不变。图中所示为旋转90°的情况,由此有

$$\begin{cases} (\sigma_{x'},\sigma_{y'},\sigma_{z'},\tau_{y'z'},\tau_{z'x'},\tau_{x'y'})^T = (\sigma_y,\sigma_x,\sigma_z,-\tau_{xz},\tau_{yz},-\tau_{xy})^T \\ (\varepsilon_{x'},\varepsilon_{y'},\varepsilon_{z'},\nu_{y'z'},\nu_{z'x'},\nu_{x'y'})^T = (\varepsilon_y,\varepsilon_x,\varepsilon_z,-\nu_{xz},\nu_{yz},-\nu_{xy})^T \end{cases}$$

图 3.1.3

要保持坐标变换后应力-应变关系不变,上述表达式中取"－"号的项都不能出现,因此,弹性常量表达式为

$$(c_{ijkl}) = \begin{bmatrix} c_{1111} & c_{1122} & c_{1133} & 0 & 0 & 0 \\ & c_{1111} & c_{1133} & 0 & 0 & 0 \\ & & c_{3333} & 0 & 0 & 0 \\ & 对 & & c_{1313} & 0 & 0 \\ & & 称 & & c_{1313} & 0 \\ & & & & & c_{1212} \end{bmatrix} \quad (3.1.14)$$

此时独立的弹性常量减少到 9-3=6 个。

当介质绕 z 轴进行任意角度的旋转时,经分析可得到(可作为习题,证明之)
$$\sigma_y - \sigma_x = (c_{1111} - c_{1122})(\varepsilon_y - \varepsilon_x)$$
即
$$c_{1212} = \frac{1}{2}(c_{1111} - c_{1122}) \tag{3.1.15}$$

独立的弹性常量可进一步减少到 6-1=5 个。

4. 各向同性介质

此时各个方向上的弹性性质均相同。在上面分析的横观各向同性的基础上,考虑 z 轴上的与 xy 平面内的弹性性质一致,可以得到
$$c_{1122} = c_{1133}, \quad c_{3333} = c_{1111}, \quad c_{1313} = \frac{1}{2}(c_{1111} - c_{1122}) \tag{3.1.16}$$

因此,弹性常量表达式为

$$(c_{ijkl}) = \begin{bmatrix} c_{1111} & c_{1122} & c_{1122} & 0 & 0 & 0 \\ & c_{1111} & c_{1122} & 0 & 0 & 0 \\ & & c_{1111} & 0 & 0 & 0 \\ & & & \frac{1}{2}(c_{1111} - c_{1122}) & 0 & 0 \\ & 对称 & & & \frac{1}{2}(c_{1111} - c_{1122}) & 0 \\ & & & & & \frac{1}{2}(c_{1111} - c_{1122}) \end{bmatrix} \tag{3.1.17}$$

独立的弹性常量最终减少到 5-3=2 个。

以上弹性常量中每一分量的物理意义可参见第 1.1 节的内容。

下面对此过程具体化:

采用最典型的 Hooke 定律[式(1.5.4)]来描述各向同性弹性体,材料通常可以通过简单拉伸或简单压缩实验决定它的两个独立的弹性常量,即杨氏模量 E 和泊松比 ν,由此得到简单拉伸或压缩情况下的本构关系为

$$\sigma_x = E\varepsilon_x \tag{3.1.18}$$
$$\varepsilon_y = \varepsilon_z = -\nu\varepsilon_x \tag{3.1.19}$$

在复杂应力状态下,则采用广义 Hooke 定律,其表达式为

$$\varepsilon_x = \frac{1}{E}\{[\sigma_x - \nu(\sigma_y + \sigma_z)]\}$$

$$\varepsilon_y = \frac{1}{E}\{[\sigma_y - \nu(\sigma_z + \sigma_x)]\}$$

$$\varepsilon_z = \frac{1}{E}\{[\sigma_z - \nu(\sigma_x + \sigma_y)]\}$$

$$\gamma_{xy} = \frac{1}{G}\tau_{xy}, \quad \gamma_{yz} = \frac{1}{G}\tau_{yz}, \quad \gamma_{zx} = \frac{1}{G}\tau_{zx} \tag{3.1.20}$$

其中，G 为剪切模量，且满足

$$G = \frac{E}{2(1+\nu)} \tag{3.1.21}$$

在弹性理论中还有一个常用的弹性常量，即体积弹性模量 K：

$$K = \frac{E}{3(1-2\nu)} \tag{3.1.22}$$

此物理量主要表征在静水压力 $P = \sigma_1 = \sigma_2 = \sigma_3$ 作用下，压力 P 与体积应变 ε_v 之间的关系，即

$$P = K\varepsilon_v \tag{3.1.23}$$

在研究某些岩土力学问题时，用 K 和 G 两个弹性常量替代 E，ν 有时更方便。同时 K 和 G 的值也都可通过适当实验直接测定。E 和 ν 的值也可通过 K 和 G 值反算。

值得注意的是，岩土材料的 σ-ε 关系一般不是线性的，即 E 和 ν 都不是常量，是随 σ 变化的。为描述这种非线性行为，可将材料的宏观行为进行细致划分，假定这些较小的区域内部近似满足线弹性加载，因此，需采用 σ 和 ε 的增量形式来表达。为此通常假定广义 Hooke 定律可适用于应力增量与应变增量之间，即

$$\begin{aligned}
\delta\varepsilon_x &= [(\delta\sigma_x - \nu(\delta\sigma_y + \delta\sigma_z))]/E \\
\delta\varepsilon_y &= [(\delta\sigma_y - \nu(\delta\sigma_z + \delta\sigma_x))]/E \\
\delta\varepsilon_z &= [(\delta\sigma_z - \nu(\delta\sigma_x + \delta\sigma_y))]/E \\
\delta\gamma_{xy} &= \frac{1}{G}\delta\tau_{xy}, \quad \delta\gamma_{yz} = \frac{1}{G}\delta\tau_{yz}, \quad \delta\gamma_{zx} = \frac{1}{G}\delta\tau_{zx}
\end{aligned} \tag{3.1.24}$$

将上述关系写成张量公式：

$$\begin{pmatrix} \delta\sigma_x \\ \delta\sigma_y \\ \delta\sigma_z \\ \delta\tau_{xy} \\ \delta\tau_{yz} \\ \delta\tau_{zx} \end{pmatrix} = C \begin{pmatrix} \delta\varepsilon_x \\ \delta\varepsilon_y \\ \delta\varepsilon_z \\ \delta\gamma_{xy} \\ \delta\gamma_{yz} \\ \delta\gamma_{zx} \end{pmatrix} \tag{3.1.25}$$

式中，弹性矩阵 C 可以具体化为

$$C = \frac{E(1-\nu)}{(1+\nu)(1-2\nu)} \begin{pmatrix} 1 & & & & & \\ \frac{\nu}{1-\nu} & 1 & & \text{对} & & \\ \frac{\nu}{1-\nu} & \frac{\nu}{1-\nu} & 1 & & \text{称} & \\ 0 & 0 & 0 & \frac{1-2\nu}{2(1-\nu)} & & \\ 0 & 0 & 0 & 0 & \frac{1-2\nu}{2(1-\nu)} & \\ 0 & 0 & 0 & 0 & 0 & \frac{1-2\nu}{2(1-\nu)} \end{pmatrix} \tag{3.1.26}$$

或

第3章 岩土材料非线性弹性本构模型

$$C = \begin{Bmatrix} K+\dfrac{4}{3}G & & & \text{对} & & \\ K-\dfrac{2}{3}G & K+\dfrac{4}{3}G & & \text{称} & & \\ K-\dfrac{2}{3}G & K-\dfrac{2}{3}G & K+\dfrac{4}{3}G & & & \\ 0 & 0 & 0 & G & & \\ 0 & 0 & 0 & 0 & G & \\ 0 & 0 & 0 & 0 & 0 & G \end{Bmatrix} \tag{3.1.27}$$

最简单的形式是将 σ-ε 关系写成张量公式：

$$\delta\sigma_{kl} = C_{klij}\delta\varepsilon_{ij} \tag{3.1.28}$$

式中，C_{klij} 为弹性张量，其表达式见式(3.1.26)或式(3.1.27)。

将式(3.1.28)和有限元的增量法结合所做的岩土工程和岩土结构的应力和变形的分析就是一种非线性弹性分析方法。但是，这种分析方法主要基于应力-应变关系这种宏观唯象表达，不能反映岩土材料的剪胀性和应力路径等细微观物理机制对其的影响。

另外，基于式(3.1.1)和式(3.1.2)的意义，若限制为各向同性小应变的情况，此时存在一种势函数 Φ，且满足

$$2\Phi = (\lambda + 2\mu)I_1^2 + \mu I_2 \tag{3.1.29}$$

$$\sigma_{ij} = \frac{\partial \Phi}{\partial \varepsilon_{ij}} \tag{3.1.30}$$

式中，I_1 为应变张量的第一变量，且有

$$I_1 = \mathrm{tr}(\boldsymbol{\varepsilon})$$
$$I_2 = 2[\mathrm{tr}(\boldsymbol{\varepsilon}^2) - I_1^2] \tag{3.1.31}$$

在此势函数的基础上可进行一系列的分析。

这里需提及两个概念：弹性能 Φ 和余能 Ψ。它们的增量表达式分别为

$$\mathrm{d}\Phi = \sigma_{ij}\mathrm{d}\varepsilon_{ij}, \quad \mathrm{d}\Psi = \varepsilon_{ij}\mathrm{d}\sigma_{ij} \tag{3.1.32}$$

其简单关系可参见图3.1.4。在等效应力-等效应变关系图中，弹性能和余能分别由应力-应变关系曲线的下部和上部的曲边三角形面积表示。因此，对于弹性过程，可以用弹性能或余能分别表述为：弹性体在封闭的应变循环过程，外部作用所做功之和为零；或弹性体在封闭的应力循环过程，外部作用所做的余功之和为零。

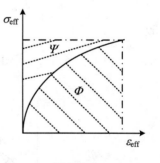

图 3.1.4

3.2 非线性弹性分析方法

岩土类介质的应力-应变关系都是非线性的。对其进行线性化处理，原因是实际工程问

题中使用非线性分析会耗费大量的资源。非线性弹性分析是工程分析中所采用的一种折中的方法,既考虑了介质的非线性特性,同时又采用了比较简单的弹性描述。

对于非线性弹性介质而言,其材料参数都是与当前的应力-应变状态有关的,即对于一般的各向同性假定下的岩土材料,其弹性参数[Lame(拉梅)系数,或两个模量]都是应力不变量和应变不变量的状态函数。当考虑应力和应变加载路径的影响时,介质就不是弹性介质而是塑性介质了。此时,本构关系满足

$$\sigma_{ij} = \left(K - \frac{2}{3}G\right) \cdot \mathrm{tr}(\pmb{\varepsilon}) \cdot \delta_{ij} + 2G\varepsilon_{ij} \tag{3.2.1}$$

或

$$\varepsilon_{ij} = \frac{1+\nu}{E} \cdot \sigma_{ij} - \frac{\nu}{E} \cdot \mathrm{tr}(\pmb{\sigma}) \cdot \delta_{ij} \tag{3.2.2}$$

由于各向同性材料中,只有 2 个独立的弹性参数,因此,K 和 G、E 和 ν 以及 Lame 系数 λ 和 μ 都分别可以用于弹性材料的描述,它们之间可以进行相互转化。不过,为了表达式的简便起见,不同表达式中所采用的弹性参数略有不同。

图 3.2.1 所示为弹性参数确定方法的示意图。图中所示的模量 E 和泊松比 ν 均有两种情况:割线模量 E_s 和切线模量 E_t,割线泊松比 ν_s 和切线泊松比 ν_t。此处的割线弹性参数主要用于应力-应变关系的全量表达,而切线弹性参数则主要用于应力-应变关系的增量表达。即式(3.2.1)和式(3.2.2)中的弹性参数都有割线的概念,严格地讲,式中的弹性参数都需加上下标"s"。对于增量型本构关系,其表达式为

$$\mathrm{d}\sigma_{ij} = \left(K_t - \frac{2}{3}G_t\right) \cdot \mathrm{tr}(\mathrm{d}\pmb{\varepsilon}) \cdot \delta_{ij} + 2G_t \cdot \mathrm{d}\varepsilon_{ij} \tag{3.2.3}$$

或

$$\mathrm{d}\varepsilon_{ij} = \frac{1+\nu_t}{E_t} \cdot \mathrm{d}\sigma_{ij} - \frac{\nu_t}{E_t} \cdot \mathrm{tr}(\mathrm{d}\pmb{\sigma}) \cdot \delta_{ij} \tag{3.2.4}$$

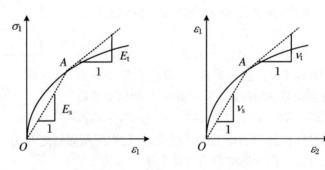

图 3.2.1 弹性参数的确定示意图

增量型本构关系是进行非线性分析时最常用的一种关系。采用这种关系就可以将材料的加载或卸载过程逐点求解,其难点在于瞬时弹性参数的确定。

3.3 岩土介质中典型非线性弹性分析

第2章分析了多孔岩土介质中的物理力学特性,在进行非线性弹性分析之前,有必要对一般岩土介质的特性进行总结。与金属材料对比,岩土介质具有以下特性(张学言,1993):

(1) 应力-应变关系曲线的非线性特点。土体和岩石具有不同的应力-应变特征。岩石的应力-应变曲线特征可参见第2章,这里不赘述。图3.3.1是土样在应力水平不高时的加载和卸载曲线。由图可见,土体加载曲线的斜率不断变化,而卸载曲线的斜率则基本保持不变。应力-应变曲线的这种非线性特征从图3.3.2和图3.3.3中也可以看出:土体无论是受压缩还是剪切,其应力-应变关系从加载开始就表现出非线性曲线性质,没有明显的弹性阶段和初始屈服点;而岩石则有明显的初始屈服点和弹性阶段。土体本构关系的数学表达式应反映这些特征。

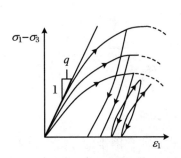 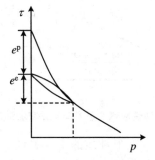 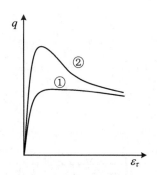

图3.3.1 土的加载和卸载曲线   图3.3.2 应力-应变曲线   图3.3.3 硬化和软化曲线

(2) 硬化和软化特性如图3.3.3所示。正常固结的黏土和松砂如曲线①所示,剪切时产生应变硬化;而超固结黏土、岩石和密实的砂在剪切过程中,开始同样也出现硬化,随后再产生软化,最后达到一定的残余强度值,如曲线②所示。

(3) 剪胀性(在地震学中称扩容性)指的是剪应力可以引起体积膨胀或收缩的现象。如图3.3.4所示,曲线①说明正常固结黏土和松砂在剪切过程中产生剪缩(负剪胀性);曲线②说明超固结黏土、岩石或密砂在剪切过程中产生正的剪胀(体积膨胀)。剪胀值不仅取决于土的密度,而且与侧限应力有关。例如,地表附近的砂侧限压力很小,具有典型的剪胀性,埋深增大时,侧限压力增大,剪胀趋势逐渐减小,这与加围压的道理一样。

(4) 土一般属于摩擦型材料(饱和黏土不排水则属于无摩擦型材料),因此,在中低压($\sigma_3 \leqslant 100$ kPa)下进行剪切,屈服和破坏一般都服从Mohr-Coulomb准则或类似的摩擦屈服准则,即平均应力对屈服有影响,但在高压下强度有所下降(图3.3.6)。当发生土体屈服时,其切线剪切模量趋近于零。

(5) 土体的体积压缩模量K随着土颗粒的相互压密而增加;静水压和体积应变之间满

足关系式 $P = K\varepsilon_v$，单纯的压缩或平均应力可以产生塑性体积应变，如图 3.3.2 所示。

(6) 土体的剪切模量 G 随着偏应力增加而减小，但随着球应力的增加而增大。

(7) 中间主应力 σ_2 对强度有影响。图 3.3.5 是中细砂岩弹性模量 E 随 σ_2 的变化。

(8) 塑性应变增量方向一般不服从正交流动法则，如图 3.3.6 所示。另外，土的应力-应变关系强度还与时间有关，也就是说具有流变特性或黏滞性。

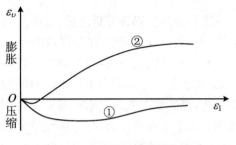

图 3.3.4　地质材料的剪胀性

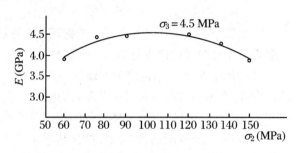

图 3.3.5　中细砂岩弹性模量 E 随 σ_2 的变化

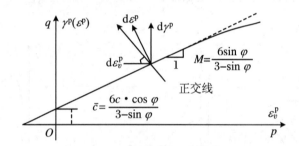

图 3.3.6　塑性应变增量方向与正交流动法则的关系

可见建立完全符合岩石和土体变形性质的本构关系表达式是非常困难的。迄今为止，人们只能使这些表达式部分地满足上述土体和岩石的变形特征。近几十年来，学者们建议采用的应力-应变关系数学模型非常多，在弹性常量模型方面归纳起来最常使用的有两种：第一种是以 E 及 ν 两种弹性常量表达的，称 E-ν 弹性模型(双曲线模型)；第二种是以 K 及 G 两种弹性常量表达的，称 K-G 弹性模型。此外，与此不同，南京水利科学研究所采用了一种非线性的变弹性体模型，它的特点是不用常规的弹性常量，改用两个非线性函数来表达 σ-ε 之间的关系。

3.3.1　E-ν 弹性模型(双曲线模型)

双曲线模型是建立在全量应力-应变关系基础上的土体本构关系模型，常见的一种为邓肯-张(Duncan-Chang)模型。邓肯-张双曲线模型能较好地反映土体的非线性形态，在岩土工程和地下工程数值分析中得到广泛应用。其中，在地下工程分析计算包括结构分析、坑道稳定性分析和围岩应力分析方面的应用是比较理想的。

此模型应用常规三轴压缩固结实验所得到的 $(\sigma_1-\sigma_3)$-ε_1(差应力 q-轴向应变)实验曲线，找出一个共同的数学公式，并通过这个数学公式去推导出切线杨氏模量 E_t 的表达式，以用于增量弹性分析。同时结合实验所得的体积应变 ε_v 与 ε_1 的关系曲线，也可将切线泊松比

ν_t 的变化公式推导出来。此处将关于 E_t 和 ν_t 的公式简称为 $E\text{-}\nu$ 弹性模型。由于一般的软岩和土体的本构关系曲线形状非常接近于双曲线,所以 Kondner 建议采用双曲线方程来描述 $(\sigma_1-\sigma_3)\text{-}\varepsilon_1$ 实验曲线。

当 σ_3 为常量时,根据等轴双曲线方程,差应力与轴向应变满足

$$q\left(\frac{a}{\varepsilon_1}+b\right)=1$$

即

$$q=\sigma_1-\sigma_3=\frac{\varepsilon_1}{a+b\varepsilon_1} \tag{3.3.1}$$

其中,a,b 为实验常量,ε_1 为轴向应变。将上式改写成

$$\frac{\varepsilon_1}{\sigma_1-\sigma_3}=a+b\varepsilon_1 \tag{3.3.2}$$

由此,可将图 3.3.7(a)的实验曲线绘成图 3.3.7(b)的一条直线,直线的截距和斜率分别为 a 和 b,由此,很容易确定该直线的方程。

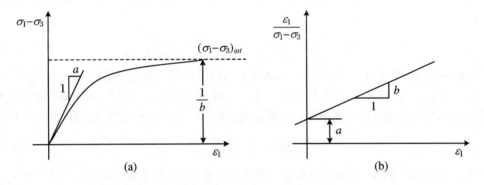

图 3.3.7 差应力-轴向应变关系

此时,割线弹性参数可以表达为

$$E_s=\frac{1}{\dfrac{1}{E_i}+\dfrac{\varepsilon_1}{(\sigma_1-\sigma_3)_{\text{ult}}}},\quad \nu_s=\nu_i-d\cdot\varepsilon_3 \tag{3.3.3}$$

式中,ε_3 为横向应变,E_i 和 ν_i 为初始模量和泊松比,d 为实测参数,$(\sigma_1-\sigma_3)_{\text{ult}}$ 为应变 ε_1 趋向无穷大时极限的主应力差值。下面分析相关参数。

式(3.3.2)可写成

$$\sigma_1-\sigma_3=\frac{\varepsilon_1}{\left[\dfrac{1}{E_i}+\dfrac{R_f\varepsilon_1}{(\sigma_1-\sigma_3)_{\text{ult}}}\right]} \tag{3.3.4}$$

Zelasko(1963)指出,凝聚性和非凝聚性土的应力-应变关系,均可用双曲线方程式表示。其初始弹性模量为

$$E_i=\frac{1}{a}=\frac{\mathrm{d}(\sigma_1-\sigma_3)}{\mathrm{d}\varepsilon_1} \tag{3.3.5}$$

可见,a 为初始弹性模量的倒数。E_i 的几何意义是双曲线初始斜率,一般取围压 $\sigma_3=100\ \text{kPa}$ 时的初始模量。在模型推导过程中明确定义 E_i 为轴向应变 $\varepsilon_1\to 0$ 时的模量。

因此,要求在实验过程中尽量量测到微小应变,即土体处于弹性状态时的模量。大多数土体的 ε_1 的量级从 10^{-6} 增加到 10^{-2} 时,模量 E 将减小为原来的几十分之一。实际情况取 $\varepsilon_1 = 10^{-3}$ 时的 E 值,这与原定义有一定差距,所得结果常相差几倍至几十倍,导致计算位移相差一倍左右。在多数情况下使计算结果远大于实测值,主要原因是 K 值取值偏小。

由式(3.3.1)可知,当 $\varepsilon_1 \to \infty$ 时,有 $q = (\sigma_1 - \sigma_3)_f = 1/b$,可见 b 的物理意义是:土体破坏偏应力 $(\sigma_1 - \sigma_3)_f$ 的倒数。在几何上,$1/b$ 是该双曲线的渐近线,如图 3.3.7(a)所示。

对于应变强化的土体,通常认为 15%~20% 应变时的强度为屈服强度,相应的应力为抗剪强度或破坏差应力 $(\sigma_1 - \sigma_3)_f$。此时,极限差应力 $(\sigma_1 - \sigma_3)_f$ 为土体破坏时的强度。

由于土的压缩变形不可能很大,所以当变形达到某一数值时,土体实际上已达到破坏极限强度 $(\sigma_1 - \sigma_3)_{ult}$,可认为

$$b = \frac{R_f}{(\sigma_1 - \sigma_3)_{ult}} \quad (3.3.6)$$

因为三轴实验的轴向应变 ε_1 总是有限的,故应力-应变曲线总是位于该渐近线之下,$(\sigma_1 - \sigma_3)_{ult}$ 总是略高于土样破坏时的强度 $(\sigma_1 - \sigma_3)_f$。令二者之比为 R_f,此时,R_f 为破坏比例,即

$$R_f = \frac{(\sigma_1 - \sigma_3)_f}{(\sigma_1 - \sigma_3)_{ult}} = \frac{\text{破坏时的强度}}{(\sigma_1 - \sigma_3) \text{的极限值}} \quad (3.3.7)$$

由此可见,R_f 值一般小于1,可取在 0.75~1.00 之间,由此可确定 b 值。

随着围压 σ_3 的不同,实验曲线发生变化。此时,E_i 值随 σ_3 变动。Janbu(1963)通过实验研究指出,凝聚性和非凝聚性土的初始模量都是侧限压力的指数函数,他们建议采用下式:

$$E_i = KP_a \left(\frac{\sigma_3}{P_a}\right)^n \quad (3.3.8)$$

式中,P_a 为大气压力,K,n 为实验常量。对于不同土类,K 值差别较大,可能小于 100,也可能大于 3500。n 值一般在 0.2~1.0 之间。K,n 的确定可采用 Janbu(1963)的建议方式,采用图 3.3.8 的双对数坐标系确定。

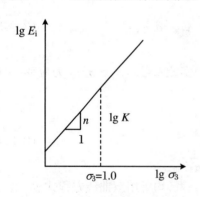

图 3.3.8　初始模量与 σ_3 的关系

因切线弹性模量[图 3.3.7(a)]$E_t = \frac{\partial(\sigma_1 - \sigma_3)}{\partial \varepsilon_1}$,由式(3.3.4)对 ε_1 求导数,得

$$E_t = \frac{d(\sigma_1 - \sigma_3)}{d\varepsilon_1} = \frac{\frac{1}{E_i}}{\left[\frac{1}{E_i} + \frac{R_f \varepsilon_1}{(\sigma_1 - \sigma_3)_{ult}}\right]^2} \quad (3.3.9)$$

由此可得

$$E_t = \left[1 - \frac{R_f(\sigma_1 - \sigma_3)}{(\sigma_1 - \sigma_3)_{ult}}\right]^2 E_i \quad (3.3.10)$$

式中,E_t 为土体的切线弹性模量。由于在不排水情况下,初始模量 E_i 随着侧限压力 σ_3 的不同而改变,故由该式还不能直接计算出 E_t。将上式改写为

$$E_t = (1 - R_f S)^2 E_i \quad (3.3.11)$$

式中,

$$S = \frac{\sigma_1 - \sigma_3}{(\sigma_1 - \sigma_3)_{\text{ult}}} \tag{3.3.12}$$

其中,S 为应力发挥度(或应力水平),用来衡量土体强度发挥的程度:$S<1.0$,则土体抗剪强度尚未充分发挥;$S=1.0$,抗剪强度恰好发挥;$S>1.0$,则土体发生塑性流动。S 值愈大,塑性流动变形愈大,但该值不超过 $\frac{(\sigma_1 - \sigma_3)_{\text{ult}}}{(\sigma_1 - \sigma_3)_{\text{f}}}$。

根据 Mohr-Coulomb 准则,抗剪强度可以表示为

$$(\sigma_1 - \sigma_3)_{\text{f}} = \frac{2C\cos\varphi + 2\sigma_3\sin\varphi}{1 - \sin\varphi} \tag{3.3.13}$$

将式(3.3.13)代入式(3.3.11)、式(3.3.12)和式(3.3.8),可得切线模量 E_t 的最终计算表达式:

$$E_\text{t} = \left[1 - \frac{R_\text{f}(1 - \sin\varphi)(\sigma_1 - \sigma_3)}{2C\cos\varphi + 2\sigma_3\sin\varphi}\right]^2 E_\text{i} \tag{3.3.14}$$

同时,若设卸载和重复加载时弹性模量值为 E_ur,则

$$E_\text{ur} = K_\text{ur} P_\text{a} \left(\frac{\sigma_3}{P_\text{a}}\right)^n \tag{3.3.15}$$

式中,K_ur 值通过实验测定,一般情况下 $K_\text{ur}>K$。

以类似的方法可推导出与 E_t 相应的切线泊松比 ν_t 的计算式。泊松比 ν 值虽然也有一些经验公式,但不是很可靠。假定轴向应变 ε_1 和侧向应变 ε_3 之间也符合双曲线关系,即

$$\varepsilon_1 = \frac{\varepsilon_3}{f + m\varepsilon_3} \tag{3.3.16a}$$

或

$$\frac{\varepsilon_3}{\varepsilon_1} = f + m\varepsilon_3 \tag{3.3.16b}$$

式中,系数 $f = \nu_\text{i}$,$m = \frac{1}{\varepsilon_1}\bigg|_{\varepsilon_3 \to \infty}$,如图 3.3.9 所示。初始泊松比 ν_i 随侧压力 σ_3 变化,据实验结果,认为初始泊松比 ν_i 可表达为

$$\nu_\text{i} = G - F\lg\left(\frac{\sigma_3}{P_\text{a}}\right) \tag{3.3.17}$$

式中,G,F 为实验常量。可由图 3.3.10 的实验曲线求得 G,F 值。通常 F 值为 $0.1 \sim 0.2$,故 $\nu_\text{i} \approx G$。

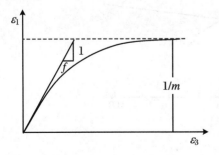

图 3.3.9 轴向应变 ε_1 和侧向应变 ε_3 的关系

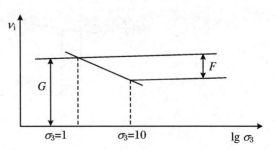

图 3.3.10 初始泊松比 ν_i 随 σ_3 变化

将式(3.3.16a)中的 ε_3 对 ε_1 求导,则

$$\varepsilon_1 = \frac{\varepsilon_3}{f + m\varepsilon_3} \Rightarrow \varepsilon_3 = \frac{f\varepsilon_1}{1 - m\varepsilon_1}$$

$$\frac{d\varepsilon_3}{d\varepsilon_1} = f \cdot \frac{1}{1 - m\varepsilon_1} + \frac{f\varepsilon_1 \cdot m}{(1 - m\varepsilon_1)^2} = \frac{f}{(1 - m\varepsilon_1)^2} = \frac{\nu_i}{(1 - m\varepsilon_1)^2} \quad (\text{因为} f = \nu_i)$$

切线泊松比 ν_t 为横向应变与纵向应变之比,则

$$\frac{d\varepsilon_3}{d\varepsilon_1} = \nu_t = \frac{\nu_i}{(1 - m\varepsilon_1)^2} \tag{3.3.18}$$

实际计算分析中,如果计算所得的 ν_t 值大于 1/2,则可采用 $\nu_t = 0.49$ 作为计算的依据。因为式(3.3.18)的计算值常偏大,因此,有人建议用下式计算:

$$\nu_t = \nu_i + (\nu_{tf} - \nu_i)\frac{\sigma_1 - \sigma_3}{(\sigma_1 - \sigma_3)_{ult}} \tag{3.3.19}$$

其中,ν_{tf} 为破裂时的切线泊松比。

又

$$\varepsilon_1 = \frac{\sigma_1 - \sigma_3}{E_i\left[1 - \frac{R_f(\sigma_1 - \sigma_3)}{(\sigma_1 - \sigma_3)_{ult}}\right]} \tag{3.3.20}$$

将式(3.3.8)、式(3.3.13)代入式(3.3.18)、式(3.3.20),得

$$\nu_t = \frac{G - F\lg\left(\frac{\sigma_3}{P_a}\right)}{\left\{1 - \dfrac{m(\sigma_1 - \sigma_3)}{KP_a\left(\dfrac{\sigma_3}{P_a}\right)^n\left[1 - \dfrac{R_f(\sigma_1 - \sigma_3)(1 - \sin\varphi)}{2C\cos\varphi + 2\sigma_3\sin\varphi}\right]}\right\}^2} \tag{3.3.21}$$

由式(3.3.14)、式(3.3.21)得到 E_t 和 ν_t 后,即可组成变弹性矩阵 D_t。其中,K,n,R_f,C,φ,F,G 和 m 8个参数的值需由常规三轴实验确定。

最初,邓肯-张模型中采用的是切线泊松比 ν_t,但在实际中发现,按式(3.3.21)计算出的 ν_t 值偏大,后采用切线体积模量 K_t 作为计算参数:

$$K_t = K_k P_a\left(\frac{\sigma_3}{P_a}\right)^m \tag{3.3.22}$$

其中,K_k,m 为实验确定的参数,K_k 与体积有关。K_k,m 的求取见图3.3.11(冯卫星等,1999)。

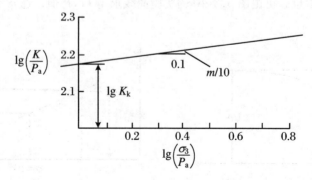

图 3.3.11 $\lg\left(\dfrac{K}{P_a}\right)$-$\lg\left(\dfrac{\sigma_3}{P_a}\right)$ 关系(冯卫星等,1999)

3.3.2 K-G 弹性模型

Domaschuk 等建议采用体积变形模量 K 与剪切模量 G 代替工程上常用的 E 及 ν。该模型认为土体的 K 和 G 不是常量,而是应力的函数。选用两个八面体应力不变量 p 和 q 以及与其对应的体积应变 ε_v 和剪切应变 ε 来描述材料的非线性行为,其表达式为

$$p = K\varepsilon_v \tag{3.3.23}$$
$$q = 2G\varepsilon \tag{3.3.24}$$

由此可通过一系列实验来测定 K 和 G 随应力变化的规律,从而建立相应的本构关系。

3.3.2.1 K 值的测定

切线体积变形模量具有一般定义,即 $K_t = \mathrm{d}p/\mathrm{d}\varepsilon_v$。因此,可采用三向等固结实验(isotropic consolidation test),即试样在静水压力($p = \sigma_1 = \sigma_2 = \sigma_3$)作用下进行压缩固结,得到试样的静水压力与体积压缩特性的关系,由此来确定 K_t。在实际应用中,比较容易得到试样的孔隙比 e 与压力 p 的关系。由于 e-$\ln p$ 关系曲线可以更直观地表现试样的压缩阶段,因此,一般从 e-$\ln p$ 关系曲线推出相应的结论。

e-$\ln p$ 关系曲线通常用下列对数式表示(图 3.3.12):

$$e = e_{ao} - \lambda \ln p \tag{3.3.25}$$

式中,e_{ao} 和 λ 均为实验常量。

对上式进行微分,可以得到切线体积变形模量为

$$K_t = \frac{\mathrm{d}p}{\mathrm{d}\varepsilon_v} = \frac{1 + e_0}{\lambda} p \tag{3.3.26}$$

式中,e_0 为初始孔隙比。

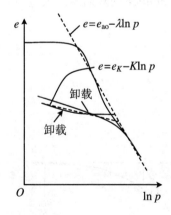

图 3.3.12　e-$\ln p$ 关系曲线

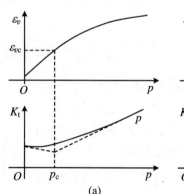

图 3.3.13　p-ε_v 实验曲线和 K_t-p 关系曲线

另外一种方式不用式(3.3.25),而改用下式表达 p-ε_v 的关系(图 3.3.13,图中表示两种不同的土 a 及土 b 的 p-ε_v 实验曲线和 K_t-p 关系曲线):

$$\frac{p}{p_c} = \frac{\varepsilon_v}{\varepsilon_{vc}}\left(1 + \alpha \left|\frac{\varepsilon_v}{\varepsilon_{vc}}\right|^{n-1}\right) \tag{3.3.27}$$

式中,p_c 为先期固结压力,是固结完成后的有效平均应力。从 ε_{vc} 开始发生塑性体积变形。

p_c,ε_{vc},α 和 n 为实验常量。对于泥沙和黏土 $\alpha \approx 1$,取 $\alpha = 1$,则有

$$K_t = \frac{p_c}{\varepsilon_{vc}}\left(1 + n\left|\frac{\varepsilon_v}{\varepsilon_{vc}}\right|^{n-1}\right) \tag{3.3.28}$$

或

$$K_t = K_i\left(1 + n\left|\frac{\varepsilon_v}{\varepsilon_{vc}}\right|^{n-1}\right) \tag{3.3.29}$$

式中,K_i 为初始体积变形模量,且

$$K_i = \frac{p_c}{\varepsilon_{vc}} \tag{3.3.30}$$

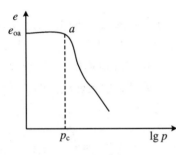

图 3.3.14 原状黏土的压缩曲线

图 3.3.14 为低灵敏度原状黏土的压缩曲线。曲线初始段的坡度比较平缓,这是由于土样从地下取出卸除了上覆土的压力,因此压缩曲线的 $e_{oa}a$ 段实质上反映了土的再压过程。当压力接近于 p_c 时,曲线的曲率开始有明显的变化。这个压力 p_c 称为先期固结压力。它是土在其生成历史中在现场所受过的最大压力值(在这一压力的作用下土被压缩至稳定)。未受过大于现存上覆压力的黏土称为正常固结黏土,已受过大于现存上覆压力的黏土则称为超固结黏土。

3.3.2.2 G 值的确定

采用 p 为常量的三向压缩排水固结实验加以确定。Domaschuk 等先使试样在三向等压下固结,然后在 $p/p_c = 1.0, 0.8, 0.6, 0.4, 0.2$ 这 5 种不同情况下进行三向压缩固结实验,以获得一组(5条)应力-应变关系曲线。实验曲线均可采用 Kondner 的双曲线形式进行描述,即

$$\frac{q}{2} = \frac{\varepsilon}{a + b\varepsilon} = \frac{\varepsilon G_i}{1 + b\varepsilon G_i} \tag{3.3.31}$$

式中,$\frac{1}{a} = G_i$,G_i 为初始切线剪切模量,$b = \dfrac{1}{\frac{1}{2}q_{ult}}$。

图 3.3.15 为典型的 $q/2$-ε 曲线。对式(3.3.31)求微分,可得切线剪切模量的表达式为

$$G_t = G_i\left[1 - b\left(\frac{q}{2}\right)\right]^2 \tag{3.3.32}$$

结合压缩曲线来确定初始切线剪切模量 G_i,则有

$$\ln\left(\frac{G_i}{p}\right) = A - B\left(\frac{p}{p_c e_0}\right) \tag{3.3.33}$$

式中,e_0 为初始孔隙比。A,B 对于某一类黏土基本上是常量,但对于另一类黏土 A 值与塑性指数 I_p 有关,即 $\ln A$ 随着 $\ln(p, I_p)$ 的增大呈线性减小。

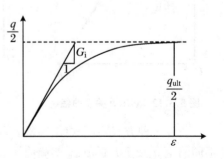

图 3.3.15 σ-ε 关系曲线

式(3.3.31)给出了 q 的一个极限值 q_{ult},这个极限值与破裂时的 q_f 值之间的关系式为

$$\frac{q_f}{2} = R_f\left(\frac{q_{\text{ult}}}{2}\right) = R_f\left(\frac{1}{b}\right) \tag{3.3.34}$$

式中,R_f 为破坏比率。实验结果表明

$$\frac{q_f}{2} = 10^\alpha \left(\frac{p}{p_c e_0}\right) \tag{3.3.35}$$

综合上述分析,可得 G 的表达式为

$$G_t = G_i \left[1 - R_f \frac{\dfrac{q}{2}}{10^\alpha \left(\dfrac{p}{p_c e_0}\right)^\beta}\right]^2 \tag{3.3.36}$$

式中,α,β 为实验常量,通过拟合即可求得。

3.3.3 非线性的变弹性体模型

此模型将岩土介质的应力-应变关系用体积应变(ε_v)和剪切应变(ε)的两个函数共同表达,即

$$\varepsilon_v = f_1(p,q) \tag{3.3.37}$$

$$\varepsilon = f_2(p,q) \tag{3.3.38}$$

式中,p,q 分别为八面体应力不变量,相关符号的意义与前面的讨论一致。

将上述两式写成增量形式:

$$\delta\varepsilon_v = \frac{\partial f_1}{\partial p}\delta p + \frac{\partial f_1}{\partial q}\delta q \tag{3.3.39}$$

$$\delta\varepsilon = \frac{\partial f_2}{\partial p}\delta p + \frac{\partial f_2}{\partial q}\delta q \tag{3.3.40}$$

此两式和经典的弹性理论不同:一般处于理想弹性状态的材料,剪应力不会引起体积改变,平均应力也不会引起剪应变;但是,从上面两个公式可见,它们不符合经典的弹性理论。这种差异主要表现为以下两点:

(1) 纯粹的剪切可以产生体积应变。
(2) 法向应力或平均应力可以引起剪切应变。

基于此意义建立的本构描述,就可以将岩土介质的剪胀性考虑在内。其关键问题在于如何选择与确定 f_1 和 f_2 函数。

3.3.3.1 f_1 函数的选择

确定此函数,需进行三向等固结、常规的单向固结实验以及保持 $n=q/p$ 为常量而进行的特殊的固结实验。基于这些实验,可以得到一组 e-$\ln p$ 曲线。对于正常固结或弱超固结的黏性土和松沙,这组曲线为一组基本上互相平行的直线,如图 3.3.16(a)所示。这些曲线的数学表达式为

$$\begin{cases} e = e_{\text{an}} - \lambda \ln p \\ e = e_k - k \ln p \end{cases} \tag{3.3.41}$$

或

$$\varepsilon_v = \frac{e_{an}}{1+e_0} - \frac{\lambda}{1+e_0}\ln p \tag{3.3.42}$$

如令

$$\psi(n) = \frac{e_{an}}{1+e_0} \tag{3.3.43}$$

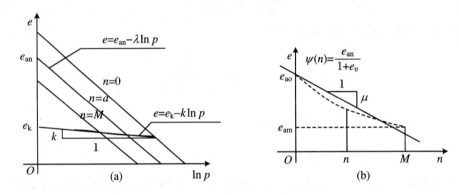

图 3.3.16 e-$\ln p$ 和 e-n 关系

可得到代表 f_1 的函数表达式：

$$\varepsilon_v = \psi(n) - \frac{\lambda}{1+e_0}\ln p \tag{3.3.44}$$

由图 3.3.16(a)这组曲线可以求得 λ 的平均值和每一曲线的 e_{an} 值。以 e 为纵轴，n 为横轴作图，再用图解法求 $\psi(n)$，即 $\dfrac{e_{an}}{1+e_0}$ 与 n 的关系。这个关系可以简化为直线关系[图 3.3.16(b)]，可假定此线的梯度 μ 为一常量，即

$$\mu = \frac{\partial \psi(n)}{\partial n} = 常量 \tag{3.3.45}$$

也可利用剑桥模型的成果，如三向等固结($n=0$)实验的 $e_{an}=e_{ao}$，或者代表破坏状态或临界状态(见剑桥模型)($n=M$)的 $e_{an}=e_{am}$，则有

$$\mu = \frac{e_{ao}-e_{am}}{M} = \frac{\lambda-k}{M} \tag{3.3.46}$$

式(3.3.44)和式(3.3.46)代表函数 f_1。

3.3.3.2　f_2 函数的选择

采用"p = 常量"的三向压缩固结实验可以得到一组曲线，如图 3.3.17 所示。其中，每条曲线都可以用下式表达：

$$q = \frac{\varepsilon}{\dfrac{1}{G_i}+\dfrac{\varepsilon}{q_f}} \tag{3.3.47}$$

式中，q_f 为破坏时的 q 值，G_i 为实验常量。相当多的实验资料表明，p 对应力-应变关系的影响可以通过 $n=q/p$ 代替 q 的办法进行归一化。由此，这组曲线可以简化为如下的关系式：

$$\frac{q}{p} = n = \frac{\varepsilon}{a + b\varepsilon} \tag{3.3.48}$$

式中,

$$a = \frac{p}{G_i}, \quad b = \frac{p}{q_f} \tag{3.3.49}$$

此公式是由南京水利科学研究所在《油罐地基固结变形的非线性分析》一文中给出的。现据沈珠江后来研究的结果将其修改为图3.3.18。

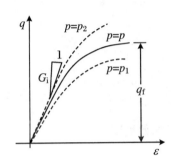

图 3.3.17 应力-应变关系

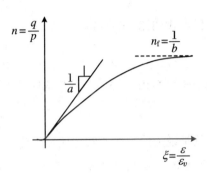

图 3.3.18 归一化的应力-应变关系

相应地,式(3.3.48)改为

$$n = \frac{\zeta}{a + b\zeta} \tag{3.3.50}$$

式中,

$$\zeta = \frac{\varepsilon}{\varepsilon_v} \tag{3.3.51}$$

进行这种修改,其原因在于,在求 f_1 时的"$n = q/p =$ 常量"的压缩实验中,得到的剪切应变($\varepsilon = \varepsilon_1 - \varepsilon_v/3 = 2\varepsilon_1/3$)不是一个常量,而从式(3.3.48)中计算所得的 ε 却是常量,这和实验事实不符。考虑到式(3.3.48)的"$n =$ 常量"时,$\varepsilon/\varepsilon_v = 2/3$ 为常量,因此由式(3.3.48)改写为式(3.3.50)比较恰当。相应地,将图3.3.17改成图3.3.18,这样纵、横坐标均变为常量。

另外,如考虑软化现象,则图3.3.18还可改成图3.3.19,式(3.3.50)就改写成

$$n = \frac{\zeta(a + c\zeta)}{(a + b\zeta)^2} \tag{3.3.52}$$

以上,式(3.3.50)和式(3.3.52)代表 f_2 函数。如对式(3.3.50)求微分,可得

$$\beta = \frac{\delta n}{\delta \zeta} = \frac{a}{(a + b\zeta)^2} \tag{3.3.53}$$

对式(3.3.52)求微分,可得

$$\beta = \frac{\delta n}{\delta \zeta} = a\frac{a + (2c - b)\zeta}{(a + b\zeta)^3} \tag{3.3.54}$$

如令 $\beta = 0$,则由式(3.3.54)可得

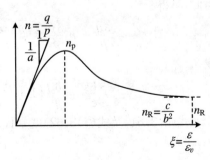

图 3.3.19 考虑软化的应力-应变关系

$$\zeta_p = \frac{a}{b - 2c} \tag{3.3.55}$$

代入式(3.3.52),可得

$$n_p = \frac{1}{4(b - c)} \tag{3.3.56}$$

当 $\zeta \to \infty$ 时,可得

$$n_R = \frac{c}{b^2} \tag{3.3.57}$$

同样由式(3.3.50)可得

$$n_f = \frac{1}{b} \quad (\text{图 } 3.3.18) \tag{3.3.58}$$

当 $\zeta = 0$ 时,由式(3.3.50)和式(3.3.53),均可得到

$$\beta = \frac{1}{a} \tag{3.3.59}$$

也就是说无论是应变硬化还是软化,β 均为 n-ζ 曲线的初始坡降。

3.3.3.3 σ-ε 增量关系

把式(3.3.44)写成增量形式:

$$\delta \varepsilon_v = \frac{\partial \psi}{\partial n} \delta n - \frac{\lambda}{1 + e_0} \frac{\delta p}{p} \tag{3.3.60}$$

考虑到 $\mu = \frac{\partial \psi}{\partial n}$,$n = \frac{q}{p}$ 以及 $\delta n = \frac{\delta q}{p} - n \frac{\delta p}{p}$,由此,式(3.3.60)可以表达为

$$\delta \varepsilon_v = \left(-\frac{\lambda}{1 + e_0} - n\mu \right) \frac{\delta p}{p} + \mu \frac{\delta q}{p} \tag{3.3.61}$$

另外,由于 $\zeta = \frac{\varepsilon}{\varepsilon_v}$ 以及 $\delta \zeta = \frac{\delta \varepsilon}{\varepsilon_v} - \frac{\varepsilon}{\varepsilon_v} \frac{\delta \varepsilon_v}{\varepsilon_v} = \frac{\delta \varepsilon}{\varepsilon_v} - \zeta \frac{\delta \varepsilon_v}{\varepsilon_v}$,将其代入式(3.3.53),得

$$\delta n = \beta \delta \zeta = \beta \left(\frac{\delta \varepsilon}{\varepsilon_v} - \zeta \frac{\delta \varepsilon_v}{\varepsilon_v} \right)$$

代入 $\delta n = \frac{\delta q}{p} - n \frac{\delta q}{p}$ 中,则有

$$\frac{\delta q}{p} - n \frac{\delta p}{p} = \beta \left(\frac{\delta \varepsilon}{\varepsilon_v} + \zeta \frac{\delta \varepsilon_v}{\varepsilon_v} \right)$$

由此,可得

$$\frac{\delta q}{p} - n \frac{\delta p}{p} = \beta \left\{ \frac{\delta \varepsilon}{\varepsilon_v} - \frac{\zeta}{\varepsilon_v} \left[\left(\frac{\lambda}{1 + e} + n\mu \right) \frac{\delta p}{p} - \mu \frac{\delta q}{p} \right] \right\}$$

或

$$\beta \frac{\delta \varepsilon}{\varepsilon_v} = \frac{\delta q}{p} \left(1 + \frac{\mu \beta \zeta}{\varepsilon_v} \right) + \frac{\delta p}{p} \left[-n + \frac{\beta \zeta}{\varepsilon_v} \left(\frac{\lambda}{1 + e} - n\mu \right) \right] \tag{3.3.62}$$

式(3.3.61)及式(3.3.62)就是代表非线性变弹性体模型的 σ-ε 增量关系式。

3.3.4 变模量模型

Nelson 等(1968;1970;1971a,b)讨论过一类模型,认为体积和剪切模量是应力或应变不变量函数的变模量模型的发展,此模型可用于描述非线性问题,而不需要屈服条件。

3.3.4.1 模型描述

模型的数学描述与 Domaschuk 等提出的 K-G 模型的相同,本构关系分为偏量部分和体积部分,其增量关系分别为

$$\dot{s}_{ij} = 2G\dot{e}_{ij}, \quad \dot{p} = 3K\dot{e} \tag{3.3.63}$$

式中,s_{ij} 和 e_{ij} 分别是偏应力和偏应变,p 和 e 分别是静水压力和平均应变。上述方程隐含材料是各向同性的假定。在此研究中,剪切模量 G 和体积模量 K 依赖于应力和应变的不变量。

必须注意的是,即便在初始加载阶段,应力-应变关系也不是唯一的。材料中的应变响应不仅仅依赖于应力的最后状态,而且也依赖于达到这一状态的应力路径。在这种意义上,变模量模型不局限于考虑非线性弹性材料,此时,上述唯一的应力-应变关系总是存在的。

在增量应力-应变关系中,材料的描述称为"亚弹性"材料(Prager,1961;Trhesdell,1955)。现在变模量模型可以考虑各向同性"亚弹性"材料的特殊情况,在这一情况下,应力和应变增量依赖不变量的张量关系,而不依赖应力(或应变)张量本身。因为现在的材料一般是不可逆的,甚至对于逐渐增长的加载都是这样的。

因此,加载、卸载过程体积中,模量一般采用两个不同体积模量函数来描述:

$$K = \begin{cases} K_{\mathrm{LD}} & (p = p_{\max} \text{ 和 } \dot{p} > 0) \\ K_{\mathrm{UN}} & (p < p_{\max} \text{ 或 } p = p_{\max} \text{ 及 } \dot{p} < 0) \end{cases} \tag{3.3.64}$$

式中,$p_{\max}$ 是加载历史上材料所受的最大载荷。可看出,重复加载过程中压力-体积关系与卸载时相同。在极小的应力循环时,加载和卸载模量一般满足条件 $K_{\mathrm{UN}} > K_{\mathrm{LD}}$。

同样,加载、卸载过程剪切模量也采用两个不同剪切模量函数来描述:

$$G = \begin{cases} G_{\mathrm{LD}} & (\dot{J}_2 > 0) \\ G_{\mathrm{UN}} & (\dot{J}_2 \leqslant 0) \end{cases} \tag{3.3.65}$$

式中,$\dot{J}_2 = 0$ 对应中性变载的情况。在上式中,初始剪切加载和以后的重复加载之间没有区别。在极小的应力循环中,加载和卸载模量一般满足条件 $G_{\mathrm{UN}} \geqslant G_{\mathrm{LD}}$。

3.3.4.2 变模量模型

最简单的变模量模型由 Nelson 和 Baron(1968;1971a,b)进行了较广泛的讨论,它可以表示单轴压缩和三轴压缩实验的显著特点。加载过程的体积模量和剪切模量可表示为

$$K_{\mathrm{LD}} = K_{\mathrm{LD}}(e) = K_0 + K_1 e + K_2 e^2 \tag{3.3.66}$$

$$G_{\mathrm{LD}} = G_{\mathrm{LD}}(p, \sqrt{J_2}) = G_0 + \gamma_1 p + \bar{\gamma}_1 \sqrt{J_2} \tag{3.3.67}$$

式(3.3.66)表示非线性体积模量,式(3.3.67)表示剪切模量,是静水压 p 和应力偏量的第二不变量的平方根 $\sqrt{J_2}$ 即等效剪切应力的函数。上述两式还可以设想为:当 K 和 G 为应

力和应变不变量的解析函数时,将 K 和 G 对变量 $\sqrt{J_2}$ 和 p 进行级数展开,取展开式中关于这些变量的线性项,也可得到相似的表达式。在零应力和零应变时,体积模量和剪切模量分别退化为 K_0 和 G_0 "线弹性"的值,且具有如下关系式:

$$\frac{K_0}{G_0} = \frac{2(1+\nu_0)}{3(1-2\nu_0)} = \frac{\beta}{3} \tag{3.3.68}$$

需注意的是:通常 K/G 的比值不是一个常量。式(3.3.67)中的另外两个参数取值原则为:γ_1 为正,$\bar{\gamma}_1$ 为负。这样,剪切模量可描述随着压力的增加材料硬化以及随着剪切应力的增加材料软化的过程。

由于单轴压缩实验曲线得到的轴向应力是轴向应变的三次函数,因此,加载过程的体积模量选为 e 的二次函数。体积模量 K 是应力增量-体积应变增量关系的斜率,即 $\dot{p} = 3K\dot{e}$,由此,压力可以通过直接积分得到,即

$$p = \int_0^p 3K_{LD}(\xi)\mathrm{d}\xi = 3K_0 e + \frac{3}{2}K_1 e^2 + K_2 e^3 \tag{3.3.69}$$

因此,对于初始加载,压力是 e 的单调函数。则体积模量 K_{LD} 也可以写成如下形式:

$$K_{LD} = K_{LD}(p) = K_{LD}[e(p)] \tag{3.3.70}$$

此模型中的卸载模量取为

$$K_{UN} = K_{0U} = 常量, \quad G_{UN} = G_0 + \gamma_1 p \tag{3.3.71}$$

但需满足 $K_{0U} > K_{LD}$,而且 $\bar{\gamma}_1 < 0$。

1. 单轴压缩

在单轴压缩的初始加载中,有

$$\frac{\mathrm{d}\sigma_1}{\mathrm{d}e} = 3K_{LD} + 4G_{LD} = 3M_{LD} \tag{3.3.72}$$

注意 $\sqrt{J_2} = \frac{\sqrt{3}}{2}s_1 = \frac{\sqrt{3}}{2}(\sigma_1 - p)$,将式(3.3.66)、式(3.3.67)和式(3.3.69)代入式(3.3.72)得出关于 $\sigma_1(e)$ 的一阶非齐次微分方程。利用初始条件即应力和应变同时变为零,对于 $\sigma_1(e)$ 就可以得到一个封闭的解。对于切线(约束的)模量 M,由 Nelson 等(1968;1971)已给出。

图 3.3.20 和图 3.3.21 所示为采用变模量模型得到的典型的应力-应变关系和应力路径曲线。相应的计算参数为 $\nu_0 = 0.30, K_1/K_0 = -100, K_2/K_0 = 4000, \gamma_1 = 60, \bar{\gamma} = -133.3$。在加载中,由单轴应力-应变曲线(图3.3.20),常发现实验曲线曲率的反向特征。在卸载中,采用 $K_{UN}/K_0 = 30$,应力明显减小。虽然卸载部分看起来是直线,但是,斜率在低应力水平比在高应力水平时的值的1/2还小。重复加载,由于此刻的 $J_2 < 0$,初始斜率比后来的卸载斜率大。这样一个小的滞迟回线就形成了。当应力增加时,重复加载曲线穿过卸载曲线,接近初始加载曲线的延伸部分。

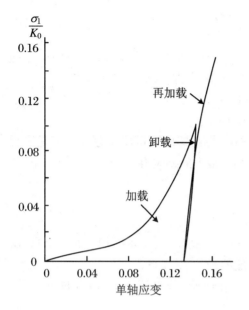

图 3.3.20 应力-应变关系与变模量模型

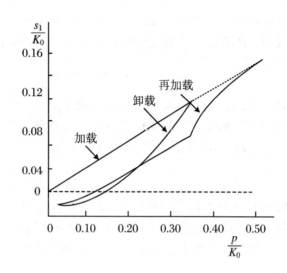

图 3.3.21 偏应力-压力关系与变模量模型

图 3.3.21 则说明了应力路径的影响。图中偏应力 s_1-压力 p 在单轴应变中的加载和卸载过程表明,局部的斜率仅仅依赖于当前的泊松比,即

$$\frac{ds_1}{dp} = \frac{4G(s_1 p)}{3K(p)} = \frac{2(1-2\nu)}{1+\nu} \tag{3.3.73}$$

上述关系曲线基本上是直线,但是,在加载初始阶段是上凸的,而在卸载的时候,s_1 总是比它在加载中对应的值小,而且曲线是下凸的。在 $s_1=0$ 时,关系曲线的斜率连续增加,表明 j_2 的符号的改变。卸载末端,曲线几乎是水平的(或 G 几乎为零),此时,$s_1 = -p(\sigma_1 = 0)$。重复加载时,j_2 再变为负,表现出新的路径开始超过先前的最大值。相应的斜率也是连续的。但是,当曲线再一次穿过 p 轴时,弯曲部分的斜率不连续。穿过卸载曲线以后,重复加载曲线达到先前最大的压力,这里斜率在不连续地变化,即 K 由 K_{UN} 变化到 K_{LD}。重复加载曲线接近原来的加载曲线的延伸部分。

2. 三轴压缩

三轴压缩实验表明,应力偏量的第二不变量与差应力 $\sigma_1 - \sigma_3$ 具有一定的关系。此关系用加载的剪切模量[式(3.3.67)]表示,具有如下形式:

$$G_{LD} = G_0 + \frac{\gamma_1}{3}(\sigma_1 + 2\sigma_3) + \frac{\bar{\gamma}_1}{\sqrt{3}}(\sigma_1 - \sigma_3) \tag{3.3.74}$$

由此,可以得到应变偏量 e_1 关于应力 σ_1 和 σ_3 的显函数表达,即

$$e_1 = \frac{1}{\gamma_1 + \sqrt{3}\bar{\gamma}_1} \ln\left[\frac{3G_0 + \sigma_3(2\gamma_1 - \sqrt{3}\bar{\gamma}_1) + \sigma_1(\gamma_1 + \sqrt{3}\bar{\gamma}_1)}{3(G_0 + \gamma_1\sigma_3)}\right] \tag{3.3.75}$$

上式要求:当 σ_1 增加时,G 相应减小[见方程(3.3.74)],则必有 $\gamma_1 + \sqrt{3}\bar{\gamma}_1 < 0$。由于 e 总是正的,因此方程(3.3.75)中对数函数的自变量要小于1。同时,方程(3.3.75)可以写成如下形式:

$$e_1 = \frac{1}{\gamma_1 + \sqrt{3}\bar{\gamma}_1}\ln\left(\frac{G}{G_i}\right) \tag{3.3.76}$$

式中，$G_i = G_0 + \gamma_1\sigma_3$，是 G 的初始值，就是在静水压条件下的值。方程(3.3.76)中，e_1 随着 G_{LD} 逐渐逼近零，明显地变成无穷大(如 ε_1 那样)。或者由方程(3.3.74)知，当

$$(\sigma_1 - \sigma_3)_{\max} = -\frac{3(G_0 + \gamma_1\sigma_3)}{\gamma_1 + \sqrt{3}\bar{\gamma}_1} \tag{3.3.77}$$

时，可见 $\sigma_1 - \sigma_3$ 比 $(\sigma_1 - \sigma_3)_{\max}$ 大，应变变成一个虚构的量，即应变可能不存在。于是方程(3.3.77)表示，在三轴压缩中，对于已给的横向应力 σ_3 最大的差应力。

三轴应力-应变曲线的斜率为

$$\frac{d\sigma_1}{d\varepsilon_1} = \frac{9KG}{3K + G} \equiv E \tag{3.3.78}$$

即当 $G \to 0$ 时，局部的杨氏模量趋于零，所以差应力 $(\sigma_1 - \sigma_3)_{\max}$ 表示水平相切的一个点，就是"破坏"点。这说明，方程(3.3.78)非常适用于一般的函数 K 和 G。

测量应变量 $\Delta\varepsilon_1$ 与应变偏量 e_1、平均应变量 e 和初始(静水压平均)应变量 e_0 的关系为

$$\Delta\varepsilon_1 = e_1 + e - e_0 \tag{3.3.79}$$

式中，e_0 由给定的横向应力 σ_3 通过方程(3.3.69)得到。对于 $e = e_0$ 与 $p = \sigma_3$ 情况的解，对应于式(3.3.66)、式(3.3.67)、式(3.3.75)、式(3.3.78)、式(3.3.79)联立得到的一个三次方程的一个小正根。这样，式(3.3.66)在三轴应力系统的所有有效的状态 σ_1 和 σ_3 可以确定，此时，应力状态满足 $\sigma_1 - \sigma_3 < (\sigma_1 - \sigma_3)_{\max}$。

如果已知材料的 Mohr 破坏包络线，则根据方程(3.3.77)可以给出一条通过圆点的直线，得到类似于 Drucker-Prager 材料的屈服条件，后面将进行讨论。图 3.3.22 所示为三轴压缩实验的典型结果。图中 3 条实线分别对应 $\frac{\sigma_3}{K_0} = 0.04, 0.06, 0.08$ 的实验条件，直接加载到破坏，实验曲线为上凸的，且随着载荷的增加逐渐地逼近方程(3.3.77)给出的

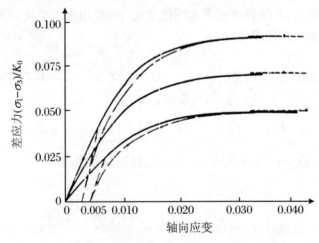

图 3.3.22 三轴压缩实验与变模量模型逼近渐近线

$(\sigma_1-\sigma_3)_{\max}$ 值。在横向应力值较高时,破坏时的差应力增加,初始斜率也增加。卸载和再加载的效应也表示在图中。当卸载到 $\sigma_1-\sigma_3=0$ 和再加载到破坏(虚线)时,曲线中断。卸载部分总是轻微地向下凸。

3.3.4.3 变模量模型和理想塑性模型的比较

此部分通过比较 Drucker-Prager 模型和变模量模型,即采用 $K_1=K_2=0$ 和 $K_{UN}=K_0$,得到两种模型的关系。此时,两种模型的 Mohr 破坏包络线是同一条直线。关于 Drucker-Prager 模型,详细内容可参照下一章。变模量模型中,由应力表述的临界状态,可简单表示为 $G_{LD}\geqslant 0$,或者通过将式(3.3.67)除以 $-\bar{\gamma}_1$ 使其大于零得到,即

$$\left(\frac{G_0}{-\bar{\gamma}_1}\right)+\left(\frac{\gamma_1}{-\bar{\gamma}_1}\right)p-\sqrt{J_2}\geqslant 0 \tag{3.3.80}$$

因此,当 $\dfrac{G_0}{-\bar{\gamma}_1}=K,\dfrac{\gamma_1}{-\bar{\gamma}_1}=3\alpha$ 时,Drucker-Prager 模型和变模量模型是相同的。

同时,$\gamma_1+\sqrt{3}\bar{\gamma}_1<0$ 与 $\alpha<\dfrac{1}{\sqrt{3}}$ 等效。不一定要求 $\gamma_1+\dfrac{\sqrt{3}\bar{\gamma}_1}{2}<0$,但此条件限制,必然带来关于 α 的通常的取值范围,即 $\alpha<\dfrac{1}{2\sqrt{3}}$。这种限制条件源于平面应变条件下的一般性要求,即摩擦角 $\varphi\leqslant 90°$,或者在卸载时单轴应变中的斜率为正。

在单轴应变中,对于初始软化的要求需采用 $K_1=0$,则临界条件退化为

$$\frac{2G_0}{K_0}+\frac{\sqrt{3}\gamma_1}{\bar{\gamma}_1}>0 \tag{3.3.81}$$

因此,Drucker-Prager 模型和变模量模型相同的条件就变成了

$$\alpha\beta<\frac{2}{\sqrt{3}} \tag{3.3.82}$$

其中,$\beta=\dfrac{3K_0}{G_0}$。

图 3.3.23 所示为三轴压缩和单轴应变情况下,Drucker-Prager 模型(图中实线)和简化变模量模型(图中虚线)的比较。图 3.3.23(a)所示为三轴压缩实验的结果。由此可见,在相同的应力水平下两种模型不相同,变模量材料显示的结果更真实地接近破坏的特征。

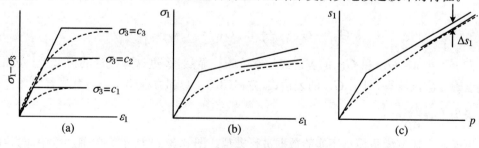

图 3.3.23 变模量和塑性模型的比较

注:实线为 Drucker-Prager 模型(常量 K 和 G),虚线为变模量模型,此时 $K_1=K_2=0$。
(a) 三轴压缩实验;(b) 单轴压缩应力-应变关系;(c) 单轴压缩应力路径。

图 3.3.23(b)为单轴实验应力-应变关系。Drucker-Prager 模型初始弹性段的斜率为 $K_0+4G_0/3$,后期即塑性阶段将沿塑性模量的斜率发展(具体计算公式可参见下一章)。在单轴加载过程中,变模量模型的初始加载斜率对应于 $K_1=K_2=0$,可由模型 $K_0+4G_0/3$ 给出。大应变时,斜率渐近于无膨胀的库伦材料的塑性(加载)斜率(Prandtl-Reuss 模型),而不是 Drucker-Prager 模型的斜率。因此,在变模量模型中不存在塑性体积改变(膨胀)。

图 3.3.23(c)所示为单轴加载中对两种模型应力途径($s_1 \sim p$)的研究。由此可见,变模量模型从斜率 $ds_1/dp=4/\beta$ 开始逐渐接近塑性斜率 $ds_1/dp=2\sqrt{3}\alpha$。此渐近线平行于 Drucker-Prager 模型,但存在偏应力差,即 $\Delta s_1=-\gamma_1 K_0/\bar{\gamma}_1^2=-\alpha\beta K$。

3.3.4.4 变模量模型用于 Mc Cormick Ranch 砂的拟合

为了描述卸载中更一般的关系,根据体积模量与压力的线性关系,可得到卸载和重复加载中的体积模量:

$$K_{UN}=K_{0U}+K_{1U}p \tag{3.3.83}$$

与上述讨论相比,为描述 Mc Cormick Ranch 砂,模型需做一定的改变,这种变化主要在剪切模量中。对于剪切模量,其加载过程和卸载过程分别采用两个不同的表达式。

对于小压力,即 p 比特定的临界压力 p_c 小的时候,取

$$G=\begin{cases} G_{LD}=G_0+\bar{\gamma}_1\sqrt{J_2}+\gamma_1 p+\gamma_2 p^2 & (\dot{J}_2>0) \\ G_{UN}=G_{0U}+\bar{\gamma}_{1U}\sqrt{J_2}+\gamma_{1U} p+\gamma_{2U} p^2 & (\dot{J}_2\leqslant 0) \end{cases} \tag{3.3.84}$$

在方程(3.3.84)第一式中,若 $\gamma_1>0$,且 $\gamma_2<0$,则当 $\sqrt{J_2}$ 为常量时,G_{LD} 将随压力的增加而增加,直到达到最大值 $p_c=\dfrac{-\gamma_1}{2\gamma_2}$。

若同样地转变压力 p_c,同时应用于加载和卸载过程中,则必然有 $\dfrac{\gamma_{1U}}{\gamma_{2U}}=\dfrac{\gamma_1}{\gamma_2}$。

对于比较大的压力,即 $p\geqslant p_c$ 时,取

$$G=\begin{cases} G_{LD}=G_1+\bar{\gamma}_1\sqrt{J_2} & (\dot{J}_2>0) \\ G_{UN}=G_{1U}+\bar{\gamma}_{1U}\sqrt{J_2} & (\dot{J}_2\leqslant 0) \end{cases} \tag{3.3.85}$$

其中,

$$G_1=G_0-\dfrac{\gamma_1^2}{4\gamma_2}, \quad G_{1U}=G_{0U}-\dfrac{\gamma_1^2}{4\gamma_2} \tag{3.3.86}$$

在 $p=p_c$ 时,G_{LD} 和 G_{UN} 的表达式是连续的。显然,经过这些改进的模型更具灵活性,且更准确。应该注意,对于 G_{LD} 的表达式,方程(3.3.84)和方程(3.3.85)意味着破坏包络线恒表示为方程 $\dfrac{ds_1}{dp}=\dfrac{4G}{3K}$。

下面对上述变模量模型用实验数据进行模拟。图 3.3.24 所示为单轴加载中应力-应变曲线的拟合。由此可见,除了卸载部分的末尾外,在加载和卸载中,模型(图中实线)和实验数据(图中虚线)之间比较吻合。虽然没有实验室资料可利用,模拟得到的重复加载段产生了小的迟滞回线,这也与初始加载的延长部分非常接近。

图 3.3.25 所示为单轴加载中应力路径的模型分析。此过程表明,两种拟合都可以很好地拟合单轴应力-应变曲线,但会产生不同的应力路径。遗憾的是没有不同应力路径的实验资料佐证。图中虚线相当于图 3.3.24 中模型的应力-应变曲线。

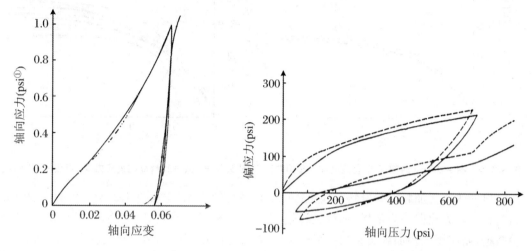

图 3.3.24　McCormick Ranch 砂单轴实验模拟　　图 3.3.25　McCormick Ranch 砂应力路径模拟

三轴压缩变模量理论模拟与实验结果的比较见图 3.3.26~图 3.3.29。图中的 $(\sigma_1-\sigma_3)_{max}$ 对应试样破坏时的应力差。所有的模拟结果得到的理论计算曲线均落在实验数据的分散带内(粗实线表示理论曲线)。而图 3.3.28 和图 3.3.29 模拟了循环加载中的差应力-差应变关系特性。

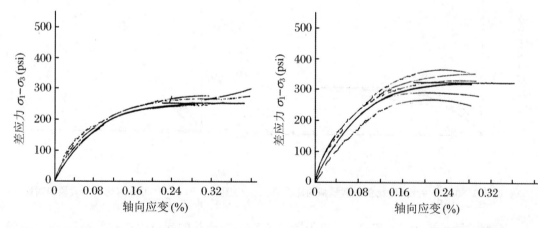

图 3.3.26　σ_3 = 200 psi 时三轴压缩模拟对比　　图 3.3.27　σ_3 = 400 psi 时三轴压缩模拟对比

---

① 1 psi = 6.895 kPa。

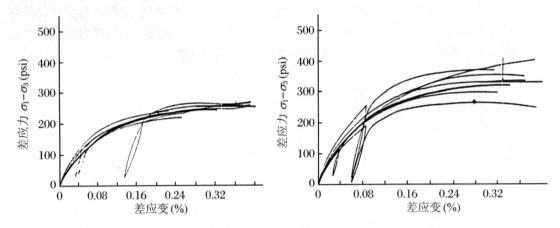

图 3.3.28　σ_3 = 200 psi 时差应力-差应变关系模拟对比　　图 3.3.29　σ_3 = 400 psi 时差应力-差应变关系模拟对比

典型的比例加载实验资料与模型特征的比较见图 3.3.30 和图 3.3.31。实验中，径向应力与轴向应力比保持为常量。应该强调这个模型是根据单轴应变和三轴压缩实验拟合的实验数据，而应用比例加载实验数据来检验模型。同样，模型计算结果和实验资料之间有极好的一致性。图中，$\sigma_{1,\text{LIM}}$ 值是在破坏时计算的轴向应力。[$\sigma_{1,\text{LIM}}$ 的灵敏度在应力比中是不确定的，Nelson(1970)已讨论。]

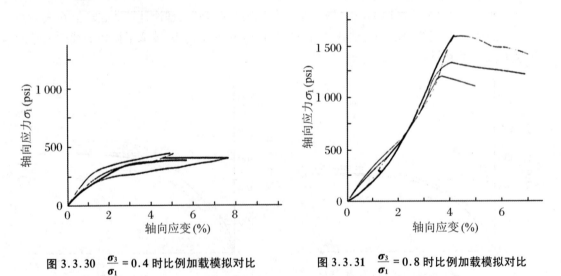

图 3.3.30　$\dfrac{\sigma_3}{\sigma_1}$ = 0.4 时比例加载模拟对比　　图 3.3.31　$\dfrac{\sigma_3}{\sigma_1}$ = 0.8 时比例加载模拟对比

典型的循环加载三轴实验的结果见图 3.3.32。在卸载的起点曲线有差别时，这个实验的卸载特性和模型合理地吻合了 Nelson(1970)。但是，在重复加载中这个模型也清楚地呈现软化特性。

3.3.4.5　剪切再加载

图 3.3.33 所示为剪切实验中重复加载的类型。一般而言，循环纯剪切实验数据是最需要的实验（检验）数据，但很难得到。唯一的循环剪切数据可从循环三轴实验中得到，如图 3.3.32(b) 所示。图 3.3.33 表示小的滞回圈和每一个循环时应变的轻微增加。在重复加载

中,模型的特点是在纯剪切实验中立刻构成 $G_{RE} = G_{LD}$ 的关系,纯剪切实验由图 3.3.33(b) 中曲线①表示。如果应力改变符号,下部的曲线①总是初始加载曲线的镜像。

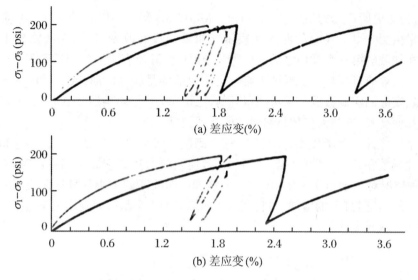

图 3.3.32 循环三轴实验的模拟对比

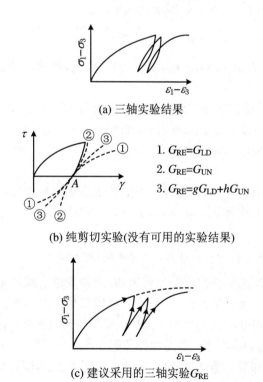

(a) 三轴实验结果

(b) 纯剪切实验(没有可用的实验结果)

1. $G_{RE}=G_{LD}$
2. $G_{RE}=G_{UN}$
3. $G_{RE}=gG_{LD}+hG_{UN}$

(c) 建议采用的三轴实验 G_{RE}

图 3.3.33 剪切重复加载与变模量模型的比较

另外的可能性,类似于体积模量的处理,应用如下表达:

$$G = \begin{cases} G_{\text{LD}}(p, \sqrt{J_2}) & (\dot{J}_2 > 0, J_2 = J_{2\max}) \\ G_{\text{UD}}(p, \sqrt{J_2}) & (\dot{J}_2 \leqslant 0, J_2 < J_{2\max}) \end{cases} \quad (3.3.87)$$

其中,$J_{2\max}$ 为历史所达到的最大的 J_2 的值。Matthews 等(1970)已应用了这些假定。这种假定的结果由图 3.3.33(b)的曲线②表示。如果 τ 没有改变符号(曲线②的上面),方程(3.3.87)在加载的第一个循环之后的应用总是可以消除所有附加的滞后和附加的永久变形的。这些二次效应可能被考虑或被忽略。更不合适的是较低的曲线②,是由 τ 改变符号的结果。虽然实际的实验数据是不可能得到的,剪切应力-应变曲线(如比较低的曲线②)随着应力的增加而变硬,这与大多数材料通常的特性相反。

第三个可能性是新函数 G_{RE} 的引入,这个函数是两个独立的剪切模量 G_{LD} 和 G_{UN} 的线性组合。此函数在卸载一端(A 点)等于 G_{UN},而当应力达到它原来的峰值时,平滑地逼近 G_{LD}。这种情况对应于图 3.3.33(b)中的曲线③。曲线③的下半部分比曲线①对应的模量高,显得更硬;但随着 $|\tau|$ 的增加,材料变软。曲线③的上半部分表现出关于应变的增长。

函数 G_{RE} 满足要求:

$$G_{\text{RE}} = \left(\frac{F}{F_{\text{m}}}\right)^n G_{\text{LD}}(p, J_2) + \left[1 - \left(\frac{F}{F_{\text{m}}}\right)^n\right] G_{\text{UN}}(p, J_2) \quad (3.3.88)$$

式中,n 是常量,F/F_{m} 是与先前的应力状况的极大值有关的当前应力状态的表征量。应力状态的表征量与 $G_{\text{LD}}(p, J_2) \geqslant 0$ 有关,其表达式如下:

$$F = 1 - \frac{G_{\text{LD}}(p, J_2)}{G_{\text{LD}}(p, 0)} \quad (3.3.89)$$

当 $J_2 = 0$ 时,$F = 0$;如果 J_2 使得 $G_{\text{LD}} = 0$,则 $F = 1$。因此,F 满足:$0 \leqslant F \leqslant 1$。对应 F_{m} 为此处 F 先前达到的最大值。

图 3.3.33(c)所示为根据循环三轴实验结果建议的 G_{RE} 的处理方法。在每一个重复加载-卸载循环中,虽然没有实际的滞回环,但是能量损耗和附加的永久变形均在增加。重复加载曲线的开始段模量采用此前的卸载斜率。因为 $G_{\text{UN}} \geqslant G_{\text{LD}}$,则 G_{RE} 的值需满足:$G_{\text{LD}} \leqslant G_{\text{RE}} \leqslant G_{\text{UN}}$。

当逐渐加载到先前的最大值时,曲线从当前的状态逐渐光滑过渡到原始加载曲线。这个过渡阶段由参数 n 来控制:当 $p \to \infty$,$F/F_{\text{m}} < 1$ 时,$G_{\text{RE}} \to G_{\text{UN}}$;而当 $n \to 0$,$F > 0$ 时,$G_{\text{RE}} \to G_{\text{LD}}$。

3.3.4.6 变模量模型和弹性非理想塑性(硬化)模型的比较

变模量模型与弹性理想塑性模型的比较表明:两种理论之间最重要的差别是塑性模型在弹塑性情况下存在一个突然的屈服或破坏,而变模量模型显示出这种屈服和破坏存在逐渐变化的过渡过程。现对变模量模型与硬化塑性模型的此过渡过程进行对比分析。

塑性理论研究中,总的应变率一般是弹性和塑性部分的应变率的总和,即 $\dot{\varepsilon}_{ij} = \dot{\varepsilon}_{ij}^{\text{e}} + \dot{\varepsilon}_{ij}^{\text{p}}$。卸载过程一般采用弹性卸载。塑性加载时,采用正交流动法则,塑性应变率矢量垂直于瞬时屈服面,而且与某些硬化参数的变化成正比。

类似地,在变模量模型中,卸载关系也可以考虑为弹性卸载,即

$$\dot{e}^{\text{e}} = \frac{1}{3K_{\text{UN}}}\dot{p}, \quad \dot{e}_{ij}^{\text{e}} = \frac{1}{2G_{\text{UN}}}\dot{s}_{ij} \quad (3.3.90)$$

而应变率的其余部分与塑性部分相关,即

$$\dot{e}^{\mathrm{p}} = \left(\frac{1}{3K_{\mathrm{LD}}} - \frac{1}{3K_{\mathrm{UN}}}\right)\dot{p}, \quad \dot{\varepsilon}_{ij}^{\mathrm{p}} = \left(\frac{1}{2G_{\mathrm{LD}}} - \frac{1}{2G_{\mathrm{UN}}}\right)\dot{s}_{ij} \quad (3.3.91)$$

上述两式关于应变率的体积部分相似。图3.3.34(a)中有一系列垂直的"帽盖"(或在应力空间垂直于主对角线的一些平面),每一个对应于$p_{\max}$的不同值或者是对应于硬化参数的不同值。当应力在当前流动屈服面上,而且塑性应变矢量(即$\dot{e}^{\mathrm{p}}$)总是在向外垂直于屈服面的方向上时,塑性体积应变总是增加的。但是,偏量部分没有这种直接的相似。事实上,只有在屈服条件与压力无关时,塑性关系才可能分成独立的体积和偏量两部分的关系。需注意的是塑性应变率的方向。在塑性材料中,塑性应变率垂直于当时的屈服面,而对于变模量材料,与塑性应变率相似的量在$\dot{s}_{ij}$的方向上。

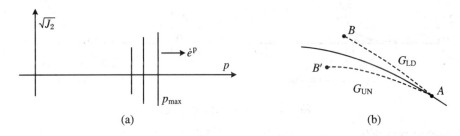

图3.3.34 变模量模型和硬化塑性模型之间的关系

图3.3.34(b)对此过程进行了说明。图中点A位于J_2为常量的面上。考虑AB和AB'两个路径,假定二者无限接近但是位于屈服面的两个相反的方向上。AB在屈服面外侧,其剪切模量为G_{LD};而AB'在屈服面内侧,其剪切模量为G_{UN}。这样,即便B和B'两点无限接近,两点之间的应变仍存在一个有限的差值。这种中性变载(J_2为常量)或近似中性变载过程中的应变是非连续的,此问题与Handelman,Lin和Prager(1947)讨论的塑性变形理论研究中的情况类似。事实上,变形理论可以考虑在变模量模型阐述的率方程中是可积的这一特殊情况。另外,剪切比例加载情况下即当存在唯一不依赖于应力偏量时(所有一般实验室实验的情况),变模量模型基本可以满足所有理论要求,包括连续性。在其他的问题中,应力历史是比较接近比例加载的。现在的理论(如变形理论)也可以得到令人满意的结果。

3.4 双曲线模型用于岩土材料的非线性弹性分析

3.4.1 双曲线模型用于饱和砂土[①]

在固结仪上对饱和砂土进行了循环荷载作用下有侧限的应力-应变滞回实验。实验中

---

① 鲁晓兵等,2001。

采用两种级配的细砂,制作了4个湿砂样。砂样1~3的材料为第一种砂,初始孔隙度 n_0 分别为 0.46,0.44 和 0.49;砂样4的材料为第二种砂,初始孔隙度 n_0 为 0.32。它们的比重 ρ_s 分别为 2.64 和 2.62;颗粒直径分别为 0.1 mm 和 0.13 mm(图 3.4.1)。加载过程中试件上下端均可自由排水。下面的分析中还将包含 Lambe 等(1969)、陈存礼等(2000)曾做过的一组在等幅循环荷载条件下有侧限的粗砂应力-应变实验数据,这里取其数据并将其砂样编号为5。

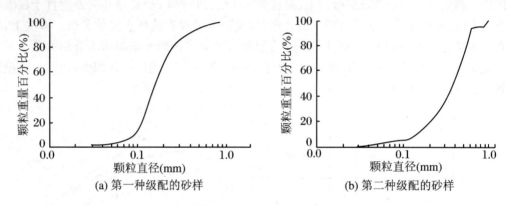

图 3.4.1 砂样的颗粒级配曲线

1. 加载过程描述

由侧限加卸载的应力-应变实验数据(图 3.4.2)可以看到:任何一条加载曲线,将从初始状态($\sigma_{els}, \varepsilon_{ls}$)出发,最终达到某一个极限的压缩状态($\sigma_e \geqslant \sigma_{els} \varepsilon_{ls\cdot} + \varepsilon_{ls}$)。为了使侧限加载下砂土的应力-应变关系满足此特点,应力-应变关系可表示成双曲线方程:

$$\sigma_e - \sigma_{els} = \frac{E_{ls}(\varepsilon - \varepsilon_{ls})}{1 - \dfrac{(\varepsilon - \varepsilon_{ls})}{\varepsilon_{ls\cdot}}} \tag{3.4.1}$$

式中,σ_e, ε 分别为砂土在侧限条件下的有效应力和应变;E_{ls}, ε_{ls} 分别为加载到卸载转折点的切线模量和极限应变(下标中,s 代表第 s 条加载线,l 代表加载,·代表极限)。对于不同的加载过程,这两个参数值是变化的,可由初始状态值和当时加载过程起始点的应力与应变来确定。

2. 卸载过程描述

卸载过程也可用双曲线方程近似表述(图 3.4.2),但是卸载过程线方程中的参数与加载线的不同,即

$$\sigma_e - \sigma_{eus} = \frac{E_{us}(\varepsilon - \varepsilon_{us})}{1 - \dfrac{\varepsilon - \varepsilon_{us}}{\varepsilon_{us\cdot}}} \tag{3.4.2}$$

式中,$\sigma_{eus}, \varepsilon_{us}$ 分别为第 s 条卸载线起始点的有效应力和应变;$E_{us}, \varepsilon_{us\cdot}$ 分别为第 s 条卸载线起始点的切线模量和极限应变。两个参数由初始加载线上的起始模量 E_{10}、应变 ε_{10} 以及卸载线起始点的应力与应变确定。在图 3.4.3 和图 3.4.4 中,实线为拟合曲线,黑点表示实验值。

根据上面给出的加载线和卸载线的函数形式,由实验测得的数据,可以拟合求得对应于各砂样的参数。将由拟合曲线所得到的值与实验值绘于图中并进行比较,可以发现双曲线模型能够很好地拟合实验结果(图 3.4.3 和图 3.4.4)。同时,砂样5即 Lambe 等(1969)、陈

存礼等(2000)的实验数据也可以用双曲线形式进行较好的拟合。

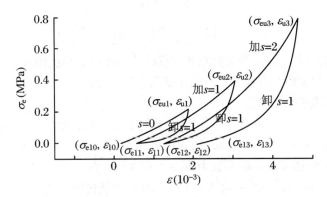

图 3.4.2 加载和卸载过程示意

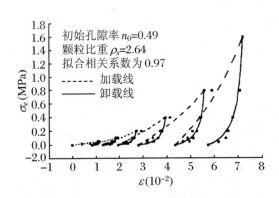

图 3.4.3 砂样 1 的加、卸载双曲线拟合

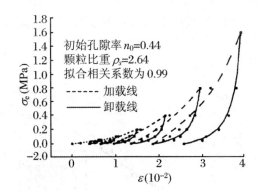

图 3.4.4 砂样 2 的加、卸载双曲线拟合

3. 加、卸载线中的切线模量和极限应变

上述实验表明：E_{1s}，E_{us} 随转折点(由加载向卸载或由卸载向加载转变的点)处应变的增加而增加。但是，E_{1s}，E_{us} 与转折点处应变的关系曲线随应变的逐渐增加由陡到缓。同时，ε_{1s}. 和 ε_{us}. 也有类似的变化。胡问尧等(1980)、李世海等(2000)的研究结果表明：E_{1s} 与有效应力之间近似有幂指数为 0.5 的指数关系。由此，可将加、卸载线中的参数变化关系进行具体描述。

加载线的切线模量和极限应变可表达为

$$E_{1s} = E_{10}\left(1 + \frac{\varepsilon_{1s}}{a_1 + a_2 \varepsilon_{1s}}\right)\left(1 + \frac{\sigma_{e1s}}{\sigma_{ec}}\right)^{0.5} \quad (3.4.3)$$

$$\varepsilon_{1s}. = \varepsilon_{10}.\left(1 - \frac{\varepsilon_{1s}}{a_3 + a_4 \varepsilon_{1s}}\right)\left(1 + \frac{\sigma_{e1s}}{\sigma_{ec}}\right)^{0.5} \quad (3.4.4)$$

式中 E_{1s}，ε_{1s}. 分别为以 ε_{1s}，σ_{e1s} 为起始点的加载线的切线模量和极限应变；E_{10}，ε_{10}. 分别为砂土的初始加载线(即第一条加载线)的切线模量和极限应变；$a_1 \sim a_4$ 为实验常量；ε_{1s}，σ_{e1s} 分别为第 s 条再加载线起始点的应变和有效应力；σ_{ec} 为砂土前期固结压力，取为 1.0 kPa。

卸载线中的切线模量和极限应变可表达为

$$E_{us} = E_{l0}\left(1 + \frac{\varepsilon_{us}}{b_1 + b_2\varepsilon_{us}}\right)\left(1 + \frac{\sigma_{eus}}{\sigma_{ec}}\right)^{0.5} \qquad (3.4.5)$$

$$\varepsilon_{us\cdot} = E_{l0\cdot}\left(1 - \frac{\varepsilon_{us}}{b_3 + b_4\varepsilon_{us}}\right)\left(1 + \frac{\sigma_{eus}}{\sigma_{ec}}\right)^{0.5} \qquad (3.4.6)$$

式中，E_{us}，ε_{us} 分别为以 ε_{us}，σ_{eus} 为起始点的卸载线的切线模量和极限应变；$b_1 \sim b_4$ 为实验常量；ε_{us}，σ_{eus} 分别为第 s 条卸载线起始点的应变和有效应力。

4. 加、卸载线各参数的确定

由式(3.4.1)~式(3.4.6)可得出各加、卸载线上的参数。砂样1的初始切线模量 $E_{rs0} = 4.0\,\text{MPa}$；初始极限应变为 $\varepsilon_{r10} = 0.28$；加载线中的参数为 $a_1 = 1.88\times10^2$，$a_2 = 13.0$，$a_3 = -10.1$，$a_4 = -20.8$；卸载线中的参数为 $b_1 = 2.51\times10^2$，$b_2 = 42.5$，$b_3 = -3.96\times10^5$，$b_4 = 3.96\times10^5$。砂样2的初始切线模量 $E_{rs0} = 7.8\,\text{MPa}$；初始极限应变为 $\varepsilon_{r10} = 0.4$；加载线中的参数为 $a_1 = 3.17\times10^2$，$a_2 = 72.2$，$a_3 = -58.4$，$a_4 = -24.9$；卸载线中的参数为 $b_1 = 1.66\times10^3$，$b_2 = 2.05\times10^3$，$b_3 = -1.26\times10^8$，$b_4 = 1.26\times10^8$。

加、卸载线上各参数的实验值与由式(3.4.3)~式(3.4.6)的计算值的对比结果见图3.4.5~图3.4.8。图中分别列出了5个砂样的加、卸载线的切线模量、极限应变的拟合值与实验值的对比。

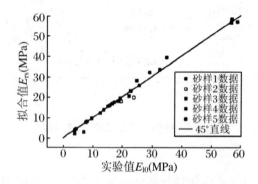

图3.4.5　不同加载线的切线模量的实验值和式(3.4.3)拟合值的比较

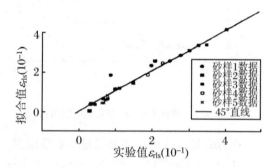

图3.4.6　不同加载线的极限应变的实验值和式(3.4.4)拟合值的比较

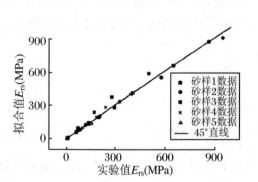

图3.4.7　不同卸载线的切线模量的实验值和式(3.4.5)拟合值的比较

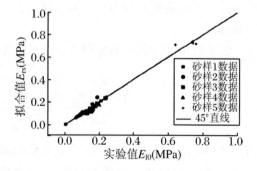

图3.4.8　不同卸载线的极限应变的实验值和式(3.4.6)拟合值的比较

这一实例模拟了有一定埋深的饱和砂土在上覆土体或其他周期性载荷(如火车、地震等)作用下,取得了能用于分析饱和砂土在垂直载荷作用下的本构关系,能反映砂土的非线性和滞回性。用几组实验数据归纳出双曲线函数形式的应力-应变关系,并能方便地应用于地震时导致的砂土液化分析。

3.4.2 双曲线模型用于岩土体的各向异性研究[①]

岩土体应力-应变关系存在各向异性(Lings 等,2000;Yimsiri 等,2000;Hoque 等,1998;Jovicic 等,1998),现有研究主要集中于岩土体的原生各向异性,即原状土在沉积过程中产生的各向异性。实际上,岩土体的各向异性,有些是由应力不均匀引起的(Roesler,1979;钱家欢等,1996)。这里,应力引起的各向异性的相关深入研究工作做得很少。Nahai 等(1983)、殷宗泽等(1994)曾通过真三轴仪实验揭示了各向异性的某些规律。例如,当三向应力不等时,某一方向加载,两个侧向的变形常常不均匀,甚至一个侧向为膨胀,另一个侧向为压缩。殷宗泽(2000)的研究还表明:在最大主应力方向加载所产生的最小主应力方向的侧向应变,与最小主应力方向加载引起的最大主应力方向的侧向应变有很大差异;也就是说,两个方向的泊松比也有很大差异。土体泊松比对土石坝的应力变形有显著影响。以面板堆石坝为例,当泊松比 ν 从 0.2 变化到 0.4 时,面板拉应力可能增加一倍。因此,需研究土体应力、变形的各向异性,在计算中反映最小主应力方向加载与最大主应力方向加载的不同才能得出合理的计算结果。

1. 应力-应变柔度矩阵

土体的增量应力-应变关系可写成

$$\begin{bmatrix} \Delta\varepsilon_1 \\ \Delta\varepsilon_2 \\ \Delta\varepsilon_3 \end{bmatrix} = \begin{bmatrix} C_{11} & C_{12} & C_{13} \\ C_{21} & C_{22} & C_{23} \\ C_{31} & C_{32} & C_{33} \end{bmatrix} \begin{bmatrix} \Delta\sigma_1 \\ \Delta\sigma_2 \\ \Delta\sigma_3 \end{bmatrix} \tag{3.4.7}$$

式中,C 为柔度矩阵,其逆阵 $D = C^{-1}$ 为刚度矩阵。

将式(3.4.7)展开,其第一个式子为

$$\Delta\varepsilon_1 = C_{11}\Delta\sigma_1 + C_{12}\Delta\sigma_2 + C_{13}\Delta\sigma_3 \tag{3.4.8}$$

它表示总的最大主应变增量 $\Delta\varepsilon_1$ 是 3 个主应力增量 $\Delta\sigma_1$,$\Delta\sigma_2$ 和 $\Delta\sigma_3$ 分别引起的最大主应变增量 $\Delta\varepsilon_{11}$,$\Delta\varepsilon_{12}$ 和 $\Delta\varepsilon_{13}$ 之和。这意味着假定它们相互之间没有影响,各自独立,因此叠加原理成立。

在真三轴仪实验中,取 3 个相同试样,施加到相同应力状态($\sigma_1,\sigma_2,\sigma_3$),然后分别加 $\Delta\sigma_1,\Delta\sigma_2$ 和 $\Delta\sigma_3$,测相应的最大主应变增量 $\Delta\varepsilon_{11}$,$\Delta\varepsilon_{12}$ 和 $\Delta\varepsilon_{13}$,将其叠加就是 3 个应力增量同时施加所引起的最大主应变增量 $\Delta\varepsilon_1$。还可以取第 4 个相同的试样,加到相同应力状态($\sigma_1,\sigma_2,\sigma_3$)后,同时施加增量 $\Delta\sigma_1,\Delta\sigma_2$ 和 $\Delta\sigma_3$,测得最大主应变增量 $\Delta\varepsilon_1'$。可以发现 $\Delta\varepsilon_1'$ 并不完全与 $\Delta\varepsilon_1$ 相等,而且如果 3 个应力增量以不同的先后次序施加,所得最大主应变与 $\Delta\varepsilon_1$ 和 $\Delta\varepsilon_1'$ 也不相同,这就是应力路径对变形的影响。然而,作为近似计算,在一级载荷增量中,是可以假定变形与应力路径无关的,无论弹性非线性模型还是线弹性模型都是如此。如

[①] 殷宗泽,2002。

果不做这样的假定,叠加原理就不能应用,式(3.4.7)便不能成立,用有限元法也无法求解。当然,此假定是在一个载荷增量内,对多个载荷增量所构成的总的加载过程,增量法能够反映应力路径对变形的影响。

从这一点出发,可以通过真三轴仪实验,分别施加应力增量 $\Delta\sigma_1$、$\Delta\sigma_2$ 和 $\Delta\sigma_3$,来研究柔度矩阵的性质,并检验各种本构模型的合理性。土体的各向异性反映到柔度矩阵上就是非对称性。

2. 柔度矩阵的性质

柔度矩阵的性质是指柔度矩阵各元素符号的正负以及其间的相对大小。柔度矩阵元素的意义是:当对 j 方向施加单位应力增量,而其他方向的应力不变(即应力增量为0)时,在 i 方向所产生的应变增量。此意义与第1章的定义并不冲突。以 C_{12} 为例,其意义为 $\Delta\sigma_1 = \Delta\sigma_3 = 0$,仅有 $\Delta\sigma_2$,且 $\Delta\sigma_2 = 1.0$ 时,在最大主应力方向所产生的应变增量 $\Delta\varepsilon_{12}$。

土体柔度矩阵具有3个性质:① 主对角线元素为正;② 主对角线元素占优;③ 对应于侧向变形元素,一般为负值。进一步研究表明,对土体柔度性质的表述还要做修正和补充。图3.4.9～图3.4.11为粉砂在不同加载路径下的实验结果。将各土样均保持在相同的密度和含水率,一定应力状态下固结后,在不同方向施加应力增量,测3个方向的应变增量。

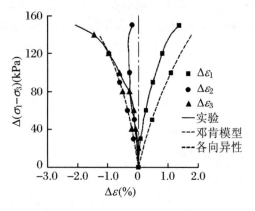

图 3.4.9　增加 σ_1 时三向应变的对比

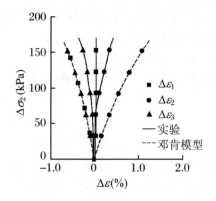

图 3.4.10　增加 σ_2 时三向应变的对比

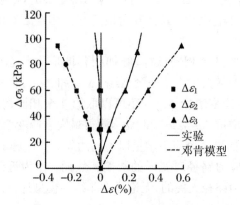

图 3.4.11　增加 σ_3 时三向应变的对比

图 3.4.9 所示为土样在应力状态 $(\sigma_1,\sigma_2,\sigma_3)=(150,60,50)(\mathrm{kPa})$ 下固结后,只连续施加 $\Delta\sigma_1$ 的结果;图 3.4.10 所示为土样在应力状态 $(\sigma_1,\sigma_2,\sigma_3)=(200,155,50)(\mathrm{kPa})$ 下固结后,只连续施加 $\Delta\sigma_2$ 的结果;图 3.4.11 所示为土样在应力状态 $(\sigma_1,\sigma_2,\sigma_3)=(200,50,50)$ (kPa) 下固结后,只连续施加 $\Delta\sigma_3$ 的结果。由此可将土体柔度矩阵性质归纳为如下 6 点:

(1) 主对角线元素为正。主对角线元素是指受力方向上的应变,当在某一方向施加应力增量时,该方向应变增量的符号必然与其相同。主对角线元素 C_{ii} 是绝对不可能为负的。

(2) 主对角线元素一般来说是占优的,也有不占优的情况。这里指的是受力方向的应变增量比侧向应变增量的绝对值大,即 $C_{ii}>|C_{ij}|$。如果用弹性非线性模型来表达,泊松比 $\nu_{ij}=-C_{ij}/C_{ii}$。由此,泊松比 ν_{ij} 一般小于 1.0,这是自然的。然而真三轴实验表明,某些特殊情况下,泊松比 $\nu_{ij}>1.0$。这主要是因为岩土材料的变形的各向异性,同时由于土具有剪胀性,这种现象就更加显著。

(3) 对应于侧向变形的元素多数情况下为负(即膨胀应变)。一般情况下侧向变形是膨胀的,所有普通三轴实验结果都是如此。如果某一方向加载后,其侧向不鼓出膨胀,反而收缩,则表示泊松比小于 0。从弹性力学的观点看这是不可能的,然而土体真三轴实验会出现这种现象。原因同上。

(4) 方向 i 作用应力增量,在 j,m 两个方向所产生的侧向应变一般不相等,若 $\sigma_j>\sigma_m$,则 $C_{ij}>C_{im}$(代数值,膨胀应变的绝对值为 $|C_{ij}|<|C_{im}|$)。

(5) 对互为侧向的任意两个方向 i 和 j,若 $\sigma_i>\sigma_j$,则侧向 $c_{ji}>c_{ij}$(代数值)。具体说:当 σ_1 方向加一个增量引起 σ_3 方向的侧向膨胀容易,侧向膨胀应变大,即应变代数值小;而在 σ_3 方向加一个应力增量要引起 σ_1 方向产生侧向膨胀应变就难得多。侧向膨胀应变的绝对值小,故代数值大。图 3.4.9~图 3.4.11 所示的同一土体的真三轴实验结果表明了这一点。

(6) 主对角线元素大小不一,应力大的方向变形大,相应 C 值大,反之 C 值小,式(3.4.7)中的主对角线元素有 $C_{11}>C_{22}>C_{33}$。这里指的是各受力方向的变形之间的关系。比较 σ_1 和 σ_3 两个方向,若在 σ_1 方向增加一个应力增量 $\Delta\sigma$,它所受的侧向约束较小,变形就较大,从另一角度说,这时应力摩尔圆扩大,应力水平增加,压缩变形就比较容易,故 C_{11} 大;相反,若在 σ_3 方向增加相同的应力增量,其侧向约束大,难以变形,从另一角度说,应力摩尔圆缩小,应力水平减小,压缩变形就困难得多,故 C_{33} 小。图 3.4.9~图 3.4.11 的实验结果都说明了这一点。

上述性质中的后 5 条都说明了加荷应力引起土体的各向异性。

根据上述性质,将主应力与主应变之间关系的柔度矩阵做一个定性概括,其元素符号为

$$\begin{bmatrix} C_{11} & C_{12} & C_{13} \\ C_{21} & C_{22} & C_{23} \\ C_{31} & C_{32} & C_{33} \end{bmatrix} \Rightarrow \begin{bmatrix} + & \pm & - \\ \pm & + & - \\ - & - & + \end{bmatrix}$$

各元素的大小关系为

① $C_{11}>C_{22}>C_{33}$

② $C_{13} \gg C_{31}, C_{12}>C_{21}, C_{23}>C_{32}$

③ $C_{31}<C_{21}, C_{32}<C_{12}, C_{23}<C_{13}$

上述关系中的 C 值指的是带有正负号的代数值，且以压为正。若侧向应变为膨胀应变，以 C_{13} 和 C_{31} 为例，其绝对值有 $|C_{13}| \ll |C_{31}|$。

3. 各向异性的近似模拟

目前应用最广的土体本构模型还是邓肯双曲线模型。它简单，参数易确定，然而它不能反映各向异性。图 3.4.9～图 3.4.11 中的实验为同一种土体，对该土体做常规三轴实验，确定邓肯模型参数为 $R_f = 0.71, K = 386, n = 0.9, G = 0.46, F = 0.15, D = 9.4, c = 2$ kPa，$\varphi = 42°$。模拟这几个实验的初始应力状态和加荷过程，用邓肯模型计算，所得结果以虚线示于图 3.4.9～图 3.4.11 中。由图可见，对于 σ_2 和 σ_3 增加的情况，用邓肯模型计算均与实测有较大偏差。以其为基础，根据前面所提出的柔度矩阵性质做改进。

将广义 Hooke 定律推广为可反映各向异性，则应力-应变关系应写成

$$\Delta \varepsilon_1 = \frac{\Delta \sigma_1}{E_1} - \nu_{12} \frac{\Delta \sigma_2}{E_2} - \nu_{13} \frac{\Delta \sigma_3}{E_3}$$

$$\Delta \varepsilon_2 = - \nu_{21} \frac{\Delta \sigma_1}{E_1} + \frac{\Delta \sigma_2}{E_2} - \nu_{23} \frac{\Delta \sigma_3}{E_3} \quad (3.4.9)$$

$$\Delta \varepsilon_3 = - \nu_{31} \frac{\Delta \sigma_1}{E_1} - \nu_{32} \frac{\Delta \sigma_2}{E_2} + \frac{\Delta \sigma_3}{E_3}$$

将式(3.4.9)与式(3.4.7)对比，可得

主对角元素：

$$C_{ii} = \frac{1}{E_i} \quad (3.4.10)$$

非主对角元素：

$$C_{ij} = - \frac{\nu_{ij}}{E_j} \quad (i \neq j) \quad (3.4.12)$$

式中，弹性模量 E_j 表示当在 j 方向作用一应力增量 $\Delta \sigma_j$，而其他方向应力不变时，应力增量 $\Delta \sigma_j$ 与该方向应变增量 $\Delta \varepsilon_{jj}$ 之比为

$$E_j = \frac{\Delta \sigma_j}{\Delta \varepsilon_{jj}} \quad (3.4.13)$$

3 个主应力方向的模量不同，故分别以 E_1, E_2 和 E_3 来表示。

泊松比的表达式为

$$\nu_{ij} = - \frac{\Delta \varepsilon_{ij}}{\Delta \varepsilon_{jj}} \quad (3.4.14)$$

对于各向异性介质，所有方向的泊松比皆不相等，故共有 6 个泊松比。

现分别提出从 3 个主应力方向加载时 E 和 R_f 的近似确定方法。

(1) 加 $\Delta \sigma_1$ 时。

邓肯双曲线模型是依据增加 $\Delta \sigma_1$ 的常规三轴实验建立的，因此，可以直接使用邓肯模型确定弹性模量 E_1，即

$$E_1 = (1 - R_f S)^2 K p_a \left(\frac{\sigma_3}{p_a} \right)^n \quad (3.4.15)$$

式中，S 为水平应力，且

$$S = \frac{(\sigma_1 - \sigma_3)(1 - \sin\varphi)}{2\sigma_3 \sin\varphi + 2c\cos\varphi} \tag{3.4.16}$$

关于侧向变形,在 σ_3 方向只能是膨胀,且邓肯模型可直接使用,得

$$\nu_{31} = \frac{G - F\lg\dfrac{\sigma_3}{p_a}}{(1-A)^2} \tag{3.4.17}$$

$$A = \frac{D(\sigma_1 - \sigma_3)}{(1 - R_f S) K p_a \left(\dfrac{\sigma_3}{p_a}\right)^n} \tag{3.4.18}$$

式中,$K, n, R_f, c, \varphi, G, F, D$ 为邓肯模型参数;p_a 为大气压力。

在 σ_2 方向,前面提到的有两种可能:当 σ_2 接近 σ_3 时,是侧向膨胀;当 σ_2 接近 σ_1 时,则可能为侧向压缩。这两种情况的划分是难以给出恰当界线的,而且不同的土,其界线不同;不同的应力状态,界线也不同。这里只能给出一个粗略的规定:当 $b = \dfrac{\sigma_2 - \sigma_3}{\sigma_1 - \sigma_3} < 0.5$ 时,σ_2 接近 σ_3,假定 $\nu_{21} = \nu_{31}$;当 $b \geqslant 0.5$ 时,即 σ_2 接近 σ_1,认为侧向为压缩变形,这时取一个微小的正值,如令 $\nu_{21} = 0.001$。

(2) 加 $\Delta\sigma_3$ 时。

实验表明,在这种情况下侧向压力大,变形难,故该方向的弹性模量会较大。同时,当 σ_3 增大时,应力水平减小,也是一种回弹,这时可近似取邓肯模型中的回弹模量,即

$$E_3 = K_{ur} p_a \left(\frac{\sigma_{30}}{p_a}\right)^n \tag{3.4.19}$$

式中,σ_{30} 为历史上最大的 σ_3。

$\Delta\sigma_3$ 引起的侧向变形是很小的,而当应力水平较大,即 σ_1 和 σ_2 与 σ_3 的差较大时,侧向变形更小。不妨假定当 $S = 1$ 时,$\nu_{13} = \nu_{23} = 0.001$;而当 $S = 0$ 即 $\sigma_1 = \sigma_2 = \sigma_3$ 时,邓肯模型给出了初始切线泊松比,可令

$$\nu_{13} = \nu_{23} = \nu_i = G - F\lg\left(\frac{\sigma_3}{p_a}\right) \tag{3.4.20}$$

当应力水平处于 0~1 之间时,可近似用直线内插:

$$\nu_{13} = \nu_{23} = (1 - S)\nu_i \tag{3.4.21}$$

(3) 加 $\Delta\sigma_2$ 时。

弹性模量 E_2 理应介于 E_1 和 E_3 之间,可近似由以下内插公式求得:

$$E_2 = E_1 + (E_3 - E_1)(1 - b) \tag{3.4.22}$$

式中,$b = \dfrac{\sigma_2 - \sigma_3}{\sigma_1 - \sigma_3}$。$\Delta\sigma_2$ 所引起的 σ_1 方向的侧向膨胀很小,可假定 $\nu_{12} = 0.001$;而所引起的 σ_3 方向的侧向变形与加 $\Delta\sigma_1$ 所引起的该方向的侧向膨胀变形相当,可假定 $\nu_{32} = \nu_{31}$。

以上方法是对邓肯模型的一种改进,对不同方向,采用不同的弹性参数 E 和 ν。按理说,要反映各向异性应依据真三轴实验结果,然而真三轴实验的操作困难,不易在工程中推广。这里仍以常规三轴实验为基础,希望给出一个实用的能反映各向异性的模型。

4. 实验验证

用所提出的各向异性模型对上述 3 种实验做同样的计算,所得结果见图 3.4.9、图 3.4.12

和图 3.4.13 中的虚线。图中实线为实验曲线。其结论如下:

(1) 对于施加 $\Delta\sigma_1$ 的情况。由于初始 σ_2 与 σ_3 接近,修正模型仍沿用了邓肯模型的弹性模量和泊松比,故两模型所得结果完全一致。计算所得最大主应变 $\Delta\varepsilon_1$ 略大于实测值,但大体上还是一致的;所得最小主应变 $\Delta\varepsilon_3$ 为膨胀应变,与实测较为一致。这些说明,所确定的模型参数是合理的。所得的中间主应变 $\Delta\varepsilon_2$ 与 $\Delta\varepsilon_3$ 相等,但实测 $\Delta\varepsilon_2$ 的绝对值较小。两种模型都没有反映当 σ_2 大于 σ_3 且与其接近时,$\Delta\varepsilon_2$ 与 $\Delta\varepsilon_3$ 的差异。

(2) 对于施加 $\Delta\sigma_2$ 的情况。由图 3.4.12 可见,用邓肯模型算得的结果 $\Delta\varepsilon_2$ 显著偏大,说明这时的计算弹性模量偏小;所得 $\Delta\varepsilon_1$ 和 $\Delta\varepsilon_3$ 相等,都是膨胀应变,而实测 $\Delta\varepsilon_1$ 接近于 0,即要在 σ_1 方向产生侧向变形很难;实测 $\Delta\varepsilon_3$ 的绝对值也小于计算值。可见,邓肯模型对这种情况会产生较大误差,而用各向异性模型计算的结果与实测吻合很好。

(3) 对于施加 $\Delta\sigma_3$ 的情况。用邓肯模型算得的 3 个方向的应变增量都与实测相差较大,见图 3.4.13,表明邓肯模型也不适用于最小主应力方向加载的情况。而所提修正模型,在实际应用中能很好地模拟实测变形。

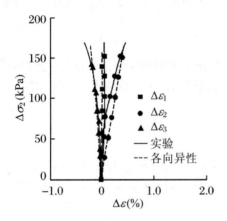
图 3.4.12 增加 σ_2 时实验和模型计算的三向应变

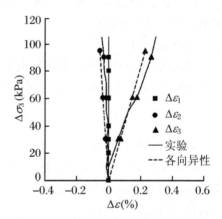
图 3.4.13 增加 σ_3 时实验和模型计算的三向应变

此实例说明,以广义 Hooke 定律为基础,可以将邓肯模型修改为适应土体各向异性的本构模型,因此,它是一个带经验性的、实用性很强的各向异性本构模型。

另外,在工程上常常要考虑地震过程接近地表的层状场地响应对震害的影响,所以考虑层状场地地震反应是非常必要的。对层状场地地震反应进行计算时,还必须考虑其他模型,也必须考虑土的非线性性质。土的非线性是指它的模量和阻尼(衰减)随应变大小有明显变化,一般可采用以下两种表达方式:

(1) 直接给出考虑非线性应力-应变关系,将其用于时域分析。常用的是最简单的线弹性模型,或者采用稍复杂的非线性弹性模型,如双曲线模型等,或者更复杂的同时考虑土的弹塑性和应力-应变变化路径的弹塑性模型,土介质内引起的应力由于屈服判据(莫尔-库伦准则)或破坏判据而受到限制,最为复杂的则是与此同时又考虑黏性的弹黏塑性模型。

(2) 给出依赖于应变大小的等效模型和等效阻尼,可将其用于时域和频域分析。它将土的应力-应变关系分为骨架曲线和滞回曲线两部分,骨架曲线的割线斜率取为等效模量,滞回圈面积除以等效模量的割线与应变轴正向所围成的三角形面积之比为等效阻尼,等效模量和等效阻尼都为应变的函数，主要有双曲线骨架曲线、梅辛模型和 Seed 等的实验关系。

参 考 文 献

Carrol M M. 1988. Finite strain solutions in compressible isotropic elasticity[J]. J. of Elasticity, 20: 65-92.
陈存礼,谢定义. 2000. 动荷载作用下强度发挥面和空间强度发挥面上砂土的应力-应变关系研究[J]. 岩石力学与工程学报,19(6):770-774.
De G, Jong J D. 1976. Rowe's stress-dilatancy relation based on friction[J]. Géotechnique, 26(3): 527-534.
Domaschuk L, Valliappan P. 1975. Non-linear settlement analysis by finite element[J]. J. Geotechnical Eng. Division.
Duncan J M, Chang Y. 1970. Non-linear analysis of stress and strain in soils[J]. J. the Soil mechanics foundation division.
冯卫星,常绍东,胡万毅. 1999. 北京细砂土邓肯-张模型参数实验研究[J]. 岩石力学与工程学报,18(3):327-330.
Fung Y C. 1965. Foundations of solid mechanics[M]. Englewood Cliffs: Prent ice-Hall.
Handelman G H, Lin C C, Prager W. 1947. On the mechanical behavior of metal in the strain-hardening rang[J]. Quar. Appl. Math., 4:397-407.
Hao T H. 1990. A theory of the appearance and growth of the micro-spherical void[J]. International Journal of Fracture, 43(4): 51-55.
Haughton D M. 1987. Inflation and bifurcation of thick-walled compressible elastic spherical shells[J]. IMA Journal of Applied Mathematics, 39(3): 259-272.
何平笙. 2008. 高聚物的力学性能[M]. 2 版. 合肥:中国科学技术大学出版社.
Hill R. 1959. Some basic principles in the mechanics of solids without a natural time[J]. J. Mech. Phys. Solids, 7: 209-225.
Horgan C O, Pence T J. 1989. Cavity formation at the centre of a composite incompressible nonlinearly elastic sphere[J]. J. Appl. Phys., 56: 302-308.
Horgan C O. 1992. Void nucleation and growth for compressible non-linearly elastic materials: an example[J]. Elsevier, 29(3): 279-291.
Hoque E, Tatsuoka F. 1998. Anisotropy in elastic defomation of granular materials[J]. J. Soils and Foundations, 38(1): 163-179.
Hou H S. 1993. A study of combined asymmetric and cavitated bifurcation in Neo-Hooken material under symmetric dead loading[J]. J. Appl. Mech., 60: 1-7.
胡问尧,王天龙. 1980. 原状饱和黏性土在地震作用下的剪切模量和阻尼比[J]. 岩土工程学报,2(3): 82-94.
Jovicic V, Coop M R. 1998. The measurement of stiffness anisotropy in clay with bender element tests in the triaxial apparatus[J]. Geotech Testing J., 21(1): 3-10.
Khosla V K, Wu T H. 1976. Stress-strain behavior of sand[J]. J. Geotechnical Eng. Division.
Lade P V, Duncan J M. 1973. Cubical triaxial tests on cohesionless soil[J]. J. Geotechnical Eng. Divi-

sion.

Lade P V, Duncan J M. 1975. Elastoplastic stress-strain theory for cohesionless soil[J]. J. Geotechnical Eng. Division.

Lambe T W, Whitman R V. 1969. Soil mechanics[M]. New York: Wiley and Sons: 125.

Lee K L, Idriss I M. 1975. Static stresses by linear and non-linear methods[J]. J. Geotechnical Eng. Division.

李国琛,耶纳 M. 2003. 塑性大应变微结构力学[M]. 3版. 北京: 科学出版社.

李世海,徐以鸿,张均峰,等. 2000. 冲击载荷作用下饱和砂土孔压特性的简化力学模型与分析[J]. 岩石力学与工程学报, 19(3): 321-325.

Lings M L, Pennington D S, Nash D F T. 2000. Anisotropic stiffness parameters and their measurement in a stiff natural clay[J]. J. Geotechnical, 50(2): 109-125.

鲁晓兵,谈庆明,俞善炳,等. 2001. 饱和砂土在往复荷载作用下有侧限的本构关系实验研究[J]. 岩石力学与工程学报, 20(6): 859-863.

Mooney M. 1940. A theory of large elastic deformation[J]. J. Appl. Phys., 11: 582-592.

Nahai T, Matsuoka H. 1983. Shear behaviors of sand and clay under three-dimensional stress condition [J]. J. Soils and Foundations, 23(2): 163-179.

南京水利科学研究所软土地基组. 1977. 油罐地基固结变形的非线性分析[J]. 水利水运科技情报(1): 24-40.

Nelson I, Baron M L. 1968. Investigation of ground shock effects in nonlinear hysteretic materials: report 1-development of mathematical Material Models[R]. U. S. Army Waterways Experiment Station.

Nelson I. 1970. Investigation of ground shock effects in nonlinear hysteretic Media: report 2-modeling the behavior of a real soil[R]. U. S. Army Engineer Waterways Experiment Station.

Nelson I, Baron M L. 1971. Application of variable moduli models to soil behavior[J]. International Journal of Solids and Structures, 7(4): 399-417.

Nelson I, Baron M L, Sandler I. 1971. Mathematical models for geological materials for wave-propagation studies[M]// Burke J J, Weiss V. Stock wave and the mechanical properties of solids: 290-351.

Odgen R W. 1972. Large deformation isotropic elasticity-on the correlation of theory and experiment for incompressible rubberlike solids[J]. Proceedings of the Royal Society of London: Series A Mathematical and physical sciences, 326: 565-584.

钱家欢,殷宗泽. 1996. 土工原理与计算[M]. 北京: 中国水利水电出版社.

Rivlin R S. 1948. Large elastic deformation of isotropic materials(Ⅰ): fundamental concepts(Ⅱ): some uniqueness theories for pure homogeneous deformation[J]. Philosophical Transactions of The Royal Society A, 240: 459-508.

Roesler S K. 1979. Anisotropy shear modulus due to stress anisotropy[J]. J. Geotech Engng., 105(7): 871-880.

Roscoe K H, Burland J B. 1958. On the generalized stress-strain behavior of wet'clay[C]// Engineering Plasticity. Cambridge Univ. Press.

Roscoe K H, Poorooshash H B. 1963. A theoretical and experimental study of strain in triaxial compression tests on normally consolidated clays[J]. Géotechnique, 13(1): 12-38.

Rowe P W. 1971. Theoretical meaning and observed values of deformation parameter for soil[C]// Stress-strain behavior of soils. Cambridge University.

Schofield A, Wroth P. 1968. Critical state soil mechanics[M]. Mc Graw Hill.

Scott C R. 1980. Soil mechanics and foundations[J]. London：Applied Science Publishers LTD：96-104.
尚新春，程昌钧. 1996. 超弹性材料中的球形空穴分叉[J]. 力学学报，28(6)：751-755.
Terzaghi K，Peck R B. 1948. Soil mechanics in engineering practice[M]. New York：Jonh Wiley and Sons：56-73.
Valanis K C，Landel R F. 1967. The strain-energy function of a hyperelastic material in terms of the extension ratios[J]. J. Appl. Physics，38(7)：2997-3002.
熊祝华，傅衣铭，熊慧而. 1997. 连续介质力学基础[M]. 长沙：湖南大学出版社.
Yimsiri S，Soga K. 2000. Micromechanics-based stress-strain behavior of soils at small strains[J]. J. Gcotcchnical，50(2)：559-571.
殷宗泽. 2000. 土的侧膨胀性及其对土石坝应力变形的影响[J]. 水利学报，31(7)：49-53.
殷宗泽，徐志伟. 2002. 土体的各向异性及近似模拟[J]. 岩土工程学报，24(5)：547-551.
殷宗泽，朱俊高，卢海华. 1994. 土体弹塑性柔度矩阵与真三轴实验研究[C]//第七届全国土力学会议论文集. 北京：中国建筑工业出版社：139-144.
张均锋，孟样跃，谈庆明，等. 2000. 冲击载荷作用下饱和砂土的密实与排水过程的初步分析[J]. 岩石力学与工程学报，19(5)：622-624.
张学言. 1993. 岩土塑性力学[M]. 北京：人民交通出版社.
钟伟芳，聂国华. 1997. 弹性波的散射理论[M]. 武汉：华中理工大学出版社.
周维垣. 1989. 高等岩石力学[M]. 北京：水利电力出版社.

第4章 岩土材料塑性模型

当卸除外载荷后,材料仍保持有一定的残余变形的性质称为塑性。在塑性变形阶段,其最大的特点是不存在应力和应变的一一对应关系,此时的应力不仅依赖于当前应变,还与应变历史相关。由于岩土材料一般只有在较小的载荷作用时才表现出变形可以完全恢复的弹性特性,因此,对于岩土材料而言,研究塑性本构关系具有非常重要的意义。在这里需说明的是:在金属材料的塑性研究中,塑性的内在机制为晶格的位错或孪晶的产生;而在岩土介质的研究中,塑性的概念已经扩展到对岩土材料不可恢复变形的总称,其机制相对比较复杂,可以是细微观的,也可以是宏观的。总之,岩土塑性模型描述的是岩土介质的非线性行为。

经典塑性力学中的本构关系有两类,即全量理论和增量理论。其中全量理论又称形变理论,增量理论又称流动理论。全量理论在数学处理上比较简单,但只能在一定的范围内适用;而增量理论能更全面地反映材料的塑性变形性质,尤其对复杂的加载路径下材料塑性行为的研究,有着十分重要的意义。因此,现在的塑性理论模型以增量型理论模型为主。增量型理论一般采用应力和应变的率的形式来表达,当研究与率无关的材料时,此理论用应力和应变的增量形式来表达。

塑性本构理论实际上是一种内变量理论,其相关研究主要包含以下几个方面的内容:

(1) 屈服准则(yielding criterion)。给出在复杂应力状态下,判定和描述材料进入初始屈服的条件。

(2) 硬化特性。给出材料的后继屈服面随塑性变形发展而演化的描述方法。

(3) 加、卸载条件。判定材料下一步的应力状态相对现时的状态是加载、卸载,还是中性变载。

(4) 增量型本构关系。根据加、卸载状况,给出每一微小过程中增量应力和增量应变间的关系。其关键在于塑性流动因子的确定以及塑性内变量演化方程的建立。

4.1 流动法则与增量型本构关系

4.1.1 塑性应变增量

进入塑性状态之后,介质的应变可以分解为弹性应变和塑性应变之和。考虑当前状

态 (σ_{ij}, ξ_β) 的一个增量步 $d\sigma_{ij}$。此时,应力状态改变为 $\sigma_{ij} + d\sigma_{ij}$,内变量改变为 $\xi_\beta + d\xi_\beta$,由此产生的应变增量可以表示为弹性应变增量(上标为 e)和塑性应变增量(上标为 p)之和,即

$$d\varepsilon_{ij} = d\varepsilon_{ij}^e + d\varepsilon_{ij}^p \tag{4.1.1}$$

1. 弹性应变增量

弹性应变可以表述为弹性柔度张量 L_{ijkl} 与应力张量 σ_{ij} 的积,则其增量:

$$d\varepsilon_{ij}^e = d(L_{ijkl}\sigma_{kl}) = L_{ijkl}d\sigma_{kl} + \sigma_{kl}dL_{ijkl} \tag{4.1.2}$$

通常假定弹性柔度张量在卸载过程保持不变。一般情况下,弹性柔度张量应与卸载开始的应力状态和当时的内变量 ξ_β 有关(此内变量为累积量),即

$$L_{ijkl} = L_{ijkl}(\sigma_{mn}, \xi_\beta) \tag{4.1.3}$$

上式中,若柔度张量与应力状态有关,则为非线性弹性;若柔度张量与内变量 ξ_β 有关,表明塑性变形会引起弹性性质的改变,说明此时弹塑性是耦合的;只有当柔度张量与应力状态和内变量 ξ_β 无关时,材料才表现为线性弹性。

2. 塑性应变增量

若在卸载过程中不产生塑性,即内变量 ξ_β 保持不变,则

$$\varepsilon_{ij}^p = \varepsilon_{ij}^p(0, \xi_\beta) \tag{4.1.4}$$

值得注意的是:对脆性介质而言(如硬度比较大的岩石、陶瓷等),在卸载过程中也会产生塑性、损伤等不可恢复的变形。因此,在进行相关分析的时候需特别注意。

由此,塑性应变增量可以理解为

$$d\varepsilon_{ij}^p = \varepsilon_{ij}^p(0, \xi_\beta + d\xi_\beta) - \varepsilon_{ij}^p(0, \xi_\beta) \tag{4.1.5}$$

3. 增量的一般表达

在进入塑性状态后,应变为当前的应力状态以及其内变量的累积量的函数,即

$$\varepsilon_{ij} = \varepsilon_{ij}(\sigma_{kl}, \xi_\beta) \tag{4.1.6}$$

由此,有

$$d\varepsilon_{ij} = \frac{\partial \varepsilon_{ij}}{\partial \sigma_{kl}}d\sigma_{kl} + \frac{\partial \varepsilon_{ij}}{\partial \xi_\beta}d\xi_\beta = (d\varepsilon_{ij})^e + (d\varepsilon_{ij})^p \tag{4.1.7}$$

对比式(4.1.2)、式(4.1.5)和式(4.1.7),则有

$$(d\varepsilon_{ij})^e = L_{ijkl}d\sigma_{kl} = d\varepsilon_{ij}^e - \sigma_{kl}dL_{ijkl} \tag{4.1.8}$$

$$(d\varepsilon_{ij})^p = \sigma_{kl}dL_{ijkl} + d\varepsilon_{ij}^p \tag{4.1.9}$$

以上两式分别说明了应变增量的弹性部分和塑性部分的意义。这是弹塑性耦合情况下的一般分解。

当弹塑性不耦合时,$dL_{ijkl} = 0$,问题就变得简单了。

4.1.2 流动法则

为描述进入塑性阶段,材料的塑性应变增量与应力间的关系,需引入继续加载过程中塑性应变增量方向的规定,即流动法则(flow rule)。流动法则也称正交定律(normality law)。可以设想任何加工硬化(或软化)材料在不同应力状态下含有不同的塑性能 W_p。在主应力空间将含有相同塑性能的点连起来就会形成一个面,这个面称为塑性势面(plastic potential surface),用函数 $g(W_p)$ 表示,一般有

$$g(W_p) = g(I_1, J_2, J_3) \tag{4.1.10}$$

对于岩土介质,以塑性势面在 p-q 平面中的表现为例进行分析,在其他的应力空间中也可进行类似分析。塑性势面在 p-q 平面中将成为一条线,称塑性势线(plastic potential line),可表达为

$$g(W_p) = g(p, q) \tag{4.1.11}$$

流动法则规定,主应力空间中任意点的塑性应变增量始终与过该点的塑性势面正交,则塑性应变增量与应力之间存在着如下的正交关系:

$$d\varepsilon_{ij}^p = d\lambda \frac{\partial g}{\partial \sigma_{ij}} \tag{4.1.12}$$

式中,$d\lambda$ 是一个确定塑性应变大小的函数,为非负的塑性因子。

塑性势面可以假定种种不同的形式。例如,在图 4.1.1 的 p-q 投影平面上,APC 曲线是经 P 点的塑性势线。PN 是该线在 P 点的正交线,代表总的塑性应变增量($d\varepsilon^p$);PN 的方向代表 P 点处塑性应变增量的方向。PN 在 p 轴和 q 轴方向上的分量,分别代表塑性体积应变增量 $d\varepsilon_v^p$ 与塑性剪应变增量 $d\varepsilon^p$。通过 P 点的塑性势线也可以假定是由两根不同的曲线组成的。例如,AP 曲线与水平直线 PD,它们的交点 P 处可以形成一个折角。交点 P 处的塑性应变增量为 AP 与 PD 两部分之和,即上述来自 AP 曲线段的 $d\varepsilon_v^p$ 与来自水平直线 PD 段的 $d\varepsilon^p$ 之和。当应力状态从 P 点移到 P' 点时,塑性势线也将变为 $A'P'C'$ 或 $A'P'D'$,如图 4.1.1 所示。

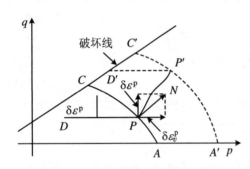

图 4.1.1 塑性势线和塑性应变增量方向

采用两个八面体应力 p,q 来代替 σ_{ij},则相应于 p 和 q 的塑性应变增量就是 $d\varepsilon_v^p$ 及 $d\varepsilon^p$,它们可表示为

$$d\varepsilon_v^p = d\varepsilon_{ii}^p = d\varepsilon_1^p + d\varepsilon_2^p + d\varepsilon_3^p \tag{4.1.13}$$

$$d\varepsilon^p = \sqrt{2} \frac{\left[(d\varepsilon_1^p - d\varepsilon_2^p)^2 + (d\varepsilon_2^p - d\varepsilon_3^p)^2 + (d\varepsilon_3^p - d\varepsilon_1^p)^2\right]^{\frac{1}{2}}}{3}$$

$$= \left(\frac{2 de_{ij}^p de_{ij}^p}{3}\right)^{\frac{1}{2}} \tag{4.1.14}$$

式中,de_{ij} 为偏应变增量张量。

如果 $d\varepsilon_2^p = d\varepsilon_3^p$,则 $d\varepsilon_v^p = d\varepsilon_1^p + 2d\varepsilon_3^p$,$d\varepsilon^p = \frac{2}{3}(d\varepsilon_1^p - d\varepsilon_3^p)$,则流动法则变成

$$d\varepsilon_v^p = d\lambda \frac{\partial g}{\partial \sigma_{ii}} = d\lambda \frac{\partial g}{\partial p} \tag{4.1.15}$$

$$d\varepsilon^p = d\lambda \frac{\partial g}{\partial q} \tag{4.1.16}$$

塑性势面不是屈服面。如果假定塑性势面与屈服面重合,也就是说假定塑性势函数 g 与下节所讲的屈服面函数 f 相等,亦即 $g = f$,则这种规律称关联流动法则(associated flow rule)。实际上,塑性势面 g 与材料的屈服面 f 一般并不重合,即 $g\neq f$,如图 4.1.2 所示。这种情况则称非关联流动法则(unassociated flow rule),即一般而言塑性势面不是屈服面。

4.1.3 屈服面与硬化模型

屈服面表征在复杂应力状态下材料进入塑性状态的判别条件为 $f(\sigma_{ij})=0$。在数学上,屈服面是应力空间中的一个超曲面,它将应力空间划分为两部分:其内部 $f<0$,材料处于弹性状态;其外部 $f>0$,代表塑性硬化后的可能应力状态。

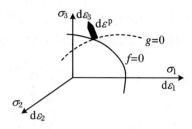

图 4.1.2 非关联流动

在外荷载的作用下,屈服面会进一步发展,其发展过程可用屈服应力和塑性应变增量之间的关系式描述,也可用屈服应力和塑性功之间的关系式表达。屈服函数 f 不仅是应力或应力不变量的函数,而且也是塑性应变增量和塑性功的函数。硬化规律表征材料屈服后进一步加载的力学响应,是用于描述塑性区材料的后继屈服面在主应力空间中随塑性应变的发展而变化的方式。

不同的硬化规律代表了不同的数学模型,由此可以相应确定塑性区材料的应力状态。硬化规律主要有三种:理想塑性、等向强化和随动硬化。为适应岩土材料的特性,在等向强化和随动硬化基础上又发展了一种组合强化模型。

(1) 理想弹塑性模型忽略材料的硬化效应,认为材料的后继屈服面与初始屈服面相同,可表示为 $f(\sigma_{ij})=0$。

(2) 等向硬化模型(isotropic hardening model)认为,后继屈服面的扩大在应力空间是各向同性的,可表示为 $f(\sigma_{ij})=K$。K 为硬化参数,可以是塑性能 W_p、塑性累积应变、塑性体积应变,或者是等效塑性应变的函数。

(3) 随动硬化模型(kinematic hardening model)认为,塑性变形发展时,后继屈服面的形状和大小并不改变,只是在应力空间做平移,其移动距离与塑性变形的历史有关,可表示为 $f(\sigma_{ij}-\alpha_{ij})=0$。$\alpha_{ij}$ 为塑性变形历史的函数。具体地,可以表示为 $f(\sigma_{ij}-C\varepsilon_{ij}^p)=0$ 或 $f(\sigma_{ij}-\alpha\sigma_{ij}^p)=0$。

(4) 混合塑性硬化模型(即组合强化模型)。由于真实材料尤其是岩土介质,其硬化行为介于等向硬化和随动硬化之间,因此,需采用联合的塑性硬化模型来描述,其表达式为

$$f(\sigma_{ij}-C\beta\varepsilon_{ij}^p)=K((1-\beta)W^p) \tag{4.1.17}$$

式中,β 为内插的参数,$\beta=0$ 和 $\beta=1$ 分别表示等向硬化模型和随动硬化模型。

更一般的率无关塑性理论的硬化模型为 Prager 硬化模型,其形式为

$$f(\sigma_{ij},\varepsilon_{ij}^p,K)=0 \tag{4.1.18}$$

式中,K 为塑性应变的函数。

具体可参见图 4.1.3。以 π 平面上的屈服轨迹来看,图 4.1.3(a)所示为理想弹塑性材料进入塑性状态后,其屈服面将保持不变,后继屈服面与初始屈服面一样。图 4.1.3(b)所示为等向硬化材料的后继屈服面的发展,图中所示的内圆圈为初始屈服面,加载过程中,其后继屈服面在初始屈服面的基础上均匀膨胀。图 4.1.3(c)所示为随动硬化材料的后继屈服面的发展,在主应力空间中后继屈服面与初始屈服面的大小一致,只不过其中心随应力状态

的变化发生平移,反映了在周期性载荷作用下的鲍辛格效应(Bauschinger Effect)。另外,图 4.1.3(c)中的虚线圆则是将等向硬化与随动硬化模型联合起来,构成的更一般的一种组合强化模型,后继屈服面的中心和大小相对初始屈服面都发生了显著的变化。

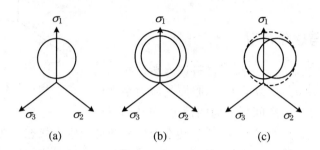

图 4.1.3 π 平面上不同数学模型的表示

4.1.4 增量型本构描述

1. 与塑性能有关的硬化

屈服面用应力张量和应力偏量的不变量来表示:

$$f(I_1, J_2, J_3) = K \tag{4.1.19}$$

若取为塑性能的函数,则可表示为

$$K = F(W_p) = F(\sigma_{ij} \delta \varepsilon_{ij}^p) \tag{4.1.20}$$

式(4.1.19)也称为加载函数(loading function)。因为只有进一步加载才可能有塑性能和塑性应变增量。载荷如果增加,具有加工硬化(或软化)特性的材料,因为发生新的塑性变形,塑性能将发生变化,它的应力状态也将跳到一个新的屈服面上去,从而又获得了一个新的平衡。

由塑性流动法则,式(4.1.12)中的 $\mathrm{d}\lambda$ 也是 W_p 的函数,利用式(4.1.19)可把它写成

$$\mathrm{d}\lambda = h\mathrm{d}f \tag{4.1.21}$$

式中,h 实际上就是硬化模量,也称硬化参数。而前面提到的 K 是硬化模量,也可称为硬化参数,K 还与应变历史有关,是主要反映应变历史和硬化程度的参数。假定 h 是应力的函数,它和 g 的关系将在下面阐明。由式(4.1.19)及式(4.1.20)可得

$$\mathrm{d}f = \frac{\partial F}{\partial W_p}\mathrm{d}W_p = F'\mathrm{d}W_p \tag{4.1.22}$$

将式(4.1.21)、式(4.1.22)代入式(4.1.12),得

$$\mathrm{d}\varepsilon_{ij}^p = hF'\mathrm{d}W_p \frac{\partial g}{\partial \sigma_{ij}} \tag{4.1.23}$$

将等式两边都乘以 σ_{ij},然后将所得的 6 个方程式相加,用张量符号可得下列公式:

$$\sigma_{ij} \cdot \mathrm{d}\varepsilon_{ij}^p = (hF'\mathrm{d}W_p)\sigma_{ij} \frac{\partial g}{\partial \sigma_{ij}} \tag{4.1.24}$$

考虑到 $\mathrm{d}W_p = \sigma_{ij} \cdot \mathrm{d}\varepsilon_{ij}^p$,则式(4.1.24)变为下式:

$$1 = (hF')\sigma_{ij} \frac{\partial g}{\partial \sigma_{ij}}$$

即

$$h = \frac{1}{\sigma_{ij}\dfrac{\partial g}{\partial \sigma_{ij}}F'} \tag{4.1.25}$$

写成矩阵形式为

$$h = \frac{1}{\boldsymbol{\sigma}^{\mathrm{T}}\dfrac{\partial g}{\partial \boldsymbol{\sigma}}F'} = \frac{1}{A} \tag{4.1.26}$$

另外根据 Euler 齐次函数定理,当 g 为 n 阶齐次方程时,

$$\sigma|_{ij} = \frac{\partial g}{\partial \sigma_{ij}} = ng \tag{4.1.27}$$

故式(4.1.27)亦可写成

$$h = \frac{1}{ngF'} \tag{4.1.28}$$

由此,可得

$$\mathrm{d}\lambda = \frac{\mathrm{d}W_{\mathrm{p}}}{ng} \tag{4.1.29}$$

以及

$$\mathrm{d}\lambda = \frac{\mathrm{d}f}{ngF'} \tag{4.1.30}$$

将式(4.1.29)、式(4.1.30)代入式(4.1.12),得

$$\mathrm{d}\varepsilon_{ij}^{\mathrm{p}} = \frac{\mathrm{d}W_{\mathrm{p}}}{ng} \cdot \frac{\partial g}{\partial \sigma_{ij}} \tag{4.1.31}$$

或

$$\mathrm{d}\varepsilon_{ij}^{\mathrm{p}} = \frac{\mathrm{d}f}{ngF'} \cdot \frac{\partial g}{\partial \sigma_{ij}} = \frac{\mathrm{d}f}{A} \cdot \frac{\partial g}{\partial \sigma_{ij}} \tag{4.1.32}$$

其中,

$$A = \boldsymbol{\sigma}^{\mathrm{T}}\frac{\partial g}{\partial \boldsymbol{\sigma}}F' \tag{4.1.33}$$

上式是塑性增量应变-应力关系式。其中 f 及 g 原则上都可以先假定,再通过与实验结果比较,来验证假定是否合适。在假定时,通常把破坏条件 f^* 和 f^* 函数中的 K_f 值作为 f 和 f 函数中的 K 值的极限。f^* 通过破坏实验得到。如果假定 g 与 f 一样,也就是假定材料特性与关联流动法则符合,则式(4.1.32)中的 g 就改用 f,即

$$\mathrm{d}\varepsilon_{ij}^{\mathrm{p}} = \frac{\mathrm{d}f}{A} \cdot \frac{\partial f}{\partial \sigma_{ij}} \tag{4.1.34}$$

其中,

$$A = \boldsymbol{\sigma}^{\mathrm{T}}\frac{\partial f}{\partial \boldsymbol{\sigma}}F' \tag{4.1.35}$$

如果根据这个假定算出来的塑性应变方向与实测值不符,那就需要采用其他形式的塑性势函数 g。f 可以仍用原来的函数,但是这样做 $g \neq f$ 了,因此只能采用非关联流动法则。在过去的一般帽盖模型理论中通常令 $f = g$,但通过选择 f(或 g)使它能同时满足对于应变

方向的要求。

下面讲述式(4.1.35)中 F' 的确定方法。F' 可从实验取得的应力-应变关系曲线中得到,具体方法为:首先,从常规三轴压缩实验差应力-轴向应变曲线,以及轴向应变-体积应变曲线中,可以计算得到这两条曲线上某一应力状态的 f 值与 W_p 值;然后,对不同的围压情况,重复上述过程,可以得到不同围压下的 f 值与 W_p 值,即得到 $f = F(W_p)$ 函数。求得的 $F' = \partial F / \partial W_p$,将它代入式(4.1.29)和式(4.1.32)中就可得到 $\mathrm{d}\lambda$ 及 $\delta\varepsilon_{ij}^p$ 值。在计算 W_p 时,如果是土,还应将土样在受三向等固结压缩时的 W_p 值加进去。这个数据可以从三向等固结实验 $e\text{-}\ln p$ 压缩曲线与回弹曲线中求取。

2. 与塑性体积应变有关的硬化

其分析方法与上述相同,但是由于塑性体积是岩土介质分析中常用的一个参数,因此,此处需进行具体分析。采用两个八面体应力 p,q 来代替 σ_{ij},p 和 q 的塑性应变增量分别为 $\mathrm{d}\varepsilon_v^p$ 及 $\mathrm{d}\varepsilon^p$,由此有

$$f(p,q) = K = F(W_p) \tag{4.1.36}$$

$$\mathrm{d}f = F'\mathrm{d}W_p = F'(p\mathrm{d}\varepsilon_v^p + q\mathrm{d}\varepsilon^p) \tag{4.1.37}$$

相应的流动法则为

$$\mathrm{d}\varepsilon_v^p = \mathrm{d}\lambda \frac{\partial g}{\partial p} \tag{4.1.38}$$

$$\mathrm{d}\varepsilon^p = \mathrm{d}\lambda \frac{\partial g}{\partial q} \tag{4.1.39}$$

将式(4.1.38)和式(4.1.39)代入式(4.1.37),得

$$\mathrm{d}f = F' \cdot \mathrm{d}\lambda \left(p \frac{\partial g}{\partial p} + q \frac{\partial g}{\partial q} \right) \tag{4.1.40}$$

同样,g 是 n 阶齐次方程,利用 Euler 定理可得

$$ng = p \frac{\partial g}{\partial p} + q \frac{\partial g}{\partial q} \tag{4.1.41}$$

将上式代入式(4.1.40),有 $\mathrm{d}f = F' \cdot \mathrm{d}\lambda \cdot ng$,由此可得到

$$\mathrm{d}\lambda = \frac{\mathrm{d}f}{ngF'} \tag{4.1.42}$$

或改写为

$$\mathrm{d}\lambda = \frac{\mathrm{d}f}{A} \tag{4.1.43}$$

其中,

$$A = \begin{pmatrix} p \\ q \end{pmatrix}^{\mathrm{T}} \begin{pmatrix} \dfrac{\partial g}{\partial p} \\ \dfrac{\partial g}{\partial q} \end{pmatrix} F' \tag{4.1.44}$$

将式(4.1.42)分别代入式(4.1.38)和式(4.1.39)中,得

$$\mathrm{d}\varepsilon_v^p = \frac{\mathrm{d}f}{ngF'} \frac{\partial g}{\partial p} \quad \left(\text{或 } \mathrm{d}\varepsilon_v^p = \frac{\mathrm{d}f}{A} \frac{\partial g}{\partial p}\right) \tag{4.1.45}$$

$$\mathrm{d}\varepsilon^p = \frac{\mathrm{d}f}{ngF'} \frac{\partial g}{\partial q} \quad \left(\text{或 } \mathrm{d}\varepsilon^p = \frac{\mathrm{d}f}{A} \frac{\partial g}{\partial q}\right) \tag{4.1.46}$$

在一般的帽盖模型中，通常采用的硬化函数为 $f(p,q) = K$。其中的硬化参数 K 是塑性体积应变 ε_v^p 的函数。因此，可具体表示为

$$f(p,q) = K = F_v(\varepsilon_v^p) \tag{4.1.47}$$

同时，假定 $g = f$，则得到关联流动的流动法则为

$$\begin{cases} d\varepsilon_v^p = d\lambda \dfrac{\partial f}{\partial p} \\ d\varepsilon^p = d\lambda \dfrac{\partial f}{\partial q} \end{cases} \tag{4.1.48}$$

令 $d\lambda = hdf$，由式(4.1.47)，有

$$df = dK = \frac{\partial F_v}{\partial \varepsilon_v^p} d\varepsilon_v^p = F'_v d\varepsilon_v^p \tag{4.1.49}$$

由此可以得

$$d\lambda = hF'_v d\varepsilon_v^p \tag{4.1.50}$$

由式(4.1.48)，可得

$$d\varepsilon_v^p = hF'_v d\varepsilon_v^p \cdot \frac{\partial f}{\partial p}, \quad h = \frac{1}{F'_v \dfrac{\partial f}{\partial p}} \tag{4.1.51}$$

由此得到的流动因子的表达式为

$$d\lambda = \frac{df}{F'_v \dfrac{\partial f}{\partial p}} \tag{4.1.52}$$

将流动因子代入式(4.1.48)，得

$$d\varepsilon_v^p = \frac{df}{F'_v} \tag{4.1.53}$$

$$d\varepsilon^p = \frac{df}{F'_v \dfrac{\partial f}{\partial p}} \cdot \frac{\partial f}{\partial q} \tag{4.1.54}$$

式中，F'_v 可以按 F' 的确定方法从三轴压缩实验结果中求得。

3. 基于一般形式的后继屈服-关联流动

后继屈服面具有 Prager 硬化模型的形式，即

$$f(\sigma_{ij}, \varepsilon_{ij}^p, K) = 0 \tag{4.1.55}$$

后继屈服面的全微分可表示为

$$df = \frac{\partial f}{\partial \sigma_{ij}} d\sigma_{ij} + \frac{\partial f}{\partial \varepsilon_{ij}^p} d\varepsilon_{ij}^p + \frac{\partial f}{\partial K} dK = 0 \tag{4.1.56}$$

式(4.1.55)的时间微分可表示为

$$\dot{f} = \frac{\partial f}{\partial \sigma_{ij}} \dot{\sigma}_{ij} + \frac{\partial f}{\partial \varepsilon_{ij}^p} \dot{\varepsilon}_{ij}^p + \frac{\partial f}{\partial K} \dot{K} = 0 \tag{4.1.57}$$

式中，$\dot{K}$ 由相应的演化方程给出。

式(4.1.57)称为一致性条件。将正交流动法则代入，可得

$$d\lambda = \frac{1}{h_1} \frac{\partial f}{\partial \sigma_{ij}} d\sigma_{ij} \tag{4.1.58}$$

式中,

$$h_1 = -\frac{\partial f}{\partial \varepsilon_{ij}^p}\frac{\partial f}{\partial \sigma_{ij}} - \frac{\partial f}{\partial K}\dot{K}\frac{\partial f}{\partial \sigma_{ij}} \tag{4.1.59}$$

$\mathrm{d}\lambda$ 需由 $\dot{K}$ 具体的演化方程确定。由此,可得到塑性应变增量的表达式为

$$\dot{\varepsilon}_{ij}^p = \frac{1}{h_1}\frac{\partial f}{\partial \sigma_{ij}}\left(\frac{\partial f}{\partial \sigma_{kl}}\dot{\sigma}_{kl}\right) \tag{4.1.60}$$

4. 基于一般形式的后继屈服-非关联流动[①]

总应变增量等于弹性与塑性应变增量之和,即

$$\mathrm{d}\varepsilon_{ij} = \mathrm{d}\varepsilon_{ij}^e + \mathrm{d}\varepsilon_{ij}^p \tag{4.1.61}$$

因为

$$\mathrm{d}\varepsilon_{ij}^p = \mathrm{d}\lambda\frac{\partial g}{\partial \sigma_{ij}}$$

故

$$\mathrm{d}\varepsilon_{ij}^e = \mathrm{d}\varepsilon_{ij} - \mathrm{d}\lambda\frac{\partial g}{\partial \sigma_{ij}} \tag{4.1.62}$$

由 $\mathrm{d}\sigma_{kl} = D_{klij}\mathrm{d}\varepsilon_{ij}^e$,可得

$$\mathrm{d}\sigma_{kl} = D_{klij}\left(\mathrm{d}\varepsilon_{ij} - \mathrm{d}\lambda\frac{\partial g}{\partial \sigma_{ij}}\right) \tag{4.1.63}$$

又因

$$\mathrm{d}\lambda = h\mathrm{d}f = h\frac{\partial f}{\partial \sigma_{kl}}\mathrm{d}\sigma_{kl} \tag{4.1.64}$$

将式(4.1.63)代入式(4.1.64),移项后分子、分母同乘 A,可得

$$\mathrm{d}\lambda = \frac{\frac{\partial f}{\partial \sigma}D_{klij}\delta\varepsilon_{ij}}{A + \frac{\partial f}{\partial \sigma_{kl}}D_{klij}\frac{\partial g}{\partial \sigma_{ij}}} \Rightarrow \frac{\frac{\partial f}{\partial \boldsymbol{\sigma}}\boldsymbol{D}\mathrm{d}\boldsymbol{\varepsilon}}{A + \left(\frac{\partial f}{\partial \boldsymbol{\sigma}}\right)^{\mathrm{T}}\boldsymbol{D}\frac{\partial g}{\partial \boldsymbol{\sigma}}} \tag{4.1.65}$$

由此可得到弹塑性材料的增量型关系为

$$\mathrm{d}\sigma_{ij} = D_{ijkl}^{\mathrm{ep}}\mathrm{d}\varepsilon_{kl} \tag{4.1.66}$$

此式即为基于非关联的流动的增量型本构关系。如令式(4.1.65)中的 $g = f$,则退化为关联流动的本构关系,此时有

$$\boldsymbol{D}_{\mathrm{ep}} = \boldsymbol{D} - \frac{\boldsymbol{D}\frac{\partial f}{\partial \boldsymbol{\sigma}}\left(\frac{\partial f}{\partial \boldsymbol{\sigma}}\right)^{\mathrm{T}}\boldsymbol{D}}{A + \left(\frac{\partial f}{\partial \boldsymbol{\sigma}}\right)^{\mathrm{T}}\boldsymbol{D}\frac{\partial f}{\partial \boldsymbol{\sigma}}} \tag{4.1.67}$$

---

① Zienkiewicz 等,1972。

4.2 加、卸载条件

理想塑性模型,其加、卸载条件为:

(1) $f=0, \mathrm{d}f = \frac{\partial f}{\partial \sigma_{kl}} \mathrm{d}\sigma_{kl} = 0$,材料处于加载状态,需采用上述的增量塑性本构描述。

(2) $f=0, \mathrm{d}f = \frac{\partial f}{\partial \sigma_{kl}} \mathrm{d}\sigma_{kl} < 0$,材料处于卸载状态,一般采用弹性卸载本构关系描述。

硬化材料的加、卸载条件为:

(1) $f=0, \mathrm{d}f = \frac{\partial f}{\partial \sigma_{kl}} \mathrm{d}\sigma_{kl} > 0$,材料处于加载状态,需采用增量塑性本构描述。

(2) $f=0, \mathrm{d}f = \frac{\partial f}{\partial \sigma_{kl}} \mathrm{d}\sigma_{kl} = 0$,材料处于中性变载状态。此过程不产生塑性变形,但是由于应力状态的调整,会产生一定的弹性变形,因此,可采用弹性本构关系进行描述。

(3) $f=0, \mathrm{d}f = \frac{\partial f}{\partial \sigma_{kl}} \mathrm{d}\sigma_{kl} < 0$,材料处于卸载状态,一般采用弹性卸载本构关系描述。

4.3 常用屈服面模型

通过不同应力路径的材料强度实验,可以得到材料在复杂应力状态下的屈服条件和破坏条件。对于各向同性材料,这种屈服条件和破坏条件,可以写成3个应力或应力偏量不变量的函数,即式(4.1.19),其中 K 为实验常量。将其画在主应力空间,可以得到一个面,即屈服面(yield surface)和破坏面(failure surface);而将其画在单轴应力-应变关系曲线上,它就是一个点,屈服点和极限强度点。

对于简单理想塑性材料,屈服条件和破坏条件相同,屈服面与破坏面重合。对于加工硬化材料,屈服应力随载荷的提高与变形的增大而提高,因此,屈服面不是一个固定的面,而是一个不断扩大的面,甚至从一种形式变成另一种形式。可以认为破坏面是代表极限状态的一个屈服面。通常认为,当材料所受到的应力变化发生在屈服面内的时候,变形是弹性的,屈服面的位置和形式将不变。当应力变化跨过屈服应力时,变形将包括弹性变形与塑性变形两部分,且这两种变形将促使一个新的屈服面的形成。下面介绍一些常用的屈服面模型。

最古老和通用的屈服面模型是 Tresca 屈服面和 Von Mises 屈服面,主要应用于金属材料研究。

4.3.1 Tresca 屈服面

Tresca 屈服条件认为,当介质的最大剪切应力达到其强度的时候,材料进入屈服状态,也称为最大剪应力准则。若 3 个主应力满足 $\sigma_1 > \sigma_2 > \sigma_3$,则 $\tau_{\max} = \dfrac{\sigma_1 - \sigma_3}{2}$。当最大剪应力达到其强度 f^* 时,材料屈服,即

$$f^* = \sigma_1 - \sigma_3 = K_f \tag{4.3.1}$$

式中,K_f 为实验常量。

式(4.3.1)写成不变量的函数为

$$4J_2^3 - 27J_3^2 - 36K_f^2 J_2^2 + 96K_f^4 J_2 - 64K_f^6 = 0 \tag{4.3.2}$$

此准则在主应力空间为一个六边形的棱柱,棱柱的轴与空间对角线重合。这个柱面就是 Tresca 屈服面,见图 4.3.1(a)。

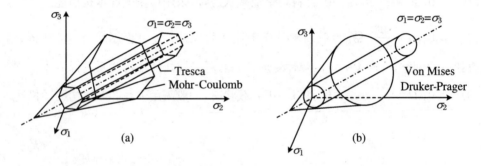

图 4.3.1 在主应力空间的几种屈服面

4.3.2 Mises 屈服面

Von Mises 屈服条件认为,当单位体积介质的弹性畸变能达到某一个值的时候,材料进入屈服状态,也称为弹性畸变能准则。在主应力空间,此准则可表示为 $\bar{\sigma}^2 = 3J_2 = K_1^2$,其中,$K_1$ 为实验常量。也可以写为

$$J_2 = K_f^2 \tag{4.3.3}$$

或

$$f^* = (\sigma_1 - \sigma_2)^2 + (\sigma_2 - \sigma_3)^2 + (\sigma_3 - \sigma_1)^2 = 6K_f^2 \tag{4.3.4}$$

许多屈服准则已经被推广到土和岩石力学研究中(Veeken 等,1989)。式(4.3.4)所代表的屈服面是一个以空间对角线为轴的圆柱面[图 4.3.1(b)]。但是土和岩石的破坏条件与主应力之和(即静水压力)有很大关系,因此需要修改 Tresca 与 Von Mises 条件,以便用于土和岩石。把式(4.3.2)和式(4.3.4)中的常量 K_f 写成静水压力的函数,就得到广义的 Tresca 与 Von Mises 条件。这样 Tresca 六边形柱体就变为六边形锥体[图 4.3.1(a)];Von Mises 圆柱面就变成圆锥面[图 4.3.1(b)]。1962 年,俞茂宏提出静水压力型的广义双剪应力屈服准则,其数学表达式为

$$F = f(\tau) + f(\sigma_m) = f(\tau) + A\sigma_m + B\sigma_m^2 + \cdots + C = 0 \tag{4.3.5}$$

将与静水压力 σ_m 无关的屈服函数推广为静水压力 σ_m 成曲线变化的广义函数,若式(4.3.5)中 $B=0$,广义准则与静水压力 σ_m 成线性关系,式(4.3.5)变为

$$F = f(\tau) + A\sigma_m = C \tag{4.3.6}$$

它的极限就是将屈服准则的无限棱柱面扩展为半无限长的锥面。

4.3.3 Mohr-Coulomb 屈服面

Mohr-Coulomb 屈服条件认为,介质的屈服受斜面上的剪切强度控制,其形式为

$$\begin{cases} \tau_n = c + \sigma_n \tan\varphi \\ \dfrac{\sigma_1 - \sigma_3}{2} = c\cos\varphi + \dfrac{\sigma_1 + \sigma_3}{2}\sin\varphi \end{cases} \tag{4.3.7}$$

式中,c 为凝聚力,φ 为内摩擦角,σ_n 为剪切面上的法向应力。上式用应力和应力偏量的不变量可写为

$$\frac{1}{3}I_1\sin\varphi + \left(\cos\alpha - \frac{\sin\alpha\sin\varphi}{\sqrt{3}}\right)\sqrt{J_2} - \cos\varphi = 0 \tag{4.3.8}$$

其中,

$$\alpha = \sin^{-1}\left[\frac{-3\sqrt{3}}{2}\frac{J_3}{J_2^{\frac{1}{2}}}\right] \tag{4.3.9}$$

上式使用不便,Druker-Prager 建议采用下列形式:

$$f^* = \beta I_1 + \sqrt{J_2} = K_f \tag{4.3.10}$$

式中,

$$\beta = \frac{\sqrt{3}\sin\varphi}{3\sqrt{3 + \sin^2\varphi}} \tag{4.3.11}$$

$$K_f = \frac{\sqrt{3}c\cos\varphi}{\sqrt{3 + \sin^2\varphi}} \tag{4.3.12}$$

在主应力空间中[图 4.3.1(a)],Mohr-Coulomb 屈服面是一个六面锥体,计算中,在角棱附近,屈服函数沿曲面外法线的方向导数不易确定,如将屈服面改为圆锥面,角棱问题即可避免。将屈服面假设为圆锥面的屈服准则即为 Drucker-Prager 屈服准则。

Zhao(2000)发展了一种基于 Mohr-Coulomb 屈服面的动态屈服面,其形式如下:

$$c_d = \frac{\sigma_{cd}(1 - \sin\varphi)}{2\cos\varphi}$$

$$\sigma_{1d} = \sigma_{cd} + \sigma_3 \frac{1 + \sin\varphi}{1 - \sin\varphi}$$

式中,c_d 为动态内聚力,σ_{1d} 为三轴动态强度,σ_{cd} 为单轴动态强度。

下面简单介绍 Mohr-Coulomb 屈服面用于岩土介质剪胀性的分析。

一般而言材料的压缩行为和剪切行为是非耦合的,即剪应力不会引起体积改变,平均应力也不会引起剪应变。但对于岩土介质而言,一旦进入塑性流动状态后,剪应力将引起体积增加,这就是剪胀效应。假定岩体介质满足关联流动的 Mohr-Coulomb 准则,则 Mohr-Coulomb 准则平面应变问题屈服函数 f 可表示为

$$f = (\sigma_1 - \sigma_3) - 2\sigma_s \sin\varphi - 2c\cos\varphi = 0 \tag{4.3.13}$$

其中，c 为内聚力，φ 为内摩擦角，σ_s 为平面应力。将上式代入式(4.1.34)，可得

$$\begin{cases} \mathrm{d}\varepsilon_1^p = \mathrm{d}\lambda \dfrac{\partial f}{\partial \sigma_1} = \mathrm{d}\lambda(1 - \sin\varphi) \\ \mathrm{d}\varepsilon_3^p = \mathrm{d}\lambda \dfrac{\partial f}{\partial \sigma_3} = -\mathrm{d}\lambda(1 + \sin\varphi) \end{cases} \tag{4.3.14}$$

由此得

$$\mathrm{d}\varepsilon_v^p = \mathrm{d}\varepsilon_1^p + \mathrm{d}\varepsilon_3^p = -2\mathrm{d}\lambda\sin\varphi \tag{4.3.15}$$

式中，右端项一般不等于零，说明材料进入塑性流动状态后剪应力可引起体积改变。

由本章4.2节中加、卸载条件，当岩土介质处于加载状态时，$\mathrm{d}f = \dfrac{\partial f}{\partial \sigma_{ij}}\mathrm{d}\sigma_{ij} > 0$。由此，$\mathrm{d}\lambda > 0$，可知式(4.3.15)中的塑性体积应变 $\mathrm{d}\varepsilon_v^p < 0$，说明塑性体积是剪胀的。此外，由上式可知，$\mathrm{d}\varepsilon_v^p$ 正比于 $\sin\varphi$。

对于平面应变问题，可得

$$\begin{cases} \mathrm{d}\varepsilon_v^p = \mathrm{d}\varepsilon_s^p = \mathrm{d}\varepsilon_1^p + \mathrm{d}\varepsilon_3^p = -2\mathrm{d}\lambda\sin\varphi \\ \mathrm{d}\varepsilon_d^p = \dfrac{1}{2}(\mathrm{d}\varepsilon_1^p - \mathrm{d}\varepsilon_3^p) = \mathrm{d}\lambda \end{cases} \tag{4.3.16}$$

由此得

$$\dfrac{\mathrm{d}\varepsilon_d^p}{\mathrm{d}\varepsilon_s^p} = -\dfrac{1}{2\sin\varphi} \tag{4.3.17}$$

式中，ε_s^p 为平面塑性应变。由此说明，塑性流动矢量的斜率是常量，如图4.3.2所示。由 Mohr-Coulomb 准则可知，在 σ_s-σ_d 平面上，屈服线的斜率是 $2\sin\varphi$，是常量（$g \neq f$）。

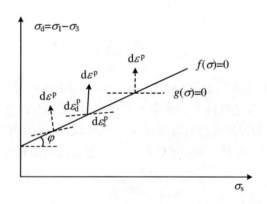

图 4.3.2 在 σ_s-σ_d 平面上 ($g \neq f$) 屈服线的斜率

但是，在实际计算中，由上式得出的土体剪胀量与实际情况并不相符，如：① 软黏土的剪胀量比计算值小得多；② 中等粒径的砂土的剪胀速率在剪切过程中有不断减小的倾向，使剪胀量在不断减小，也使实际的剪胀量小于计算值。产生这种差异，问题的关键在于关联流动法则的应用。因此，可应用非关联流动的流动法则部分地加以改进。例如，可将塑性势函数取以下形式：

$$g = \sigma_1(1 - \sin\psi) - \sigma_3(1 + \sin\psi) - t = 0 \tag{4.3.18}$$

或

$$g = \sigma_d - 2\sigma_s \sin\psi - t = 0 \qquad (4.3.19)$$

式中，$t = 2c\cos\varphi$ 为常量，ψ 为膨胀角，它小于内摩擦角 φ。

上述塑性势函数与式(4.3.13)所示的屈服函数形式相同，只是用 ψ 代替了 φ 值。适当选取 ψ 值即可控制剪胀量的计算值。用 ψ 值随 σ_s 的增加而减小来反映静水压力对剪胀性的约束作用。在极限情况下取 $\psi=0$ 可得剪胀率为零，表示材料无剪胀性，相应塑性势函数 g 相当于 Von Mises 屈服函数或 Tresca 屈服函数，即与静水压力无关。此模型称为杂交模型。

4.3.4 Drucker-Prager 屈服面

其思想与 Mohr-Coulomb 准则相同，其表达式为

$$F = \sqrt{J_2} + \alpha I_1 = K \qquad (4.3.20)$$

式中，α，K 为材料的强度参数，一般可由材料的拉伸强度 σ_t 和压缩强度 σ_c 或材料的内聚力 c 和内摩擦角 φ 求得，即

$$\alpha = \frac{2\sin\varphi}{\sqrt{3}(3-\sin\varphi)}, \quad K = \frac{6c\cos\varphi}{\sqrt{3}(3+\sin\varphi)} \qquad (4.3.21)$$

另外，单轴抗拉强度 σ_t 和单轴抗压强度 σ_c 可表示为

$$\sigma_t = \frac{2c\cos\varphi}{1+\sin\varphi}, \quad \sigma_c = \frac{2c\cos\varphi}{1-\sin\varphi} \qquad (4.3.22)$$

若写成广义八面剪应力准则的形式，则有

$$F = \tau_8 + \alpha I_1 = K \qquad (4.3.23)$$

同理，也可写成应力强度 σ_i，剪应力强度 τ_i 等形式，如

$$\begin{aligned} F &= \sigma_i + \alpha I_1 = K \\ F &= \tau_i + \alpha I_1 = K \end{aligned} \qquad (4.3.24)$$

Drucker-Prager 屈服准则具有参数形式简单、适用于岩石介质等优点，在工程上也得到了广泛应用。但是，值得注意的是：实验结果已经证实，Drucker-Prager 屈服准则与低压的破坏数据符合得很好；但在足够高的压力下，破坏包络线具有凸性特征，Drucker-Prager 屈服条件不合适，但实验结果与具有有限剪切强度的 Von Mises 屈服条件相吻合，如图 4.3.3 所示。因此，广义的 Von Mises 准则又常称为 Drucker-Prager 准则。这个屈服条件首先运用到美国盐湖城干盐湖冲积层上的地面冲击效应的研究中(Nelson 等，1971)。

上述广义 Tresca 条件所代表的屈服面是一个六边形锥体，广义 Von Mises 条件所代表的屈服面是一个圆锥，Mohr-Coulomb 条件所代表的是一个不等角的六边形锥体，Drucker-Prager 条件代表的是 Mohr-Coulomb 六边形锥体的内切圆锥。这些锥体的主轴都是与空间对角线重合的。这些锥体与八面体 π 平面相交的曲线如图 4.3.4 所示。

对于加工硬化材料，在不同应力水平时的屈服面的形式，可以假定和上述各种代表破坏条件的屈服面相似，但当加工硬化时，锥体的直径逐渐加大[图 4.3.5(a)（Veeken 等，1989)]，并以破坏面为它们的极限。Veeken 等(1989)在研究油井稳定性时采用了广义 Von Mises 屈服条件，用一个圆锥面代表屈服面。图 4.3.5(b)所示为对三轴压缩实验典型的轴

向应力-轴向应变曲线的微破裂分析。由图可见,在矿物颗粒尺度上,随着摩擦滑动,岩石开始屈服并触发微破裂,作为摩擦硬化效应的反映,岩石能够抵抗比较高的载荷,这有利于微破裂的连续发生。一旦形成足够多的微裂纹则会导致形成局部剪切带,样品承载能力将会降低。图4.3.5(b)的弹塑性材料模型的应力-应变全程曲线描述的不同阶段的损伤与图4.3.5(c)摩擦硬化和软化以及内聚强度的软化的圆锥屈服面是相对应的。图4.3.5(c)中,Drucker-Prager屈服包络线的变化导致硬化和软化过程,平均应力的增大是影响摩擦硬化和软化的主要因素。峰值后,当平均应力降低时,应力-应变曲线的行为主要表现为内聚强度的软化。

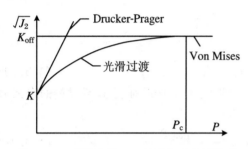
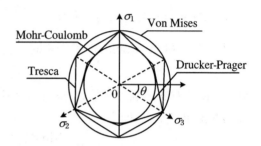

图4.3.3 屈服条件——干盐湖冲积层模型 (Nelson,1971)

图4.3.4 锥体与八面体π平面相交的曲线

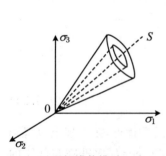
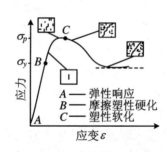
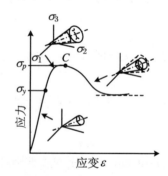

(a) 无帽锥体模型　(b) 弹塑性材料响应和破裂的形成　(c) 摩擦硬化、软化及内聚强度的软化

图4.3.5[①]

屈服面也可以假定为其他不同的形式。例如,代表破坏面的锥体不变,但在锥上增加一个帽盖(cap)(Sandler等,1976)(图4.3.6),这个逐步向外扩展的帽盖代表加工硬化的屈服面。帽盖模型就是考虑到材料在静水压力作用下,能产生塑性体积应变这一事实而增加的,这是锥体模型考虑不到的。此模型也可以考虑这样的一个过程,即假定一个有帽盖的锥在代表破坏面的锥体内不断膨胀。但是,如何选取最合适的模型,取决于根据模型计算所得结果与实验结果的比较。

在p和q平面上将屈服轨迹或破坏线表示在图4.3.7中:① 为Tresca和Von Mises条件;② 为广义Tresca和Von Mises条件;③ 为Mohr-Coulomb和Drucker-Prager条件。图

---

① Veeken等,1989。

中虚线表示加工硬化过程中的屈服轨迹。图4.3.8中,椭圆形的曲线代表帽盖模型,屈服轨迹随帽盖的发展而发展。在常采用的帽盖模型中,都是假定这些屈服轨迹也代表塑性势线。

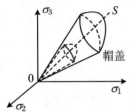

图4.3.6 帽盖模型

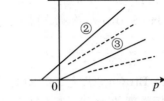

图4.3.7 几种屈服轨迹线

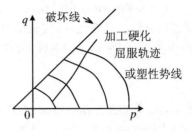

图4.3.8 帽盖模型中的屈服轨迹

4.3.5 Hoek-Brown 屈服面

地壳表面的各类岩石,在漫长的形成和演变过程中不断遭受环境(温度、湿度)变化、构造运动、火山活动及风化卸载活动等地质作用,使完整岩体被切割成各式各样的块体,其中含断续节理和层状岩体的物理力学性质变得相对复杂,并具有明显的各向异性。因此,要想完全确定岩体的强度和变形特征是困难的。Hoek-Brown 屈服面是根据对几百组岩石三轴实验资料和大量岩体现场实验成果的统计分析得到的,其形式为

$$\sigma_1 = \sigma_3 + \sqrt{m\sigma_3\sigma_c + S\sigma_c^2} \tag{4.3.25}$$

式中,σ_c 为准静态完整岩块试件的单轴抗压强度,m,S 分别为表征岩体质量的两个无量纲参数。其中,S 为定量反映岩体破碎程度对岩体抗压强度的影响的参数,且 $S = \dfrac{\sigma_c}{R_c}$($R_c$ 为岩体单轴抗压强度)。

当 $\sigma_3 = 0$ 时,可得

$$R_c = \sqrt{S}\sigma_c \tag{4.3.26}$$

当 $\sigma_1 = 0$ 时,由式(4.3.25)可得到方程关于 σ_3 的两个根,取其负根。根据单轴极限拉伸条件 $\sigma_3 = -R_t$,可得岩体单轴拉伸强度 R_t,即

$$R_t = \frac{\sigma_c}{2}(\sqrt{m^2 + 4S} - m) \tag{4.3.27}$$

由式(4.3.27)可见:当 $S = 0$ 时,$R_t = 0$,说明完全破碎的岩体无抗拉强度;反之,当 $S = 1$ 时,$R_t = \sigma_t$,即岩体与岩块单轴抗拉强度相近。

此模型中,m,S 既能评价岩体质量好坏,又是计算岩体强度参数十分重要的经验参数。其大小取决于岩石的矿物成分、岩体中结构面的发育程度、几何形态、地下水状态以及充填物性质等。所以,Hoek-Brown 准则所提出的数值,可为最终确定岩体强度参数提供重要依据或验证由工程类比得出的岩体强度参数。

Hoek-Brown 准则还可以应用于估算岩石的动态强度。其动态单轴抗压强度与加载速率的关系为

$$\sigma_{cd} = A\lg\left(\frac{\dot{\sigma}_{cd}'}{\dot{\sigma}_c'}\right) + \sigma_c \tag{4.3.28}$$

式中，σ_{cd} 为动态单轴抗压强度(MPa)；$\dot{\sigma}'_{cd}$ 为加载速率(MPa/s)；$\dot{\sigma}'_c$ 为准静态加载速率(约 5×10^{-2} MPa/s)；σ_c 为准静态载荷下的单轴抗压强度(MPa)；A 为材料参数，取决于岩石类型。

Hoek-Brown 准则已成为岩石力学和工程中得到广泛应用的强度理论，尤其适用于估算岩石材料的动态强度，实验结果可由具有相同 m 值的一系列 σ_1-σ_3 非线性曲线来表示。这表明，对于静、动态岩石强度，均可用 Hoek-Brown 准则式得出：

$$\sigma_{1d} = \sigma_3 + \sigma_{cd}\sqrt{\frac{m\sigma_3}{\sigma_{cd}} + 1.0} \tag{4.3.29}$$

式中，σ_{1d} 为动态三轴抗压强度。对 Hoek-Brown 强度包络线的回归分析表明，参数 m 受加载速率的影响不大。因此，动态三轴抗压强度的 m 可由标准准静态实验取得的 m 代替。材料参数 A 可由动力单轴压缩实验取得的实验结果的回归分析得到。动态三轴抗压强度可由 Hoek-Brown 准则进行估计。因此，此模型中需要用准静态实验确定 m，用动力单轴压缩实验确定动力单轴压缩强度和材料参数 A 以及相关方程的应用。

要注意的是，含断续节理岩体强度的各向异性表现为 m，S 参数的各向异性。由于岩体的单轴抗压强度与加载的方向(即节理方位)有关，所以 S 值除与岩体完整性有关外，还与加载的方向有关。

4.4 岩土介质中的帽盖模型

4.4.1 剑桥模型

剑桥黏土帽盖模型是由剑桥大学 Roscoe 教授等在 1958～1963 年期间，针对流经剑桥大学的剑河黏土而提出的，是第一个系统地将 Mohr-Coulomb 破坏准则、正交法则及加工硬化规律应用于土的弹塑性硬化模型的学者。模型规定，在剪应力作用下屈服等于破坏采用 Mohr-Coulomb 准则。在压应力作用下的压缩屈服面为椭球形，它也可以随着压应力的增加而不断扩大(硬化)，但是单纯的压缩不会引起破坏。所以剑桥模型适用于正常固结和弱超固结黏土。这个模型的理论含有下列基本概念：

4.4.1.1 状态界面(state boundery surface)

实验证明，正常固结的饱和重塑黏土的孔隙比 e 和它所受力 p 与 q 之间存在着一种固定的关系。如将这种关系用 p-q-e 空间坐标画出来，就能得到一个面，这个面称为状态边界面，如图 4.4.1 所示的 $ACEF$ 就是这个面的一部分。图中 AC 线是画在 e-p 平面中的原始三向等固结线(virgin isotropic consolidation line)，即静水压实验情况下的 e-p 曲线。图中的 EF 空间曲线称临界状态线(critical state line)。在此线上各点代表一种临界状态，可假定到达这种状态时，土将发生很大的剪切变形，而应力 p 与 q、体积或孔隙比 e 却保持不变。也可以认为此状态代表湿黏土的破坏状态。因此，有人主张用破坏状态线来代替这条临界状态线。对于正常固结饱和黏土和较松的沙即在剪切时只发生体积收缩而无膨胀现象的土，它们的存在状态通常是，在原始三向等固结线和临界状态线这两条线所包括的状态边界面的范围内,最初的剑桥模型只适用于湿黏土和松沙。

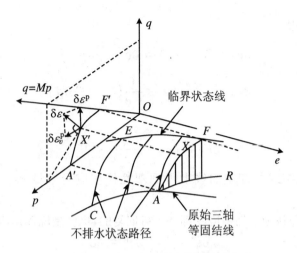

图 4.4.1 在 p-q-e 空间的"状态边界面"

(1) 原始三向等固结线在 e-$\ln p$ 平面上的数学表达：

$$e = e_{a0} - \lambda \ln p \tag{4.4.1}$$

式中,e_{a0} 和 λ 均为实验常量。它的卸载和重复加载曲线可表示为

$$e = e_k - k \ln p \tag{4.4.2}$$

式中,e_k 及 k 都是实验常量。

(2) 临界状态线在 p-q 平面上的投影为

$$q = Mp, \quad n = M = \frac{q}{p} \tag{4.4.3}$$

临界状态线在 e-$\ln p$ 平面上的投影为

$$e = e_{aM} - \lambda \ln p \tag{4.4.4}$$

式中,M,e_{aM} 都是实验常量。比较式(4.4.1)和式(4.4.4),可见:原始三向等固结线与临界状态线画在 e-$\ln p$ 平面上时为两条互相平行的直线,它们的梯度为 λ。

4.4.1.2 弹性能与塑性能

单位体积的土在 p,q 的应力作用下,如发生应变 $\delta\varepsilon_v$ 及 $\delta\varepsilon$,能量变化将为

$$\delta E = \delta W_e + \delta W_p = p\delta\varepsilon_v + q\delta\varepsilon \tag{4.4.5}$$

其中一部分为可回复的弹性能 δW_e,另一部分为不可回复的消耗能或塑性能 δW_p,其表达式为

$$\delta W_e = p\delta\varepsilon_v^e + q\delta\varepsilon^e, \quad \delta W_p = p\delta\varepsilon_v^p + q\delta\varepsilon^p \tag{4.4.6}$$

下面给出3种简化情况即弹性卸载、剪切塑性和塑性耗散情况下本构关系的表达。

(1) 弹性卸载,即认为 $\delta\varepsilon_v^e$ 可以由从三向等固结实验中所得到的卸载曲线求得。

对式(4.4.2)进行微分可得

$$\delta e^e = \frac{-k}{p}\delta p \tag{4.4.7}$$

代入式(4.4.5)和式(4.4.6),得

$$\delta\varepsilon_v^e = \frac{-\delta e^e}{1+e} = \frac{k}{1+e} \cdot \frac{\delta p}{p} \tag{4.4.8}$$

由 $\delta e = \delta e^e + \delta e^p$ 可得

$$\delta e^p = \delta e - \delta e^e = \delta e + \frac{k}{p}\delta p \tag{4.4.9}$$

$$\delta\varepsilon_v^p = \frac{-\delta e^p}{1+e} = \frac{-1}{1+e}\left(\delta e + \frac{k}{p}\delta p\right) \tag{4.4.10}$$

因此,

$$\delta\varepsilon_v^p = \delta\varepsilon_v - \frac{k}{1+e} \cdot \frac{\delta p}{p} \tag{4.4.11}$$

由此,可从三向等固结线的卸载曲线上得到塑性体积应变增量 $\delta\varepsilon_v^p$ 和弹性体积应变增量 $\delta\varepsilon_v^e$。

(2) 剪切塑性,即认为一切剪应变都是不可回复的,也就是说都是塑性的。由此有

$$\delta\varepsilon^e = 0, \quad \delta\varepsilon^p = \delta\varepsilon \tag{4.4.12}$$

由此得

$$\delta W_e = p\delta\varepsilon_v^e = \frac{k}{1+e}\delta p \tag{4.4.13}$$

说明弹性能只影响塑性体积的弹性部分变化。

(3) 塑性耗散,即认为全部消耗能 δW_p 等于 $Mp\delta\varepsilon$:

$$\delta W_p = Mp\delta\varepsilon \tag{4.4.14}$$

基于以上的三种简化,能量方程式(4.4.5)可以表示为

$$\delta E = p\delta\varepsilon_v + q\delta\varepsilon = \frac{k\delta p}{1+e} + Mp\delta\varepsilon \tag{4.4.15}$$

4.4.1.3 屈服轨迹(yield locus)

湿黏土是加工硬化材料,可以假定它的特性符合关联流动法则,即塑性势面和屈服面重合。图4.4.2中的 VSC 曲线就代表经过 S 点的屈服轨迹在 p-q 平面上的投影。剑桥模型理论假定,在同一屈服轨迹上 $\varepsilon_v^p = $ 常量,也就是塑性体积应变的增量等于0,即

$$\delta\varepsilon_v^p = 0 \tag{4.4.16}$$

由式(4.4.9)、式(4.4.11)和式(4.4.16),可得

$\delta e^p = \delta e + \frac{k}{p}\delta p = 0$,对其进行积分,则有

$$e = e_k - k\ln p \tag{4.4.17}$$

上式为三向等固结卸载加载曲线公式。这说明屈服轨迹在 e-p 平面上的投影必定落在一条三向等固结卸载曲线上[式(4.4.2)]。

利用正交定律,在屈服轨迹上的任何一点 S 应满足下列条件:

$$\delta p\delta\varepsilon_v^p + \delta q\delta\varepsilon^p = 0 \tag{4.4.18}$$

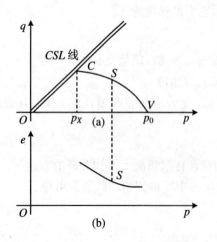

图 4.4.2 屈服轨迹与三向等固结卸载曲线

利用第二个简化条件 $\delta\varepsilon^e = 0$,可得

$$\delta\varepsilon^p = \delta\varepsilon, \quad \delta e_v^p = \delta\varepsilon_v - \frac{k}{1+e} \cdot \frac{\delta p}{p} \tag{4.4.19}$$

将式(4.4.11)、式(4.4.12)代入式(4.4.18),得

$$\delta p \delta\varepsilon_v - \frac{k}{1+e}\frac{\delta p}{p} + \delta q \delta\varepsilon = 0 \tag{4.4.20}$$

另外,由能量方程式(4.4.15),可得

$$\delta\varepsilon_v = -\frac{q}{p}\delta\varepsilon + \frac{k\delta p}{(1+e)p} + M\delta\varepsilon \tag{4.4.21}$$

由式(4.4.20)和式(4.4.21),得

$$\frac{\delta q}{\delta p} - \frac{q}{p} + M = 0 \tag{4.4.22}$$

对上式积分得

$$\frac{q}{Mp} + \ln p = c \tag{4.4.23}$$

式中,c 为积分常量。

积分常量 c 的确定:如果假定该轨迹经过三向等固结线上的一点 $V(p_0, 0, e_0)$,则 $c = \ln p_0$;如果假定该轨迹经过临界状态线上的一点 $c(p_x, q_x, e_x)$,则

$$c = \frac{q_x}{Mp_x} + \ln p_x \tag{4.4.24}$$

因此,屈服轨迹方程式可写成

$$\frac{q_x}{Mp_x} + \ln p_x - \ln p_0 = 0 \tag{4.4.25}$$

可得屈服轨迹在 p, q 平面上的投影公式为

$$n = \frac{q}{p} = M \cdot \ln \frac{p_0}{p} \tag{4.4.26}$$

或

$$n = \frac{q}{p} = M\left(\ln \frac{p_x}{p} + 1\right) \tag{4.4.27}$$

式(4.4.26)、式(4.4.27)再加上屈服轨迹在 $e\text{-}\ln p$ 平面上的投影公式(4.4.17)就充分确定了屈服轨迹在 $p\text{-}q\text{-}e$ 空间的位置与形式。

4.4.1.4 状态边界面求解

屈服轨迹沿着原始三向等固结线或临界状态线移动所产生的曲面是屈服面,也就是前面所称的状态边界面。

1. 沿三向等固结线求状态边界面

现令轨迹沿三向等固结线移动(图 4.4.2),则沿三向等固结线的公式为

$$e = e_{a0} - \lambda \ln p \tag{4.4.28}$$

如 $p = p_0$,则 $e_0 = e_{a0} - \lambda \ln p_0$。因为 p_0, e_0 点也同时在卸载曲线上,故 $e_0 = e_k - k\ln p$,将 $p = p_0$ 代入上式并加上 $e_0 = e_{a0} - \lambda \ln p_0$,得 $e_k = e_{a0} - (\lambda - k)\ln p_0$。将其代入式(4.4.17),得 $e = e_{a0} - (\lambda - k)\ln p_0 - k\ln p$。由式(4.4.26),有 $\ln p_0 = \frac{q}{Mp} + \ln p$,代入上式,得

$$n = \frac{q}{p} = \frac{M}{\lambda - k}(e_{a0} - e - \lambda \ln p) \tag{4.4.29}$$

此式即为沿三向等固结线移动求得的状态边界面公式。

2. 沿临界破坏线求状态边界面

同理，如果沿临界状态线移动，则因临界状态线的公式为 $e = e_{aM} - \lambda \ln p$。当 $p = p_x$ 时，有 $e_x = e_{aM} - \lambda \ln p_x$，因 p_x, e_x 点也必在另一条卸载曲线上，即 $e_x = e_k - k\ln p_x$，联立上述方程，可得

$$e_k = e_{aM} - (\lambda - k)\ln p_x \tag{4.4.30}$$

把它代入式(4.4.17)，得

$$e = e_{aM} - (\lambda - k)\ln p_x - k\ln p \tag{4.4.31}$$

由式(4.4.27)，得

$$\ln p_x = \frac{q}{Mp} + \ln p - 1$$

代入式(4.4.31)，得

$$n = \frac{q}{p} = \frac{M}{\lambda - k}(e_{aM} - e + \lambda - k - \lambda \ln p) \tag{4.4.32}$$

这是另一种形式的状态边界面公式。它是沿着临界状态线移动所求得的状态边界面公式。

因为式(4.4.29)和式(4.4.32)都是状态边界面公式，所以两个公式必然相等。故 e_{aM} 必须满足下列条件：

$$e_{aM} = e_{a0} - \lambda + k \tag{4.4.33}$$

4.4.1.5 应力-应变关系

将式(4.4.29)全微分，可得

$$\delta e = -\left[\frac{\lambda - k}{Mp}(\delta q - n\delta p) + \frac{\lambda}{p}\delta p\right]$$

由此有

$$\delta\varepsilon_v = \frac{\lambda}{1 + e}\left[\frac{1 - k/\lambda}{Mp}(\delta q - n\delta p) + \frac{\delta p}{p}\right] \tag{4.4.34}$$

再应用能量方程式(4.4.15)，得

$$\delta\varepsilon = \frac{\lambda - k}{(1 + e)Mp}\left(\frac{\delta q}{M - n} + \delta p\right) \tag{4.4.35}$$

式(4.4.34)和式(4.4.35)为增量关系式，它们也可以写成另一种形式。

由 $n = \frac{q}{p}$，则其微分形式为 $\delta q = p\delta n + n\delta p$，将其代入式(4.4.34)和式(4.4.35)，可得

$$\delta\varepsilon_v = \frac{1}{1 + e}\left(\frac{\lambda - k}{M}\delta n + \lambda\frac{\delta p}{p}\right) \tag{4.4.36}$$

$$\delta\varepsilon = \frac{\lambda - k}{1 + e}\left[\frac{p\delta n + M\delta p}{Mp(M - n)}\right] \tag{4.4.37}$$

又由式(4.4.22)可得 $\frac{\delta q}{\delta p} = -M + n$，再利用正交条件式(4.4.18)以及式(4.4.12)，可得

$$\psi = \frac{\delta\varepsilon_v^p}{\delta\varepsilon} = -\frac{\delta q}{\delta p} = M - n \tag{4.4.38}$$

将 ψ 代入式(4.4.36)和式(4.4.37),则有

$$\delta\varepsilon_v = \frac{\lambda}{1+e}\left[\frac{\delta p}{p} + \left(1 - \frac{k}{\lambda}\right)\frac{\delta n}{\psi + n}\right] \quad (4.4.39)$$

$$\delta\varepsilon = \frac{\lambda - k}{1+e}\left(\frac{\delta p}{p} + \frac{\delta n}{\psi + n}\right)\frac{1}{\psi} \quad (4.4.40)$$

从式(4.4.34)和式(4.4.35)、式(4.4.36)和式(4.4.37)或式(4.4.39)和式(4.4.40)可以看出,只要通过简单的常规三轴实验测定 λ,k,M 三个岩土介质常量,就可以应用这个模型的理论来确定岩土介质的弹塑性应力-应变关系了,这是剑桥模型的优点。但是这个优点是依靠在前述推导中所做的种种补充或简化假定所获得的,因此,其可靠性需要进一步验证。

4.4.1.6 修正剑桥模型

实践表明,如果 $n = q/p$ 值较大,用上面三组公式计算所得的应变值与实测值很接近。但是,如果 $n = q/p$ 值较小,则根据上面的剑桥模型计算得到的应变值一般都偏大。为了改进原来的剑桥模型,提出了一个修正剑桥模型。修正剑桥模型建议用全部的耗能来代替剑桥模型中的耗能的方式,即采用下式代替剑桥模型中的 $\delta W_p = Mp\delta\varepsilon$:

$$\delta W_p = p\left[(\delta\varepsilon_v^p) + (M \cdot \delta\varepsilon^p)^2\right]^{\frac{1}{2}} \quad (4.4.41)$$

根据这种修正,则相应的屈服轨迹变为

$$\frac{p}{p_c} = \frac{M^2}{M^2 + n^2} \quad (4.4.42)$$

相应的状态边界面变为

$$\frac{e_{a0} - e}{\lambda \ln p} = \left(\frac{M^2}{M^2 + n^2}\right)^{\frac{1-k}{\lambda}} \quad (4.4.43)$$

$$\psi = \frac{d\varepsilon_v^p}{\delta\varepsilon} = \frac{M^2 - n^2}{2n} \quad (4.4.44)$$

塑性体积应变增量为

$$\delta\varepsilon_v^p = \frac{\lambda - k}{1+e}\left(\frac{2n\delta n}{M^2 + n^2} + \frac{\delta p}{p}\right) \quad (4.4.45)$$

体应变增量为

$$\delta\varepsilon_v = \frac{1}{1+e}\left[(\lambda - k)\frac{2n\delta n}{M^2 + n^2} + \lambda\frac{\delta p}{p}\right] \quad (4.4.46)$$

由此,可得到应力-应变增量关系为

$$\delta\varepsilon = \delta\varepsilon^p = \frac{\lambda - k}{1+e}\left(\frac{2n}{M^2 - n^2}\right)\left(\frac{2n\delta n}{M^2 + n^2} + \frac{\delta p}{p}\right) \quad (4.4.47)$$

与实测结果比较,修正剑桥模型的计算值一般过小,但总的情况比剑桥模型要好些。

4.4.1.7 在状态边界面底下的塑性剪切变形

在前面的讨论中,假定在状态边界面底下各点在状态变动时不发生塑性变形。经实验证明,这个假定只能近似地用于体积应变,因为在通常情况下,这些点还是能发生塑性剪切应变的。为了计算这种塑性剪切应变,引入附加的塑性剪切应变 $\bar{\varepsilon}^p$ 的概念。假定经过状态边界面上任何一点 X(图 4.4.1)或在 p-q 平面上的投影 X' 点(图 4.4.3)有两条屈服轨迹:

一条是前面提到的体积屈服轨迹 $A_1'X'F_1'$，另一条是与 p 轴平行的 $X'D_1E_1'$ 直线。它们是新假设的剪切屈服轨迹。

现在假定当应力路线为 $OB'D_1$ 或 $OB'X'$ 时，发生的塑性剪切变形 $\bar{\varepsilon}^p = f(n)$，其中 $n = q/p$，指的是 OX' 线的坡度。因此，当土体在 X' 点或 D_1 点处受到 δp，δq 的应力增量的作用时，就会发生塑性剪切应变增量：

$$\delta\bar{\varepsilon}^p = \frac{\partial f}{\partial n}\delta n \tag{4.4.48}$$

这个假定的关键就在于如何通过实验找出函数 f。对于函数 f，只有通过正常固结黏土，不排水地沿着体积屈服轨迹 $A_1'F_1'$ 加载的实验才能求取。因为在这样的实验中，ε_v^p 为常量，$\delta\varepsilon_v^p = 0$，未知量就只有与 $\delta\varepsilon_v^p$ 无关的剪应变增量 $\delta\bar{\varepsilon}^p$，而且只有 $\bar{\varepsilon}^p$ 而没有与 ε_v^p 相应的 ε^p 发生。通过这种实验，可以求得 $A_1'X'F_1'$ 线上任一点 X'（该点与原点 O 相连的 OX' 线斜率等于 n）处的 $\bar{\varepsilon}^p$ 值。将 n 与 $\bar{\varepsilon}^p$ 的实验实测值绘成图 4.4.4 的 n-$\bar{\varepsilon}^p$ 曲线，就可以求得 $\frac{\partial f}{\partial n}$ 与 $\delta\bar{\varepsilon}^p$ 值[见式(4.4.48)]。$\frac{\partial f}{\partial n}$ 与 $\delta\bar{\varepsilon}^p$ 的具体数值见图 4.4.4。

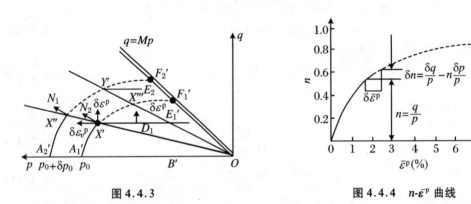

图 4.4.3　　　　　　　　　　　图 4.4.4　n-$\bar{\varepsilon}^p$ 曲线

必须指出，当应力增量方向在 $\angle X''X'E_1'$ 这个角内时，式(4.4.48)是完全适用的。如上述，它适用于 X' 点，也适用于 D_1 点。所以用 OX' 的斜率，不用 OD_1 的斜率，因为 D_1 的 $\bar{\varepsilon}^p$ 与 X' 的 $\bar{\varepsilon}^p$ 相等。如应力增量方向在 $X'E_1'$ 线与经过 X' 点但与 $A_1'X'F_1'$ 体积屈服轨迹相切的向上切线所夹角之内，那么这个公式给的值是塑性剪切应变总值。如应力增量方向在这个向上切线与 $X'X'''$ 之间，那么塑性应变总值还应加上 $\delta\varepsilon^p$ 与 $\delta\varepsilon_v^p$ 两项，它们是由于体积屈服轨迹由 $A_1'X'F_1'$ 变至 $A_2'Y'F_2'$ 而发生的。这时总的塑性剪切应变为 $\delta\bar{\varepsilon}^p + \delta\varepsilon^p$，塑性体积应变为 $\delta\varepsilon_v^p$。$\delta\varepsilon^p$ 与 $\delta\varepsilon_v^p$ 可由式(4.4.45)和式(4.4.47)计算，如果应力增量方向在 $X'X''$ 与经 X' 点的向下切线所夹角之内，则 $\delta\bar{\varepsilon}^p = 0$，只有 $\delta\varepsilon^p$ 与 $\delta\varepsilon_v^p$ 两种塑性应变，如果应力增量方向在 $A_1'X'E_1'$ 范围内，则只发生弹性应变。

4.4.1.8　临界状态模型

此模型是以剑桥帽盖模型为基础发展起来的一种比较理想的模型。它描述了应变增量与有效应力之间的弹塑性本构关系，可看成是弹塑性模型的推广。

1. 状态边界面

状态边界面可参见图 4.4.1 和图 4.4.5。土中任意一点的应力状态都可以在 p-q-e 空间中的一个曲面内得到反映。这些状态边界面由无数条不同应力比的压缩曲线组成。进行固结实验时,状态路径(或称应力路径)沿着状态边界面移动,等向固结线沿 A_0B_0 进行;不等向固结线沿 A_1B_1 线进行。这些等向和不等向固结线组成了状态边界面。在正常压缩状态下卸载,应力路径运动到状态边界面内。假定这种运动只能在某一平面内进行,这时应力状态在弹性范围内变化,该平面也就称为弹性墙。在卸载后继续加载,只有当应力状态点又回到原有的状态边界面后,弹性墙才能继续运动。弹性墙前进时弹性范围扩大,后退时弹性范围缩小。可见状态边界面和弹性墙构成了本构模型的空间特征。

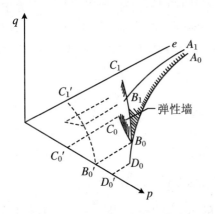

图 4.4.5 状态边界面和弹性墙　　　　图 4.4.6 e-ln p 平面内固结和卸载线

图 4.4.6 是将图 4.4.5 的数据代入到 e-ln p 平面上得到的。由此可见,状态边界面为图 4.4.6 中的 A_0B_0 和 A_1B_1 保持为斜率为 λ 的平行直线。而弹性墙 $B_0B_1C_0C_1$ 的投影是一条狭窄的可逆滞回曲线。为简单起见,也可将其粗略地看作是斜率为 k 的直线。需注意的是,图 4.4.5 只表示了状态边界面的一部分,即下临界面。在孔隙比轴附近还有一个上临界面,它近似于平面,如图 4.4.7 所示。上临界面与下临界面的分界线称为临界状态线。它

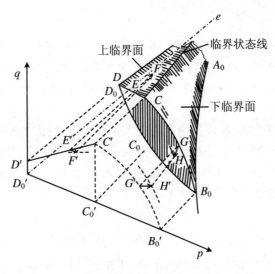

图 4.4.7 上临界面与下临界面和临界状态线

代表不等向固结路径 A_1B_1 的情况,即土体在临界状态线附近能承受最大的 q/p 峰值应力在临界状态线上斜率是不连续的,相当于 Mohr 包络线的斜率在不断变化。状态边界面与弹性墙的交线在 p-q 平面上的投影构成两条屈服线(习惯上称为屈服面)。上临界面与弹性墙的交线 CD 在 p-q 面上的投影 $C'D'$ 是直线,其斜率与内摩擦角 φ 有关,截距 $D_0'D'$ 与内聚力 c、内摩擦角 φ 值有关。当应力路径位于临界点 c 以左的区域时,加载会引起弹性墙的收缩,称该区为超临界区(如应力从 E' 加载到 F',则弹性墙将从 E 后退到 F);而应力路径位于 CB_0 之间的区域内时,加载会引起弹性墙的扩大,称为亚临界区(如应力从 G' 加载到 H',则弹性墙将从 G 前进到 H;如应力状态处在 C 点,则弹性墙保持不变)。所以在排水实验中,如能控制有效应力的变化,则由屈服面的位置和弹性墙前进后退的速率就可完全确定状态边界面的形状。在临界状态,弹性墙与临界状态面交线的斜率为 $O(\mathrm{d}q/\mathrm{d}p = 0)$,表明它已处于破坏状态,应力已加不上去,所以应力增量为零。

2. 屈服面

在超临界区,屈服面为直线且在 p-q 平面上的表达式为

$$f_1 = q - Mp - N = 0 \tag{4.4.49a}$$

其中,$M = 2\sin\phi$ 和 $N = 2c\cos\phi$ 分别表示 Mohr-Coulomb 屈服线在 p-q 平面上的斜率和截距。设 $M_0 = 2\sin\phi_C$ 为临界状态线的斜率,记 $q_C = \dfrac{q}{M_0}$,则上式可改写为

$$f_1 = q_C - M_{0C}p - (1 - M_{0C})\sigma_C = 0 \tag{4.4.49b}$$

式中,$M_{0C} = \dfrac{M}{M_0}$,σ_C 为弹性墙与临界状态线交点 C 处的 p 值。

在亚临界区,屈服线为椭圆(图 4.4.7),但在 p-q_C 空间则变为圆,其方程可写为

$$f_2 = q_C^2 - p(2\sigma_C - p) = 0$$

为了保证两条屈服线在公共点 C 处都连续,即保证 f_1 和 f_2 的等值线在跨过 $p = \sigma_C$ 时都连续,上式可改写为

$$f_2 = \frac{q_C^2 - p(2\sigma_C - p)}{q_C + \sigma_C} = 0 \tag{4.4.50}$$

以上各式中,p,q_C,σ_C 都是变量,M_{0C} 是经验常量,可取略小于 1 的数(如果内聚力 c 取为 0,则 $M = M_0$,$M_{0C} = 1$)。这种模型在锥顶处为奇点,且用了两个不协调的屈服函数。为了消除这一影响,有人曾建议在超临界区仍使用亚临界区的椭圆形屈服线。

3. 硬化模型

由图 4.4.7 可见,当状态点 A 沿着状态边界面移动时,应力水平处于塑性屈服状态,状态边界面的扩大和收缩分别反映应变硬化和应变软化。在临界状态模型中应变硬化系数 h 可直接取为塑性体积应变 ε_s^p。由图 4.4.8 可见,状态点从 A_0 变化到 A,孔隙比的变化量 Δe 可分为弹性和塑性两部分。通过几何关系分析,可得

$$\Delta e^e = -k \ln \rho \tag{4.4.51}$$

$$\Delta e^p = -(\lambda - k) \ln \rho \tag{4.4.52}$$

式中,ρ 为与点 A 和 A_0 相应的静水压力的比值,即 $\rho = \dfrac{\sigma_A}{\sigma_{A_0}}$(其中,$\sigma_A$ 与 σ_{A_0} 分别为 A 点与 A_0 点的静水压力)。由于临界状态线平行于初始固结线,故与点 C 和 C_0 相应的静水压力的比

值也等于 ρ，即 $\rho = \dfrac{\sigma_C}{\sigma_{C_0}}$（其中，$\sigma_C$ 与 σ_{C_0} 分别为 C 点与 C_0 点的静水压力）。其中，σ_{C_0} 与 σ_{A_0} 相当，为初始固结时的 σ_C 值。

由于 $\varepsilon_s^p = h = -\dfrac{\Delta e^p}{1+\bar{e}}$（$\bar{e}$ 为平均孔隙比，一般取为初始孔隙比），由此可得硬化定律的表达式 $h = X\ln\dfrac{\sigma_C}{\sigma_{C_0}}$。

塑性体积模量定义为 $K^p = -\dfrac{\mathrm{d}\sigma_C}{\mathrm{d}h}$。对硬化定律取微分，即 $\mathrm{d}h = X\dfrac{\mathrm{d}\sigma_C}{\sigma_C}$，由此可得塑性体积模量为

$$K^p = \dfrac{\sigma_C}{X} \tag{4.4.53}$$

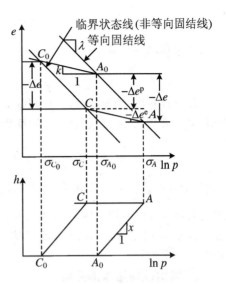

图 4.4.8　硬化系数 h、孔隙比 e 和 $\ln p$ 的关系

式中，X 为 A_0A 投影在 $h\text{-}\ln p$ 坐标中的直线的斜率，见图 4.4.8。

4．流动法则

若主塑性应变增量的方向与主应力的方向一致，则应变增量 $\mathrm{d}\varepsilon_v^p$，$\mathrm{d}\varepsilon_s^p$ 分别与应力 p，q 同轴。在亚临界区，采用关联流动法则；而在超临界区，为了避免发生过大的剪胀，需要建立非关联流动法则。图 4.4.9 为流动法则示意图，C 点的流动状态以垂直向上的箭头表示。

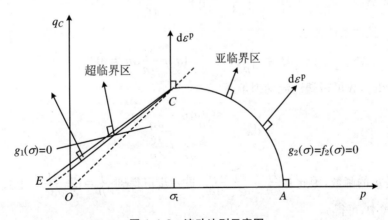

图 4.4.9　流动法则示意图

在亚临界区，随着 p 的增大，$\delta\varepsilon^p$ 方向的箭头向右倾斜，A 点流动状态的向量箭头是水平方向。它表示静水压力只引起无偏应力的体积改变，符合关联流动法则 $g_2 = f_2$，其表达式可写为

$$\mathrm{d}\varepsilon_v^p = \mathrm{d}\varepsilon_s^p = \mathrm{d}\lambda\dfrac{\partial g}{\partial p}$$

以及

$$d\varepsilon^p = d\varepsilon_{dC}^p = d\lambda \frac{\partial g}{\partial q_C}$$

上式两边除以 M_0，则

$$d\varepsilon_d^p = d\lambda \frac{\partial g}{\partial q}$$

在亚临界区，取 $g_2 = f_2$。在超临界区，随着 p 的减小，箭头向左倾斜，为了限制剪胀，采用非关联流动法则，即 $g_1 \neq f_1$。塑性势可取为

$$g_1 = q_C + \frac{M_{1C}}{2\sigma_C}(\sigma_C - p)^2 = 0$$

式中，$M_{1C} = \frac{M_1}{M_0}$，$M_1 = 2\sin\psi$，ψ 为膨胀角。当 p 从 0 变化到 σ_C 时，ψ 从 ψ_0 变化至 0。随 p 的增大，ψ 值减小，以反映静水压力对剪胀性的约束。ψ 从 ψ_0 变化至 $0(p = \sigma_C)$时，说明剪胀率为 0，材料无剪胀，也就是说已达到临状态线上，土体发生了剪切破坏，不再发生体积膨胀。

5. 弹塑性增量本构关系

弹性应变增量可表达为

$$d\boldsymbol{\varepsilon}^e = \bar{\boldsymbol{C}}_e d\boldsymbol{\sigma}$$

对于平面问题，上式展开为

$$\begin{pmatrix} d\varepsilon_s^e \\ d\varepsilon_d^e \end{pmatrix} = \begin{pmatrix} \dfrac{1}{K + \dfrac{1}{3}G} & 0 \\ 0 & \dfrac{1}{4G} \end{pmatrix} \begin{pmatrix} dp \\ dq \end{pmatrix}$$

屈服函数的一致性条件要求

$$df = \frac{\partial f}{\partial p}dp + \frac{\partial f}{\partial q}dq + \frac{\partial f}{\partial h}dh = 0$$

因已取 $dh = d\varepsilon_s^p$，故可得塑性流动因子：

$$d\lambda = -\frac{\frac{\partial f}{\partial p}dp + \frac{\partial f}{\partial q}dq}{\frac{\partial f}{\partial h} \cdot \frac{\partial g}{\partial p}}$$

考虑到 σ_C 是 h 的函数，因此有 $\frac{\partial f}{\partial h} = \frac{\partial f}{\partial \sigma_C}\frac{d\sigma_C}{dh}$，进一步可得到 $\frac{\partial f}{\partial h} = \frac{\sigma_C}{X}\frac{\partial f}{\partial \sigma_C}$。上式代入塑性流动因子表达式中，可得

$$d\lambda = \frac{1}{H}\left(\frac{\partial f}{\partial p}dp + \frac{\partial f}{\partial q}dq\right)$$

式中，$H = -\frac{p}{X}\frac{\partial f}{\partial \sigma_C}\frac{\partial g}{\partial p}$。

将 $d\lambda$ 代入应力-应变表达式中，可得

$$\begin{pmatrix} d\varepsilon_s^p \\ d\varepsilon_d^p \end{pmatrix} = \frac{1}{H}\begin{pmatrix} \frac{\partial f}{\partial p}\frac{\partial g}{\partial p} & \frac{\partial f}{\partial q}\frac{\partial g}{\partial p} \\ \frac{\partial f}{\partial p}\frac{\partial g}{\partial q} & \frac{\partial f}{\partial q}\frac{\partial g}{\partial q} \end{pmatrix}\begin{pmatrix} dp \\ dq \end{pmatrix}$$

设 $\bar{\boldsymbol{\sigma}} = (p, q)^{\mathrm{T}}$,并记 $\bar{\boldsymbol{a}}_f = \left(\frac{\partial f}{\partial p}, \frac{\partial f}{\partial q}\right)^{\mathrm{T}}$, $\bar{\boldsymbol{a}}_q = \left(\frac{\partial g}{\partial p}, \frac{\partial g}{\partial q}\right)^{\mathrm{T}}$,则上式变为

$$\mathrm{d}\bar{\boldsymbol{\varepsilon}}^{\mathrm{p}} = \frac{1}{H}\bar{\boldsymbol{a}}_q{}^{\mathrm{T}}\,\bar{\boldsymbol{a}}_f{}^{\mathrm{T}}\mathrm{d}\bar{\boldsymbol{\sigma}} \qquad (4.4.54)$$

或

$$\mathrm{d}\bar{\boldsymbol{\varepsilon}}^{\mathrm{p}} = \bar{\boldsymbol{C}}_{\mathrm{p}}\mathrm{d}\bar{\boldsymbol{\sigma}} \qquad (4.4.55)$$

式中,$\bar{\boldsymbol{C}}_{\mathrm{p}}$ 是 2×2 阶塑性柔度矩阵。当 $f = g$ 时,$\bar{\boldsymbol{C}}_{\mathrm{p}}$ 是对称矩阵。

在超临界区:

$$f_1 \neq g_1, \quad \frac{\partial f_1}{\partial p} = -M_{0C}, \quad \frac{\partial g_1}{\partial p} = -M_{1C}\left(1 - \frac{p}{\sigma_C}\right)$$

$$\frac{\partial f_1}{\partial q} = \frac{1}{M_0}, \quad \frac{\partial g_1}{\partial q} = \frac{1}{M_0}, \quad \frac{\partial f_1}{\partial \sigma_C} = -(1 - M_{0C})$$

在亚临界区:

$$f_2 = g_2, \quad \frac{\partial f_2}{\partial p} = \frac{\partial g_2}{\partial p} = \frac{2M_0(p - \sigma_C)}{q + M_0\sigma_C}$$

$$\frac{\partial f_2}{\partial q} = \frac{\partial g_2}{\partial q} = \frac{2q}{M_0(q + M_0\sigma_C)}, \quad \frac{\partial f_2}{\partial \sigma_C} = \frac{-2M_0 p}{q + M_0\sigma_C}$$

总应变增量为弹性应变增量和塑性应变增量之和,故有 $\mathrm{d}\bar{\boldsymbol{\varepsilon}} = \bar{\boldsymbol{C}}_{\mathrm{ep}}\mathrm{d}\bar{\boldsymbol{\sigma}}$。式中,

$$\mathrm{d}\bar{\boldsymbol{\varepsilon}} = \mathrm{d}\bar{\boldsymbol{\varepsilon}}^{\mathrm{e}} + \mathrm{d}\bar{\boldsymbol{\varepsilon}}^{\mathrm{p}}, \quad \bar{\boldsymbol{C}}_{\mathrm{ep}} = \bar{\boldsymbol{C}}_{\mathrm{e}} + \bar{\boldsymbol{C}}_{\mathrm{p}}$$

或者

$$\mathrm{d}\bar{\boldsymbol{\sigma}} = \bar{\boldsymbol{D}}_{\mathrm{ep}}\mathrm{d}\bar{\boldsymbol{\varepsilon}}$$

式中,

$$\bar{\boldsymbol{D}}_{\mathrm{ep}} = \bar{\boldsymbol{D}}_{\mathrm{e}} - \frac{1}{\beta}\bar{\boldsymbol{b}}_q\,\bar{\boldsymbol{b}}_f{}^{\mathrm{T}}$$

其中,

$$\bar{\boldsymbol{b}}_f = \bar{\boldsymbol{D}}_{\mathrm{e}}\bar{\boldsymbol{a}}_f, \quad \bar{\boldsymbol{b}}_q = \bar{\boldsymbol{D}}_{\mathrm{e}}\bar{\boldsymbol{a}}_q, \quad \bar{\boldsymbol{\beta}} = H + \bar{\boldsymbol{a}}_f{}^{\mathrm{T}}\bar{\boldsymbol{b}}_q, \quad \bar{\boldsymbol{D}}_{\mathrm{e}} = \begin{pmatrix} K + \frac{1}{3}G & 0 \\ 0 & 4G \end{pmatrix}$$

临界状态模型的有关参数可由实验测定,这些参数由 3 个部分组成:① 材料常量;② 预固结参数;③ 初始应力值。常弹性情况要测定的材料常量是 K,G 或 E,ν。变弹性情况的 K,G 值不是常量,应由 $K = \frac{1+e}{k}\sigma_{\mathrm{m}}$ 或 $K + \frac{1}{3}G = \frac{1+e}{k}p$ 进行计算。式中 e 为孔隙比,k 可以通过固结实验或三轴实验确定。G 可看作常量,也可随应力水平而变化。在软土排水情况下,塑性屈服区域处于支配地位,弹性常量的选择就变得不太重要。另一类是 M 类参数,包括 M,M_0 和 M_1。根据定义,要确定这类参数就必须知道 φ,φ_C 和 ψ_0 这 3 个参数。其中 φ 为 Mohr 破坏包络线的倾角,$\varphi_C \leqslant \varphi$,由式(4.4.49a)和式(4.4.49b)得 $N = (1 - M_{0C})\sigma_C$,$M_{0C} = \frac{M}{M_0}$。又由关系式 $N = (M_0 - M)\sigma_C$ 得

$$2c\cos\varphi = 2(\sin\varphi_C - \sin\varphi)\sigma_C, \quad \sin\varphi_C = \frac{c}{\sigma_C}\cos\varphi + \sin\varphi \qquad (4.4.56)$$

如已知 C,φ,σ_C，则根据上式可求得 φ_C。而且土体的 c 值一般很小，计算中常可忽略，这时 $\varphi = \varphi_C$。

ψ_0 是在 $p=0$ 时的膨胀角。如缺乏实验资料，根据 $\psi<\varphi$，建议取 $\psi_0 = \frac{2}{3}\varphi$。$\psi$ 是随 p 的增大而减小的，反映静水压力对剪胀性的约束。适当选取 ψ 值可以控制剪胀量的计算值。如果屈服区全部位于亚临界区，则用不到参数 ψ_0。因 $M_1 = 2\sin\psi$，所以 M_1 可求得。

参数 X 可由实验室测得 λ 和 k 值后，根据关系 $X = \frac{\lambda - k}{1 + e}$ 确定。

关于预固结参数，必须提供 σ_C 的初始值 σ_{C_0}（图 4.4.8）。在 q_C-p 平面上屈服线是一个圆，也就是圆的初始屈服半径。在等向固结实验中，等于固结压力值的 1/2。关于初始应力值，计算中必须提供初始有效应力值，以便确定应力点是在初始屈服面上还是在弹性区内，以上这些参数中，最重要的是 φ, X 和 σ_{C_0} 这 3 个数值。

临界状态模型是一种较为理想的岩土本构模型。它有五大优点：① 能反映土体剪切实验中许多真实的形态，如塑性体积应变；② 能区别卸载和加载；③ 能控制超固结岩土的剪胀性；④ 建立了孔隙比和有效应力之间的联系；⑤ 所用的参数也不算太多。但是，自从将临界状态模块编入有限元程序以来，已发表的解题例子还很少，其原因是，应力状态刚进入屈服时刚度发生突变，易产生数值病态，使采用常刚度迭代时很难收敛。同时，用该模型解题很费时间，限制了模型的推广使用。但是可以预计，随着非线性有限元解题技术的进一步提高和模型本身的继续改进，临界状态模型可能成为解决岩土体问题的最有使用价值的本构模型之一。

临界状态模型描绘在 p-q-e 空间（图 4.4.10），可以得出它的临界状态线和状态边界面等一系列有用的物理概念。临界状态线反映了土达到剪切破坏时，不再产生体积变化，孔隙比达到了临界状态，此时有效平均应力 p、抗剪强度 q 及孔隙比 e 之间存在着唯一的对应关系。状态边界面说明岩土在受力变形过程中的状态只可能处在 p-q-e 空间中的状态边界面上（塑性状态）或该面以内（弹性状态），不可能超越状态边界面。最初的剑桥模型只适用于正常固结黏土和弱超固结黏土，后来也推广应用于一般的超固结黏土、砂土和岩石。

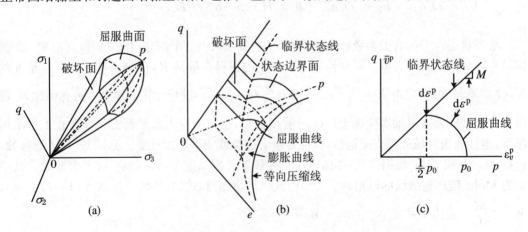

图 4.4.10 在 $\sigma_1,\sigma_2,\sigma_3$ 应力空间与 p-q-e 空间和 p-q 平面表示的临界状态模型

4.4.2 K-W 模型

Khosla 和 Wu(1976)用沙进行静力与动力三轴实验,根据实验结果提出了一个帽盖模型。他们建议破坏条件采用 Drucker 建议的广义 Von Mises 破坏条件,即

$$f^k = \sqrt{J_2} - \beta I_1 = 0 \qquad (4.4.57)$$

如果写成 p 和 q 的函数,则为

$$f^k = q - Mp = 0 \qquad (4.4.58)$$

式中,$M = \sqrt{3}\beta$。这和剑桥模型是相同的。

采用关联流动法则,即 $f = g$,故

$$\delta\varepsilon_v^p = d\lambda \frac{\partial f}{\partial p}, \quad \delta\varepsilon^p = d\lambda \frac{\partial f}{\partial q} \qquad (4.4.59)$$

采用与塑性体应变有关的硬化规律和塑性势函数,即

$$f(p, q, \varepsilon_v^p) = \left(\frac{p - p_x}{p_0 - p_x}\right)^2 + \left(\frac{q}{Mp_x}\right)^2 - 1 = 0 \qquad (4.4.60)$$

表示的是一个椭圆形的帽盖,见图 4.4.11。其中 P_x(即 I_{1A})与 P_0(即 I_{1B})分别代表椭圆中心与右端的 p 值。它们之间的关系为

$$p_x = p_0 - RMp_x \qquad (4.4.61)$$

式中,R 是椭圆长轴与短轴之比。式(4.4.61)中的 p_x 与 p_0 都是 ε_v^p 的函数。

从三向等固结实验即静水压实验可求得 p_0-ε_v^p 的关系曲线(图 4.4.12),再从常规三轴压缩实验可以求得在破坏状态,即 $p = p_x$ 时的 ε_v^p 值,从而建立 p_x-ε_v^p 曲线,如图 4.4.13 所示。由图 4.4.12 和图 4.4.13 这两根从实验资料得来的曲线可以查得相当于某一个 ε_v^p 定值下的 p_0 及 p_x 值,将此代入式(4.4.60)可得到相当于该 ε_v^p 值的 p-q 曲线或屈服帽盖。由此可见,通过 p-q 平面上任何一点(p, q)就必有一个对应的 ε_v^p 为某一定值的屈服帽盖通过它。

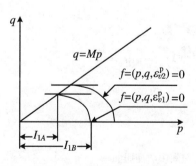

图 4.4.11 椭圆形的帽盖

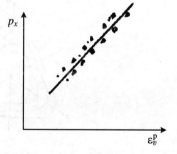

图 4.4.12 p_0-ε_v^p 曲线

图 4.4.13 p_x-ε_v^p 曲线

采用硬化定律求 F_v':
前面已经给出

$$d\lambda = \frac{df}{F_v' \cdot \frac{\partial f}{\partial p}}$$

很容易得到

$$F'_v = \frac{\partial f}{\partial \varepsilon_v^p} = \frac{\partial f}{\partial p_0} \cdot \frac{\partial p_0}{\partial \varepsilon_v^p} + \frac{\partial f}{\partial p_x} \cdot \frac{\partial p_x}{\partial \varepsilon_v^p}$$

从 p_0-ε_v^p 及 p_x-ε_v^p 两曲线可以分别求得相当于 p_0 及 p_x 为某一定值的 $\frac{\partial p_0}{\partial \varepsilon_v^p}$ 及 $\frac{\partial p_x}{\partial \varepsilon_v^p}$。因此，由上式可得 F'_v。将其代入塑性增量理论表达式 $\delta\varepsilon_v^p = \frac{\mathrm{d}f}{F'_v}$ 以及 $\delta\varepsilon^p = \frac{\mathrm{d}f}{F'_v \frac{\partial f}{\partial p}} \cdot \frac{\partial f}{\partial q}$ 即可求解。

4.4.3 L-D 模型

1. L-D 模型

Lade 和 Duncan(1973,1975)对砂料进行了真三轴压缩实验，建议砂的破坏条件可描述为

$$f^* = \frac{I_1^3}{I_3} = K_f \tag{4.4.62}$$

在他们的实验中，密砂($e=0.57$)的 K_f 值为 103，松砂($e=0.78$)的 K_f 值为 58。同时，他们整理 Ko 与 Scott 对 Ottawa 标准砂的真三轴实验结果，得到中密砂($e=0.52$)的 K_f 值为 68，中松沙($e=0.61$)的 K_f 值为 51。这些结果都证明 K_f 值受第二主应力 σ_2 或其比率 $b = \frac{\sigma_2 - \sigma_3}{\sigma_1 - \sigma_3}$($0 \leqslant b \leqslant 1$)的影响。

其加工硬化条件同样可表述为式(4.4.62)的形式，则不同的 K_f 值产生的屈服面是一些锥体，它们和 π 平面相交形成曲线(图 4.4.14)。从曲边三角形看，随应力的增加屈服面不断扩张，硬化参数不断增大，角度也随之增大。由于屈服线光滑，无尖角，易于 $\delta\varepsilon^p$ 方向的确定。

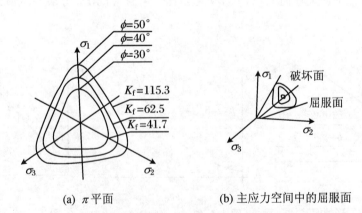

(a) π 平面   (b) 主应力空间中的屈服面

图 4.4.14 屈服面和 π 平面

塑性势函数 g 取为 $g = I_1^3 - K_2 I_3$，其中，假定 K_2 值对于某一个定值的屈服函数 f 是常量。

由流动法则 $\delta\varepsilon_{ij}^p = \mathrm{d}\lambda \cdot \frac{\partial g}{\partial \sigma_{ij}}$，可以得到塑性应变与应力关系为

$$\begin{Bmatrix} \delta\varepsilon_x^p \\ \delta\varepsilon_y^p \\ \delta\varepsilon_z^p \\ \delta\varepsilon_{yz}^p \\ \delta\varepsilon_{zx}^p \\ \delta\varepsilon_{xy}^p \end{Bmatrix} = \mathrm{d}\lambda \cdot K_2 \begin{Bmatrix} \left(\dfrac{3}{K_2}\right)I_1^2 - \sigma_y\sigma_z + \tau_{yz}^2 \\ \left(\dfrac{3}{K_2}\right)I_1^2 - \sigma_z\sigma_x + \tau_{zx}^2 \\ \left(\dfrac{3}{K_2}\right)I_1^2 - \sigma_x\sigma_y + \tau_{xy}^2 \\ 2\sigma_x\tau_{yz} - 2\tau_{xy}\tau_{zx} \\ 2\sigma_y\tau_{zx} - 2\tau_{xy}\tau_{yz} \\ 2\sigma_z\tau_{xy} - 2\tau_{yz}\tau_{zx} \end{Bmatrix} \tag{4.4.63}$$

考虑到土体在破坏状态时没有弹性变形，可以利用上述公式确定土体破坏时的塑性应变增量的方向。结果表明，上述假定是比较可靠的。

K_2 值可以利用常规三轴实验来确定，其方法如下：

首先由 $\delta\varepsilon_x^p$ 与 $\delta\varepsilon_z^p$ 的比率 ν^p，即 $-\nu^p = \dfrac{\delta\varepsilon_3^p}{\delta\varepsilon_1^p}$，将式(4.4.63)代入，可得

$$-\nu^p = \dfrac{\left(\dfrac{3}{K_2}\right)I_1^2 - \sigma_1\sigma_3}{\left(\dfrac{3}{K_2}\right)I_1^2 - \sigma_3^2} \tag{4.4.54}$$

则有

$$K_2 = \dfrac{3I_1^2(1+\nu^p)}{\sigma_3(\sigma_1+\sigma_3\nu^p)} \tag{4.4.65}$$

由此，将常规三轴压缩实验在破坏时的 ν^p，σ_1 及 σ_3 值代入式(4.4.65)即可求得 K_2 值。改变 σ_3 值，重复上述过程，可以得到 K_2 与 $f_0 = I_1^3/I_3$ 的关系，基本为线性关系，即 $K_2 = Af_0 + 27(1-A)$。其中，A 为实验常量，如某种密实砂的 $A = 0.44$。

对于静水压力状态，此时，$f_0 = 27$，则 $K_2 = 27$，是符合硬化定律理论要求的。

资料表明，b 的数值，即第二主应力 σ_2 影响很小。因此，可以利用常规三轴实验得到硬化函数 f_0 的表达式，若取塑性功 W_p 为变量，即 $f_0 = F(W_p)$，则可建立相应的关系。图 4.4.15 所示为不同 σ_3 值的实验曲线。这组曲线可用双曲线关系表达为

$$f_0 - f_t = \dfrac{W_p}{\alpha + \beta W_p} \tag{4.4.66}$$

式中，f_t，α，β 为实验常量，α 代表曲线的初始坡降。$\alpha = Mp_a\left(\dfrac{\sigma_b}{p_a}\right)^L$，$p_a$ 为大气压力，M 及 L 为无量纲

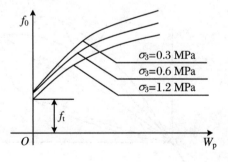

图 4.4.15 f_0 与 W_p 曲线

参数。β 值的倒数代表当 W_p 达无限大时 $f_0 - f_t$ 的极限值，即 $\dfrac{1}{\beta} = (f_0-f_t)_{\text{ult}}$。取 $r_f = \dfrac{K_f - f_t}{(f_0-f_t)_{\text{ult}}}$，对式(4.4.66)微分，可得

$$\mathrm{d}W_\mathrm{p} = \frac{\alpha \cdot \mathrm{d}f_0}{\left(1 - r_\mathrm{f} \cdot \dfrac{f_0 - f_\mathrm{t}}{K_\mathrm{f} - f_\mathrm{t}}\right)^2} \qquad (4.4.67)$$

dλ 根据塑性增量理论 d$\lambda = \dfrac{\mathrm{d}W_\mathrm{p}}{ng}$ 确定。g 为 3 阶齐次方程,即 $n = 3$。由式(4.4.67),可得

$$\mathrm{d}\lambda = \frac{\alpha \cdot \mathrm{d}f_0}{3g\left(1 - r_\mathrm{f} \cdot \dfrac{f_0 - f_\mathrm{t}}{K_\mathrm{f} - f_\mathrm{t}}\right)^2} \qquad (4.4.68)$$

由此可得到

$$\mathrm{d}\lambda = \frac{\alpha \cdot \mathrm{d}f_0}{3(I_1^3 - K_2 I_3)\left(1 - r_\mathrm{f} \cdot \dfrac{f_0 - f_\mathrm{t}}{K_\mathrm{f} - f_\mathrm{t}}\right)^2} \qquad (4.4.69)$$

即可求得应变增量与应力增量的普遍关系。当然也可利用塑性增量理论中的 $\boldsymbol{D}_\mathrm{ep}$ 公式由 f,g,F' 直接求 $\boldsymbol{D}_\mathrm{ep}$。

L-D 模型的屈服面在主应力空间为一个顶点在原点,以静水压力线为轴的曲边三角形锥体面,在 π 平面上的图形为曲边三角形,随着剪应力的不断增加,屈服面不断扩张,直至破坏为止,见图 4.4.14。L-D 模型属于弹塑性应变硬化模型,包括弹性常量在内共有 9 个材料常量。这些常量都可以通过普通三轴实验求得。它除了能够反映土的剪胀性、中间主应力对强度的影响、摩擦特性和应变硬化特性外,最大的优点是屈服面光滑无尖角,因此易于塑性应变方向的确定和实现程序计算。但是,它仅适用于砂土和正常固结黏土,而且不能反映比例加载和静水压力产生的屈服。

2. 修正 Lade 双屈服面模型

为克服 L-D 模型和剑桥模型的缺点,Lade 于 1977 年提出了修正 L-D 双屈服面模型,简称 L 模型。该模型的特点是(图 4.4.16):

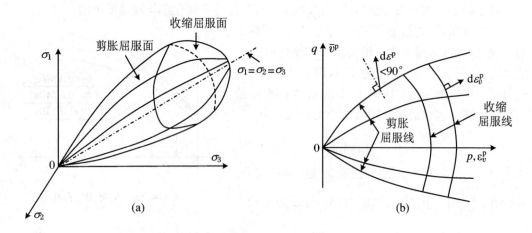

图 4.4.16 在主应力空间和 p-q 平面的 Lade 双屈服面模型

(1)塑性剪胀屈服面为指数型的曲线屈服面,以反映高应力水平下强度偏离 Coulomb-Mohr 线。在塑性剪胀屈服面上,塑性应变方向服从不相关联流动法则,以便约束它的剪胀量,从而便于正确地反映土的剪胀性。

(2) 塑性收缩屈服面为球形帽,塑性应变方向服从关联流动法则。

(3) 弹性变形服从 Hooke 定律。

因此,L 模型属于帽盖型的弹塑性硬化模型。L 模型是近年来提出的颇有影响的模型。在等向硬化与软化模型中,它几乎克服了 L-D 模型和剑桥黏土模型的所有缺点,同时也可以反映应变软化现象。它主要适用于正常固结黏土和砂土,不适用于具有黏聚力的超固结黏土和岩石。但是 L 模型共有 14 个材料常量,一般不易准确测定;而且由于使用了非关联流动法则,弹塑性矩阵将是不对称的,这就不利于有限元的计算分析。

4.4.4 Rowe 剪胀模型

Rowe(1962,1971)通过对粒状介质细观组构特性的分析,抽象出了一个简单的细观组构模型,并采用最小能比原理导出了一个粒状材料的本构方程,称 Rowe 剪胀方程。Oda(1974)从颗粒集合体的细观变形机理出发,也得出了与 Rowe 剪胀方程近乎相同的结果。其基本思想是:假定有一个圆柱形土体模型的垂直断面,Rowe 用断面上下两块刚性楔体在它们的分隔面上滑动来模拟密砂滑动的情况,假定分隔面的形式为锯齿形,如图 4.4.17 所示;滑动时锯齿的方向如偏离了分隔面,就将引起体积变化。

若 h 为圆柱的高度,A 为圆柱的横截面积,σ_1 代表垂直向应力,$\sigma_2 = \sigma_3$ 代表水平径向应力,α 为分隔面与最小主应力 σ_2 与 σ_3 方向间的夹角,β 为锯齿面与最大主应力 σ_1 方向间的夹角。因为主应力 σ_1 与 σ_2,σ_3 是相互垂直的,锯齿面和分隔面之间形成的偏差 θ 应满足 $\theta = \alpha + \beta - \frac{1}{2}\pi$。图 4.4.17 中的 θ 是正值时,滑动将引起剪胀,即体积增大。具体分析如下:

1. 平衡条件

假定力 F 通过锯齿面传递,F_v 和 F_h 分别代表 F 的垂直和水平分量。图 4.4.17 中分隔面的水平投影面积为 A,垂直投影面积为 $A\tan\alpha$。则 $F_v = \sigma_1 A$,$F_h = \sigma_3 A\tan\alpha$。图中 n 线与锯齿面垂直,为其法向,它的水平倾角是 β。若 F

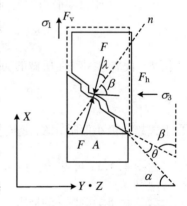

图 4.4.17 圆柱形土体模型的上下楔体受力分析

与 n 线的夹角为 λ,则 F 的水平倾角为 $\beta + \lambda$。力的平衡要求 $\tan(\beta + \lambda) = \dfrac{F_v}{F_h} = \dfrac{\sigma_1}{\sigma_3 \tan\alpha}$。

如设 R 为应力比,则应力比 $R = \dfrac{\sigma_1}{\sigma_3} = \tan\alpha \cdot \tan(\beta + \lambda)$。此式可作为平衡条件。

2. 模型变形的相容条件

设 Δu 代表上下两楔体沿着分隔面上的锯齿滑动在锯齿面上形成的相对位移,Δu 与锯齿面平行,与分隔面形成一偏差角 θ,因此滑动后裂缝张开的距离为 $\Delta u \sin\theta$(图 4.4.17)。因为分隔面的面积为 $\dfrac{A}{\cos\alpha}$,所以由裂缝张开引起的体积变化(膨胀为负值)为分割面面积乘以裂缝张开的距离,即 $\Delta V = -\dfrac{A \cdot \Delta u \sin\theta}{\cos\alpha}$。

由上述分析知，$\theta = \alpha + \beta - \dfrac{\pi}{2}$，则 $\Delta V = A\Delta u(\cos\beta - \tan\alpha\sin\beta)$。

滑动时，上面的楔体（水平面面积为 A）下沉的距离为 $\Delta u\cos\beta$，圆柱产生的垂直向体积变化（体积缩小为正）为水平面面积乘以垂直下沉的距离，即 $\Delta V_\mathrm{v} = A \cdot \Delta u\cos\beta$。滑动时，上面楔体也有水平方向相对位移，这将引起水平方向的体积变化，即 $\Delta V_\mathrm{h} = -A\Delta u\tan\alpha\sin\beta$。由此，可以得到 $\dfrac{\Delta V_\mathrm{h}}{\Delta V_\mathrm{v}} = -\tan\alpha\tan\beta$。

这说明，水平方向的体积变化与垂直方向的体积变化之比和上下两个楔体的相对位移 Δu 的大小无关，而仅与分隔面和最小主应力夹角 α 及锯齿面和最大主应力夹角 β 有关。同时，也可以证明它与分隔面的数量的多少也无关系。

由于应变增量与体积变化之间存在着关系 $\delta\varepsilon_1^\mathrm{p} = \dfrac{\Delta V_\mathrm{v}}{V}$，且 $\delta\varepsilon_v = \delta\varepsilon_1^\mathrm{p} + \delta\varepsilon_2^\mathrm{p} + \delta\varepsilon_3^\mathrm{p} = \dfrac{\Delta V}{V}$，则 $\delta\varepsilon_2^\mathrm{p} + \delta\varepsilon_3^\mathrm{p} = \dfrac{\Delta V_\mathrm{h}}{V}$。因此，可得应变增量比 $D = \dfrac{\delta\varepsilon_2^\mathrm{p} + \delta\varepsilon_3^\mathrm{p}}{-\delta\varepsilon_1^\mathrm{p}} = \dfrac{-\Delta V_\mathrm{h}}{\Delta V_\mathrm{v}} = \tan\alpha\tan\beta$。此式可作为变形相容条件。$R$ 是应力比，D 为应变增量比。

3. 剪胀方程

由平衡条件和变形相容条件，可得

$$K_\mathrm{v} = \frac{R}{D} = \frac{-\sigma_1\delta\varepsilon_1^\mathrm{p}}{\sigma_3(\delta\varepsilon_2^\mathrm{p} + \delta\varepsilon_3^\mathrm{p})} = \frac{\tan(\beta+\lambda)}{\tan\beta}$$

比值 K_v 代表 σ_1 与 σ_3 所做的功之比。垂直应力 σ_1 和两水平应力所做的功为

$$\mathrm{d}W = \sigma_1\delta\varepsilon_1^\mathrm{p} + 2\sigma_3\delta\varepsilon_3^\mathrm{p} = \sigma_1\delta\varepsilon_1^\mathrm{p}\left(1 + \frac{1}{K_\mathrm{v}}\right)$$

当上式趋向极小值时，$\mathrm{d}K_\mathrm{v}$ 趋向极大值。K_v 达到极值需要满足 $\dfrac{\partial K_\mathrm{v}}{\partial\beta} = 0$，由此 $\beta = \dfrac{\pi}{4} - \dfrac{\lambda}{2}$。

由图 4.4.17 可见，破裂面的方位角为 $\eta + \lambda = \dfrac{\pi}{4} + \dfrac{\varphi}{2}$，当 $\eta = 0$ 时，λ 的极限值为 φ，即 $\lambda_\mathrm{ext} = \varphi$。由此，可得 β 的极限值为 $\beta_\mathrm{ext} = \left(\dfrac{\pi}{4} - \dfrac{\varphi}{2}\right)$。因此，$\sigma_1$ 与 σ_3 所做的功之比为

$$K_\mathrm{v} = \frac{-\sigma_1\delta\varepsilon_1^\mathrm{p}}{\sigma_3(\delta\varepsilon_2^\mathrm{p} + \delta\varepsilon_3^\mathrm{p})} = \tan^2\left(\frac{\pi}{4} + \frac{\varphi}{2}\right)$$

由于 $\delta\varepsilon_v^\mathrm{p} = \delta\varepsilon_1^\mathrm{p} + \delta\varepsilon_2^\mathrm{p} + \delta\varepsilon_3^\mathrm{p}$，两边同除以 $\delta\varepsilon_1^\mathrm{p}$，可得

$$1 - \frac{\delta\varepsilon_v^\mathrm{p}}{\delta\varepsilon_1^\mathrm{p}} = \frac{-(\delta\varepsilon_2^\mathrm{p} + \delta\varepsilon_3^\mathrm{p})}{\delta\varepsilon_1^\mathrm{p}}$$

则可得 Rowe 的剪胀方程为

$$K_\mathrm{v} = \frac{\sigma_1}{\sigma_3\left(1 - \dfrac{\delta\varepsilon_v^\mathrm{p}}{\delta\varepsilon_1^\mathrm{p}}\right)} = \tan^2\left(\frac{\pi}{4} + \frac{\varphi}{2}\right) \tag{4.4.70}$$

此剪胀方程 $R = D \cdot K_\mathrm{v}$，实际上就代表增量塑性理论中的一条流动法则。例如，在平面应变状态，可写成

$$\frac{\delta\varepsilon_3^\mathrm{p}}{\delta\varepsilon_1^\mathrm{p}} = -\frac{\sigma_1}{\sigma_3} \cdot \frac{1}{K_\mathrm{v}} \tag{4.4.71}$$

将其与流动法则 $\delta\varepsilon_{ij}^p = \lambda \dfrac{\partial g}{\partial \sigma_{ij}}$ 比较,则塑性势函数 g 可表达为 $g = \dfrac{\sigma_1^{K_v}}{\sigma_3}$。

值得注意的是:Rowe 的剪胀理论只给出了体积应变 ε_v^p 与轴向应变 ε_1^p 间的比,不能得出 ε_v^p 与 ε_1^p 的确切数值。但是从常规三轴实验可以得到 $\dfrac{\sigma_1}{\sigma_3}$ 与 ε_1 的曲线。从该曲线可以得到 $\delta\sigma_1$ 及 $\delta\sigma_3$ 引起的 $\delta\varepsilon_1^p$ 值。将这个 $\delta\varepsilon_1^p$ 值代入 Rowe 的剪胀方程,就可求得 $\delta\varepsilon_v^p$ 或 $\delta\varepsilon_3^p$ 值。

4.4.5 几个帽盖模型实例

4.4.5.1 Mclormick Ranch 砂[①]

(1) 由单轴应变和三轴实验的卸载部分可以得到两个模量参数 $E = 100$ KSI,$G = 40$ KSI 以及泊松比 0.25。

(2) 屈服函数为

$$f_1(I_1, \sqrt{J_2}) = \sqrt{J_2} - [A - C\exp(-BI_1)] = 0 \tag{4.4.72}$$

式中,$A = 0.25, B = 0.67, C = 0.48$。

假定帽盖部分为椭圆,每一个椭圆的长短轴之比为常量 R。椭圆的长轴可由静水压力实验确定;椭圆的短轴由普通三轴实验确定。其破坏包络线方程为

$$f_2(I_1, \sqrt{J_2}, \varepsilon^p) = (I_1 - L)^2 + (R\sqrt{J_2})^2 - (X - L)^2 = 0 \tag{4.4.73}$$

图 4.4.18 和图 4.4.19 为帽盖模型的说明图。由此,图中所示各参量为

$$X(\varepsilon^p) = \dfrac{1}{D}\ln\left(1 - \dfrac{\varepsilon^p}{w}\right)^{-1} \tag{4.4.74}$$

$$L(\varepsilon^p) = \begin{cases} l & (l \geqslant 0) \\ 0 & (l < 0) \end{cases} \tag{4.4.75}$$

$$l - R[A - C\exp(-Bl)] = X(\varepsilon^p) \tag{4.4.76}$$

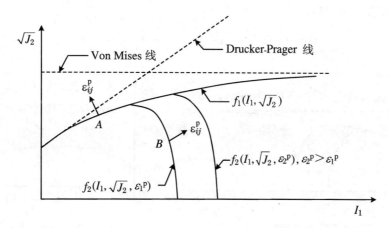

图 4.4.18 帽盖模型

[①] Zelasko 等,1967;Mazanti 等,1970。

当 $R=2.5$,$D=0.67$ 且 $w=0.066$ 时,Mclormick Ranch 砂的帽盖模型与实验数据吻合。

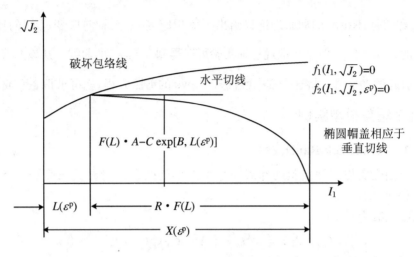

图 4.4.19 帽盖模型的详图

4.4.5.2 Cedar 城的英云闪长岩

由 Swanson(1970)、Brown 与 Swanson(1970)建立的帽盖模型,其模型参数 $G=3300$ KSI(1 KSI≈6.895 MPa)。

体积模量 K 取为 I_1 的函数,即 $K=7500(1.0-0.75e^{-0.02I_1})$ KSI。

破坏包络线是沿破坏方向实际观测到,表达式为

$$f_1(I_1,\sqrt{J_2}) = \sqrt{J_2} - 152 + 145e^{-0.0029I_1} = 0$$

观测到英云闪长岩在破坏以前有体积膨胀的特征,每一个帽盖均与破坏包络线相切(图 4.4.20),结合流动法则使膨胀特征得到保证。为了与实验数据更进一步吻合,可取椭圆类型的函数作为帽盖模型(图 4.4.21):

$$f_2 = \frac{(I_1-I_C)^2}{R^2} + J_2 - Q = 0 \qquad (4.4.77)$$

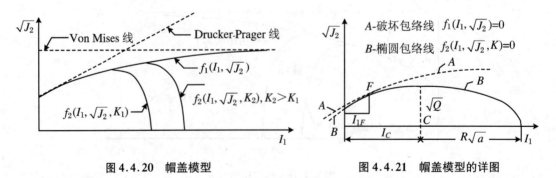

图 4.4.20 帽盖模型　　　　　图 4.4.21 帽盖模型的详图

这里 I_C 为椭圆的中心 C 点的 I_1 值,R 为椭圆的长短轴之比,Q 是当 $I_C=I_1$ 时椭圆上 J_2 的值。为了保证在 F 点上相切于破坏包络线方程,I_C 和 Q 必须取下面的形式:

$$I_C = I_{1F} - R^2 \sqrt{J_{2F}} \left| \frac{\frac{\partial f_1}{\partial I_1}}{\frac{\partial f_1}{\partial \sqrt{J_2}}} \right|_F \quad (4.4.78)$$

$$Q = J_{2F} \left[1 + R^2 \left(\frac{\frac{\partial f_1}{\partial I_1}}{\frac{\partial f_1}{\partial \sqrt{J_2}}} \bigg|_F \right)^2 \right] \quad (4.4.79)$$

因此,破坏包络线方程可表示为

$$\sqrt{J_{2F}} = 152 - 145\exp(-0.0029 I_{1F}) \quad (4.4.80)$$

一个完整的椭圆方程(4.4.77)是在 I_{1F} 和 R 给定后,由式(4.4.78)~式(4.4.80)来确定的。硬化规律可以由给出的 R(作为 I_{1F} 的函数)确定, I_{1F} 为材料应变历史的函数,可以表示为英云闪长岩的硬化规律,即

$$I_{1F}(K) = WK \quad (4.4.81)$$

这里 W 是一无量纲的常量,硬化参数 K 可取为

$$K = \int_0^t \left[-f_1(I_1, \sqrt{J_2}) \sqrt{(\dot{\varepsilon}_1^p)^2 + (\dot{\varepsilon}_2^p)^2 + (\dot{\varepsilon}_3^p)^2} \right] \mathrm{d}t \quad (4.4.82)$$

式中, $\dot{\varepsilon}_1^p, \dot{\varepsilon}_2^p, \dot{\varepsilon}_3^p$ 为塑性应变率张量的主分量,时间 $t=0$ 对应初始未变形的状态。

计算时,取

$$R = 40\exp(0.05 I_{1F}), \quad W = 450$$

英云闪长岩帽盖模型结果与实验数据对比见图4.4.22和图4.4.23。由此可见:计算结果与实验曲线的吻合程度是比较理想的。从英云闪长岩的椭圆帽盖模型的理论计算结果与实验结果的比较可以得出,帽盖模型并不像有些人认为的只适用于土壤。实际上帽盖模型经过改进,早已不是Roscoe教授等在早期提出的适用于湿黏土的帽盖模型,而已发展成既适用于土壤又适用于岩石的本构模型。它实际上是岩土材料的非理想弹塑性硬化理论模型。

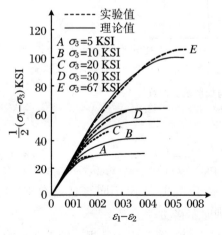

图4.4.22 英云闪长岩三轴压缩实验的差应力与差应变关系

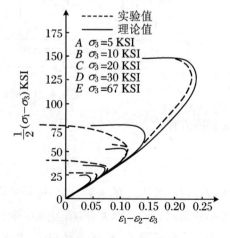

图4.4.23 英云闪长岩三轴压缩实验的压力与体应变关系

4.4.5.3 断层泥

对于地质材料,经过多次实验证实,静水压力对屈服(初始破坏)是有影响的。为了考虑这种影响,席道瑛等(1993)选用 Mohr-Coulomb 准则来描述断层泥的这种状态:

$$|\tau| = c_0 + \sigma \cdot \tan\varphi \tag{4.4.83}$$

在主应力空间内,反应地壳介质的破坏与平均静水压有关的上述准则可以写成如下形式:

$$f_1(I_1, J_2) = A \tag{4.4.84}$$

这里拟采用指数函数形式,即

$$f_1 = \sqrt{J_2} - [a - c\exp(-bI_1)] = 0 \tag{4.4.85}$$

式中,a,b,c 为材料常量。上式代表破坏包络线,亦代表主应力空间中的破坏包络面。显然,随着平均静水压力的增大,屈服强度也随之提高。但是,上述破坏包络线关系只反映了平均静水压对其屈服强度的影响,但未能反映断层泥具有的应变硬化效应的影响。

为了描述断层泥具有的应变硬化效应,用一可移动的帽形加载面 f_2 来反映这一特性。对断层泥来说,对应不同的塑性体积应变值有不同的帽盖,即

$$f_2(I_1, \sqrt{J_2}, \varepsilon_v^p) = 0 \tag{4.4.86}$$

若将加载面 f_2 和包络面 f_1 取同样的坐标(图 4.4.24),则椭圆半长轴的两个轴分别取为 $I_{1B} - I_{1A}$ 和 $\sqrt{J_{2E}} = a - c \cdot \exp(-bI_{1A})$。

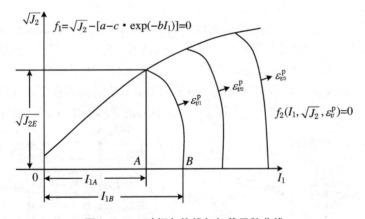

图 4.4.24 破坏包络线与加载函数曲线

于是椭圆方程式为

$$\frac{(I_1 - I_{1A})^2}{(I_{1B} - I_{1A})^2} + \frac{(\sqrt{J_2})^2}{[\sqrt{a - c\exp(-bI_{1A})}]^2} = 1 \tag{4.4.87}$$

式中,I_{1A}, I_{1B} 都是 ε_v^p 的函数,因而椭圆的位置也依赖于 ε_v^p 的大小,不同的 ε_v^p 值分别对应不同大小的椭圆,当 ε_v^p 增大时,帽盖向右移动,反之则向左移动。

为了给出函数 f_1, f_2 的具体形式,必须进行两组实验。第一组为常规三轴破坏实验,通过该组实验求得破坏包络线关系,并测量其塑性体积变化而得到 I_{1A}-ε_v^p 关系曲线。第二组为静水压实验,通过先加载到某一围压值 I_{1B},再卸载到零的方法,测量相对于 I_{1B} 的塑性体

积应变,从而得到 I_{1B}-ε_v^p 的关系曲线。根据上两组实验,可以定出 I_{1B} 与 I_{1A} 之间的关系。

上述两组基本实验是通过三轴剪力仪实现的。所用黄绿色黏土型断层泥样品是在郯庐断裂带北段的大水场采集的。根据 X 衍射分析,该断层泥主要成分为绿泥石,其次是伊利石、蒙脱石。为了不破坏断层泥的天然结构及成分,从采集到加工均采用一种特制的工具。试件被做成直径为 38.7 mm、高为 80.3 mm 的圆柱体。首先采用固结排水剪切方法进行三轴破坏实验。实验时,必须预先加一初始压力 2×10^4 Pa 并使之维持 3 h 以上,以便排除橡皮薄膜与试件间以及试件内部的空气和水分,然后对试件施加围压 σ_3,对试件进行固结,固结的持续时间长达 12 h,以使试件得以充分排水直至孔隙水压减到零。其固结曲线如图 4.4.25 所示,可见该固结过程属于正常固结情况。试件固结好后,对试件施加轴压 σ_1 直至破坏。为了排除孔隙水压的影响,从固结到三轴破坏实验都需要在一个十分缓慢的过程中进行,所以剪切速度也必须很慢,慢到不使孔隙水压上升的程度(称为慢剪),以便保证测量到的应力为有效应力。据此该组实验的剪切速率被选为 0.016 mm/min。整个剪破过程需 20 h 左右才能完成。此后对试件进行卸载,卸载时,为了防止压力室中的水渗透入橡皮薄膜内并进入试件,从而使回弹量减少,所以卸载时不能将压力卸到零,此实验中只能卸到 2×10^4 Pa 左右。卸载过程一般持续 10 h 以上。实验围压 σ_3 分别为 0.10 MPa,0.15 MPa,0.20 MPa,0.25 MPa,0.30 MPa,0.35 MPa,0.40 MPa。每个试件需在剪力仪的压力室中连续实验 45 h 左右。由于慢剪实验基本上排除了孔隙水压力的影响,所以其结果接近于有效应力表达的强度,它能够反映抗剪强度的本质,可以直接用来计算地基等在任何时间的稳定状态。这在抗震工程中具有一定实际意义。该组实验结果可被整理成图 4.4.26 的 Mohr 圆及破坏包络线。

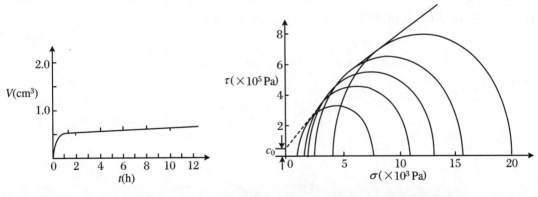

图 4.4.25　断层泥固结曲线　　　　图 4.4.26　Mohr 圆及破坏包络线

图 4.4.27 给出了实验数据点以及用最小二乘法得到的 ε_v^p-I_{1A} 关系曲线,该关系的具体形式如下:

$$\varepsilon_v^p = -4.459 + 1.682I_{1A} - 0.083I_{1A}^2$$

由图 4.4.27 可见大部分实验点都落在该曲线上。从图 4.4.26 五个样品的包络线看,该断层泥强度包络线低压段渐近线,与 τ 轴有一截距 c_0,c_0 可称为该断层泥的内聚力,据此认为该断层泥具有黏性土的特点。

由静水压缩实验可得到断层泥的循环加载实验曲线(图 4.4.28)以及 ε_v^p-I_{1B} 的关系曲线

(图 4.4.27)。由此可见,断层泥的循环加载曲线是一条向下凸的曲线,每一加载与卸载曲线之间有一滞迟回线,说明加载与卸载之间有能量的损耗。图 4.4.27 给出了实验数据点以及用最小二乘法拟合所得的 ε_v^p-I_{1B} 关系曲线,该关系的具体形式为 $\varepsilon_v^p = 0.1375 + 0.5625 I_{1B} - 0.02775 I_{1,B}^2$,实验点都落在拟合曲线上。

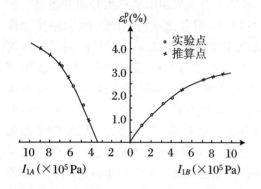

图 4.4.27 ε_v^p-I_{1B} 与 ε_v^p-I_{1A} 曲线图

图 4.4.28 断层泥的循环加、卸载曲线

为了反映断层泥力学特性的本构模型的具体形式,采用最小二乘法拟合式(4.4.85)求得参数 $a = -9.9571, b = 6.7390, c = 0.3812$,得到最终的包络线方程为

$$J_2 = -9.9571 + 6.7390 I_1 + 0.3812 I_1^2 \tag{4.4.88}$$

下面确定加载函数的具体形式(图 4.4.29)。首先在图 4.4.27 中找出 I_{1A} 和 I_{1B} 值以及它们所对应的 ε_v^p 值。然后,在图 4.4.29 的 $\sqrt{J_2}$-I_1 坐标系中找出椭圆帽盖的长短轴的位置,得到与之对应的椭圆帽盖。图 4.4.29 所示的椭圆帽盖的 $\varepsilon_v^p = 3\%$, $I_{1A} = 7.1 \times 10^2$ kPa, $I_{1B} = 10.0 \times 10^2$ kPa,从而得到这一帽盖的具体椭圆方程为

$$\frac{(p - I_{1A})^2}{(I_{1B} - I_{1A})^2} + \frac{(\sqrt{J_2})^2}{(\sqrt{a + bI_{1A} + cI_{1A}^2})^2} = 1$$

即为

$$\frac{(p - 7.1)^2}{8.41} + \frac{J_2}{57.11} = 1$$

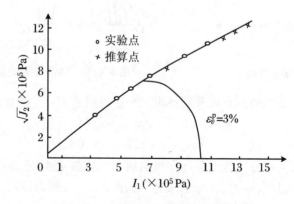

图 4.4.29 断层泥帽盖型本构模型

基于指数函数形式确定了黏土断层泥的破坏包络线方程,根据椭圆帽盖的假定给出了断层泥典型加载函数曲线,由此所得的帽盖型本构模型能较好地反映现有实验结果,在这一程度上说明这里所采用的本构模型适用于黏土型断层泥的研究是合适的。

这里用一个屈服面来定义,选用的是弹性-非理想塑性帽盖模型,该屈服面包括一个反映断层泥应变硬化的帽盖,它的特点是,理论上比较严密,能描述断层泥的弹性形态、破坏形态和硬化形态的本构模型,对大范围内的材料性质都实用,所以它具有普遍的适应性。但是,由于受实验条件限制,此数据仅包括低压段(相当于地下 15~20 m 深处)断层泥的本构模型参数,可效仿此方法做更高围压的实验,以取得高围压下黏土型断层泥的本构模型及其有关的材料常量。这里采用了慢剪实验方法排除了孔隙压力的影响,其结果接近有效应力表达的强度,这在抗震工程中有一定的实际意义。

4.5　岩土介质屈服模型的统一形式

岩土材料屈服面的相关研究很多,因此提出的模型众多。

(1) 岩土介质所受载荷为压应力,载荷逐渐增加,此时屈服面逐步往外扩展,假定子午面上的屈服轨迹为椭圆,沈珠江(1993)将不同的屈服函数在 π 平面上统一表示为

$$f = \sigma_m + \frac{1}{\sigma_m}\left[\frac{\sigma_e}{g(\theta)M}\right]^2 \tag{4.5.1}$$

式中,$\sigma_m = \frac{1}{3}\sigma_{ii} = \frac{1}{3}I_1$,$\sigma_e = \sqrt{\frac{1}{2}[(\sigma_1-\sigma_2)^2+(\sigma_2-\sigma_3)^2+(\sigma_3-\sigma_1)^2]} = \sqrt{3J_2}$,$\theta$ 为 Lode 角,$M = \frac{6\sin\varphi}{3-\sin\varphi}$。

π 平面上 $g(\theta)$ 的表达式根据实验结果或理论模型综合确定。

① Mohr-Coulomb 屈服面,只考虑最大主剪应力达到屈服,其 $g(\theta)$ 的表达式为

$$g(\theta) = \frac{3-\sin\varphi}{2(\sqrt{3}\cos\theta - \sin\theta\sin\varphi)} \tag{4.5.2}$$

② 双剪理论,俞茂宏提出,考虑三个主剪应力中的较大的两个剪应力,其 $g(\theta)$ 的表达式为

$$g(\theta) = \begin{cases} \dfrac{2}{\sqrt{3}\cos\theta - \sin\theta} & \left[\theta < \arctan\left(-\dfrac{\sin\varphi}{\sqrt{3}}\right)\right] \tag{4.5.3} \\ \dfrac{2k}{\sqrt{3}\cos\theta + \sin\theta} & \left[\theta > \arctan\left(-\dfrac{\sin\varphi}{\sqrt{3}}\right)\right] \tag{4.5.4} \end{cases}$$

③ 三剪理论,松冈元提出,考虑三个主剪应力,由空间准滑移面得到的三剪理论的表达式为

$$\frac{(\sigma_1-\sigma_2)^2}{\sigma_1\sigma_2} + \frac{(\sigma_2-\sigma_3)^2}{\sigma_2\sigma_3} + \frac{(\sigma_3-\sigma_1)^2}{\sigma_3\sigma_1} = 常量 \tag{4.5.5}$$

沈珠江(1989)提出的一种类似的三剪理论表达式为

$$\eta = \frac{1}{\sqrt{2}} \sqrt{\left(\frac{\sigma_1 - \sigma_2}{\sigma_1 + \sigma_2}\right)^2 + \left(\frac{\sigma_2 - \sigma_3}{\sigma_2 + \sigma_3}\right)^2 + \left(\frac{\sigma_3 - \sigma_1}{\sigma_3 + \sigma_1}\right)^2} = 常量 \quad (4.5.6)$$

关于 $g(\theta)$ 的表达式，相关建议形式较多，可参见黄文熙(1983)、史述昭和杨光华(1987)的研究结果。

(2) 岩土介质压缩到一定程度，载荷逐渐减小，此时屈服面逐步缩小。采用式(4.5.1)的形式不是很合适，最好选用与强度包络线相似的剪切型屈服面。沈珠江(1993)将不同的屈服函数在 π 平面上统一表示为另一种形式，即

$$f = \frac{\sigma_m}{1 - \left(\frac{\eta}{\eta_m}\right)^m} \quad (4.5.7)$$

式中，η 的定义见式(4.5.6)。$\eta_m = \sqrt[m]{1+m} \cdot \eta_d$，$\eta_d = \sin\psi$，$\psi$ 为临胀角。破坏时，$\eta_f \to \sin\psi$。

当 $m \to \infty$ 时，上式逼近由常量 σ_m 和 η 组成的三角形。实际使用时，可选 $m = 1.2$，对应的屈服轨迹在子午面上为柳叶形。

另外，沈珠江(1995)将子午面上的屈服面形态分两类进行总结，即描述强度包络线或剪切屈服的开口型函数类和描述压缩屈服的封闭型函数类。二者结合可进行各种帽盖模型的分析。

开口型函数，常见的有如下3种：

① 幂函数型。如

$$\frac{\tau_m}{g(\theta)} = d \left(1 + \frac{\sigma_m}{p_r}\right)^n \quad (4.5.8)$$

式中，当 $n = 1$ 时，$p_r = c \cdot \cot\varphi$，$d = \frac{3\sin\varphi}{3 - \sin\varphi} p_r$，为通常意义的强度包络线。

② 双曲函数型。如

$$\tau_{13}^2 = \sin^2\varphi [(\sigma_{13} + c \cdot \cot\varphi)^2 - (c \cdot \cot\varphi - p_r)^2] \quad (4.5.9)$$

或者以八面体应力表示为

$$(9 - \sin^2\varphi)\frac{\tau_m^2}{g^2(\theta)} - 12\sin^2\varphi \cdot \bar{\sigma}_m \cdot \frac{\tau_m^2}{g^2(\theta)} - 36\sin^2\varphi \cdot \bar{\sigma}_m$$
$$+ 36\sin^2\varphi (c \cdot \cot\varphi - p_r)^2 = 0 \quad (4.5.10)$$

式中，

$$\tau_{13} = \frac{1}{2}(\sigma_1 - \sigma_3), \quad \bar{\sigma}_{13} = \frac{1}{2}(\sigma_1 + \sigma_3) + c \cdot \cot\varphi$$

$$\bar{\sigma}_m = \sigma_m + c \cdot \cot\varphi, \quad \sigma_m = \frac{1}{3}(\sigma_1 + \sigma_2 + \sigma_3)$$

其形状如图4.5.1所示。

另一种以水平线为渐近线，其形式为

$$\frac{\tau_m}{g(\theta)} - \frac{d}{p_r}\left(1 - \frac{\tau_m}{a}\right)\sigma_m = d \quad (4.5.11)$$

其形状如图4.5.2所示。

③ 指数函数型。下式为 Sandler 等建议的形式：

$$\frac{\tau_m}{g(\theta)} + (a-d)\exp\left(-\frac{\sigma_m}{p_r}\ln\frac{a}{a-d}\right) = a \tag{4.5.12}$$

其形式与式(4.5.11)相近。

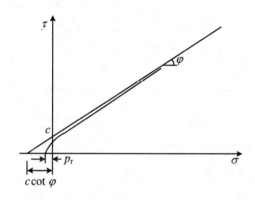

图 4.5.1 双曲型强度包络线(沈珠江,1995)　　图 4.5.2 几种强度包络线(沈珠江,1995)

封闭型函数，总体分为两类：一类呈两头都是圆的蛋形，另一类为水滴形，即一头尖一头圆。共有 5 族曲线。

① A 族：

$$\sigma_m \exp\left(\frac{\eta}{\eta_0}\right)^n = p \quad 或 \quad \eta = \frac{\tau_m}{\sigma_m g(\theta)} \tag{4.5.13}$$

当 $n=1$ 时，上式即为 Roscoe 最早提出的弹头形屈服面，见图 4.5.3(a)。

② B 族：

$$\sigma_m\left[1 + \left(\frac{\eta}{\eta_0}\right)^n\right] = p \tag{4.5.14}$$

上式为一族蛋形曲线，$n=2$ 时为椭圆，见图 4.5.3(b)。

③ C 族：

$$\left(\frac{\sigma_m - \alpha p}{1-\alpha}\right)^2 + \left[\frac{p^2(1-\alpha)(1-\beta^2)}{(1-\alpha)p + \beta(\sigma_m - \alpha p)}\right]^2 \left(\frac{\eta}{\eta_0}\right)^n = p^2 \tag{4.5.15}$$

上式为任放等提出的另一族蛋形曲线。当 $\beta=0$ 时，为椭圆。当 $\beta>0$ 时，上式相当于式(4.5.14)中 $n>2$ 的情况，式中 αp 和 p 分别代表曲线与 σ_m 轴的左交点和右交点。

④ D 族：

$$\frac{\sigma_m}{\left[1-\left(\frac{\eta}{\eta_0}\right)^k\right]^{\frac{1}{n}}} = p \tag{4.5.16}$$

式中，k 取 1 或 2。其中沈珠江(1963)研究过 $n=2$ 的情况，见图 4.5.3(c)。

⑤ E 族：

$$\frac{\sigma_m}{1-\left(\frac{\eta}{\eta_0}\right)^n} = p \tag{4.5.17}$$

此族曲线为沈珠江(1989)提出，见图 4.5.3(d)。Desai(1984)提出的函数为 $\tau_m = \gamma\sigma_m -$

$\alpha\sigma_m^{n+1}$，可以化为上式。

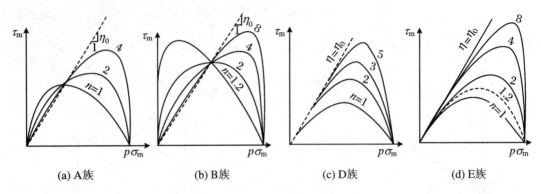

(a) A族　　(b) B族　　(c) D族　　(d) E族

图 4.5.3　四族强度包络线(沈珠江,1995)

将封闭型曲线和开口型曲线进行组合可以得到各种类型的帽盖模型。

关于单硬化理论和双硬化理论：在单硬化理论中，一般假定屈服面在 σ_m 轴上的截距 p 为某一硬化参数的函数。例如，在剑桥模型中可取 p 为塑性体积应变的函数，而斜率参数 η_0 取为常量；或者令 p 为常量，η_0 为塑性剪切应变的函数。前者可表示为式(4.5.17)，后者可表示为

$$\eta_0(\gamma^p) = \frac{\eta}{\left(1 - \dfrac{\sigma_m}{p}\right)^{\frac{1}{n}}} \tag{4.5.18}$$

4.6　岩土介质塑性理论的数值计算

4.6.1　半径回归法

对岩土介质塑性行为的研究一般采用增量本构关系，因此，对相关材料或结构塑性响应的研究要通过比较复杂的数值计算过程完成。为提高数值计算的效率，国内外各类相关软件中，广泛采用广义 Von Mises 屈服准则和相应的半径回归法本构计算公式(李永池，2012)。当然，采用其他的屈服准则也可应用相同的分析过程完成。

广义 Mises 屈服准则可表示为

$$\bar{\sigma} = f(p, \bar{\varepsilon}^p, \dot{\bar{\varepsilon}}^p, D, T) \tag{4.6.1a}$$

式中，p 为压力，$\bar{\sigma} = \sqrt{3J_2}$，$\bar{\varepsilon}^p = \int\sqrt{\dfrac{2}{3}\varepsilon_{ij}^p\varepsilon_{ij}^p}\,\mathrm{d}t$，$\dot{\bar{\varepsilon}}^p = \sqrt{\dfrac{2}{3}\dot{\varepsilon}_{ij}^p\dot{\varepsilon}_{ij}^p}$ 分别为等效应力、等效塑性应变累积量和等效塑性应变率。为便于应用，此屈服准则将损伤 D 和温度 T 一起包含进来，相关演化可根据实际情况进行添加。

上式也可整理成

$$\bar{\sigma} - f(p, \bar{\varepsilon}^p, \dot{\bar{\varepsilon}}^p, D, T) \equiv \Phi(p, \bar{\varepsilon}^p, \dot{\bar{\varepsilon}}, D, T) \tag{4.6.1b}$$

此过程的增量型计算是在当前状态为 $\sigma_{ij}, \varepsilon_{ij}, D, T$ 的情况下,求解在某一应力增量 $\mathrm{d}\sigma_{ij}$ 或应变增量 $\mathrm{d}\varepsilon_{ij}$ 的作用下,塑性介质的响应。这种过程属于一种非线性计算过程,需要对下一步的响应进行迭代求解。这里采用半径回归法,其基本思想如图 4.6.1 所示。

材料的初始状态在 A 点,在某一应力增量 $\mathrm{d}\sigma_{ij}$ 或应变增量 $\mathrm{d}\varepsilon_{ij}$ 的作用下,材料加载或卸载。由于是非线性过程,其对应载荷很难一次确定,因此采用迭代计算。先由弹性理论计算出尝试应力,即图中的 B 点或 C 点。若尝试应力处于屈服面内,即 B 点,则尝试应力可作为最终的状态点。若尝试应力得到的计算结果在屈服面外,即 C 点,此时需将计算结果拉回到屈服面上,即 D 点,此点为相应

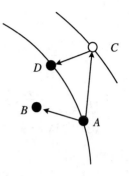

图 4.6.1 半径回归法

的材料在新时刻的应力状态。李永池(2012)给出的采用广义 Mises 屈服准则时的计算公式为

$$S_{ij} = \begin{cases} S_{ij}^* & (\sigma^* \leqslant \bar{\sigma}) \\ \dfrac{\bar{\sigma}}{\sigma^*} S_{ij}^* & (\sigma^* \geqslant \bar{\sigma}) \end{cases} \tag{4.6.2}$$

式中,S_{ij} 为真实的偏应力张量;S_{ij}^* 为按照弹性变载计算出的尝试应力,一般可由 $\mathrm{d}S_{ij}^* = 2G\mathrm{d}e_{ij}$ 计算得到,其中 $\mathrm{d}e_{ij}$ 为下一步计算中实际增加的偏应变张量;$\sigma^* = \sqrt{\dfrac{3}{2}S_{ij}^*S_{ij}^*}$ 为尝试等效应力。

其基本计算流程如下:① 已知新时刻 $t + \mathrm{d}t$ 的应变增量,得到新时刻的速度场,由此计算出新时刻的等效塑性应变率 $\dot{\bar{\varepsilon}}^p = \sqrt{\dfrac{2}{3}\dot{\varepsilon}_{ij}^p \dot{\varepsilon}_{ij}^p}$ 和等效塑性应变 $\bar{\varepsilon}^p = \int \sqrt{\dfrac{2}{3}\dot{\varepsilon}_{ij}^p \dot{\varepsilon}_{ij}^p}\,\mathrm{d}t$;② 由状态方程、损伤演化方程(后面将介绍)、温升方程等算出新时刻的压力 P、损伤 D 和温度 T;③ 由式(4.6.1)得到新时刻的等效应力 $\bar{\sigma} = f(p, \bar{\varepsilon}^p, \dot{\bar{\varepsilon}}^p, D, T)$;④ 按照弹性本构关系 $\mathrm{d}S_{ij}^* = 2G\mathrm{d}e_{ij}$ 计算出尝试应力的偏应力 S_{ij}^* 和尝试等效应力 $\sigma^* = \sqrt{\dfrac{3}{2}S_{ij}^*S_{ij}^*}$。根据半径回归法基本思想,若计算出的尝试偏应力 σ^* 小于当前时刻的屈服应力 $\bar{\sigma}$,则 $S_{ij} = S_{ij}^*$;若计算出的尝试偏应力 σ^* 大于当前时刻的屈服应力 $\bar{\sigma}$,则 $S_{ij} = \dfrac{\bar{\sigma}}{\sigma^*}S_{ij}^*$。下面以一维应变状态为例进行具体分析(段士伟,2013)。

1. 一维应变状态的计算公式

(1) 应变张量 ε_{ij} 和应变偏量 e_{ij} 以及应力张量 σ_{ij} 和应力偏量 S_{ij}:

$$\varepsilon_{ij} = \begin{pmatrix} \varepsilon_x & 0 & 0 \\ 0 & 0 & 0 \\ 0 & 0 & 0 \end{pmatrix} = \dfrac{\varepsilon_x}{3}\delta_{ii} + \begin{pmatrix} \dfrac{2\varepsilon_x}{3} & 0 & 0 \\ 0 & -\dfrac{\varepsilon_x}{3} & 0 \\ 0 & 0 & -\dfrac{\varepsilon_x}{3} \end{pmatrix} \tag{4.6.3a}$$

$$\sigma_{ij} = \begin{pmatrix} \sigma_x & 0 & 0 \\ 0 & \sigma_y & 0 \\ 0 & 0 & \sigma_y \end{pmatrix} = p\delta_{ii} + \begin{pmatrix} \dfrac{4\tau}{3} & 0 & 0 \\ 0 & -\dfrac{2\tau}{3} & 0 \\ 0 & 0 & -\dfrac{2\tau}{3} \end{pmatrix} \tag{4.6.3b}$$

式中,$p = \dfrac{\sigma_x + 2\sigma_y}{3}$,$\tau = \dfrac{\sigma_x - \sigma_y}{2}$ 及 $\sigma_x = p + \dfrac{4\tau}{3}$,$\sigma_y = p - \dfrac{2\tau}{3}$,则 $S_x = \dfrac{4\tau}{3}$,$e_x = \dfrac{2\varepsilon_x}{3}$。

(2) 尝试偏应力增量 $\mathrm{d}S_{ij}^*$:采用弹性关系,有 $\mathrm{d}S_x^* = G\mathrm{d}e_x$,则有 $\mathrm{d}\tau^* = G\mathrm{d}\varepsilon_x = -G \cdot \dfrac{\partial u}{\partial x}\mathrm{d}t$。

(3) 半径回归法公式:若材料是体积不可压缩的(如果能给出各应变分量的表达式,此项假定可以省去),此时塑性应变张量和塑性偏应变张量相等,即

$$\varepsilon_{ij}^{\mathrm{p}} = e_{ij}^{\mathrm{p}} = \begin{pmatrix} e_x^{\mathrm{p}} & 0 & 0 \\ 0 & -\dfrac{e_x^{\mathrm{p}}}{2} & 0 \\ 0 & 0 & -\dfrac{e_x^{\mathrm{p}}}{2} \end{pmatrix}$$

Von Mises 等效屈服应力和等效塑性应变为

$$\bar{\sigma} = \sqrt{3J_2} = |\sigma_x - \sigma_y| = 2|\tau|, \quad \bar{\varepsilon}^{\mathrm{p}} = \sqrt{\dfrac{2}{3}\varepsilon_{ij}^{\mathrm{p}}\varepsilon_{ij}^{\mathrm{p}}} = |\varepsilon_x^{\mathrm{p}}|$$

由此,可得判别条件:

$$\bar{\tau} = \begin{cases} \tau^* = \tau + \mathrm{d}\tau^* & \left(|\tau^*| \leqslant \dfrac{\bar{\sigma}}{2}\right) \\ \pm\dfrac{\bar{\sigma}}{2} & \left(|\tau^*| \geqslant \dfrac{\bar{\sigma}}{2}\right) \end{cases}$$

2. 一维应变状态的差分格式

其计算的差分格式如下(按流程排列,以下公式中上标为时间步,下标为空间步):

(1) 连续性方程:$V_{j-\frac{1}{2}}^{n+1} = \dfrac{x_j^{n+1} - x_{j-1}^{n+1}}{\Delta_i M}$。

(2) 运动方程:$u_j^{n+\frac{1}{2}} = u_j^{n-\frac{1}{2}} - \left[p_{j+\frac{1}{2}}^n - p_{j-\frac{1}{2}}^n + q_{j+\frac{1}{2}}^{n-\frac{1}{2}} - q_{j-\frac{1}{2}}^{n-\frac{1}{2}} + \dfrac{4}{3}\left(\tau_{j+\frac{1}{2}}^n - \tau_{j-\frac{1}{2}}^n\right)\right]\dfrac{\Delta t^n}{\Delta_i M}$。

(3) 速度的计算:$x_j^{n+1} = x_j^n + u_j^{n+\frac{1}{2}}(\Delta t)^{\frac{1}{2}}$。

(4) 静水压力:$p_{j-\frac{1}{2}}^{n+1} = f_i\left(V_{j-\frac{1}{2}}^{n+1}\right)$。

(5) 尝试弹性切应力:$\tau_{j-\frac{1}{2}}^{n+1} = \tau_{j-\frac{1}{2}}^n - G_i\dfrac{V_{j-\frac{1}{2}}^{n+1} - V_{j-\frac{1}{2}}^n}{\dfrac{1}{2}\left(V_{j-\frac{1}{2}}^{n+1} + V_{j-\frac{1}{2}}^n\right)}$。

(6) 判别系数:$k_{j-\frac{1}{2}}^{n+1} = |\tau_{j-\frac{1}{2}}^{n+1}| - \dfrac{Y_i}{2}$。

(7) 塑性切应力:如果 $k_{j-\frac{1}{2}}^{n+1} < 0$,则 $\tau_{j-\frac{1}{2}}^{n+1} = \tau_{j-\frac{1}{2}}^{n+1}$ 或如果 $k_{j-\frac{1}{2}}^{n+1} \geqslant 0$,则 $\tau_{j-\frac{1}{2}}^{n+1} = \mathrm{sign}\left(\tau_{j-1/2}^{n+1}\right)$

$\cdot \dfrac{Y_i}{2}$。

(8) 人工黏性：如果 $\left(u_j^{n+\frac{1}{2}} - u_{j-1}^{n+\frac{1}{2}}\right) < 0$，则 $q_{j-\frac{1}{2}}^{n+\frac{1}{2}} = \dfrac{a\left(u_j^{n+\frac{1}{2}} - u_{j-1}^{n+\frac{1}{2}}\right)^2}{\frac{1}{2}\left(V_{j-\frac{1}{2}}^{n+1} + V_{j-\frac{1}{2}}^n\right)}$ 或如果 $\left(u_j^{n+\frac{1}{2}} - u_{j-1}^{n+\frac{1}{2}}\right) \geqslant 0$，则 $q_{j-\frac{1}{2}}^{n+\frac{1}{2}} = 0$。

上述闭合的方程组可用于一维应变弹塑性问题的求解。值得注意的是：上述方程是在广义 Mises-Drucher-Prager 材料的基础上得到的，因此，应用到其他材料需按此步骤进行相应的推导；另外，此计算过程有一个假定，即弹性变形相对于塑性变形很小，这对解决大变形的问题比较合适，但是对于变形较小的硬脆性材料（如陶瓷等），会带来较大的误差。因此，需要一种比较精确的算法。

4.6.2　严格的增量型本构算法

若应力空间中的屈服准则可以表示为

$$f(\sigma_{ij}, \xi_\alpha, D) - \dot{\zeta} = 0 \tag{4.6.4}$$

式中，ξ_α，ζ 和 D 分别为内变量、应变率因子和损伤。

设应变率因子为塑性应变率张量的一阶齐次函数，即

$$\dot{\zeta} = Y(\dot{\varepsilon}_{ij}^p), \quad Y(b\dot{\varepsilon}_{ij}^p) = bY(\dot{\varepsilon}_{ij}^p) \tag{4.6.5}$$

由此可推导得到流动因子的表达式为

$$\dot{\lambda} = \dfrac{f(\sigma_{ij}, \xi_\alpha, D)}{Y\left(\dfrac{\partial f}{\partial \sigma_{ij}}\right)} \equiv \dot{\lambda}(\sigma_{ij}, \xi_\alpha, D) \tag{4.6.6}$$

当应变率因子缺位等效塑性应变率，即 $\dot{\zeta} = Y(\dot{\varepsilon}_{ij}^p) = \dot{\bar{\varepsilon}}^p \equiv \sqrt{\dfrac{2}{3}\dot{\varepsilon}_{ij}^p \dot{\varepsilon}_{ij}^p}$ 时，有

$$\dot{\lambda} = \dfrac{f(\sigma_{ij}, \xi_\alpha, D)}{\sqrt{\dfrac{2}{3}\dot{\varepsilon}_{ij}^p \dot{\varepsilon}_{ij}^p}} \tag{4.6.7}$$

由此求出流动因子后，应用正交法则和弹性理论即可求出塑性应变率以及应力率：

$$\dot{\varepsilon}_{ij}^p = \dot{\lambda}\dfrac{\partial f}{\partial \sigma_{ij}} \tag{4.6.8a}$$

$$\dot{\sigma}_{ij} = M_{ijkl}\left(\dot{\varepsilon}_{kl} - \dot{\lambda}\dfrac{\partial f}{\partial \sigma_{kl}}\right) \tag{4.6.8b}$$

式中，M_{ijkl} 为瞬态弹性模量张量，可采用 Hooke 定律的表达式。

其基本计算流程为：① 根据当前时刻的内外状态量（$\sigma_{ij}, \xi_\alpha, D$），由运动方程和连续方程计算出时间增量（$\mathrm{d}t$）的应变增量；② 根据式(4.6.7)和式(4.6.8a,b)，计算出增量塑性流动因子、增量塑性应变以及增量应力；③ 由于含损伤，因此，还需根据损伤演化方程计算出损伤增量。由此，可得到新时刻的内外状态量（$\sigma_{ij}, \xi_\alpha, D$）。

(1) 屈服准则与静水压力无关。

此时屈服准则只通过等效应力 $\bar{\sigma} = \sqrt{3J_2}$ 依赖于 σ_{ij}，即

$$\dot{\varepsilon}_{ij}^{p} = f(\sigma_{ij}) \equiv g(\bar{\sigma}) \tag{4.6.9}$$

由此推导可以得到(作为习题，推导之)

$$\dot{\lambda} = \frac{g(\bar{\sigma})}{g'(\bar{\sigma})}, \quad \dot{\varepsilon}_{ij}^{p} = \frac{3}{2} g(\bar{\sigma}) \frac{S_{ij}}{\bar{\sigma}} \tag{4.6.10}$$

(2) 屈服准则与静水压力相关。

此时屈服准则中对应力的依赖分离为对偏应力 S_{ij} 和对静水压力 P 的依赖，即

$$\frac{\partial f}{\partial \sigma_{ij}} = \frac{\partial f}{\partial S_{kl}} \frac{\partial S_{kl}}{\partial \sigma_{ij}} + \frac{\partial f}{\partial p} \frac{\partial p}{\partial \sigma_{ij}} \tag{4.6.11}$$

由此推导可以得到(作为习题，推导之)

$$\dot{\lambda} = \frac{f(\sigma_{ij}, \xi_\alpha, D)}{\sqrt{\frac{2}{3}\left[\frac{\partial f}{\partial S_{ij}} - \frac{1}{3}\delta_{ij}\left(\frac{\partial f}{\partial S_{kk}} - \frac{\partial f}{\partial p}\right)\right]\left[\frac{\partial f}{\partial S_{ij}} - \frac{1}{3}\delta_{ij}\left(\frac{\partial f}{\partial S_{kk}} - \frac{\partial f}{\partial p}\right)\right]}} \tag{4.6.12}$$

塑性体积应变：

$$\dot{\theta}^{p} = \dot{\varepsilon}_{ii}^{p} = \dot{\lambda}\frac{\partial f}{\partial \sigma_{ii}} = \dot{\lambda}\frac{\partial f}{\partial p} \tag{4.6.13}$$

塑性偏应变：

$$\dot{e}_{ij}^{p} = \dot{\varepsilon}_{ij}^{p} - \frac{1}{3}\dot{\theta}^{p}\delta_{ij} = \dot{\lambda}\frac{\partial f}{\partial S_{ij}} - \frac{1}{3}\dot{\lambda}\left(\frac{\partial f}{\partial S_{11}} + \frac{\partial f}{\partial S_{22}} + \frac{\partial f}{\partial S_{33}}\right)\delta_{ij} \tag{4.6.14}$$

若屈服函数 f 通过等效应力而依赖于偏应力，可得到相应的表达形式，这里不列出。

4.6.3 软化材料的计算[①]

由于岩土介质应力-应变关系一般表现为应变软化的特征(图 4.6.2)，因此，在峰后，即便是载荷降低，材料仍处于塑性状态，这对其计算造成一定的困难。郑宏等(1997)针对岩石脆塑性本构模型提出了最速下降法，对此类材料进行有限元分析。

图 4.6.2 所示为回避应力跌落方式的不确定性而提出的连续的应变软化模型。此模型对一些软岩可以应用，但是对于硬脆性岩石而言，采用这种模型计算，在工程中是很危险的。对于硬岩石而言，从峰值强度到残余强度的过程不是一个渐近的过程，而是突发的、不可控制的过程。因此，郑宏等(1997)提出了图 4.6.3 的屈服面跌落模型。

假定岩土材料的峰值强度面和残余强度面分别为 $F=0$ 和 $f=0$。当材料内部状态由某一初始状态加载至峰值强度面 $F=0$ 上的一点 A 时(图 4.6.3)，继续加载，此时强度无法增加，可适当增加应变，材料的强度突然跌落到残余强度面 $f=0$ 上的点 B。此时材料处于当前的峰值强度面上。此过程为软化材料的典型过程。图 4.6.4 给出了跌落之后点 B 的可能的三个位置，也是确定点 B 的三种典型算法。其中，① 点 B_1 对应于圆心不变的假定，即峰值强度和残余强度二者 Mohr 圆共圆心，点 B_1 为残余强度包络线与残余强度 Mohr 圆的切点；② 点 B_2 对应于最短路径假定，即从点 A 沿垂直残余强度包络线的方向以最短的距离到达残余强度包络线；③ 点 B_3 对应于围压(σ_3)不变的假定，即点 B_3 为残余强度包络线与围压

[①] 郑宏等，1997。

σ_3 的 Mohr 圆的切点。据不同跌落方式得到的结果不同。

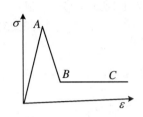 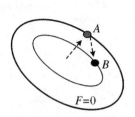 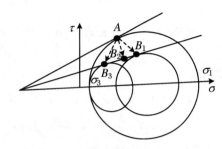

图 4.6.2　连续变化软化模型　　图 4.6.3　屈服面跌落　　图 4.6.4　三种典型的屈服面跌落

采用关联流动法则,取塑性势函数 $G(\sigma_{ij}, \bar{\varepsilon}^p)$ 为

$$G(\sigma_{ij}, \bar{\varepsilon}^p) = \begin{cases} F(\sigma_{ij}) & (\bar{\varepsilon}^p = 0) \\ f(\sigma_{ij}) & (\bar{\varepsilon}^p > 0) \end{cases} \tag{4.6.15}$$

对于硬脆性岩石而言,势函数 $G(\sigma_{ij}, \bar{\varepsilon}^p)$ 在应力空间产生非连续的变化,相应地也会产生一个塑性应变增量:

$$\delta\varepsilon_{ij}^p = d\lambda \cdot \frac{\partial G}{\partial \sigma_{ij}}\bigg|_{\sigma_{ij}^A} = d\lambda \cdot \frac{\partial F}{\partial \sigma_{ij}}\bigg|_{\sigma_{ij}^A} \tag{4.6.16}$$

此处, $d\lambda$ 为塑性跌落因子,与传统的塑性流动因子在物理意义上有差别。

考虑到跌落过程中,最大主应变保持不变,即在应力-应变关系曲线上基本上是垂直跌落,则

$$\delta\varepsilon_1 = 0, \quad \delta\varepsilon_2 = \delta\varepsilon_3 = -\nu\delta\varepsilon_1 = 0 \tag{4.6.17}$$

由 $\delta\varepsilon_{ij} = \delta\varepsilon_{ij}^e + \delta\varepsilon_{ij}^p$,有

$$\delta\varepsilon_{ij}^e = -\delta\varepsilon_{ij}^p \tag{4.6.18}$$

另外,

$$\delta\sigma_{ij} = D_{ijkl}\delta\varepsilon_{kl}^e \tag{4.6.19}$$

因此,跌落后的应力增量可表示为

$$\delta\sigma_{ij} = \sigma_{ij}^B - \sigma_{ij}^A = -d\lambda \cdot D_{ijkl}\frac{\partial F}{\partial \sigma_{kl}}$$

即

$$\sigma_{ij}^B = \sigma_{ij}^A - d\lambda \cdot D_{ijkl}\frac{\partial F}{\partial \sigma_{kl}} \tag{4.6.20}$$

塑性跌落因子 $d\lambda$ 则采用下式确定:

$$f(\sigma_{ij}^B) = f\left(\sigma_{ij}^A - d\lambda \cdot D_{ijkl}\frac{\partial F}{\partial \sigma_{kl}}\right) = 0 \tag{4.6.21}$$

郑宏等(1997)采用岩块的 Drucker-Prager 准则和结构面的 Mohr-Coulomb 准则为例来进行计算(屈服面跌落采用第一种模式,即点 B_1 共圆心跌落),结果如下:

岩块的峰值强度面和残余强度面的表达式分别为

$$F(\sigma_{ij}) = \alpha_0 I_1 + \sqrt{J_2} - \kappa_0 = 0 \tag{4.6.22a}$$

$$f(\sigma_{ij}) = \alpha_R I_1 + \sqrt{J_2} - \kappa_R = 0 \tag{4.6.22b}$$

式中，α_0，κ_0 和 α_R，κ_R 分别为峰值强度面和残余强度面参数，κ_0 和 κ_R 为相应的塑性硬化系数。

将式(4.6.22a)和式(4.6.22b)代入式(4.6.21)中，可得到 $d\lambda$ 为下列方程的一个根：

$$a\lambda^2 + b\lambda + c = 0 \tag{4.6.23}$$

式中，

$$a = (9\alpha_0\alpha_R\kappa_0)^2 - G^2 < 0, \quad b = 2G\sqrt{J_2(\sigma_{ij}^A)} - 18\alpha_0\alpha_R K[\alpha_R I_1(\sigma_{ij}^A) - \kappa_R],$$

$$c = [\alpha_R I_1(\sigma_{ij}^A) - \kappa_R]^2 - J_2(\sigma_{ij}^A), \quad K = \frac{E}{3(1-2\nu)}, \quad G = \frac{E}{2(1+\nu)}$$

方程具有两个不等的实根：

$$\lambda_1 = \frac{f(\sigma_{ij}^A)}{(9\alpha_0\alpha_R\kappa_0 + G)^2} > 0, \quad \lambda_2 = \frac{\alpha_R I_1(\sigma_{ij}^A) - \kappa_R - \sqrt{J_2}}{9\alpha_0\alpha_R\kappa_0 - G} \tag{4.6.24}$$

因此

$$d\lambda = \min(\lambda_1, \lambda_2) \quad (\lambda_2 > 0)$$
$$d\lambda = \lambda_1 \quad (\lambda_2 < 0) \tag{4.6.25}$$

另外，对于结构面，其峰值强度面和残余强度面分别为

$$F(\sigma_{ij}) = m_0\sigma_n + \sqrt{(\tau_{s1}^2 + \tau_{s2}^2)} - c_0 = 0, \quad f(\sigma_{ij}) = m_R\sigma_n + \sqrt{(\tau_{s1}^2 + \tau_{s2}^2)} - c_R = 0 \tag{4.6.26}$$

式中，τ_{s1} 和 τ_{s2} 为结构面上相互正交的两个剪切分量。$c_0, m_0 (= \tan\varphi_0)$ 和 $c_R, m_R = \tan\varphi_R$ 分别为峰值强度面和残余强度面参数。由此，可得到跌落因子为

$$d\lambda = \frac{f(\sigma_{ij}^A)}{k_s + m_0 m_R k_n} \tag{4.6.27}$$

式中，k_s 和 k_n 分别为结构面的切向和法向刚度。

4.7 岩石的非相关联黏塑性本构模型[①]

在岩石力学与工程设计中，除一些特殊的情况，如较软的蒸发岩、煤炭或者多孔岩石(以孔洞崩塌机制为特征)通常可忽略岩石强度和变形的时间效应。然而，研究表明坚硬的结晶岩也受到时间相关行为的影响。在地热、采矿业和核工业中，岩石的时间相关行为引起了学者广泛的关注(Kranz，1980；Schmidtke 和 Lajtai，1985；Okubo 等，1991；Ito，1993)。地下室周围的结晶岩的长期强度只是其短期实验强度的一部分，放射性废料库要求能够稳定保存很多年。在日本，结晶岩尤其是花岗岩由于广泛分布于不同深度，在采矿工程中具有战略性的重要性。

有关地质材料行为的建模，在过去的几十年中各种不同的本构模式依据不同的假设和

---

① Maranini 等，2001。

原则被发展起来。在黏塑性领域(即材料的时间相关行为),盐岩由于其对时间效应较强的敏感性,受到特别的关注(Maranini,2001)。Cristescu(1989)及(Cristescu,Hunsche,1998)提出一类特别的本构模型,定义了一个广义的弹黏塑性式,能适应不同的加载条件:单轴压缩、各向同性压缩、真三轴和标准三轴压缩。这个模型可用来描述与时间相关的现象(蠕变、松弛),即便黏性效应可忽略,而这些现象和塑性变形则不可忽略。广义本构模式是以关联流动(Cristescu,1989)和非关联流动的形式提出的(Cristescu,1991,1993;Dahou 等,1995;Cazacu 等,1997)。众所周知,关联流动只能表示盐和别的某些岩石的个别实验行为,而对大多数材料特别是摩擦材料是不成立的(Lade 等,1987)。这类模型所定义的函数通过不可逆应力功的演化可完全由实验数据确定。没有采用任何预先的在应力张量空间形式的假设,发展了压缩/膨胀边界、破坏面、屈服函数和黏塑性势。本节先介绍稻田花岗岩的三轴压缩标准实验和蠕变实验的结果,然后利用 Cristescu 的理论建立弹黏塑性方程,修改模型以适用于岩石特性,最后,Cazacu 等(1997)进行了不同应力路径和围压应力下模型与实验数据的验证。

4.7.1 实验结果

直径为 50 mm、长为 100 mm 的标准柱状岩石样品,从完整的块状稻田花岗岩(来自日本中部茨城县的采石场)中取出。使用 MTS 伺服压机在室温为 23℃±1℃ 的干燥条件下测试样品。常规三轴压缩实验在围压分别为 0 MPa,5 MPa,10 MPa,20 MPa 和 40 MPa 下进行。在每次实验中,选择 0.02 mm/min 的恒定位移控制作为反馈信号。岩石强度从单轴压缩下的 200 MPa 随着围压的提高而增加到 260 MPa,320 MPa,410 MPa 和 520 MPa(σ_3 = 40 MPa)。由于微裂纹[特别是围压较低(σ_3<20 MPa)时应力-应变曲线初始段以已存裂纹的闭合为特征]的演化,岩石样品呈现强烈的非线性变形特性。在峰值强度为 40% 的地方,由于稳态裂纹的传播,体积膨胀开始。最后,体应变逆转发生在峰值强度为 70% 的地方。

蠕变研究通过分段加载在三轴和各向同性应力条件下进行。每一次应力增加后保持约 12 h 不变,同时监测样品的轴向和横向变形。

岩石在静水压力条件下(压力可达 70 MPa),第一级蠕变压力(10 MPa)作用时,短时间内有节制的体积蠕变产生并逐渐停止。在压力为 30 MPa 时,体积蠕变不再可能存在,可认为此值为一个极限值,这时所有的裂纹都已闭合。当压力大于 30 MPa 时,岩石的体积变形接近弹性而且是可逆的。

在三轴压缩下,采用不同的蠕变压力水平[$(\sigma_1 - \sigma_3)_{max}$ 的 30%~50%~65%~75%~80%~85%~90%~95%]进行蠕变实验,并在四个最低加载段的后期,进行卸载-再加载的应力循环。典型实验(围压为 0 MPa,5 MPa,10 MPa,20 MPa,40 MPa)的应力-应变曲线、应变-时间曲线如图 4.7.1 和图 4.7.2(或图 4.7.5)所示。单轴压缩下,样品在 85% 蠕变段断裂,其余样品(三轴压缩条件下)在 95% 蠕变段断裂。在最后一个蠕变段,能够观察到完全蠕变曲线(含第二和第三蠕变区)。在一些蠕变实验中,断裂前的蠕变段(90%蠕变步)超过了 12 h,固定蠕变区也被监测。然而,我们的注意力主要放在瞬态蠕变行为上。

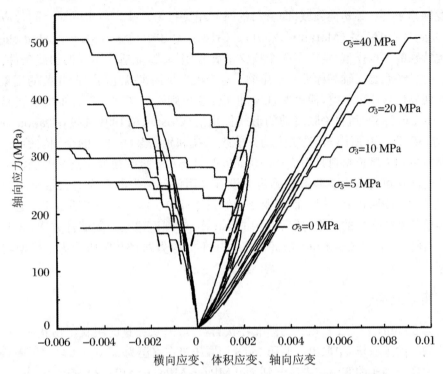

图 4.7.1 稻田花岗岩按照逐步加载条件的不同三轴蠕变实验的
应力-应变曲线（40~50 MPa/min）（Maranini,2001）

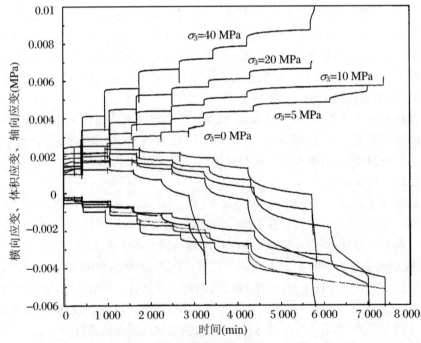

图 4.7.2 稻田花岗岩按照逐步加载条件的不同三轴蠕变实验
的应变随时间的变化曲线（Maranini,2001）

在实验室条件下,逐步加载过程允许在合理时间内对蠕变行为进行评估。这个过程特别适合利用 Cristescu 理论以广义应力-应变-时间响应的形式建立弹黏塑性模型。在应力-应变平面内,稳定蠕变终止点的几何轨迹为稳定边界(Cristescu,1989)。只有应力不超过一定极限,稳定蠕变才会发生;当超过这个极限,次级蠕变发生。实验中,蠕变稳定点固定在每一个加载段的周期时间间隔。通过选定蠕变稳定边界,可以把这些实验和短期压缩实验作比较。结果表明:膨胀行为受蠕变效应影响,不稳定裂纹生长的开始(总体应变逆转发生)比标准实验的相应应力水平低 10%～15%。在部分卸载-再加载循环(30%～50%～65%～75%蠕变段的后期)中计算了弹性参数。发现,紧随蠕变段的卸载段的上部能够更好地代表岩石的弹性行为,因为它们不受内部长期应力导致的后继蠕变影响(Hunsche,1994)。弹性模量随着偏应力和围压变化,它们随着一般应力状态的演化如图 4.7.3 所示。式(6.7.6)、式(6.7.7)分别定义了剪切模量 G 和体积模量 K 的分析表达式。G 和 K 由实验数据直接计算;E 和 ν 很容易通过假设岩石的各向同性行为由线弹性关系得到。根据上述实验建立的本构方程是典型的静态本构模型。

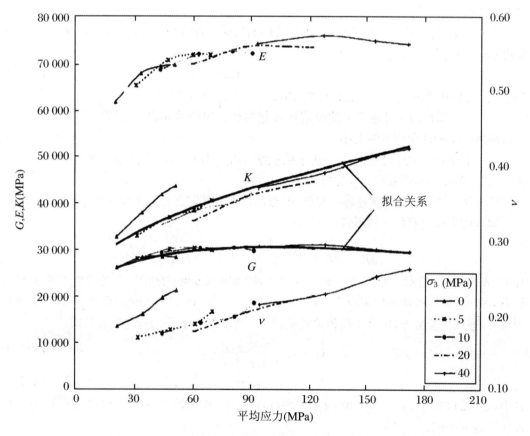

图 4.7.3 不同三轴蠕变测试中弹性参数随卸载变化的计算结果
(G 和 K 都满足模型中相应的关系)(Maranini,2001)

4.7.2 本构方程

假定岩石为均匀各向同性材料，则本构函数仅依赖于应力和应变不变量。采用平均应力和等效应力（八面体剪应力）：

$$p = \frac{1}{3}(\sigma_1 + \sigma_2 + \sigma_3), \quad q = (\sigma_1^2 + \sigma_2^2 + \sigma_3^2 - \sigma_1\sigma_2 - \sigma_1\sigma_3 - \sigma_2\sigma_3)^{\frac{1}{2}} \quad (4.7.1)$$

对常规三轴压缩实验，只有两个独立的应力分量，即 σ_1 和 $\sigma_2 = \sigma_3 (\leqslant \sigma_1)$，则有

$$p = \frac{1}{3}(\sigma_1 + 2\sigma_3), \quad q = \sigma_1 - \sigma_3 \quad (4.7.2)$$

上式也可写为

$$\sigma_1 = p - \frac{2q}{3}, \quad \sigma_3 = p - \frac{q}{3} \quad (4.7.3)$$

本构模型的构造中，做如下假定（Cristescu 和 Hunsche，1998；Cazacu 等，1997）：

(1) 位移和旋转很小，即非线性效应可以忽略，则变形率张量可以由弹性应变率与黏塑性应变率叠加，即 $\dot{\varepsilon} = \dot{\varepsilon}^e + \dot{\varepsilon}^v$。

(2) 本构方程的定义域的边界由短期破坏面构成。在 $0\,\mathrm{MPa} \leqslant \sigma_3 \leqslant 40\,\mathrm{MPa}$ 时，这个边界可用如下形式来表达：

$$q^{\mathrm{ff}} = a_0 + a_1 \sigma_3^\alpha \quad (4.7.4)$$

其中，q^{ff} 为破坏时的偏应力，系数 $a_0 = 196.5, a_1 = 24.18, \alpha = 0.71$。

(3) 单位体积的不可逆应力功被用作硬化参数。当前的屈服面不固定，它的位置依赖于材料所经历的硬化模量的大小。

(4) 屈服面不构成可能的应力状态的极限。黏性效应与高于当前屈服极限的应力有关。而且，假设初始屈服应力非常接近于 0。

(5) 没有做出有关黏塑性势的假设，但流动法则将其定义为黏塑性应变率张量的函数。

则本构方程具有如下的形式：

$$\dot{\varepsilon} = \left(\frac{1}{3K} - \frac{1}{2G}\right)\dot{p}\delta + \frac{1}{2G}\dot{\sigma} + \gamma\left\langle 1 - \frac{W^v}{H(\sigma)}\right\rangle N(\sigma) \quad (4.7.5)$$

其中，表达式 $\langle x \rangle$ 的意义为 $\langle x \rangle = (x + |x|)/2$，即 Mac Cauley 标记。$\dot{\varepsilon}$ 是总应变率张量，σ 是应力张量；右端前两项代表应变率的弹性分量，δ 为 Kronecker delta，G 和 K 是剪切和体积模量，根据实验数据，定义了两种单独依赖于应力状态中的平均应力的表达式：

$$G = \frac{g_0 + g_1 p}{1 + g_2 p + g_3 p^2} \quad (4.7.6)$$

$$K = k_0 + k_1 p^\kappa \quad (4.7.7)$$

其中，$g_0 = 21\,697.1, g_1 = 510.88, g_2 = 0.011, g_3 = 2.86 \times 10^{-5}, k_0 = 24\,409.74, k_1 = 2.86 \times 10^{-5}, \kappa = 0.63$。

式(4.7.5)右端的第三项表示由于瞬态蠕变引起的黏塑性分量。γ 是黏性参数(s^{-1})，W^v 是为硬化参数的不可逆应力功，$H(\sigma)$ 是屈服函数。$N(\sigma)$ 控制黏塑性应变率的方向，称作不可逆应变率方向张量。

与各向同性材料一样，假设函数 H 和 N 仅依赖于式(4.7.2)所定义的前两个不变量。

通常,屈服函数 H 是两项之和,即

$$H(p,q) = H^{\mathrm{h}}(p,0) + H^{\mathrm{d}}(p,q) \tag{4.7.8}$$

其中,H^{h} 由静水压实验确定,而 H^{d} 由三轴实验的第二部分(偏量部分)确定。对属于蠕变稳定边界的所有点,H 对应于不可逆应力功 W^{v}:

$$W^{\mathrm{v}}(t) \equiv W^{\mathrm{vh}}(t) + W^{\mathrm{vd}}(t) = \int_0^{Th} p(t)\dot{\varepsilon}_{\mathrm{vol}}^{\mathrm{v}}(t)\mathrm{d}t + \int_{Th}^{T} q(t)\dot{\varepsilon}_{\mathrm{vol}}^{\mathrm{vd}}(t)\mathrm{d}t \tag{4.7.9}$$

因此屈服函数值能够通过分别计算静水压和三轴蠕变实验条件下的 $W^{\mathrm{vh}}(t)$ 和 $W^{\mathrm{vd}}(t)$ 求得。但是,像上述所讨论的,对于应力高于 30 MPa,流体静力加载将产生可忽略的不可逆可压缩性,而受围压的可压缩性影响应力较低。因此,需假设 $W^{\mathrm{vh}}(t) = 0$,屈服函数简化为其偏量分量 $H^{\mathrm{d}}(p,q) \equiv W^{\mathrm{vd}}(t)$。

图 4.7.4 显示了不同三轴蠕变实验中偏应力功的变化。下列函数可较准确地近似不可逆应力功等值线:

$$H^{\mathrm{d}}(p,q) = B_0(p,q)\left(\frac{q}{p^*}\right)^n + B_1(p,q)\left(\frac{q}{p^*}\right)^{3n} + B_2(p,q)\left(\frac{q}{p^*}\right)^{6n} \tag{4.7.10}$$

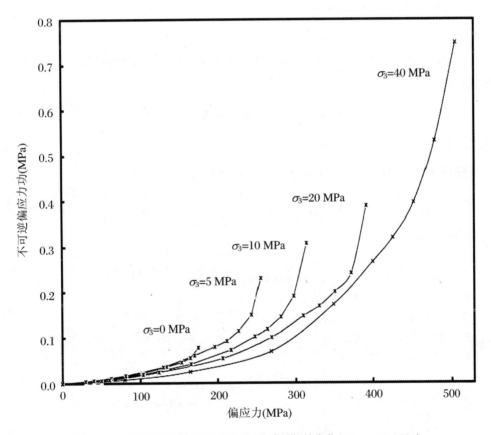

图 4.7.4 所选三轴蠕变实验中不可逆功函数的变化(Maranini,2001)

其中，$n=2$，$p^*=1\text{ MPa}$ 是参考压力。$B_i(p,q)$ 项表示从图 4.7.4 的应力等值线获得的系数 $B_i(i=1,2)$ 的拟合关系。它们依赖于围压 $\sigma_3=p-q/3$，可表示为

$$B_0(p,q) = b_1 + \frac{b_2}{b_2\left[1+\left(\frac{1}{b_3}\frac{p-\frac{q}{3}}{p^*}\right)^{2.5}\right]}$$

$$B_1(p,q) = \left[b_4 + b_5\left(\frac{p-\frac{q}{3}}{p^*}\right) + b_6\left(\frac{p-\frac{q}{3}}{p^*}\right)^{2.5}\right]^{-1} \tag{4.7.11}$$

$$B_2(p,q) = \left[b_7 + b_8\left(\frac{p-\frac{q}{3}}{p^*}\right) + b_9\left(\frac{p-\frac{q}{3}}{p^*}\right)^2 + b_{10}\left(\frac{p-\frac{q}{3}}{p^*}\right)^3\right]^{-1}$$

其中，$b_1=1.54\times10^6$，$b_2=1.03\times10^6$，$b_3=6.64$，$b_4=-4.61\times10^{14}$，$b_5=-3.76\times10^{14}$，$b_6=-1.12\times10^{13}$，$b_7=1.37\times10^{28}$，$b_8=2.73\times10^{29}$，$b_9=-8.52\times10^{28}$，$b_{10}=9.49\times10^{27}$。以应力不变量表示的屈服面的表达式如式(4.7.10)和式(4.7.11)。需说明的是：式(4.7.11)可以进行简化，但这将导致模型预测结果与实验数据的更大误差。

应变率方向张量 $N(\sigma)$ 可以用平均应力和等效应力不变量的标量函数来表示，采用如下的形式：

$$N(\sigma) = N_1(p,q)\delta + N_2(p,q)\frac{S}{q} \tag{4.7.12}$$

其中，N_1 和 N_2 为标量函数，S 是偏应力张量。

黏塑性应变率，即式(4.7.5)右边第三项，可表达为

$$\dot\varepsilon^v = \gamma\left\langle 1 - \frac{W^v(t)}{H(p,q)}\right\rangle\left[N_1(p,q)\delta + N_2(p,q)\frac{S}{q}\right] \tag{4.7.13}$$

又可分为两个部分：

$$\dot\varepsilon_1^v = \gamma\left\langle 1 - \frac{W^v(t)}{H(p,q)}\right\rangle\left[N_1(p,q) + \frac{2}{3}N_2(p,q)\right] \tag{4.7.14}$$

$$\dot\varepsilon_3^v = \left\langle 1 - \frac{W^v(t)}{H(p,q)}\right\rangle\left[N_1(p,q) - \frac{1}{3}N_2(p,q)\right] \tag{4.7.15}$$

其中，

$$\gamma N_1(p,q) = \frac{\dot\varepsilon_{\text{vol}}^v}{3\left[1 - \frac{W^v(t)}{H(p,q)}\right]} \tag{4.7.16}$$

$$\gamma N_2(p,q) = \frac{|\dot\varepsilon_1^v - \dot\varepsilon_3^v|}{1 - \frac{W^v(t)}{H(p,q)}} \tag{4.7.17}$$

γN_1 可由式(4.7.16)确定。在实验的流体静力部分，由于忽视应变的任何黏塑性分量，假设 $\gamma N_1|_{q=0}=0$。函数 $\gamma N_1|_{q\neq0}$ 必须从偏蠕变实验确定：在可压缩域它必须是正的，在膨胀域必

须是负的。满足这些特性的最简单的函数为

$$\gamma N_1(p,q) = \frac{q}{p^*}\text{sgn}[X(p,q)]\psi(p,q) \tag{4.7.18}$$

其中,$\text{sgn}\,X(p,q)$ 为符号(± 1)函数,用来区分压缩域($\text{sgn}\,X(p,q)>0$)和膨胀域($\text{sgn}\,X(p,q)<0$)。使用三轴蠕变实验结果,这个边界以如下的形式表达:

$$X(p,q) = x_1 p^\alpha - q \tag{4.7.19}$$

其中,$x_1 = 6.624, \alpha = 0.784$。

利用式(4.7.16)和式(4.7.18),发现 $\psi(p,q)$ 可表达为

$$\psi(p,q) = \frac{\dot{\varepsilon}_{\text{vol}}^v}{\dfrac{q}{p^*}\text{sgn}[X(p,q)]} \tag{4.7.20}$$

可通过实验数据近似为

$$\psi(p,q) = D_0(p,q)\frac{q^n}{p^*} + D_1(p,q)\frac{q^{2n}}{p^*} + D_2(p,q)\frac{q^{4n}}{p^*} \tag{4.7.21}$$

其中,$n=2$,$D_i(p,q)$ 对应于系数 D_i 的拟合关系在每一个常围压下计算的 ψ 函数,可表达为

$$D_0(p,q) = d_0 + d_1\left(\frac{p-\dfrac{q}{3}}{p^*}\right)^{0.5}$$

$$D_1(p,q) = \left\{d_2 + d_3\left(\frac{p-\dfrac{q}{3}}{p^*}\right)^2 + d_4\exp\left[-\left(\frac{p-\dfrac{q}{3}}{p^*}\right)\right]\right\}^{-1} \tag{4.7.22}$$

$$D_2(p,q) = \left[d_5 + d_6\left(\frac{p-\dfrac{q}{3}}{p^*}\right) - d_7\left(\frac{p-\dfrac{q}{3}}{p^*}\right)^2 + d_8\left(\frac{p-\dfrac{q}{3}}{p^*}\right)^3\right]^{-1}$$

其中,$d_0 = -5.65\times 10^{-11}, d_1 = 7.54\times 10^{-12}, d_2 = 4.63\times 10^{14}, d_3 = 5.62\times 10^{12}, d_4 = 3.46\times 10^{14}, d_5 = 4.9\times 10^{22}, d_6 = 5.07\times 10^{23}, d_7 = -1.18\times 10^{23}, d_8 = 1.38\times 10^{22}$。

确定 γN_2:式(4.7.17)是利用三轴实验的稳态蠕变点来计算的。选取下式作为实验数据的拟合表达式:

$$\gamma N_2(p,q) = 2F_0(p,q)\frac{q^n}{p^*} + F_1(p,q)\frac{q^{2n}}{p^*} + F_2(p,q)\frac{q^{4n}}{p^*} \tag{4.7.23}$$

其中,$n=2$,拟合系数 $F_i(p,q)$ 为

$$F_0(p,q) = f_0 + f_1\left(\frac{p-\dfrac{q}{3}}{p^*}\right) + f_2\left(\frac{p-\dfrac{q}{3}}{p^*}\right)^{1.5} + f_3\left(\frac{p-\dfrac{q}{3}}{p^*}\right)^{0.5}$$

$$F_1(p,q) = \left\{ f_4 + f_5 \left(\frac{p - \frac{q}{3}}{p^*} \right)^2 + f_6 \exp\left[-\left(\frac{p - \frac{q}{3}}{p^*} \right) \right] \right\}^{-1} \quad (4.7.24)$$

$$F_2(p,q) = \left\{ f_7 + f_8 \left(\frac{p - \frac{q}{3}}{p^*} \right)^3 + f_9 \exp\left[-\left(\frac{p - \frac{q}{3}}{p^*} \right) \right] \right\}^{-1}$$

其中，$f_0 = 1.23 \times 10^{-7}$, $f_1 = 5.38 \times 10^{-9}$, $f_2 = -2.91 \times 10^{-10}$, $f_3 = -3.75 \times 10^{-8}$, $f_4 = -6.48 \times 10^{11}$, $f_5 = -3.87 \times 10^9$, $f_6 = 5.06 \times 10^{11}$, $f_7 = 1.29 \times 10^{21}$, $f_8 = 4.04 \times 10^{18}$, $f_9 = -1.19 \times 10^{21}$。

最后，必须定义黏性参数 γ。如果想要预测蠕变实验中的黏性变形，这个参数是必要的。众所周知，黏性在瞬态蠕变阶段增高，在第二蠕变阶段保持常量。对稻田花岗岩，在逐步蠕变实验中，观察到参数随应力偏量而变化。发现该参数的下列参数表示依赖于时间 t 和应力偏量：

$$\eta = V(q) t^{\zeta(q)} \quad (4.7.25)$$

单位为 Pa。其中，t 表示蠕变阶段开始后时间的流逝。$V(q)$ 和 $\zeta(q)$ 用下式给出：

$$V(q) = \frac{v_1 + v_2}{\left[1 + \left[\left(\frac{q}{q^{\text{ff}}} \right) \right]^\omega \right]} \quad (4.7.26)$$

$$\zeta(q) = 1 + z_1 \left(\frac{q}{q^{\text{ff}}} \right)^{2.5} \quad (4.7.27)$$

其中，q^{ff} 来自式(4.7.4)，$v_1 = 5.553 \times 10^{13}$, $v_2 = 1.49 \times 10^{14}$, $v_3 = 1.252$, $\omega = -33.61$；$z_1 = -0.404$。注意，本构方程(4.7.5)中黏性参数 γ 被定义为 E/η。

4.7.3 与实验结果的比较

通过比较不同应力路径下的应变的预测值与实测值来验证弹黏塑性模型。通过积分式(4.7.13)，很容易得到描述应变的不可逆部分的公式。考虑弹性、瞬态分量，轴向应变的完全表达式如下：

$$\varepsilon_1 = \left(\frac{1}{9K} + \frac{1}{3G} \right) q + \frac{\left\langle 1 - \frac{W^v t(t_0)}{H} \right\rangle \left(N_1 + \frac{2}{3} N_2 \right)}{\frac{1}{H} \left(3N_1 p + \frac{2}{3} N_2 q \right)}$$

$$\times \left\{ 1 - \exp\left[\frac{7}{H} \left(3N_1 p + \frac{2}{3} N_2 q \right) (t_0 - t) \right] \right\} \quad (4.7.28)$$

其中，$N_i = N_i(p,q)$, $H_i = H_i(p,q)$ ($i=1,2$)。对于横向应变 ε_3，可以发现相似的表达式。这些公式可以用来描述标准压缩实验中的瞬态蠕变行为、应力松弛、应力-应变关系。

例如，考虑逐步加载实验中的一个蠕变段，我们使用式(4.7.28)确定每个加载段后的蠕变应变。这里 t_0 是应力保持常量的起始时刻。类似地,我们可以预测任何加载历史。例如,一个标准压缩实验,载荷通过一系列应力增量叠加上去,每个增量持续一个短的无量纲时间间隔 $\gamma(t-t_0)$,在时间间隔内产生了蠕变。

图 4.7.5 显示了对选定的逐步加载段进行加载的三轴蠕变实验,模型预测了应变-时间曲线。轴向和横向应变具有很好的一致性。在几个接近破坏的高偏应力水平的黏性载荷段内观察到一些离散。在这些段,蠕变阶段超过 12 h,在样本中观察到稳态蠕变。这里要指出,在模型中只考虑了瞬态蠕变。第二阶段(次级)蠕变分布可以通过在本构方程中增加新的分量加以考虑。

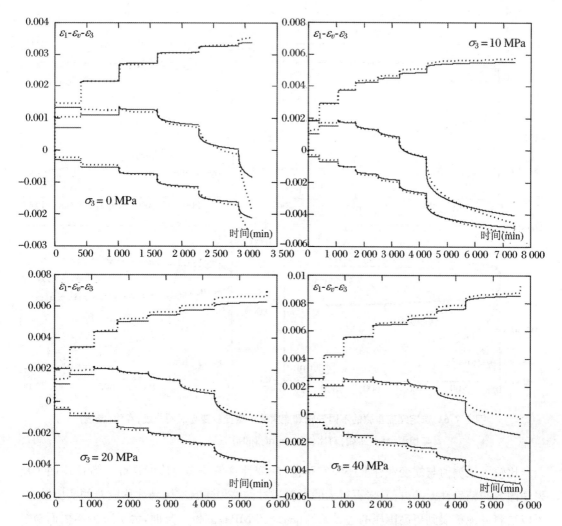

图 4.7.5　逐步加载三轴蠕变实验应变-时间曲线,实验数据(虚线)与
模型预测(实线)对比(Maranini,2001)

图 4.7.6 显示了相同实验的选定常应力水平加载段的模拟,只关心蠕变应变。给出了

黏性随时间的变化关系的模拟。图 4.7.7 拟合了不同围压下标准三轴加载实验的应力-应变关系,而且,正确地预测了轴向和横向应变。对于低围压下的样本,实验早期阶段体积变化的计算值要略高于实验值。然而,总体趋势符合得非常一致,特别是与破坏前的体积膨胀相关的部分。

对稻田花岗岩一系列不同围压下的加载段进行三轴蠕变实验。根据实验结果,发展了一种非相关的弹黏塑性模型,以普遍的应力-应变-时间关系来描述岩石的行为。涉及的所有参数直接由实验数据确定。弹性参数、屈服函数和应变率方位张量通过给定数据的多项拟合表达式来定义。尽管涉及大量系数,但这些函数的概念很简单,并验证了本构模型(围压 0~40 MPa)。

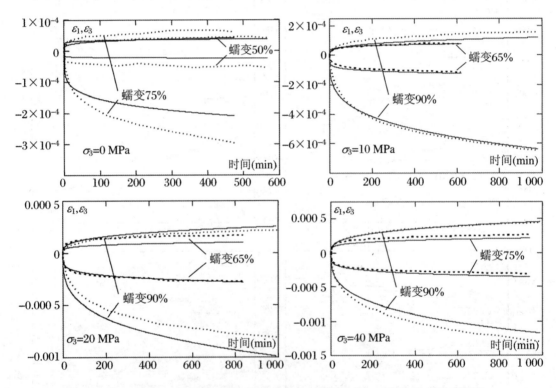

图 4.7.6　选定蠕变步骤的不同三轴蠕变实验中蠕变应变与时间曲线,实验(虚线)与模型预测(实线)对比(Maranini,2001)

比较了预测值与蠕变和标准压缩实验值,应变计算值与实验值的良好一致性说明了所采用函数的精确性。一方面,岩石行为的预测通过调整相同的本构函数适应新的实验数据,可以很容易地扩展到更高围压的边界条件($\sigma_3 > 40$ MPa)。另一方面,为了减少参数而对模型所做的任何修改都将导致预测结果的更大的离散性。

所获得的良好结果使得模型能够应用于不同的工程问题,如深隧道、钻孔、地下仓库开挖过程中岩石时间相关行为的估计。这些课题都应当受到关注并被进一步研究。

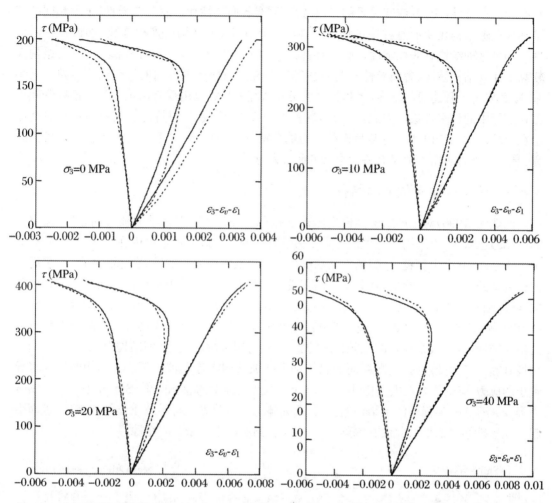

图 4.7.7 不同的标准三轴压缩实验应力-应变曲线,实验(虚线)与模型预测(实线)对比(Maranini,2001)

4.8 土的弹黏塑性本构模型的发展[①]

软黏土在北欧、北美、英国、日本等国家和地区广泛分布。在我国,软黏土分布在东部和南部沿海地区、各大河流的中下游以及湖泊附近地区。近年来随着我国经济和城市化进程的快速发展,在软黏土地基环境中的建设项目日益增多。由于软黏土具承载力低、作为构筑物地基产生的长期变形不稳定等特征,其对岩土工程的设计提出了新的挑战。

天然软黏土由于长时间的自然沉积,形成明显的土结构。同时,由于土结构表现出比较

---
① 尹振宇,2011。

复杂的力学特性:应力-应变关系的时效特征;固有各向异性和诱发各向异性;土颗粒间的胶结和大孔隙结构在变形过程中的破坏。在外力作用下,土结构会产生变化,如诱发各向异性。如果这种结构具非稳定性,则土的结构会产生破坏。然而,目前对软黏土尤其是结构性软黏土在其结构破坏、各向异性和时效性等耦合现象的描述等方面的研究还不成熟。近年来,随着岩土工程建设的增多,工程技术人员和研究人员难以用现有的土力学理论解释软土工程实际中的许多现象。因此,对天然软黏土的应力-应变-时间特性及其模拟进行研究已迫在眉睫。准确认识和描述天然软黏土的耦合特征,并对不同类型的岩土工程进行模拟研究,是一个既有实用价值又有科学意义的研究课题。

4.8.1 天然软黏土的力学特征

沈珠江(1996)对土的结构性模型的建立被称为"21世纪土力学的核心问题"。谢定义等(1999)也认为"土结构性是决定各类土力学特性的一个最为根本的内在因素"。天然软黏土由于土结构(土中颗粒、孔隙的性状和排列形式以及颗粒之间的胶结方式)的存在,表现出比较复杂的力学特性,比如,软黏土在沉积或固结过程中形成的土颗粒排列所带来的初始各向异性[图4.8.1(a)]以及在应力-应变过程中由于土颗粒排列重组所带来的诱发各向异性(Smith等,1992)。再比如,一些天然软黏土在沉积过程中一般形成具有大孔隙土颗粒排列的架空结构,且生成很少量的土颗粒间的胶结,具有很强的触变性(即结构性软黏土)。当结构性软黏土产生变形时,土颗粒间的胶结和大孔隙结构将逐渐被破坏。土结构的破坏将导致土的应力-应变关系发生变化[图4.8.1(b)]以及土强度的急剧降低(Smith等,1992;洪振舜等,2004)。一定程度的土结构的扰动(比如施工或运营等),将导致土体结构破坏,进而引起大变形破坏。如果对此没有深刻的认识,将会给实际工程带来安全隐患。

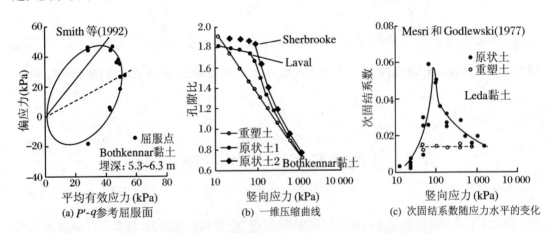

图 4.8.1 软黏土的屈服面各向异性、结构破坏特征及流变特性

除此以外,软黏土的应力-应变关系又具有很强的时效特征,如强度的加载速率效应(抗剪强度的大小和先期固结压力的大小在很大程度上都依赖于加载速率)、蠕变(在加载应力不变的情况下应变随时间发生)和应力松弛(在加载到一定的应变值并保持此值不变的情况下应力随时间减小)(Yin等,2002;殷宗泽等,2003)。因此,将实验室特定加载速率条件下取得的抗剪强度和先期固结压力作为工程设计依据而不考虑土的时效特征,将导致岩土工程结构物在施工阶段失稳或工后沉降过大。结构性软黏土由于大孔隙土结构的存在,在外力作用下的变形比非结构性土更大、更快[图 4.8.1(c)],具有结构破坏、各向异性和时效等耦合特征(Mesri 等,1977;Lefebvre 等,1987;刘恩龙等,2005)。由于岩土工程结构物施工建设在短期内属于一定速度的加载过程,对长期使用来说主要属于蠕变的过程,因此,天然软黏土的上述耦合特征对其工程特性有很大的影响。基于此,深入研究天然软黏土的应力-应变-时间关系会有利于解决岩土工程短期及长期的稳定性问题,进而保证建设的可持续发展。

4.8.2 研究进展

天然软黏土的弹黏塑性研究始于 1936 年 Buisman(1936)对一维固结实验的总结应用,从 1953 年第三届国际土力学和基础工程会议召开以来这方面的研究就越来越多。对结构性软黏土的研究,则最早始于 Terzaghi 开展的土的结构性研究,他提出了土的微结构新概念。此后,土的结构性的研究逐步成为土力学研究的一个重要分支(刘恩龙等,2005)。

沈珠江(1993)及其学生刘恩龙(2005b)、周成等(2003)对结构性土做了大量基础而又细致的工作,提出了结构性土的压缩曲线的特点,指出由于结构性的作用使结构性黏土的强度包线呈折线型。黏土的结构性使其具有明显的初始屈服面。基于以上的实验规律,沈珠江及其学生率先从损伤力学的观点出发,建立了一个可以考虑黏土结构破损过程的损伤力学模型,制定了定量描述其受力后逐渐破损过程的数值模拟方法,之后,又根据天然黏土的微观变形机理的研究结果,应用超应力理论(Perzyna,1966),将结构性黏土损伤本构模型推广到弹黏塑性损伤本构模型(何开胜等,2002;陈铁林,2003)。另外,王立忠等(2004)和张超杰等(2002)对结构性软土压缩特性进行了研究,并建立了一维弹黏塑性模型;孔令伟等(2004)和孙吉主等(2006)对湛江结构性海洋土进行大量的实验,并建立了考虑损伤的弹塑性模型;王国欣等(2004)引入扰动状态概念建立结构性软土的损伤弹塑性模型;王军等(2007)、陈晓平等(2008)、龚晓南等(2000)也对结构性软黏土的性状作了细致的研究。

在国际上,许多学者对天然软黏土提出了相应的弹黏塑性本构模型。比较典型的有:Buisman(1936),Singh 和 Mitchell(1968),基于 Bjerrum(1967)理论的殷建华等(2003),Kutter 和 Sathialingam(1992),Vermeer 和 Neher(1999),以及基于 Perzyna(1966)超应力理论的 Adachi 和 Oka(1982),Desai 和 Zhang(1987),Fodil 等(1997)。这些模型仅仅考虑了软黏土的时效特征。之后,Zhou 等(2005)和 Leoni 等(2008)分别在殷建华(2002)和 Vermeer 和 Neher(1999)的模型基础上加入对各向异性的描述。同时,为了考虑软黏土的时效性同结构破坏的耦合,一些学者提出了结构性软黏土的弹黏塑性本构模型。比较典型的有:Rocchi(2003)引入原状土相关的屈服面和重塑土相关的固有参考面概念,应用超应力理论来考虑黏塑性应变的结构性和非结构性两部分组成,进而考虑结构破坏与时效特征的耦合特征;Hinchberger(2009)则在他们原来的非结构性土的弹黏塑性模型中,直接修正黏性系数,使得其与现有结构及结构破坏挂钩,以间接描述结构破坏与时效特征的耦合;特别值得一提的是,Kimoto(2005)应用了考虑固结历史的当前屈服面和固有参考面概念,并且当前屈服面随着损伤应变向固有参考面缩减,使得模型同时考虑了结构破坏、固有各向异性和时效的耦合特征,除此以外,Kimoto(2005)还引入了超固结面,以描述不同超固结度下的土的本构特征。

4.8.3 弹黏塑性本构模型及验证

4.8.3.1 一维非结构性软黏土模型

按照经典的弹塑性理论,总应变速率可以由两部分组成:弹性应变速率和非弹性应变速率(此处为黏塑性应变速率),即

$$\dot{\varepsilon}_v = \dot{\varepsilon}_v^e + \dot{\varepsilon}_v^{vp} \tag{4.8.1}$$

式中,弹性应变速率为

$$\dot{\varepsilon}_v^e = \frac{\kappa}{1+e_0} \frac{\dot{\sigma}_v'}{\sigma_v'} \tag{4.8.2}$$

式中,κ 为膨胀指数,可从 $e\text{-}\ln(\sigma_v')$ 曲线量取,e_0 为初始空隙比,σ_v' 为当前有效应力。

基于大量软黏土的一维压缩实验观测结果,图 4.8.2 展示了应变速率($\dot{\varepsilon}_v = d\varepsilon_v/dt$)对初始先期固结压力测量值的影响(Leroueil 等,1985,1988;Nash 等,1992)。由此,可以总结出应变速率和初始先期固结压力在双对数坐标上成直线关系。

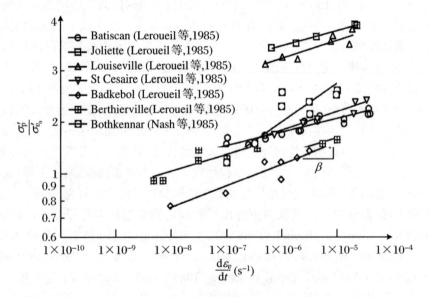

图 4.8.2 先期固结压力同应变速率的关系

如果选择一个应变速率的实验为参考实验,则对于任意给定的应变速率,有如下表达式:

$$\frac{\dot{\varepsilon}_v}{\dot{\varepsilon}_v^r} = \left(\frac{\sigma_{p0}'}{\sigma_{p0}'^r}\right)^\beta \tag{4.8.3}$$

式中,先期固结压力 σ_{p0}' 对应于任意的应变速率 $\dot{\varepsilon}_v$;参考先期固结压力 $\sigma_{p0}'^r$ 对应于参考应变速率 $\dot{\varepsilon}_v^r$;β 为材料参数,同斜率相关(图 4.8.3)。

弹性和非弹性应变速率同应力速率的关系可从一维等速压缩实验结果 $\varepsilon_v\text{-}\ln(\dot{\sigma}_v)$ 曲线中得到:

$$\dot{\varepsilon}_v^e = \frac{\kappa}{1+e_0}\frac{\dot{\sigma}_v'}{\sigma_v'}, \quad \dot{\varepsilon}_v^{vp} = \frac{\lambda-\kappa}{1+e_0}\frac{\dot{\sigma}_v'}{\sigma_v'} \tag{4.8.4}$$

基于式(4.8.4)和式(4.8.1),总应变速率可用黏塑性应变速率来表达:

$$\dot{\varepsilon}_v = \frac{\lambda}{\lambda-\kappa}\dot{\varepsilon}_v^{vp} \tag{4.8.5}$$

把式(4.8.5)代入式(4.8.3),黏塑性应变速率的表达式可写成

$$\dot{\varepsilon}_v^{vp} = \dot{\varepsilon}_v^r \frac{\lambda-\kappa}{\lambda}\left(\frac{\sigma_{p0}'}{\sigma_{p0}^{'r}}\right)^\beta \tag{4.8.6}$$

如图 4.8.3 所示,如果当前应力 σ_v' 沿着 $\dot{\varepsilon}_v$ 等速压缩线加载,则随着黏塑性应变量的积累,当前应力 σ_v' 的值将从 σ_{p0}' 发展到新的值:

$$\sigma_v' = \sigma_{p0}'\exp\left(\frac{1+e_0}{\lambda-\kappa}\varepsilon_v^{vp}\right) \tag{4.8.7}$$

同样的,对于相同的黏塑性应变的积累量 ε_v^{vp},参考先期固结压力将沿着 $\dot{\varepsilon}_v^r$ 参考一维压缩线从初始值 $\sigma_{p0}^{'r}$ 发展到 $\sigma_p^{'r}$(图 4.8.3):

$$\sigma_p^{'r} = \sigma_{p0}^{'r}\exp\left(\frac{1+e_0}{\lambda-\kappa}\varepsilon_v^{vp}\right) \tag{4.8.8}$$

将式(4.8.7)和式(4.8.8)代入式(4.8.6)中,则当前黏塑性应变速率为

$$\dot{\varepsilon}_v^{vp} = \dot{\varepsilon}_v^r \frac{\lambda-\kappa}{\lambda}\left(\frac{\sigma_v'}{\sigma_p^{'r}}\right)^\beta \tag{4.8.9}$$

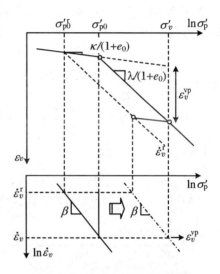

图 4.8.3 等速一维压缩示意图

因此,式(4.8.1)、式(4.8.2)、式(4.8.8)和式(4.8.9)组成了新的一维弹黏塑性模型。此一维模型在本构方程上不同于殷建华等(2002)、Vermeer 和 Neher(1999)、Kim 和 Leroueil(2001)等提出的模型。

1. 模型参数

由上所述,模型有以下参数:κ,λ,e_0,β,$\dot{\varepsilon}_v^r$,σ_{p0}'。所有参数均可以从等速一维压缩实验中直接量取。同时,笔者注意到基于一维固结实验的 Vermeer 模型(1999):

$$\dot{\varepsilon}_v^{vp} = \frac{C_{\alpha e}}{(\lambda-\kappa)\tau}\left(\frac{\sigma_v'}{\sigma_p'}\right)^{\frac{\lambda-\kappa}{C_{\alpha e}}} \tag{4.8.10}$$

比较式(4.8.9)和式(4.8.10),可以得到参考速率和斜率同次固结系数的关系:

$$\dot{\varepsilon}_v = \frac{\lambda}{\lambda-\kappa}\frac{C_{\alpha e}}{(1+e_0)\tau}, \quad \beta = \frac{\lambda-\kappa}{C_{\alpha e}} \tag{4.8.11}$$

因此,如果选取标准一维固结实验($\tau = 24$ h)为参考实验,则所有参数也可以很容易地被确定。

为了分析一维固结实验,模型同一维固结理论耦合。用于描述固结过程的基于达西定律的质量连续方程可表达如下:

$$-\frac{\partial \varepsilon_v}{\partial t} = \frac{1+e_0}{\gamma_w}\frac{\partial}{\partial z}\left(\frac{k}{1+e}\frac{\partial u}{\partial z}\right) \tag{4.8.12}$$

式中,z 为水位深度;u 为超孔隙水压力;k 为渗透系数;γ_w 为水的重度。实验结果表明,渗

透系数 k 可以随空隙比的变化而变化,如 Berry 和 Poskit(1972)提出的关系式:

$$k = k_0 10^{\frac{e-e_0}{c_k}} \quad (4.8.13)$$

其中,初始渗透系数值 k_0 和参数 c_k 均可通过一维固结实验量取。有关模型与固结耦合分析的数值解法可参考 Kim 和 Leroueil(2001)。

2. 模型验证

为了验证所提出的一维模型,给定一组参数(图 4.8.4),用模型来模拟不同加载速率的等速一维压缩实验。图 4.8.4(a)的计算结果符合一维模型的本构原理和非结构性土的一维等速压缩本构行为。图 4.8.4(b)显示初始先期固结压力同应变速率的关系与模型原理和输入参数一致。

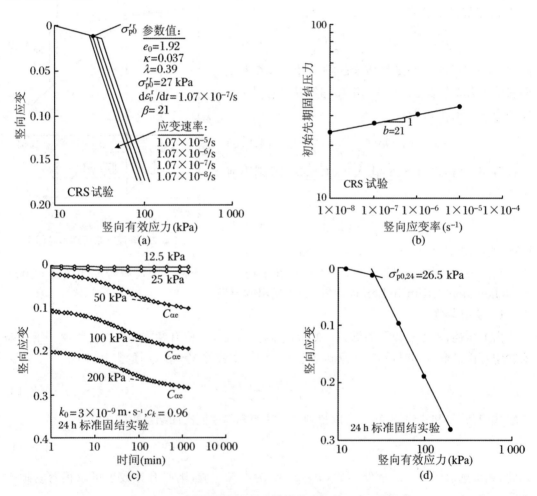

图 4.8.4 用模型模拟的非结构性软黏土的一维压缩特性

接着,用同一组参数来模拟标准一维固结实验。图 4.8.4(c)和(d)为计算结果,从中可以量取次固结系数 $C_{\alpha e} = 0.017$,同式(4.8.11)一致。用量取的先期固结压力 $\sigma'_{p0,24} = 26.5$ kPa,应用式(4.8.3)算得参考速度 $\dot{\varepsilon}^r_v = 7.4 \times 10^{-8}$ s^{-1} 同式(4.8.11)一致。因此,基于等速一维压缩实验的模型也能模拟一维固结实验,并可以用一维固结实验来确定模型参数。

4.8.3.2 三维非结构性软黏土模型

参照尹振宇等(Yin 等,2010)的工作。

按照 Perzyna(1966)超应力理论,总应变速率由两部分组成:弹性应变速率和黏塑性应变速率。式(4.8.1)可扩展为三维张量形式:

$$\dot{\varepsilon}_{ij} = \dot{\varepsilon}_{ij}^{e} + \dot{\varepsilon}_{ij}^{vp} \tag{4.8.14}$$

弹性应变速率的计算同于修正剑桥模型,表达如下:

$$\dot{\varepsilon}_{ij}^{e} = \frac{1}{2G}\dot{\sigma}_d + \frac{\kappa}{3(1+e_0)p'}\dot{p}'\delta_{ij} \tag{4.8.15}$$

黏塑性应变速率则符合以下流动准则:

$$\dot{\varepsilon}_{ij}^{vp} = \mu \langle \Phi(F) \rangle \frac{\partial f_d}{\partial \sigma_{ij}} \tag{4.8.16}$$

式中,μ 为黏性参数;$\langle \Phi(F) \rangle$ 为 Mac Cauley 函数;f_d 为对应于当前应力的动应力面方程;$\Phi(F)$ 为计算超应力大小的标度函数,一般用动应力面和静屈服面的位置关系来确定。

基于一维压缩实验中得到的先期固结压力和加载速率在双对数坐标上的直线关系,由公式(4.8.9)扩展新的标度函数,以计算超应力的大小:

$$\langle \Phi(F) \rangle = (p_m^d/p_m^r)^{\beta} \tag{4.8.17}$$

式中,p_m^d 和 p_m^r 分别为动应力面和参考面的大小。在这个公式里,不管 p_m^d/p_m^r 的大小如何,黏塑性应变总是存在。因此,模型不存在纯弹性区域。

为引入各向异性特征,采用了 Wheeler(2003)的工作。动应力面方程可写为一个带旋转角的椭圆公式:

$$f_d = \frac{\frac{3}{2}(S_{ij} - p'\alpha_{ij}):(S_{ij} - p'\alpha_{ij})}{(M^2 - \frac{3}{2}\alpha_{ij}:\alpha_{ij})p'} + p' - p_m^d = 0 \tag{4.8.18}$$

式中,S_{ij} 为偏应力张量,α_{ij} 为描述旋转角的各向异性结构张量,M 为土的 $p'\text{-}q$ 坐标上临界线的斜率,p' 为平均有效应力,p_m^d 可由当前应力状态用式(4.8.18)计算得到(图 4.8.5)。

为了描述土体在不同 Lode 角 θ 方向上有不同的强度,采用 Sheng 等(2000)的公式来修正 M 值:

$$M = M_c \left[\frac{2c^4}{1 + c^4 + (1-c^4)\sin 3\theta} \right]^{\frac{1}{4}} \tag{4.8.19}$$

其中,$c = M_e/M_c$,θ 为洛德角,满足

$$\frac{-\pi}{6} \leqslant \theta = \frac{1}{3}\sin^{-1}\left(\frac{-3\sqrt{3}J_3}{2J_2^{3/2}}\right) \leqslant \frac{\pi}{6} \tag{4.8.20}$$

参考面同动应力面有着相同形式的方程但大小不同(用 p_m^r 来描述)。参考面的硬化准则可采用修正剑桥模型(Roscoe 等,1968)[由式(4.8.8)拓展而得]:

$$dp_m^r = p_m^r \left(\frac{1+e_0}{\lambda-\kappa}\right) d\varepsilon_v^{vp} \tag{4.8.21}$$

同时,模型采用 Wheeler 等(2003)的旋转硬化法则来描述诱发各向异性:

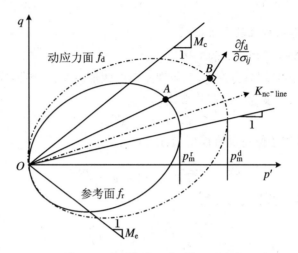

图 4.8.5 三维模型在 p'-q 平面上的定义

$$d\alpha_{ij} = \omega\left[\left(\frac{3S_{ij}}{4p'} - \alpha_{ij}\right)\langle d\varepsilon_v^{vp}\rangle + \omega_d\left(\frac{S_{ij}}{3p'} - \alpha_{ij}\right)d\varepsilon_d^{vp}\right] \quad (4.8.22)$$

式中,参数 ω 可以控制椭圆面的旋转速度,ω_d 控制黏塑性偏应变 ε_d^{vp} 相对于黏塑性体应变 ε_v^{vp} 对椭圆面旋转的相对效应。

1. 模型参数

由上所述,模型有以下参数:$\kappa, \lambda, e_0, \beta, \mu, p_{m0}^r, \nu, M_c, \alpha_0, \omega, \omega_d$。

由于一维压缩实验为三轴压缩实验的一个特例,由式(4.8.16)推导一维压缩路径下的公式,再结合式(4.8.9),可以得到黏性参数:

$$\mu = \frac{\dot{\varepsilon}_v(\lambda - \kappa)}{\lambda}\frac{M_c^2 - \alpha_{K_0}^2}{M_c^2 - \eta_{K_0}^2} \quad (4.8.23)$$

如果选取标准一维固结实验为参考实验,结合式(4.8.11),式(4.8.23)可写成

$$\mu = \frac{C_{\alpha e}(M_c^2 - \alpha_{K_0}^2)}{\tau(1+e_0)(M_c^2 - \eta_{K_0}^2)}, \quad \beta = \frac{\lambda - \kappa}{C_{\alpha e}} \quad (4.8.24)$$

参数 p_{m0}^r 可由式(4.8.18)用参考一维压缩实验中得到的 $\sigma_{p0}^{'r}$ 算得(假定 $K_0 = 1 - \sin\varphi_c$):

$$p_{m0}' = \left\{\frac{[3 - 3K_0 - \alpha_{K_0}(1 + 2K_0)]^2}{3(M_c^2 - \alpha_{K_0}^2)(1 + 2K_0)} + \frac{1 + 2K_0}{3}\right\}\sigma_{p0}^{'r} \quad (4.8.25)$$

各向异性参数的确定参照 Wheeler(2003)和 Leonid 等(2008)的工作:

$$\alpha_0 = \eta_{K_0} - \frac{M_c^2 - \eta_{K_0}^2}{3} \quad (4.8.26)$$

$$\omega_d = \frac{3(4M_c^2 - 4\eta_{K_0}^2 - 3\eta_{K_0})}{8(\eta_{K_0}^2 + 2\eta_{K_0} - M_c^2)} \quad (4.8.27)$$

$$\omega = \frac{1 + e_0}{\lambda - \kappa}\ln\frac{10M_c^2 - 2\alpha_{K_0}\omega_d}{M_c^2 - 2\alpha_{K_0}\omega_d} \quad (4.8.28)$$

其中,由假定 $K_0 = 1 - \sin\varphi_c$ 可得 $K_0 = (6 - 2M_c)/(6 + M_c)$ 和 $\eta_{K_0} = 3M_c/(6 - M_c)$。

由于标准一维固结实验在工业界被广泛使用,建议此模型用这类实验来确定参数,模型

的输入参数便简化为 $\kappa, \lambda, e_0, \sigma'_{p0}, \nu, M_c, C_{\alpha e}$，比剑桥模型仅多了一个参数 $C_{\alpha e}$。

2. 模型验证

法国 St-Herblain 软黏土的一维和三轴实验被用来验证模型。参数 $\kappa, \lambda, e_0, \sigma'_{p0}, C_{\alpha e}$ 从一个标准一维固结实验中量取，泊松比 ν 设为 0.25，摩擦角相关的 M_c 从三轴不排水实验中量取。

选择不同应力路径下的实验(一维压缩实验和三轴不排水流变实验)来验证模型。实验的具体操作参阅尹振宇等（Yin 等，2010）的工作。实验的模拟完全按照实验过程进行。图 4.8.6 和图 4.8.7 分别显示了一维压缩实验和三轴不排水流变实验的实验结果和模拟结果的比较。同时，为了说明各向异性的重要性，模型考虑各向同性（$\alpha_0 = 0$）来模拟实验并与实验结果比较。结果表明，模型考虑各向异性能更准确地描述非结构性软黏土的力学特征。

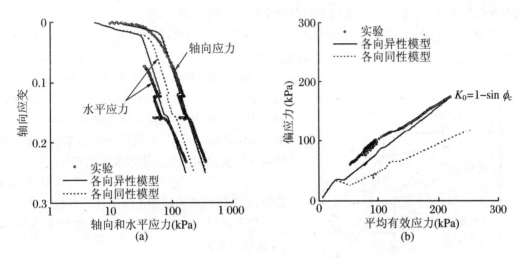

图 4.8.6　St-Herblain 软黏土的等速一维压缩实验及模拟

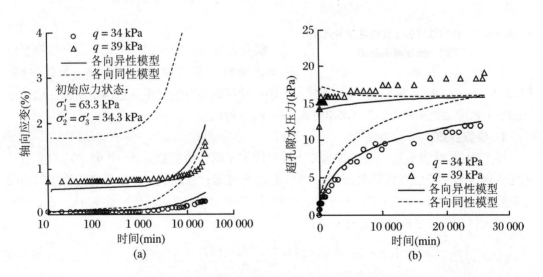

图 4.8.7　St-Herblain 软黏土的三轴不排水流变实验及模拟

4.8.3.3 一维结构性软黏土模型

结构性软黏土的等速一维压缩实验表明,加载过程中产生的结构破坏显著影响着屈服应力之后的压缩曲线(Leroueil 等,1985,1988;Nash 等,1992),如图 4.8.1(b)所示。为了更清楚地说明,图 4.8.8 画出了这一特征的示意图。在图 4.8.8 中,假定重塑和原状土样的等速一维压缩实验为参考实验。对于给定的黏塑性应变量 ε_v^{vp},结构破坏导致参考先期固结压力 $\sigma_p'^r$ 到达 A 点,而不是 B 点(假定没有结构破坏)。对于相同的 ε_v^{vp},在重塑土的一维压缩线上可以找到一个点来定义固有先期固结压力 $\sigma_{pi}'^r$。与式(4.8.8)同理,固有先期固结压力的变化可表达为

$$\sigma_{pi}'^r = \frac{\sigma_{pi0}'^r \exp(1+e_0)}{(\lambda_i - \kappa)\varepsilon_v^{vp}} \tag{4.8.29}$$

固有压缩指数 λ_i 为在 e-$\ln \sigma_v'$ 坐标上的重塑土的压缩指数(图 4.8.8)。

如图 4.8.8 所示,定义结构比变量 $\chi = \sigma_p'^r/\sigma_{pi}'^r - 1$。由此,参考先期固结压力也可写成

$$\sigma_p'^r = (1+\chi)\sigma_{pi}'^r \tag{4.8.30}$$

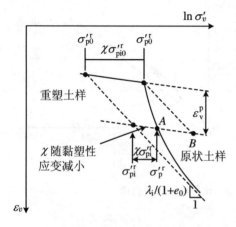

图 4.8.8 结构性软黏土在给定参考速度下的一维压缩示意图

由实验测量结果可知,初始结构比 $\chi_0 = \sigma_{p0}'^r/\sigma_{pi0}'^r - 1$ 可以从初始先期固结压力值算得。当加载时,由于结构的渐进破坏,结构比 χ 减小。当结构破坏殆尽,χ 趋近于 0。结构比随黏塑性应变的变化关系可由指数表达式来描述:

$$\chi = \chi_0 e^{-\xi \varepsilon_v^{vp}} \tag{4.8.31}$$

其中,ξ 为控制结构破坏速率的材料参数。

代入式(4.8.29)、式(4.8.31)和式(4.8.30),$\sigma_p'^r$ 也可表达为

$$\sigma_p'^r = (1+\chi_0 e^{-\xi \varepsilon_v^{vp}})\sigma_{pi0}'^r \exp\left(\frac{1+e_0}{\lambda_i - \kappa}\varepsilon_v^{vp}\right) \tag{4.8.32}$$

联合式(4.8.32)和式(4.8.2),便可得到给定应变速率的一维压缩线的解析解。至此,以式(4.8.32)取代方程(4.8.8),非结构性软黏土的一维弹黏塑性模型便可适用于结构性软黏土[由式(4.8.1)、式(4.8.2)、式(4.8.32)和式(4.8.9)构成]。

1. 模型参数

由上所述,此模型比一维非结构性土模型增加了两个参数:χ_0,ξ。其中,参数 χ_0 可从参考一维压缩实验中直接量取(图 4.8.8),参数 ξ 可通过在原状土样的参考一维压缩曲线上取点($\sigma_p'^r$, ε_v^{vp})。

由式(4.8.32)变换而来的公式如下:

$$\xi = -\ln\left\{\frac{1}{\chi_0}\left[\exp\left(-\frac{1+e_0}{\lambda_i - \kappa}\varepsilon_v^{vp}\right)\frac{\sigma_p'^r}{\sigma_{pi0}'^r} - 1\right]\right\}\frac{1}{\varepsilon_v^{vp}} \tag{4.8.33}$$

由此可见,新模型虽然增加了两个参数,但可以很直接很容易地确定。如前所述,参考一维压缩实验也可以选择标准一维固结实验。如果原状土的一维压缩曲线达到很高的应力

水平,且其压缩指数趋于稳定,则初始结构比、固有压缩指数和次固结系数均可以从原状土实验的高应力段量取(λ_i 线往回延伸,以量取初始结构比)。在这种情况下并不需要重塑土的实验。

2. 模型验证

为了验证一维模型新增加的结构破坏特征,在如图 4.8.4 所示参数的基础上,给定 χ_0 和 ξ 的值,用模型来模拟等速一维压缩实验。图 4.8.9 的计算结果符合结构性土的一维模型本构原理和一维等速压缩特征。

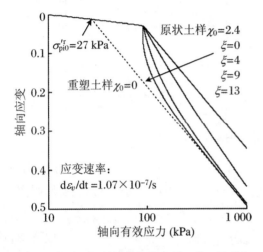

图 4.8.9 模拟的结构性软黏土的一维压缩特征　　图 4.8.10 结构性软黏土 Berthierville 黏土的标准一维固结实验

为了进一步验证模型,选择模拟加拿大结构性软黏土 Berthierville 黏土的等速一维压缩和流变实验。模型参数的确定基于标准一维固结实验(图 4.8.10)。如图 4.8.11 所示,模

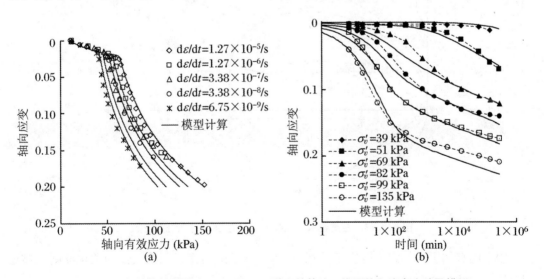

图 4.8.11 结构性软黏土 Berthierville 黏土的等速一维压缩和流变实验及模拟

拟结果与实验结果的比较表明,模型能很好地描述结构性软黏土在一维条件下时效与结构破坏的耦合特性。

4.8.3.4 三维结构性软黏土模型

在一维结构性软黏土模型和三维非结构性软黏土模型基础上,提出三维结构性软黏土本构模型(图 4.8.12)。

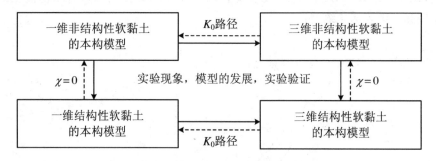

图 4.8.12 天然软黏土弹黏塑性模型发展示意图

土颗粒黏合结构的大小可以用一个标量 χ 来描述。拓展一维方程(4.8.30)到三维方程,则此标量可以把相对于原状土的参考屈服面的大小 p_m^r 和相对于重塑土的固有屈服面的大小 p_{mi}(图 4.8.13)结合起来:

$$p_m^r = (1 + \chi)p_{mi} \tag{4.8.34}$$

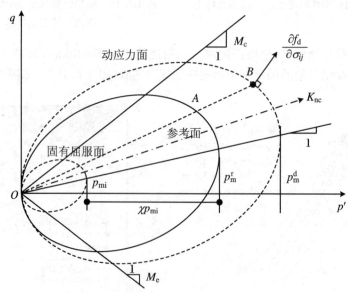

图 4.8.13 三维结构性软黏土模型在 p'-q 平面上的定义

由于固有屈服面的定义对应于重塑土,所以可以采用修正剑桥模型的硬化准则来描述固有屈服面的扩展或缩小:

$$\mathrm{d}p_{\mathrm{mi}} = p_{\mathrm{mi}}\left(\frac{1+e_0}{\lambda_{\mathrm{i}}-\kappa}\right)\mathrm{d}\varepsilon_v^{\mathrm{vp}} \tag{4.8.35}$$

随着结构破坏,结构比 χ 的大小会变小,并趋近于零。考虑黏塑性剪应变对结构破坏的影响,拓展一维方程(4.8.31)到三维方程:

$$\mathrm{d}\chi = -\chi\xi(|\mathrm{d}\varepsilon_v^{\mathrm{vp}}| + \xi_{\mathrm{d}}\mathrm{d}\varepsilon_{\mathrm{d}}^{\mathrm{vp}}) \tag{4.8.36}$$

此方程同 Gens 和 Nova(1993)提出的结构破坏法则类似。其中,参数 ξ 可以控制结构比的破坏速率;ξ_{d} 控制黏塑性偏应变 $\varepsilon_{\mathrm{d}}^{\mathrm{vp}}$ 相对于黏塑性体应变 $\varepsilon_v^{\mathrm{vp}}$ 对结构破坏的相对效应。

用以上方程(4.8.34)~方程(4.8.36)取代三维非结构性软黏土模型中的方程(4.8.21),则三维模型可用来描述土的时效、各向异性和结构破坏等力学耦合特征。

1. 模型参数

新模型比三维非结构性土模型增加了 3 个参数:$\chi_0, \xi, \xi_{\mathrm{d}}$。其中,参数 χ_0 可从参考一维压缩实验中直接量取(图 4.8.8),相同于一维结构性土模型。为了确定参数 ξ 和 ξ_{d},联合方程(4.8.34)~方程(4.8.36),可得到

$$\xi + \xi \cdot \xi_{\mathrm{d}} \frac{2(\eta-\alpha)}{M_{\mathrm{c}}^2-\eta^2} = -\frac{1}{\varepsilon_v^{\mathrm{vp}}}\ln\left\{\exp\left[-\frac{(1+e_0)\varepsilon_v^{\mathrm{vp}}}{\lambda_{\mathrm{i}}-\kappa}\right]\frac{\sigma_v'}{\chi_0\sigma_{\mathrm{pi0}}'} - \frac{1}{\chi_0}\right\} \tag{4.8.37}$$

由此,参数 ξ, ξ_{d} 可通过在原状土样的参考一维压缩曲线和参考各向同性压缩曲线上取点 $(\sigma_v'^{\mathrm{r}}, \varepsilon_v^{\mathrm{vp}})$,代入公式(4.8.37)求得:一维压缩时 $\eta = \eta_{K_0}, \alpha = \alpha_{K_0}$,各向同性压缩时 $\eta = \alpha = 0$。由此可见,新模型虽然增加了 3 个参数,但均可以直接确定。

如前所述,如果原状土的一维压缩曲线达到很高的应力水平,且其压缩指数趋于稳定,参数确定并不需要重塑土实验。如果所需要的各向同性压缩实验为三轴实验的固结阶段,则模型的所有参数确定同剑桥模型的实验成本一样。

2. 模型验证

Vaid 和 Campanella(1977)用结构性软黏土 Haney 黏土做了等速三轴不排水压缩实验(轴向应变速率从 0.000 1/min 到 0.100 0/min 不等)和三轴不排水流变实验(轴向应力从 193 kPa 到 329 kPa)。所有参数取值均基于一维固结实验和三轴实验[参照 Vermeer 和 Neher(1999)],且列于表 4.8.1 中。图 4.8.14(a)表明模拟结果与实验结果拟合很好。换言之,模型既能描述土强度的速率效应,又能描述在加载过程中的结构破坏引起的应变软化。图 4.8.14(b)表明,用同一组参数值模型能同时很好地描述 Haney 黏土三轴不排水流变现象。

表 4.8.1　软黏土的模型参数值

软黏土	λ_{i}	κ	e_0	$\sigma_{\mathrm{p0}}'^{\mathrm{r}}$(kPa)	υ	M_{c}	χ_0	ξ	ξ_{d}	$C_{\alpha e}$
St-Herblain	0.48	0.038	2.26	39	0.2	1.2	—	—	—	0.034
Berthierville	0.39	0.032	1.73	49	—	—	2.7	10	—	0.013 7
Haney	0.315	0.048	2	340	0.2	1.28	8	11	0.3	0.012

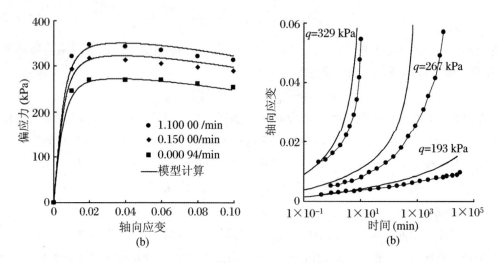

图 4.8.14 Haney 黏土的三轴不排水流变实验及模拟

4.9 屈服面理论模型的发展

4.9.1 多重屈服面的发展

1. 多重屈服面的一般分析

屈服面理论是塑性力学本构关系研究中的基本理论之一。随着研究对象的不同,人们已提出了众多的屈服准则。这些准则均在一定程度上反映了材料的屈服特性。但由于岩土类材料的复杂性,即它既有剪切屈服又有体变屈服,还有明显的剪胀剪缩现象,因此,这些准则均不能全面地反映岩土这类材料的屈服特点。要找出既能反映上述两种屈服,又能反映

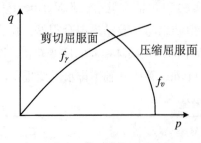

图 4.9.1 双屈服面模型

不同加载路径下各种剪胀(缩)现象与塑性应变方向变化的单一屈服面模型是很困难的。自 20 世纪 70 年代中期以来,人们提出了各种双屈服面模型(Lade,1977;Prevost,1975;Seiki,1979;Vermeer,1978)。实际上,上述的讨论已经介绍了双屈服面模型。图 4.9.1 所示模型由压缩屈服面和剪切屈服面组成,各屈服面服从流动法则:剪切屈服面产生塑性剪切应变和塑性体缩应变;压缩屈服面产生塑性剪切应变和塑性体胀应变。

沈珠江等(1980,1984,1982)在上述双屈服面模型的基础上,进一步提出了部分屈服面理论的概念,他把塑性应变分成几个具有独立物理意义的部分之和,然后针对各部分建立各自的屈服面。各个屈服面只产生与本屈服面硬化规律相对应的塑性变形,各个屈服面不相互影响。部分屈服面不必服从流动法则,它是建立在塑

性应变与应力之间存在唯一关系的假设上的。此时的应变点在几个独立的屈服面的交点上。部分屈服面理论不同于经典的屈服面理论。在经典的屈服面理论中,弹塑性区之间有一明显的界线。而部分屈服面理论,从弹性区穿过塑性区时,没有明显的界线,塑性应变是逐步增加的。上述各种双屈服面和部分屈服面,都难以保证应力状态沿剪切屈服面上变化时完全不产生剪切变形,而沿压缩屈服面上变化时完全不产生体积变形。如取 q 为常量的面作为剪切屈服面,在 p 不断减小时,土体将产生显著的剪切变形。又如取 q/p 为常量的面作为剪切屈服面,沿此路线进行不等压实验时,也会产生显著的剪切变形。因此,Vermeer、黄文熙等直接采用剪切塑性应变的等值线作为剪切屈服面,以体缩塑性应变的等值线作为体积屈服面,也符合中性加载时屈服面不出现塑性应变的原则。这些屈服面的共同特点是:剪切屈服面都在锥形的一边,而压缩屈服面都在帽形的一边。一般以塑性体应变作为压缩屈服面的硬化参数,以塑性偏应变作为剪切屈服面的硬化参量,但也有少数以塑性功作为硬化参量的。这些模型大多数采用正交流动法则,少数采用非正交流动法则。沈珠江等(1982)建议采用塑性体应变 ε_v^p 等值线作为体积屈服面 f_v,以八面体塑性剪应变 $\bar{\varepsilon}^p$ 等值线作为剪切屈服面 f_γ,他放弃了流动理论,而建议采用塑性应变与应力间存在的唯一关系的假设,即采用如下关系:

$$d\varepsilon_v^p = \frac{\partial f_v}{\partial p}dp + \frac{\partial f_v}{\partial q}dq \tag{4.9.1}$$

$$d\bar{\varepsilon}^p = \frac{\partial f_\gamma}{\partial p}dp + \frac{\partial f_\gamma}{\partial q}dq \tag{4.9.2}$$

沈珠江又将两个部分屈服面推广到多重屈服面,提出了三重屈服面模型,即

$$f_1 - p = 0, \quad f_2 - q = 0, \quad f_3 - n = 0 \tag{4.9.3}$$

式中,f_1,f_2 和 f_3 分别为压缩屈服面、剪切屈服面和剪胀屈服面。压缩屈服面由 p 的增加产生,剪切屈服面由 q 的增加产生,剪胀屈服面由 $q/p = n$ 的增加产生。塑性形变分别由这3个屈服面产生,由此,可得 $d\varepsilon_v^p$ 及 $d\bar{\varepsilon}^p$:

$$d\varepsilon_v^p = Adp + Cdn$$

$$d\bar{\varepsilon}^p = Bdq + Ddn \tag{4.9.4}$$

式中,A,B,C,D 称为塑性系数,由实验得到。

殷宗泽(1984,1987)指出,一切以塑性体应变为硬化参量的单屈服面模型只能反映剪缩,即体积压缩(压缩为正,箭头指向右),不能反映剪胀;反之,一切屈服面为开口锥面的模型,都只能反映剪胀,即它只能反映剪应力引起的剪胀(剪胀为负,箭头指向左),而不能反映剪缩,如图4.9.2所示。他认为,剪切引起的体积变化是由于微观颗粒错动滑移的不同效果引起的,有的微观错动引起体积膨胀,有的引起体积收缩。这两种作用在同一土体、同一加载路径中都存在,宏观土体的具体表现应是这两种作用的综合效应,表现出起主导地位的微观作用所引起的效果。基于这种考虑,殷宗泽与 Duncan 共同提出双屈服面模型,并在修正剑桥模型基础上提出了一个新的双屈服模型。

2. 多重屈服面的优越性

双屈服面模型和三屈服面模型比单屈服面模型能更好地反映各种加载路径。根据图4.9.2(a)所示的7种加载路径,由单屈服面(剑桥模型)、双屈服面和三屈服面模型算得的应

变增量向量相应于图 4.9.2(b),(c)和(d)。由图 4.9.2(d)可见,据三屈服面模型算得的应变增量更接近 Balasubramanian(1974)的实验结果。这表明多重屈服面模型能更好地反映应力路径转折的影响。

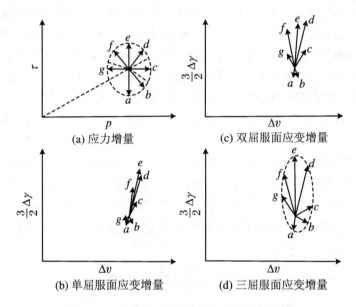

图 4.9.2　与七种加载路径相对应的应变增量

单屈服面模型难以满足中性变载时不会产生塑性变形的基本法则。图 4.9.3(a)所示是以 ε_v^p 为硬化参量的单屈服面模型。当沿路径①由 A 点到 C 点时,$d\varepsilon_{v_1}^p > 0$,$d\bar{\varepsilon}_1^p > 0$。而当

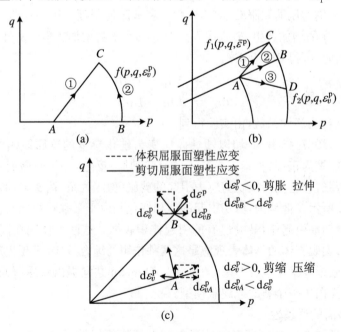

图 4.9.3　分析多重屈服面的优越性

沿路径②由 A 点，B 点到 C 点时，则 AB 路线中只产生 $d\varepsilon_{v_2}^p > 0$，而 BC 为屈服面，按中性加载条件下不产生塑性应变的假设，可得 $d\varepsilon_{v_1}^p = d\varepsilon_{v_2}^p > 0$，而 $d\bar{\varepsilon}_1^p > 0, d\bar{\varepsilon}_2^p = 0$。显然路径②从 B 点到 C 点不产生塑性偏应变的结论是不符合实际的。而如图 4.9.3(b) 所示的双屈服面模型便可以解决这个问题。在图 4.9.3(b) 中，f_1, f_2 是分别以 $\bar{\varepsilon}^p$ 和 ε_v^p 为硬化参数的双屈服面。现在讨论沿 AC 应力路径加载时塑性应变的变化。沿路径①将产生 $\varepsilon_{v_1}^p$ 和 $\bar{\varepsilon}_1^p$。沿路径②加载时，AB 段只产生 $\delta\varepsilon_{v_2AB}^p > 0, \delta\bar{\varepsilon}_{2AB}^p = 0$，$BC$ 段产生 $\delta\varepsilon_{v_2BC}^p = 0, \delta\bar{\varepsilon}_{2BC}^p > 0$，因此，将产生 $\delta\varepsilon_{v_2}^p > 0, \delta\bar{\varepsilon}_2^p > 0$ 的塑性应变，这里用到了中性加载条件。对于路径③，AD 段只产生 $\delta\varepsilon_{v_3AD}^p > 0, \delta\bar{\varepsilon}_{3AD}^p = 0$，因为此段相对于屈服函数 f_1 为卸载，不产生与该硬化参数相应的塑性变形；DB 段产生 $\delta\bar{\varepsilon}_{3DB}^p = 0, \delta\varepsilon_{v_3DB}^p = 0$，这里还用到了中性加载条件；$BC$ 段产生 $\delta\bar{\varepsilon}_{3BC}^p > 0$，$\delta\varepsilon_{v_3BC}^p = 0$。因此，沿路径③加载时也将产生 $\delta\varepsilon_{v_3}^p > 0, \delta\bar{\varepsilon}_3^p > 0$ 的塑性应变。

对其他加载路径也可以做类似分析。如果对有势场（即塑性应变的产生与加载路径无关，只与起点和终点在场中的位置有关），可以通过调整多重屈服面的流动法则而得到 $\delta\varepsilon_{v_1}^p = \delta\varepsilon_{v_2}^p = \delta\varepsilon_{v_3}^p > 0, \delta\bar{\varepsilon}_1^p = \delta\bar{\varepsilon}_2^p = \delta\bar{\varepsilon}_3^p > 0$ 的结论。

多重屈服面可以模拟岩土类变形的全过程。实验表明，在 p 等于常量的情况下增大 q 值，先出现剪缩，后出现剪胀。这种现象用单屈服面理论很难给予合理的解释，而采用双屈服面模型时就很容易解释。图 4.9.3(c) 所示的双屈服面，分别以塑性体应变和塑性偏应变作为硬化参数。当 q 值较小时（A 点），体积屈服面的剪缩分量大于剪切屈服面的剪胀分量，从而出现剪缩现象；而当 q 值较大时（B 点），体积屈服面的剪缩分量小于剪切屈服面的剪胀分量，因而出现剪胀现象。

土的多重屈服面模型的优越性被国内外越来越多的学者和工程人员所认识，因而多重屈服面模型应用范围也越来越广。基于广义塑性力学的多重屈服面理论在理论上比较完善，是经典塑性力学的发展。采用实验拟合方法求塑性系数的多重屈服面理论，兼收了剑桥模型与邓肯模型的优点，应用比较简便，基于塑性应变与应力唯一性假设的多重屈服面突破了塑性位势理论和流动法则的框架。总之这3种理论各有千秋，但也需要继续完善和深化。

4.9.2 非等向硬化（软化）模型

上述各个等向硬化（软化）模型事实上都假设岩土介质是初始各向同性和加载后各向同性硬化或软化的。实际上，地质材料具有初始各向异性和加载后仍各向异性的特性。为了反映这种各向异性，提出了一些非等向硬化模型。这里以 Prevost(1975) 模型为例进行简要的说明。Prevost 非等向硬化模型实际上是以 Von Mises 模型为基础，考虑了等向硬化与运动硬化和软化的混合硬化模型。模型的屈服面在主应力空间是一族偏离了坐标原点和主应力轴的椭球体，在 p-q 平面为一族偏离了 p 轴和 q 轴的椭圆。屈服面可以相互重叠或相切，但是不能相交，见图 4.9.4。

图 4.9.4 中，最外层的屈服面是一个极限体积屈服面，或称边界面。OM 和 OM' 线为破坏线或临界状态线。非等向硬化或软化用这些屈服面在主应力空间的平移与不断扩大或缩小来描述。屈服面的一般方程 f_m 为

$$f_m = \frac{3}{2}(S_{ij} - \alpha_{ij}^m)(S_{ij} - \alpha_{ij}^m) + C'^2(p - \beta^m)^2 - (K^m)^2 = 0 \qquad (4.9.5)$$

式中，S_{ij}为偏应力。模型参数α_{ij}^m在几何上反映f_m屈服面中心的q轴坐标，物理上反映介质对加、卸载过程的记忆历史。模型参数β_{ij}^m在几何上反映f_m屈服面中心的p轴坐标，物理上反映介质对加、卸载过程的记忆历史。模型参数K^m在几何上反映f_m屈服面的尺度大小。模型参数$C' = q/p$在几何上反映f_m屈服面的轴率，当将f_m屈服面绘在$c'p$-q坐标系时，椭圆屈服面就变成圆形的屈服面。

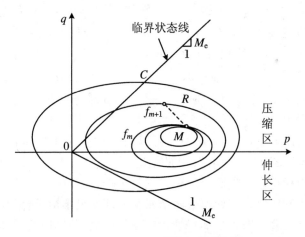

图4.9.4 Prevost非等向硬化模型

此模型包括了平均应力和偏应力对屈服和硬化或软化的影响，是一个非常一般的非等向混合硬化和软化模型。在特殊情况下，可以简化为随动硬化（软化）或等向硬化（软化）模型，甚至可以简化为Von Mises理想塑性模型。Prevost模型可以用于各种土的排水与不排水、随机和周期性载荷情况。这在理论上无疑是更加全面与合理的。这个模型针对的是初始各向异性的情况，从某种意义上来说，它可以推广应用于应力引起的各向异性模型中。各向异性用应力空间中多重屈服面的不同位置来表示。这类模型适合预测连续各向异性加载条件所产生的各向异性。但是，Prevost模型还不能反映主应力轴偏转的情况，模型参数也较多（超过8个），而且硬化（软化）参数难以准确测定，计算也比较复杂，这就限制了它的实际应用。它也属于多重屈服面模型。

4.9.3 基于多机制概念的塑性模型

多机制（multi-mechanism）概念是Matsuoka和Aubry等（1982）提出来的。以三机制概念为例，将材料的塑性变形状态分解成3个部分，它们分别独立产生于3个虚构的所谓的激活机制（activated mechanism）。也就是说，将各激活机制上所产生的塑性应变状态叠加起来，便可得到实际上可观察到的总塑性应变状态，见图4.9.5。图中用主应力状态σ_1，σ_2，σ_3表征三维应力状态，用$\delta\varepsilon_1^p$，$\delta\varepsilon_2^p$，$\delta\varepsilon_3^p$来表征对应主应力作用方向上的塑性应变增量。

就机制Ⅰ来说，认为塑性应变仅在σ_2和σ_3方向上发生，且相应的部分塑性应变增量分别为$(\delta\varepsilon_2^p)_{\text{Ⅰ}}$和$(\delta\varepsilon_3^p)_{\text{Ⅰ}}$，其中，括号外的下角标指机制编号。对该机制来说，其应变问题实质上是在σ_2-σ_3应力平面内产生的平面应变问题。同理，对机制Ⅱ和机制Ⅲ来说，其部分塑性应变增量只可能在σ_3-σ_1和σ_1-σ_2应力平面内产生。利用这种三机制概念来建立材料的本构方程时,首先要利用已有的塑性本构理论将每一种机制视为二维平面应变问题加以描述;其次将各机制所产生的部分塑性应变增量叠加起来[即 $\delta\varepsilon_i^p = (\delta\varepsilon_i^p)_j + (\delta\varepsilon_i^p)_k$,其中 $i \neq j \neq k$],并通过积分确定出三维应力条件下的总塑性应变状态。为了反映等向压缩所引起的塑性变形,Matsuoka(1974)还引入了第四机制。Kabilamany 和 Ishihara(1990),Prevost(1990)以及 Paster,Zienkiewicz 和 Chan(1990)等采用多机制概念分别建立了多种新颖的描述循环加载条件下砂土动本构特性的塑性模型,其中,Paster 等(1990)的模型很有特色。他们认为材料的变形是由 M 多个在相同应力状态条件下的独立机制所产生的变形叠加的结果,并提出了广义塑性理论体系。该理论体系不需要明确地定义屈服面和塑性势面,可考虑应力主轴旋转等多种复杂循环动力加载作用条件,并将经典塑性理论和上述边界面模型等视为其特例。Paster 等人认为,该模型可以在全范围内描述砂土和黏土的动静力学性态,是当前最简单也是最有效的模型之一。从实例分析来看,该模型对饱和砂土循环加载动力特性的模拟效果还是相对比较好的。

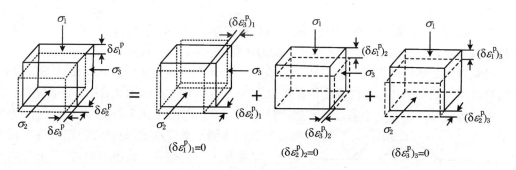

图 4.9.5 多机制模型的基本思想

4.9.4 结构性岩土介质的数学模型

4.9.4.1 土体结构性模型和逐渐破损理论[①]

土体结构性数学模型和逐渐破损理论,是由沈珠江院士于 1995 年在中国力学学会岩土力学专业委员会的"展望 21 世纪土力学的核心问题"讨论会上提出来的。理想弹性体和刚性体模型曾经是古典土力学模型建立的基础。20 世纪 60 年代初发展起来的以剑桥模型为代表的弹塑性模型和以 Duncan 模型为代表的非线性模型标志着土体力学特性认识上的第一次飞跃。土体的实际变形特性并不是线性的或刚塑性的,深入分析土体本构理论的发展过程可以发现:现有的各种本构模型实际上都是针对饱和扰动土和砂土而发展起来的。这些模型所描述的应力-应变曲线都以刚塑性模型的水平线为渐近线,如图 4.9.6 所示。Duncan 的双曲线模型也是如此,剑桥模型的所谓的临界状态理论(破坏时

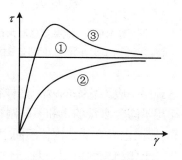

图 4.9.6 应力-应变关系

---
① 沈珠江,1995。

体积不变而剪应变无限发展)也是这一观点。事实上,剑桥模型是从 Henkel(1959)饱和扰动黏土的实验结果出发而建立起来的。按这一实验结果,孔隙比与应力状态之间存在下列唯一关系:$e=f(\sigma_m,n)$。其中,n 为应力比,$n=p/q$,$\sigma_m=p=I_1/3$,$q=\sqrt{3J_2}$。

对于应变软化问题,没有从本质上把软化过程与土体结构逐渐破损过程联系起来。有的只是提出一种经验公式,更多的也只是剑桥模型的推广,即从体积收缩为硬化推广到体积膨胀为软化(沈珠江,1995)。事实上,许多结构性强的土,如软黏土和黄土,其软化过程往往伴随着体积收缩。例如,在软土地基原状土中经常发现的孔隙压力系数 $a_f>1$ 的现象就是结构强度丧失后发生强烈体积收缩的结果(魏汝龙,1980),而黄土的湿陷更不言自明。为了描述原状土中普遍存在的结构破损现象,需要建立相应的本构模型(结构性模型)和相应的分析理论(逐渐破损理论)。这两点正是这里所指出的土体结构性数学模型的内容。不容置疑,这一数学模型的建立将意味着人们在深化土体力学特性的认识方面完成了第二次飞跃。图 4.9.6 中的曲线③我们不称之为应变软化模型,而特称之为结构性模型,正是为了强调这一点。

相关研究,除沈珠江(1994,1996)做过一些初步尝试外,尚无更多的研究成果。而有关逐渐破损理论,则与已研究多年的剪切带形成问题有一定的关系(De Borst,1986)。

研究岩土的结构性模型:一是对原状土的取土技术和实验技术的影响。如对于软黏土,多数情况下其结构破坏以后的强度指标可以取为 $c'=0$,$\varphi'=30°$,因此,测试重点应当是原状土的结构强度。二是对地基设计和加固技术的影响。以图 4.9.7 为例,左边实线①为典型的实测水平位移线,而虚线②则为现有模型的有限元分析结果。此图表明,在一定的地面荷载下,大量的结构破坏侧向挤出只局限于土层的上部,而现有的数值计算技术尚无法模拟这一现象。如果有了合理的分析理论足以确切地预测某一荷载下土体结构严重破坏区的范围,则加固范围只要限于这一区域就可以了。另外,研究多年而不得要领的应力历史和应力路径影响问题,也必定与土的结构性有密切关系。即使是扰动土,经历不同应力路径而达到同一应力状态的两个试样往往也会有不同的力学表现,原因也是两者的结构性不同。而用不同含水量的土和不同制样方法制备的具有同一孔隙比的试样,其力学性质有很大差异,原因也只有从结构性不同中去寻找。

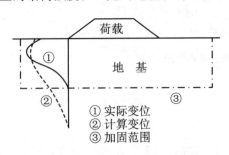

图 4.9.7 地基变形和加固范围
注:图中模型:①为刚塑性;②为弹塑性;③为结构性。

土体结构性模型表明:土力学研究中的一些传统观点需要改变。例如,弹塑性耦合问题。其实,软化过程中,弹性模量的降低应当是结构强度逐渐丧失的结果,弹塑性耦合的提法只是从表面上描述了这一现象。再如,长期争论的有关剪切实验中破坏点的确定问题。寻找破坏点其实是刚塑性模型的要求,对结构性模型来说已无此必要。流变实验中的长期强度问题亦是如此。如果排除剪切面积的减少,则长期剪切作用下,后期试样出现加速变形而导致破坏的原因不外乎是结构强度的丧失或者孔隙压力的升高(包括负孔隙压力的丧失),二者都与结构性变化有关。因此,结构性模型中可能不再需要保留长期强度的概念。

归结起来说,从结构模型的观点出发,不应当再把土体看作是具有固定形变模量和强度指标的材料,只能说,原状土在刚开始受力时有一定的模量,其结构完全破坏后有一定的强度,而受力的中间过程则是从原状土到扰动土的逐渐转化过程。

4.9.4.2 结构性黄土的本构模型[①]

天然沉积黄土具有结构性,其在结构破坏前后表现出非常不同的力学特性,具有很强的结构性和与水湿陷的特性(蒲毅彬,2000;孙建中等,2000),而且水湿陷变形具有突发性、不连续性和不可逆性等失稳破坏特征(陈正汉等,1986;苗天德,1999)。为了真实地反映黄土的上述特征,在室内实验的基础上,应用充分扰动饱和黏土的稳定孔隙比和稳定状态原理,根据不可逆变形由团块之间滑移和团块破碎机理所引起的概念及土体损伤演化定律,建立了非饱和黄土的屈服函数和损伤函数,得到了非饱和原状结构性黄土的结构性数学模型。

(1) 大多数天然沉积土在较低应力水平加载下基本处于弹性状态,因此,可以把这种土样看作随机分布的胶结起来的弹性块体,即从整体上将其看作一个堆砌的块体。当加载达到某一个界限值时,最薄弱的胶结点最先破坏,使土样变成几个块体的集合体;当继续进一步加载时,块体进一步被挤碎,块体尺寸变得越来越小;最终,当所有的土块被破坏时,就可以得到与重塑土类似的土样。根据以上假设,当结构性土的薄弱联结被破坏后,进一步加载引起的不可逆变形将由块体之间的滑动引起的塑性变形和块体破碎引起的损伤变形两部分组成,再加上弹性变形,并用关联流动法则,应力-应变增量关系可写为

$$\Delta \boldsymbol{\varepsilon} = \boldsymbol{C} \Delta \boldsymbol{\sigma}' + A_1 \frac{\partial f}{\partial \boldsymbol{\sigma}} \Delta f + A_2 \frac{\partial g}{\partial \boldsymbol{\sigma}^*} \Delta g \tag{4.9.6}$$

式中,$\boldsymbol{C}$ 为弹性柔度矩阵,A_1 为对应于屈服的塑性系数,A_2 为对应于损伤的塑性系数,f,g 分别为屈服和损伤函数,$\boldsymbol{\sigma}', \boldsymbol{\sigma}^*$ 分别为有效应力和平均应力。

(2) 损伤函数。

传统弹塑性理论,屈服函数的表达式为

$$f(\boldsymbol{\sigma}' - p(h)) = 0 \tag{4.9.7}$$

其中,$\boldsymbol{\sigma}'$ 为有效应力张量,h 为硬化参数。若损伤函数采用沈珠江(1993)的椭圆函数,则损伤函数为

$$g = \frac{\sigma_m^*}{\left(\dfrac{1+\eta^*}{M}\right)^n} \frac{1}{(1+\alpha s)} \tag{4.9.8}$$

其中

$$\eta^* = \frac{1}{\sqrt{2}}, \quad \sigma_m^* = \left[\left(\frac{\sigma_1^* - \sigma_2^*}{\sigma_1^* + \sigma_2^*}\right)^2 + \left(\frac{\sigma_2^* - \sigma_3^*}{\sigma_2^* + \sigma_3^*}\right) + \left(\frac{\sigma_3^* - \sigma_1^*}{\sigma_3^* + \sigma_1^*}\right)\right]^{\frac{1}{2}}$$

损伤函数能够描述由于 σ_m^* 和 η^* 的增加和吸力 s 的减小所引起的土体结构的演化和破坏。

(3) 屈服引起的塑性变形。

对于如堆砌块体一样的块体集合体,用与式(4.9.8)类似的屈服函数来表示:

[①] 胡再强,2005。

$$f = \frac{\sigma'_m}{\left(1+\dfrac{\eta'}{M}\right)^n}$$

式中,σ'_m 为有效平均主应力,η' 为有效剪应力。用塑性体应变作为硬化参数,用一个类似于剑桥模型的硬化准则,其球应力 p 为

$$p = p_0 \exp\left(\frac{1+e_0}{\lambda-\kappa}\varepsilon_v^p\right)$$

式中,p_0 为一参考压力,当 p_0 为参考压力时,$\varepsilon_v^p = 0$。

将上式写为增量形式:

$$\Delta\varepsilon_v^p = \frac{\lambda-\kappa}{1+e_0}\frac{\Delta p}{p}$$

将其应用于等向压缩,即 $\Delta f = \Delta p$,$\dfrac{\partial f}{\partial \boldsymbol{\sigma}} = \dfrac{\partial f}{\partial \sigma_m}$。用式(4.9.6)的第二项与上式相比较,屈服函数中的塑性系数 A_1 的关系式可表达如下:

$$A_1 = \frac{\lambda-\kappa}{1+e_0}\frac{1}{\dfrac{\partial f}{\partial \sigma'_m}p} \tag{4.9.9}$$

(4) 损伤引起的塑性变形。

大量实验研究表明,同一应力状态下充分扰动饱和黏土的孔隙比 e_s 与有效应力状态之间存在唯一对应关系[唯一性原理,最早由 Rendulic 提出,并由 Henkel(1960)完整表述],这种关系称为稳定状态原理。对于黄土,通过室内实验发现,压缩曲线可以用半对数曲线表示,而且在不同的 η 值之下的压缩曲线是平行的。此时,孔隙比可表示为

$$e_s = e_0 - c_c \lg\left(\frac{\sigma'_m}{\sigma'_{m_1}}\right) - \frac{c_d}{\lg 2}\lg\left[1+\left(\frac{\eta}{\eta_f}\right)^2\right]$$

式中,c_c 为压缩指数,为由等向压缩状态($\eta=0$)到破坏状态($\eta=\eta_f$)所引起的孔隙比减小量。当用椭圆屈服面模型时,c_d 为剪缩系数,$c_d = (c_c - e_s)\lg 2$。土体的孔隙状态符合上述公式时可以称为稳定状态,相应的孔隙比称为稳定孔隙比。剑桥模型把剪切破坏时的孔隙比趋于稳定不变时的状态称为临界状态,可被看作稳定状态在 η_f 条件下的特例(沈珠江,1996)。

对应于损伤的塑性变形,其损伤参数为

$$d = \frac{e_0-e}{e_0-e_s}$$

其中,e 为土的当前孔隙比。上式的物理意义为:当土完全损伤也就是土的孔隙比 $e=e_s$ 时,损伤参数 $d=1$;当土体没有损伤也就是土的孔隙比 $e=e_0$ 时,损伤参数 $d=0$。相应的损伤演化规律为

$$q = q_0 + (q_m - q_0)\sqrt{2\ln(1+d)}$$

其中,q 为一种等效损伤力,q_0 为损伤力的门槛值,q_m 为土的压缩曲线陡降处相对应的应力。当 $q < q_0$ 时,说明土体没有损伤,$d=0$。

当不考虑弹性变形时,$\Delta\varepsilon_v^p = -\dfrac{\Delta e}{1+e_0}$。由上述 d 和 q 的表达式,可得到 $\dfrac{\partial d}{\partial q}$

$$= \frac{q - q_0}{(q_m - q_0)^2}。$$

又由于 $-\Delta e = (e_0 - e_s)\Delta d$，所以塑性体应变的表示式为

$$\Delta \varepsilon_v^p = \frac{e - e_s}{1 + e_0} \frac{q - q_0}{(q_m - q_0)^2} \Delta q$$

在各向同性的压缩情况下，$\Delta g = \Delta q$，$\frac{\partial g}{\partial \boldsymbol{\sigma}^*} = \frac{\partial g}{\partial \sigma_m^*}$。把式(4.9.6)和上式的第3项比较，可得到塑性系数 A_2 的表达式：

$$A_2 = \frac{e_0 - e_s}{1 + e_0} \frac{q - q_0}{(q_m - q_0)^2 \frac{\partial g}{\partial \sigma_m^*}} \quad (4.9.10)$$

(5) 本构方程。

引入 $\Delta f = \left(\frac{\partial f}{\partial \boldsymbol{\sigma}'}\right)^T \Delta \boldsymbol{\sigma}$ 和 $\Delta g = \left(\frac{\partial g}{\partial \boldsymbol{\sigma}^*}\right)^T \Delta \boldsymbol{\sigma}^* + \frac{\partial g}{\partial s} \Delta s$ 后，再利用 Bishop 的有效应力公式，则式(4.9.6)变为如下应力-应变关系：

$$\Delta \boldsymbol{\varepsilon} = \left(\boldsymbol{C} + A_1 \boldsymbol{C}_f + \frac{\partial \boldsymbol{\sigma}'}{\partial s} + A_2 \boldsymbol{C}_g \frac{\partial g}{\partial s}\right) \boldsymbol{\delta} \Delta s \quad (4.9.11)$$

式中，

$$\boldsymbol{C}_f = \left(\frac{\partial f}{\partial \boldsymbol{\sigma}'}\right)^T \frac{\partial f}{\partial \boldsymbol{\sigma}'}, \quad \boldsymbol{C}_g = \left(\frac{\partial g}{\partial \boldsymbol{\sigma}^*}\right)^T \frac{\partial g}{\partial \boldsymbol{\sigma}^*}$$

$$\frac{\partial \sigma'}{\partial s} = \frac{1}{(1 + \alpha s)^2}, \quad \frac{\partial g}{\partial s} = -\frac{\sigma_m^*}{\left(1 - \frac{\eta^*}{M}\right)^n} \frac{\alpha}{1 + \alpha s^2}$$

(6) 本构方程参数确定。

本构模型的6个参数 $(M, \lambda, \kappa, \alpha, q_0, q_m)$ 必须通过实验来确定。参数 M 和 λ 应随损伤参数的变化而变化，因为随着土的团粒的破碎，土的强度应当减小而压缩性应当增大。另外，为使问题简化，土的再压和回弹系数 κ 一般取为常量。参数 M 与土的内摩擦角有关，可采用关系：$M = \sqrt[n]{1 + n\sin\varphi}$，如果 φ_0 和 φ_1 分别是未损伤土($d = 0$)和完全损伤土($d = 1$)土样的内摩擦角，可采用线性内插公式来计算某一损伤参数 d 值下的内摩擦角 φ 值：$\varphi = \varphi_0 - d(\varphi_0 - \varphi_1)$，$\varphi_0, \varphi_1$ 可通过天然状态黄土试样的三轴剪切实验在低围压和高围压的抗剪强度包络线来确定，如图 4.9.8 所示。

参数 λ 可用类似于内摩擦角的内插公式 $\lambda = \lambda_0 + d(\lambda_1 - \lambda_0)$ 计算：用原状黄土压缩实验的 e-$\ln p$ 曲线的斜率确定 λ_0；用充分扰动饱和黄土压缩实验的 e-$\ln p$ 曲线的斜率确定 λ_1，具体确定方法如图 4.7.8 所示。通过上述实验曲线还可确定 p_0 和 p_m。p_0 是饱和原状黄土压缩曲线陡降处相对应的压力。如果侧限压缩实验满足 $\sigma_3/\sigma_1 = 1 - \sin\varphi$，当 φ 从 30°变化到 20°时，$q = (1.1 \sim 1.21)p$，为了使问题简化，假定 $q = 1.2p, q_0 = 1.2p_0, q_m = 1.2p_m$。$\alpha$ 可以通过试算法由拟合实验曲线得到；κ 可以通过压缩曲线的回弹再压缩曲线的平均斜率得到，可假定 $\kappa = \lambda_0$；初始弹性模量 E_1 可由单轴压缩实验确定；泊松比 ν 可通过黄土的三轴排气不排水剪切实验的应力-应变曲线得到。

(7) 模型验证。

在室内进行原状结构性黄土和不同含水量条件下侧限压缩及固结实验、浸水湿陷实验、原状黄土三轴排气不排水剪切实验。通过上述实验可测定结构性黄土的计算参数为 $n=1.2, e_0=1.09, w_0=14.0\%, s_0=160\text{ kPa}, \lambda_0=0.013, \lambda_1=0.096, \varphi_0=60°, \varphi_1=21.1°, \kappa=0.13, q_0=60\text{ kPa}, q_m=500\text{ kPa}, E_1=2000\text{ kPa}, \nu=0.33, \alpha=1.5$。

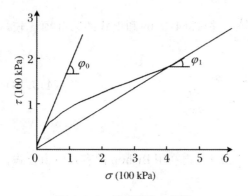

图 4.9.8 抗剪强度包络线

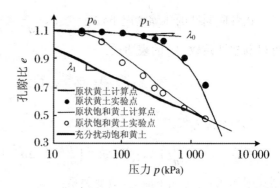

图 4.9.9 原状黄土的侧限压缩曲线（$w=14.0\%$）

按上述模型编制了一维压缩和三轴剪切情况下的验证程序,一维压缩实验和数值分析结果见图 4.9.9,图中给出了原状黄土在含水量 $w=14.0\%$ 时侧限压缩条件下的垂直压力 p 与试样孔隙比 e 关系的数值模拟结果和实验结果。由图可见,数值计算结果与实验结果较为吻合,说明该模型能很好地描述原状黄土的结构性以及黄土结构性对黄土力学特性的影响。三轴排气不排水剪切实验和数值模拟结果见图 4.9.10 和图 4.9.11,图中给出了原状黄土三轴排气不排水剪切实验下的差应力 $\sigma_1-\sigma_3$、体应变 ε_v 与轴向应变 ε_1 的关系曲线。由图可见,整个计算模拟结果与实验结果是比较吻合的。黄土的结构性模型能反映结构性黄土三轴排气不排水剪切实验特性,说明在三轴剪切条件下,土体存在一个结构强度。当围压 σ_3 小于或等于结构强度时,应力-应变关系表现为应变软化和理想塑性现象;而当围压 σ_3 大于土体的结构强度时,应力-应变关系表现为硬化型。

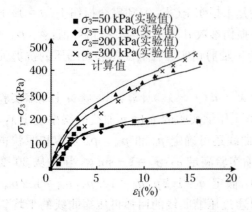

图 4.9.10 三维排气不排水剪切实验数值模拟结果

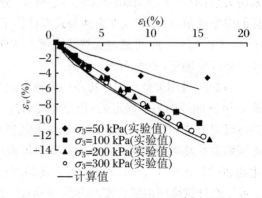

图 4.9.11 三维排气不排水剪切实验数值模拟结果

4.10 无屈服面的塑性模型

4.10.1 基于塑性耗散能的本构关系[①]

以上关于材料的塑性分析中,都需要确定材料的塑性屈服面、后继屈服面,以及相应的流动法则,具有较大的不可确定性,同时还需要进行大量的实验研究。李国琛等(2003)提出了一种基于塑性耗散能的本构关系,以处理塑性膨胀性的问题。此本构关系并不局限于 Drucher 公设等材料稳定性假定。

若塑性变形过程中所耗散能量的增量为

$$dW^p = \sigma_{ij} d\varepsilon_{ij}^p \tag{4.10.1}$$

由此,可以进行运算:

$$dW^p = (S_{ij} + \sigma_m \delta_{ij})(de_{ij}^p + d\varepsilon_m^p \cdot \delta_{ij}) = S_{ij} de_{ij}^p + 3\sigma_m d\varepsilon_m^p \tag{4.10.2}$$

由于 $S_{ij} de_{ij}^p = \sigma_e d\varepsilon_e^p$,式中,$\sigma_e$ 为等效应力,$\sigma_e = \sqrt{3J_2}$。则有

$$de_{ij}^p = \frac{3}{2} \frac{d\varepsilon_e^p}{\sigma_e} S_{ij} \tag{4.10.3}$$

故有

$$de_{ij}^p de_{ij}^p = \frac{9}{4} \frac{d^2 \varepsilon_e^p}{\sigma_e^2} S_{ij} S_{ij} \tag{4.10.4}$$

因此

$$d\varepsilon_e^p = \sqrt{\frac{2}{3} de_{ij}^p de_{ij}^p} \tag{4.10.4}$$

塑性应变增量表示为其偏量和体量之和,即

$$d\varepsilon_{ij}^p = de_{ij}^p + d\varepsilon_m^p \cdot \delta_{ij} = \frac{3}{2} \frac{d\varepsilon_e^p}{\sigma_e} S_{ij} + \frac{1}{3} \delta_{ij} d\varepsilon_{kk}^p \tag{4.10.5}$$

由此,塑性应变增量可表示为

$$d\varepsilon_{ij}^p = \frac{3}{2} \frac{S_{ij} d\sigma_e}{E_{te}^p \sigma_e} + \delta_{ij} \frac{1}{3 E_{tm}^p} d\sigma_{kk} \tag{4.10.6}$$

式中,$E_{te}^p = d\sigma_e / d\varepsilon_e^p$,$E_{tm}^p = d\sigma_{kk} / d\varepsilon_{kk}^p = d\sigma_m / d\varepsilon_m^p$。

又 $d\sigma_e = \frac{3}{2\sigma_e} S_{kl} d\sigma_{kl}$,式(4.8.6)可写为

$$d\varepsilon_{ij}^p = \left(\frac{9}{4 E_{te}^p} \frac{S_{ij} S_{kl} d\sigma_e}{\sigma_e^2} + \frac{1}{3 E_{tm}^p} \delta_{ij} \delta_{kl} \right) d\sigma_{kl} \tag{4.10.7}$$

此式即为描述可膨胀塑性的塑性应变增量。在推导过程中只用到了与塑性耗散能有关的表达式,此本构关系可以替代 Drucker 公设等材料稳定性假定,以及相应屈服面的凸性和正交

[①] 李国琛等,2003。

法则。

应力增量的表达式为

$$\hat{\sigma}_{ij} = L_{ijkl} D_{kl} \tag{4.10.8}$$

式中,$\hat{\sigma}_{ij}$ 为应力的 Jaumann 率,以及

$$L_{ijkl} = \frac{E}{1+\nu} \left[\frac{1}{2}(g^{ik}g^{jl} + g^{il}g^{jk}) + g^{ij}g^{kl} \frac{\nu - \dfrac{E}{3E_{tm}^p}}{1 - 2\nu + \dfrac{E}{E_{tm}^p}} - \frac{3}{2\sigma_e^2} \frac{E}{E_{te}^p} \frac{S_{ij}S_{kl}}{\dfrac{2}{3}(1+\nu) + \dfrac{E}{E_{te}^p}} \right] \tag{4.10.9}$$

其中,等效塑性切线模量 $E_{te}^p = d\sigma_e / d\varepsilon_e^p$,$1/E_{te}^p = 1/E_t - 1/E$,在单轴加载情况下,$E_t = d\sigma_1 / d\varepsilon_1$。

本构关系需确定的参数主要是表征塑性软化和塑性体积膨胀的模量 E_{te}^p 和 E_{tm}^p,李国琛等就金属给出了配合细观实验的指导性方法。这里结合大理岩的应力-应变全过程曲线,可得到两种模量比 E/E_{te}^p 和 E/E_{tm}^p 与 ε_e^p 和 ε_m^p 的关系,如图 4.10.1(a)和(b)所示。相应-应力-应变全过程曲线的拟合结果见图 4.10.1(c),由此可见:此模型能较好地拟合全过程线。但是,需注意的是,拟合参数的规律性并不是很好,这需要进一步的研究工作。根据实验结果,大理岩参数为 $E = 30$ GPa,$\mu = 0.23$,峰前塑性阶段,$E/E_{te}^p = 0 \sim 3$,$E/E_{tm}^p = 0 \sim 120$,随等效应力变化。

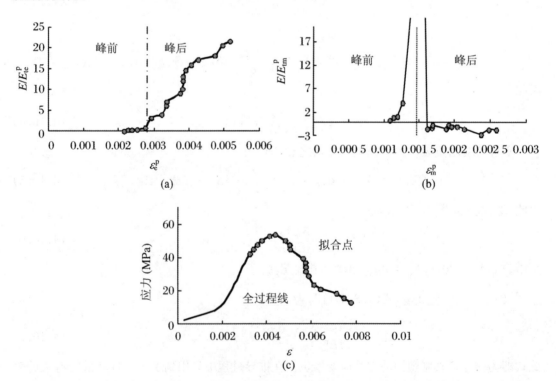

图 4.10.1 本构关系拟合

4.10.2 无屈服面黏塑性模型[①]

无屈服面黏塑性本构关系主要基于金属材料位错动力学的成果和传统的宏观黏塑性本构关系理论的成果发展而来。为研究材料的应变率效应，Malvern 提出了"超应力"这一概念，并由此形成了弹黏塑性一维本构模型。此模型认为，黏塑性应变率取决于超过同一应变 ε 下准静态应力 σ_0 的那部分应力，即

$$\dot{\varepsilon}^p = \varphi\left(\frac{\sigma}{\sigma_0} - 1\right) \tag{4.10.10}$$

Perzyna(1963)将一维超应力模型推广到复杂应力的一般状态，提出了较为系统的弹黏塑性本构方程理论：

$$\dot{\varepsilon}^p_{ij} = \gamma_0 \langle \varphi(F) \rangle \frac{\partial F}{\partial \sigma_{ij}} \tag{4.10.11}$$

此处，这种超应力黏塑性模型必须以屈服应力或静态塑性应力-应变关系曲线的存在为前提。

同时，位错动力学认为，存在于材料内部的缺陷即位错在一定的应力作用下会被激活而产生运动，这种位错的运动造成材料颗粒间的相对滑移。此为金属材料宏观塑性变形的细微观的内在机制。因此，材料的塑性应变率与其位错运动的速度之间存在一定的关系，即 Orowan 关系：

$$\dot{\varepsilon}^p = \varphi N b v \tag{4.10.12}$$

式中，N 为可动位错密度，b 为 Burgers 矢量，v 为位错的平均运动速度，φ 为取向因子。

实验证明位错运动速度与材料所受应力的大小紧密相关，当不考虑热效应时，存在经验关系：

$$v \propto \sigma^n, \quad v \propto \exp\left(-\frac{D}{\sigma}\right) \tag{4.10.13}$$

式中，n 和 D 为材料常量。

基于以上超应力的概念和位错动力学的研究成果，Bodner 和 Parton 等假定了如下两种黏塑性应变率的表达式：

$$\dot{\varepsilon}^p = C\left(\frac{\sigma}{\sigma_0}\right)^n, \quad \dot{\varepsilon}^p = A\exp\left(-\frac{B}{\sigma}\right) \tag{4.10.14}$$

式中，n 为无量纲的材料参数，σ_0 和 B 为具有应力量纲的材料常量，C 和 A 为具有应变率量纲的材料常量。但是，n，σ_0 和 C 中只有两个材料常量是独立的。

由此，Bodner-Parton 无屈服面黏塑性本构关系可以写为

$$\dot{\sigma} = E(\dot{\varepsilon} - \dot{\varepsilon}^p) = E\left[\dot{\varepsilon} - C\left(\frac{\sigma}{\sigma_0}\right)^n\right] \tag{4.10.15}$$

[①] 周光泉，1983，1986；李永池，2012。

$$\dot{\sigma} = E(\dot{\varepsilon} - \dot{\varepsilon}^p) = E\left[\dot{\varepsilon} - A\exp\left(-\frac{B}{\sigma}\right)\right] \tag{4.10.16}$$

无屈服面黏塑性本构关系与超应力型模型的主要区别是：黏塑性变形发生在材料的任何一种状态之下，即便所受的应力接近于零，它们也会发展。

周光泉(1983)将上述式(4.10.14)推广到多维的情况，即

$$D_2^p = C_0 \left(\frac{3J_2}{X^2}\right)^n, \quad D_2^p = D_0^2 \exp\left(-\frac{Z^2}{3J_2}\right) \tag{4.10.17}$$

式中，D_2^p 为非弹性变形率张量的第二不变量。$D_2^p = \frac{1}{2}d_{ij}^p d_{ij}^p$，$d_{ij} = \frac{1}{2}\left(\frac{\partial V_i}{\partial x_j} + \frac{\partial V_j}{\partial x_i}\right)$，$V_i$ 为质点速度。

由此，由 $\dot{\sigma}_{ij} = D_{ijkl}\dot{\varepsilon}_{kl}^e = D_{ijkl}(\dot{\varepsilon}_{kl} - \dot{\varepsilon}_{kl}^p)$ 及 $\dot{\varepsilon}_{ij}^p = d\lambda \cdot S_{ij} = \sqrt{\frac{D_2^p}{J_2}} \cdot S_{ij}$ ($d_{ij}^p = d\lambda \cdot S_{ij}$)，并应用式(4.10.17)的第一式，则有

$$\dot{\sigma}_{ij} = D_{ijkl}\dot{\varepsilon}_{kl} - D_{ijkl}\sqrt{C_0\left(\frac{3J_2}{X^2}\right)^n} \cdot \frac{S_{kl}}{\sqrt{J_2}}$$

即

$$\dot{\sigma}_{ij} = D_{ijkl}\dot{\varepsilon}_{kl} - C_0' D_{ijkl}\left(\frac{\sqrt{J_2}}{X}\right)^n \cdot \frac{S_{kl}}{\sqrt{J_2}} \tag{4.10.18}$$

此式即为复杂应力状态下的 Bodner-Parton 幂函数型本构方程。李永池(2012)指出，无屈服面的黏塑性本构模型即"随遇的"黏塑性模型。

对单轴应力下的 Bodner-Parton 幂函数型本构方程式(4.10.15)进行研究，对其进行整理，有

$$\frac{d\sigma}{d\varepsilon} = E - \frac{C}{\dot{\varepsilon}}\left(\frac{\sigma}{\sigma_0}\right)^n \tag{4.10.19}$$

模型中参数的影响：

(1) 常量 n 控制应变率敏感性和非线性程度。当 $n>1$ 时，此模型退化为线性黏弹性的 Maxwell 模型，对应的黏性系数为 $\eta = \sigma_0/C$。当 $n \to \infty$ 时，此模型退化为弹性-理想塑性模型，对应的 σ_0 为屈服应力。即随着 n 的增加，Bodner-Parton 幂函数型本构模型由线性黏弹性模型逐渐转化为应变率不敏感的弹性-理想塑性模型。

(2) 常量 σ_0 控制着门槛应力的大小。超过 σ_0 之后，曲线的非弹性应变变得更为明显。当应力小于 σ_0 的时候，此模型非常接近于弹性关系模型。

图 4.10.2 所示为基于式(4.10.19)数值分析得到的材料的应变率效应。图 4.10.3 所示为不同卸载速率下材料的卸载过程，由此可见，选择合适的卸载速率，此模型可以很好地模拟"过冲"现象，即图中卸载初期进行的非弹性卸载过程。图 4.10.4 所示为采用此模型进行加载历史效应即记忆效应的模拟。图中两条实线分别为两种不同加载速率时材料的响应，虚线则是对材料开始的时候采取一种加载速率进行加载，而后很快采用另外一

种加载速率加载的材料的响应。图中所示结果表明,此模型可以模拟材料的加载历史效应。

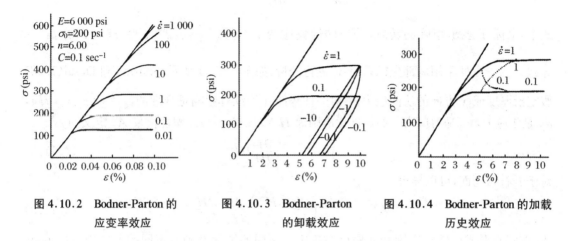

图 4.10.2 Bodner-Parton 的应变率效应

图 4.10.3 Bodner-Parton 的卸载效应

图 4.10.4 Bodner-Parton 的加载历史效应

4.11 岩石结构面的弹塑性本构关系

4.11.1 岩石结构面的本构关系

1. 有限厚度的结构面的本构关系

图 4.11.1 为一个具有有限厚度 b 的两个原岩体之间结构面的简图。结构面的应变增量 $d\varepsilon$ 可以分成弹性部分 $d\varepsilon^e$ 和塑性部分 $d\varepsilon^p$,即 $d\varepsilon = d\varepsilon^e + d\varepsilon^p$。

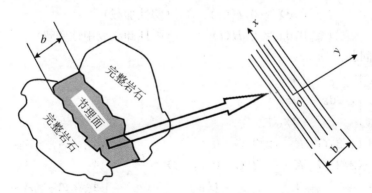

图 4.11.1 有限厚度的结构面平面示意图(Wang 等,2003)

弹性部分由 Hooke 定律确定:$d\sigma = D^e d\varepsilon^e$,这里 D^e 为材料的弹性矩阵。

塑性部分可以用塑性势理论来描述:$d\varepsilon_{ij}^p = d\lambda \dfrac{\partial g}{\partial \sigma_{ij}}$,$d\lambda$ 为塑性流动因子,g 为塑性势函数。

若 f 是符合硬化准则 H 的屈服函数,则一致性条件为

$$\left(\frac{\partial f}{\partial \boldsymbol{\sigma}}\right)^T d\boldsymbol{\sigma} + \frac{\partial f}{\partial H} dH = 0 \tag{4.11.1}$$

式中,上标 T 表示矩阵的转置,等效塑性偏应变 $\varepsilon'^p (= \sqrt{\frac{2}{3}\varepsilon_{ij}'^p \varepsilon_{ij}'^p})$,$\varepsilon_{ij}'^p = \varepsilon_{ij}^p - \bar{\varepsilon}^p \delta_{ij}$,$\bar{\varepsilon}^p = \frac{1}{3}\varepsilon_{ii}^p$。为了方便采用局部坐标系($x$-$y$)进行分析,如图 4.11.1 所示,Sharma 和 Desai(1992)假定沿厚度或 x 方向的法向应力 σ_x 对塑性势能几乎没有影响是合理的,$g = g(\sigma_y, \tau_{xy}, H)$,$\sigma_y$ 是正应力,τ_{xy} 是剪应力。假定硬化准则为 $H = H(\bar{\varepsilon}^p, \varepsilon'^p)$。塑性模量 A^* 定义为

$$A^* d\lambda = -\frac{\partial f}{\partial H} dH \tag{4.11.2}$$

对于岩石结构面,可以导出

$$A^* = -\frac{\partial f}{\partial H}\left(\frac{\partial g}{\partial \sigma_y}\frac{\partial H}{\partial \bar{\varepsilon}^p} + \frac{\partial g}{\partial \tau_{xy}}\frac{\partial H}{\partial \varepsilon'^p}\right) \tag{4.11.3}$$

A^* 的特殊形式用硬化准则和屈服函数确定。不同的硬化准则有不同的塑性模量(Huang 等,1981)。另一个重要的参数是塑性流动因子 $d\lambda$。当材料处于弹性阶段时,$d\lambda = 0$;当材料处于弹塑性状态时,$d\lambda > 0$;当材料达到它的极限状态时,$d\lambda = \infty$。且 $dH = 0$(比如,没有硬化)时塑性模量 $A^* = 0$,这意味着在没有任何应力增量的情况下变形在无限增加(理想塑性)。以上本构关系可以用下面的矩阵形式表示:

$$d\boldsymbol{\sigma} = (\boldsymbol{D}^e + \boldsymbol{D}^p) d\boldsymbol{\varepsilon} \tag{4.11.4}$$

$$\boldsymbol{D}^p = \frac{H(l)}{A} \boldsymbol{D}^e \frac{\partial g}{\partial \boldsymbol{\sigma}} \frac{\partial f^T}{\partial \boldsymbol{\sigma}} (\boldsymbol{D}^e)^T \tag{4.11.5}$$

$$A = A^* + \left(\frac{\partial f}{\partial \boldsymbol{\sigma}}\right)^T \boldsymbol{D}^e \frac{\partial g}{\partial \boldsymbol{\sigma}} \tag{4.11.6}$$

这里,$H(l)$ 是 Heaviside 函数,$l = (\partial g/\partial \boldsymbol{\sigma})^T d\boldsymbol{\sigma}$ 被称为加载或卸载因子,加、卸载准则为

$$\begin{cases} l > 0, d\lambda > 0, H(l) = 1 & (塑性加载) \\ l \leqslant 0, d\lambda = 0, H(l) = 0 & (弹性卸载或中性变载) \end{cases} \tag{4.11.7}$$

对于平面应变问题:

$$d\boldsymbol{\sigma} = \begin{pmatrix} d\sigma_x \\ d\sigma_y \\ d\tau_{xy} \end{pmatrix}, \quad d\boldsymbol{\varepsilon} = \begin{pmatrix} d\varepsilon_x \\ d\varepsilon_y \\ d\gamma_{xy} \end{pmatrix} \tag{4.11.8}$$

$$\boldsymbol{D}^e = \begin{pmatrix} K+(4/3)G & K-(2/3)G & 0 \\ K-(2/3)G & K+(4/3)G & 0 \\ 0 & 0 & G \end{pmatrix}, \quad \boldsymbol{D}^p = \frac{H(l)}{A}\begin{pmatrix} A_{11} & A_{12} & A_{13} \\ A_{21} & A_{22} & A_{23} \\ A_{31} & A_{32} & A_{33} \end{pmatrix} \tag{4.11.9}$$

式中,γ_{xy} 为剪切应变;ε_x 和 ε_y 分别为沿 x 和 y 方向上的法向应变;A_{ij} 由式(4.11.5)可以获得,如果采用关联流动法则($f = g$),A_{ij} 是对称的,$A_{ij} = A_{ji}$;K 和 G 分别为弹性体积模量和剪切模量。

2. 厚度趋近于零的结构面

图 4.11.2(a)示意了一个连续结构面的组成部分,图 4.11.2(b)表示结构面厚度 b 趋近

于零且结构面法向和剪切位移有明显突跃的非连续结构面。由图 4.11.2(b)所示，一个非常薄的结构面的变形 u 的极限概念可由下面的数学公式表达：

$$|\mathrm{d}\boldsymbol{u}|_{\mathrm{J}} = (|\mathrm{d}u_{\mathrm{n}}| \ |\mathrm{d}u_{\mathrm{s}}|)^{\mathrm{T}} = \lim_{b \to 0}(b\varepsilon_{\mathrm{n}} \ b\gamma_{\mathrm{sn}})^{\mathrm{T}} \quad (4.11.10)$$

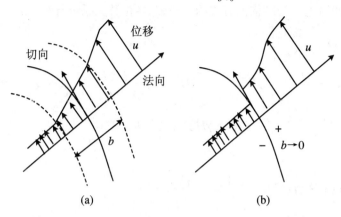

图 4.11.2　从连续到非连续的极限概念(Wang 等,2003)

其中，$|\mathrm{d}u_{\mathrm{n}}|$ 和 $|\mathrm{d}u_{\mathrm{s}}|$ 分别表示法向和切向位移突跃的增量。弹性法向刚度 K_{n} 和弹性剪切刚度 K_{s} 由下式给出：

$$K_{\mathrm{n}} = \frac{\mathrm{d}\sigma_{\mathrm{n}}}{\mathrm{d}|u_{\mathrm{n}}|} = \lim_{b \to 0}\left[\frac{1}{b}\left(K + \frac{4}{3}G\right)\right], \quad K_{\mathrm{s}} = \frac{\mathrm{d}\tau_{\mathrm{sn}}}{\mathrm{d}|u_{\mathrm{s}}|} = \lim_{b \to 0}\frac{G}{b} \quad (4.11.11)$$

式中 $\mathrm{d}\boldsymbol{\sigma} = (\mathrm{d}\sigma_{\mathrm{n}} \ \mathrm{d}\tau_{\mathrm{sn}})^{\mathrm{T}}$ 针对的是结构面，$\mathrm{d}\sigma_{\mathrm{n}}$ 和 $\mathrm{d}\tau_{\mathrm{sn}}$ 分别表示法向和剪切应力增量。采用 Desai 等(1984)的概念，上式应该也可用于有限厚度的结构面。基于式(4.11.10)表达的极限概念，具有有限厚度的结构面的本构方程能够很容易地转变到结构面厚度趋向于零的情况。结构面厚度 b 趋向于零的本构法则导出如下：

$$\mathrm{d}\boldsymbol{\sigma} = (\bar{\boldsymbol{D}}^{\mathrm{e}} - \bar{\boldsymbol{D}}^{\mathrm{p}})|\mathrm{d}\boldsymbol{u}|_{\mathrm{J}} \quad (4.11.12)$$

式中，

$$\bar{\boldsymbol{D}}^{\mathrm{e}} = \lim_{b \to 0}\frac{\boldsymbol{D}^{\mathrm{e}}}{b} = \begin{pmatrix} K_{\mathrm{n}} & 0 \\ 0 & K_{\mathrm{s}} \end{pmatrix} \quad (4.11.13)$$

对于平面应变的结构面：

$$\bar{\boldsymbol{D}}^{\mathrm{p}} = \lim_{b \to 0}\frac{\boldsymbol{D}^{\mathrm{p}}}{b} = \frac{1}{\bar{A}}\bar{\boldsymbol{D}}^{\mathrm{e}}\frac{\partial g}{\partial \boldsymbol{\sigma}}\left(\frac{\partial f}{\partial \boldsymbol{\sigma}}\right)^{\mathrm{T}}(\bar{\boldsymbol{D}}^{\mathrm{e}})^{\mathrm{T}} \quad (4.11.14)$$

$$\bar{A} = \lim_{b \to 0}\frac{A}{b} = \bar{A}^{*} + \left(\frac{\partial f}{\partial \boldsymbol{\sigma}}\right)^{\mathrm{T}}\bar{\boldsymbol{D}}^{\mathrm{e}}\frac{\partial g}{\partial \boldsymbol{\sigma}}$$

$$\bar{A}^{*} = \lim_{b \to 0}\frac{A^{*}}{b} = -\frac{\partial f}{\partial H}\left(\frac{\partial g}{\partial \sigma_{\mathrm{n}}}\frac{\partial H}{\partial |u_{\mathrm{n}}|} + \frac{\partial g}{\partial \tau_{\mathrm{sn}}}\frac{\partial H}{\partial |u_{\mathrm{s}}|}\right) \quad (4.11.15)$$

由此，可提出一种特殊形式的屈服函数并应用关联流动法则：

$$f = \frac{(\sigma_{\mathrm{n}} - \gamma H)^{2}}{C} + \frac{\tau_{\mathrm{sn}}^{2}}{B\alpha^{2}(\theta)} - H^{2} = 0 \quad (f = g) \quad (4.11.16)$$

将硬化定律假定为下面的形式，它是通过标准塑性功而得到的：

$$H = H(h) = H(m_{1} + m_{2}|u_{\mathrm{n}}| + m_{3}|u_{\mathrm{s}}|\alpha(\theta)) \quad (4.11.17)$$

$$h = m_1 + m_2|u_n| + m_3|u_s|\alpha(\theta) \tag{4.11.18}$$

式中，B,C,γ,m_1,m_2,m_3 是模型参数，$\alpha(\theta)$ 是形状函数，表示剪切方向的影响，θ 为剪切方位角，h 为等效相对位移，代表剪切和法向位移的综合作用。模型参数和形状函数将在5.9.2节中进一步讨论。与结构面有关的一般应力-位移关系推导如下：

$$\begin{bmatrix} \Delta\sigma_n \\ \Delta\tau_{sn} \end{bmatrix} = D_{ep} \begin{bmatrix} |\Delta u_n| \\ |\Delta u_s| \end{bmatrix} \tag{4.11.19}$$

$$D_{ep} = \begin{pmatrix} K_n - \dfrac{H(l)}{\bar{A}} \dfrac{4}{C^2} K_n^2 (\sigma_n - \gamma H)^2 & -\dfrac{H(l)}{\bar{A}} \dfrac{4K_s K_n}{BC}(\sigma_n - \gamma H)\dfrac{\tau_{sn}}{\alpha(\theta)} \\ -\dfrac{H(l)}{\bar{A}} \dfrac{4K_s K_n}{BC}(\sigma_n - \gamma H)\dfrac{\tau_{sn}}{\alpha(\theta)} & K_s - \dfrac{H(l)}{\bar{A}} \dfrac{4}{B^2} K_s^2 \dfrac{\tau_{sn}^2}{\alpha^2(\theta)} \end{pmatrix} \tag{4.11.20}$$

$$\bar{A} = \dfrac{4}{C^2}(\sigma_n - \gamma H)^2 K_n + \dfrac{4}{B^2} K_s \dfrac{\tau_{sn}^2}{\alpha^2(\theta)} + \bar{A}^* \tag{4.11.21}$$

$$\bar{A}^* = \dfrac{4}{C}\left[\gamma\sigma_n + (C - \gamma^2)H\right]\left[m_2 \dfrac{\sigma_n - \gamma H}{C} + m_3 \dfrac{\tau_{sn}}{B\alpha(\theta)}\right]\dfrac{dH}{dh} \tag{4.11.22}$$

屈服准则 $\bar{A}^* = 0$ 意味着

$$\dfrac{\tau_{sn}}{\sigma_n \alpha(\theta)} = M \rightarrow \text{Mohr-Coulomb 准则} \tag{4.11.23}$$

这里，M 是由模型参数决定的常量。式(4.11.23)表明结构面在本质上具有摩擦的特征，在一般情况下，剪切遵循 Mohr-Coulomb 准则。在这个实例中，加、卸载因子可由下式表述：

$$l = \dfrac{2}{C}(\sigma_n - \gamma H)d\sigma_n + \dfrac{2}{B}\dfrac{\tau_{sn}}{\alpha^2(\theta)}d\tau_{sn} \tag{4.11.24}$$

用固定法向应力(σ_n 为常量)和固定法向位移($|u_n|$ 为常量)两个特例，用于检验以上的本构模型理论，采用已有的实验数据(Bandis 等，1983；Jing，1990；Goodman，1976；Arora，1987)，这些数据是在这种节理条件下测试得到的。为了简化，两个实例中均未考虑剪切各向异性。这样，$\alpha(\theta) \equiv 1$。对动态屈服准则也做了假定，即 $\gamma \equiv 1$。

3. 固定法向力

在这种情况下，法向应力增量 $\Delta\sigma_n$ 为零。剪切应力增量 $\Delta\tau_{sn}$ 可由式(4.11.19)导出：

$$\Delta\tau_{sn} = \left\{K_s - H(l)\dfrac{4K_s^2 \tau_{sn}^2}{\bar{A}B}\left[\dfrac{1}{B} + \dfrac{4K_n(\sigma_n - H)^2}{C^2\left(\dfrac{4}{B}K_s\tau_{sn}^2 + B\bar{A}^*\right)}\right]\right\}|\Delta u_s| \tag{4.11.25}$$

结构面的膨胀由法向和剪切位移之间的关系来表示：

$$|\Delta u_n| = \begin{cases} \dfrac{4K_s(\sigma_n - H)\tau_{sn}}{C\left(\dfrac{4K_s}{B}\tau_{sn}^2 + B\bar{A}^*\right)}|\Delta u_s| & \text{（弹塑性加载）} \\ 0 & \text{（其他情况）} \end{cases} \tag{4.11.26}$$

4. 固定法向位移

结构面的法向变形有时受到周边岩体的限制，这种限制可用下式表示：

$$|\Delta u_n| = 0 \tag{4.11.27}$$

在这种情况下,法向和切向应力响应为

$$\Delta\sigma_n = -H(l)\frac{4K_s K_n}{\bar{A}BC}(\sigma_n - H)\tau_{sn}|\Delta u_s| \qquad (4.11.28)$$

$$\Delta\tau_{sn} = \left[K_s - H(l)\frac{4}{\bar{A}}\frac{K_s^2}{B^2}\tau_{sn}^2\right]|\Delta u_s| \qquad (4.11.29)$$

应力比 $\Delta\sigma_n/\Delta\tau_{sn}$ 可由上面两个公式导出:

$$\frac{\Delta\sigma_n}{\Delta\tau_{sn}} = -\frac{4H(l)K_n(\sigma_n - H)\tau_{sn}}{BC\left[\bar{A} - H(l)\frac{4}{B^2}K_s\tau_{sn}^2\right]} \qquad (4.11.30)$$

4.11.2 模型参数

该模型参数包括法向和切向位移及各向异性相关的参数,见表 4.11.1。

表 4.11.1 本构模型参数

参数类型	参数
剪切弹性参数	K_{s0}, a_1
法向弹性参数	K_{n0}, V_{sm}
法向压缩性能参数	a, b
等效参数	$m_2, m_{30}, m_{31}, m_{32}$
几何形状参数	B, C, γ
各向异性参数	A_1, A_2, σ_c, ψ

注:Wang 等,2003。

1. 剪切和法向刚度系数

Bandis 等(1983)在没有剪切各向异性的石灰岩和粗晶玄武岩节理上进行了实验。所有测试事例表示在图 4.11.3 中,可见法向应力和弹性剪切刚度(力/位移)之间存在线性关系。其他的研究者(Jing,1990;Goodman,1976)也得出了类似的实验结果。这样,弹性剪切刚度 K_s 是结构面法向应力的函数,表示如下:

$$\frac{K_s}{\alpha(\theta)} = \begin{cases} K_{s0} + a_1\sigma_n & (\sigma_n \geqslant 0) \\ 0 & (\sigma_n < 0) \end{cases} \qquad (4.11.31)$$

当节理结构面张开时($|u_n|<0$ 或 $\sigma_n<0$),弹性剪切刚度也应趋近于零。针对弹性剪切刚度引入形状函数 $\alpha(\theta)$,以考虑弹性变形中的剪切各向异性效应。如 Bandis 等的实验没有涉及剪切的各向异性一样,形状函数的幅值唯一。剪切弹性参数 K_{s0} 和 a_1 可以直接由 y 插值和剪切刚度-法向应力对特定岩石节理面响应的最佳的直线梯度确定,如图 4.11.3 所示。

在加载和卸载阶段分别以法向位移和以法向位移/法向应力为横、纵坐标画成图 4.11.4 所示坐标系,由图可见法向位移与法向位移/法向应力之间成近似线性关系,法向应力与法向位移成非线性响应。下面关系提供了由卸载阶段的法向应力与法向位移响应来确定法向刚度 K_n 的方法:

$$K_{\mathrm{n}} = \begin{cases} \dfrac{K_{\mathrm{n}0}}{\left(1 - \dfrac{|u_{\mathrm{n}}|}{V_{\mathrm{sm}}}\right)^2} & (0 < |u_{\mathrm{n}}| \leqslant V_{\mathrm{sm}}) \\ 0 & (|u_{\mathrm{n}}| \leqslant 0) \end{cases} \quad (4.11.32)$$

$K_{\mathrm{n}0}$ 是法向应力为 0 时的初始法向刚度,是从 0 法向应力状态测得的最大法向位移。这两个参数可以由图 4.11.4 中的卸载线得到。

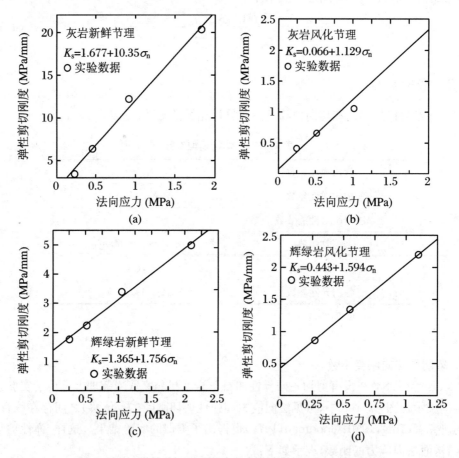

图 4.11.3 弹性剪切刚度随法向应力的变化(Wang 等,2003)

注:实线表示最佳直线拟合。

加载阶段法向应力/位移的响应可用如下的双曲线关系表示:

$$\sigma_{\mathrm{n}} = P_{\mathrm{a}} \dfrac{h^*}{a - bh^*} \quad (4.11.33)$$

式中,h^* 是法向应力下的法向位移,法向压缩参数 a 和 b 可以由图 4.11.4 中的加载线获得。

2. 硬化准则

平均应力 $\bar{\sigma} = \dfrac{1}{3}\sigma_{ii}$;偏应力 $\sigma'_{ij} = \sigma_{ij} - \bar{\sigma}\delta_{ij}$;平均应变为 $\bar{\varepsilon} = \dfrac{1}{3}\varepsilon_{ii}$;体积应变为 $3\bar{\varepsilon}$;偏应变 $\varepsilon'_{ij} = \varepsilon_{ij} - \bar{\varepsilon}\delta_{ij}$,$\varepsilon^{\mathrm{p}}_{vd}$ 和 $\varepsilon^{\mathrm{p}}_{vc}$ 分别是剪切应力和平均应力引起的塑性体积应变。

Moroto(1976)在砂上建立了标准塑性功的如下关系：

$$\bar{\sigma} d\varepsilon_{vd}^p + \sigma_{ij}' d\varepsilon_{ij}'^p = \bar{\sigma}\alpha(\theta)\omega(\zeta)d\zeta \tag{4.11.34}$$

其中，$d\zeta = \|d\varepsilon_{ij}'^p\|$，$\omega(\zeta)$是独立于相对密度、平均应力、应力路径、超固结率的固有的各向异性参数(Momen 等，1982)。在这里，假设σ_{ij}'和$\varepsilon_{ij}'^p$是共轴的：

$$\sigma_{ij}' d\varepsilon_{ij}'^p = \|\sigma_{ij}'\| \|d\varepsilon_{ij}'^p\| \tag{4.11.35}$$

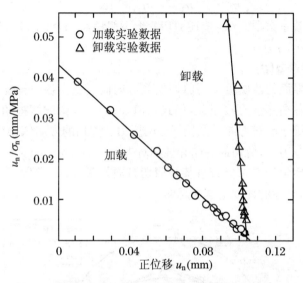

图 4.11.4 新鲜石灰岩节理法向位移/法向应力随法向位移的变化(Wang 等，2003)

那么，

$$d\varepsilon_{vd}^p = \left[\alpha(\theta)\omega(\zeta) - \frac{\|\sigma_{ij}'\|}{\bar{\sigma}}\right]d\zeta \tag{4.11.36}$$

粗糙角α_i定义为

$$\tan\alpha_i = \frac{d\varepsilon_{vd}^p}{d\zeta} \tag{4.11.37}$$

当剪切变形增长时α_i趋近于0，公式表示了界面的膨胀。塑性体积应变的增量$d\varepsilon_{vc}^p$包含两部分：一部分($3d\bar\varepsilon^p$)是压缩，另一部分是膨胀：

$$d\varepsilon_{vc}^p = 3d\bar\varepsilon^p + \left[\frac{\|\sigma_{ij}'\|}{\bar{\sigma}} - \alpha(\theta)\omega(\zeta)\right]d\zeta \tag{4.11.38}$$

将适合于砂石的公式(4.11.38)移植到界面厚度接近0的情况是合适的，做参数替代如下：

$$3d\bar\varepsilon^p \to d|u_n|, \quad d\zeta \to d|u_s|, \quad d\varepsilon_{vc}^p \to dh \tag{4.11.39}$$

等效相对位移 h 表示界面法向和剪切位移的共同影响，其定义如式(4.11.17)。通过式(4.11.39)的参数替代，可得等效相对位移增量：

$$dh = d|u_n| + \left[\frac{\|\sigma_{ij}'\|}{\bar{\sigma}} - \alpha(\theta)\omega(\zeta)\right]d|u_s| \tag{4.11.40}$$

对上式积分可得等效相对位移：

$$h = |u_n| + \left[\frac{\|\sigma'_{ij}\|}{\bar{\sigma}} - \alpha(\theta)\omega(\zeta)\right]_{mean} |u_s| \qquad (4.11.41)$$

等效相对位移可由等效塑性功导出。塑性功通过形状函数 $\alpha(\theta)$ 描述了方向依赖的硬化准则。m_1 表示初始应力前的硬化参数，m_2 是法向位移的增强（放大）系数，m_3 表示极限状态下趋近0的膨胀状态（Plesha,1987），其以法向应力和位移表示如下：

$$m_3 = (m_{30} + m_{31}\sigma_n)e^{-m_{32}|u_s|} \qquad (4.11.42)$$

m_{30}，m_{31}，m_{32} 是等效参数项。m_{32} 描述剪切变形下粗糙面（asperity）的非线性。当剪切变形足够大时，粗糙面 m_3 将为0。

3. 各向异性参数 $\alpha(\theta)$

各向异性是指界面的性质沿不同剪切加载方向而改变。各向异性参数 $\alpha(\theta)$ 与界面剪切强度（摩擦角）的各向异性直接相关，如式（4.11.23）。界面的摩擦角有以下性质。首先，摩擦角的幅值既依赖于剪切方向又依赖于法向应力。剪切的方向依赖性随法向应力的增加而减小。在高法向应力下，剪切的各向异性相对来说并不明显，如图4.11.5所示。第二，在固定法向应力下摩擦角的方向分布沿某一剪切方向是对称的。随着法向应力的增长，对称轴会逐渐旋转，各向异性的程度会越来越弱。

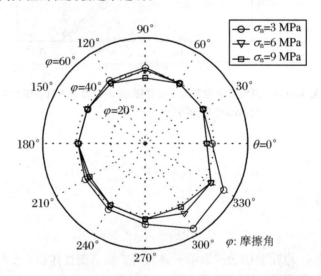

图4.11.5 界面摩擦角对剪切方向角 θ 的极坐标图（Wang等,2003）

剪切各向异性可由下面的椭圆函数描述：

$$\alpha_t(\theta) = \cos(\theta - \psi), \quad \alpha_s(\theta) = (1 + A_0)\sin(\theta - \psi) \qquad (4.11.43)$$

$$A_0 = A_1\left(1 - \frac{\sigma_n}{\sigma_c}\right)^{A_2} \qquad (4.11.44)$$

式中，σ_c 是完整岩石单轴压缩强度，当 $\sigma_n = \sigma_c$ 时，节理完全关闭；$A_0 = 0$（$A_1 \equiv 0$）表示没有剪切各向异性；ψ 是剪切平面局部坐标的各向异性倾斜角。

4. 形状参数

引入动力学参数 γ 描述初始和最后极限状态间的过渡区域：

$$\gamma = 1 + \sqrt{\frac{|u_s|}{|u_c|}}\left(\frac{\sigma_n}{H} - 1\right) \tag{4.11.45}$$

因而,在初始状态时 $\gamma = 1$,极限状态时 $\gamma = 0$。

引入形状参数 B 和 C 以描述屈服函数的流动方向 χ:

$$\chi = -\frac{d|u_n|}{d|u_s|} = \frac{B}{C}\eta + \frac{B}{C(C-1)} \times \left[-\eta + \sqrt{\eta^2 C + \frac{C(C-1)}{B}}\right], \quad \eta = \frac{\sigma_n}{\tau_{sn}} \tag{4.11.46}$$

式中,χ 是 η 的函数但独立于硬化函数 H,参数 B 和 C 可以通过 χ 对 η 的曲线拟合而得到。

4.11.3 模型验证

下面通过已有的在节理上的实验数据对该模型的有效性进行评价,包括 Bandis(1983)等、Desai 和 Fisherman(1991) 以及 Jing(1990)的实验数据。前两个为在节理上的无剪切各向异性的实验,最后一个为与含天然颗粒的节理同样的混凝土具有剪切各向异性的实验。

1. 与 Bandis 等的实验数据比较

Bandis 等(1983)做的实验是新鲜石灰岩节理的实验,节理压缩强度 $JCS = 154$ MPa,节理粗糙度系数 $JRC = 11.8$。剪切弹性参数 K_{s0} 和 α_1 可以由图 4.11.3(a)得到,法向弹性参数 K_{n0} 和 V_{sm} 以及法向压缩参数 a 和 b 可以分别由图 4.11.4 所示加载和卸载阶段的数据获得。根据等效硬化准则可以确定 m_2 和 m_3。基于图 4.11.6 所示的 m_3 随 σ_n 变化的曲线,利用式(4.11.42)可以得到等效参数 m_{30} 和 m_{31}。运用式(4.11.46)采用最佳拟合方法可以确定关于变形流动方向的形状参数 B 和 C。为了简化问题,动力学参数 γ 取 1。由于在节理实验中没有剪切的各向异性,$A_1 = 0$ 并且不需要求各向异性参数。所有模型参数的值列在表 4.11.2 中。

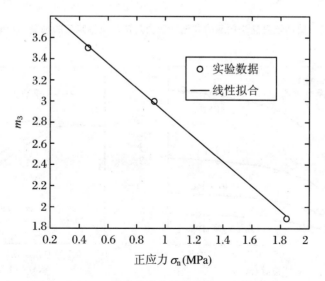

图 4.11.6　m_3 随法向应力的变化(Wang 等,2003)

表 4.11.2　针对 Bandis 等的实验数据的本构模型参数(Wang 等,2003)

K_{s0}(MPa)	a_1	K_{n0}(MPa)	V_{sm}(mm)	a(mm)	b	m_2	m_{30}	m_{31}(MPa^{-1})
1.677	10.35	18.9	0.105	0.0433	0.408	2.05	4.05	−1.16
m_{32}	B	C	γ	A_1	A_2	σ_c	ψ	
0.5	1.69	1.40	1	0.0	—	—	—	

这些参数输入该本构模型中模拟节理岩石的法向和切向响应,结果如图 4.11.7 和图 4.11.8 所示。一般地,模拟结果与实验观测结果较好地吻合。并注意到:剪切响应是非线性的并且最终的剪切强度随法向应力而增长。这样,可确认界面的非线性是依赖法向应力的,这种性质对摩擦材料来说相当典型。膨胀为法向应力的增长所限制,如图 4.11.8(b)所示。

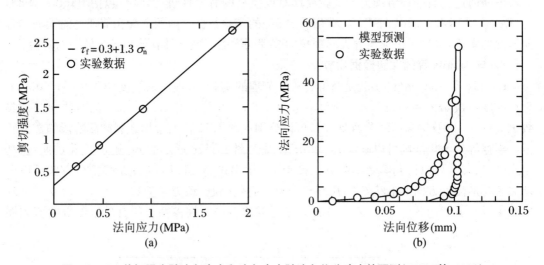

图 4.11.7　剪切强度随法向应力和法向应力随法向位移响应的预测(Wang 等,2003)

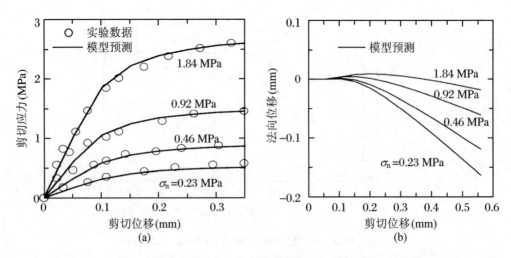

图 4.11.8　剪切强度随位移和法向位移随剪切位移响应的预测(Wang 等,2003)

法向应力越大,法向位移越小。图 4.11.8(b)说明了当 γ 取 1 时公式(4.11.26)的结果。显然模型高估了膨胀,特别在小的法向应力情况下更是如此。此外,当剪切变形足够大时,法向位移将接近同一渐近值。这是因为在极限状态时节理的粗糙度被完全破坏。所以,在这个本构模型中,两个常量 γ 和 m_3 对膨胀敏感。计算显示,m_3 越小,节理强度越高,膨胀越小。

该本构模型使用了关联流动法则,界面的刚度矩阵相应地为对称形式。由于关联流动法则预测的膨胀通常较非关联流动法则更高,该模型引入了中心非均匀运动和硬化准则。这两个参数即使在使用关联流动法则的情况下也可以提供模型的预测精度,正如上面例子所看到的一样。由于这个本构模型将摩擦过程(滑动)视为塑性变形,因此,如非关联流动法则一样,它也可以预测摩擦过程的不可逆性。

2. 与 Desai 和 Fisherman 的数据比较

Desai 和 Fisherman(1991)研究了不含剪切各向异性的混凝土样品的节理行为。这里仅就粗糙角 $\alpha = 7°$ 的实验数据来验证模型的有效性。利用与上节相同的方法确定模型参数。作为实例,弹性剪切刚度参数 K_{s0} 和 α_1 可以通过图 4.11.9(a)确定,等效参数 m_{30} 和 m_{31} 可以通过图 4.11.9(b)确定,m_{32} 在计算中另定。所以模型参数的数值由表 4.11.3 给出。

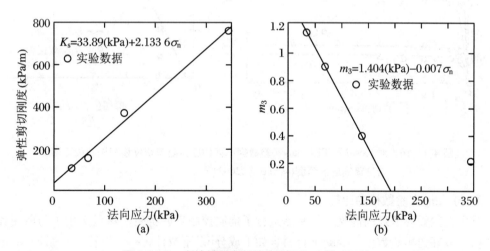

图 4.11.9　所选模型参数的确定(Wang 等,2003)

表 4.11.3　针对 Desai 和 Fishman 等人实验数据的本构模型参数(Wang 等,2003)

K_{s0}(MPa)	a_1	K_{n0}(MPa)	V_{sm}(mm)	a(mm)	b	m_2	m_{30}	m_{31}(MPa^{-1})
33.89	2.134	18.9	0.105	0.0433	0.408	2.05	1.404	−0.007
m_{32}	B	C	γ	A_1	A_2	σ_c	ψ	
0.25	1.69	2.40	1	0.0	—	—	—	

运用该模型产生的模型参数进行模拟,预测在固定法向应力情况下节理的剪切和法向响应,结果如图 4.11.10 所示。多数情况下,对于相同的剪切位移,预测的剪切应力低于实验数据。所有情况下,剪切应力和剪切位移响应发生在两个明显的区域内。当剪切位移低于 0.5 mm 时,第一个区域是相对较短的弹性区。此后,突然变化到较长的塑性区,这里剪

切位移增长较大而剪应力无明显增长。值得一提的是:使用该模型无论对弹性区还是塑性区都能较好地预测界面剪应力对剪切位移的响应。法向位移对剪切位移的响应呈现出从弹性区向塑性区逐渐转移的特征。在 $\sigma_n = 138$ kPa 情况下,预测响应与测试响应比较吻合,如图 4.11.10(b)所示。然而,在 $\sigma_n = 69$ kPa 情况下,预测响应与实测响应吻合得不太理想。这可能是由于实验早期阶段测量的数据可靠性更低。图 4.11.10(b)显示的两个实验中,最后的几个测量点可以表明:虽然本模型预测在剪切变形较大时法向位移趋于一渐近值,但是实验数据并非如此。这说明对界面膨胀进行建模描述是比较困难的。

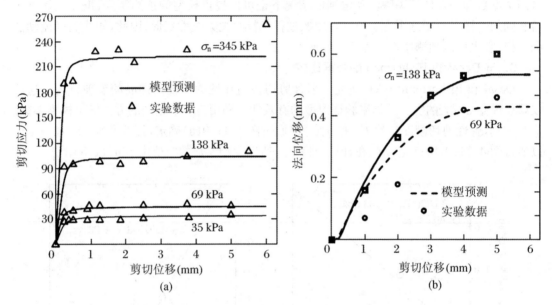

图 4.11.10 对 Desai 和 Fishman 实验数据中剪切应力随剪切位移和法向位移随剪切位移响应的预测(Wang 等,2003)

3. 与 Jing 实验数据的比较

对含天然颗粒节理的混凝土复制品进行了伺服控制直剪实验。这里选用了与剪切各向异性相关节理的实验数据。混凝土材料含如下成分[以重量计(%)]:波特兰水泥 31.2,微硅石(microsilica)4.7,水 7.0,超塑性颗粒(super-plastizer)0.4,细砂(平均颗粒尺寸=0.15 mm)4.7,粗砂(平均颗粒尺寸=0.30 mm)52.0。混凝土样品在水中养护 28 天后的平均杨氏模量为 24.4 GPa,泊松比为 0.26,单轴压缩强度为 52 MPa。样品由两块圆形横截面组成。下面的块体比上面的大,这样在剪切实验中可以保持名义接触面积不变。在常法向应力 1 MPa,3 MPa,6 MPa,9 MPa 和 12 MPa 下,共进行了 12 组试样的实验以研究剪切各向异性加载下节理的行为。

图 4.11.11(a)的实验数据显示:在数值随剪切方位角发生较大改变的情况下,弹性刚度是各向异性的。通过分析实验数据,可以得到 A_0 随 $1 - \sigma_n/\sigma_c$ 的变化关系,如图 4.11.11(b)所示。各向异性参数 A_1 和 A_2 也可由该图得到。其他模型参数由 $\theta = 30°$ 时的实验数据导出。所有参数值列在表 4.11.4 中。

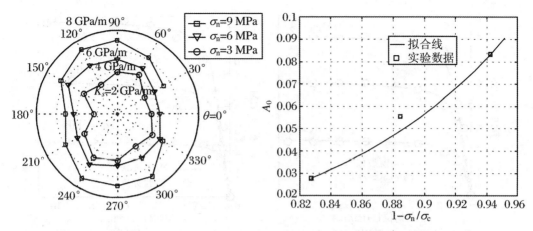

(a) 弹性剪切刚度随剪切方向角变化的极坐标图　　(b) 各向异性参数(Wang等, 2003)

图 4.11.11　各向异性参数的确定

表 4.11.4　针对 Jing 的实验数据的本构模型参数

K_{s0}(MPa)	a_1	K_{n0}(MPa)	V_{sm}(mm)	a(mm)	b	m_2	m_{30}	m_{31}(MPa^{-1})
2.053	0.36	18.9	0.105	0.043 3	0.408	3.05	7.76	−0.77
m_{32}	B	C	γ	A_1	A_2	σ_c(MPa)	ψ	
0.25	1.8	1.20	1	0.137 3	8.41	52	90	

注：Wang 等，2003。

使用上述模型参数分别预测 $\theta=30°,60°,90°,120°$ 和 $150°$ 时剪应力对剪切位移的响应，结果如图 4.11.12 所示。显然，大多数情况下预测结果与实验结果比较吻合，这说明该本构模型可以预测受各向异性剪切加载的节理行为。

本节介绍了一个在极限概念基础上针对岩石界面和节理的本构模型。对于界面，采用一种含非比例(non-proportional)椭圆屈服函数的特有的弹塑性模型，这不同于土壤力学中习惯采用的屈服函数(Li,1985)。屈服函数在应力空间中的运动由它的中心位置以及硬化准则控制。总的来说，界面模型在极限状态下遵从 Mohr-Coulomb 定律。模型采用关联流动法则并引入形状函数以反映剪切各向异性。

该模型采用大量以法向和切向应力、位移、形状函数表示的参数。在天然和人工岩石节理上的三个实验结果被用于验证该模型的有效性。前两个实验的岩石节理不含剪切各向异性，最后一个岩石节理受到各向异性的剪切作用。由实验数据导出标准模型参数的方法，如弹性剪切刚度随法向应力的响应，在第一个例子中做了详细说明。涉及剪切各向异性的参数确定在第三个事例中做了说明。将这些模型参数代入模型中，结果显示：预测的岩石界面法向和剪切响应与实验数据比较吻合，剪切软化除外。虽然，从严格意义上讲，应该在分析中使用非关联流动法则，但这样会给数值模拟的时间带来很大困难。采用流动法则结合中心的非均匀运动以及硬化准则，在以上三种情况下，岩石界面的预测响应与实验结果都能很好地吻合。

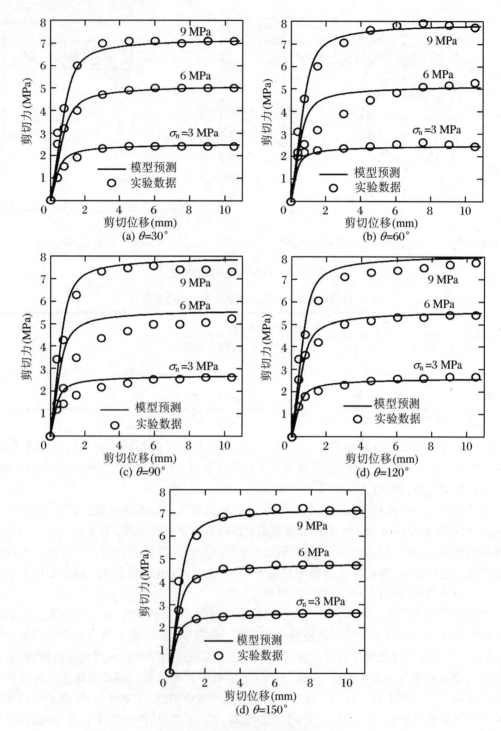

图 4.11.12 沿不同剪切方向角的响应预测(Wang 等,2003;Jing,1990)

4.12 小　　结

本章介绍了岩土材料的经典弹塑性模型以及弹塑性模型的一些发展。前述的一系列模型的讨论说明岩土的本构关系是非常复杂的,不但不能用以弹性理论为基础的传统岩土力学理论来表示,也不能以主要适用于金属类材料的经典塑性理论来描述。因此,适用于岩土的本构关系理论的根本任务就是要建立能够反映上述岩土的本构关系特点的理论和计算模型。20 世纪 50 年代以来,由 Drucker 和 Roswe 等人开始了土塑性本构关系理论和模型的研究。20 世纪 70 年代以后,由于土木建筑、大型水利工程和海洋石油开采、煤和矿石的开采等生产建设和科学技术发展的需要,随着经典塑性理论的发展,形成了一门独立的学科,即广义塑性力学。相关思想,本章已有介绍,但没有单独列出。已有的总结这些工作的岩土的塑性本构模型不下几十种,这些模型主要归属于理想塑性模型、硬化(或软化)塑性模型及塑性内时理论三大类和近年发展起来的连续损伤力学理论。这些模型及其相关发展已对传统的弹塑性理论构成了冲击。

值得注意的是,基于 Prandtl-Reuss 理论的塑性滑移线理论本章并未涉及,相关工作可参见郑颖人、龚晓南所著的《岩土塑性力学基础》一书。

参 考 文 献

Adachi T, Oka F. 1982. Constitutive equations for normally consolidated clay based on elasto-viscoplasticity[J]. Soils and Foundations, 22(4): 57-70.

Arora V K. 1987. Strength and deformational behaviour of jointed rocks[D]. India: PhD thesis, Indian Institute of Technology.

Aubry D, Hujeux J G, Lassoudiere F, Meimon Y. 1982. A double memory model with multiple mechanisms for cyclic soil behavior[C]// proc. Int. Symp. on Numer. Models in Geomechanics. Zurich.

Balasubramanian A S. 1974. Straib increment ellipses for a normally consolidated clay[C]//Proc. 5th Int. Conf. SMFE: 429.

Bandis S C, Barton N R, Lumsden A C. 1983. Fundamentals of rock joint deformation[J]. Int. J. Rock Mech. Min. Sci. Geomech. Abstr., 20: 249-68.

Berry P L, Poskit T J. 1972. The consolidation of peat[J]. Géotechnique, 22(1): 27-52.

Bjerrum L. 1967. Engineering geology of Norwegian normally consolidated marine clays as related to settlements of building[J]. Géotechnique, 17(2): 81-118.

Bodner S R, Partom Y. 1972. A large deformation elastic-viscoplastic analysis of a thick-walled spherical shell[J]. Journal of Applied Mechanics, 39(3): 751-757.

Bodner S R, Partom Y. 1975. Constitutive equations for elastic-viscoplastic strain-hardening materials[J]. Journal of Applied Mechanics, 42(2): 385-389.

布尔贝 T, 库索 O, 甄斯纳 B. 1994. 孔隙介质声学[M]. 许云, 等, 译. 北京: 石油工业出版社.

Buisman A S. 1936. Results of long duration settlement tests[C]//Proc. 1st Int. Conf. on SMFE, 1: 103-107.

Cazacu O, Jin J, Cristescu N D. 1997. A new constitutive model for alumina powder compaction[J]. KONA powder and particle, 15: 103-112.

陈明祥. 2007. 弹塑性力学[M]. 北京: 科学出版社.

陈正汉, 刘祖典. 1986. 黄土的湿陷变形机理[J]. 岩土工程学报, 8(2): 1-12.

陈铁林, 李国英, 沈珠江. 2003. 结构性黏土的流变模型[J]. 水利水运工程学报, (2): 7-11.

陈晓平, 曾玲玲, 吕晶, 等. 2008. 结构性软土力学特性实验研究[J]. 岩土力学, 29(12): 3223-3228.

Clough G W, Duncan J M. 1971. Finite element analysis of retaining wall behaviour[J]. J. Soil Mech. Found Eng., 97(SM12): 1657-1674.

Cristescu N D. 1989. Rock Rheology[M]. Dordrecht: Kluwer Academic publishers.

Cristescu N D. 1991. Non associated elastic/viscoplastic constitutive equations for sand[J]. Int. J. Plasticity, 7: 41-46.

Cristescu N D. 1993. A general constitutive equations for transient and stationary creep of rock salt[J]. Int. J. Rock Mech. Min. Sci. Geomech. Abstr, 30(2): 41-64.

Cristescu N D, Hunsche U. 1998. Time effects in Rock[M]. New York: Mechanics Wiley.

Dahon A, Shao J F, Bederiat M. 1995. Experimental and numerical investigations on transient creep of porous chalk[J]. Mech. Mater, 21: 147-158.

De Borst R. 1986. Numerical simulation of shear-band bifurcation in sand bodies[C]// 2nd Int. Symp. Numerical Models in Geomechanics. Ghent: 91-98.

De G, Jong J D. 1976. Rowe's stress-dilatancy relation based on friction[J]. Géotechnique, 26(3): 527-534.

Desai C S, Faruque M O. 1984. Constitutive model for geological materials[J]. J. Eng. Mach. Div. Asce, 110(EM9): 1391-1408.

Desai C S, Zaman M M, Lightner J G, Siriwardane H J. 1984. Thin-layerelement for interfaces and joints[J]. Int. J. Numer Anal. Meth. Geomech., 8(1): 19-43.

Desai C S, et al. 1986. A hierarchical approach for constitutive modeling of geological material[J]. Int. J. Num. Ans. Methods in Geomech., 10(3): 201-212.

Desai C S, Zhang D. 1987. Viscoplastic model for geologic materials with generalized flow[J]. International Journal for Numerical and Analytical Methods in Geomechanics, 11(6): 603-620.

Desai C S, Wathugala G W, Navayogarajah N. 1989. Developments inhierarchical modeling for solids and discontinuities and applications[C]// Fan Jinghong, Murakami S. International Academic Publishers, 1: 43-53.

Desai C S, Fishman K L. 1991. Plasticity-based constitutive model with associated testing for joints[J]. Int. J. Rock Mech. Min. Sci. Geomech. Abstr., 28(1): 15-26.

Desai C S, Ma Y. 1992. Modeling of joints and interfaces using the disturbed-state concept[J]. Int. J. Numer Anal. Meth. Geomech., 16: 623-53.

Drucker D C, Gibson R E, Henkel D H. 1957. Soil mechanics and work-hardening theories of plasticity

[J]. Trans. ASCE, 122: 338-346.

Drucker D C. 1962. Basic concepts, part 5: plasticity and viscoelasticity[M]. Handbook of Eng. Mech. Ed. Lugge WF. Mc Graw Hill book Co.

Domaschuk L, Valliappan P. 1975. Non-linear settlement analysis by finite element[J]. J. Geotechnical Eng. Division, 101(GT7): 601-614.

段士伟. 2013. 陶瓷材料的静动态力学性能和损伤特性研究[D]. 合肥:中国科学技术大学:37-61.

Duncan J M, Chang Y. 1970. Non-linear analysis of stress and strain in soils[J]. J. the Soil mechanics foundation division, ASVCE, 96(SM5): 1629-1653.

Freundenthal A M. 1950. The inelastic behavior of engineering materials and structures[M]. New York: John Wiley and Sons.

Fodil A, Aloulou W, Hicher P Y. 1997. Viscoplastic behaviour of soft clay[J]. Géotechnique, 47(3): 581-591.

Gens A, Nova R. 1993. Conceptual bases for a constitutive model for bonded soils and weak rocks[C]// Proceedings of international symposium on hard soils-soft rocks. Athens: 485-494.

龚晓南,熊传祥,项可祥,等. 2000. 黏土结构性对其力学性质的影响及形成原因分析[J]. 水利学报(10): 43-47.

Goodman R E. 1976. Methods of geological engineering in discontinuous rocks[M]. San Francisco: West Publishing Company.

何开胜,沈珠江. 2002. 结构性黏土的弹黏塑损伤模型[J]. 水利水运工程学报(4):7-13.

Henkel D J. 1959. The relationships between the strength, pore-water pressure, and volume change chaeacteristics of saturated clays[J]. Géotechnique, 9(3): 119-135.

Henkel D J. 1960. The relation between the effective stresses and water cobtent in saturated clays[J]. Géotechnique, 10(1): 41-54.

Hill R. 1950. The mathematical theory of plasticity[M]. London: Oxford Univ. Press.

Hinchberger S D, Qu G. 2009. Viscoplastic constitutive approach for rate-sensitive structured clays[J]. Canadian Geotechnical Journal, 46(6): 609-626.

Hoek E, Brown E T. 1997. Practical estimates of rock mass strength[J]. Int. J. Rock Mech. Min. Sci., 34(8): 1165-1186.

洪振舜,刘松玉,于小军. 2004. 关于结构土屈服破坏的探讨[J]. 岩土力学,25(5):684-687.

胡再强,沈珠江,谢定义. 2005. 结构性黄土的本构模型[J]. 岩石力学与工程学报,24(4):565-569.

黄文熙. 1979. 土的弹塑性应力-应变模型理论(Ⅰ),(Ⅱ)[J]. 岩土力学,1:1-20;2:13-38.

Huang W X, Pu J L, Chen Y J. 1981. Hardening rule and yielding function for soils[C]//Proceedings of the Xth International Conference on Soil Mechanics and Foundation Engineering, Stockholm.

黄文熙. 1983. 土的工程性质[M]. 北京:水利电力出版社:1-58.

Ingraffea A R, Heaze F E. 1980. Finite element models for rock fracture mechanics[J]. Int. J. Num. & Analy. Meth. in Geomech., 4(1): 25-43.

Ito H. 1993. The phenomenon and examples of rock creep[C]// Hudson J A, et al. Comprehensive Rock Engineering. Oxford: Pergamon Press: 693-708.

Jing L. 1990. Numerical modelling of jointed rock masses by distinct elementmethod for two, and three-dimensional problems[D]. Lulea University of Technology.

Kabilamany K, Ishihara K. 1990. Stress dilatancy and hardening laws for rigid granular model of sand[J]. Soil Dynamics and Earthquake Engineering, 9(2): 66-77.

Karstunen M, Yin Z Y. 2010. Modelling time-dependent behaviour of Murro test embankment[J]. Géotechnique, 60(10): 735-749.

Katona M G. 1984. Evaluation of viscoplastic cap model[J]. Journal of Geotechnical Engineering, ASCE, 110(8): 1106-1125.

Khosla V K, Wu T H. 1976. Stress-strain behavior of sand[J]. J. Geotechnical Eng. Division, ASCE, 102(GT4): 303-321.

Kim Y T, Leroueil S. 2001. Modeling the viscoplastic behaviour of clays during consolidation: application to berthierville clay in both laboratory and field conditions[J]. Canadian Geotechnical Journal, 38(3): 484-497.

Kimoto S, Oka F. 2005. An elasto-viscoplastic model for clay considering destructuralization and consolidation analysis of unstable behaviour[J]. Journal of Soils and Foundations, 45(2): 29-42.

Konder R L. 1963. Hyperbolic stress-strain response: cohesive soils[J]. Journal of Soil Mechanics & Foudations Division, ASCE, 89: 115-143.

孔令伟,吕海波,汪稔,等. 2004. 某防波堤下卧层软土的工程特性状态分析[J]. 岩土工程学报,26(4): 454-458.

Kranz, R. 1980. Theeffects of confining pressure and stress difference on static fatigue of granite[J]. J. Geophys. Res., 85: 1854-1866.

Kutiter B L, Sathialingam N. 1992. Elastic-viscoplastic modelling of the rate-dependent behaviour of clays[J]. Géotechnique, 42(3): 427-441.

Lade P V, Duncan J M. 1973. Cubical triaxial tests on cohesionless soil[J]. Journal of Soil Mechanics and of Foudations Division, ASCE, 101(GT5).

Lade P V, Duncan J M. 1975. Elastoplastic stress-strain theory for cohesionless soil[J]. J. Geotechnical Eng. Division, 101(GT10): 1037-1053.

Lade P V. 1977. Elasto-plastic stress-strain theory for cohesionless soil with curved yield surface[J]. Int. J. Solids Struct., 13(11): 1019-1035.

Lade P V, Nelson R B, Ito Y M. 1987. Nonassociated flow and stability of granular materials[J]. J. Eng. Mech., 113: 1302-1318.

Lade P V, Kim M K. 1988. Single hardening constitutive model for frictional materials[J]. Computer & Geotechnics, 6: 13-29; 31-47.

Lefebvre G, Leboeuf D. 1987. Rate effects and cyclic loading of sensitive clays[J]. Journal of Geotechnical Engineering, 113(5): 476-489.

Lee K L, Idriss I M. 1975. Static stresses by linear and non-linear methods[J]. Journal of Geotechnical Eng. Division, ASCE, 101(GT9).

Leoni M, Karstunen M, Vermeer P A. 2008. Anisotropic creep model for soft soils[J]. Géotechnique, 58(3): 215-226.

Leroueil S, Kabbaj M, Tavenas F, et al. 1985. Stress-strain-strain-rate relation for the compressibility of sensitive natural clays[J]. Géotechnique, 35(2): 159-180.

Leroueil S, Kabbaj M, Tavenas F. 1988. Study of the validity of a $\sigma'v$-ε_v-$d\varepsilon_v/dt$ model in site conditions[J]. Soils and Foundations, 28(3): 13-25.

Li G. 1985. A study of three-dimensional constitutive relationship of soils and an examination of various models[D]. Tsinghua University.

李国琛. 1990. 论韧性材料的可膨胀塑性本构方程及分叉时塑性加载路径[J]. 中国科学:A辑,12:

1282-1289.

李国琛,耶纳 M.2003.塑性大应变微结构力学[M].3 版.北京:科学出版社.

李永池.2012.张量初步和近代连续介质力学概论[M].合肥:中国科学技术大学出版社.

刘恩龙,沈珠江,范文.2005a.结构性黏土研究进展[J].岩土力学,26(增刊):1-8.

刘恩龙,沈珠江.2005b.结构性土的二元介质模型[J].水利学报(4):391-395.

Maranini E, Yamaguchi T. 2001. A non-associated viscoplastic model for the behaviour of granite in triaxial compression[J]. Mechanics of Materials, 33: 283-293.

Matsuoka H. 1974. Stress-strain relationship of sands based on the mobilized plane[J]. Soils and Foundations, 14(2): 47-61.

Matsuoka H, et al. 1985. A constitutive model of soils forestimating liquefaction resistance[C]//5th Int. Conf. Num. methods in Geomechanics, 1: 383.

Mesri G, Godlewski P M. 1977. Time and stress compressibility interrelationship[J]. Journal of Geotechnical Engineering, ASCE, 103(5): 417-430.

苗天德.1999.湿陷性黄土的变形机理与本构关系[J].岩土工程学报,21(4):383-387.

Momen H, Ghaboussi J. 1982. Stress dilatancy and normalized work in sands[C]//Proceedings of the IUTAM Symposium on Deformation and Failure of Granular Materials, Delft, Nettherland.

Moroto N. 1976. A new parameter to measure degree of shear deformation of granular material in triaxial compression tests[J]. Soils Found, 16(4): 1-9.

Nadai A. 1950. Theory of flow and fracture of solide[M]. Mc Graw Hill Book Co.

Nash D F T, Sills G C, Davisonl L R. 1992. One-dimensional consolidation testing of soft clay from Bothkennar[J]. Géotechnique, 42(2): 241-256.

Nelson I, Baron M L, Sandler I. 1971. Mathematical models for geological materials for wave-propagation studies[C]// Burk J J, Weiss V. Shock waves and the mechanical properties of solids. Syracuse University Press.

Oda M. 1974. Amechanical and statistical model of granular material[J]. Soils and Foundations, 14(1): 13-27.

Okubo S, Nishimatsu Y, Fukui K. 1991. Complete creep curves under uniaxial compression[J]. Int. J. Rock Mech. Min. Sci. Geomech. Abstr., 28(1): 77-82.

Paster M, Zienkiewicz O C, Chan H C. 1990. Generalized plasticity and the modeling of soil behavior [J]. Int. J. Num. Anal. Meth. in Geomech, 4: 151-190.

Perzyna P Q. 1963. The constitutive equations for rate sensitive materials[J]. Q. Appli. Math., 20(4): 321-332.

Perzyna P Q. 1966. Fundamental problems in viscoplasticity[J]. Advances in Applied Mechanics, 9: 243-377.

Plesha M E. 1987. Constitutive models for rock discontinuities with dilatancy and surface degradation[J]. Int. J. Numer Anal. Meth. Geomech., 11: 345-362.

Prager W, Hodge P G. 1951. Theory of perfectly plastic solids[M]. John Wiley & Sons.

Prevost J H, Hoeg K. 1975. Effective stress-strain strength model for soils[J]. J. Geotechnical Engineering Division, ASCE, 101(GT3): 259-278.

Prevost J H. 1990. Multimechanism elasto-plastic model for soils[J]. J. of Eng. Mech., 116(8): 1255-1263.

Priest S T. 1993. Discontinuity analysis for rock mechanics[M]. London: Chapman & Hall.

蒲毅彬.2000.陇东黄土湿陷过程的 CT 结构变化研究[J].岩土工程学报,22(1):49-54.
任放,盛谦,常燕庭.1993.岩土类工程材料的蛋形屈服函数[J].岩土工程学报,15(4):33-39.
Rocchi G, Fontana M, Prat M. 2003. Modelling of natural soft clay destruction processes using viscoplasticity theory[J]. Géotechnique, 53(8): 729-745.
Roscoe K H, Poorooshash H B. 1963. A theoretical and experimental study of strain in triaxial compression tests on normally consolidated clays[J]. Géotechnique, 13(1): 12-38.
Roscoe K H, Hofield A N, Thurairajah A. 1963. Yielding of clays in states wetter than critical[J]. Géotechnique, 13(3): 211-240.
Roscoe K H, Burland J B. 1968. On the generalized stress-strain behaviour of wet clay, Engineering Plasticity[M]. Cambridge University Press: 535.
Rowe P W. 1962. The stress-dilatancy relation for static equilibrium of an assembly of particles in contact [J]. Proceedings of the Royal Society A, 259: 500-527.
Rowe P W. 1971. Theoretical meaning and observed values of deformation parameter for soil: Stress-strain behavior of soils[C]// Proc. Roscoe Memorial Sump. Cambridge University.
Sandler I S, Baron M L. 1976. Recent developments in the Constitutive modeling of geological materials [C]//Third international Conference on Numerical Methods in Geomechanics: 363-376.
Sandler I S, Dimaggio F L, Baladi G Y. 1976. Generalized cap model for geological materials[J]. J. Geotechnical Eng. Division, ASCE, 102(GT7): 683-699.
Schofield A, Wroth P. 1968. Critical state soil mechanics[M]. Mc Graw Hill.
Scott R F, Ko H Y. 1969. Stress deformation and strength characteristics, state of art volume[C]//7th Intern. Conf. on Soil Mechanics and Foundation Eng. Mexico.
Schmidtke R H, Lajtai E Z. 1985. The long term strength of Lac du Bonnet Granite[J]. Int. J. Rock Mech. Min. Sci. Geomech. Abstr., 22(6): 461-465.
Seiki Ohmaki. 1979. Amechanical model for the consolidated cohesive soil[J]. Soils and Foundations, 19(3): 248-256.
Sharma K G, Desai C S. 1992. Analysis and implementation of thin-layerelement for interfaces and joints [J]. J. Eng. Mech., 118(12): 2442-2462.
沈珠江.1963.关于理论体力学发展的可能途径[R].南京水利科学研究所.
沈珠江.1980.土的弹塑性应力-应变关系的合理形式[J].岩土工程学报,2(2):11-19.
沈珠江.1984.土的三重屈服面应力-应变模式[J].固体力学学报,5(2):163-174.
Shen Z J. 1989. A stress-stain model for sands under complex loading[C]//Advances in Constitutive laws for Engineering Materials, 1: 303-308.
沈珠江.1993.几种屈服函数的比较[J].岩土力学,14(1):41-50.
沈珠江.1993.结构性黏土的弹塑性损伤模型[J].岩土工程学报,15(3):21-28.
沈珠江.1994.土体变形特性的损伤力学模拟[C]//第5届全国岩土力学数值分析及解析方法讨论会论文集.重庆,I:1-8.
沈珠江.1995.关于破坏准则和屈服函数的总结[J].岩土工程学报,17(1):1-8.
沈珠江.1995.黏土的双硬化模型[J].岩土力学,16(1):1-8.
沈珠江.1996.土体结构性的数学模型 21 世纪土力学的核心问题[J].岩土工程学报,18(1):95-97.
沈珠江.1998.广义吸力和非饱和土的统一变形理论[J].岩土工程学报,18(2):1-9.
Sheng D, Sloan S W, Yu H S. 2000. Aspects of finite element implementation of critical state models[J]. Computational Mechanics, 26: 185-196.

史述昭,杨光华.1987.岩体常用屈服函数的改进[J].岩土工程学报,9(4):60-69.

Singh A, Mitchell J K. 1968. General stress-strain-time function for soils[J]. J. Soil Mech. Found Div., 94(1): 21-46.

Smith P R, Jardiner R J, HightI D W. 1992. The yielding of othkennar clay[J]. Géotechnique, 42(2): 303-348.

孙建中,刘健民.2000.黄土的未饱和湿陷、声余湿陷和多次湿陷[J].岩土工程学报,22(3):365-367.

孙吉主,王勇,孔令伟.2006.湛江海域结构性软土的边界面损伤模型研究[J].岩土力学,27(1):99-106.

Timoshenko S P, Goodier J N. 1970. Theory of elasticity [M]. 3rd ed. Mc Graw hill book Co..

Ucsugi M, Kishida H, Tsubakihara Y. 1988. Behavior of sand particles in sand-steel friction[J]. Soils Found, 28(1): 107-18.

Vaid Y P, Campanella R G. 1977. Time-dependent behavior of undisturbed clay[J]. Journal of Geotechnical Engineering, ASCE, 103(7): 693-709.

Veeken C A M, Walters J V, Kenter C J, et al. 1989. Use of plasticity models for predicting borehole stability[C]//Symposium Rock at Great Depth. Maury, Fourmaintraux.

Vermeer P A. 1978. A double hardening model for sand[J]. Géotechnique, 28(4): 413-433.

Vermeer P A, Neher H P. 1999. A Soft Soil Model that Accounts for Creep[C]// Proceedings Plaxis Symposium "Beyond 2000 in Computational Geotechnics". Amsterdam: 249-262.

王明洋,赵跃堂,钱七虎.2002.饱和砂土动力特性及数值方法研究[J].岩土工程学报,24(6):737-742.

王仁,黄克智,朱兆祥.1988.塑性力学进展[M].北京:中国铁道出版社.

王仁,黄文彬,黄筑平.1982.塑性力学引论[M].修订版.北京:北京大学出版社.

王立忠,丁利,陈云敏,等.2004.结构性软土压缩特性研究[J].土木工程学报,37(4):46-53.

王国欣,肖树芳,黄宏伟,等.2004.基于扰动状态概念的结构性黏土本构模型研究[J].固体力学学报,25(2):191-197.

王军,高玉峰.2007.加荷比对结构性软土沉降特性的影响[J].岩土力学,28(12):2614-2618.

Wang J G, Ichikawa Y, Leung C F. 2003. A constitutive model for rock interfaces and joints[J]. Int. J. Rock Mech. Mining Sci., 40: 41-53.

Wheeler S J, Näätänen A, Karstunen M, et al. 2003. An anisotropic elasto-plastic model for soft clays [J]. Canadian Geotechnical Journal, 40(2): 403-418.

Wood D M. 1973. Truly triaxial atress-strain behavior of kaolin[C]//Proc. of the symposium on the role of plasticity insoil mechanics, Cambridge.

席道瑛,谢端,唐雷.1993.断层泥力学性质及其本构关系[J].地震,6:55-60.

席道瑛,徐松林.2012.岩石物理学基础[M].合肥:中国科学技术大学出版社.

谢定义,齐吉琳.1999.土结构性及其定量化研究的新途径[J].岩土工程学报,21(6):651-656.

熊祝华,傅衣铭,熊慧而.1997.连续介质力学基础[M].长沙:湖南大学出版社.

徐松林,吴文,等.2002.大理岩有限变形分岔分析[J].岩土工程学报,24(1):42-46.

徐松林,吴文,等.2001.三轴压缩大理岩局部化变形的实验研究及其分岔行为[J].岩土工程学报,23(3):296-301.

殷宗泽.1984.剪胀土与非剪胀土的应力-应变关系[J].岩土工程学报,6(4):24-40.

殷宗泽.1988.一个土体的双屈服面应力-应变模型[J].岩土工程学报,10(4):64-71.

殷宗泽,张海波,朱俊高,等.2003.软土的次固结[J].岩土工程学报,25(5):521-526.

Yin J H, Zhu J G, Graham J. 2002. A new elastic viscoplastic odel for time-dependent behaviour of normally and overconsolidated clays: theory and verification[J]. Canadian Geotechnical Journal, 39(1):

157-173.

Yin Z Y, Zhhang D M, Hicher P Y, et al. 2008. Modeling of the time-dependent behavior of soft soils using a simple elasto-viscoplastic model[J]. Chinese Journal of Geotechnical Engineering, 30(6): 880-888.

Yin Z Y, Huang H W, Utili S, et al. 2008. Modeling rate-dependent behavior of soft subsoil under embankment loading[J]. Chinese Journal of Geotechnical Engineering, 31(1): 109-117.

Yin Z Y, Hicher P Y. 2008. Identifying parameters controlling soil delayed behaviour from laboratory and in situ pressuremeter testing[J]. International Journal for Numerical and Analytical Methods in Geomechanics, 32(12): 1515-1535.

Yin Z Y, Karstunen M, Hicher P Y. 2010. Evaluation of the influence of elasto-viscoplastic scaling functions on modelling time-dependent behaviour of natural clays[J]. Soils and Foundations, 50(2): 203-214.

Yin Z Y, Chang C S, Karstunen M, et al. 2010. An anisotropic elastic viscoplastic model for soft clays[J]. International Journal of Solids and Structures, 47(5): 665-677.

尹振宇. 2011. 天然软黏土的弹塑性本构模型：进展及发展[J]. 岩土工程学报, 33(9): 1357-1369.

俞茂宏. 1998. 双剪理论及其应用[M]. 北京: 科学出版社.

张建民, 谢定义. 1993. 饱和砂土动本构理论研究进展[J]. 力学进展, 24(2): 187-204.

张超杰, 陈云敏, 王立忠. 2002. 考虑软黏土结构性的一维弹黏塑固结分析[J]. 工业建筑, 32(10): 45-48.

Zhao J. 2000. Applicability of Mohr-Coulomb and Hoek-Brown strength criteria to the dynamic strength of brittle rock[J]. Int. J. Rock Mechanics and Mining Sciences, 37(7): 1115-1121.

郑宏, 葛修润, 李焯芬. 1997. 脆塑性岩体的分析原理及其应用[J]. 岩石力学与工程学报, 16(1): 8-21.

郑颖人, 龚晓南. 1989. 岩土塑性力学基础[M]. 北京: 建筑工业出版社: 52-82.

周成, 沈珠江, 陈铁林, 等. 2003. 结构性黏土的边界面砌块体模型[J]. 岩土力学, 24(3): 317-321.

Zhou C, Yin J H, Zhu J G, et al. 2005. Elastic anisotropic viscoplastic modeling of the strain-rate-dependent stress-strain behaviour of K0-consolidated natural marine clays in triaxial shear tests[J]. International Journal of Geomechanics, 5(3): 218-232.

周光泉. 1983. 关于无屈服面黏塑性[J]. 爆炸与冲击, 3(4): 25-33.

周光泉, 程经毅. 1989. 一种基于无屈服概念的黏塑性模型[J]. 应用数学和力学, 10(4): 323-330.

Zienkiewicz O C. 1971. The finite element method in engineering Science[M]. McGraw Hill.

Zienkiewicz O C, Naylor D J. 1972. Discussion on the adaption of critical state soil mechanics theory for use infinite element, stress-strain behavior of soils [C]//Roscoe memorial Symposium. Cambridge Univ.

Zienkiewicz O C, Humpheson C, Lewis R W. 1975. Associated and non-associated visco-plasticity and plasticity in soil mechanics[J]. Géotechnique, 25(4): 671-689.

第 5 章 多孔岩土材料塑性理论及其应用

5.1 多孔岩土材料的屈服面模型

5.1.1 Gurson 屈服面模型[①]

Gurson(1977)对多孔材料由于孔洞产生的延性断裂的行为进行了研究,由此形成了考虑孔隙度的屈服模型。此模型研究的一般材料如图 5.1.1 所示,在空间结构上,材料由分布的孔洞和基体共同组成。基体被假定为均匀的体积不可压缩的刚塑性的 Von Mises 材料。图中:采用直角坐标系,"1"、"2"和"3"分别表示 x_1 轴、x_2 轴和 x_3 轴;宏观应力张量和应变张量用 Σ_{ij} 和 E_{ij} 表示,微观应力张量和应变张量用 σ_{ij} 和 ε_{ij} 表示。

(1) 多孔介质的宏观应变率可表示为

$$\dot{E}_{ij} = \frac{1}{V} \cdot \frac{1}{2} \int_S (v_i n_j + v_j n_i) \mathrm{d}S \tag{5.1.1}$$

式中,V 为研究对象的总体积,S 为研究对象的外表面,n 为外表面 $\mathrm{d}S$ 的外法线方向,v 为外表面 $\mathrm{d}S$ 上的质点速度。

对上式应用 Gauss 公式,则有

$$\dot{E}_{ij} = \frac{1}{V} \cdot \int_V \dot{\varepsilon}_{ij} \mathrm{d}V \tag{5.1.2}$$

对多孔介质,上式可写为

$$\begin{aligned}\dot{E}_{ij} &= \frac{1}{V} \cdot \int_V \dot{\varepsilon}_{ij} \mathrm{d}V \\ &= \frac{1}{V} \cdot \left(\int_{V\text{matrix}} \dot{\varepsilon}_{ij} \mathrm{d}V + \int_{V\text{void}} \dot{\varepsilon}_{ij} \mathrm{d}V \right)\end{aligned} \tag{5.1.3}$$

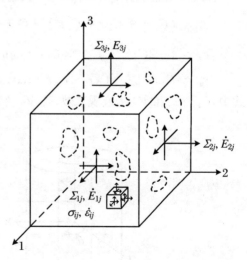

图 5.1.1 多孔介质示意图

[①] Gurson,1977。

此外,对于含孔隙这一部分介质,需注意:其内的应变率由从基体光滑外延的速度场导出。由 Gauss 公式的一般要求,基体和孔隙混合部分的速度场必须是连续的,而且其对体积的一阶导数也是连续的。

对式(5.1.3)右边第二项使用 Gauss 公式,则

$$\dot{E}_{ij} = \frac{1}{V}\int_{V_{matrix}} \dot{\varepsilon}_{ij} dV + \frac{1}{V} \cdot \frac{1}{2}\int_{S_{void}} (v_i n_j + v_j n_i) dS \quad (5.1.4)$$

由此,将宏观应变率表征为基体的应变率和孔洞边界应力状态两部分。

(2) 宏观应力表达为

$$\Sigma_{ij}^A \equiv \frac{1}{A}\int_A \sigma_{ij}^A dS \quad (5.1.5)$$

式中,σ_{ij}^A 为平衡应力场,上标 A 表示此物理量是由真实的速度场确定的。并有

$$\dot{W}^A = \Sigma_{ij}^A \cdot \dot{E}_{ij} \quad (5.1.6)$$

即宏观应力 Σ_{ij}^A 与 $\dot{E}_{ij}$ 通过功共轭。最大塑性功原理要求

$$(\Sigma_{ij}^A - \Sigma_{ij}^{A*}) \cdot \dot{E}_{ij} \geqslant 0 \quad (5.1.7)$$

式中,Σ_{ij}^{A*} 与 $\dot{E}_{ij}^*$ 相关,$\dot{E}_{ij}^*$ 与 $\dot{E}_{ij}$ 不同。

在细微观尺度,耗散功率的表达为 $\dot{W} = \frac{1}{V}\int_V S_{ij}(\dot{\varepsilon}_{ij}) \cdot \dot{\varepsilon}_{ij} dV$,最大塑性功原理则要求

$$[S_{ij}(\dot{\varepsilon}_{ij}) - S_{ij}(\dot{\varepsilon}_{ij}^*)] \cdot \dot{\varepsilon}_{ij} \geqslant 0 \quad (5.1.8)$$

式中,$\dot{\varepsilon}_{ij}^*$ 与 $\dot{\varepsilon}_{ij}$ 不同。

(3) 中空长圆柱的全塑性流动。

长圆柱壳坐标系见图 5.1.2(a),其速度场的解具有以下的一般形式:

$$v_r = (C_1 r^3 + C_2 r + C_3 r^{-1} + C_4 r^{-3})\cos(2\theta) + V_{32}^* z\cos\gamma + \frac{C_7}{r} - \dot{E}_{33}\frac{r}{2} \quad (5.1.9a)$$

$$v_\theta = (-2C_1 r^3 - C_2 r + C_4 r^{-3})\sin(2\theta) - V_{32}^* z\sin\gamma \quad (5.1.9b)$$

$$v_z = \dot{E}_{33} \cdot z + (C_5 r + C_6 r^{-1})\cos\gamma \quad (5.1.9c)$$

式中,$C_1 \sim C_7$ 和 V_{32}^* 为宏观参数,且 V_{32}^* 为单位轴向长度的剪切速率。

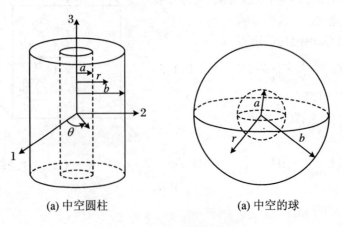

(a) 中空圆柱　　　　(a) 中空的球

图 5.1.2　多孔介质简化示意图

考虑到 $r=a$ 和 $r=b$ 时速度和变形率的边界条件，最后可以得到中空圆柱的速度场的解：

$$v_r = C_2 r \cdot \cos(2\theta) + V_{32}^* z\cos\gamma + \frac{C_7}{r} - \dot{E}_{33}\frac{r}{2} \tag{5.1.10a}$$

$$v_\theta = -C_2 r\sin(2\theta) - V_{32}^* z\sin\gamma \tag{5.1.10b}$$

$$v_z = \dot{E}_{33} \cdot z + C_5 r\cos\gamma \tag{5.1.10c}$$

式中，

$$C_2 = \dot{E}' = \frac{1}{2}(\dot{E}_{22} - \dot{E}_{11}), \quad C_5 = V_{23}^*, \quad C_7 = \frac{1}{2}\dot{E}_{kk}b^3 \tag{5.1.10d}$$

其中，V_{23}^* 为归一化的剪切速率，其方向平行于 x_3 轴，即 z 轴方向。

由此，可得到应变场的表达为

$$\dot{\varepsilon}_{rr} = \dot{E}' \cdot \cos(2\theta) - \dot{E}b^2 r^{-2} - \frac{1}{2}\dot{E}_{33} \tag{5.1.11a}$$

$$\dot{\varepsilon}_{\theta\theta} = -\dot{E}' \cdot \cos(2\theta) + \dot{E}b^2 r^{-2} - \frac{1}{2}\dot{E}_{33} \tag{5.1.11b}$$

$$\dot{\varepsilon}_{zz} = \dot{E}_{33}, \quad \dot{\varepsilon}_{r\theta} = -\dot{E}' \cdot \sin(2\theta), \quad \dot{\varepsilon}_{rz} = \frac{1}{2}(V_{23}^* + V_{32}^*) \cdot \cos\gamma \tag{5.1.11c}$$

$$\dot{\varepsilon}_{\theta z} = -\frac{1}{2}(V_{23}^* + V_{32}^*) \cdot \sin\gamma = -\dot{E}_{23}^* \cdot \sin\gamma \tag{5.1.11d}$$

式中，

$$\dot{E} = \frac{1}{2}\dot{E}_{kk} = \frac{1}{2}(\dot{E}_{11} + \dot{E}_{22} + \dot{E}_{33}), \quad \dot{E}_{23}^* = \dot{E}_{32}^* = \frac{1}{2}(V_{23}^* + V_{32}^*) \tag{5.1.11e}$$

分析耗散功率 $\dot{W} = \frac{1}{V}\int_V S_{ij}(\dot{\varepsilon}_{ij}) \cdot \dot{\varepsilon}_{ij}\mathrm{d}V$，考虑 Von Mises 塑性材料，即 $3J_2 = \sigma_0^2$，由此可得

$$S_{ij} = \frac{\sqrt{\frac{2}{3}}\sigma_0\dot{\varepsilon}_{ij}}{\sqrt{\dot{\varepsilon}_{kl}\dot{\varepsilon}_{kl}}} \tag{5.1.12}$$

则

$$\dot{W} = \frac{1}{V}\int_V \sqrt{\frac{2}{3}}\sigma_0 \cdot \sqrt{\dot{\varepsilon}_{ij}\dot{\varepsilon}_{ij}}\mathrm{d}V \tag{5.1.13}$$

由式(5.1.11)中应变率的表达，则有

$$\dot{\varepsilon}_{ij}\dot{\varepsilon}_{ij} = 2\dot{E}'^2 + \dot{E}_{12}^2 + \dot{E}_{21}^2 + 4\mu\dot{E}'\dot{E}\lambda^{-1} + 2\dot{E}^2\lambda^{-2} + \frac{3}{2}\dot{E}_{33}^2 + \dot{E}_{13}^2 + \dot{E}_{31}^2 + \dot{E}_{23}^2 + \dot{E}_{32}^2 \tag{5.1.14}$$

式中，$\dot{E}_{23}^{*2} = \dot{E}_{12}^2 + \dot{E}_{23}^2$，$\mu = \cos 2\theta$，$\lambda = r^2/b^2$。

宏观等效应力和宏观剪应力的表达分别为

$$\Sigma_{\mathrm{eqv}}^2 = \left(\frac{3}{2}\Sigma_{ij}'\Sigma_{ij}'\right) = \frac{3}{4}(\Sigma_{22} - \Sigma_{11})^2 + \frac{9}{4}\Sigma_{33}'^2$$

$$+ \frac{3}{2}(\Sigma_{12}^2 + \Sigma_{21}^2) + \frac{3}{2}(\Sigma_{\gamma 3}\Sigma_{\gamma 3} + \Sigma_{3\gamma}\Sigma_{3\gamma}) \tag{5.1.15a}$$

$$\Sigma_{\gamma\gamma} = \Sigma_{22} + \Sigma_{11}, \quad \gamma = 1,2 \tag{5.1.15b}$$

定义归一化的应力张量 T 为

$$T_{ij} = \frac{\Sigma_{ij}}{\sigma_0} \tag{5.1.16}$$

由轴对称关系,有

$$T_{11} = T_{22}, \quad T_{eqv} = |T_{22} - T_{11}|, \quad T_{\gamma\gamma} = 2T_{11} \tag{5.1.17}$$

利用式(5.1.6),并假定功率和应变率均为 $\dot{E}_{ij}$ 的一次齐次式,则有 $\dot{W} = \frac{\partial \dot{W}}{\partial \dot{E}_{ij}} \dot{E}_{ij}$。

因此,由 $\delta \dot{W} = \delta \Sigma_{ij} \cdot \dot{E}_{ij} + \Sigma_{ij} \cdot \delta \dot{E}_{ij}$ 以及正交性 $\delta \Sigma_{ij} \cdot \dot{E}_{ij} = 0$,有 $\Sigma_{ij} = \frac{\partial \dot{W}}{\partial \dot{E}_{ij}}$,即

$$\Sigma_{ij} = \frac{1}{V} \int_V S_{kl}(\dot{\varepsilon}_{mn}) \frac{\partial \dot{\varepsilon}_{kl}}{\partial \dot{E}_{ij}} dV \tag{5.1.18}$$

考虑式(5.1.16)和式(5.1.17),有

$$T_{33} - T_{11} = \frac{\sqrt{3}}{2} \frac{1}{V} \int_V \dot{E}_{33} \left(\dot{E}^2 \lambda^{-2} + \frac{3}{4} \dot{E}_{33}^2 \right)^{-1/2} dV \tag{5.1.19}$$

$$T_{\gamma\gamma} = \frac{2}{\sqrt{3}} \frac{1}{V} \int_V \dot{E}^2 \lambda^{-2} \left(\dot{E}^2 \lambda^{-2} + \frac{3}{4} \dot{E}_{33}^2 \right)^{-1/2} dV \tag{5.1.20}$$

求解以上各式需要用到以下的变换:

① $\frac{1}{V} \int_V dV = \frac{1}{\pi b^2 L} \int_0^L \int_0^{2\pi} \int_a^b dr d\theta dz = \int_f^1 d\lambda$ (f 为孔隙度) (5.1.21)

② $x \equiv \dot{E} \lambda^{-1}, \quad g \equiv \frac{3}{4} \dot{E}_{33}^2$ (5.1.22)

式(5.1.19)和式(5.1.20)可以写为

$$T_{eqv} = g^{1/2} \dot{E} \int_{\dot{E}}^{\dot{E}/f} x^{-2} (x^2 + g)^{-1/2} dx, \quad T_{\gamma\gamma} = \frac{2}{\sqrt{3}} \int_{\dot{E}}^{\dot{E}/f} (x^2 + g)^{-1/2} dx \tag{5.1.23}$$

即

$$g^{1/2} T_{eqv} = \sqrt{\dot{E}^2 + g} - \sqrt{\dot{E}^2 + gf^2}, \quad \frac{\sqrt{3}}{2} T_{\gamma\gamma} = \ln \left[\frac{\sqrt{\dot{E}^2 + gf^2} + \dot{E}}{f(\sqrt{\dot{E}^2 + g} + \dot{E})} \right] \tag{5.1.24}$$

消去 g 和 $\dot{E}$,可以得到

$$\Phi = T_{eqv}^2 + 2f \cosh\left(\frac{\sqrt{3}}{2} T_{\gamma\gamma} \right) - 1 - f^2 = 0 \tag{5.1.25}$$

上式即为含孔洞介质的屈服函数。

更一般的情况,上式的形式为

$$\Phi = C_{eqv} T_{eqv}^2 + 2f \cosh\left(\frac{\sqrt{3}}{2} T_{\gamma\gamma} \right) - 1 - f^2 = 0 \tag{5.1.26}$$

式中,C_{eqv} 为 T_{eqv} 的函数,随着 $\dot{E}_{ij}$ 的方向变化而变化。其取值如下:

平面应变问题($\dot{E}_{13} = 0$):$C_{eqv} \simeq (1 + 3f + 24f^6)^2$ (5.1.27)

轴对称问题($\dot{E}_{11} = \dot{E}_{22}$):$C_{eqv} = 1$ (5.1.28)

不同孔隙度下,孔隙介质的屈服面形态见图5.1.3,该图对平面应变状态、轴对称状态等进行了对比。

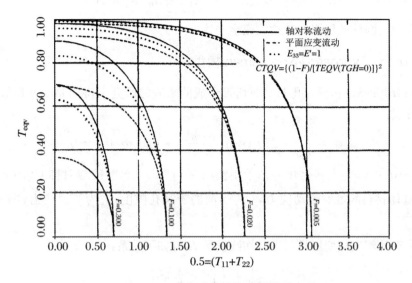

图5.1.3 不同孔隙度的屈服模型

(4) 中空球的全塑性流动。

中空球的坐标系见图5.1.2(b)。分析时将变形分为形变部分和体变部分,即 $v_i = v_i^s + v_i^V$,上标 s 表示形变部分,上标 V 表示体变部分。其速度场的解具有以下的一般形式:

$$v_i^s = \dot{E}_{ij}^s x_j, \quad v_r^V = \frac{\dot{E}_{kk}}{3}\frac{b^3}{r^2}, \quad v_\theta^V = v_\varphi^V = 0 \tag{5.1.29}$$

位移场:

$$\dot{\varepsilon}_{ij}^s = \dot{E}_{ij}^s, \quad \dot{\varepsilon}_{rr}^V = -\frac{2}{3}\left(\frac{b}{r}\right)^3 \dot{E}_{kk} = -2\dot{\varepsilon}_{\theta\theta}^V = -2\dot{\varepsilon}_{\varphi\varphi}^V, \quad \dot{\varepsilon}_{r\theta}^V = \dot{\varepsilon}_{r\varphi}^V = \dot{\varepsilon}_{\theta\varphi}^V = 0$$
$$\tag{5.1.30}$$

另外,还有

$$\varepsilon_{ij} = \varepsilon_{ij}^s + \varepsilon_{ij}^V, \quad \dot{\varepsilon}_{ij} = \dot{E}'_{ij} + \frac{1}{3}\dot{E}_{kk}h_{ij} \tag{5.1.31}$$

球坐标系下:

$$h_{rr} = -2\left(\frac{b}{r}\right)^3 = -2h_{\theta\theta} = -2h_{\varphi\varphi}$$
$$h_{ij} = 0 \quad (i \neq j) \tag{5.1.32}$$

直角坐标系下:

$$h_{ij} = (\delta_{ij} - 3n_i n_j)\left(\frac{b}{r}\right)^3, \quad r^2 = x_1^2 + x_2^2 + x_3^2, \quad n_i = \frac{x_i}{r} \tag{5.1.33}$$

由此,重复中空圆柱的分析过程,可以得到屈服面的表达式为

$$\Phi = T_{eqv}^2 + 2f\cosh\left(\frac{\sqrt{3}}{2}T_{nn}\right) - 1 - f^2 = 0 \tag{5.1.34}$$

式中，

$$T_{nn} = \frac{\Sigma_{nn}}{\sigma_0}, \quad \Sigma_{nn} = \frac{1}{V}\int_V \frac{3}{2} S_{rr}(\dot{\varepsilon}_{ij}) h_{rr} \mathrm{d}V \tag{5.1.35}$$

形式与前面中空圆柱的屈服面表达式完全一致。

5.1.2 Gurson-Tvergaard-Needleman 模型[①]

Tvergaard(1981)在研究孔洞对剪切带形成的影响的研究中，将 Gurson 屈服面模型改造成以下形式：

$$\Phi = \frac{\sigma_e^2}{\sigma_M^2} + 2fq_1 \cosh\left(\frac{q_2}{2} \frac{\sigma_k^k}{\sigma_M}\right) - (1 + q_3 f^2) = 0 \tag{5.1.36}$$

当 $q_1 = q_2 = q_3 = 1$ 时，上式退化为基于刚塑性 Von Mises 材料的球对称 Gurson 屈服面模型。σ_M 为基体材料的等效流动应力，f 为当前的宏观孔隙度，σ_e 为等效应力，即 $\sigma_e = \sqrt{3J_2} = \sqrt{3S_{ij}S_{ij}/2}$。

基体中有效塑性应变增量与瞬时切线模量 E_t 有如下关系：

$$\dot{\varepsilon}_M^p = \left(\frac{1}{E_t} - \frac{1}{E}\right)\dot{\sigma}_M \tag{5.1.37}$$

假定有效塑性应变随等效塑性功有如下表达：

$$\sigma^{ij}\dot{\eta}_{ij}^p = (1-f)\sigma_M \dot{\varepsilon}_M^p \tag{5.1.38}$$

式中，$\dot{\eta}_{ij}^p = \frac{1}{2}(\dot{u}_{ij} + \dot{u}_{ji} + \dot{u}_{ki}u_{kj} + u_{ki}\dot{u}_{kj})$ 为有限变形情况下的表达式。由此，有

$$\dot{\sigma}_M = \frac{EE_t}{E - E_t} \frac{\sigma^{ij}\dot{\eta}_{ij}^p}{(1-f)\sigma_M} \tag{5.1.39}$$

基体材料为塑性体积不可压缩的，因此，孔隙度的增量为

$$\dot{f} = (1-f)G^{ij}\dot{\eta}_{ij}^p \tag{5.1.40}$$

由基体材料塑性增量的正交性，则有

$$\dot{\eta}_{ij}^p = \Lambda \frac{\partial \Phi}{\partial \sigma^{ij}} \tag{5.1.41}$$

塑性势函数采用式(5.1.36)，则有

$$\dot{\eta}_{ij}^p = \frac{1}{H}\left(\frac{3}{2}\frac{S_{ij}}{\sigma_M} + \alpha G_{ij}\right)\left(\frac{3}{2}\frac{S_{kl}}{\sigma_M} + \alpha G_{kl}\right)\hat{\sigma}^{kl} \tag{5.1.42}$$

式中，

$$\alpha = \frac{f}{2}q_1 q_2 \sinh\left(\frac{q_2}{2}\frac{\sigma_k^k}{\sigma_M}\right) \tag{5.1.43}$$

$$H = \frac{EE_t}{(E-E_t)(1-f)}\left(\frac{\sigma_e^2}{\sigma_M^2} + \alpha\frac{\sigma_k^k}{\sigma_M}\right)^2 - 3\sigma_M\alpha(1-f)\left[q_1\cosh\left(\frac{q_2}{2}\frac{\sigma_k^k}{\sigma_M}\right) - q_3 f\right] \tag{5.1.44}$$

弹性应变率的表达式为

[①] Tvergaard,1981,1984；Tvergaard,Needleman,1984,1986。

$$\dot{\eta}_{ij}^{\mathrm{e}} = \frac{1}{E}\left[(1+\nu)G_{ik}G_{jk} - \nu G_{ij}G_{kl}\right]\hat{\sigma}^{kl} \tag{5.1.45}$$

由 $\dot{\eta}_{ij} = \dot{\eta}_{ij}^{\mathrm{e}} + \dot{\eta}_{ij}^{\mathrm{p}}$，可得到应力率的表达式为

$$\hat{\sigma}^{ij} = C^{ijkl}\dot{\eta}_{kl} \tag{5.1.46}$$

式中，

$$C^{ijkl} = \frac{E}{1+\nu}\left[\frac{1}{2}(G^{ik}G^{jl} + G^{jk}G^{il}) + \frac{\nu}{1-2\nu}G^{ij}G^{kl} - \frac{\left(\frac{3}{2}\frac{S^{ij}}{\sigma_{\mathrm{M}}} + \alpha\frac{1+\nu}{1-2\nu}G^{ij}\right)\left(\frac{3}{2}\frac{S^{kl}}{\sigma_{\mathrm{M}}} + \alpha\frac{1+\nu}{1-2\nu}G^{kl}\right)}{(1+\nu)\frac{H}{E_{\mathrm{t}}} + \frac{3}{2}\frac{\sigma_{\mathrm{e}}^2}{\sigma_{\mathrm{M}}^2} + 3\alpha^2\frac{1+\nu}{1-2\nu}}\right] \tag{5.1.47}$$

$\hat{\sigma}^{ij}$ 表示 Cauchy 应力张量的 Jaumann 率。为理解以上过程，补充以下表达式[可参见张量分析部分(李国琛等，2003；李永池，2012)]：

(1) Kirchhoff 应力 τ^{ij} 与 Cauchy 应力 σ^{ij} 之间的关系：$\tau^{ij} = \sqrt{\frac{G}{g}}\sigma^{ij}$。

(2) Kirchhoff 应力 τ^{ij} 的 Jaumann 率：$\hat{\tau}^{ij} = \dot{\tau}^{ij} + G^{ik}\tau^{jl}\dot{\eta}_{kl} + G^{jk}\tau^{il}\dot{\eta}_{kl}$。

(3) 本构关系：$\dot{\tau}^{ij} = L^{ijkl}\dot{\eta}_{kl}$，$L^{ijkl}$ 为即时模量，

$$L^{ijkl} = \frac{E}{1+\nu}\left[\frac{1}{2}(G^{ik}G^{jl} + G^{jk}G^{il}) + \frac{\nu}{1-2\nu}G^{ij}G^{kl} - \beta\frac{3}{2}\frac{E/E_{\mathrm{t}} - 1}{E/E_{\mathrm{t}} - (1-2\nu)/3}\frac{S^{ij}S^{kl}}{\sigma_{\mathrm{e}}^2}\right]$$
$$- \frac{1}{2}(G^{ik}\tau^{jl} + G^{jk}\tau^{il} + G^{il}\tau^{jk} + G^{jl}\tau^{ik})$$

式中，塑性加载时，$\beta = 1$；其他情况，$\beta = 0$。

(4) $L^{ijkl} = \sqrt{\frac{G}{g}}C^{ijkl} - \frac{1}{2}(G^{ik}\tau^{jl} + G^{jk}\tau^{il} + G^{il}\tau^{jk} + G^{jl}\tau^{ik}) + \tau^{ij}G^{kl}$。

在 Tvergaard(1981) 所用的材料中，取屈服面参数 $q_1 = 1.5$，$q_2 = 1$，$q_3 = q_1^2$，可以得到很好的结果。

5.1.3 孔隙介质屈服面模型小结

现有屈服面模型很多，对孔隙岩石屈服行为的描述，很多工作是在原有屈服面的基础上对孔隙相关特性进行考虑而实现其相应的修正。相关模型的表达式见表 5.1.1，它们在 I_1-$\sqrt{J_2}$ 平面和 π 平面上的形态见图 5.1.4。

表 5.1.1 孔隙介质三维屈服面模型(Aubertin 等，2003)

屈服面	表达式	参考文献
Mises-Schleicher	$\sqrt{J_2} = \sqrt{[(\sigma_{\mathrm{c}} - \sigma_{\mathrm{t}})I_1 + \sigma_{\mathrm{c}}\sigma_{\mathrm{t}}]/3}$	Schleicher，1926
Mohr-Coulomb	$\sqrt{J_2} = [(I_1/3)\sin\varphi + c\cos\varphi]/(\cos\theta - \sin\theta\sin\varphi/\sqrt{3})$	Chen，Saleeb，1982
Drucker-Prager	$\sqrt{J_2} = \alpha I_1 + k$ $\alpha = 2\sin\varphi/[\sqrt{3}(3-\sin\varphi)]$ $k = (\sigma_{\mathrm{c}} - \sigma_{\mathrm{t}})/(12\alpha) + \alpha\sigma_{\mathrm{c}}\sigma_{\mathrm{t}}/(\sigma_{\mathrm{c}} - \sigma_{\mathrm{t}})$	Drucker，Prager，1952

续表

屈服面	表达式	参考文献
Cam-Clay	$\sqrt{J_2} = -\alpha_{CM} I_1 \ln(I_1/I_{10})$ α_{CM} 为 I_1-$\sqrt{J_2}$ 平面内临界状态线(CSL)的斜率,I_{10} 为材料静水压破坏时对应的 I_1 值	Roscoe 等,1958,1963
Cam-Clay modified	$\sqrt{J_2} = \alpha_{CM} \sqrt{I_1(I_{10}-I_1)}$	Roscoe, Burland, 1968
Dimaggio-Sandler	包络线部分:$f_1 = \sqrt{J_2} + \gamma\exp(-\beta I_1) - \alpha = 0$ 帽盖部分:$f_2 = R^2 J_2 + (I_1 - C)^2 = R^2 b^2$ R 为帽盖部分椭圆长短轴之比,其余为材料参数	Dimaggio, Sandler, 1971
SMP	$2/\sqrt{3}(\sqrt{J_2}/I_1)^3 \sin 3\theta + (3/k - 1)(\sqrt{J_2}/I_1)^2 + (1/9 - 1/k) = 0$	Matsuoka, Nakai, 1974
Shima-Oyane	$3J_2/\sigma_M^2 + a_1 n^{a_2} [I_1/(3\sigma_M)]^2 - (1-n)^5 = 0$	Shima, Oyane, 1976
Gurson	$3J_2/\sigma_M^2 + 2n\cosh[I_1/(2\sigma_M)] - (1+n^2) = 0$	Gurson, 1977
Lade	$(I_1^3/I_3 - 27)(I_1/P_a)^m - k = 0$ P_a 为大气压,m,k 为材料参数	Lade, 1977
Ottosen	$\alpha(\sqrt{J_2}/\sigma_c)^2 + \lambda(\sqrt{J_2}/\sigma_c) - b(I_c/\sigma_c) - 1 = 0$ 当 $0° \leq \theta \leq 30°$, $\lambda = k_1 \cos[(1/3)\cos^{-1}(-k_2 \sin 3\theta)]$ 当 $0° \geq \theta \geq -30°$, $\lambda = k_1 \cos[60° - (1/3)\cos^{-1}(-k_2 \sin 3\theta)]$ 其余为材料参数	Ottosen, 1977
Desai	$J_2 = [-\alpha(I_1 + I_{1s})^m P_a^{2-m} + \gamma(I_1 + I_{1s})^2](1 - \beta\sin 3\theta)^{-1/2}$ I_{1s} 为单轴拉伸强度对应的 I_1 的值,m 与相变有关,α 为硬化函数,其余为材料参数	Desai, 1980
Modified Gurson	$3J_2/\sigma_M^2 + 2q_1 n\cosh[q_2 I_1/(2\sigma_M)] - (1+(q_1 n)^2) = 0$ $3J_2/\sigma_M^2 + 2q_1 n^* \cosh[q_2 I_1/(2\sigma_M)] - [1+(q_1 n^*)^2] = 0$ n^* 为孔隙度的函数:当 $n \leq n'$ 时,$n^* = n$;当 $n > n'$ 时, $n^* = n' + (1/q_1 - n')(n - n')/(n_c - n')$ n_c 为断裂时的临界孔隙度,$n' < n_c$ 为与孔洞闭合有关的阈值	Tvergaard, 1981, 1990 Tvergaard, Needleman, 1984
Hoek-Brown	$2\sqrt{J_2}\cos\theta - \left[\dfrac{m\sigma_c}{\sqrt{3}}(\sin\theta - \sqrt{3}\cos\theta)\sqrt{J_2} + \dfrac{1}{3}I_1 m\sigma_c + s\sigma_c^2\right]^{1/2} = 0$	Pan, Hudson, 1988

续表

屈 服 面	表 达 式	参考文献
Sofronis-Mc Meeking	$2\sqrt{J_2}\cos\theta = \left\{1 - \left[\dfrac{mn}{(1-n^{1/m})^m}\right]^{2/(m+1)} \left(\dfrac{I_1}{2m}\right)^2\right\}^{1/2}$ $\cdot \left(\dfrac{1+n}{1-n}\right)^{\frac{-m}{m+1}}$	Sofronis, Mc Meeking,1992
Ehlers	$\sqrt{J_2[1-2/(3\sqrt{3})\gamma\sin 3\theta]^m + \alpha I_1^2/2 + \delta^2 I_1^4} - \beta I_1 + \varepsilon I_1^2 - \kappa = 0$	Ehlers,1995
Crushed Rock Salt	$2\sqrt{J_2}\cos\theta = (1+n^2-\kappa_0\Omega^{\kappa_1}I_1^2/9)^{1/2}\kappa_2^{-1/2}[(1+n)/(1-n)]^{\frac{-m}{m+1}}$ $\Omega = [n_V m(1-n_V^{1/m})^{-m}]^{\frac{2}{m+1}}$	Hansen 等.,1998
Lee-Oung	$3J_2 + \dfrac{n}{4}I_1^2 + (1-n)(C-T)(-I_1) - (1-n)^2 CT = 0$ C, T 分别为无孔隙介质的单轴压缩强度和单轴拉伸强度	Lee,Oung,2000

注:Aubertin 等,2003。

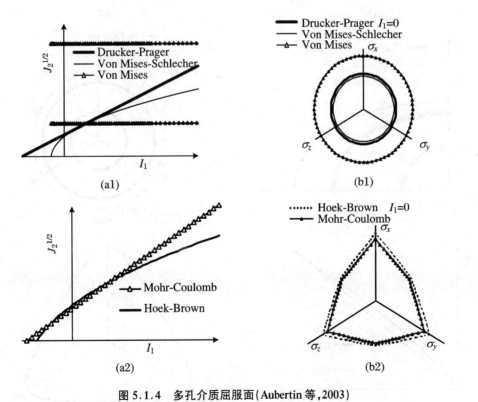

图 5.1.4　多孔介质屈服面(Aubertin 等,2003)

(a1)~(a12)为 I_1-$\sqrt{J_2}$ 平面内的图像;(b1)~(b12)为 π 平面内的图像。

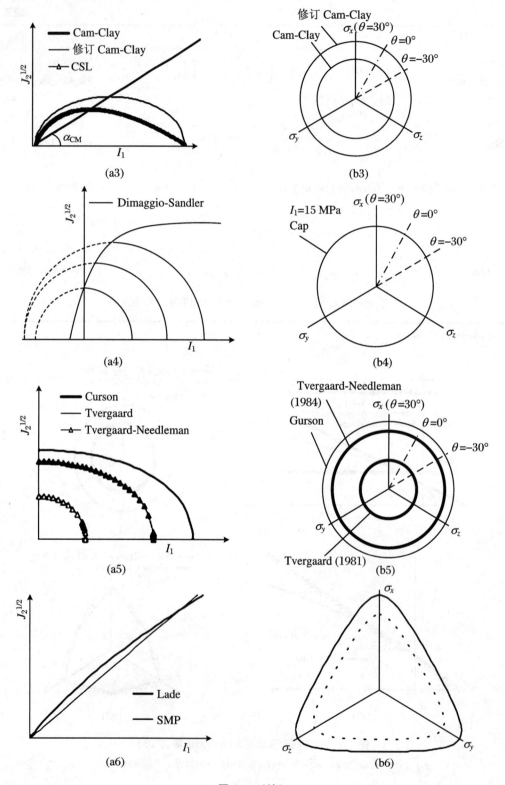

图 5.1.4(续)

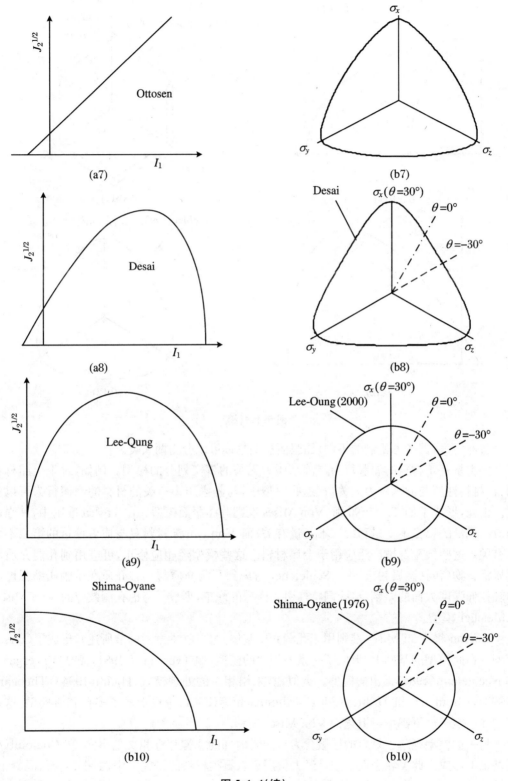

图 5.1.4(续)

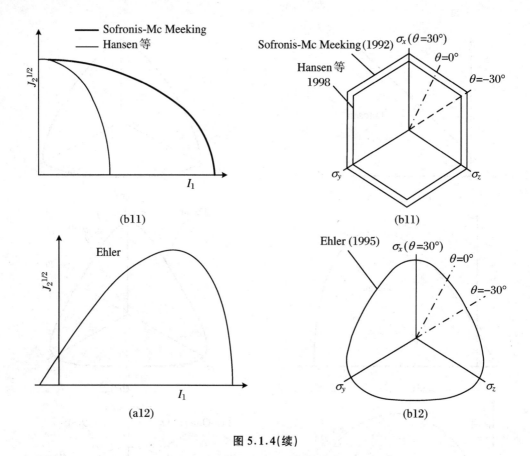

图 5.1.4(续)

目前而言,据考虑机制的不同,屈服面模型总体可以分为两大类。

一类是基于材料的屈服行为与静水压力无关的事实划分的模型。例如,对于金属材料而言,材料性质与静水压力无关,在这些模型中,与静水压力有关的材料的摩擦行为可以忽略。由此,形成了如 Tresca 准则、Von Mises 准则等屈服面模型。在 Tresca 准则中,其强度与应力偏量的第二不变量和第三不变量有关;而 Von Mises 材料只与应力偏量的第二不变量有关。这些模型都被广泛应用于金属材料。这些模型经相应修正,可应用到孔洞介质和金属混合物(包括金属粉末)中。Schleicher 考虑到孔洞介质与完整介质在单轴压缩强度和单轴拉伸强度方面的差别,将孔洞特性引入模型的修正,形成了考虑孔洞效应的 Von Mises-Schleicher 模型。

Gurson 将 Von Mises 准则用于孔洞介质基体的描述(本章前两节所述),形成了 Gurson 模型。在此模型的基础上,形成了一系列相似的模型,如 Tvergaard(1981,1991),Tvergaard 和 Needleman(1984)提出的模型。类似地,采用相应的处理模式,Hjelm(1994),Theocaris (1995),Altenbach 和 Tushtev(2001),Altenbach 等(2001)等也形成了多孔介质模型,这些模型在一定条件下都可以退化为 Von Mises 模型。

另一类模型则基于材料的屈服行为与介质内部的摩擦特性相关的事实,在 Coulomb 准则基础上形成。此类屈服面模型已经大量用于岩石类材料的研究之中,如土、岩石、混凝土、充填物,以及陶瓷等材料的动静态力学行为的研究。Coulomb 准则用两个材料参数即内聚力和内摩擦角来给出两个主应力 σ_1 和 σ_3 之间的关系。此准则在 σ_1-σ_3 平面内和 σ-τ 平面内均为直线。推广到三维空间，此准则在 I_1-$\sqrt{J_2}$ 平面内为直线，而在八面体应力表示的空间内为不规则的六边形；在 π 平面内，Coulomb 准则的 6 个对称轴的顶点与 Tresca 准则相交。

Drucher 和 Prager(1952)在八面体应力平面内提出了一个圆角的 Coulomb 准则，其形式与 Von Mises 准则相似。此准则保留了在 I_1-$\sqrt{J_2}$ 平面内的线性关系，但仍然与应力偏量的第三不变量 J_3 无关，与 Lode 角 θ 无关。Zienkiewicz 及其合作者(Nayak, Zienkiewicz, 1972; Zienkiewicz 等, 1972; Zienkiewicz, Pande, 1977)提出了一个修正的 Mohr-Coulomb 准则，此准则在 I_1-$\sqrt{J_2}$ 平面内为一个圆角的三角形，其最大主轴方向落在 Lode 角 θ 为 30°的方向上。Roscoe 等(1958,1963)提出的剑桥黏土模型也是在 Coulomb 准则基础上形成的（参见本书第 4 章）。在剑桥黏土模型的基础上，发展了一大批的模型，其中包括：Desai 和其合作者提出的"帽盖"模型(Desai, 1980; Desai, Faruque, 1982; Desai, Salami, 1987; Desai, 2001)，以及 Ehlers(1995)提出的屈服面模型。除了以上的这些进展，简化的 Drucker-Prager 模型由于其简单而被广泛用于摩擦型材料，如 Bousshine 等(2001)的砂土模型，Radi 等(2000)和 Liu 等(2003)的岩石模型，Hsu 等(1999)将其用于其他介质的孔洞模型。相应模型见表 5.1.1 和图 5.1.4。

但是，这些模型在 I_1-$\sqrt{J_2}$ 平面内呈线性，且忽略了应力偏量的第三不变量 J_3 的影响，也与 Lode 角 θ 无关。而 Ayari(2002)的研究结果表明，地球介质压缩过程中孔洞压力的演化与 Lode 角 θ 有较大的关联。因此，这些简化模型很难对大多数的多孔介质进行较好的描述。

另外，在这些可描述多轴应力状态的准则中，有些模型与材料的初始孔隙参数有关，如 Gurson(1977)模型，以及该模型的一些发展形式(Tvergaard, 1981; Tvergaard, Needleman, 1984; Ponte-Castaneda, Zaidman, 1994; Da Silva, Ramesh, 1997; Mahnken, 1999; Ragab, Saleh, 1999; Khan, Zhang, 2000; Li 等, 2000; Perrin, Leblond, 2000)，也包括 Shima, Oyane(1976), Rousselier(1987)等的模型。

对以上这些模型进行简单总结：

(1) 在 I_1-$\sqrt{J_2}$ 平面内，部分准则，如 Drucker-Prager 准则、Matsuoka-Nakai 准则等模型是线性的，而大多数准则则是向下偏转的曲线。除了 Von Mises 准则和 Tresca 准则，此处所列的准则在拉伸方向与 I_1 轴相交。而在压缩方向（$I_1>0$），部分准则是开放的，即与 I_1 轴的正向不相交，如 Schleicher 准则、Drucker-Prager 准则、Hoek-Brown 准则、Matsuoka-Nakai 准则，以及 Ottosen 准则；但大多数的准则在 I_1 轴的正向与 I_1 轴相交，反映了孔隙介质较高的平均应力，即静水压力作用下的崩塌行为。这也使得这些模型中存在一个封闭的部分，即"帽盖"部分。此称呼源于 Roscoe(1958,1963)的剑桥黏土模型和 Gurson(1977)对多孔金属材料的塑性行为的研究。在 Dimaggion 和 Sandler(1971), Shima 和 Oyane(1976), Desai(1980, 2001), Tvergaard 和 Needleman(1984), Ehlers(1995), Hansen 等(1998), Lee 和 Qung(2000)等的模型中，屈服面与 I_1 轴正向相交。

需注意的是：在 Gurson(1977), Shima 和 Oyane(1976), Sofronis 和 Mc Meeking(1992), Hansen 等(1998)所研究的准则中，对 I_1 值的正或负并没有特别的规定，这些模型关于 $\sqrt{J_2}$

轴对称。

(2) 绝大多数的模型在 I_1 轴或 $\sqrt{J_2}$ 轴的极小值的交点处存在奇异性，只有 Von Mises-Schleicher 模型和修正剑桥模型在这些地方是光滑过渡的。在 π 平面上，部分模型为圆形的，其偏应力强度 $\sqrt{J_2}$ 与 Lode 角 θ 无关，如 Von Mises-Schleicher 模型、Drucker-Prager 模型、剑桥模型和修正剑桥模型、Dimaggion-Sandler 模型、Gurson 模型以及 Tvergaard 模型；部分模型为轴对称的六边形，如 Tresca 模型、Mohr-Coulomb 模型、Hoek-Brown 模型和 Hansen 模型；还有部分模型采用圆角的三角形，如 Nayak-Zienkiewicz(1972)模型、Zienkiewicz(1972)模型、Lade-Duncan(1973,1975)模型、Matsuokai-Nakai 模型、Lade(1977,1997)模型、Ottosen(1977)模型、Desai(1980)模型、Ehler(1995)模型以及 Jade(1995)模型。相应模型见表 5.1.1 和图 5.1.4。

5.2 多孔岩土材料的 MSDPu 屈服模型

Aubertin 等(1994)将屈服面模型的表达式表示为 I_1-$\sqrt{J_2}$ 平面内的表达式和 π 平面内的表达式的一种简单组合，即 MSDPu 模型，其表达式为

$$F = \sqrt{J_2} - F_0 F_\pi = 0 \tag{5.2.1}$$

式中，F_0 表示 I_1-$\sqrt{J_2}$ 平面内的表达式，F_π 表示 π 平面内的表达式。

(1) F_0 的表达式为

$$F_0 = [\alpha^2(I_1^2 - 2a_1 I_1) + a_2^2 - a_3 \langle I_1 - I_c \rangle^2]^{1/2} \tag{5.2.2}$$

各参数表达式和意义如下：

$$\alpha = \frac{2\sin\varphi}{\sqrt{3}(3-\sin\varphi)}, \quad a_1 = \frac{\sigma_c - \sigma_t}{2} - \frac{\sigma_c^2 - (\sigma_t/b)^2}{6\alpha^2(\sigma_c + \sigma_t)}, \quad a_2 = \left\{ \left[\frac{\sigma_c + \sigma_t/b^2}{3(\sigma_c + \sigma_t)} - \alpha^2\right]\sigma_c\sigma_t \right\}^{1/2}$$

$$\tag{5.2.3}$$

式中，σ_c 和 σ_t 分别为多孔介质的单轴压缩强度和单轴拉伸强度，它们与不含孔洞的完整材料的单轴强度的关系采用下式进行描述(Aubertin 等，2003)：

$$\sigma_{un} = \left\{ \sigma_{u0}\left[1 - \sin^{x_1}\left(\frac{\pi}{2}\frac{n}{n_c}\right)\right] + \langle \sigma_{u0} \rangle \cos^{x_2}\left(\frac{\pi}{2}\frac{n}{n_c}\right) \right\}\left(1 - \frac{\langle \sigma_{u0} \rangle}{2\sigma_{u0}}\right) \tag{5.2.4}$$

式中，下标 n 表示孔隙度为 n 的介质的材料参数，下标 0 表示完整介质的材料参数。此式中的单轴强度可以是单轴压缩强度，也可以是单轴拉伸强度。x_1 和 x_2 为材料参数，n_c 为临界孔隙度。

a_3 与多孔介质的高静水压崩塌行为有关，后面将结合模型具体给出。

(2) F_π 的表达式为

$$F_\pi = \left\{ \frac{b}{[b^2 + (1-b^2)\sin^2(45° - 1.5\theta)]^{1/2}} \right\}^\nu \tag{5.2.5}$$

式中，ν 为反映屈服面由于静水压 I_1 的影响在 π 平面内的演化的参数。为进一步反映静水

压的影响,此参数可以表示为 $\nu = \exp(-\nu_1 I_1)$。当 $\nu_1 = 0$ 即 $\nu = 1$ 时,屈服面在 π 平面内的形态与静水压 I_1 无关。参数 b 控制 Lode 角 θ 为 $-30°$ 时对称面的大小。

(3) 屈服面形态。

图 5.2.1 所示为静水压力不是很高 ($I_1 < I_{cn}$) 的时候 MSDPu 模型在 I_1-$\sqrt{J_2}$ 平面内的形态[图 5.2.1(a)]和 π 平面内的形态[图 5.2.1(b)]。为简化问题,此图所用参数中,$a_3 = 0$,$\nu = 1$。图中所示三个孔隙度存在如下关系:$n_1 < n_2 < n_3$。随着孔隙度的增加,屈服面在 I_1-$\sqrt{J_2}$ 平面内越来越靠近 I_1 轴;屈服面与 I_1 轴的交点越来越靠近原点,即拉伸强度越来越低,见图 5.2.1(a)。另外,在 π 平面内屈服面为圆角的三角形;随着孔隙度的增加,屈服面在 π 平面内变得越来越小。

图 5.2.2 所示为静水压力对 π 平面内屈服面形态的影响。此时,$b = 0.75$。另外,$\nu_1 \neq 0$,ν 为 I_1 的函数,随 I_1 的增加而变化。屈服面的形态随 I_1 的增加,由最初 $I_1 = 0$ 时的圆角三角形逐渐变化为 $I_1 = 10$ 时的圆。

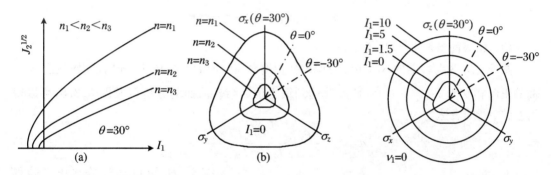

图 5.2.1 MSDPu 模型   图 5.2.2 参数对 π 平面形态的影响

当摩擦分量可以忽略时,$\alpha = 0$,或者 $\varphi = 0$,则 I_1-$\sqrt{J_2}$ 平面内屈服面的表达式可简化为

$$F_0 = \left[\frac{\sigma_{cn}^2 (I_1 + \sigma_{tn}) - (\sigma_{tn}/b)^2 (I_1 - \sigma_{cn})}{3(\sigma_{cn} + \sigma_{tn})} - a_{3n} \langle I_1 - I_{cn} \rangle^2 \right]^{1/2} \quad (5.2.6)$$

图 5.2.3 所示为上式在 I_1-$\sqrt{J_2}$ 平面内屈服面的形态,由此可见,Gurson-Tvergaard 屈服面和 Von Mises 屈服面 ($n = 0$) 均可由上式退化得到。

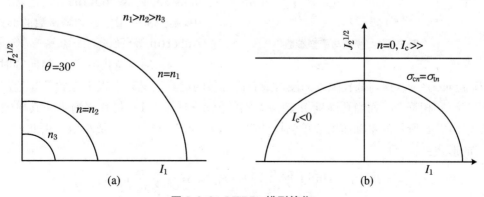

图 5.2.3 MSDPu 模型简化

图 5.2.4 为 MSDPu 模型的三维形态。此时，$b=0.75, \nu=0$。

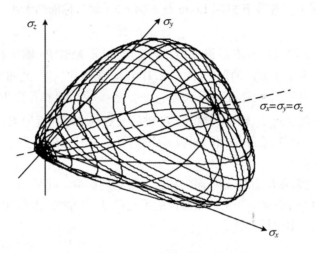

图 5.2.4　MSDPu 模型的三维形态

(4) 屈服面参数 a_{3n}，I_{1n} 和 I_{cn}。

图 5.2.5 为含帽盖的 MSDPu 模型。孔隙度对屈服面的影响从 I_{cn} 开始，此屈服面与 I_1 轴的正向相交于 I_{1n}。$\sqrt{J_2}$ 在 M 点处达到最大值。结合前面的分析以及图 5.2.5，可以得到参数 a_{3n} 的表达为

$$a_{3n} = \frac{\alpha^2(I_{1n}^2 - 2a_{1n}I_{1n}) + a_{2n}^2}{(I_{1n} - I_{cn})^2} \tag{5.2.7}$$

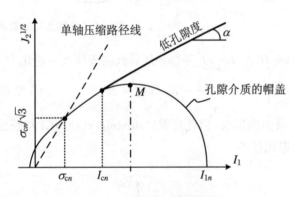

图 5.2.5　模型与模型参数

参数 I_{1n} 可以通过静水压实验得到，或者通过常规三轴压缩实验推导出来。为了得到 I_{1n} 和 I_{cn} 与孔隙度 n 的表达式，可采用式(5.2.4)的形式，或者一些其他的形式。值得注意的是，在土力学中，经常采用对数建立孔隙比和有效应力之间的关系，如 Roscoe 和 Burland(1968)，Wood(1990)。在岩石力学中，则经常使用指数和幂函数的形式，如 Aubertin 等(2003)。

事实上，当孔隙度 n 趋向零时，I_{1n} 和 I_{cn} 趋向无穷大，这与低孔隙度的硬岩或者高标号的混凝土材料中很难得到其"帽盖"部分的实验事实相符合。而当孔隙度 n 趋向某临界值 n_c 时($n_c<1$)，材料逐渐丧失其单轴强度[如式(5.2.4)所示的单轴压缩或单轴拉伸强度]，I_{1n} 和 I_{cn} 趋向某一最小值。由此，I_{1n} 可取如下的形式：

$$I_{1n} = \left\{I'_{1n}\left[1 - \sin^{x_1}\left(\frac{\pi}{2}\frac{n}{n_c}\right)\right] + \langle I'_{1n}\rangle \cos^{x_2}\left(\frac{\pi}{2}\frac{n}{n_c}\right)\right\}\left\{1 - \frac{\langle I'_{1n}\rangle}{2I'_{1n}}\right\} \tag{5.2.8}$$

或

$$I_{1n} = I'_{1n}\exp(-q_1 n) \tag{5.2.9}$$

或

$$I_{1n} = I'_{1n}\sinh\left[\left(\frac{n_c}{n} - 1\right)^{p_1}\right] \tag{5.2.10}$$

式中，I'_{1n}，q_1 和 p_1 均为材料参数。

图 5.2.6 为含孔隙石膏中 I_{1n} 随孔隙度 n 变化的曲线。图中实验数据源于 Nguyun (1972) 的实验结果，对柱状试件进行静水压实验，试件中水与石膏的比为 70%。采用以上三种表达式进行拟合，其参数分别为：式(5.2.8)中，$I'_{1n} = 1\,052.9$ MPa，$n_c = 100\%$，$x_1 = 0.284\,7$，$x_2 = 14.225$；式(5.2.9)中，$I'_{1n} = 1\,604.5$ MPa，$q_1 = 6.876$；式(5.2.10)中，$I'_{1n} = 50.6$ MPa，$n_c = 100\%$，$p_1 = 0.898$。拟合结果和各公式的比较，见图 5.2.6。图中："(1)"指式(5.2.10)；"(2)"指式(5.2.8)；"(3)"指式(5.2.9)。

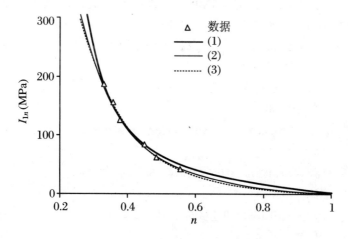

图 5.2.6　三种表达式的拟合结果

I_{cn} 的确定采用表达式(5.2.10)的形式，即

$$I_{cn} = I'_{cn}\sinh\left[\left(\frac{n_c}{n} - 1\right)^{p_2}\right] \tag{5.2.11}$$

由于实验数据相对较少，这里将 p_2 取为 $p_2 = p_1$。最终的取值需结合实验进行调整。

(5) MSDPu 模型用于不同岩土介质的模拟。

MSDPu 模型可用于不同岩土介质的模拟，将 Aubertin 等(2003)的模拟结果列入表 5.2.1 中，其中典型的模拟结果见图 5.2.7。

表 5.2.1　不同的多孔岩土材料的 MSDPu 模型参数

岩土材料	参数	实验数据来源
砂岩	$\sigma_{cn} = 85$ MPa，$\sigma_{tn} = 2$ MPa，$\varphi = 28°$，$b = 0.75$，$I_{cn} \gg$，$v_1 = 0$	Takahashi, Koide, 1989
盐岩	$\sigma_{cn} = 15$ MPa，$\sigma_{tn} = 1.5$ MPa，$\varphi = 0°$，$b = 0.75$	Thorel, 1994
人工盐	$\sigma_{cn} = 37$ MPa，$\sigma_{tn} = 3$ MPa，$\varphi = 0°$，$b = 0.75$	Sgaoula, 1997

续表

岩土材料	参数	实验数据来源
Lac du Bonnet grey 灰色花岗岩	$\sigma_{cn} = 70$ MPa, $\sigma_{tn} = 3$ MPa, $\varphi = 47°$, $b = 0.75$	Lau, Gorski, 1991
破碎 Westerly 花岗岩	$\sigma_{cn} = 3.1$ MPa, $\sigma_{tn} = 0$ MPa, $\varphi = 33.8°$, $b = 0.75$	Zoback, Byerlee, 1976
铝合金粉末	$\sigma_{cn} = 50$ MPa, $\sigma_{tn} = 0$ MPa, $\varphi = 30°$(铝合金 A16-SG) $\sigma_{cn} = 27.4$ MPa, $\sigma_{tn} = 0$ MPa, $\varphi = 35.5°$(铝合金 A10)	Cristescu 等, 1996
Stiff Todi 黏土	$\sigma_{cn} = 93$ kPa, $\sigma_{tn} = 0$ kPa, $\varphi = 51.5°$(扰动) $\sigma_{cn} = 540$ kPa, $\sigma_{tn} = 37$ kPa, $\varphi = 61.2°$(原位)	Rampello, 1991
Ottawa 砂	$\sigma_{cn} = 1.9$ MPa, $\sigma_{tn} = 0$ MPa, $\varphi = 26.6°$, $b = 0.75$, $a_{3n} = 0.0482$, $I_{cn} = 1156.6$ MPa	Wan, Guo, 2001
Sacramento 河砂	$\sigma_{cn} = 43.67$ kPa, $\sigma_{tn} = 0$ kPa, $\varphi = 29.1°$(松散样品) $\sigma_{cn} = 196.67$ kPa, $\sigma_{tn} = 0$ kPa, $\varphi = 35.8°$(密实样品)	Wan, Guo, 1998
Indiana 灰岩	$\sigma_{cn} = 38$ MPa, $\sigma_{tn} = 3$ MPa, $\varphi = 35°$, $b = 0.75$, $a_{3n} = 0.105$, $I_{cn} = 40$ MPa	Schwartz, 1964
Weald 页岩	$\sigma_{cn} = 5$ MPa, $\sigma_{tn} = 0.1$ MPa, $\varphi = 38°$, $a_{3n} = 0.21$, $I_{cn} = 45$ MPa	Madsen 等, 1989
Trenton 灰岩	$\sigma_{cn} = 10$ MPa, $\sigma_{tn} = 0.5$ MPa, $\varphi = 33°$, $a_{3n} = 0.134$, $I_{cn} = 18$ MPa	Nguyen, 1972
白垩岩	$\sigma_{cn} = 8$ MPa, $\sigma_{tn} = 0.1$ MPa, $\varphi = 28°$, $a_{3n} = 0.125$, $I_{cn} = 11$ MPa	Elliot, Brown, 1985
灰岩	$\sigma_{cn} = 12$ MPa, $\sigma_{tn} = 0.5$ MPa, $\varphi = 28°$, $a_{3n} = 0.09$, $I_{cn} = 0$ MPa(未固结) $\sigma_{cn} = 20$ MPa, $\sigma_{tn} = 0.5$ MPa, $\varphi = 28°$, $a_{3n} = 0.102$, $I_{cn} = 0$ MPa(预先固结)	Cheatham, 1967
石膏(水/石膏=0.5)	$\sigma_{cn} = 13.6$ MPa, $\sigma_{tn} = 2.6$ MPa, $\varphi = 30°$, $I_{1n} = 79.6$ MPa, $I_{cn} = 8$ MPa($n = 44.3\%$) $\sigma_{cn} = 13.3$ MPa, $\sigma_{tn} = 2$ MPa, $\varphi = 30°$, $I_{1n} = 154.9$ MPa, $I_{cn} = 15$ MPa($n = 32.25\%$)	Nguyen, 1972
Matagami 黏土	$\sigma_{cn} = 48$ kPa, $\sigma_{tn} = 1$ kPa, $\varphi = 30°$, $a_{3n} = 0.9$, $I_{cn} = 180$ kPa	Nguyen, 1972
Leda 黏土	$\sigma_{cn} = 107.8$ kPa, $\sigma_{tn} = 15$ kPa, $\varphi = 10°$, $a_{3n} = 0.9$, $I_{cn} = 530$ kPa	Nguyen, 1972
残余玄武岩	$\sigma_{cn} = 914.1$ kPa, $\sigma_{tn} = 127.4$ kPa, $\varphi = 22.7°$, $a_{3n} = 0.1$, $I_{cn} = 13.6$ kPa	Maccarini, 1987
残余片麻岩	$\sigma_{cn} = 119.9$ kPa, $\sigma_{tn} = 0.9$ kPa, $\varphi = 22.7°$, $a_{3n} = 0.09$, $I_{cn} = 45.4$ kPa	Sandroni, 1981

续表

岩土材料	参数	实验数据来源
Kayenta 砂岩	$\sigma_{cn}=30$ MPa, $\sigma_{tn}=2$ MPa, $\varphi=30°$, $a_{3n}=0.115$, $I_{cn}=250$ MPa(屈服) $\sigma_{cn}=30$ MPa, $\sigma_{tn}=2$ MPa, $\varphi=30°$, $a_{3n}=0$, $I_{cn}\gg$(破坏)	Wong 等,1992
浴石	$\sigma_{cn}=15$ MPa, $\sigma_{tn}=1$ MPa, $\varphi=30°$, $a_{3n}=0.095$, $I_{cn}=0$ MPa(屈服) $\sigma_{cn}=15$ MPa, $\sigma_{tn}=1$ MPa, $\varphi=30°$, $a_{3n}=0$, $I_{cn}\gg$(破坏)	Elliot,Brown,1985
凝灰岩	$\sigma_{cn}=3.8$ MPa, $\sigma_{tn}=0.5$ MPa, $\varphi=20°$, $a_{3n}=0.115$, $I_{cn}=6.5$ MPa(屈服) $\sigma_{cn}=3.8$ MPa, $\sigma_{tn}=0.5$ MPa, $\varphi=20°$, $a_{3n}=0$, $I_{cn}\gg$(破坏)	Pellegrino,1970
Epernay 白垩岩	$\sigma_{cn}=8$ MPa, $\sigma_{tn}=0.1$ MPa, $\varphi=30°$, $a_{3n}=0.55$, $I_{cn}=30$ MPa(屈服) $\sigma_{cn}=8$ MPa, $\sigma_{tn}=0.1$ MPa, $\varphi=30°$, $a_{3n}=0$, $I_{cn}\gg$(破坏)	Nguyen,1972
残余(火山)灰土	$\sigma_{cn}=300$ kPa, $\sigma_{tn}=5$ kPa, $\varphi=25°$, $a_{3n}=0.063$, $I_{cn}=100$ kPa(屈服) $\sigma_{cn}=300$ kPa, $\sigma_{tn}=5$ kPa, $\varphi=25°$, $a_{3n}=0$, $I_{cn}\gg$(破坏)	Uriel,Serrano,1973
含6.5%水泥的石膏	$\sigma_{cn}=580$ kPa, $\sigma_{tn}=50$ kPa, $\varphi=23°$, $a_{3n}=0.14$, $I_{cn}=100$ kPa(养护28天的屈服强度)	Ouellet,Servant,2000
含6.5%水泥的石膏	$\sigma_{cn}=200$ kPa, $\sigma_{tn}=0.5$ kPa, $\varphi=32°$, $a_{3n}=0.14$, $I_{cn}=100$ kPa(养护3天的屈服强度)	
含3%水泥的石膏	$\sigma_{cn}=10$ kPa, $\sigma_{tn}=0$ kPa, $\varphi=37°$, $a_{3n}=0.14$, $I_{cn}=150$ kPa(养护15天的屈服强度)	
松散 Monterey 砂	$\sigma_{cn}=3$ kPa, $\sigma_{tn}=0$ kPa, $\varphi\approx38°$, $a_{3n}=0$, $I_{cn}\gg$, $b=0.75$, $\nu_1=0$ ($n=43.8\%$)	Lade,Duncan,1973
密实 Monterey 砂	$\sigma_{cn}=160$ kPa, $\sigma_{tn}=0$ kPa, $\varphi\approx38°$, $a_{3n}=0$, $I_{cn}\gg$, $b=0.75$, $\nu_1=0$ ($n=36.3\%$)	Lade,Duncan,1973

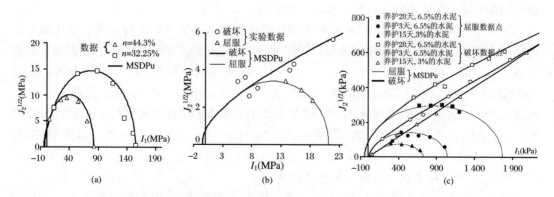

图 5.2.7 几种岩土材料屈服面和破坏面——实验数据和 MSDPu 模型拟合结果的比较(Aubertin,2003)

图 5.2.7(a)所示为 Nguyen(1972)对两种孔隙度(44.3%和 32.25%)的石膏样品进行常规三轴压缩实验的结果及其模型模拟,对应表 5.2.1 中的"石膏(水/石膏=0.5)"。由于是人造的模型材料,石膏样品的各种材料参数包括孔隙度等都可以较准确得到。MSDPu 模型很好地模拟了两种孔隙度下的实验数据。

图 5.2.7(b)所示为 Pellegrino(1970)对凝灰岩进行常规三轴压缩实验的结果及其模型模拟,对应表 5.2.1 中的"凝灰岩"。图中对屈服面和破坏面同时进行了模拟。在实验的载荷范围内,MSDPu 模型能够很好地反映凝灰岩的屈服面和破坏面。

图 5.2.7(c)所示为 Ouellet 和 Servant(2000)对不同水泥含量的砂浆在不同的养护时间条件下进行常规三轴压缩实验的结果及其模型模拟,对应表 5.2.1 中的"含水泥的石膏"。实验数据表明,养护时间和水泥的含量对于试样的屈服行为和破坏行为都有明显的影响。合理选取参数,MSDPu 模型能够进行模拟。

图 5.2.8 所示为不同岩土材料在多种孔隙度条件下的屈服面及其单轴压缩强度随孔隙度的变化。图 5.2.8(a1)为 Nguyen(1972)的不同孔隙度的石膏样品常规三轴压缩实验的结果及其模型模拟。图中模型模拟以孔隙度 43.25%的实验结果为基础进行,其模型参数为:$\sigma_{cn} = 16$ MPa, $\sigma_{tn} = 2.7$ MPa, $\varphi = 30°$, $a_{3n} = 0.482$, $I_{cn} = 45$ MPa。这些参数可以较好地模拟孔隙度 43.25%的实验结果。对于其他的孔隙度,将与孔隙度有关的参数(如 $I'_{1n} = 50.6$ MPa, $I'_{cn} = 27.6$ MPa, $p_1 = 0.898$)代入模型中即可得到。模型预测结果基本能够反映实验数据。但在较低的孔隙度时,其差别较大。图 5.2.8(b2)为不同孔隙度的试样单轴压缩强度随孔隙度的变化。图中若采用式(5.2.8)描述,其参数为:$\sigma_{c0} = 27.35$ MPa, $n_c = 100\%$, $x_1 = 1.334$, $x_2 = 16.013$。

图 5.2.8(b1)为 Wong 等(1992)对 Berea 砂岩进行常规三轴压缩实验的结果及其模型模拟。图中模型模拟以孔隙度 10.5%的实验结果为基础进行,其模型参数为:$\sigma_{cn} = 163.6$ MPa, $\sigma_{tn} = 3.8$ MPa, $\varphi = 32°$, $a_{3n} = 0.1507$, $I_{1n} = 1619.8$ MPa, $I_{cn} = 380$ MPa。这些参数可以较好地模拟孔隙度 10.5%的实验结果。对于其他的孔隙度,将与孔隙度有关的参数(如 $I'_{1n} = 538.6$ MPa, $I'_{cn} = 126.4$ MPa, $p_1 = 0.436$)代入模型中即可得到。模型预测结果基本能够反映实验数据。图 5.2.8(a3)为不同孔隙度的砂岩样品单轴压缩强度随孔隙度的变化[Farquhar 等(1993,1994)]。图中若采用式(5.2.8)描述,其参数为:$\sigma_{c0} = 193.04$ MPa, $n_c = 51.94\%$, $x_1 = 1.21$, $x_2 = 25.39$。

图 5.2.8(a2)为 Hussaini(1983)对不同孔隙度的破碎的玄武岩进行常规三轴压缩实验的结果及其模型模拟。图中模型模拟以孔隙度 33.55%的实验结果为基础进行,其模型参数为:$\sigma_{cn} = 2.396$ MPa, $\sigma_{tn} = 0$ MPa, $\varphi = 35.64°$, $a_{3n} = 0.1507$, $I_{1n} = 1619.8$ MPa, $I_{cn} = 380$ MPa。这些参数可以较好地模拟孔隙度 33.55%的实验结果。对于其他的孔隙度,将与孔隙度有关的参数代入模型中即可得到。模型预测结果基本能够反映实验数据。图 5.2.8(b3)为不同孔隙度的玄武岩样品单轴压缩强度随孔隙度的变化。图中若采用式(5.2.8)描述,其参数为:$\sigma_{c0} = 5.42$ MPa, $n_c = 80\%$, $x_1 = 1.261$, $x_2 = 1.553$。

(6) MSDPu 模型在 π 平面内形态的修正。

式(5.2.5)给出了 MSDPu 模型在 π 平面内的形态的描述,但是此表达式有一定局限性,即此表达式在 π 平面内的形态受参数 b 影响较大。当 $b < 0.7$ 时,曲面无法保持凸性,

如图 5.2.9 所示。因此，Aubertin 等(2003)在 Argyris 等(1974)、William 和 Warnke(1975)工作的基础上，对式(5.2.5)进行修正，其表达式为

$$F_\pi = \left\{ \frac{(1-b^2)f_\theta + (2b-1)[(1-b^2)f_\theta^2 + 5b^2 - 4b]^{1/2}}{(1-b^2)f_\theta^2 + (1-2b)^2} \right\}^\nu \tag{5.2.12}$$

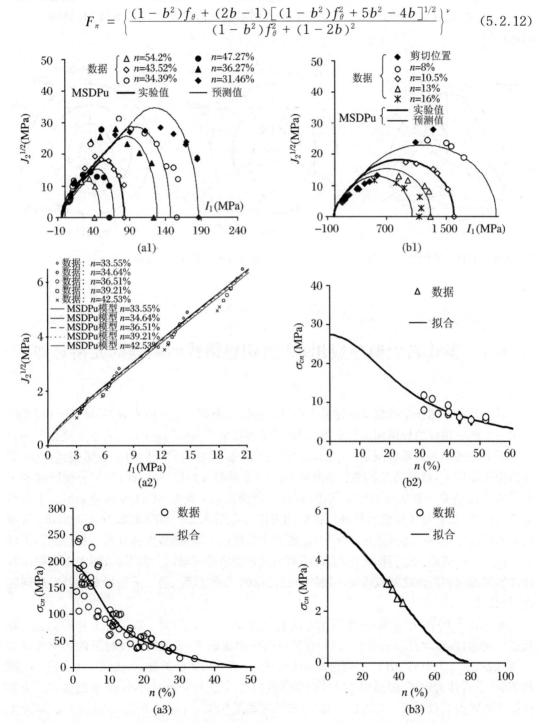

图 5.2.8 岩土材料多种孔隙度下实验数据和 MSDPu 模型拟合结果的比较(Aubertin,2003)

式中，$f_\theta = \sqrt{3}\cos\theta - \sin\theta$。

图 5.2.10 所示为式(5.2.12)中参数对屈服面在 π 平面上形态的影响。随着参数 b 和 ν 的变化，屈服面由圆角的三角形逐渐变为圆形。b 值由 0.5 增加到 1.0，屈服面没有出现凹性。

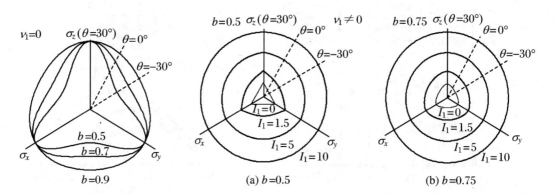

图 5.2.9　MSDPu 模型的 π 平面形态　　图 5.2.10　参数 b 对屈服面在 π 平面上形态的影响($\nu_1 \neq 0$)

5.3　多孔岩土模型应用：从剪切包络线向帽盖的光滑过渡

以上研究采用一个函数来描述岩土材料的塑性屈服面。上述研究表明，MSDPu 模型能应用一个函数很好地模拟相应的实验结果，但是这带来了一个问题：由于岩土介质在不同应力状态下的变形和失效机制是不同的，如低围压状态下，材料的失效由剪切破坏产生，而在高围压作用下，材料的失效则主要由材料的压缩崩塌行为控制，因此，如何合理表述岩土介质各阶段的变形和失效的机制问题，存在一定的困难。类似 MSDPu 模型采用一个函数来进行模拟，很难对各种机制都进行很好的考虑。在图 5.2.7 和图 5.2.8 中，MSDPu 模型模拟时已经在照顾一部分数据，同时也在放弃少量数据。事实上，大部分脆性材料的屈服面不能由单一的屈服面进行描述，而需采用两个或者更多的屈服面。但是，采用多重屈服面就存在屈服面和屈服面之间或者是不同的机制之间的光滑过渡问题。下面将专门针对此问题进行探讨。

图 5.2.7(b)和(c)表明，对于岩土介质而言，破坏面和屈服面一般情况下并不重合。对其进行简化，模型示意图见图 5.3.1。在较低的应力状态下，岩土类脆性材料的两个面基本一致，如图 5.3.1 中的 AB 段。超过此应力范围，二者有较大的差异，如图 5.3.1 中的 BC 段和 BDE 段。作为例子，模型中的破坏面即强度包络线部分由 Hoek-Brown 准则描述。而其屈服性能则由双重屈服面来表征：当应力较低时即图 5.3.1 中的 AB 段，屈服面与破坏面重合，采用 Hoek-Brown 准则描述；当应力较高时即图 5.3.1 中的 BDE 段，屈服面采用帽盖模型的椭圆方程描述。在此双重屈服面模型中，Hoek-Brown 准则主要描述脆性材料由剪切

导致的屈服,而帽盖模型则主要描述由静水压产生的屈服(这在孔隙介质中尤其重要)。在此过程中,需解决两方面的问题:① AB 段与 BDE 段的光滑过渡问题,其对应的物理机制也就是从剪切导致的屈服向由静水压导致的屈服的转变;② 如何引入孔隙度的影响。在图 5.3.1 的模型中有 5 个参数:I_0, a, b, I_{cn} 和 I_{1n},通过这些参数的确定来解决这两个问题。

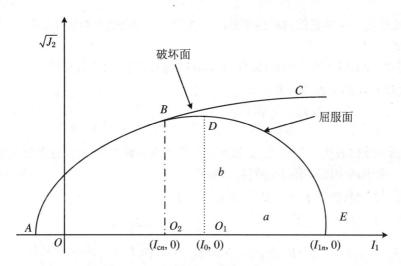

图 5.3.1 多孔岩土材料屈服面和破坏面模型

(1) 对于各向同性脆性材料的三轴抗压强度,Hoek-Brown 准则表达形式为

$$\sigma_1 = \sigma_3 + \sqrt{m\sigma_3\sigma_c + S\sigma_c^2} \tag{5.3.1}$$

其中,σ_c 为完整脆性材料的单轴抗压强度,m 和 S 均为表征脆性材料完整性的无量纲参数。

在 I_1-$\sqrt{J_2}$ 平面内,强度准则式(5.3.1)可以改写为

$$(\sqrt{J_2} + Y_0)^2 = 2\sqrt{3}Y_0 I_1 + \left(1 + \frac{36S}{m^2}\right)Y_0^2 \tag{5.3.2}$$

其中,$Y_0 = \dfrac{1}{6\sqrt{3}}m\sigma_c$。

式(5.3.1)中,令 $\sigma_3 = 0$,可以得到该材料的单轴抗压强度为

$$R_c = \sqrt{S}\sigma_c \tag{5.3.3}$$

式中,R_c 为材料的单轴抗压强度,S 定量反映材料破碎程度对材料抗压强度的影响。

式(5.3.1)中,令 $\sigma_1 = 0$,可以得到材料单轴拉伸强度

$$R_t = \frac{\sigma_c}{2}(\sqrt{m^2 + 4S} - m) \tag{5.3.4}$$

由上式可见,当 $S = 0$ 时,$R_t = 0$,说明完全破碎的材料无抗拉强度。

参考前面 Aubertin(2003)关于岩石中孔隙度对岩石强度的影响,我们认为含孔隙岩石的抗拉强度满足:

$$\sigma_{tn} = \sigma_t \left[1 - \sin^{x_1}\left(\frac{\pi}{2}\frac{n}{n_c}\right)\right] \tag{5.3.5}$$

其中,n 为岩石的孔隙度,n_c 为岩石的初始孔隙度,σ_{tn} 为孔隙度为 n 的岩体的单轴抗拉强度,σ_t 为完整岩体的单轴抗拉强度,x_1, x_2 为材料常量。

因此，由式(5.3.1)、式(5.3.3)和式(5.3.4)，可以确定：

$$\sqrt{S} = \frac{1}{2}\left[1 - \sin^{x_1}\left(\frac{\pi}{2}\frac{n}{n_c}\right) + \cos^{x_2}\left(\frac{\pi}{2}\frac{n}{n_c}\right)\right] \tag{5.3.6}$$

$$m = -\frac{\sigma_{tn}}{\sigma_c} + S\frac{\sigma_c}{\sigma_{tn}} \tag{5.3.7}$$

式中，σ_{cn} 为孔隙度为 n 的脆性材料的单轴抗压强度，σ_c 为完整材料的单轴抗压强度。由此可确定破坏面 ABC。

(2) 屈服面($ABDE$)前段采用 Hoek-Brown 准则的思想，后段为椭圆。

BDE 段在 I_1-$\sqrt{J_2}$ 平面内可表示为

$$\frac{(I_1 - I_0)^2}{a^2} + \frac{(\sqrt{J_2})^2}{b^2} = 1, \quad I_1 > I_{cn} \tag{5.3.8}$$

上述椭圆函数的表达式中有 I_0，a 和 b 三个待确定参数，三个未知数需要三个方程来完全唯一确定。考虑两个屈服面的光滑过渡，则有：

① 当 $I_1 = I_{1n}$ 时(图中 E 点)，式(5.3.8)中 $\sqrt{J_2} = 0$。

② 当 $I_1 = I_{cn}$ 时，B 点连续，$\sqrt{J_2}\big|_{[式(5.3.2), I_1 = I_{cn}]} = \sqrt{J_2}\big|_{[式(5.3.8), I_1 = I_{cn}]}$。

③ 当 $I_1 = I_{cn}$ 时，在 B 点，两条曲线的一阶导数连续：$\frac{\partial \sqrt{J_2}}{\partial I_1}\bigg|_{[式(5.3.2), I_1 = I_{cn}]} = \frac{\partial \sqrt{J_2}}{\partial I_1}\bigg|_{[式(5.3.8), I_1 = I_{cn}]}$。

由以上的三个方程，可得到 I_0，a，b 的具体形式为

$$I_0 = \frac{FI_{cn} + I_{1n}}{F + 1}, \quad a = \frac{F(I_{1n} - I_{cn})}{F + 1}, \quad b = \frac{F}{\sqrt{F^2 - 1}}f_1(I_{cn}) \tag{5.3.9}$$

其中，

$$f_1(I_{cn}) = \sqrt{\frac{1}{3}m\sigma_c I_{cn} + \frac{1}{3}S\sigma_c^2 + \left(\frac{1}{6\sqrt{3}}m\sigma_c\right)^2} - \frac{1}{6\sqrt{3}}m\sigma_c \tag{5.3.10}$$

$$f_2(I_{cn}) = m\sigma_c\left[\left(\frac{1}{\sqrt{3}}m\sigma_c\right)^2 + 12(m\sigma_c I_{cn} + S\sigma_c^2)\right]^{-1/2} \tag{5.3.11}$$

$$F = (I_{1n} - I_{cn})^{-1}\frac{f_1(I_{cn})}{f_2(I_{cn})} - 1 \tag{5.3.12}$$

同样根据 Aubertin(2003)的设想，I_{1n}，I_{cn} 可采用以下形式：

$$I_{1n} = \frac{1}{2}I'_{1n}\left[1 - \sin^{x_1}\left(\frac{\pi}{2}\frac{n}{n_c}\right) + \cos^{x_2}\left(\frac{\pi}{2}\frac{n}{n_c}\right)\right] \tag{5.3.13}$$

$$I_{cn} = \frac{1}{2}I'_{cn}\left[1 - \sin^{x_1}\left(\frac{\pi}{2}\frac{n}{n_c}\right) + \cos^{x_2}\left(\frac{\pi}{2}\frac{n}{n_c}\right)\right] \tag{5.3.14}$$

或者采用：

$$I_{1n} = I'_{1n}\sinh(n_c/n - 1)^{P_1} \tag{5.3.15}$$

$$I_{cn} = I'_{cn}\sinh(n_c/n - 1)^{P_2} \tag{5.3.16}$$

式中，P_1，P_2，I'_{1n}，I'_{cn} 为材料参数，需拟合。

由此，式(5.3.9)～式(5.3.12)确定的椭圆的 3 个参数可以实现从方程(5.3.2)和方程

(5.3.8)两个屈服面的光滑过渡。

下面以高孔隙度 Al_2O_3 微孔陶瓷冲击载荷下的屈服行为研究为例进行探讨。

在高孔隙度 Al_2O_3 微孔陶瓷平板撞击实验中,试件处于一维应变压剪加载状态。若假定撞击方向沿 z 轴,则应力状态可表达为

$$\sigma_z = \sigma, \quad \sigma_x = \sigma_y = \frac{\nu}{1-\nu}\sigma_z = \frac{\nu}{1-\nu}\sigma = \frac{\lambda}{\lambda+2\mu}\sigma \tag{5.3.17}$$

$\tau_{zx} = \tau_{xz} = \sigma$,其余为零。由此,有

$$I_1 = \sigma_{kk} = \frac{1+\nu}{1-\nu}\sigma$$

下面和静水压力对应,I_1 取为 $\frac{\sigma_{kk}}{3}$。

$$J_2 = \frac{1}{2}S_{ij}S_{ij} = \frac{1}{3}\left(\frac{1-2\nu}{1-\nu}\right)^2 \sigma^2 + \tau^2 \tag{5.3.18}$$

图 5.3.2 所示为对 99 陶瓷(99% Al_2O_3)以准静态实验数据作为参考,按照上述方法进行计算分析的结果。其参数如下:99 陶瓷的单轴抗压强度为 542 MPa,99 陶瓷的单轴抗拉强度为 265 MPa。

与孔隙岩石相关的参数为:$x_1 = \pi/3$,$x_2 = 2\pi$,$n_c = 1.0$,$p_1 = 0.25$,$p_2 = 0.25$,$I'_{1n} = 450$ MPa,$I'_{cn} = 300$ MPa。

图中数据点为压剪冲击数据。由图可见,据 99 陶瓷的准静态实验结果推测孔隙度 48% 微孔陶瓷的屈服面可以包含微孔陶瓷单轴压缩的实验数据。但是,图中冲击实验的数据点在准静态屈服面以外,说明屈服面具有加载速率效应。

图 5.3.3 以 99 陶瓷的轻气炮平板撞击实验数据作为参考,按照上述方法进行计算分析。其参数如下:99 陶瓷的 Hugoniot 弹性限为 5 120 MPa,99 陶瓷的冲击拉伸强度为 2 470 MPa(层裂强度)。

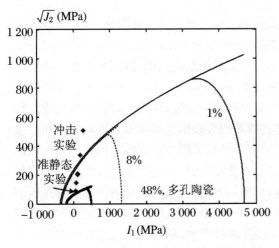 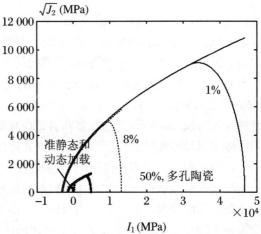

图 5.3.2 以 99 陶瓷准静态结果为参考的计算结果　　图 5.3.3 以 99 陶瓷冲击实验结果为参考的计算结果

与孔隙岩石相关的参数为：$x_1 = \pi/3, x_2 = 2\pi, n_c = 1.0, p_1 = 0.25, p_2 = 0.25, I'_{1n} = 4000$ MPa, $I'_{cn} = 2700$ MPa。

由此可见,由 99 陶瓷的冲击实验结果也可以推测得到孔隙度 50% 微孔陶瓷的屈服面。图中冲击实验的数据点均在屈服面以内,并未沿着屈服面发展。其原因可能是：平板撞击过程材料的加载速率无法控制,99 陶瓷的加载速率可以高达 10^6 s^{-1},而孔隙陶瓷的加载速率只有 10^3 s^{-1},每一发实验之间也存在差异。不过,实验数据落在两个"动态"和"静态"屈服面之间。初步说明本方法的有效性,尚需进一步的验证工作。

上述计算过程可应用本章附件给出的基于 matlab 语言编制的程序完成。

5.4 多孔岩土塑性理论用于局部化变形带的研究

应用基于岩土塑性理论的分叉分析方法来研究高孔隙度岩石的局部化变形,对于理解和认识地壳的变形规律以及地壳中发生的各种地质作用过程、整个岩石圈构造及全球构造动力学方面具有重要的理论与实际意义。同时,使岩石物理学家深刻地体验和认识到地质作用和地壳变形过程与岩石本构模型的密切关系,也给如何将岩石塑性本构运用于实际的地质作用和地壳变形过程以启示。近年来,这种多孔岩石的局部化变形理论已成为岩石物理和岩石动力学的研究热点之一。此部分将结合多孔岩石典型 σ-ε 曲线,应用含帽盖的塑性力学理论分析多孔岩石中压缩带、剪切带的产生和发展,对压缩带、剪切带、膨胀带的形成和判别条件等方面的研究做较系统的介绍。

5.4.1 高孔岩石的典型应力-应变关系曲线

首先,可利用一个简单的一维模型来理解高孔岩石中一种特殊的局部化变形带,即压缩带的形成。在通常的轴对称压缩实验中,恒定围压下多孔 Berea 砂岩的差应力和轴向应变关系如图 5.4.1 所示。由图可见,在曲线从差应力最低处到最高处的过程中,存在一个应力平台(shelf),平台宽度和岩石被压缩后的孔隙度有关,并存在孔隙度和有效应力的关系(Wong 等,1992)。目前岩石变形实验研究主要集中在两个极端,即脆性剪切局部化阶段和延性变形阶段,而岩石,特别是多孔岩石在脆延转换阶段表现出了极其复杂的现象。通过系列的静水压加载实验,已经可以确认：高孔隙度岩石的延性变形源于其颗粒的破碎和孔隙的塌陷。由于颗粒中固有的微缺陷,当颗粒受力达到某极限值时,在受力点附近产生的局部张应力引起颗粒中微裂纹的扩展而导致颗粒破碎,因此,Zhang 等(1990)认为平台为颗粒压缩和孔隙崩塌的结果。其平均应力与体应变曲线见图 5.4.2。增加静水压力,可使孔隙砂岩的变形在平均应力-体应变关系曲线上由初始较小的非线性增加,随后线性地增加到拐点。在塑性硬化发生前的在材料颗粒压碎和孔隙崩塌发生的期间,孔隙砂岩又线性增加至另一拐点。所有样品的变形由天然发生的空间变化引起,其结果可能导致样品的一部分形成压缩带,而另一部分形成剪切带。这也说明,最大差应力和剪切断裂密切相关。Rudnicki 和

Rice(1975)认为三轴压缩中的应变局部化发生在最大差应力之后。

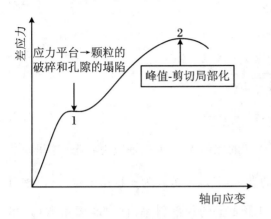

图 5.4.1 多孔岩石差应力-轴向应变曲线
(Issen,2000)

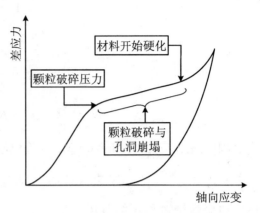

图 5.4.2 多孔岩石压力-体应变曲线简图
(Issen 等,2000)

尽管孔隙度减少对轴向位移有明显影响,但以前的分析仅局限于应力-应变关系,并不考虑微观机制上的变形,应力-应变关系曲线可以表示为差应力 σ_d 和轴向应变 ε_1 的关系:$\sigma_d = \sigma_3 - \sigma_1 = f(\varepsilon_1)$。其应力率 $\dot\sigma$ 与应变率 $\dot\varepsilon$ 关系为 $\dot\sigma_d = E_{\tan}(\varepsilon) \cdot \dot\varepsilon$。其中 $E_{\tan}(\varepsilon)$ 为应力-应变关系曲线的正切模量。

是否存在一个与内部有关的区域,以使 $\dot\sigma_d = E_{\tan}(\varepsilon^0)(\dot\varepsilon^0 + \Delta\dot\varepsilon)$,其中,$\Delta\dot\varepsilon$ 是新区域中的应变率的增量,$\varepsilon^0, \dot\varepsilon^0$ 分别表示初始均匀区的应变和应变率,假定 $E_{\tan}$ 在内(新变形区)外(初始均匀区)都是一致的。应变率在内外区域的差为 $\dot\sigma_d - \dot\sigma_d^0 = E_{\tan}(\varepsilon^0)\Delta\dot\varepsilon$,应力平衡要求 $\dot\sigma_d(内) = \dot\sigma_d^0(外)$,同时对连续均匀变形要求 $\Delta\dot\varepsilon = 0$ 或对可能的非均匀变形要求 $E_{\tan}(\varepsilon^0) = 0$。可见,只有当 $E_{\tan}$ 为零时,非均匀应变区才会形成,也就是说,模量为零对应于非均匀应变。有趣的是零模量出现两次。在图 5.4.1 中,第一次零模量出现在平台 1 上,即一个压缩带发生的地方。显然,压缩是以一种非均匀方式进行的。另一次零模量则出现在与剪切局部区相关的最大差应力平台 2 处(Zhang 等,1990)。这样,巧妙地将局部变形带与零模量联系在了一起。

5.4.2 压缩带和剪切带与帽盖模型的关系

多孔介质在非静水压力作用下,在形变区上会显示出带状非均匀性。它在速度场上形成一个平坦的面,这个面上速度连续,但是速度梯度不连续。两个这样的面之间将压缩为一个形变带(Hill,1961)。为描述这个带,可定义膨胀因子 $\beta = d\varepsilon_v^p / d\gamma^p$,这里 $d\varepsilon_v^p$ 为非弹性体积应变的增量,$d\gamma^p$ 为非弹性剪切应变的增量。对 β,膨胀为正,压缩为负(Hill,1961)。Aydin 等(1983)提出多孔砂岩自然变形理论并扩展了本构方程,其中包括由平均应力引起的弹性体积改变和一个非弹性体积模量。Aydin 等研究了负 β(压缩)的影响,以此预测了非弹性硬化模量:减小 β 即膨胀降低,会增加硬化模量。Rudnicki 和 Rice(1975)预测了硬化模量与初始应力轴有关的条带方向,这些预测是介质、硬化模量及应力状态的函数。预测条带的法线与最大压应力之间的夹角为

$$\theta = \frac{\pi}{4} + \frac{1}{2}\arcsin\alpha \tag{5.4.1a}$$

这里,

$$\alpha = \frac{\frac{2}{3}(1+\nu)(\beta+\mu) - N(1-2\nu)}{\sqrt{4-3N^2}} \tag{5.4.1b}$$

$$N = \frac{S_2}{\bar{\tau}} \quad \text{或} \quad N_{ij} = \frac{S_{ij}}{\bar{\tau}}, \frac{N_k}{\bar{\tau}} \tag{5.4.2}$$

式中,中间主偏应力 S_2 和 Von Mises 等效应力 $\bar{\tau}$ 的比值 N 表示三轴应力状态[这里 $\bar{\tau} = \sqrt{\frac{1}{2} \cdot S_{ij} \cdot S_{ij}} = \sqrt{J_2}$),$N$ 表示三轴应力状态的参数,其取值范围为 $-1/\sqrt{3} \sim 1/\sqrt{3}$ (由轴对称拉伸变到轴对称压缩];$\mu = (\partial\bar{\tau}/\partial\sigma)_{\text{rin}}$ 为屈服面上的局部斜率,称内摩擦系数(这里 $\sigma = P = -\frac{1}{3}\sigma_{kk}$,以拉伸为正);偏应力 $S_{ij} = \sigma_{ij} - \frac{1}{3}\delta_{ij}\sigma_{kk}$;$\nu$ 为泊松比,它强调随变形增加,ν,β 发生变化;式(5.4.1)中 $-1 \leqslant \alpha \leqslant 1$。

Perrin 等(1993)对 Rudnicki 和 Rice(1975)的结果进行了修正,利用膨胀因子和内摩擦系数之和,得到的边界 $-\sqrt{3} \leqslant \beta+\mu \leqslant \sqrt{3}$ 要好于 Rudnicki 和 Rice(1975)给出的 $\beta+\mu = \sqrt{3}/2$。为了确定本构参数 ν,μ,β,以便确定能形成垂直最大应力的条带。令式(5.4.1)中 $\theta = 0$,则 $\alpha = -1$,因为要与普通三轴压缩实验结果相比较,此时取 $N = 1/\sqrt{3}$,使压缩带具有简单的表达式 $\beta+\mu = -\sqrt{3}$。

如果用有效平均应力和有效差应力来表示,低围压与低孔隙度岩石一样,剪切增强压缩初始应力随围压的增加沿 1/4 椭圆帽盖屈服面减小。脆-延性转换应力与颗粒破碎应力一样随孔隙度和颗粒尺寸增加而呈指数下降,表明高孔隙度和大颗粒的岩石发生延性变形所需要的应力更小。从上式看出,因为常认为 μ 为正,因此 β 为非常大的负值,图 5.4.3 所示即为其关系。对低孔隙度岩石 μ 进行测量,通常是为了说明微裂纹及摩擦面与高平均应力下的屈服及正膨胀因子 β 有关。当材料变形时表现出典型的压缩屈服,存在一个帽盖来解释非弹性体积应变屈服。帽盖是一个将弹性卸载从连续非弹性体积压缩分开的一个面(Sandier,1976),我们认为对高孔隙度砂岩运用带屈服条件的帽盖模型来描述是比较合适的(Wong 等,1992)。图 5.4.3 中路径 ABC 显示,三轴应力路径在 $\bar{\tau}$-σ 空间中有不变的斜率,在比剪切屈服线较低的有效剪切应力(B 点)上遇到帽盖;符合图 5.4.1 的 σ-ε 曲线中的平台,所以平台处于较低的剪应力处。如果一直加载到 C 点,很可能出现剪切破坏(Wong 等,1992)。注意 μ 作为当前屈服条件下的局部斜率定义的局部理论(Rudnicki 和 Rice,1975)。当应力状态在屈服帽盖上时,μ 也可能为负,比如 B 点,$\partial\bar{\tau}/\partial\sigma = \mu \leqslant 0$。若应力点沿路径 BC,随应力增大,剪切破裂将很可能开始,我们认为帽盖将发生硬化,引出后继帽盖屈服面(图 5.4.4),以致 μ 从一个低 μ_{cap} 到一个极大的 μ_{shear},有 $\mu_{\text{cap}} \leqslant \mu \leqslant \mu_{\text{shear}}$(图 5.4.3)。通过点 B,C 之间的三轴应力路径横穿 $\bar{\tau}$-σ 空间,表示从开始的平台对应第一个压缩屈服到剪切屈服的 σ-ε 曲线。剪切屈服开始的应变通常被定义为一个特殊的塑性剪切应变。因此,我们认为,这样一个多孔介质的三轴 σ-ε 曲线上的零模量点 1(图 5.4.1)可以用来定义一个帽盖，即为压缩带，而第二个零模量点2可以用来定义剪切带。如图5.4.3的 D 点是应力状态位于帽盖和剪切破坏线的交点，该点帽盖的斜率近似为零，更高的平均应力下，β 和 μ 都为增长的负数。μ 值在屈服帽盖面上是负值(图5.4.4)。若塑性势有相似形状的帽盖，β 也可能是负值，所以 β，μ 为负值是很可能的。由于差应力的增加，μ 和 β 值变成少许负值，推测剪切屈服面可以向正值方向发展。β 和 μ 的负值使 E_{tan} 减小，由于 μ 和 β 的值适合压缩带，所以这个应力平台与压缩带的形成在框架上是一致的。压缩带易产生在颗粒尺寸比较均匀的岩石中，一旦压缩带形成，岩样将不再均匀。然而压缩意味着密度的增加或颗粒尺寸的减小，压缩带形成可与硬化相关，剪切带形成与典型的软化相关。一个压缩带的形成导致材料硬化，并不妨碍随后的剪切局部化。后面将给出压缩带和剪切带的临界硬化模量的表达式。这里应力路径相交于剪切包络线2(图5.4.4)，作为剪切局部化的发展；可见，这里实际上是通过三轴压缩应力路径横穿 $\bar{\tau}$-σ 空间来描述从应力平台即压缩带到应变硬化、剪切带发展再到应变软化的过程。可见，这里对应变硬化到剪切破坏，再由剪切带到应变软化发展过程的描述只是一带而过，如果能结合细观机理进行描述就更具说服力了(可参见2.3.3小节高孔隙度岩石中的孔洞崩塌：① 孔洞崩塌的细观观察；② 孔洞崩塌的宏观力学性能)。

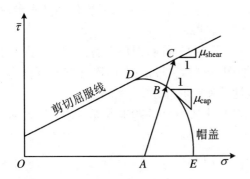

图5.4.3　多孔砂岩的剪切和压缩屈服线
(Olsson,1999)

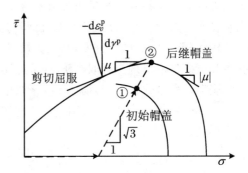

图5.4.4　剪切屈服和体积屈服曲线
(Issen 等,2001；Rudnicki,2002)

5.4.3　高孔岩石中压缩带、剪切带和膨胀带的形成条件

5.4.3.1　局部化变形理论的本构关系

对分岔现象的研究源于一些力学失稳现象。Rappaz(1983)，Thomas(1961)，Hill(1962)，Mandel(1966)，Rudnicki 和 Rice(1975)先后开始这方面的早期工作，尝试建立从均匀变形中分化的非单一或分叉的局部变形模型。为了解释脆性岩石剪切带的形成，Rudnicki 和 Rice(1975)发展了基于塑性力学的局部化分叉理论。该理论认为，在均匀介质中的局部化变形源于其本构关系的不稳定性。假设变形带的法向为 n 方向，则在变形带产生时，跨过此变形带其速度场不连续，具有如下表达：

$$\Delta v_{ij} = n_j g_i (n \cdot x) \tag{5.4.3}$$

式中，Δv_{ij} 为速度梯度在带内的局域场与带外均匀场之差，即 $v_{ij} = \partial v_i / \partial x_j$，$v_i$ 为速度；g_i 为穿过带域内沿变形带法向的距离函数，仅在带内为非零数。岩石变形带的构成也必须满

足连续平衡条件,这要求应力速率在穿过边界带时是连续的:

$$n_i \Delta \dot{\sigma}_{ij} = 0 \tag{5.4.4}$$

式中,$\dot{\sigma}_{ij}$为柯西应力率,根据线性增量本构方程,它可以表示为

$$\dot{\sigma}_{ij} = L_{ijkl}\dot{\varepsilon}_{kl} \tag{5.4.5}$$

这里,$\dot{\varepsilon}_{kl} = \frac{1}{2}(v_{ij} + v_{ji})$为变形速率,$L_{ijkl}$是对称的模量张量。

最简单的情况下,带内外的材料行为在带的变形瞬间是恒定的,变形带外的弹性卸载滞后于非弹性岩层带内外的加载。由式(5.4.3)~式(5.4.5),可导出

$$(n_i L_{ijkl} n_l) g_k = 0 \tag{5.4.6}$$

显然,$g_k = 0$是方程的一个解,但其对应材料均匀变形的情况,未形成变形带。依照前面的假定,要在材料内部形成非均匀变形场,则要求g_k至少有一个非零的解。因此,需限定系数为零,即要求式(5.4.6)有非零解,要求系数行列式满足:

$$\det|n_i L_{ijkl} n_l| = 0 \tag{5.4.7}$$

可见式(5.4.5)是保证局部化变形带的速度场连续及多种变形带共存并平衡的条件。这种平衡条件要求应力率在通过岩石变形带边缘时保持连续。而速度场的连续则要求变形带内外的应变率差异的张量组分$n_i g_i$有对称形式。这个条件约束了带的方位和基本参数,当它在变形过程中首次出现时,就可预测会出现带内岩层。

Bésuelle(2001)的研究发现,当矢量g平行于变形带平面时,对应于剪切带的情况。膨胀带和压缩带的出现与否取决于ng的正负。对于压缩带,g与n同向,而g与n反向对应于膨胀带。所以式(5.4.7)描述了变形带的构成性质和变形带方位的相互关系。

Rudnicki和Rice(1975)用包含主剪切力$\bar{\tau}$和静水压力P的基本方程描述了脆性岩石变形特征:

$$d\gamma = \frac{d\bar{\tau}}{G} + \frac{1}{h}(d\bar{\tau} - \mu dP) \tag{5.4.8}$$

$$d\varepsilon_v = -\frac{dp}{K} + \frac{1}{h}(d\bar{\tau} - \mu dP) \tag{5.4.9}$$

式中,$d\gamma$和$d\varepsilon_v$分别为剪应变和体应变增量,G,K分别为弹性的剪切和体积模量;式(5.4.8)、式(5.4.9)中等号右边第一项对应于弹性状态;第二项对应于非弹性状态,弹性卸载被忽略,这里非弹性剪切应变由静水压力P来抑制它的剪胀量。$\mu = d\bar{\tau}/dP$为应力空间屈服面的局部斜率,可进一步由非弹性响应区分出弹性卸载区。

在恒平均应力σ下,$\bar{\tau}$与γ曲线的斜率由$h_{\tan} = h/(1 + h/G)$给出,这里硬化模量h是在恒定平均应力下$\bar{\tau}$与γ^p曲线的斜率,用来描写硬化行为。则本构关系即可变为

$$d\varepsilon_{ij} = \left[C_{ijkl} + \frac{1}{h}\left(\frac{S_{ij}}{2\bar{\tau}} + \frac{1}{3}\beta\delta_{ij}\right)\left(\frac{S_{kl}}{2\bar{\tau}} + \frac{1}{3}\mu\delta_{kl}\right) \right] d\sigma_{kl} \tag{5.4.10}$$

各向同性弹性模量张量为

$$C_{ijkl} = \frac{1}{2G}\left(\delta_{ik}\delta_{jl} - \frac{\nu}{1+\nu}\delta_{ij}\delta_{kl}\right) \tag{5.4.11}$$

多孔岩石的实验结果显示,加载过程中存在一系列弹塑性应力状态。而对弹塑性区边界上、屈服面上的应力状态,其变形是非弹性的,同时弹性区域的尺度和形状是随着非弹性

变形而变化的。为了简化问题,我们假设屈服面仅仅依赖于应力第一不变量 I_1 和偏应力第二不变量 J_2。

Rudnicki 和 Rice(1975)通过假设各向同性弹性介质对任意应力状态归纳出方程式(5.4.8)和式(5.4.9),这样式(5.4.5)中的模量张量由下式给出:

$$L_{ijkl} = G(\delta_{ik}\delta_{jl} + \delta_{il}\delta_{jk}) + \left(K - \frac{2}{3}G\right)\delta_{ij}\delta_{kl} - \frac{(GN_{ij} + \beta K\delta_{ij})(GN_{kl} + \mu K\delta_{kl})}{h + G + \mu\beta K}$$
(5.4.12)

Rudnicki 和 Rice(1975)研究的重点在非弹性响应为膨胀的低孔隙度岩石,非弹性剪应变引起非弹性体应变增加,但是应力状态最早的典型高孔隙度岩石压缩实验结果显示出既膨胀又进一步压缩的现象。

对于 Castegate 砂岩,Olsson(1999)曾得到过膨胀系数 β 的负值,内摩擦系数 μ 有适当的正值、少许的负值。在 τ 与 σ 平面内,如果有一个帽盖屈服面,屈服面的斜率将需要的是负值(图5.4.4)。一个剪切屈服面(相当于 $\mu>0$)及一个帽盖($\mu<0$)与流体静压力相关(Rudnicki,Rice,1975)。这样 μ 为负值是压缩岩石。标准轴对称压缩实验开始时,在受约束力处作一与静水压力轴相交成斜率为 $\sqrt{3}$ 的直线,并交于接近主应力轴的帽盖上,推测随围压增高,μ 值更负。这一推测被 Olsson(1999)在围压达到 250 MPa 的实验所证实,说明根据应力状态,高孔隙度岩石的 β 和 μ 可以从一正值变到负值。而 Aydin 等(1983)所得 $-dP/k$ 中的 k 为非弹性体积模量(常剪应力下,平均应力-非弹性体应变曲线的斜率),是用来描述体积硬化效应的。可见,我们可用有效值 $K^* = Kk/(K+k)$ 取代式(5.4.9)中弹性体积模量 K,K^* 是平均应力-体积应变曲线的斜率。一般情况下,$-dP/k$ 和 $\beta d\gamma^p$ 这两项都不取决于屈服面上的应力和应力增量方向。在图 5.4.4 中,当应力状态位于剪切屈服面上时有 $d\varepsilon_v^p = \beta d\gamma^p$,当应力状态位于帽盖上且 $dP>0$ 时,$d\varepsilon_v^p = -dP/k$。在局部条件下,式(5.4.12)中的 K 也可用 K^* 取代。

若假设非弹性变形仅与应力 σ 和 τ 有关,则剪切屈服函数(Rudnicki,2004)可写为

$$F(\sigma, \bar{\tau}, \alpha_k) = 0 \qquad (5.4.13)$$

其中,α_k 为一系列非弹性变形的历史轨迹。简单情况下,它可表示为非弹性应变或由一些标量组成的表达式。在一般情况下,可以说 α_k 是一些内变量,如微裂纹密度、位错密度或非弹性孔隙度等。如果我们固定 α_k,则屈服条件描述为 σ 和 $\bar{\tau}$ 平面内的一条屈服线(图5.4.5),其斜率 μ 为

$$\mu = -\left(\frac{\partial F}{\partial \sigma}\right) \bigg/ \left(\frac{\partial F}{\partial \bar{\tau}}\right) \qquad (5.4.14)$$

当应力状态在剪切屈服面上时,非弹性变形增量可假定用塑性式 $\Gamma(\bar{\tau}, \sigma, \alpha_k)$ 来表示(图5.4.5):

$$d\varepsilon_{ij}^p = d\lambda \frac{\partial \Gamma}{\partial \sigma_{ij}} = d\lambda \left(\frac{s_{ij}}{2\bar{\tau}} \frac{\partial \Gamma}{\partial \bar{\tau}} - \frac{1}{3} \frac{\partial \Gamma}{\partial \sigma} \delta_{ij}\right) \qquad (5.4.15)$$

式中,$d\lambda$ 为流动因子,为一个非负的标量因子。上式意味着非弹性体积应变增量可以与非弹性有效剪切应变增量联系。

$$d\gamma^p = (2de_{ij}^p de_{ij}^p)^{\frac{1}{2}} \qquad (5.4.16)$$

其中，de_{ij}^p 为 $d\varepsilon_{ij}^p$ 的偏分量。

膨胀因子 β 为

$$\beta = -\left(\frac{\partial \Gamma}{\partial \sigma}\right)\bigg/\left(\frac{\partial \Gamma}{\partial \bar{\tau}}\right) \tag{5.4.17}$$

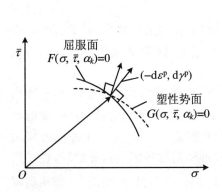

图 5.4.5　屈服曲面与塑性势面
（Rudnicki，2004）

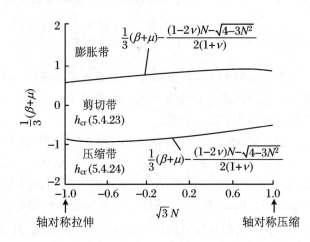

图 5.4.6　用 β，μ 和 N 预测局部变形带（Issen 等，2000）
注：h_{cr}(5.4.23) 表示由式（5.4.23）计算；h_{cr}(5.4.24) 表示由式（5.4.25）计算。

为了保证应力状态始终在屈服面上，α_k 必须与非弹性应变一起不断地改变，因此必须满足一致性条件：

$$dF = \frac{\partial F}{\partial \bar{\tau}}d\bar{\tau} + \frac{\partial F}{\partial \sigma}d\sigma + \frac{\partial F}{\partial \alpha_k}d\alpha_k = 0 \tag{5.4.18}$$

对于率无关的本构关系来说，α_k 的变化与塑性应变增量 $d\varepsilon_{ij}^p$ 成线性关系：

$$d\alpha_k = \Phi_{ij}^p(\bar{\tau},\sigma,\alpha_\xi)d\varepsilon_{ij}^p \tag{5.4.19}$$

将式(5.4.15)代入式(5.4.19)，再将结果代入式(5.4.18)，解得 $d\lambda$ 后，再将结果代入式(5.4.15)，可得塑性应变增量的表达式：

$$d\varepsilon_{ij}^p = \frac{1}{H}\left(\frac{S_{ij}}{2\bar{\tau}}\frac{\partial \Gamma}{\partial \bar{\tau}} - \frac{1}{3}\frac{\partial \Gamma}{\partial \sigma}\delta_{ij}\right)\left(\frac{\partial F}{\partial \bar{\tau}}d\bar{\tau} + \frac{\partial F}{\partial \sigma}d\sigma\right) \tag{5.4.20}$$

其中，H 为塑性硬化模量，其表达式为

$$H = -\frac{\partial F}{\partial \alpha_k}\Phi_{kl}^k(\bar{\tau},\sigma,\alpha_\xi)\frac{\partial \Gamma}{\partial \sigma_{ij}} \tag{5.4.21}$$

Rudnicki 和 Rice(1975)在研究剪切局部化变形发生条件时，用了 $\partial F/\partial \bar{\tau} = \partial \Gamma/\partial \bar{\tau} = 1$ 的假定。与 Holcomb 等(2001)在对 Tennessee 大理岩进行的围压从 0～100 MPa 的轴对称压缩实验中所用设想相同，他仅将非弹性剪应变增量 $d\gamma^p$ 作为 α_k 的唯一参量来表征大理岩的塑性历史。

由于 Rudnicki 和 Rice(1975)的关注点在低孔隙膨胀性岩石的剪切局部化变形特性上，因此，要求屈服面的局部斜率 μ 和膨胀系数 β 的值均为正。这时屈服面在静水压力轴 σ 上是不闭合的，而且不会出现由静水压力引起的非弹性变形。这显然不太符合高孔隙度岩石

μ, β 存在负值的情况,所以 Rudnicki 和 Rice(1975)的理论对高孔隙度岩石来讲存在一定的局限性。当考虑到 μ 和 β 的值可能为负时,方程可以应用于屈服面在 σ 轴上闭合,且非弹性体积应变处于压缩状态(如同高孔隙压缩岩石)的情况。我们认为,对于这些岩石,仅用塑性剪应变 γ^p 作为应变历史 α_k 的唯一参数来表征非弹性应变是不太合适的,因为屈服面有可能演化出非弹性体积应变或孔隙度的非弹性部分。

Rudnicki 和 Rice(1975)的研究构形在研究纯静水压力时也遇到了困难。在 $\bar{\tau}=0$(屈服线斜率是铅锤的)时,对称的 $\partial F/\partial \bar{\tau}$(类似的 $\partial \Gamma/\partial \bar{\tau}$)也必须为 0。此外微观结构观察结果(Menendez 等,1996)显示低孔隙度膨胀性(微裂纹的产生和生长)岩石和高孔隙度压缩性(孔隙塌陷、颗粒裂开并压碎的非弹性变形)岩石有着不同的破坏机制,而从这两种不同的破坏机制有可能观察到两个互相独立的屈服面形式。这一观察结果是通过在屈服面上引入一个帽盖来实现的,称为帽盖模型。该模型是用一个与平均应力轴垂直相交的 1/4 椭圆来近似的。现被广泛用于描述高孔隙度岩石的压缩行为(Wong 等,1992;Olsson,1999;Fossum 等,2000)。Issen 等(2000)用了一种特殊的本构构形来表示帽盖屈服面,即 $\partial F/\partial \bar{\tau} = \partial \Gamma/\partial \bar{\tau} = 1$,用塑性应变 ε^p 作为唯一的参数来表征塑性应变的历史。该方程提供了静水压力下的非弹性体积应变的计算方法。这里虽然也仅用一个参数表征塑性应变历史,但 ε^p 应包括 ε_v^p 和孔隙度的非弹性应变,比 Rudnicki 和 Rice(1975)及 Holcomb 等(2001)所取参数 α_k 更合适。

5.4.3.2 剪切和压缩带形成条件

将模量张量式(5.4.12)代入式(5.4.7)中,解出随应力状态变化的剪切局部化发生的临界硬化模量:

$$h = \frac{(Gn_i N_{ij} n_j + \beta K)(Gn_k N_{kl} n_l + \mu K)}{\left(\frac{4}{3}G + K\right)} + G[(n_i N_{ij} n_k N_{kj}) - (n_i N_{ij} n_j)^2] - (G + \mu\beta K) \quad (5.4.22)$$

由于 h 随着潜在局部变形平面的方位而变化,随非弹性连续变形而减少,因此,Rudnicki 和 Rice(1975)提出局部判据首先满足的方位是 h 最大值的屈服面。

如果 $n_k(k=\mathrm{I},\mathrm{II},\mathrm{III})$ 中有一个为零,最大硬化模量由 $n_{\mathrm{II}}=0$ 给出,则带的平面包含中间主应力的方向,临界硬化模量也是轴对称加载时剪切带发生的临界硬化模量 h_{cr},其表达式(Rudnicki,Rice,1975)为

$$\frac{h_{\mathrm{cr}}}{G} = \frac{1+\nu}{9(1-\nu)}(\beta-\mu)^2 - \frac{1+\nu}{2}\left[N + \frac{1}{3}(\beta+\mu)\right]^2 \quad (5.4.23)$$

其中,$N = N_{\mathrm{II}} = S_{\mathrm{II}}/\bar{\tau}$,Rudnicki 和 Rice(1975)曾预测过垂直带和最小主应力间的夹角 θ[见式(5.4.1a)、式(5.4.1b)],由于 h 是随正在发生的非弹性变形单调减小的,因此式(5.4.23)给出了满足剪切带发生条件下的第一个 h 值,即满足下式时(Perrin 等,1993)剪切带有可能发生:

$$(1-2\nu)N - \sqrt{4-3N^2}$$
$$\leqslant \frac{2}{3}(1+\nu)(\beta+\mu) \leqslant (1-2\nu)N + \sqrt{4-3N^2} \quad (5.4.24)$$

Perrin 等(1993)做出 $n_{\mathrm{I}}^2 \geqslant 0$ 与 $n_{\mathrm{III}}^2 \geqslant 0$ 条件下的结果,n_k 也能通过式(5.4.1a)中的带

角 θ 的要求或 α 满足于 $-1 \leqslant \alpha \leqslant 1$ 获得。式(5.4.23)仅在 $n_k = 0$ 时是合理的,且在式(5.4.23)和式(5.4.24)中给出了最大硬化模量,在 $n_1^2 \geqslant 0$ 与 $n_{\mathrm{III}}^2 \geqslant 0$ 的范围之外是不合适的。如果 n_k 中有两个为零,第三个不变,带是垂直于主轴的。Perrin 等(1993)给出的临界硬化模量值可通过引入 n_k 值到式(5.4.22)得到,对带垂直于最大(最大拉力)或最小(最大压力)主应力而获得 h 的最大值,最大主应力可依靠 N 是大于或小于 $(K/G)(\beta+\mu)$ 而获得。这里重叠部分的范围与 $\beta + \mu$ 的值满足式(5.4.24),h 的值比式(5.4.23)给出的值小。当不等式(5.4.24)左边不成立时,带垂直于最大压应力主轴,压缩带可能产生,这样临界硬化模量由下式给出(Issen 等,2000):

$$\frac{h_{\mathrm{cr}}^{\mathrm{III}}}{G} = \frac{1+\nu}{9(1-\nu)}(\beta-\mu)^2 \\
- \frac{1+\nu}{1-\nu}\left[\frac{1}{2}N_{\mathrm{III}} - \frac{1}{3}(\beta+\mu)\right]^2 - \left(1 - \frac{3}{4}N_{\mathrm{III}}^2\right) \quad (5.4.25)$$

后者通过相同的表达式由 N_{I} 取代 N_{III}。正如 Perrin 等(1993)所述,式(5.4.23)和式(5.4.25)以及由 N_{I} 取代 N_{III} 的相应式是连续的,式(5.4.24)左边接近为等式,剪切带的角度接近零度($\theta \approx 0°$),对于 h_{cr}^k,式(5.4.23)和式(5.4.25)是相等的,这样剪切带和压缩带凝结在一起。若式(5.4.24)右边不满足,带垂直于最大拉应力,主轴方向上的膨胀带就可能产生,其临界模量由 $N_{\mathrm{I}} = S_{\mathrm{I}}/\bar{\tau}$ 取代式(5.4.25)中的 N_{III},膨胀带的角度是 $90°$。图 5.4.6 概括了不同情况下 $\mu + \beta$ 值的范围,不等式(5.4.24)的左右端被作为偏应力状态参数 $\sqrt{3}N$ 的函数表示在图上(实际曲线 $\nu = 0.2$)。在不等式(5.4.24)成立的中间区域,剪切带的最大临界硬化模量 h 由式(5.4.23)给出;在其下面的区域,$\mu + \beta$ 的值小于式(5.4.24)中的下限值;其局部化相当于压缩带由式(5.4.25)给出临界 h 值;上面的区域 $\mu + \beta$ 的值超出式(5.4.24)中的上限值,可预测膨胀带,膨胀带垂直于最大拉应力。

图 5.4.7(a)为轴对称压缩结果的描述。图中显示 h_{cr} 为正值,三个带的每一个带的方

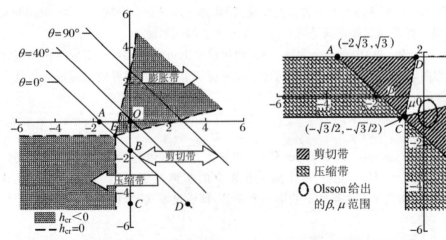

(a) 用轴对称压缩的 β 和 μ 预测带的方位 (Issen 等,2000)

(b) β-μ 平面内压缩带和剪切带的分布[Issen 等,2001](含 Olsson,1999 的实验结果($\nu=0.2$ 时)]

图 5.4.7

位，β 和 μ 被预测产生的值和区域。由图可见，$40°$ 的剪切带的 $\mu+\beta$ 与压缩带的 $\mu+\beta$ 值有显著的不同。剪切带的 μ,β 正负交替出现；压缩带的 μ,β 均为负。图 5.4.7(a) 的三角形 AOB 中，当应力状态位于帽盖上，μ 和 β 小于 0 时，是剪切带可能产生的区域。在三角形 CBD 中，当 $\mu>0,\beta<0$，对应的剪切包络线与帽盖相交时，则是压缩带可能产生的区域。然而，在较高围压时，加载路径应该与帽盖相交，由此推测结果是：μ 的值更负，$\beta+\mu\leqslant -\sqrt{3}$ 满足压缩带条件，轴对称压缩是最有利于压缩带形成的应力状态。此外，Rudnicki(2004) 以及 Rudnicki 和 Rice(1975) 详细介绍了田纳西大理岩本构框架方面的应用，对于低孔隙度岩石，μ 和 β 随变形均匀的程度可能有相当大的变化。h_{cr}^{III} 最大值出现在轴对称压缩，如果

$$\mu+\beta\leqslant 2\sqrt{3}(1-2\nu)/(1+\nu) \tag{5.4.26}$$

则有 $N=N_{\mathrm{I}}=1/\sqrt{3}$ 和 $N_{\mathrm{III}}=-2/\sqrt{3}$。

h_{cr}^{III} 的表达式可简化为

$$\frac{h_{cr}^{\mathrm{III}}}{G}=-\frac{1+\nu}{3(1-\nu)}\left(1+\frac{2}{\sqrt{3}}\mu\right)\left(1+\frac{2}{\sqrt{3}}\beta\right) \tag{5.4.27}$$

显然式(5.4.27)表明，当 $\mu<-\sqrt{3}/2$ 或 $\beta<-\sqrt{3}/2$，压缩带被预测出现在 E 点时[图 5.4.7(a)]，对于轴对称压缩利用 Mohr 圆的方法证明式(5.4.24)在

$$-\sqrt{3}\leqslant\beta+\mu\leqslant\sqrt{3}\frac{2-\nu}{1+\nu} \tag{5.4.28}$$

时成立。这样当 $\beta+\mu\leqslant\sqrt{3}$ 时可预测压缩带出现，而且相应的临界硬化模量由式(5.4.27)给出。对应于轴对称压缩 β 的值域，侧向变形非弹性增量是负的，即样品处于压缩状态。虽然硬化模量 h 不能直接观察到，但是差应力-非弹性轴向应变曲线的斜率 E_p 仍可给出表达式(Cleary 等,1976)：

$$E_p=9h/(\sqrt{3}-\beta)(\sqrt{3}-\mu) \tag{5.4.29}$$

当 $\mu>\sqrt{3}$ 时，τ-σ 平面内屈服平面的斜率超过了轴对称压缩应力路径的斜率，因此非弹性形变将不可能出现；当 $\beta>\sqrt{3}$ 时，轴向应变的非弹性增量将是可增长的，这与轴对称压缩的假设又产生矛盾。因此，E_p 和 h 在物理意义上具有相同的有效 β 和 μ 的值域。

Olsson(1999)对 Castlegate 砂岩的观察结果表明 E_p 是正的，因此 h 也是正的。图 5.4.7(b)给出了 β-μ 平面内压缩带(鱼鳞区域)和剪切带(斜线区域)发生的分布情况(h_{cr} 为正)以及 β 和 μ 都必须小于 $\sqrt{3}$ 的条件。线段 AB 对应于不等式(5.4.24)左边的部分以及图 5.4.6 中剪切带的下边界：$\beta+\mu=-\sqrt{3}$。

Olsson(1999)给出的 β 和 μ 的值[图 5.4.7(b)中小椭圆]满足不等式(5.4.24)中剪切带出现的情况。因此，他预测仅仅应该出现剪切带，但是观察结果显示同时发现了剪切带和压缩带的存在，这与理论预测存在矛盾。

一开始 Rudnicki 和 Rice(1975)就将适用低孔隙膨胀岩石的分岔理论引入高孔隙度岩石局部化变形带的讨论中，并忽略了当模型参数 β 或 μ 为负值的情况。Olsson(1999)注意到这种情况的重要性，但是他也没有给出局部化变形带形成的确切条件。后来 Olsson 将这一研究工作延伸并重新检查了 Rudnicki 和 Rice(1975)的理论框架，在 Issen(2000)及合作

者(Challa 等,2002;Isse 等,2000;Issen,2002;Rudnicki 等,1998)的一系列工作中才给出了完整的局部化变形带的形成条件和判别条件,分别对应于三种变形带:剪切带、压缩带、膨胀带。Issen 等(2000)的局部化变形理论中的判别条件只讨论了 $\mu+\beta$ 的值域以及 μ 和 β 各自的取值范围,而并不能体现 μ 和 β 之间的关系,仅用 $\beta+\mu=-\sqrt{3}$ 给出边界条件,而忽略了加载过程中 μ 和 β 的相互影响;同时,根据实验数据用给出的模型计算 μ 和 β 的方法很复杂。当不等式(5.4.28)左边不满足时,压缩带便产生。很显然,若屈服面有一帽盖,β 和 μ 有足够的负值,压缩带就可能出现。因为 Olsson 用式(5.4.23)和式(5.4.25)估算局部化的可能性,发现关于轴对称压缩仅在式(5.4.28)的下限才可能出现,一般情况为式(5.4.24)。这里我们已经论证了:对有代表性的压缩岩石,其 β,μ 为负值时压缩带是能够出现的。如果不等式(5.4.28)的右边不满足,出现膨胀带成为可能。

以上理论与实验结果的比较发现,二者存在一些明显的矛盾之处,当然这与上述的讨论中仅考虑了岩石的剪切屈服条件有关。剪切屈服是低孔隙岩石中普遍的屈服条件,而高孔隙度岩石中出现的剪切增强压缩属于压缩屈服的范畴(王宝善,2004)。针对上述现有模型的不足,在第 5.4.4 小节高孔隙度岩石局部变形带的简化模型中暂不考虑塑性历史 α_k,而认为屈服函数 F 仅仅是 σ 和 τ 的函数,并以一个椭圆帽盖与用圆来简化的塑性势能函数相切,以此对 Rudnicki 和 Rice(1975)模型进行分析,得到局部化变形带的简化判别条件,通过数值计算结果预测了产生压缩带和剪切带的 β,μ 值域范围,其结果与 Issen 等(2000)关于压缩带和剪切带发生的条件及产生的顺序的判定是一致的,证明了我们的简化模型的正确性和合理性。我们在改进和放宽限定条件后,得到了关于剪切带、压缩带和膨胀带的发生条件的判定关系及临界模量,并对两种模型进行了比较,简化模型较直观,在实际应用中较方便(王鑫,2006;参见第 5.4.4 小节)。看来,要彻底解决这些矛盾可能需在理论方面引进高孔隙度岩石的主要变形机理,来缓解或改善适用于低孔隙度岩石的分岔理论给现有模型带来的不足。Issen(2000)还进一步考虑了剪切和压缩两个屈服面同时活动时的局部化变形条件。两个屈服面同时活动时的本构关系依然用式(5.4.10)表示,为了区别,将式中 β,μ 分别用 β_1,μ_1 代替。压缩屈服用帽盖模型表示时,其中的 β,μ 分别用 β_2,μ_2 代替,二者均可为负。另外,为了描述压缩导致的体积硬化,模型中还采用了体硬化模量 κ(定义为常剪应力下,平均应力-非弹性体应变曲线的斜率)来描述体积硬化的效应。与帽盖模型相对应的本构关系仍用式(5.4.10)表示,但需做一些替换:用 $\kappa\beta_2\mu_2$ 代替 h,用 β_2,μ_2 分别取代 β,μ。两个屈服面同时活动时可以通过将两个本构关系的应变增量简单相加得到(王宝善,2004)。其表达式为

$$d\varepsilon_{ij} = \left\{ C_{ijkl} + \frac{1}{h\kappa\beta_2\mu_2}\left[\left(a\frac{S_{ij}}{2\tau}+\frac{1}{3}b\delta_{ij}\right)\frac{S_{kl}}{2\tau} + \left(c\frac{S_{ij}}{2\tau}+\frac{1}{3}d\delta_{ij}\right)\frac{1}{3}\delta_{kl}\right] \right\}d\sigma_{kl}$$

(5.4.30)

其中,$a=h+\kappa\beta_2\mu_2, b=\beta_2(h+\kappa\beta_1\mu_2), c=\mu_2(h+\kappa\beta_2\mu_1), d=\beta_2\mu_2(h+\kappa\beta_1\mu_1)$。

这时情况变得很复杂,很难获得变形带发生条件的解析解。不过要获得极限情况下的解相对要简单得多,如图 5.4.8 所示,此时理论预测与实验也较为吻合(王宝善,2004)。为了深入了解不同边界条件下压缩带的形成机制,Katsman 等(2005)进行了高孔隙度沉积岩中压缩带的数值模拟,材料的无序性和弹性不匹配都会改变压缩带的形成位置。在没有材

料无序性的情况下,压缩带主要由弹性不匹配主导,促使形成的压缩带由样品边界开始向标本内部传播的离散模式,并产生硬化。当材料的无序性比较大时,压缩带形成的位置转移到了样品内部,压缩带形成均一的前缘推进模式。当材料无序性更大时,样品内部会产生扩散压缩带(席道瑛等,2015)。

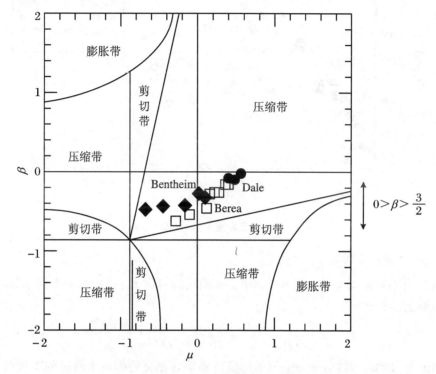

图 5.4.8 当 $k=0$, $(\beta_1-\beta_2)(\mu_1-\mu_2)>0$ 时,理论预测的各种变形带发生的范围(取 $v=0.2$)和三种砂岩的实验结果(王宝善,2004)

若将材料的脆性或延性破坏的起始点统称为屈服点,而与此点相对应的应力状态称为屈服条件,则脆性变形中最大差应力点、延性变形中剪切增强压缩的起点和静水压条件下颗粒破碎起点就是在不同条件下材料的屈服点。这些屈服点在应力空间中构成的包络线称为剪切屈服面。结合应力-应变曲线、声发射曲线和体应变曲线,可以获得每个实验中样品的屈服点。Wong 等(1997)和 Klein 等(2001)对大量不同颗粒尺寸、不同孔隙度的砂岩进行的实验表明,低围压下岩石处于脆性破坏阶段,在 q-p 空间的屈服条件满足 Mohr-Coulomb 剪破裂准则(图 5.4.9,其中实心符号表示处于弹性阶段,空心符号表示处于塑性阶段),其中 $q=\sigma_1-\sigma_3$,q 和 p 表现为正线性相关;而当岩石处于延性变形时,屈服应力 q 与 p 呈负相关。图 5.4.9 为静水压 p_c 归一化之后的结果,也同样可用 1/4 椭圆帽盖模型来拟合。显然两种不同破坏机制的公切点附近就是岩石脆-延性转换的阶段。脆-延性转换点通常在 $q=p_c/2$ 附近。Issen 等(2000)认为在此处两种屈服面的包络线相切而形成局部极值,其公切点的斜率 $dq/d\sigma=0$。

Rudnicki(2002)还用分叉理论分析了轴对称各向异性岩石中剪切带和压缩带的形成条件。后来,分岔理论所预测的膨胀带在野外被观测到(Bernard 等,2002)。膨胀带与压缩带相反,发生在垂直于最小主应力的方向,且孔隙度明显大于周围岩石。

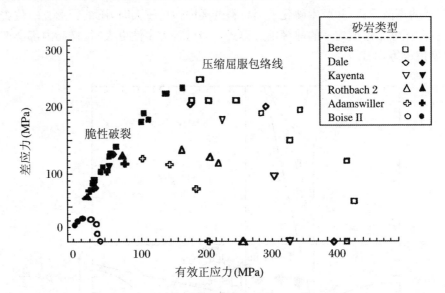

图 5.4.9 砂岩样品屈服点实验(Wong 等,1997)

5.4.3.3 进一步讨论

多孔岩石轴对称压缩的差应力与轴向应变曲线的斜率 $E_{\tan}$ 可由有关本构参数(Rudnicki,1984)给出:

$$E_{\tan} = \left[\frac{1}{2G(1+\nu)} + \frac{1}{3h}\left(1 - \frac{\beta}{\sqrt{3}}\right)\left(1 - \frac{\mu}{\sqrt{3}}\right)\right]^{-1} \quad (5.4.31)$$

Agdin 等(1983)通过引进一个与平均应力轴垂直相交的帽盖来改进的本构模型,适用于流体静压力引起的非弹性压缩。它用有效弹性模量值 K^* 取代弹性体积模量 K,这样在局部变形条件式(5.4.23)~式(5.4.28)中的泊松比 ν 可用有效泊松比 ν^* 来代替,其定义为

$$\nu^* = \frac{3K^* - 2G}{2(3K^* + G)} \quad (5.4.32)$$

由于非弹性体积模量 k 很可能小于弹性体积模量 K,$K^* = k$,$K^* \ll G$,则 $\nu^* \to -1.0$,剪切带硬化模量的临界值式(5.4.23)将趋近于 0。轴对称压缩就对应于 $h_{\text{cr}}^{\text{III}}/G \to 0$,变形带带角 $\theta \to 0$;轴对称拉伸对应于 $h_{\text{cr}}^{\text{I}}/G \to 0$,$\theta \to 90°$。这样,由平均应力引起的非弹性压缩趋向于降低临界硬化模量 $h_{\text{cr}}^{\text{III}}$,这将促进压缩局部化的出现。此外,因 $\nu^* \to -1.0$,剪切带的临界硬化模量 $h_{\text{cr}}^{\text{II}} \to 0$,带角退化:对于轴对称压缩,纯剪切及轴对称拉伸要求带角分别是 $0°$,$45°$ 和 $90°$。在许多多孔砂岩中,无论是颗粒压碎段还是非弹性体应变导致的 ν^* 负值均小于典型的观测值 ν。这就导致用 ν^* 计算 $h_{\text{cr}}^{\text{III}}$ 比用 ν 更接近于 0,更便于压缩带的形成。

下一步的理论和实验两方面的工作都需要着重了解和预测压缩带和剪切带的形成条件以及它们之间的关系,更进一步从微细观机理方面研究压缩带和剪切带的转换关系。由于岩石特征的多样化,其中矿物组成、颗粒排列方式、自身缺陷等许多因素对岩石产生局部化变形带有重大影响。由于受实验条件和手段的限制,目前对这些影响因素的权重和影响方式还不得而知。有关机理方面的研究应该结合塑性力学、材料力学、微观固体力学进行分析,这是后续研究工作的重点。由于压缩带相对于周围岩石具有较低的孔隙度,同时由于压缩带的发生方向垂直于最大主应力并可能与剪切带伴生,这对确定地应力方向和地震发生过程的研究可能具有指导意义。

压缩带是很重要的结构,由于它能减小孔隙度和降低渗透率并阻止液体流进其他孔隙岩石,因而能储藏液体。对石油工业、水利和核废料储藏、垃圾处理、环境污染的治理等有实际应用价值。尤其岩石的局部化变形带在地球科学、大地构造、全球动力学、岩土工程、资源环境等方面占据着至关重要的地位。压缩带的发现又彻底改变了局部化变形带产生方向的传统观念,它是岩石在脆-延转换阶段出现的局部化变形现象。它作为世界性的难题引起了地球动力学、岩石物理学、岩石动力学学者的极大兴趣。

此部分着重介绍了 Rudnicki 等以及其他研究者的研究工作。Rudnicki 等为研究剪切带发生条件,将分岔理论引入高孔隙度岩石的局部化变形,Olsson 和 Issen 等通过对 Rudnicki 等建立的帽盖本构模型加以改进,重点介绍了椭圆形屈服帽盖上的压缩带和剪切带以及以局部化分岔理论为基础的高孔隙度岩石的压缩带、剪切带,得到它们的本构关系和临界硬化模量。同时,用膨胀系数 β、屈服面斜率即摩擦系数 μ 和应力状态指数 N,还仅用 β,μ 预测了压缩带、剪切带和膨胀带的方位以及相应的临界硬化模量表达式。当 $\beta+\mu \leqslant -\sqrt{3}$ 时,为产生压缩带区域,压缩带方位 $\theta = 0°$;当 $-\sqrt{3} \leqslant \beta + \mu \leqslant \sqrt{3}\dfrac{2-\nu}{1+\nu}$ 时,为产生剪切带区域,剪切带方位为 $0 \leqslant \theta \leqslant 90°$;当 $\beta+\mu > \sqrt{3}\dfrac{2-\nu}{1+\nu}$ 时,为产生膨胀带区域,膨胀带方位为 $90°$。

高孔隙度砂岩非弹性体应变的压缩和非弹性变形与屈服帽盖模型应力状态相关,在 τ-σ 空间横穿屈服面帽盖的轴对称压缩应力路径和帽盖的交点 1,是在比剪切屈服应力低的有效剪切应力处与帽盖相交的,与在高孔隙度砂岩轴对称压缩加载下的应力-应变曲线观测到的应力平台相符。它是 σ-ε 曲线上出现的第一个零模量点,为压缩带发生的区域,与岩石的颗粒破碎和孔隙崩塌相关,所以应力路径横穿帽盖,$\mu < 0$ 时,可形成压缩带。继续加载使这个路径脱离帽盖至剪切屈服面甚至达到峰值应力点 2,它是 σ-ε 曲线上出现的第二个零模量点,为剪切带发生的区域,说明 σ-ε 曲线的峰值与剪切破裂有关。当应力路径与剪切包络线相交时,$\mu > 0$,可以形成剪切带,并发生硬化,引出后继屈服帽盖。可见,用帽盖模型能巧妙地描述剪切带、压缩带及其与 σ-ε 之间的关系。这将促进本构模型尤其是椭圆帽盖模型在实验研究和地壳变形过程中的实际应用。显然这将推动岩石本构模型的发展和应用。

5.4.4 高孔隙度岩石局部变形带的简化模型

多孔岩石材料是构成地球的基本介质。与多孔岩石物理力学性能密切相关的是多孔岩土介质内部局部化变形的产生和演化。这些局部化变形的发展导致岩土介质呈现丰富的宏观变形形态和力学性能。其中最具特色的是剪切条带(shear band)、压缩条带(compaction band)和膨胀条带(dilation band)。研究最早的是剪切带,由于韧性剪切带是金矿床控矿机制,其在金属成矿等领域起到的特殊作用,引起了极大关注,相应的研究比较系统。实验研究和相关的分岔理论分析表明(徐松林等,2001,2002,2004):由于岩土材料的特殊之处,在单轴和常规三轴加载条件下,岩土材料加载过程至少存在3个临界状态,即峰值前的偏离线弹性段的岩石弱化点,对应于方程的椭圆型解;峰值处的岩石极限强度点,对应于方程的抛物型解;峰值后的岩石破坏点,对应于方程的双曲型解。这些研究对岩石材料复杂的强度表现给出了很好的解释。比较而言,压缩条带、膨胀条带是近年来才在野外被发现的(李廷等,2008;Katsman等,2006)。压缩带和膨胀带与地震时的摩擦滑动连在一起。Rudnicki课题组(Rudnicki,Rice,1975;Rudnicki,2004;Issen,2001,2000;Issen,2000)对剪切条带、压缩条带和膨胀条带的形成和相互转化条件进行了较系统的研究,席道瑛等(2008)对局部化变形带的理论进行了较系统的论述。但这些理论相对比较复杂,下面将对Rudnicki和Rice(1975)较复杂的模型进行改进与简化。用屈服函数和势能函数的偏导数重新定义了岩石的局部化变形带的判定条件,给出了新的局部化变形条件及临界模量。放宽Rudnicki和Rice(1975)剪切带发生的限定条件,提出以1/4椭圆帽盖模型以及与之相切的圆来简化势能函数,获得改进后的简化模型。

5.4.4.1 对Rudnicki和Rice模型的改进与简化

以屈服函数的偏导数定义判定条件:

Rudnicki和Rice(1975)为了解释脆性岩石剪切带的形成,在Hadamard(1903),Mandel(1966),Thomas(1961)和Hill(1962)等人的研究基础上,发展了基于塑性力学的局部化变形的分岔理论,得到在均匀介质中的局部化变形是因为本构关系的不稳定性造成的这一结论。当本构方程(5.4.3)具有非平凡解时,局部化变形形态在平面内表现出多种分岔变形形态。

Rudnicki和Rice(1975)定义剪切带的发生条件是以含F_σ,F_τ,Γ_σ和Γ_τ的如下表达式来定义的:

$$F_\sigma = \frac{\partial F}{\partial \sigma}, \quad F_\tau = \frac{\partial F}{\partial \tau}, \quad \Gamma_\sigma = \frac{\partial \Gamma}{\partial \sigma}, \quad \Gamma_\tau = \frac{\partial \Gamma}{\partial \tau} \quad (5.4.33)$$

其中,F为屈服函数,Γ为塑性势函数,σ为正应力,τ为剪应力,若满足

$$F_\sigma + \Gamma_\sigma > \sqrt{3} F_\tau \quad (5.4.34)$$

则不发生剪切带,这时压缩带成为唯一的局部化变形模式。

$$\frac{h_{\text{crit}}^{\text{CB}}}{G} = \frac{1+\nu}{9(1-\nu)} \left\{ \left(\sqrt{\frac{F_\sigma}{\Gamma_\sigma}} - \sqrt{\frac{\Gamma_\sigma}{F_\sigma}} \right)^2 - \left[\left(\sqrt{\frac{F_\sigma}{\Gamma_\sigma}} + \sqrt{\frac{\Gamma_\sigma}{F_\sigma}} \right) - \sqrt{3 \frac{F_\tau}{F_\sigma} \frac{F_\tau}{\Gamma_\sigma}} \right]^2 \right\} \quad (5.4.35)$$

体积硬化模量h小于式(5.4.35)给出的临界模量时,将只可能产生压缩带。

将式(5.4.14)和式(5.4.17)中有关μ和β的定义代入式(5.4.23),所得结果与判定条件式(5.4.35)相同。对于常规三轴压缩实验,可取$N_{II}=\sqrt{3}$。

当应力状态处在屈服状态下时,$F_\sigma = \Gamma_\sigma$,式(5.4.35)的首项为0,此时$h<0$,则压缩带的σ-ε曲线斜率是负的。

当不满足式(5.4.34)时,有可能压缩带和剪切带同时发生,此时压缩带的临界模量$h_{\text{crit}}^{\text{CB}}$自然由式(5.4.35)给出,而剪切带的临界模量$h_{\text{crit}}^{\text{SB}}$则由下式给出:

$$\frac{h_{\text{crit}}^{\text{SB}}}{G} = \frac{1+\nu}{9(1-\nu)} \left(\sqrt{\frac{F_\sigma}{\Gamma_\sigma}} - \sqrt{\frac{\Gamma_\sigma}{F_\sigma}} \right)^2 - \frac{1+\nu}{18} \left[\left(\sqrt{\frac{F_\sigma}{\Gamma_\sigma}} + \sqrt{\frac{\Gamma_\sigma}{F_\sigma}} \right) + \sqrt{3 \frac{F_\tau}{F_\sigma} \frac{F_\tau}{\Gamma_\sigma}} \right]^2$$

$$(5.4.36)$$

因为塑性变形的过程中模量 h 一般是单调递减的,所以岩石的局部化变形发展中首先产生的是临界模量较大的类型的变形带。对于常规三轴压缩实验,产生剪切带时的临界模量 $h_{\text{crit}}^{\text{SB}}$ 大于产生压缩带时的临界模量 $h_{\text{crit}}^{\text{CB}}$。当二者都可能存在时,由于二者的模量相比,剪切带的临界模量 $h_{\text{crit}}^{\text{SB}}$ 较大,在实验过程中单调递减的模量随着压缩的进行将先达到剪切带的 $h_{\text{crit}}^{\text{SB}}$,然后再到达压缩带的 $h_{\text{crit}}^{\text{CB}}$,可见,首先会产生剪切带,然后才会产生压缩带。

剪切带的带角(条带的法线与最大压应力之间的夹角)为

$$\theta_{\text{band}} = \frac{\pi}{4} - \frac{1}{2}\arcsin\left\{1 - \frac{2(1+\nu)}{3\sqrt{3}F_{\bar{\tau}}}\left[\sqrt{3}F_{\bar{\tau}} - (F_\sigma + \Gamma_\sigma)\right]\right\} \tag{5.4.37}$$

根据式(5.4.24)的表述,如果满足

$$F_\sigma + \Gamma_\sigma < (1+\sqrt{3})F_{\bar{\tau}} \tag{5.4.38}$$

则膨胀带有可能出现,其相应的临界模量为

$$\frac{h_{\text{crit}}^{\text{DB}}}{G} = \frac{1+\nu}{9(1-\nu)}\left(\sqrt{\frac{F_\sigma}{\Gamma_\sigma}} - \sqrt{\frac{\Gamma_\sigma}{F_\sigma}}\right)^2 + \frac{1+\nu}{18}\left(\sqrt{\frac{F_\sigma}{\Gamma_\sigma}} + \sqrt{\frac{\Gamma_\sigma}{F_\sigma}} + \sqrt{3\frac{F_{\bar{\tau}}}{F_\sigma}\frac{F_{\bar{\tau}}}{\Gamma_\sigma}}\right)^2 \tag{5.4.39}$$

不过对于常规三轴压缩实验,式(5.4.24)、式(5.4.25)、式(5.4.27)中的 $\mu+\beta$ 以及式(5.4.39)中的 $F_\sigma,F_{\bar{\tau}}$ 和 Γ_σ 不可能满足膨胀带产生时所需要满足的值域范围,故上面所用的 $N_{\text{I}} = N_{\text{II}} = \sqrt{3}$ 以及 $N_{\text{III}} = -\frac{2}{\sqrt{3}}$ 的假定就不再适用。所以下面的改进模型中不再涉及膨胀带的问题。

对帽盖模型及塑性势能曲线的简化如下:

帽盖模型最早是由剑桥大学 Roscoe 教授等在 1958~1963 年期间,针对流经剑桥大学的剑河的湿黏土而提出的,是第一个系统地将 Mohr-Coulomb 破坏准则、正交法则及加工硬化规律应用于土的弹塑性硬化模型。后来由 Swanson(1970),Brown 和 Swanson(1970)首次建立了美国 Cedar 城的英云闪长岩的帽盖模型,将其推广应用于岩石,让剪切破坏曲线与塑性势能曲线相切。它最简单的形式莫过于用 1/4 椭圆来描述该模型,我们拟将运用该方法,不考虑与非弹性变形历史有关的 α_k,而把屈服函数 F 仅仅看成是对 σ 和 τ 的函数,并引入塑性势能函数的简化假设,以此对 Rudnicki 和 Rice(1975)模型进行分析,而获得局部化变形带的简化判定条件。

在如图 5.4.10 所示坐标系下,用长、短轴分别为 a 和 b 的一个椭圆来描述帽盖模型。根据常规三轴压缩实验的加载特性,图中由 σ_c 开始直指椭圆的一条直线是模拟常规三轴压缩实验的加载路径(Rudnicki,2004)。

由图可知,屈服面的方程为

$$F(\sigma,\bar{\tau}) = \frac{(\sigma-c)^2}{a^2} + \frac{\bar{\tau}}{b} - 1 = 0 \tag{5.4.40}$$

由此可得

$$F_\sigma = \frac{\partial F}{\partial \sigma} = \frac{2(\sigma-c)}{a^2} \tag{5.4.41}$$

$$F_{\bar{\tau}} = \frac{\partial F}{\partial \bar{\tau}} = \frac{2\bar{\tau}}{b^2} \tag{5.4.42}$$

在塑性势能的情况下,对 Rudnicki 和 Rice(1975)及 Issen 和 Rudnicki(2001)的模型进行简化。

对于塑性势能曲线,必须满足下面三个条件(Rudnicki,2004;席道瑛等,2015):

(1) $\bar{\tau} = 0$ 时,塑性势能曲线与 σ 轴垂直相交。

(2) $\bar{\tau}$-σ 平面上,当 $\bar{\tau} = \bar{\tau}_{max}$ 时,$\Gamma_\sigma = 0$。

(3) 当屈服线与势能线同时都满足时,两曲线相切,它们具有同一法线。

用一个圆心在 $(\sigma_0, 0)$、半径为 r 且同时满足上述三个条件的圆来简化塑性势能曲面,如图 5.4.11 所示。

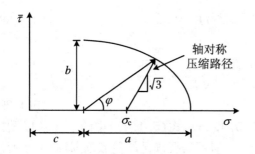

图 5.4.10 椭圆曲面模拟塑性势能函数和屈服函数   图 5.4.11 帽盖模型的 1/4 椭圆

$$\Gamma(\sigma, \bar{\tau}) = \frac{(\sigma - \sigma_0)^2}{r^2} + \frac{\bar{\tau}^2}{r^2} - 1 = 0 \tag{5.4.43}$$

那么可以获得

$$\Gamma_\sigma = \frac{\partial \Gamma}{\partial \sigma} = \frac{2}{r^2}(\sigma - \sigma_0) \tag{5.4.44}$$

$$\Gamma_{\bar{\tau}} = \frac{\partial \Gamma}{\partial \bar{\tau}} = \frac{2}{r^2}\bar{\tau} \tag{5.4.45}$$

由图 5.4.11 中的常规三轴压缩,可得

$$\bar{\tau} = \sqrt{3}(\sigma - \sigma_c) \tag{5.4.46}$$

当处于屈服状态时,$F_\sigma = \Gamma_\sigma$,由此可得

$$\frac{\sigma - c}{\sigma - \sigma_0} = \frac{a^2}{r^2} \tag{5.4.47}$$

再将式(5.4.46)、式(5.4.47)及屈服点上 $F = \Gamma$ 代入式(5.4.35),由此可将式(5.4.38)写为

$$\frac{\sigma - c}{\sigma - \sigma_c} > \frac{3a^2}{2b^2} \tag{5.4.48}$$

设椭圆的长轴与短轴之比为 $e = a/b$,并定义

$$D = \frac{\sigma - \sigma_c}{\sigma - c} < 1 \tag{5.4.49}$$

那么可有

$$De^2 < \frac{2}{3} \tag{5.4.50}$$

当此条件得到满足时,只产生压缩带,其相应的临界模量为

$$\frac{h_{\text{crit}}^{\text{CB}}}{G} = -\frac{1+\nu}{9(1-\nu)}\left[2 - 3e\sqrt{\frac{(\sigma-\sigma_c)^2}{(\sigma-c)(\sigma-\sigma_0)}}\right]^2 \quad (5.4.51)$$

若不满足此条件,压缩带和剪切带都可能产生,式(5.4.51)仍为压缩带的临界模量,则剪切带的临界模量为

$$\frac{h_{\text{crit}}^{\text{SB}}}{G} = -\frac{1+\nu}{18}\left[2 - 3e\sqrt{\frac{(\sigma-\sigma_c)^2}{(\sigma-c)(\sigma-\sigma_0)}}\right]^2 \quad (5.4.52)$$

若将式(5.4.47)、式(5.4.49)分别代入式(5.4.51)、式(5.4.52),还可取得压缩带和剪切带的临界模量的三维信息:

$$\frac{h_{\text{crit}}^{\text{CB}}}{G} = -\frac{1+\nu}{9(1-\nu)}(2 - 3e^2 D)^2 \quad (5.4.53)$$

$$\frac{h_{\text{crit}}^{\text{SB}}}{G} = -\frac{1+\nu}{18}(2 - 3e^2 D)^2 \quad (5.4.54)$$

5.4.4.2 简化模型合理性、优越性的检验

根据式(5.4.49),可得知$(2-3e^2 D)^2 < 1$。

对砂岩来说,泊松比$\nu \approx 0.2 \sim 0.3$,由此可见剪切带的临界模量$h_{\text{crit}}^{\text{SB}}$要大于压缩带的临界模量$h_{\text{crit}}^{\text{CB}}$。我们知道,硬化模量$h$是单调递减的,故此随着常规三轴压缩的进行,硬化模量h先达到剪切带的临界模量$h_{\text{crit}}^{\text{SB}}$,产生剪切带,然后才达到压缩带的临界模量$h_{\text{crit}}^{\text{CB}}$,这才可能产生压缩带。这与Rudnicki和Issen(2000)对压缩带和剪切带发生的条件及产生顺序的判定相符[即式(5.4.35)和式(5.4.36)],足以说明我们的简化模型是正确的、合理的。

下面以简化模型来处理Issen(2000)的局部化变形带的判定条件。

简化模型情况下:

$$\mu + \beta = -\frac{F_\sigma}{F_{\bar{\tau}}} + \left(-\frac{\Gamma_\sigma}{\Gamma_{\bar{\tau}}}\right) = -\frac{2}{\sqrt{3}e^2 D} \quad (5.4.55)$$

在式(5.4.50)中,$De^2 < \frac{2}{3}$,所以$\beta + \mu < -\sqrt{3}$,它的边界条件$\beta + \mu = -\sqrt{3}$与式(5.4.25)中不具有剪切带、只具有压缩带的判定条件相一致。这充分说明简化模型对局部化变形带判定条件的处理时是合理的,由此证明了我们的简化模型也是合理的。

图5.4.12是简化模型的局部化变形带的判定条件式(5.4.50)的图示,横坐标$e = \frac{a}{b}$为椭圆的长短轴之比,纵坐标为D,图中浅色部分只允许压缩带的部分出现,图中深色部分是均可能出现压缩带和剪切带的部分。由式(5.4.49)中的D的定义可以得知D的值处于$(0,1)$之间,所以e的值域范围大于$\sqrt{\frac{2}{3}}$,根据实际情况,图中仅画到$e = 10$。

由式(5.4.55)分析得到$\mu + \beta$的值,再根据局部化变形带的判定条件式(5.4.50),获得了简化模型下$\mu + \beta$的值域三维图,见图5.4.13。$\mu + \beta$为垂直轴,可见图中的三维平面图是在局部化变形带判定条件下$\mu + \beta$的临界曲面。在三维临界曲面之上的部分都可能是压缩带和剪切带出现的区域,而三维临界曲面之下的部分是仅可能出现压缩带的区域。

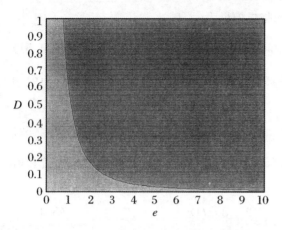
图 5.4.12 简化模型的局部化变形带的判定条件

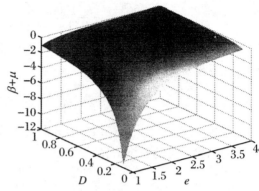
图 5.4.13 简化模型的三维临界曲面图

下面继续引用 Issen 和 Rudnicki(2000)对局部化变形带所给出的判定条件与 β 和 μ 的关系，并根据 β 和 μ 的取值范围，进一步给出了图 5.4.14～图 5.4.16 所示的 $\beta+\mu$ 的三维曲面。

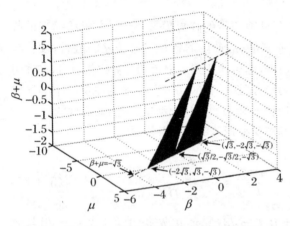

图 5.4.14 Issen 等(2000)理论中剪切带发生的 $\beta+\mu$ 值域范围

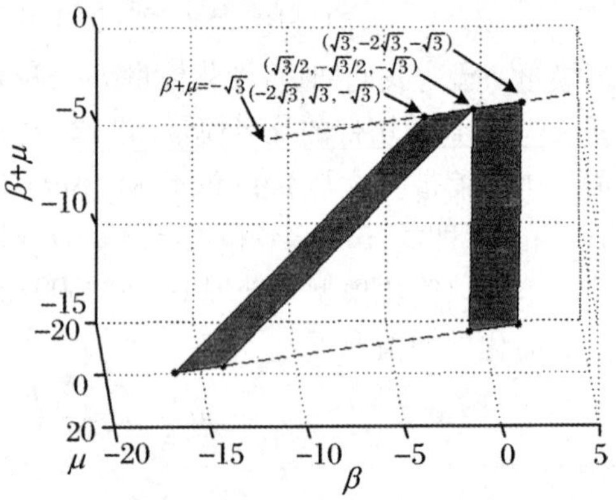

图 5.4.15 对应图 5.4.14 的压缩带发生的 $\beta+\mu$ 值域范围

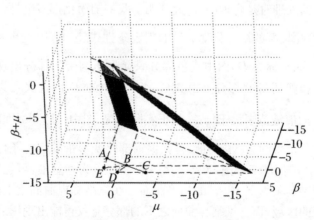

图 5.4.16 Issen 和 Rudnicki(2000)理论中剪切带和压缩带发生的联合 $\beta+\mu$ 值域范围

图 5.4.14 的两个三角形区域是 Issen 和 Rudnicki(2000)的局部化变形理论中剪切带可能发生的范围,正如图所示,$\beta+\mu=-\sqrt{3}$ 这个临界边为三角形的底边。

图 5.4.15 中的一个黑色的平行四边形和一个矩形组成的一个梯形,两个黑色区域是 Issen 和 Rudnicki(2000)的局部化变形理论中压缩带可能产生的范围,如图所示,$\beta+\mu=-\sqrt{3}$ 这个临界边是两个黑色区域组成的梯形的一条公用的上顶边。

图 5.4.16 是 Issen 和 Rudnicki(2000)的局部化变形理论中剪切带和压缩带都可能产生的区域图,下部深色的部分是产生压缩带时 $\beta+\mu$ 的取值范围,上部较浅色的部分是产生剪切带时 $\beta+\mu$ 的取值范围。图 5.4.16 中的值域范围在 β 和 μ 平面内的投影与图 5.4.6 一致。

将图 5.4.14~图 5.4.16 与图 5.4.13 进行比较,就可以清楚发现 Issen 和 Rudnicki(2000)的局部化变形理论中的判定条件,仅讨论了 $\mu+\beta$ 的值域范围以及 μ 和 β 各自的取值范围,而没能体现出 β 和 μ 之间的关系;仅仅给出了边界条件 $\beta+\mu=-\sqrt{3}$,而忽略了在加载过程中 β 和 μ 会发生变化,而这个加载过程给 β 和 μ 带来了相互影响。在我们的简化模型中,由于变形带的范围以及 $\beta+\mu$ 值的范围有确切的表达式,可以直观地显现出 D 和 e 的相互关系。它们之间这一关系是由一函数关系来限定的,因此更加直观清晰。如果我们能对常规三轴压缩实验的全程进行观察,求取 D 和 e 在该过程中的变化,并验证和改进本文的简化模型,很有可能求得 D 和 e 的函数关系,这样就能更准确地反映出常规三轴压缩实验中的局部化变形带产生的判定条件。因此,我们认为,简化模型与 Issen 和 Rudnicki(2000)的理论模型相比具有直观、简单、使用方便的优势。

此外,在常规三轴压缩实验过程中,我们通过测量屈服状态时 τ 与 σ 记录的实验数据来拟合以 τ 为纵轴、σ 为横轴的平面内的屈服面和塑性势面,并获得 c 值,根据图 5.4.10 就很容易取得椭圆的长轴 a、短轴 b、σ_c 值,再通过式 $e=a/b$ 及式(5.4.49)计算得到 e 和 D 值,然后可用 e 和 D 的关系来确定局部变形带的产生条件。而 Issen 和 Rudnicki(2000)的模型中是根据一个较复杂的计算方法,用实验数据分别计算了 β 和 μ,再用 $\mu+\beta$ 及 β 和 μ 各自的取值范围来判断局部化变形带的产生。由于在常规三轴压缩实验中,一般情况下很少采用循环加载,导致塑性形变计算复杂化,从而也引起 β 和 μ 的计算复杂化。因此,笔者认为,简化模型在实际问题的分析中使用比较方便,如在高孔隙度岩石的常规三轴压缩实验中对什么时候出现什么样的局部化变形带的分析,本文的简化模型将会比 Issen 和 Rudnicki(2000)的理论模型更简便、更具实用性。

在席道瑛等(2008)对局部化变形带的理论进行描述的基础上,对 Rudnicki 和 Rice(1975)建立的剪切带发生条件的本构关系,放宽了它的限定条件,进行了进一步的改进,获得了一个相对简单的关于剪切带、压缩带和膨胀带的发生条件的判定关系和临界模量。在此基础上,又从 Rudnicki 和 Rice(1975)模型出发,引进帽盖模型,并用 1/4 椭圆对帽盖模型的屈服函数(即帽盖)进行简化并用与之相切的圆来简化塑性势能函数,对其进行了简化和改进,获得了简化模型下的局部化变形带方向的判定条件以及简化后的临界模量,同时还给出了上述复杂理论模型改进后的结果。我们还通过将压缩带和剪切带产生的判定条件及产生的顺序,与 Issen 和 Rudnicki(2001)的判定条件相对比,检验了简化模型的正确性。此外,还对两种模型进行了比较,从直观上看简化模型一目了然,在实际应用中较为方便,因此具有简单、使用方便、更具实用性的优越性。

我们的简化模型的变形带范围及 $\beta+\mu$ 值范围都具有确切的表达式,若对常规三轴压缩实验进行全过程观察,还能直接给出 D 和 e 的相互关系,能更准确地反映常规三轴压缩实验中的局部化变形带产生的判定条件。可见简化模型与 Issen 和 Rudnicki(2000)的理论模型相比具有一定的优势。

由于式(5.4.39)中的 $F_\sigma,F_\tau,\Gamma_\sigma$ 不满足膨胀带产生所需的值域范围,所以,该简化模型还不能预测膨胀带的产生。

5.4.5 脆性岩石膨胀性态的理论模型[①]

5.4.5.1 实验室和野外的张性破坏与膨胀现象

在实验室岩石样品实验中,观测到脆性岩石在破裂的非稳态扩展开始之前,体积会膨胀。Brace 等(1966)、Schock 等(1973)以及 Thill(1973)和 Gupta(1973a)的实验结果可归纳如下:① 膨胀是在加载到岩石断裂强度的 1/2～2/3 左右时开始的;② 膨胀量随施加应力的量值趋近材料的断裂强度而增加;③ 膨胀不仅使膨胀的岩石样品严重偏离线性应力-应变性状,而且引起应变场和体波速度明显的各向异性;④ 膨胀量随实验样品围压的增加而减少。

这些实验结果表明,在地震前,断层周围的岩石材料必定进入到材料性状的膨胀状态。Cherry 和 Savage(1972)得到加利福尼亚的派克费尔德附近的圣安德烈斯断层两边区域应力场中膨胀的直接野外证据,包括震前波速比 v_P/v_S 的减小。Du Bernard 等(2002)在北 California 的 Mc Kinleyville 地区也发现了膨胀带的野外证据。当用这类野外观测数据来估算膨胀区内的应力量值且这个应力量值接近于破裂强度时,地震预报的能力将会大大提高。为了达到这种预报能力,第一步是提出一个膨胀模式,这种模式不仅能解释在膨胀性态时岩石形变与体波速度的实验室测量结果,而且能够预测在实验中无法达到的应力状态和加载条件下的一些膨胀效应。因此,这个膨胀模式必须使实验资料归一化,并用来预报实际的地球环境中与膨胀有关的一些效应。

野外测量的解释特别是断层区膨胀状态的间接度量中的那些野外测量的解释,将依赖于这种模式与野外测量的配合,所以为了指导野外测量设计和解释野外观测数据,对该模式最后的一个要求是必须具备适当的解析或运用数字技术的能力。下面所提出的膨胀模式能满足这些要求,已被用来拟合脆性岩石进入到膨胀状态时 σ-ε 性状的实验室测量结果(Cherry,Schock,1971),并且已用它预测地震前冲断层、平移断层和正断层周围地区应变的各向异性分布,还用来解释圣安德烈斯断层周围的区域应变场(Cherry,Ssvage,1972)。此外,这个模式还能预测 P 波速度的各向异性。而且模式的简单性及与模拟静态和动态应力场数字技术的相容性,使得它在确定膨胀岩体的物理性质能否用于地震预报方面成为一个很好的起点。

5.4.5.2 张性破坏与膨胀模式-膨胀性态的理论模型

非线性连续介质力学认为:总的应变率 $\dot{\varepsilon}_{ij}$ 是弹性分量 $\dot{\varepsilon}_{ij}^e$ 和非弹性分量 $\dot{\varepsilon}_{ij}^p$ 之和,即

[①] Cherry 等,1975。

$\dot{\varepsilon}_{ij} = \dot{\varepsilon}_{ij}^{e} + \dot{\varepsilon}_{ij}^{p}$。

应力率仅由应变率的弹性分量确定。由 Hooke 定律可得

$$\dot{\sigma}_{ij} = \lambda \dot{\varepsilon}_{kk}^{e} \delta_{ij} + 2G \dot{\varepsilon}_{ij}^{e} = \lambda \dot{\theta} \delta_{ij} + 2G \dot{\varepsilon}_{ij} - (\lambda \dot{\theta}^{p} \delta_{ij} + 2G \dot{\varepsilon}_{ij}^{p}) \tag{5.4.56}$$

式中,$\dot{\theta}$ 为总的体应变率,$\dot{\theta}^{p}$ 为非弹性体应变率,λ 和 G 是拉梅常量。因为 $\dot{\varepsilon}_{ij}$ 是由速度梯度的对称部分得到的,所以如果知道 $\dot{\varepsilon}_{ij}^{p}$,则由上式可计算出 $\dot{\sigma}_{ij}$。

在塑性理论的流动法则中,常假设屈服函数为 Y,满足 $Y(\sigma_{ij}) \leqslant 0$。

Nelson 等(1971)提出的帽盖模型把确定塑性流动因子 $d\lambda$ 的方法推广到包含 $Y(\sigma_{ij}) < 0$ 的应力状态时地质材料的非线性性质的情况。屈服强度必须只与应力张量的一阶不变量有关。Handin 等(1967)已证明,只依赖于应力张量第一不变量的屈服函数不能唯一地描述在各种实验条件下把岩石样品加载到破坏的实验结果。Brace 等(1966)在膨胀机制及说明中研究过脆性岩石中产生膨胀性状的基本机制。膨胀是由样品中处于最小压应力方向上的裂纹的张开所引起的。任一描述膨胀期间的非弹性应变率的流动法则必定要着重说明最小压应力方向上的这个应变率。

假定 $\dot{\theta}^{p}$ 是由裂纹引起的非弹性体应变率。若裂纹是张开的,则 $\dot{\theta}^{p}$ 为正;裂纹是闭合的,则 $\dot{\theta}^{p}$ 为负。而且,如果 n_{i} 是裂纹的单位法向量的方向余弦,则非弹性剪应变率 $\dot{\varepsilon}_{ij}^{p}$ 可以写成

$$\dot{\varepsilon}_{ij}^{p} = \dot{\theta}^{p} n_{i} n_{j} \tag{5.4.57a}$$

将上式代入式(5.4.56),应力率可表示为

$$\dot{\sigma}_{ij} = \hat{\sigma}_{ij} - \dot{\theta}^{p} (\lambda \delta_{ij} + 2G n_{i} n_{j}) \tag{5.4.57b}$$

其中,假设总应变率是弹性的得到,即

$$\hat{\sigma}_{ij} = \lambda \dot{\theta} \delta_{ij} + 2G \dot{\varepsilon}_{ij} \tag{5.4.57c}$$

张性破坏的这种模型是 Maenchen 和 Sack(1964)首先提出来的,由 Cherry 等(1973)和 Hasyings(1974)用于预报材料中脉冲源引起的张性断裂。图 5.4.17 比较了在一个实验过的样品中预测的张性破坏与观测的张性破坏。材料因为张性破坏而膨胀了,即一个主应力超过了材料的抗张强度。非弹性应变分量 $\dot{\theta}^{p}$ 表示材料中孔隙空间发展的速率。

这种张性破坏模型可以推广到全部主应力都是压应力的应力状态中裂纹形成的情形,基本原因是,即使宏观应力状态是压缩性的,在包体的边界上的应力集中也会产生局部张应力。正如开始指出的,膨胀是在岩石断裂强度的 $1/2 \sim 2/3$ 时开始的。图 5.4.18 表明了花岗闪长岩的断裂强度 Y_{s} 随 $\bar{P}$ 的变化,$\bar{P}$ 由 Heard(1970)三轴压力实验确定。Y 和 $\bar{P}$ 都由应力不变量得到,根据 Cherry 和 Peterson(1970)的研究,有

$$Y = (4J_{2}/3)^{1/2}, \quad \bar{P} = P - (J_{3}/2)^{1/3}/2, \quad P = -I_{1}/3 \tag{5.4.58}$$

式中,P 为静水压力。如果 $\sigma_{11}, \sigma_{22}, \sigma_{33}$ 为主应力,则

$$J_{2} = \frac{(\sigma_{11}+P)^{2} + (\sigma_{22}+P)^{2} + (\sigma_{33}+P)^{2}}{2}, \quad J_{3} = (\sigma_{11}+P)(\sigma_{22}+P)(\sigma_{33}+P)$$

$$\tag{5.4.59}$$

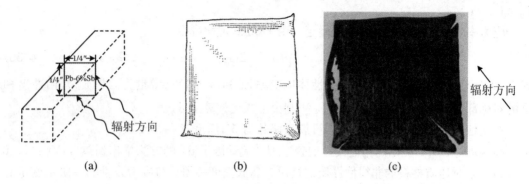

图 5.4.17　受辐射沉积的样品中预测的和实测的张性破坏的比较(Hastings,1974)

注:(b)为 $3.4×10^{-6}$ s 的试算结果,固体物质拉张破坏用小点表示。Pb 6%的 Sb 试样初始尺寸为 1/2×1/2;(c)为事先实验照片 Pb 6%的 Sb 试样尺寸 1/2×1/2,破裂数量、位置及方向性与预算的一致。

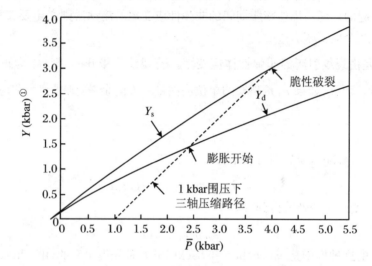

图 5.4.18　花岗闪长岩的强度 Y_s 和膨胀开始

注:图中也表明了在 100 MPa 围压下三轴应力载荷的路径(Heard,1970)。

特别地,当中间主应力 σ_{22} 等于最大主应力 σ_{11} 或等于最小主应力 σ_{33} 时,有

$$Y = \frac{\sigma_{11} - \sigma_{33}}{2}$$

$$\bar{P} = -\frac{\sigma_{11} + \sigma_{33}}{2} \tag{5.4.60}$$

图 5.4.19(a)表明了在断裂强度的定义中用 $Y_s(\bar{P})$ 代替 $Y_s(P)$ 时的改进情况。

在图 5.4.18 中,膨胀的开始是由标有 Y_d 的曲线代表的,即假设膨胀是在三轴压缩实验中得到最大强度的一半时开始的。三轴压缩加载路径也用一具有斜率为 1 的直线表示。因此认为,Y_d 曲线应当是可测量的材料性质,因为它能由标准的实验室实验得到。

---

① 1 kbar = 100 MPa。

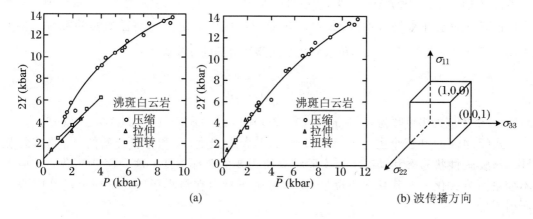

图 5.4.19 用 $Y_s(P)$ 代替 $Y_s(\bar{P})$ 时的改进情况

注：Cherry 和 Petersen(1969)，图中表明了在断裂强度的定义中用 $\bar{P}$ 代替 P 时的改进情况，强度资料 Handin 等(1967)。

当用实验数据建立单值断裂强度 $Y_s(\bar{P})$ 和单值的膨胀初始面 $Y_d(\bar{P})$ 时，则很容易解决式(5.4.57b)中应力状态处于 Y_d 和 Y_s 之间时确定 $\dot{\theta}^p$ 的问题。如果能找到未知应力状态 (σ_{ij}) 和带符号的应力状态 $(\hat{\sigma}_{ij})$ 的第二偏应力不变量的变化率之间的关系，则 $\dot{\theta}^p$ 也可由式(5.4.57b)单值确定。所假设的这种关系可以写成下述形式：

$$\begin{cases} \dot{Y} = \dot{\hat{Y}} - (\dot{\hat{Y}} - \dot{Y}_n)\alpha, & Y_d < \hat{Y} < Y_s \\ \dot{Y} = \dot{\hat{Y}}, & \hat{Y} < Y_d \end{cases} \tag{5.4.61}$$

其中，α 为应力状态指数，且它的渐近值趋于断裂强度($0 < \alpha < 1$)，$\dot{Y}_n$ 是膨胀区域中的中间路径(如果 $\dot{\hat{Y}} > \dot{Y}_n$，则 $\dot{\theta}^p > 0$，裂纹张开。如果 $\dot{\hat{Y}} < \dot{Y}_n$，则 $\dot{\theta}^p < 0$，裂纹闭合)。

如果 $\hat{\sigma}_{11}$ 是最小主压应力(极大)，则由式(5.4.57b)、式(5.4.58-1)、式(5.4.59-1)和式(5.4.61)可得到

$$\dot{\theta}^p = (\dot{\hat{Y}} - \dot{Y}_n)\beta \tag{5.4.62}$$

式中，

$$\beta = \frac{4\alpha\hat{Y}}{3G(\hat{\sigma}_{11} + \hat{P})} \tag{5.4.63}$$

剩下的问题是中间路径 $\dot{Y}_n$ 的选择。Brace 等(1972)与 Schock 等(1973)所得到的实验数据表明，在单轴应变加载期间，并不涉及膨胀区。在 Y-$\bar{P}$ 平面内，这个加载路径截止了，然后沿着 Y_d 曲线加载，所以如果 σ_{11} 是最大主应力，且如果 $\dot{\varepsilon}_{11} = 0$，则在最大主应力方向上不存在所允许的总应变率 $\dot{\varepsilon}_{11}$。从而在那个方向上，裂隙既不是张开的又不是闭合的。这就是我们选择的中间路径。如果这种说法对膨胀区内的应力状态仍然有效，则

$$\dot{Y}_n = \frac{3(1-2\nu)}{2(1+\nu)}\dot{P} = G(\dot{\theta}^p - \dot{\theta}) \tag{5.4.64}$$

其中，ν 为泊松比，具体实验做法为：假设可以在实验中把样品加载到膨胀区，然后把载荷改为单轴应力的条件来进行检验，必求得在膨胀区域中确定中间路径的实验数据。将方程(5.4.64)代入方程(5.4.62)，可求解由中间路径得到的 $\dot{\theta}^p$，即

$$\dot{\theta}^p = \beta \frac{\hat{Y} + G\dot{\theta}}{1 + G\beta} \tag{5.4.65}$$

最后，三个主应力率可写为 $\dot{\sigma}_{11} = \dot{\hat{\sigma}}_{11} - (\lambda + 2G)\dot{\theta}^p$，$\dot{\sigma}_{22} = \dot{\hat{\sigma}}_{22} - \lambda\dot{\theta}^p$，$\dot{\sigma}_{33} = \dot{\hat{\sigma}}_{33} - \lambda\dot{\theta}^p$。

式(5.4.65)和三个主应力率的表达式，与断裂强度 Y_s 和膨胀开始的 Y_d 是解释脆性岩石膨胀性状静态和动态主要实验结果所需要的全部条件。这个模型已借助于应力不变量而公式化了。其基本假设是：膨胀是由于材料在最小压应力方向上的裂隙张开所引起的。

从总的应变率中去掉非弹性应变率，有效弹性常量会变化。设有效体积模量为 $\bar{K}$，则由式(5.4.58)和三个主应力率的表达式可得

$$\bar{K} = K\left(1 - \frac{\dot{\theta}^p}{\dot{\theta}}\right) \tag{5.4.66}$$

现在，假设让平面压缩波沿最大主应力 σ_{11} 方向(1,0,0)传播[图5.4.19(b)]，则作用的应变率只是 $\dot{\varepsilon}_{11}$。如果 $\sigma_{22} = \sigma_{33}$，相当于在地壳中两个水平应力相等，则

$$\beta = \frac{2\alpha}{G}, \quad \dot{\hat{Y}} = \frac{G\dot{\varepsilon}_{11}}{2} \tag{5.4.67}$$

因为 $\dot{\theta} = \dot{\varepsilon}_{11}$，将式(5.4.67)代入式(5.4.65)，因在(1,0,0)方向超过了材料的抗张强度，可得

$$\dot{\theta}^p = \frac{3\alpha\dot{\varepsilon}_{11}}{1 + 2\alpha} \tag{5.4.68}$$

代入式(5.4.66)可得

$$\bar{K} = K\frac{1 - \alpha}{1 + 2\alpha} \tag{5.4.69}$$

上式表明，当平面压缩波沿最大主应力方向(1,0,0)传播时，有效体积模量减小。确定压缩波速度 $\bar{V}_p$ 的有效模量 $\bar{\lambda} + 2\bar{G}$ 的类似分析由下式给出：

$$\bar{V}_{p(1,0,0)} = \sqrt{\frac{\lambda + 2G}{\rho}\frac{1 - \alpha}{1 + 2\alpha}} = V_p\sqrt{\frac{1 - \alpha}{1 + 2\alpha}} \tag{5.4.70}$$

如果平面波沿最小主应力方向(0,0,1)传播，则 $\beta = 2\alpha/G$，$\dot{\hat{Y}} = G\dot{\varepsilon}_{33}$。因为总弹性体应变率 $\dot{\theta} = \dot{\varepsilon}_{33}$，$\bar{K} = K\left(1 - \frac{\dot{\theta}^p}{\dot{\theta}}\right)$，故非弹性体应变率 $\dot{\theta}^p = 0$。所以有效模量 $\bar{K}$ 都等于本征模量 K，波速不变，即 $\bar{V}_{p(0,0,1)} = V_p$。在这两个方向上压缩波速度之比为

$$\frac{\bar{V}_{p(1,0,0)}}{\bar{V}_{p(0,0,1)}} = \sqrt{\frac{1 - \alpha}{1 + 2\alpha}} \tag{5.4.71}$$

对于剪切波在主应力方向上的传播的分析，要求 J_2 的表达式中包含非对角线应力，

亦即
$$J_2 = \frac{S_{ij}S_{ij}}{2}$$

其中，S_{ij} 为应力张量的偏应力分量。如果 $\dot{\varepsilon}_{13}$ 只是应变率的非零分量，且 $\dot{\theta}=0$，则

$$\beta = \frac{2\alpha}{G}, \quad \hat{Y} = \frac{3}{2}\frac{G^2}{\hat{Y}}\frac{\mathrm{d}\varepsilon_{13}^2}{\mathrm{d}t}, \quad Y_n = 2\alpha\frac{\dot{\hat{Y}}}{1+2\alpha} \tag{5.4.72}$$

代入式(5.4.61)可以得到有效剪切模量 $\bar{G}$ 的表达式为

$$\bar{G} = G\sqrt{\frac{1+\alpha}{1+2\alpha}} \tag{5.4.73}$$

因此，有效剪切波速度 $\bar{V}_s$ 在 $(1,0,0)$ 或 $(0,0,1)$ 方向上不显现各向异性。然而，这个速度受材料膨胀性状的影响，因为

$$\bar{V}_s = V_s \left(\frac{1+\alpha}{1+2\alpha}\right)^{1/4} \tag{5.4.74}$$

方程(5.4.71)和方程(5.4.74)表明了主应力方向上的体波速度和岩石趋于破裂面的渐近性之间的关系。方程(5.4.71)与 Thill(1973)的实验数据一致，并表明式(5.4.71)因子 $(1-\alpha)/(1+2\alpha)$ 由 $(1,0,0)$ 方向和 $(0,0,1)$ 方向的 P 波速度之比得到。如果由实验确定了方程式(5.4.74)，则式(5.4.74)的 $(1+\alpha)/(1+2\alpha)$ 可以由 $\bar{V}_s/V_s$ 得到。这意味着剪切波本征速度 V_s 是已知的。

通过 α 的测量和借助于岩石中的应力状态及这种应力状态趋近于断裂强度的程度来解释这个 α 参数，必定能估计地震的概率。关于 α，Cherry 和 Schock(1971)假设

$$\sqrt{\alpha} = \left[Y'_d + \frac{Y-Y_d}{Y_s-Y_d}(Y'_s - Y'_d)\right]\frac{\hat{Y}-Y_d}{Y_s-Y_d} \tag{5.4.75}$$

式中，Y'_s 和 Y'_d 分别是强度曲线和膨胀开始曲线在 $\bar{P}$ 处的斜率(图 5.4.17)。可用这个模型[式(5.4.57a)、式(5.4.57c)、式(5.4.58-3)]来模拟三轴加载条件下实验室的岩石变形。

图 5.4.20～图 5.4.22 把它们的结果与花岗闪长岩的非围压压缩实验的数据做了比较。这个模型再现了实验室数据的主要特征。需特别指出的是，膨胀模式引起了图 5.4.22 所示的对剪切应变分量的严重影响。这个应变分量造成了图 5.4.20 所示的材料的膨胀性态。这里提出的膨胀模型，使得进行地震预报而做的体波速度测量的反演在一致性方面前进了一步。为了模拟 Nur(1972)提出的膨胀扩散现象和剪切波的双折射(Gupta, 1973b; Bonner, 1974)，要求对该模型做进一步的改进。但基本观点不变，也就是用实验室的实验数据来约束该模型中的参数，从而借助于地震概率来定量解释野外数据。在可能发生地震的断层系测量体波各向异性，无疑需要人工震源。

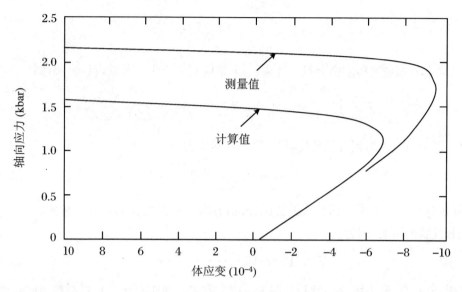

图 5.4.20 非围压加载花岗岩

注:计算时最大应力是 160 MPa,实验中样品在 230 MPa 轴向应力与体应变关系时破坏。(Cherry 和 Schock,1971)

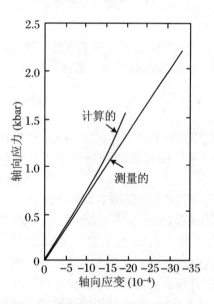

图 5.4.21 非围压加载下花岗岩的轴向应力与轴向应变的关系（Cherry,Schock,1971）

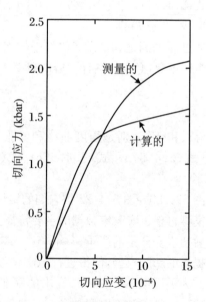

图 5.4.22 非围压加载下花岗岩的轴向应力与剪切应变的关系（Cherry,Schock,1971）

参 考 文 献

Aydin A, Johnson A M. 1983. Analysis of faulting in porous sandstones[J]. Structural Geology, 5(1): 19-31.

Al Hussaini M. 1983. Effect of particle size and strain conditions on the strength of crushed basalt[J]. Can. Geotech. J., 20: 706-717.

Aubertin M, Gill D E, Ladanyi B. 1994. Constitutive equations with internal state variables for the inelastic behavior of soft rocks[J]. Appl. Mech. Rev. 47(6-2): S97-S101.

Aubertin M, Li L, Simon R. 1999. Formulation and application of a short-term strength criterion for isotropic rocks[J]. Can. Geotech. J., 36(5): 947-960.

Aubertin M, Li L, Simon R. 2000. A multiaxial stress criterion for short- and long-term strength of isotropic rock media[J]. International Journal of Rock Mechanics and Mining Sciences, 37: 1169-1193.

Aubertin M, Li L, Simon R, Bussiere B. 2003. A general plasticity and failure criterion for materials of variable porosity[R].

Bernard X D, Eichhubl P, Aydin A. 2002. Dilation bands: a new form of localized failure in granular media[J]. Geophysical Research Letters, 29(24): 21-29.

Be'suelle P. 2001. Compacting and dilating shear bands in porous rock: theoretical and experimental conditions[J]. Journal of Geophysical Research, 106(B7): 13435-13442.

Brace W F, Paulding Jr B W, Scholz C. 1966. Dilatance in the fracture of crystalline rocks[J]. J. Geophys. Res., 71: 3939-3953.

Brace W F, Riley D K. 1972. Static uniaxial deformation of 15 rock to 30 kbar[J]. Int. J. Rock Mech. Min. Sci., 9: 271-288,

Boyle R W. 1979. The geo-chemistry of gold and its deposits[M]. Geological S Canada Bulletin: 280.

布尔贝 T, 库索 O, 甄斯纳 B. 1994. 孔隙介质声学[M]. 许云, 等, 译. 北京: 石油工业出版社.

Challa V, Issen K A. 2002. Conditions for localized compaction of porous granular materials[C]//Proceedings of the 15th ASCE Engineering Mechanics Conference. New York: Columbia University.

陈明祥. 2007. 弹塑性力学[M]. 北京: 科学出版社.

Chen W F, Saleeb A F. 1982. Constitutive Equations for Engineering Materials[M]. New York: Wiley.

Cherry T, Schock A N. 1971. A dilatancy model for Granodiorite[R]. Lawrence Livermore Laboratory Report UCRL-72953.

Cherry J T, Savage T C. 1972. Rock dilatancy and strain accumulation near Parkfield, California[J]. Bull. Seism. Soc. Am., 62: 1343-1347.

Cherry J T, Schock R N, Sweet J. 1975. A theoretical model of the dilatant behavior of a brittle rock[J]. Pure and Applied Geophysics, 113(1/2): 183-196.

Cleary M P, Rudinicki J W. 1976. The initiation and propagation of dilatant rupture zones in geological materials[C]//Cowin S. The Effects of Voids on Material Deformation. ASME Applied Mechanics Divison: 13-30.

Da Silva M G, Ramesh K T. 1997. Rate-dependent deformations of porous pure iron[J]. Int. J. Plasticity, 13(6-7): 587-610.

Desai C S. 1980. A general basis for yield, failure and potential functions in plasticity[J]. Int. J. Num. Anal. Methods Geomech., 4: 361-375.

Desai C S, Faruque M O. 1982. Further development of generalized basis for modeling of geological materials[R]. Tucson: University of Arizona.

Desai C S, Siriwardane H J. 1984. Constitutive Laws for Engineering Materials with Emphasis on Geological Materials[M]. Englewood Cliffs: Prentice-Hall.

Desai C S, Salami M R. 1987. Constitutive model for rocks[J]. ASCE J. Geotech. Eng., 113: 407-423.

Desai C S. 2001. Mechanics of materials and interfaces: the disturbed state concept[M]. Boca Raton: CRC Press.

Di Maggio F L, Sandler I S. 1971. Material model for granular soils[J]. ASCE J. Eng. Mech. Div., 97(EM3): 935-950.

Di Toro G, Hirose T, Nielsen S, Pennacchioni G, et al. 2006. Natural and experimental evidence of melt lubrication of faults during earthquakes[J]. Science, 311: 647-649.

Dnicki J W. 1984. A class of elastic-plastic constitutive laws for brittle rocks[J]. Journal Rheology, 28(6): 759-778.

Drucker D C, Prager W. 1952. Soil mechanics and plastic analysis on limit design[J]. Quat. Appl. Meth., 10(2): 157-165.

Ehlers W. 1995. A single surface yield function for geomaterials[J]. Arch. Appl. Mech., 65: 246-259.

Fossum A F, Fredrich J T. 2000. Cap plasticity models and compactive and dilatant pre-failure deformation[C]//Balkema A A. Pacific Rocks 2000, Proceedings of the 4th North American Rock Mechanics Symposium. Rotterdam: 1169-1176.

Gurson A L. 1977. Continuum theory of ductile rupture by void nucleation and growth: part I-yield criteria and flow rules for porous ductile media[J]. Engineering Materials and Technology, 99(1): 2-15.

Gupta N. 1973. Dilatancy and Premonitory variations of P, S trave times[J]. Bull. Seism. Soc. Am., 63: 1157-1161.

Hansen F D, Callahan G D, Loken M C, Mellegard K D. 1998. Crushed-salt constitutive model update [R]. Sandia National Laboratories.

Hao S, Brocks W. 1997. The Gurson-Tvergaard-Needleman-model for rate and temperature-dependent materials with isotropic and kinematic hardening[J]. Computational Mechanics, 20: 34-40.

Hill R. 1961. Discontinuity relations in mechanics of solids[C]//Progress Solid Mechanics. Amsterdam: North-Holland Publishing Company: 245-276.

Hill R. 1962. Acceleration waves in solids[J]. Journal of Mechanics and Physics of Solids, 10: 1-16.

Hjelm H E. 1994. Yield surface for grey cast iron under biaxial stress[J]. ASME J. Eng. Materials Techno., 116: 148-154.

Holcomb D J, Rudnicki J W. 2001. Inelastic constitutive properties and shear localization in Tennessee marble[J]. International Journal for Numerical and Analytical Methods in Geomechanics, 25(2): 109-129.

Hsu S Y, Vogler T, Kyriakides S. 1999. Inelastic behavior of an AS4/PEEK composite under combined transverse compression and shear(Part II): Modeling[J]. Int. J. Plasticity, 15(8): 807-836.

Issen K A. 2000. Conditions for localized deformation in compacting porous rock[D]. Evanston: Northwestern University.

Issen K A, Rudnicki J W. 2000. Conditions for compaction bands in porous rock[J]. Geophysical Research, 105(B9): 21529-21536.

Issen K A, Rudnicki J W. 2001. Theory of compaction bands in porous rock[J]. Physics and Chemistry of the Earth(Part A): Solid Earth and Geodesy, 26(1/2): 95-100.

Issen K A. 2002. The influence of constitutive models on localization conditions for porous rock[J]. Engineering Fracture Mechanics, 69(17): 1891-1906.

Katsman R, Aharonov E, Scher H. 2005. Numerical simulation of compaction bands in high-porosity sedimentary rock[J]. Mechanics of Materials, 37(1): 143-162.

Katsman R, Aharonov E. 2006. A study of compaction bands originating from cracks, notches, and compacted defects[J]. Journal of Strutural Geology, 28(3): 508-518.

Khan A S, Zhang H Y. 2000. Mechanically alloyed nanocrystalline iron and copper mixture: behavior and constitutive modeling over a wide range of strain rates[J]. Int. J. Plasticity, 16(12): 1477-1492.

Klein E, Baud P, Revschle' T, et al. 2001. Mechanical behavior and failure mode of Bentheim sandstone under triaxial compression[J]. Physics and chemistry of the earth(part A): Solid Earth and Geodesy, 26 (1/2): 21-25.

Lade P V. 1977. Elastic-plastic stress-strain theory for cohesionless soil with curved yield surfaces[J]. Int. J. Solids Struct., 13: 1019-1035.

Lee J H, Oung J. 2000. Yield functions and flow rules for porous pressure-dependent strain-hardening polymeric materials[J]. J. Appl. Mech., 67(2): 288-297.

Li G C, Ling X W, Shen H. 2000. On the mechanism of void growth and the effect of straining mode in ductile materials[J]. Int. J. Plasticity, 16(1): 39-57.

Liu J, Feng X T, Ding X L. 2003. Stability assessment of the Three-Gorges Dam foundation, China, using physical and numerical modeling(part II): numerical modeling[J]. Int. J. Rock Mech. Min. Sci., 40(5): 633-652.

Mandel J. 1966. Conditions de stabilté et postulat de Drucker[C]//Kravtchenko J, Sirieys P M. Rheology and Soil Mechanics, New York: 58-68.

Mahnken R. 1999. Aspects on the finite-element implementation of the Gurson model including parameter identification[J]. Int. J. Plasticity, 15(11): 1111-1137.

Mahnken R. 2002. Theoretical, numerical and identification aspects of a new model class for ductile damage[J]. Int. J. Plasticity, 18(7): 801-831.

Mahnken R. 2005. Void growth in finite deformation elasto-plasticity due to hydrostatic stress states[J]. Computer Methods in Applied Mechanics and Engineering, 194: 3689-3709.

Matsuoka H, Nakai T. 1974. Stress-deformation and strength characteristics of soil under three different principal stresses[J]. Proc. Jap. Soc. Civ. Engrs., 232: 59-70.

Menendez B, Zhu W, Wong T T. Micromechanics of brittle faulting and cataclastic flow in Berea sandstone[J]. Journal of Structural Geology, 1996, 18(1): 1-16.

Nayak G C, Zienkiewicz O C. 1972. A convenient form of invariants and its application in plasticity[J]. Proc. ASCE, 98(ST4): 949-854.

Nguyen D. 1972. Un concept de rupture unifié pour les matériaux rocheux denses et poreux[D]. Montreal: École Polytechnique de Montréal-Université.

Nicolae M. 1981. Rheological properties of rocks[D]. Romanian: University of Bucharest.

Olsson W A. 1999. Theoretical and experimental investigation of compaction bands[J]. Journal of Geophysical Research, 104(B4): 7219-7228.

Ottosen N S. 1977. A Failure Criterion for Concrete[J]. ASCE J. Eng. Mech. Div. , 103: 527-535.

Ouellet J, Servant S. 2000. In-situ mechanical characterization of a paste backfill with a self-boring pressuremeter[J]. CIM Bulletin, 93(1042): 110-115.

Pan X D, Hudson J A. 1988. A simplified three dimensional Hoek-Brown yield criterion[M]//Romana M. Rock mechanics and power plants. Rotterdam: Balkema: 95-103.

Pellegrino A. 1970. Mechanical behaviour of soft rock under high stresses[C]//2nd Int. Conf. Rock Mech. , Beograd, 2: 173-180

Perrin G, Leblond J B. 1993. Rudnicki and Rice's analysis of strain localization revisited[J]. Applied Mechanics, 60(4): 842-846.

Perrin G, Leblond J B. 2000. Accelerated void growth in porous ductile solids containing two populations of cavities[J]. Int. J. Plasticity, 16(1): 91-120.

Ponte-Castaneda P, Zaidman M. 1994. Constitutive models for porous materials with evolving microstructure[J]. J. Mech. Phys. Solids, 42(9): 1459-1497.

Radi E, Bigoni D, Loret B. 2002. Steady crack growth in elastic-plastic fluid-saturated porous media[J]. Int. J. Plasticity, 18(3): 345-358.

Ragab A R, Saleh C A R. 1999. Evaluation of constitutive models for voided solids[J]. Int. J. Plasticity, 15(10): 1041-1065.

Rappaz J. 1983. Numerical analysis of bifurcation problems for partial differenttial equation[C]//Bruter C P, Aragnol A, Lichnorowicz A. Bifurcation theory, mechanics and physics. Netherlands: D. Reidel Publishing Company: 209-224.

Rice J R. 2006. Heating and weakening of faults during earthquake slip[J]. Journal of Geophysical Research, 111(B05): 148-227.

Rice J R, Tracey D M. 1969. On the ductile enlargement of voids in triaxial stress fields[J]. Mech. Phys. Solids, 17: 210-217.

Roscoe K H, Schofield A N, Wroth C P. 1958. On the yielding of soils[J]. Géotech. , 9: 71-83.

Roscoe K H, Schofield A N, Thurairajah A. 1963. Yielding of clays in states wetter than critical[J]. Géotech. , 13: 211-240.

Roscoe K H, Burland J B. 1968. On the generalized stress-strain behaviour of wet clay[M]// Heyman J, Leckie F A. Engineering Plasticity. Cambridge: Cambridge at The University Press: 535-609.

Rousselier G. 1987. Ductile fracture models and their potential in local approach of fracture[J]. Nuclear Eng. Design, 105: 97-111.

Rudnicki J W. 1984. A class of elastic-plastic constitutive laws for brittle rocks[J]. Journal of Rheology, 28(6): 759-778.

Rudnicki J W, Rice I R. 1975. Conditions for the localization of deformation in pressure-sensitive dilatant materials[J]. J. Mech Phys Solids, 23: 371-394.

Rudnicki J W. 2004. Shear and compaction band formation on an elliptic yield cap[J]. Journal of Geophysical Research, 109(B3): B03402.1-B03402.10.

Rudnicki J W, Olsson W A. 1998. Reexamination of fault angles predicted by shear localization theory [J]. International Journal of Rock Mechanics and Mining Sciences, 35(4/5): 512-513.

Rudnicki J W. 2002. Conditions for compaction and shear bands in a transversely isotropic material[J].

International Journal of Solids and Structures, 39(13/14): 3741-3756.

Sandier I. 1976. The cap model for static and dynamic problems in site characterization[C]//Brown W S, Green S J, Hustrulid W A. Proceedings of the 17th United States Symposium on Rock Mechanics: 1-11.

Schock R N, Heard H C, Stephens D R. 1973. Stress-strain behavior of a granodiorite and two graywackes on compression to 20 kilobars[J]. J. Geophys. Res., 78: 5922-5941.

Shima S, Oyane M. 1976. Plasticity theory for porous metals[J]. Int. J. Mech. Sci., 18: 285-291.

Sofronis P, Mc Meeking R M. 1992. Creep of power-law material containing spherical voids[J]. J. Appl. Mech., 59(2): S88-S95.

Theocaris P S. 1995. Failure criteria for isotropic bodies revisited[J]. Eng. Fracture Mech., 51(2): 239-264.

Thill R E. 1973. Acoustical methods of monitoring failure in rock[C]// Proceedings of Fourteenth Symposium on Rock Mechanics: 649-688.

Thomas T Y. Plastic flow and fracture in solids[M]. New York: Academic Press, 1961.

Tracey D M. 1971. Strain-hardening and interaction effects on the growth of voids in ductile fracture[J]. Engineering Fracture Mechanics, 3: 301-315.

Tvergaard V. 1981. Influence of voids on shear band instabilities under plane strain conditions[J]. Int. J. Fracture, 17: 389-407.

Tvergaard V. 1982. On localization in ductile materials containing spherical voids[J]. Int. J. Fracture, 18: 237-252.

Tvergaard V, Needleman A. 1984. Analysis of the cup-cone fracture in a round tensile bar[J]. Acta Metall., 32: 157-169.

Tvergaard V, Needleman A. 1986. Effect of material rate sensitivity on failure modes in charpy V-notch test[J]. J. Mech. Phys. solids, 34: 213-241.

Tvergaard V. 1990. Material failure by void growth to coalescence[M]//Hutchinson J W, Wu T Y. Advances in Applied Mechanics, 27: 83-151.

Wong T F, David C, Zhu W. 1997. The transition from brittle faulting to cataclastic flow in porous sandstones: mechanical deformation[J]. Journal of Geophysical Research, 102(B2): 3009-3025.

Wong T F, Szeto H, Zhang J. 1992. Effect of loading path and porosity on the failure mode of porous rocks[J]. Applied Mechanics Reviews, 45(8): 281-293.

Wood D M. 1990. Soil behaviour and critical state soil mechanics[M]. Cambridge: Cambridge University Press.

Zhang J, Wong T F, Davis D M. 1990. Micromechanics of pressure induced grain crushing in porous rocks[J]. Journal of Geophysical Research, 95(B1): 341-352.

Zienkiewicz O C, Pande G N. 1977. Some useful forms of isotropic yield surface for oil and rock mechanics[C]//Gudehus G. Finite Elements in Geomechanics. Wiley: 179-190.

Zienkiewicz O C, Owen D R J, Phillips D V, Nayak G C. 1972. Finite element methods in the analysis of reactor vessels[J]. Nuclear Eng. Design, 20(2): 507-541.

李国琛,耶纳 M.2003.塑性大应变微结构力学[M].3 版.北京:科学出版社.

李廷,杜赟,王鑫,席道瑛.2008.高孔隙度岩石局部变形带的野外证据和实验研究进展[J].岩石力学与工程学报,27(s1):2593-2604.

席道瑛,杜赟,李廷,徐松林.2008.高孔隙度岩石中压缩带的理论和形成条件研究进展[J].岩石力学与工程学报,27(增 2):3888-3898.

席道瑛,徐松林.2012.岩石物理学基础[M].合肥:中国科学技术大学出版社:186-194.
席道瑛,徐松林.2014.多孔岩土介质的本构理论[M].合肥:中国科学技术大学出版社:264-267.
席道瑛,徐松林,王鑫,等.2015.高孔隙度岩石局部变形带的简化模型[J].地球物理学进展,34(4):1935-1940.
徐松林,吴文,白世伟,等.2001.三轴压缩大理岩局部化变形的实验研究及其分岔行为[J].岩土工程学报,23(3):296-301.
徐松林,吴文,张奇华,等.2002.大理岩有限变形分岔分析[J].岩土工程学报,24(1):42-46.
徐松林,吴文.2004.岩土材料局部化变形分岔分析[J].岩石力学与工程学报,23(20):3430-3438.
徐松林,刘永贵,等.2013.高孔隙度Al_2O_3微孔陶瓷压剪冲击动特性研究[J].高压物理学报,27(5):662-670.
王仁,黄克智,朱兆祥.1988.塑性力学进展[M].北京:中国铁道出版社.
王仁,黄文彬,黄筑平.1982.塑性力学引论[M].修订版.北京:北京大学出版社.
王宝善,李鹃,陈颙.2004.高孔隙度岩石局部化变形研究新进展[J].地球物理学进展,19(2):222-229.
王鑫.2006.利用分岔分析理论研究高孔隙度岩石的局部化变形[D].合肥:中国科学技术大学.

附件 5.3节计算程序

```
%%%%%%%%%%%%参数输入%%%%%%%%%%%%%%%%
x1 = pi/12;
x2 = pi * 4;
nc = 1.0;
p1 = 0.25;
p2 = 0.25;
i1np = 50.6;%MPa
icnp = 15;%MPa
tc0 = 110;%MPa
tt0 = 80;%MPa
%%%%%%%%%%%%%与孔隙度有关的量的计算%%%%%%%%%%%
n = 0.2;%孔隙度
i1n = i1np * sinh((nc/n - 1)^p1)%闭合电点
icn = icnp * sinh((nc/n - 1)^p2)%孔隙度影响的初始点
s = (((1 - sin(pi * n/nc/2)^x1) + cos(pi * n/nc/2)^x2)/2)^2%破碎度
ttn = (1 - sin(pi * n/nc/2)^x1) * tt0%抗拉强度
m = s * tc0/ttn - ttn/tc0

f1 = ( - m * tc0/1.732 + (m * m * tc0 * tc0/3 + 12 * (m * tc0 * icn + s * tc0 * tc0)).^0.5)/6
f2 = m * tc0 * (m * m * tc0 * tc0/3 + 12 * (m * tc0 * icn + s * tc0 * tc0))^( - 0.5)
F = f1/f2/(i1n - icn) + 1
i0 = ((F * icn + i1n)/(F + 1))%椭圆中心
a = (F * (i1n - icn)/(F + 1))%椭圆长轴
b = (F * f1 * (F * F - 1)^( - 0.5))%椭圆短轴
%%%%%%%%%%%%%%%%%%%%
j0 = - s * tc0/m
j = j0:1:icn;
y = ( - m * tc0 * 1.732/9 + (m * m * tc0 * tc0/27 + 4 * (m * tc0 * j + s * tc0 * tc0)/3).^0.5)/2%应力偏量第二不变量
    plot(j,y)
    holdon
    j = icn:1:i1n + 1;
    y = b. * (1 - (j - i0). * (j - i0)/a/a).^0.5;
    plot(j,y)
    holdon
```

```
%%%%%%%%%%%%%%%%%%%
j=j0:1:i1n;
y=(-m*tc0*1.732/9+(m*m*tc0*tc0/27+4*(m*tc0*j+s*tc0*tc0)/3).^0.5)/2%应力偏量第二不变量
plot(j,y)
holdon
%%%%%%%%%%%%%%%%%%%%%%%%%%%%%%%%%%%%%
```

第6章 岩土材料内变量理论

6.1 状态量和内变量

材料宏观力学行为表现出非线性特性,必然对应材料内部几何结构产生变化,材料局部发生劣化。讨论材料劣化的恰当力学描述以及其对宏观响应特性的影响,这对解释材料从这些局部劣化到最后发生破坏的过程是十分重要的。在连续介质力学中,变量一般有两类,即可测量的状态量和不可测量的内变量。

(1) 状态变量。在确定材料的本构关系时,试件上的应力 σ、应变 ε、温度 T 等可以观察的物理量随时间的变化是可以测试的。这些可以观测的物理量——应力、应变、温度等——在同一时刻的值所形成的数组,构成材料的一个状态。这些物理量就称为状态变量。

(2) 内变量。一般材料中在状态变量之间存在着单调函数关系,为状态方程或应力-应变关系。而在耗散材料中情况就要复杂得多。应力依赖于变形过程和温度变化的历史,同一个应变或温度可以对应不同的应力。因此,不存在由这些可观察的外部状态变量之间的状态方程,必须要补充一些反映材料在变形过程中内部结构变化的内部状态变量,才能确定材料的状态,形成材料的状态方程。在弹塑性和黏弹性理论中提出的塑性应变、硬化参数、黏性应变等,实际上都是无法测量或不能直接测量的内部状态变量,即内变量。它们反映了材料的内部结构变化,如位错的增殖和运动、分子键之间的滑移等。内变量可以是直接反映这种微观或细观机制的变量(如位错数密度、可动位错百分比),反映化学反应速率的变量或是反映材料破坏过程中孔洞、微裂纹、剪切带的数量、特性的变量等。

内变量 $\xi_\alpha (\alpha=1,2,\cdots,n)$ 的具体物理含义可能是非常广泛的。它取决于具体材料在具体条件下的内部结构和组织状况。一般来说,它可能代表材料内部组织的某种运动变化和内部结构的重新排列,如晶格的位错、孪晶和再结晶等表征多晶体内部组织的种种演化和发展(范镜泓等,1988)。这种内变量在客观上是不可测量的,因此,即使补充到状态方程中,也达不到目的。为了使研究问题完整起见,必须知道内变量是怎样演化的。这种演化规律一般从物理或化学的角度考虑而得来。下面举黏弹性材料的例子来说明这一问题。

为了确定黏弹性材料的等温本构方程,需要做等温拉伸实验,可观察的外部状态变量只有应力 σ 和应变 ε。从观测到的数据进行分析,假定这种黏弹性材料可以用串联的弹簧和阻尼器来模拟，则试件的总应变 ε 可假定由弹性应变 ε^e 和阻尼器的黏性应变 ε^v 叠加而成：

$$\varepsilon = \varepsilon^e + \varepsilon^v \tag{6.1.1}$$

这里的 ε^e 和 ε^v 都是无法观测的，称为内变量，但两者只有一个是独立的。我们假定取 ε^v 为内变量，则可以写出试件的等温状态方程的一般形式：

$$\varepsilon = \varphi(\sigma, \varepsilon^v) \tag{6.1.2}$$

上式本身满足一个演化方程：

$$\dot{\varepsilon}^v = f(\sigma, \varepsilon^v) \tag{6.1.3}$$

下面需要确定函数 φ 和 f。由所假定模型的物理考察，可以假定

$$\sigma = E\varepsilon^e, \quad \sigma = \eta\dot{\varepsilon}^v \tag{6.1.4}$$

式中，E, η 是待定常量。与式(6.1.1)合并，整理可得

状态方程：

$$\varepsilon = (\sigma/E) + \varepsilon^v \tag{6.1.5}$$

演化方程：

$$\dot{\varepsilon}^v = \sigma/\eta \tag{6.1.6}$$

在 $t \to -\infty$ 时，$\dot{\varepsilon}^v = 0$ 的初始条件下，演化方程可以积分得出：

$$\varepsilon^v(t) = \int_{-\infty}^{t} \frac{\sigma(t')}{\eta} dt' \tag{6.1.7}$$

这表示内变量 ε^v 是应力历史 $\sigma(t')$ 的泛函（描写温度的历史效应），于是有应力-应变关系：

$$\varepsilon(t) = \frac{\sigma(t)}{E} + \int_{-\infty}^{t} \frac{\sigma(t')}{\eta} dt' \varphi \tag{6.1.8}$$

式中，内变量 ε^v 已经消去，可以从实验 $\varepsilon(t)$ 和 $\sigma(t)$ 来拟合确定常量 E 和 η。

不难看出，内变量的变化表征着材料内部的变化，因此，它的完整集合就足以描述材料内部的结构和组织状态。下面将从热力学出发，介绍内变量理论。

6.2 热力学定律与熵不等式

6.2.1 热力学第一定律与连续介质能量方程[①]

热力学第一定律是描述热现象的能量守恒和转化关系的定律。在连续介质力学体系中，热力学第一定律可以表述为：对于一个封闭的体系，其总能量的增加率等于对应时刻的外力功率与外界对体系供热率对于一个开放的体系，其总能量的增加率等于对应时刻的外力功率、外界对体系供热率之和，以及总能量的纯流入率三者之和。以 K, U, W^* 和 Q 分别表示体系的动能、内能、外功和外热，此时，封闭体系的总能量为动能和内能之和，热力学第一定律可以表示为如下形式：

---

① 李永池，2012。

$$\dot{K} + \dot{U} = \dot{W}^* + \dot{Q} \tag{6.2.1}$$

其中,动能 K 和内能 U 为状态量,当体系从一个状态转变为另一个状态时,体系的动能和内能只与其初始状态和最终状态有关,而与其所经历的过程无关。外功 W^* 和外热 Q 为过程量,它们与实现从初始状态到最终状态的具体过程紧密相关。即式(6.2.1)左边两项分别表示动能 K 和内能 U 的随体导数;而式(6.2.1)右边两项并不表示外功 W^* 和外热 Q 的随体导数,而只表示无限小时间间隔 $\mathrm{d}t$ 中外功增量 $\mathrm{d}W^*$ 和外热增量 $\mathrm{d}Q$ 与时间增量 $\mathrm{d}t$ 之比。

连续介质热力学能量方程的导出,可采用有限闭口体系、有限开口体系、无限小闭口体系或无限小开口体系,其结论是一致的。在有限闭口体系中,欧拉坐标系下的能量方程为

$$\frac{\mathrm{d}}{\mathrm{d}t}\int_{v(t)}\rho(k+u)\mathrm{d}v = \int_{v(t)}\rho b\cdot v\mathrm{d}v + \oint_{a(t)} v\cdot t(n)\mathrm{d}a + \int_{v(t)}\rho r\mathrm{d}v - \oint_{a(t)} h\cdot n\mathrm{d}a$$
$$\tag{6.2.2}$$

式中,r 表示外热源对单位质量介质的热辐射供热率,也称比热辐射供热率。h 表示瞬时构形中所表达的热传导的热流矢量,它指向热量传导最快的方向,其大小等于与其垂直的单位面积上的热量传导率。n 为边界的法向。$v(t)$ 为闭口体系,$a(t)$ 为闭口体系的边界。

由于

$$\frac{\mathrm{d}}{\mathrm{d}t}\int_{v(t)}\rho(k+u)\mathrm{d}v = \int_{v(t)}\rho(\dot{k}+\dot{u})\mathrm{d}v$$

$$\oint_{a(t)} v\cdot t(n)\mathrm{d}a = \oint_{a(t)} v\cdot(\sigma\cdot n)\mathrm{d}a = \int_{v(t)}(\sigma\cdot v)\cdot\overleftarrow{\nabla}\mathrm{d}v$$

$$\oint_{a(t)} h\cdot n\mathrm{d}a = \int_{v(t)} h\cdot\overleftarrow{\nabla}\mathrm{d}v$$

式中,∇ 为欧拉坐标系中的梯度算子。

由闭口体系的任意性和被积函数处处连续性,可得单位瞬时体积介质能量守恒方程的局部形式或微分形式:

$$\rho(\dot{k}+\dot{u}) = \rho b\cdot v + (\sigma\cdot v)\cdot\overleftarrow{\nabla} + \rho r - h\cdot\overleftarrow{\nabla} \tag{6.2.3}$$

应用欧拉坐标系与拉格朗日坐标系之间的变换关系,以及相关定义:

$$\rho\mathrm{d}v = \rho_0\mathrm{d}V, \quad h\cdot n\mathrm{d}a = H\cdot N\mathrm{d}A$$
$$t(n)\mathrm{d}a = \sigma\cdot n\mathrm{d}a = t^*(N)\mathrm{d}A = S\cdot N\mathrm{d}A$$

上式中,H 为拉格朗日热流矢量。S 为第一类 P-K 应力,σ 为 Cauchy 应力。可得单位初始体积介质能量守恒方程的局部形式或微分形式:

$$\rho(\dot{k}+\dot{u}) = \rho b\cdot v + (v\cdot S)\cdot\overleftarrow{\nabla} + \rho r - H\cdot\overleftarrow{\nabla} \tag{6.2.4}$$

6.2.2 熵不等式

熵是热力学体系的一个状态量,体系熵值的改变可用来描述热力学过程的方向性和体系的不可逆过程。其定义式如下:

$$S(P) = S_0(P_0) + \int_{P_0}^{P}\frac{\mathrm{d}Q}{T} \quad \text{或} \quad \mathrm{d}S = \frac{\mathrm{d}Q}{T} \tag{6.2.5}$$

其中,T 为热源的绝对温度,$\mathrm{d}Q$ 表示体系在每一微过程中从热源 T 所吸收的微热。P_0 为初始状态,S_0 为初始状态下的值。则状态函数 S 为体系的熵。上式表明,一个温度为 T 的体

系从任意的热源获得热量 dQ 时，它的熵增等于热源供热与体系自身温度 T 的比值。一般情况下，微过程的熵增 dS 可分解为两部分，即

$$dS = dS^r + dS^i \tag{6.2.6}$$

其中，$dS^r = dQ/T$ 为体系中的可逆熵增，即热源 T 对体系的供熵，当过程为可逆过程时热量 dQ 引起介质熵增。$dS^i = dS - dS^r = dS - dQ/T \geqslant 0$ 为体系中的不可逆熵增，即系统的产熵永远是一个非负值。

体系的熵均衡和熵不等式为

$$\dot{S} = \dot{S}^r + \dot{S}^i, \quad \dot{S}^i \geqslant 0 \tag{6.2.7}$$

考虑到体系内温度等的不均匀性，体系的总供熵率为各部分的辐射热源和热传导热流所提供的外界对体系各部分的供熵率之和。总供熵率可表示为

$$\dot{S}^r = \int_v \rho \dot{S}^r dv = \int_v \frac{\rho r}{T} dv - \oint_a \frac{h \cdot n}{T} da = \int_v \left[\frac{\rho r}{T} - \mathrm{div}\left(\frac{h}{T}\right) \right] dv \tag{6.2.8}$$

式中，$\dot{S}^r$ 为单位介质的供熵率。

将上式代入产熵公式中，可得到

$$\rho \dot{S} - \frac{\rho r}{T} + \mathrm{div}\left(\frac{h}{T}\right) = \rho \dot{S} - \frac{\rho r - \mathrm{div} h}{T} - \frac{h \cdot g}{T^2} \geqslant 0 \tag{6.2.9}$$

式中，$g = \mathrm{grad}\, T$。此式表明产熵率由两部分组成，其中第一部分 $\rho \dot{S} - \rho r/T + \mathrm{div}(h/T) \geqslant 0$，只与热流失量和当地温度有关，为单位瞬时体积介质的局部产熵率；第二部分 $-h \cdot g/T^2 \geqslant 0$，除了与热流失量和当地温度有关，还与引起不可逆热传导的温度梯度有关，为热传导产熵。

引入内耗散机制，用产熵率与温度的积作为内耗散参量 δ，即

$$\delta \equiv T\dot{S}^i \tag{6.2.10}$$

内耗散 δ 具有能量的量纲。

体系由比内能 u 所表达的能量均衡方程为

$$\rho \dot{u} = \sigma \cdot D + \rho r - \mathrm{div}\, h \tag{6.2.11}$$

由此，可得到由内耗散参量 δ 表征的内耗散不等式：

$$\rho \delta = \rho T \dot{S}^i = \rho(T\dot{S} - \dot{u}) + \sigma \cdot D + h \cdot g/T \geqslant 0 \tag{6.2.12}$$

若引入介质的比自由能 ϕ，$\phi = u - TS$，则相应的内耗散不等式为

$$\rho \delta = \rho T \dot{S}^i = -\rho(\dot{T}S + \dot{\phi}) + \sigma \cdot D + h \cdot g/T \geqslant 0 \tag{6.2.13}$$

相应地，若给出 Gibbs 自由能 G（$G = H - ST$）或焓 H（$H = u - \Sigma \cdot E/\rho_0$）的表达式，都可以给出对应的内耗不等式。

6.3 内变量理论

考虑介质的比自由能 ϕ，其表达式为 $\phi = u - TS$，将其对时间求导，则有

$$\dot{\phi} = \dot{u} - \dot{T}S - T\dot{S} \tag{6.3.1}$$

若取 ϕ 为热力学势，它是所有状态变量的凸函数。对一般的非线性问题，取

$$\phi = \phi(\varepsilon_{ij}, T, \xi_1, \xi_2, \cdots, \xi_\alpha) \quad (\alpha = 1, 2, \cdots, n) \tag{6.3.2}$$

式中，ξ_α 为表征材料某种非线性行为的内变量，n 为内变量的个数。

由此，热力学势 ϕ 对时间的导数为

$$\dot{\phi} = \frac{\partial \phi}{\partial \varepsilon_{ij}} \dot{\varepsilon}_{ij} + \frac{\partial \phi}{\partial T} \dot{T} + \sum_{\alpha=1}^{n} \frac{\partial \phi}{\partial \xi_\alpha} \dot{\xi}_\alpha \tag{6.3.3}$$

将式(6.3.3)代入式(6.3.1)，再代入能量方程，则有

$$\left(\sigma_{ij} - \frac{\partial \phi}{\partial \varepsilon_{ij}}\right) \dot{\varepsilon}_{ij} - \left(S + \frac{\partial \phi}{\partial T}\right) \dot{T} - T\dot{S}$$

$$- \sum_{\alpha=1}^{n} \frac{\partial \phi}{\partial \xi_\alpha} \dot{\xi}_\alpha + \rho r - \mathrm{div} h = 0 \tag{6.3.4}$$

上式对任意的 $\dot{\varepsilon}_{ij}$ 和 $\dot{T}$ 都成立，则有

应力-应变关系：

$$\sigma_{ij} = \frac{\partial \phi}{\partial \varepsilon_{ij}} \tag{6.3.5}$$

和熵定义方程：

$$S = -\frac{\partial \phi}{\partial T} \tag{6.3.6}$$

式(6.3.5)和式(6.3.6)给出了可观测变量应变 ε_{ij} 和温度 T 的对偶变量应力 σ_{ij} 和熵的定义。在式(6.3.4)中，可定义一组广义力 R_α，即

$$R_\alpha = \frac{\partial \phi}{\partial \xi_\alpha} \quad (\alpha = 1, 2, \cdots, n) \tag{6.3.7}$$

若 ξ_α 为塑性变量，则对应的 R_α 为表示塑性硬化构形的广义力；若 ξ_α 为损伤因子，则对应的 R_α 为表示损伤扩展的广义力；若 ξ_α 为不同相的混合物中的相变百分比，则对应的 R_α 为表示相变驱动的广义力，等等。从这意义上而言，内变量理论是一个包容性很强的理论。

由此，能量方程可改写为

$$-T\dot{S} - \sum_{\alpha=1}^{n} R_\alpha \dot{\xi}_\alpha + \rho r - \mathrm{div} h = 0 \tag{6.3.8}$$

热力学势 ϕ 具有对偶势 φ，一般称为余自由能密度函数。对偶势可根据热力学势，应用应力-应变关系的 Legendre-Fenchel 变换得到，用同样的方法，可得到

$$\varepsilon_{ij} = \frac{\partial \varphi}{\partial \sigma_{ij}}, \quad T = \frac{\partial \varphi}{\partial S}, \quad R_\alpha = -\frac{\partial \varphi}{\partial \xi_\alpha} \quad (\alpha = 1, 2, \cdots, n) \tag{6.3.9}$$

在此基础上还需补充内变量的演化方程。设存在耗散势 Ω，它是所有耗散通量以及状态参数的凸函数，即

$$\Omega = \Omega(\dot{\xi}_1, \dot{\xi}_2, \cdots, \dot{\xi}_\alpha, h; \xi_1, \xi_2, \cdots, \xi_\alpha, T) \tag{6.3.10}$$

其对偶势 Ω^* 可由应力-应变关系的 Legendre-Fenchel 变换得到，它是所有共轭广义力以及状态变量的凸函数，即

$$\Omega^* = \Omega^*(R_1, R_2, \cdots, R_\alpha, g; \xi_1, \xi_2, \cdots, \xi_\alpha, T) \tag{6.3.11}$$

其中，h 为热通量，g 为对应的共轭广义力。

对熵不等式应用正则关系，可得到演化方程：

$$\dot{\xi}_\alpha = -\frac{\partial \Omega^*}{\partial R_\alpha}, \quad \dot{h}_i = -\frac{\partial \Omega^*}{\partial g_i} \tag{6.3.12}$$

一般而言，耗散势函数的构造需依据相应材料实验的分析结果确定。

6.4 损伤内变量理论

6.4.1 损伤研究概述

固体材料的损伤和破坏是指它在服役过程中，由于内部大量微损伤的萌生、扩展和连接，导致材料宏观力学性能的劣化乃至最终失效。断裂力学中广泛研究具有光滑间断面的裂纹，在裂纹尖端存在着应力-应变的奇异场，称为奇异缺陷，所以物体的缺陷仅仅表示有奇异缺陷存在。而损伤力学所研究的则是连续分布的缺陷。物体存在的位错与空洞、裂纹等缺陷统称为损伤。从宏观来看，它们遍布于全物体。损伤力学就是研究在各种加载条件下物体中位错、空洞、裂纹等的损伤随着变形而发展到最终破坏的过程和规律。

材料在外加载荷或其他环境（如温度、湿度、介质等）作用下，其内部结构会产生微空穴、微裂纹以及其他形式的微缺陷。这些微缺陷一旦产生，就会在外部因素影响下逐步发展，形成分布状态的细微观空穴及微裂纹（可称为分布缺陷）。这些细微观缺陷的萌生和发展，导致材料内部细微观结构的不可逆变化，不仅仅促进了宏观裂纹的蕴育，也导致了材料的劣化，如强度、刚度、断裂韧度的降低和剩余寿命的减少，最后导致材料的断裂。在此过程中，微缺陷的产生与发展导致材料断裂开始，它对材料造成损害的严重程度并不亚于宏观裂纹，往往危害性更大。因而仅仅运用宏观断裂力学来研究材料的破坏问题是远远不够的，有必要在宏观裂纹出现以前，对微缺陷的产生和发展进行研究。研究这类统称为损伤的分布微缺陷对力学行为的影响是十分重要的，引起了越来越多的人的重视。由此，形成了一门新的力学分支学科——损伤力学，其实质是一种内变量理论方法，即将损伤作为内变量的分析方法。

对每一个空穴或微裂纹进行仔细分析是十分困难的。Kachanov(1958)发现微缺陷的扩展与位错运动的效应并不相同，因此他引入了一个连续因子对材料的损伤程度加以描述。提出用恰当的变量表征材料损伤状态的连续介质损伤力学模型，这种模型与用位错密度张量表征材料位错影响的连续位错分布理论相似。从这种模型出发建立的关于具有分布空穴与微裂纹材料的力学理论称为连续介质损伤力学理论。Kachanov(1986)避开细观层次上损伤形态的复杂性，唯象地建立了连续损伤力学，这给实际应用带来了方便，但却脱离了真实的物理基础。

Rabotnov 在 Kachanov 工作的基础上引入损伤因子 $\omega = A_\omega / A_0$，其中，A_ω 表示微缺陷的面积，A_0 表示无损材料的表面积。在以后的一段时间里，对损伤的研究主要局限在蠕变断裂。到 20 世纪 70 年代，由于工业技术特别是原子能、航天技术等方面的发展需要，损伤研究得到了进一步的重视。人们一方面用唯象的方法对大变形塑性和脆性材料的损伤和疲劳、蠕变及其相互作用引起的材料损伤进行了研究,另一方面从细微观角度对损伤机制进行了探讨。在研究中,从宏观的角度假设基体是连续介质,按照连续介质力学原理,根据不同的加载过程等外界因素,再引入各种不同的损伤变量 D 后,分别建立起受损材料的损伤演化方程。材料损伤过程一般可以通过损伤变量 D 来表示。研究者们从不同角度定义了损伤变量 D。如依靠测量材料的电阻、质量、密度、超声波传播速度等物理量的变化来定义材料的损伤程度或测量材料的一些力学性能,比如用弹性模量 E、泊松比 ν 等的变化来确定材料的损伤程度。但是,如何选择损伤变量,到目前为止尚未有定论。这个问题不仅是个理论问题,更重要的是有赖于深入细致的实验研究。

6.4.2 弹性损伤和弹塑性损伤

1. 准静态弹性损伤和弹塑性损伤

在载荷增加时出现的材料损伤是由于在弹性和弹塑性变形过程中细观孔隙与微裂纹的逐渐形成和扩展而导致的。纯弹性损伤一般在脆性材料(如岩石、混凝土、复合材料)和脆性金属材料中观察到。对地质材料来说,Dragon 与 Mroz(1979)给出了岩石与混凝土在单轴拉伸与压缩下的损伤过程,其损伤是在平行于最大主应力方向(或最大压缩应力方向)的平面内形成的微裂纹(图 6.4.1)。由图可见损伤造成了迟滞回线[图 6.4.1(a)],同时还引起了体积膨胀[图 6.4.1(b)]。

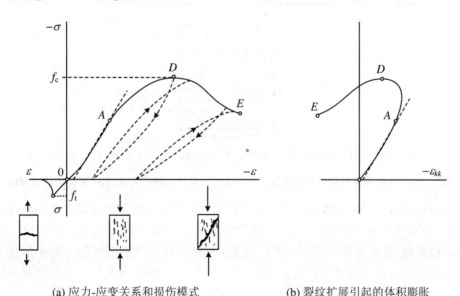

(a) 应力-应变关系和损伤模式　　　　(b) 裂纹扩展引起的体积膨胀

图 6.4.1　单轴压缩与拉伸下岩石和混凝土的损伤过程(Dragon 与 Mroz,1979)

2. 冲击动态的层裂损伤(spall damage)[①]

在冲击载荷下形成的孔隙和微裂纹与上面提到的准静态下的损伤有较大的区别,它是

---

① 莱茵哈特,1981。

均匀的,且分布面较广,这与作用时间太短而难以使这些孔隙扩展有关。

当压力脉冲在杆或板的自由表面反射成拉伸脉冲时,将可能在邻区自由表面的某处造成入射压缩波与反射的拉伸波的干涉,形成相当高的拉伸应力,拉伸应力强度超过材料抗拉强度时被拉断,原来不是自由面的变成了新自由面。裂口足够大时,整块裂片便带着陷入其中的动量飞离。这种由压力脉冲在自由表面反射所造成的背面的动态断裂称为层裂或崩落(spalling)。飞出的裂片称作层裂片或痂片(scab)。当高强度的应力波发生好几层层裂时,第一层层裂破裂突然产生后,就在原来波的尾部之前产生一个自由面,并立即对波的剩余部分(未陷于第一次层裂的部分)进行有效反射。这种过程继续进行,直到波的尾部已不再大于临界正常破裂强度为止。所以层裂与应力波引起的断裂有关。图6.4.2(a)是用来说明这种过程的钟形波。

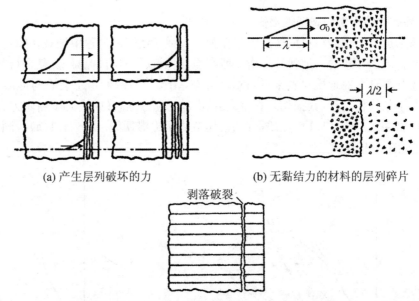

(a) 产生层列破坏的力　　(b) 无黏结力的材料的层列碎片

(c) 当层面与应力波传播方向平行时层状材料的层裂破裂情况

图6.4.2　材料的层裂及层裂厚度与波形的关系及层状材料的层裂破裂(莱茵哈特,1981)

图中所示亦说明层裂厚度或层裂之间的距离与波形的关系。代表爆炸载荷特性的钟形波,开始时衰减缓慢,然后加快,至最后逐渐消失。产生的第一片层裂厚,第二片层裂就薄,最后很可能变厚,实验证实了这种预测。厚度的变化取决于入射与反射波的叠加是否能够产生足够的拉伸时使其达到临界破裂应力,当已达到时层裂才会发生。一般情况下层裂厚度随板厚而增加。

因为应力与质点速度是线性关系,应力愈大使材料松动裂开与抛出的速度亦愈大。在低应力水平下,层裂是可能产生的唯一破裂,并且事实上这种破裂常常存在于内部,肉眼不能察觉。在较高的应力水平下,层裂部分除有足够的速度促使它自己破裂,并从它的母体中松开后以相当的速度抛至空中。在多层层裂中,各层之间产生一个速度梯度,并且在板中各层剥落的相对位移是不同的。是否发生层裂,层裂的多少,层裂的位置,取决于材料的抗裂强度,应力波中的应力大小,更为重要的是应力波的波形。

若应力波形为已知,各层层裂各自的速度可以计算出来。以图 6.4.2(a)的钟形应力波为例,假定应力 σ 为时间 t 的函数,即 $\sigma(t)$,材料的密度为 ρ,则第一层裂层的速度 V_1 将由下式得出:

$$V_1 = \frac{1}{2\rho L_1} \int_0^{2L_1/c_1} \sigma(t)\mathrm{d}t$$

其中, L_1 为第一层裂层的厚度。由于层裂的发生在拉伸应力达到材料的临界抗裂强度 σ_c 时, $2L_1$ 为需要降低应力强度至正好等于 σ_c、小于最大应力 σ_0 的沿波距离。第二层形成于当应力再度降低一个增量 σ_c 时,以此计算第二层速度 V_2 为

$$V_2 = \frac{1}{2\rho L_2} \int_{\frac{2L_2}{c_1}}^{\frac{2L_2}{c_1}} \sigma(t)\mathrm{d}t$$

相继层裂层的速度可用类似方法来计算。

材料的结构对层裂的模型可能产生深远的影响。发生层裂的许多材料都不是均质或各向同性的。这里要考虑非均质结构的层状材料,每层的材料都相同,但为弱平面所隔开。许多岩石具有这种层状结构。当层面与应力波传播方向垂直时,应力波为一种压力波,则它通过层理面边界时不降低也不变形。但反射时由于变为拉伸波,弱层面的边界不能承受拉伸,因此,就如同发生多层层裂一样,一层又一层依次剥落下来,所不同的是这里的剥落位置是预先定好的。若层面与应力波传播方向平行,则剥落的发生与图 6.4.2(c)所示的均质材料的位置一样。

层裂不限于坚固的材料,常常在土壤、粉状体、液体与其他无黏结力的材料中发生[图 6.4.2(b)]。岩石的抗压强度较大,但抗拉很弱,因此形成一种中间材料。在一种无黏结力或黏结力很低的材料中,瞬间压应力波可以完全顺利地传过,一旦到达自由面就反射,因为这种物质不能承受拉应力,所以不能产生拉伸波。实际上,大多数土壤、粉状体与流体有一些抗拉强度,因此刚好能使反射波开始产生。但在拉伸载荷作用下,材料不久就破了,而且一薄片飞走后留下一个新的自由面。因此可发生多层层裂,使一片一片材料离开自由面。每一小块层裂吸收一小部分入射波的动量,以速度 V_t 飞出,即

$$V_t = 2\sigma/\rho c_1$$

其中, σ 为当小片从自由面飞离时入射波前的应力值, c_1 为纵波速度。速度最大的小片是那些最先飞出的,其速度将等于 $2\sigma_0/\rho c_1$ (σ_0 为波的最大应力水平)。对于一个波长为 λ 的锯齿形波,这种材料将继续一片一片地飞离直至距离原来的自由面为 $\lambda/2$ 为止。当波已运动了 $\lambda/2$ 长的距离后,波的所有动量都已为飞出小片所吸收。这些小片表现为碎砂云,它的后部与波前联系在一起,以 $2V_0$ 的速度向前运动, V_0 为波的最大质点速度。这种云是冲击波的极为有效的衰降器。

岩石的层裂常常表现为一系列的薄层或多层层裂。不同岩石的差别很大,有些岩石如黑色玄武岩之类,它们的抗压与抗拉强度大约相等,具有金属的性质。至于其他岩石如花岗岩,抗压与抗拉强度的比值高达 20~80,片状多层层裂是很普通的,因为花岗岩可以无衰减地传播高压应力,但压应力波产生的高拉伸应力就很容易衰减。

需要强调的是,一个压力脉冲是由脉冲头部的压缩加载波及其随后的卸载波阵面所组成的。大多数工程材料往往能承受相当强的压应力波不致破坏,而不能承受同样强度的拉

应力波。层裂之所以能产生,在于压力脉冲在自由面反射后形成了足以满足动态断裂准则的拉应力;而拉应力的形成,则实际上在于入射压力脉冲头部的压缩加载波在自由表面反射为卸载波后,再与入射压力脉冲波尾的卸载波的相互作用。因此,压力脉冲的强度和形状对于能否形成层裂、在什么位置形成层裂(层裂片厚度)以及形成几层层裂等具有重大影响。当然形成拉应力只是一个前提,最后还要取决于是否满足动态断裂准则。

3. 疲劳损伤

多晶体中的疲劳损伤与前述几种损伤的机制不同,它的损伤过程包括下面几部分:

(1) 在有利倾向的晶体的活动滑移带内裂纹的起始。

(2) 沿与最大拉应力方向成 45°角的滑移带的裂纹的扩展(第一阶段)。

(3) 沿最大拉伸应力方向的扩展(第二阶段)。

实验观测到的裂纹一般来说从材料表面开始形成,而它们的倾向与分布则与所加应力的方向及状态密切相关。

弹塑性损伤在金属材料的研究中比较多见,这里不一一列举。对于较软的岩石,或者是高温高压作用下的岩石,也表现出明显的弹塑性损伤特性。岩土材料的损伤破坏具有以下特征:

(1) 岩土材料的损伤处于非平衡态,多种非线性过程相互耦合。损伤和破坏问题考虑的系统,特别是有外应力作用的情况下不处在平衡状态,也就是说处于远离平衡态的条件下。损伤破坏的演化一般包含互相耦合的多种非线性过程(夏蒙棼,等,1995)。岩石(体)力学行为的本质特征是非线性的,主要表现在:岩石在初始变形阶段,线性特征占主导地位,但当变形进入塑性、断裂、破坏后,非线性因素占主导地位,会在系统中出现分叉、突变等非线性复杂力学行为。岩石力学与工程属于自然化工程,属天、地、生科学范畴,规模大,系统复杂,原始条件和环境信息不确定。通常,岩体的形变、损伤、破坏及其演化过程中包含了互相耦合的多种非线性过程,因而决定论和平衡态的传统力学方法很难用来描述岩石系统的力学行为(郑颖人等,1996),因此用平衡态理论是不能完全解决问题的。

(2) 岩土材料的损伤是微观、细观、宏观多种层次的互相耦合。损伤破坏现象涉及从微观到宏观各种尺度,各层次的互相耦合。在远离平衡条件下,微观的原子、分子层次与宏观层次之间没有简单的、直接的联系(夏蒙棼等,1995)。必须通过若干中间尺度的桥梁作用联系微观与宏观,这种中间尺度称为细观尺度。细观尺度在损伤破坏问题中起关键性作用。通常用统计描述来联系细观尺度现象与宏观力学性质,仅涉及宏观描述的唯象理论不能充分反映损伤和破坏的机理(夏蒙棼等,1995)。以细观统计描述宏观力学性质也是探讨地震机理的较好方法。岩石(体)的变形、损伤、破坏过程是一个动态的非线性不可逆演化过程,各种参数处于变化之中。复杂的宏观行为可能源于简单的微观机制,而对于那些微观性质的控制及如何控制本构参数和各种局部化变形这两个问题,连续介质理论便无能为力。必须从刻化岩石细观结构入手,在微细、宏观不同层次上揭示岩石和岩体的力学机理、行为和演化过程。细观力学实验与理论,不仅是当今固体力学的重要研究方向,也将为揭示岩石非线性特性的本质尤其是岩石破坏前后(硬化和软化)力学特性的准确描述提供理论方法和工具。由此可见,岩石(体)比起其他材料(如金属、混凝土及至土体),其力学行为的非线性和动态演化的特征显得更为显著和强烈。

(3) 岩土材料的损伤是不同尺度不同类型的微结构的无序分布。绝大多数材料内包含各种不同尺度、不同类型的复杂结构，呈现无序分布，尤其岩石材料这种无序性的效应在演化过程中可被强烈放大。损伤和破坏过程是一种集体现象，依赖于复杂微结构的集体相互作用，而且在破坏的某个阶段可能对这种无序性极为敏感。宏观条件大致相同的样品，其损伤和破坏的行为可能有很大差异，呈现强烈的统计涨落（夏蒙棼等，1995），尤其对岩石材料的高度无序分布，比如岩体内应力随时空而变化的无序分布、岩石结构的复杂性与多相性以及岩体工程开挖和施工工艺等的影响使岩石力学性质具有高度的非线性和无序性和不确定性。所以不考虑无序性效应的断裂力学，很难反映损伤和破坏过程中的一些最重要的特征。这也是连续介质损伤力学优于断裂力学的地方。

6.4.3 弹脆性损伤理论[①]

弹脆性材料可以发生弹性变形和非弹性变形。其基本状态量取为：应变张量 ε_{ij} 和绝对温度 T；内变量取为 ψ_{ij}，是反映现时材料损伤状态的二阶张量。对于受损的弹脆性材料，其自由能密度函数为

$$\Phi = \Phi(\varepsilon_{ij}, T, \psi_{ij}) \tag{6.4.1}$$

相应的状态方程为

$$\sigma_{ij} = \frac{\partial \Phi}{\partial \varepsilon_{ij}}, \quad S = -\frac{\partial \Phi}{\partial T} \tag{6.4.2}$$

以及损伤 ψ_{ij} 的广义对偶力 R_{ij}：

$$R_{ij} = \frac{\partial \Phi}{\partial \psi_{ij}} \tag{6.4.3}$$

自由能密度的变化率 $\dot{\Phi}$ 分为两部分：固定 ψ_{ij} 条件下的热弹性部分 $\dot{\Phi}^e$ 和由 ψ_{ij} 变化引起的变化的部分 $\dot{\Phi}^n$，即 $\dot{\Phi} = \dot{\Phi}^e + \dot{\Phi}^n$。其中，

$$\dot{\Phi}^e = \frac{\partial \Phi}{\partial \varepsilon_{ij}} \dot{\varepsilon}_{ij} + \frac{\partial \Phi}{\partial T} \dot{T} = \sigma_{ij} \dot{\varepsilon}_{ij} - S\dot{T}, \quad \dot{\Phi}^n = \frac{\partial \Phi}{\partial \psi_{ij}} \dot{\psi}_{ij} = R_{ij} \dot{\psi}_{ij} \tag{6.4.4}$$

1. 热力学对偶力的表达

由 $\sigma_{ij} = \sigma_{ij}(\varepsilon_{ij}, T, \psi_{ij})$，有

$$\dot{\sigma}_{ij} = \frac{\partial \sigma_{ij}}{\partial \varepsilon_{kl}} \dot{\varepsilon}_{kl} + \frac{\partial \sigma_{ij}}{\partial T} \dot{T} + \frac{\partial \sigma_{ij}}{\partial \psi_{kl}} \dot{\psi}_{kl} \tag{6.4.5}$$

由 $\dfrac{\partial^2 \Phi}{\partial \varepsilon_{ij} \partial T}, \dfrac{\partial^2 \Phi}{\partial \varepsilon_{ij} \partial \psi_{kl}}$ 和式(6.4.2)，有

$$\frac{\partial \sigma_{ij}}{\partial T} = -\frac{\partial S}{\partial \varepsilon_{ij}}, \quad \frac{\partial \sigma_{ij}}{\partial \psi_{kl}} = \frac{\partial R_{kl}}{\partial \varepsilon_{ij}} \tag{6.4.6}$$

因此，式(6.4.5)的应力率可以表达为

$$\dot{\sigma}_{ij} = \widetilde{E}_{ijkl} \dot{\varepsilon}_{kl} + Z_{ij} \dot{T} + W_{ijkl} \dot{\psi}_{kl} \tag{6.4.7}$$

其中，$\widetilde{E}_{ijkl} = \dfrac{\partial \sigma_{ij}}{\partial \varepsilon_{kl}}$ 为有效弹性模量，

---

① 沈为，1995。

$$Z_{ij} = -\frac{\partial S}{\partial \varepsilon_{ij}}, \quad W_{ijkl} = \frac{\partial R_{kl}}{\partial \varepsilon_{ij}} \tag{6.4.8}$$

为两个耦合模量。

同样,可得到

$$\dot{S} = \frac{\partial S}{\partial \varepsilon_{ij}}\dot{\varepsilon}_{ij} + \frac{\partial S}{\partial T}\dot{T} + \frac{\partial S}{\partial \psi_{ij}}\dot{\psi}_{ij} \quad \text{或} \quad \dot{S} = -\frac{\partial \sigma_{kl}}{\partial T}\dot{\varepsilon}_{kl} + \frac{\partial S}{\partial T}\dot{T} - \frac{\partial R_{kl}}{\partial T}\dot{\psi}_{kl} \tag{6.4.9}$$

$$\dot{R}_{ij} = \frac{\partial R_{ij}}{\partial \varepsilon_{kl}}\dot{\varepsilon}_{kl} + \frac{\partial R_{ij}}{\partial T}\dot{T} + \frac{\partial R_{ij}}{\partial \psi_{kl}}\dot{\psi}_{kl} \quad \text{或} \quad \dot{R}_{ij} = \frac{\partial \sigma_{kl}}{\partial \psi_{ij}}\dot{\varepsilon}_{kl} - \frac{\partial S}{\partial \psi_{ij}}\dot{T} + \frac{\partial R_{ij}}{\partial \psi_{kl}}\dot{\psi}_{kl} \tag{6.4.10}$$

式(6.4.10)可以写为

$$\dot{R}_{ij} = W_{ijkl}\dot{\varepsilon}_{kl} + Z'_{ij}\dot{T} + V_{ijkl}\dot{\psi}_{kl} \tag{6.4.11}$$

式中,

$$V_{ijkl} = \frac{\partial R_{ij}}{\partial \psi_{kl}}, \quad Z'_{ij} = -\frac{\partial S}{\partial \psi_{ij}} \tag{6.4.12}$$

分别为损伤模量与耦合模量。

对于恒损伤和均热条件: $\dot{\sigma}_{ij} = \widetilde{E}_{ijkl}\dot{\varepsilon}_{kl}$。

对于恒应变和均热条件: $\dot{R}_{ij} = V_{ijkl}\dot{\psi}_{kl}$。

2. 应变率的表达

由 $\varepsilon_{ij} = \varepsilon_{ij}(\sigma_{ij}, T, \psi_{ij})$,有

$$\dot{\varepsilon}_{ij} = \frac{\partial \varepsilon_{ij}}{\partial \sigma_{kl}}\dot{\sigma}_{kl} + \frac{\partial \varepsilon_{ij}}{\partial T}\dot{T} + \frac{\partial \varepsilon_{ij}}{\partial \psi_{kl}}\dot{\psi}_{kl} \tag{6.4.13}$$

因此,式(6.4.13)的应变率可以表达为

$$\dot{\varepsilon}_{ij} = \widetilde{E}_{ijkl}^{-1}\dot{\sigma}_{kl} + Z''_{ij}\dot{T} - U_{ijkl}\dot{\psi}_{kl} \tag{6.4.14}$$

其中, $\widetilde{E}_{ijkl}^{-1} = \frac{\partial \varepsilon_{ij}}{\partial \sigma_{kl}}$ 为有效弹性柔度,

$$Z''_{ij} = \frac{\partial \varepsilon_{ij}}{\partial T}, \quad U_{ijkl} = \frac{\partial R_{kl}}{\partial \varepsilon_{ij}} = -\frac{\partial \varepsilon_{ij}}{\partial \psi_{kl}} \tag{6.4.15}$$

为两个耦合模量。

3. 耗散势

不考虑热耗散,可设耗散势 Ω 为损伤扩展力 R_{ij} 的函数。类似塑性力学中 Drucker 公设对塑性的考虑,可将损伤作为材料不可恢复变形产生的原因,得到损伤参数的表达为

$$\dot{\psi}_{ij} = -d\lambda \frac{\partial \Omega}{\partial R_{ij}} \tag{6.4.16}$$

其中,$d\lambda > 0$,为损伤流动因子,有的称为积分标定因子。

将式(6.4.16)代入三个热力学对偶力的表达式中,可得到

$$\dot{\sigma}_{ij}^n = d\lambda \frac{\partial \overline{\Omega}}{\partial \varepsilon_{ij}}, \quad \dot{S}^n = -d\lambda \frac{\partial \overline{\Omega}}{\partial T}, \quad R_{ij}^n = d\lambda \frac{\partial \overline{\Omega}}{\partial \psi_{ij}} \tag{6.4.17}$$

上面的三个式子为对应量的非弹性部分。其中,$\overline{\Omega} \equiv \overline{\Omega}(\varepsilon_{ij}, T, \psi_{ij}) = \Omega[R_{ij}(\varepsilon_{ij}, T, \psi_{ij})]$。

4. 增量型本构关系

损伤材料的应力-应变关系可表示为 $\sigma_{ij} = \widetilde{E}_{ijkl}\varepsilon_{kl}$,损伤分析中一般期望找到一个用有效

应力和有效应变表达的虚拟的无损材料本构关系 $\tilde{\sigma}_{ij} = E_{ijkl}\tilde{\varepsilon}_{kl}$ 与此状态等效。虚拟关系中，E 为原始无损伤状态材料的弹性模量；而在损伤材料中 $\widetilde{E}$ 为损伤材料的变形模量。

为分析问题方便，引入变换张量 N，建立有效应变与实际应变的关系，即

$$\tilde{\varepsilon}_{ij} = N_{ijkl}\varepsilon_{kl} \tag{6.4.18}$$

引入变换张量 M，建立有效应力与实际应力的关系，即

$$\tilde{\sigma}_{ij} = M_{ijkl}\sigma_{kl} \tag{6.4.19}$$

将上述两式代入损伤材料的虚拟应力-应变关系中，可得

$$\sigma_{ij} = M_{ijkl}^{-1}N_{opmn}E_{klop}\varepsilon_{mn}, \quad \widetilde{E}_{ijmn} = M_{ijkl}^{-1}N_{opmn}E_{klop} \tag{6.4.20}$$

当损伤材料的真实状态与虚拟的无损状态等效，即对应的弹性应变能密度函数相等，则有

$$\frac{1}{2}\widetilde{E}_{ijkl}\varepsilon_{ij}\varepsilon_{kl} = \frac{1}{2}E_{ijkl}\tilde{\varepsilon}_{ij}\tilde{\varepsilon}_{kl} \tag{6.4.21}$$

比较式(6.4.20)和式(6.4.21)，可得到 N 和 M 的关系为 $N_{ijkl} = M_{klij}^{-1}$，则有

$$\widetilde{E}_{ijmn} = N_{klij}N_{opmn}E_{klop} \tag{6.4.22}$$

对于增量过程，可分别引入两个动态损伤变换张量 $\overline{N}$ 和 $\overline{M}$，建立有效应变率与实际应变率以及有效应力率与实际应力率的关系：$\dot{\tilde{\varepsilon}}_{ij} = \overline{N}_{ijkl}\dot{\varepsilon}_{kl}$，$\dot{\tilde{\sigma}}_{ij} = \overline{M}_{ijkl}\dot{\sigma}_{kl}$。$\overline{N}$ 和 $\overline{M}$ 的关系与 N 和 M 的关系相同，即 $\overline{N}_{ijkl} = \overline{M}_{klij}^{-1}$。由此，可得到增量型弹脆性本构关系：

$$\dot{\sigma}_{ij} = \overline{N}_{klij}\overline{N}_{opmn}E_{klop}\dot{\varepsilon}_{mn} \tag{6.4.23}$$

由式(6.4.21)得损伤扩展力 $R_{ij} = \frac{1}{2}\frac{\partial \widetilde{E}_{ijkl}}{\partial \psi_{ij}}\varepsilon_{ij}\varepsilon_{kl}$，再根据式(6.4.22)，可得到其具体形式。

另外，由式(6.4.7)得，在均热和小应变的情况下：

$$\dot{\sigma}_{ij} = \widetilde{E}_{ijkl}\dot{\varepsilon}_{kl} + W_{ijkl}\dot{\psi}_{kl} \tag{6.4.24}$$

其中，耦合模量 $W_{ijkl} = \frac{\partial R_{kl}}{\partial \varepsilon_{ij}} = \left(N_{opij}\frac{\partial N_{qrkl}}{\partial \psi_{mn}} + N_{qrmn}\frac{\partial N_{opij}}{\partial \psi_{mn}}\right)E_{opqr}\varepsilon_{mn}$，为损伤变化对应力的贡献。

引入变换张量 T，使得

$$W_{ijkl}\dot{\psi}_{kl} = T_{ijkl}\dot{\varepsilon}_{kl} \tag{6.4.25}$$

由此，可得到

$$\dot{\sigma}_{ij} = (\widetilde{E}_{ijkl} + T_{ijkl})\dot{\varepsilon}_{kl} \equiv C_{ijkl}\dot{\varepsilon}_{kl} \tag{6.4.26}$$

上式表明，变换张量 T 表征了切线弹性模量与有效弹性模量（割线模量）的差别。

关于变换张量 N 和 $\overline{N}$ 的取法，相关文献较多，这里只给出具体形式。采用二阶连续性张量来构造变换张量，其形式可取为

$$N_{ijkl} = \frac{1}{2}(\psi_{ik}\delta_{lj} + \psi_{lj}\delta_{ik}), \quad \overline{N}_{ijkl} = \frac{1}{2}(\bar{\psi}_{ik}\delta_{lj} + \bar{\psi}_{lj}\delta_{ik}) \tag{6.4.27}$$

采用二阶损伤度张量来构造变换张量，其形式可取为

$$N_{ijkl} = \delta_{ik}\delta_{lj} - \frac{1}{2}(\omega_{ik}\delta_{lj} + \omega_{lj}\delta_{ik}), \quad \overline{N}_{ijkl} = \delta_{ik}\delta_{lj} - \frac{1}{2}(\bar{\omega}_{ik}\delta_{lj} + \bar{\omega}_{lj}\delta_{ik}) \tag{6.4.28}$$

其中损伤度的表达式为

$$\omega_{ij} = \delta_{ij} - \psi_{ij} \quad (6.4.29)$$

6.4.4 弹塑性损伤理论[①]

弹塑性材料可以发生弹性变形和塑性变形。受损弹塑性材料,其基本状态量取为:应变张量 ε_{ij} 和绝对温度 T;内变量取为二阶损伤状态参量 ψ_{ij}、累积微塑性应变 π 和累积宏观塑性应变 p。一般认为损伤材料的损伤与热弹性耦合且微塑性变形伴随弹性变形过程,则受损弹塑性材料的自由能密度函数可分为弹性和塑性两部分,即

$$\Phi = \Phi(\varepsilon_{ij}^e, T, \pi, p, \psi_{ij}) = \Phi^e(\varepsilon_{ij}^e, T, \pi, \psi_{ij}) + \Phi^p(T, p) \quad (6.4.30)$$

相应的率方程为

$$\dot{\Phi} = \frac{\partial \Phi}{\partial \varepsilon_{ij}^e} \dot{\varepsilon}_{ij}^e + \frac{\partial \Phi}{\partial T} \dot{T} + \frac{\partial \Phi}{\partial \pi} \dot{\pi} + \frac{\partial \Phi}{\partial p} \dot{p} + \frac{\partial \Phi}{\partial \psi_{ij}} \dot{\psi}_{ij} \quad (6.4.31)$$

应用式(6.3.1)、能量方程以及 $\varepsilon_{ij} = \varepsilon_{ij}^e + \varepsilon_{ij}^p$,$\dot{\varepsilon}_{ij} = \dot{\varepsilon}_{ij}^e + \dot{\varepsilon}_{ij}^p$,则有

$$\left(\sigma_{ij} - \frac{\partial \Phi}{\partial \varepsilon_{ij}^e}\right)\dot{\varepsilon}_{ij}^e + \sigma_{ij}\dot{\varepsilon}_{ij}^p - \left(S + \frac{\partial \Phi}{\partial T}\right)\dot{T}$$
$$- T\dot{S} - \frac{\partial \Phi}{\partial \pi}\dot{\pi} - \frac{\partial \Phi}{\partial p}\dot{p} - \frac{\partial \Phi}{\partial \psi_{ij}}\dot{\psi}_{ij} + \rho r - \mathrm{div}\,h = 0 \quad (6.4.32)$$

由 $\dot{\varepsilon}_{ij}^e$ 和 $\dot{T}$ 的任意性,可得到状态量的表达式:

$$\sigma_{ij} = \frac{\partial \Phi}{\partial \varepsilon_{ij}^e} = \frac{\partial \Phi^e}{\partial \varepsilon_{ij}^e}, \quad S = -\frac{\partial \Phi}{\partial T} \quad (6.4.33)$$

以及内变量二阶损伤状态参量 ψ_{ij}、累积微塑性应变 π 和累积宏观塑性应变 p 的广义对偶力,则损伤扩展力 R_{ij}、微塑性力 Π 和屈服硬化的广义力 P 的表达式分别为

$$R_{ij} = \frac{\partial \Phi}{\partial \psi_{ij}}, \quad \Pi = \frac{\partial \Phi}{\partial \pi}, \quad P = \frac{\partial \Phi}{\partial p} \quad (6.4.34)$$

由此,能量方程可改写为

$$\sigma_{ij}\dot{\varepsilon}_{ij}^p - T\dot{S} - \Pi\dot{\pi} - P\dot{p} - R_{ij}\dot{\psi}_{ij} + \rho r - \mathrm{div}\,h = 0 \quad (6.4.35)$$

当材料的固有力学耗散与热耗散不耦合时,耗散不等式为

$$\sigma_{ij}\dot{\varepsilon}_{ij}^p - \Pi\dot{\pi} - P\dot{p} - R_{ij}\dot{\psi}_{ij} \geqslant 0, \quad -(\boldsymbol{h}\cdot\boldsymbol{g})/T^2 \geqslant 0 \quad (6.4.36)$$

记 $\dot{f}_i = (\dot{\varepsilon}_{ij}^p, \dot{p}, \dot{\psi}_{ij})^T$,它表示通量矢;$F_i = (\sigma_{ij}, -P, -R_{ij})$,它表示通量矢的广义对偶力。由此,式(6.4.36)可以写为

$$F_i \dot{f}_i \geqslant 0 \quad (6.4.37)$$

若耗散势 Ω 为上述广义对偶力和状态变量的函数,即 $\Omega = \Omega(F_i; \varepsilon_{ij}^p, p, \psi_{ij})$,则必有正交关系

$$\dot{f}_i = \frac{\partial \Omega}{\partial F_i} \quad (6.4.38)$$

上式包含各状态变量的演化方程:

[①] 沈为,1995。

$$\dot{\varepsilon}_{ij}^{p} = \frac{\partial \Omega}{\partial \sigma_{ij}}, \quad \dot{p} = -\frac{\partial \Omega}{\partial P}, \quad \dot{\psi}_{ij} = -\frac{\partial \Omega}{\partial R_{ij}} \tag{6.4.39}$$

若引进耗散势 Ω 的弹性能补势 Ω^*,可得到各对偶力的表达式:

$$\sigma_{ij} = \frac{\partial \Omega^*}{\partial \dot{\varepsilon}_{ij}^{p}}, \quad P = -\frac{\partial \Omega^*}{\partial \dot{p}}, \quad R_{ij} = -\frac{\partial \Omega^*}{\partial \dot{\psi}_{ij}} \tag{6.4.40}$$

在损伤力学分析中,有两种常用的等效方式,即应力等效[图 6.4.3(a)]和应变等效[图 6.4.3(b)]。

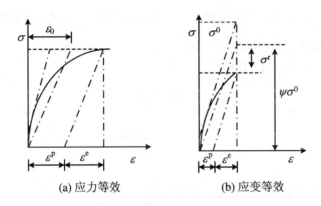

图 6.4.3

注:σ^0 和 ε^0 为虚拟的无损状态,σ^r 为塑性松弛力。

下面基于应力等效[图 6.4.3(a)]建立各向同性损伤介质的弹塑性本构关系。各向同性损伤中,二阶损伤状态参量 ψ_{ij} 退化为标量 ψ。

(1) 在均热和小变形情况下,设余自由能密度函数为

$$\Psi(\sigma_{ij}, \psi, \varepsilon_{ij}^{p}, P) = \Psi_0(\sigma_{ij})/\psi + \sigma_{ij}\varepsilon_{ij}^{p} - \Psi_p(\varepsilon_{ij}^{p}, P) \tag{6.4.41}$$

式中,Ψ_p 为塑性应变和内塑性变量矢量 P 的塑性耗散势,Ψ_0 为无损弹性余能密度函数:

$$\Psi_0(\sigma_{ij}) = \frac{1}{2} E_{ijkl}^{-1} \sigma_{ij} \sigma_{kl} \tag{6.4.42}$$

由此,可得到

$$\varepsilon_{ij}^{0} = \frac{\partial \Psi_0}{\partial \sigma_{ij}}, \quad \varepsilon_{ij} = \frac{\partial \Psi}{\partial \sigma_{ij}} = \psi^{-1} \frac{\partial \Psi_0}{\partial \sigma_{ij}} + \varepsilon_{ij}^{p} \tag{6.4.43}$$

由 $\varepsilon_{ij} = \varepsilon_{ij}^{e} + \varepsilon_{ij}^{p}$,则

$$\varepsilon_{ij}^{e} = \psi^{-1} \frac{\partial \Psi_0}{\partial \sigma_{ij}} = \psi^{-1} \varepsilon_{ij}^{0} \tag{6.4.44}$$

损伤扩展力

$$R = -\frac{\partial \Psi}{\partial \psi} = \frac{\Psi_0(\sigma_{ij})}{\psi^2} \tag{6.4.45}$$

(2) 损伤分析。

判断复杂应力下材料的损伤状态,采用等效应力 $\bar{\tau}$ 来进行。定义等效应力 $\bar{\tau}$ 的表达式为 $\bar{\tau} = (E_{ijkl}^{-1} \sigma_{ij} \sigma_{kl})^{1/2}$,则材料的损伤判定条件为

$$g_d(\bar{\tau}, r_{Dth}) = \bar{\tau} - r_{Dth} \leqslant 0 \tag{6.4.46}$$

式中，r_{Dth}为等效应力表达的损伤门槛值，与时间相关。

若存在耗散势Ω_d，则损伤演化方程为

$$\dot{\psi} = -d\lambda_\psi \frac{\partial \Omega_d}{\partial R} \tag{6.4.47}$$

其中，$d\lambda_\psi$为待定算子，且$d\lambda_\psi = \dot{r}_{Dth}$。

由此，可得到损伤的加、卸载条件为

$$d\lambda_\psi \geqslant 0, \quad g_d \leqslant 0, \quad d\lambda_\psi \cdot g_d = 0 \tag{6.4.48}$$

其物理意义：若$g_d < 0$，则$d\lambda_\psi = 0$，因此$\dot{\psi} = 0$，损伤不会发展；若$d\lambda_\psi > 0$，则$\dot{r}_{Dth} > 0$，为损伤加载，因此$g_d = 0$，则$d\lambda_\psi = 0$，且$\dot{\psi} < 0$，损伤发展。

用一致性条件$\dot{g}_d = 0$可以得到$d\lambda_\psi$，即有

$$d\lambda_\psi = \dot{\bar{\tau}} \tag{6.4.49}$$

因此，损伤演化方程可表达为

$$\dot{\psi} = -\dot{\bar{\tau}} \frac{\partial \Omega_d}{\partial R} \tag{6.4.50}$$

(3) 弹性损伤本构关系。

由式(6.4.43)和式(6.4.44)可知，若无进一步的塑性产生，则有

$$\dot{\varepsilon}_{ij} = -\psi^{-2} \dot{\psi} \frac{\partial \Psi_0}{\partial \sigma_{ij}} + \psi^{-1} \frac{\partial^2 \Psi_0}{\partial \sigma_{ij} \partial \sigma_{kl}} \dot{\sigma}_{kl}$$

将式(6.4.42)和式(6.4.50)代入上式，可得到

$$\dot{\varepsilon}_{ij} = \psi^{-2} \dot{\bar{\tau}} \frac{\partial \Omega_d}{\partial R} \frac{\partial \Psi_0}{\partial \sigma_{ij}} + \psi^{-1} E_{ijkl}^{-1} \dot{\sigma}_{kl} \tag{6.4.51}$$

将$\dot{\bar{\tau}} = \bar{\tau}^{-1} \frac{\partial \Psi_0}{\partial \sigma_{ij}} \dot{\sigma}_{ij}$代入，则有

$$\dot{\varepsilon}_{ij} = \psi^{-2} \bar{\tau}^{-1} \frac{\partial \Omega_d}{\partial R} \frac{\partial \Psi_0}{\partial \sigma_{ij}} \frac{\partial \Psi_0}{\partial \sigma_{kl}} \dot{\sigma}_{kl} + \psi^{-1} E_{ijkl}^{-1} \dot{\sigma}_{kl} \tag{6.4.52}$$

或者简写为

$$\dot{\varepsilon}_{ij} = C_{ijkl}^{-1} \dot{\sigma}_{kl} \tag{6.4.53}$$

式中，C_{ijkl}^{-1}为弹性损伤的切线柔度张量，其表达式为

$$C_{ijkl}^{-1} = \psi^{-2} \bar{\tau}^{-1} \frac{\partial \Omega_d}{\partial R} \frac{\partial \Psi_0}{\partial \sigma_{ij}} \frac{\partial \Psi_0}{\partial \sigma_{kl}} + \psi^{-1} E_{ijkl}^{-1} \tag{6.4.54}$$

(4) 弹塑性损伤本构关系。

在应力空间中的屈服函数为

$$f_d = f_d(\sigma, P) \tag{6.4.55}$$

弹性损伤的准则为

$$f_d(\sigma, P) \leqslant 0 \tag{6.4.56}$$

则相应的塑性响应可表示为

$$\dot{\varepsilon}_{ij}^p = d\lambda_p \frac{\partial f_d}{\partial \sigma_{ij}}, \quad \dot{p}_i = d\lambda_p h_{pi}(\sigma_{ij}, p_i) \tag{6.4.57}$$

式中，$d\lambda_p$为待定算子，h_{pi}为硬化率。

加、卸载条件为

$$d\lambda_p \geqslant 0, \quad f_d \leqslant 0, \quad d\lambda_p \cdot f_d = 0 \tag{6.4.58}$$

由式(6.4.43),对时间求导,则有

$$\dot{\varepsilon}_{ij} = -\psi^{-2}\dot{\psi}\frac{\partial \Psi_0}{\partial \sigma_{ij}} + \psi^{-1}\frac{\partial^2 \Psi_0}{\partial \sigma_{ij} \partial \sigma_{kl}}\dot{\sigma}_{kl} + \dot{\varepsilon}_{ij}^p \tag{6.4.59}$$

联立式(6.4.59)和式(6.4.57),并考虑式(6.4.51),可得到

$$\dot{\varepsilon}_{ij} = C_{ijkl}^{-1}\dot{\sigma}_{kl} + d\lambda_p \frac{\partial f_d}{\partial \sigma_{ij}}, \quad \dot{\sigma}_{ij} = C_{ijkl}\left(\dot{\varepsilon}_{kl} - d\lambda_p \frac{\partial f_d}{\partial \sigma_{kl}}\right) \tag{6.4.60}$$

对屈服函数应用一致性条件:

$$\dot{f}_d = \frac{\partial f_d}{\partial \sigma_{ij}}\dot{\sigma}_{ij} + \frac{\partial f_d}{\partial p_i}\dot{p}_i = 0 \tag{6.4.61}$$

联立式(6.4.59)~式(6.4.61),则有

$$d\lambda_p = \frac{C_{ijkl}\dot{\varepsilon}_{kl}\dfrac{\partial f_d}{\partial \sigma_{ij}}}{C_{ijkl}\dfrac{\partial f_d}{\partial \sigma_{ij}}\dfrac{\partial f_d}{\partial \sigma_{kl}} - \dfrac{\partial f_d}{\partial p_i}h_{pi}} \tag{6.4.62}$$

由此,可得到弹塑性损伤本构关系为

$$\dot{\sigma}_{ij} = C_{ijkl}^{ep}\dot{\varepsilon}_{kl} \tag{6.4.63}$$

其中,弹塑性损伤切线模量为

$$C_{ijkl}^{ep} = C_{ijkl} - \frac{C_{ijmn}\dfrac{\partial f_d}{\partial \sigma_{mn}}C_{klop}\dfrac{\partial f_d}{\partial \sigma_{op}}}{C_{ijkl}\dfrac{\partial f_d}{\partial \sigma_{ij}}\dfrac{\partial f_d}{\partial \sigma_{kl}} - \dfrac{\partial f_d}{\partial p_i}h_{pi}} \tag{6.4.64}$$

同样过程,基于应变等效[图6.4.3(b)]也可以建立各向同性损伤介质的弹塑性本构关系。

在均热和小变形情况下,设自由能密度函数为

$$\Phi(\varphi_{ij}, \psi, \sigma_{ij}^r, p) = \psi\Phi_0(\sigma_{ij}) - \varepsilon_{ij}\sigma_{ij}^r + \Phi_p(\sigma_{ij}^r, p) \tag{6.4.65}$$

式中,Φ_p为p和塑性松弛应力的塑性势函数,Φ_0为无损弹性应变能密度函数,标量ψ表征材料的各向同性连续性,σ^r为塑性松弛应力[图6.4.3(b)],p为一组塑性内变量。

可依据应力-应变的正交关系,得到应力的表达式为

$$\sigma_{ij} = \frac{\partial \Phi}{\partial \varepsilon_{ij}} = \psi\sigma_{ij}^0 - \sigma_{ij}^r \tag{6.4.66}$$

此时,判断复杂应力下材料的损伤状态,则采用等效应变$\bar{\gamma}$来进行。等效应变表达式为$\bar{\gamma} = (E_{ijkl}\varepsilon_{ij}\varepsilon_{kl})^{1/2}$,则材料的损伤判定条件为

$$g_{1d}(\bar{\gamma}, r_{1th}) = \bar{\gamma} - r_{1th} \leqslant 0 \tag{6.4.67}$$

式中,r_{1th}为等效应变表达的损伤门槛值,与时间相关。

若存在耗散势Ω_{1d},则损伤演化方程为

$$\dot{\psi} = -d\lambda_\psi \frac{\partial \Omega_{1d}}{\partial R} \tag{6.4.68}$$

其中,$d\lambda_\psi$为待定算子,且$d\lambda_\psi = \dot{r}_{1th}$。

由此,可得到损伤的加、卸载条件为

$$d\lambda_\psi \geqslant 0, \quad g_{1d} \leqslant 0, \quad d\lambda_\psi \cdot g_{1d} = 0 \qquad (6.4.69)$$

其物理意义:若 $g_{1d}<0$,则 $d\lambda_\psi=0$,因此 $\dot{\psi}=0$,损伤不会发展;若 $d\lambda_\psi>0$,则 $\dot{r}_{Dth}>0$,为损伤加载,因此 $g_{1d}=0$,则 $d\lambda_\psi=0$,且 $\dot{\psi}<0$,损伤发展。

用一致性条件 $\dot{g}_{1d}=0$ 可以得到 $d\lambda_\psi$,即有

$$d\lambda_\psi = \dot{\gamma} \qquad (6.4.70)$$

因此,损伤演化方程可表达为

$$\dot{\psi} = -\dot{\gamma}\frac{\partial \Omega_{1d}}{\partial R} \qquad (6.4.71)$$

由此可得到,弹性损伤的本构关系为

$$\dot{\sigma}_{ij} = C_{ijkl}\dot{\varepsilon}_{kl} \qquad (6.4.72)$$

式中,弹性损伤切线张量表达式为

$$C_{ijkl} = \psi E_{ijkl} - \sigma_{ij}^0 \sigma_{kl}^0 \bar{\gamma}^{-1} \frac{\partial \Omega_{1d}}{\partial R} \qquad (6.4.73)$$

弹塑性损伤本构关系为

$$\dot{\sigma}_{ij} = C_{ijkl}^{ep}\dot{\varepsilon}_{kl} \qquad (6.4.74)$$

其中,弹塑性损伤切线模量为

$$C_{ijkl}^{ep} = \psi \widetilde{C}_{ijkl}^{ep} - \tilde{\sigma}_{ij}\sigma_{kl}^0 \bar{\gamma}^{-1}\frac{\partial \Omega_{1d}}{\partial R} \qquad (6.4.75)$$

式中,

$$\widetilde{C}_{ijkl}^{ep} = E_{ijmn}\left\{\delta_{mk}\delta_{nl} - \frac{\dfrac{\partial f_{1d}}{\partial \tilde{\sigma}_{mn}}\dfrac{\partial f_{1d}}{\partial \sigma_{op}}E_{opkl}}{E_{stuv}\dfrac{\partial f_{1d}}{\partial \sigma_{st}}\dfrac{\partial f_{1d}}{\partial \sigma_{uv}} - \dfrac{\partial f_{1d}}{\partial p_w}h_{pw}}\right\} \qquad (6.4.76)$$

屈服函数 f_{1d} 的表达式为

$$f_{1d} = f_{1d}(\bar{\sigma}_{ij}, p_i) = f_{1d}(\sigma_{ij}^0 - \tilde{\sigma}_{ij}^r, p_i) \qquad (6.4.77)$$

以上两种等效目前都有较多的研究,但均有其应用范围。事实上,为了满足更广泛的适用性要求,也可在损伤体系满足自洽原理的基础上建立相应的弹塑性损伤本构关系。

6.5 损伤变量

6.5.1 损伤变量的宏观研究方法

损伤变量的宏观研究方法目前主要有以下几种:

1. 剩余寿命法[①]

材料损伤必将影响材料在任意一种加载条件下的寿命。因此,可利用剩余寿命来度量材料的当前损伤。设已具有一定损伤的试件在某一标准度量实验中的寿命N,则定义该试件的损伤量为

$$D = 1 - N/N_f \tag{6.5.1}$$

其中,N_f为无损伤试件的寿命。显然$0 \leqslant D \leqslant 1$,且$D=0$对应无损伤状态,$D=1$对应失效状态。该法适用于任何形式的损伤场合,但有两个明显的缺点:① 要测量在任何一个损伤进程中任意某个时刻的当前损伤,都必须至少做一个专门的破坏性实验,代价较大;② 如此定义的损伤量不唯一,与标准度量实验方法有关。

2. 强度折减法

材料损伤导致材料强度下降。因此,可利用材料强度的降低量来定义和测量损伤。这个方法最初是 Henry(1955)在对疲劳损伤累积理论的研究中提出的,后经 Bui Quac 等(1982)发展,推广运用到蠕变、蠕变与疲劳相互作用等场合。在疲劳加载条件下,定义材料损伤为材料疲劳极限的降低量,即

$$D = (\sigma_{e0} - \sigma_e)/(\sigma_{e0} - \sigma_{ec}) \tag{6.5.2}$$

其中,σ_{e0},σ_e,σ_{ec}分别为材料疲劳极限的初始值(对应无损状态)、损伤状态的当前值和失效状态的临界值。

在应力条件下,Bui Quac 利用某些实验结论,给出了由式(6.5.2)定义的损伤变量的实用算式:

$$D = \bar{n} \Big/ \left[\bar{n} + (1 - \bar{n}) \frac{\bar{\sigma} - (\bar{\sigma}/\bar{\sigma}_u)^8}{\bar{\sigma} - 1} \right] \tag{6.5.3}$$

其中,$\bar{\sigma} = \sigma/\sigma_{e0}$,$\bar{\sigma}_u = \sigma_u/\sigma_{e_0}$,$\sigma_u$为材料单轴拉伸强度,$\sigma$为循环控制应力峰值,$\bar{n}$为循环比。于是,在应力控制疲劳进程中,只要计算循环比$\bar{n}$,即可由式(6.5.3)求出材料的当前损伤。

3. 有效应力法

有效应力的概念最初是由 Kachanov(1986)提出的,一个具有损伤D的材料单元在应力σ作用下产生的应变与无损单元在应力$\bar{\sigma}$作用下产生的应变相等,这里的$\bar{\sigma}$称为有效应力,即

$$\bar{\sigma} = \sigma/(1 - D) \tag{6.5.4}$$

按此定义的损伤变量D可解释为因材料内部损伤而导致的有效承载面积的丧失。事实上,若将损伤变量定义成有效承载面积的变化:

$$D = (S - \bar{S})/S \tag{6.5.5}$$

其中,S为无损伤材料的承载面积,$\bar{S}$为损伤材料的有效承载面积。损伤变量D的演化规律为

$$\dot{D} \approx 1/(1 - D)^v \tag{6.5.6a}$$

式中,v为待定常量。而受损材料的应力σ则用其有效面积计算,即

[①] Woodford,1973;Chaboche,1982。

$$\sigma \approx \sigma_0/(1-D) \tag{6.5.6b}$$

其中,σ_0 为外加名义应力。通过上述方式,可将损伤变量 D 作为内变量引入本构方程,从而在连续介质的框架内描述损伤演化。

根据有效应力概念定义的损伤变量可以较方便地在多种损伤进程中加以测定。

(1) 流动损伤(Lemaitre,1985)。

设 $E,\widetilde{E}$ 分别为无损伤和有损伤材料的弹性模量,根据 Hooke 定律和有效应力概念,在单轴拉伸下有 $\sigma = E\varepsilon_e$ 和 $\widetilde{\sigma} = \widetilde{E}\varepsilon_e$,从而得到

$$D = 1 - \widetilde{E}/E \tag{6.5.7}$$

即在流动损伤进程中,可通过材料弹性模量的变化测量当前损伤。另外,也可利用剪切模量 G 的变化来测量材料流动损伤。

(2) 疲劳损伤(Chaboche,1982)。

在疲劳加载条件下,由于循环硬化软化现象,使材料损伤的测定趋于困难,但在有些情况下仍可以测定。考虑应力控制疲劳,记无损伤材料在稳定滞回圈处的塑性应变变程为 $\Delta\varepsilon_p^*$,损伤材料在同一应力变程下塑性应变变程为 $\Delta\varepsilon_p$,根据循环应力-应变方程和有效应力概念,应有 $\Delta\sigma = K'\Delta\varepsilon_p^{*n'}$ 和 $\Delta\overline{\sigma} = K'(\Delta\varepsilon_p)^{n'}$。由此得到

$$D = 1 - (\Delta\varepsilon_p^*/\Delta\varepsilon_p)^{n'} \tag{6.5.8}$$

这里假设无损伤材料直至循环应力-应变滞回圈稳定时(约半寿命处)仍是无损伤的。对于应变控制疲劳,可类似利用应力下降量来测量损伤。根据有效应力概念定义的损伤变量可较方便地在各种损伤进程中加以测定,并容易推广到各向异性损伤场合。因此,该法目前是最有影响的方法,用得最多。

值得注意的是:以上过程损伤变量的定义及其演化规律是唯象的而且是经验的,难以反映深层次的物理机理。同时,正是由于其唯象性,出现了各种不同的损伤定义,正如前面讲的,从有效承载面积的减少到弹性模量的相对变化等的定义。这些从不同角度定义的损伤变量,在连续介质损伤力学的框架内很难做统一的描述。显然,完全局限于宏观描述来处理材料的损伤问题是不够的,这就需要引进统计分布。

4. 材料强度的 Weibull 统计分布法(樊坚强,1994)

由于脆性材料强度的分散性和尺寸效应影响等特点,用普通的断裂力学不能给出满意的解释。1949 年瑞典工程师 Weibull 提出了用统计概率密度函数来表示疲劳断裂失效分布,后来推广应用很广。大多数材料的脆性断裂强度 σ_f 因不同的样品可有很大的变化,需要采用统计描述。这种差异起源于材料内部的无序性。如果假定系统的最终失效由系统内最弱的部分控制,即系统内部最弱的部分最先破坏,则断裂强度 σ_f 的分布函数的计算可简化为计算系统内最弱部分的断裂强度 σ_f 分布函数,这称为最弱链原理(夏蒙芬等,1995)。通常认为,断裂强度的数据可用 Weibull 分布函数拟合。最常用的就是 Weibull 在 1951 年提出的 Weibull 分布,他利用最弱链原理唯象地得到了断裂概率分布的经验公式:

$$p_f = \begin{cases} 1 - \exp\left[-V\left(\dfrac{\sigma - \sigma_\mu}{\sigma_0}\right)^m\right] & (\sigma > \sigma_\mu) \\ 0 & (\sigma \leqslant \sigma_\mu) \end{cases} \tag{6.5.9}$$

其中，p_f 是材料的断裂概率，σ 是加载应力，σ_μ 是断裂概率等于 0 时的阈值应力（通常取等于或小于屈服应力的一半），σ_0 是参数，m 称为 Weibull 参数（可取 3 到 12 之间的值）。

由式(6.5.9)可得材料断裂概率密度为

$$g(\sigma) = \frac{\mathrm{d}p_f}{\mathrm{d}\sigma} \tag{6.5.10}$$

则平均断裂强度为

$$\bar{\sigma}_f = \int_0^\infty \sigma g(\sigma)\mathrm{d}\sigma = \int_0^1 \sigma \mathrm{d}p_f \tag{6.5.11}$$

通过积分得到

$$\bar{\sigma}_f = \begin{cases} \dfrac{\sigma_0}{V^{1/m}}\Gamma\left(1+\dfrac{1}{m}\right) & (\sigma_\mu = 0) \\ \sigma_\mu + \dfrac{\sigma_0}{V^{1/m}}\Gamma\left(1+\dfrac{1}{m}\right) & (\sigma_\mu \neq 0) \end{cases} \tag{6.5.12}$$

式中，Γ 是伽玛函数，V 为体积，如 $\sigma_\mu \ll \bar{\sigma}_f$，则有

$$\frac{\bar{\sigma}_f(V_1)}{\bar{\sigma}_f(V_2)} = \left(\frac{V_2}{V_1}\right)^{\frac{1}{m}} \tag{6.5.13}$$

由式(6.5.11)可得断裂强度的方差：

$$\mathrm{Var}(\sigma) = \int_0^\infty \sigma^2 g(\sigma)\mathrm{d}\sigma - \bar{\sigma}_f^2 = \int_0^1 \sigma^2 \mathrm{d}P_f - \bar{\sigma}_f^2 \tag{6.5.14}$$

由此，m 越大，断裂强度的分散性越小；m 越小，分散性越大（图 6.5.1）。体积越大，断裂强度的分散性越小（图 6.5.2）；由式(6.5.13)得，体积越小，断裂强度的分散性越大。由式(6.5.12)可知，体积越大，平均强度越小。

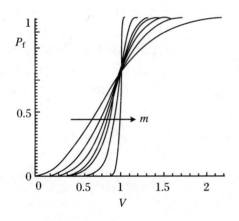

图 6.5.1 断裂强度的分散性与 Webull 参数的关系

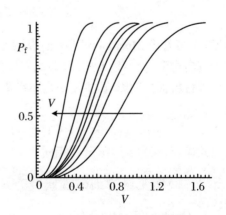

图 6.5.2 断裂强度的分散性与体积的关系

损伤对材料其他物理参数也有影响，如密度、电阻率、声速、蠕变速率等。因此，也可利用这些参数的变化来定义与测量损伤。但这些方法用得很少。迄今为止所使用的不同的损伤变量有标量、矢量、二至八阶张量等。Lemaitre 等(1982)引入弹性张量的减小作为损伤变量，虽对弹性损伤有价值，但在描述弹塑性损伤时就显得物理基础不够坚实。范镜泓等(1988a,b,c)引入了三个标量 Z^*，x_0，x_1 作为弹塑性损伤的度量，可以满足他所提出的损伤

内变量与塑性内变量互相耦合的模型需要。这种实际上存在的耦合，在 Kachanov(1958) 的工作中被忽略了，因而严格来说它只适用于脆性材料的蠕变。此后 Rabotnov(1963) 用简单方式引入了这种耦合，后来则由 Lemaitre(1985) 扩展为等效应变假设，即用受损后材料的有效应力代替无损材料本构方程的应力来建立损伤材料的本构方程，显然这是一种较近似的工程方法。Mazars(1985,1986) 将脆性和拟脆性材料中微裂纹的方向效应引入了损伤描述。

损伤具有明显的方向性，但在很多实际情况中，由于孔隙是随机分布的或球形孔隙是均匀分布的，所以采用各向同性损伤的假设是较为合适的。但若孔隙密度很大或变形是各向异性的，则应考虑损伤是各向异性的情况，这时标量性的损伤变量具有一定的局限性。1985 年，Collombet 引入了四阶张量以描述材料各向异性损伤行为。1985 年，Ortiz 在混凝土的描述中引入了附加密度张量以解释微裂纹张开对损伤的影响。1987 年，Simo 和 Ju 在其连续介质损伤力学模型中引入了基于延性应变的各向同性损伤和基于脆性应变的各向异性损伤。1989 年，Ju 将应变张量分解为与弹性损伤和塑性损伤对应的部分。1990 年，Suaris 和 Ouyang 用类似双面理论的概念，引入了加载面和边界面以定义损伤与失效。1991~1994 年，Fan 和 Peng 等发展了一种热力学相容的本构理论。通过对不同问题的分析，已证明该理论可包含 Hacohe 的黏塑性本构模型和 Valanis 的内时塑性本构模型。通过引入四阶各向异性损伤张量及其演化和损伤的方向效应，建立了混凝土的损伤本构模型。Murakami 等长期进行各向异性损伤的研究，但由于提出的损伤张量较复杂而且观念不够清晰，所以进展较缓慢。后来他又提出了虚拟无损构形的概念，将 Kachanov-Rabotnov 蠕变损伤的原始思想拓展到一般的三维异性损伤情况。

在此思想下，损伤变量 D 可由损伤材料真实的横截面积 A 与随损伤发展而不断减小的净承载面积 A^* 之间的关系表征，即

$$A^* = (1-D)A, \quad D = \frac{A-A^*}{A} \tag{6.5.15}$$

这里，A 可看成 Murakami 引入的虚拟无损构形。之所以说它是虚拟的，是因为它是受损材料的真实构形，而不是无损的，即把有损的看成无损的。将式(6.5.10)用于应力分析，则它意味着材料损伤的影响，主要是由于净承载面积减小而造成了应力的增加，这种应力称为有效应力 $\bar{\sigma}$：

$$\bar{\sigma} = P/A^* = P/[(1-D)A] = \sigma/(1-D) \tag{6.5.16}$$

可见式(6.5.16)与式(6.5.4)相同。

6.5.2 损伤变量的细微观研究方法

1. Duxbury-Leath 分布

Duxbury-Leath 分布是 Duxbury 等(1987)利用最大临界缺陷概率在逾渗理论和计算机的大量模拟基础上提出来的。考虑一个尺度为 L 的逾渗网络，其占据的概率为 P，如图 6.5.3 所示。根据逾渗理论，在这个网络内出现长度为 c，方向垂直于外应力的缺陷的概率密度为(樊坚强，1994)

$$p(c) = P^2(1-P)^c P^{2(c+1)} \tag{6.5.17}$$

$$p(c) = P^4 \exp[-c\varphi(P)] \tag{6.5.18}$$

其中，
$$\varphi(P) = \ln\frac{1}{(1-P)P^2} \quad (6.5.19)$$

根据最弱链原理可得 Duxbury-Leath 分布为

$$P_f = 1 - \exp\left[-c_1 L^2 \exp\left(\frac{-k}{\sigma^2}\right)\right] \quad (6.5.20)$$

其中，$c_1 = \dfrac{P^4}{\varphi(P)}$，$k = B\varphi(P)$，$B$ 为常量。考虑一条长度为 c 的裂纹，忽略裂纹之间的相互作用，可以近似认为 Griffith 断裂准则为 $\sigma^2 c = \dfrac{2}{\pi} K_{Ic} U(\beta)$。其中 K_{Ic} 是材料的断裂韧度，β 是裂纹与外应力的夹角，U 为无量纲量，假定裂纹分布是均匀的，则在研究的微元体可近似认为 $\sigma^2 c = B$，所以得到 $\dfrac{2}{\pi} K_{Ic} U(\beta) = B =$ 常量。

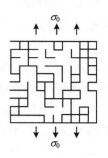

图 6.5.3 断裂强度的逾渗网络模型

同样可根据式(6.5.11)得到 Duxbury-Leath 分布下的平均强度，不过不能得到解析解，仅有数值结果。一般令 $P_f = 1/2$ 时的强度为近似平均强度，即

$$\bar{\sigma}^2 = \frac{1}{A(p) + B(p)\ln L} \quad (6.5.21)$$

其中，$A(p)$，$B(p)$ 是参数。

实际上，只有内部非均匀性有很宽统计分布的无序介质，其断裂强度分布才可由 Weibull 分布描写。在其他情况下，σ_f 的分布不具有 Weibull 统计的形式，也就是说还有其他的分布形式。最弱链强度理论及 Weibull 统计分布基于简单的统计假设，因此虽有较宽的适用范围，但却缺乏更深层的物理基础。在研究断裂强度分布与微裂纹分布的关系时，发现 Webull 分布的实质是它所隐含的微裂纹分布是代数分布形式。

所以，Weibull 分布的基础是材料内部的缺陷存在代数分布，而 Duxbury-Leath 分布的基础是材料内部的缺陷存在指数分布。这两种分布究竟哪个更符合实际？Weibull 分布经历了几十年的考验，Duxbury-Leath 分布经历了大量计算机模拟检验。在工程应用上，如果对精度要求不高，这两种分布是很容易混淆的。材料内部的微裂纹究竟存在什么样的分布，什么样的材料内部微裂纹具有代数分布，什么样的材料内部具有指数分布，这些分布是否会发生变化，是需要研究的。

2. 微观统计和非平衡统计断裂力学[①]

20 世纪 70 年代，基于对动态破坏试样的显微观测，Curran 等(1973)指出，材料的损伤状态依赖于其内部微缺陷的统计分布规律及演化特性，提出成核与扩展（NAG）模型，把成核率 $\dot{N}$ 与扩展速率 $\dot{R}$ 分别表述为

$$\dot{N} = \dot{N}_0 \exp[(\sigma - \sigma_{n0})/\sigma_1] \quad (6.5.22)$$

$$\dot{R} = [(\sigma - \sigma_{g0})/4\eta] R \quad (6.5.23)$$

式中，$\dot{N}_0$ 为成核率阈值，σ_{n0} 为成核应力阈值，σ_1 为成核的应力敏感参数，σ_{g0} 为扩展应力阈

---
① 夏蒙棼等，1995。

值，η 为材料的黏性，R 为微缺陷的尺度。在损伤演化过程中，微损伤的数目分布保持为指数形式：

$$N_g(R) = N_t \exp(-R/R_0) \tag{6.5.24}$$

式中，$N_g(R)$ 为单位体积内尺寸大于或等于 R 的微损伤数，R_0 为损伤分布的特征参数，N_t 为单位体积内微损伤的总数。

下面考虑孔洞型韧性损伤。由式(6.5.22)～式(6.5.24)，便可写出孔洞总体积。如果对密实材料采用 Grüneisen 状态方程，便可有

$$P = \frac{\rho}{\rho_s} P_s = \frac{\rho}{\rho_s}[K(\rho_s/\rho_0 - 1) + \Gamma \rho_s E] \tag{6.5.25}$$

其中，P 为压力，P_s 为密实材料有效应力，ρ_s 为密实材料的密度，ρ_0 为材料的初始密度，Γ 为 Grüneisen 系数，E 为内能，K 为体积模量。

基于上述结果，材料的动态断裂过程便可用波传播的程序按常规方法求解。以上便是微观统计断裂力学的基本框架。这种理论既反映了微损伤演化的物理基础，又能把大量微损伤对宏观力学性能的影响纳入宏观理论框架之中，是损伤力学的一个重要的了不起的进展。但是该理论的微损伤数目的统计演化规律在很大程度上是经验性的，缺乏足够的根据。

20 世纪 60 年代，邢修三(1991)开始将非平衡统计理论用于固体材料的断裂问题，他认为微裂纹的成核扩展和连接过程仅与当前及稍早的外应力和固体的微结构有关，而与更早的历史条件无关，这样微裂纹系统的演化过程，可以近似地看成一个马尔可夫过程，它应遵循福克-普朗克方程。

微裂纹的扩展速率可以用广义的朗之万方程描述：

$$\dot{C} = K(c) + F(c,t) = K(c) + \beta(c)f(t) \tag{6.5.26}$$

式中，$K(c)$ 称为迁移长大速率或平均速率，它由材料的平均结构背景和外应力共同确定；c 为宏观裂纹半长；t 为时间；$F(c,t) = \beta(c)f(t)$ 为涨落扩展速率，由材料的不平均结构和外应力一起确定；$f(t)$ 为涨落函数；$\beta(c)$ 为涨落放大系数。并假定 $f(t)$ 满足高斯分布，即 $\langle f(t) \rangle = 0$。

$$f(t)f(y) = Q\delta(t-y) \tag{6.5.27}$$

其中，Q 为涨落系数，δ 为 δ 函数。引入微裂纹出现概率 P 方程(邢修三，1991)：

$$\frac{\partial P}{\partial t} = -\frac{\partial}{\partial c}\left\{\left[K(c) + \frac{Q}{2}\beta(c)\frac{\partial \beta}{\partial c}\right]P\right\} + \frac{Q}{2}\frac{\partial^2}{\partial c^2}(\beta^2 P) \tag{6.5.28}$$

此后，邢修三通过若干假设计算以沟通 P 和断裂与损伤的关系。应用位错模型，计算了概率 P 和微裂纹总数 M。为了将这些结果与断裂联系起来，邢修三采用了如下表达式：

$$P(\sigma)d\sigma = P(c)\left|\frac{\partial c}{\partial \sigma}\right|d\sigma \tag{6.5.29}$$

得到一条裂纹在应力 σ 作用下的断裂概率。再依据最弱链模型，按下式计算整个固体材料在应力 σ 作用下发生断裂的概率

$$P_f(\sigma) = 1 - \left[1 - \int_0^\sigma P(\sigma)d\sigma\right]^{MV} \tag{6.5.30}$$

式中，V 为材料体积。并将 $P_f(\sigma)$ 等价于连续介质损伤力学中的损伤变量 D：

$$P_f(\sigma) = D \tag{6.5.31}$$

这样，把整个固体材料在应力 σ 作用下发生的断裂概率（细观）与宏观的连续损伤力学中的损伤变量 D 联系起来了。

3. 材料损伤和破坏的逾渗模型

损伤破坏的逾渗模型把由损伤的积累导致材料破坏的现象视为一种逾渗转变。逾渗就是流体通过多孔介质时，当多孔介质的孔隙被随机堵塞的比例逐渐增大而达到某一值时，流体就突然被完全堵塞而不能流过介质。随着孔隙被随机堵塞程度的变化而出现在一个突然的转折点，在转折点的两侧，流体的流通性质发生了根本的变化。

逾渗模型也用于描述在孔隙度很小时由裂纹所形成的输运过程，岩石中裂纹所占体积比有时并不高，但在输运过程中，这些裂纹的连通性却起着关键作用。逾渗模型可以很好地解释岩石渗透率或电导率的突然变化。在图 6.5.4(a) 中，岩石内部的孔隙式裂纹用很多小球来表示，黑色的表示互相连通的孔隙，白色的表示互不连通的孔隙。最初图 6.5.4(a) 尽管存在着一些连续的流体通道，但由于连通的孔隙式裂纹太少，不能形成连通网络，因此，总体上岩石的渗透性极低。随着连通孔隙式裂纹的逐渐增加，岩石的整体连通孔隙网络形成，岩石的渗透率会有一个突然的变化（陈颙，黄庭芳，2001）[图 6.5.4(b)]。这种物理性质的突变现象是逾渗模型的典型特征（Hammersley，1983，1985；Stauffer，Aharong，1992）。

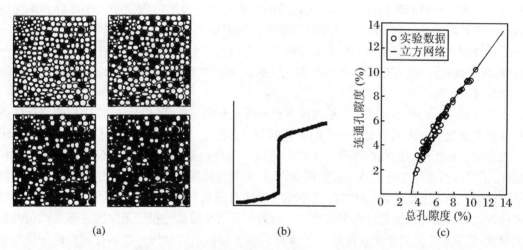

图 6.5.4　逾渗模型的示意图和模拟逾渗模型的立方网络模型（Zhu 等，1995）

Zhu 等（1995）利用立方连通网络模型来模拟岩石内部流体输运的通道[图 6.5.4(a)]。通过逐渐增加岩石内部的孔隙度来增加立方连通网络各通道的连通概率。当岩石中孔隙度很低时，岩石内部互相连通的孔隙很少，岩石的渗透率很低。一旦孔隙度增加到 3% 左右时，岩石内部互相连通的孔隙大量增加，从而形成了连通网络，岩石的渗透率开始急剧增加。图 6.5.4(c) 给出了由立方网络模型计算的结果（图中用实线表示）和实验观测结果（图中用圆圈表示），由图可以看出，两者符合得很好（陈颙，黄庭芳，2001）。从实验室研究的输运机理以及测定的岩石输运参数，可以对输运过程进行理论模拟，并将其广泛地应用于环境成矿、地质稳定性和许多实际问题的研究之中（陈颙，黄庭芳，2001）。

逾渗理论是处理无序系统及随机几何结构很好的方法之一（Stauffer，1985），正如上所述，就是几何结构及某些物理性质在逾渗阈值附近出现异常行为，并满足一定的标度关系。

图 6.5.5 为另一种逾渗网络(樊坚强,1994)。假设其单元由两种材料构成,一种为导体(实线段),其占据率为 P,另一种为绝缘体(虚线段),其占据率为 $q=1-P$。当 P 较小时,系统内没有贯通导电集团存在,小灯不亮,随着 P 的不断增加,导电集团也不断增大,当 P 增大到某一阈值时,系统内突然出现贯通导电集团,网络的性质也同时发生突变,小灯亮了,这种突变现象被称为逾渗网络中的临界现象。P 可以被看成是损伤,损伤程度较低时,系统内只有有限长裂纹存在,随着损伤程度的增加,系统内的裂纹不断地扩展和连接,形成较大裂纹集团。当损伤达到某一阈值 P_0 时,系统内会出

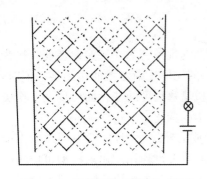

图 6.5.5　逾渗网络(樊坚强,1994)

现一条贯穿裂纹导致材料的宏观断裂。这种定性的讨论虽然和实际相符,但稍加定量讨论就可知道逾渗网络的形成过程与材料的损伤破坏过程是有区别的。这是因为逾渗网络的形成过程是一个独立的随机过程,而材料的损伤破坏过程却是一个与应力历史相关的过程。不过逾渗理论给人们带来的启示是深远的。在逾渗理论的应用中,有些人试图将逾渗网络直接用来模拟材料的断裂行为,Englman(1992)等利用逾渗网络内集团大小的分布来描述岩石破坏后的碎块分布,Gilath(1992)把逾渗网络的临界行为直接用到层裂中并给出了一个层裂判据。然而这些应用都显得十分粗糙。它们忽略了损伤破坏过程中的时间相关这一特性,基于此,更多的人把逾渗网络作为一种引入无序的方法,以此来讨论无序对材料性能的影响(Feng 等,1984)。

早在 20 世纪 70 年代就提出用逾渗观点来研究断裂现象,但到 80 年代中期才将标度不变性和重整化群方法用于无序介质的破坏问题。实际上,材料的破坏并不能归之于临界现象或逾渗。尽管材料的损伤和破坏本质上不属于临界现象,但它与临界现象之间有某些相似性,了解这些相似之处及其相似的程度,有助于研究材料的破坏问题。借助逾渗的临界现象理论可得到如下结论:① 材料内无序细观结构对损伤和破坏过程有重要影响,无序性以多种方式起作用并在演化过程中被放大。材料的损伤和破坏过程是无序性起基本作用的集体现象,但它又不是完全无规律的。② 无序性起主导作用的损伤和破坏过程与逾渗现象相似,相似性的范围取决于无序性的程度。换句话说,对由大量微损伤的随机积累导致的破坏过程可采用逾渗模型。例如,宏观均匀介质损伤的初始阶段,宏观无规非均匀介质的破坏过程以及做快速热循环的材料等。③ 在一定范围内,材料的损伤和破坏过程可采用标度律、普适类等概念描述,它们通常与微观机理的细节无关,有一定的普适性。对于一些有简单标度不变性的系统,采用重整化群的方法得到了宏观破坏的判据。但与临界现象有密切关系的自组织临界性(SOC)的概念也被借用来讨论一些简单系统的破坏问题,得到了一些初步结果。

临界现象理论的发展为无序介质的损伤和破坏问题的研究提供了有深远意义的启示,一些重要的概念和方法已逐渐被引用来描述和处理材料破坏问题,取得了初步结果。逾渗模型适用于无序性占主导的损伤和破坏过程,但对描写更一般的情形是不够的,因为损伤和破坏本质上是远离平衡的演化问题。

4. 材料损伤和破坏的细观模型[①]

在大多数情况下特别是在载荷作用的情况下,材料的损伤、破坏现象本质上也可视为一类远离平衡的生长现象。在生长模型中,假定介质满足连续介质弹性方程,如拉普拉斯方程、Lame 方程等。损伤、破坏的生长模型是当前相当活跃的一个研究方向。在损伤和破坏的生长模型中,材料内部的微损伤的发展是由介质中应变场或应力场来控制的,而微损伤与基体的分界面则相当于介质的内边界,它随损伤的发展而移动。因而在数学上,主要是解一个移动边界的问题。当边界移动后,内边界条件发生变化,需重新求解,故随着损伤的发展需不断地反复求解。

在计算机模拟中,需采用离散模型,比如离散单元法中的独立单元法就是一种在细观尺度上的离散化,与物质的微观原子、分子结构无直接关系。由于介质可采用不同的网络模型,比如逾渗网络、颗粒流等导致介质方程也有不同的形式和离散化方式,因而出现了多种多样的计算机模型。此外,除场方程以外还需引入一些附加规则来决定生长过程,不同的生长规则也导致不同的生长过程,从而导致不同的模型。它们的一个共同特点是生长的每一步均需在大范围内求解场方程,因而是一项计算量非常大的模拟工作。损伤和破坏的生长模型能以很自然的方式引入无序性,并能反映大量微损伤相互作用的集体效应,是一条很有希望的研究途径。

各种生长模型得到了一些有共同性的结果。σ-ε 曲线大体可划分为弱损伤区、极大损伤区及灾变区三个不同的区。

(1) 弱损伤区遵从标度律:

$$F = L^{\alpha}\psi(\lambda/L^{\beta}) \tag{6.5.32}$$

式中,F 为应力,λ 为应变或位移,L 为网络线性尺度。对不同的样本,只呈现较弱的统计涨落,标度指数 α 与 β 具有普适性,与网络的维数有关。ψ 为标度函数。除 σ-ε 曲线外,还有一些其他的标度律,如断键数-应变曲线也遵从标度律。在弱损伤区主要表现为无规成核、扩展及局部连接等过程,基本上是属于无序性控制的。

(2) 在接近宏观破坏的应力极大区,主要表现为从小尺度到大尺度的串级连接过程,这一过程与局部应力集中有很大关系,最终导致网络宏观断裂。在这个区中统计涨落增加,越过极大值以后,曲线呈现突变性特征,出现强烈的统计涨落。在极大区和灾变区,标度律失效,无序材料的破坏过程不能再由其统计平均性质表征。在这两个区,介质内的应力或应变场分布一般是高度非均匀的。不同样本之间统计涨落差异越来越强,最后达到极强烈,这表明样本空间中不同样本的行为已出现显著差异——样本个性行为。简单生长模型的上述行为较好地重现了实际材料损伤、破坏过程的一些重要特征,有助于进一步研究复杂的损伤和破坏过程中带有普适性的规律。

近年来,根据材料损伤和破坏现象的特征,明确了宏观理论与平衡理论均有实质性缺陷。而新理论模式是一种非平衡、非线性的统计演化理论,把力学、统计物理学及非线性科学结合来处理损伤破坏问题,将理论分析、实验观测及数值模拟三者结合。岩石(体)的损伤、破坏是一类非平衡、非线性的动态演化过程,其破坏结果对初始损伤及结构分布有敏感

[①] 夏蒙棼等,1995。

依赖性。从细观来研究岩石的损伤、演化至破坏这个过程,应建立相应的非线性动力学演化模型来加以描述才能反映这个过程的本质特性(郑颖人等,1996)。

因此,把岩石的破坏与远离平衡条件下的非线性动力学系统理论联系起来,有可能成为岩石破坏理论的突破口(郑颖人等,1996)。采用离散介质模型中的离散单元法(dicrete element method,DEM)中的独立单元法(distinct element method)和借用颗粒流代码(particle flow code,PFC)开发出的二维或三维程序,从细观角度模拟岩石或岩体损伤至破坏的动态演化过程,获得了剪切带、压缩带和膨胀带的判据以及利用分叉理论所预测的膨胀带。

5. 生长网络模型

DLA 模型——扩散置限聚集,见图 6.5.6(a)——在网络的中心有一个粒子,称为种子,在网络的边上放入一个粒子,让其做无规则运动直到和中心粒子相碰并结合在一起为止,不断地重复此过程,就会得到树枝类的图案,如图 6.5.6(b)所示,这个过程满足拉普拉斯方程。

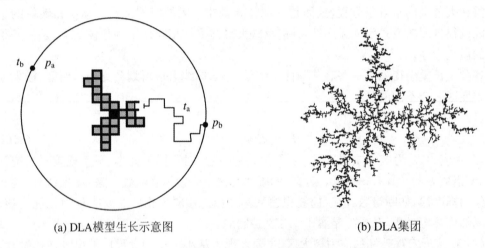

(a) DLA模型生长示意图 (b) DLA集团

图 6.5.6　DLA 模型

电解质击穿模型是 Niemeyer 等(1984)在模拟电解质击穿过程时提出的,如图 6.5.7(a)所示,中心和边界存在一个恒定的电势差,介质中的电场分布满足拉普拉斯方程,介质的击穿从中心逐步向边界扩展,单元的击穿概率和作用在单元上的电流成正比,图 6.5.7(b)为一次实验结果。

黏指模型(viscous-fingering model)是 Van Damme(1987)在一个扁平的玻璃盒中装有一种液体,如图 6.5.8(a)所示,在其中一端注入另一种液体,就会产生类似手指形状的图案,逐渐加大盒中液体的黏度,就出现如图 6.5.8(b)所示的树枝状图案。如果换一种边界条件,在中心注入液体,随着盒中液体黏度逐渐增加,会出现类似于脆性裂纹的图案,如图 6.5.8(c)、(d)所示。这种类似性提示人们在非平衡图形的形成过程中也许存在某种共同的规律,仔细分析这些图案的形成过程可以知道它们受控于拉普拉斯方程,因而这些图形被称为 Laplace 分形生长。标量网络内的这些共性激励人们去探索矢量网络内的共性以及它们之间的共同规律。

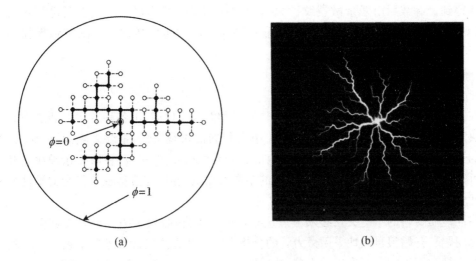

图 6.5.7 电解质击穿模型

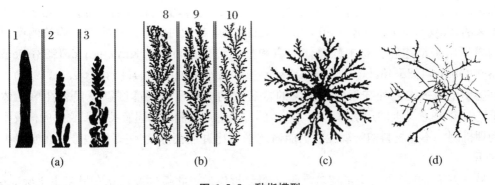

图 6.5.8 黏指模型

6.6 基于微裂纹分析的脆性地质材料连续损伤模型[①]

  为描述在压缩主导的应力场中脆性材料的行为,建立了一种新的以微裂纹为基础的连续损伤模型。产生的损伤由反映微裂纹密度和方向的二阶张量表示,损伤演化率与微裂纹的传播条件有关。基于滑动的翼型裂纹的微观力学分析,实际微裂纹分布由一组受到宏观集中拉应力作用的等效裂纹来代替。用线性断裂力学原理来形成一个合适的宏观传播准则。通过临界裂纹长度来研究微裂纹的合并,它会造成材料的局部化现象和软化行为。此过程考虑微裂纹扩展引起的附加的材料的柔量,破坏时材料的有效弹性柔量由 Gibbs 自由

---

① Shao,Rudnicki,2000。

能函数得到。卸载后由残余微裂纹扩大引起的损伤有关的不可逆应变也要进行考虑。由此,宏观等效本构张量(柔度和刚度)的显示在满足应力集中条件下可确定临界损伤强度因子。

6.6.1 模型的提出

在压应力作用下大部分脆性地质材料(岩石和混凝土性质)由各种取向的裂纹引起的损伤点决定。微裂纹的形成和扩展显著地影响着材料的宏观特性,主要影响如下:应力-应变关系的非线性;弹性特征的退化;引起材料的各向异性;显著的扩容特性;残余裂纹张开引起的不可逆损伤应变;由裂纹闭合效应产生的单向作用的响应;与滑移现象和裂尖塑性带有关的塑性应变;与摩擦机制相关的迟滞环。

脆性地质材料的本构关系必须考虑这些特征。首先,必须解决含微裂纹材料等效特性的估算问题。开始很自然地采用微力学的分析方法。此方法先计算各单个裂纹对材料宏观韧性的贡献和裂纹间相互作用的影响,然后取平均去确定含裂纹弹性固体的等效弹性常量。广泛使用的平均方法是自洽和微分法(Budiansky,O'Connel,1976;Hashin,1988)。另一种可选用的方法是从作为应力和裂纹密度张量的含裂纹固体的 Gibbs 自由能的一般表达式推导出来的(Sayers,Kachanov,1991,1995;Kachanov,1992,1993)。这些方法构筑的微力学本构模型用来描述脆性材料的总体响应和损伤演化(Fanella,Krajcinovic,1988;Nemat-Nasser,Obata,1988;Ju,Lee,1991;Ju,Tseng,1992;Ju,Chen,1994;Prat,Bazant,1996)。运用这些模型的关键之处在于确定相关的微裂纹的成核及扩展准则以及代表性单元体积(REV)中微观意义上的运动律。此类模型的主要优点是能够描述有关微裂纹的成核及生长的物理机制。不过材料的宏观性能仍能通过平均化过程获得,这使得模型难以在实践中得到应用。

另一方面,可采用内变量构筑唯象学的分析模型。此类模型建立在最初由 Kachanov 为金属蠕变破坏提出的有效应力概念的基础上(Lamaitre,1992;Chow,Wang,1987a,b;Ju,1989;Halm,Dragon,1996,1998;Hayakawa,Kurakami,1997;Murakami,Kamiya,1997;Swoboda,Yang,1999a,b 等)。这些模型的优点是在不可逆热力学体系内给出了公式,提出了宏观本构关系,易用于工程分析。缺陷在于使用的某些概念和参数没有明确的物理意义。例如,某类唯象学模型建立在起初由 Kachanov 为金属破坏提出的有效应力概念的基础上(Lamaitre,1992)。虽然这个概念的物理意义在各向同性情况下是清楚的,但直接扩展到各向异性会导致不对称等效张量。另外,许多唯象学模型使用拉伸应变为基础的损伤模型判据。脆性岩石的实验结果揭示,这样的一个判据在三轴压缩与高围压条件下过高地估计了这种初始损伤阈值。唯象学模型也能见到以应力为基础的损伤判据的损伤模型,不过这些模型预测压力主导应力场作用下的脆性地质材料损伤的性能尚未完全被证明。Ortiz(1985)提出了一种不同的方法构筑连续损伤模型,Yazdai and Schrecher(1988,1989)进一步扩充。他们的理论基于运动学对损伤引起的应变的定义。不过材料损伤状态并未给出一个物理意义上的状态变量来恰当地定义。另一种不同的方法是基于微观分析有关结果的连续损伤模型。Costin(1985)提出了基于微裂纹的模型,建议用一个等效宏观损伤判据去描述微裂纹扩展,这种模型的修正形式已由 Rudnicki 和 Chau(1996)用于不同的岩石。虽然这种模型在实验室实验水平上能够预测脆性岩石的基本力学性能,但要解决实际工程问题却非易事。主要原因是损伤材料的等效弹性张量没有给出明显的公式。本节以微裂纹为基础的损伤模型克服了 Costin 模型所遇到的困难。

现在的模型旨在结合唯象学模型和微观力学模型的主要优点。引起的损伤由二阶张量表示,反映微裂纹的密度和方向,损伤演化率与微裂纹的扩展条件相关。实际微裂纹分布对材料宏观特性的作用等同于一组虚构的裂纹受到宏观集中拉应力作用,等效弹性柔度张量由某个合适的 Gibbs 自由能函数推出。另外,卸载后,由残余微裂纹张开引起的不可逆损伤应变也予以考虑,并竭力使每个模型参量对应于一个物理意义,可以从可测的实验数据中得到。不过由微裂纹闭合引起的单向效应现在的模型未予考虑(Chaboche,1992)。

6.6.2 基于微裂纹的连续损伤模型

微裂纹的成核与长大导致宏观弹性性能的弱化。主要是弹性柔度的增加(或者弹性刚度的减小)和引发的材料各向异性,由于卸载后残余的微裂纹张开形成了与损伤有关的不可逆变形,另外,沿某些优势面可能形成塑性流动和滑移现象。不过在大部分的脆性岩石中,与损伤生长相比,塑性流动是比较小的,因此,现在的模型不考虑塑性流动,需包含塑性流动的扩充模型也易如反掌,相应地损伤材料的本构方程可以写为如下通式:

$$\varepsilon - \varepsilon^r(D) = S(D):\sigma = [S^0 + S^0(D)]:\sigma \tag{6.6.1}$$

式中,$S(D)$ 为四阶对称等效弹性柔度张量,即无损状态的初始柔度张量 S^0 和由于微裂纹而增加的柔度张量的和。内变量 D 用于表征材料损伤状态。二阶对称张量 $\varepsilon^r(D)$ 表示非弹性损伤应变,即使应力降为零时仍然存在。因此,有待完成的工作是损伤变量演化率的确定以及增加的柔度张量和非弹性损伤应变的估算。

1. 基于微裂纹的损伤演化律

主要目的是对受压应力主导的脆性地质材料中的各向异性损伤建模。为描述微裂纹的大小和方向,使用二阶对称张量。从微力学的角度,可由代表性单元(representative element volume,REV)中每个微裂纹的大小和方向确定。

$$D^* = \sum_k d^k(A)(n \otimes n)_k \tag{6.6.2}$$

式中,$D^r(A)$ 为相应的无内聚力区域 A 的裂纹密度,n 是裂纹的单位法向矢量。若假定微缺陷可理想化为币状微裂纹,则裂纹密度张量可表示为

$$D^* = \frac{1}{V}\sum_k (l^3 n \otimes n)_k \tag{6.6.3}$$

式中,V 为 REV 的体积,l 为微裂纹的半径。

大部分地质材料(岩石和混凝土)的形成历史和加工过程含有初始微缺陷。不过,准确确定初始裂纹密度通常很难。假定微裂纹处于随机状态,则产生的损伤量由微裂纹密度的变化来表征:

$$D = \sum_k i\frac{l^3 - l_0^3}{b^3} n \otimes n y_k = \sum_k [(r^3 - r_0^3) n \otimes n]_k \tag{6.6.4}$$

式中,l_0 为初始微裂纹的平均半径,b 为微裂纹相互作用开始加速的特征长度。

损伤张量的定义、损伤演化律可由裂纹扩展条件和微裂纹运动学定律确定,为探求脆性

材料承受压应力条件下微裂纹的主要扩展方式,人们做了大量的实验、理论研究(Wawersik,Brace,1971;Nemat Nasser,1987,1988;Steif,1984;Sammis,Ashby,1986;Fredrich,Wong,1986;Fredrich 等,1989)。应用最广泛的扩展模式是理想化的滑动翼型裂纹模型,这个模型包含两种机制,即沿已有倾斜裂纹的滑动机制和已张开翼型裂纹的拉伸机制。因此,扩展条件由作用在微裂纹的法向应力和剪应力控制。

对于连续损伤模型,必须寻找一个可行的等效宏观扩展判据。为此,假定实际微裂纹对宏观性能的影响,可等效地由虚拟的受宏观集中拉应力并以拉伸模式扩展的平面裂纹来代替。通常,这个拉应力的表达式很复杂。不过大部分脆性岩石三轴压缩实验显示,大部分微裂纹沿垂直于最小压应力的方向扩展,因此,可假定以下与线性断裂力学理论相一致的宏观扩展判据:

$$F(\sigma,r) = \sqrt{r}[\sigma_n + f(r)n \cdot \sigma^d \cdot n] - c_r = 0 \quad (6.6.5)$$

式中,$\sigma_n = n \cdot \sigma \cdot n$ 为单位法向矢量 n 方向上施加的法向应力,二阶张量 $\sigma^d = \sigma - (\sigma_{kk}/3)I$ 表示偏应力,参数 c_r 表示材料抵抗微裂纹扩展的韧度,标量函数 $f(r)$ 描述了传递给局部集中拉应力的外施场应力的比例。这个函数的表达式可近似地由相关的微观力学模型的数值解确定。不过这个函数的通式必须满足某些要求,对于小尺寸裂纹,它将减小,反应局部集中拉应力随裂纹扩展离开源点而松弛;当裂纹尺寸(当 $r=1$)大到与邻近其他裂纹应力场发生相互作用时,$f(r)$ 增加。第一个影响引起初始稳定扩展,第二个影响是裂纹相互作用开始加速,在应力-应变曲线上产生一个峰值应力。下列特定形式具有这些基本特征:

$$f(r) = t\left[1 - \frac{(1-r)^2}{r_0(r_0-1)}\right] \quad (6.6.6)$$

式中,t 为模型参数。在 n 方向上与裂纹簇相关的损伤面由下式给出:

$$(n \cdot \sigma^d \cdot n) = \frac{c_r}{f(r)\sqrt{r}} - \frac{1}{f(r)}\sigma_n \quad (6.6.7)$$

判据式(6.6.5)由 Costin(1985)提出的初始形式来修正,与 Rudnicki 等(1996)使用的判据具有相同的形式,不过物理意义明显不同。在现有的模型里,判据式(6.6.5)是给出加载方向的宏观损伤判据,无量纲裂纹长 $r=1/b$ 应被看作在这个方向上局部损伤强度的宏观变量。

在此阶段,损伤张量的当前分量可由方程(6.6.4)~(6.6.6)确定,对每个裂纹的贡献求和。不过通常由于此类计算过于冗长,需做某些简化。Jeyakumaran 和 Rudnicki(1995)研究了微观裂纹在三轴压缩实验中沿不同方向的生长条件,按他们提供的数值解,裂纹生长首先出现在轴向的方向上,随着偏量增加,裂纹生长出现在以轴为中心方向的锥体中,在峰值应力时所含角度增至 $10°\sim15°$,许多实验观察证实了脆性岩石在压应力作用下的裂纹生长,如 Nemat-Nasser 和 Horri(1982),Wong(1982),Sammis 和 Ashby(1986),Fredrich 和 Wong(1986)。这些结果意味着材料损伤由一簇几乎位于最大压应力方的裂纹主导。很自然地假定材料损伤仅由与偏应力张量 $V^k(k=1,2,3)$ 平行的三个等效正交裂纹簇引起。

$$D = \sum_{k=1}^{3}((r^3 - r_0^3)V \otimes V)_k \quad (6.6.8)$$

在三轴压缩实验中,经这种简化,损伤张量的计算仅需考虑轴向微裂纹簇,不过其他微裂纹对宏观特性的贡献(如轴向弹性模量的减小)则可忽略。在确定等效弹性柔度时将间接考虑它的贡献。在单向或多向拉伸时,建议的模型能预测失稳裂纹的扩展,并得到真正弹脆性特性。这与大多数脆性岩石的实验数据吻合。单轴拉伸强度由下式给出:

$$\sigma_t = \frac{c_r}{\sqrt{r_0}[1+(2t/3r_0)]} \tag{6.6.9}$$

2. 弹性柔度张量的确定

自建立连续损伤模型起,能量方法就被用来确定等效柔量。假定未损伤材料具有线弹性特性,在损伤的某定常状态,卸载时材料响应也是线性的。此外,假定微裂纹间相互作用的自由能函数影响甚微,可视为损伤张量的线性函数。基于 Hayakawa 和 Murakami(1997) 的工作,Gibbs 自由能函数采用如下的具体形式:

$$G(\boldsymbol{\sigma},\boldsymbol{D}) = \frac{1+\nu_0}{2E_0}\mathrm{tr}(\boldsymbol{\sigma}\cdot\boldsymbol{\sigma}) - \frac{\nu_0}{2E_0}\mathrm{tr}(2\boldsymbol{\sigma}) + a_2\mathrm{tr}(\boldsymbol{\sigma}\cdot\boldsymbol{\sigma}\cdot\boldsymbol{D})$$
$$+ a_3\mathrm{tr}(\boldsymbol{\sigma})\mathrm{tr}(\boldsymbol{\sigma}\cdot\boldsymbol{D}) + a_4\mathrm{tr}(\boldsymbol{D})\mathrm{tr}(\boldsymbol{\sigma}\cdot\boldsymbol{\sigma}) \tag{6.6.10}$$

式中,a_2,a_3,a_4 三个参数用来表征含微裂纹材料自由能的贡献。E_0 和 ν_0 是未损伤材料初始弹性模量和泊松比。对自由能函数微分导出等效应力-应变关系:

$$\boldsymbol{\varepsilon} - \boldsymbol{\varepsilon}^r(\boldsymbol{D}) = \frac{\partial G(\boldsymbol{\sigma},\boldsymbol{D})}{\partial \boldsymbol{\sigma}} = \frac{1+\nu_0}{E_0}\boldsymbol{\sigma} - \frac{\nu_0}{E_0}\mathrm{tr}(\boldsymbol{\sigma})\boldsymbol{I} + a_2(\boldsymbol{\sigma}\cdot\boldsymbol{D} + \boldsymbol{D}\cdot\boldsymbol{\sigma})$$
$$+ a_3[\mathrm{tr}(\boldsymbol{\sigma}\cdot\boldsymbol{D})\boldsymbol{I} + \mathrm{tr}(\boldsymbol{\sigma})\boldsymbol{D}] + 2a_4\mathrm{tr}(\boldsymbol{D})\boldsymbol{\sigma} \tag{6.6.11}$$

改写上式,则有

$$\varepsilon_{ij} - \varepsilon_{ij}^r(\boldsymbol{D}) = S_{ijkl}(\boldsymbol{D})\sigma_{kl} \tag{6.6.12}$$

式中,损伤材料的等效弹性柔度张量可由下式给出:

$$S_{ijkl}(\boldsymbol{D}) = \frac{1+\nu_0}{2E_0}(\delta_{ik}\delta_{jl} + \delta_{il}\delta_{jk}) - \frac{\nu_0}{E_0}\delta_{ij}\delta_{kl} + \frac{1}{2}a_2(\delta_{ik}D_{jl} + \delta_{il}D_{jk} + D_{ik}\delta_{jl} + D_{il}\delta_{jk})$$
$$+ a_3(\delta_{ij}D_{kl} + D_{ik}\delta_{kl}) + a_4\mathrm{tr}(\boldsymbol{D})(\delta_{ik}\delta_{jl} + \delta_{il}\delta_{jk}) \tag{6.6.13}$$

在与损伤张量主方向相关的坐标系中,用 Voigt 记法,应力-应变方程可表达为标准矩阵形式:

$$\begin{Bmatrix} \varepsilon_{11} \\ \varepsilon_{22} \\ \varepsilon_{33} \\ 2\varepsilon_{12} \\ 2\varepsilon_{23} \\ 2\varepsilon_{31} \end{Bmatrix} = \begin{Bmatrix} S_{11} & S_{12} & S_{13} & & & \\ S_{21} & S_{22} & S_{23} & & & \\ S_{31} & S_{32} & S_{33} & & & \\ & & & 1/G_{12} & & \\ & & & & 1/G_{23} & \\ & & & & & 1/G_{31} \end{Bmatrix} \begin{Bmatrix} \sigma_{11} \\ \sigma_{22} \\ \sigma_{33} \\ \sigma_{12} \\ \sigma_{23} \\ \sigma_{31} \end{Bmatrix} \tag{6.6.14}$$

等效弹性柔度张量的分量由如下损伤张量的主值函数给定:

$$S_{11} = \frac{1}{E_0} + (2a_2 + 2a_3)D_1 + 2a_4\mathrm{tr}(\boldsymbol{D}) \qquad S_{23} = S_{32} = \frac{-\nu_0}{E_0} + a_3(D_2 + D_3)$$

$$S_{22} = \frac{1}{E_0} + (2a_2 + 2a_3)D_2 + 2a_4\mathrm{tr}(\boldsymbol{D}) \qquad \frac{1}{2G_{12}} = \frac{1+\nu_0}{E_0} + a_2(D_1 + D_2) + 2a_4\mathrm{tr}(\boldsymbol{D})$$

$$S_{33} = \frac{1}{E_0} + (2a_2 + 2a_3)D_3 + 2a_4\mathrm{tr}(\boldsymbol{D}) \qquad \frac{1}{2G_{23}} = \frac{1+\nu_0}{E_0} + a_2(D_2 + D_3) + 2a_4\mathrm{tr}(\boldsymbol{D})$$

$$S_{12} = S_{21} = \frac{-\nu_0}{E_0} + a_3(D_1 + D_2) \qquad \frac{1}{2G_{31}} = \frac{1+\nu_0}{E_0} + a_2(D_3 + D_1) + 2a_4\mathrm{tr}(\boldsymbol{D})$$

$$S_{13} = S_{31} = \frac{-\nu_0}{E_0} + a_3(D_1 + D_3)$$

(6.6.15)

其他分量为零。

众多受压应力作用的脆性岩石的实验研究表明：微裂纹生长时，主弹模减小，泊松比增加。由这些观测信息，可得到

$$a_2 \geqslant 0, \quad a_4 \geqslant 0, \quad a_3 \leqslant 0, \quad a_2 + a_3 > 0 \qquad (6.6.16)$$

物理约束在三个模型参数的取值上。实际上，末项条件并非绝对必要，而是在实践中被满足。设想一个含同轴微裂纹簇的固体，显然，垂直微裂纹平面上的等效弹模显著地小于平行微裂纹方向上的弹模。由末项条件可得此结论。同时，我们注意到自由能函数中的 $\mathrm{tr}(\boldsymbol{D})$ 表示生成损伤的确切的各向同性效果。单个方向上的等效弹模不仅依赖于该方向上的主损伤值，也依赖于另两个正交方向的值。此特征在现在这个以微裂纹为基础的模型中对损伤演化律中所做的简化是至关重要的。的确，已假定损伤演化律依赖位于偏应力张量的拉伸主方向上的裂纹扩展。这一各向同性效应，间接考虑了其他裂纹对宏观特性的贡献。例如，在三轴压缩中，因为在损伤演化律中仅考虑平行轴向的微裂纹，所以轴向损伤分量等于零。不过裂纹生长时，轴向弹模不能保持常值，而是稍微偏低，这与实验观测一致。

3. 非弹性损伤应变的确定

非弹性损伤应变 $\boldsymbol{\varepsilon}^r(\boldsymbol{D})$ 对应于翼型裂纹的残余张开和施加的应力卸载后裂纹面的不重合。因此这直接与连接摩擦滑移和扩张机制有关。压应力作用下的摩擦效应显得比拉应力作用下重要得多。正如 Yasdani 和 Schreyer(1988) 所言，假定非弹性损伤应变仅在压应力作用下才产生比较合乎情理。为此，Ortiz(1985) 建议，将总应力张量分解为正锥面和负锥面：

$$\boldsymbol{\sigma} = \boldsymbol{\sigma}^+ + \boldsymbol{\sigma}^- \qquad (6.6.17\mathrm{a})$$

$$\boldsymbol{\sigma}^+ = \boldsymbol{P}^+(\boldsymbol{\sigma}) = \sum_k H(\sigma_k)\sigma_k \nu^k \otimes \nu^k \qquad (6.6.17\mathrm{b})$$

$$\boldsymbol{\sigma}^- = \boldsymbol{P}^-(\boldsymbol{\sigma}) = \sum_k H(-\sigma_k)\sigma_k \nu^k \otimes \nu^k \qquad (6.6.17\mathrm{c})$$

此处，$\boldsymbol{P}^+$，$\boldsymbol{P}^-$ 是两个算子，分别替代二阶张量的正负特征值，$H(x)$ 是 Heaviside 阶跃函数。再者，当滑动翼型裂纹的扩展由压应力偏量所致时；可假定非弹性损伤应变与压应力张量的偏量部分有关（此处记为 $\sigma^{-\mathrm{d}}$）。基于 Yasdani 和 Schreyer(1988) 早期的工作，非弹性损伤应变率最终可表示如下：

$$\mathrm{d}\boldsymbol{\varepsilon}^r(\boldsymbol{D}) = \frac{\omega}{E_0}\mathrm{tr}(\mathrm{d}\boldsymbol{D})(\beta\boldsymbol{S}^+ + \boldsymbol{S}^-) \qquad (6.6.18)$$

这里，参数 ω 为非弹性损伤应变率和损伤率的比。二阶张量 $\boldsymbol{S}^+$ 和 $\boldsymbol{S}^-$ 分别表示偏压应力张量 $\boldsymbol{\sigma}^{-\mathrm{d}}$ 的正负锥面。

$$\boldsymbol{S}^+ + \boldsymbol{S}^- = \boldsymbol{\sigma}^{-\mathrm{d}}, \quad \boldsymbol{S}^+ = \boldsymbol{P}^+(\boldsymbol{\sigma}^{-\mathrm{d}}), \quad \boldsymbol{S}^- = \boldsymbol{P}^-(\boldsymbol{\sigma}^{-\mathrm{d}}) \qquad (6.6.19)$$

上述分解至关重要，当参数 $\beta > 1$ 时，由于残余裂纹张开，允许描述不可逆的体积膨胀。当

$\beta=1$ 时,导致非弹性损伤应变形成,没有不可逆体积变化。而 $\beta<1$ 时,通常脆性岩石在压应力作用下不会出现压缩非弹性体积应变。

要讨论的最后一点涉及模型的理论缺陷,在不可逆热力学框架内与经典现象学模型相反,还未完全公式化。第二定律不能自动验证,必须在数值计算时逐步检查。可表示为损伤消散的正则性

$$Y^{\mathrm{d}} : \dot{D} \geqslant 0 \qquad (6.6.20)$$

这里,与损伤张量相关的共轭力由 Gibbs 自由能势获得:

$$Y^{\mathrm{d}} = \frac{\partial G(\boldsymbol{\sigma}, D)}{\partial D} = a_2(\boldsymbol{\sigma} \cdot \boldsymbol{\sigma}) + a_3 \mathrm{tr}(\boldsymbol{\sigma})\boldsymbol{\sigma} + a_4 \mathrm{tr}(\boldsymbol{\sigma} \cdot \boldsymbol{\sigma})\boldsymbol{I} \qquad (6.6.21)$$

6.6.3 应用

首先提出模型参数的确定方法,然后提出模型用来描述两种典型脆性岩石——法国花岗岩、田纳西大理岩——的性能。一方面,法国花岗岩在由 CNRS(法国国家科学研究院)和 ANDRA(国家放射性废物管理中心)支持的联合研究项目"GDRFORPRO"范围内进行了研究。目的是研究引起的损伤对地下储藏放射性废料的安全分析的影响。实验研究显示了材料中重要的微裂纹诱导的各向异性损伤。另一方面,在田纳西大理岩中与微裂纹生长和诱导的各向异性有关的非弹性特征,已由 Olsson(1995),Rudnicki 和 Chau(1996),Rudnicki 等(1996)进行过研究。

1. 模型参数的确定

图 6.6.1 所示为常规三轴实验,在此实验条件下:

$$\sigma_2 = \sigma_3, \quad \varepsilon_2 = \varepsilon_3 \qquad (6.6.22\mathrm{a})$$

$$D_2 = D_3 = r^3 - r_0^3, \quad D_1 = 0 \qquad (6.6.22\mathrm{b})$$

损伤面参数 (t, r_0, c_r) 由不同围压条件下三轴压缩实验中的峰值应力、损伤启动(初始)应力确定。初始损伤面(图 6.6.1 中的 A 点)和破坏面(图 6.6.1 中的峰值应力)可表示为

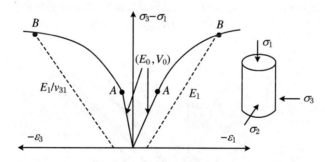

图 6.6.1 三轴压缩实验中脆性岩石典型应力-应变曲线示意图

$$(\sigma_3 - \sigma_1)_{\mathrm{init}} = \frac{3r_0 c_\mathrm{r}}{t \sqrt{r_0}} + \frac{3r_0}{t}(-\sigma_3) \qquad (6.6.23)$$

$$(\sigma_3 - \sigma_1)_{\mathrm{peak}} = \frac{3c_\mathrm{r}}{f(r_\mathrm{p}) \sqrt{r_\mathrm{p}}} - \frac{3}{f(r_\mathrm{p})}\sigma_3 \qquad (6.6.24\mathrm{a})$$

$$(\sigma_3 - \sigma_1)_{\text{peak}} \approx \frac{3c_r}{t} + \frac{3}{t}(-\sigma_3) \tag{6.6.24b}$$

对应于峰值应力的裂纹长度 r_p 理论上由方程(6.6.5)中的 $\partial F(\sigma, r)/\partial r = 0$ 确定,不过这个条件几乎与裂纹相互作用的加速条件一致,即方程(6.6.6)中的 $r=1$ 时,$\partial f(r)/\partial r = 0$,因此如方程(6.6.24b)描述的那样,可以取 $r_p \approx 1$ 作为破坏面合理的近似。相应的三个参数由三轴平面中的实验损伤启动线和破坏线的斜率和截距决定。对于有待决定的三个独立参量,我们有四个方程。不过,由于在实际的应力-应变曲线中,线性部分向非线性部分转变并不明显,损伤启动应力通常难以把握。因此,建议首先从破坏面确定参数(t, c_r),然后寻找 r_0 的值去获得损伤启动面的最佳近似。

对田纳西大理岩,实验结果(图6.6.2～图6.6.4)显示了从硬化区向应变软化的光滑过渡。这可能与某种黏塑性机制有关。为了近似捕获这样的光滑过渡,对局部拉应力比例函数 $f(r)$ [方程(6.6.6)] 做了修正,表示为

$$f(r) = b_1 - b_2 r \exp(1-r) \tag{6.6.25}$$

这里 b_1, b_2 为两个模型参数。上述提出的一般确定方法并未改变,现有四个模型参数有待从破坏线和损伤启动线的斜率和截距上确定。

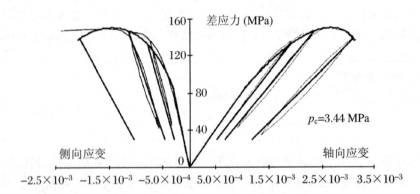

图 6.6.2 田纳西大理岩在三轴压缩实验下的轴向与径向应变

注:围压为 3.44 MPa,粗线为数值解。

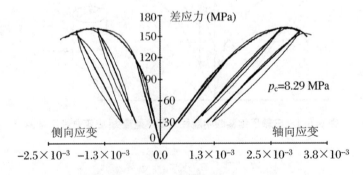

图 6.6.3 田纳西大理岩在三轴压缩实验下的轴向与径向应变

注:围压为 8.29 MPa,粗线为数值解。

自由能函数中参数$(E_0, \nu_0, a_2, a_3, a_4)$的确定:初始弹性常量$(E_0, \nu_0)$由图6.6.1中的

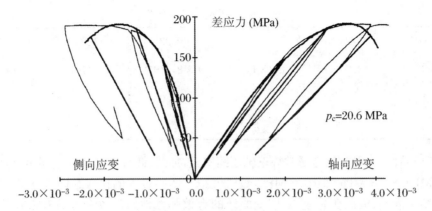

图 6.6.4　田纳西大理岩在三轴压缩实验下的轴向与径向应变

注：围压为 20.6 MPa，粗线为数值解。

理想化的应力-应变曲线的线性部分确定。在许多岩石中，由于初始缺陷的闭合加载开始部分有一段呈非线性，紧接着是线性阶段，体现材料真实的弹性响应。三个参数(a_2, a_3, a_4)与不同主方向的弹性性质的变化有关，常规三轴压缩实验中，只有轴向模量 E_1 和膨胀系数 γ_{13} 可以测量。下列表达式给出了 a_3, a_4：

$$a_3 = \frac{1}{D_3}\left(\frac{-\nu_{31}}{E_1} + \frac{\nu_0}{E_0}\right) \quad (6.6.26)$$

$$a_4 = \frac{1}{4D_3}\left(\frac{1}{E_1} - \frac{1}{E_0}\right) \quad (6.6.27)$$

在这些关系中，通用的弹性常量由卸载决定，而损伤值由损伤判据的相容性条件获得。参数 a_2 与垂直于裂纹平面的（径向）方向上的弹模改变有关。如果可能的话，该模量可由真三轴实验测量的模量来确定。若这些数据仍然缺乏，可拟合径向压缩或拉伸实验中的实验响应来确定。另一种方法是用从微力学模型得到的数值来比较垂直和平行于微裂纹平面方向上有效弹模的比值。

非弹性损伤应变(ω, β)的确定：当损伤判据和自由能函数中的有关参数确定之后，整个脆弹性损伤响应可由本构方程预测。若响应与实验数据相符，意味着非弹性损伤应变 $\varepsilon^r(D)$ 可以忽略($\omega = 0, \beta = 0$)。再不然，通过减少理论弹性损伤响应和实验数据间的差异，很容易拟合出它们的值。

2. 数值模拟

花岗岩和田纳西大理岩的参数值见表 6.6.1 和表 6.6.2。

表 6.6.1　田纳西大理岩模型参数

E_0(MPa)	82 300	ν_0	0.3	a_2(MPa^{-1})	2.0×10^{-5}
a_3(MPa^{-1})	-4.55×10^{-6}	a_4(MPa^{-1})	1.02×10^{-6}	c_r(MPa)	58
b_1	8.35	b_2	7.1	r_0	0.35
ω	0.25	β	2.5		

表 6.6.2　花岗岩模型参数

E_0(MPa)	84 000	ν_0	0.22	a_2(MPa^{-1})	1.83×10^{-5}
a_3(MPa^{-1})	-3.66×10^{-6}	a_4(MPa^{-1})	0.58×10^{-6}	c_r(MPa)	19.44
t	0.33	r_0	0.30		
ω	0.26	β	2.5		

对于田纳西大理岩,仅考虑常规三轴压缩实验,加载、卸载重复加载循环实验,围压分别为 3.44 MPa,8.26 MPa 和 20.6 MPa,数值模拟与实验数据的比较在图 6.6.2～图 6.6.4 中,模拟结果表明:模型在总应力-应变曲线的有效弹性性质的改变方面有很好的一致性。体积膨胀也可以进行很好的预测。不过现有模型对迟滞卸载环的预测并不理想。卸载响应被简化为直线,其斜率为当前弹性模量,另外,使用了修正形式的 $f(r)$ 函数[方程(6.6.23)],实验数据和预测应变之间仍然观测到某些不符合(差异),在峰值应力段预测应变和实验应变误差仍然可见。虽然数值预测提供了脆性岩石的典型响应,以及一个峰值点及峰值应力后软化特点为标志的响应。但是,实验数据显示了相当多的延性特性,类似完全塑性响应。模型模拟对轴向应变相当准确地复制了从硬化的光滑过渡,但是在径向应变的模拟上存在较大差异。事实上,由于在这一带可能存在应变局部化和其他失稳现象,这一带实验数据的物理相关性是可疑的。因此,在将来的研究工作中,需将应变局部化与本构模型联系在一起对此点进行更详细的研究。围压为 8.29 MPa 的实验径向应变函数,有效弹性柔量的数值预测列于图 6.6.5 中,对于脆性岩石,其公式与典型的实验数据一致。其中由于原始微裂纹的存在,使产生的各向异性可清晰再现。

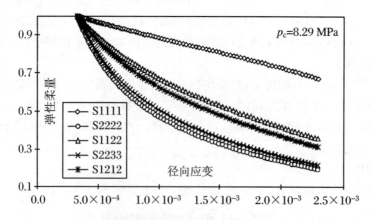

图 6.6.5　田纳西大理岩在围压 8.29 MPa 的三轴压缩下有效弹性柔量
(当前值除以初始值)随径向应变的变化

对花岗岩的数值模拟与实验数据的比较表示在图 6.6.6 和图 6.6.7 中。不但总应力-应变曲线,而且有效弹性常量的改变再一次表现出很好的一致性。图 6.6.7 展示了横向拉伸(extension)实验的模拟。在这个实验里,试样首先受静水应力,然后围压减小而轴向应力保持恒值。对于所研究的花岗岩类硬岩,为了促进损伤启动,在减小横向应力之前,预偏应力通常是必要的。这个应力状态与加载路径[图 6.6.7(b)]很有趣,因为它接近于隧道开挖过程中隧道周围的应力演变。数值模拟与实验数据符合得很好,轴向应变上的一些小散点明显与实验开始时测量的干扰有关。

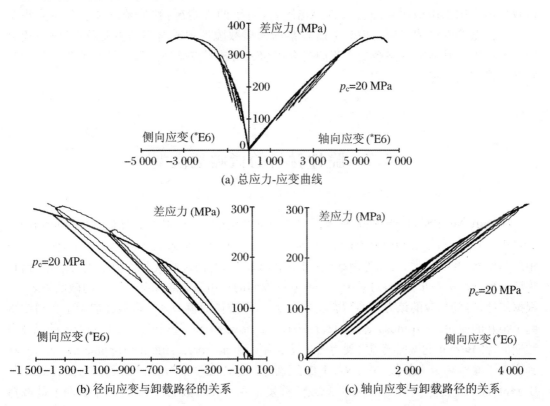

图 6.6.6 围压为 20 MPa 时花岗岩三轴压缩实验的总应力-应变曲线

注:粗线为数值模拟。

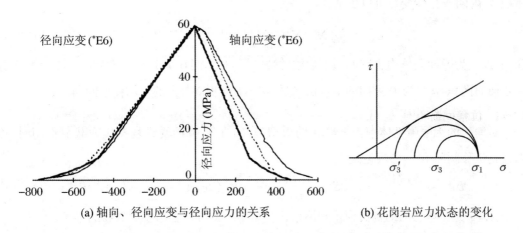

图 6.6.7 花岗岩横向拉伸(extension)实验中轴向、径向应变与径向应力的关系及加载路径

以上结合唯象学和微力学模型的主要优点，形成了新的基于微裂纹连续损伤的模型。其中损伤演化律由微裂纹的传播条件决定，损伤材料的有效弹性柔量通过适当的 Gibbs 自由能函数可明显地表示出来。此模型考虑了残余裂纹张开所致的非弹性损伤应变，可以较好地应用于田纳西大理岩和典型花岗岩，对于两类情况，数值预测和实验符合得很好。此模型能够描述压应力控制下所观察的大多数脆性地质材料的主要特征，不过模型的有效性仍需其他加载路径的实验如组合压缩和扭转予以验证。目前模型的扩展将包括卸载迟滞环的描述。

6.7 脆性材料的微破裂模型

Bazant 等(1984,1985)在分析岩石、混凝土的渐进破裂时，引入了微面模型(microplane model)。该模型假设材料中微面的法向应变等于宏观应变在微面法向上的分量，假定材料中的初始微裂纹、晶界、气孔等微缺陷可以用随机取向的微裂纹代替。为了进行理论分析，将该系统进行进一步简化，对系统中具有共同取向的一组微裂纹用某一方位的微面来表示。根据统计，得到相应的该方位的微裂纹数密度等，形成微面模型。此模型在混凝土材料中得到了很好的应用。Espinosa 等(1992,1995)、Espinosa 和 Xu 等(1997)基于 Taylor 的晶体滑移理论，将 Bazant 的微面模型发展为微开裂多面模型(microcracking multi-plane model)，并将其应用于碱石灰中失效波和 AlN/Al 复合陶瓷中剪切强度的分析。该模型的简化思想与 Bazant 的微面模型类似，认为微开裂或滑移发生在一些离散的方向上，每个方向上的摩擦系数、微开裂数密度及其演化是相互独立的。微开裂多面模型见图 6.7.1。材料的宏观响应由可以分解为弹性变形和由微裂纹的存在引起的非弹性变形的应变张量来描述。某表征元体积 V 内的非弹性变形可以表征为

$$\varepsilon_{ij}^c = \sum_{k=1}^{9} N^{(k)} S^{(k)} \frac{1}{2}(\bar{b}_i^{(k)} n_j^{(k)} + n_i^{(k)} \bar{b}_j^{(k)}) \tag{6.7.1}$$

其中，$N^{(k)}$ 为弹性固体内含有的币型裂纹的数密度，k 为图 6.7.1 中的微面方向，$S^{(k)}$ 为 k 方向微面的面积，$n^{(k)}$ 为 k 方向的单位法向量，$\bar{b}^{(k)}$ 为面积 $S^{(k)}$ 上的平均位移间断。

1. 位移间断 $\bar{b}^{(k)}$

对均匀的无限弹性体中长半轴 a 的币型裂纹，在 k 方向受远场拉应力载荷作用时，可以得到位移间断 $\bar{b}_i^{(k)}$ 的表达式为

$$\bar{b}_i^{(k)} = \frac{1}{S^{(k)}} \int_{S^{(k)}} b_i^{(k)} dS = \frac{16(1-\nu^2)}{3E(2-\nu)} a^{(k)} (2\sigma_{ij} n_j^{(k)} - \nu \sigma_{jl} n_j^{(k)} n_l^{(k)} n_i^{(k)}) \tag{6.7.2}$$

式中，E,ν 为完整材料的杨氏模量和泊松比。$a^{(k)}$ 为 k 方向上币型微裂纹的半长。

当在 k 方向受远场压应力载荷作用时，可以得到位移间断 $\bar{b}_i^{(k)}$ 的表达式为

$$\bar{b}_i^{(k)} = \frac{32(1-\nu^2)}{3E(2-\nu)} a^{(k)} f_i^{(k)} \tag{6.7.3}$$

式中,$f_i^{(k)}$ 为 k 方向上的有效剪切力,其表达式为

$$f_i^{(k)} = (\tau^{(k)} + \mu\sigma_n^{(k)})(n_\tau)_i^{(k)} \tag{6.7.4}$$

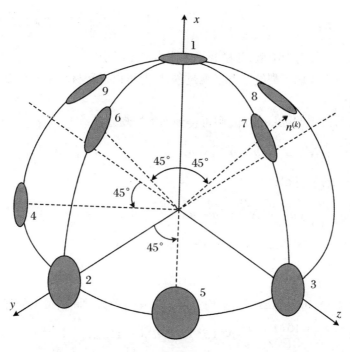

图 6.7.1　微开裂多面模型(Espinosa 等,1992,1995)

式中,$\tau^{(k)}$ 和 $\sigma_n^{(k)}$ 分别为 k 方向上币型微裂纹所作用的剪切应力和法向应力分量,μ 为微裂纹面的摩擦系数。$n_i^{(k)}$ 表示单位方向矢量在剪切力方向上的分量。式(6.7.3)给出了微裂纹滑动的有效驱动力。

由式(6.7.4)和式(6.7.3),可得

$$\varphi(\sigma_n,\tau,\bar{b}) \equiv \tau + \mu\sigma_n - \frac{3\pi E(2-\nu)}{32(1-\nu^2)a}\bar{b} = 0 \tag{6.7.5}$$

式中,$\bar{b}$ 为裂纹面滑动位移。在裂纹面发生滑动时需满足此式。同时,上式也可以作为力的平衡式:中间部分的第一项为外载荷,第二项为摩擦阻力,第三项为周围弹性介质储存的力。上式与微裂纹半长的演化方程一起,可以确定裂纹面滑动位移 $\bar{b}$ 的演化。

2. 微裂纹半长 $a^{(k)}$ 的扩展

基于 Freud(1990)的观点,微裂纹的扩展受材料的动态韧度控制,即

$$K(a,\dot{a};t) = K_d(\dot{a}) \tag{6.7.6}$$

式中,K 为裂纹尖端有效动态应力强度因子。

Espinosa 等(1995a)给出微裂纹半长 $a^{(k)}$ 在混合加载条件下的演化方程,即动态裂纹扩展为

$$\dot{a}^{(k)} = m^{\pm}C_R[1-(K_{IC}/K_{eff}^{(k)})^{n^{\pm}}] \geqslant 0 \tag{6.7.7}$$

式中,$m^{\pm}$ 和 $n^{\pm}$ 为唯象的材料参数,"±"表示拉或压。K_{eff} 为有效应力强度因子,可以根据裂纹半径增长过程中的平均能量释放率来确定。C_R 为 Rayleigh 波速。K_{IC} 为 I 型断裂

韧度。

对于混合加载条件：

$$K_{\text{eff}}^{(k)} = \sqrt{\frac{\wp^{(k)}E}{1-\nu^2}}, \quad \wp^{(k)} = \frac{1}{2\pi}\int_0^{2\pi}\frac{1-\nu^2}{E}\left(\frac{K_{\text{I}}^2 + K_{\text{II}}^2 + K_{\text{III}}^2}{1-\nu}\right)d\theta \quad (6.7.8)$$

式中，K_{I}，K_{II} 和 K_{III} 分别为 I 型、II 型和 III 型应力强度因子。

此本构关系由于考虑了裂纹动态发展过程，因此可以进行材料率相关效应的分析。

3. 数值分析

由式(6.7.1)，采用 Hooke 定律，则可得到如下控制方程：

$$\sum_{k=1}^{9}\frac{1}{2}N^{(k)}S^{(k)}(\bar{b}^{(k)}\boldsymbol{n}^{(k)} + \boldsymbol{n}^{(k)}\bar{b}^{(k)}) = \boldsymbol{\varepsilon} - \left(\frac{1-\nu}{E}\boldsymbol{\sigma} - \frac{\nu}{E}\sigma_{jj}\boldsymbol{I}\right) \quad (6.7.9)$$

将式(6.7.3)代入上式，可得

$$\sum_{k=1}^{9}\frac{16(1-\nu^2)}{3E(2-\nu)}(a^{(k)})^3 N^{(k)}[(\boldsymbol{\sigma}\cdot\boldsymbol{n}^{(k)})\boldsymbol{n}^{(k)} + \boldsymbol{n}^{(k)}(\boldsymbol{\sigma}\cdot\boldsymbol{n}^{(k)}) - \boldsymbol{n}^{(k)}\boldsymbol{\sigma}\cdot\boldsymbol{n}^{(k)}$$
$$\cdot(2\boldsymbol{n}^{(k)}\boldsymbol{n}^{(k)} - \mu(\boldsymbol{n}_\tau)^{(k)}\boldsymbol{n}^{(k)} - \mu\boldsymbol{n}^{(k)}(\boldsymbol{n}_\tau)^{(k)})]$$
$$= \boldsymbol{\varepsilon} - \left(\frac{1-\nu}{E}\boldsymbol{\sigma} - \frac{\nu}{E}\sigma_{jj}\boldsymbol{I}\right) \quad (6.7.10)$$

将上式对时间 t 求导，可得到率型的本构关系。将其表示为时间增量上的显式形式，则有

$$\left(\frac{1-\nu}{E}\boldsymbol{\sigma} - \frac{\nu}{E}\sigma_{jj}\boldsymbol{I}\right) + \sum_{k=1}^{9}\frac{16(1-\nu^2)}{3E(2-\nu)}N^k(a^k)^3\mu(\boldsymbol{n}^k\dot{\boldsymbol{\sigma}}\cdot\boldsymbol{n}^k)_{i+1}[(\dot{\boldsymbol{n}}_\tau)^k\boldsymbol{n}^k + \boldsymbol{n}^k(\dot{\boldsymbol{n}}_\tau)^k]\Delta t$$
$$+ \sum_{k=1}^{9}\frac{16(1-\nu^2)}{3E(2-\nu)}N^k[(a^k)^3 + 3(a^k)^2\dot{a}^k\Delta t][(\dot{\boldsymbol{\sigma}}\cdot\boldsymbol{n}^k)\boldsymbol{n}^k + \boldsymbol{n}^k(\dot{\boldsymbol{\sigma}}\cdot\boldsymbol{n}^k) - \boldsymbol{n}^k\dot{\boldsymbol{\sigma}}\cdot\boldsymbol{n}^k$$
$$\cdot(2\boldsymbol{n}^k\boldsymbol{n}^k - \mu(\boldsymbol{n}_\tau)^k\boldsymbol{n}^k - \mu\boldsymbol{n}^k(\boldsymbol{n}_\tau)^k)]_{i+1}$$
$$= \dot{\boldsymbol{\varepsilon}}_{i+1} - \sum_{k=1}^{9}\frac{16(1-\nu^2)}{3E(2-\nu)}N^k(a^k)^3\mu(\boldsymbol{n}^k\boldsymbol{\sigma}\cdot\boldsymbol{n}^k)_i[(\dot{\boldsymbol{n}}_\tau)^k\boldsymbol{n}^k + \boldsymbol{n}^k(\dot{\boldsymbol{n}}_\tau)^k]$$
$$- \sum_{k=1}^{9}\frac{16(1-\nu^2)}{3E(2-\nu)}N^k 3(a^k)^2\dot{a}^k\{(\boldsymbol{\sigma}\cdot\boldsymbol{n}^k)\boldsymbol{n}^k + \boldsymbol{n}^k(\boldsymbol{\sigma}\cdot\boldsymbol{n}^k)$$
$$- \boldsymbol{n}^k\boldsymbol{\sigma}\cdot\boldsymbol{n}^k\cdot[2\boldsymbol{n}^k\boldsymbol{n}^k - \mu(\boldsymbol{n}_\tau)^k\boldsymbol{n}^k - \mu\boldsymbol{n}^k(\boldsymbol{n}_\tau)^k]\}_i \quad (6.7.11)$$

式中，为简化将(k)写成k [式(6.7.12)和式(6.7.13)同]，i 和 $i+1$ 分别表示相邻的两个时刻。上式在微裂纹面具有滑动位移时($b^{(k)} > 0$)成立。更严格的形式可基于式(6.7.5)得到，与式(6.7.11)类似。由此可得到应力张量。相应地，根据下面两式可得到位移间断与非弹性应变值。

$$\dot{\bar{b}}^k = \frac{32(1-\nu^2)}{3\pi E(2-\nu)}[a^k(|\dot{\tau}|^k + \mu\dot{\sigma}_n^k)(\boldsymbol{n}_\tau)^k$$
$$+ \dot{a}^k(|\tau|^k + \mu\sigma_n^k)(\boldsymbol{n}_\tau)^k + a^k(|\tau|^k + \mu\sigma_n^k)(\dot{\boldsymbol{n}}_\tau)^k] \quad (6.7.12)$$

$$\dot{\boldsymbol{\varepsilon}}^c = \sum_{k=1}^{9}N^k\left[\pi a^k\dot{a}^k(\bar{b}^k\boldsymbol{n}^k + \boldsymbol{n}^k\bar{b}^k) + \frac{S^k}{2}(\dot{\bar{b}}^k\boldsymbol{n}^k + \boldsymbol{n}^k\dot{\bar{b}}^k)\right] \quad (6.7.13)$$

4. 参数及模拟结果

Espinosa 等(1997)采用上述模型对高速撞击中的陶瓷进行了模拟分析，相关参数见表

6.7.1～表 6.7.3。

表 6.7.1 多面模型参数

参 数	正撞击	压剪撞击	杆撞击	说 明
K_{IC} （MPa·m$^{1/2}$）	0.5	0.5	0.5	断裂韧度
a_0 （μm）	1.0	1.0	1.0	初始裂纹半径
N_1 （条/m^3）	1×10^{11}	1×10^{13}	1×10^{12}	面 1 上的裂纹密度
N_2 （条/m^3）	1×10^{11}	1×10^{13}	1×10^{12}	面 2 上的裂纹密度
N_3 （条/m^3）	1×10^{11}	1×10^{13}	0	面 3 上的裂纹密度
N_4 （条/m^3）	1×10^{11}	1×10^{13}	0	面 4 上的裂纹密度
N_5 （条/m^3）	1×10^{11}	1×10^{13}	0	面 5 上的裂纹密度
N_6 （条/m^3）	1×10^{11}	1×10^{13}	5×10^{11}	面 6 上的裂纹密度
N_7 （条/m^3）	1×10^{11}	1×10^{13}	0	面 7 上的裂纹密度
N_8 （条/m^3）	1×10^{11}	1×10^{13}	5×10^{11}	面 8 上的裂纹密度
N_9 （条/m^3）	1×10^{11}	1×10^{13}	0	面 9 上的裂纹密度
μ	0.15	0.15	0.15	内摩擦系数
m^+	0.3	0.3	0.3	
m^-	0.2	0.2	0.2	方程(6.7.7)中的
n^+	0.3	0.3	0.3	材料参数
n^-	0.1	0.1	0.3	

表 6.7.2 三种玻璃的弹性参数

玻 璃	E(GPa)	ν	ρ_0(g/cm^3)	C_R(m/s)
碱石灰	72.33	0.24	2.70	3 167
硅铝酸盐岩	86.00	0.24	2.64	3 492
浓热克斯玻璃	64.00	0.20	2.23	3 280

表 6.7.3 平板撞击参数(J-2 流动理论参数)

材料	E(GPa)	ν	ρ_0(g/cm^3)	σ_0(GPa)	ε_0^p	$\dot{\varepsilon}_0^p$(1/s)	α	β
钢	207	0.33	8.0	0.8	0.003 865	1 000	5	10
铝	69	0.30	2.7	0.3	0.004 384	1 000	5	18
碳化钨	550	0.28	14.8	5.0	0.009 615	1 000	3	15

图 6.7.2 为基于 VISAR 技术测试的陶瓷材料平板撞击实验示意图。模型验证基于这两种构形进行。Espinosa(1997)将该模型发展为可以进行黏塑性材料的分析。图 6.7.3(a) 为应用微开裂多面模型计算的结果,比较了初始裂纹半径 a_0 分别为 $1.0\ \mu m$ 和 $10.0\ \mu m$ 时的冲击界面压力波形。图 6.7.3(b) 为剪切横波的计算结果与实验结果的对比分析,图中 μ 为微面的摩擦系数。结果表明,该模型是有效的。该结果成功地应用于玻璃中失效波的分析和陶瓷中微损伤发展的研究。

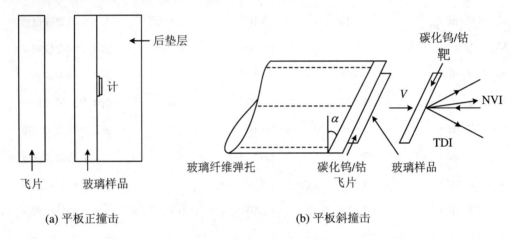

(a) 平板正撞击　　　　　　　　　　(b) 平板斜撞击

图 6.7.2　基于 VISAR 测试的平板撞击实验(Espinosa,1997)

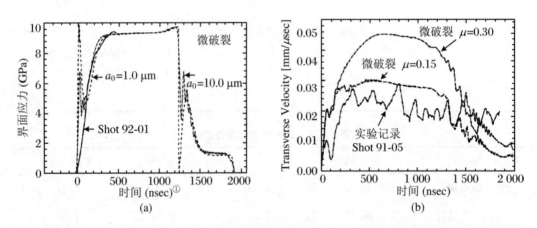

图 6.7.3　微开裂多面模型应用于黏塑性材料的数值计算结果及其与实验结果的比较(Espinosa,1997)

---

① 1 nsec = 1/1 000 000 000 s。

6.8 微损伤系统的演化模型

6.8.1 一维相空间确定性扩展理想微损伤系统[①]

一维相空间中的材料内部含有多个微损伤,单个微损伤可只由一个表征微损伤大小的变量 c 来描述。下面的分析将变量 c 作为微损伤的特征性尺度,可以是微损伤的体积或者是特征截面积。微损伤系统的数密度分布函数为 $n(c,t)$,表示在 t 时刻,系统内微损伤尺度在 $c \sim c + \mathrm{d}c$ 范围内的微损伤的数量为 $n(c,t)\mathrm{d}c$。假定材料内部所发生的微损伤过程是统计独立的,对于微损伤之间的相互作用,只计及其统计平均效应,并且不考虑微损伤之间的连接现象。损伤初期,损伤演化主要由成核过程和扩展过程决定。

对于扩展过程,采用确定性扩展模型,即认为单个微损伤的扩展速率由其当前尺度 c、系统的平均应力 σ 及材料参数 π(模量、密度等)所决定,则有

$$\dot{c} = A(c;\sigma,\pi) \tag{6.8.1}$$

式中,A 为一个确定性函数。当应力 σ 不恒定时,$\dot{c} = A[c;\sigma(t),\pi]$。

成核过程用一个表征随机过程的成核率密度函数 $n_\mathrm{N}(c;\sigma,\pi)$ 来描述,其意义为:在 $t \sim (t+\mathrm{d}t)$ 时间内,在 $c \sim (c+\mathrm{d}c)$ 范围内成核的微损伤数量为 $n_\mathrm{N}(c;\sigma,\pi)\mathrm{d}c\mathrm{d}t$。

基于以上定义,在 $t \sim (t+\Delta t)$ 时间内,尺度为 $c \sim (c+\Delta c)$ 范围内微损伤数量的增加量为

$$\int_c^{c+\Delta c} [n(c',t+\Delta t) - n(c',t)]\mathrm{d}c' \tag{6.8.2}$$

此微损伤数量的增加量主要包括微损伤的扩展过程和微损伤的成核过程。其中成核过程带来的微损伤数量的增加为

$$\int_t^{t+\Delta t} \mathrm{d}t' \int_c^{c+\Delta c} n_\mathrm{N}(c';\sigma,\pi)\mathrm{d}c' \tag{6.8.3}$$

扩展过程带来的微损伤数量的变化主要包括尺度小于 c 的微损伤,由于扩展而进入到 $c \sim (c+\Delta c)$ 范围内,以及尺度处于 $c \sim (c+\Delta c)$ 范围,由于扩展而超出此范围,由此可得到扩展过程带来的微损伤数量的贡献为

$$\int_t^{t+\Delta t} \mathrm{d}t' [n(c,t')A(c;\sigma,\pi) - n(c+\Delta c,t')A(c+\Delta c;\sigma,\pi)] \tag{6.8.4}$$

由以上的分析,微损伤系统可建立表达式:式(6.8.2) = 式(6.8.3) + 式(6.8.4)。由此,取极限 $\Delta c \to 0$,$\Delta t \to 0$,可得到一维相空间中微损伤数密度分布函数的演化方程为

$$\frac{\partial n}{\partial t} + \frac{\partial}{\partial c}(nA) = n_\mathrm{N} \tag{6.8.5}$$

若引入损伤愈合的概念,即假定单位时间内尺度 c 的微损伤的愈合概率为 $h(c;\sigma,\pi)$,

[①] 柯孚久等,1990;白以龙等,1991;夏蒙棼等,1995a,1995b。

其愈合密度 n_A 为

$$n_A = h(c;\sigma,\pi)n(c,t) \tag{6.8.6}$$

相应的演化方程为

$$\frac{\partial n}{\partial t} + \frac{\partial}{\partial c}(nA) = n_N - hn \tag{6.8.7}$$

式(6.8.5)和式(6.8.7)表示的微损伤演化系统方程为一阶拟线性偏微分方程,可采用特征线方法进行求解。即沿特征线 s,特征方程为

$$\frac{\mathrm{d}t}{\mathrm{d}s} = 1, \quad \frac{\mathrm{d}c}{\mathrm{d}s} = A, \quad \frac{\mathrm{d}n}{\mathrm{d}s} = n_N - n\frac{\partial A}{\partial c} \tag{6.8.8}$$

1. 模型参数

扩展速率 A 的确定。应用 Berry 扩展速率模型:

$$A = \begin{cases} 0 & (c \leqslant b_1) \\ a\sqrt{(1-b_1/c)[1-(2/q^2-1)b_1/c]} & (c > b_1) \end{cases} \tag{6.8.9}$$

式中,a 为最大扩展速率的理论值,由表面波的波速控制。对币形裂纹,b_1 取为 $b_1 = \pi K_{IC}^2/4\sigma^2$,$\sigma$ 为施加的拉伸载荷,$q = \sigma/\sigma_c$ 为过载函数。当 $\sigma \gg \sigma_c$ 时,扩展速率为

$$A = \begin{cases} 0 & (c \leqslant b_1) \\ a\sqrt{1-b_1^2/c^2} & (c > b_1) \end{cases} \tag{6.8.10}$$

由此,可得到微损伤尺度为 c 时,饱和区边界 c_0 和饱和时间 t_0 分别为

$$c_0 = \sqrt{b_1^2 + a^2 t^2}, \quad t_0 = \frac{c}{a}\sqrt{1-b_1^2/c^2} \tag{6.8.11}$$

成核率模型,可采用两种模型,即

模型 I:

$$n_N = A_1 \exp\left(\frac{-c}{b_2}\right) \tag{6.8.12}$$

模型 II:

$$n_N = A_1 \frac{c}{b_2} \exp\left(\frac{-c^2}{b_2^2}\right) \tag{6.8.13}$$

2. 微损伤系统的数密度函数 $n(c,t)$

采用模型 I 的成核率函数和式(6.8.9)的扩展速率函数,可得到数密度函数 $n(c,t)$ 为

$$n(c,t) = \begin{cases} A_1 t e^{-c/b_2} & (c \leqslant b_1) \quad (6.8.14a) \\ \dfrac{A_1 b_2}{a\sqrt{1-b_1^2/c^2}} e^{-c/b_2}(e^{(c-b_1)/b_2}-1) & (b_1 \leqslant c \leqslant \sqrt{b_1^2+a^2t^2}) \quad (6.8.14b) \\ \dfrac{A_1 b_2}{a\sqrt{1-b_1^2/c^2}} e^{-c/b_2} \\ \quad \cdot \left\{\exp\left[\dfrac{c-\sqrt{(\sqrt{c^2-b_1^2}-at)^2+b_1^2}}{b_2}\right]-1\right\} & (c > \sqrt{b_1^2+a^2t^2}) \quad (6.8.14c) \end{cases}$$

6.8.2 多维相空间微损伤系统的统计演化[①]

若微损伤体系中的单个微损伤可用由 J 个敏感变量 $p_j(j=1,2,\cdots,J)$ 描述的细观动力学变量来刻画,并假定这些变量的变化遵从确定性的细观动力学规律,即 $\dot{p}_j = P_j (j=1, 2,\cdots,J)$。引入数密度分布函数 $n(t,p_j)$,则可得到多维相空间中微损伤数密度分布函数的演化方程为

$$\frac{\partial n}{\partial t} + \sum_{j=1}^{J} \frac{\partial}{\partial p_j}(nP_j) = n_N \tag{6.8.15}$$

式中,n_N 为 J 维相空间中的成核率。

例如,考虑一个空间非均匀并可有宏观位移的系统。引入单个微损伤几何中心的坐标 x,令其运动速度为 v,则演化方程为

$$\frac{\partial n}{\partial t} + \frac{\partial}{\partial c}(nA) + \frac{\partial}{\partial x}(nv) = n_N \tag{6.8.16}$$

为便于计算分析,引入宏观体元中心位置坐标 X 和体元的宏观速度 V,可得到描述宏观位移的微损伤演化方程:

$$\frac{\partial n}{\partial t} + \frac{\partial}{\partial c}(nA) + \frac{\partial}{\partial X}(nV) = n_N \tag{6.8.17}$$

1. 动态过程的成核率

在超短脉冲击过程中,中微损伤系统数密度分布主要取决于成核过程,而扩展过程的贡献相对较小。因此,可根据超短脉冲实验确定成核率函数。结合铝合金材料的应力范围为 $2.5 \sim 7.5$ GPa,脉冲宽度为 $0.14 \sim 0.17\ \mu s$ 的冲击实验结果,按 Weibull 分布的形式拟合得到的成核率为

$$n_{Np} = K \cdot \left(\frac{\sigma}{\sigma_0} - 1\right)\left(\frac{c}{c_*}\right)^{m-1} \exp\left[-\left(\frac{c}{c_*}\right)^m\right] \tag{6.8.18}$$

式中,$K = 971\ \text{mm}^{-2} \cdot \mu\text{m}^{-1} \cdot \mu\text{s}^{-1}$,$\sigma_0 = 2.689$ GPa,$c_* = 4.27\ \mu\text{m}$,$m = 2.33$。

若按 Rayleigh 分布拟合,得到成核率为

$$n_{Np} = K \cdot \left(\frac{\sigma}{\sigma_0} - 1\right)\left(\frac{c}{c_*}\right)^m \exp\left[-\left(\frac{c}{c_*}\right)^2\right] \tag{6.8.19}$$

式中,$K = 1\,042\ \text{mm}^{-2} \cdot \mu\text{m}^{-1} \cdot \mu\text{s}^{-1}$,$\sigma_0 = 2.686$ GPa,$c_* = 3.3\ \mu\text{m}$,$m = 1.72$。

以上表达均有如下形式:

$$n_{Np} = K \cdot \left(\frac{\sigma}{\sigma_0} - 1\right) f\left(\frac{c}{c_*}\right) \tag{6.8.20}$$

说明成核率函数中尺度 c 部分与应力 σ 部分是分离的。

2. 冲击下微损伤的扩展速率

对式(6.8.5)取边值条件($c = 0$ 时,$n = 0$),则可得到扩展速率的表达式为

$$A = \frac{1}{n}\int_0^c \left(n_N - \frac{\partial n}{\partial t}\right)\mathrm{d}c \tag{6.8.21}$$

[①] 柯孚久等,1990;白以龙等,1991;夏蒙棼等,1995a,1995b。

表明，由成核率和数密度的演化数据可以得到扩展速率 A，A 不仅与 c 有关，而且随时间 t 变化。

为确定相关过程，下面引入微损伤的扩展速率和最小成核尺度的概念。若假定单个微损伤的演化由成核尺度 c_0 和总尺度 c 来描述，则其对应的微损伤扩展速率记为

$$\dot{c} = V(c, c_0) \tag{6.8.22}$$

且 $\dot{c}_0 = 0$。子相空间为二维的，数密度记为 $n_0(c, c_0, t)$，其统计演化方程为

$$\frac{\partial n_0}{\partial t} + \frac{\partial}{\partial c}(n_0 V) = n_{0N} = n_N(c_0) \cdot \delta(c - c_0) \tag{6.8.23}$$

上式中第二个等式表明此成核率与式(6.8.5)中成核率的关系。

若假定扩展速率 V 和 n_N 均不随时间及位置变化，式(6.8.23)的解为

$$n_0(c, c_0, t) = \begin{cases} 0 & c > c_f(c_0, t) & (6.8.24a) \\ \dfrac{n_N(c_0)}{V(c, c_0)} & c \leqslant c_f(c_0, t) & (6.8.24b) \end{cases}$$

式中，$c_f(c_0, t)$ 由下式确定：

$$t = \int_{c_0}^{c_f} \frac{dc'}{V(c', c_0)} \tag{6.8.25}$$

其物理意义为 $t = 0$ 时刻成核的尺度为 c_0 的微损伤，在 t 时刻其尺度扩展为 c_f。

将式(6.8.23)对 c_0 积分，可得到在相空间 c 中的统计演化方程：

$$n(c, t) = \int_0^c n_0(c, c_0, t) dc_0 = \int_{\xi(c, t)}^c \frac{n_N(c_0)}{V(c, c_0)} dc_0 \tag{6.8.26}$$

式中，$\xi(c, t)$ 为当前时刻尺度 c 的微损伤中的最小成核尺度，可由下式决定：

$$t = \int_\xi^c \frac{dc'}{V(c', \xi)} \tag{6.8.27}$$

则有 $\xi(c, t)$ 的表达式：

$$\xi = 0, \quad t \geqslant t_\xi = \int_0^c \frac{dc'}{V(c', 0)} \tag{6.8.28}$$

由 $t = \int_\xi^c \dfrac{dc'}{V(c', \xi)}$ 计算，$t < t_\xi$。

此时，$c_0 = \xi(c, t)$ 与 $c = c_f(c_0, t)$ 代表二维相图中的同一条线。

同时，也可以将 c 看作 t 和 ξ 的函数，且

$$V = \left(\frac{\partial c}{\partial t}\right)_\xi \tag{6.8.29}$$

由式(6.8.26)知，尺度 c 的各种成核尺度 c_0 的微损伤的平均扩展速率为

$$A(c, t) = \frac{1}{n(c, t)} \int_{\xi(c, t)}^c V(c, c_0) n_0(c, c_0) dc_0$$

$$= \int_{\xi(c, t)}^c n_N(c_0) dc_0 \bigg/ \int_{\xi(c, t)}^c \frac{n_N(c_0)}{V(c, c_0)} dc_0 \tag{6.8.30}$$

上式又可写为

$$n(c, t) = \frac{1}{A(c, t)} \int_{\xi(c, t)}^c n_N(c_0) dc_0 \tag{6.8.31}$$

由此，在已知 $n_N(c_0)$ 的基础上，由测量得到 $n(c, t)$，通过式(6.8.21)确定 $A(c, t)$，然后由

式(6.8.31)确定 c,t 和 ξ 之间的函数关系，最后由式(6.8.29)确定扩展速率 $V(c,c_0)$。

由上述方法计算得到的扩展速率不是单一变量(c_0/c)的函数，这也是 Mott 结果和 Berry 结果的差异。对其结果进行拟合，可得到近似公式：

$$V(c,c_0) = V^* \cdot \left(\frac{c-c_0}{\bar{c}_0}\right)^m \tag{6.8.32}$$

式中，$\bar{c}_0$ 为平均成核尺度，V^* 约为 $8.1\,\text{km/s}$，m 为 $0.8\sim 1$。

6.8.3 微损伤系统用于动态损伤分析[①]

宁建国等(2008)定义了一个无量纲的损伤变量，即利用裂纹密度来表征微裂纹损伤引起材料的宏观力学性能的劣化，其表达式为

$$C_\text{d} = \int_0^\infty n(c,t)\beta_\text{c} c^3 \text{d}c \tag{6.8.33}$$

式中，$n(c,t)$ 满足式(6.8.5)，相关符号意义同前；β_c 为几何因子，依赖于微裂纹的形状和尺寸。若假定裂纹密度的变化由裂纹线性尺度的长大和成核引起，则裂纹密度的变化率可写为

$$\frac{\partial C_\text{d}}{\partial t} = \left(\frac{\partial C_\text{d}}{\partial t}\right)_\text{grow} + \left(\frac{\partial C_\text{d}}{\partial t}\right)_\text{Nucleation} \tag{6.8.34}$$

其中，

$$\left(\frac{\partial C_\text{d}}{\partial t}\right)_\text{g} = \int_0^\infty 3n(\beta_\text{c}c^3)\frac{\dot{c}}{c}\text{d}c, \quad \left(\frac{\partial C_\text{d}}{\partial t}\right)_\text{N} = \int_0^\infty \frac{n_\text{N}}{n}n\beta_\text{c}c^3\text{d}c \tag{6.8.35}$$

1. 微裂纹的成核

微裂纹的成核率函数采用式(6.8.18)的形式，其表达式为

$$n_\text{N} = K_\text{th} \cdot \left(\frac{\sigma_\text{t}}{\sigma_\text{th}} - 1\right)\left(\frac{c}{c_\text{th}}\right)^{m-1}\exp\left[-\left(\frac{c}{c_\text{th}}\right)^m\right] \tag{6.8.36}$$

式中，下标 th 表示与成核有关的阈值；σ_t 为混凝土材料内部引起微裂纹损伤演化的拉伸应力，与外部载荷不同，但存在某种联系，采用一种简化关系：

$$\sigma_\text{t} = \beta\sqrt{\frac{3}{2}S_{ij}S_{ij}} \tag{6.8.37}$$

式中，β 为材料的结构参数。

由 Irwin 裂纹失稳扩展的临界条件确定，其表达式为

$$\sigma_\text{th} = K_\text{IC}\Big/\left[\sqrt{\pi c_\text{th}}f\left(\frac{c}{w}\right)\right] \tag{6.8.38}$$

式中，$f(c/w)$ 为依赖于试件几何形状的几何因子，一般以多项式表示，如

$$f(c/w) = [1-c/w]^{-3/2}[1.1214 + 0.0294c/w - 2.1907(c/w)^2 + \cdots]$$

由式(6.8.35)和式(6.8.36)，可得到

$$\left(\frac{\partial C_\text{d}}{\partial t}\right)_\text{N} = K_\text{th} \cdot \left(\frac{\sigma_\text{t}}{\sigma_\text{th}} - 1\right)\int_0^\infty \left(\frac{c}{c_\text{th}}\right)^{m-1}\exp\left[-\left(\frac{c}{c_\text{th}}\right)^m\right]\beta_\text{c}c^3\text{d}c \tag{6.8.39}$$

$m=1$ 时，上式简化为

[①] 宁建国等，2008。

$$\left(\frac{\partial C_d}{\partial t}\right)_N = 6K_{th}\beta_c c_{th}^4 \cdot \left(\frac{\sigma_t}{\sigma_{th}} - 1\right) \tag{6.8.40}$$

2. 微裂纹的扩展

在 Seaman 等(1976)和 Stenvens 等(1972)微空洞增长模型的基础上,宁建国等提出一个修正的模型:

$$\frac{\dot{c}}{c} = \frac{\sigma_t - \sigma_{th}}{4\eta} \tag{6.8.41}$$

式中,η 为与材料性质有关的黏性参数。

若忽略成核率,只计裂纹扩展对损伤的影响,则有

$$\frac{\partial C_d}{\partial t} \approx \left(\frac{\partial C_d}{\partial t}\right)_{grow} = \frac{3}{4}\frac{\sigma_t - \sigma_{th}}{\eta}C_d \tag{6.8.42}$$

3. 损伤演化方程

损伤因子 D 与裂纹密度 C_d 具有以下形式:

$$D = \frac{16}{9}\frac{1-\nu^2}{1-2\nu}C_d \tag{6.8.43}$$

式中,泊松比与无损材料的泊松比 $\tilde{\nu}$ 关系为

$$\nu = \tilde{\nu}\left(1 - \frac{16}{9}C_d\right) \tag{6.8.44}$$

由此,可以得到损伤演化方程:

$$\dot{D} = \frac{16}{9}\left[\frac{1-\nu^2}{1-2\nu} - \frac{16}{9}\tilde{\nu}\frac{2(1-\nu+\nu^2)}{(1-2\nu)^2}C_d\right]\dot{C}_d \tag{6.8.45}$$

另外,通过对式(6.8.42)积分,可以得到

$$C_d = C_{d0}\exp\left[\frac{3}{4}\frac{\sigma_t - \sigma_{th}}{\eta}(t - t_0)\right] \tag{6.8.46}$$

式中,C_{d0} 为初始裂纹密度。

4. 混凝土模型参数及模拟结果

材料参数:杨氏模量 41 GPa,泊松比 0.2,抗压强度 72 MPa,孔隙度 0.041 cm^3/g,体积模量 22.8 GPa,剪切模量 17.1 GPa,密度 2.35 g/cm^3。

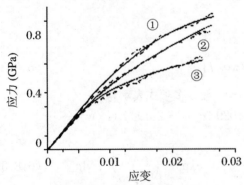

模型参数:黏性系数 0.000 18 GPa·s;率敏感系数-C_1 为 1.07,C_2 为 0.023 5;损伤系数-C_{d0} 为 0.07,K_{IC} 为 0.8 MPa·$m^{1/2}$;裂纹长度 c_0 为 0.001 m;β 为 0.2;K 为 0.1。

采用图 6.7.2(a)正撞击实验构形,对称碰撞。模拟结果见图 6.8.1。图中结果表明,随着冲击波传播距离的增加,压力峰值逐渐减小。模型能够较好地反映这种趋势。

图 6.8.1 混凝土材料内部不同位置应力-应变关系(冲击速度 250 m/s)

6.9 脆性材料中微裂纹破裂的传播

Feng(2000)研究玻璃中破碎模式的传播,认为脆性材料在冲击载荷作用下,材料的非均匀性导致内部应力不均匀,促进了微裂纹的形成和发展。微裂纹面增大到一定程度,将产生体积膨胀。其具体模式见图 6.9.1。由此认为,伴随此破坏模式的传播的失效波过后(图 6.9.2),损伤的材料伴有体积变化,这种体积变化包括前述的体积膨胀和初始孔洞的崩塌产生的体积压缩两部分的综合作用。值得注意的是,此处玻璃的破碎可以在弹性限以下发生。

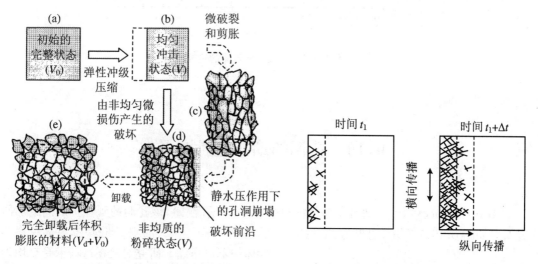

图 6.9.1 玻璃破碎过程体积膨胀的产生机制　　图 6.9.2 玻璃中破碎的产生和传播

由此可以建立体积 V_d 的控制方程:

$$\frac{\partial V_d}{\partial t} = \frac{\partial}{\partial x}\left[D(x,t)\frac{\partial V_d}{\partial x}\right] + f(x,t) \qquad (6.9.1)$$

式中,D 为损伤扩散函数,$D(x,t) = \lambda S(x,t)$。其中,λ 为材料参数,

$$S(x,t) = \frac{Y(x,t) - Y_F}{Y_{HEL} - Y_F} H(Y - Y_{THD}), \quad f(x,t) = S(s,t)\frac{V_d - V_{d_0}}{T_d} \geqslant 0 \qquad (6.9.2)$$

式中,H 为 Heaviside 函数,$Y = |\sigma_{xx} - \sigma_{yy}|$。

对于 K-8 玻璃,其计算参数为:初始密度 2.53 g/cm³,纵波波速 C_L 为 5.828 km/s,横波波速 C_s 为 3.468 km/s,Hugoniot 弹性限 σ_{HEL} 为 5.95 GPa。当冲击压力为 3 GPa 时,Y_{HEL} 为 4.529 GPa,Y_{THD} 为 2.243 GPa。

模型参数为:λ 为 6.6 m²/s,T_d 为 150 ns,V_{d_0} 为 2×10^{-7} m³/kg。相应计算结果见

图 6.9.3,模型能够很好地与实验结果相符。刘占芳和常敬臻等(2006)在 Feng 的工作基础上,分析了 Al_2O_3 陶瓷中的失效波阵面的传播。

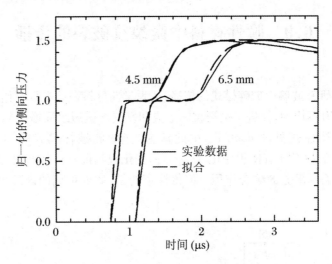

图 6.9.3 玻璃中波阵面的传播

6.10 孔洞的动态延性生长[①]

Rice 和 Tracey(1969)研究了基体材料中含有一个孔洞时,该孔洞的延性扩展问题。研究对象如图 6.10.1 所示,边界为 S_V 的球型孔洞嵌在一个无限大的刚塑性体中,基体材料塑性体积不可压缩。研究对象在远场承受着均匀的应变率场 $\dot{\varepsilon}_{ij}^\infty$ 的作用,对应的远场应力 $\sigma_{ij}^\infty = s_{ij}^\infty + \sigma^\infty \delta_{ij}$,其中 s_{ij}^∞ 为远场偏应力,σ^∞ 为远场平均应力。

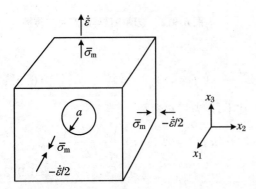

图 6.10.1 含球形孔洞介质的模型

由于基体材料塑性体积不可压缩,因此,材料内的速度场 $\dot{u}_i$ 满足以下条件:当 $x_i x_i \to \infty$ 时,

$$\dot{\varepsilon}_{ij} = \frac{1}{2}(\dot{u}_{i,j} + \dot{u}_{j,i}) \to \dot{\varepsilon}_{ij}^\infty \quad 且 \quad \dot{\varepsilon}_{ii} = 0$$
(6.10.1)

由 Hill 的最大塑性功原理和 Drucker 的材料稳定性条件,Rice 和 Tracey(1969)定义了一个关于速度场 $\dot{u}_i$ 的泛函:

---

① Rice 和 Tracey,1969。

$$Q(\dot{u}) = \int_V (s_{ij} - s_{ij}^\infty)\dot{\varepsilon}_{ij}\mathrm{d}V - \sigma_{ij}^\infty \int_{S_v} n_i \dot{u}_j \mathrm{d}S \qquad (6.10.2)$$

其中，V 为包含孔洞的无限大介质的体积。第二项为在孔洞边界上的积分，n_i 表示由此界面的表面指向材料的内部，因此，第二项为 σ_{ij}^∞ 与孔洞表面变形的乘积，表示远场应力的功率。

用上标 A 表示真实的场，则有

$$Q(\dot{u}) - Q^A = \int_V [(s_{ij} - s_{ij}^\infty)\dot{\varepsilon}_{ij} - (s_{ij}^A - s_{ij}^\infty)\dot{\varepsilon}_{ij}^A]\mathrm{d}V$$
$$- \int_{S_v}(\sigma_{ij}^\infty - \sigma_{ij}^A)n_i(\dot{u}_j - \dot{u}_j^A)\mathrm{d}S \qquad (6.10.3)$$

在孔洞边界上：

$$\sigma_{ij}^A n_i = 0 \qquad (6.10.4)$$

在无穷大区域应用虚功原理，并应用如下快速收敛假定：

$$\lim_{S_e \to \infty} \int_{S_e} (\sigma_{ij}^\infty - \sigma_{ij}^A)n_i(\dot{u}_j^2 - \dot{u}_j^1)\mathrm{d}S = 0 \qquad (6.10.5)$$

其中，S_e 为含孔洞的一个虚拟的球的表面，$\dot{u}_j^2$ 和 $\dot{u}_j^1$ 为两个不同的位移率（速度）场。上述假定要求：当含孔洞的虚拟球的表面趋向无穷大时，所有的应变率场都可以迅速趋向于无穷远处的应变率场。

由此可以得到

$$-\int_{S_e}(\sigma_{ij}^\infty - \sigma_{ij}^A)n_i(\dot{u}_j - \dot{u}_j^A)\mathrm{d}S = \int_V (s_{ij}^\infty - s_{ij}^A)(\dot{\varepsilon}_{ij} - \dot{\varepsilon}_{ij}^A)\mathrm{d}V$$

将上式代入式(6.10.3)，由凸性法则，则有

$$Q(\dot{u}) - Q^A = \int_V (s_{ij} - s_{ij}^A)\dot{\varepsilon}_{ij}\mathrm{d}V \geqslant 0 \qquad (6.10.6)$$

上式表明没有任何一个假定的场可以使 Q 值小于实际的场对应的值，因此是一个新的最小值原理。从上式出发，利用 Raileigh-Ritz 法来近似求解。由此，假定速度场的形式为

$$\dot{u}_i = \dot{\varepsilon}_{ij}^\infty x_j + q_1 \dot{u}_i^{(1)} + q_2 \dot{u}_i^{(2)} + \cdots + q_n \dot{u}_i^{(n)} \qquad (6.10.7)$$

式中，$\dot{u}_i^{(k)}$ 为选定的不可压缩的速度场，在无限远处趋于零。参数 q_k 为使 $Q(\dot{u}) = Q(q_1, q_2, \cdots, q_n)$ 取极小值对应的最优参数，即

$$\frac{\partial Q}{\partial q_k} = 0 \quad \text{或} \quad \frac{\partial s_{ij}(q_1, q_2, \cdots, q_n)}{\partial q_k}\dot{\varepsilon}_{ij} = 0 \quad (k = 1, 2, \cdots, n) \qquad (6.10.8)$$

1. 单轴拉伸载荷作用下孔洞的生长

研究对象中任何的场都可以分为三个部分：① 远场均匀应变率产生的场；② 孔洞体积变化引起的球对称场，只改变体积，但形状不变；③ 改变孔洞形状，但不改变体积的场。这样，可将速度场表示为

$$\dot{u}_i = \dot{\varepsilon}_{ij}^\infty x_j + D\dot{u}_i^D + E\dot{u}_i^E \qquad (6.10.9)$$

上式右边第二项和第三项分别表示球对称变化场和形状变化场。D 和 E 为参数，与上面 q_k 的作用相同。

塑性体积不可压缩和球对称性要求体积变化场满足

$$\dot{u}_i^D = \dot{\varepsilon}\left(\frac{R_0}{R}\right)^3 x_i \qquad (6.10.10)$$

此式意味着将式(6.10.9)中的参数 D 选为沿孔洞的平均应变率与较远处所施加的应变率的比值。若孔洞边界的平均径向速度为 $\dot{R}_0$，则 $D = \dot{R}_0/(\dot{\varepsilon} R_0)$。

对于需变场的选取，需注意的是研究结果对形变场的选择并不是很敏感。这里假定孔洞在形变场的作用下变成体积相同的轴对称的椭球，因此，存在势函数，使得

$$\dot{u}_R^E = \frac{1}{R^2 \sin\varphi} \frac{\partial \psi^E}{\partial \varphi}, \quad \dot{u}_\varphi^E = \frac{-1}{R\sin\varphi} \frac{\partial \psi^E}{\partial R} \quad (6.10.11)$$

其中，

$$\psi^E = \frac{1}{2} \dot{\varepsilon} R_0^3 F(R) \sin^2\varphi \cos\varphi, \quad F(R_0) = 1 \quad (6.10.12)$$

在孔洞边界上，有

$$\dot{u}_R(R_0, 0) = (D + 1 + E)\dot{\varepsilon} R_0, \quad \dot{u}_R(R_0, \pi/2) = [D - (1+E)/2]\dot{\varepsilon} R_0 \quad (6.10.13)$$

由此，泛函式(6.10.6)变为两个式子：

$$\int_V [s_{ij}(D,E) - s_{ij}^\infty] \dot{\varepsilon}_{ij}^D dV = \sigma^\infty \int_{S_v} n_i \dot{u}_j^D dS$$

$$\int_V [s_{ij}(D,E) - s_{ij}^\infty] \dot{\varepsilon}_{ij}^E dV = \sigma^\infty \int_{S_v} n_i \dot{u}_j^E dS \quad (6.10.14)$$

其中，s_{ij} 为与应变率 $\dot{\varepsilon}_i = \dot{\varepsilon}_{ij}^\infty + D\dot{\varepsilon}_{ij}^D + E\dot{\varepsilon}_{ij}^E$ 相关的偏应力场。对于具有屈服应力 τ_0 的 Von Mises 材料，有

$$s_{ij} = \sqrt{2}\tau_0 \dot{\varepsilon}_{ij} / \sqrt{\dot{\varepsilon}_{kl}\dot{\varepsilon}_{kl}} \quad (6.10.15)$$

由此，式(6.10.14)变化为

$$\frac{1}{\sqrt{2}\dot{\varepsilon} R_0^3} \int_{R_0}^\infty \int_0^\pi \left(\frac{\dot{\varepsilon}_{ij}\dot{\varepsilon}_{ij}^D}{\sqrt{\dot{\varepsilon}_{kl}\dot{\varepsilon}_{kl}}} - \frac{\dot{\varepsilon}_{ij}^\infty \dot{\varepsilon}_{ij}^D}{\sqrt{\dot{\varepsilon}_{kl}^\infty \dot{\varepsilon}_{kl}^\infty}} \right) R^2 \sin\varphi d\varphi dR = \frac{\sigma^\infty}{\tau_0} \quad (6.10.16)$$

$$\frac{\sqrt{3}}{\sqrt{2}\dot{\varepsilon} R_0^3} \int_{R_0}^\infty \int_0^\pi \left(\frac{\dot{\varepsilon}_{ij}\dot{\varepsilon}_{ij}^E}{\sqrt{\dot{\varepsilon}_{kl}\dot{\varepsilon}_{kl}}} - \frac{\dot{\varepsilon}_{ij}^\infty \dot{\varepsilon}_{ij}^E}{\sqrt{\dot{\varepsilon}_{kl}^\infty \dot{\varepsilon}_{kl}^\infty}} \right) R^2 \sin\varphi d\varphi dR = \frac{2 + R_0 F'(R_0)}{5} \quad (6.10.17)$$

关于 $F(R)$ 的形式，Rice 和 Tracey(1969)提供了如下的六种表达：

(1) 可描述黏性基体中球形夹杂的：$F(R) = \frac{1}{2}[5 - 3(R_0/R)^2]$。

(2) 描述非黏性基体中球形夹杂的：$F(R) = 2 - (R_0/R)^3$。

(3) 描述球形夹杂受均匀不可压缩拉伸作用下的黏性场：$F(R) = 4 - 3(R_0/R)^2$，但夹杂不能是光滑接触的。

(4) 描述球形夹杂光滑接触和黏结接触的：$F(R) = 7 - 9(R_0/R) + 3(R_0/R)^2$，但不能描述黏性场。

(5) 特别选定作为对比的：$F(R) = 3(R_0/R)^3 - 2(R_0/R)^6$。

(6) 特别选定作为对比的：$F(R) = \frac{1}{9}[13(R_0/R) - 4(R_0/R)^{10}]$。

在上述的研究基础上，可进行数值模拟分析。

2. 三轴载荷作用下孔洞的生长

选定一个假定的速度场，此场只与远处的应变率场和球对称的孔洞扩展场有关，即

$$\dot{u}_i = \dot{\varepsilon}_{ij}^\infty x_j + D\dot{u}_i^D \tag{6.10.18}$$

其中,

$$\dot{u}_i^D = \sqrt{\frac{2}{3}\dot{\varepsilon}_{kl}^\infty \dot{\varepsilon}_{kl}^\infty} \left(\frac{R_0}{R}\right)^3 x_i \tag{6.10.19}$$

若孔洞边界的平均径向速度为 $\dot{R}_0$,则 D 的表达式为

$$\frac{\dot{R}_0}{R} = D \cdot \sqrt{\frac{2}{3}\dot{\varepsilon}_{kl}^\infty \dot{\varepsilon}_{kl}^\infty} \tag{6.10.20}$$

存在一个膨胀场,使得泛函 Q 取最小值,则

$$\int_V [s_{ij}(D) - s_{ij}^\infty]\dot{\varepsilon}_{ij}^D dV = \sigma^\infty \int_{S_v} n_i u_j^D dS \tag{6.10.21}$$

对于具有屈服应力 τ_0 的 Von Mises 材料,有

$$s_{ij}(D) = \frac{\sqrt{2}\tau_0(\dot{\varepsilon}_{ij}^\infty + D\dot{\varepsilon}_{ij}^D)}{\sqrt{\dot{\varepsilon}_{kl}^\infty \dot{\varepsilon}_{kl}^\infty + 2D\dot{\varepsilon}_{kl}^\infty \dot{\varepsilon}_{kl}^D + D^2 \dot{\varepsilon}_{kl}^D \dot{\varepsilon}_{kl}^D}} \tag{6.10.22}$$

由此,式(6.10.21)可改写为

$$\frac{1}{\sqrt{3}\pi}\int_\Omega \int_0^1 \left[\frac{D - \mu/(2\lambda)}{\sqrt{4D^2\lambda^2 - 4D\mu\lambda + 1}} + \mu/(2\lambda)\right]d\lambda d\Omega = \frac{\sigma^\infty}{\tau_0} \tag{6.10.23}$$

式中,$\lambda = (R_0/R)^3$,$d\Omega$ 为固体角度(solid angle)的增量,外部积分覆盖整个单位球,μ 的表达式为

$$\mu = \dot{\varepsilon}_{RR}^\infty \bigg/ \sqrt{\frac{2}{3}\dot{\varepsilon}_{kl}^\infty \dot{\varepsilon}_{kl}^\infty} \tag{6.10.24}$$

假定 D 比较大,将上式对 D 展开,并忽略掉 D^{-1} 项,可得到

$$\frac{2}{\sqrt{3}}\lg(4D) - \frac{1}{2\sqrt{3}\pi}\int_\Omega (1-\mu)\lg(1-\mu)d\Omega = \frac{\sigma^\infty}{\tau_0} \tag{6.10.25}$$

由此,得到 D 的解为

$$D = C(\nu)\exp\left(\frac{\sqrt{3}\sigma^\infty}{2\tau_0}\right) \tag{6.10.26}$$

其中,

$$C(\nu) = \frac{1}{4}\exp\left[\frac{1}{4\pi}\int_\Omega (1-\mu)\lg(1-\mu)d\Omega\right] \tag{6.10.27}$$

此处,C 依赖于 Lode 参数 ν。与应变率有关的 Lode 参数 ν 定义为

$$\nu = -\frac{3\dot{\varepsilon}_{II}^\infty}{\dot{\varepsilon}_I^\infty - \dot{\varepsilon}_{III}^\infty} \tag{6.10.28}$$

数值分析的结果表明,C 几乎与 Lode 参数 ν 无关,近似表达式为

$$C(\nu) \approx 0.279 + 0.004\nu \tag{6.10.29}$$

对于一个远处的简单拉伸加载,$C(\nu) = C(1)$,则可以得到精确的值 $1.5C^{-5/3} = 0.283$,由此

$$D = 0.283\exp\left(\frac{\sqrt{3}\sigma^\infty}{2\tau_0}\right) \tag{6.10.30}$$

当远场受负的应力场(压应力)时,则有

$$D = -C(-\nu)\exp\left(\frac{\sqrt{3}\sigma^\infty}{2\tau_0}\right) \tag{6.10.31}$$

由此,可设想对于任意的应力场:

$$D = [C(\nu) + C(-\nu)]\sinh\left(\frac{\sqrt{3}\sigma^\infty}{2\tau_0}\right) + [C(\nu) - C(-\nu)]\cosh\left(\frac{\sqrt{3}\sigma^\infty}{2\tau_0}\right) \tag{6.10.32}$$

应用 C 的近似表达式,则

$$D = 0.558\sinh\left(\frac{\sqrt{3}\sigma^\infty}{2\tau_0}\right) + 0.008\nu\cosh\left(\frac{\sqrt{3}\sigma^\infty}{2\tau_0}\right) \tag{6.10.33}$$

若采用 Tresca 材料,其形式稍复杂。可得到

$$D = 2C^{-5/3}\exp\left(\frac{3\sigma^\infty}{4\tau_0}\right) = 0.376\exp\left(\frac{3\sigma^\infty}{4\tau_0}\right) = 0.376\exp\left(\frac{3\sigma^\infty}{2\sigma_0}\right) \tag{6.10.34}$$

以上分析给出了孔洞增长($\dot{R}_0/R$)的表达式和分析过程。由于材料中损伤的产生和发展,实际上是微裂纹和微孔洞的产生和发展,因此,在某种程度上,孔洞增长与裂纹增长有着同等重要的地位。

6.11 损伤累积效应

以上分析的损伤都是在外载荷作用下,即时产生的损伤。在 6.9 节中所分析的玻璃中的失效波的产生则表明了损伤的产生相对于外载荷的作用有一定的滞后,这反映了损伤的累积效应。Meyers(1994)介绍了 Sandia, Los Alamos, Lawrence Livermore 和 Stanford 研究中心在损伤和层裂研究中的成果,总结损伤累积效应的分析,有两种方法:

(1) 简单损伤积累(simple damage accumulation)。该方法假定损伤在一些时间段内是单调增长的,即若已知时间 τ_0 时,在应力 σ 作用下产生损伤 D_0,则时间 τ_0 内,时间 Δt 内产生的损伤增加量为 ΔD,且 $\Delta D/\Delta t = D_0/\tau_0$。其中 τ_0 与应力相关,即 $\tau_0 = \hat{\tau}(\sigma)$。

相应可以得到损伤表达:

$$D(x, t_f) = \frac{D_0}{\tau}\int_{-\infty}^{t_f}\left[\frac{\sigma(x,t) - \sigma_0 + |\sigma(x,t) - \sigma_0|}{2\sigma_0}\right]^\lambda dt \tag{6.11.1}$$

式中,x 为试件内的位置,t_f 为时间,σ_0 为损伤阈值,λ 为材料参数。

(2) 另外一种方法为复合损伤积累(compound-damage accumulation)。该方法是 Davison 和 Stevens 的工作成果。其思想是,认为损伤演化率是当前应力和损伤状况的函数,即

$$\dot{D} = f(\sigma, D) \tag{6.11.2}$$

对其进行展开:

$$\dot{D} = f(\sigma, D) = \frac{D^*}{\tau_0}\left[f_0(\sigma) + f_1(\sigma)\frac{D}{D^*} + f_2(\sigma)\left(\frac{D}{D^*}\right)^2 + \cdots\right] \tag{6.11.3}$$

忽略二阶以上的项,进行求解,可以得到

$$D = \frac{BV_n(\Sigma - \Sigma_N + |\Sigma - \Sigma_N|)}{6C\Sigma}[\exp(3C\sigma_G\Sigma t) - 1] \tag{6.11.4}$$

式中,σ_N 和 σ_G 分别为损伤成核和生长的门槛应力,$\sigma_N > \sigma_G$;τ, V_n, B, C 均为材料参数;Σ 为应力,$\sigma < \sigma_G$ 时,$\Sigma = 0$,$\sigma > \sigma_G$ 时,$\Sigma = \sigma - \sigma_G$。

Davison 和 Stenvens 用以下参数进行了分析:$\sigma_N = 0.8$ GPa,$\sigma_G = 0.3$ GPa,$V_n B = 0.0116$ kbar^{-1},$C = 0.667$ kbar$^{-1} \cdot \mu s^{-1}$。

6.12　内蕴时本构理论

6.12.1　Valanis 内蕴时本构理论[①]

Valanis(1971,1976)引入一个仅依赖于材料内在变形特性的时间尺度 ξ 来描述材料的非线性变形。此时间尺度变量与外部时间无关。Valanis 假定时间尺度 ξ 是塑性变形的单调增函数,并定义其为

$$d\xi = d\varepsilon_{ij}^p P_{ijkl} d\varepsilon_{kl}^p \tag{6.12.1}$$

式中,P_{ijkl} 是与材料性质有关的正定四阶张量。

同时,建立此时间尺度与真实时间的关系,定义一个内蕴时间量度 $d\zeta$:

$$d\zeta = \alpha^2 d\xi^2 + \beta^2 dt^2 \tag{6.12.2}$$

式中,α 和 β 为材料参数。引入一个内蕴时间标度 $z(\zeta)$,其表达式为

$$dz = \frac{d\zeta}{f(\zeta)} \quad \text{且} \quad \frac{dz}{d\zeta} > 0 \tag{6.12.3}$$

式中,$f(\zeta)$ 为表征材料在变形过程硬化-软化效应的函数。

这里的内蕴时间 z 用于描述材料内部的不可逆变形的历史,是一个内变量,可采用内变量理论的方法进行研究。此理论认为,塑性和黏塑性材料内任何一点的现时应力状态是该领域内张力变形和温度历史的函数。

根据内变量理论,与内蕴时间 $z(\zeta)$ 相对偶的有广义的摩擦力存在,由此,经过较复杂的理论分析过程,可得到内蕴时间本构理论的表达式,分为偏量部分和球量部分:

$$s_{ij} = 2\int_0^z G(z - z')\frac{\partial e_{ij}}{\partial z'}dz', \quad \sigma = 3\int_0^z K(z - z')\frac{\partial \varepsilon}{\partial z'}dz' \tag{6.12.4}$$

式中,K 和 G 为核函数,其表达式为

$$G(z) = G_0 + \sum_\alpha G_\alpha \exp(-P_\alpha z), \quad K(z) = K_0 + \sum_\alpha K_\alpha \exp(-\lambda_\alpha z) \tag{6.12.5}$$

一个特例,假定

$$G(z) = G_0 \exp(-P_0 z), \quad K(z) = K_0 \tag{6.12.6}$$

[①] Valanis,1971,1976,1980。

此式表明:材料是塑性的,体积不可压缩,即 $\sigma_{kk} = 3K_0 \varepsilon_{kk}$。同时,

$$s_{ij} = 2G_0 \int_0^z \exp[-p_0(z-z')]\frac{\partial e_{ij}}{\partial z'}\mathrm{d}z' \tag{6.12.7}$$

将上式化为微分形式,可得

$$\mathrm{d}e_{ij} = \frac{\mathrm{d}s_{ij}}{2G_0} + \frac{p_0 s_{ij}}{2G_0}\mathrm{d}z \tag{6.12.8}$$

上式右边第一项对应弹性部分,而其第二项则对应内时本构理论的塑性部分。这也表明 Prandtle-Reuss 方程是式(6.12.5)的一种特殊情况。

6.12.2 Bazant 内蕴时本构理论[①]

Bazant 将内蕴时本构理论应用于混凝土材料。

1. 混凝土中内蕴时本构理论

增量型本构关系为

$$\mathrm{d}e_{ij} = \mathrm{d}e_{ij}^{\mathrm{e}} + \mathrm{d}e_{ij}^{\mathrm{p}} = \frac{\mathrm{d}s_{ij}}{2G} + \frac{s_{ij}}{2G}\mathrm{d}z, \quad \mathrm{d}\varepsilon = \mathrm{d}\varepsilon^{\mathrm{e}} + \mathrm{d}\varepsilon^{\mathrm{p}} = \frac{\mathrm{d}\sigma}{3K} + (\mathrm{d}\lambda + \mathrm{d}\varepsilon^0) \tag{6.12.9}$$

其中,$\mathrm{d}\varepsilon^0$ 表示与应力无关的非弹性应变,如温度应变等。

2. 内蕴时间标度

若取式(6.11.1)中的材料张量 P_{ijkl} 为

$$P_{ijkl} = K_1 \delta_{ij}\delta_{kl} + \frac{K_2}{2}(\delta_{ik}\delta_{jl} + \delta_{il}\delta_{jk}) \tag{6.12.10}$$

取 K_1 为 0, K_2 为 0.5,则 Bazant 给出内蕴时间标度为

$$\mathrm{d}z = \frac{\mathrm{d}\zeta}{z_1} \tag{6.12.11}$$

式中,$\mathrm{d}\zeta = f_1 \mathrm{d}\xi, f = f_1(\varepsilon_{ij}, \sigma_{ij}, \xi), z_1$ 为常量。

若假定体积变形不引起非弹性应变,即体变和畸变不耦合,$\mathrm{d}\xi = 0, \mathrm{d}z = 0$,则 $\mathrm{d}\xi$ 仅依赖于偏应变增量,即

$$\mathrm{d}\xi = \sqrt{J_2} \tag{6.12.12}$$

3. 对混凝土中应变硬化和应变软化的修正

为考虑加载过程非弹性应变的累积效应,Bazant 引入一个新的定义:

$$\mathrm{d}\zeta = \frac{\mathrm{d}\eta}{f(\eta)} \tag{6.12.13}$$

考虑到式(6.12.11),可得到 $\mathrm{d}\eta$ 和 $\mathrm{d}\xi$ 的关系为

$$\mathrm{d}\eta = F(\varepsilon_{ij}, \sigma_{ij}, \xi)\mathrm{d}\xi, \quad F(\varepsilon_{ij}, \sigma_{ij}, \xi) = f(\eta)f_1(\varepsilon_{ij}, \sigma_{ij}, \xi) \tag{6.12.14}$$

对于应变硬化,$f(\eta)$ 可选为

$$f(\eta) = 1 + \beta_1 \eta \tag{6.12.15}$$

此式在金属材料中用得很好。

[①] Bazant 等,1976,1978,1984,1985。

考虑到较大的非弹性变形，上式可以修改为
$$f(\eta) = 1 + \beta_1 \eta + \beta_2 \eta^2$$
为考虑软化现象，则可采用如下形式：
$$f(\eta) = 1 + \frac{\beta_1 \eta + \beta_2 \eta^2}{1 + a_7 F_2} \tag{6.12.16}$$
式中，F_2 为应变软化函数，$F_2 = F_2(\varepsilon_{ij}, \sigma_{ij})$。上述过程，其他参数均为材料参数。

进一步可将式(6.12.13)进行修正为
$$\mathrm{d}\zeta = \frac{\mathrm{d}\eta}{f(\eta) F_3}, \quad F_3 = F_3(\varepsilon_{ij}, \eta) = 1 + \frac{a_8}{\left(1 + \frac{a_9}{\eta^2}\right) J_2} \tag{6.12.17}$$

关于函数 F 的选取，为考虑静水压效应和软化效应，可取为
$$F(\varepsilon_{ij}, \sigma_{ij}) = F_1(p) + F_2(\varepsilon_{ij}, \sigma_{ij}) \tag{6.12.18}$$

Bazant 建议：
$$F_1 = \frac{a_0}{1 - (a_6 I_3)^{1/3}}, \quad F_2 = \frac{a_2(1 + a_5 I_2)\sqrt{J_2}}{[1 - a_1 I_1 - (a_6 I_3)^{1/3}](1 + a_4 I_2 \sqrt{J_2})} \tag{6.12.19}$$

体积模量和剪切模量的表达：
$$G = G_0\left(1 - 0.25 \frac{\lambda}{\lambda_0}\right), \quad K = K_0\left(1 - 0.25 \frac{\lambda}{\lambda_0}\right) \tag{6.12.20}$$

4. 模型参数

Bazant 等采用试凑法和参数优化法，得到混凝土材料的一组参数如下：
$Z_1 = 0.0015, \beta_1 = 30, \beta_2 = 3500, \nu = 0.18; a_0 = 0.7, a_1 = 0.6/\sigma_c, a_2 = 1400, a_3 = 500/\sigma_c^3, a_4 = 475/\sigma_c^2, a_5 = 0.8/\sigma_c^2, a_6 = 0.055/\sigma_c^3, a_7 = 20, a_8 = 0.000125, a_9 = 0.0015; c_1 = 100/\sigma_c, c_2 = 0.005; \lambda_0 = 0.001$。初始模量可采用下式：
$$E_0 = (0.565 + 0.0145 \sigma_c) \cdot 4730 \sqrt{\sigma_c} \quad (\text{单位：N/mm}^2)$$
采用此参数，Bazant 得到与实验数据符合得很好的计算结果。

参 考 文 献

白以龙,柯孚久,夏蒙棼. 1991. 固体中微裂纹系统统计演化的基本描述[J]. 力学学报, 23(3): 290-298.

Bai Y L, Ling Z, Luo L M, Ke F J. 1992. Initial development of micro-damage under impact loading[J]. J. Appl. Mech., 59: 622-627.

Bazant Z P, Bhat P. 1976. Endochronic theory of inelasticity and failure of concrete[J]. Eng. Mech. Div. Proc. Am. Soc. Civil Engrs, 102: 701-722.

Bazant Z P. 1978. Endochronic inelasticity and incremental plasticity[J]. Int. J. Solids Structures, 14: 691-714.

Bazant Z P, Gambarova P G. 1984. Crack shear in concrete: crack band microplane model[J]. J. Struct. Engng, 110(9): 2015-2035.

Bazant Z P, Oh B H. 1985. Microplane model for progressive fracture of concrete and rock[J]. Journal of Engineering Mechanics, 111(4): 559-582.

Berry J P. 1960. The velocity behavior of a growing crack[J]. J. Appl. Phys., 31: 2233-2236.

Berry J P. 1960. Some kinetic considerations of the griffith criterion for fracture(Ⅰ): equations of motion at constant force; (Ⅱ): equations of motion at constant deformation[J]. Journal of Mechanics and Physics of Solids., 8: 194-206;207-216.

Budiansky B, O'Connel R J. 1976. Elastic moduli of cracked solids[J]. Int. J. Solids Struct, 12: 81-91.

Bui-Quoc T. 1982. Recentdevelopment of continuous damage approaches for the analysis of material behavior under fatigue creep loading[J]. PVP, 59: 211-226.

Chaboche J L. 1982. Life timepredictions and cumulative damage under high-temperature condition[C]// Amzallag C, Leis B N, Rabbe P. Low cycle fatigue and life prediction. Philadelphia: American Scociety for texting and materials: 81-104.

Chaboche J L. 1992. Damage induced anisotropy: on the difficulties associated with the active/passive unilateral condition[J]. Int. J. Damage Mechanics, 1: 148-171.

陈颙, 黄庭芳. 2001. 岩石物理学[M]. 北京: 北京大学出版社.

Chow C L, Wang J. 1987a. An anisotropic theory of elasticity for continuum damage mechanics[J]. Int. J. Fract., 33: 3-16.

Chow C L, Wang J. 1987b. An anisotropic theory of continuum damage mechanics for ductile fracture [J]. Eng. Fract. Mech., 27(5): 547-558.

Collombet F. 1985. Modelisation de I'endommagement anistrope. Application au comportement du beton sous solicitation multiaxiale[D]. Pierre and Marie Curie University(Paris VI).

Costin L S. 1985. Damage mechanics in the post failure regime[J]. Mech. Mater., 4: 149-160.

Curran D R, Shockey D A, Seaman L. 1973. Dynamic fracture criteria for a polycarbonate[J]. J. Appl. Phys., 44(9): 4025-4038.

Curran D R, Seaman L, Shockey D A. 1987. Shear band observations and derivations of requirements for a shea band model[J]. Phys. Rep., 144: 253-288.

Curran D R, Seaman L, Cooper T, et al. 1993. Micromechanical model for comminution and granular flow of brittle material under high strain rate: application to penetration of ceramic targets[J]. Int. J. Impact Engng, 13(1): 53-83.

Dragon A, Mroz Z. 1979. A model for plastic creep of rock-like materials accounting for kinematics of fracture[J]. Int. J. Rock Mech. Min. Eng., 16: 253-259.

Duxbury P M, Leath P L, Beale P D. 1987. Breakdown properties of quenched random systems: the random-fuse network[J]. Phys. Rev. B., 36: 367-380.

Englman R, Jaeger Z. 1992. Percolation theory of fragmentation[C]// An Invited Lecture Presented at the International Symposium on Intense Dynamic Loading and its Effects, Chengdou: 425-430.

Espinosa H D, Raiser G, Clifton R J, et al. 1992. Experimental observations and numerical modeling of inelasticity in dynamically loaded ceramics[J]. J. Hard Mater., 3(34): 285-313.

Espinosa H D. 1995a. On the dynamic shear resistance of ceramic composites and its dependence on multiaxial deformation[J]. Int. J. Solids Struct., 32(21): 3105-3128.

Espinosa H D, Brar N S. 1995b. Dynamic failure mechanisms of ceramic bars: experiments and numerical simulations[J]. Journal of Mechanics and Physics of Solids, 43(10): 1615-1638.

Espinosa H D, Xu Y P, Brar N S. 1997. Micromechanics of failure wave in glass (Ⅰ): experiments[J]. J. Am. Ceram. Soc, 80(8): 2061-2073.

Espinosa H D, Xu Y P, Brar N S. 1997. Micromechanics of failure wave in glass (Ⅱ): modeling[J]. J. Am. Ceram. Soc, 80(8): 2074-2085.

范镜泓, 张俊乾. 1988a. 损伤材料本构关系的一种内蕴时间理论[J]. 中国科学: A辑, 18(5): 489-499.

范镜泓. 1988b. Nemat-Nasser 大变形、细观力学理论及其在金属及岩土中之应用, 本构关系理论及应用的新进展[R]. 重庆大学工程力学研究所材料本构理论及应用研究室.

范镜泓. 1988c. 损伤力学新进展, 本构关系理论及应用的新进展[R]. 重庆大学工程力学研究所材料本构理论及应用研究室.

Fan J, Peng X. 1991. A physically based constitutive description for nonproportional cucle plasticity[J]. J. Engng Mat. Tech., 113(2): 254-262.

Fanella D, Krajcinovic D. 1988. A micromechanical model for concrete in compression[J]. J. Eng. Mech., 115(12): 2790-2791.

Feng S, Sen P N. 1984. Percolation on two-dimensional elastic networks with rotationally invariant bond-bending forces[J]. Phys. Rev. Lett., 52: 5386-5389.

Feng R. 2000. Formation and propagation of failure in shocked glasses[J]. J. Appl. Phys., 87(4): 1693-1700.

Fredrich J T, Wong T F. 1986. Micromechanics of thermally induced cracking in three crustal rocks[J]. J. Geophys. Res., 91: 12743-12764.

Fredrich J T, Evans B, Wong T F. 1989. Micromechanics of the brittle to plastic transition in Carrara marbe[J]. J. Geophys. Res., 94: 129-4145.

Fredrich J T, Menendez B, Wong T F. 1995. Imaging the pore structure of geomaterials[J]. Science, 268: 276-279.

Freund L B. 1990. Dynamic Fracture Mechanics[M]. Cambridge: Cambridge University Press.

Gilath I, Eliezer S, Bar-Noy T, Englman R, et al. 1993. Int. J. Eng., 14: 297.

Grady D E. 1994. Dynamic failure of brittle solids[R]. Sandia Technical Report.

Halm D, Dragon A. 1996. A model of anisotropic damage by mesocrack growth[J]. Int. J. Damage Mechanics, 5: 384-402.

Hammersley J M. 1983. Origins of percolation theory[J]. Annals of the Israel Physical Society, 5: 47-57.

Hammersley J M, Whittington S G. 1985. Self-avoiding walks in wedges[J]. J. Phys. A: Math Gen, 18: 101-111.

Hashin Z. 1988. The differential scheme and its application to cracked materials[J]. Journal of Mechanics and Physics of Solids, 36(6): 719-734.

Hayakawa K, Murakami S. 1997. Thermodynamical modeling of elastic-plastic damage and experimental validation of damage potential[J]. Int. J. Damage Mechanics, 6: 333-363.

Henry D L. 1955. Theory of Fatigue Damage Accumulation in Steel[J]. Trans. ASME, 77: 913-918.

Jeyakumaran M, Rudnicki J W. 1995. The sliding wing crack-again[J]. Geophys. Res. Lett., 22(21): 2901-2904.

Ju J W. 1989. On energy-based coupled elastoplastic damage theories: constitutive modeling and computational aspects[J]. Int. J. Solids Struct., 25(7): 803-833.

Ju J W, Lee X. 1991. Micromechanical damage models for brittle solids(Ⅰ): tensile loadings[J]. J. of

Eng. Mech., 117(7): 1495-1515.

Ju J W, Tseng K H. 1992. A three-dimensional statistical micromechanical theory for brittle solids with interacting microcracks[J]. Int. J. of Damage Mechanics, 1(1): 102-131.

Ju J W, Chen T M. 1994. Micromechanics and effective elastoplastic behavior of two-phase metal matrix composites[J]. J. of Eng. Mater. and Technology, 116: 310-318.

Kachanov L M. 1958. Time of the rupture process under creep conditions[J]. Izv. Ak ad. Nauk. SSSR Otd. Tech Nauk, 8: 26-31.

Kachanov L M. 1986. Introduction to continuum damage mechanics[M]. Martinus Nijhoff Publishers.

Kachanov L M. 1992. On continum characterization of crack arrays and its limits[C]//Ju J W. Recent Advances in Damage Mechanics and Plasticity: 103-113; ASME Publ., AMD-Vol. 132, MD-Vol. 30.

Kachanov L M. 1993. Elastic solids with many cracks and related problems[C]//Hutchinson J, Wu T. Advances in Applied Mechanics. New York: Academic Press, 29: 259-445.

柯孚久, 白以龙, 夏蒙棼. 1990. 理想微裂纹系统演化的特征[J]. 中国科学: A辑, 6: 621-631.

Lee X, Ju J W. 1991. Micromechanical damage models for brittle solids(Ⅱ): compressive loadings[J]. J. of Eng. Mech., 117(7): 1516-1537.

Lemaitre J A. 1985. Continuum damage mechanics model for ductile fracture[J]. J. Engineering Materials and Technology, 107: 83-89.

Lemaitre J A. 1992. A Course on Damage Mechanics[M]. 2nd ed. Berlin: Springer.

李永池. 2012. 张量初步和近代连续介质力学概论[M]. 合肥: 中国科学技术大学出版社.

刘占芳, 常敬臻, 姚国文, 等. 2006. 冲击压缩下氧化铝陶瓷中破坏阵面的传播[J]. 力学学报, 38(5): 626-632.

Mazars J, Lemaitre J. 1985. Application of continuous damage[C]//Proc. NATO Workshop Application of Fracture Mechanics of Cementitious Composite. Evanston: Nijhoff.

Mazars J. 1986. A description of micro- and macroscale damage of concrete structure[J]. J. Eng. Fracture Mech., 25(5/6): 729-737.

Meyers M A. 1994. Dynamic behavior of materials[M]. Wiley-interscience publication, John Wiley and Sons.

Murakami S. 1983. Notion of continuum damage mechanics and its application to anisotropic creep damage theory[J]. J. Engineering Materials and Technology, 105: 99-105.

Murakami S, Kamiya K. 1997. Constitutive and damage evolution equations of elastic-brittle materials based on irreversible thermodynamics[J]. Int. J. Mech. Sci., 39(4): 473-486.

Nemat-Nasser S, Horii H. 1982. Compression-induced nonplanar crack extension with application to splitting, exfoliation and rock-burst[J]. J. Geophys. Res., 87(B8): 6805-6821.

Nemat-Nasser S. 1987. Anisotropy in response and falure modes of granatar materials[C]// IUTAM ICM Symposium, 8: 24-28.

Boehler J P. 1990. Mechanical Engineering Publications[M]. London: 33-48.

Nemat-Nasser S, Obata M. 1988. A microcrack model of dilatancy in brittle materials[J]. J. Appl. Mech., 55(1): 24-35.

Niemeyer L, Pietronero L, Wiesmann H J. 1984. Fractal dimension of dielectric breakdown[J]. Phys. Rev. Lett., 52: 1033-1036.

宁建国, 刘海峰, 商霖. 2008. 强冲击载荷作用下混凝土材料动态力学特性及本构模型[J]. 中国科学: G辑, 38(6): 759-772.

Olsson W. 1995. Development of anisotropy in the incremental shear moduli for rock undergoing inelastic deformation[J]. Mech. Mater, 21: 231-242.

Ortiz M. 1985. A constitutive theory for the inelastic behaviour of concrete[J]. Mech. Mater, 4: 67-93.

Partom Y. 1998. Modeling failure waves in glass[J]. Int. J. Impact Engineering, 21(9): 791-799.

Peng X, Ponter A R S. 1994. A constitutive law for a class of two-phase materials with experimental verification[J]. Int. J. Solids Structures, 31(9): 1099-1111.

Prat P, Bazant Z P. 1996. Tangential stiff ness of elastic materials with systems of growing or closing cracks[J]. J. Mech. Phys. Solids, 45(4): 611-636.

Rabotnov I N. 1963. On the equation of state for creep[C]//Progress in Applied Mechanics, Anniversary Volume. New York: Macmillan Corp.: 307-315.

Rice J R, Tracey D M. 1969. On the ductile enlargement of voids in triaxial stress fields[J]. J. Mech. Phys. Solids, 17: 201-217.

Rudnicki J W, Chau K T. 1996. Multiaxial response of a microcrack constitutive model for brittle rock [C]//Aubertin, et al. Proceedings of the NARMSÕ96 on Rock Mechanics. Balkema: 1707-1714.

Rudnicki J W, Wawersik W, Holcomb D J. 1996. Microcrack damage model for brittle rock[C]// Jordan, et al. Proceedings of the Lazar M. Kachanov Symposium. Memorial University of Newfoundland: 25-27.

Sammis C G, Ashby M F. 1986. The failure of brittle porous solids under compressive stress states[J]. Acta. Metall., 34(3): 511-526.

Sayers G M, Kachanov M. 1991. A simple technique for finding effective elastic constants of cracked solids for arbitary crack orientation statistics[J]. Int. J. Solids Structures, 12: 81-97.

Sayers G M, Kachanov M. 1995. Microcrack-induced elastic wave anisotropy of brittle rocks[J]. J. Geophys Res, 100: 4149-4156.

Seaman L, Curran D R, Warren W G, et al. 1976. Computational models for ductile and brittle fracture[J]. J. Appl. Phys., 47: 4814-4826.

Seaman L, Curran D R, Crewdson R C. 1978. Transformation of observed crack traces on a section to true crack density for fracture calculations[J]. J. Appl. Phys., 49(10): 5221-5229.

Shao J F, Rudnicki J W. 2000. A microcrack-based continuous damage model for brittle geomaterials[J]. Mechanics of Materials, 32: 607-619.

沈为.1995.损伤力学[M].武汉:华中理工大学出版社.

Simo J C, Ju J W. 1987. Strain and stress based continuum damage models(I): formation; (II): computation aspects[J]. Int. J. Solids Structures, 23(7): 821-840;841-869.

Stauffer D. 1985. Introduction to percolation Theory[M]. London: Taylor and Francis.

Stauffer D, Aharong A. 1992. Introduction to Percolation Theory[M]. 2nd ed. London: Taylor and Francis.

Steif P S. 1984. Crack extension under compressive loading[J]. Eng. Fract. Mech., 20(3): 463-473.

Stenvens A L, Davison L, Warren W G, et al. 1972. Dynamic crack propagation[M]. Leyden: Noordnoff: 37-55.

Suaris W, Ouyang C, Fernando V M. 1990. Damage model for cyclic loading of concrete[J]. J. Eng. Mech., 116(5): 1020-1035.

Swoboda G, Yang G. 1999a. An energy based damage model of geomaterials(Ⅰ): formulation and numerical results[J]. Int. J. Solids Structures, 36: 1719-1734.

Swoboda G, Yang G. 1999b. An energy based damage model of geomaterials(Ⅱ): deduction of damage evolution laws[J]. Int. J. Solids Structures, 36: 1735-1755.

Van Damme H, Laroche C, Gatineau L, et al. 1987. Viscoelastic effects in fingering between miscible fluids[J]. J. Physique 48: 1121-1133.

Valanis K C. 1971. A theory of viscoplasticity without a yield surface(Ⅰ): general theory[J]. Archives of Mechanics, 23: 517-533.

Valanis K C. 1976. On the foundations of the endochronic theory of plasticity[J]. Archives of Mechanics, 27: 857-868.

Valanis K C. 1980. Fundamental consequences of a new intrinsic time measure: plasticity as a limit of the endochronic theory[J]. Archives of Mechanics, 32: 171-191.

王永廉. 1989. 损伤变量的定义与测量[J]. 强度与环境, 6: 28-33.

Wawersik W R, Brace W F. 1971. Post-failure behavior of a granite and diabase[J]. Rock Mech., 3: 61-85.

Willis I R. 1968. The stress field around an elliptical crack[J]. Int. J. Engng Sci., 6(5): 253-263.

Wong T F. 1982. Micromechanics of faulting in westerly granite[J]. Int. J. Rock Mech. Min. Sci., 19: 49-62.

Woodford D A. 1973～1974. A critical assessment of the life fraction rule for creep rupture under nonsteady stress or temperature[C]//On Creep Fatigue in Elevated Temperature Applications: 180.1-180.6.

Xi D Y, Xu S L, Tao Y Z, Li T. 2006. Experimental investigation of thermal damage for rocks[J]. Key Engineering Materials, 324-325, 1213-1216.

Xi D Y, Xu S L, Du Y, Li T, Wan X L. 2007. The response probability of mesoscopic damage in sandstone to external force and temperature[J]. Key Engineering Materials, 348-349, 309-312.

席道瑛, 徐松林. 2012. 岩石物理学基础[M]. 合肥: 中国科学技术大学出版社.

夏蒙棼, 韩闻生, 柯孚久, 等. 1995a. 统计细观损伤力学和损伤演化诱致灾变(Ⅰ)[J]. 力学进展, 25(1): 1-40.

夏蒙棼, 韩闻生, 柯孚久, 等. 1995b. 统计细观损伤力学和损伤演化诱致灾变(Ⅱ)[J]. 力学进展, 25(2): 145-173.

谢和平. 1990. 岩石混凝土损伤力学[M]. 北京: 中国矿业出版社.

邢修三. 1966. 脆性断裂的统计理论[J]. 物理学报, 22(4): 487-497.

邢修三. 1991. 非平衡统计断裂力学基础[J]. 力学进展, 21(2): 153-168.

徐松林, 唐志平, 谢卿, 等. 2005. 压剪联合冲击下K9玻璃中的失效波[J]. 爆炸与冲击, 25(5): 385-392.

徐松林, 唐志平, 胡元育, 等. 2005. 纤维增强水泥基复合材料压剪破坏的细观实验研究[J]. 复合材料学报, 22(1): 92-101.

Xu S L, Xi D Y, Tang Z P, Du Y. 2007. Investigation of the dynamic damage of the rocks subjected to short pulse laser[J]. Key Engineering Materials: 348-349, 269-272.

徐松林, 李大应, 张侃, 等. 2007. 应用同步辐射CT系统研究脆性材料破坏过程[J]. 中国材料科技和设备, 4(2): 98-100.

徐松林, 郑文, 刘永贵, 席道瑛, 等. 2011. 岩体中弹性波传播尺度效应的初步分析[J]. 岩土工程学报, 33(9): 1348-1356.

Yazdani S, Schreyer H L. 1988. An anisotropic damage model with dilatation for concrete[J]. J. Mech. Mater, 7: 231-244.

Yazdani S, Schreyer H L. 1989. Combined plasticity and damage mechanics model for plain concrete[J].

Eng. Mech.，116(7)：1435-1450.

Zavattieri P D, Raghuram P V, Espinosa H D. 2001. A compression model of ceramic microstructures subjected to multi-axial dynamic loading[J]. Journal of the Mechanics and Physics of Solids，49：27-68.

郑颖人,刘兴华.1996.近代非线性科学与岩石力学问题[J].岩土工程学报,8(1):98-100.

周维垣.1989.高等岩石力学[M].北京:水利电力出版社.

Zhu W, David C, Wong T F. 1995. Network modeling of permeability evolution during cementation and hot isostatic pressing[J]. J. Geophys. Res.，100：15451-15464.

第7章 岩土中的应力波传播及动态实验

7.1 应力波的基本概念

7.1.1 应力扰动的传播

在介质的某处,突然发生了一种状态的扰动(如爆炸或地震)使该处的压力突然升高,与周围介质之间产生了压力差。这个压力差将使震源周围介质质点微团投入运动,同时把周围介质压密(即让介质处于压缩变形状态)。投入运动的微团的前进,进一步把动量传递给后继的微团,并使后者产生拉伸变形。这样,一点的扰动就由近及远在介质中传播,不断扩大其影响。这种扰动的传播现象就是应力波。这里所说的扰动是指标志介质状态的一些参量的变化,如应力、质点、速度以及表示变形程度的应变或密度的变化等。这种应力波的传播现象发生于介质的内部,是肉眼观察不到的。但是可以从其产生的效应感知得到,通常的声波、超声波、地震波、爆炸产生的冲击波都是应力波的例子。所以应力波比地震波的范围大。

除了我们常提到的纵波、横波以外,也有质点的纵向运动与横向运动耦合起来的应力波,如弹性介质中的面波、弹塑性介质中的耦合波等。

7.1.2 间断波和连续波

在介质中已经扰动的区域和扰动还未波及的区域之间有一个界面,就是应力波的波阵面。扰动在介质中的传播就显示为波阵面的向前推进,所谓波的传播方向指的就是波阵面的推进方向。所以研究应力波传播的规律,首先要分析波阵面前后方介质状态参量的变化关系。

下面着重讨论波阵面是一个平面的情况,而且这里讨论的是平面纵波。波阵面存在着两种类型,即间断波和连续波,见图7.1.1。

(1) 间断波。波阵面前方微团和后方微团

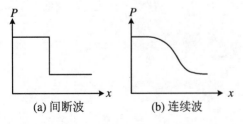

图 7.1.1 间断波与连续波

的状态参量之间有一个有限的差值,导致状态参量沿波的传播路径上的分布在波阵面上出现了一个无限大的陡度[图 7.1.1(a)]。在数学上把这种间断叫作强间断。若位移 u 的一阶导数间断,而质点速度 $v=\delta u/\delta t$ 和应变 $\varepsilon=\delta u/\delta x$ 在波阵面上有突跃,则称一阶奇异面或强间断,这类应力波又称为冲击波。间断波通过介质的微团时,会使这个微团的状态参量发生突然的跳跃。

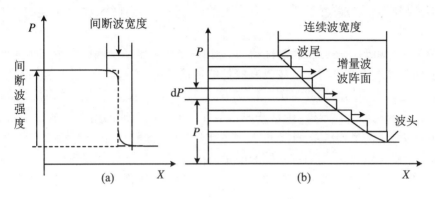

图 7.1.2　间断波和连续波的统一

(2) 连续波。波阵面前后方的状态参量的差值为无限小或者说状态参量沿波的传播途径上的分布是连续的[图 7.1.1(b)]。总之,在波阵面上状态参量总是连续的,如在波阵面上,质点位移 u 必定连续,但其导数可能间断。这种具有导数间断的面在数学上称为奇异面。若位移 u 的一阶导数 $(\delta u/\delta t, \delta u/\delta x)$ 连续,但二阶导数如加速度 $a(\partial v/\partial t=\partial^2 u/\partial t^2)$ 等间断,则称为二阶奇异面(弱间断＝连续波),这类应力波又称为加速度波。

间断波和连续波之间的区别只有相对的意义。当间断波的强度(即波阵面前后方参量的差值)从有限值逐渐降低到无限小时,这就由强间断波变为连续波。因此可以把连续波看成是间断波的强度趋近于零时的一种极限状态。这样我们可以把任意的具有光滑波形的应力波看成是由无限多个微小的增量波垒叠起来的。每个增量波的波阵面具有无限小的间断(图 7.1.2)。这里实际上已经把波阵面的概念扩充了,使它不仅表示扰动区和未扰动区的界面,而且表示新扰动区和旧扰动区的界面,其中就包括扰动区中紧接着的两个无限小增量波相接的界面。每个增量波的前沿都是波阵面。在前后相继的一簇连续波中,处于前进方向最前端的波阵面叫作波头,最后面的波阵面叫作波尾。在波头和波尾之间所夹的空间距离可以叫作这簇连续波的宽度。

当一簇连续波的宽度逐渐缩小时,应力波波形的前沿就越来越陡。最后可以使陡度变成无限大,各个增量波的波阵面全部重叠成为一个波阵面。这就形成了间断波。把连续波看成是间断波的强度趋近于零时的一种极限状态,因此可以把连续波转化为冲击波。也可以把间断波看成是一簇连续波的"宽度"趋于零时的一种极限状态。因为任何过程的进行都需要一定的时间,间断波通过一个介质微团使其状态参量突然升高这样一个过程,也必然需要一定的时间。这个时间虽然很短,甚至少于 0.1 μs,但在这短促时间中,波头和波尾间就拉开了一定的距离,理想化的突跃波形被平滑化了。在固体和流体介质中,这种使间断波平滑化的内在机制主要是介质中有黏性、传热、质量扩散等效应的存在。它们在速度陡度、温度陡度、密度陡度越大时表现的平滑化越强烈。其趋势是力图使这种陡度削弱,而使间断波波阵面拉开,使之具有一个不大的宽度。理论和实验都表明,在气体中间断波的宽度约为气体分子的平均自由程的量级,即 10^{-5} cm 左右。在固体中,弹性间断波的宽度和晶格中原子间作用力的影响半径相关联,在 10^{-6} cm 左右;塑性间断波的宽度和晶格的位错运动相关联,为 10^{-3} cm 左右。这些数字和一般的宏观尺寸比较起来是很小的。所以在数学处理上可以近似地把间断波波阵面看成是不具宽度的,也即是一簇连续波的宽度趋于零时的一种极限状态。

由图 7.1.2 可知,一簇连续波可以看成是由许多压力水平不同的增量波组成的,如果介质的性质使得高压力水平的增量波具有较低的传播速度,则这簇连续波的波形就会逐渐被拉长、散开,这种类型的连续波叫作发散波[图 7.1.3(a)]。如果介质的性质使得高压力水平的增量波具有较高的传播速度,则这些原来落在后面的高波速的增量波就会不断追赶前面低波速的增量波,整个连续波的波形就会逐渐被挤短,这种类型的连续波叫作会聚波[图 7.1.3(b)]。在极端情况下,高波幅处的增量波统统赶上了波头上波幅最低处的增量波,于是所有的增量波在波头上壅阻起来,形成的一个间断的波阵面以统一的传播速度前进,这就实现了从连续波到间断波的转化。

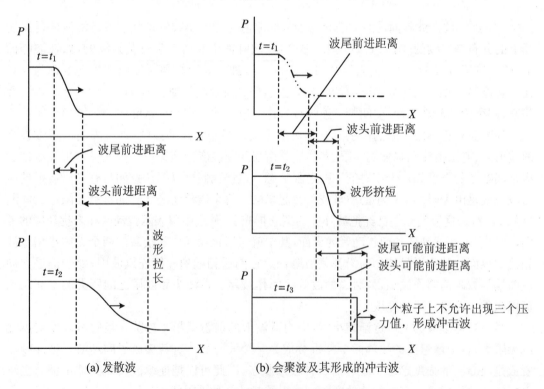

图 7.1.3 散波与会聚波的形成

由连续波转化而成的间断波就是冲击波。虽然在爆炸作用或高速撞击下产生的冲击波都是在介质的边界上突然受载的瞬间形成的,但形成的内在机制都是会聚连续波的转化。连续波和冲击波之间又存在着本质的区别。在冲击波形成的过程中,会聚波波形逐渐挤短的参量的渐变产生了质的飞跃。一方面,当连续波通过介质的一个微体时,由于我们假定了黏性和变形速率的影响可以忽略,而微体上状态参量是连续渐变的,因此这是一种准静态过程,即可逆过程;另一方面,波通过微体的时间很短促,微体和周围介质之间来不及进行热交换,过程又是绝热的。所以连续波通过时,微体状态的变化过程是一个可逆的等熵绝热过程。

在冲击波通过微体时,虽然过程是绝热的,但由于速度梯度很大,黏性影响不能忽略,因此过程又是不可逆的。这样微体中的熵值就要增加。黏性阻力所做的功又转化成介质微体的热能,使微体的温度增高比连续波通过时微体受等熵压缩时的温度增高快得多。总的说来,冲击波的通过对微体来说是不可逆过程,它以熵增、温升和能量耗散区别于理想介质中的连续波。所以,冲击波通过时,微体状态的变化过程是一个具有熵增的不可逆的绝热过程。在间断波中除冲击波外,还有一种等熵的间断波,这就是弹性间断波。这是因为弹性变形是可逆过程,弹性间断波只在波形上与连续波不同,两者在物理本质上是没有区别的。

7.2 波阵面的分析

当波阵面通过一个介质的微体时,可以用质量守恒定律、动量守恒定律、能量守恒和转化定律(热力学第一定律)、前方和后方的状态参量之间的制约关系进行力学的和热力学的分析。所以基本方程组由运动学条件(连续方程或质量守恒方程)、动力学条件(运动方程或动量守恒方程)以及材料本构方程(物性方程)组成。由于应力波波速很高,在应力波通过微体的时间内,微体还来不及和邻近微体及周围介质交换热量,因此可以近似地认为过程是绝热的。所以它的本构关系实质上是指绝热的 σ-ε 关系。

这里限定研究的对象是平面纵波波阵面的运动规律,在这种情况下,介质是处于一维应变状态的。为了统一地讨论流体介质和固体介质中的平面纵波,对微体在波的传播方向上的应力分量一律用力 P 表示。把间断波作为进行具体分析的对象,因为连续波的规律可令间断波的强度趋近于无限小时得到。

7.2.1 波阵面质量守恒条件

波阵面通过时,微体的运动和变形是同时发生的。由于介质是连续的,所以微体的运动和变形二者之间是互相制约的,制约条件是波阵面通过前后微体的质量保持不变。

在无限介质中取一条截面积为 A 的长杆,有一平面纵波沿着长杆方向传播(图 7.2.1)。在杆中没有被这个波阵面波及的即未受扰介质中取一微体,其长度为 δx_0,密度为 ρ_0,质点速度为 u_0,设波阵面相对于其前方介质以波速 D 前进,在 t 时刻刚刚越过微段的左截面,经过 δt 时间后,波阵面刚刚到达微体的右截面之前。这时,微段已经向右移动了,微段的长度变成 δx,密度变成 ρ,质点速度变成 u 了。由于介质处于一维应变状态,微段的截面积 A 不会发生变化。微体的质量 m 在波阵面通过前后应该不变,即

$$m = \rho_0 A \delta x_0 = \rho A \delta x \tag{7.2.1}$$

如果把波阵面通过前后微段的长度用运动学参量即速度表示，因波的绝对速度为 $u_0 + D$，见图 7.2.1。

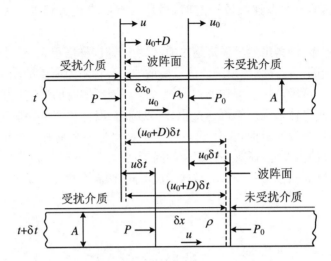

图 7.2.1 平面纵波通过介质后介质状态的变化

$$\delta x_0 = (u_0 + D)\delta t - u_0 \delta t = D \delta t \tag{7.2.2}$$

$$\delta x = (u_0 + D)\delta t - u \delta t = (D + u_0 - u)\delta t \tag{7.2.3}$$

代入式(7.2.1)就得出质量守恒条件的常见形式：

$$u - u_0 = \frac{D}{\rho}(\rho - \rho_0) \tag{7.2.4}$$

式中，u 为波阵面后方速度，这表明波阵面的质量守恒条件是波阵面前后方质点速度与密度变化的关系，也可用比容 V 来代替密度，即 $\rho = 1/V$，则

$$u - u_0 = -\rho_0 D(V - V_0) \tag{7.2.5}$$

这表明波阵面的质量守恒条件是波阵面前后方质点速度和体积变化之间的制约关系。

对于连续波，只需把上面诸式中的有限差值如 $u - u_0$ 等用无限小增量 $\mathrm{d}u$ 等来代替就行。这里用 c 表示连续波中波幅为 p 的增量波波阵面相对于其前方介质的传播速度，在连续波中 ρ 和 ρ_0 只有无穷小量的差别，没必要再区分 ρ 和 ρ_0，所以连续波的质量守恒条件可表示为

$$\mathrm{d}u = \frac{c\mathrm{d}\rho}{\rho} \quad \text{或} \quad \mathrm{d}u = -\rho c \mathrm{d}V \tag{7.2.6}$$

7.2.2 波阵面动量守恒条件

由于波阵面的通过，微体上的动量从 mu_0 增加到 mu，增加的动量是通过作用于微体上的力的冲量由相邻介质的机械运动转移过来的。在波阵面扫过微体的时间 δt 中，作用在微体左面的压力始终是后方压力 P，作用在右面的压力始终是前方压力 P_0，所以力的总冲量 $(P - P_0)A\delta t$ 应该和微体上增加的动量 $mu - mu_0$ 相平衡：

$$(P - P_0)A\delta t = m(u - u_0) = \rho_0 A \delta x_0 (u - u_0) \tag{7.2.7}$$

考虑到 $\delta x_0 = D\delta t$，所以波阵面上的动量守恒条件可以写成

$$P - P_0 = \rho_0 D(u - u_0) \tag{7.2.8}$$

在连续波中：

$$\mathrm{d}P = \rho c \mathrm{d}u \tag{7.2.9}$$

7.2.3 波阵面能量守恒条件

假定波阵面通过微体时，每单位质量介质的内能从 E_0 增加到 E，同时，每单位质量介质的动能从 $u_0^2/2$ 增加到 $u^2/2$，微体中总能量的增加为 $m(E + u^2/2) - m(E_0 + u_0^2/2)$。假定微体和临近介质之间没有热交换，则微体能量的增加是由微体两侧压力所做的净功 $PAu\delta t - P_0 Au_0 \delta t$ 转化而来的：

$$(Pu - P_0 u_0)A\delta t = \rho_0 A \delta x_0 \left[(E - E_0) + \frac{1}{2}(u^2 - u_0^2) \right] \tag{7.2.10}$$

由式(7.2.2)可知 $\partial x_0/\partial t = D$，将其代入上式，可得

$$Pu - P_0 u_0 = \rho_0 D \left[(E - E_0) + \frac{1}{2}(u^2 - u_0^2) \right] \tag{7.2.11}$$

在连续波中：

$$\mathrm{d}(pu) = \rho c(\mathrm{d}E + u\mathrm{d}u) \tag{7.2.12}$$

利用式(7.2.6)和式(7.2.9)，上式变为

$$\mathrm{d}E + P\mathrm{d}V = 0 \tag{7.2.13}$$

由热力学第一定律，得

$$\mathrm{d}S = 0 \tag{7.2.14}$$

所以连续波通过时，微体上的状态变化过程是等熵过程。

7.2.4 波速

从波阵面质量守恒条件式(7.2.5)和动量守恒条件式(7.2.8)消去质点速度项，可以得到间断波的波速为

$$D = \sqrt{-V_0^2 \frac{P - P_0}{V - V_0}} \tag{7.2.15}$$

即间断波的波速是由波阵面前后方压力差和比容差的比值确定的。

连续波的波速就是不同压力水平的增量波波速，可将式(7.2.15)的有限差值改成微分而得到连续波的波速 c：

$$c = \sqrt{-V^2 \left(\frac{\partial P}{\partial V}\right)_S} \tag{7.2.16}$$

这里的微商是在熵 S 不变的条件下计算的，因为已经知道连续波引起的状态变化过程是等熵绝热过程。

对于气体来说，习惯上多用密度 ρ 作为变量以代替比容 V，由于 $\mathrm{d}\rho = -\mathrm{d}V/V^2$，所以连续波波速公式由式(7.2.16)写为

$$c = \sqrt{\left(\frac{\partial P}{\partial \rho}\right)_S} \tag{7.2.17}$$

常温常压空气是定比热的完全气体,它的等熵方程是 $P = A(S)\rho^\gamma$。代入上式可得空气中的波速是

$$c = \sqrt{\gamma(P/\rho)} = \sqrt{\gamma RT} \qquad (7.2.18)$$

其中,γ 为定压比热 c_p 与定容比热 c_v 的比值,即 $\gamma = c_p/c_v$,R 是气体常量。因为空气的 P-ρ 等熵线是 P 单调地随 ρ 增高的凹向上的曲线 $\left[\left(\frac{\partial^2 P}{\partial \rho^2}\right)_S > 0\right]$,所以等熵曲线的斜率和波速总是随着 P 增高的。

声波在一定压力水平附近微小扰动传播,是小波幅的连续波,所以上面所讨论的增量波就是各个压力水平处的声波,只不过在声波传播范围内,压力变化很小,所以声波可以看成是以常速度传播的。声波的波形在传播过程中是不变的。波幅增大以后,就超出声波的范围了。波速随波幅大小而不同,所以一般的连续波波形要发生变化。

对于弹塑性固体,习惯上多将纵向自然应变 ε 作为变量来代替比容 V,由于 $\mathrm{d}\varepsilon = -\mathrm{d}V/V$,所以连续波波速由式(7.2.17)写为

$$c = \sqrt{\frac{1}{\rho}\left(\frac{\partial P}{\partial \varepsilon}\right)_S} \qquad (7.2.19)$$

在一维应变状态下,介质在弹性段和塑性段的等熵方程分别如下:

$$P = \left(K + \frac{4}{3}G\right)\varepsilon, \quad P = K\varepsilon + \frac{2}{3}Y \qquad (7.2.20)$$

Y 为屈服强度,所以弹性波波速和塑性波波速分别为

$$c^e = \sqrt{\frac{K + \frac{4}{3}G}{\rho}}, \quad c^p = \sqrt{\frac{K}{\rho}} \qquad (7.2.21)$$

注意到这里的 K,G,ρ 等都是可以随压力变化的,所以 c^e,c^p 也都可以随压力变化。小扰动的弹性波就是固体中的声波,是以恒速传播的。

7.3 冲击波的性质

7.3.1 冲击波形成的条件

冲击波之所以能够形成,是由于连续波中高压力水平处增量波波速大于低压力处增量波波速时前者赶上后者的结果。不过这里所说的波速是指绝对波速 U,它和相对波速 c 的关系在右行波的情况是:

$$U = u + c \qquad (7.3.1)$$

现在考虑相邻的两个增量波,其绝对波速分别是 U 和 $U + \mathrm{d}U$(图 7.3.1):

$$\mathrm{d}U = \mathrm{d}u + \mathrm{d}c \qquad (7.3.2)$$

随着压力的增加,绝对波速的变化率为

$$\frac{dU}{dP} = \frac{du}{dP} + \frac{dc}{dP} = \frac{1}{\rho c} + \frac{dc}{dV}\frac{dV}{dP} \tag{7.3.3}$$

因为这里讨论的是连续波,所以引进了连续波波阵面的动量守恒条件,所有的微商都是在等熵条件下进行的。式中,

$$\frac{dc}{dV} = \frac{d}{dV}\sqrt{-V^2\frac{dP}{dV}} = \frac{1}{2c}\left(-2V\frac{dP}{dV} - V^2\frac{d^2P}{dV^2}\right) \tag{7.3.4}$$

代入式(7.3.3)得

$$\frac{dU}{dP} = -\frac{V^2}{2c}\frac{\left(\frac{\partial^2 P}{\partial V^2}\right)_S}{\left(\frac{\partial P}{\partial V}\right)_S} = \frac{V^4}{2c^3}\left(\frac{\partial^2 P}{\partial V^2}\right)_S \tag{7.3.5}$$

如果介质的等熵线是凹向上的,$(\partial^2 P/\partial V^2)_S > 0$,就有 $dU/dP > 0$,即增量波的绝对波速是随着压力增高的(图 7.3.1)。于是加载波一定是会聚波。最后结果必然是形成冲击波。当压力降低时,绝对波速也下降,所以卸载波就一定是发散波。一般说来,在这种 $(\partial^2 P/\partial V^2)_S > 0$ 的介质中,卸载波是不能形成冲击波的。一般流体和固体在一维应变的情况下都有等熵线凹向上的特性,然而固体在一维应力的情况下也有等熵线凹向下的特性,这时加载的连续波也可以不形成冲击波。

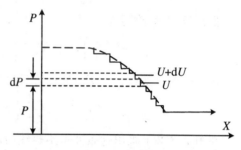

图 7.3.1 压力的变化

判断相对波速 c 随压力增高的条件是 $(\partial^2 P/\partial \rho^2)_S > 0$,判断绝对波速 U 随压力增高的条件是 $(\partial^2 P/\partial V^2)_S > 0$,前者要比后者苛刻;还有一个条件 $(\partial^2 P/\partial \varepsilon^2)_S > 0$,则属于二者之间的情况。如果 P-ρ 等熵线是凹向上的,则应力-应变曲线就一定是凹向上的,最后 P-V 等熵线也必定是凹向上的。所以三个条件中只要第一个满足,就可以使加载波形成冲击波。

7.3.2 冲击绝热过程

冲击绝热过程是冲击波通过介质时介质状态的变化过程。我们可以利用间断波波阵面守恒条件和不可逆过程中的熵增定律来研究冲击绝热过程的特点。为此,把能量守恒条件式(7.2.11)改写为

$$\rho_0 D(E - E_0) = Pu - P_0 u_0 - \frac{1}{2}\rho_0 D(u - u_0)(u + u_0)$$

对右边第二项应用动量守恒条件式(7.2.8)便有

$$\rho_0 D(E - E_0) = Pu - P_0 u_0 - \frac{1}{2}(P - P_0)(u + u_0) = \frac{1}{2}(P + P_0)(u - u_0)$$

利用质量守恒条件式(7.2.5),上式就化成

$$E - E_0 = \frac{1}{2}(P + P_0)(V_0 - V) \tag{7.3.6}$$

在这个公式中只包含间断波前后方介质的热动状态参量,而没有运动学参量。它表示冲击绝热过程前后介质状态参量应满足的关系,即冲击绝热关系(Hugoniot 关系)。如果介质的

状态方程 $E=E(P,V)$ 已知,这个关系就表示冲击绝热过程中压力和比容的关系或者压力和密度的关系。

对于像常温空气一类的完全气体,把已知的状态方程 $E=PV/(\gamma-1)$ 代入式(7.3.6)以后,可得

$$\frac{1}{\gamma-1}(PV-P_0V_0)=\frac{1}{2}(P+P_0)(V_0-V) \quad (7.3.7)$$

此式可化成

$$\frac{V}{V_0}=\frac{(\gamma-1)P+(\gamma+1)P_0}{(\gamma+1)P+(\gamma-1)P_0} \quad (7.3.8)$$

给出冲击波的强度 $P-P_0$ 之后,就可以知道空气被冲击波压密的程度。例如,在非常强的冲击波 $(P\gg P_0)$ 的压缩下,$\dfrac{V}{V_0}=\dfrac{\gamma-1}{\gamma+1}=\dfrac{1}{6}$,即空气可以被压密6倍之多。

把式(7.3.8)改写为

$$\left(P+\frac{\gamma-1}{\gamma+1}P_0\right)\left(V-\frac{\gamma-1}{\gamma+1}V_0\right)=\left[1-\left(\frac{\gamma-1}{\gamma+1}\right)^2\right]P_0V_0 \quad (7.3.9)$$

这表示一条通过基点 (V_0,P_0) 的直角双曲线,其渐近线为

$$V=\frac{\gamma-1}{\gamma+1}V_0,\quad P=-\frac{\gamma-1}{\gamma+1}P_0 \quad (7.3.10)$$

在图7.3.2上画出这条冲击绝热线(H),同时也画出了通过基点 (V_0,P_0) 的等熵绝热线(S),即连续波的等熵绝热过程以之比较,可以看出,它们都是凹向上的曲线,对于高压下的固体和水,大量的实验表明,在以自然状态 $P_0\approx 0$, $V_0=V_0'$ 为基点时,冲击绝热线可由下式表示:

$$P=\frac{\rho_0C_0^2\dfrac{V_0'-V}{V_0'}}{\left(1-S'\dfrac{V_0'-V}{V_0'}\right)^2} \quad (7.3.11)$$

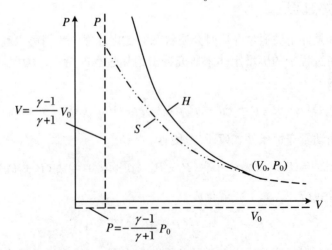

图 7.3.2　空气的冲击绝热线(H)和等熵绝热线(S)

这里，C_0，S' 为材料常量，$C_0 = \sqrt{K_0/\rho_0}$ 为标准空气声速，K_0 为零压下体积压缩模量，S' 是无量纲常量，典型值为1.5。这也是一支凹向上的曲线(图7.3.3)，其渐近线为

$$P = 0, \quad V = \frac{S'-1}{S'}V'_0 \tag{7.3.12}$$

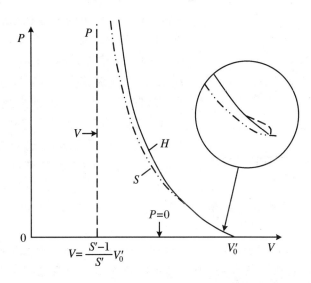

图 7.3.3　固体的冲击绝热线(H)和等熵绝热

可见，在冲击过程中固体的极限压缩比为 $\dfrac{V}{V_0} = \dfrac{S'-1}{S'} \approx \dfrac{1}{3}$，即固体最多可以压密3倍(岩土可以压缩得更密一些)。

上面两个例子可以说明，一般的物质都有压力随着比容减小而单调地增加的凹向上的冲击绝热线。由于在冲击绝热过程中压力是突然增高的，所以过程不是准静态的可逆过程，而是不可逆过程。由热力学第二定律得知，介质中的熵必然增高：

$$S \geqslant S_0 \tag{7.3.13}$$

根据冲击绝热关系式(7.3.6)和熵增定律，可以得出冲击绝热过程(冲击绝热线)的特点如下：

(1) 冲击绝热线又称为 Rankine-Hugoniot 曲线，或简称 Hugoniot 线(即 H 线，见图7.3.4)。初态点 O 与终态点 A 的联线称为 Rayleigh 线(即 R 线)。它的斜率为冲击波波速。冲击突跃过程中介质所经历的状态变化实际上是沿着 R 线变化的。当然，在 R 线上除了初态点和终态点处于热力学平衡态外，其他各点都处于非平衡态。如果冲击突跃中代表平衡过程的 P-V 关系可用 H 线来近似表示的话，则在给定比容下，R 线与 H 线的压力差就近似地代表非平衡力，也就是引起冲击突跃的不可逆熵增的黏性力(即耗散力)。一个稳定的冲击波正是在一定的耗散机制基础上通过调节波阵面的实际剖面形状，使得平衡力与非平衡力之和恰好对应于 R 线上之压力值而实现的。就像上面讲到的那样，一个冲击波把介质从状态 $O(V_O, P_O)$ 转变到状态 $A(V_A, P_A)$ 时，介质的状态并不是顺着冲击绝热线从基点 O 逐渐过渡到曲线上的 A 点(图7.3.4)，而是直接从 O 点跳到 A 点的。所以冲击绝热线只不过是一系列不同的冲击波达到波阵面后方的状态点可能的轨迹。由于在冲击波波阵面

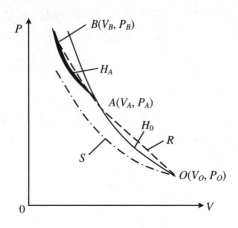

图 7.3.4 相继两个冲击波的冲击绝热

上所发生的冲击突跃过程是一个非平衡的不可逆过程,所以冲击绝热线实际上只代表一定的平衡初态 O(称 H 线的心点)通过冲击突跃所可能达到的平衡终态 A 的轨迹,而并不表示材料在这一冲击突跃过程中所经历的相继状态点。H 线是对一定的平衡初态而言的,因此即使是同一材料,当初态点不同时,H 线也是不同的。如果从 A 点开始又另有一个冲击波使介质达到状态 B,那么状态 B 绝不会落在以 O 为基点的冲击绝热线上,而是落在以 A 为基点的另一条冲击绝热线上。这两条曲线决不能重合(图 7.3.4)。这与等熵绝热线在性质上是极不相同的。等熵绝热线是一个连续波通过介质时,介质的状态从基点 O 出发必须逐步经过的状态点的轨迹。沿着等熵线的积分可以表示连续波所造成的总的效应。然而沿着冲击绝热线的积分没有类似的意义可言,因为冲击波不具有可加性。

进一步的研究表明,在冲击波宽度范围即过渡层内,状态点在极短促的时间内由冲击波弦 OA 从初态 O 点过渡到终态 A 点,所以冲击波弦表示冲击波过渡层内的压力比容关系(也即 σ-ε 关系)。

(2) 最常用的 H 线有三种:P-V(或 P-ρ)线,P-u 线和 D-u 线。

P-V 线是由能量守恒条件和内能形式状态方程,消去内能 E 得到式(7.3.6)冲击绝热条件下的 P-V 关系。

在 P-V 冲击绝热线上,冲击波弦倾角的正切正比于波速的平方。这可从波速公式(7.2.15)中知道。所以冲击波速度是由冲击波弦的斜率确定的。

(3) 从冲击绝热关系式(7.3.6)可知,从初态 O 压缩到终态 A(图 7.3.5),每单位质量中内能的增加($E - E_0$)是冲击绝热过程前后的平均压力[$(P + P_0)/2$]对介质所做的功转化来的,其值为$(P + P_0)(V_0 - V)/2$,在数值上等于 P-V 图(图 7.3.5)中冲击波弦下梯形 $OAQP$ 的面积,代表冲击波波阵面上的内能突跃值:

$$E_H - E_0 = \frac{(P + P_0)(V_0 - V)}{2}$$

(7.3.14)

如果把介质用等熵绝热过程从状态 O 压缩到与 A 有同样比容 V 的状态 R,则介质中每单位质量的内能增加值应当为

$$E_S - E_0 = -\int_{V_0}^{V} P dV \quad (7.3.15)$$

等式右边是图 7.3.5 等熵线下曲线梯形 $ORQP$ 的面积。这个面积代表等熵过程中可

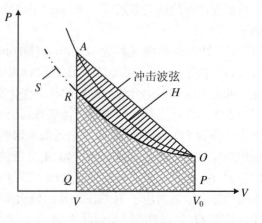

图 7.3.5 冲击绝热过程和等熵绝热过程中的内能变化

恢复的内能变化,因为要使介质从状态 R 达到冲击过程的终态 A,就必须把介质在等容条件下加热,所以热量等于图 7.3.5 中曲线三角形 OAR 的面积。因此,R 线与等熵线之间包围的面积(图中斜线部分)代表冲击压缩过程中的能量耗散。由于等熵线总在冲击绝热线之下,所以 $E_H > E_S$,这是熵增定律的必然结果。

对于岩石等材料(图 7.3.6,R 线 AB 与膨胀等熵线 BC 围成的面积即阴影部分代表冲击突跃过程中不可逆的能量耗散),可近似认为,冲击波作用过程的能量耗散密度为 R 线与 H 线之间的面积差值,即 $\overline{ABB'A}$ 与 $\overset{\frown}{ABB'A}$ 面积之差。

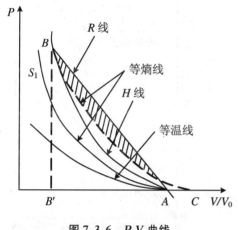

图 7.3.6　P-V 曲线

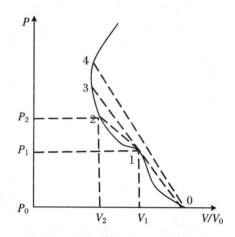

图 7.3.7　相变点和 P-V Hugoniot 曲线

(4) 这里以下标 0 表示初态,下标 2 表示终态,而下标 1 表示介于初态和终态之间 H 线上任意一点(图 7.3.7)。显然,当满足

$$\frac{P_2 - P_1}{V_1 - V_2} > \frac{P_1 - P_0}{V_0 - V_1} \tag{7.3.16}$$

时,能形成一个单一的稳定的冲击波波阵面。但由于固体中的冲击波通常是在高压下产生的,冲击突跃过程中的不可逆熵增又会造成温度的剧烈上升。在这样的高温高压条件下,材料有可能发生相变,从而使式(7.3.16)得不到满足。例如,人们已发现 Fe 在 1.3 GPa 的冲击高压下会发生 α 相(体心立方晶格)向 ε 相(密排六方晶格)的相变。我们知道在下地幔和地核中,Fe 是占主导地位的,所以 Fe 的冲击绝热形成的高温高压对研究下地幔、地核的成因是非常有用的。设 1 点对应于相变点。由于相变前后材料的性能不同,相应地其状态方程和冲击绝热线也有所不同。对于 P-V H 线来说,表现为在相变点 1 处 H 线本身可能发生间断(一级相变点)或其斜率发生间断(二级相变点)。现以二级相变点为例来讨论。若冲击压力超过相变压力 P_1 不多,如冲击终态点对应于点 2,则 R 线 1~2 的斜率绝对值将小于 R 线 0~1 的斜率绝对值,这时式(7.3.16)不再成立。这时形成的单一的冲击波是不稳定的,将形成双波结构。只有当冲击压力足够高,使得终态点落在点 3 以上(如 4 点),单一的冲击波才又重新变得稳定。点 3 由条件 $\frac{P_3 - P_1}{V_1 - V_3} > \frac{P_1 - P_0}{V_0 - V_1}$ 所确定。

相变对冲击波传播特性的影响已用来作为研究相变特别是高压相变的一种手段,另一方面,冲击相变效应又用来作为达到某种所需相变的手段,如用爆炸合成方法实现石墨向金刚石的相变来制造人工合成金刚石。

图 7.3.8 示出花岗岩、凝灰岩的应力-密度的 H 线,从图中看出凝灰岩在低应力水平时,其压密量大于花岗岩,这是由于凝灰岩比花岗岩的初始孔隙度高的缘故。岩石状态方程的确定还需要静水压缩实验资料及绝热卸载数据。因此,由图 7.3.9 显示了 H 线与静水压缩线,可见两者之间存在着内能差。

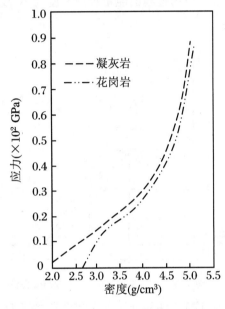

图 7.3.8 花岗岩和凝灰岩的 H 线

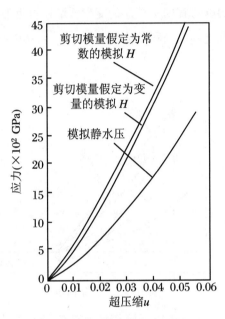

图 7.3.9 花岗岩低压时的 H 线和静水压线

7.4 介质的波阻抗和动态响应

前面讨论了两种性质的波阵面通过前后介质时状态参量的变化过程,即关于冲击波的冲击绝热过程和关于连续波的等熵绝热过程。所做的分析主要与热动参数有关,如压力、比容、内能等波阵面上变化的热力学分析。下面要讨论的是关于波阵面的力学分析,即分析状态参量(压力)和运动参量(质点速度)之间的关系,这是波阵面分析中的重要问题。

我们已经得到了波阵面的动量守恒条件,分别为间断波 $P - P_0 = \rho_0 D(u - u_0)$ 和连续波 $dP = \rho c du$。上两式是按右行波推出的,对于左行波应在波速 D 和 c 前加上一个负号。这两个式子实际上就是牛顿运动定律。一方面,因为式子右方的系数 $\rho_0 D$ 和 ρc 是在单位时间中每单位面积波阵面所卷入的介质质量,也是介质通过波阵面的流量。从另一方面看,$\rho_0 D$ 或 ρc 表示使质点速度提高一个单位时所需要的波阵面前后方的压力差,这可以和电路中产生一个单位电流所需要的电位差相比拟,为此把 $\rho_0 D$ 和 ρc 叫作波阻抗。所以波阻抗既是抗拒应力波通过的能力,也是应力波扫越一定介质的能力。当我们把间断波波速式

(7.2.15)代入动量守恒条件时,可得出

$$u - u_0 = \pm \sqrt{(p - p_0)(V_0 - V)} \tag{7.4.1}$$

此式为冲击波的动态响应(图7.4.1),这里正号适用于右行波,负号适用于左行波(图7.4.2)。每种具体介质都有自己的 P-V 冲击绝热关系。如果通过冲击绝热关系将 V 用 P 的函数 $V = V(P)$ 表示,式(7.4.1)可以在形式上写成

$$u - u_0 = \pm \varphi_0(P) \tag{7.4.2}$$

如对于完全气体,便有

$$u - u_0 = \varphi_0(P) = (P - P_0)\sqrt{\frac{2V_0}{(r+1)P + (r-1)P_0}} \tag{7.4.3}$$

函数 $\varphi_0(P)$ 表示冲击波通过时介质的动态反应,式(7.4.2)、式(7.4.3)表示介质在一定的冲击波强度($P - P_0$)作用下所能获得的质点速度。式(7.4.2)、式(7.4.3)所表示的函数 $\varphi_0(P)$ 的图像见图 7.4.1,固体和水在高压下的冲击动态反应曲线的形状与此类似,都有 $\partial^2 P/\partial \varphi^2 > 0$ 即凹向上的特点。冲击动态反应曲线和冲击绝热曲线一样,表示一系列强度不同的冲击波所能达到的终态的轨迹。由动量守恒条件可知,从初态(u_0, p_0)到终态(u, p)的连线的斜率正是波阻抗 $\rho_0 D$,式(7.4.2)在 u-P 平面的图像可见图 7.4.2。

$$u - u_0 = \pm \varphi_0(P) \tag{7.4.4}$$

式中,

$$\varphi_0(P) = \int_{p_0}^{p} \frac{\mathrm{d}p}{\rho c} \tag{7.4.5}$$

图 7.4.3 表示连续波通过时介质的等熵动态反应。高于基点部分的曲线表示加载波的动态反应,低于基点部分的曲线表示卸载波的动态反应,图上也画出了冲击波动态反应作为比较。

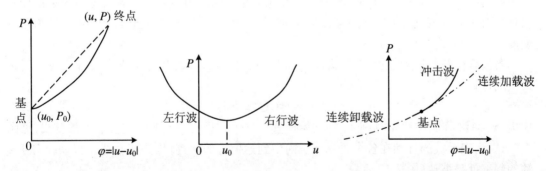

图 7.4.1 冲击波的动态响应   图 7.4.2 冲击波的动态响应   图 7.4.3 连续波的等熵动态反应

7.5 波阵面运动的描述

在连续波介质中,为了描述应力波在空间中的运行情况以及与它相关的各种参量在空

间场中的分布和变化情况,可以采用两种不同的观点和方法来研究介质的运动,即前面引进的空间坐标系(欧拉坐标系)x 和物质坐标 X,即拉格朗日坐标。

7.5.1 空间坐标

通过固定空间点来观察物质的运动,在给定的空间点上以不同时刻到达该点的不同质点各物理量随时间的变化以及这些量由一空间点转到其他空间点时的变化,也就是把物理量 ψ 看作空间点 x 和时间 t 的函数,即 $\psi = f(x,t)$。这种方法称为欧拉方法,自变量 x 称为欧拉坐标或空间坐标。

1. 随体微商

若连续介质中有一个质点在 t 时刻位于空间坐标的 x 处,在 $t+\mathrm{d}t$ 时刻同一个质点进行到 $x+\mathrm{d}x$ 处,即这个质点在 $\mathrm{d}t$ 时间间隔中前进的距离为 $\mathrm{d}x$,于是质点相对于空间坐标的速度是

$$u = \frac{\mathrm{d}x}{\mathrm{d}t} \tag{7.5.1}$$

因在连续介质中存在着很多质点,所以这里要强调的是上面的微商表示跟着同一个质点观测其位置的变化率。这种类型的微商叫作随体微商或物质微商。

2. 随波微商

用相似的方法可以描述一个波阵面在介质所分布的空间中运动的速度(绝对速度)。若波阵面在 t 时刻位于空间中 x 处,在 $t+\mathrm{d}t$ 时刻波阵面到 $x+\mathrm{d}x$ 处,则波阵面相对于空间坐标的运动速度为

$$U = \frac{\mathrm{d}x}{\mathrm{d}t} \tag{7.5.2}$$

这个微商的形式和式(7.5.1)完全一样,但意义完全不同。因为它是随着波阵面来观察任一物理量对时间的变化率的,是随着波阵面进行的,而不是随着质点进行的,可以叫作随波微商。

若波阵面传播速度是恒定的,即 $U=$ 常量,则对式(7.5.2)积分可求出波阵面在 t 时刻的空间位置:

$$x - x_0 = U(t - t_0) \tag{7.5.3}$$

这里,x_0 是波阵面在初始时刻 t_0 的初始位置。这个方程在 x-t 平面上表示一条直线,见图 7.5.1。它表示波的扰动在各个时刻在空间中到达位置的轨迹,称为扰动线。扰动线对于 t 轴的斜率就是波速(图 7.5.1)。

若在空间某点上,同时有一个右行的和一个左行的增量波波阵面通过,它们相对于前方介质的传播波速是 c,则它们的绝对波速分别为

$$\frac{\mathrm{d}x}{\mathrm{d}t} = u + c, \quad \frac{\mathrm{d}x}{\mathrm{d}t} = u - c \tag{7.5.4}$$

某一时刻在某一点上只能有一种状态。因此经过点的左右行波具有同样的相对波速 c 和前方质点速度 u,但绝对波速的值却是不同的。所以在 x-t 平面上扰动线要用两条斜率不同的线段来表示(图 7.5.2)。质点在 x-t 平面上的运动轨迹在质点速度 $u = \mathrm{d}x/\mathrm{d}t$ 恒定时,也是一条直线,如图 7.5.2 的虚线所示。在波阵面相对于空间坐标的波速 U 和质点速度 u 都不

恒定的情况下，图 7.5.2 至少表示一点附近的扰动线和质点迹线的面貌。

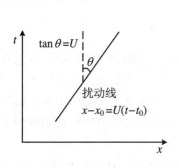

图 7.5.1 扰动线

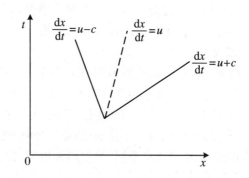

图 7.5.2 空间坐标中过一点的扰动线和质点迹线

像这种用空间坐标来描述连续介质中质点运动或波阵面运动的方法，是在流体力学中经常采用的，如描述流体运动的情况时，把不动的管壁作为空间坐标轴。我们在空间的固定点上观测波阵面或质点什么时候通过或观测该处流体的压力、速度、密度等如何变化。可见流体力学的测量方法是和这种描述方法相对应的，我们总在管壁的某些固定位置上装上传感器来记录该处通过的信号量或测量该处的压力、流速、温度等。因此，所有参量都作为这些固定点的空间坐标 x 和时间 t 的函数来描述，如 $p(x,t)$，$u(x,t)$ 等。

7.5.2 物质坐标

通过介质中固定的质点来观察物质的运动，在给定的质点上各物理量随时间的变化以及这些量由一质点转到其他质点时的变化，也就是把物理量 ψ 看作质点 X 和时间 t 的函数，即 $\psi = F(X,t)$。这种方法称为 L 式方法，自变量 X 称为拉氏或物质坐标。

在材料力学、固体力学和岩石力学中我们常用这种方法来描述物质运动和物理量的变化。我们不说空间某点的位移、应变、应力等，而说介质某个质点或截面的位移、应变、应力等。测量方法也是与这种描述方法相对应的。我们在固体表面上打上标记作为观测记号，或贴上应变片，放上各种传感器，来测量该截面或质点的状态参量。在固体介质运动时，这些标记、传感器等都得随着介质一起运动，如岩石标本上贴的应变片一样，而不像流体介质中那样传感器在空间中多半是固定不动的。如果某个截面在初始时刻离开某个不动物体的距离是 X，则以后在介质运动过程中测得的都是这个 X 截面上的参量随时间 t 的变化，所以这些参量都是截面（物质）X 和时间 t 函数，如 $p(X,t)$，$u(X,t)$ 等。在介质中可以有无数个截面（无数个物质粒子），对应于这些截面（物质粒子）就有一系列变量 X，它们的总体就构成物质坐标系（拉格朗日坐标）。

1. 拖带坐标

物质坐标系的坐标轴可以任意选取，如可以选取空间坐标轴为物质坐标轴。在初始时刻量取质点的位置作为物质坐标，并作为该质点的一个标记，以后随着物体的运动这个标记不会变动，因而物质坐标也不会变动。也有的把坐标轴放在介质内部，即坐标轴附在介质粒子上，随着介质的变形而变形。这种物质坐标叫作拖带坐标。在变形过程中，X 截面始终是 X 截面，其物质坐标就是初始时刻截面到原点的距离。在初始时刻，拖带坐标和空间坐标是重合的,只是由于介质的运动和变形,二者就分离了,在拖带坐标系中量取距离都是要返回到初始时刻去量度的。岩石标本被压缩变形了,贴在标本上的应变片也被压缩了。它的压缩变形量是与初始状态进行比较的结果。

2. 波速

在物质坐标中可以类似地用 $X\text{-}t$ 平面上点的轨迹来表示波阵面和物质的运动,但要注意,在两种坐标系中波速的概念是不一样的。在空间坐标系中,波速是单位时间中波阵面从一个空间点 A 传播到另一个空间点 B 的距离,在物质坐标中波速是单位时间中波阵面从一个截面(质点)传播到另一个截面(质点)之间的距离。注意这个距离是返回到初始时刻量取的,不同的是距离的量取不同,当然两种波速之间有量的联系。

设在初始时刻 $t=0$ 时,距离坐标原点为 X 处有一个截面 A(图7.5.3),在 $X+\delta X$ 处有一个截面 B,这样 X 和 $X+\delta X$ 分别表示 A 截面和 B 截面的物质坐标。在 0 时刻到 t 时刻的时间间隔中,介质可以因各种扰动的通过而运动,其结果是到了 t 时刻,A 截面跑到了 P 点,B 截面跑到了 Q 点。P,Q 距坐标原点的距离设为 x 和 $x+\delta x$。这样,x 和 $x+\delta x$ 分别表示截面 A 和 B 在 t 时刻的空间坐标。不过从物质坐标看来,在 P 点和 Q 点的截面依旧是 A 截面和 B 截面,因此 P 和 Q 的物质坐标还是 X 和 $X+\mathrm{d}X$。设想在这段时间中有一个增量

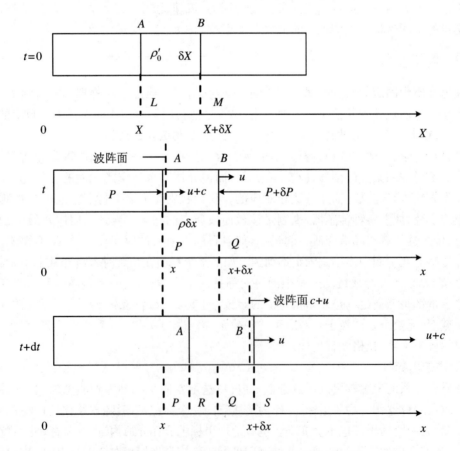

图 7.5.3 两种坐标系中波速之间的关系

波的波阵面在向右运动,在 t 时刻刚好到达 A 截面(P 点)。到了 $t+\mathrm{d}t$ 时刻,波阵面到达 B 截面,这时 A,B 截面自然都已不在原处,而到了空间 R 和 S 点。一方面,以波阵面的运动为准,S 的空间坐标是

$$x_s = OS = OP + PS = x + (u+c)\mathrm{d}t \tag{7.5.5}$$

从另一方面看,以 B 截面的运动为准,由于 B 截面质点的运动速度是 u,故有

$$x_s = OQ + QS = x + \delta x + u\mathrm{d}t$$

因此,

$$x_s = x + (u+c)\mathrm{d}t = x + \delta x + u\mathrm{d}t$$

这样可得出波阵面在空间坐标中的相对波速为 $c = \delta x/\mathrm{d}t$。

在物质坐标中看来,$t+\mathrm{d}t$ 时间中波阵面从 A 截面移动到 B 截面,所走的距离 AB 是返回到初始时刻量的 δX,因此波阵面在物质坐标中的波速是物质波速:

$$C = \delta X/\delta t \tag{7.5.6}$$

在 A,B 截面之间的质量应该守恒。0 时刻的质量是 $\rho_0' \delta X$,t 时刻的质量是 $\rho \delta x$,见图 7.5.3。这里 ρ_0', ρ 分别是初始密度和 t 时刻的密度,于是

$$\rho_0' \delta X = \rho \delta x \tag{7.5.7}$$

将式(7.5.6)、式(7.5.5)代入上式得出了物质波速 C 和空间相对波速 c 之间的关系:

$$\rho_0' C = \rho c \tag{7.5.8}$$

也就是说,在现在所讨论的平面波中,波阻抗在两种坐标中是不变的,因为波阻抗与材料性质相关。

在物质坐标中,通过一点的右行波和左行波具有相同的物质波速,只是符号不同:

$$\mathrm{d}X/\mathrm{d}t = C, \quad \mathrm{d}X/\mathrm{d}t = -C \tag{7.5.9}$$

因此它们的扰动线在该点是左右对称的(图 7.5.4),质点迹线是平行于 t 轴的直线,因为在物质坐标中,对于同一个质点,总有 $X =$ 常量。上面两点给在物质坐标中处理波传播带来了方便。

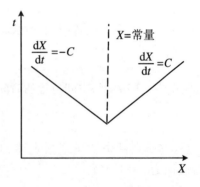

图 7.5.4 物质坐标中过一点的扰动线和质点迹线

7.6 物质坐标中连续波的控制微分方程组

在地震或爆炸问题中,冲击波后方的区域中的状态参量通常是连续变化的,至少在两个间断面之间的区域是连续区,除非后方又出现了新的冲击波。连续区中参量变化规律除了可以用前面已经提到的连续波波阵面守恒条件表述以外,也可以用一套微分方程来表述。

在介质中取一截面积 A 不变的微元,设微元中物质只能在轴向运动。在初始时刻,与

微元的 X 截面邻近，AB 这一微体的体积为 $A\delta X$，其初始密度为 ρ'_0，则微体的初始质量为 $\rho'_0 A\delta X$（图 7.5.3）。在 t 时刻，由于介质的运动，这个 X 截面的空间位置已经变至 x 处，微体的体积由于变形已经变成 $A\delta x$，密度则变为 ρ，微体质量是 $\rho A\delta x$。

7.6.1 物质坐标中的质量守恒定律

由于讨论的是同一个微体，因此在变形前后质量应该守恒，即 $\rho'_0 \delta X = \rho \delta x$。方程左边是初始时刻的质量，方程右边是 t 时刻的质量，但从物质坐标看，在 t 时刻微体的左截面仍在 X 截面邻近，微体的右截面边界也仍在 $X+\delta X$ 截面，两个截面之间的距离即微体的长度仍为 δX，所以微体体积也仍是 $A\delta X$，质量是 $\rho'_0 A\delta X$。这样，上式的左边也表示 t 时刻在物质坐标上所观测到的值。因此，式两边就属于同一时刻，因而可以写成

$$\left(\frac{\partial x}{\partial X}\right)_t = \frac{\rho'_0}{\rho} \tag{7.6.1}$$

式中，下标 t 表示微商是在 t 不变的情况下求得的。

跟着同一个微体（即固定 X 不变），将上式两边对 t 求导，可得

$$\left(\frac{\partial}{\partial t}\right)_X \left(\frac{\partial x}{\partial X}\right)_t = -\frac{\rho'_0}{\rho^2} \left(\frac{\partial \rho}{\partial t}\right)_X \tag{7.6.2}$$

因为 $x = x(X,t)$ 是连续函数，所以上式左边的微分次序可以交换，而

$$\left(\frac{\partial x}{\partial t}\right)_X = u \tag{7.6.3}$$

表示同一个微体的空间位置的时间变化率，即质点速度。于是式 (7.6.2) 变成

$$\left(\frac{\partial \rho}{\partial t}\right)_X + \frac{\rho^2}{\rho'_0} \left(\frac{\partial u}{\partial X}\right)_t = 0 \tag{7.6.4}$$

这是物质坐标中质量守恒定律的另一种表示方式，也即连续方程。也可写成下面的形式（因为 $\rho = 1/V$）：

$$\left(\frac{\partial V}{\partial t}\right)_X - V_0 \left(\frac{\partial u}{\partial X}\right)_t = 0 \tag{7.6.5}$$

7.6.2 物质坐标中的运动方程：动量守恒

考虑微体的受力和运动情况（图 7.5.3），在 t 时刻，微体的左边界有压力 P 的作用，在距左边界 δX 的右边界上的压力应比 P 大一个增量 δP。t 时刻每单位长度的压力变化率是 $(\partial P/\partial X)_t$，因此

$$\delta P = \left(\frac{\partial P}{\partial X}\right)_t \delta X$$

把牛顿第二定律 $F = ma$ 应用到这个微体上，可得

$$\rho'_0 A\delta X \left(\frac{\partial u}{\partial t}\right)_X = -A \left(\frac{\partial P}{\partial X}\right)_t \delta X$$

这样就得到微体的运动方程为

$$\left(\frac{\partial u}{\partial t}\right)_X + \frac{1}{\rho'_0} \left(\frac{\partial P}{\partial X}\right)_t = 0 \tag{7.6.6}$$

7.6.3 物质坐标中的能量守恒

考虑微体中的能量变化情况。假定微体之间没有热交换且由黏性所引起的能量耗散可以忽略，则由能量守恒和转化定律可知，单位时间内微体中总能量（内能和动能）的增加是以作用在微体两侧的压力在单位时间内所做的功来平衡的：

$$\rho'_0 A \delta X \left[\frac{\partial \left(E + \frac{1}{2} u^2\right)}{\partial t}\right]_X = PAu - (P + \delta P)A(u + \delta u)$$

E 为单位质量微体中的内能，$\frac{1}{2}u^2$ 是动能，略去二阶小量，又考虑到 $\delta u = \left(\frac{\partial u}{\partial X}\right)_t \delta X$，可得能量方程：

$$\left[\frac{\partial \left(E + \frac{1}{2} u^2\right)}{\partial t}\right]_X + \frac{1}{\rho'_0}\left[\frac{\partial (Pu)}{\partial X}\right]_t = 0 \tag{7.6.7}$$

将此式的微商部分展开，考虑运动方程，可有

$$\left(\frac{\partial E}{\partial t}\right)_X + \frac{P}{\rho'_0}\left(\frac{\partial u}{\partial X}\right)_t = 0 \tag{7.6.8}$$

而第二项可由连续方程用比容的时间导数表示。这就把能量方程化为绝热方程：

$$\left(\frac{\partial E}{\partial t}\right)_X + P\left(\frac{\partial V}{\partial t}\right)_X = 0 \tag{7.6.9}$$

上式正是邻近 X 截面的微体的绝热方程，即热力学第一定律，这样就进一步得到连续区中微体的熵保持不变的规律，即等熵方程：

$$\left(\frac{\partial S}{\partial t}\right)_X = 0 \tag{7.6.10}$$

所以在连续区中，能量方程、绝热方程、等熵方程是完全等价的，也可把等熵方程写成积分形式：

$$S = S(X) \tag{7.6.11}$$

X 不变，也即对于同一个微体，在运动过程中熵保持不变，而不同的微体则可以有不同的熵值。

于是可以把一维运动的基本方程在物质坐标中的形式归纳为

$$\begin{cases} \dfrac{\partial \rho}{\partial t} - \dfrac{\rho^2}{\rho'_0}\dfrac{\partial u}{\partial X} = 0 & \text{（连续方程）} \\ \dfrac{\partial u}{\partial t} + \dfrac{1}{\rho'_0}\dfrac{\partial P}{\partial X} = 0 & \text{（运动方程）} \\ \dfrac{\partial S}{\partial t} = 0 & \text{（等熵方程）} \\ P = P(\rho, s) & \text{（状态方程）} \end{cases} \tag{7.6.12}$$

这里已经把下标 X, t 略去了，因为既然已经声明是在物质坐标系中，不注下标是不会引起混乱的。加上一个描写特定介质问题的状态方程，因此这个方程组一共四个方程，有四个未知量 (ρ, u, P, S)，所以方程是封闭的。在初始条件和边界条件给出时，是可以求解的。

也可以把方程组用未知量 V, u, P, E 表达出来：

$$\begin{cases} \dfrac{\partial V}{\partial t} - V_0 \dfrac{\partial u}{\partial X} = 0 & \text{(连续方程)} \\ \dfrac{\partial u}{\partial t} + V_0 \dfrac{\partial P}{\partial X} = 0 & \text{(运动方程)} \\ \dfrac{\partial E}{\partial t} + P \dfrac{\partial V}{\partial t} = 0 & \text{(能量方程)} \\ P = P(E, V) & \text{(状态方程)} \end{cases} \quad (7.6.13)$$

在低压固体中由于不需要考虑熵的变化，所以第三个方程通常是不需要的。而第四个状态方程简单地变为应力-应变关系。在低压情况下，应变采用工程压应变 $\varepsilon = (V_0 - V)/V$ 就已足够精确了。这时基本方程组就变为

$$\begin{cases} \dfrac{\partial \varepsilon}{\partial t} + \dfrac{\partial u}{\partial X} = 0 & \text{(连续方程)} \\ \dfrac{\partial u}{\partial t} + \dfrac{1}{\rho_0'} \dfrac{\partial P}{\partial X} = 0 & \text{(运动方程)} \\ P = P(\varepsilon) & \text{(状态方程)} \end{cases} \quad (7.6.14)$$

这些方程组在偏微分方程理论中属于拟线性双曲线型偏微分方程组。在弹性体中，由于 P 和 ε 之间是线性关系，所以方程组(7.6.14)是线性的，而且可以变换成通常的波动方程：

$$\dfrac{\partial^2 P}{\partial X^2} = \dfrac{1}{c^2} \dfrac{\partial^2 P}{\partial t^2} \quad (7.6.15)$$

式中，c 是弹性波波速，且

$$c = \sqrt{\dfrac{1}{\rho_0'} \dfrac{\mathrm{d}P}{\mathrm{d}\varepsilon}} \quad (7.6.16)$$

7.7 动态本构的实验研究以及冲击波的静态和动态响应模型

冲击作用引起的岩石破碎是凿岩、爆破、碎石、地震等作用造成岩石表面和岩石内部破岩的基本现象。冲击波作用下非线性岩土与结构相互作用的问题是防护工程和地震工程的重要研究课题。在大地震、地下核爆炸或爆破工程、地震工程中，必须知道岩石对这些冲击载荷的响应。爆炸载荷作用下弹塑性区材料质点的运动速度是研究高应变速率下材料动态力学特性、建立相应的本构关系，也是研究应力波在材料中的传播规律与衰减特性的必要参数，它是制定建筑物等在爆炸载荷作用下的防护措施的重要依据。这方面的课题在岩石力学中受到越来越多的重视。我们知道波传播法是研究岩石动态力学性能的一种重要的实验手段。超声波引起的最大应变值为 $1\mu\varepsilon$，应变率为 $10^{-3} \sim 10^{-2}\ \mathrm{s}^{-1}$，比冲击作用研究的应变率低几个数量级。而我们这里侧重讨论在动载下岩石变形及破坏机理的实验研究以及各种因素对岩石动态力学性能的影响，尤其岩石的动态本构研究一直是人们关注的热点。

岩石本构关系的相关函数或参数的确定主要依据静力和动力的材料性质实验资料。静力和动力实验是岩石或岩体本构模型的实验基础。对于不同的应力状态、应力路径和应力

范围进行不同的实验,通过实验确定岩石在一定状态范围(流体、固体等)内的各种定性特征,以此作为模拟的性状基础,为模拟计算中出现的各种参数的确定提供实验数据。固体岩石或岩体的本构方程的研究,需要进行一系列的实验室实验及现场实验,主要有:静水压缩实验;等围压三轴压缩实验;比例加载实验,即实验过程中 $\sigma_1/\sigma_3=$ 常量,即加、卸载的三轴实验;单轴应变实验,即实验过程中保持侧向应变 $\varepsilon_2=\varepsilon_3=0$,仅允许 $\varepsilon_1\neq 0$ 的一种三轴实验;动力平面波实验,由于对称要求,试件也处于单轴应变条件;室内和野外动力球面波实验等。以上几种实验是研究本构方程所必需的,特别是单轴应变实验资料和球面波实验资料是研究波传播的数学模型的基础。其他如真三轴实验(在 $\sigma_1\geqslant\sigma_2\geqslant\sigma_3$ 的复合应力下新的三轴实验方法),三轴拉伸实验($\sigma_3<\sigma_2=\sigma_1$ 的三轴实验)及在压力下岩石的 P 波和 S 波测定等实验资料,对模型性状的研究也是有用的。岩石静水压缩实验可获得纯压密情况下岩石的变形性状。

可以通过上述一些实验结果(见前三章及后面几章均有有关实验结果)看出,岩石的力学特性不是单一的,而是相当复杂的。它随着岩石的矿物成分、颗粒尺寸、孔隙度、含水量、应力状态和水平、加载历史及应变率和温度而变化。前人的研究表明,地质材料的本构模型不能完全以实验室实验为基础,根据实验室资料所做的地运动预报往往和现场测量的不相符。其主要原因是缺乏地质介质的现场动力性状的实验。许多情况下,实验室中岩石的小扰动样品的性状并不适于代表材料的现场性状。因为某些材料要得到实验室实验用的真正非扰动样品几乎是不可能的;大范围的不均匀性和较大尺度的裂隙、孔隙会使某些点取样不切实际(不具代表性);岩石现场重要的未知量级的地应力的释放可能会改变岩石性状。最后某些从实验室实验获得的速率可能不同于现场爆炸事件中所观测到的速率。为此在 20 世纪 70~80 年代已开展一些室内较大尺度的球面波爆炸实验和一些现场爆炸实验,以补充室内实验作为本构关系推导的实验基础,且为检验和修正模型提供依据。

7.7.1 实验方法

1. 应力波在岩石中的衰减测量

长杆岩石试件见图 7.7.1,在试件的不同位置粘贴上多个传感器[PVDF(聚偏四氟乙烯)压电薄膜作应力计],也就是在不同的拉格朗日坐标中装上 PVDF 应力量计片作传感器,用 300 mm 长的铝棒子弹撞击 600 mm 长的输入杆,当子弹撞击输入杆产生的应力波在岩石中传播时,传感器 PVDF 随岩石材料的质点一起运动,其 Hopkinson 压杆实验的入射、反射、透射波形见图 7.7.2,并记录下质点上的应力、速度或应变随时间变化的历史(这就是拖带坐标系)。

设不同位置上埋设的应力传感器(PVDF 量计片)记录的应力波形为 $\sigma(h,t)$,然后对这些拉格朗日坐标 h 上的传感器的记录进行拉格朗日分析,从而获得岩石的本构关系。

LNM(非成性力学国家重点实验室)一级轻气炮上的花岗岩冲击实验,见轻气炮实验图 7.7.3 和图 7.7.4 花岗岩的动态本构实验。试件由直径为 52 mm、厚为 2 mm、4 mm、6 mm、8 mm 的 3~4 层钢片组成,岩石试件置于靶中(图 7.7.3)。试件前后放置性能已知的 2024AL 盖板和背板,用环氧树脂将试件包裹,以减小侧向稀疏波对应力测量的影响,试件前后预置锰铜压阻应力计(MBP50-6BD-45),用于记录受到冲击加载时试件中应力计所在位

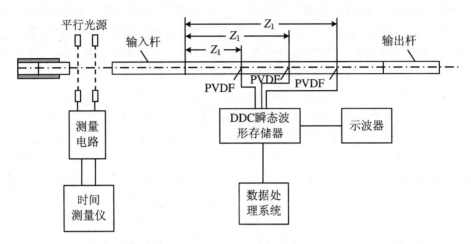

图 7.7.1　波传播实验的 Hopkinson 压杆实验装置和记录系统(席道瑛等,1995)

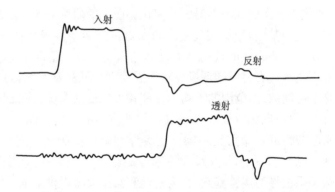

图 7.7.2　Hopkinson 压杆实验的入射、反射、透射波形(席道瑛等,1995)

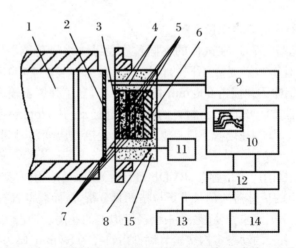

图 7.7.3　轻气炮实验装置和测试记录系统(王道德,1993)
1.炮弹　2.飞板　3.盖板　4.速度探针　5.传感器　6.背板　7.岩石试件　8.触发探针
9.时钟　10.数字示波器　11.脉冲电源　12.计算机　13.打印机　14.绘图机　15.环氧树脂

置的应力变化历程。飞片和靶环也用 2024AL 制作。炮的口径为 101 mm,试件平面垂直于撞击产生的应力波的传播方向。9 为纵向探针,测量飞片撞击速度。11 为纵向探针触发锰铜压阻应力计脉冲电源。应力历史波形由一台频率为 800 Hz 的 Gould4048 数值示波器记录(图 7.7.4)。高应力水平的增量波波速慢,低应力水平的增量波波速快,这样连续波的波形就逐渐拉长散开,形成了发散波。

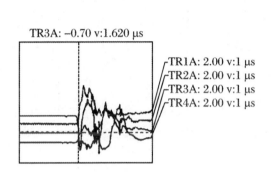
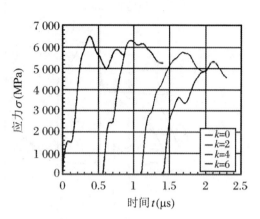

图 7.7.4　花岗岩实验记录波形和应力-应变曲线(王道德,1993)

2. 室内岩石球形爆炸实验

20 世纪 80 年代前后才重视开展一些室内较大尺度的球面波爆炸实验和一些现场爆炸实验,以此作为本构关系推导的实验基础,并且为检验模型和修正模型提供依据。

室内和现场的球面波爆炸实验和现场的柱面波爆炸实验,在实验中应用多个拉格朗日量计(传感器)测定径向应力历史、质点速度历史和切向应力历史。再应用拉格朗日分析技术,即可分析计算和确定现场岩体的本构关系。下面介绍 Swift(1975)所做的砂岩的室内大尺度球面波爆炸实验的外形结构以及实验结果。方法如下:

在 35.6 cm 直径、30.6 cm 长的岩芯中埋设一个 5.08 cm 直径($2R_0$)的小炸药球,R_0 为内腔半径。传感器到球心的距离 R 称为爆心距。炸药球爆炸,并分别采用电磁质点速度计和径向应力计(压阻计)在离爆心不同距离上测定质点速度和径向应力-时间历史。室内岩石球形爆炸实验的外形结构见图 7.7.5 和图 7.7.6。

3. 现场柱面波及球面波实验

在大型地下爆炸或大地震中,需要知道爆炸(或地震)涉及的安全范围和破坏程度,而这种破坏是以应力波的各种参数如应力、地运动加速度、速度和位移等来进行定量描述的。掌握在不同岩体中这些参量随爆心距(或震中距)的变化规律是很重要的,因此必须进行现场实验。

柱面波实验(CIST)在岩层成水平或基本水平分布时使用,垂直于岩层钻 2 英尺(1 英尺 ≈0.304 8 米)直径的空腔,深度随需要而定,一般为 30~75 英尺,并以炸药衬里,爆炸引起竖井壁上加载(约 50 MPa),其后由于空腔压力衰减而卸载。空腔通常延伸通过几层岩层材料(包括黏土、岩石等),在若干深度处,以空腔中心为圆心,在不同的径向距离和方位角上布置若干测定各种不同方向上不同岩石层中的地运动的测计。这种实验推导的岩体本构特性是在50英尺直径、50～100英尺深的容积内的平均值,所以这种本构关系应用广泛,具代表性。

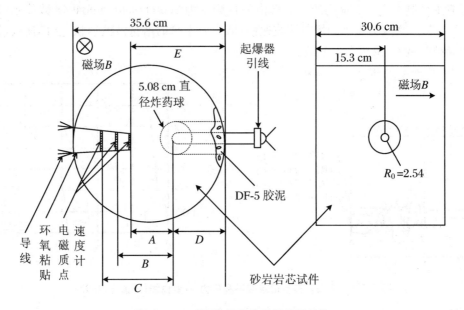

图7.7.5 球面波爆炸实验的外形结构

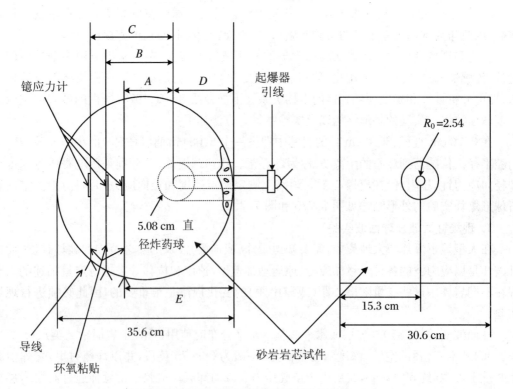

图7.7.6 球面波爆炸实验的外形结构

7.7.2 拉格朗日分析方法的计算理论[①]

波形特征分析 在长杆岩石试件的不同位置(即不同的拉格朗日坐标 h)埋入传感器(图7.7.1和图7.7.7)。用铝棒子弹撞击输入杆,在输入杆上产生一应力波。该应力波在砂岩中传播时,传感器(PVDF有机薄膜量计片)随岩石材料的质点一起运动,并记录下质点的应力随时间变化的历史。然后对这些拉格朗日坐标 h 上的传感器的记录进行分析,从而获得岩石的本构关系。

令不同位置上埋设的应力传感器记录的波形为 $\sigma(t)$,在一维条件下,连续介质运动时,应满足连续方程(7.6.4)和运动方程(7.6.6),即为下面的拉格朗日守恒方程:

$$\left(\frac{\partial \varepsilon}{\partial t}\right)_h + \left(\frac{\partial u}{\partial h}\right)_t = 0 \tag{7.7.1}$$

$$\rho_0 \left(\frac{\partial u}{\partial t}\right)_h + \left(\frac{\partial \sigma}{\partial h}\right)_t = 0 \tag{7.7.2}$$

式中,u 为质点速度,t 为牛顿时间,ρ_0 为初始密度。在一维应力条件下,$\varepsilon = 1 - \rho_0 V$,$V$ 为比容。由于撞击时间很短,此过程可以看成绝热过程。这样,守恒方程中的热传导、内耗能量的影响可以忽略。

为了确定流场参数,可由式(7.7.1)、式(7.7.2)进行数值积分。为此,需对流场参数作光滑拟合、离散处理以及数值求某些偏导。图7.7.7给出了拉氏量计测得的参量 f 的波形和路径线,其中 f 可以是应力 σ、应变 ε 或质点速度 u。

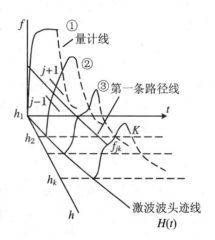

图7.7.7 拉格朗日分析方法三维流畅示意图

由拉氏量计测得参数 σ 的一组波形,它们构成参量 $\sigma(h,t)$ 的流场三维图像。根据该流场图可作多条路径线,路径线与沿 h 的量计线 $(1,2,3,\cdots,k)$ 一起构成差分网格,它们的交点构成离散格点。这样就可以沿路径线 $h = h(t)$,将参量 σ 对拉氏坐标 h 取偏导:

$$\left(\frac{\partial \sigma}{\partial h}\right)_t = \frac{d\sigma}{dh} - \left(\frac{\partial \sigma}{\partial t}\right)_h \frac{dt}{dh} = 0 \tag{7.7.3}$$

当参量取为应变或质点速度时,守恒方程变为

$$\left(\frac{\partial \varepsilon}{\partial t}\right)_h + \frac{du}{dh} - \left(\frac{\partial u}{\partial t}\right)_h \frac{dt}{dh} = 0 \tag{7.7.4}$$

$$\left(\frac{\partial u}{\partial t}\right)_h + \frac{1}{\rho_0}\left[\frac{d\sigma}{dh} - \left(\frac{\partial \sigma}{\partial t}\right)_h \frac{dt}{dh}\right] = 0 \tag{7.7.5}$$

上式沿量计线可以写成如下差分形式:

$$\varepsilon_{j+1,k} - \varepsilon_{j,k} = -\frac{1}{2}\left[\left(\frac{du_{j,k}}{dh} + \frac{du_{j+1,k}}{dh}\right)(t_{j+1,k} - t_{j,k}) - (u_{j+1,k} - u_{j,k})\right]$$
$$\cdot \left[\left(\frac{dt_{j+1,k}}{dh} + \frac{dt_{j,k}}{dh}\right)\right] \tag{7.7.6}$$

[①] 席道瑛等,1995a,b。

$$u_{j+1,k} - u_{j,k} = -\frac{1}{2\rho_0}\left[\left(\frac{d\sigma_{j,k}}{dh} + \frac{d\sigma_{j+1,k}}{dh}\right)(t_{j+1,k} - t_{j,k}) - (\sigma_{j+1,k} - \sigma_{j,k})\right]$$
$$\cdot \left[\left(\frac{dt_{j+1,k}}{dh} + \frac{dt_{j,k}}{dh}\right)\right] \tag{7.7.7}$$

其中,下标 j 表示路径线,k 表示量计线。利用差分方程(7.7.6)、(7.7.7)进行逐步积分,还必须对网格化的流场进行沿量计线拟合应力波形 $\sigma(t)$,从而求得 $\partial\sigma/\partial t$;沿路径线拟合参量 $\sigma(h)$,以计算 $d\sigma/dh$;拟合路径线 $t(h)$,以确定 dt/dh。

就参量 σ 沿路径 j 变化的拟合来看,为了方便,可选择多项式或指数形式作为拟合函数,即

$$\bar{\sigma}_j = \sum_{i=1}^n a_n h_n \quad \text{或} \quad Ln\bar{\sigma}_j = \sum_{i=1}^n a_n h_n \tag{7.7.8}$$

其中,$\bar{\sigma}_j$ 是沿第 j 条路径线的参数 σ 的拟合值,系数 a_n 是由最小二乘法拟合路径线 j 各量计测量数据 $\sigma_{jk}(k=1,2,\cdots,k;k$ 为量计总数)来定出的。由此可见 a_n 与 σ_{jk} 成线性关系。所以,式(7.7.8)可写成矩阵形式:

$$\bar{\sigma}_{jk} = \sum_{i=1}^n S_{kj}\sigma_{ji} \quad \text{或} \quad Ln\bar{\sigma}_{jk} = \sum_{i=1}^n S_{kj}Ln\sigma_{jk} \tag{7.7.9}$$

$\bar{\sigma}_{jk}$ 是网格点 jk 处的拟合值,矩阵 S 仅是 h 与拟合次数 n 的函数,对上式取微分可得

$$\frac{d\bar{\sigma}_{jk}}{dh} = \sum_{i=1}^k S_{kj}\sigma_{ji} \quad \text{或} \quad \frac{d\sigma_{jk}}{dh} = \sigma_{jk}\sum_{i=1}^n S_{ki}\sigma_{ji} \tag{7.7.10}$$

这就给出了每个网格点处的拟合参量 σ 的全导数 $d\bar{\sigma}/dh$ 的求法。用类似的方法即可求得全导数 $d\bar{t}/dh$。

构作应力流场网格,并将拟合结果($d\sigma/dh$,dt/dh)代入式(7.7.7)求出质点速度 u,代入式(7.7.6)求出应变 ε。这样,流场参数 u,ε 即可求出,可方便地求得应力-时间关系[图7.7.11(a),图7.7.12(a),图7.7.13(a)]和应力-应变关系[图7.7.11(b),图7.7.12(b),图7.7.13(b)]。

7.7.3 波形特征分析

1. 从定点波形看波随时间的变化

从 σ-ε 曲线来看(图7.7.8),当超过屈服点 Y 时就进入塑性阶段,如 A 点。在 OY' 之间有一个弹性波传播,其速度为 $C_0 = 1/\rho_0\sqrt{d\sigma/d\varepsilon} = \sqrt{E_1/\rho_0}$,相当于 OY' 段的斜率 E_1。而到了 A 点,波传播就以与 $Y'A$ 的斜率 E_2 有关的波速传播($D = \sqrt{E_2/\rho_0}$)。因此,当波随距离变化时,就会出现一个跑在最前面的弹性波,称为弹性前驱波,如图7.7.9中的 C_0 所示。

2. 从定时波形看波随距离的变化

在弹性介质中,高强度的冲击波是不稳定的。冲击波强度随着传播距离的增加而衰减时,最终分裂为弹性前驱波和塑性冲击波。所以爆轰波打到平板表面后,平板内所产生的应力波具有双波结构,有一个弹性前驱波以较高的速度 $C_0 = \sqrt{E_1/\rho_0}$ 在前面传播,随后跟上一个塑性冲击波以略低的速度 $D = \sqrt{E_2/\rho_0}$ 传播。

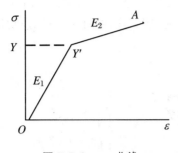
图 7.7.8 σ-ε 曲线

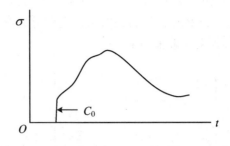
图 7.7.9 应力-时间曲线

由于冲击脉冲也有卸载的时候,它使板面压力随时间不断衰减,因而在爆炸产物中出现了稀疏波的影响,在平板中出现的稀疏波(卸载波)不断追赶塑性冲击波(图 7.7.10),当追赶上以后,就会不断使塑性冲击波的压力峰值衰减,也使冲击波后方材料中的压力下降。这种稀疏波一开始是具有弹性性质的。当材料中压力下降到两个侧限屈服强度 $\left(\dfrac{1-\nu}{1-2\nu}\right)Y$ 时,稀疏波就具有塑性性质了。因此在塑性冲击波的后方不远处有一个弹塑性界面跟着前进。由于稀疏波与冲击波的相互作用,在冲击波后方流场中的波系是一个复杂的复波区。在爆炸产物中,还有爆轰波在平板表面反射后的冲击波向后传播。

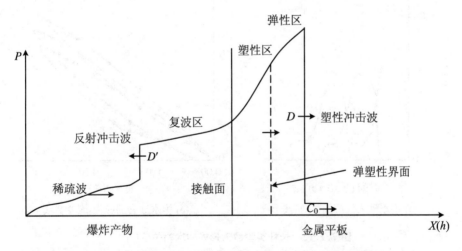
图 7.7.10 平面接触爆炸形成的波系示意图(定时波随距离的变化)

7.7.4 实验结果分析

1. 砂岩长杆冲击实验结果[①]

根据分析和计算,对从实验记录,波的输入、校正到计算分析的一套计算程序进行拉格朗日分析,可以得到长杆岩石实验数值形式的动态本构关系(图 7.7.11～图 7.7.13)。

根据上述的分析计算,可以取得合肥砂岩在干燥、饱水、饱油三种状态下的应力-时间波

---

① 席道瑛等,1995a,b。

形,见图 7.7.11(a)、图 7.7.12(a)、图 7.7.13(a),相应的应力-应变关系曲线见图 7.7.11(b)、图 7.7.12(b)、图 7.7.13(b)。由应力波波前速度和相应的声波速度对比,可以发现应力波波前速度一般都小于声速。

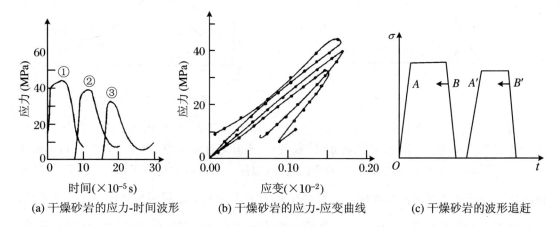

(a) 干燥砂岩的应力-时间波形　　(b) 干燥砂岩的应力-应变曲线　　(c) 干燥砂岩的波形追赶

图 7.7.11　长杆实验数值形式的本构关系(Ⅰ)

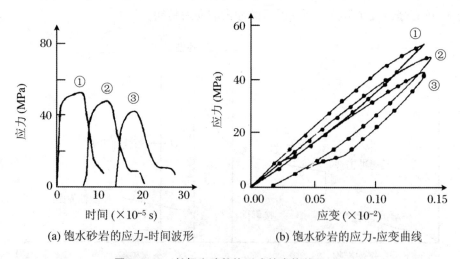

(a) 饱水砂岩的应力-时间波形　　　　(b) 饱水砂岩的应力-应变曲线

图 7.7.12　长杆实验数值形式的本构关系(Ⅱ)

将图 7.7.11(a),图 7.7.12(a),图 7.7.13(a)波形进行对比,发现饱水砂岩和饱油砂岩的应力-时间波形比干燥砂岩的应力-时间波形,随着传播距离的增大,有明显展宽的趋势。图 7.7.11(a)干燥砂岩的三个波的比较,从①→②→③,波的主要部分变窄,由于卸载波速大于加载波速,因而存在着卸载波对加载波的追赶[图 7.7.11(c)]。由于卸载波 B 追赶加载波 A,造成波形随传播距离增大而变窄,最后当卸载波追赶上加载波时,导致波幅的衰减,当卸载波对加载波追赶加快,使波变得更窄,幅度衰减更大,引起应力-应变曲线上的滞回现象,如图 7.7.11(b)和图 7.7.11(c)所示。

由图 7.7.12(a)饱水砂岩的波形前沿和后沿看[由①→②→③],亦有逐渐变缓的趋势,但变缓的速度比干燥砂岩要小,振幅衰减也比干燥时的衰减小,并且在波的后沿出现一明显阻止卸载的台阶,台阶持续时间为 20~30 μs,然后继续卸载。同样,卸载波对加载波的追赶,导致波形的主要部分随传播距离的增大逐渐变窄以及 σ-ε 曲线的滞回[图 7.7.12(b)]。

由图 7.7.13(a)的饱油砂岩的波形可见,无论是波形的前沿还是后沿都随传播距离的增大而变缓,变缓的程度比饱水和干燥的都更强,幅度的衰减也最厉害。这就说明饱油砂岩比干燥砂岩和饱水砂岩的卸载波对加载波的追赶更快,所导致的 σ-ε 曲线的滞回如图 7.7.13(b)所示。

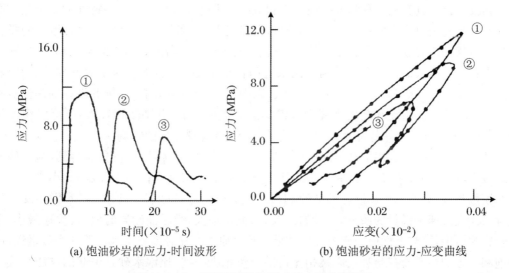

(a) 饱油砂岩的应力-时间波形　　　(b) 饱油砂岩的应力-应变曲线

图 7.7.13　长杆实验数值形式的本构关系(Ⅲ)

饱油砂岩在卸载波对加载波的追赶中,在卸载波未赶上加载波之前,波幅保持不变,但是由于卸载模量大于加载模量,波形随传播距离增大而逐渐变窄。因此而导致由波①的长的爬坡变为波②的短平台,再由波②变为波③的尖峰后卸载,较长的爬坡和较短的平台都消失。在饱水砂岩中可能由于卸载波对加载波的追赶速度比饱油时慢,所以三个波的爬坡现象都存在,只是由①→③爬坡部分持续时间越来越短。二者的差异很可能是以下原因造成的:固体颗粒之间的摩擦和液体在 $\sigma(t)$ 的作用下,相对于固体颗粒而运动(液体的运动速度快),则固体颗粒与液体之间也发生摩擦,或因微裂隙在压应力 $\sigma(t)$ 作用下,裂隙闭合造成裂隙面间的摩擦等,导致在岩石杆中传播的梯形波的前沿衰减,从而使梯形波的平台与前沿衰减部分产生了波的平台部分的爬坡现象。图 7.7.11、图 7.7.12、图 7.7.13 的应力-应变曲线滞回由可恢复的弹性变形和不可恢复的塑性变形组成,后者可能主要由裂隙面间的摩擦错动引起。金属的塑性是位错的迁移,而岩石的塑性与此不同。根据摩擦学原理(温诗铸,1990)得知,施加外力使静止的物体开始滑动时,物体产生一极小的预位移,预位移大小随切向应力而增大。物体开始做稳定滑动时的最大预位移为极限位移,与之对应的切向力为最大静摩擦力,当达到极限位移后,摩擦系数将不再增加。

岩石在加载过程中,内部的裂隙面间的滑移分两个过程:一是裂隙面间的剪切力达到最大静摩擦力之前的预位移,它对岩石的初始变形贡献很大;其二是剪切力超过最大静摩擦力的滑动,刚加载时,裂隙面因受到剪切方向力的作用,必然产生预位移。卸载时,裂隙面沿相反方向移动,留下一定的残余位移量。许多裂隙的残余位移量累积的结果,必将导致岩石样品整体卸载时留下一定量的残余变形,即塑性。过程二残余变形更明显。另外,岩石中孔洞、裂隙的塌陷也将造成残余变形等。上述几方面的因素构成了岩石的塑性变形,导致应力-应变曲线的滞回。所以岩石内部裂隙面间的摩擦预位移与摩擦滑动引起了卸载滞回,在应力波传播过程中导致了应力波波幅的衰减。

干燥合肥砂岩的屈服强度约为 128 MPa,这次冲击实验主要在弹性范围内研究波传播特性(席道瑛等,2009)。由于合肥砂岩本身是一种多孔介质,含有 6.44% 的孔隙,在冲击作用下其波形自然具有衰减和弥散特性。饱和液体对于这种岩石中波传播特性的影响是显而易见的。首先是对应力波衰减的影响。在波传播过程中,低频共振时处于次要地位的吸收衰减在声频冲击时逐渐上升为主要的衰减机制,甚至可与黏滞系数引起的衰减相当,这导致干燥岩石在冲击载荷作用下衰减幅度比水饱和岩石还要大。其次是对于波的弥散的影响。饱油样品波的上升沿和下降沿弥散最厉害。其中后者产生的原因在于饱和液体的黏性对卸载波的存在明显的阻滞卸载的下降沿缓波延迟了波的卸载,并随黏性增大,下降沿缓波加剧,波的弥散增强。饱水样品次之,这反映了饱和液体黏滞系数的影响。

席道瑛等(2009)利用加载与卸载的波速呈一"X"形对波传播进行分析得到:饱水砂岩衰减最小,模量和波速最大;饱原油砂岩比干燥砂岩的衰减稍大;它们衰减的大小决定了它们的模量和波速,所以干燥砂岩的波速和模量稍大于饱原油砂岩。若用"X"在图中交点的位置来代表波速和模量的话,饱水砂岩的模量、波速最大,饱原油砂岩的模量、波速最小,干燥砂岩的居中,这与上面应力历史波形结果一致。原油的黏滞系数与水比差 3 个数量级,原油饱和砂岩的黏滞衰减与吸收衰减相比占的分量稍大一些,比饱水砂岩引起的黏滞衰减大得多。而且水全饱和时,饱和液体充填于孔隙裂缝中,增加了岩石的刚度,模量和波速也就随之增大。因此,饱水砂岩中的水在声频衰减中仅仅起到增加岩石刚度的作用,它的黏滞衰减与原油相比可以忽略,这导致其波速、模量都大于饱原油和干燥砂岩。

通过长杆试件的冲击实验来研究应力波衰减的方法,具有显著的优点,可直观地给出波在不同时刻的波形特征及衰减量,方法简单,结果可靠,并根据波形特征可进行机理分析,从而有望获得引起波衰减的主要信息,还可通过控制冲击速度达到与地震勘探应变速率相近的衰减,以便于对资料的推广应用。对实验结果进行拉格朗日分析,还可获得岩石的本构关系。

2. 球形爆炸实验结果

美国国际物理公司 Swift(1975)曾对 Kayenta 砂岩做过球形爆炸的实验,其结果如图 7.7.14 的质点速度-时间历史波形和图 7.7.15 的应力-时间历史波形。

根据这些结果,分析得出峰值质点速度的幅度随半径比的衰减速率与 $(1/R)^{2.5}$ 成正比,在距装药空腔壁稍少于 2.54 cm 处出现前驱波等很有益的结果。

一般来说,由室内动、静态实验资料概括出初步的数学模型,再用该初步模型计算现场实验效应,通过与现场实测效应做比较,从中修正模型,经反复迭代,就能得出较好的符合现场实际条件的本构关系。

采用二维或一维轴对称有限差分程序,先将实验室资料为基础的本构模型代入计算机程序,计算出相应于现场测试各点的应力、质点速度-时间波形,再与现场实测波形对比,找出相同和有差异的地方,调整基础模型的参数,重新计算,这样反复迭代,一直计算到与现场实测的波形充分一致为止。

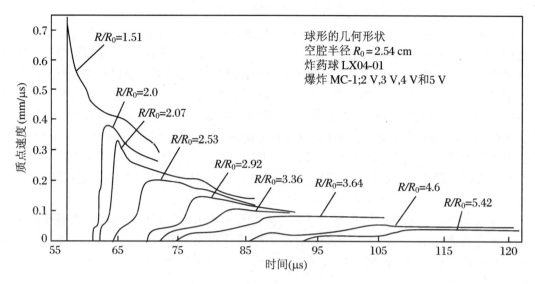

图 7.7.14　质点速度-时间历史波形

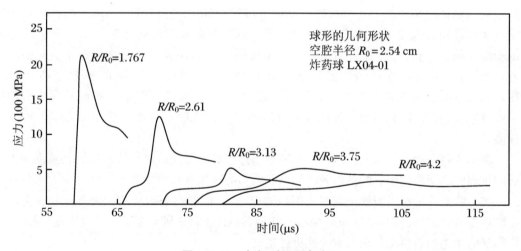

图 7.7.15　应力-时间历史波形

虽然这个过程的唯一性尚未得到证明,但是在这样有代表性的实验地质材料的容积范围内做了足够独立的测量,可以有充分的理由建立高的可信度。

美国 Sandler(1970)在 Kansas 的 Hardpan 场地完成 CIST 的基础上做了上述迭代程序计算分析,从而把实验室帽盖模型与现场柱面波实验资料结合起来,修正和建立了更适合于材料现场性状的新的帽盖模型。

现场球面波实验与现场柱面波实验类似,但它是在合理的无层理区域中和更高柱面波实验的压力下做的,炸药是实心球而非空心圆柱。采用从实验测量特定的拉格朗日分析技术而得到应力-应变-质点速度-时间历史。这些资料可被用于构筑模型。

7.7.5 干燥的Kayenta砂岩的静力和动力响应模型[①]

在由静态静水压及静态三轴实验获得大量的十分可靠的应力-应变和强度数据的基础上确定的本构关系可以预测岩石和岩石块在动态加载条件下的响应。需要用这两种实验方法来建立本构关系,是因为相对于等效的动态实验,利用通过静态三轴设备很容易知道复杂的加载和卸载路径。但是,基于静态实验的动态响应的预测可能产生误导,除非将静态模型外推到动态事件的正确性可以被证实。遗憾的是不可能获得所有情况下的检验。例如,对于某些条件,动态响应看来与静态模型相同,然而在其他情况下没有这种相同。于是,使用静态模型需对每一种情况分别进行评估。因此,需要改进静态模型或发展出考虑了材料动态与静态行为间差异的新模型。评估这些差异的一种方法是冲击波加载实验,其实验的应力或变形特征与三轴静态实验结果具有相似性。

在这里研究了干燥多孔砂岩的静态三轴实验和冲击波实验的结果,并采用静态帽盖和动态帽盖两种模型描述了砂岩的响应。砂岩采自科罗拉多西部 Grande Junction 的 Kayenta,取直径为 36 cm 的圆柱形式。实验样品是充足和均匀的,完全满足对比性实验和模型修正实验。样品的孔隙度为 23%。材料静态行为的基本特征可通过各种精确的单轴应力加载(静水压力加载、单轴应变加载、单轴应力加载……直至材料失效)以及不同围压的三轴压力实验获得实验数据(Duba 等,1974;Green 等,1972)。通过植入材料内的质点速度计可以获得平面冲击实验数据,通过这些数据可以将动态应力-应变响应与静态单轴应变响应进行比较,并为动态帽盖模型提供暂时的要素。为讨论平面波实验中的应力状态,将 5.08 cm 直径的炸药球放入直径为 36 cm、长为 31 cm 的砂岩岩芯(Swift,1975),完成球面冲击波实验并获得数据。在材料中,从球源不同半径测量径向应力和粒子速度响应[图 7.7.14、图 7.7.15],所得数据用来检验静态帽盖模型和动态帽盖模型的预测。

静态资料和动态资料的比较指出孔隙崩塌过程具有很强的速率依赖性。孔隙崩塌占优势的机理归因于剪切引起的基体胶结的单元结构的破坏以及约在 2.5 GPa 的应力水平的总的压实。静态弹塑性帽盖模型与静态响应吻合极好,但对动态响应的预测不成功。考虑到孔隙崩塌的临时性行为,通过补充 Maxwell 型黏塑性流动法则对静态帽盖模型进行修改,这样得到的动态帽盖模型与动态响应能更好地吻合。

1. 静态帽盖模型

对干燥砂岩实验室静态资料的研究(Gree 等,1972;Duba 等,1974)显示若干特征,代表许多岩石的力学特性。特征是加载路径依赖压缩、膨胀、屈服,破坏面依靠平均垂直应力和应变硬化。展示了依赖压缩和膨胀的两种途径,对屈服和应变硬化进行复杂描述的一种塑性力学模型就是帽盖模型(Nelson 等,1971)。这个模型已经被合理且成功地用于描述若干地质材料的静态特征。这个模型在这里应用于三轴静态资料并标注为静态帽盖模型。

静态帽盖模型的压缩和破坏特征在两个面的中心附近以 J_1,$\sqrt{J_2}$ 空间示于图 7.7.16,$J_1 = \sigma_{ii}$ 为总的应力张量 σ_{ij} 的第一不变量,$\sqrt{J_2} = S_{ij}S_{ij}/2$ 为偏应力张量 S_{ij} 的第二不变量。

[①] R. Swift,1975。

这个面为

$$F_1(J_1, \sqrt{J_2}) = \sqrt{J_2} - g(J_1) = 0 \tag{7.7.11}$$

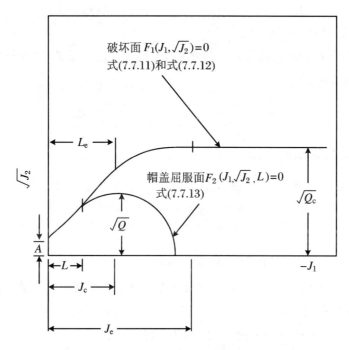

图 7.7.16 静力帽盖模型

由于

$$g(J_1) = \begin{cases} A + BJ_1 & (J_1 \geqslant L_e) \\ [Q_e - (J_1 - J_e)^2/R_e^2]^{\frac{1}{2}} & (L_e \geqslant J_1 \geqslant J_e) \\ \sqrt{Q_e} & (J_1 \leqslant J_e) \end{cases} \tag{7.7.12}$$

表示发生剪切失效处的破坏包络线，膨胀沿它的负斜率部分产生。注意 J_1 压缩为负。对干燥砂岩从三轴破坏数据确定常量：

$$A = 0.025 \text{ GPa}, \quad L_e = -2.83 \text{ GPa}$$
$$B = -0.1917, \quad \sqrt{Q_e} = 0.715 \text{ GPa}$$
$$J_e = -4.57 \text{ GPa}, \quad R_e = 4.0$$

$F_2 = 0$ 表示屈服面是一个可移动的应变硬化的帽盖形式，是加载路径依赖于压实的原因。这个面沿负 J_1 轴以一个椭圆来描述，表示为

$$F_2 = (J_1, \sqrt{J_2}, L) = \frac{(J_1 - J_c)^2}{R^2} + J_2 - Q(L) = 0 \tag{7.7.13}$$

$$J_c = L + R^2 g(L) g'(L) \tag{7.7.14}$$

$$Q(L) = g(L)^2 [1 + R^2 g'(L)^2] \tag{7.7.15}$$

$$g'(L) = \frac{\mathrm{d}gJ_1}{\mathrm{d}J_1}\bigg|_{J_1 = L}$$

$$R = \begin{cases} R_1 + R_e & (L \geqslant L_1) \\ R_1[1-(L-L_1)/R_3]^{R_4} + R_e & (L_1 \geqslant L \geqslant L_2) \\ R_e & (L \geqslant L_2) \end{cases} \quad (7.7.16)$$

其中，R 为椭圆帽盖的长短轴之比。

应变硬化参数 L 表示帽盖面 F_2 与破坏面 F_1 的交点在 J_1 轴的值，在塑性变形条件下以下面方式描述帽盖的扩展：

$$L = -\int_0^t w\left[\frac{\sqrt{J_2}-g(J_1)}{g(J_1)}\right]\sqrt{\dot{I}_2^p}\mathrm{d}t \quad (7.7.17)$$

$\dot{I}_2^p$ 为塑性应变率张量的第二变量，w 由下式给出：

$$w = \begin{cases} 3\sqrt{3}\dfrac{\delta}{\varepsilon_v^p + \delta}k_1 & (\sqrt{J_2} > Y_1 \text{ 或 } J_1) \\ 3\sqrt{3}\left[(1-h)k_2 + h\dfrac{\delta}{\varepsilon_v^p+\delta}\right] & (\sqrt{J_2} \leqslant Y_1 \text{ 和 } J_1) \end{cases} \quad (7.7.18)$$

这里，$\varepsilon_v^p = \varepsilon_1^p + \varepsilon_2^p + \varepsilon_3^p$ 是塑性体积应变，$h = \max(\sqrt{J_2}/Y_1, J_1/Y_2)$ 是一个表示逐渐开始孔隙崩塌的参数，$\delta = 0.115$ 是与材料能够经受的最大体积压缩相关的常量。式(7.7.16)和式(7.7.18)中的常量通过干燥砂岩的静水压、单轴应变数据来确定。

$$K_1 = 2\,\mathrm{GPa}, \quad L_1 = 0.046\,686\,\mathrm{GPa}$$
$$K_2 = 35\,\mathrm{GPa}, \quad L_2 = -2.27\,\mathrm{GPa}$$
$$Y_1 = 0.1\,\mathrm{GPa}, \quad R_1 = -2.0$$
$$Y_2 = -0.9\,\mathrm{GPa}, \quad R_e = -2.32, \quad R_4 = 1.5$$

与上面的屈服和破坏描述相关联的流动法则是对于塑性应变率 $\dot{\varepsilon}_{ij}^p$ 来讲的，假定总的应变率 $\dot{\varepsilon}_{ij}$ 是由 Hooke 的弹性应变率和塑性应变率相加得到的，即

$$\dot{\varepsilon}_{ij} = \frac{1}{2\mu}\dot{S}_{ij} + \frac{1}{9K}\dot{j}_1\delta_{ij} + \lambda\frac{\partial F}{\partial \sigma_{ij}} \quad (7.7.19)$$

式中，μ，K 分别为剪切和体积模量，由静态卸载数据确定。压力的函数 $P = -1/3J_1$，给出如下表达式：

$$K = 9 + 1880P(\mathrm{GPa})$$
$$\mu = \begin{cases} 8.4 + 1090P(\mathrm{GPa}) & [0 \leqslant P < 0.35(\mathrm{GPa})] \\ 12.2(\mathrm{GPa}) & [P \geqslant 0.35(\mathrm{GPa})] \end{cases}$$

方程(7.7.19)的塑性应变项中的正标量函数 λ 是由塑性变形中 $\mathrm{d}F = 0$ 的条件确定的。如果加载路径分别在 F_1 面或 F_2 面上(图 7.7.16)，则 F 等于 F_1 或 F_2。如果加载既不发生在 F_1 面又不发生在 F_2 面上，那么是弹性响应。当 $F = F_1$ 时，如果 $J_1 > J_e$，膨胀与剪切破坏可能一起发生。当 $F = F_2$ 时，平均塑性应变率分量为

$$\dot{\varepsilon}_{ij}^p = 6\lambda(J_1 - J_c)/R^2 \quad (7.7.20)$$

压缩或膨胀特性可能发生,依 $J_1 \leqslant J_c$ 或 $J_1 \geqslant J_c \geqslant J_e$ 而定。

图 7.7.17 就是利用静态帽盖模型来预测干燥 Kayenta 砂岩静水压、单轴应变及三轴破坏面实验数据的实例。

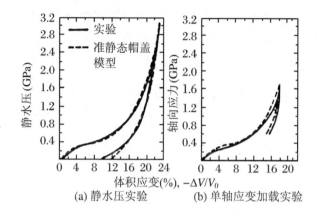
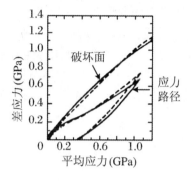

(a) 静水压实验　　(b) 单轴应变加载实验　　(c) 破坏面和单轴应变加载实验

图 7.7.17　静力实验资料与静力帽盖模型计算的比较

2. 动力帽盖模型

对干燥砂岩(Petersen,1972),应力波数据说明压缩过程对加载率非常地敏感。为解释这种率依赖行为,通过补充一个率依赖的流动法则对静态帽盖模型进行修订。屈服条件和应变硬化准则这些准静态特征假定和静态模型是一样的。在这里对模型冠以"动态帽盖"模型的名称,假定材料的应变率相关仅仅发生在超过静态屈服面以后。在屈服面之下假定材料是弹性响应,这类模型通常被认为是弹黏塑性模型。这类模型中有一个特殊的形式被提出(Perzyne,1966),其中的塑性应变率 $\dot{\varepsilon}_{ij}^p$ 为静态屈服面(状态)以上的一个超应力(增量应力 $\Delta \sigma$)的任意函数。

动力帽盖模型[替代静态方程(7.7.19)中的塑性应变率分量]中的塑性应变率分量,即

$$\dot{\varepsilon}_{ij}^p = \gamma \langle \varphi(F) \rangle \frac{\partial F}{\partial \sigma_{ij}} \tag{7.7.21}$$

这里 $\langle \varphi(F) \rangle$ 表示,当 $F \leqslant 0$ 时,$\langle \varphi(F) \rangle = 0$,当 $F > 0$ 时,$\langle \varphi(F) \rangle = \varphi(F)$;常量 γ 是黏性常量,由材料的时间响应推断。函数 F 在式(7.7.22)中表示静态屈服条件:

$$F(J_1, \sqrt{J_2}, L) = \frac{f(J_1, \sqrt{J_2})}{Q(L)} - 1 \tag{7.7.22}$$

塑性响应在破坏面时 $F = F_1$,在帽盖屈服面上时 $F = F_2$。在破坏面上 f 和 Q 为

$$f(J_1, \sqrt{J_2}) = \begin{cases} \sqrt{J_2} - BJ_1 & (J_1 \geqslant L_e) \\ J_2 + (J_1 - J_e)^2 / R_e^2 & (L_e \geqslant J_1 \geqslant J_e) \\ \sqrt{J_2} & (J_1 < J_e) \end{cases} \tag{7.7.23}$$

$$Q(L) = \begin{cases} A & (J_1 \geqslant L_e) \\ Q_e & (L_e \geqslant J_1 \geqslant J_e) \\ \sqrt{Q_e} & (J_1 < L_e) \end{cases} \tag{7.7.24}$$

$$f(J_1, \sqrt{J_2}) = \frac{(J_1 - J_c)^2}{R^2} + J_2 \qquad (7.7.25)$$

$Q(L)$由方程(7.7.15)给出,J_c由方程(7.7.14)给出,R由方程(7.7.16)给出。常量A,B等以前面对静态模型相同的方式给出。

动态帽盖模型以在$(J_1,\sqrt{J_2})$空间中的图7.7.18说明。静态和动态帽盖面之间基本的特性为塑性响应,期间动态破坏和帽盖屈服面可以在超过静态屈服面以外膨胀,就是说$F_1>0$且$F_2>0$。这些面的动态特性是$\dot{\varepsilon}_{ij}^p$,γ以及函数$\varphi(F)$的函数,可以表示为

$$F = \varphi^{-1} \left[\frac{\dot{\varepsilon}_{ij}^p \dot{\varepsilon}_{ij}^p}{\gamma^2 \frac{\partial F}{\partial \sigma_{ij}} \frac{\partial F}{\partial \sigma_{ij}}} \right]^{\frac{1}{2}} \qquad (7.7.26)$$

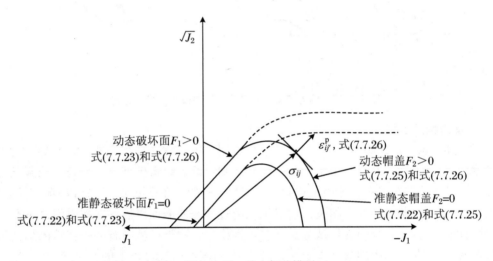

图 7.7.18 动力帽盖模型

在方程(7.7.21)中运用方程(7.7.22)可以给出塑性应变率:

$$\dot{\varepsilon}_{ij}^p = \frac{\gamma \varphi(F)}{Q(L)} \frac{\partial F}{\partial \sigma_{ij}} \qquad (7.7.27)$$

这是与Maxwell型黏性规律相类似的,一个可变的黏性系数由$Q(L)/\gamma\varphi(F)$给出。$\varphi(F)$函数的形式强烈地影响着动态塑性响应的结果(Swift,1969),尤其对于金属的塑性(Perzyna,1966)。这里以$\varphi(F)=F$线性形式来评估,用一个黏塑性模型描述应力波在多孔岩石中的响应的效果。虽然$\varphi(F)$的其他形式可能是更合适的,但遗憾的是这只能由利用各种方法所获得的成功计算结果来确定。线性形式之所以有吸引力,在于它最简单,具有某些物理意义,并且在从静态数据中确定的帽盖模型的各种参数之外,仅仅增加了一个额外的参数γ。

在方程(7.7.27)中,当$\gamma=0$时黏性系数的极限是无穷大的,因此,无塑性应变产生,仅有弹性行为可能产生。关于对应的极端的情况(如$\gamma\to\infty$),由方程(7.7.26),得$\varphi^{-1}\to 0$,从而断定$\varphi^{-1}(0)=0$。那么,当$F\to 0$时,函数$\varphi(F)\to 0$。因此,方程(7.7.27)简化到无黏性的塑性流动描述。

Petersen(1972)首次将动态帽盖模型用于处理平面波冲击波数据,并获得了干燥砂岩动态响应中的黏性系数γ的大致数值。在距样品冲击面若干个距离上的粒子速度测量构成了

动态应力-应变曲线,运用拉格朗日分析方法(Fowles,Williamas,1970)对其分析。试错法被使用,将实验的应变数据输入模型计算轴向应力。结果表示在图 7.7.19 中,图中所示 $\gamma = 10^{-6}$ GPa/μs,与动态单轴应变数据吻合良好。用动态帽盖模型计算的响应与实验数据吻合更好些。特别是对于 $\gamma = 10^{-4}$ 是用 $\gamma = 10^{-6}$ 作为比较的,这样与平面波数据的更好地吻合。图 7.7.19 表示动、静力(包括单轴应变和球面波实验)的应力-应变响应。可以看到静力和动力的应力-应变响应之间的区别是十分显著的。动力的球面应力波和平面应力波在应变速率上有差异,平面应力波的 $\gamma = 10^{-4}$ GPa/μs,球面波的 $\gamma = 10^{-6}$ GPa/μs,即平面应力波的加载速率比球面波的加载速率高。图 7.7.19 与上述 σ-ε 性状的差异更令人意外。

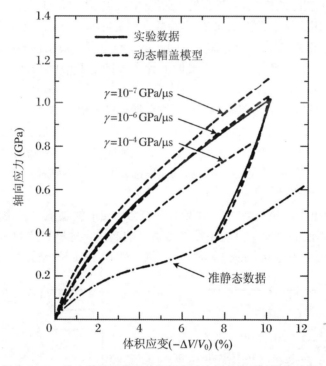

图 7.7.19 静力单轴应变实验资料与动力帽盖模型计算的比较

3. 用于球面应力波模型的研究

球面应力波实验提供了一个获得动态数据的方法,这种实验克服了平面波实验数据的局限性,同时保持了实验中几何形状易控制性和理论分析的方便性。这种技术主要涉及埋在材料中的炸药的爆炸,并通过传出来的应力波去检测材料内部的响应。对于球形几何体,特别容易测量的两个主要场变量为径向应力历史和质点速度历史。砂岩试样的径向应力和质点速度历史(图 7.7.14、图 7.7.15)是通过镱压阻计(ytterbium piezoresistive gauge)和电磁速度计在爆炸腔不同半径处测量的。实验技术和结果的详细情况发表在 Swift(1975)的一篇报告中。

采用静态和动态帽盖两种模型,利用物理学的国际 PISCES-1DL 程序(这是一维有限差分程序,采用拉格朗日坐标),对干砂岩中球面波的传播进行了计算。因为采用了拉格朗日坐标,所以计算出的历史(关于应力和质点速度)与埋在材料中的传感器测出的时间响应相类似。通过比较时间响应的计算与测量结果,利用这种相似性可以对所有的本构模型进行基本检验。

计算的边界条件采用在比例半径 $R/R_0 = 2$ 处(内腔半径 $R_0 = 2.54$ cm)测量的粒子速度历史(图 7.7.14)。原因如下:第一,因为测量爆炸材料交界面非常困难,在内腔壁上既无法测量应力也无法测量粒子速度,因此不可能证实在砂岩内腔爆炸相互作用过程中加载条件的计算结果;第二,模型的数据,其最高应力水平(通常 250 MPa)的数量级低于内腔壁上峰值应力的估计值(约 30 000 MPa),对比应用于较高应力水平时的情况,我们对模型应用在形成该模型的应力水平范围内时更有信心。基于这些考虑,我们采用以上所说的速度边界条件对模型进行了实际的检验,它具有约 1600 MPa 的应力峰值响应。

图 7.7.20 中用比例半径为 2.53 的实验数据作为静态和动态帽盖模型的预测粒子速度历史的比较。在实验中雷管的起爆作为时间起点。静态帽盖模型预测峰值速度比实验峰值速度低很多,计算得到的峰值速度的上升时间比测量的上升时间长许多。用动态帽盖模型计算的响应与实验数据吻合得好得多。作为比较,当 $\gamma = 10^{-4}$ GPa/μs 时比 $\gamma = 10^{-6}$ GPa/μs 时吻合度显著改进,说明动态模型给平面波数据提供了更好的吻合。模型指出,预测的响应中(响应更接近弹性)随着 γ 值(黏性)的减小刚度增加。平面波的响应预期比球面波的响应更具刚性。主要是因为,在给定振幅时球面波要通过比较长的传播距离,从而导致比平面波更低的加载速率。如果不改变 γ 值,加载速率的差异就得不到补偿。这一事实表明 $\varphi(F)$ 采用线性形式是不恰当的。

图 7.7.21 给出了在比例半径 2.61 处径向应力历史的测量值与采用静态帽盖模型和动态帽盖模型的计算值的比较。时间还是参考雷管的起爆。这些结果显示,当将基于静态数据的率依赖模型用于动态响应的预测时,实验和预测响应之间的差异很明显,显示这些差异

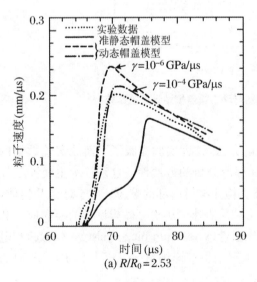

图 7.7.20 干燥砂岩球面波粒子速度历史的计算和实验的比较

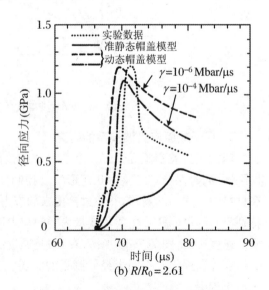

图 7.7.21 干燥砂岩球面波应力历史的计算和实验的比较

随着振幅和加载率的增加而增大。类似的粒子速度比较见图 7.7.20，$\gamma = 10^{-4}$ GPa/μs 的动态帽盖模型对应力的响应比 $\gamma = 10^{-6}$ GPa/μs 的模型给出了更好的吻合。但是，这个吻合不如粒子速度比较那样好。显然，主要的原因是动态模型运用没有砂岩的特征的准确体现。但是，在判断模型的有效性之前其他的因素应当考虑。

很明显应力比粒子速度对模型变量或改进更敏感。图 7.7.20、图 7.7.21 生动地展示了用静态模型和动态模型计算的应力和粒子速度响应的比较。相对于测量的应力数据，我们认为测量的粒子速度数据更准确一些。原因在于电磁测量技术相比压阻量计方法有明显的优势。第一个优势是：速度计单元不需要校准，而压阻计需要非直接的校准且常常因为不稳定性给使用带来影响。另一个优势是：电磁速度计具有被动的特性，不受不规则读数的影响，而压阻计单元在各向异性材料（如含孔洞岩石）中被扭曲后就会发生这种情况。因此，虽然应力是对实验的不稳定性更敏感的参数，基于以上的考虑，质点速度数据相比压力数据，为模型的建立提供了更可靠的实验基础。

讨论和结论如下：

干砂岩静态响应显示孔隙崩塌过程依靠剪切诱导和体积压缩的耦合效应，应力波响应显示这些效应对高应变率的依赖。孔隙崩塌的可靠机理是局部剪应力和应力增强导致连接基质单元结构破坏。波峰的迅速衰减和波前随传播距离的增加而扩展，这两种现象共同说明了率相关性，如球面波的峰值衰减与传播距离成比例关系（粒子速度与 $R^{-2.5}$ 成比例，径向应力与 $R^{-2.3}$ 成比例）。此时，到峰值的上升时间的变化幅度从约 $1 \mu s (R/R_0 = 1.77)$ 到 $23.3 \mu s (R/R_0 \approx 5)$。在约 2.5 GPa 应力水平对应力波加载和静态单轴应变加载二者总的压缩进行了研究。在这个应力波之上，在比应力波的上升时间更短的时间内应力波的加载部分大多有足够的能量引起全部的孔隙崩塌。在高应力水平，静态和动态特征的相似暗示响应过程是不敏感的。在比较高的应力水平的静态和动态二者数据的不足，无法验证在高应力范围静态帽盖模型或其他任何模型的有效性。

率无关的静态帽盖模型基于静态数据的主要物理特征，与砂岩的动态响应观测的描述是不相适应的。动态帽盖模型将率无关的静态帽盖模型的屈服和硬化特征与率相关的黏塑性流动法则相结合，极大地提升了对动态响应的描述。这个模型的主要缺点是无法描述与剪切引起的孔隙单元结构的破坏相关联的波前观测弛豫现象。运用更复杂的 $\varphi(F)$ 函数形式而不是 $\varphi(F) = F$ 也许能更好地描述材料。但是，这种做法对应力波衰减率和弥散的影响可能比对波结构的影响更大。

对模型做更易于影响波的计算的结构修改以便用于描述屈服函数 F 对率依赖的准则。在现有模型中，虽然 F 依赖于应变率[方程(7.7.26)]，但这种依赖是不明显的，因此宁可把它结合在流动法则中。率相关的屈服描述和独立于所采用的流动法则的破坏面的确定性的扩展模型（用于描述多孔岩石的动态特征）的逻辑路径。这样将产生对孔隙崩塌过程的更清晰和更物理的描述，也可以为以一种简洁的方法考虑饱和水的影响提供基础。这并不意味着流动法则不重要，尤其当变形转换为应力或应力转换为变形时使偏量和体积影响分开就是它的任务。对于发散波的情况，需要更可靠的应力测量来补充粒子速度测量，以帮助形成本构模型的方程并进行评价。恰当的屈服准则或孔隙崩塌的描述可以帮助建立合理的流动法则。

7.8 状态方程与本构关系

7.8.1 固体中的状态方程和应力-应变关系

固体在某种压力和温度作用下,固体内部体系可以达到某种热力学平衡状态。当压力和温度条件发生改变时,固体系统随之变到另一个热力学平衡状态。这种平衡态下的物质系统中,其状态参量和热力学量之间存在一定关系,描述这种关系的方程称为物态方程,也称状态方程(equation of state,EOS)。状态方程中独立的变量只有两个,状态方程一般可以写成

$$p = p(V, T) \tag{7.8.1}$$

其中,p,V 和 T 分别为压力、比容(密度的倒数)和温度。得到式(7.8.1)后,可通过麦克斯韦关系得到各个状态函数,如比焓、比熵、自由能、Gibbs 势等。

应力-应变关系一般指描述固体材料在外载荷作用下材料的响应。它与状态方程存在一定的差别。状态方程描述的是系统的不同的热力学平衡过程,至于两个热力学过程之间如何进行演化,并不关心。而应力-应变关系描述的是变化过程,其变化的最终结果为状态方程上的一个点。如图 7.8.1 所示,(a)中的数据点为状态方程上的实验点,(a)和(b)中的细虚线为采用混合物模型描述的状态方程,(a)和(b)中的实线与(b)中的粗虚线为应力-应变关系,应力-应变关系的最高点落在状态线上。由此可见,应力-应变关系给出了不同载荷和温度条件下,系统达到相应的热平衡的过程。需注意的是,状态方程和应力-应变关系反映的都是材料的物性,都能反映相应条件下材料的本构关系。

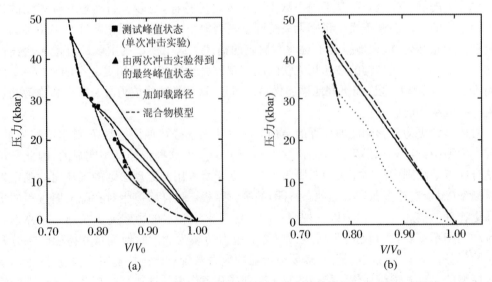

图 7.8.1 Cadmium Sulfide 的 P-V Hugoniot 冲击绝热线(Tang,Gupta,1988)

7.8.2 常见的高压状态方程

1. 等温方程

Bridgman 设计了高压容器，使样品在容器中碳化钨压砧的作用下受压。他在统计压力小于 10 GPa 的多种材料实验结果的基础上，提出了一种经验关系：

$$\frac{V_0 - V}{V_0} = ap_T + bp_T^2 + cp_T^3 \tag{7.8.2}$$

式中，下标 T 表示等温过程，a，b 和 c 均为拟合参数。

定义体积模量 K 和体积压缩系数 χ 如下：

等温条件下：

$$K_T = -V\left(\frac{\partial p}{\partial V}\right)_T, \quad \chi_T = -\frac{1}{V}\left(\frac{\partial V}{\partial p}\right)_T \tag{7.8.3}$$

由此，可得到

$$K_T = \frac{1}{a + 2bp}\frac{V}{V_0}, \quad \frac{\mathrm{d}K_T}{\mathrm{d}p} = K_T'(p) = -\left(1 + \frac{2b}{a + 2bp}K_T\right) \tag{7.8.4}$$

$$\chi_T = (a + 2bp)\frac{V_0}{V}, \quad \frac{\mathrm{d}\chi_T}{\mathrm{d}p} = \chi_T'(p) = \frac{V_0}{V}(2b + (a + 2bp)\chi_T) \tag{7.8.5}$$

在零压条件下，$p = 0$，$V = V_0$，则有

$$K_{T_0} = \frac{1}{a}, \quad \chi_{T_0} = a, \quad \left.\frac{\mathrm{d}K_T}{\mathrm{d}p}\right|_{p=p_0} = K_T'(0) = -\left(1 + \frac{2b}{a}K_{T_0}\right) \tag{7.8.6}$$

$$\left.\frac{\mathrm{d}\chi_T}{\mathrm{d}p}\right|_{p=p_0} = \chi_T'(0) = 2b + (\chi_{T_0})^2$$

由于受高压容器材料强度的限制，等温压缩的压力一般不会太高。Bridgman 的实验压力在 10~20 GPa，经过后来的一些改进，压力上限也只提高到 20 GPa。近年来，采用金刚石砧可使压力上限得到进一步提高，但是其样品尺寸过小。

2. 等熵方程

根据体积模量的定义，在压力不是很高的范围内，对其进行级数展开，即

$$K = -V\frac{\partial p}{\partial V} = K_0 + K_1 p + K_2 p^2 + \cdots$$

此过程并未要求等温、等熵或者是绝热冲击，因此它对三种过程都是适用的。取展开式中的第一项和第二项，则有

$$\frac{\mathrm{d}p}{K_0 + K_1 p} = -\frac{\mathrm{d}V}{V} \tag{7.8.7}$$

积分后可得到

$$p = \frac{K_0}{K_1}\left[\left(\frac{V_0}{V}\right)^{K_1} - 1\right] \tag{7.8.8}$$

此式即为默纳汉方程，一般用于描述等熵过程。

若引入流体声速即体积声速的概念 $c = \sqrt{(\partial p/\partial \rho)_s}$，可以得到零压体积模量与零压体积声速的关系：

$$K_0 = \rho_0 C_0^2 \tag{7.8.9}$$

确定 K_0 后,将其对压力求导,可得到 K_1。

此式可以描述冲击压力从几 GPa 到 50 GPa 范围材料的等熵状态方程,误差只有百分之几。但是对于较高的压力,存在较大的误差。有人将体积模量对 p 的展开式取到第三项,可以将方程的适用范围升高到 200~300 GPa 甚至到 1 000 GPa,但是,由于与第三项对应的参数为 K_0 对压力 p 的二阶导数,精度较差,因此,实际应用并不好。

Birch 考虑有限应变的物态方程,得到可研究更高压力范围的 Birch-Murnaghan 方程:

$$\frac{p}{K_0} = 3f(1+2f)^{5/2}\left[1 - \frac{3}{2}(4-K_1)f\right] \tag{7.8.10}$$

其中,$f = -e$,e 为体积膨胀。欧拉应变分量 $e_{ik} = \delta_{ik}e$,相应体积比为

$$V_0/V = (1-2e)^{3/2} \tag{7.8.11}$$

3. Gruneisen 状态方程

此状态方程描述了晶格热振动的贡献。应用此状态方程可以从压缩曲线导出材料的状态方程,可以进行等温压缩曲线、等熵压缩曲线以及冲击绝热线之间的相互转换。

Gruneisen 常量 $\Gamma(V)$ 的定义为

$$\Gamma(V) = V(\partial p/\partial E)_V \tag{7.8.12}$$

基于此定义,可以得到一种内能型的高压状态方程:

$$p = p_c + \frac{\Gamma(V)}{V}(E - E_c) \tag{7.8.13}$$

式中,下标 c 表示零温(绝对零度),即"冷的"状态。p_c 为冷压,E_c 为冷能。

关于常量 $\Gamma(V)$,由热力学关系式 $(\partial p/\partial T)_V (\partial T/\partial V)_p (\partial V/\partial p)_T = -1$ 以及定容比热 C_V 的定义 $C_V = (\partial E/\partial T)_V$,则有

$$\Gamma(V) = V\frac{\alpha K_T}{C_V} = \frac{\alpha c^2}{C_V} \times \frac{1}{1+\alpha\Gamma T} \tag{7.8.14}$$

式中,$\alpha = \frac{1}{V}\left(\frac{\partial V}{\partial T}\right)_p$ 为热膨胀系数。以上参数可实验确定。

将式(7.8.13)应用于冲击绝热过程:

$$p_H = p_c + \frac{\Gamma(V)}{V}(E_H - E_c) \tag{7.8.15}$$

综合考虑初始状态,$p_0 = 0$,相应的内能 $E_0 \ll E_H$,由此,有

$$p = p_H\left[1 - \frac{\Gamma(V)}{V}\frac{\mu}{2\rho_0}\right] + \frac{\Gamma(V)}{V}E \tag{7.8.16}$$

根据式(7.8.16),可以通过冲击绝热过程得到 Gruneisen 状态方程。其中的关键之处还在于 Gruneisen 参数 $\Gamma(V)$ 的确定。

(1) Gruneisen 参数 $\Gamma(V)$ 的确定方法之一。

文献研究表明 Gruneisen 参数 $\Gamma(V)$ 可表示为

$$\Gamma(V_{0k}) = 2K - \left(\frac{s}{2} + \frac{2}{3}\right) \tag{7.8.17}$$

其中,K 为 D-u 关系的斜率,s 为表征固体分子振动特性的材料参数,有三种取法:当采用 Slater Model 方法时,$s = 0$;当采用 Dougdale-Mc Donald 方法时,$s = 2/3$;当采用自由体积法时,$s = 4/3$。

考虑到从零温到实验的室温范围内膨胀比变化不大,可取

$$V_{0k} = V_0 \tag{7.8.18}$$

根据 Gruneisen 参数 $\Gamma(V)$ 的定义,Mc Queen 给出简单表达:

$$\rho\Gamma(V) = \rho_0 \Gamma(V_0) \Rightarrow \Gamma(V) = (1-\mu)\Gamma(V_0) \tag{7.8.19}$$

根据质量守恒定律以及比容的表达 $V = 1/\rho$,则有

$$V = (D-u)/\rho_0 D \tag{7.8.20}$$

由此,采用 Slater Model 方法,即取 $s=0$,基于式(7.8.18)~式(7.8.20),结合 D-u 关系可以得到 Gruneisen 参数 $\Gamma(V)$ 与 V 的关系,如图 7.8.2 所示。

(2) Gruneisen 参数 $\Gamma(V)$ 的确定方法之二。

Gruneisen 参数 $\Gamma(V)$ 还可以直接由 D-u 型冲击绝热关系计算而来,其表达式为

$$\Gamma(V) = \frac{D(2D - C_0)[C_0 + (K-1)D] - (DC_0/3)(D - C_0) - KC_0^3}{D(D - C_0)(D + C_0)} \tag{7.8.21}$$

此为 Huang 方法,由此可以得到 Gruneisen 参数 $\Gamma(V)$ 与 V 的关系,如图 7.8.2 所示。对两种方法得到的 Gruneisen 参数 $\Gamma(V)$ 进行了比较,在此压力范围,Huang 方法得到的参数 $\Gamma(V)$ 比 Mc Queen 方法的值略低,二者比较接近。

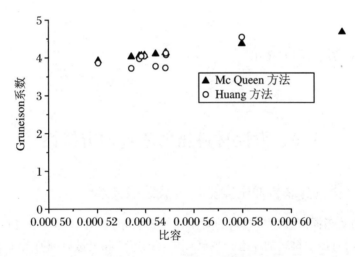

图 7.8.2　$\Gamma(V)$ 与 V 的关系

4. 基于比焓的物态方程[①]

Wu 等(1996)的基于比容和比内能的表达式为

$$V(p,T) = V_c(p) + V_T(p,T), \quad E(p,T) = E_c(p) + E_T(p,T) \tag{7.8.22}$$

式中,下标 c 表示与温度无关的绝对零度下的物理量。根据比焓 H 的定义,即 $H = E + pV$,可以得到

$$H(p,T) = H_c(p) + H_T(p,T) \tag{7.8.23}$$

其中,

$$H_c(p) = E_c(p) + pV_c(p), \quad H_T(p,T) = E_T(p,T) + pV_T(p,T) \tag{7.8.24}$$

---

① Wu 等,1996。

定压比热 C_p 的定义为 $C_p = (\partial E/\partial T)_p$，若它仅为压力的函数，则有 $H_T = C_p T$，将此关系和上述式(7.8.23)、式(7.8.24)代入热力学恒等式 $\left(\dfrac{\partial H}{\partial T}\right) = -T\left(\dfrac{\partial V}{\partial T}\right)_p + V$，由此，可以得到

$$V - V_c = \frac{R(p)}{p}(H - H_c) \tag{7.8.25}$$

其中，$R(p)$ 为积分常量，是材料常量。此方程与 Gruneisen 方程形式相似，只不过将 p, E, Γ 换成了 V, H, R。

由此，将适用于等容路径上的方程转变为可适用于等压路径上的状态方程。其形式与 Rice-Walsh 物态方程(Rice 等，1957；Walsh 等，1957；Papetti 等，1968)形式相同。

关于参数 $R(p)$，其地位与 Gruneisen 参数相同，其表达式为

$$R(p) = p\left(\frac{\partial V}{\partial H}\right)_p = \left(\frac{p}{C_p}\right)\left(\frac{\partial V}{\partial T}\right)_p \tag{7.8.26}$$

由热力学关系：

$$K_s = \left(\frac{C_p}{C_V}\right)K_T = \rho C^2, \quad \Gamma(p) = \left(\frac{K_T}{C_V}\right)\left(\frac{\partial V}{\partial T}\right)_p \tag{7.8.27}$$

联立式(7.8.26)和式(7.8.27)，可得到

$$R(p) = \frac{p\Gamma}{\rho C^2} \tag{7.8.28}$$

由此式计算的 R 为热力学的 R 值。

7.9 脆性材料压剪联合冲击特性

7.9.1 脆性材料压剪联合冲击实验与 S 波跟踪技术[①]

脆性材料的动态损伤破坏与材料的剪切性能密切相关，对剪切波在材料内部的传播特性进行跟踪测量，对揭示材料的动态损伤破坏机理的定性和定量研究有着十分重要的意义。结合轻气炮加载装置进行剪切波的测试，最早由 Gupta(1980,1981)、Gupta 等(1980)、Clifton 等(1975,1976)提出，此后得到很快的发展，并被有效地应用于脆性材料动态损伤的测试(Espinosa,1995,1996；Botler,1997)，但还没有形成系统的方法。

在压剪联合冲击加载下，飞片斜碰撞将在试样中依次传播 4 道主要波：加载压缩纵波(P^+)、加载剪切横波(S^+)、卸载纵波(P^-)和卸载剪切波(S^-)，形成 4 波 5 区。每道波的传播特性与前方区域材料当时当地的状态相关，每道波产生的影响留给了后方区。因此，波特性实时地反映了材料的动特性，并能在一定程度上体现材料的细观统计特性，其中的剪切波特别重要。加载剪切波在前方纵波压缩应力状态上增添剪切分量，它的传播特性(如波速、幅值、弥散等)反映材料经压缩加载后的损伤程度和剩余强度。即使材料已粉化，由于三向

[①] Tang 等，2003，2004。

压力的存在，S^+ 波仍可凭借颗粒间摩擦而传播，但其规律不同。跟在卸载纵波后的 S^- 波，由于不存在压应力，更能揭示材料经压缩脉冲（P^+，P^-）作用后的实时状态，特别是剩余剪切强度和损伤度。可以预计，对于已破坏（粉化）的材料，S^- 将消失。当冲击速度在 300 m/s 以上时，水泥类样品斜碰撞实验中已成功地观测到 S^- 的消失，它反映了前方破坏区的存在。近年来，国外学者对类似材料进行过压剪联合加载实验，但剪切波在判别材料破坏过程中的作用并未引起注意。

7.9.1.1 S 波跟踪技术基本原理

图 7.9.1 所示为平板斜撞击实验简图。图中所示的粒子速度计基于电磁场测试，沿波传播方向布置了 5 个粒子速度计，可以测试得到 5 个不同深度处的粒子速度波形。其工作原理参见图 7.9.2 和图 7.9.3。当飞片以速率 u_0、倾角 α 与试件发生斜碰撞时，在试样中将依次传播 4 道主要波：P^+，S^+，P^- 和 S^-。值得注意的是，由于飞片和试件接触面的剪切力需要界面压力维持，因此，当卸载纵波到达时，由于压应力的消失，卸载横波立刻在界面处产生（A 点），而不是等到飞片内卸载横波到达后再在 B 点产生。

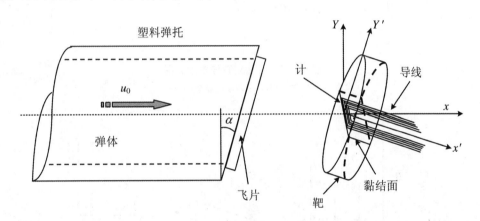

图 7.9.1 基于轻气炮平板撞击实验的压剪联合加载

4 道主要波将试件分为 5 个区，如图 7.9.3 中所示的 (0)~(4)。根据应力波的传播特性，每道波的传播特性与前方区域材料当时当地的状态相关，每道波产生的影响留给了后方区。因此，跟踪每一区后的波阵面尤其是剪切波阵面，可以推测前方冲击波（主要为压缩波）对材料的效应。我们称之为剪切波跟踪技术，即 S-wave tracing technique(STT)。同时，由于一次实验可以同时记录试件中不同位置的粒子速度波形，这样加载纵波的衰减与弥散、损伤破坏状态随深度的变化都可以通过 STT 方法进行探测，这对于冲击损伤的研究有着十分重要的意义。

7.9.1.2 压剪联合冲击加载下应力-应变分析

(1) 靶表面透射的粒子速度（唐志平等，2000）。

在图 7.9.2 中的坐标系 x'-y'（其中 x' 和 y' 分别平行和垂直靶表面）中，透射到靶里的粒子速度 u 可以分解为沿 x' 轴的纵向分量 u_p 和沿 y' 轴的横向分量 u_s。若撞击面不发生相对滑动，靶表面的粒子速度可以表示为

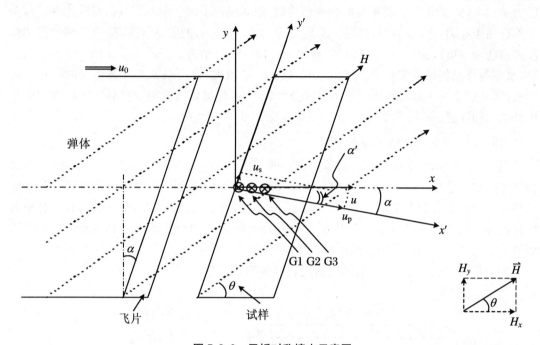

图 7.9.2 平板对称撞击示意图

G1,G2 和 G3 分别表示埋设的 3 个粒子速度计。

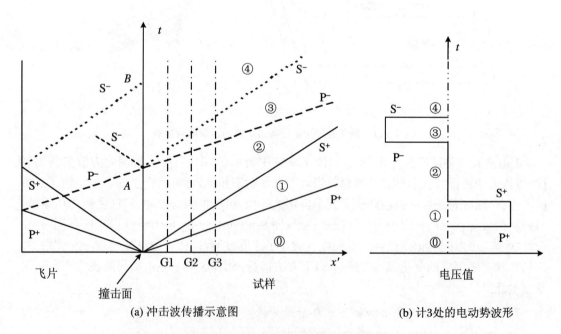

(a) 冲击波传播示意图　　　　　　　(b) 计3处的电动势波形

图 7.9.3 压剪撞击过程在飞片和试件中传播的纵波和横波

注:图中:P+,S+,P- 和 S- 分别为加载纵波、加载横波、卸载纵波和卸载横波。①～④为试件内被 4 道冲击波分隔成的 5 个区域。B 中的电动势波形可由后面介绍的方法得到。

$$\begin{cases} u_{\mathrm{p}} = u_0\cos\alpha/(1+\mu_{\mathrm{p}}) \\ u_{\mathrm{s}} = u_0\sin\alpha/(1+\mu_{\mathrm{s}}) \end{cases} \tag{7.9.1}$$

其中,μ_{p} 和 μ_{s} 分别为靶与飞片的纵向压缩和横向剪切波阻抗比:

$$\mu_{\mathrm{p}} = \rho_{\mathrm{T}} D_{\mathrm{T}}^p / \rho_{\mathrm{F}} D_{\mathrm{F}}^p, \quad \mu_{\mathrm{s}} = \rho_{\mathrm{T}} D_{\mathrm{T}}^s / \rho_{\mathrm{F}} D_{\mathrm{F}}^s \tag{7.9.2}$$

式中,上标 p 和 s 分别表示纵向和横向分量。下标 T 和 F 分别表示靶和飞片。u_0 为撞击速度,ρ 为密度,D 为波速,α 为倾斜角。

这样,可以得到靶面的粒子速度 u 以及此速度与 x 轴方向的夹角 α' 为

$$u = u_0\sqrt{\left(\frac{\cos\alpha}{1+\mu_{\mathrm{p}}}\right)^2 + \left(\frac{\sin\alpha}{1+\mu_{\mathrm{s}}}\right)^2}, \quad \tan\alpha' = \frac{u_{\mathrm{s}}}{u_{\mathrm{p}}} = \frac{1+\mu_{\mathrm{s}}}{1+\mu_{\mathrm{p}}}\cdot\tan\alpha \tag{7.9.3}$$

由此可见:一般情况下,两个角度 α' 和 α 并不相等。对于对称碰撞,$\mu_{\mathrm{p}} = \mu_{\mathrm{s}} = 1$,于是有

$$u = u_0/2, \quad \alpha' = \alpha, \quad u_{\mathrm{p}} = u_0\cos(\alpha/2), \quad u_{\mathrm{s}} = u_0\sin(\alpha/2) \tag{7.9.4}$$

一旦撞击面发生滑动,式(7.9.1)中关于 u_{s} 的表达式不再成立。u_{s} 的大小将由撞击面的最大摩擦力 $F_{\max} = p\cdot\tan\varphi$ 决定,式中,φ 为摩擦角,p 为接触面上的压力。根据冲击波的跳跃条件,可以得到界面上透射的压力和最大剪应力分量分别为

$$\begin{aligned} p &= \rho_s D_s^p \cdot u_0\cos\alpha/(1+\mu_{\mathrm{p}}) \\ \tau_{\max} &= \rho_s D_s^p \cdot u_0\cos\alpha\cdot\tan\varphi/(1+\mu_{\mathrm{p}}) \end{aligned} \tag{7.9.5}$$

透射的最大横向粒子速度为

$$u_{s\max} = u_0\cos\alpha\cdot\tan\varphi/D_{\mathrm{sp}}(1+\mu_{\mathrm{p}}) \tag{7.9.6}$$

式中,$D_{\mathrm{sp}} = D_s^s/D_s^p$ 为样品中横波波速与纵波波速之比。因此,不打滑条件下样品内 p 波和 s 波构成的最大偏角 $\alpha'_{\max}$ 为

$$\tan\alpha'_{\max} = u_{s\max}/u_{\mathrm{p}} = \tan\varphi/D_{\mathrm{sp}} \tag{7.9.7}$$

这样,不打滑时最大碰撞倾角为

$$\tan\alpha_{\max} = \frac{1+\mu_{\mathrm{p}}}{1+\mu_{\mathrm{s}}}\frac{\tan\varphi}{D_{\mathrm{sp}}} \tag{7.9.8}$$

7.9.1.3 压剪冲击作用下靶面附近应力状态

当撞击面不打滑时,根据冲击波跳跃条件,纵向压应力 σ'_x 和横向剪应力 σ'_{xy} 可以表达为

$$\sigma'_x = \rho_{\mathrm{T}} D_{\mathrm{p}} u_{\mathrm{p}}, \quad \sigma'_{xy} = \rho_{\mathrm{T}} D_s u_{\mathrm{s}} \tag{7.9.9}$$

相应的纵向应变 e_x 和剪切应变 e_{xy} 为

$$e_x = u_{\mathrm{p}}/D_{\mathrm{p}}, \quad e_{xy} = u_{\mathrm{s}}/2D_s \tag{7.9.10}$$

式中,ρ_{T} 为样品的初始密度。$D_{\mathrm{p}} = \sqrt{E_{\mathrm{L}}/\rho_{\mathrm{T}}}$ 和 $D_s = \sqrt{G/\rho_{\mathrm{T}}}$ 分别为纵向波速和横向剪切波速。E_{L} 和 G 分别为压缩和剪切模量。其中纵向粒子速度 u_{p} 和横向粒子速度 u_{s} 由式(7.9.1)确定。

对于脆性材料,下面将给出各向同性弹性材料中 5 个波区的应力状态。

1. ①区

①区只有 P^+ 的作用,其应力和应变矢量表示为

$$\begin{cases} \sigma'_{(1)} = \begin{pmatrix} \sigma'_x & 0 & 0 \\ 0 & \sigma'_y & 0 \\ 0 & 0 & \sigma'_z \end{pmatrix}, \quad e'_{(1)} = \begin{pmatrix} e'_x & 0 & 0 \\ 0 & 0 & 0 \\ 0 & 0 & 0 \end{pmatrix} \\ \sigma'_x = \dfrac{E(1-\nu)}{(1+\nu)(1-2\nu)} e'_x, \quad \sigma'_y = \sigma'_z = \dfrac{\nu}{1-\nu}\sigma'_x \\ e'_x = \dfrac{u_0 \cos\alpha}{1+\mu_p} \sqrt{\dfrac{\rho_T(1+\nu)(1-2\nu)}{E(1-\nu)}} \end{cases} \quad (7.9.11)$$

式中，ν 为泊松比，E 为杨氏模量。式中的上标表示讨论的变量在 $x'\text{-}y'$ 坐标系中。

最大剪应力在 45°方向，其表达式为

$$\tau'_{\max} = \frac{1}{2}(\sigma'_x - \sigma'_y) = \frac{u_0 \cos\alpha}{2(1+\mu_s)} \sqrt{\frac{(1-2\nu)\rho_T E}{1-\nu^2}} \quad (7.9.12)$$

2. ②区

②区中 P$^+$ 和 S$^+$ 的作用，其应力和应变矢量表示为

$$\begin{cases} \boldsymbol{\sigma}'_{(2)} = \begin{pmatrix} \sigma'_x & \sigma'_{xy} & 0 \\ \sigma'_{xy} & \sigma'_y & 0 \\ 0 & 0 & \sigma'_z \end{pmatrix}, \quad e'_{(2)} = \begin{pmatrix} e'_x & e'_{xy} & 0 \\ e'_{xy} & 0 & 0 \\ 0 & 0 & 0 \end{pmatrix} \\ \sigma'_{xy} = \sigma'_{yx} = 2G e'_{xy}, \quad e'_{xy} = \dfrac{u_0 \sin\alpha}{2(1+\mu_s)} \sqrt{\dfrac{\rho_T}{G}} \end{cases} \quad (7.9.13)$$

为确定此区主应力的方向，旋转 $x'\text{-}y'$ 轴 β 角到 $x''\text{-}y''$，如图 7.9.4 所示。可以得到

$$\tan(2\beta) = 2\sigma'_{xy}/(\sigma'_x - \sigma'_y) \quad (7.9.14)$$

$$\sigma''_x = \sigma''_{\substack{\max\\\min}} = \frac{\sigma'_x + \sigma'_y}{2} \pm \sqrt{\left(\frac{\sigma'_x - \sigma'_y}{2}\right)^2 + (\sigma'_{xy})^2} \quad (7.9.15)$$

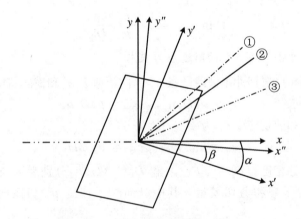

图 7.9.4 不同波区主应力分析示意图

注：①，②和③分别表示正撞击和斜撞击中①区和②区的最大主应力方向。

式(7.9.15)中，上标"″"表示 $x''\text{-}y''$ 坐标系中的变量。最大剪应力与 x'' 轴成 45°角，可以表示为

$$\tau''_{\max} = \sqrt{\left(\frac{\sigma'_x - \sigma'_y}{2}\right)^2 + (\sigma'_{xy})^2} \quad (7.9.16)$$

对于对称碰撞,且撞击面不打滑时,可以得到

$$\tan(2\beta) = \sqrt{2(1-\nu)/(1-2\nu)} \cdot \tan\alpha \tag{7.9.17}$$

$$\sigma''_x = \sigma''^{\max}_{y\ \min} = \frac{u_0}{4}\sqrt{\frac{\rho_T E}{1-\nu^2}} \cdot \left(\sqrt{\frac{\cos^2\alpha}{1-2\nu}} \pm \sqrt{1-2\nu+\sin^2\alpha}\right) \tag{7.9.18}$$

$$\tau''_{\max} = \frac{u_0}{4}\sqrt{\frac{E\rho_T(1-2\nu+\sin^2\alpha)}{1-\nu^2}} \tag{7.9.19}$$

当倾斜角 $\alpha=0°$ 时,式(7.9.14)~式(7.9.19)中参数的表达式就退化为正碰撞时的情形。相同撞击速度 u_0 时,将正碰撞与斜碰撞的(2)区的应力状态进行对比,我们得到

$$\frac{\tau''_{\max}}{\tau'_{\max}} = \sqrt{\frac{1-2\nu+\sin^2\alpha}{1-2\nu}} \tag{7.9.20}$$

$$\frac{\sigma''_x}{\sigma'_x} = \frac{1}{2(1-\nu)}\left[\cos\alpha + \sqrt{(1-2\nu)^2 + (1-2\nu)\sin^2\alpha}\right] \tag{7.9.21}$$

$$\frac{\sigma''_y}{\sigma'_y} = \frac{1}{2\nu}\left[\cos\alpha - \sqrt{(1-2\nu)^2 + (1-2\nu)\sin^2\alpha}\right] \tag{7.9.22}$$

$$\frac{\sigma''_z}{\sigma'_z} = \cos\alpha \tag{7.9.23}$$

表 7.9.1 给出了 $\nu=0.3$ 时不同倾角情况下应力的对比情况。由此可见,当 α 较小时两种情况下的应力状况比较接近。然而,两种情况仍然存在差别,如 x''-y'' 平面内 $\sigma''_y \neq \sigma'_z$。而且随着倾角 α 的增加,$\tau''_{\max}$ 显著增加,这也充分表明了加载路径的作用。

表 7.9.1 正撞击与斜撞击情况应力状态的对比

α	0°	5°	10°	15°	20°	25°	30°
β	0.00°	4.64°	9.13°	13.31°	17.13°	20.55°	23.60°
σ''_x/σ'_x	1.0000	1.0000	0.9997	0.9987	0.9960	0.9910	0.9828
σ''_y/σ'_y	1.0000	0.9874	0.9500	0.8895	0.8083	0.7087	0.5935
σ''_z/σ'_z	1.0000	0.9962	0.9848	0.9659	0.9397	0.9063	0.8660
$\tau''_{\max}/\tau'_{\max}$	1.0000	1.0095	1.0370	1.0805	1.1369	1.2027	1.2748

3. ③区

P^- 波到来后,只有 σ'_{xy} 存在,其余分量为零。

4. ④区

试件内完全卸载,所有的应力分量为零。

7.9.1.4　波传播特性以及每个波区相应的材料状态

根据 P^+ 波的幅值,冲击波作用下,①区材料可能处于三种情况:完好、损伤或者破坏。当材料处于损伤状态时,材料的剪切模量会发生较显著的降低,反映在随后①区材料损伤程度的增加,随后的 S^+ 波的幅值降低。一旦材料完全破坏甚至粉化,P^+ 波后的剪切分量将部分释放。但由于静水压力 p 的作用以及碎块或颗粒之间摩擦的存在,S^+ 波仍然能够传播,但是规律已经有所不同。

即便 P⁺ 波后①区材料处于完整或损伤状态,由于 S⁺ 波的作用,②区材料仍可能处于完好、损伤或者破坏状态。从①区到②区,根据式(7.9.12)和式(7.9.19),当倾斜角 $\alpha = 10°$ 时,材料内的最大剪应力增加了 5.3%;当倾斜角 $\alpha = 20°$ 时,最大剪应力的增加幅值为 21%;而当倾斜角 $\alpha = 30°$,增加幅值则达到了 47%。因此,当倾斜角 α 小于 10° 时,材料内部的破坏主要由 P⁺ 波产生,而随着倾斜角 α 的增加,S⁺ 波的作用必须予以考虑。

在③区,P⁻ 波到来后,静水压力 p 彻底释放,此时,材料内部的部分裂纹张开。这样,S⁻ 波的传播可能是在这种充满张开裂纹的材料中进行的。因此,S⁻ 波的传播特性反映的是③区材料的特性,它的波速和幅值与当时当地的材料特性密切相关。例如,在 P⁺ 波和 S⁺ 波后,材料已经粉化,S⁻ 波将不能传播,其幅值降为零。同时,可以设想,如果材料的粉化深度比较浅,S⁻ 波将在未粉化区恢复。

由以上分析,借助 SWT 技术,我们可以探测材料内部的损伤和破坏状态以及相应的临界值。

7.9.2 水泥基复合材料压剪联合冲击性能

水泥基复合材料由水泥基体(水泥石和标准砂)、集料或增强纤维构成,具有典型的跨尺度非均质多组元多相复杂结构,是一种典型的脆性材料。鉴于材料的复杂性,有关其力学行为及其机理特别是破坏特性的研究,有相当的难度。早期研究主要集中在静特性方面。自 20 世纪 80 年代起,国内外已开始对其动特性进行研究,主要是利用 SHPB(split hopkinson pressure bar)和带围压的 SHPB 装置做应变率效应和动态本构研究,但其实验尺寸和应力状态与实际情况相去甚远。近年来已发展到利用气体炮进行冲击加载研究。在气炮加载条件下,无论试件尺寸,应力状态或冲击强度方面,均在很大程度上更接近真实状态。

实验所用水泥砂浆复合材料的组分为:水/水泥/标准砂 = 220/500/1 250(单位:克)。其中,水泥为巢湖牌 525♯矿渣水泥,采用标准砂。纤维有两类:一为美国杜拉公司生产的 $\varnothing 0.025$ mm × 19.0 mm 聚丙烯短微纤维;一为衡阳西城华丰钢纤维厂生产,尺寸 $\varnothing 0.5$ mm × 22.0 mm,波纹状异型不锈钢纤维。不锈钢纤维按体积比 0~3% 添加。试样的浇注、成型以及养护按 GB 175—85 规范的规定进行。

实验靶的设计采用纵剖形式[图 7.9.5(a)]。先加工成厚度为 30 mm 左右的圆柱,然后对分为两个相同的半圆柱,对其上下表面和中间接触面进行精细机磨,保证上下不平行度在 0.01~0.02 mm,同时保证上下表面与中间接触面完全垂直。在中间埋设粒子速度计,然后采用环氧树脂黏结实。

对纤维增强水泥基复合材料——聚丙烯纤维增强水泥砂浆(FCEM)、素水泥砂浆(CEM)和钢纤维增强水泥砂浆(SFCEM)——进行对比研究。粒子速度采用平板斜撞击实验(压剪联合冲击)测试,主要在中国科学技术大学轻气炮实验室口径为 57 mm 的一级轻气炮上进行。靶内部粒子速度的测量利用双磁场材料内压剪波粒子速度测量系统(IMPS)(唐志平等,2000),粒子速度计采用电磁粒子速度计[图 7.9.5(b)]。整个计尺寸:长 60 mm,宽 21 mm,包括两层绝缘胶,计厚为 50 μm。测量计尺寸:5 个计长度分别为 15.44 mm,13.44 mm,11.44 mm,9.44 mm 和 7.44 mm,计之间的间距为 2 mm,计宽为 100 μm。

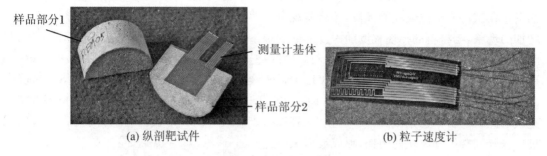

(a) 纵剖靶试件　　　　　　　(b) 粒子速度计

图 7.9.5　平板斜撞击实验

7.9.2.1　水泥基复合材料动态压剪实验波形

以 FCEM 为例，FCEM 试件粒子速度计记录的典型波形见图 7.9.6。图 7.9.6(a) 所示波形表明碰撞后材料基本处于完整状态，对应冲击速度 76 m/s。在此波形中，纵波和横波均有较完整的加载和卸载阶段，4 道主要波(P^+，S^+，P^- 和 S^-)的波速与弹性波速比较一致。当对其压缩波和剪切波分开分析时，可以发现：其压缩波的幅值随深度的增加并无明显变化，但剪切波的幅值会发生一定程度的衰减。然而，对应波形加、卸载过程的幅值保持一致。

当斜碰撞的冲击速度在 100~200 m/s 之间时，碰撞后的材料处于损伤状态。较明显的

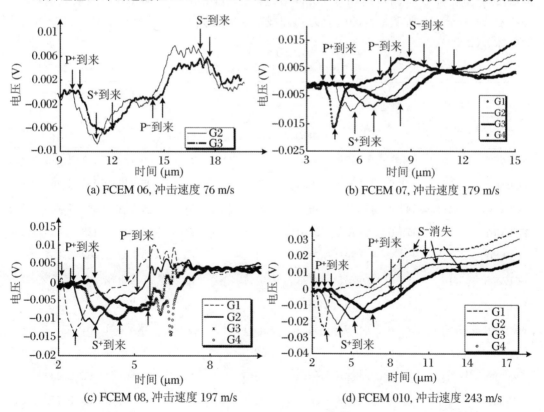

图 7.9.6　粒子速度计测试波形

特征是:剪切卸载波 S^- 的幅值较 S^+ 有一定程度的降低,如图 7.9.6(b)所示。如果材料的损伤发生在试件深度比较浅的部位,还可能观测到剪切卸载波 S^- 的幅值随深度的增加而有所增加的现象,与材料的损伤程度随深度降低的理论是吻合的,由此也说明粒子速度计可以跟踪探测材料内部损伤的发展情况。当斜碰撞的冲击速度在 200 m/s 左右时[图 7.9.6(c)],可以观测到一些有意义的现象。对 FCEM 而言,当冲击速度为 197 m/s 时,P^+ 和 S^+ 较前面的波形基本没有变化,但 S^- 的幅值基本降为零,同时,在 P^- 和 S^- 的交界处,波形出现振荡。这表明此时的材料已经破碎为一些较大的碎块,宏观破坏已经形成,当压力消失后,S^- 波在这些张开的裂纹和碎块间传播,形成波形振荡。

其后,随着冲击速度的进一步提高,材料冲击破碎形成的颗粒越来越小,S^- 波在逐渐均匀化的颗粒介质中传播,其波形反而很光滑,但是 S^- 波的幅值为零,材料已经完全粉化。当斜碰撞的冲击速度大于 243 m/s 时[图 7.9.6(d)],S^- 波已经完全消失。

通过 S^- 波的消失,我们可以初步认为,FCEM 由损伤状态向破坏状态过渡的临界状态对应的冲击速度为 179~197 m/s。另外,需说明的是,除了后面将要讨论的动态剪特性方面略有差别外,实验中几类水泥基复合材料的冲击特性与水泥砂浆的基本相同。

7.9.2.2 Hugoniot 冲击绝热过程和损伤分析

根据拉格朗日路经线法(Seaman,1974),对 FCEM、SFCEM 和 CEM 实测波形进行分析,可以分别得到 p-V 和 D-u Hugoniot 冲击绝热线。FCEM 和 CEM 的统计结果见表 7.9.2,表中 τ^+ 和 τ^- 分别为加载横波的剪应力和卸载横波的剪应力。关于 SFCEM 的结果可参见徐松林等(2006)。

表 7.9.2 粒子速度计实验结果统计

实验编号	飞片厚度 (mm)	冲击速度 u_0(m/s)	峰值状态				拉格朗日波速(mm/μs)			
			V/V_0	p (MPa)	τ^+ (MPa)	τ^- (MPa)	u_{P^+}	u_{S^+}	u_{P^-}	u_{S^-}
FCEM06	9.15	76.0	0.9956	186.0	31.4	31.4	5.124	2.273	4.215	2.423
FCEM05	6.58	131.0	0.9840	598.4	41.1	40.8	5.240	2.484	3.452	2.614
FCEM02	6.48	145.8	0.9796	549.9	56.5	48.7	4.864	2.287	4.700	2.712
FCEM07	5.10	179.0	0.9723	628.0	41.8	23.4	4.200	2.428	4.000	2.136
FCEM01	5.14	187.9	0.9799	870.4	61.2	17.6	5.000	1.667	3.751	2.250
FCEM08	5.10	197.0	0.9765	797.3	51.1	10.2	5.000	2.267	4.493	
FCEM09	6.48	206.0	0.9757	1006.5	39.4	0.0	5.210	2.260		
FCEM10	9.80	243.0	0.9593	865.3	65.1	0.0	5.300	1.682		
A003	7.775	312.0	0.9186	716.5	12.2	0.0	4.316	1.652	4.130	
A001	8.25	506.0	0.8850	1290.0	15.5	0.0	4.504	1.566	3.930	
CEM07	9.45	74.0	0.9966	186.2	32.3	32.3	4.782	2.459	3.775	2.317
CEM04	6.50	142.0	0.9827	655.3	42.5	41.8	4.634	2.113		

续表

实验编号	飞片厚度 (mm)	冲击速度 u_0(m/s)	峰值状态				拉格朗日波速(mm/μs)			
			V/V_0	p (MPa)	τ^+ (MPa)	τ^- (MPa)	u_P^+	u_S^+	u_P^-	u_S^-
CEM02	5.16	174.0					4.348	2.273	5.042	
CEM01	6.00	172.8	0.9733	611.6	51.3	27.4	3.858	2.174		
CEM05	6.94	193.0	0.9751	753.5	51.2	13.2	5.263	2.041		
CEM06	6.50	203.0	0.9755	1016.3	30.5	0	5.727	1.709	4.630	
A007	8.00	320.0	0.9274	805.6	20.3	0	4.460	1.458	3.835	
A006	7.15	483.6	0.8982	1314.5	25.1	0	5.167	1.696	4.141	

注：倾斜角为 10°。

1. p-V Hugoniot 冲击绝热线

图 7.9.7 所示为 FCEM[(a)]和 SFCEM[(b)]的 p-V Hugoniot 冲击绝热线。

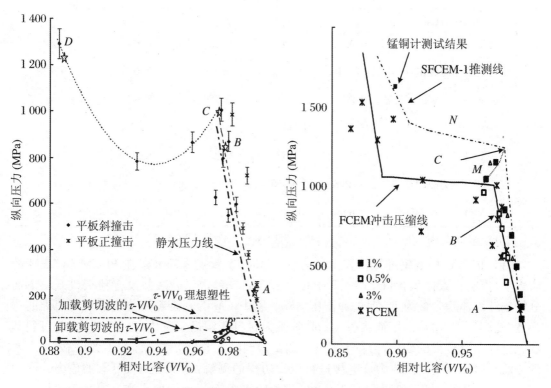

图 7.9.7　FCEM 和 SFCEM p-V Hugoniot 冲击绝热线

FCEM 的数据包括冲击速度为 84～171 m/s 的正撞击实验、冲击速度为 76～506 m/s 倾斜角为 10°的斜撞击实验和冲击速度为 173～274 m/s 的锰铜计正撞击实验。CEM 的数据包括冲击速度为 41～45 m/s 的正撞击实验、冲击速度为 74～484 m/s 倾斜角为 10°的斜撞击实验。SFCEM 的数据包括三种纤维含量(体积百分比分别为 0.5%,1% 和 3%)的冲击速度为 40~270 m/s 倾斜角为 0°~20°的斜撞击实验,三种材料的 p-V Hugoniot 冲击绝热线基本一致。它们的冲击绝热线有 4 个明显的临界点,即 A,B,C,D。其中 A 为材料的 HEL 点,即 Hugoniot 弹性限。B 对应材料 S^- 波消失的临界点。它对应着材料的动态剪切强度限,同时也是材料由损伤状态向破坏状态转化的过渡点。值得指出的是,由于静水压力的存在,Hugoniot 冲击绝热线在此处不存在明显的拐点,因此,采用常规的测试方法是无法确定此临界点的,只有对 S^- 波进行跟踪测量,才能最终确定。C 是材料性质中非常重要的一个临界点。过此点后,材料的体积有很大的压缩。结合试样孔洞调查(图 7.9.8),当我们把它当成一种典型的孔洞材料时,这种体积压缩就可以理解为材料整体的孔洞崩塌效应。此体积压缩量与孔洞率 10.51% 非常吻合。当材料所受的冲击压力更高时,材料就进行进一步的密实材料的压缩,其起点就是 D。各临界点的具体数值见表 7.9.3。图 7.9.7(a)中还有动态剪切性能与压缩性能的对比,动态剪切性能在理想塑性曲线之下表现出完全不同的属性。

表 7.9.3 p-V Hugoniot 冲击绝热线各临界点

临界点		FCEM	CEM	SFCEM-0.5%	SFCEM-1%	SFCEM-3%
A	冲击压力(MPa)	222.1	211.5	223.7	249.8	249.8
	V/V_0	0.994	0.994	0.994	0.994	0.994
B	冲击压力(MPa)	870.4	813.6	870.4	876.0	876.0
	V/V_0	0.980	0.978	0.980	0.9845	0.9845
C	冲击压力(MPa)	1007.1	1044.7	1089.1	1230.7	—
	V/V_0	0.974	0.974	0.974	0.9828	—
D	冲击压力(MPa)	1052.8	1109.5	—	—	—
	V/V_0	0.899	0.907	—	—	—

注:FCEM 中聚丙烯纤维的重量百分比为 0.04%。SFCEM-0.5 表示钢纤维体积含量为 0.5%。

图 7.9.7(b)中的钢纤维体积含量为 0.5% 时,实验点大部分落在 FECM 和 CEM 的曲线上,说明在该体积含量下 SFCEM 的冲击性能较素水泥砂浆并没有什么改观。下面分析钢纤维体积含量为 1% 时的冲击压缩线。图中 CM 为根据粒子速度计测试得到的过 C 点(孔洞崩塌点)后的压缩状态线。此阶段为材料孔洞崩塌阶段,由于材料在此过程其状态已经发生较大的变化,由粒子速度计测试得到的波形分析结果已经不太可靠,较有效的方法是采用锰铜压阻应力计直接进行压力历程的测量,可以得到较可靠的应力。图中 CN 是根据锰铜计测试结果和 FCEM 冲击压缩线综合分析得到的。这主要基于这样一个设想:若钢纤维在材料的失稳过程要起一定的作用,则在孔洞崩塌阶段,材料的体积压缩是渐变的,而不应该是类似 FCEM 一样突然发生。这在我们进行的数值分析中有一定体现(徐松林等,2005),即基体强度对于孔洞崩塌的过程有影响,但对最终的体积压缩量作用不大。

2. D-u Hugoniot 冲击绝热线

FCEM，SFCEM 和 CEM 的 u_p-D_p 和 u_s-D_s Hugoniot 冲击绝热线见图 7.9.8。

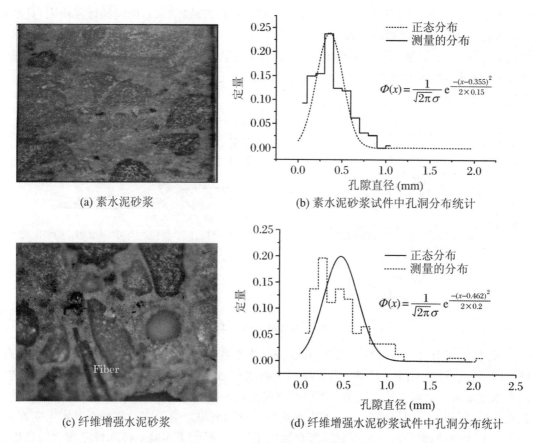

(a) 素水泥砂浆

(b) 素水泥砂浆试件中孔洞分布统计

(c) 纤维增强水泥砂浆

(d) 纤维增强水泥砂浆试件中孔洞分布统计

图 7.9.8 水泥砂浆试件细观观察

图 7.9.9(a)中，三类材料的 u_p-D_p 数据点趋势基本一致。理论上，根据材料的损伤破坏发展，曲线应分为 3 段，分别对应材料所处的三种状态：完整、损伤和破坏。但由于目前气炮实验的冲击速度比较难控制在较低速度，因此，比较容易得到材料在后两种状态的实验数据，从而 u_p-D_p 曲线只有明显的两段。前者对应完整与损伤阶段，后者对应材料的破坏阶段。图中不同钢纤维含量和 FCEM 曲线趋势基本一致。此曲线根据冲击压缩过程基本可分为 3 段：当冲击速度低于 30 m/s 时，基本保持为平台，波速在 4 700 m/s 左右；当冲击速度高于此速度时，材料进入损伤状态，压缩纵波的波速有逐渐减小的趋势；进入孔洞崩塌阶段，纵波波速稳定在 4 200 m/s 左右。在此过程中，由于材料的离散性，钢纤维对材料压缩性能的增强作用并不清楚。

图 7.9.9(b)中，三类材料的 u_s-D_s 数据点的趋势也基本一致。曲线基本可分为 3 段：当剪切方向的冲击速度低于 18 m/s 时，二者基本保持为平台，FCEM 的 D_s 在 2 400 m/s 左右，CEM 的 D_s 在 2 300 m/s 左右，SFCEM 的剪切波波速稳定在 2 800 m/s；然后有一个短暂的不太明显的过渡段，材料进入损伤阶段，剪切波速随冲击速度的增加逐渐降低；当剪切向的冲击速度升高，如高于 20 m/s 时，材料进入孔洞崩塌阶段，最后剪切波波速稳定在另一个平

台,FCEM 和 CEM 的 D_s 均在 1500~1600 m/s 之间,SFCEM 剪切波速稳定在 2200 m/s 左右。这表明钢纤维对材料剪切强度的增强效果较明显。这 3 段分别对应材料的三种状态:第一个阶段对应材料的完整状态,第二个阶段对应材料的破坏状态,中间的过渡段则对应材料的损伤状态。这也说明 u_s-D_s 包含的信息要比 u_p-D_p 更丰富。但临界点 B 似乎还是无法确定。因此,不管是 p-V Hugoniot 冲击绝热线,还是 u_p-D_p 和 u_s-D_s Hugoniot 冲击绝热线,均有很明确的除 B 点以外的其他临界点。而借助于 SWT 方法,我们对材料的性能有了更进一步的了解。

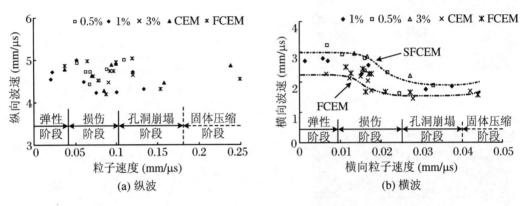

图 7.9.9　Hugoniot 线之 D-u 关系

通过以上的讨论,可以得到两类 Hugoniot 冲击绝热线。事实上这两类冲击绝热线是有联系的,因此可以相互进行校验,由于篇幅的问题本书不列出对比的结果。但需说明的是,由于水泥基复合材料在冲击压缩过程中有空洞崩塌的机制,因此 D-u 冲击绝热线一般由两条直线构成,相应可得到两条 p-V 冲击绝热线。空洞崩塌之前的实验数据点基本上落在第一条线上,空洞崩塌后的数据点应该落在第二条线上,但由于实验条件和样品离散的原因,空洞崩塌后的数据点拟合结果不甚理想,而且也无法建立两条线之间的过渡阶段。

3. 动态剪切特性的讨论

对原始波形中分离出来的剪切波进行 Lagrange 分析(Seaman,1974),可以得到分别对应加载和卸载横波的两个剪切强度。由于加载阶段的应力状态比较复杂,影响因素较多,当材料进入破坏状态时,此阶段尚有正压力的存在,因此材料的性能很大程度上要受材料内部碎片或破碎颗粒间的摩擦作用的影响。对比而言,卸载阶段的应力状态就简单得多,只有剪应力的作用,因此,卸载剪切波的幅值反映的就是材料的残余强度,藉此可以探测脆性材料的动态损伤特性。考虑到剪切波探测的是材料,由于或者主要是由于冲击压缩在材料内部产生的损伤,我们分析的剪切行为是在材料已经发生了一定的体积压缩之后的状态,因此比较适宜分析剪切强度与比容的关系。如图 7.9.10 所示,S^+ 波和 S^- 波的应力幅值与相对比容之间存在着一定的关系。加载阶段得到的剪切应力因材料中静水压力的存在,材料内部存在摩擦作用,从而出现波动,甚至到材料明显破坏之后,仍有一定的残余剪应力存在。但由于 S^+ 波的应力幅值与撞击中的很多因素有关,如撞击面的粗糙度、撞击面的纤维分布等,故其数据的规律性有待继续讨论。但 S^- 波的应力幅值不受以上因素影响,以 SFCEM 材料为例,在钢纤维含量为 1%时,S^- 波的剪切应力幅值从 $u_0 = 41$ m/s 时的 7.5 MPa 上升到

$u_0 = 105$ m/s 时的 44.6 MPa，后来又降至 $u_0 = 162$ m/s 时的 10 MPa，而当 $u_0 > 190$ m/s 时，剪切应力幅值降为 0。因为 S^- 波的应力幅值代表了试件在 P^+ 波和 P^- 波作用后的剩余剪切强度，S^- 波的剪切应力幅值降为 0 意味着材料已经完全破坏，因此利用这一点我们能大致判断材料的失效点。这也说明卸载剪切波在分析脆性材料内部动态损伤的有效性和独特方面的作用。图中 B' 点与图 7.9.7 中的 B 点对应。

由图 7.9.10 给出的分别基于加、卸载剪切波得到的剪应力与相对比容的关系对比可知，过 B' 后，SFCEM-1 的剪切强度要比 SFCEM-0.5 和 FCEM 的高。对应卸载阶段，SFCEM-1 的剪切强度开始较高，但下降也很快，这可能与材料性状的离散有关。最后，几种材料几乎同时达到完全损伤。这可能是由于钢纤维与水泥砂浆基体的强度相差太大，在加载过程因有压力的作用，其作用比较明显，但在卸载阶段，钢纤维和基体的弹性应变能的释放不协调，反而对材料产生弱化作用。相对而言，聚丙烯短微纤维由于是软纤维，可以与水泥砂浆基体保持较好的共同作用。

根据以上的思想，可定义材料的损伤 $D = 1 - \tau_{res}/\tau_{int}$，其中，$\tau_{res}$ 为残余剪切强度，τ_{int} 为完整材料的剪切强度。根据图 7.9.10，可以得到损伤 D 与粒子速度 u 的关系，见图 7.9.11。当超过材料的损伤起始点后，随着粒子速度的增加，材料的损伤程度急剧加大。值得注意的是，此时材料内部的损伤是加、卸载纵波和加载横波对材料共同作用的结果。

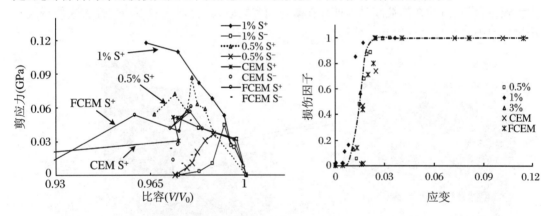

图 7.9.10　剪应力与相对比容关系曲线　　　图 7.9.11　损伤因子与应变关系曲线

7.9.3　岩盐压剪联合冲击性能[①]

对岩石介质在冲击荷载作用下的响应的研究主要包括两部分：较高压力（GPa 量级）下材料处于流体状态的状态方程和低应力（MPa 量级）以及低应力向较高压力过渡区域（几百 MPa 到几 GPa）材料处于固体状态的本构关系。这些研究对于一些实际的爆破工程设计、岩石硐室、隧道的爆破施工以及防护工程有着十分重要的意义。目前对于岩石动态本构方面的研究，已经有较多的工作。信礼田等（1996）应用锰应力传感器在轻气炮上分别对砂岩、花岗岩和石灰岩进行了研究，得到了相应的本构关系。赵坚等（1999）、Zhao 等（2000）、Shang 等（2000）在轻气炮上采用锰铜压阻应力计对 Bukit Timah 花岗岩在强冲击荷载下的

---

① 吴文等，2004a，b。

状态方程进行了研究。高文学等(2000)在轻气炮上采用锰铜压阻应力计对大理岩也进行了类似的研究。乔河等(1996)则介绍了应用平面波发生器研究花岗岩动态响应的例子。这些工作主要集中在材料的冲击压缩性能上。相对而言，国外的研究范围比较广。Grady 等(1979)对冲击荷载作用下分析岩石响应的方法做了研究，提出了研究岩石冲击断裂的微力学方法。由于地下核爆炸研究的需要，其后在美、苏等国开展了很多有意义的工作，但仍主要集中在冲击压缩性能的研究上，在 Trunin(1994)的综述中有这方面的介绍，这里不一一详述。但他们关心的领域与我们现在研究的压力范围有较大的差别，其研究的冲击压力一般达到几 TPa，岩石一般处于流体状态，主要研究的是它们的状态方程。其研究对象覆盖了大部分的岩石，包括岩盐。比较有意义的工作是 Aidun(1990)采用压剪联合冲击加载研究了剪切加载在 calcium carbonate 相变过程中的作用。但对于加载和卸载剪切波的独特作用并未进行系统研究。

由于岩盐在渗透性(低渗透)、损伤的自我恢复等方面有着十分显著的优势，在能源储藏、核废料处理等领域有着重要的应用背景。下面将在一级轻气炮实验装置上，采用剪切波跟踪技术，对岩盐在压剪联合冲击加载过程中的力学响应进行研究，通过跟踪动态损伤过程中材料剪切性能的变化，从而确定材料与动态损伤相关的特性。

图 7.9.12 所示为岩盐的图像[(a)]以及晶粒间的细观照片[(b)]。由此可见，岩盐样品为大颗粒材料，但是在晶粒间晶界处存在微空洞和缺陷，具有强烈的不均匀性。这使得波在传播过程中有明显的弥散和衰减特征。

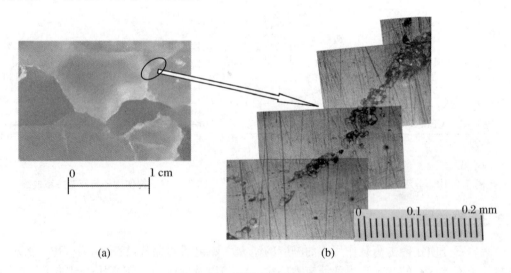

图 7.9.12 岩盐结构的细观照片

1. 应力-应变本构关系

图 7.9.13 和图 7.9.14 为分别对用粒子速度计和锰铜计测试波形进行分析后得到的同一样品不同位置的压缩方向的应力-应变关系。由于材料内部的耗散、黏性以及惯性等机制的作用，不同位置的应力-应变关系一般存在差异，图 7.9.13(a)例外。图 7.9.14(a)在进行拉格朗日分析时，未考虑第一次卸载的影响，得到一个与前面分析较一致的本构关系。图 7.9.14(b)在进行路径线分析时，尝试性地对第一次物理卸载阶段也进行了分析，得到了

一个较复杂的卸载阶段,在此复杂的卸载本构关系中,似乎包含了材料由于温度降低材料再结晶而使变形恢复的机制。

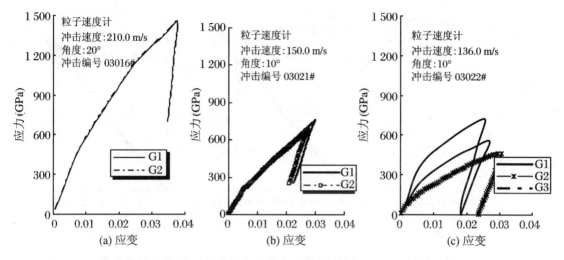

图 7.9.13　由粒子速度计测试波形分析得到的岩盐应力-应变关系

这些曲线表明,岩盐在冲击荷载作用下具有较强的非线性特征和一定的黏性效应。后者主要表现在,随着深度的增加,压力幅值一般要发生衰减,波形发生弥散。由于随着冲击速度的增加,相应的应变率增加,图 7.9.13 中的平均应变率分别为(a) 4.60×10^4 1/s,(b) 3.26×10^4 1/s,(c) 2.63×10^4 1/s,因此,图 7.9.13 还表明,此岩盐具有较强的应变率效应。

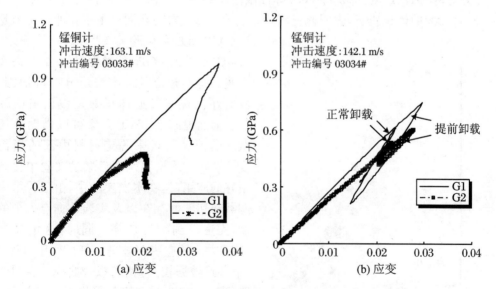

图 7.9.14　由锰铜应力计测试波形分析得到的岩盐应力-应变关系

图 7.9.15 为分析得到的压剪过程中剪切方向典型的应力-应变关系。由于此时材料内部承受压力和剪切力的共同作用,应力状态比较复杂,因此,实际测试得到的剪应力响应是一种耦合作用的结果,对其进行单独讨论的意义似乎不大。

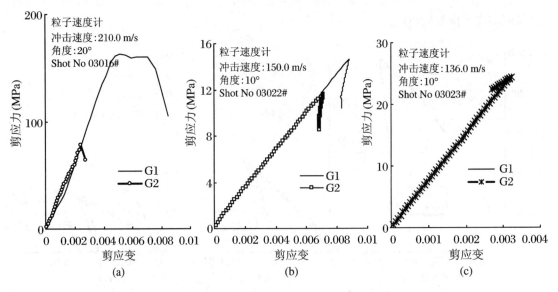

图 7.9.15 由粒子速度计测试波形分析得到的岩盐剪切应力-应变关系

2. p-V Hugoniot 冲击绝热线

岩盐的 p-V Hugoniot 冲击绝热线见图 7.9.16。包括冲击速度为 135 m/s 的正撞击实验、冲击速度为 70~210 m/s 倾斜角为 10°和 20°的斜撞击实验和冲击速度为 140~200 m/s 的锰铜计正撞击实验。由此得到的冲击绝热线有 A, B 两个明显的临界点。其中, A 为材料的 HEL 点, 即 Hugoniot 弹性限。B 对应着本次实验材料的再压缩点。AB 间有 2%~3% 的体积压缩, 表明此材料内部含有 3% 左右的孔洞。由于在冲击压力超过 1.4 GPa 以后实验点较少, 因此, 压力从 1.4 GPa 到 2.4 GPa 的过程, 材料的状态实际上我们是不知道的。由波形分析可知, 此阶段恰好包含第二道卸载剪切波消失的临界点。前面提到的 SWT 方法可以借助剪切卸载波的消失与否来确定材料内部的损伤程度。这在纤维增强水泥砂浆的实验中得到了很好的应用, 但在本次实验中, 由于受第一道卸载剪切波的存在以及实验数据点太少的限制, 无法得到很好应用。同时, 这也要求将 SWT 方法的应用领域进行拓广。压力为 2.4 Gpa 时, 数据较大, 偏离拟合曲线。表明此阶段可能存在进一步的孔洞崩塌, 此时对应的体积压缩量约为 3%。由此次实验我们可以确定岩盐在冲击压力低于 1.5 GPa 时的状态方程为

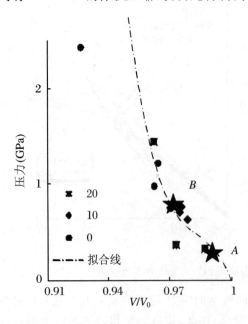

图 7.9.16 岩盐 p-V/V_0 冲击绝热线

$$p = 52.813(1 - V/V_0) - 2243.5(1 - V/V_0)^2 + 45686(1 - V/V_0)^3$$

式中，压力 p 的单位为 GPa，V_0 为初始比容。

3. $D\text{-}u$ 冲击绝热线与 $p\text{-}V$ 冲击绝热线对比分析

大多数材料的 $D\text{-}u$ 冲击绝热线在相当宽的压力范围内呈简单线性关系：

$$D_p - u_0 = C_0 + S(u_p - u_0)$$

式中，D_p，u_0，u_p 分别为冲击波速、初始速度和粒子速度，C_0 和 S 为材料常量，C_0 表示初压声速，S 为斜率。因此，对数据点进行拟合，此直线在 D 轴上的截距即为体波声速。可得到的体波声速为 4.179 km/s。

由此 $D\text{-}u$ 冲击绝热线可以计算得出相应的 $p\text{-}V$ 表达式：

$$p - p_0 = \frac{C_0^2(V_0 - V)}{[V_0 - S(V_0 - V)]^2}$$

$D\text{-}u$ 冲击绝热线与 $p\text{-}V$ 冲击绝热线是统一的。

参 考 文 献

Abou-sayed A S，Clifton R J，Hermann L. 1975. The oblique-plate impact experiment[J]. Experimental Mechanics，16：127-132.

Abou-sayed A S，Clifton R J. 1976. Pressure-shear waves in fused silica[J]. J. Appl. Phys.，47(5)：1762-1770.

Aidun J B，Gupta Y M. 1990. Shear and compression waves in shocked calcium carbonate[J]. J. Geophysical Res.，100(B20)：1955-1980.

Boteler J M. 1997. Compression-shear study of glass reinforced polyester[C]//Shock Compression of Condensed Matter. The American Institute of Physics：537.

Duba A G，Abey A E，Bonner B P，et al. 1974. High-pressure mechanical properties of Kayenta sandstone[M]. Livermore：Lawrence Livermore Laboratory.

Espinosa H D. 1995. On the dynamic shear resistance of ceramic composites and its dependence on applied multi-axial deformation[J]. Int. J. Solids Structures，32(21)：3105-3128.

Espinosa H D. 1996. Dynamic compression-shear loading with in-material interferometer measurements[J]. Review of Scientific Instruments，67(11)：3931-3939.

Fowles G R，Williams R F. 1970. Plane stress wave propagation in solide[J]. J. Appl. Physics，42：456-462.

高文学，杨军，黄凤雪.2000.强冲击荷载下岩石本构关系研究[J].北京理工大学学报,20(2):165-170.

Grady D E，Kipp M E. 1979. The micromechanics of impact fracture of rock[J]. Int. J. Rock Mech. Min. Sci. and Geomech. Abstr.，16：293-302.

Green S J，Butters S. 1972. Stress-strain and failure response of mixed company sandstone serra tek technical report[R]. Utah：Salt Lake City.

Gupta Y M. 1980. Measurement of compression and shear waves in an impact experiment：role of gauge leads in particle-velocity measurement[J]. J. Appl. Phys., 51: 1835-1838.

Gupta Y M, Keough D D, Walter D F, et al. 1980. Experimental facility to produce and measure compression and shear waves in impacted solids[J]. Rev. Sci. Instrum, 51: 183-194.

Gupta Y M. 1983. Shear and compression wave measurement in shocked polycrystalline Al_2O_3[J]. J. Geophys Res, 88: 4304-4312.

经福谦.1999.实验物态方程导引[M].北京:科学出版社.

李廷,席道瑛,徐松林.2006.动载荷作用下岩石非线性弹性响应研究[J].地学前缘,13(3):206-212.

刘文彦.2001.水泥基复合材料在冲击载荷下的力学响应和纤维的桥联行为研究[D].合肥:中国科学技术大学.

Meyers M A. 1994. Dynamic behavior of materials[M]. Wiley-interscience publication, John Wiley and Sons.

Nelson I, Baron M, Sandler I. 1971. Mathematic models for geological materials and wave propagation studies[C]//Burke J J, Weiss V. Ahock waves and the mechanical properties of solids, proceedings of the 17th Sagamore Army Materials Research Conforence. Syracuse: Syracuse University Press.

Papetti R A, Fujisaki M. 1968. The Rice and Walsh equation of state for water: discussion, limitations, and extensions[J]. Journal of Applied Physics, 39: 5412-5421.

Perzyna P. 1966. Fundamental problems in viscoplasticity[J]. Advances in Applied mechanics, 9.

Petersen C F. 1972. Dynamic properties of rock required for prediction calculations[R]. Metalpark: Stanford Research Institute.

乔河,王树仁.1996.高应变率下岩石动态本构关系实验研究现状[J].工程爆破,2(2):69-73.

Rice M H, Walsh J M. 1957. Equation of state of water to 250 kilobars[J]. J. Chem. Phys., 26(4): 824-830.

Sandler I, Di Maggio F L. 1968. Material models for rocks[C]//Paul W. Consulting Engineer. Defense Atomic Support Agency.

Seaman L. 1974. Lagrangian analysis for multiple stress or velocity gages in attenuating waves[J]. J. App. Phy., 45(10): 4303-4314.

Shang J L, Shen L T, Zhao J. 2000. Hugoniot equation of state of the Bukit Timah granite[J]. International Journal of Rock Mechanics and Mining Sciences, 37: 705-713.

Swift R P. 1975. Examination of the mechanical properties for a kayenta sandstone from the mixed company site[R]. Defense Technical Information Center.

Swift R P. 1969. An examination of an elastic/viscoplastic theory using radial cylindrical stress wave propagation[D]. University of Washington.

Swift R P. 1975. Examination of the mechanical properties for a Kayenta sandstone from the mixed company site[R]. San Leandro: Physics International Company.

Tang T, Malvern L E, Jenkins D A. 1992. Rate effects in uniaxial dynamic compression of concrete[J]. J. Eng. Mech., 118: 108-123.

Tang Z P, Gupta Y M. 1988. Shock induced phase transformation in cadmium sulfide dispersed in an elastomer[J]. Journal of Applied Physics, 64(4): 1827-1837.

唐志平,胡晓军,廖香丽,等.2000.双磁场 IMPS 粒子速度测试系统[J].实验力学,15(1):16-21.

Tang Z P, Xu S L, Dai X Y, et al. 2005. S-wave tracing technique to investigate the damage and failure behavior of brittle materials subjected to shock loading[J]. Int. J. Impact Engineering, 31: 1172-1191.

Tang Z P, Xu S L, et al. 2004. Experimental investigation on dynamic shear properties of cementitious composites[C]// ICHMM 2004, Chongqing, China: 105-108.

Tang Z P, Xu S L. 2003. Investigation on dynamic damage and failure property of fiber reinforced cement subjected to shock loading[J]. Journal of Ningbo university (NSEE), 16(4): 409-416.

Trunin R F. 1994. Shock compressibility of condensed materials in strong shock waves generated by underground nuclear explosive[J]. Physics Uspekhi, 37(11): 1123-1146.

王道德,等.1993.中国陨石导论[M].北京:科学出版社.

王礼立.2005.应力波基础[M].2版.北京:国防工业出版社.

王仁,黄克智,朱兆祥.1988.塑性力学进展[M].北京:中国铁道出版社.

Walsh J M, Rice M H. 1957. Dynamic compression of liquids from measurements on strong shock waves [J]. J. Chem. Phys., 26: 815-823.

Wu Q, Jing F Q. 1996. Thermodynamic equation of state and application to Hugoniot predictions for porous materials[J]. Journal of Applied Physics, 80(8): 4343-4349.

吴文,徐松林,杨春和,等.2004a.岩盐冲击过程本构关系和状态方程研究[J].岩土工程学报,26(3): 367-372.

吴文,徐松林,杨春和,等.2004b.岩盐冲击特性实验研究[J].岩石力学与工程学报,23(21):3613-3620.

席道瑛,郑永来,张涛.1995a.大理岩和砂岩动态本构的实验研究[J].爆炸与冲击,15(3):259-266.

席道瑛,郑永来,张涛.1995b.应力波在砂岩中的衰减[J].地震学报,17(1):62-67.

席道瑛,杜赟,易良坤.2009.液体对岩石非线性弹性行为的影响[J].岩石力学与工程学报,28(4):687-696.

席道瑛,徐松林.2012.岩石物理学基础[M].合肥:中国科学技术大学出版社.

信礼田,何翔,苏敏.1996.强冲击荷载下岩石的力学性质[J].岩土工程学报,18(6):61-68.

徐松林.2003.S波跟踪技术与水泥基复合材料压剪动特性研究[R].合肥:中国科学技术大学.

徐松林,唐志平,胡晓军,等.2004.聚丙烯短微纤维增强水泥砂浆冲击特性研究[J].爆炸与冲击,24(3): 251-260.

徐松林,唐志平,胥建龙.2005.冲击下脆性孔洞材料崩塌数值模拟分析[J].岩石力学与工程学报,24(6): 955-962.

徐松林,唐志平,张兴华.2006.钢纤维增强水泥砂浆压剪联合冲击下动态剪切性能[J].工程力学,23(5): 139-146.

Xu S L, Liu Y G, Huang J Y, Xi D Y. 2013. Dynamic responses of rock-pair subjected to impact loading [C]//Zhao J, Li J C. Rock Dynamics and Applications-state of the Art: 193-198.

赵坚,赵宇辉,尚嘉兰,等.1999.Bukit Timah 花岗闪长岩的 Hugoniot 状态方程[J].岩土工程学报,21(3): 315-318.

Zhao J, Li H B. 2000. Experimental determination of dynamic tensile properties of a granite[J]. International Journal of Rock Mechanics and Mining Sciences, 37: 861-866.

朱兆祥.1984.爆炸与冲击中的力学问题,应用数学和力学讲座讲义:35期[R].杭州大学和应用数学和力学编委会联会.

第8章 脆性材料动力学特性研究

8.1 高应变率加载下土壤的压缩性能：黏塑性帽盖模型[①]

土样品具有明显的应变率影响,其刚度和强度随应变率的增加有明显的增强。这已得到大量的实验数据证实。Casagrande 和 Shannon(1948)对土体进行了应变率从 0.000 2 s^{-1} 到 5 s^{-1} 的强度特性研究,他们的研究结果表明,黏土的变形模量和强度随应变率的增加呈增加趋势,而砂样中这种趋势比较弱。Whitman(1970)对干的颗粒状材料以低于 1 ms 的应力脉冲进行动态加载,得到了类似的结果。比较而言,他预测的率效应更有意义。Jackson 等(1980)对三种干砂样品进行了动态实验,其最大应变率约为 200 s^{-1}。实验数据证实了 Whitman 的预测。因此,研究地层的动态响应[如地雷(landmine)大爆炸等],需考虑黏土和砂等土壤介质在快速加载下的响应,即率相关性。

黏塑性是率无关的塑性,是无黏滞性塑性概念的延伸,可以应用于计及应变率效应的土的本构模型。关于土壤黏塑性变形多样性的研究已有较多文献。黏塑性的研究主要基于 Perzyna(1966)理论进行。在此理论框架里,黏性性质是典型的时间率流动律。流动律假定黏塑性势是相同的(Katona,1984;Chen,Baladi,1985;Simo 等,1988)。屈服面的一致性条件在黏塑性中没有大的意义,但在无黏滞性的塑性理论中是必不可少的。黏塑性理论的形成主要基于以下条件:① 黏性流动法则需具有在一个宽的加载范围模拟时间相关性质的能力;② 黏塑性可以相对简单地看作一个无黏滞性的帽盖模型的延伸。大多数黏塑性模型所研究的时间相关特性主要是较慢的时间率[如蠕变和固结(Kutter,Sathialingam,1992)],但对于土而言,非常高的应变率加载[如爆炸载荷作用下的响应],需要特别进行研究。

8.1.1 黏塑性帽盖模型

在 Perzyna 的黏塑性模拟中,总应变率 $\dot{\varepsilon}$ 分成弹性部分 $\dot{\varepsilon}^e$ 和黏塑性部分 $\dot{\varepsilon}^{vp}$: $\dot{\varepsilon} = \dot{\varepsilon}^e + \dot{\varepsilon}^{vp}$。其中,弹性应变率表示为 $\dot{\sigma} = C\dot{\varepsilon}^e$,式中,$C$ 为弹性张量;应用黏塑性流动率,黏塑性应变率具有如下形式:

[①] Tong 等,2007。

$$\dot{\varepsilon}^{vp} = \eta \langle \varphi(f) \rangle \frac{\partial f}{\partial \sigma} \tag{8.1.1}$$

式中,η 为材料常量,称为流动性(流度)参数,f 为塑性屈服函数,$\varphi(f)$ 为无量纲黏塑性流动函数,一般取下面的形式:

$$\varphi(f) = (f/f_0)^N \tag{8.1.2}$$

式中,N 为指数,f_0 为归一化常量,与 f 的单位相同。无黏滞性的帽盖模型中的塑性屈服函数 f(Di Maggio,Sandler,1971;Sandler,Rubin,1979;Simo 等,1988)表现在应力第一不变量 I_1 和偏应力第二不变量 J_2 平面内的形态,见图 8.1.1。状态屈服面可分成 3 个区域:① 当 $I_1 \geqslant L$ 时,帽盖面区域 $f = \sqrt{J_2} - F_c(I_1,k) = 0$;② 当 $L > I_1 > -T$ 时,破坏面区域 $f = \sqrt{J_2} - F_e(I_1) = 0$;③ 当 $I_1 \leqslant -T$ 时,拉伸区域 $f = I_1 - (-T) = 0$。

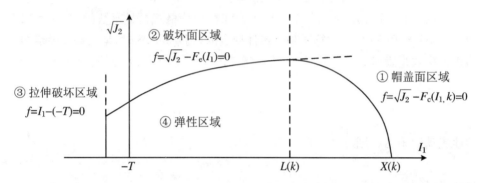

图 8.1.1 帽盖模型的静态屈服面

帽盖面为椭圆面,则硬化帽盖可表示为

$$\begin{aligned} f(I_1,\sqrt{J_2},k) &= \sqrt{J_2} - F_c(I_1,k) \\ &= \sqrt{J_2} - \frac{1}{R}\sqrt{[X(k) - L(k)]^2 - [I_1 - L(k)]^2} = 0 \end{aligned} \tag{8.1.3}$$

式中,R 为材料参数,k 为硬化参数。实际黏塑性体积变化为 $\varepsilon_v^{vp} = \varepsilon_{11}^{vp} + \varepsilon_{22}^{vp} + \varepsilon_{33}^{vp}$,图中椭圆面中:

$$\varepsilon_v^{vp}[X(k)] = W(1 - \exp\{-D[X(k) - X_0]\}) \tag{8.1.4}$$

其中,$X(k)$ 为帽子与 I_1 轴的交点,$X(k) = k + RF_e(k)$。$L(k)$ 为 I_1 在帽子开始的位置的值:若 $k > 0$,$L(k) = k$;若 $k < 0$,$L(k) = 0$。由此,帽盖面可以表示为(Katona,1984)

$$f(I_1,J_2,k) = \sqrt{\frac{(I_1 - L)}{R^2} + J_2} - \frac{L - X}{R} \tag{8.1.5}$$

破裂面是非硬化的,通过修改 Drucker-Prager 屈服函数可得

$$f(I_1,\sqrt{J_2}) = \sqrt{J_2} - F_e(I_1) = \sqrt{J_2} - [\alpha - \gamma\exp(-\beta I_1) + \theta I_1] = 0 \tag{8.1.6}$$

这里,α,β,γ 和 θ 为材料参数。

拉伸截止面定义为

$$f(I_1) = I_1 - (-T) \tag{8.1.7}$$

这里,$-T$ 为拉伸截止值。

由此,在黏塑性帽盖模型中共有 12 个材料参数:η,N,f_0 是黏性流动法则中的参数;

W, D, R, X_0 是帽盖面中的参数;$\alpha, \beta, \gamma, \theta$ 是破坏面中的参数;T 为拉伸截止面中的参数。另外,弹性土壤的响应还需要体积模量 K 和剪切模量 G。这些参数由不同的静态和动态实验来确定。

8.1.2 算法

考虑从时间 t 到时间 $t+\Delta t$,一个时间步长 Δt 上,应变和应力的增加分别为

$$\Delta \boldsymbol{\varepsilon} = \Delta \boldsymbol{\varepsilon}^e + \Delta \boldsymbol{\varepsilon}^{vp}, \quad \Delta \boldsymbol{\sigma} = C \Delta \boldsymbol{\varepsilon}^e = C(\Delta \boldsymbol{\varepsilon} - \Delta \boldsymbol{\varepsilon}^{vp}) \tag{8.1.8}$$

式中,$\Delta \boldsymbol{\varepsilon}$,$\Delta \boldsymbol{\varepsilon}^e$ 和 $\Delta \boldsymbol{\varepsilon}^{vp}$ 分别为总的应变增量、弹性应变增量和黏塑性应变增量。基于欧拉方法,黏塑性应变增量 $\Delta \boldsymbol{\varepsilon}^{vp}$ 近似为

$$\Delta \boldsymbol{\varepsilon} = [(1-\chi)\dot{\boldsymbol{\varepsilon}}_t^{vp} + \chi \dot{\boldsymbol{\varepsilon}}_{t+\Delta t}^{vp}]\Delta t \tag{8.1.9}$$

其中,χ 为可调的积分参数,$0 \leqslant \chi \leqslant 1$。当 $\chi = 0$ 时,积分格式是显函数的;当 $\chi = 1$ 时,则是隐函数的。当 $\chi \leqslant 0.5$ 时,模型算法是有条件稳定的;当 $\chi > 0.5$ 时,是无条件稳定的。

当积分格式是隐函数时,黏塑性流动式(8.1.9)由时间 $t+\Delta t$ 上的屈服面的梯度唯一确定,$\Delta \boldsymbol{\varepsilon}^{vp}$ 可写为

$$\Delta \boldsymbol{\varepsilon}^{vp} = \Delta \dot{\boldsymbol{\varepsilon}}^{vp} \Delta t = \eta \langle \varphi(f) \rangle \Delta t \frac{\partial f}{\partial \boldsymbol{\sigma}} \tag{8.1.10}$$

引入塑性流动因子 $\Delta \lambda$,则

$$\Delta \lambda = \eta \langle \varphi(f) \rangle \Delta t \tag{8.1.11}$$

则方程(8.1.10)可表示为

$$\Delta \boldsymbol{\varepsilon}^{vp} = \Delta \lambda \frac{\partial f}{\partial \boldsymbol{\sigma}} \tag{8.1.12}$$

这与无黏滞性的帽盖模型中的形式是类似的。所以,对于无黏滞性问题,在局部迭代计算时,当下式定义的残值 ρ 减小到零时,黏塑性问题可以用相同的算法得到解答。

$$\rho = \frac{\Delta \lambda}{\eta \Delta t} - \varphi(f) \to 0 \tag{8.1.13}$$

方程(8.1.12)代入方程(8.1.8)的第二式,则有

$$\Delta \boldsymbol{\sigma} = C : \left(\Delta \boldsymbol{\varepsilon} - \Delta \lambda \frac{\partial f}{\partial \boldsymbol{\sigma}} \right) \tag{8.1.14}$$

应用局部 Newton-Raphson 迭代法程序计算 $\Delta \lambda$。屈服函数取通用形式 $f = f(\boldsymbol{\sigma}, k)$,当迭代 i 次时,由微分方程(8.1.14)可得到

$$\delta \boldsymbol{\sigma} = C : \left(\delta \boldsymbol{\varepsilon} - \delta \lambda \frac{\partial f}{\partial \boldsymbol{\sigma}} - \Delta \lambda^{(i)} \frac{\partial^2 f}{\partial^2 \boldsymbol{\sigma}} \delta \boldsymbol{\sigma} - \Delta \lambda^{(i)} \frac{\partial^2 f}{\partial \boldsymbol{\sigma} \partial \lambda} \delta \lambda \right) \tag{8.1.15}$$

在局部迭代法程序中,$\delta \boldsymbol{\sigma}, \delta \boldsymbol{\varepsilon}$ 和 $\delta \lambda$ 分别为 $\Delta \boldsymbol{\sigma}, \Delta \boldsymbol{\varepsilon}$ 和 $\Delta \lambda$ 的迭代值的不断更新。

另外,方程(8.1.15)可表示为

$$\delta \boldsymbol{\sigma} = H : \left[\delta \boldsymbol{\varepsilon} - \left(\frac{\partial f}{\partial \boldsymbol{\sigma}} + \Delta \lambda^{(i)} \frac{\partial f}{\partial \boldsymbol{\sigma} \partial \lambda} \right) \delta \lambda \right] \tag{8.1.16}$$

式中,H 为伪弹性刚度矩阵,其表达式为

$$H = \left(C^{-1} + \Delta \lambda^{(i)} \frac{\partial^2 f}{\partial^2 \boldsymbol{\sigma}} \right)^{-1} \tag{8.1.17}$$

通过方程(8.1.13)，Newton-Raphson 程序在迭代 i 次时，表示为 $\rho^{(i)} = \left(\dfrac{1}{\eta\Delta t} - \dfrac{\partial\varphi}{\partial\lambda}\right)\delta\lambda - \left(\dfrac{\partial\varphi}{\partial\boldsymbol{\sigma}}\right)^{\mathrm{T}}\delta\boldsymbol{\sigma}$，将方程(8.1.16)代入上式得出

$$\delta\lambda = \dfrac{1}{\xi}\left[\left(\dfrac{\partial\varphi}{\partial\boldsymbol{\sigma}}\right)^{\mathrm{T}}H\delta\boldsymbol{\varepsilon} + \rho^{(i)}\right]$$

$$\xi = \left(\dfrac{\partial\varphi}{\partial\boldsymbol{\sigma}}\right)^{\mathrm{T}}H\left(\dfrac{\partial f}{\partial\boldsymbol{\sigma}} + \Delta\lambda^{(i)}\dfrac{\partial^2 f}{\partial\boldsymbol{\sigma}\partial\lambda}\right) + \dfrac{1}{\eta\Delta t} - \dfrac{\partial\varphi}{\partial\lambda} \tag{8.1.18}$$

上述为局部迭代，对于全局迭代，迭代应变增量 $\delta\boldsymbol{\varepsilon}$ 将转变为固定的总应变增量 $\Delta\boldsymbol{\varepsilon}$。由此，可编写如下算法流程：

(1) 计算尝试应力：$\boldsymbol{\sigma}_{t+\Delta t}^{\text{trial}} = \boldsymbol{\sigma}_t + C\Delta\boldsymbol{\varepsilon}$。

(2) 判断应力状态是否超出屈服面的范围：如果否，材料处于弹性区域：$\boldsymbol{\sigma}_{t+\Delta t} = \boldsymbol{\sigma}_{t+\Delta t}^{\text{trial}}$，$k_{t+\Delta t} = k_t$，返回；如果是，材料处于黏塑性区域，到下一步。

(3) 赋予黏塑性迭代的初始值：$\Delta\lambda^{(0)} = 0$；$\boldsymbol{\sigma}_{t+\Delta t}^{(0)} = \boldsymbol{\sigma}_n + C\left(\Delta\boldsymbol{\varepsilon} - \Delta\lambda^{(0)}\dfrac{\partial f}{\partial\boldsymbol{\sigma}}\right)$；$\rho^{(0)} = \varphi(\boldsymbol{\sigma}_{t+\Delta t}^{(0)}, k_n) - \dfrac{\Delta\lambda^{(0)}}{\eta\Delta t}$。

(4) 完成局部 i 次迭代循环。计算矩阵 H 和变量 ξ[式(8.1.8)]，则

$$\Delta\lambda^{(i+1)} = \Delta\lambda^{(i)} + \dfrac{\rho^{(i)}}{\xi};\quad \Delta k_{t+\Delta t}^{(i+1)} = \Delta\lambda^{(i+1)}\dfrac{\partial k}{\partial\lambda};\quad \boldsymbol{\sigma}_{t+\Delta t}^{(i+1)} = \boldsymbol{\sigma}_t + C\left(\Delta\boldsymbol{\varepsilon} - \Delta\lambda^{(i+1)}\dfrac{\partial f}{\partial\boldsymbol{\sigma}}\right)$$

(5) 收敛性检验：$\rho^{(i+1)} = \varphi\left[\boldsymbol{\sigma}_{t+\Delta t}^{(i+1)}, k_{t+\Delta t}^{(i+1)}\right] - \dfrac{\Delta\lambda^{(i+1)}}{\eta\Delta t}$。

(6) 转到第(4)步，并完成"$|\rho^{(i+1)}| < $ 公差"的循环。

对于拉伸截止区域，差分算法要求拉伸截止与 J_2 无关。这个条件对普通土没有意义，但对土壤中的爆炸研究非常必要。由实验数据，可假定：① 黏性流参数在拉伸 η_{T} 情况下，或不同压缩情况下是一样的；② 黏塑性解 $\boldsymbol{\sigma}_{t+\Delta t}$ 在弹性尝试应力 $\boldsymbol{\sigma}_{t+\Delta t}^{\text{trial}}$ 和无黏滞性的解 $\bar{\boldsymbol{\sigma}}_{t+\Delta t}$ 之间，且从 $\boldsymbol{\sigma}_{t+\Delta t}^{\text{trial}}$ 到 $\bar{\boldsymbol{\sigma}}_{t+\Delta t}$，$\boldsymbol{\sigma}_{t+\Delta t}$ 不是直线，如图 8.1.2 所示。对于拉伸截止区的计算，可采用如下思想：

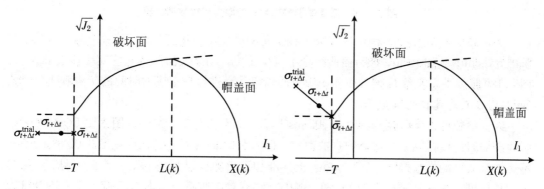

图 8.1.2　拉伸截止区域的处理

(1) 如果 $I_{1,t+\Delta t}^{\text{trial}} \leqslant -T$，$\sqrt{J_{2,t+\Delta t}^{\text{trial}}} \leqslant F_{\mathrm{e}}(-T)$，则

$$I_{1,t+\Delta t} = \mathrm{e}^{-\eta T \Delta t} I_{1,t+\Delta t}^{\mathrm{trial}} + (1 - \mathrm{e}^{-\eta T \Delta t})(-T), \quad \sqrt{J_{2,t+\Delta t}} = \sqrt{J_{2,t+\Delta t}^{\mathrm{trial}}}$$

(2) 如果 $I_{1,t+\Delta t}^{\mathrm{trial}} \leqslant -T, \sqrt{J_{2,t+\Delta t}^{\mathrm{trial}}} \geqslant F_{\mathrm{e}}(-T)$，则

$$I_{1,t+\Delta t} = \mathrm{e}^{-\eta T \Delta t} I_{1,t+\Delta t}^{\mathrm{trial}} + (1 - \mathrm{e}^{-\eta T \Delta t})(-T)$$

$$\sqrt{J_{2,t+\Delta t}} = \mathrm{e}^{-\eta T \Delta t} \sqrt{J_{2,t+\Delta t}^{\mathrm{trial}}} + (1 - \mathrm{e}^{-\eta T \Delta t}) F_{\mathrm{e}}(-T)$$

由这些条件可得，当 $\eta T \Delta t \to \infty$ 时，解是塑性的；当 $\eta T \Delta t \to 0$ 时，解是弹性的。

8.1.3 模型验证

Jackson 等(1980)对 Clayey 砂土进行了静态和动态实验。这些实验提供的数据可为黏塑性帽盖模型及模型算法提供验证。屈服面和弹性模量的材料参数用单轴应变实验和两个三轴压缩实验校正，两个三轴压缩实验的围压分别为 2.07 MPa 和 4.14 MPa。得到材料参数的拟合实验数据为：$K = 2500$ MPa, $G = 1500$ MPa, $\alpha = 3.654$ MPa, $\beta = 0.003$ MPa, $\gamma = 3.5$ MPa, $\theta = 0.263$, $W = 0.109$, $D = 0.05$ MPa^{-1}, $R = 1.5$, $X_0 = 0.3$ MPa。这里没有用到 T。预测结果见图 8.1.3，由此可见，土的静态实验中模型预测与实验数据符合得很好。

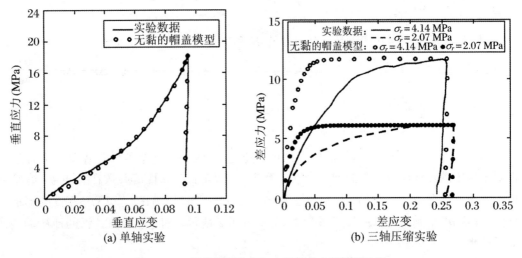

图 8.1.3 帽盖模型特征与土的静态实验数据比较

关于高应变率，在 Jackson 等(1980)在变化的应变率下进行的两个动态单轴应变实验的基础上，Schreyer 和 Bean(1985)插值拟合了应变历史。动态实验中最大应变率接近 200 s^{-1}。图 8.1.4 所示为应变率历史。应变率历史的确定是通过与垂直应力时间的历史和土的动态应力-应变关系比较来确定的。

黏性参数的拟合数据为：$\eta = 0.002$ ms^{-1}, $N = 1.5$, $f_0 = 1.0$ MPa。图 8.1.5(a)和(b)所示为压缩时的模拟结果与实验数据的对比。图 8.1.5(a)为对土的恒应变率 0.0008 s^{-1} 的准静态加载实验的模拟结果，及其与静态土标准加载率实验结果的对比。由此可见：① 黏塑性帽盖模型能很好地预测土的低应变率响应；② 在静态加载下与在高应变率下土的特征有较大的差异，在高应变率加载下两种围压时模量和强度有较大的增加；③ 土的弹性响应与高应变率加载下的塑性响应差异显著；④ 土在高应变率加载下显示应变软化特征。一方

面,当应变率降低时轴向应力减小,黏塑性模型可以在卸载前应力状态仍然在帽盖面上时对材料的特性进行合理模拟,此过程将引起附加应变的积累。另一方面,在很低应变率条件下土显示弹性特征,卸载时材料也与弹性响应接近。

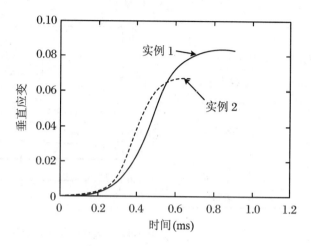

图 8.1.4 动态加载的应变历史

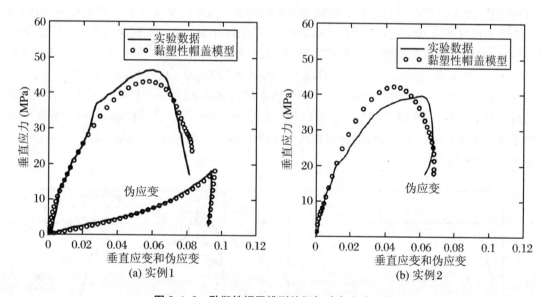

图 8.1.5 黏塑性帽子模型特征与动态实验比较

关于蠕变,Akai 等(1977)对多孔凝灰岩圆柱形样品进行了系列的常规三轴实验。如表 8.1.1 所示,4 个蠕变实验采用完全相同的围压,但轴向载荷不同:首先将样品快速加载到某特定值,然后保持约 8 000 min。此实验数据用黏塑性模型来模拟。模型模拟中的材料参数为:$G = 60\,000$ psi, $K = 125\,000$ psi, $\alpha = 275$ psi, $\beta = 0.0$ psi^{-1}, $\gamma = 0.0$ psi, $\theta = 0.086\,3$, $W = 0.25$, $D = 0.000\,78$ psi^{-1}, $R = 0.35$, $X_0 = 800$ psi, $\eta = 0.000\,06$ min^{-1}, $N = 1.5$, $f_0 = 275$ psi。这些参数除了流动性参数进行了轻微调整外,大部分由 Katona(1984)提供。模拟结果见图 8.1.6,由此可见,此模型在预测弹性和二次蠕变数据时,符合得很好;而在实验 3 和 4 中对

第三次蠕变特征的预测并不好,这表明模型存在一定的局限性,这也导致它无法表示土在第三阶段的应变软化。模型预测的偏应变比实验数据要小。关于此模型的更进一步讨论可参见 Katona(1984)和 Liingaard 等(2004)的工作。

表 8.1.1 蠕变实验应力状况

实验	σ_1(psi)	σ_3(psi)	加载状况
1	497.9	71.13	弹 性
2	668.61	71.13	第一次蠕变
3	711.29	71.13	第二次 + 第三次蠕变
4	739.74	71.13	第三次蠕变

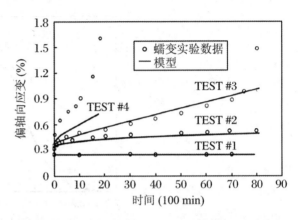

图 8.1.6 黏塑性帽子模型特征与蠕变实验数据比较

关于应力松弛,Katona(1984) 提出一个如图 8.1.7 所示的假定:用单轴加载历史对砂进行实验,由此研究在应力松弛下此模型的模拟特征。假定的轴向应变加载历史如下:轴向应变首先增加到 0.03,并保持恒定让应力松弛,然后减小到 0.0225,再保持恒定。图中时间单位是相对的,不影响结果。模型模拟中采用的参数为:$G = 66.7$ ksi, $K = 40.0$ ksi, $\alpha = 0.25$ ksi, $\beta = 0.67$ ksi^{-1}, $\gamma = 0.18$ ksi, $\theta = 0.0$, $W = 0.25$, $D = 0.066$ ksi^{-1}, $R = 2.5$, $X_0 = 0.189$ ksi, $N = 2.4$, $f_0 = 0.25$ ksi。这些非黏性参数由 Katona(1984)提供。液体活动性参数进行了轻微调整,活动性参数的 3 个值($\eta = 0.6, 0.06$ 和 0.006)已被检验,相应的模型模拟结果见图 8.1.8。足够的持续时间可使最后求得无黏滞性的解,另外,保持恒定轴向应变,轴向应力逐渐降低。

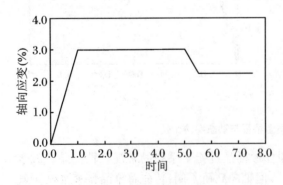

图 8.1.7 假定的单轴应变历史

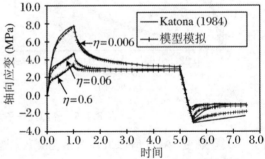

图 8.1.8 关于应力松弛的黏塑性模型模拟

8.1.4 爆炸实验的数值模拟

爆炸实验用有限元程序 LS-DYNA(LSTC 2003)模拟,采用黏塑性帽盖模型预测砂和黏土在高应变率下的行为。

1. 砂质土壤中的爆炸

爆炸实验装置如图 8.1.9 所示（Bergeron 等，1998）。爆炸腔内径为 89.9 cm，高为 18.9 cm，腔壁为 1.27 cm 的厚钢管。实验中爆炸腔用砂质土填满。装有直径 6.4 cm，厚 2 cm，重 100 g 的炸药。炸药（DOB）分别埋设在 0 cm 和 3 cm 的位置。在土中不同深度处放置 3 个碳电阻计（CRG）用于测量冲击波传播速度和在土中的压力。空间距离量计是 2.5 cm，从炸药底到第一个 CRG 的距离为 8.73 cm。在有限元模拟中，土的参数为：$G = 63.85$ MPa，$K = 106.4$ MPa，$\alpha = 0.0642$ MPa，$\beta = 0.34283$ MPa^{-1}，$\gamma = 0.00589$ MPa，$\theta = 0.18257$，$W = 0.2142$，$D = 0.0952$ MPa，$R = 5.0$，$X_0 = 0.01$ MPa，$T = 0.0069$ MPa，$\eta = \eta_T - 0.0002$ μs^{-1}，$N = 1.0$，$f_0 = 100000$ MPa。上述参数大多数源自 Wang（2001）的报告。炸药和空气的材料模型参数见表 8.1.2。对于爆炸的状态方程和其他参数可参见 Dobratz 和 Crawford（1985）的报告。在模拟中由于实验装置的轴对称性，仅取 1/4 进行计算。爆炸腔壁则作为土的固定边界进行处理。有限元模型由 6399 个六角形、8 节点单元构成。靠近爆炸区域的单元需要避免大变形，则通过运用任意的拉格朗日技术（LSTC，1998）实现。更复杂的情况是：多种成分、复杂材料（如炸药、土壤和空气）允许在相同网格内，因而爆炸产物会膨胀变成最初的土和空气网格，同时，土的网格也可能弹射而变成空气网格。

表 8.1.2 LS-DYNA 材料模型及关于炸药和空气的参数

材 料	模型和参数
炸药	模型：Mat_高_爆炸_燃烧
	参数：密度 $= 1.601$ g/cm^3，爆炸速度 $= 0.8193$ cm/μs^2
	Chapman-Jougey 压力 $= 0.26$ g/μs^2
	状态方程：EOS_JWL
	参数：$A = 6.0997$ g/μs^2 cm，$B = 0.1295$ g/μs^2 cm，$R_1 = 4.5$
	$R_2 = 1.4$，$\omega = 0.5$，$E_0 = 0.09$ g/μs^2 cm，$V_0 = 1.0$
空气	模型：Mat_Null
	参数：密度 $= 0.00129$ g/cm^3
	压力截止 $= 0$，动态黏性系数 $= 0$
	状态方程：EOS_线性的_多项式的
	参数：$C_0 = -0.0000001$，$C_4 = 0.4$，$C_5 = 0.4$
	$C_1 = C_2 = C_3 = C_6 = 0$，$E_0 = 0.0000025$ g/μs^2 cm，$V_0 = 1.0$

图 8.1.10 所示为运用黏塑性以及无黏滞性帽盖模型的计算结果与实际爆炸实验数据的比较。在土壤中冲击波传播速度主要源于表面爆炸（$DOB = 0$ cm）。由此可见，当计算过程考虑材料的应变率效应时，相应的波传播速度比由无黏滞性模型预测快。这是由于在高应变率下土的刚性增加。黏塑性帽盖模型的预测与实验数据相当一致。

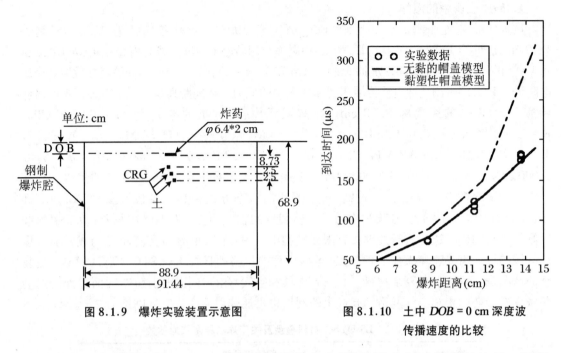

图 8.1.9　爆炸实验装置示意图　　　　图 8.1.10　土中 $DOB=0$ cm 深度波
　　　　　　　　　　　　　　　　　　　　　　　　传播速度的比较

图 8.1.11 所示为 $DOB=0$ cm 时,模拟结果和在现场压力与冲击数据的比较。黏塑性和无黏滞性两个帽盖模型的结果已呈现。图 8.1.12、图 8.1.13 所示分别为 $DOB=0$ cm 和 $DOB=3$ cm 时,冲击波传播速度和现场压力与冲击波传播距离的关系。现场土压力和冲击传播距离应用黏塑性模型预测可得到比无黏滞性模型更好的结果。需注意的是,实际的冲击波速度高于黏塑性帽盖模型预测值。此问题源于模型中拉伸截止区的处理。考虑到土在上述爆炸过程中,总是受到拉伸应力,当拉伸应力超过一定的阈值时,采取截止的方法进行处理,模拟结果将始终受这种处理方法的影响。

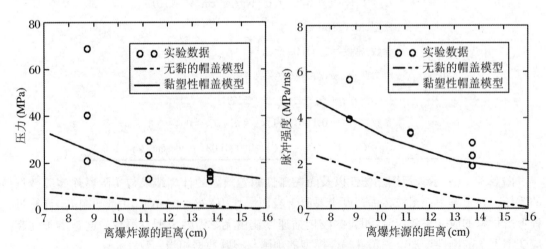

图 8.1.11　在土中当掩埋的深度 $DOB=0$ cm 时压力和冲量的比较

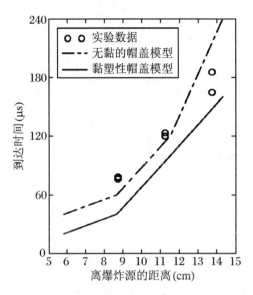

图 8.1.12　土中埋设深度 $DOB = 0$ cm 时与波传播速度的比较

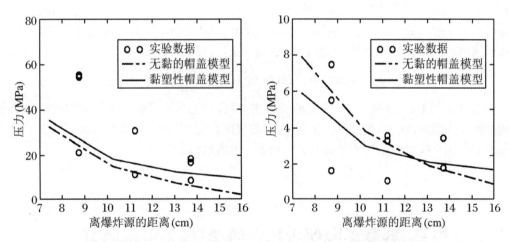

图 8.1.13　土中掩埋深度 $DOB = 3$ cm 时压力和冲量的比较

2. 黏质土壤中的爆炸

为进一步证明模型的能力,爆炸实验($DOB = 3$ cm)由 MSC(2006)进行模拟,并对实验数据进行比较。实验装置同 Bergeron 等(1998)的一样。此处实验中,空气压力计安装在土上面,爆炸腔内填满黏质土壤。美国陆军工程师研究和发展中心 Akers(2006)进行了爆炸实验。基于实验数据,模型参数为: $G = 200$ MPa, $K = 320$ MPa, $\alpha = 1.371$ MPa, $\beta = 0$ MPa^{-1}, $\gamma = 0$ MPa, $\theta = 0.000557$, $W = 0.0993$, $D = 0.0773$ MPa, $R = 4.45$, $X_0 = 0$ MPa, $T = 0$ MPa, $\eta = \eta_T = 0.1 \times 10^{-6}$ μs^{-1}, $N = 0.8$, $f_0 = 1.0$ MPa。图 8.1.14 所示为模型预测与由围压为 7.0 MPa 的两个三轴压缩实验的实验数据的比较。预测了在不同爆炸距离,空气中的压力峰值与实验资料的比较(图 8.1.15)。预测的峰值压力在距炸药包30 cm 的距离处与实验数据很接近。但是,空气压力在传播距离为 70 cm 和 110 cm 时,在估计值之下。这主要由于在有限元模型中距离炸药包更远网格密度较低。一般而言，黏塑性帽盖模型可以很好地预测砂质的和黏土类的土壤的高应变率响应。

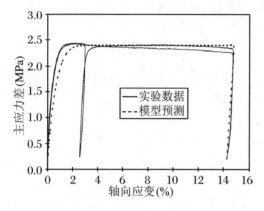

图 8.1.14 黏土质土壤三轴压缩实验的模型预测

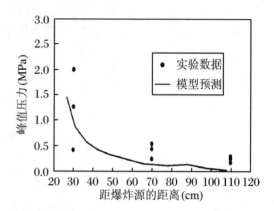

图 8.1.15 根据爆炸对空气压力峰值的预测

从以上的分析可见，现在很多研究者认为只要在静态本构方程中引入应变率效应就可将静态本构方程变为动态本构方程，这在原静态本构方程的基础上更进了一步。但是，这并没有从根本上解决问题，实际上，若我们在静态问题的基础上引入动态的思想，问题可能就变得简单了。静态莫尔-库仑准则为 $\tau = c_0 + \sigma_n \tan\varphi$，根据动态实验结果可以推测 τ, c_0, σ 随加载速率的提高会增加，与加载速率相关，也就是与时间相关，即

$$\dot{\tau} = \dot{c}_0 + \dot{\sigma}_n \tan\varphi + \sigma_n (\tan\dot{\varphi}) : \dot{c}_0 \to \frac{\mathrm{d}c_0}{\mathrm{d}t}, \quad \dot{\varphi} \to \frac{\mathrm{d}\varphi}{\mathrm{d}t}$$

若能从实质上（如上述方程）改变静态本构方程，才能真正将静态本构方程改变为动态本构方程。当然涉及的问题很多很复杂，比如屈服面肯定也会提高，体积屈服面也将不同于静态模型。而且模型中用到的常量也应用动态实验所取得的常量。

8.2 混凝土的冲击特性描述：动态帽盖模型[①]

8.2.1 概述

混凝土与天然的岩石一样，是具有大量微裂纹、孔洞、孔隙以及间断的非均匀材料。微损伤导致的应变率相关特性能够影响混凝土对冲击载荷的响应。然而，也有人认为，脆性材料在高应变率加载下压缩强度的增加并非是材料的"真实"特性，而是由于一维应力状态向一维应变状态转化的结果（Brace 等，1971）。Bischoff 等（1991，1995）对混凝土强度随应变率增高而增强的"真实性"以及侧向惯性约束作了评论，认为混凝土冲击特性改变主要是由材料的惯性阻抗引起的，这种阻抗诱发裂纹传播。当冲击强度足够大时，必须涉及混凝土的

---

① 陈大年等，2001.

高压状态方程。Grady(1996)研究过混凝土的冲击状态方程特性。为获得水泥砂浆石和卵石在冲击过程及冲击后的单独响应,基于混凝土的细观多组分特性,提出了一种描述强冲击特性的多组分模型(Chen 等,2000)。该模型将从水泥砂浆石与卵石的力学平衡以及混凝土单元对冲击波的非局部化响应出发,讨论该多组分响应特性。

8.2.2 率相关的经验型帽盖模型

设损伤 D 是一个标量,它代表随机定位的微裂纹,则材料的 Helmholtz 自由能 ψ 可写为

$$\rho\psi = \frac{1}{2}(1-D)\boldsymbol{\varepsilon}^e : \boldsymbol{\Lambda} : \boldsymbol{\varepsilon}^e \tag{8.2.1}$$

式中,$\boldsymbol{\Lambda}$ 为四阶张量,为初始刚度模量;ρ 为密度;$\boldsymbol{\varepsilon}^e$ 为弹性应变张量。

本构方程可以从不可逆过程的热力学导出,应力张量 $\boldsymbol{\sigma}$ 的表达式为

$$\boldsymbol{\sigma} = \partial(\rho\psi)/\partial\boldsymbol{\varepsilon}^e = (1-D)\boldsymbol{\Lambda} : \boldsymbol{\varepsilon}^e \tag{8.2.2}$$

相应的率本构关系为

$$\dot{\boldsymbol{\sigma}} = (1-D)\boldsymbol{\Lambda} : \dot{\boldsymbol{\varepsilon}}^e - \dot{D}\boldsymbol{\Lambda} : \boldsymbol{\varepsilon}^e \tag{8.2.3}$$

应变增量 $d\boldsymbol{\varepsilon}$ 为弹性增量 $d\boldsymbol{\varepsilon}^e$ 与非弹性增量 $d\boldsymbol{\varepsilon}^p$ 之和,即 $d\boldsymbol{\varepsilon} = d\boldsymbol{\varepsilon}^e + d\boldsymbol{\varepsilon}^p$。

塑性应变增量由流动法则确定,即 $\dot{\boldsymbol{\varepsilon}}^p = \dot{\lambda}\partial f/\partial\boldsymbol{\sigma}$。

综上,可得到应力率的表达为

$$\dot{\boldsymbol{\sigma}} = (1-D)\boldsymbol{\Lambda} : (\dot{\boldsymbol{\varepsilon}} - \dot{\lambda}\partial f/\partial\boldsymbol{\sigma}) - \dot{D}\boldsymbol{\Lambda} : \boldsymbol{\varepsilon}^e \tag{8.2.4}$$

因此,应力率 $\dot{\boldsymbol{\sigma}}$ 不仅与损伤 D 有关,而且与损伤演化规律 $\dot{D}$ 有关。

混凝土的剪切和压实性态在连续介质塑性理论中,与第 4 章的帽盖模型一样,也采用两个屈服面来描述:其一描述剪切屈服和体积膨胀,其二描述材料的压实,通常称为帽盖模型。无黏性的、两个不变量 (I_1, J_2) 相关联的帽盖模型首先由 Dimaggio 和 Sandle 提出(Dimaggio 等,1971;Sandle 等,1976)。后来,Simo 等(1988)发展了在 Perzyna(1966)型黏塑性含义下的率相关帽盖模型,这在本章上一节中也有论述。应该指出,帽盖模型虽然反映了大应变时的非弹性响应,其中包括由微裂纹或空穴的非弹性体积变化引起的材料软化或硬化,但是,方程(8.2.4)中的损伤 D 并没有确定,损伤演化规律 $\dot{D}$ 对于应力率 $\dot{\boldsymbol{\sigma}}$ 的效应更没有计及。帽盖模型的一般描述为

$$dp = K(I_1)d\varepsilon^e_{ii}, \quad dS_{ij} = 2G(J_2)d\varepsilon'^e_{ij} \tag{8.2.5}$$

其中,

$$d\varepsilon'^e_{ij} = d\varepsilon^e_{ij} - \frac{1}{3}d\varepsilon^e_{ii}\delta_{ij} \tag{8.2.6}$$

K 和 G 分别为体积模量和剪切模量,表达式为

$$K(I_1) = K_0 + K_2 I_1, \quad G(J_2) = G_0 + G_2\sqrt{J_2} \tag{8.2.7}$$

式中,S 为偏应力,K_0, K_2, G_0, G_2 为参数。

(1) 混凝土动、静态性能的关系。Chern 等(1987)归纳总结了大量实验结果,得到经验公式为

$$\widetilde{V}_d = C_r \widetilde{V}_s \tag{8.2.8}$$

式中，$\widetilde{V}_d$ 和 $\widetilde{V}_s$ 分别为混凝土在动态和静态加载下的弹性模量和压缩强度；C_r 为应变率的函数，具有如下形式：

$$C_r = C_0 + C_1 \ln\left(\frac{\dot{\varepsilon}_{ef}}{\dot{\varepsilon}_N}\right) + C_2 \left[\ln\left(\frac{\dot{\varepsilon}_{ef}}{\dot{\varepsilon}_N}\right)\right]^2 \tag{8.2.9}$$

式中，C_0, C_1, C_2 为拟合系数；$\dot{\varepsilon}_{ef}$ 为有效应变率；$\dot{\varepsilon}_N$ 为参考应变率，一般取 $\dot{\varepsilon}_N = 1\ \mathrm{s}^{-1}$。

由此，可对应变率对于混凝土材料的塑性加载面和损伤面的效应做分离变量处理，这种效应可以通过考虑材料强度随应变率增高而增强的事实加以描述。

(2) 帽盖模型屈服函数。Bischoff 等(1991)指出：虽然有许多因素可以阻碍混凝土压缩强度随加载率提高而增强，但混凝土的品质（静态压缩强度）似乎是唯一有意义的因素。而其他因素诸如混合比例、水/水泥比例、卵石类型（刚度、表面结构、大小、形状、强度）和含量、颗粒级配、水泥含量、混凝土龄期以及养护条件等的影响都是相当次要或不重要的因素。由此，失效面和帽盖面的屈服函数分别描述如下：

失效面：

$$f(\boldsymbol{\sigma}, h, \dot{\varepsilon}_{ef}) = J_2 - g_1(\dot{\varepsilon}_{ef}) F_e(I_1) \leqslant 0 \tag{8.2.10}$$

帽盖面：

$$f(\boldsymbol{\sigma}, h, \dot{\varepsilon}_{ef}) = J_2 - g_2(\dot{\varepsilon}_{ef}) F_c(I_1, h) \leqslant 0 \tag{8.2.11}$$

式中，h 为硬化参数，$g(\dot{\varepsilon}_{ef})$ 为 $\dot{\varepsilon}_{ef}$ 的函数，$F_e(I_1), F_c(I_1, h)$ 分别为静态的剪切屈服面和帽盖屈服面。

显然，上述率相关的经验性帽盖模型没有确定损伤 D，也没有计及损伤率 $\dot{D}$ 对应力率 $\dot{\sigma}$ 的影响。这在 Chen 等(2000)提出的混凝土非局部化层裂模型中得到了考虑。

图 8.2.1 给出了采用上述经验的率相关帽盖模型，对混凝土平板撞击实验进行数值模拟的结果。模拟了 6.35 mm 厚 PMMA（聚甲基丙烯酸甲酯）平板以 300 m/s 速率撞击 25.2 mm 厚混凝土靶时，靶内不同深度处的粒子速度历史，并与实验结果进行了比较。实验结果取自 Gupta 等(1979)的报告。数值模拟中，方程(8.2.10)、方程(8.2.11)中的 $F_e(I_1)$ 及 $F_c(I_1, h)$ 分别取自 Gupta 等(1979)的报告，具体表达式为

$$\begin{aligned}F_e(I_1) &= [A_1 + A_2 \exp(I_1/A_3) + A_4 \exp(I_1/A_5)]^2 \\ F_c(I_1, h) &= [P^2 H(\varepsilon_v^p) - I_1^2/9]/W^2 \end{aligned} \tag{8.2.12}$$

式中，$A_4 = -[A_1 + A_2 \exp(I_{10}/A_3)] \exp(-n)$，$A_5 = I_{10}/n$，$PH(\varepsilon_v^p) = 0.016 + 3.06\varepsilon_v^p$，$\varepsilon_v^p$ 为塑性体积应变，$A_1 = 104.0\ \mathrm{MPa}, A_2 = -83.0\ \mathrm{MPa}, A_3 = 270.2\ \mathrm{MPa}, I_{10} = 61.0\ \mathrm{MPa}, n = 1.0, W^2 = 1.25$。

基于 Chern 等(1987)对大量实验数据的拟合以及 Bischoff 等(1991,1995)的结论，可分别取 $g_1(\dot{\varepsilon}_{ef}), g_2(\dot{\varepsilon}_{ef})$ 为如下函数：

$$g_1(\dot{\varepsilon}_{ef}) = 1.503 + 0.061 \cdot \ln\left(\frac{\dot{\varepsilon}_{ef}}{\dot{\varepsilon}_N}\right) + 0.0019 \left[\ln\left(\frac{\dot{\varepsilon}_{ef}}{\dot{\varepsilon}_N}\right)\right]^2$$

$$g_2(\dot{\varepsilon}_{ef}) = 1.321 + 0.0411 \cdot \ln\left(\frac{\dot{\varepsilon}_{ef}}{\dot{\varepsilon}_N}\right) + 0.0015 \left[\ln\left(\frac{\dot{\varepsilon}_{ef}}{\dot{\varepsilon}_N}\right)\right]^2$$

(3) 模量的取值。在数值模拟中，体积模量和剪切模量分别取为

$$K(I_1, \dot{\varepsilon}_{ef}) = (K_0 + K_2 I_1) g_2(\dot{\varepsilon}_{ef}), \quad G(J_2, \dot{\varepsilon}_{ef}) = (G_0 + G_2 \sqrt{J_2}) g_2(\dot{\varepsilon}_{ef}) \tag{8.2.13}$$

式中，$K_0 = 63$ GPa，$G_0 = 4.7$ GPa，$K_2 = -60$，$G_2 = 180$。

这些参数与函数的选取基于 Chern 等(1987)和 Bischoff 等(1991,1995)的工作。

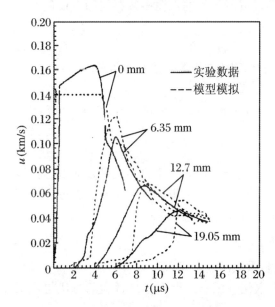

图 8.2.1　靶中不同深度处，实验与计算的粒子速度历史

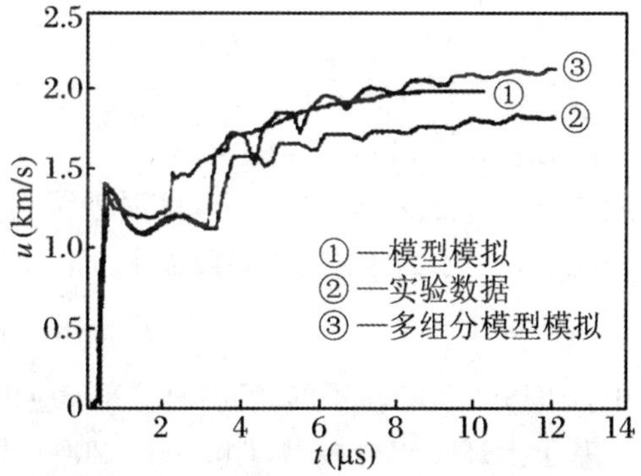

图 8.2.2　实验与计算的靶板自由面速度历史

图 8.2.2 给出了 25.4 mm 厚混凝土平板以 2.15 km/s 速度撞击 2.39 mm 厚铜靶时，计算(曲线②)与实验(曲线①)的靶自由面速度历史的比较，实验结果取自 Grady(1996)的报道。数值模拟中所采用的函数和参数与图 8.2.1 相同。由图 8.2.1、图 8.2.2 可见：此率相关的经验性帽盖模型可以用来大致描述混凝土的冲击响应。关键的问题在于知道静态本构，这是本质因素；应变率的作用似乎可以用经验性的关系[如方程(8.2.9)]分离出来。这个模型的实质是：假设应变率与本构关系及其他要素是相互独立的，不计这些变量的交互作用。由图 8.2.2 也可预测，当冲击强度足够大时，必须考虑混凝土的非线性体积-压力-内能关系，也就是高压状态方程，否则理论与数值研究将不符合实验结果。

8.2.3　强冲击特性的多组分模型

冲击波扫过混凝土后，各组分的流体动力学与热力学平衡问题是非常复杂的，因为冲击波不仅面临不同冲击阻抗的组分，而且以不同的速度通过这些组分。已经发现，水泥砂浆石和卵石的 Hugoniot 特性均可用如下关系描述(施绍裘等，1999；ТрунинРФ 等，1971)：

$$u_s = c_0 + \lambda u_p \tag{8.2.13}$$

式中，u_s 为冲击波速度，u_p 为波后粒子速度，c_0，λ 为常量(在一定速度范围内)。

对混合物的状态方程进行理论分析是非常复杂的。已有一些内插方法(Mc Queen 等，1970；Meyers，1994)，由各组分的 Hugoniot 关系预估混合物的状态方程。然而，如果把这些内插法应用于描述混凝土,并不能考虑混凝土单元中各组分在冲击及冲击后各自的行为。而这些各自的行为是非常重要的。事实上,混凝土的动态断裂过程能够用水泥砂浆石与卵石的细观结构以及它们之间的相互作用来解释。例如,尽管有人猜测(Bischoff 等,1991),在冲击加载下,裂纹可以通过卵石,但是事实并非如此(Bischoff 等,1995)。

Chen 等(2000)提出了一种多组分模型。假设混凝土中的水泥砂浆石与卵石仅仅处于力学平衡,即

$$p_m(v_m, E_m) - p_a(v_a, E_a) = 0 \tag{8.2.14}$$

式中,p 为压力,v 为比容,E 为比内能,下标 m,a 分别代表水泥砂浆石和卵石。

由于比内能与比容是可加量,所以

$$E = m_a E_a + p_a (1 - m_a) E_m, \quad v = m_a v_a + (1 - m_a) v_m, \quad m_a = M_a/(M_a + M_m) \tag{8.2.15}$$

式中,M 表示各自质量。

除方程(8.2.14)和方程(8.2.15)外,还需考虑混凝土单元中水泥砂浆石及卵石各自做等熵压缩或膨胀运动。事实上,水泥砂浆石与卵石间的温度平衡依赖于二者的粒度。在一般情况下,它们之间不能达到温度平衡。由能量守恒方程,可以得到

$$\dot{E}_a - v_a W_a + p_a \dot{v}_a = 0 \tag{8.2.16}$$

式中,$\dot{E}$ 表示 E 随粒子的微商,W_a 等于应力偏量乘以速度应变。

基于上述多组分模型,Chen 等(2000)处理水泥砂浆石及卵石各自行为的方法与步骤如下:

(1) 对混凝土单元的质量、动量及能量守恒方程进行有限差分计算,得到单元总的即时比容 v 及内能 E。这里,能量守恒方程并没有与混凝土单元的状态方程耦合,也就是并不要求总的状态方程描述。

(2) 采用牛顿-拉弗森(Newton-Raphson)迭代过程及 Gaussian 消元法,求解方程组 (8.2.14)~(8.2.16),确定水泥砂浆石及卵石各自的比容 v_m, v_a 以及比内能 E_m, E_a。

(3) 由水泥砂浆石或卵石的状态方程确定平衡压力 p。采用 Prandle-Reuss 型的流动法则计算应力偏量,完成有限差分过程的一个循环。其中屈服应力可以与压力有关,如方程 (8.2.12)第一式右端所示,但是,流动法则不依赖于体积。

对图 8.2.2 所涉及的实验进行计算,结果如图 8.2.2 中的曲线③所示。图 8.2.3 则给出了在此实验中,在混凝土-铜界面附近的混凝土中水泥砂浆石及卵石的比容、内能计算值随时间的变化。图 8.2.4 给出了 25.4 mm 厚混凝土平板以 1.74 km/s 速度撞击 2.33 mm 厚铜靶

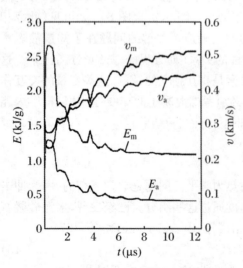

图 8.2.3 混凝土-铜界面附近,混凝土中的 v_m, v_a, E_m, E_a

时,计算(曲线②)与实验(曲线①)的靶自由面速度历史比较。实验结果取自文献 Grady(1996)。

在采用多组分模型的数值模拟中,水泥砂浆石和卵石的初始比容分别为 $0.46\text{ cm}^3/\text{g}$ 和 $0.38\text{ cm}^3/\text{g}$。方程(8.2.13)中的 c_0 分别为 2.3 km/s 和 2.43 km/s;λ 分别为 0.81 和 1.52;Grüneisen 参数分别为 0.62 和 2.05。方程(8.2.12)第一式左边取为 $Y/\sqrt{3}$(Y 为屈服应力)。Grady(1996)认为,方程(8.2.13)所表达的 Hugoniot 特性对于混凝土来说,在一定的冲击速度范围内也可成立,并给出了图 8.2.4 实验条件下的 c_0,λ,分别为 3.0 km/s 和 1.7。采用由此导出的 Grüneisen 状态方程及上述屈服应力,应用多组分模型计算了相应的自由面速度历史,如图 8.2.4 中曲线③所示。图 8.2.5 给出了图 8.2.4 所涉及的实验中,在混凝土-铜界面附近的混凝土中的水泥砂浆石及卵石的比容、比内能计算值随时间的变化。

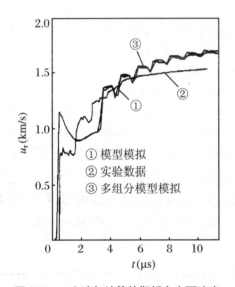

图 8.2.4 实验与计算的靶板自由面速度

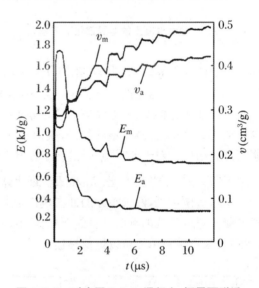

图 8.2.5 对应图 8.2.4,混凝土-铜界面附近,混凝土中的 v_m,v_a,E_m,E_a

需指出的是,上述多组分模型并没有涉及水泥砂浆石和卵石的尺度,这些尺度关系到混凝土对冲击波响应的非局部化效应。下面将实际混凝土中的不规律卵石分布用一种平均的单一分布来描述。在这里,平均半径为 a 的卵石"球"将与环绕其周围、平均半径为 b 的水泥砂浆石"球壳"共同构成一个混凝土单元,如图 8.2.6 所示。其中,

$$b = [(M_m v_m/M_a v_a) + 1]^{1/3} a \tag{8.2.17}$$

研究此多层球体结构在球形冲击波作用下的行为,有利于探讨混凝土多组分模型对均匀冲击压缩的非局部化响应。Chen 等(2000)指出,只有在极端条件即冲击波的强度足以使水泥砂浆石和卵石气化的情况下,自相似解才存在。在通常情况下,只能通过数值求解考察密度分布、特征长度、孔隙度以及各组分的冲击特性对混凝土单元冲击响应的影响。通过计算实例,Chen 等描述了多孔水泥砂浆石对混凝土吸能与压碎的影响,也指出 Rayleigh-Taylor 不稳定性将导致水泥砂浆石与卵石界面的分裂。

特别令人关注的问题是,连续介质平均应力的概念对研究对象的尺寸小于由混凝土的

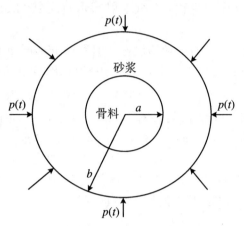

图 8.2.6 模拟混凝土的非局部化响应单元

细观不均匀性确定的体积来说，是无意义的。然而，受计算精度限制，有限差分的网格不可能大到与最大的卵石尺度相比拟。因此，比较含大颗粒卵石的混凝土单元的冲击响应与相应的模拟混凝土单元的冲击响应是十分必要的。Chen 等研究了如下的问题：卵石的半径为 9.5 mm，围绕卵石的水泥砂浆石球壳的外半径为 14.6 mm，此混凝土单元的外边界作用的压力

$$p_e(t) = 20\exp(-2t) \quad (单位：GPa)$$

式中，t 为时间(μs)。这种压力条件可以由爆炸产生。

采用前面的水泥砂浆石和卵石的有关状态方程和屈服应力参数，可以计算出水泥砂浆石-卵石界面的速度 u_{mra}、压力 p、比容 v_m 和 v_a、内能 E_m 和 E_a 随时间的变化，如图 8.2.7~图 8.2.12 所示。这些图描述了包含大颗粒卵石的典型混凝土单元的冲击响应。

采用多组分模型，考虑相应的模拟单元的冲击响应。此模拟单元的外径和外边界条件与上述混凝土单元一样，不同的是，模拟单元是一个混凝土球体，并非由卵石球体与水泥砂浆石球壳组成。对于此模拟单元，在半径 9.5 mm 处水泥砂浆石-卵石界面的速度 $\bar{u}_{mra}$、压力 $\bar{p}$、比容 $\bar{v}_m$ 和 $\bar{v}_a$ 以及内能 $\bar{E}_m$ 和 $\bar{E}_m$ 的计算值随时间的变化也示于图 8.2.7~图 8.2.12 中。从这些图可见，两种单元的冲击响应是接近的，也就是说，多组分模拟可以用于总体描述混凝土对冲击波的响应。虽然严格说，对于含大颗粒的部分不适用，但是，在一定的误差范围内，采用模拟单元可以近似描述。

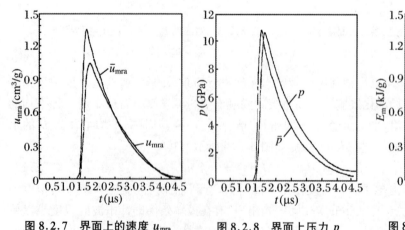
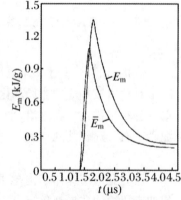

图 8.2.7 界面上的速度 u_{mra}　　图 8.2.8 界面上压力 p　　图 8.2.9 界面上的内能 E_m

注：界面是指卵石与水泥砂浆石的交界。图中对包含 9.5 mm 卵石(石英)的混凝土单元与相应的模拟单元在 9.5 mm 处(带上划线的)各量随时间的变化进行了比较。

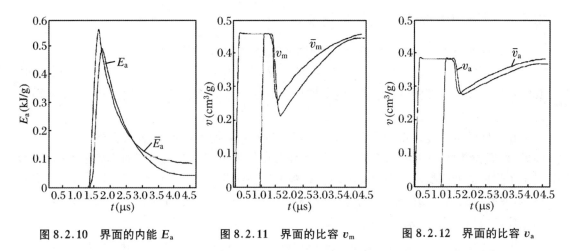

图 8.2.10 界面的内能 E_a　　图 8.2.11 界面的比容 v_m　　图 8.2.12 界面的比容 v_a

注:界面是指卵石与水泥砂浆石的交界。图中对包含 9.5 mm 卵石(石英)的混凝土单元与相应的模拟单元在 9.5 mm 处(带上划线的)各量随时间的变化进行了比较。

8.3　爆炸载荷下混凝土材料动态损伤描述[①]

爆炸载荷下,混凝土的损伤和破裂由应力波产生的冲击载荷和爆轰物气体的碎片传播同时形成。已有研究(Simha 等,1987;Hommert 等,1987;Brinkman,1987)试图表明:炸药产生的爆炸应力波是混凝土材料中损伤演化和其后飞散碎片尺寸分布的原因,而爆炸产生的气体在分离裂纹图像(这些在应力波通过时形成)和后来碎片的分散上起着重要作用。与应力波传播相比,碎片形成的过程很慢,然而,有证据显示:在应力波通过后,碎片尺寸立刻被确定,这一过程远在气体产生之前(Brinkman,1987;Zhao 等,1993)。Wilson(1987)的发现显示:冲击加载过程中的碎片尺寸分布信息很重要,因为在此阶段大多数碎片都已形成。这就是说,碎片是在高加载率下形成的。因此,材料的应变率效应在破坏和飞散过程中起着重要作用。

混凝土是一种典型的率相关的脆性材料。对大多数脆性材料而言,这种动态力学行为的率相关特性来自于损伤力学所描述的损伤演化。这里给出一种模型来描述混凝土和砂浆材料在动态加载下的损伤和破坏。混凝土被假定为一种宏观上的带有微裂纹的各向同性连续介质。损伤演化的机理是连续损伤力学中的微裂纹的成核、生长和贯通。在损伤函数的基础上,可以建立特定时刻的应力响应和特定应变率下的应力-应变关系。所需的代表初始裂纹特性的那些材料参数通过材料的动态性能实验得到。与有效的实验结果比较,这种模型能够得到混凝土的名义碎片尺寸和破坏应变能。

---

① Lu 等,2001。

8.3.1 混凝土的断裂和连续损伤模型

外载荷作用下,内部有裂纹扩展的脆性体的总能量可以描述为

$$U = U_0 + U_c + U_k \tag{8.3.1}$$

其中,U_0 是弹性应变能,由应力或应变的体积得到;U_c 是表面能(通过它来求裂纹表面信息);U_k 是碎片的动能。

在早期的脆性连续损伤模型中,曾假定,当应变成拉应变时,微裂纹立刻产生并生长。最近,根据脆性材料的研究,在拉应力低于静态拉伸强度时不发生损伤的实验事实基础上,提出了临界应变的概念。在建立混凝土材料的连续损伤模型时,也考虑了这一结论。实验显示,混凝土的动态杨氏模量在高速加载(应变率>100 s^{-1})时随着应变率的提高而变大。动态杨氏模量可表达为

$$E_d = e^{a\sqrt[3]{\dot\varepsilon} + b\sqrt[3]{\dot\varepsilon^2}} E(1-D) \tag{8.3.2}$$

其中,E 为无损伤的材料在准静态加载下的杨氏模量,D 为损伤内变量,$\dot\varepsilon$ 是应变率,a 为由实验给出的参数,且 E_d 总大于或等于 E。

同时可以给出单轴拉伸或压缩下的弹性应变能公式及应力表达:

$$U_0 = \frac{1}{2} e^{a\sqrt[3]{\dot\varepsilon} + b\sqrt[3]{\dot\varepsilon^2}} E(1-D)\varepsilon^2 \tag{8.3.3}$$

$$\sigma = \frac{\partial U_0}{\partial \varepsilon} = e^{a\sqrt[3]{\dot\varepsilon} + b\sqrt[3]{\dot\varepsilon^2}} E(1-D)\varepsilon \tag{8.3.4}$$

描述单个微裂纹对材料刚度的软化作用比较困难,但根据统计损伤力学,损伤内变量 D 可用材料中理想的币状裂纹的体积来定义:

$$D = NV \tag{8.3.5}$$

其中,N 为裂纹密度,即单位体积内的裂纹数目,$V = \frac{4}{3}\pi r^3$ 是半径 r 的币状裂纹等效作用体积。对各向同性损伤,D 的取值在 0 和 1 之间:$D = 0$ 为无损伤情形,$D = 1$ 表示宏观裂纹形成。

混凝土等脆性材料从应力超过静态拉伸强度到发生层裂需要一定的持续时间,损伤演化方程可以通过在这段时间内激活的裂纹数目来得到:

$$D(t) = \int_{t_c}^{t} \dot N(s) V(t-s) \mathrm{d}s \tag{8.3.6}$$

其中,t_c 是拉应变达到临界应变 ε_{cr} 所需的时间。对单轴作用而言,$\varepsilon_{cr} = \sigma_{st}/E$,其中 σ_{st} 为静态拉伸强度。裂纹密度增长率 $\dot N$(Yang 等,1996)为

$$\dot N = \alpha(\varepsilon - \varepsilon_{cr})^\beta \tag{8.3.7}$$

其中,α 描述特定应变水平下微裂纹的成核过程,β 决定裂纹密度增长率对应变率的依赖程度。显然,$\varepsilon \leqslant \varepsilon_{cr}$ 时,$\dot N$ 为零。α 和 β 是与材料有关的参数,其值由动态实验来确定。

$V(t-s)$ 对应在这段时间 s 内所激活的裂纹的生长:

$$V(t-s) = \frac{4}{3}\pi r^3 = \frac{4}{3}\pi c_g^3 (t-s)^3 \tag{8.3.8}$$

其中，c_g 是裂纹生长速度，通常 $0 < c_g < c_1$，c_1 为弹性波速。

将方程(8.3.7)和方程(8.3.8)代入方程(8.3.6)，可得

$$D(t) = \frac{4}{3}a\pi c_g^3 \int_{t_c}^{t} (\varepsilon - \varepsilon_{cr})^\beta (t-s)^3 ds \tag{8.3.9}$$

假定应变线性增加，$\dot\varepsilon(t) = \dot\varepsilon_0 t$，则损伤增长为

$$D(t) = \frac{4}{3}a\pi c_g^3 \dot\varepsilon_0^\beta \int_{t_c}^{t}(s-t_c)^\beta(t-s)^3 ds = m\dot\varepsilon_0^\beta(t-t_c)^{\beta+4} \tag{8.3.10}$$

其中，

$$m = \frac{8\pi c_g^3 a}{(\beta+1)(\beta+2)(\beta+3)(\beta+4)} \tag{8.3.11}$$

根据上面的理论分析，可将动态破裂强度定义为最大应力，它使材料在失效前产生破坏。用恒定应变加载率的假定，可得材料破坏前的动态应力-应变关系为

$$\sigma = e^{a\sqrt[3]{\dot\varepsilon_0} + b\sqrt[3]{\dot\varepsilon_0^2}} E\dot\varepsilon_0 t \quad (t \leqslant t_c) \tag{8.3.12a}$$

$$\sigma = e^{a\sqrt[3]{\dot\varepsilon_0} + b\sqrt[3]{\dot\varepsilon_0^2}} E\dot\varepsilon t[1 - m\dot\varepsilon_0^\beta(t-t_c)^{\beta+4}] \quad (t_c \leqslant t \leqslant t_m) \tag{8.3.12b}$$

对式(8.3.12b)进行时间微分，且通过最大应力调整微分方程等于零来确定相对应的瞬时 t_m，因此，可得到

$$m\dot\varepsilon_0^\beta(t_m-t_c)^{\beta+3}[t_m-t_c+t_m(\beta+4)] = 1 \tag{8.3.13}$$

混凝土的 β 和 m 的值由动态强度实验数据决定。动态应力-应变关系可以根据式(8.3.12)来确定。

在比较高的应变率下具有高的动态强度，这与实验结果是一致的。率效应导致材料比较高的强度，使破坏过程变得更容易，也使峰后破坏和变化过程变得更不稳定，在这个阶段材料性质与峰前响应有较大的不同。根据 Reinhardt 等(1990)和 Mindess(1983)在混凝土材料的宏观破坏尖端的前沿存在微裂纹变化过程的区域。当 $t > t_m$ 时，理论分析认为，当裂纹扩展时，能量阻挡层推迟了材料的整体破坏。因此，非均匀效应考虑软化区形态。实验结果也证实了这一点(Shah,John,1986；Yon 等,1991)。

下面将采用内聚的裂纹模型来模拟材料的软化过程。当最大主应力达到 $\bar\sigma_m$ 时，在最大主应力的法向形成内聚裂纹。微裂纹表面的应力和微应变有关。法向应力 σ 是应变的递减函数，$0 < \varepsilon < \bar\varepsilon$ 的表面称为裂纹的影响区。当法向应变比材料参数 $\bar\varepsilon$ 大时，σ 变为零，对应材料的内聚应变极限；当 $\varepsilon > \bar\varepsilon$ 时，这个裂纹面成为宏观裂纹，可假定在宏观裂纹上两个裂纹面之间没有相互作用，即 $\sigma = 0$，主应力消失。如果内聚应变从 0 增加到 $\bar\varepsilon$，能量的改变相当于 $\int_0^{\bar\varepsilon}\sigma d\varepsilon = G_{cl}$。在内聚应力和应变成线性变化的情况下，三角形的面积 $\zeta = \frac{1}{2}\bar\sigma_m\bar\varepsilon$ 表示每单位裂纹长度由内聚裂纹变成已断开的裂纹。σ 为应力，可以通过内聚裂纹模型导出，其数学表达式为

$$\Phi = \sigma - (\bar\sigma_m + \bar h\varepsilon) \leqslant 0 \tag{8.3.14}$$

$$\varepsilon' \geqslant 0, \quad \Phi\varepsilon' = 0 \tag{8.3.15}$$

这里，$\bar h = -\bar\sigma_m/\bar\varepsilon$，$\bar\sigma_m$ 是出现在时间 t_m 的最大动态应力；$\bar\varepsilon$ 是材料参数，代表动态内聚应变极限；$\bar h$ 为裂纹硬化模量，软化时为负值。根据 Weerheijm(1992)对拉伸下混凝土的软化研究，动态内聚应变极限 $\bar\varepsilon$ 可表示为

$$\bar{\varepsilon} = \bar{\varepsilon}_{sy} \cdot (\dot{\varepsilon}/\dot{\varepsilon}_s)^{-0.042} \tag{8.3.16}$$

其中,$\dot{\varepsilon}_s$ 是参考静态应变率,对混凝土材料,通常取 $\dot{\varepsilon}_s = 4 \times 10^{-6}$ s^{-1};$\bar{\varepsilon}_{sy}$ 为静态内聚应变值,根据 Holmquist 等(1993)的实验结果,取 $\varepsilon_{sy} = 0.01$。

于是软化区的动态应力-应变关系为

$$\sigma = \bar{\sigma}\left[1 - \left(\frac{\varepsilon - \bar{\varepsilon}_m}{\bar{\varepsilon}}\right)^k\right] \quad (t > t_m) \tag{8.3.17}$$

其中,$\bar{\varepsilon}_m$ 是达到最大动态应力时的应变临界值,参数 k 用通过拟合实验结果得到的软化区的应力-应变曲线来确定。

脆性材料的破裂与裂纹的产生、扩展及合并相关,因此,要求出碎片的尺寸分布首先必须得到裂纹的尺寸分布。将损伤演化方程改写为

$$D(t) = \int_0^{c_g(t-t_c)} \omega(r,t) dr \tag{8.3.18}$$

其中,

$$\omega(r,t) = \frac{4\pi r^3}{3c_g} \alpha \dot{\varepsilon}_0^{\beta} \left(t - t_c - \frac{r}{c_g}\right)^{\beta} \tag{8.3.19}$$

为损伤或裂纹体积分数分布。

当应力达到材料的动态强度 $\bar{\sigma}_m$ 时(对应时间 t_m),材料破坏即发生软化。由于裂纹的贯通,破坏面开始构成碎片。注意到裂纹半径 $r = L/2$(L 为名义上的碎片尺寸),以式(8.3.19)可得碎片尺寸分布为

$$F(L) = (1/2)\omega(L/2, t_m) = (\pi \alpha L^3 / 12 c_g) \dot{\varepsilon}_0^{\beta} [t_m - t_c - L/(2c_g)]^{\beta} \tag{8.3.20}$$

对上式求极值,即能得到碎片的最大尺寸为

$$L_m = [6c_g/(\beta + 3)](t_m - t_c) \tag{8.3.21}$$

8.3.2 模拟结果

基于混凝土和砂浆的拉伸和压缩加载实验,确定上述模型中的参数。砂浆代表混凝土的基体相。基于实验数据,首先对高应变率加载下的动态杨氏模量的变化进行了实验数据和模型分析结果的对比,如图 8.3.1 所示。这里,式(8.3.2)的参数 $a = -0.08502, b =$

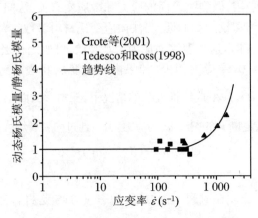

图 8.3.1 杨氏模量随应变率的变化(Lu 等,2004)

0.01441,对应的动态杨氏模量函数曲线也表示在图中。注意这里没有考虑损伤内变量 D 的影响。还要注意初始动态杨氏模量值取在低于准静态强度的应力水平上。考虑了在这个阶段动态加载下损伤是等于零的。测量的动态强度和静态强度已用到式(8.3.13)中求出的材料常量 β 和 m。其结果应用于理论模型是为了预测在改变应变加载率下确立材料的动态应力-应变关系和动态强度以及碎片尺寸和破裂应变能。

应该指出,混凝土材料在受压缩应力作用时,其内部的损伤本质上也同裂纹的生长和合并密切相关。因此,前面所建立的基本模型对压应力作用下的混凝土等脆性材料也同样适用。不同的是,此时 t_c 的值将由准静态压缩强度而不是拉伸强度来决定;同时,此时的静态内聚应变值 ε_{sy},在受压情形下将考虑横向效应,取 $\bar{\varepsilon}_{sy} = 0.01/\nu \approx 0.01/0.18 = 0.05$(其中 ν 为泊松比)。

1. 混凝土的拉伸性能

根据 Tedesco 等(1993),Ross 等(1995)的实验结果,混凝土材料的准静态拉伸强度 σ_{st} 为 $3.86\,\text{MPa}$,杨氏模量 E 为 $27\,\text{GPa}$,密度 ρ 为 $2.4\,\text{g/cm}^3$,泊松比 ν 为 0.18。图 8.3.2 给出了不同应变率下的动态拉伸强度对准静态强度的倍数(准静态强度在应变率为 $10^{-6} \sim 10^{-5}$ 量级)。在此数据基础上,根据式(8.3.13)求得材料参数 $\beta=10, m=8.1\times10^{49}$。用这些值,在给定应变率时,可用式(8.3.12)和式(8.3.17)来建立动态应力-应变关系。图 8.3.3 给出了混凝土材料在不同应变率的拉应力加载时的动态应力-应变曲线。可以看出,实验结果和理论模型符合得相当好。应变率在 $10\,\text{s}^{-1}$ 量级时,混凝土的动态拉伸强度为静态的 $3\sim4$ 倍;当应变率达到 $100\,\text{s}^{-1}$ 量级时,大约为 7 倍。

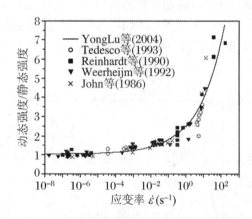

图 8.3.2 动态拉伸强度随应变率的变化
(Lu 等,2004)

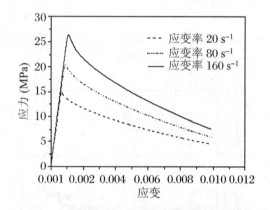

图 8.3.3 不同应变率的拉伸应力-应变曲线预测
(Lu 等,2004)

2. 混凝土的压缩性能

混凝土材料的准静态压缩强度 $\sigma_{sc} \approx 40\,\text{MPa}$,杨氏模量 $E=27\,\text{GPa}$,密度 ρ 为 $2.4\,\text{g/cm}^3$,泊松比 $\nu=0.18$。图 8.3.4 给出了不同应变率下的动态压缩强度对准静态强度的倍数。用式(8.3.13)拟合实验数据,在此数据基础上获得材料参数 $\beta=10, m=7.42\times10^{47}$。图 8.3.5 给出了混凝土材料在不同应变率的压应力加载时的动态应力-应变曲线。可以看出,实验结果和理论模型同样符合得相当好。其中的实验结果取自 Donze 等(1999)的工作。

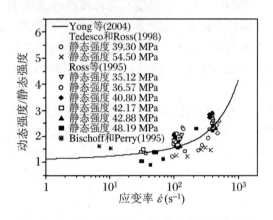

图 8.3.4 归一化混凝土压缩强度随应变率变化
(Lu 等,2004)

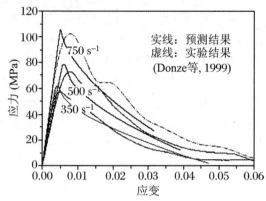

图 8.3.5 不同应变率下压缩应力-应变关系
(Lu 等,2004)

比较压应力下和拉应力下的强度随应变率变化的曲线可以看出,应变率对动态压缩强度的影响小得多。在应变率为 $100\ s^{-1}$ 量级时,动态压缩强度大约是静态的 1.5 倍,而此时动态拉伸强度大约是静态的 7 倍。但有趣的是,强度增加的绝对量是一样的。

3. 砂浆的压缩性能

砂浆是混凝土的基体。通过 Grote 等(2001)的实验结果,可以得到砂浆的材料参数,其准静态压缩强度 σ_{sc} 为 46 MPa,杨氏模量 $E=20$ GPa,密度 ρ 为 2.1 g/cm³,泊松比 $\nu=0.2$。图 8.3.6 给出了砂浆在不同应变率下的动态压缩强度对准静态强度的倍数。在此数据基础上,材料参数 $\beta=7$,$m=3.16\times10^{44}$。图 8.3.7 给出了砂浆材料在不同应变率的压应力加载时的动态应力-应变曲线。可以看出,实验结果和理论模型同样符合得相当好,并且和混凝土材料的相应曲线很类似。

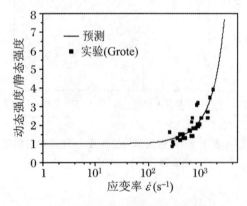

图 8.3.6 不同应变率的动态压缩强度
(Lu 等,2004)

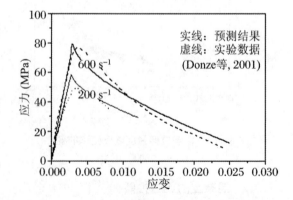

图 8.3.7 不同应变率的压应力-应变曲线
(Lu 等,2004)

4. 碎片尺寸

由式(8.3.18)可以得到碎片的最大尺寸。但首先必须得到损伤发展的速度,根据 Grady 和 Kipp(1980)的研究,损伤发展的速度大约是纵波波速的 0.4 倍。对于混凝土材料:

$c_1 = 3495 \text{ m/s}, c_g = 0.4c_1 = 1398 \text{ m/s}$；对于砂浆材料：$c_1 = 3253 \text{ m/s}, c_g = 0.4c_1 = 1301.2 \text{ m/s}$。

根据图 8.3.8 中描述的混凝土和砂浆的飞片尺寸的计算及结果可见，碎片的尺寸随着载荷应变率的增大而减小。在应变率为 100 s^{-1} 的量级时，碎片的尺寸为 10 mm 量级。可见爆炸载荷下混凝土等脆性材料的动态行为的模拟研究，实质上是研究混凝土的动态强度和其他应变率相关特性。

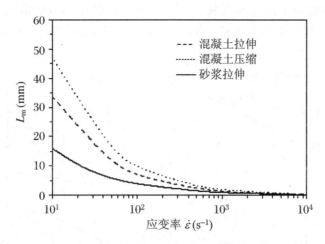

图 8.3.8 对于混凝土和砂浆的碎片尺寸与应变率关系的预测(Lu 等, 2004)

8.4 行星和地核动态冲击性能研究

8.4.1 对地球和行星的现有认识

为了生存和可持续发展，人类需要认识其居住的地球和周围环境(包括行星)。了解和认识它们的形成和构造及特征，是地球与行星科学研究中的一个基本问题。目前，人们对地球内部结构的直接认识，仅限于地表以下 10 km 左右，而对深部的了解主要依靠地震波的传播。这里主要利用冲击压缩实验手段，在地球内部达到相应深度的温度和压力条件下的瞬间，研究地球内部的构造、物质组成、主要构成矿物的物理性质(密度、声速、相变等)。以便于我们理解地球的形成和演化，探索地球内部圈层的形成机制，并揭示地球内部水的形成与地球上水的消耗。

1. 地球

很早以来，地震观测数据就是人类认识地球的直接资料来源。通过对地震波观测数据的反演能建立地球构造的唯象模型，但是要深入认识地球的构造，至少需要地球物理、地球化学、地球动力学、行星演变、流体动力学及岩石物理的高温高压(冲击波和静高压)物理科学的理论和实验资料的结合。地震数据(Kennett 等, 1995)揭示了地核的密度和穿越地核的声速。数据显示：地核包含一个半径约 3 500 km 的液态外核，它内部是更小的半径约

1 200 km 的固态内核,地核处于压力为 136～364 GPa、温度为 4 000～6 500 K 的极端环境(Duffy,2011)。人类对地球构造已获得的认识,可部分地示于图 8.4.1。图 8.4.1 中表示的地球内部压力和温度、密度、波速范围中的压力和温度范围是凝聚介质冲击波实验技术完全可以达到的。冲击压缩实验是实验室模拟地核条件的最佳方法。这种动态实验可以产生持续时间为微秒级的高压,它的优势在于随着高压必然产生高温(Duffy,2011)。对于富含铁的材料,在冲击载荷下压力温度状态正好接近于地核中可能的情况(Brown 等,1986;Huang 等,2010)。如果将试样变为液态,冲击实验结果可以直接与液态外核比拟(Duffy,2011)。

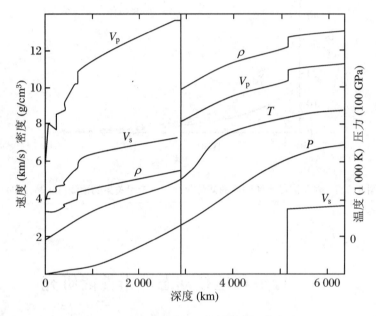

图 8.4.1 地球内部压力、温度、密度和波速范围

因此,冲击波可以为研究地球内部构造提供实验数据和新的认识。如利用实验室中的二级轻气炮,可以将钨或钽等重金属弹丸加速到 8 km/s 的高速,这个速度已达到地幔顶部地震波的速度(V_p=8.1 km/s)。高速弹丸与被研究的靶材(铁)碰撞将产生 400 GPa 左右的压力,已超过地核的压力。

2. 其他行星

人们目前还不能像获得地球地震波数据那样,到其他星球上观察地震或其他反映内部构造的直接现象。因此,地球上有关实验数据,对认识行星和它们的构造是十分可贵的。例如,在天文学和元素宇宙丰度的基础上,利用数值模拟方法研究天王星和海王星时,需要水的状态方程,而水的不同理论状态方程差别甚大。当测量出水的冲击绝热线数据后,就可用其来检验状态方程。由天文学和天体化学估计的一些行星的内部压力和可能的构成物质以及冲击波(包括静高压)技术达到的压力范围示于图 8.4.2。从图 8.4.2 可以看出,冲击波实验在一定程度上是可以为行星内部构造研究提供资料的。

3. 冲击波数据在地球和行星科学研究中的作用

冲击波数据在地球和行星科学研究中的作用主要有以下几个方面:

(1) 可能构成材料的冲击绝热线(状态方程)用于限定地球和星体构造以及陨石碰撞的数值模拟:铁、氧化铁、硫化铁,用于限定地球内外核以及其他某些行星的核的构造;硅酸盐,用于限定地球的地幔构造;氢、氦,用于限定木星和土星的构造;水、甲烷、氨,用于限定天王星和海王星的构造。

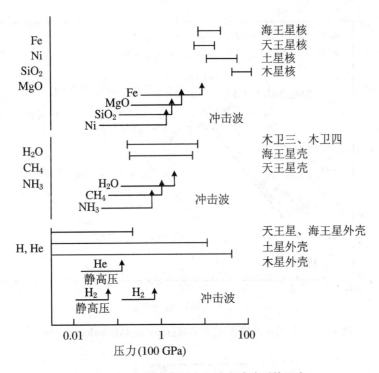

图 8.4.2　行星内部压力和冲击波达到的压力

(2) 高速碰撞用于模拟与地球和行星形成演变有关的微星或陨石碰撞的力学和化学效应:陨石与行星表面碰撞,用于限定质量吸积和逃逸;陨石与行星碰撞的脱挥发分,用于限定水的形成与消耗。

(3) 其他如 Rayleigh-Taylor 不稳定性,用于限定地核的形成和电导率等。

下面主要介绍材料的冲击绝热线(状态方程)、相变(熔化)等的冲击波实验数据对地球构造的限定。

8.4.2　冲击波数据在限定地球构造方面的作用

利用爆炸的冲击波可以产生几百万大气压的暂时状态。这样可以近似地得到在极高压力下,物质密度 ρ 与压力 p 的关系,从而得到 $dp/d\rho$。这个量的平方根近似等于纵波速度。利用这个瞬时的压力和密度的关系以及由此得到的近似速度就可以了解地球构造。

1. 地幔构造

由地震波观测数据反演得到的地幔的密度-压力关系以及橄榄石[$(MgFe)_2SiO_4$]和辉石[$(MgFe)_2SiO_2$]的冲击绝热线都表示在图 8.4.3 中。

地幔距地表几十至 2900 km,压力可达 136 GPa。从图 8.4.3 可以看出,地震数据位于橄榄石和辉石两种岩石冲击绝热线数据之间,而且彼此靠得较近。所以我们可以认为地幔的主要成分是橄榄石和辉石。此外,橄榄石和辉石等硅酸盐材料的冲击波实验(也包括静高压实验),揭露出它们伴随较大体积变化的相变,解释了地震波数据观测结果反映出的地幔的分层(图 8.4.4 和图 8.4.5)。

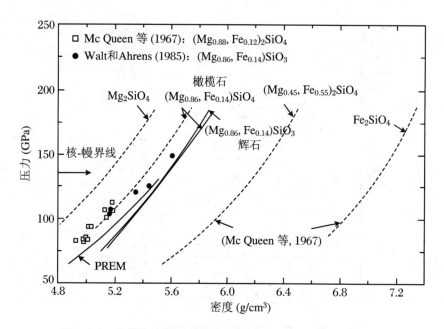

图 8.4.3　地幔中的密度-压力关系(Dziewonski, Anderson, 1981)

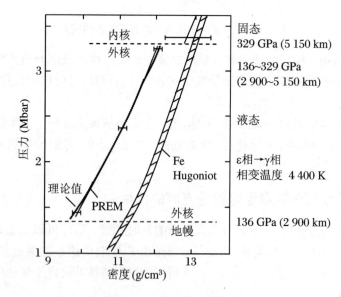

图 8.4.4　铁的冲击绝热线

2. 地幔中的熔岩(岩浆的运动)

图 8.4.5 是地球各圈层的组分、温度和密度。可见在地球形成之后的漫长地质历史中,

各种地质作用导致元素分离,使不同圈层具有各异的化学组成(图 8.4.5)。

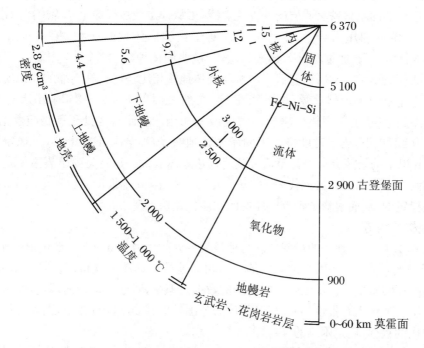

图 8.4.5　地球各圈层的组分、温度和密度(孙鼐,等,1985)

(1) 地核。

从古登堡面直到地心的整个部分,由固态或可塑性的 Fe-Ni-Si 合金组成,密度为 $9.7\sim 15\ g/cm^3$。关于地核的化学成分目前还只能根据陨石的研究加以间接推断。地核占地球总质量的 1/3 并在地球全部能量和动力学中占据核心位置(Duffy,2011)。长久以来,地核被认为主要由铁构成,含少量镍(Birch,1952;Mc Queen 等,1966)。人们认识到更轻的元素约占地核质量的 8%,但它们的作用却一直是一个谜(Duffy,2011)。我们知道,在液态外核和固态内核间密度与地震波波速存在差异,而且内核有微弱的地震波各向异性现象。内核中的轻元素含量似乎只有外核的一半(Jephcoat 等,1987)。对模拟地球的深处极端条件的冲击实验所得结果与地震数据进行仔细的综合分析,结果表明:地球的液态外核层缺乏氧元素(Duffy,2011)。从实验角度推翻了早期外地核在氧化条件下形成的结论。

(2) 地幔。

介于莫霍面和古登堡面之间。地幔可分为上、下两层。根据高压实验估计,硅酸盐矿物在下地幔环境中是不稳定的。下地幔主要由三种氧化物组成:SiO_2(柯石英)、MgO(方镁石)、FeO(方铁矿),且约为 $56\% MgO + 26\% SiO_2 + 18\% FeO$。此外尚有其他少量氧化物,如 Al_2O_3(刚玉)、TiO_2(金红石)等。上地幔主要由 Fe-Mg 硅酸盐矿物组成。根据地球物理、地球化学及其他地质上种种证据的综合,Ringwood(1981)提出上地幔的物质组成相当于三份阿尔卑斯型橄榄岩加一份夏威夷型玄武岩。这种成分的岩石相当于二辉橄榄岩,所以认为玄武岩形成于上地幔。

因此,有人测量了相当于不含铁的玄武岩成分的冲击绝热线。例如,在 1 700 K 下,密度为 2.615 g/cm³ 熔融的含 36%钙长石(CaAl₂Si₃O₈)和 64%透辉石(MgCaSi₂O₆)的岩石,其绝热线接近天然的不含铁玄武岩的冲击绝热线,可从冲击绝热线导出其等熵体积模量 K_s^0 = 22.6 GPa 和模量的压力导数 K_s' = 4.15。对于典型固体地幔矿物,相应的 K_s^0 = 120~210 GPa,K_s' = 4~7。通过对以上数据的比较,说明固体地幔的等熵体积模量、刚度都比玄武岩岩浆的相应值大 4~9 倍,玄武岩岩浆与固体地幔相比是比较好压缩的。说明玄武岩岩浆的密度也小于固体地幔物质,由此可估计,在地表面以下 120~240 km 处压力(6~10 Gpa)岩浆密度实际小于固体地幔岩的密度或者相当。故此岩浆处于不稳定状态,容易上浮。在 240 km 以下,岩浆密度将大于周围固体地幔密度,岩浆不会上浮,是稳定的。相对照,240 km 以上的岩浆会上浮甚至透过裂缝到达地球表面。这就是喷出岩主要是玄武岩的道理。玄武岩是喷出岩的典型代表,遍布于大陆和海洋,分布很广。由于证明了 240 km 以下岩浆是稳定的,从而解释了带有全球性的地震低速层。

3. 地核的构造

由图 8.4.4 可见,地幔的最深处即与地核交界处的压力 136 GPa。地核中的压力从 136 GPa 扩展到地心的 364 GPa。地幔中的压力相对地核中的压力低得多。除冲击波数据外,静态高温高压实验也可提供限定地幔构造的数据。但是,对地核构造的限定,冲击波数据起到关键作用。虽然也有报道,静高压已将压力范围扩展到 300 GPa 以上,但要提供精度可与冲击波相比的数据,还是困难的。

前已经介绍,由地震波观测数据,确认地核可分成两个区域:外核深度为 2 900~5 150 km,压力为 136~329 Gpa,处于液态;内核深度为 5 150~6 371 km,压力为 329~364 Gpa,为固态。若要确定地核成分,需要弄清楚在相应温度和压力条件下它的固体与液体部分间的轻元素配分(partition)。这对解释固体与液体部分的成分差异十分必要。这方面的理论分析(Alfè 等,2002)表明:氧-无硫可以有较好的配分行为,这与黄海军等的实验结果相矛盾(Huang 等,2011)。地核的极端条件使这种配分行为的实验研究极具挑战性,但是,随着高温高压科学的发展,这种实验的可能性越来越近。在过去几十年中,在揭示地球深处的结构和状态方面已取得显著进展,而地核中的轻元素问题仍然是亟待解开的一个谜团(Duffy,2011)。

(1) 内地核构造。

图 8.4.6 是伯奇在高压下得到的各种元素的密度与 $dp/d\rho$ 的关系曲线。图中的数字是原子量,虚线相当于地幔与地核,A 点是在 2.4×10⁶ Pa 压力下的橄榄石的数据。由图可见,地核的位置与铁族金属很近,但和轻金属相距甚远。这是铁-镍地核最令人信服的证据。然而,进一步仔细观测表明,外核的密度要比同样温压条件下的铁-镍合金小,而速度却比纯铁高。一般认为,这意味着地核中除铁、镍外,还含有 5%~15%的轻元素(傅承义等,1985)。所以限定地核构造的主要冲击波数据是纯铁高压冲击绝热线(包括静低压等温线,图 8.4.4)和由冲击压缩下声速测量结果判断出的相变和熔化数据,如图 8.4.7 所示。

纯铁在冲击波作用下,在 13 GPa 压力下发生 α 相到 ε 相的转变,图 8.4.4 中的测量结果揭示出,在 200 GPa 冲击波作用下,纯铁又经历一次 ε 相到 γ 相的转变,计算出的转变温度为 4 400 K。

此外,从图 8.4.7 中纵向声速归并到体积声速的事实,判断出纯铁在冲击波作用下于

250 GPa 压力下发生熔融,计算出的相应温度为 5 000～6 000 K。

一般认为,内地核是等温的。为了用纯铁限定内地核构造,需要做出铁的等温方程。通过冲击绝热线和一定形式的状态方程相结合,在地球物理中,习惯于采用 Morse(M-P) 和 Zharkov-Kalinin(Z-K) 指数势形式。

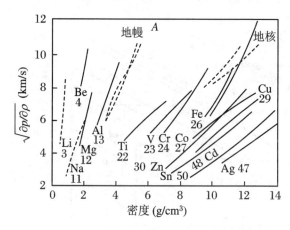

图 8.4.6 在地球深部的情况下各种元素的密度与 $\mathrm{d}p/\mathrm{d}\rho$ 的关系(傅承义等,1985)

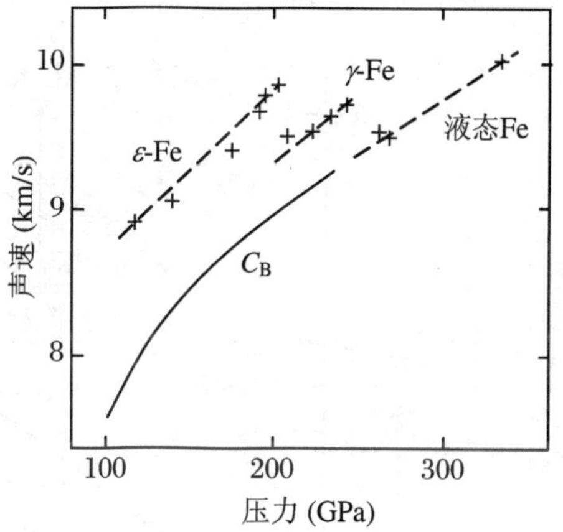

图 8.4.7 冲击压缩下铁的声速测量结果(Brown 等,1980)

最后,得到的等温状态方程为

ε 相:

$$\rho_0(\text{密度}) = 8.29 \text{ g/cm}^3, \quad K_{0t}(\text{等温体积模量}) = 178.2 \text{ GPa}$$

$$K'_{0t} = \begin{cases} 5.2 (\text{M-P}) \\ 4.8 (\text{Z-K}) \end{cases}$$

γ 相:

$$\rho_0(\text{密度}) = 7.91 \text{ g/cm}^3, \quad K_{0t}(\text{等温体积模量}) = 167 \text{ GPa}$$

$$K'_{0t} = \begin{cases} 5.51 (\text{M-P}) \\ 4.8 (\text{Z-K}) \end{cases}$$

ε 和 γ 相纯铁的等温线和根据不同地震模型得到的密度-压力关系曲线均示于图 8.4.8。把对应内地核温度的热压加到等温线上,即将图 8.4.8 上 ε 和 γ 相铁的 300 K 等温线向右移,就得到内地核温度条件下的密度-压力关系曲线,内地核的状态方程也就确定了。

Anderson(1982)给出计算热压的近似方程:

$$P_{\text{th}} = b + (\alpha K_t) T \tag{8.4.1}$$

其中,b 是常量,在地核温度下,它与上式中右边第二项比较,是可以忽略的;α 为体积膨胀系数;K_t 为等温体积模量;T 为温度。α 和 K_t 由下面关系式确定:

$$K_s/K_t = 1 + \gamma \alpha T \tag{8.4.2}$$

由式(8.4.2)利用 ε 相、γ 相的等温体积模量 K_{0t} 值确定 K_t 值:

$$\alpha K_t = \gamma C_v / V \tag{8.4.3}$$

其中,γ 为绝热指数,C_v 为晶格比热。

利用图 8.4.4 核-幔边界(CMB)$K_s = 634$ GPa,由式(8.4.3)求出 $\alpha = 1.1 \times 10^{-5}$,$K_t = $

610 GPa(图 8.4.4);内外核边界(ICB) $K_s=1\,277$ GPa, $\alpha=5.0\times10^{-6}$, $K_t=1\,277$ GPa。由式(8.4.1)求出 P_{th}(CMB)≈25 GPa; P_{th}(ICB)≈34 GPa。

从图 8.4.8 可看出,地核温度下,γ 相纯铁的密度-压力关系与最新地震模型 a 数据靠得很近,因此可以认为内地核由 γ 相的固态纯铁组成,其密度是 13.0~13.4 g/cm³。当内地核物质、密度和压力确定之后,可由状态方程计算出温度。

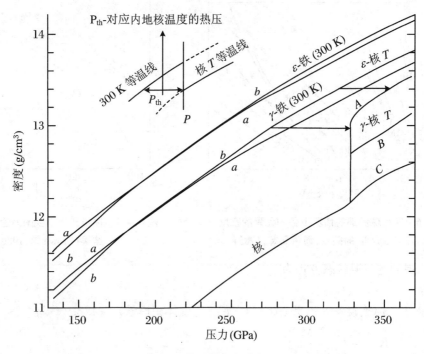

图 8.4.8 纯铁等温线和内核中的密度-压力关系(Anderson,1982)

(2) 外地核构造。

如果溶质的浓度不高,也就是说外地核的轻元素浓度不高(10%~15%),而且是与溶剂理想混合的,根据地震波观测反映的外地核区域中剪切波消失,人们判断外地核处在不能承受剪切的液体状态下。此外,还反映出内、外地核边界处,物质密度 ρ 有近 1 g/cm³ 的突变。这个突变不可能是 γ 相铁和熔融铁的密度差。因为,从许多物质固-液相变所伴随的密度变化数据推测,即使在内、外地核边界处铁发生熔融,也只能引起 0.05~0.06 g/cm³ 的密度变化。所以,内、外地核边界上密度突变可能反映边界两侧成分是不同的。据地球物理学推测有 5%~15% 的轻元素(傅承义等,1985)以溶质的形式溶入 γ 相铁中,对于不同的轻元素,溶入 10%~30%(质量比)就可使密度降低 1 g/cm³。此外,从化学上可以根据密度下降 1 g/cm³ 估计出熔点也将下降约 1 000 K,这有利于支持外地核处于液态的观点。

黄海军等(2011)综合实验室结果与地核的地球物理数据解释这个长期存在的谜团。通过实验测量得出,Fe-轻元素的波速是确定地核物质组成的关键(Mao 等,2012)。随着对地核主要轻元素(或其他元素)研究的深入,人们将可以了解地球深处的热流、地核内部固体区域的产生与发展,了解地球磁场的起源和演化(Buffett 等,1996)。

轻元素究竟是一种什么元素？有许多的可能：硫、氧、硅、碳和氢。如果从地质角度上看，以上每一种元素含量都丰富而且在一定的温压条件下都可溶解于液态铁中。对于每一种元素，都可以找到支持或反对的地球化学方面的证据（Poirier，1994）。各元素对早期地核的形成与演化都可能产生影响（Wood，2006）。例如，氧元素占优势的地核在形成核的相当长时期会呈现出氧化的环境，而硅元素占优势的核通常则会出现还原的环境。因此，揭示地核中主要轻元素的身份与含量将是理解地球化学演化的一个重要的进步。

下面利用冲击绝热线数据推测外地核所含的轻元素。

根据元素的宇宙丰度、地球化学和地球形成理论，利用某些元素或化合物的冲击绝热线（状态方程）数据可以对外地核中可能含哪种轻元素做些推断。

黄海军等（2011）以富氧贫硫（8wt%氧和2wt%硫）和贫氧富硫（2.2wt%氧和5.3wt%硫）两种材料进行了实验，发现富氧材料中的声速比液态外核要高得多。对于铁-硫-氧构成的材料，当氧成分超过2.5wt%时，密度和声速的实验结果与地核数据无法同时匹配。而富硫材料却能两者同时相符。这并不意味着硫就是地核中的主要轻元素。因为地球吸积（earth accretion）模型的一般性结论告诉我们地核中的硫含量必须比较小（Dreibus等，1996）。这样就需要在更广的元素范围内进行类似的实验。根据地球化学相关知识，人们早已知道：碳和硅似乎是可能的候选元素，所以需要做这些材料的实验（Duffy TS，2011）。

根据地球物理观测数据、天体化学限制性条件和高压实验结果，可以证明：地球的液态外核主要包括液态铁融合了大约10%的轻元素（Birch，1964；Li等，2007）。虽然轻元素的浓度很小，但对地核却产生了影响：它影响冷却率、内核的生长、核内热对流动力学和地球动力学的演化（Hillgren，2000；Buffett，2000）。已经提出一些可能的轻元素（Li等，2007）（包括：硫、氧、硅、碳和氢），但地核内轻元素的准确成分还不清楚。通过天体化学和地球吸积（eearth accretion）中的化学反应研究，氧被认为是主要的轻元素（Ringwood，1977；Ohtani等，1984）。它对地球吸积（earth accretion）的氧化状态、压力和温度条件都有影响。其中，铁-硫-氧材料中冲击波的实验数据包括密度和声速的测量，并对与液体外核的相关观测资料进行了比较。结果显示：在液态铁中加入氧无法同时得到外核观测资料中的密度和声速，因而可以将氧从主要轻元素中排除。地核中贫氧意味着地球生长处于更还原的状态。

① 最大含碳量估计。如果认为地核是在碳/氧≈1（太阳光球中碳/氧≈0.6）的环境中非均匀吸积而成的，则碳可能进入地核中。在地核的温度和压力条件下，碳可能以金刚石的形式存在。因此就有人通过叠加的方法，由铁和金刚石的冲击绝热得到不同含碳量的铁-碳混合物的冲击绝热线，进而通过状态方程确定出集中在核-幔边界温度的等熵（绝热）方程。一般认为外地核是绝热的，所以可根据等熵方程计算外地核的密度-压力关系并与地震数据比较。最后，认为外地核中最大含碳量约为11%。

② 含硅的估计。根据地球是球粒陨石类似成分均匀吸积形成的理论，在吸积最后阶段，从炽热的地球表面还原出液态金属铁-硅材料，然后沉入地核内。根据铁-硅的冲击绝热线，以对碳的处理方式，得出外地核中含硅量在14%～20%的范围。

③ 含硫量的估计。利用铁-硫或硫化铁的冲击绝热线数据，估计出外地核中可能含8%～12%的硫。应该指出，铁-硫化铁组成共熔系统，将使系统熔点降低。例如，铁在

100 GPa压力下,熔融温度约为4 000 K,而铁-硫化铁系统中相应的温度是2 100 K。铁中含硫会使熔融温度降低1 000 K多,这又有利于支持外地核是液体的地震观测结论。

④ 含氧量的估计。按类似上述的方法,估计外地核中可能含7%～8%的氧,但应指出外地核中含氧的论点遇到了挑战。因为铁-氧-硫三元系统的相平衡数据表明,氧在其中的溶解度随压力升高明显下降,压力越高溶解度越小,这说明在外地核内的高压下,氧要溶在其中是困难的。

下面介绍用冲击波实验方法对外地核含氧和含硫的限定。

(3) 地球液态外核贫氧的证据。

下面介绍黄海军等(2011)用冲击波研究外核含氧的证据的实验方法技术。使用二级轻气炮进行了冲击波实验。通过阻抗匹配法(Mitchell等,1981)得到了Hugoniot数据。应用反向冲击法(Duffy等,1995;Hu等,2008)和光学分析仪技术(Huang等,2010)确定了声速。对任意反射器(reflector)应用位移干涉仪系统,对冲击界面上质点速度历史进行了测量(Weng等,2006)。应用反向冲击方法,通过卸载时拉格朗日体积与质点速度间的关系,确定了体积声速。应用光学分析仪技术,测量了不同厚度试样获得追赶厚度(catch-up thickness)的时间间隔。据钽弹(Ta flyer)的厚度与速度、试样的追赶厚度和冲击波速,可以确定拉格朗日声速。

发展了一个作为压力和温度的函数的热动力学模型以计算密度和体积声速。通过冲击波数据对不同端元(end members)(Fe,FeO,FeS)的热动力学参数进行了优化。计算包括晶格和电子对比热的贡献、Grüneisen参数。应用叠加法,计算了Fe-S-O系统中不同合金中的密度和体积声速。最后还估算了由Hugoniot参数、Grüneisen参数、比热和地核温度导致的体积声速计算中的误差。

为研究硫和氧是否为外核中的主要轻元素,现以铁-硫-氧材料进行冲击实验,测量了沿Hugoniot线(一系列的热动力平衡状态)的压力和密度数据。以地球化学和地球物理方面的论据、元素配分(element partitioning)或理论计算为基础,提出了富氧(重量比6%～8%氧和2%～3%硫)(Alfè等,2002)和富硫(重量比1%～3%氧和6%～10%硫)(Helffrich等,2004)地核两种假设。因此,准备了两种铁-硫-氧材料,富氧$Fe_{90}O_8S_2$(Fe：O：S＝90：8：2重量百分比)富硫$Fe_{92.5}O_{2.2}S_{5.3}$(Fe：O：S＝92.5：2.2：5.3)做冲击实验。使用阻抗匹配方法(Mitchell等,1981)获得两种材料的Hugoniot数据,列于表8.4.1。用最小二乘法拟合数据,发现波速U_s与质点速度u_p呈线性关系:$U_s = 3.71(\pm 0.12) + 1.61(\pm 0.04)u_p$($Fe_{92.5}O_{2.2}S_{5.3}$),$U_s = 3.97(\pm 0.07) + 1.58(\pm 0.03)u_p$($Fe_{90}O_8S_2$)(Huang等,2006)。图8.4.9显示$Fe_{92.5}O_{2.2}S_{5.3}$和$Fe_{90}O_8S_2$的压力-密度关系。作为比较,也绘出Fe,FeO和FeS(Brown等,2000;Brown等,1984;Ahrens T,1979;Yagi等,1988;Jeanloz等,1980)的Hugoniot数据。

表 8.4.1　$Fe_{92.5}O_{2.2}S_{5.3}$ 和 $Fe_{90}O_8S_2$ 的 Hugoniot 数据

编号	撞击材料	样品	冲击速度 (km·s⁻¹)	初始密度 (g·cm⁻³)	粒子速度 (km·s⁻¹)	波速 (g·ms⁻¹)	压力 (GPa)	密度 (g·cm⁻³)
080903	Cu	$Fe_{92.5}O_{2.2}S_{5.3}$	3.03(0.02)	6.88(0.02)	1.66(0.02)	6.38(0.02)	73.0(0.7)	9.31(0.09)
081226	$Fe_{92.5}O_{2.2}S_{5.3}$	LiF	5.48(0.03)	6.87(0.02)	1.94(0.01)	6.92(0.13)	92.6(2.3)	9.56(0.10)
081225	$Fe_{92.5}O_{2.2}S_{5.3}$	LiF	6.25(0.02)	6.88(0.03)	2.21(0.01)	7.42(0.12)	112.9(2.5)	9.80(0.10)
080911	Cu	$Fe_{92.5}O_{2.2}S_{5.3}$	4.57(0.02)	6.87(0.03)	2.48(0.02)	7.71(0.02)	131.6(1.0)	10.14(0.09)
080918	Ta	$Fe_{92.5}O_{2.2}S_{5.3}$	5.77(0.03)	6.86(0.03)	3.58(0.02)	9.45(0.03)	232.6(2.4)	11.06(0.08)
040701*	Cu	$Fe_{90}O_8S_2$	2.77(0.02)	6.70(0.01)	1.52(0.02)	6.44(0.02)	65.4(0.71)	8.76(0.08)
040607*	Cu	$Fe_{90}O_8S_2$	3.89(0.02)	6.69(0.03)	2.12(0.02)	7.29(0.06)	103.6(1.0)	9.44(0.09)
040611*	Cu	$Fe_{90}O_8S_2$	4.69(0.02)	6.70(0.02)	2.55(0.02)	8.00(0.02)	136.8(1.0)	9.84(0.09)
040601*	Ta	$Fe_{90}O_8S_2$	5.42(0.03)	6.69(0.02)	3.35(0.03)	9.25(0.04)	207.4(2.0)	10.48(0.07)

注：数据来自 Huang 等(2006)，错误已经重新分析以适应目前采用的数据。

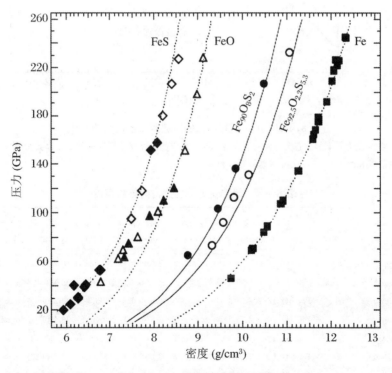

图 8.4.9　$Fe_{92.5}O_{2.2}S_{5.3}$ 和 $Fe_{90}O_8S_2$ 的密度-速度关系

注：实线表示 $Fe_{92.5}O_{2.2}S_{5.3}$(空心圆)和 $Fe_{90}O_8S_2$(实心圆)(Huang 等,2006)Hugoniot 曲线的计算值(基于加法律，采用 Fe,FeO,FeS 的 Hugoniot 数据)。Hugoniot 数据的来源为：Fe(实心方块)来自 Brown 等(2000)，FeS 来自 Brown 等(1984)(空心菱形)和 Ahrens T(1979)(实心菱形)，FeO 来自 Yagi 等(1988)(空心三角)和 Jeanloz 等(1980)(实心三角)。虚线表示高压相hcp-Fe,B-FeO,FeS-IV 的 Hugoniot 曲线。

同样使用 $Fe_{92.5}O_{2.2}S_{5.3}$，利用反向冲击方法（Duffy 等，1995；Hu 等，2008），获得当压力为 92.6 GPa 时，体积声速为 $7.15\ km\cdot s^{-1}\pm 0.31\ km\cdot s^{-1}$，压力为 112.9 GPa 时，体积声速为 $7.63\ km\cdot s^{-1}\pm 0.30\ km\cdot s^{-1}$。这代表了 $Fe_{92.5}O_{2.2}S_{5.3}$ 固体的声速。此外，我们使用光学分析技术（Huang 等，2010）进行了更高压力的实验，在压力 144 GPa 与 160 GPa 之间清楚观察到了材料的熔化（图 8.4.10）。在 208 GPa 测量了液态 $Fe_{92.5}O_{2.2}S_{5.3}$ 的体积声速（表 8.4.2）。

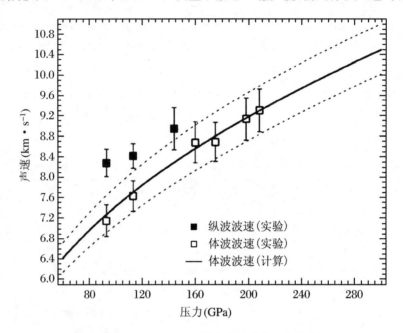

图 8.4.10 $Fe_{92.5}O_{2.2}S_{5.3}$ 的声速随冲击压力的变化

注：160 GPa 压力以上的空心图标代表液态合金的体积声速。计算体积声速和相关误差分别用实线和虚线表示。误差条表示表 8.4.2 中列出的实验不确定性。

表 8.4.2 液态 $Fe_{92.5}O_{2.2}S_{5.3}$ 的体积声速

编号	方法	撞击材料	样品	冲击速度 ($km\cdot s^{-1}$)	波速 ($km\cdot s^{-1}$)	粒子速度 ($km\cdot s^{-1}$)	压力 (GPa)	密度 ($g\cdot cm^{-3}$)	纵波波速 ($km\cdot s^{-1}$)	体波波速 ($km\cdot s^{-1}$)
081226	Reverse-impact	$Fe_{92.5}O_{2.2}S_{5.3}$	LiF	5.48(0.03)	6.92(0.13)	3.53(0.01)	92.6(2.3)	9.56(0.10)	8.28(0.27)	7.15(0.31)
081225	Reverse-impact	$Fe_{92.5}O_{2.2}S_{5.3}$	LiF	6.25(0.02)	7.42(0.12)	4.03(0.01)	112.9(2.5)	9.80(0.10)	8.42(0.24)	7.63(0.30)
110426	Optical analyser	Ta	$Fe_{92.5}O_{2.2}S_{5.3}$	4.23(0.03)	7.94(0.16)	2.63(0.02)	143.5(3.3)	10.27(0.11)	8.95(0.41)	没测量
110510	Optical analyser	Ta	$Fe_{92.5}O_{2.2}S_{5.3}$	4.55(0.03)	8.25(0.17)	2.82(0.02)	159.9(3.5)	10.44(0.11)	8.68(0.40)	8.68(0.40)
110427	Optical analyser	Ta	$Fe_{92.5}O_{2.2}S_{5.3}$	4.83(0.03)	8.52(0.17)	2.99(0.02)	174.9(3.8)	10.58(0.12)	8.69(0.38)	8.69(0.38)
110505	Optical analyser	Ta	$Fe_{92.5}O_{2.2}S_{5.3}$	5.25(0.03)	8.92(0.18)	3.24(0.03)	198.5(4.3)	10.78(0.13)	9.14(0.41)	9.14(0.41)
110511	Optical analyser	Ta	$Fe_{92.5}O_{2.2}S_{5.3}$	5.42(0.03)	9.08(0.18)	3.34(0.03)	208.4(4.5)	10.86(0.13)	9.31(0.42)	9.31(0.42)

黄海军等（2010）最近对 $Fe_{90}O_8S_2$ 的熔化行为进行的研究中，通过光学分析技术测量出声速。在压力 149 GPa 与 167 GPa 之间 $Fe_{90}O_8S_2$ 出现清晰的熔化现象，那么可以说 167 GPa 以上的声速就是液体 $Fe_{90}O_8S_2$ 的体积声速。

图 8.4.11 显示了 $Fe_{92.5}O_{2.2}S_{5.3}$ 和 $Fe_{90}O_8S_2$ 作为密度的函数的体积声速，并与纯铁的数

据进行了比较(Brown 等,1986;Nguyen 等,2004;Mao 等,2001;Lin 等,2005)。加氧和硫可以增加铁在相同密度下的体积声速,但氧和硫对体积声速有不同的影响。$Fe_{90}O_8S_2$ 的体积声速高于 $Fe_{92.5}O_{2.2}S_{5.3}$,这表明氧的影响更大。

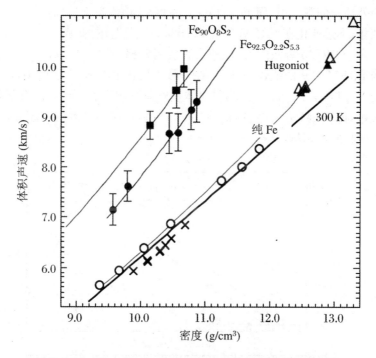

图 8.4.11 $Fe_{92.5}O_{2.2}S_{5.3}$ 和 $Fe_{90}O_8S_2$ 的体积声速-密度的函数

注:实验不确定性的误差列在表 8.4.2 中。$Fe_{92.5}O_{2.2}S_{5.3}$ 和 $Fe_{90}O_8S_2$ 两线代表其沿 Hugoniot 体积声速的计算值,并与 $Fe_{92.5}O_{2.2}S_{5.3}$(实心圆)和 $Fe_{90}O_8S_2$(实心方块(Huang 等,2010))的实验数据进行比较。图中还显示了液态铁沿 Hugoniot(空心圆(Rown 等,1986)和实心三角(Nguyen 等,2004))的声速,同时还有 hcp-Fe 在静压(空心圆(Mao 等,2001)和叉(Lin 等,2005))下的室温体积声速。作为比较,也画出了沿 Hugoniot 和 300 K 的计算结果。

建立液态外核关于密度和体积声速的热动力学模型以重现观测到的密度 ρ 和体积声速 C_B 数据。模型细节在方法部分给出。利用端元(Fe,FeO,FeS)状态方程,通过叠加法(additive law)(Jing,1986)我们计算了 $Fe_{92.5}O_{2.2}S_{5.3}$ 和 $Fe_{90}O_8S_2$ 的密度,这是沿 Hugoniot 线的压力的函数。计算结果与 Fe-S-O 材料的富氧和富硫铁合金中的 Hugoniot 数据比较吻合(图 8.4.9)。同样,使用叠加法,基于 Fe,FeO 和 FeS 的相关参数(列于 Huang 等,2010),通过状态方程和热动力学参数,计算了体积声速。$Fe_{92.5}O_{2.2}S_{5.3}$ 和 $Fe_{90}O_8S_2$ 沿 Hugoniot 线计算的体积声速很好地再现了冲击波实验测量结果(图 8.4.11)。需要强调的是:模型计算基础是由 Hugoniot 实验数据导出的状态方程和热动力学参数,并且独立于体积声速的实验测量数据。计算与实验的较好吻合表明:以密度和体积声速对地核建立模型是合适的。

为了将 $Fe_{92.5}O_{2.2}S_{5.3}$ 和 $Fe_{90}O_8S_2$ 的密度与声速的实验测量值与外核的观测值进行比较,我们采用 Grüneisen 参数 $\gamma=1.5$ 和内核边界温度 $T_{ICB}=5400$ K(Huang 等,2010),计算了 $Fe_{92.5}O_{2.2}S_{5.3}$ 和 $Fe_{90}O_8S_2$ 沿绝热温度线 $T=T_{ICB}(\rho/\rho_{ICB})^{\gamma}$ 的密度和体积声速。图 8.4.12(a)和(b)分别显示压力-密度与声速-密度关系,并与 PREM(初步地球参考模型)

(Dziewonski AD 等,1981)进行了比较。密度计算包括熔化时[熔化时熵取 $0.79R$(R 为气体常量)(Wallace,1991)]的密度变化 $\Delta\rho_{melting}/\rho_{solid}$,330 GPa 时这种变化约 0.6%。这小于用热动力学方法(Komabayashi 等,2010)计算的纯铁融化的变化值(约 2%)。$Fe_{90}O_8S_2$ 的密度明显低于整个外地核的观测值,而 $Fe_{92.5}O_{2.2}S_{5.3}$ 的密度稍微高于外核顶层的观测值,但在外核底层发生变化,不过变化在 PREM 方法 0.75% 的误差范围内[图 8.4.12(a)]。$Fe_{90}O_8S_2$ 体积声速明显高于 PREM 方法的值,在外核底层两者相差约 10%。$Fe_{92.5}O_{2.2}S_{5.3}$ 体积声速在外核顶层与 PREM 方法的值较一致,但在外核底层比 PREM 方法的值高约 5%,这是因为 $dC_B/d\rho$ 较大[图 8.4.12(b)]。因为氧对体积声速影响很大,所以,高含氧量将导致对于液态外核来说相对 PREM 方法很高的体积声速,特别是在外核底层。因此,一个富氧的液态外核与观测资料并不相符。

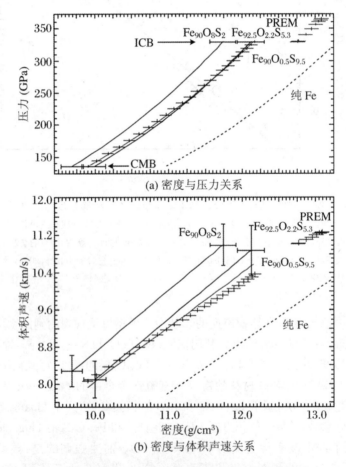

图 8.4.12 $Fe_{92.5}O_{2.2}S_{5.3}$,$Fe_{90}O_8S_2$,$Fe_{90}O_{0.5}S_{9.5}$ 和纯铁沿绝热等温线(adiabatic geotherm)的体积声速压力随密度的变化,并与 PREM 模型(Dziewonski 等,1981)比较

注:误差条表明 $Fe_{92.5}O_{2.2}S_{5.3}$ 和 $Fe_{90}O_8S_2$ 的体积声速误差分别为 5% 和 4%,密度误差 1.6%(包括地核绝热线的 1.3% 的误差和 1% 的实验误差)。叉(对应于声速中 0.5% 误差和密度 0.75% 的误差)的排列说明了 PREM 模型中的误差对构成模型(composition models)的影响。

我们计算了由氧和硫不同组分构成的一系列材料的密度和速度值。$Fe_{90}O_{0.5}S_{9.5}$材料密度和速度计算值与外地核的资料吻合最好（图 8.4.12）。密度值几乎相同，但测量它的$dC_B/d\rho$稍微高于地核的值。因为体积声速的误差（$Fe_{92.5}O_{2.2}S_{5.3}$为 4.9%，$Fe_{90}O_8S_2$为 3.8%）来源于 Hugoniot 参数、Grüneisen 参数和比热。根据模型计算的误差与体积声速的实验测量误差相当，后者误差小于 5%。另外，我们也评估了地核中温度不确定性导致的密度和速度误差。T_{ICB}中 10%的误差在体积声速中引起的误差较小（小于 0.5%），但对密度的影响较大（约为 1.3%）。

液态外核的 PREM 密度比纯铁中小约 10%[图 8.4.12(a)]。在熔化的铁中加入氧和硫会导致其密度降低。加入不同组分的氧和硫形成的一系列材料的密度都可以与 PREM 方法的计算密度相吻合，但是，密度与速度二者同时符合的材料却很少。两种同时吻合最好的是一种含氧仅 0.5wt%的 Fe-S-O 核。液体外核中容许的含氧量上限受密度和声速中估计误差的影响。图 8.4.12 说明了误差估计的重要性，密度和速度条件同时满足也为地核中轻元素的含量设置了边界。例如，$Fe_{92.5}O_{2.2}S_{5.3}$在误差许可范围内与 PREM 密度相当符合[图 8.4.12(a)]，但它的体积声速越靠近外层地核的底部与 PREM 声速偏离越大，最后达到 5%[图 8.4.12(b)]。我们的分析表明：任何 Fe-S-O 成分的核，如果氧含量超过 2.5wt%，其密度和体积声速与液态外核的相关数据同时吻合就不好，声速误差达 5%，密度误差达 1.6%。

一个富硫的核满足地球物理学的要求，而地球化学通常将地核中的硫限制在 2%~3%（Mc Donough 等，1995）。一个贫氧的核符合地球早期高度还原的环境，在地核中为硅和碳留下了空间。连续吸积（accretion）模型[考虑了亲铁元素配分（side-rophile-element-partitioning）的数据]指出地球吸积（eearth accretion）早期更具还原性条件，这导致核中含氧低而含硅高（Wood 等，2008；Rubie 等，2011）。该研究对地核中氧含量提出独立的限制性条件，提出液态外核中的氧不超过 2.5wt%，最优值为 0.5wt%。从地核中氧的角度来看，其结果与近期基于地核-地幔元素配分（core-mantle element-partitioning）数据（Rubie 等，2011）的地核构成（composition）模型（约 8wt%的硅，约 2wt%的硫，约 0.5wt%的氧）比较符合。但不支持基于最初的计算（Alfè 等，2002）（initial calculations）得出的氧是地核中主要轻元素的结论。地核中硅的出现将加强外核贫氧的观点，因为这是配分（partitioning）数据的要求。如果将现在的地核构成模型中一部分硫用硅来代替，可以很容易满足外核的密度要求，但要满足体积声速还需要在 Fe-S-Si 材料中进行冲击波实验。

（4）外地核状态的描述。

外地核处于液态，若用固体理论去描述它，显然是不合适的。在外地核成分基本上可视为纯铁的前提下，Stevenson(1981)从液体理论出发，推导出在高压和熔点附近成立的状态方程和熔化定律两个方程，可用这两个方程描述外地核。其状态方程为

$$\frac{dK_s}{dp} = 5 - 5.6\frac{p}{K_s} \tag{8.4.4}$$

熔化定律为

$$\frac{dL_nT_m^i}{dp} = \left(\frac{1}{K_s}\right)[2(\Gamma C_v - R)]/(2C_v - 3R) \tag{8.4.5}$$

其中，K_s 为等熵体积模量，p 为压力，T_m^i 为铁的熔化温度，C_v 为晶格比热，R 为气体常量，Γ 为 Grüneisen 系数。讨论在高压下地球或任意别的物质的热力学性质时，引用无量纲参数 Γ 是方便的。实际上对于所有的物质包括液体和气体，Γ 的数值都接近于1。

液态铁的 $K_s(p)$ 是把外地核的地震波数据 $K_s(p)$ 与零压下液态铁的 K_0 结合起来求出的。已知 $p=0$，铁的熔化温度 $T_m^i=1868$ K 时液态铁的密度是 7.00 g/cm³，而其体积声速为 4.4 km·s⁻¹。由此求出 $K_0=133$ GPa。

用不同来源的核-幔边界上的 Γ 并取 $C_v=4.5R$，计算出的铁的熔化曲线示于图8.4.13中的曲线①和④。同时由冲击波实验得到的纯铁的熔化数据也标在图8.4.13中（曲线②和③）。其中①和②分别为核幔边界（ICB）铁熔化的计算和实验曲线；③和④分别为内外核边界（CMB）铁熔化的实验和计算曲线。

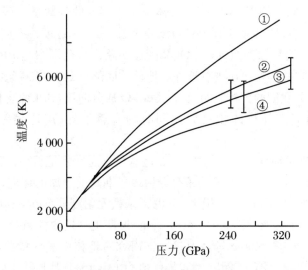

图 8.4.13　纯铁的熔化曲线

根据图8.4.13，可以得到 T_m^i(ICB) $= 5\,200 \sim 6\,600$ K，可几值（出现的概率最大）是 5 800 K。T_m^i(CMB) $= 4\,350$ K ± 250 K。考虑到外地核中有轻元素溶质溶入铁中，使密度降低 1 g/cm³，相应熔化温度降低 1 000 K。扣除温度降低修正量，得到有轻元素溶入后引起的 T_m^∞(ICB) $= 4\,200 \sim 5\,600$ K，可几值 T_m^∞(ICB) $= 4\,800$ K。

因为外地核是绝热的，按绝热方程

$$\left(\frac{\partial T}{\partial p}\right)_s = \bar{\Gamma}\frac{T}{K} \tag{8.4.6}$$

从 T_m^∞(ICB) $= 4\,800$ K 和 $P=329\sim136$ GPa 开始积分，可给出可几值 T^∞(CMB) $= 3\,620$ K。其中，$\bar{\Gamma}$ 是含电子效应的格林奈森系数，可认为 $\bar{\Gamma} = \Gamma + 0.1$。

8.4.3　吉林球粒陨石与南丹铁陨石状态方程和对地幔地核构造的贡献

西南流体物理研究所、中国科学院贵阳地球化学研究所和中国科学院地质与地球物理研究所对我国吉林球粒陨石和南丹铁陨石进行了高压冲击压缩实验，获得了吉林球粒陨石和南丹铁陨石的冲击压缩线与状态方程。

1. 实验原理和实验方法

高速飞行的物体撞击静止的靶体,在靶体中产生冲击波,冲击波波阵面后是高温高压高密度的压缩区。冲击压缩线的测量一般是在一维应变条件(平面正冲击波)下进行的(经福谦,1986)。平面正冲击波是连续介质中的间断面(图 8.4.14)。平面飞片垂直撞击静止靶体的情况下,p_0,u_0 应为零。由质量、动量、能量守恒得

$$\rho(D-u) = \rho_0 D, \quad p = \rho_0 Du, \quad \Delta E = E - E_0 = \frac{1}{2}p(V_0 - V) \quad (8.4.7)$$

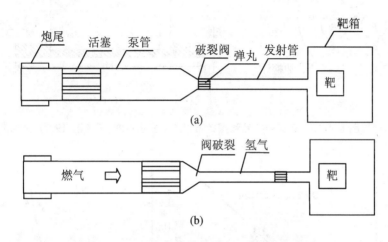

图 8.4.14 二级轻气炮构造和工作原理示意图

式(8.4.7)就是雨贡纽(Hugoniot)关系,它在 D-u,p-u,p-V 或 p-ρ 图上的曲线就是雨贡纽曲线,也称为冲击压缩线或冲击绝热线。它共有 D,p,u,ρ 或 V,ΔE 5 个未知参量。从式(8.4.7)的第二式可以看出,只要测出靶中的 D 和 u 或者确定 $D(u)$ 关系式,就可以确定靶中的压力 p,从而求出压缩密度 ρ 和比内能变化 ΔE。这样就可以得到靶体物质的冲击压缩线。一般对于致密的固体物质,在相当宽的压力范围内(100~200 GPa 甚至更高),D,u 有线性关系 $D = c_0 + \lambda u$,式中 c_0 为零压体积声速,为实验确定的常量 λ 与 Grüneisen 系数有关。实验要测定的物理量为靶体中的冲击波速度 D 和飞片击靶速度 W,W 是用来求解靶体中的粒子速度 u 的。对 D 和 u 进行线性拟和就可以得到 c_0 和 λ_0。

用二级轻气炮作为冲击波的发生装置(图 8.4.14)。吉林球粒陨石样品加工成 $\varnothing$5 mm×2 mm 的小圆片。飞片采用厚 2 mm,直径 22 mm 的无氧铜片。靶板用 Ly-12 号 Al 制成,靶板边缘厚 4 mm,外径为 60 mm,靶板中间有一深 1.5 mm,直径 36 mm 的圆形凹槽[图 8.4.15(b)],其目的是为了固定样品和探针支架(圆柱体)。支架底部有 3 个圆形样品腔(呈等边三角形分布),每个样品腔周围也按等边三角形布置 3 个探针[图 8.4.15(a)],其目的是为了缩小飞片倾斜(通常倾斜角小于 1°)带来的测量误差。每个样品可有 3 个冲击波速度,然后给出冲击波速度的算术平均值。样品的冲击波速度 D 用电子探针测量(经福谦,1986),飞片击靶速度 W 用磁测速法测量,样品中的粒子速度 u 用阻抗匹配原理(Duvall 等,1963)求出。

2. 结果与讨论

在林文祝(1984)工作的基础上,做了 3 次冲击压缩实验,测得 9 块吉林球粒陨石样品的

冲击波压缩数据,给出了吉林球粒陨石冲击压缩线的四种表示形式(图 8.4.16),从图 8.4.16 中可以看出,吉林球粒陨石在冲压大于 70 GPa 时发生了相变,出现了亚稳态的高压相。用最小二乘法拟合 D, u 线性关系,有

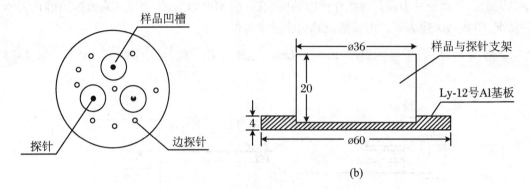

图 8.4.15　支架中样品和探针布置的平面示意图(王道德,1993)

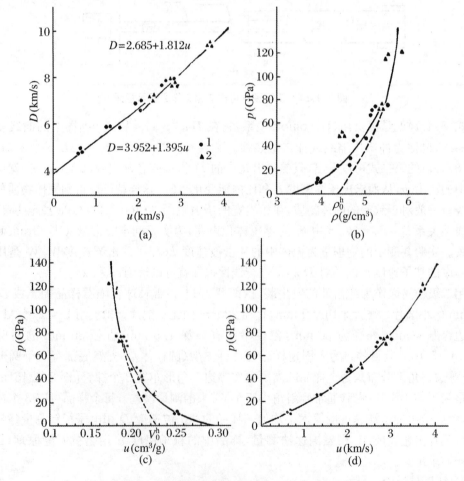

图 8.4.16　吉林球粒陨石的冲击压缩线(王道德,1993)

对于低压相：
$$D = 3.952 + 1.395u, \quad r = 0.989 \quad (u < 2.65 \text{ km/s}) \tag{8.4.8}$$
对于高压相：
$$D = 2.685 + 1.812u, \quad r = 0.954 \quad (u > 2.65 \text{ km/s}) \tag{8.4.9}$$

吉林球粒陨石为 H 群球粒陨石，主要组成矿物为橄榄石、辉石、斜长石、Fe、Ni 金属和陨流铁。图 8.4.17 画出了吉林球粒陨石及其各主要矿物的冲击压缩线(单矿物的冲击压缩线据(Stöffler,1982)数据绘制)。由图可见，吉林球粒陨石全岩的冲击阻抗与各主要组成矿物的冲击阻抗有较大的差异，说明 Stöffler 等(1988)用橄榄石和斜长石的冲击压缩线来代替普通球粒陨石的冲击压缩线，并用这些单矿物的冲击回收实验结果来确定普通球粒陨石冲击特征的压标和冲击相的压力范围是不太合适的，标定的压力与普通球粒陨石实际受到的冲压有较大误差。吉林球粒陨石的冲击压缩线介于纯橄榄岩和月球玄武岩的冲击压缩线之间(图 8.4.18)，这证实了 Stöffler 等(1988)对普通球粒陨石冲击压缩线的推测。单从物质动态压缩性质来看，辉岩的冲击压缩线 Stöffler(1982) 与 H 群球粒陨石更接近。普通球粒陨石、纯橄榄岩、辉石和月球玄武岩具有相近的动态压缩性质。

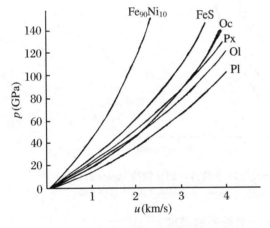

图 8.4.17　普通球粒陨石及其主要组成矿物冲击压缩线的比较(王道德,1993)

Oc:普通球粒陨石(吉林球粒陨石)　Px:辉石
Ol:橄榄石　Pl:斜长石　$Fe_{90}Ni_{10}$:铁镍合金
FeS:陨流铁

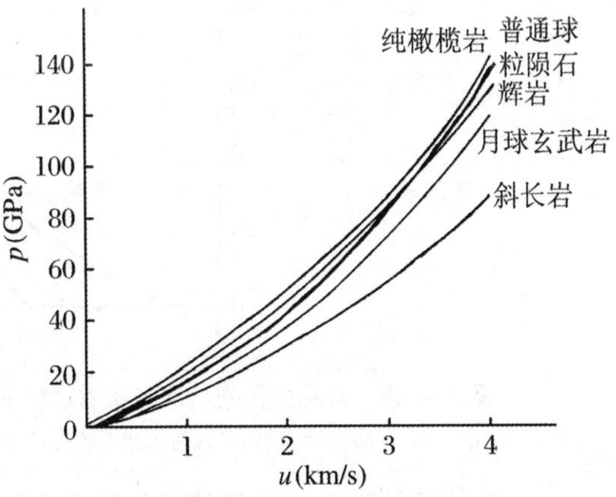

图 8.4.18　普通球粒陨石及某些岩石冲击压缩线的比较(王道德,1993)

在吉林球粒陨石冲击压缩线基础上，可求出吉林球粒陨石的伯奇-默纳汉(Birch-Murnaghan)形式状态方程：
$$p = \frac{3}{2}K_0(x^7 - x^5)\left[1 + \frac{3}{4}(K_0' - 4)(x^2 - 1)\right] \tag{8.4.10}$$

式中，$x = (V_0/V)^{\frac{1}{3}} = (\rho/\rho_0)^{\frac{1}{3}}$，零压体积模量 $K_0 = 112$ GPa，$K_0' = 2.63$。吉林球粒陨石高压相零压密度为 4.425 g/cm³，硅酸盐部分高压相零压密度为 4.062 g/cm³。

吉林球粒陨石的冲击波动态响应，可根据其主要组成矿物的高压相致密形式来讨论。在冲击压缩下，橄榄石、辉石等硅酸盐矿物在不同的加载压力下出现相变。大致在冲压超过

70 GPa 时,主要硅酸盐矿物都出现了它的高压相致密形式(Ringwood,1975)。吉林球粒陨石高压相零压密度为 4.425 g/cm³,比以地球物理数据为基础的下地幔密度 4.10~4.15 g/cm³ (Dziewonski 等,1975)高,扣除金属及其硫化物组分对密度的影响,硅酸盐部分高压相零压密度为 4.062 g/cm³。吉林球粒陨石全岩高压相与硅酸盐部分高压相零压密度相差 0.363 g/cm³。如果从吉林球粒陨石的压缩态密度减去 0.363 g/cm³,则其冲击压缩线正好落在下地幔的压力-密度分布范围内(图 8.4.19)。另外,吉林球粒陨石硅酸盐部分的平均原子量为 21.9,与下地幔的平均原子量 21.3~21.4 也极为一致(林文祝,1984)。因此,我们认为,下地幔的物质组成类似于 H 群球粒陨石的硅酸盐部分,即原始地球幔源物质来源于 H 群普通球粒陨石(王道德,1986a;戴诚达,1991)。

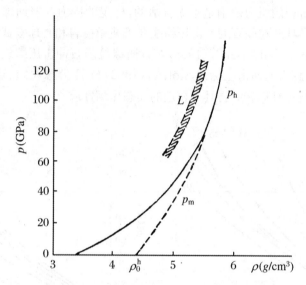

图 8.4.19 吉林球粒陨石冲击压缩线与下地幔压力-密度分布的比较(Ringwood,1975)

注:P_h:B-M 拟合曲线;P_m:高压相亚稳态冲击压缩线;L:地球下地幔密度分布(王道德,1993)。

3. 吉林球粒陨石冲击压缩线与状态方程——对地幔的限定

根据陨石学与天体化学的研究成果,IAB 铁陨石和 H 群球粒陨石很可能是形成地球的原始物质。也就是说,地核很可能是由铁质小行星或星子吸积形成的,即铁质星子先吸积形成原始地核,然后吸积石质星子,经过各种熔融分异作用,使硅酸盐与金属分离形成硅酸盐幔,分离出的金属和硫化物下沉进入地核。如果铁陨石和 H 群普通球粒陨石硅酸盐部分的高压相分别类似于地核、地幔的物质组成,那么直接测定铁陨石和 H 群普通球粒陨石的动态压缩性质,再与地球物理方法建立的地核、地幔的压力-密度关系进行比较,是建立或证实地核与地幔物质模型的一种潜在途径。其次,冲击回收实验中加载压力的标定,必须利用回收陨石样品的冲击压缩线。除此之外,利用陨石的冲击压缩线,并依据陨石中各种冲击特征出现的压标,可以估算形成这些冲击特征的最小碰撞速度,推测陨石冲击效应形成的动力学条件与空间环境。

4. 南丹铁陨石状态方程和对地核构造的限定

成都科技大学应用物理研究所、西南流体物理研究所与中国科学院地球化学研究所合作,对我国南丹铁陨石进行了高压冲击压缩实验,获得了南丹铁陨石的冲击压缩线与状态方程。冲击压缩实验的压力为 62~208 GPa,标准偏差为 1.64%。

关于地核的组成和状态一直是地球物理、高压物理和地球化学工作者关注的问题。外地核由 Fe 和相当量的轻元素组成并处于液态。但对于内地核的组成和状态则存在不同的见解:有人认为内地核为固态并由纯 Fe 组成(Jeanloz,1979;Anderson,1986);在原始地球形成过程中,Fe,Ni 等重元素下沉形成固态的内核,而 Si,O,S 等轻元素上升进入外地核,降低了铁的熔点而形成液态的外地核,故内地核由 Fe,Ni 合金组成(Kuskov 等,1979);Jeanloz(1979)认为地核中 Fe 应处于六方密堆积 $\varepsilon(h_{cp})$ 相,并做出了冲压直到 330 GPa 铁的相图。我们知道,铁陨石主要由 Fe-Ni 金属和少量硫化物(FeS)组成,并属于分异型的陨石,其形成过程和成分类似于地核。铁陨石的成分主要是铁元素,还有一定量的 Ni 和少量的其他元素。因此,在历史上有人做含镍 4%~10% 的 Fe-Ni 合金冲击绝热的测量,并以此限定地核的构造。含镍 10% 的 Fe-Ni 合金的冲击速度 D 与粒子速度 u 之间的拟合式为 $D = 3.083 + 2.355u - 0.1638u^2$。在西南流体物理研究所的实验室进行了南丹铁陨石(含铁 92.5%,镍 6.8%,钴 0.47%,平均密度 7.78 g/cm^3)的冲击压缩实验,并获得了它的状态方程,以便用来探讨内地核的组成和状态。其冲击绝热线与含 Ni 10% 的 Fe-Ni 合金的冲击绝热线拟合关系为 $D_s = 3.083 + 2.355u - 0.1638u^2$。根据冲击绝热线导出了等熵方程:

$$\frac{\rho}{\rho_{0k}} = \left(1 + K'_{0s}\frac{P}{K_{0s}}\right)^{\frac{1}{K'_{0s}}} \tag{8.4.11}$$

其中,等熵体积模量 $K_{0s} = 118$ GPa,$K'_{0s} = 6.36$。将内外地核边界压力 $p = 329$ GPa 代入上式,得到相应密度 $\rho = 12.84$ g/cm^3。利用三项式状态方程,并且冷能取 Born-Meyer 形式,算出内外核交界面温度为 5 447 K。若一直算到地心,$p = 360$ GPa 时,密度为 13 g/cm^3,温度为 6 150 K。这些结果与 Anderson(1987)基于地核是纯 Fe 所得结果:$p = 330$ GPa,$\rho = 12.75$ g/cm^3,$T = 5 990$ K 和 $p = 360$ GPa,$\rho = 13$ g/cm^3,以及 $T = 6 410$ K 的结果是差不多的。

Ahrens(1986)根据轻元素的宇宙丰度认为,液态外地核可能含有 11%~13% 的 S 或 7%~8% 的 O,内外地核交界处的温度为 5 200~6 600 K,内地核由纯 Fe 构成(表 8.4.3)。Brown 等(1980)做了 Fe 的冲击压缩实验,压力为 77~440 GPa,推测内外地核交界处纯铁的熔化温度为 5 800 K±500 K,地心温度为 5 000 K。Williams 等(1987)做了压力达 250 GPa 铁的熔化曲线,并外推到内外地核交界处,得到纯 Fe 的熔点温度为 7 600 K±500 K。但由于外地核内的轻元素使 Fe 的熔点下降 1 000 K,因此内外地核交界面的温度应为 6 600 K±500 K。由于内地核近似等温,地心处温度最高上升 300 K,故地心处的温度为 6 900 K±500 K。Anderson(1986)根据静压和冲击波压缩数据做出了压力直到 330 GPa 铁的相图。他认为内外地核交界处 Fe 的密度近似等于 13 g/cm^3,这与地震波观测结果一致。地心处温度为 6 450 K±400 K,并指出地心处的温度比内外地核交界处的温度高 240 K。根据南丹铁陨石的状态方程,内外地核交界处和地心处的温度比 Anderson 和 Williams 等的结果都低,但密度高,因为实验样品为 Fe-Ni 合金,而不是纯 Fe。热压正比于密度,密度增高,增加了温度对压力的贡献(表 8.4.3)。

表 8.4.3　内地核状态结果的比较

内外地核交界面		地心密度 (g/cm³)	地心温度 (K)	组分	参考文献
密度(g/cm³)	温度(K)				
—	5200~6600	—	—	纯 Fe	Ahrens,1986
—	6600	—	6900	纯 Fe	Williams 等,1987
13	6120±400	13.30	6450±400	纯 Fe	Anderson,1986
13.40	5447	13.69	5738	Fe 92.5wt% Ni 6.7wt%	傅世勤,1989

综上所述,我们认为以铁陨石作为初始物质进行冲击压缩实验,比用纯铁更接近于实际情况,不能排除内地核中有镍的可能性,即地核的物质组成与南丹铁陨石类似,这对进一步探讨形成类地行星的初始物质和非均匀吸积形成类地行星核幔圈层构造具有重要的参考价值和理论意义。

8.4.4　陨石与其他高速体对行星(含地球)表面的碰撞

利用冲击波测量出的地球或其他行星可能构成材料的冲击绝热线,它们不仅对限定地球和行星构造是有意义的,而且这些数据对于陨石和行星碰撞的数值模拟也是有价值的。此外冲击波对陨石与行星碰撞的质量积累和逃逸以及碰撞成坑等力学效应的模拟实验也是有意义的,将有助于从力学的角度了解地球和行星的形成。下面讨论高速碰撞力学以及化学效应——脱挥发分。

1. 冲击成坑的力学效应

陨石陨落到地球时对地球的撞击造成地球表面的局部变形,最明显的就是撞击成坑效应。撞击的动力作用过程与形变场发展的演化特征已有数值模拟结果。影响这一演化过程和场的特征的因素很多,其中最重要的因素是撞击速度。一般冲击平均速度可达 25 km/s,冲击前陨石体质量约 10^{12} g,陨石体具有相当大的动能,极大的惯性力导致陨石体具有强的穿透力。所以陨石体的质量、冲击速度对成坑的形状、规模(坑的深度和表面直径)影响都很大。

冲击的动能传递给岩石并导致坑的挖掘和冲击变质效应的产生。冲击点上的压力可达几百 GPa。产生的冲击波迅速传播而使能量传递和转移,冲击波驱使岩石向下和向外运移,冲击波之后紧接着的是一系列卸载波。这些卸载波与岩石相互作用,使靠近表面的岩石向上和向外运移而形成空腔。冲击坑的半径为陨石体的 10 倍,体积约为陨石体的 1 000 倍。目前保存最完整的超速冲击坑为美国亚利桑那州北部距温斯洛(Vinslow)以西 30 km 的梅蒂尔(meteor)冲击坑,直径为 1 200 m。已在 8 个超速坑附近找到铁陨石碎块,回收到几十吨铁陨石。

2. 高速碰撞的化学效应

长期以来,人们认为地球上水的形成和消耗及大气的形成与陨石碰撞引起以下的反应有关:

$$3Mg_2[SiO_4] + SiO_2 + 4H_2O \rightarrow Mg_6[Si_4O_{10}](OH)_8$$

镁橄榄石被热水溶液分解成蛇纹石,海底的蛇纹石就是这样形成的。

反过来：

$Mg_3Si_2O_5(OH)_4$(蛇纹石) $\rightarrow 2H_2O + Mg_2SiO_4$(镁橄榄石) $+ MgSiO_3$(辉石)

$MgSiO_3 + Fe + H_2O \rightarrow \frac{1}{2}Mg_2SiO_4 + \frac{1}{2}Fe_2SiO_4 + H_2 \uparrow$

$2H_2O \rightarrow 2H_2 + O_2$

$C + O_2 \rightarrow CO_2$

CH_4(甲烷)$ + 2O_2 \rightarrow CO_2 + H_2O$

但是一直到20世纪80年代中期才开始在冲击波实验室中做这类实验。Lange和Ahrens通过冲击波作用后回收样品的方法,研究了水镁石[$Mg(OH)_2$]和蛇纹石的冲击脱挥发分,得到了样品中生成水的量和冲击波压力之间的关系,如图8.4.20所示。从图8.4.20可以看出,在30～60 GPa的冲击波压力范围内,水几乎都被释放出来了。

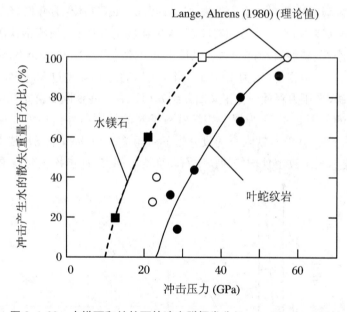

图8.4.20 水镁石和蛇蚊石的冲击脱挥发分(Lange,Ahrens,1984)

吉林陨石在强冲击(冲压>12.4 GPa)加载下也使挥发性元素Se和中等挥发性元素Na和Mn含量有所下降,冲击加载样品中某些微量元素含量的变化主要取决于元素本身的挥发性(王道德,1993)。

在此顺便提一下,还有人对橄榄岩受15～70 GPa冲击波作用后回收样品进行形貌和结构观测,以解释其冲击绝热线测量结果。在这方面,西南流体物理研究所与中国科学院贵阳地球化学研究所合作,进行了10～100 GPa冲击波范围内的地幔岩样品的冲击回收研究。

3. 陨石的冲击效应[①]

太阳系内在交叉轨道上星球之间的碰撞可以产生各种各样的效应,如产生表土或浮土、

---

① 王道德,1993。

形成角砾岩、冲击产生形变和相变,以及产生新的矿物相和熔体等。这些效应不仅表现在岩石学特征方面,而且还影响到原始陨石物质的化学和同位素性质。碰撞产生冲击波的方式有以下五种:① 太阳星云内吸积形成星云盘的过程中尘粒或颗粒集合体之间的碰撞;② 吸积形成星子过程中颗粒之间的碰撞;③ 吸积形成陨石母体过程中星子之间的碰撞;④ 吸积作用后,陨石母体之间的碰撞;⑤ 晚期陨石母体之间碰撞,并形成穿越地球轨道的陨星体。

①和②以低速的颗粒碰撞为特征,③仍以低速碰撞为主,④可以导致产生冲击成坑作用、冲击变质作用和冲击产生角砾岩。陨石矿物的冲击作用表现为破裂、塑性变形、相变、熔融和热分解及气化和凝聚作用。

在所有的球粒陨石内部发现有冲击效应,其中普通的球粒陨石约占 90%。球粒陨石质角砾岩内的冲击效应主要是冲击脉、金属陨硫铁的混合物、熔融室、冲击熔融岩石碎屑、冲击熔融角砾岩及熔融岩石等。除此之外,冲击变质作用也引起稀有气体、高度挥发性元素丰度及热释光性质的改变,比如 Kirsten(1963)及 Heymann(1967)发现放射性成因稀有气体[40]Ar 和 [4]He 在某些球粒陨石中因受冲击而丢失,K-Ar 及 U-He(气体保存年龄)年龄降低。

铁陨石的主要矿物相为铁纹石和镍纹石,次要矿物为陨硫铁、陨硫铬铁矿、陨磷铁矿、陨碳铁矿、石墨、金刚石、磷酸盐和硅酸盐。铁陨石中的纽曼带(Neumann bands)为冲击引起的机械双晶,其冲击压力很低(约为 1 GPa),当冲击压力达到或超过 13 GPa 时,铁纹石将转变为高密度 ε 相铁,当压力释放时 ε 相又回复到 α 相。有一些铁陨石群是在球粒陨石体内由冲击熔体池形成的。图 8.4.21 为据金相学资料推断的铁陨石冲击压缩和加热的四种状态的 p-T 图(Stoffler 等,1988),铁陨石的成分为 Fe-Ni(含 Ni 6%),用飞片技术所获得的压力为 20 GPa。曲线①表示致密且均匀的铁纹石转变为 ε 相,当冲击松弛时,ε 相又回复到畸变

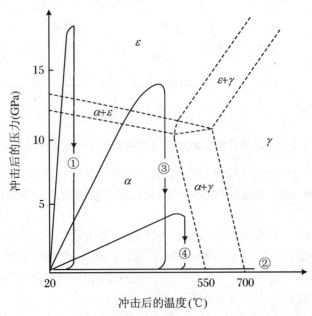

图 8.4.21 石冲击压缩和加热的四种状态的 p-T 图

注:四种状态的轨迹叠加于 Fe-Ni(含 Ni 6%)的相图上(王道德,1993)。

或扭曲的 α 相,样品冲击后的温度小于 40 ℃,α 相以高的硬度(维氏硬度 325~350 HV)为特征,显微构造为双晶和马氏体(martensite)的阴影线;曲线②类似于陨石穿过大气层时表面短暂加热的情况,铁纹石瞬时转变为 γ,然后又回复到无序的 $α_2$,硬度为 180~200;曲线③由于内部破裂和存在有包体(陨硫铁、硅酸盐)而引起冲击波的衰减,强冲击后的加热伴随塑性形变,相转变为非常细粒的铁纹石,铁纹石呈大小为 1~5 μm 的等轴形,硬度很低(160 HV);曲线④代表冲击强度较低的情况,发生塑性形变,出现机械双晶,强烈剪切带的宽度为 10~50 μm,铁纹石的硬度为 200~250。当陨硫铁包体暴露于受冲击物质表面,将造成局部温度升高甚至达到 1 200 ℃,陨硫铁熔体将熔化邻近的 Fe-Ni 金属(6%Ni),出现 Fe-Ni-S 的共熔体,如有陨硫铁和石墨可导致形成金刚石。

地球和行星可能构成材料的冲击波数据在限定它们的构造和理解它们的形成方面,已经起到了相当重要的作用。从以上的讨论可知,现有数据的限定是相当粗糙的,如由地核压力下的铁的冲击压缩实验确定的温度误差为 ±1 000 K,而从地震波数据得到的温度误差也是 ±1 000 K。因此,与地球和行星科学有关的冲击绝热线(状态方程)、相变(熔化)研究,首先面临着提高观测精确度的问题,其次是地幔和外地核有关材料结构的精细研究。前面讨论过地幔结构,根据现有冲击绝热线,限定地幔成分可能是 $(MgFe)_2SiO_4$(橄榄石)和 $(Mg-Fe)_2SiO_3$(辉石),但它们的配比是多少以及在地幔压力范围内配比和结构的变化都需要进一步研究。最后应指出,不同密度分层流体,在加速运动时出现的 Rayleigh-Taylor 不稳定性,对地球和行星的形成是十分重要的,因此开展不稳定性的理论和实验研究是有意义的。

参 考 文 献

Ahrens T. 1979. Equations of state of iron sulfide and constraints on the sulfur content of the earth[J]. J. Geophys. Res., 84: 985-998.

Ahrens T J, O'Keefe J D. 1985. Shock vaporization and the accretion of the icysatellites of Jupiter and Saturn[C]//Klinger P, Dollfus A, Smoluchowsk R. Ices in the Solar System.

Ahrens T J, O'Keefe J D, Lange M A. 1985. Accretion of the earth's water budget and atmospheric cratering[C]//Lunar and Planetary Science XVI: 9.

Akai K, Adachi T, Nishi K. 1977. Mechanical properties of soft rocks[C]//9th Conf. on Soil Mechanics Foundation Engineering. Tokyo, 1: 7-10.

Akers S A. 2006. VIMF soil characterization[R]. Soil Test Rep., U. S. Army Engineer Research and Development Center.

Alfè D, Gillan M J, Price G D. 2002. Composition and temperature of the earth's core constrained by combining ab initio calculations and seismic data[J]. Earth Planet. Sci. Lett. 195: 91-98.

Anderson O L. 1982. The earth's core and the phase diagram of iron[J]. Phil Trans. R. Soc. Lond., 306(A): 21.

Bergeron D, Walker R, Coffey C. 1998. Detonation of 100-gram anti-personal mine surrogate charge in sand: a test case for computer code validation[R]. Canada: Defence Research Establishment Suffield.

Bischoff P H, Perry S H. 1991. Compressive behavior of concrete at high strain rates[J]. Materials and Structures, 24: 425-450.

Bischoff P H, Perry S H. 1995. Impact behavior of plain concrete loaded in uniaxial compression[J]. J. Eng. Mech., 121: 685-693.

Birch F. 1964. Density and composition of mantle and core[J]. J. Geophys. Res., 69: 4377-4388.

Brown J M, Fritz J N, Hixson R S. 2000. Hugoniot data for iron[J]. J. Appl. Phys., 88: 5496-5498.

Brace W F, Jones A H. 1971. Comparison of uniaxial deformation in shock and static loading of three rock[J]. J. Geophys Res, 76: 4913-4921.

Brinkman J R. 1987. Separating shock wave and gas expansion breakage mechanisms[C]//Proceedings of the Second International Symposium on Rock Fragmentation by Blasting, Colorado: 6-15.

Brown J M, Ahrens T J, Shampine D L. 1984. Hugoniot data for pyrrhotite and the earth's core[J]. J. Geophys. Res., 89: 6041-6048.

Brown J M, Mc Queen R G. 1980. Melting of iron under core conditions[J]. J. Geophys. Res. Lett., 7: 533.

Brown J M, Mc Queen R G. 1986. Phase transitions, Gruneisen parameter, and elasticity for shocked iron between 77 GPa and 400 GPa[J]. J. Geophys. Res., 91: 7485-7494.

Buffett B A, et al. 1996. Geophys. Res., 101: 7989-8006.

Buffett B A. 2000. Earth's core and the geodynamo[J]. Science, 288: 2007-2012.

Casagrande A, Shannon W L. 1948. Strength of soils under dynamic loads[J]. Proc. Am. Soc. Civ. Eng., 74(4): 591-608.

Chen D N, Al-Hassani S T S, Yin Z H, et al. 2000. Rate-dependent constitutive law and nonlocal spallation model for concrete subjected to impact loading[J]. Key Engineering Materials: 177-180, 261-266.

陈大年, Al-Hassani S T S, 尹志华, 俞宇颖, 沈雄伟. 2001. 混凝土的冲击特性描述[J]. 爆炸与冲击, 21(2): 89-97.

Chen W F, Baladi G Y. 1985. Soil plasticity: theory and implementation[M]. Amsterdam: Elsevier.

Chern J C, Chen C H. 1987. The multiaxial constitutive law for concrete structures subjected to impact loading[J]. J. Chinese Institute of Engineers, 10: 625-638.

戴诚达, 王道德, 金孝刚. 1991. 吉林陨石样品的冲击加载实验研究[J]. 科学通报, 36(16): 1252.

Dimaggio F L, Sandler I S. 1971. Material model for granular soils[J]. J. Engrg. Mech. Div., 97(3): 935-950.

Dobratz B M, Crawford P C. 1985. LLNL explosives handbook: properties of chemical explosives and explosive simulants[R]. Livermore: Lawrence Livermore National Laboratory.

Donze F V, Magnier S A, Daudeville L, et al. 1999. Numerical study of compressive behavior of concrete at high strain rates[J]. J. Eng. Mech., 125: 1154-1163.

Dreibus G, Palme H. 1996. Geochim. Cosmochim. Acta, 60: 1125-1130.

Duffy T, Ahrens T J. 1995. Compressional sound velocity, equation of state, and constitutive response of shock-compressed magnesium oxide[J]. J. Geophys. Res., 100: 529-542.

Dziewonski A D, Anderson D L. 1981. Preliminary reference earth model[J]. Phys. Earth Planet. Inter., 25: 297-356.

Duffy T S. 2011. Probing the core's light elements[J]. Nature, 479: 480-481.

Dziewonski A M, Anderson D L. 1981. Preliminary reference earth model[J]. Phys. Earth Planet Interiors,25：297.

傅承义,陈永泰,祁贵仲.1985.地球物理学基础[M].北京：科学出版社.

林伍德 A E.1981.地幔岩的成分与岩石学[M].杨美娥,等,译.北京：地震出版社.

Grady D E, Kipp M E. 1980. Continuum modelling of explosive fracture in oil shale[J]. Int. J. Rock Mech. Min. Sci. Geomech. Abstr., 17：147-157.

Grady D. 1996. Shock Equation of State Properties of Concrete A[M]// Jones N, Brebbia C A, Watson A J. Structures under Shock and Impact IV. Southampton Boston：Computational Mechanics Publications：405-414.

Grote D L, Park S W, Zhou M. 2001. Dynamic behaviour of concrete at high strain rates and pressures (I)：experimental characterization[J]. Int. J. Impact Eng., 25：869-886.

Gupta Y M, Seaman L. 1979. Local response of reinforced concrete to missile impact[R]. California：SRI Int.

Helffrich G, Kaneshima S. 2004. Seismological constraints on core composition from Fe-O-S liquid immiscibility[J]. Science, 306：2239-2242.

Hillgren V J, Gessmann C K, Li J. 2000. Origin of the Earth and theMoon[M]. Arizona Univ. Press：245-263.

Holmquist T J, Johnson G R, Cook W H. 1993. A computational constitutive model for concrete subjected to large strains, high strain rates, and high pressures[C]//14th International Symposium on Ballistics：591-600.

Hommert P J, Kuszmaul J S, Parrish R L. 1987. Computational and experimental studies of the role of stemming in cratering[C] //Proceedings of the Second 2nd International Symposium on Rock Fragmentation by Blasting：550-562.

Huang H J, Jing F Q, Cai L C. 2006. Studies of the hugoniot curve for Fe/FeO/FeS mixture[J]. J. High Press. Phys., 20：139-144.

Huang H, et al. 2010. Melting behavior of Fe-O-S at high pressure：a discussion on the melting depression induced by O and S[J]. J. Geophys. Res., 115(B5).

Huang H, et al. 2001. Nature, 479：513-516.

Hu J, Zhou X, Tan H, Li J, et al. 2008. Successive phase transitions of tin under shock compression[J]. Appl. Phys. Lett., 92：111905.

Jackson J G, Rohani B, Ehrgott J Q. 1980. Loading rate effects on compressibility of sand[J]. J. Geotech. Engrg. Div., 106(8)：839-852.

Jeanloz R, Ahrens T J. 1980. Equation of state of FeO and CaO[J]. Geophys. J. R. Astron. Soc., 62：505-528.

Jephcoat A, Olson P. 1987. Nature, 325：332-335.

Jing F Q. 1986. Introduction to Experimental Equation of State[M]. Scientific Press：1-371.

Katona M G. 1984. Verification of viscoplastic cap model[J]. J. Geotech. Engrg., 110(8)：1106-1125.

Kennett B L N, Engdahl E R, Buland R. 1995. Geophys. J. Int. 122：108-124.

Komabayashi T, Fei Y. 2010. Internally consistent thermodynamic database for iron to the earth's core conditions[J]. J. Geophys. Res., 115(B03).

Kutter B L, Sathialingam N. 1992. Elastic-viscoplastic modeling of the rate-dependent behavior of clays [J]. Géotechnique, 42(3)：427-441.

Li J, Fei Y. Treatise on geochemistry. 2007[M]. Elsevier, 2：1-31.

Liingaard M, Augustesen A, Lade P V. 2004. Characterization of models for time dependent behavior of soils[J]. Int. J. Geomech., 4(3): 157-177.

Lin J F, et al. 2005. Sound velocities of hot dense iron: birch's law revisited[J]. Science, 308: 1892-1894.

林文祝.1984.吉林陨石冲击波压缩和幔岩模型[J].空间科学学报,4(4):338-345.

Livermore Software Technology Corporation(LSTC). 2003. LS-DYNA keyword user's manual, Version 970[M]. Calif.: Livermore.

Lu Y, Xu K. 2004. Modeling of dynamic behavior of concrete materials under blast loading[J]. Int. J. Solids Structures, 41: 131-143.

Mao H K, et al. 2001. Phonon density of states of iron up to 153 gigapascals[J]. Science, 292: 914-916.

Materials Sciences Corporation(MSC). 2006. Methodology for improved characterization of land mine explosions [R]. Pa: Presentation on the Technical Interchange Meeting of SBIR Phase II Plus Program.

Mc Donough W F, Sun S S. 1995. The composition of the earth[J]. Chem. Geol., 120: 223-253.

Mc Queen R G, Marsh S P. 1966. J. Geophys. Res. 71: 1751-1756.

Mc Queen R G, Marsh S P, Taylor J W, et al. 1970. The Equation of State of Solids from Shock Wave Studies A[M]// Kinslow R. High velocity impact phenomena. New York and London: Academic Press: 294-315.

Meyers M A. 1994. Dynamic behavior of materials[M]. New York: John Wiley & Sons: 137-138.

Mindess S. 1983. The application of fracture mechanics to cement and concrete: a historical review[C]// Wittmann F H. Fracture Mechanics of Concrete. Amsterdam: Elsevier.

Mitchell A C, Nellis W J. 1981. Shock compression of aluminum, copper, and tantalum[J]. J. Appl. Phys., 52: 3363-3374.

Nguyen J H, Holmes N C. 2004. Melting of iron at the physical conditions of the earth's core[J]. Nature, 427: 339-342.

Ohtani E, Ringwood A E. 1984. Composition of the core(I): solubility of oxygen in molten iron at high temperatures[J]. Earth Planet. Sci. Lett., 71: 85-93.

Perzyna P Q. 1963. The constitutive equations for rate sensitive materials[J]. Q. Appli. Math., 20(4): 321-332.

Perzyna P Q. 1966. Fundamental problems in viscoplasticity[J]. Advances in Applied Mechanics, 9: 243-377.

Poirier J P. 1994. Phys. Earth Planet. Inter., 85: 319-337.

Reinhardt H W, Rossi P, Van Mier J G M. 1990. Joint investigation of concrete at high rates of loading [J]. Mat. Struct. Res. Test., 23: 213-216.

Ringwood A E. 1977. Composition of the core and implications for origin of the earth[J]. Geochem. J., 11: 111-135.

Ross C A, Tedesco J W, Kuennen S T. 1995. Effects of strain rate on concrete strength[J]. ACI Mater. J., 92: 37-47.

Rubie D C, et al. 2011. Heterogeneous accretion, composition and core-mantle differentiation of the earth[J]. Earth and Planet. Sci. Lett., 301: 31-42.

Sandle I S, Dimaggio F L, Baladi G Y. 1976. Generalized cap model for geological materials[J]. J. Geotech Engng, 102(7): 683-699.

Sandler I S, Rubin D. 1979. An algorithm and a modular subroutine for the cap model[J]. Int. J. Numer. Analyt. Meth. Geomech., 3: 173-186.

Schreyer H L, Bean J E. 1985. Third-invariant model for ratedependent soils[J]. J. Geotech. Engrg., 111(2): 181-192.

Shah S P, John R. 1986. Strain rate effects on mode I crack propagation in concrete[C]//Wittmann F H. Fracture Toughness and Fracture Energy of Concrete. Amsterdam: Elsevier Science Publishers.

施绍裘,陈江瑛,李大红,等.1999.水泥砂浆石在一维应变强动载荷下计及内部损伤的冲击绝热关系的研究[J].爆炸与冲击,19(增刊):73-76.

Simha K R Y, Fourney W L, Dick R D. 1987. An investigation of the usefulness of stemming in crater blasting[C] //Proceedings of the Second International Symposium on Rock Fragmentation by Blasting. Colorado: 591-599.

Simo J C, Wu J W, Pister K S, Taylor R L. 1988. Assessment of cap model: consistency return algorithms and rate-dependent extension[J]. J. Eng. Mech., 114(2): 191-218.

Stevenson D J. 1981. Models of the Earth's Core[J]. Science, 214: 611.

Stevenson D J. 1985. Cosmo chemistry and structure of the giant planets and their satellites[J]. Icarus, 62: 4.

Tedesco J W, Ross C A, Kuennen S T. 1993. Experimental and numerical analysis of high strain rate splitting tensile tests[J]. ACI Mater. J., 90: 162-169.

Tedesco J W, Ross C A. 1998. Strain-rate-dependent constitutive equations for concrete[J]. J. Press. Vess. Tech., 120: 398-405.

Tong X L, Christopher Y T. 2007. Viscoplastic cap model for soils under high strain rate loading[J]. Journal of Geotechnical and Geoenvironmental Engineering, 133(2): 206-214.

Трунин Р Ф, Симаков Г В, Подурец М А. 1971. Динамическаи СжимАемость Кварцаи Кварцит Апри Высоких Давлениях[J]. АнсссрфизикАземли(1):13.

王道德,等.1993.中国陨石导论[M].北京:科学出版社.

Wallace D C. 1991. Entropy of liquid metals[J]. Proc. R. Soc. Lond. A, 433: 615-630.

Wang J. 2001. Simulation of landmine explosion using LS-DYNA3D software[R]. Australia: Aeronautical and Maritime Research Laboratory.

Weerheijm J. 1992. Concrete under impact tensile loading and lateral compression[D]. TNO Prins Maurits Laboratory.

Weng J, et al. 2006. Optical-fiber interferometer for velocity measurements with picosecond resolution [J]. Appl. Phys. Lett., 89: 111-101.

Whitman R V. 1970. The response for soils to dynamic loading: report 26, final report[R]. Vicksburg: U. S. Army Waterways Experiment Station.

Wilson W H. 1987. An experimental and theoretical analysis of stress wave and gas pressure effects in bench-blasting[D]. Maryland: University of Maryland.

Wood B J, Wade J, Kilburn M R. 2008. Core formation and the oxidation state of the earth: additional constraints from Nb, V and Cr partitioning[J]. Geochim. Cosmochim. Acta, 72: 1415-1426.

席道瑛,郑永来,张涛.1995a.大理岩和砂岩动态本构的实验研究[J].爆炸与冲击,15(3):259-266.

席道瑛,郑永来,张涛.1995b.应力波在砂岩中的衰减[J].地震学报,17(1):62-67.

Yagi T, Fukuoka K, Takei H, et al. 1988. Shock compression of wüstite[J]. Geophys. Res. Lett., 15: 816-819.

Yang Y, Bawden W F, Katsabanis P D. 1996. A new constitutive model for blast damage[J]. Int. J.

Rock Mech. Min. Sci., 33: 245-254.

Yon J H, Hawkins N M, Kobayashi A S. 1991. Fracture process zone in dynamically loaded crack-line wedge-loaded, double cantilever beam concrete specimen[J]. ACI Mater. J., 88: 470-479.

Zhao Y, Huang J, Wang R. 1993. Fractal characteristics of mesofractures in compressed rock specimens [J]. Int. J. Rock Mech. Min. Sci. Geomech. Abstr., 30: 877-882.

Wu Z Q, Justo J F, Wentzcovitch R M. 2013. Elastic anomalies in a spin-crossover system: ferropericlase at lower mantle conditions[J]. Phys. Rev. Lett., 110: 228501.

Mao Z, Lin J F, Liu J, et al. 2012. Sound velocities of Fe and Fe-Si alloy in the earth's core[J]. PNAS, 109(26): 10239-10244.

第 9 章 多孔材料动力学模型研究

9.1 基于 Gurson-Tvergaard-Needleman 模型的动力学分析[①]

9.1.1 本构关系[②]

多孔材料分析中,其本构关系一般涉及两个层次,即含孔洞的微观层次和均匀化后的宏观层次。因此,分析过程包含两种应力和应变,即微观应力 σ_{ij} 和应变 ε_{ij} 以及宏观应力 Σ_{ij} 和应变 E_{ij}。如图 9.1.1 所示,可取多孔材料中的代表元 V 为含球形孔洞的模型[图 9.1.1(a)]或含柱形孔洞的模型[图 9.1.1(b)],孔洞的体积为 V^*,由此建立这两种应力和应变的关系。

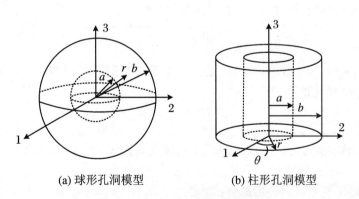

(a) 球形孔洞模型　　(b) 柱形孔洞模型

图 9.1.1　多孔材料中代表元模型

根据 Gurson(1977)的处理方法,两种应力和应变的关系为

$$\dot{E}_{ij} = \frac{1}{V}\int_V \dot{\varepsilon}_{ij}\,\mathrm{d}V, \quad \Sigma_{ij} = \frac{1}{V}\int_V \sigma_{kl}\frac{\partial \dot{\varepsilon}_{kl}}{\partial \dot{E}_{ij}}\,\mathrm{d}V \qquad (9.1.1)$$

---

① Hao 等,1997。
② Hao 等,1997。

1. 动态加载

基体材料的应变可以分为三部分：

$$\dot{\varepsilon}_{ij}^{\text{total}} = \dot{\varepsilon}_{ij}^{\text{e}} + \dot{\varepsilon}_{ij}^{\text{vp}} + \dot{\varepsilon}_{ij}^{\text{t}} \tag{9.1.2}$$

式中，$\dot{\varepsilon}_{ij}^{\text{e}}$ 为弹性分量，$\dot{\varepsilon}_{ij}^{\text{vp}}$ 为黏塑性分量，$\dot{\varepsilon}_{ij}^{\text{t}}$ 为由于热膨胀引起的率效应。

关于塑性部分，可采用关联流动法则进行确定（Perzyna,1966）。

$$\dot{\varepsilon}_{ij}^{\text{vp}} = \dot{\varepsilon}^{\text{vp}} \frac{\partial F}{\partial \sigma_{ij}} \tag{9.1.3}$$

其中，F 为 Von Mises 屈服函数，$F = \sigma = \sqrt{3J_2}$，σ 为等效应力。另外，$\dot{\varepsilon}^{\text{vp}} = \sqrt{\frac{2}{3}\dot{\varepsilon}_{ij}^{\text{vp}}\dot{\varepsilon}_{ij}^{\text{vp}}}$，$\varepsilon^{\text{vp}} = \int_0^t \dot{\varepsilon}^{\text{vp}} \mathrm{d}t$。

黏塑性应力-应变关系（Pan 等,1983；Needleman,Tvergaard,1991）为

$$\frac{\sigma}{g(T,\varepsilon^{\text{vp}})} = \left(\frac{\dot{\varepsilon}^{\text{vp}}}{\dot{\varepsilon}_0^{\text{vp}}}\right)^k \tag{9.1.4}$$

其中，$\dot{\varepsilon}_0^{\text{vp}}$ 为参考应变率，k 为材料常量，$g(T,\varepsilon^{\text{vp}})$ 为反映应变硬化特性和温度软化效应的函数。

式（9.1.2）中右边第三项，即由于热膨胀引起的率效应的确定，可采用 Needleman 和 Tvergaard(1991) 的方法：

$$\dot{\varepsilon}_{ij}^{\text{t}} = \alpha \dot{T} I \quad \text{且} \quad \rho c \dot{T} = 0.9 \sigma_{ij} \dot{\varepsilon}_{ij}^{\text{vp}} \tag{9.1.5}$$

其中，α 为热膨胀系数，I 为单位张量，ρ 为密度，c 为热容。此时认为 90% 的塑性功转化为系统的热。

对于随动硬化材料，等效应力和流动函数为

$$F = \sigma = \sqrt{\frac{3}{2}(s_{ij} - \alpha_{ij})(s_{ij} - \alpha_{ij})} \tag{9.1.6}$$

其中，s_{ij} 是应力偏量。α_{ij} 为随动张量，是塑性变形历史的某种函数，表示后继屈服面的中心。采用 Ziegler 硬化准则，有

$$\dot{\alpha}_{ij} = \mu \dot{\varepsilon}^{\text{vp}} \frac{\partial F}{\partial \sigma_{ij}} = \mu \dot{\varepsilon}^{\text{vp}} \frac{3(s_{ij} - \alpha_{ij})}{2\sigma} \tag{9.1.7}$$

式中，μ 为由单轴准静态应力-应变关系确定的标度函数（Gilat,Clifton,1985）。

2. 蠕变

基体材料的应变可以分为四部分：

$$\dot{\varepsilon}_{ij}^{\text{total}} = \dot{\varepsilon}_{ij}^{\text{e}} + \dot{\varepsilon}_{ij}^{\text{p}} + \dot{\varepsilon}_{ij}^{\text{c}} + \dot{\varepsilon}_{ij}^{\text{t}} \tag{9.1.8}$$

式中，等号右边第二项为塑性应变率，可由率无关的 Prandtl-Reuss 流动法则确定。右边第四项可由式（9.1.5）的第一项确定。右边第三项为蠕变应变率，一般可采用 Riedel(1986) 的方法确定，即

$$\dot{\varepsilon}_{ij}^{\text{c}} = \dot{\varepsilon}^{\text{c}}(F_{C1} b'_{ij} + F_{C2} \sigma_{\text{I}} m_{ij}) \tag{9.1.9}$$

式中，b'_{ij} 为 b_{ij} 的偏量，$b_{ij} = \sigma_{ij} - \alpha_{ij}$；$\sigma_{\text{I}}$ 为最大主应力；F_{C1} 和 F_{C2} 均为 σ_{I}、等效应力 σ、损伤状态，以及材料常量等的函数；m_{ij} 是一个特殊的张量，除了与最大主应力相同的方向值为 1（$m_{\text{II}} = 1$）之外，其余均为零。

Kachanov(1961)给出了式(9.1.9)的一个简单形式：

$$F_{C1} = \left[\frac{\sigma}{(1-\omega)\sigma_0}\right]^{N_c} \frac{3}{2\sigma}, \quad F_{C2} = 0 \tag{9.1.10}$$

其中，ω 为蠕变损伤，N_c 和 σ_0 为材料参数。

9.1.2 柱状孔洞模型分析

图 9.1.1(b)所示为含柱状孔洞的模型，其中 a 为柱状孔洞的半径，b 为模型的外径，并建立如图所示的柱坐标系。对平面轴对称问题，其应变场为

$$\dot{\varepsilon}_{rr} = \frac{\mathrm{d}v_r}{\mathrm{d}r}, \quad \dot{\varepsilon}_{\theta\theta} = \frac{v_r}{r}, \quad \dot{\varepsilon}_{zz} = 常量 \tag{9.1.11a}$$

$$v_\theta = \dot{\varepsilon}_{r\theta} = \dot{\varepsilon}_{rz} = \dot{\varepsilon}_{\theta z} = 0 \tag{9.1.11b}$$

边界条件：

当 $t<0$ 时，

$$v_r(r) = 0, \quad a = a_0, \quad b = b_0, \quad r \in [a_0, b_0] \tag{9.1.12a}$$

当 $t \geq 0$ 时，

$$v_r(b) = k\dot{E}_0, \quad a = a(t), \quad b = b(t), \quad k \text{ 为常量} \tag{9.1.12b}$$

本构关系和运动方程分别为

$$\hat{\sigma}_{ij} = L_{ijkl}\dot{\varepsilon}_{kl}^{\text{total}} \tag{9.1.13}$$

$$\nabla \sigma_{ij} = \rho \frac{Dv}{Dt} \tag{9.1.14}$$

其中，$\hat{\sigma}_{ij}$ 为应力张量的 Jaumann 率，L_{ijkl} 为相应的切线模量，Dv/Dt 表示速度的物质导数。

由式(9.1.14)可得到柱坐标下的运动方程：

$$\frac{\partial \sigma_{rr}}{\partial t} = K_{rr}\frac{\partial v_r}{\partial r} + K_{\theta\theta}\frac{v_r}{r} + K_{zz}\dot{\varepsilon}_{zz}, \quad K_{ij} = L_{rrij} \tag{9.1.15a}$$

$$\frac{\partial \sigma_{rr}}{\partial t} + \frac{\sigma_{rr} - \sigma_{\theta\theta}}{r} = \rho \frac{\partial v_r}{\partial t} \tag{9.1.15b}$$

上述方程组在 r-t 平面内有两族特征线：

$$\frac{\mathrm{d}t}{\mathrm{d}r} = \pm \sqrt{\rho K_{rr}} \tag{9.1.16}$$

其中，正号代表右行波，负号代表左行波。如图 9.1.2 所示，负号表示左行波从柱壳的外表面向内部传播，正号则相反，从柱壳内表面向外部传播。需注意的是，图 9.1.2 中存在一个时间标度 t^*，它表示波从外部边界传播到内部边界的时间。这样，$(2b_0)/t^*$ 的数值可表示孔隙介质中塑性区的发展速度。式(9.1.15)可沿式(9.1.16)的特征线积分，而得到方程组的解。

考虑材料的不可压缩性，可得到速度场为

$$v_r = \frac{b^2\dot{E}_0}{2r} - \frac{r\dot{E}_{33}}{2}, \quad v_\theta = 0 \tag{9.1.17}$$

其中，

$$\dot{E}_0 = \frac{2\dot{E}_{11} + \dot{E}_{33}}{2}, \quad \dot{E}_{11} = \dot{E}_{22} = \frac{\dot{E}_{33}}{k_3} \tag{9.1.18}$$

式中,k_3 为常量。

由此,可得到应力场:

$$\sigma_{rr} = R_{\mathrm{I}} + R_{\mathrm{II}} \tag{9.1.19}$$

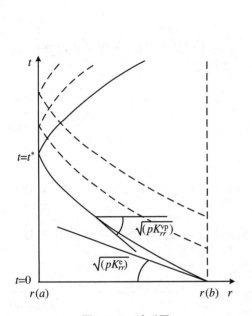

图 9.1.2 波系图

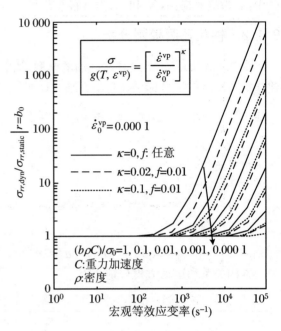

图 9.1.3 外表面惯性引起的应力升高

其中,$R_{\mathrm{I}} = \int_a^r \dfrac{2\sigma}{3\dot{\varepsilon}}\left(\dfrac{\dot{\varepsilon}_{\theta\theta} - \dot{\varepsilon}_{rr}}{r}\right)\mathrm{d}r$ 为黏性项,$R_{\mathrm{II}} = \rho\int_a^r \dfrac{\partial v_r}{\partial t}\mathrm{d}r$ 为惯性项。图 9.1.3 给出了动静态应力的比值随宏观等效应变率的变化关系。

由式(9.1.17)~式(9.1.19)知,宏观应力的表达式为

$$\Sigma = \dfrac{\sqrt{3}}{2V}\int_V \sigma\dot{E}_{33}\Psi\mathrm{d}V, \quad \Sigma_{\mathrm{m}} = \dfrac{2}{V\sqrt{3}}\int_V \dfrac{\sigma\dot{E}b^4\eta_{\mathrm{H}}}{r^4}\Psi\mathrm{d}V \tag{9.1.20}$$

其中,

$$\eta_{\mathrm{H}} = \dfrac{\sigma_{rr}\big|_{r=b_0,\mathrm{dynamic}}}{\sigma_{rr}\big|_{r=b_0,\mathrm{static}}}, \quad \Psi = \left(\dfrac{\dot{E}b^4}{r^4} + \dfrac{3}{4}\dot{E}_{33}^2\right)^{-1/2}$$

等效应力 σ 由式(9.1.4)给出,其中,

$$g(T,\varepsilon^{\mathrm{vp}}) = \sigma_0[1 - \beta(T - T_0)]\left(\dfrac{\varepsilon^{\mathrm{vp}}}{\varepsilon_0^{\mathrm{vp}}}\right)^N \tag{9.1.21}$$

其中,β,N 和 σ_0 为材料参数。

对式(9.1.20)的积分式采用中值定律,可得到宏观应力的屈服函数为

$$\Phi = \left(\dfrac{\Sigma}{\Sigma_{\mathrm{Y1}}}\right)^2 + 2q_1 f^* \mathrm{ch}\left(-\dfrac{3q_2\Sigma_{\mathrm{m}}}{2\Sigma_{\mathrm{Y2}}}\right) - 1 - q_3 f^{*2} \tag{9.1.22}$$

其中,$\Sigma_{\mathrm{Y}i} = \eta_i g(T,\dot{E})$,$\eta_i = \eta_i(f,\dot{E},b_0,T,\varepsilon^{\mathrm{vp}},$材料常量$)$ $(i=1,2)$,它与孔隙比 f 的关系见图 9.1.4。$\Sigma_{\mathrm{Y}i}(i=1,2)$ 分别表示孔隙介质的剪切强度和体积膨胀强度,图 9.1.5 给

出了黏塑性对屈服面的影响。Hao 等(1997)将其用于某金属基孔洞材料的三维有限元分析,得到的数值结果与实验结果的对比见图 9.1.6,表明此模型可以描述孔洞的塑性发展。

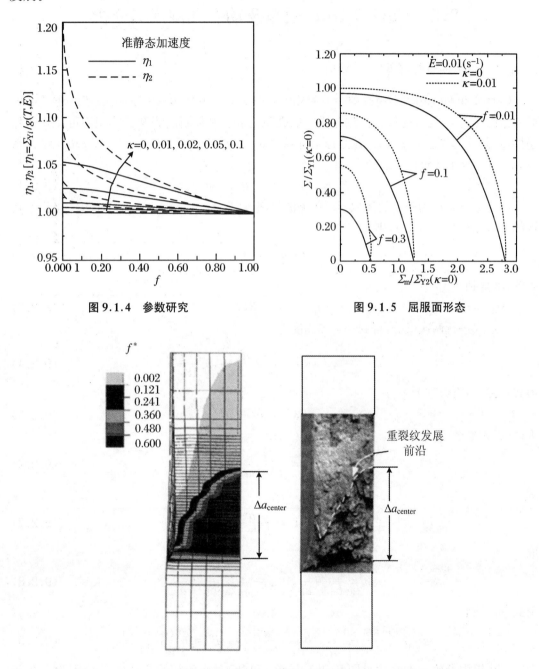

图 9.1.4　参数研究

图 9.1.5　屈服面形态

图 9.1.6　有限元结果与实验结果的对比

9.2 Carrol-Holt 模型及动态孔洞崩塌分析

9.2.1 Carrol-Holt 模型

Carrol 和 Holt(1972)将孔隙介质简化为如图 9.1.1(a)所示的中空球壳,初始外径为 b_0 而初始内径为 a_0 的空壳代表孔隙介质中的孔隙总和。基体材料为塑性体积不可压缩的弹塑性体,其外部受载荷 $p(t)$。建立球坐标系:Lagrange 坐标系 (r_0,θ_0,φ_0) 和 Euler 坐标系 (r,θ,φ)。对于球对称压缩行为,有

$$r = F(r_0,t), \quad \theta = \theta_0, \quad \varphi = \varphi_0 \tag{9.2.1}$$

因为基体材料为塑性的体积不可压缩的材料,所以 Lagrange 坐标系和 Euler 坐标系变换的雅可比行列式等于 1,则有

$$F^2 \frac{\partial F}{\partial r_0} = 1 \tag{9.2.2}$$

由此,可得到

$$r^3 = r_0^3 - B(t) \tag{9.2.3}$$

对上式进行两次微分,得到一个加速度势:

$$\ddot{r} = \frac{\partial \psi}{\partial r}, \quad \psi(r,t) = \frac{\ddot{B}(t)}{3r} + \frac{\dot{B}(t)^2}{18r^4} \tag{9.2.4}$$

由式(9.2.3)有以下关系:

$$b^3 - a^3 = b_0^3 - a_0^3 \tag{9.2.5}$$

由此,引入参数 α,令

$$\alpha = \frac{b^3}{b^3 - a^3} \tag{9.2.6}$$

则

$$\alpha - 1 = \frac{a^3}{b^3 - a^3} \tag{9.2.7}$$

取

$$\alpha_0 = \frac{b_0^3}{b_0^3 - a_0^3}, \quad \alpha_0 - 1 = \frac{a_0^3}{b_0^3 - a_0^3} \tag{9.2.8}$$

由此,可得到

$$a^3 = \frac{a_0^3(\alpha-1)}{\alpha_0 - 1}, \quad b^3 = \frac{a_0^3 \alpha}{\alpha_0 - 1}, \quad B = \frac{a_0^3(\alpha_0 - \alpha)}{\alpha_0 - 1} \tag{9.2.9}$$

多孔铝中参数 α 的演化见图 9.2.1,图(a)和(b)对应的初始孔隙比 α 分别为 1.3 和 2.5,加载速率分别为 $\dot{p} = 0.025$ kbar/ns、0.05 kbar/ns、0.1 kbar/ns 和 0.2 kbar/ns。由此可见,加载速率对不同的初始孔隙比 α,其演化存在一定的差异,表现出一定的率效应。图中虚线为后面将要得到的模型的预测结果,预测结果的初始阶段存在的差异源于初始临界

载荷的选取。需注意的是,当 α 趋近 1 时,加载速率为 0.025 kbar/ns,对应曲线的压缩速度变得非常缓慢。

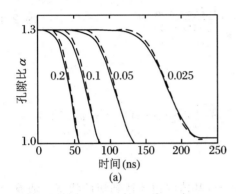
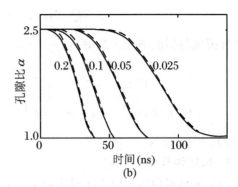

图 9.2.1

注:图中实线为初始孔隙半径 $a_0 = 20\mu$,初始孔隙比 α_0 分别为 1.3 和 2.5 的空心铝球在加载速率分别为 $\dot{p} = 0.025$ kbar/ns,0.05 kbar/ns,0.1 kbar/ns 和 0.2 kbar/ns 时孔洞崩塌的 α-t 曲线。图中虚线为后面的模型预测结果。具体模型为:当 $0 \leqslant p \leqslant p_{\text{crit}}$ 时,$\alpha = \alpha_0$;当 $p_{\text{crit}} \leqslant p$ 时,$\tau^2 YQ(\ddot{\alpha}, \dot{\alpha}_{ij}, \alpha) = p - \frac{2}{3}Y \cdot \ln[\alpha/(\alpha-1)]$(Carrol 等,1972)。

1. 应变场和应力场

位移场为

$$u = r - r_0 = \frac{-B}{3r^2}$$

则应变场为

$$\varepsilon_r = \frac{\partial u}{\partial r} = \frac{2B}{3r^3}, \quad \varepsilon_\theta = \varepsilon_\varphi = \frac{-B}{3r^3} \tag{9.2.10}$$

相应的应力场为

$$\sigma_r = -p + s_r, \quad \sigma_\theta = -p + s_\theta, \quad \sigma_\varphi = -p + s_\varphi \tag{9.2.11}$$

其中,s 为偏应力,表达式为

$$s_r = 2G\varepsilon_r = \frac{4GB}{3r^3}, \quad s_\theta = s_\varphi = \frac{-2GB}{3r^3} \tag{9.2.12}$$

2. 运动方程

运动方程为

$$\frac{\partial \sigma_r}{\partial r} + \frac{2}{r}(\sigma_r - \sigma_\theta) = \rho \ddot{r} \tag{9.2.13}$$

由式(9.2.4)、式(9.2.11)和式(9.2.12),对上式积分,可得到

$$-p(r,t) = \rho\psi(r,t) + h(t) \tag{9.2.14}$$

考虑边界条件

$$r = a, \quad \sigma_r = 0; \quad r = b, \quad \sigma_r = -p(t)$$

消去 p 和 h,则有

$$\rho(\psi_a - \psi_b) + \frac{4}{3}GB\left(\frac{1}{a^3} - \frac{1}{b^3}\right) = p \tag{9.2.15}$$

其中，ψ_a 和 ψ_b 分别对应加速度势在内外边界上的值。

将式(9.2.9)代入式(9.2.4)，可得到

$$\tau^2 YQ(\ddot{\alpha},\dot{\alpha},\alpha) = p - \frac{[4G(\alpha_0 - \alpha)]}{3\alpha(\alpha - 1)} \tag{9.2.16}$$

为弹性范围材料的响应。其中，

$$\tau^2 = \frac{\rho a_0^2}{3Y(\alpha_0 - 1)^{2/3}}$$

$$Q(\ddot{\alpha},\dot{\alpha},\alpha) = -\ddot{\alpha}[(\alpha-1)^{-1/3} - \alpha^{-1/3}] + \frac{1}{6}\dot{\alpha}^2[(\alpha-1)^{-4/3} - \alpha^{-4/3}]$$

式中，Y 为屈服限，$s_r - s_\theta = Y$。

3. 弹塑性分析

当基体材料内边界应力状态达到 $s_r - s_\theta = Y$ 时，基体内边界达到塑性状态。随着载荷作用，塑性边界逐渐由内边界往外边界扩展。这样，在基体材料的内部形成一个弹塑性边界。假定弹塑性边界为 $r = c(a \leqslant c \leqslant b)$，若此边界上的压力为 p_c，则由式(9.2.14)有

$$\rho(\psi_c - \psi_b) + \frac{4}{3}GB\left(\frac{1}{c^3} - \frac{1}{b^3}\right) = p - p_c \tag{9.2.17}$$

$r = c$ 处为弹塑性边界，则

$$\frac{2GB}{3c^3} = Y \tag{9.2.18}$$

对于 $r < c$ 的区域，材料处于塑性状态，屈服条件为

$$s_r = \frac{2Y}{3} \tag{9.2.19}$$

则塑性区的运动方程为

$$-\frac{\partial p}{\partial r} + \frac{2Y}{r} = \rho\ddot{r} \tag{9.2.20}$$

对此式积分可得到

$$-p(r,t) = -2Y\ln r + \rho\psi(r,t) + k(t) \tag{9.2.21}$$

式中，k 为积分常量。应用 $r = a$ 和 $r = c$ 处的边界条件，则有

$$\rho(\psi_a - \psi_c) + 2Y\ln\left(\frac{c}{a}\right) = p_c \tag{9.2.22}$$

联立式(9.2.17)、式(9.2.18)和式(9.2.22)，则可消去 p_c 和 c。同时，可得到基体材料处于弹塑性状态时的压缩过程：

$$\tau^2 YQ(\ddot{\alpha},\dot{\alpha},\alpha) = p - \frac{2}{3}Y\left\{1 - \frac{2G(\alpha_0 - \alpha)}{Y\alpha} + \ln\left[\frac{2G(\alpha_0 - \alpha)}{Y(\alpha - 1)}\right]\right\} \tag{9.2.23}$$

对应的从弹性状态向弹塑性状态过渡的临界条件为(初始塑性，$c = a$)：

$$\alpha_1 = (2G\alpha_0 + Y)/(2G + Y) \tag{9.2.24}$$

当基体材料完全进入塑性状态时，压缩方程为

$$\tau^2 YQ(\ddot{\alpha},\dot{\alpha},\alpha) = p - \frac{2}{3}Y\ln\left(\frac{\alpha}{\alpha - 1}\right) \tag{9.2.25}$$

相应地从弹塑性状态向塑性状态(完全塑性，$c = b$)过渡的临界条件为

$$\alpha_2 = \frac{2G\alpha_0}{2G+Y} \tag{9.2.26}$$

4. 准静态压缩

以上分析过程为动态分析，当忽略 $\tau^2 YQ(\ddot{\alpha},\dot{\alpha},\alpha)$ 时，上述分析可简化为准静态分析。其压缩过程可表述为

$$p = p_{eq}(\alpha) \tag{9.2.27}$$

其中，

当 $1 \leqslant \alpha \leqslant \alpha_2$ 时，

$$p_{eq} = \frac{2}{3} Y \ln\left(\frac{\alpha}{\alpha-1}\right) \tag{9.2.28a}$$

当 $\alpha_2 \leqslant \alpha \leqslant \alpha_1$ 时，

$$p_{eq} = \frac{2}{3} Y \left\{ 1 - \left[\frac{2G(\alpha_0-\alpha)}{Y\alpha}\right] + \ln\left[\frac{2G(\alpha_0-\alpha)}{Y(\alpha-1)}\right] \right\} \tag{9.2.28b}$$

当 $\alpha_1 \leqslant \alpha \leqslant \alpha_0$ 时，

$$p_{eq} = \frac{4G(\alpha_0-\alpha)}{3\alpha(\alpha-1)} \tag{9.2.28c}$$

5. 计算分析

图 9.2.2 所示初始孔隙半径 $a_0 = 20\mu$，初始孔隙比 α_0 分别为 1.1、1.3、1.8 和 2.5 的空心铝球在加载速率分别为 $\dot{p} = 0.025$ kbar/ns, 0.05 kbar/ns, 0.1 kbar/ns 和 0.2 kbar/ns 时的 α-p 曲线。图中虚线为准静态孔洞崩塌的初始塑性屈服的轨迹，点划线为准静态塑性孔洞崩塌曲线，是总的塑性屈服轨迹。由此可见，多孔材料具有较明显的率效应。

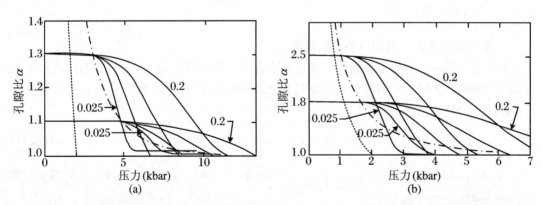

图 9.2.2　初始孔隙半径 $a_0 = 20\mu$，初始孔隙比 α_0 分别为 1.1,1.3,1.8 和 2.5 的铝球在不同加载速率下的 α-p 曲线(Carrol 等,1972)

图 9.2.3 所示为空心铝球的压力历程与计算结果的对比。空心铝球初始孔隙半径 $a_0 = 20\mu$，图(a)和图(b)对应的初始孔隙比 α_0 分别为 1.3 和 1.8。计算采用 PVE α 方程，其形式如下：

$$p = \frac{1}{\alpha}[790\mu_m + 1510\mu_m^2 + 300(1+\mu_m)E] \tag{9.2.29}$$

其中，E 是比内能，为球体的内能与基体的初始体积之比。μ_m 的定义如下：

$$\mu_m = \frac{b_0^3 - a_0^3}{b^3 - a^3} - 1 \tag{9.2.30}$$

由此可见,当加载速率比较低的时候,式(9.2.29)理论预测的数值与实验数据吻合得很好,但是加载速率比较高的时候,式(9.2.29)的理论预测存在较大差异。这种差异源于式(9.2.29)的 Herrmann 假定,在这种假定中,无论孔隙介质还是非孔隙介质,基体材料的压力、比容、比内能的关系是完全一样的。事实上,由于孔隙的存在,孔隙边界上的惯性效应以及由此引起的基体材料的惯性效应是不能忽略的。这是造成式(9.2.29)理论预测误差的原因,同时也表明以上动力学分析过程的必要性。

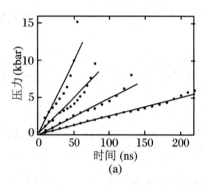 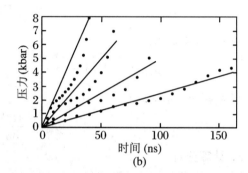

图 9.2.3 初始孔隙半径 $a_0 = 20\mu$ 空心铝球中实际作用载荷与计算载荷的对比

注:图中实线为实际载荷历程,图中数据点为计算的载荷历程。图(a)和图(b)分别对应初始孔隙比 α_0 为 1.3 和 1.8。(Carrol 等,1972)

9.2.2 孔洞崩塌分析[①]

1. 准静态下率无关材料中的孔洞崩塌

在孔隙介质和一些粉末材料的压缩过程中存在孔洞崩塌现象,这对材料的压缩过程有着较大的影响。为分析此类材料的压缩过程,Konopicky(1948)给出了压力 p 与材料的相对密度的一个经验公式:

$$p = c_1 + c_2 \ln \frac{1}{1 - \bar{\rho}} \tag{9.2.31}$$

其中,c_1 和 c_2 为参数,$\bar{\rho}$ 为相对密度且 $\bar{\rho} = \rho/\rho_m$,即 Green 密度 ρ 与基体材料相应的压缩密度 ρ_m 的比值。

Torre(1948)通过研究一个刚塑性的体积不可压缩的球壳的变形过程,得到了如下的解:

$$p = \frac{2}{3}\sigma_0 \ln \frac{1}{1 - \bar{\rho}} \tag{9.2.32}$$

此式所研究的基体材料为率无关材料,式中,σ_0 为基体材料的塑性流动应力。

Carrol 和 Kim(1984)则在 Voce(1955)和 Palm(1949)的应变硬化材料描述定律的基础上,发展了 Torre 的分析方法,得到 Konopicky 经验公式的各系数:

---

① Tong 等,1997。

$$c_1 = \frac{-2}{3}(\sigma_s - \sigma_0)\ln\frac{1}{1-\bar{\rho}_0}, \quad c_2 = \frac{2}{3}Y \tag{9.2.33}$$

其中，$\bar{\rho}_0$ 为 $\bar{\rho}$ 的初始值。σ_s 的定义与 Voce(1955) 和 Palm(1949) 的应变硬化材料的描述模型有关，在此模型中：

$$\bar{\sigma} = \sigma_s - (\sigma_s - \sigma_0)\exp\frac{\bar{\varepsilon}}{\bar{\varepsilon}_c} \tag{9.2.34}$$

式中，$\bar{\sigma},\bar{\varepsilon}$ 分别为等效应力和等效塑性应变。上式描述的是当初始塑性应力为 σ_0 时，应变硬化材料随着塑性应变的增加与特征应变 $\bar{\varepsilon}_c$ 对应的后继屈服强度 σ_s 的增加量。式(9.2.33)为 $\bar{\varepsilon}_c=2/3$ 时得到的结果。

2. 准静态下率相关材料中的孔洞崩塌

基于线性黏性流体响应，Mackenzie 和 Shuttleworth(1949) 及 Murray 等(1954) 提出了粉末压实的一个一阶常微分方程：

$$\dot{\bar{\rho}} = (1-\bar{\rho})\frac{3p}{4\eta} \tag{9.2.35}$$

式中，η 为剪切黏性系数。

Wilkinson 和 Ashby(1975) 为研究球状和柱状空心壳体的率相关压缩行为，考虑非硬化的黏塑性基体，得到

$$\dot{\bar{\rho}} = \frac{3}{2}\dot{\bar{\varepsilon}}_0\frac{\bar{\rho}(1-\bar{\rho})}{[1-(1-\bar{\rho})^m]^{1/m}}\left(\frac{3mp}{2\sigma_0}\right)^{1/m} \tag{9.2.36}$$

式中，$\dot{\bar{\varepsilon}}_0,\sigma_0,m$ 分别为参考应变率、参看流动应力以及幂函数硬化模型中应变率敏感系数。幂函数硬化模型为 $\dot{\bar{\varepsilon}} = \dot{\bar{\varepsilon}}_0(\bar{\sigma}/\sigma_0)^{1/m}$，表明等效应变率为等效流动应力 $\bar{\sigma}$ 的函数。

Haghi 和 Anand(1991) 采用一种幂函数硬化的黏塑性模型：

$$\bar{\sigma} = \left[\sigma_s - (\sigma_s-\sigma_0)\exp\frac{\bar{\varepsilon}}{\bar{\varepsilon}_c}\right]\left(\frac{\dot{\bar{\varepsilon}}}{\dot{\bar{\varepsilon}}_0}\right)^m \tag{9.2.37}$$

当 $m\to 0$ 时，上式退化为 Voce-Palm 模型。由此可得到率相关的压缩模型为

$$\dot{\bar{\rho}} = \frac{3}{2}\dot{\bar{\varepsilon}}_0\frac{\bar{\rho}(1-\bar{\rho})}{[1-(1-\bar{\rho})^m]^{1/m}}\left(\frac{3mp}{2\sigma_0}\right)^{1/m}\{1-H(b)\}^{-1/m} \tag{9.2.38}$$

其中，$H(b)$ 为材料参数，b 为球壳的外径。对于非硬化材料，$H(b)=0$。

3. 动态孔洞崩塌

率无关材料的动态孔洞崩塌由 Carrol 和 Holt 模型描述。

Holt 等(1974) 对 Carrol 和 Holt 模型进行修正。他们发现在孔洞崩塌过程中，黏性比惯性的作用更大，由此得到一种式(9.2.32)和式(9.2.35)的混合形式：

$$\dot{\bar{\rho}} = (1-\bar{\rho})\frac{3}{4\eta}\left(p-\frac{2}{3}\sigma_0\ln\frac{1}{1-\bar{\rho}}\right) \tag{9.2.39}$$

Carrol 等(1986) 后来引入温度相关的黏塑性描述，即

$$\sigma = \sigma_0\left(1-\frac{\theta}{\theta_m}\right) + 3\eta_m\dot{\varepsilon}\exp\left[B\left(\frac{1}{\theta}-\frac{1}{\theta_m}\right)\right] \tag{9.2.40}$$

以及基体材料由于黏塑性功引起的绝热温升：

$$\rho_m c_p \dot{\theta} = \sigma \dot{\varepsilon} \tag{9.2.41}$$

其中,θ,θ_m 分别为现在温度和熔化温度,c_p 为比热,η_m 和 B 为黏性系数。他们的研究表明,在冲击压力足够高,或者材料提前加热的情况下,惯性效应的作用比较明显,黏性效应反而不明显。

Tong 和 Ravichandran(1994)对 Carrol-Holt 模型进行重新分析,提出用可以考虑材料的率效应、塑性硬化和热软化效应的模型进行分析。模型形式如下:

$$\sigma = \sigma_0 \left(\frac{\dot{\varepsilon}}{\dot{\varepsilon}_0}\right)^m \left(\frac{\varepsilon}{\varepsilon_0}\right)^n \left(\frac{\theta}{\theta_0}\right)^v \tag{9.2.42}$$

其中,$\dot{\varepsilon}_0$,ε_0,θ_0 分别为参考应变率、参考应变和参考温度;m,n,v 分别为描述率效应、硬化效应和软化效应的材料参数。

4. 算例

基体材料参数见表 9.2.1 和表 9.2.2。

表 9.2.1 基体材料的热力学参数

材料	密度(g/cm^3)	μ_e(GPa)	λ_e(GPa)	c_p(J/kg·K)	θ_m(K)
铝	2.7	26	56	893	920
钢	7.8	81	112	500	1530
铜	8.94	44	117	383	1356

表 9.2.2 基体材料的黏塑性参数

材料	τ_0(MPa)	$\dot{\gamma}(10^5/s^1)$	m	γ_0	n	θ_0(K)	$-v$
铝	125	1.53	0.254	0.05	0.04	295	0.4
钢	420	4.0	0.20	0.15	0.085	295	0.6
铜	270	5.0	0.20				

图 9.2.4(a)所示为基体材料的率效应对孔洞崩塌的影响。空心铝球壳的初始相对密度 $\bar{\rho}_0 = 0.769$,初始孔径 a_0 为 20 μm,受到以速率 $\dot{p} = 10$ MPa/ns 线性递增的外载荷作用。准静态率无关(RI)的计算采用 Carrol-Holt 模型:

$$\bar{\rho} = \begin{cases} \rho_0 & (0 < p < p_c) \\ 1 - \exp(-\sqrt{3}p/2\tau_0) & (p_c \leqslant p) \end{cases} \tag{9.2.43}$$

率相关(RD)的计算采用 Wilkinson-Ashby 模型:

$$\dot{\bar{\rho}} = \frac{\sqrt{3}}{2}\dot{\gamma}_0 \frac{\bar{\rho}(1-\bar{\rho})}{[1-(1-\bar{\rho})^m]^{1/m}} \left(\frac{\sqrt{3}m}{2}\frac{\dot{p}}{\tau_0}\right)^{1/m} \tag{9.2.44}$$

图 9.2.4(a)中的横坐标是归一化后的时间。其归一化的参考时间 t_0($t_0 = 21.65$ ns)对应于外载荷等于屈服应力时的时间,如 $p(t_0) = \sqrt{3}\tau_0$。因此,时间 t_0 可以作为孔隙介质中孔隙崩塌的参考时间尺度。很显然,率效应极大地延缓了孔洞崩塌。基于动态模型得到的孔洞崩塌过程要比准静态模型快得多,但是随着崩塌过程的发展,后期崩塌速度逐渐变慢。因此,Carrol-Holt 模型给出的率敏感材料的动态压缩时间较短。在图中计算条件下,对于纯铝,$m = 0.254$ 时或者对于牛顿黏性材料,$m = 1.0$ 时,三种模型计算结果基本一致。然而,

$m=0.005$ 时,三种模型的计算差异非常大。图 8.2.4(b)所示为 $\dot{p}=250$ MPa/ns, $t_0=0.866$ ns 时的计算结果。

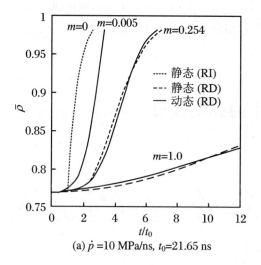
(a) $\dot{p}=10$ MPa/ns, $t_0=21.65$ ns

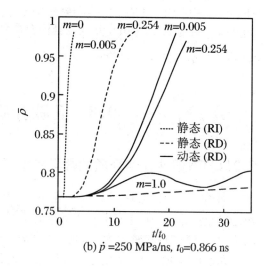
(b) $\dot{p}=250$ MPa/ns, $t_0=0.866$ ns

图 9.2.4 采用不同模型,弹/黏塑性铝球壳的孔洞崩塌结果比较(Tong 等,1993)

图 9.2.5 所示为应变硬化和热软化对孔洞崩塌过程的影响。空心铝球壳的初始相对密度 $\bar{\rho}_0=0.769$,受到以速率 $\dot{p}=10$ MPa/ns 线性递增的外载荷作用,$t_0=21.65$ ns,初始孔径 a_0 为 20 μm。计算模型为 $\tau=\tau_0(\dot{\gamma}/\dot{\gamma}_0)^m(\gamma/\gamma_0)^n(\theta/\theta_0)^v$,与式(9.2.42)相同,不过应力换成了剪应力,应变换成了剪应变。图中五条计算曲线,其参数分别为:① $n=0,v=-1.0$;② $n=0.04,v=-0.4$;③ $n=0,v=0$;④ $n=0.04,v=0$;⑤ $n=0.25,v=0$。同时,m 均为 0.254。由此可见,应变硬化延缓了孔洞崩塌的发展,而热软化则加快了此过程。

图 9.2.6 所示为采用式(9.2.42)的黏塑性本构关系计算得到的孔隙介质的 p-V Hugo-

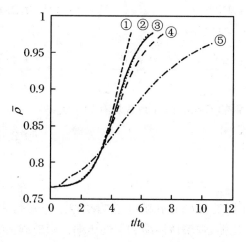

图 9.2.5 塑性硬化和热软化对孔洞崩塌的影响(Tong 等,1993)

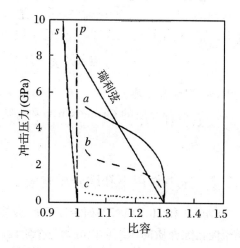

图 9.2.6 不同 p-V 线的比较(Tong 等,1997)

niot 线。图中"s""p"分别表示铜和多孔铜的 p-V Hugoniot 线;"a""b""c"分别表示动态模型、率相关准静态模型和率无关准静态模型的计算结果。由此可见,准静态孔洞崩塌过程远低于 Raileigh 线;在较高的加载速率下,惯性效应和率效应使得计算结果快速接近 Raileigh 线。这也表明 Raileigh 线与孔隙介质和粉末材料的高速冲击压缩过程相关。

9.3 孔隙介质中的弹塑性波[①]

9.3.1 弹塑性孔隙介质的数学模型

研究一个单位球,其中含有 n 个半径为 a 的球形孔洞,则孔隙的体积含量为 $m_1 = 4\pi na^3/3$;孔隙介质中基体材料的体积含量为 m_2,则有 $m_1 + m_2 = 1$。若孔隙介质的密度为 ρ,基体材料的密度为 ρ_s,则 $\rho = \rho_s m_2$。

系统的质量守恒、动量守恒和能量方程分别为

$$\frac{\partial \rho}{\partial t} + \frac{\partial}{\partial x_i}(\rho v_i) = 0, \quad \rho \frac{\mathrm{d} v_i}{\mathrm{d} t} = \frac{\partial \sigma_{ij}}{\partial x_j}, \quad \rho \frac{\mathrm{d} E}{\mathrm{d} t} = \sigma_{ij} \dot{\varepsilon}_{ij} \quad (9.3.1)$$

其中,$\mathrm{d}(\cdot)/\mathrm{d}t = \partial(\cdot)/\partial t + v_i \partial(\cdot)/\partial x_i$。

压力表征为冷压 p_c 和热压 p_T 之和:

$$\dot{p} = \dot{p}_c + \dot{p}_T \quad (9.3.2)$$

其中,

$$\dot{p}_c = -K \dot{\varepsilon}_{kk}, \quad \dot{p}_T = (\Gamma \rho E_T)' \quad (9.3.3)$$

式中,Γ 为 Gruneisen 系数。

内能表征为冷能 E_c 和热能 E_T 之和:

$$E = E_c + E_T \quad (9.3.4)$$

其中,

$$E_c = \frac{1}{2\rho}\left[K_1(\varepsilon_{kk}^e)^2 + 2\mu_1 \varepsilon_{ij}^e \varepsilon_{ij}^e\right], \quad E_T = c_v T \quad (9.3.5)$$

式中,c_v 为定容比热。

另外,孔隙介质的 Gruneisen 系数与基体材料的 Gruneisen 系数具有如下关系:

$$\Gamma = \Gamma_s \frac{K}{K_s} \frac{1}{m_2} \quad (9.3.6)$$

9.3.2 压力作用下孔隙介质响应

Carrol 和 Holt(1972)研究了孔隙介质中孔洞的发展和孔隙介质的动静态压缩行为。弹塑性孔隙介质的压缩可以分为三个阶段:弹性压缩、弹塑性压缩和塑性压缩。当外载荷比较低时,介质处于弹性状态;随着载荷的增加,材料内部孔洞附近先进入塑性状态,此时孔隙

[①] Formin 等,1997。

介质的变形行为由弹性和塑性变形共同组成;当外载荷足够高时,材料完全进入塑性状态。由此,存在三个区域,即

(1) 弹性区域。此时压力满足:

$$|p| < |p_0| \equiv \frac{2}{3} Y_s \bar{m}_2 \tag{9.3.7}$$

(2) 弹塑性混合区。此时压力满足:

$$|p_0| \leqslant |p| < |p_*| \equiv \frac{2}{3} Y_s \ln\left(\frac{1}{\bar{m}_1}\right) \tag{9.3.8}$$

(3) 塑性区域。压力超过$|p_*|$。

其中,$\bar{m}_1 = qm_1$,q 为由实验确定的常量。$\bar{m}_1 = 1 - \bar{m}_2$。

9.3.3 压剪作用下孔隙介质响应

屈服面的表达式为

$$\Phi \equiv \frac{3}{2} S_{ij} S_{ij} - Y^2(Y_s, p, m_1) = 0 \tag{9.3.9}$$

当 $\Phi < 0$ 时,材料处于弹性状态;当 $\Phi = 0$ 时,材料处于塑性状态。

1. 弹性状态($|p| < |p_0|$)

孔隙介质的弹性模量表达式为

$$K = K_1 = \frac{K_s m_2}{1 + \frac{m_1}{2}\left(\frac{1+\nu}{1-2\nu}\right)}, \quad \mu = \mu_1 = \frac{\mu_s m_2}{1 + 0.5 m_1} \tag{9.3.10}$$

其中,ν 为基体材料的泊松比。

2. 弹塑性混合状态($|p_0| \leqslant |p| < |p_*|$)

孔隙介质的模量表达式为

$$K = K_2 = \frac{K_s m_2}{1 + \left(\frac{1+\nu}{1-2\nu}\right)\frac{Y_s m_p m_2}{3|p|}}, \quad \mu = \mu_1 = \frac{\mu_s m_e}{\frac{m_e}{m_p} + 0.5 m_p} \tag{9.3.11}$$

其中,$m_e + m_p = 1$,下标 e 和 p 分别表示基体中的弹性部分和塑性部分。它们由下列关系式给出:

当 $|p_0| \leqslant |p| < |p_+|$ 时,

$$\frac{3\chi p}{2 Y_s} + 1 - m_p + \ln\left(\frac{m_p}{\bar{m}_1}\right) = 0 \tag{9.3.12}$$

当 $|p_+| < |p| < |p_z|$ 时,

$$m_e = \frac{\xi}{1+\xi} + \frac{3\chi(p - p_+)}{2\xi Y_s} \tag{9.3.13}$$

式中,

$$p_+ = -\frac{2}{3}\chi Y_s\left[\ln\left(\frac{1}{\bar{m}_1}\right) + \frac{\xi}{1+\xi} + \ln\left(\frac{1}{1+\xi}\right)\right] \tag{9.3.14}$$

$$p_z = p_+ - \frac{2\chi Y_s \bar{m}_2}{3(1+\xi)}, \quad \xi = \sqrt{\bar{m}_2} \tag{9.3.15}$$

$$\chi = 1, p < 0; \quad \chi = -1, p > 0$$

在弹塑性区域,若卸载,模量采用弹性模量,即式(9.3.10)的表达式;若塑性加载,则采用式(9.3.11)的表达式。

塑性加载的条件为

$$\dot{I} = \left(\frac{3}{2}\zeta + \frac{m_p J_2}{2 m_e^3 Y_s p}\right)(p^2)' + \frac{\zeta j_2}{3} > 0 \tag{9.3.16}$$

其中,$\zeta = \dfrac{m_p}{m_e} - \dfrac{m_1}{m_2}$,$J_2$ 为应力偏量的第二不变量。

3. 塑性状态($|p_*| < |p|$)

在此区域应变率可以分为弹性和塑性两部分,即

$$\dot{\varepsilon}_{ij} = \dot{\varepsilon}_{ij}^e + \dot{\varepsilon}_{ij}^p \tag{9.3.17}$$

利用式(9.3.9),应用塑性流动因子 $d\lambda$,可得塑性应变率的表达式为

$$\dot{\varepsilon}_{ij}^p = d\lambda \left(3 S_{ij} + \frac{1}{3} \frac{\partial Y^2}{\partial p} \delta_{ij}\right) \tag{9.3.18}$$

则

$$\dot{\varepsilon}_{kk}^p = d\lambda \frac{\partial Y^2}{\partial p}, \quad \dot{e}_{ij}^p = 3 S_{ij} d\lambda \tag{9.3.19}$$

利用屈服函数的一致性条件,可求得

$$d\lambda = \frac{1}{Y}\sqrt{\frac{1}{6}\dot{e}_{ij}^p \dot{e}_{ij}^p} \tag{9.3.20}$$

将其代入式(9.3.18)和式(9.3.19)可得到塑性应变率的表达式。

由 Gurson(1977)的分析方法,孔隙度的变化与体积应变率有关。基于关联流动理论,可得到

$$\frac{\dot{m}_1}{m_2} = \dot{\varepsilon}_{kk}^p \tag{9.3.21}$$

为得到明确的表达式,需确定屈服函数。

当 $|p| < |p_0|$ 时,

$$Y^2 = Y_s^2 \bar{m}_2^2 - \frac{9}{4} p^2 \bar{m}_1 \tag{9.3.22}$$

此时,根据实验结果 q 取为 1.7。

当 $|p_0| \leqslant |p| < |p_*|$ 时,

$$Y^2 = Y_s^2 \bar{m}_2^2 \bar{m}_e^2 \tag{9.3.23}$$

加载时采用式(9.3.23),卸载时采用式(9.3.22)。

当 $|p_*| \geqslant |p|$ 时,

$$3\chi Y_s \ln\left(\frac{1}{\bar{m}_1}\right) - \frac{4\eta \dot{m}_1}{3 m_1} - p = 0 \tag{9.3.24}$$

且

$$\dot{p}_c = -K_1 \dot{\varepsilon}_{kk}^e, \quad \dot{\varepsilon}_{kk}^e = \frac{\dot{m}_2}{m_2} - \frac{\dot{\rho}}{\rho}, \quad \dot{e}_{ij} = \frac{S_{ij}}{2\mu_1} \tag{9.3.25}$$

4. 讨论

当 $|p|>|p_0|$ 时，在孔洞周围开始出现塑性区域。此时，$\dot{l}>0$ 为塑性加载，可采用式(9.3.11)～式(9.3.16)和式(9.3.23)来描述。若 $\dot{l}<0$，则为卸载，需采用弹性卸载来描述。此过程中，K_2 和 μ_2 均为 m_1 和 p 的函数。

在 $|p|>|p_0|$ 的情况下，当 $|p|<|p_+|$ 时，式(9.3.22)和式(9.3.23)与 $q=1$ 时的 Gurson 屈服面以及 $q=1.5$ 时的 Tvergaard 屈服面一致：

$$Y^2 - Y_s^2\left[1+\overline{m}_1^2 - 2\overline{m}_1\cosh\left(\frac{-3p}{2Y_s}\right)\right] \tag{9.3.26}$$

在此部分的讨论中，$q=1.7$ 与实验结果符合得较好。

当 $|p|>|p_+|$ 时，式(9.3.26)给出了弹塑性区域系统方程的非双曲流动。而且随着 $|p|>|p_*|$，塑性孔洞无限发展。同时，由式(9.3.26)知，当 $|p|\to|p_*|$ 时，$|\partial Y/\partial p|\to\infty$，且孔隙度 $m_1\to\infty$。此时，就没有什么物理意义了。

当 $|p|\geqslant|p_*|$ 时，由 Carrol-Holt 模型研究的结论，孔洞崩塌发展。但是，此过程考虑了黏性而忽略了惯性，其适用条件为 $R_e=a_0\sqrt{\rho_s Y}/\eta\ll 1$（$a_0$ 为初始孔洞半径）。

9.3.4 一维流动

将上述分析问题简化到一维。一维条件下的守恒方程为

$$\frac{\partial \rho}{\partial t}+\frac{\partial}{\partial x}(\rho v)=0, \quad \rho\left(\frac{\partial v}{\partial t}+v\frac{\partial v}{\partial x}\right)=\frac{\partial \sigma_1}{\partial x} \tag{9.3.27}$$

塑性流动方程为[由式(9.3.19)]

$$\frac{\partial m_2}{\partial t}+v\frac{\partial m_2}{\partial x}=-\frac{2}{3}\xi\frac{\partial Y}{\partial p}\dot{\varepsilon}_1 \tag{9.3.28}$$

其中，

$$\rho=\rho_s m_2, \quad \sigma_1=-p+S_1, \quad \dot{\varepsilon}_1=\frac{\partial v}{\partial x}, \quad \dot{\varepsilon}_2=\dot{\varepsilon}_3=0 \tag{9.3.29a}$$

$$S_1=\frac{2}{3}\chi Y, \quad S_2=S_3=-\frac{1}{2}S_1, \quad p=K_1\left(\frac{\rho_s}{\rho_s^0}-1\right) \tag{9.3.29b}$$

忽略沿特征线 $dx/dt=c$ 的热压和能量方程，则系统方程(9.3.27)和方程(9.3.28)的特征线为

$$\frac{dx}{dt}=c, \quad \frac{dx}{dt}=c\pm a, \quad a\approx\sqrt{\frac{K}{\rho_s}\left(1-\frac{2}{3}\chi\frac{\partial Y}{\partial p}\right)} \tag{9.3.30}$$

其中，a 为小扰动的传播速度。为保证 $a\geqslant 0$，要求

$$\left|\frac{\partial Y}{\partial p}\right|\leqslant\frac{3}{2} \tag{9.3.31}$$

当系统方程(9.3.27)和方程(9.3.28)中孔隙变化 $\frac{\partial m_2}{\partial t}+v\frac{\partial m_2}{\partial x}=0$ 时，则小扰动的传播速度为

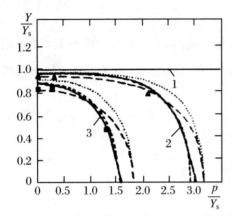

图 9.3.1 动态屈服面(Fomin 等,1997)

$$a \approx \sqrt{\frac{K_1}{\rho_s}\left(1 - \frac{2}{3}\chi\frac{\partial Y}{\partial p}\right)} \quad (9.3.32)$$

图 9.3.1 所示为不同压力下的屈服面。图中有三种孔隙度:$m_1 = 0$,$m_1 = 0.82\%$ 和 $m_1 = 6.5\%$,分别对应图中"1""2""3"。每种孔隙度均进行了 Gurson 模型(图中点线)、Tvergaard 模型(图中短虚线)、Richmond 模型(图中长短虚线)和上述分析的模型(图中实线)等模型的对比。图中三角形和四边形标记点表示三维数值模拟的数据点。由此可见,此部分的分析模型与三维数值模拟结果符合得很好。

数值模拟过程中,体积模量和屈服应力采用如下形式:

$$K_s = A + 2B(\theta - 1) + 3C(\theta - 1)^3, \quad \theta = 1 - \varepsilon_{kk}^e \quad (9.3.33)$$

$$Y_s = (Y_0 + \eta \dot{\varepsilon}_1^p)(1 + b_s(\varepsilon_1^p)^m) \quad (9.3.34)$$

以上公式中的各参数可参见表 9.3.1。

表 9.3.1 材料参数例

参数	材料			
	Al 6061-T6	多孔 Al 2024	熔融硅土	铁
A(Mbar)	0.800	0.79	0.776	1.600
B(Mbar)	1.070	1.05	2.100	0
C(Mbar)	0	0.13	11	0
η(Mbar/μs)	10^{-4}	10^{-4}	10^{-4}	
b_s	0	0	0	2
Y_0(Mbar)	0.003	0.001	10^{-6}	0.004
μ_s(Mbar)	0.248	0.248	10^{-5}	0.800
ρ_s(g/cm³)	2.785	2.785	2.200	7.850
ν	0.347	0.270	—	—
Γ_s	2	2	2	2

注:Lundergan 等,1963;Barker 等,1970;Butcher 等,1974。

图 9.3.2 为不同冲击速度下材料中粒子速度波形的计算结果和实验结果的对比。所用孔隙介质为 $m_1 = 0.22$ 的 Al 2024,图中"1""2""3"分别对应冲击速度 0.5 mm/μs,0.244 mm/μs 和 0.18 mm/μs。图中对比结果表明了模型计算结果与实验结果有较好的一致性;图中对应冲击速度 0.18 mm/μs 时的对比结果存在的一定的差异源于孔隙介质的功硬化。多孔铝的微观照片表明,在样品中一般具有一定分布尺度的孔隙,而且孔隙形状也存在

一定差异。因此,当冲击波到来时,在比较压力的时候就有孔洞发生崩塌,样品压成扁平状,这种压实过程使得材料的屈服强度等得到了提高。

图 9.3.3 为钢和多孔钢中冲击波的传播波形。图中虚线为钢的冲击波波形,实线为多孔钢中的冲击波波形。由此可见,钢中冲击波波形的幅值和上升沿的时间随着波的传播变化不大,而多孔钢中冲击波波形表现出显著的衰减(幅值降低)和弥散(上升沿的时间随着波的传播越来越长)现象。

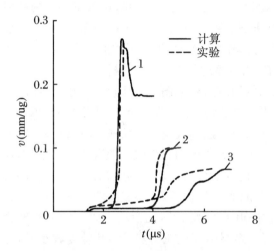

图 9.3.2 计算结果与实验数据的比较
(Fomin 等,1997)

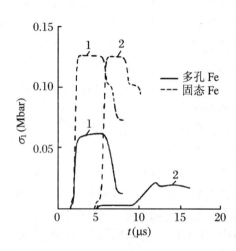

图 9.3.3 应力在孔隙钢中的传播

9.4 脆性多孔介质动态孔洞崩塌模拟分析[①]

以上研究主要基于塑性体积不可压缩的假定进行的,适用于延性材料。对岩石、混凝土类脆性孔洞材料而言,由于孔洞崩塌过程中,体积不可压缩的假定不再适用,Carrol-Holt 模型分析的优势已不存在,在理论上造成很大的困难。本节研究脆性孔洞材料,以水泥基复合材料为例。我们对在聚丙烯纤维增强水泥砂浆(FCEM)的冲击实验中发现(徐松林,2003;徐松林等,2004,2006;Tang 等,2005),其 $p\text{-}V$ Hugoniot 冲击绝热线有 4 个明显的临界点:A,B,C,D。对应材料有 5 个不同的变形阶段:OA 段材料发生弹性变形;AB 段材料主要的变形由材料的损伤状态决定;BC 段材料内部已经发生大的贯穿性的破坏,材料的变形主要由初步的体积压缩决定;CD 段对应材料的孔洞崩塌阶段,材料的变形主要由孔洞的体积压缩决定;D 点以后,材料的变形主要为已基本压实的颗粒材料的进一步压缩,即"固体"压缩。其中,孔洞崩塌阶段尤其重要。

---

① 徐松林等,2005。

已有的研究表明,孔洞材料的静态和动态压缩过程非常复杂,包含微小孔洞的崩塌、孔洞间"桥"的断裂、微孔洞间的贯通等复杂过程,要进行详细描述比较困难,理论描述的工作量十分大。Carrol 等(1972)在对延性孔洞材料的研究中将整个孔洞材料分为两个部分:完整的基质材料和孔洞。由此将材料假定为中空的球壳,球壳内中空的体积即为所有孔洞体积之和。这种假定使得问题得到极大的简化。由于研究对象为延性材料,可以引入体积不可压缩的假定,使得此问题可以方便地应用数学方法描述,从他们以及后来的其他学者的研究结果来看,这种方法很好地解决了很多实际问题,得到了广泛的应用,取得了一系列的研究成果。但是对于将讨论的脆性孔洞材料,在压缩过程中,材料发生脆性破裂,体积不可压缩的假定不再适用,这就造成了数学描述上很大的困难。因此,拟采用数值模拟的方法来进行分析。在进行分析之前,对脆性孔洞材料的冲击压缩过程进行定性分析。

基于 Carrol-Holt 模型假定,设想脆性孔洞的崩塌过程如图 9.4.1 所示。图 9.4.1(b)为对图 9.4.1(a)孔洞材料进行简化的初始构形。外径为 b_0、内径为 a_0 的中空球壳,承受均布冲击荷载 P 的作用。随着 P 的增加,当内壁的应力达到或超过剪切强度时,材料内壁将产生一系列沿 45°方向分布的正交裂纹,见图 9.4.1(c)中的白色裂纹。随着压力的增加,这些被正交裂纹分割的部分将逐次"剥落",在材料内部形成自由堆积的颗粒材料。其后的发展受材料的初始孔隙度控制。当孔隙度较大时,材料很快被压塌,形成新的孔洞材料,其孔隙度已经大大地减小。可以再次应用 Carrol-Holt 模型将其简化为更小内径的中空球壳[图 9.4.1(d)]。随着荷载的增加,重复此过程直至材料完全压密实。当孔隙度较小时,此过程就比较复杂。外荷载的增加,一方面使得剥离的颗粒增多,另一方面使球壳压缩。当内部堆积颗粒的体积足够填充球壳变形后的内部空间时,材料则成为完整球壳部分与受压的颗粒材料的混合体。此时仍可以应用 Carrol-Holt 模型进行简化,只是简化的过程更为复杂。其后的发展可以重复此过程直至材料完全压密实。

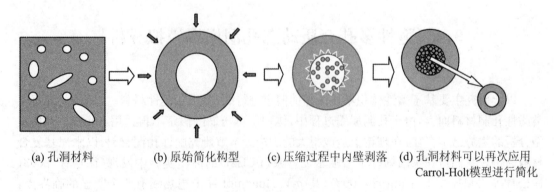

(a) 孔洞材料　　　　(b) 原始简化构型　　　(c) 压缩过程中内壁剥落　　(d) 孔洞材料可以再次应用 Carrol-Holt 模型进行简化

图 9.4.1　脆性孔洞材料孔洞崩塌过程示意图

9.4.1　基于细观动力学的离散元方法简介[①]

此方法的基本思想是,将介质离散为独立的元(element)或粒子(particle),相邻元之间

---

① Tang 等,2001

存在某种或某几种力,元的运动受牛顿运动定律控制,系统的运动则通过对这些元的运动进行统计获得,通过研究离散的元系统的集体运动来模拟研究对象的力学、热学、物理和化学的状态分布及演化规律。

1. 元与元的邻居关系

离散元系统中元的尺寸通常在细观和宏观层次,元不是分子或原子,因此元之间不存在长程作用,而只有那些相邻的元才有力的作用。在 DM3 程序中,如果某两个元(互)为邻居,则它们可能有三种作用方式:键接并接触、只键接不接触、只接触不键接。如果二者既不键接也不接触,则它们就不是邻居,没有相互作用。这里的"键接"是指两个元之间有化学键,而"接触"只是机械作用。这种邻居关系主要通过两个重要的材料参数 $r_{\min}^{ij}$ 和 $r_{\max}^{ij}$ 来控制。当两元的距离 $r^{ij} > r_{\max}^{ij}$ 时,两元即无相互作用,相当于产生了一条微裂纹。改变 $r_{\max}^{ij}$,可改变材料的韧脆特性,若两元的距离小于 $r_{\min}^{ij}$ 则提供了裂纹重新闭合的可能。

2. 邻居元的作用力

此方法中的作用力模型与连续介质力学中本构关系的概念相当。图 9.4.2 为邻居元作用相对运动示意图。图中,v^i,v^j 为元 i 和 j 的中心平动速度,ω^i,ω^j 为转动角速度,q^{ij},q^{ji} 为元 i,j 的中心到接触点 s 的距离,n^{ij} 为元 i 中心指向元 j 中心的单位矢量。根据这种相对运动模式,DM3 程序考虑了三种作用力:中心势作用力、黏性摩擦力、切向干摩擦力。实际上,这三种力不一定需要同时出现,应视材料类型和具体连接状态而定。三种力的表达式为:

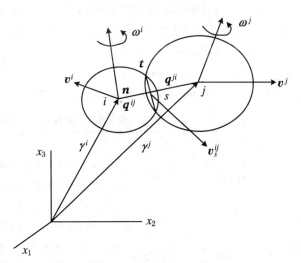

图 9.4.2 元 i 和元 j 的相对运动

(1) 元 j 作用于元 i 的中心势作用力 P^{ij}。中心势作用力采用准分子相互作用模式,如 Lennard-Jones 势:

$$P^{ij} = \frac{\alpha^{ij} mn}{r_0^{ij}(n-m)} \left\{ \left(\frac{r^{ij}}{r_0^{ij}}\right)^{-(n+1)} - \left(\frac{r^{ij}}{r_0^{ij}}\right)^{-(m+1)} \right\} n^{ij}$$

这里,n^{ij} 为元 i 中心指向元 j 中心的单位矢量,r^{ij} 为两元的中心距离,α^{ij},r_0^{ij},m,n 为作用力参数。也可采用其他形式,如 Morse 势等。

(2) 元 j 作用于元 i 的黏性摩擦力。黏性摩擦力可分解为切向和法向两部分。切向力:

$$f_{vt}^{ij} = \begin{cases} -\left[\eta_1^{ij} v_t^{ij} + \eta_2^{ij} (v_t^{ij})^2\right] \dfrac{v_t^{ij}}{v_t^{ij}} & (v_t^{ij} \neq 0) \\ 0 & (v_t^{ij} = 0) \end{cases}$$

法向力:

$$f_{vn}^{ij} = -C_n v_n^{ij}$$

式中,η_1^{ij},η_2^{ij},C_n 为黏性系数,v_t^{ij},v_n^{ij} 分别是在接触点 s 处元 i 相对于元 j 的切向和法向速

度。法向黏性摩擦力可用于模拟邻居元之间的非弹性碰撞和抑制高频振荡。

(3) 干摩擦。若只考虑动摩擦，则元 j 作用于 i 的干摩擦力为

$$f_{\mathrm{d}}^{ij} = \begin{cases} -\mu^{ij} P^{ij} (\boldsymbol{v}_t^{ij}/v_t^{ij}) & (P^{ij} > 0 \text{ 且 } v_t^{ij} \neq 0) \\ 0 & (P^{ij} \leqslant 0 \text{ 和/或 } v_t^{ij} = 0) \end{cases}$$

式中，μ^{ij} 为 Coulomb 摩擦系数。

9.4.2 脆性孔洞材料孔洞崩塌模拟分析

1. 模拟方案与参数

模拟方案见表 9.4.1。主要模拟孔隙度 5%～25% 范围内，脆性孔洞材料崩塌的发展过程。其中，算例 Ball13 比较特殊，是为了模拟上面介绍的真实的水泥基复合材料而进行的。脆性复合材料的孔隙度为 10.51%，平均孔洞直径为 0.462 mm，用以进行对比说明。图 9.4.3 给出了计算的初始几何构型和边界条件。外壁受均布荷载的作用。图中的外圈主要是为了保证材料的受力状态而设立的。基于 Lennard-Jones 势函数的水泥基复合材料参数为 $\alpha^{ij} = 3.514$ GPa, $m = 3$, $n = 4$, $r_s^{ij} = 1.008 r_0^{ij}$, $r_{\max}^{ij} = 1.04 r_0^{ij}$。加载速度为 4×10^{13} dyn/(cm^2·s)(1 dyn/cm = 1 mN/m)。黏性系数和动摩擦系数恒定。给出的 $r_{\max}^{ij}$ 用来描述材料的脆性，当 $r > r_{\max}^{ij}$ 时，元与元脱离，作用力消失。

表 9.4.1 脆性孔洞崩塌分析统计表

编号	孔隙度	计算域说明
Ball12	5%	(1) 计算区域外直径:0.7 cm;空洞直径:0.15 mm (2) 元的个数:8748;元直径:0.08 mm
Ball8	9.88%	(1) 计算区域外直径:0.7 cm;空洞直径:0.22 cm (2) 元的个数:8376;元直径:0.08 mm
Ball9	10.8%	(1) 计算区域外直径:0.7 cm;空洞直径:0.23 cm (2) 元的个数:8316;元直径:0.08 mm
Ball10	14.78%	(1) 计算区域外直径:0.7 cm;空洞直径:0.27 mm (2) 元的个数:8022;元直径:0.08 mm
Ball11	19.61%	(1) 计算区域外直径:0.7 cm;空洞直径:0.31 mm (2) 元的个数:7692;元直径:0.08 mm
Ball4	25%	(1) 计算区域外直径:0.7 cm;空洞直径:0.35 cm (2) 元的个数:7326;元直径:0.08 mm
Ball13*	10.51%	(1) 计算区域外直径:1.095 cm;空洞直径:0.355 cm (2) 元的个数:11 784;元直径:0.1 mm

注：模拟实际的水泥基复合材料图 9.4.4 给出了两个典型算例的崩塌形态，分别对应两种孔洞尺寸(即两种孔隙度，Ball8 为 9.88%，Ball4 为 25%)下材料的崩塌前形态。图 9.4.4(a)与(c)为崩塌前形态，图 9.4.4(b)与(d)为对应的损伤分布。

2. 数值分析结果

数值分析结果如图 9.4.4～图 9.4.6 所示。模拟过程表明，当冲击荷载为 0.168 GPa 时，Ball8 内壁开始剥落，而 Ball4 由于孔隙度较大，当冲击荷载仅为 0.0168 GPa 时，内壁便

已经开始剥落。其后,随着外荷载的增加,材料迅速崩塌,如图 9.4.4(a)与(c)所示。同时,通过图 9.4.4(b)与(d)还可以看到,在较低荷载作用下,由于孔隙度较大,Ball4 在较大的范围内出现了损伤。此计算结果基本上反映了脆性孔洞材料在冲击荷载下的崩塌过程。值得注意的是,由于受冲击压缩速度的影响,材料的破坏(崩塌)的诱因为内壁材料的最大剪应力达到剪破坏强度而发生的剥落,主要原因似乎是此剪破裂产生的沿 45°滑移线造成材料的动态脆性断裂,此过程的发展较剪破裂产生剥落的过程快得多。这种破裂很快往材料内部发展,并很快导致材料的整体崩塌。

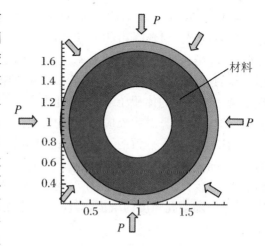

图 9.4.3　计算的初始几何构形

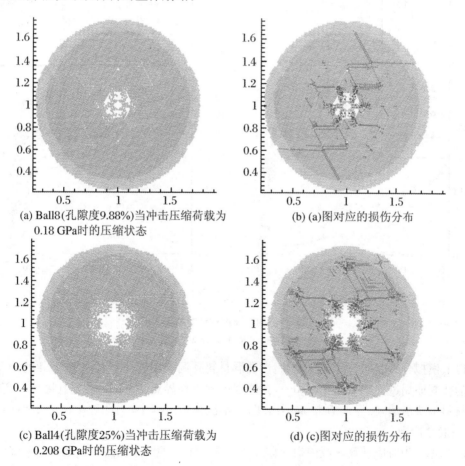

(a) Ball8(孔隙度9.88%)当冲击压缩荷载为 0.18 GPa时的压缩状态

(b) (a)图对应的损伤分布

(c) Ball4(孔隙度25%)当冲击压缩荷载为 0.208 GPa时的压缩状态

(d) (c)图对应的损伤分布

图 9.4.4　孔洞崩塌时的形态

图 9.4.5(a) 与 (b) 对应孔洞材料的冲击压缩过程线。图 9.4.5(a) 为不同孔隙度材料体积压缩过程的对比。由此可见，随着孔隙度的增大，产生孔洞崩塌的冲击压缩荷载迅速降低，统计结果见表 9.4.1。比较有意思的是，当孔隙度在 20% 以内时，材料只有一个崩塌压缩的过程。而当孔隙度为 25% 时，在冲击压缩荷载较低时（约 0.0168 GPa），材料出现了第一次较大的体积压缩，而当冲击压缩荷载为 0.1263 GPa 时，出现了第二次较大的体积压缩。此计算过程反应出脆性孔洞材料的压缩是一个多级崩塌的过程，这与图 9.4.1 假定的压缩过程是一致的。Ball13 的模拟过程采用的几何构型是根据实际细观统计得到的，其压缩曲线具有五个阶段，曲线明显高于相同孔隙度但内外径小的情况，如图中 Ball8 和 Ball9，显示出一定的尺寸效应。图 9.4.5(b) 为不同孔隙度材料压缩过程中内径的变化。同样，随着孔隙度的增加，对应内径崩塌的荷载逐步降低，但相对于外部压缩过程有滞后。

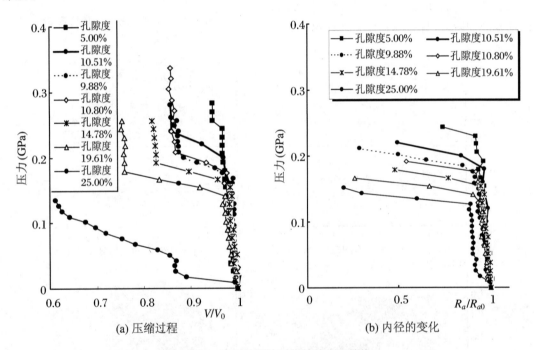

(a) 压缩过程 (b) 内径的变化

图 9.4.5　不同孔隙度材料的冲击压缩线

注：(a) p-V 曲线；(b) P-R 曲线（R 为空心球壳的内径）。

以上模拟分析表明，孔隙度影响脆性孔洞材料孔洞崩塌规律。对比 FCEM 的冲击压缩过程的孔洞崩塌过程 (Tang 等，2005)，孔隙度控制了临界点 B 的出现：当孔隙度较高时，压缩时材料很快崩塌，临界点 B 根本不出现；在本次模拟过程中，当孔隙度低于 15% 时，临界点 B 一般会出现。

图 9.4.6 为对应计算区域内损伤因子的发展过程。此处损伤度 D 定义为系统中已经发生断裂的元和元连接键与总的连接键的比值。由此可见，当孔隙度较大时，材料内部的损伤更大而且发展更快。

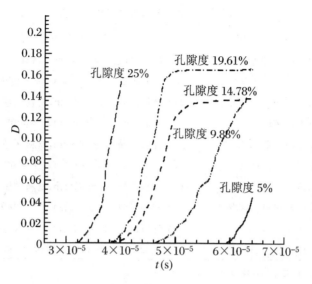

图 9.4.6　不同孔隙度材料的冲击压缩过程损伤历程

9.4.3　含随机分布的孔洞和裂纹共同作用时脆性材料崩塌模拟分析

1. 模拟方案与参数

在前面采用 Carrol-Holt 模型进行计算分析中,单元离散和边界对于计算结果有一定的影响。为简化问题,分析孔洞和裂纹在材料崩塌过程的作用中我们将采用图 9.4.7 给出的初始几何构型和边界条件。此构型上部受均布荷载的作用。其余三个面为约束面:底部为固壁,两侧水平方向固定,材料可以自由进行垂直方向运动。计算时的材料参数与前面相同,加载速度增加 5 倍。数值模拟方案见表 9.4.2。

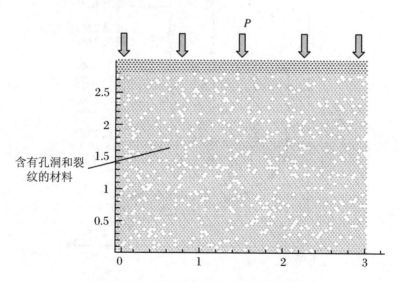

图 9.4.7　不同缺陷组合计算的初始构型

表 9.4.2 孔洞和裂纹混合分析统计表

编号	模拟情况说明	计算域说明
Ball21	孔洞体积含量:10.5% 裂隙体积含量:0	(1) 计算区域:3 cm×3 cm,材料区域:3 cm×2.8 cm (2) 元的个数:5 964,元直径:0.2 mm
Ball24	孔洞体积含量:7.5% 裂隙体积含量:3%	(1) 计算区域:3 cm×3 cm,材料区域:3 cm×2.8 cm (2) 元的个数:6 109,元直径:0.2 mm
Ball25	孔洞体积含量:5.5% 裂隙体积含量:5%	(1) 计算区域:3 cm×3 cm,材料区域:3 cm×2.8 cm (2) 元的个数:6 254,元直径:0.2 mm
Ball23	孔洞体积含量:3% 裂隙体积含量:7.5%	(1) 计算区域:3 cm×3 cm,材料区域:3 cm×2.8 cm (2) 元的个数:6 418,元直径:0.2 mm
Ball22	孔洞体积含量:0 裂隙体积含量:10.5%	(1) 计算区域:3 cm×3 cm,材料区域:3 cm×2.8 cm (2) 元的个数:6 612,元直径:0.2 mm

注:孔洞和裂纹总的体积含量为 10.5%。

2. 数值分析结果

图 9.4.8 为不同缺陷组合下材料体积压缩过程的对比。模拟结果表明,随着孔洞含量的增加,材料的崩塌过程压缩量迅速增加。裂纹对材料的压缩过程有较大的影响,但对比孔洞而言,其作用并不显著。由于计算过程中,每一幅图输出的计算步骤较多。各种情况下,对应体积崩塌的荷载基本在 0.8 GPa。实际上,若细化此过程,我们可以得到裂纹含量对于此临界荷载的影响。此工作将随后进行,但我们已经可以得到初步的结论:裂纹的存在主要降低此临界荷载;材料在崩塌过程的体积压缩则主要源于孔洞的作用。

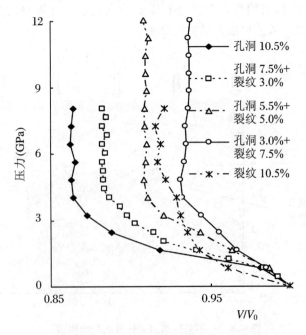

图 9.4.8 不同缺陷组合下材料的冲击压缩线

图9.4.9对应计算区域内损伤因子的发展过程。由此可见,当孔隙度较大时,材料内部的损伤发展更快。但到了一定的荷载之后,材料的损伤基本保持一致,在17.5%左右。

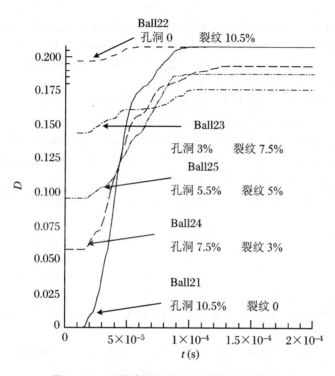

图 9.4.9　不同缺陷组合下材料的冲击压缩线

参 考 文 献

Barker L M, Hollenbach R E. 1970. Shock-wave studies of PMMA, fused silica, and sapphire[J]. Appl. Phys., 41: 4208-4226.

Butcher B M, Carrol M M, Holt A C. 1974. Shock wave compaction of porous aluminum[J]. Appl. Phys., 45: 3864-3875.

Carrol M M, Holt A C. 1972. Static and dynamic pore-collapse relations for ductile materials[J]. Appl. Phys., 43: 1626-1636.

Carrol M M, Kim K T. 1984. Pressure-density equations for porous metals and metal powders[J]. Powder Metall., 27: 153-159.

Carrol M M, Kim K T, Nesterenke V F. 1986. The effect of temperature on viscoplastic pore collapse[J]. Appl. Phys., 59: 1962-1967.

Fomin V M, Kiselev S P. 1997. Elastic-plastic waves in porous materials[M]//Davison L, Horie Y, Shahinpoor M. High-pressure shock compression of solids Ⅳ: response of highly porous solids to shock loading. Springer: 205-232.

Gilat A, Clifton R J. 1985. Pressure-shear waves in 6061-T6 aluminum and alpha-titanium[J]. J. Mech. Phys. Solids, 33: 263-284.

Gurson A L. 1977. Continuum theory of ductile rupture by void nucleation and growth: path I-yield function and flow rules for porous ductile media[J]. ASME Transaction, J. Eng. Mat. Tech., 99: 2-17.

Haghi M, Anand L. 1991. Analysis of strain hardening viscoplastic thick-walled sphere and cylinder under external pressure[J]. Int. J. Plasticity, 7: 123-140.

Hao S, Brocks W. 1997. The Gurson-Tvergaard-Needleman-model for rate and temperature-dependent materials with isotropic and kinematic hardening[J]. Computation Mechanics, 20: 34-40.

Holt A C, Carrol M M, Butcher B M. 1974. Application of a new theory for pressure-induced collapse for pores in ductile materials[C]// Pore Structure and Properties of Materials. Academia Prague: D63-D76.

经福谦. 1999. 实验物态方程导引[M]. 北京: 科学出版社.

Kachanov L M. 1961. Introduction to continuum damage mechanics[M]. Leiden: Martinus Nijhoff Pub.: 986.

Konopicky K. 1948. Parallelität der gesetzmässigkeiten in Keramik und Pulvermetallurgie[J]. Radex Rundschau, 3: 141-148.

Lundergan C D, Herrmann W. 1963. Equation of state of 6061-T6 aluminum at low pressures[J]. J. Appl. Phys., 34: 2046-2052.

Mackenzie J K, Shuttleworth R. 1949. A phenomenological theory of sintering[J]. Proc. Phys. Soc., B62: 833-852.

Meyers M A. 1994. Dynamic behavior of materials[M]. A Wiley-interscience publication, John Wiley & Sons, Inc.

Murray P, Rodgers E P, William J. 1954. Practical and theoretical aspects of the hot pressing of refractory oxides[J]. Trans. Br. Ceram. Soc., 53(8): 474-510.

Needleman A, Tvergaard V. 1991. An analysis of dynamic ductile crack growth in a double edge cracked specimen[J]. Int. J. Fract., 49: 41-67.

Palm J H. 1949. Stress-strain relations for uniaxial loading[J]. Appl. Sci. Res., 1(1): 198-214.

Pan J, Saje M, Needleman A. 1983. Localization of deformation in rate sensitive porous plastic solids[J]. Int. J. Fract., 21: 261-278.

Perzyna P. 1966. Fundamental problems in viscoplasticity[J]. Adv. Appl. Mech., 9: 243-377.

Riedel H. 1986. Fracture at high temperatures[M]. Berlin: springer-Verlag.

Sandler I, Dimaggio F L. 1968. Material models for rocks[C]// Weidlinger P. Consulting Engineer. Defense atomic support agency.

Swift R P. 1975. Examination of the mechanical properties for a kayenta sandstone from the mixed company site[R]. Defense Technical Information Center.

Tang Z P, Liu W Y. 2001. Dynamic multi-pore collapse response with discrete meso-element method[J]. Theoretical and Applied Fracture Mechanics, 35(1): 39-46.

Tang Z P, Xu S L, Dai X Y, et al. 2005. S-wave tracing technique to investigate the damage and failure behavior of brittle materials subjected to shock loading[J]. Int. J. Impact Engineering, 31: 1172-1191.

Tong W, Clifton R J, Huang S. 1992. Pressure-shear impact investigation of strain rate history effects in oxygen-free high-conductivity copper[J]. J. Mech. Phys. Solids, 40: 1251-1294.

Tong W, Ravichandran G. 1993. Dynamic collapse in viscoplastic materials[J]. J. Appl Phys, 74: 2425-

2435.

Tong W, Ravichandran G. 1994. Rise time in shock consolidation of metals[J]. Appl Phys Letters, 65(22): 2783-2785.

Tong W, Ravichandran G. 1997. Recent development in modeling shock compression of porous material [M]//Davison L, Horie Y, Shahinpoor M. High-pressure shock compression of solids Ⅳ: response of highly porous solids to shock loading, Springer: 177-203.

Torre C. 1948. Berg-Huttenmann. Monash, Montan. Hochschule Leoben, 93: 62-67.

Voce E. 1955. A practical strain-Hardening function[J]. Metallurgica, 51: 219-226.

王礼立. 2005. 应力波基础[M]. 2版. 北京: 国防工业出版社.

王仁, 黄克智, 朱兆祥. 1988. 塑性力学进展[M]. 北京: 中国铁道出版社.

Wilkinson D S, Ashby M F. 1975. Pressure Sintering by Power Law Creep[J]. Acta Metall., 23: 1277-1285.

徐松林. 2003. S波跟踪技术与水泥基复合材料压剪动特性研究[R]. 合肥: 中国科学技术大学.

Xu S L, Tang Z P, Xu J L, et al. 2004. A dynamic meso-scale model of the pullout behavior for a non-straight fiber and corresponding DM3 simulation[J]. Theoretical and Applied Fracture Mechanics, 41: 301-310.

徐松林, 唐志平, 胡晓军, 等. 2004. 聚丙烯短微纤维增强水泥砂浆冲击特性研究[J]. 爆炸与冲击, 24(3): 251-260.

徐松林, 唐志平, 胥建龙. 2005. 冲击下脆性孔洞材料崩塌数值模拟分析[J]. 岩石力学与工程学报, 24(6): 955-962.

徐松林, 唐志平, 张兴华. 2006. 钢纤维增强水泥砂浆压剪联合冲击下动态剪切性能[J]. 工程力学, 23(5): 139-146.

朱兆祥. 1984. 爆炸与冲击中的力学问题, 应用数学和力学讲座讲义(35期)[R]. 杭州大学和应用数学和力学编委会联会举办.

第 10 章 岩土材料连续和离散模型模拟分析

10.1 颗粒材料的细观力学模型及其本构方程

一般本构关系中出现的参数限于宏观可测力学量,对材料的强度与塑性变形问题的研究,由于过程的不可逆性出现了困难。对此力学家发展了内变量理论,这是连续介质力学的一个重要发展。但人们都清楚,内变量理论并非问题的终结,而是一种唯象描述,其真实物理图像并不清楚。从材料的微观结构出发探讨材料的变形与强度的微观机理,完成从微观层次到细观层次和宏观层次之间的过渡,这是一个既要突破传统力学的框架又要突破传统物理的有待开发的领域。

对沙土细观组构的描述就是为了搭桥的,如果按粒状介质力学途径建立沙土的本构方程,首先需要正确描述沙土的细观组构特征和组构演化规律及其与应力-应变之间的关系。选择合理的组构参数及确定组构参量的分布函数是定量描述沙土和岩石细观组构变化及其宏观效应的关键问题。大多采用一组参数来描述单个颗粒特征、颗粒之间相互作用以及颗粒空间分布、非均匀性等主要非连续组构特征,如采用颗粒半径、颗粒长轴定向、长短轴之比、接触法向量、粒间接触力等。这些组构量的分布函数并非都是独立的,它们的具体数学函数形式取决于进行统计平均的方法及所做出的简化和假定,且需要由实验模拟或数值模拟的方法来确定,在使用上很不方便。故有学者提出用组构张量来表征颗粒集合体细观组构的宏观效应,并证明组构张量与应力张量、应变张量之间有密切的联系。下面介绍的 Nemat-Nasser 的工作就属于这种类型的研究。

岩土等颗粒组成的材料与多晶体有很大不同,外力的加载是通过颗粒间的接触力来承受并在其内互相传递的。过去人们缺乏一种针对岩土类材料的好的描述方法,往往把用于描述金属材料的弹性应变、塑性应变及应力等概念往岩土材料上套。这样的描述显然是比较粗糙的。

10.1.1 物理力学基础

这里介绍 Nemat-Nasser 等如何用一个考虑了岩土的颗粒材料状态的细观力学模型,并以此描述这类颗粒材料的响应特性。这就要求对细观单元的应力、组构特性和变形提出恰当的表征方法，以及在建立局部本构方程后，通过局部量去建立总体本构方程。这里指的组构(fabric)是颗粒及其相关空穴的相对的细观分布，显然从力学观点来定义组构表征量，应与表征传力方向的接触点法线和颗粒质点的相对分布有关。颗粒质点的相对分布用质心间的连线矢量来表示，并称之为分支矢量。Nemat-Nasser 正是抓住了这一点，把引入的组构张量 H_{ij} 与接触点的法线单位矢分量 n_i 和分支矢量单位矢分量 n_j 之乘积的统计平均值联系起来。

首先设想一个由刚性颗粒组成的单元体，则总的应力变化将伴随着细观组构的变化，即施加应力将使质点产生相对滑动与转动，从而改变 n_i 与 n_j 和组构张量 H_{ij}。除此之外，局部变形率和旋转率还应包括颗粒本身的变形，因此组构张量 H_{ij} 由两部分组成：① 保持组构不变的"非弹性"部分；② 与应力改变相应的引起组构变化的部分。如果将上述变形分解与多晶体的变形分解对应起来，则可把上述相应于组构变化的变形与弹性变形联系起来。弹性变形在多晶体中与晶格点阵歪扭和变化密切相关，并可通过弹性模量将其与施加的应力联系起来。下面根据这一思路列出 Nemat-Nasser 系统的主要公式。

10.1.2 Nemat-Nasser 系统的主要关系

1. 应力

设 $\bar{\sigma}_{ij}$ 为宏观应力分量，若用尖括号表示体积平均值，则

$$\bar{\sigma}_{ij} \equiv \langle \sigma_{ij} \rangle = \frac{1}{V} \int_D \sigma_{ij}(x) dV \tag{10.1.1}$$

根据虚位移原理，Iwakuma 和 Nemat-Nasser(1984)证明了对颗粒材料有

$$\bar{\sigma}_{ij} = \frac{1}{N} \sum_{\alpha=1}^{N} t_{ij}^{\alpha} \equiv \langle t^{ij} \rangle \tag{10.1.2}$$

其中，$t_{ij}^{\alpha} = NL^{\alpha} f_i^{\alpha} m_j^{\alpha}$，$L_j^{\alpha} = L^{\alpha} m_j^{\alpha}$（$N$ 是单位体积内的接触点数，f_i^{α} 是在接触点 α 处的接触力，L^{α} 是 α 分支矢量长度）。设 τ_{ij} 表征局部应力，a 是有效接触面积，n_i 是接触点单位法线矢量的分量，则由 Cauchy 应力公式有

$$f_i = a \tau_{ij} n_j \tag{10.1.3}$$

将式(10.1.3)代入式(10.1.2)，得

$$\bar{\sigma}_{ij} = \frac{1}{N} \sum_{\alpha=1}^{N} NL^{\alpha} f_i^{\alpha} m_j^{\alpha} = \frac{1}{N} \sum_{\alpha=1}^{N} a \tau_{ij}^{\alpha} m_j^{\alpha}, \quad t_{ij} = \tau_{ik} h_{kj} \tag{10.1.4}$$

为简略起见常将表征接触点序号的上标 α 省去。其中，

$$h_{kj} \equiv NaLn_k m_j, \quad h_{kj} = \varepsilon n_k m_j, \quad \varepsilon = NaL \tag{10.1.5}$$

于是引入的组构张量 H_{ij}、平均局部应力张量 T_{ij} 可由下式给出：

$$H_{ij} = \langle h_{ij} \rangle, \quad T_{ij} = \langle \tau_{ij} \rangle \tag{10.1.6}$$

且有

$$\bar{\sigma}_{ij} = \langle \tau_{ik} h_{kj} \rangle = \langle \tau_{ik} \rangle \langle h_{kj} \rangle = T_{ik} H_{kj} \tag{10.1.7}$$

值得注意的是，表征各接触点受力特性的局部应力 τ_{ij} 可从一点到另一点发生突变，且一般情况下并不对称。但若颗粒成球形，则接触点的法线单位矢与两球质心间的分支单位矢重合，则 H_{ij}，T_{ij} 都成为对称矢量，且 $\bar{\sigma}_{ij}$，H_{ij} 与 T_{ij} 共轴，并可推出下述精确的应力-组构

关系(IWakuma 和 Nemat-Nasser,1984):

$$\bar{\sigma}_{ij} = A_0 \delta_{ij} + A_1 H_{ij} + A_2 H_{ik} H_{kj} \tag{10.1.8}$$

值得注意的是,在上式中组构张量 H_{ij} 起着类似于有限弹性中的应变张量的作用,从椭圆形横截面杆,双轴变形的光弹实验结果表明了上式不但对球形颗粒成立,而且对非球形颗粒也近似成立。

2. 组构

由式(10.1.5)及式(10.1.6)可明显给出的组构张量 $H_{ij} \equiv \langle \varepsilon n_j m_j \rangle$ 包含了下面大量细观组织构造的信息,H_{ij} 是这些信息中接触点的平均数。通过 $\varepsilon = NaL$ 表示的分支长度和接触面积分布以及 n_j 和 m_j 的分布可以看出,组构张量 H_{ij} 是细观结构的有效测量。在下面我们建立典型接触点的局部本构方程时,除已引入的 h_{ij} 外,还需要引入 γ_{ij} 和 ω_{ij}:

$$\gamma_{ij} = (S_i n_j + S_j n_i)/2, \quad \omega_{ij} = (S_i n_j - S_j n_i)/2 \tag{10.1.9}$$

式中,S_i 是活动接触研究点的切线单位矢量的分量。

3. 运动学关系

设以 L_{ij} 表示总的速度梯度,L_{ij}^* 表示组构变化引起的速度梯度,而 L_{ij}^{**} 表示组构不变化时的非弹性速度梯度(如相对滑移引起的速度梯度)。若将晶体力学中单晶体塑性应变与滑移之间的关系引入,并引入每单位剪切应变率下的非弹性体积应变率(即下式第二项),则有

$$L_{ij}^{**} = (S_i n_j + \zeta n_i n_j)\dot{\gamma} \tag{10.1.10}$$

L_{ij}^* 和 L_{ij}^{**} 都可分解为如下形变张量 d_{ij} 与旋度张量 w_{ij} 的分量:

$$L_{ij}^* = d_{ij}^* + w_{ij}^*, \quad L_{ij}^{**} = d_{ij}^{**} + w_{ij}^{**} \tag{10.1.11}$$

若设

$$P_{ij} = (S_i n_j + S_j n_i)/2 + \rho n_i n_j, \quad \omega_{ij} = (S_i n_j - S_j n_i)/2 \tag{10.1.12}$$

则可得

$$d_{ij} = d_{ij}^* + P_{ij}\dot{\gamma}, \quad w_{ij} = w_{ij}^* + \omega_{ij}\dot{\gamma}, \quad \dot{\gamma} = L_{ij}^{**}/(S_i n_j + \zeta n_i n_j) \tag{10.1.13}$$

而宏观速度梯度张量 L_{ij}、形变率张量 D_{ij} 与旋度张量 w_{ij},则可分别定义为 $L_{ij} = \langle \partial v_i/\partial x_j \rangle = \langle L_{ij} \rangle$,$D_{ij} = \langle d_{ij} \rangle$,由式(10.1.13)得知 w_{ij}^* 是旋度张量 w_{ij} 的分量,则

$$w_{ij} = \langle w_{ij} \rangle \tag{10.1.14}$$

4. 局部率本构关系(球形颗粒)

设"∧"表示组构共旋的变化率,由于接触点法向矢 n_i 及切向矢 S_i 与整个组构是共旋的,所以有

$$\hat{n}_i = \dot{n}_i - \dot{w}_{ik} n_k = 0, \quad \hat{S}_i = \dot{S}_i - \dot{w}_{ik}^* S_k = 0 \tag{10.1.15}$$

由于 ε 表征与微小体积 aL 相关的接触区有效分数,所以可以把 ε 的相对变化率归于由组构变化引起的体积变化率 d_{kk}^*,并可假设下面相当于质量守恒的关系:

$$\frac{\dot{\varepsilon}}{\varepsilon} + d_{kk}^* = 0 \tag{10.1.16}$$

由式(10.1.5)、式(10.1.15)和式(10.1.16)可得局部组构张量 h_{ij} 的演化方程:

$$\hat{h}_{ij} + d_{kk}^* h_{ij} = 0 \tag{10.1.17}$$

$$\hat{t}_{ij} + d_{kk}^* t_{ij} = \hat{\tau}_{ik} h_{kj} \tag{10.1.18}$$

Nemat-Nasser 假定 $\hat{t}_{ij} = I_{ijkl}d_{kl}^*$，并利用接触点的局部摩擦定律 $\tau + \mu\sigma = 0$，最后得到局部的本构方程与总体本构关系分别为

$$\dot{n}_{ij} = \mathscr{F}_{ijkl}I_{kl} \tag{10.1.19}$$

$$\dot{N}_{ij} = \mathscr{F}_{ijkl}I_{kl} \tag{10.1.20}$$

式中，$\dot{n}_{ij}$ 与 $\dot{N}_{ij}$ 是局部与总体的标应力率。Iwakuma 和 Nemat-Nasser(1984)，Nemat-Nasser(1987)都给出了 $\mathscr{F}_{ijkl}$ 及 $\mathscr{F}_{ijkl}$ 的显式表达，而且用来描述岩石体胀效应和压力敏感效应。

10.2 颗粒状孔隙介质破坏演化的广义颗粒流模型

10.2.1 理论-联结粒子模型

DEM(distinct element method)作为离散单元法的典型代表，是随着岩石力学结构分析和多种形状块体问题研究而产生并发展的数值方法。最初 DEM 主要用于解决在常应变下二维复杂几何体中块体的变形问题(Iwakuma，Nemat-Nasser，1984)。后来逐渐发展到三维，并初步考虑到热和黏滞流体作用。

微观模型的最终目的是描述材料宏观各种复杂的行为(如非线性的应力-应变关系)，这就必须建立各种微观参数与宏观量之间的对应关系。如应力、应变等连续介质中定义的状态变量参数，在离散模型中没有明确的意义。在 DEM 模型中，通过体积平均的方法建立微观与宏观参数之间的联系。体积 V 中应力张量为该体积内所有块体内应力的平均值，即 $\bar{\sigma}_{ij} = \frac{1}{V}\sum_k \int_{V_k} \sigma_{ij}dV$，其中 V_k 为块体 k 的体积。如果不考虑体力作用，只有作用于体积 V 边界上的面力时，应力的平均为 $\bar{\sigma}_{ij} = \frac{1}{V}\sum_{B_V} x_i F_j$，其中 F_j 是作用于边界上的力，B_V 为体积 V 的边界。对于应变等其他量也可以进行类似的平均。

离散单元法特别是独立单元法作为一种显示离散单元法，因其概念直观且计算高效(无需求解大规模的运动方程)而被广泛应用于土力学(如 Liu 等，2003)、岩石和混凝土(Camborde 等，2000)。广义的颗粒流模型(PFC)可以描述由任意形状颗粒或块体组成的物质的力学行为。二维下的 PFC 模型使用独特的单元编码来再现一个被平面所限制的由圆盘状或球状颗粒排列组成的岩石块。当采用盘状集合体时，样品可以看成是由大量圆柱体堆积而成的。而采用球状模型的样品则由许多球组成岩石块。这些球的球心位于同一平面，位移和变形都只发生在这个平面内。PFC^{2D} 的样品中除了作为基本单元的颗粒，还有用于控制边界的墙壁(将颗粒和墙壁统称为单元)。这些颗粒和墙壁的运动是彼此独立的，它们仅在接触点上相互作用，可假定它们自身是刚性的。但是在接触点，它们可以重叠，这就意味着颗粒似乎可以变形。以颗粒在接触点的重叠用来表示变形[图 10.2.1(a)]，则就等价的意义来说，也可以认为颗粒是可变形的，这就是独立单元法。在 PFC^{2D} 中，不同的外部加载过程是通过控制样品边缘的颗粒或墙壁的运动方式来实现的。

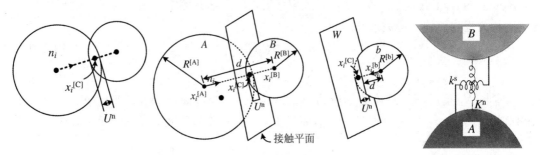

(a) 球-球接触(Hazzard等,2000) (b) 颗粒间接触和颗粒与墙壁接触(Itasca Consulting Group,1999;王宝善,2003) (c) 颗粒接触点等价于法向和切向两个弹簧(王宝善,2003)

图 10.2.1　颗粒接触模型

10.2.2　力-位移关系

描述力-位移关系所用的符号见图 10.2.1(a),$x_i^{[c]}$($i=1,2$)是接触点的位置,接触点位于接触平面(单位法向量为 n_i)上。接触点位于两接触单元重叠的部分内,U^n 表示两单元之间的重叠量。对于颗粒间接触的情况,接触面的法向就是两颗粒圆心的连线;而颗粒和墙壁接触时的接触面则平行于墙壁。接触点上的作用力被分解成垂直于接触平面的法向力和平行于接触平面的切向力,即 $F_i = F_i^n + F_i^s$。分别用[A]和[B]表示颗粒间接触时的两个颗粒,而用[b]和[w]表示颗粒和墙壁接触时的颗粒和墙壁。d 表示两个接触单元之间的距离[图 10.2.1(b)]。重叠量定义为

$$U^n = \begin{cases} R^{[A]} + R^{[B]} - d & \text{(颗粒间接触)} \\ R^{[b]} - d & \text{(颗粒与墙壁接触)} \end{cases} \quad (10.2.1)$$

其中,R 为颗粒半径。

假设接触点只能存在于一个点上,而不是覆盖在可变形物体上的有限表面区域(Hazzard 等,2000)。如图 10.2.1(a)为简单接触,两个颗粒之间的接触点($x_i^{[C]}$)存在于两个颗粒重叠部分的中间,并在两个颗粒的球心连线上。对于颗粒之间的接触,可以用两个弹簧分别表示接触点的法向和切向变形性质[图 10.2.1(c)],放置的各种连接键会施加额外的作用力和力矩于颗粒上。接触点(第 i 个组成部分)上的法向力和法向位移可以使用力-位移法则计算:

$$F_i^n = K^n U^n n_i \quad (10.2.2)$$

其中,K^n 为接触点上的法向刚度,刚度由接触本构关系来确定;U^n 为法向位移,表示两单元的重叠量;n_i 为第 i 个颗粒的单位法向量。

计算剪切接触力稍复杂,它必须由增量形式来计算。剪切力 F_i^s 在接触点的一个时间步长下的变化量为

$$\Delta F_i^s = - k^s \Delta U_i^s \quad (10.2.3)$$

这里,k^s 是与位移及力的增量相关的剪切刚度(与此相比,K^n 与整体的位移及力相关),ΔU_i^s 是接触位移的剪切成分的变化量。由于法向和切向刚度分别是割线和切线模量,因此用大小写加以区别。

剪切接触力通过时间步长的初始剪切力 F_i^s 与时间步长结束时的剪切力变化量 ΔF_i^s 相加而得到 F_i^s：

$$F_i^s \leftarrow F_i^s + \Delta F_i^s \tag{10.2.4}$$

10.2.3 接触本构关系

接触模型假设岩石颗粒由很多相同的弹性球体或圆柱体组成。这类模型大多是为了研究粒状物质的等效弹性特性而发展起来的，所有接触模型都是以 Hertz 和 Mindlin 的接触模型为基础的。

虽然物质的宏观本构关系是相当复杂的，但其微观作用机制可能非常简单。PFC^{2D}中的单元之间的接触就非常简单，可分为两种，分别用线性和非线性的本构关系来描述。由于在 PFC^{2D}中线性和非线性接触本构关系分别对圆柱状颗粒和球形颗粒有明确的物理意义，因此书中线性和非线性（或 Hertzian）接触分别指样品采用圆柱状颗粒和球形颗粒（随机装填相同球形颗粒的平均接触点数的 Hertzian 理论，可以精确描述颗粒的接触变形）接触。当然颗粒接触的本构关系还有很多，如将接触半径进一步分解为弹性和塑性部分就对 Hertzian 接触本构关系进行了推广。PFC^{2D}中也可以自定义接触本构关系。

1. 线性接触本构关系（Marion DP）

在线性本构关系中，接触的刚度不会随时间变化，而仅与相接触的两个单元有关：

$$K^n = \frac{k_n^{[A]} k_n^{[B]}}{k_n^{[A]} + k_n^{[B]}}, \quad k^s = \frac{k_s^{[A]} k_s^{[B]}}{k_s^{[A]} + k_s^{[B]}} \tag{10.2.5}$$

其中，[A]和[B]分别代表接触的两个单元，而 k_n 和 k_s 则分别表示颗粒的法向和切向刚度。K^n 和 k^s 分别是接触时的法向和切向刚度。由于 PFC^{2D}采用分步增量算法，因此在实际计算中对法向和切向刚度都使用切线刚度。线性接触的法向切线刚度 $k_n = \mathrm{d}F^n/\mathrm{d}U^n = K^n$ 与割线刚度相等。

2. Hertz-Mindlin 接触模型

Hertz 颗粒接触模型是最早用来解释岩石非线性的模型，它把岩石当作干燥的接触颗粒来看待[图 10.2.1(a)]。在这个模型中，两个半径为 R 的颗粒接触，在受到正压力的作用下，两个颗粒在接触点上会发生弹性变形。这些接触比颗粒基质材料要软，因此在介质的非线性弹性响应中起到了主要作用。Hertz 颗粒接触模型是具有多尺度和滞后特性的经典模型，它可以预测岩石中强烈的非线性。Cundall(1988)对 Hertz-Mindlin 理论（Mindlin, Deresiewicz, 1953）进行了简化，并提出颗粒接触的非线性 Hertz-Mindlin 本构关系。在 Hertz-Mindlin 接触模型（也称 Hertzia 接触模型）中，法向割线刚度与当前位移有关：

$$K^n = \frac{2\langle G \rangle \sqrt{2\widetilde{R}}}{3(1-\langle \nu \rangle)} \sqrt{U^n} \tag{10.2.6}$$

而切向切线刚度则是当前法向力的函数：

$$k^s = \left\{ \frac{2\left[\langle G \rangle^2 3(1-\langle \nu \rangle)\widetilde{R}\right]^{1/3}}{2-\langle \nu \rangle} \right\} |F_i^n|^{1/3} \tag{10.2.7}$$

其中，$\widetilde{R}$，$\langle G \rangle$ 和 ν 分别表示两个接触单元的等效半径、平均剪切模量和泊松比，且有如下关系：

$$\tilde{R} = \begin{cases} \dfrac{2R^{[A]}R^{[B]}}{R^{[A]} + R^{[B]}} & \text{(颗粒间接触)} \\ R^{[颗粒]} & \text{(颗粒与墙壁接触)} \end{cases}$$

$$\langle X \rangle = \begin{cases} \dfrac{1}{2}(X^{[A]} + X^{[B]}) & \text{(颗粒间接触)} \\ X^{[颗粒]} & \text{(颗粒与墙壁接触)} \end{cases}$$

其中,X 表示 G 或者 ν。与线性接触不同,Hertzian 接触的法向切线刚度 $k^n = \dfrac{dF^n}{dU^n} = \dfrac{3}{2}K^n$。

10.2.4 运动法则

刚性颗粒的运动由所受的合力和合力矩矢量确定。与一般刚体运动一样,颗粒的运动也可以分解成平移和旋转。平移运动遵从牛顿第二定律:$F_i = m(\ddot{x}_i - g_i)$,其中 F_i 是合力,m 是颗粒质量,x_i 是颗粒中心坐标($\ddot{x}_i$ 为位移加速度),g_i 是体力(如重力等)加速度。这样一个粒子的运动由合成的力决定,力矩矢量由力矩法则决定。转换力矩的公式为(这里假设没有重力或其他的体力)

$$F_i = m\ddot{x}_i \tag{10.2.8}$$

颗粒受的合力矩 M_i 与角动量 H_i 之间的关系为

$$M_i = \dot{H}_i \tag{10.2.9}$$

由于 PFC^{2D} 中颗粒的运动仅限于问题的平面内,所以上式仅有垂直于问题平面的分量:$M_3 = I_3\dot{\omega}_3$,其中下标 3 表示垂直于问题平面的分量,$\dot{\omega}_3$ 是角速度,I 是转动惯量,表达式为 $I_3 = 2mR^2/5$(球状颗粒)或 $I_3 = mR^2/2$(盘状颗粒)。

10.2.5 颗粒的破碎

上面的内容简单介绍了 PFC^{2D} 的基本工作原理,在标准的 PFC^{2D} 中颗粒当作刚性材料处理,这些刚性颗粒在整体变形过程中不会发生破碎。而岩石中的矿物颗粒在各个变形阶段的破碎作用是不能忽略的(如 Menendez 等,1996)。我们的主要目的是研究颗粒状介质在不同条件下的破坏演化规律,并以此解释岩石不同阶段变形的特征。因此需要在模型中引入颗粒破碎机制。颗粒可以发生脆性或在循环加载下发生塑性(疲劳)破坏(如 Beekman 等,2003)。从声发射的观测结果推断,虽然岩石的宏观变形表现出脆性、延性等特征,但其微观尺度可能以脆性破坏为主,加之我们讨论的问题中颗粒受力情况比较简单。因此这里仅考虑颗粒的脆性破碎,下面仅讨论颗粒的劈裂和 Hertzian 破碎两种破碎机制。

1. 颗粒的劈裂

巴西劈裂实验(Brazilian test)是间接测量岩石抗拉强度的重要方法(Jaeger,Cook,1979)。作用于刚性圆柱直径两端的均匀分布线性集中力(单位厚度上的力为 F)会在圆柱体中产生张应力而导致材料发生张性破坏。最大张应力发生在加载直径上,其大小为

$$\sigma_y = 2F/(\pi RL) \tag{10.2.10}$$

其中,R 为圆柱直径,L 为圆柱长度。

如果材料的抗拉强度是 K_1,那么当加载力 $F > \pi R K_1$ 时,材料就会发生张性破坏。

此结论基于两个方向相反大小相同的集中力作用的情况,而材料中的颗粒通常同时受到邻近若干颗粒的作用。这就需要知道力系作用下的应力分布情况。同样在力系作用下,圆盘中的应力也是各个集中力产生的径向分布应力之和加上满足边界条件所需的应力分布。采用的数值实验都是准静态的过程,在每一时刻介质中每点都可以作为受力平衡处理。平衡力系(大小为 F_i,方向与作用点处半径方向夹角为 φ_i)在圆柱中的应力是各个力径向应力分布的叠加,如下均匀拉应力:

$$\sum F_i \cos \varphi_i / (\pi d) \tag{10.2.11}$$

力系的应力在圆柱中的分布比较复杂,为方便计算,需要对力系作用下的颗粒的破碎条件进行简化。

2. 颗粒的 Hertzian 破碎

上面讨论的刚性圆柱颗粒破碎的巴西实验,对于平面应力条件下的完整材料是精确成立的。而颗粒在形成、运动和变形过程中总不可避免地出现或大或小的微裂纹。这对颗粒的进一步破裂有一定的控制作用。另外在上述讨论中忽略了作用点附近的应力场,而根据 Hertzian 接触理论(Johnson,1992),两个球体压缩接触时接触区域为圆形,在接触范围的边缘会产生很大的拉张应力。这种张应力会引起作用点附近的微裂纹扩展和延伸而导致颗粒破裂。

考虑两个弹性球体(半径相等,其半径分别为 R_1, R_2),泊松比分别为 ν_1 和 ν_2,杨氏模量分别为 E_1 和 E_2(图 10.2.2),对于等效半径 R 和等效杨氏模量 E^*,分别有 $1/R = 1/R_1 + 1/R_2$ 和 $1/E^* = 1 - \nu_1^2/E_1 + 1 - \nu_2^2/E_2$。

当球体间相互作用为正向压力 F 时,接触面为圆形,其半径为 $a = (3FR/4E^*)^{1/3}$。

对于每个球体,最大张应力发生在接触圆的边缘,即 $\sigma_r^i = \dfrac{(1-2\nu_i)F}{2\pi a^2}$,其中 σ_r 表示

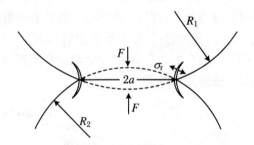

图 10.2.2 两球体正向接触时在接触面边缘形成的较大拉张应力(王宝善,2003)

最大张应力,$i = 1, 2$,表示不同的接触球体。由此可以看出:两个球体中的最大张应力与各自的泊松比有关,与等效半径有关而与各自的半径无关。

由于岩石中矿物晶体颗粒形成过程中总是不可避免地出现或大或小的缺陷(裂纹)。如果初始裂纹的长度 c 远小于颗粒的大小,裂纹可以看成位于无限半空间边缘(Wilshaw,1971)。这种情况下,I 类强度因子为 $K_I = 1.12\sigma_r(\pi c)^{1/2}$。当强度因子达到其临界值时,裂纹就会进一步扩展(如 Wilshaw,1971),裂纹的演化路径则取决于后续应力分布情况。这里仅考虑破碎产生对全局力分布的影响,而不详细讨论单个颗粒的破碎过程,因此采用简单的近似来表示颗粒的破碎。

10.2.6 模型建立[①]

力系作用下圆柱体中应力分布及颗粒破碎条件如下：

根据几种典型平衡力作用下最小主应力的分布情况知，在作用点附近的介质中总是受到张应力的作用，而且离作用点越近，张应力值越接近式(10.2.10)中所确定的值。由此推断，只要作用力足够大，接触点附近总会产生使颗粒发生局部张破裂的应力。为了简化问题，假定圆柱状颗粒某处受力达到 $F > \pi R K_1$ 时颗粒就会发生破碎。由于 Hertzian 破碎本身就是一种局部破碎机制，所以对球形颗粒的破碎采用 $K_I = 1.12\sigma_r(\pi c)^{1/2}$ 确定的临界值。

Zhang 等(1990)假设颗粒中初始微裂纹长度与其半径成正比，即 $c = aR$（颗粒越大其在结晶形成过程中的缺陷也可能越大），并综合 $\sigma_r^i = \dfrac{(1-2\nu_i)F}{2\pi a^2}$ 和 $K_I = 1.12\sigma_r(\pi c)^{1/2}$ 可以得出各颗粒的临界破碎力。对于两种颗粒形态的破碎条件总结如下：

$$F_\sigma^i = \begin{cases} \pi R_i K_I^i & \text{（线性接触模型）} \\ 17.84 \dfrac{{K_I^i}^3}{(1-2\nu_i)^3 a^{3/2}} \dfrac{R^2}{E^{*2} R_i^{3/2}} & \text{（非线性接触模型）} \end{cases}$$

通过对这些运动法则公式进行综合就可以获得颗粒的位置，进而可以用在公式 $\Delta F_i^s = -k^s \Delta U_i^s$ 上，由此进入新的计算循环。PFC^{2D} 是一种时间步长的算法（图10.2.3），每一步计算可分解为如下过程：先根据每个颗粒和墙壁的位置更新接触；再根据两个接触单元的相对运动速度，应用力-位移关系和接触本构关系计算接触力；最后根据以上计算的接触力和设定的体力的合力和合力矩，由运动定律更新每个颗粒的速度和位置，另外墙壁的位置也会依据设定的速度而改变。

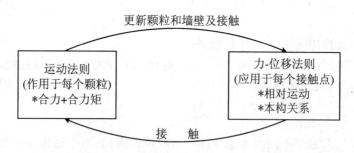

图 10.2.3 PFC^{2D}的计算过程(Itasca Consulting Group,1999)

使用中心有限差分方法，并通过引入时间步长 Δt，这些公式是可解的。选择的时间步长 Δt 非常小，一个小的扰动在时间步长内不会传播到任何别的颗粒上，包括与之紧紧相连的微颗粒。由此，可以假设：在每一个时间步长内，粒子的速度和加速度都是常量。作用在颗粒上的力仅由它和与它相接触的颗粒间的相互作用决定。计算模式与在连续体分析中使用的显示与有限差分方法相同。这一模式能正确、有效地模拟动态问题，即这一模式允许动力波在模拟的岩石中以真实的方式传播。

[①] Hazzard 等，2000。

为了维持计算结果的稳定性,时间步长 Δt 不能大于临界时间步长。临界时间步长由颗粒的刚度、密度和几何形状决定。在颗粒的接触点上,既有变形,也有平移。平移由接触点的摩擦系数 μ 决定。如果在实体间没有重叠,则法向力和剪切力都为 0。如果力大于 0(比如在有重叠的情况下),就要通过计算最大允许的剪切接触力来判断是否有平移:

$$F_{max}^s = \mu |F_i^n| \tag{10.2.12}$$

如果 $|F_i^s| > F_{max}^s$,则通过设置 $F_i^s = F_{max}^s$,就允许有平移发生。有黏结力的岩石可以通过把微粒在接触点联结起来模拟。当作用在联结点的力大于固结强度的时候,这个联结就被破坏。这种联结就好像是把两个粒子在接触点用胶水粘连起来。当联结存在时,不允许有平移的情况,剪切力的大小由剪切接触点的强度来限制。注意剪切联结强度不依赖于接触点的法向力。联结点同时束缚所有的球体并允许张力存在。

对于 $U^n < 0$ 的情况,法向张力可以由公式 $F_i^n = K^n U^n n_i$ 计算,当超过联结强度时,法向张力降为 0,同时联结被破坏。对于我们的研究,每一个联结的破坏都被认为是一个模拟岩石中的微裂纹。如果超过一个联结的剪切强度 F_i^s,这种裂纹就称为剪切裂纹。如果超过一个联结的法向强度 F_i^n,一个拉张裂纹就产生了。裂纹的方向被假定在与联结两个粒子的球心连线正交的方向上。

10.2.7 数值化阻尼与衰减的关系[①]

在真实岩石中,总是有一些能量由于内摩擦而衰减。因此,需要在 PFC 模型中确定阻尼衰减的数值化量级,以便更好地模拟真实情况下的衰减。在真实的岩石中,衰减或能量的损失是由品质因子 Q 决定的。Q 的定义为

$$Q = 2\pi \frac{W}{\Delta W} \tag{10.2.13}$$

其中,W 是能量。这样,当一列波穿过岩石的时候,如果 Q 值大,衰减就小。

在 PFC 二维模型中,阻尼通过指定阻尼系数 α 来实现。对于每一个粒子,阻尼力为

$$F^d = -\alpha |F| \text{sign}(v) \tag{10.2.14}$$

这里,$|F|$ 是作用在粒子上不平衡力的大小,$\text{sign}(v)$ 是粒子速度的符号函数(正或负)。

对于单自由度系统,α 可以表示为一个周期内的能量损失:

$$4\alpha = \frac{\Delta W}{W} \tag{10.2.15}$$

由式(10.2.13)和式(10.2.15),以及

$$Q = \frac{\pi}{2\alpha} \tag{10.2.16}$$

组成的方程组可被用在 PFC 模型中估算数值化阻尼,以便模拟需要的波衰减量级。

10.2.8 颗粒联结模型[②]

岩石在受压时的细观行为是由微裂纹的形成、长大及相互作用所支配的。这些裂纹主

[①] Hazzard 等,2000。

[②] Hazzard 等,2000。

要是张拉性的,和最大压应力方向平行。尽管已经提出了很多假设机制,我们仍然没有完全了解这些裂纹形成的细观机制。连接两个单元的接触键可以在一定程度上代表颗粒间胶结物的作用。PFC^{2D}中接触键有两种破坏方式(图10.2.4)。在PFC^{2D}中,拉张裂纹形成的机制是由轴向载荷楔入两个圆形颗粒的分离部分形成的[图10.2.4(c)],由于楔形体的挤入,产生大于键的抗拉强度的张应力,从而导致键破坏[图10.2.5(a)];两体之间的剪切力大于键的抗拉强度也会导致键的破坏[图10.2.5(b)]。

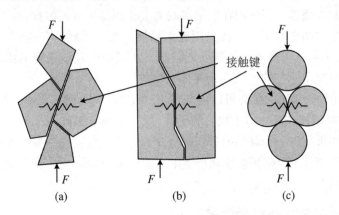

图10.2.4　轴向破裂的物理机理(Potyondy 等,1999)

实际材料中,颗粒间同时存在张力和剪切力。键以首先达到破坏条件的方式发生破坏[图10.2.5(a)]。分别用 F_c^n 和 F_c^s 表示接触键的抗拉和抗剪强度。接触键的破坏规则如图10.2.5所示,当颗粒间法向张力 $F^n > F_c^n$ 时,接触键破坏,颗粒间的法向和切向力都变成0,颗粒间可以自由相对滑动。

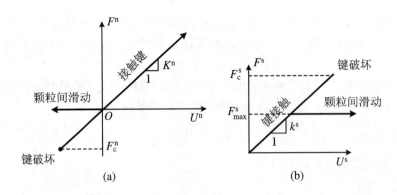

图10.2.5　链的破坏和颗粒滑动(王宝善,2003)

当颗粒受力重新接触时,颗粒间法向力只能为压力,而且若切向力 $F^s \geqslant \mu F^n$,颗粒间发生相对滑动[图10.2.5(a)]。当颗粒间剪切力 $F^s > F_c^s$ 时,接触键发生剪切破坏。如图10.2.4(a),(b),图10.2.5(b)所示。此后,颗粒间的剪切力 $F^s \leqslant \mu F^n$,否则颗粒间就发生相对滑动[图10.2.5(b)]。

颗粒间的接触键被破坏之后,颗粒之间处于分离状态。此时颗粒之间只能通过接触变形和摩擦作用分别传递压力和剪切力,而不会有拉力发生在颗粒之间。接触键被破坏后,颗粒之间以无接触键的方式相互作用而无需进行任何额外处理。在由有棱角的颗粒组成的真实岩石中，类似的机制也同样发生，这说明 PFC 模型可以用来模拟结晶体的细观行为，对沉积岩也一样。

在 PFC^{2D} 模型中，拉张裂纹的形成与实际相比，被大大简化了。但是，Kemeny(1991)证明，所有的拉张裂纹的形成机制事实上都能被近似认为是裂纹中心的一对点载荷作用的结果。这表明，PFC^{2D} 模型中拉张裂纹的形成机制能够详细地描述实际过程。此外，我们认为，实际岩体局部地区的断裂产生时，微裂纹之间必须具有相互作用（Okui，Horii，1995）。在 PFC^{2D} 模型中，这种相互作用会很自然地发生，因为局部的联结破坏会导致整体应力的重新分布。当然，这种逼近模型对实际发生的过程的重现还是做了很大的简化。尤其是当模型中微裂纹的方向排列足够一致时，岩石中不会再现断裂网。不过，下面所研究的例子表明，使用 PFC 模型的简化细观结构，能很好地模拟很多岩石类型的细观行为。

10.2.9 实际应用的验证及合理性

1. Lac du Bonnet 花岗岩

作为地下核废料处理概念中可行性研究的一部分，Lac du Bonnet 花岗岩的细观行为已经得到广泛的研究（Martin，1993）。Potyondy 等（1996）使用 PFC 模型对此岩石类型已经开展模拟。

微观参数的选择：制作了一个尺寸为 252 mm×630 mm 的 Lac du Bonnet 花岗岩岩心样品模型，此模型由 6 500 左右个直径在 4~6 mm 之间的粒子组成（图 10.2.6）。对此类岩石而言，此尺寸为标准尺寸（atomic energy of canaoda limited）。模型中粒子的大小和真正的 Lac du Bonnet 花岗岩中矿物颗粒的大小近乎相同（Kelly 等，1993）。Lac du Bonnet 花岗岩的杨氏模量约为 $E = 65$ GPa，单轴压缩强度约为 $\sigma_c = 213$ MPa（Read，Martin，1992）。PFC^{2D} 模型的微观参数列在表 10.2.1 中。

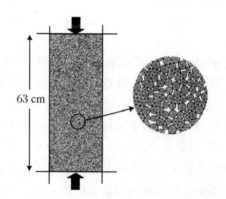

图 10.2.6　Lac du Bonner 花岗岩 PFC^{2D} 模型（Hazzard 等，2000）

注：粗箭头为外加应力的方向；细线为颗粒粘连的位置。

表 10.2.1　PFC^{2D} 模型中使用的微观参数

微观参数	描述	Bonnet 花岗岩	Westerly 花岗岩	Ekofisk 石灰石
E_c(GPa)	接触点杨氏模量	100	100	6
K_n/K_s	颗粒法向刚度和剪切刚度之比	2	2	4
μ	颗粒摩擦系数	0.7	0.7	0.3
σ_c(mean)(MPa)	平均法向键强度	162	300	100
σ_c(s.d.)(MPa)	法向键强度分布的标准差	44	80	30
τ_c(mean)(MPa)	平均剪切键强度	243	450	100
τ_c(s.d.)(MPa)	剪切键强度分布的标准差	66	120	30

注：Hazzard 等，2000。

注意,由于样品中的粒子是不规则地随机组合起来的,给这些微观参数所赋的值并不符合整个样品的弹性性质。对于给定的岩石类型,所需的微观参数是通过渐近的方法得到。首先给所需的微观参数赋值,然后比较合成样品和真实岩石对同一事件的反应,进而调整微观参数,从而能更精确地再现所要研究的行为。通常,给粒子所赋的刚度值会影响样品的整体刚度,剪切刚度的法向比会影响泊松比,联结强度决定了模拟材料的强度,联结强度的标准偏差影响断裂的性质。标准偏差大,就会产生渐近的断裂,而且,如果联结强度的大小分布在一个很窄的范围内,那么达到峰值应力后就会产生迅速的断裂。

法向强度和剪切强度的比值影响样品断裂的性质,与拉张裂纹相比剪切裂纹更丰富。粒子的组合方式对模型的刚度和强度有±5%的影响。粒子和样品的大小通常对岩石行为没有影响,因为在程序中,会按照适当的缩放比例关系进行计算。粒子的刚度没必要随粒子的尺寸大小改变而改变,以便维持整体刚度不变。然而,联结强度必须与粒子的半径成反比变化,以便维持整体强度不变。缩放比例关系可以通过两个相联结的粒子(二维空间上的圆盘状物)来解释。

如果假设面积是圆盘物体的横截面($2Rt$,这里 R 是半径,t 为厚度),则有法向应力

$$\sigma_c = S_n/(2Rt) \qquad (10.2.17)$$

这里,S_n 是法向联结强度。在接触点,最大法向应力由联结强度(力的单位)除以面积得到,接触杨式模量可以通过应力增量除以应变增量得到,也就是

$$E_c = \Delta\sigma/\Delta\varepsilon = (F_n/A)/\Delta\varepsilon = (k_n\Delta R/2Rt)/(\Delta R/R) = k_n/2t \qquad (10.2.18)$$

这里,k_n 为逐渐增加的粒子的法向刚度。式(10.2.17)和式(10.2.18)两式是针对单个接触点的,但是式(10.2.18)说明二维集合的整体模量和粒子的刚度是成比例的,与半径无关。而整体强度依赖于联结强度和粒子的半径[式(10.2.17)]。式(10.2.17)和式(10.2.18)中使用的接触强度和刚度对应的微观参数记录在表10.2.1中(在所有的模型中,厚度 t 的值都是1)。注意,由于粒子是随机组合在一起的,微观系数和整体的宏观强度与刚度是不同的。

去掉侧壁进行实验,对 Lac du Bonnet 花岗岩样品进行单轴加载,使顶和底盘以0.2 m/s 的恒定速度靠近。注意,在这种类型岩石中 P 波速度为 6 000 m/s。只要加载的速度足够慢,就能保证没有瞬态波产生,这时加载的速度对样品的力学行为几乎没有影响。注意,如果在模型中未考虑蠕变或应力腐蚀,则上述说法不准确。但是为了简化起见,在这里不使用复杂的模型。

图10.2.7(a)显示了模型中的应力-应变行为,图10.2.7(b)是在单轴压缩实验过程中观察到的真实岩石中的应力-应变行为。可以看到,两图的曲线的形状是相似的,而且模型近似地再现了岩石的强度和刚度。除了岩石的强度和刚度以外,没有再现岩石的其他性质,这是因为 PFC 模型和实际使用的真实岩石样品都具有随机的性质。

模型和岩石对压缩的反应一个最明显的区别是,在实际的实验室里,当压力处于很低的水平时,所观测到的最初向下凸的一段曲线在模型的曲线中是没有的。模型的曲线中之所以缺少这一段,是因为在模型中没有事先存在的裂纹。由于在实验室的实验中,样品的断裂是爆发性的,过峰值应力后的信息无法记录,所以模型中这一部分的 σ-ε 曲线也无法比较。然而,从图10.2.7中的模型曲线可以看出,当超过峰值应力时,强度是逐渐减小的,这说明

模型不能产生爆发性的断裂。后面还将讨论,当模型是在真正的动态实验时,在峰值应力超过时,能观察到较低水平的衰减和强度的降低。

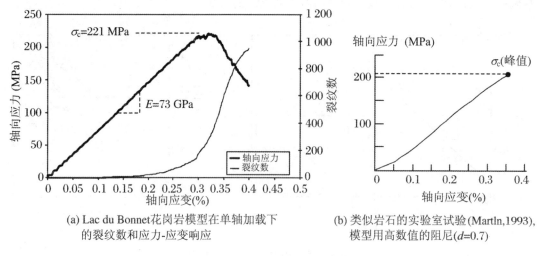

(a) Lac du Bonnet花岗岩模型在单轴加载下的裂纹数和应力-应变响应

(b) 类似岩石的实验室试验(Martln,1993),模型用高数值的阻尼(d=0.7)

图 10.2.7　应力-应变行为(Hazzard 等,2000)

2. Westesrly 花岗岩

James 等制作了一个类似的模型来模拟 Westerly 花岗岩在 50 MPa 的围压条件下的轴向压缩行为。Lockner 等(1991)使用一个 190.5 mm×76.2 mm 大小的岩心样品模型进行实验。由于这种岩石类型的粒子尺度很小(0.1 mm),制作一个让每一个粒子都符合岩石粒子尺寸的模型是不可能的。因此,模型中每个粒子都被假设为代表 5～10 个岩石粒子。由此制作了一个由 8 775 个粒子组成的模型,这些粒子的平均半径为 0.65 mm。做了这样的简化之后,Westerly 花岗岩的主要行为特征还是能够再现的。在这个模型中,我们使用的微观参数也列在表 10.2.1 中。可以看到,这个模型中的联结强度比 Lac du Bonnet 花岗岩模型的要大。

在模型中使用了轴向载荷来近似维持声发射率(AE)不变。这样可以减慢破裂的过程(Lockner 等,1992),从而能够更详细地研究断裂的传播。在模型中,通过伺服压机自动调节上下压板在模型中达到速度恒定来实现轴向加载,从而达到控制裂纹扩展速度的目的。注意,无论是在实验室的实验中,还是在模型中,加载在裂纹增长时都必须转换方向。

图 10.2.8 比较了在模型中得到的 $\sigma\text{-}\varepsilon$ 行为和在实验室里得到的真实的 $\sigma\text{-}\varepsilon$ 行为。与 Lac du Bonnet 花岗岩模型一样,使用的模型和真实样品表现出近似相同的刚度和强度。和 Lac du Bonnet 花岗岩模型不一样的是,在模型中应用不同的边界条件导致了在超过峰值应力时应变的迅速减弱。这和在实验室中观察到的结果一致。注意,在模拟的应力曲线上有一小段的应力下降,而当峰值应力达到的时候,应力又得到恢复。这对应着系统中 AE 活动的一个小的突然爆发和系统的突然卸载。在实验室的实验中,同样的行为虽然也被注意到,但是跳跃的幅度很小,可能是因为在实验中 AE 非常小或者 AE 非常多以至于减弱了每一个 AE 对系统的影响。

图 10.2.8(a)中插入了在模型中裂纹的累计数量对时间步长的分布图,这个图表明维持声发射率的自动控制系统的成功运行。这一分布线基本是直线,只有一些小的偏差,出现这些偏差的位置,标志着在加载得到平衡前有裂纹簇的形成。

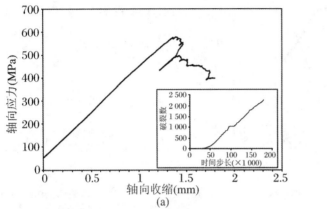 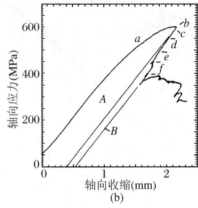

图 10.2.8 PFC 模型的 σ-ε 响应

(a) Westerly 花岗岩用 50 MPa 围压加载相当于(b)类似实验室实验(Lockner 等,1991),图(b)中的字母与图 10.2.19 对应;(a)中的插图表示以模型的时间步长为背景的曲线的破裂累计数,模型用高阻尼($\alpha = 0.7$)。(Hazzard 等,2000)

3. Ekofish 白垩层

为了解北海地区碳氢化合物储层的富集原因(Leddra 等,1990),对 Ekofish 白垩层力学行为的研究已经广泛开展。这种岩石类型明显比花岗岩要软很多,同时也比花岗岩具有更多的孔隙(孔隙度能达到 50%)。然而,在 PFC 模型中,通过调整粒子的几何形状和微观参数,这种白垩层的力学行为也能够被很好地再现。我们使用大小在 0.5~3.25 mm 之间的 9 000 个粒子制成了一个 25 cm×50 cm 的岩芯样品模型。由于模拟实际的白垩层中的颗粒是不行的,所以每个粒子都假设为用来表示小的具有代表性的体积。这些粒子最开始是被紧密地组合在一起的,就像模拟花岗岩模型一样。然后通过陆续筛选掉最大的粒子,最终使孔隙度达到要求。做了三个模型,孔隙度分别为 28%,38% 和 48%。注意在 PFC^{2D} 模型中的孔隙度和对应的岩石样品的孔隙度并不是同一概念。这是由于模型中粒子是分布在二维空间上的,二维空间上的基于面积的孔隙度显然要小于三维空间上的基于体积的孔隙度(Deresiewicz,1958)。因此体积孔隙度分别为 28%,38% 和 48% 的样品,在做成二维模型时,相应的面积孔隙度就是 22%,30% 和 38%,图 10.2.9 展示了对应的孔隙度模型。

粒子刚度的选择标准是,使模型的初始弹性刚度相符合。联结强度的选择标准是,在达到实验室的实验中推测到的应变的 2%~3% 的时候,裂纹和孔洞的崩塌才开始产生。注意,每个模型都使用同样数值的微观参数。三种模型的唯一区别就是孔隙度不同。为了模拟实验室所进行的类似实验的条件,模型样品只加了轴向应变而无横向应变(图 10.2.10)。显然,用三种不同的孔隙度模型都能很好地进行模拟,尽管使用了相同的微观参数。这说明,对于绝大多数连续模型,不需要复杂的本构定律去再现σ-ε 行为。这也使得使用 PFC^{2D} 模型进行力学逼近的方法能够用来再现更大范围内的岩石力学行为。

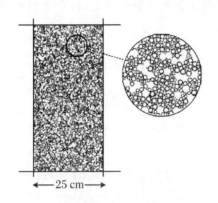

图10.2.9 孔隙度为38%的 Ekofish 白垩层样品模型(Hazzard 等,2000)

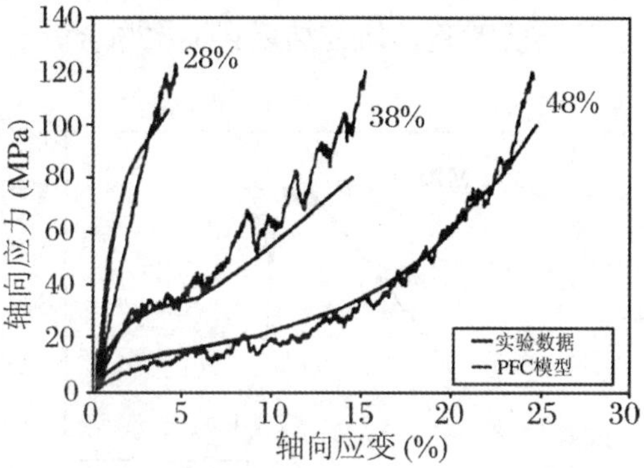

图10.2.10 轴向加载(不允许横向变形)下三种白垩层模型的 σ-ε 行为与实验室得到的数据的比较(Hazzard 等,2000)

10.2.10 Lac du Bonnet 花岗岩模型中剪切断裂的演化

上述讨论中 Lac du Bonnet 花岗岩模型被用来详细研究加载过程中裂纹和断裂的生成。除了改变阻尼的数值大小外,反复使用相同的微观参数来运行这一模型。在以前的模型中,使用了较高的阻尼。这意味着系统吸收的能量逐步加速了模型的收敛。这样,改用低阻尼可以检验加载过程中裂纹的演化以及每一个裂纹中释放出来的能量是如何影响岩石的行为的。低阻尼使每个裂纹都能以地震波的形式释放出能量。

1. 阻尼对裂纹和强度的影响

图10.2.7 展示的 σ-ε 行为是在花岗岩模型计算中得到的,计算过程中使用的阻尼系数 α 的值为0.7,对应的品质因子 Q 由式(10.2.16)求得,该值为2.2。这还没有完全真实地再现花岗岩,因为我们已知波在大部分花岗岩中不是剧烈衰减的。

为了更好地模拟真实条件,模型在运行的时候,使用了很小的阻尼(α 为0.015),这样波就可以在岩石样品中自由地传播。这时,Lac du Bonnet 花岗岩的品质因子大约是220 (Feustel,1995)。岩心样品从地下取出来全部应力都卸掉后会产生裂纹,使品质因子减小。对模型而言,选择 α 的值为0.015,对应的品质因子的值为100。

图10.2.11 显示了在模型上使用小的阻尼后得到的结果。与图10.2.7 比,显然这个模型的强度要小于使用高阻尼的模型的强度(接近15%)。而且,看上去破坏更剧烈,当快要断裂的时候,非常多的裂纹迅速增长。图10.2.11 中的细线条表明,裂纹数目总和的增加是不连续跳跃的。这说明,在动态运行的模型下,裂纹可能是一簇一簇产生的。产生这些差异的原因将在下面阐述。

2. 微裂纹

为了产生更多的剪切微破裂,在围压20 MPa 下对花岗岩模型再一次进行轴向加载。将

阻尼调整到 $\alpha = 0.015$，模型有效的品质因子 $Q = 100$。图 10.2.12 显示了在整个加载实验过程中，裂纹的位置、方向和性质（拉张裂纹或剪切裂纹）。它表明，绝大部分裂纹都是拉张性的，并且是接近垂直的，其方向和加载的方向大致平行。这和实验室对晶体的轴向载荷研究结果一致。图 10.2.12 还表明，很多的微裂纹都是沿着宏观断裂产生的，其方向和 σ_1 成 40°。这与实验室的研究结果再一次吻合。

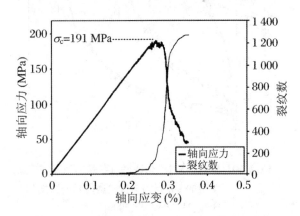

图 10.2.11　无约束低阻尼（$\alpha = 0.015$）单轴加载的 Lac du Bonnet 花岗岩模型 $\sigma\text{-}\varepsilon$ 响应（Hazzard 等，2000）

图 10.2.12　围压 20 MPa 下 Lac du Bonnet 花岗岩加载时所有裂纹发生的位置和方向（Hazzard 等，2000）

真实岩石在压缩下，剪切断裂的角度取决于岩石的内摩擦力和围压水平。PFC^{2D} 模型如何依赖于内摩擦和围压及颗粒填充物的几何形状还未研究。为了更详细地研究剪切断裂的演化，图 10.2.13 展示了在峰值应力达到前后产生的裂纹的分布状态。从这个分布图中可以得出两个重要的结论。首先，在峰值应力到达以前，只有稀少的裂纹，这些裂纹或多或少都是随机分布的。在到达峰值应力后，裂纹局部化，明显地沿着宏观剪切带长大。另一个结论与达到峰值应力后裂纹产生的时间有关。这些裂纹看来是从样品的右边开始产生的，并逐渐形成一个倾斜的推移带。第二个裂纹带随后在左上角形成，然后第三个裂纹带在中间形成，并与前两个裂纹带联结。图 10.2.13 还表明，裂纹更趋向于聚集成大的裂纹簇，而不是沿着断层区域均匀地分布。

图 10.2.14 展示了模型中使用大阻尼值（$\alpha = 0.7$）后，在峰值应力前后产生的裂纹的分布状态。在这一模型中，在峰值应力达到以前，产生了很多的裂纹，而且多数裂纹都排成一行沿着狭长而倾斜的地带分布。在峰值应力达到后，裂纹看上去好像是沿着剪切地带同时在所有的地方形成。沿着断层区域分布了很多小的裂纹簇，但是这种聚集并不像动态运行模型中那样明显，下面将阐述其原因。

3. 裂纹簇的形成

在 PFC^{2D} 模型中，当一个拉张裂纹产生时，由于粒子的位置有变化，在这个裂纹的上部或下部会形成一个张力增加的永久带。前面的研究已经表明，当模型动态运行的时候，由于波的经过而产生一个更大更剧烈的张力增加的过渡带（Hazzard，1998）。由静态应力的改变产生的裂纹释放出来的波的能量会导致该裂纹附近产生新的裂纹。这将有助于解释动态运行模型的牢固性比高阻尼模型的低原因,也有助于解释动态运行的模型中大的裂纹簇更容易形成的原因。

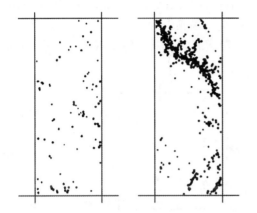
图 10.2.13 在动态运行模型中在峰值应力前(左)和峰值应力应后(右)在 Lac du Bonnet 花岗岩模型中裂纹的分布形式(Hazzard 等,2000)

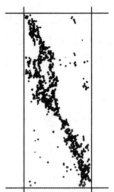
图 10.2.14 在高阻尼模型中在峰值应力前(左)和峰值应力应后(右)在 Lac du Bonnet 花岗岩模型中裂纹的分布形式(Hazzard 等,2000)

为了验证这个结论,当应力波经过时,模拟过程中检测了裂纹附近在接触点上的张力。然后把这些张力和联结的抗张强度相比较,来看看经过的波是否足以导致破坏联结。图 10.2.15 展示了一个典型的分布。从图 10.2.15 可以明显地看出,从附近被破坏的联结产生的波足以导致破坏一个联结。经过的应力波导致了一个张力的峰值,尽管在这点上长期的静态张力增加不足以破坏这个联结。注意,经过的应力波导致的应力变化只能破坏已经接近于断裂的联结。这也是为什么裂纹簇应力在快要达到峰值的时候才产生的原因。

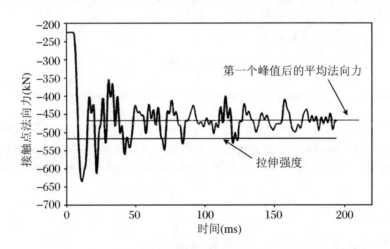
图 10.2.15 接触后靠近键断裂的垂直力(Hazzard 等,2000)
注:拉力为负,键的拉伸强度由粗直线表示,接触后第一个峰的平均垂直力由细实线表示。

为了进一步检验这种影响,模拟过程中还详细研究了花岗岩模型中局部化的初始状态。

图 10.2.16 展示了当剪切宏观破裂开始形成时在样品右边界的粒子的速度。从初始状态的局部峰值应力开始,经过不同时间间隔后的粒子速度(大小)与新形成的裂纹的位置都得到了展示。从图 10.2.16 看来,每个裂纹发射的波都能导致在其附近形成更多的裂纹。如果在同样的时间段内使用全阻尼(波已衰减,无法传播),则形成很少的裂纹,而且样品中的断裂也没有开始。尽管裂纹附近的静态应力的改变可能会阻止在其附近形成更多的裂纹,但动态的影响看来更重要一些。

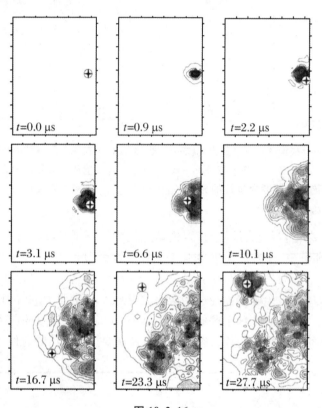

图 10.2.16

注:Lac du Bonnet 花岗岩模型的右边界精细地观察显示粒子速度和裂纹的形成从局部峰值应力开始,新裂纹作为四个裂端的星号显示。(Hazzard 等,2000)

在使用高阻尼的模型中,裂纹附近的静态应力的改变很小,因此,在裂纹能相互影响导致样品断裂之前,很多接触点必须十分接近于断裂的状态。然而,在动态模型下,裂纹发射的应力波导致更大的应力变化,进而导致更多的裂纹产生,最终导致样品比较早地被破坏。这就解释了动态模型的强度比使用高阻尼的模型的强度要低的原因,也解释了为什么在动态模型下更容易形成大的裂纹簇。

10.2.11 Westerly 花岗岩中剪切断裂的演化

重新运行上面描述的 Westerly 花岗岩模型,这次使用低阻尼($\alpha = 0.015$)。在动态运行的 Lac du Bonnet 模型中表现出来的明显的特性在 Westerly 花岗岩模型中同样可以观察到。当 Westerly 花岗岩模型动态运行时,峰值强度要比 Lac du Bonnet 模型减少 10% 左右(比较图 10.2.17 和图 10.2.8)。裂纹也同样是不连续的跳跃式生成的。图 10.2.17 显示裂纹以小爆发的形式形成,而且控制加载的伺服装置无法用足够快的减压来阻止裂纹簇的形成,说明这些裂纹簇的形成与加载是无关的。进一步猜想,每个簇内的裂纹是互相依赖的,但是与加载应力没有直接关系。同样,在动态模型和静态模型的模拟比较中,裂纹簇增加的大小和数目说明动态的影响比静态的影响要重要得多。

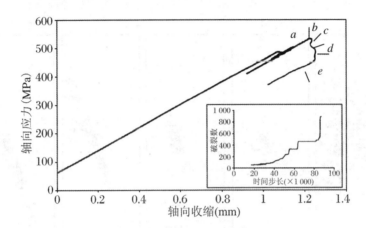

图 10.2.17 动态运行 Westerly 花岗岩模型($\alpha = 0.015$)的 σ-ε 特征(Hazzard 等,2000)

注:字母与图 10.2.18 对应,插图为累计裂纹数与模型的时间步长的关系。

图 10.2.18 展示了本次实验过程中记录裂纹发生的 5 幅图片。图 10.2.19 展示的是 Lockner 等(1991)在实际实验里针对 Westerly 花岗岩做实验得到的 AE 记录的位置。这两组分布图有相似的地方。图 10.2.18(a)和图 10.2.19(a)中,在未达到峰值应力以前,裂纹是散开的并分布在样品的各个部位。图 10.2.18(b)~(e)和图 10.2.19(b)~(e)中,裂纹通常结成簇状,并且沿着一个狭长倾斜带分布。还有模型中的裂纹看上去从一个明显的起始点开始向外扩散,这与实验室的研究是吻合的。这是因为在 PFC^{2D} 模型中,联结是不能重新开始的,一旦一个联结被破坏,接触点就不会记录到裂纹,即使接触点正在滑动。另一个不同是,在模型中小的裂纹簇偏向于靠近底部。

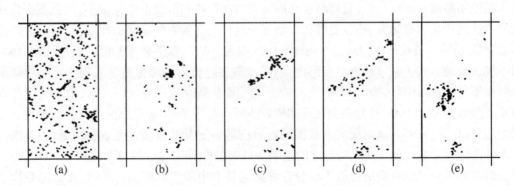

图 10.2.18 当 Westerly 花岗岩模型断裂时在 5 个相继的应力区间裂纹的发生(Hazzard 等,2000)

注:这个区间表示在图 10.2.17 中。

PFC^{2D}岩石模型看上去能够很好地再现很多在真实岩石样品中观察到的典型特性。例如，σ-ε响应、裂纹和断裂模式等。这要归功于PFC^{2D}软件的微观力学特征以及PFC^{2D}软件有能力在压缩应力场下考虑拉张裂纹的信息。对于连续模型，经常使用复杂的方程来再现观察到的岩石行为。使用PFC^{2D}模型，在微观水平上，很多重要的过程得以再现，因此，我们就有机会研究可能发生在岩石内部导致岩石表现出我们所观察到的微观行为的微观过程。

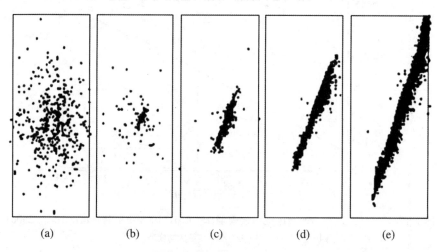

图10.2.19 在Westerly花岗岩上实验室实验中5个时间区间的声发射

注：区间示于图10.2.8。（Lockner等，1991）

花岗岩和白垩层模型的σ-ε行为与在实验室里观测到的裂纹模式的结果吻合得很好。也就是说，裂纹主要是拉张性质的，其方向主要与σ_1平行，裂纹的位置沿着倾斜的剪切带，并导致样品的断裂。在微观尺度上，裂纹释放的能量可能对岩石的行为有重要的影响。从裂纹发出的波能够导致更多的裂纹产生，当然是在裂纹附近的联结接近于断裂的时候产生。当达到峰值应力时大的裂纹簇的形成，并最终由于一系列的裂纹的相互作用导致样品的宏观断裂。

在使用高阻尼的模型中，裂纹附近的静态张力在数值和范围上变化很小，因此不会促成大的裂纹簇产生。有研究表明，促成裂纹增多的这种动态的影响能降低样品的整体强度，最多能降低15%。裂纹产生的动态波同样影响断裂的性质。如果裂纹发出的波被压制，将导致不同的断裂方式。裂纹簇仍然会形成，但是小得多。剪切局部化更多表现为小裂纹簇的合并而不是一种衍生（传播）。旧裂纹的应力波导致新裂纹的形成，这一模式清晰地发生在PFC二维模型中。但是，这是否会在现实中发生呢？如果是，地震发出的波可能会引发远处的地震(Hill等,1993)，这对研究大范围的地震问题有重要的意义。更重要的是，小范围内小事件的相互影响可能正决定着地震的主震和机制(Harris,Day,1993)。在PFC^{2D}中，形成拉张裂纹的微观机制可能更类似于在分选性好的砂岩中发生的情况，而不是在结晶花岗岩中。最后，如果使用低阻尼，震源信息可以由每个模拟裂纹来决定(Hazzard等,1998)。

10.3 颗粒离散模型用于脆性材料动态响应的研究

10.3.1 石英砂压缩性能研究的多尺度模型[①]

颗粒材料是有微细观结构的随机堆积体系,其理论模型一般会涉及多个尺度。Chang 等(1992)提出了粒间接触、微观单元和代表性单元三级结构,从理论上推导了颗粒材料的本构关系,但是模型中没有考虑颗粒破碎问题。孙其诚等(2009)提出了粒间接触、单颗粒和力链以及颗粒聚集体等多尺度结构,于物理机制的认识上很有帮助,但力链的描述非常复杂,故在应用上会有一些限制。

基于离散元方法引入颗粒材料的多尺度模型,其核心是细观尺度的团簇,其他两个尺度分别为微观尺度——构成团簇的基本粒子,以及宏观尺度——颗粒堆积体。团簇由若干基本粒子按一定规律堆积键接而成,利用团簇模型可以引入单颗粒内部更细微的结构,能够自然考虑摩擦滑移和颗粒破碎等变形机制。多尺度模型相比一般唯象模型具有明显的优越性:只需少量细观材料参数就可以再现颗粒材料的大部分宏观力学性能,比如屈服、对数线性、级配演化等。很多工作(Cundall 等,1979;Mc Dowell 等,2002;Chen 等,2003;Potyondy 等,2004;Lim 等,2005)已经报道了多尺度模型在模拟颗粒材料宏观力学性能和获取微细观机理方面的有效性,说明多尺度模型抓住了颗粒材料变形和破坏的主要物理机制,但是还没有文献将多尺度模型应用于动态加载响应研究。

颗粒材料多尺度研究涉及三个尺度:微观、细观和宏观尺度。不同尺度下研究对象和作用机制不同,而且根据不同的研究需要,三个尺度划分也可能不同。微观尺度下考虑的是基本粒子间的接触、键接和摩擦相互作用。经典接触模型如 Hertz 接触模型和 Mindlin 斜接触模型以及 Thornton 等(1998)提出的弹塑性接触模型都是将基本粒子作为变形体来研究,虽然可以给出解析解,但结果比较复杂,因此很难继续考虑更为复杂的摩擦和键接作用。如果将基本粒子作为刚体,此时粒子本身变形可以忽略,只需考虑其刚性平移和旋转运动,粒子间的接触模型可以采用简单的线性刚度模型,借助数值方法可以进一步考虑键接和摩擦作用。细观尺度下主要考虑代表性体元间的摩擦相互作用。代表性体元由若干基本粒子键接而成,能够发生变形、破碎等力学行为,可以描述材料在细观层次的多种变形和破坏机制。宏观尺度下主要考虑代表性单元聚集而成的试件的宏观响应,即所有细观单元力学响应的综合体现。

1. 微观尺度-基本粒子与接触模型

为简化问题,微观尺度的基本粒子(以下简称粒子)假设为刚性球体。粒子间接触作用分为三种:刚度模型、滑移模型和键接模型。键接模型又可分为接触键模型和平行键模型。刚度模型假定接触力与相对位移成线性关系。滑移模型给出无键接时接触力切向分量的最

[①] 黄俊宇,等,2013a,b;Huang 等,2013a,b;2014。

大值,当接触力切向分量超过粒子间最大摩擦力,球体就发生相对滑移。这两种模型用于模拟粒子与试样外边界所设的墙之间以及不发生键接的粒子之间的接触。接触键模型用于模拟粒子间的局部黏结作用,此时球体在接触处受到力约束,能够承受有限拉伸载荷和剪切载荷,当拉力超过拉伸强度或剪切力超过剪切强度时,接触键断裂。平行键模型用于模拟球体间的黏结材料,本身具有刚度和强度,当拉伸载荷超过其拉伸强度或者剪切载荷超过其剪切强度时,黏结材料破坏,平行键断裂。滑移模型只在接触键模型失效的情况下才能发挥作用,但与平行键模型互不影响,基本作用公式与前面介绍的相同。

2. 细观尺度-团簇与细观应力

细观尺度研究对象为颗粒,可变形和破碎。颗粒模型由若干粒子堆积而成,称为团簇或簇单元。为使颗粒有一定拉伸和剪切强度,团簇内部使用接触键模型,但各个团簇之间使用滑移模型。团簇变形主要是团簇内部粒子间的无滑移旋转,其破坏表征为:接触键的断裂导致裂纹形成和扩展,最终演化为颗粒破碎。由于超过拉伸(剪切)强度导致键的断裂而形成的裂纹称为拉(剪)裂纹,相应的破坏形式称为拉伸(剪切)破坏。

如果选取一个代表性单元,其中只包含一个簇,我们可以由微观接触本构关系导出细观应力$\overline{\sigma_{ij}}$的表达式:$\overline{\sigma_{ij}} = -\left(\dfrac{1-p_0}{\sum_{N_P} V^{(P)}}\right) \sum_{N_P} \sum_{N_C} |x_i^{(c)} - x_i^{(P)}| n_i^{(c,P)} F_j^{(c)}$,式中$p_0$表示试件初始孔隙度,$\sum_{N_P}$和$\sum_{N_C}$分别表示对单元内部的所有粒子和接触求和,$V^{(P)}$表示粒子体积,$x_i^{(c)}$($x_i^{(P)}$)表示接触(粒子)中心位置坐标分量,$n_i^{(c,P)}$表示接触平面法向分量,$F_j^{(c)}$表示接触力分量。

模拟动态加载过程时模型中必须另外引入衰减机制,这主要通过在微观尺度引入适当水平的阻尼来模拟,具体方法是:在每一个基本粒子的质心引入一个阻尼力F^d,其与粒子所受到的不平衡力F即粒子加速度成比例,计算公式为$F^d = -\alpha |F| \text{sign}(v)$,式中$v$表示粒子速度,$\alpha$表示阻尼系数,sign是符号函数。我们可以看到,如果$F = 0$或$v = 0$,则$F^d = 0$。这说明匀速运动或静止的粒子不会受到阻尼力的作用。阻尼系数是模拟动态加载过程中的一个重要参数,但是很多文献都忽略了对阻尼系数的讨论,这也是多尺度模型还没有被广泛应用于动态加载的根本原因。

地质声学中引入地层品质因子Q来表征岩石对波的衰减机制,类似地,也可以利用Q来表征脆性颗粒材料对波的衰减作用。通过一维弹簧振子系统结合Q的定义很容易证明品质因子Q和阻尼系数α之间有关系$\alpha = \pi/(2Q)$。这样就可以确定模型中所需引入的实际阻尼水平。

(1) 模型参数。

粒子密度ρ、粒间摩擦系数μ和阻尼系数α是独立于接触模型和键接模型的参数,可以根据材料常量来选取。其中μ可与颗粒材料的摩擦角相对应,而阻尼系数α取为0.15,则对应着石英砂的地层品质因子$Q = 10$。下面我们对常用的两种接触模型和两种键接模型的参数进行分析。

与线弹性模型直接相关的参数是粒子法向刚度k^n和切向刚度k^s。接触刚度K^n,K^s可以通过粒子刚度计算:

$$K^n = \dfrac{k_n^A k_n^B}{k_n^A + k_n^B}, \quad K^s = \dfrac{k_s^A k_s^B}{k_s^A + k_s^B} \tag{10.3.1}$$

Mindlin 模型(记为Ⅱ型团簇),键接模型采用平行键模型。由于是与石英砂的实验结果比对,所以粒子和平行键的弹性模量根据石英砂岩的弹性模量取为 $E = \bar{E} = 50$ GPa(以下同)。对线弹性模型利用式(10.3.3)即得 $k^n = k^s = 1.4 \times 10^8$ N/m;对 Hertz-Mindlin 模型,取 $\nu = 0.2$,则 $G = E/(1+2\nu) = 20.8$ GPa。而对于其他参数,二者都相同:$\rho = 2636$ kg/m³, $\mu = 0.5, \alpha = 0.15$;由式(10.3.4)有 $\overline{k^n} = 3.57 \times 10^4$ GPa, $\overline{k^s} = 2.68 \times 10^4$ GPa; σ 和 τ 均取为 (30 MPa, 7.5 MPa)的高斯分布,括号中的值分别表示分布的均值和标准差;平板刚度与粒子刚度相同,平板光滑无摩擦。

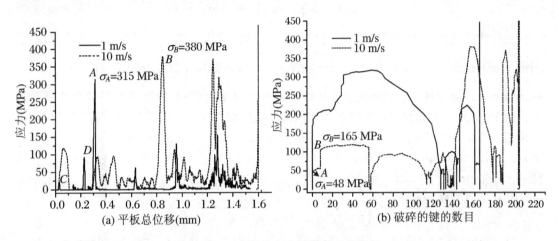

图 10.3.3 簇的平板加载数值实验结果

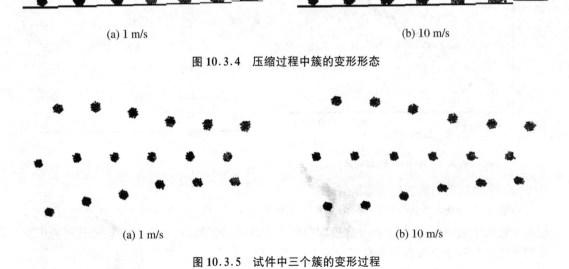

图 10.3.4 压缩过程中簇的变形形态

图 10.3.5 试件中三个簇的变形过程

(4) Weibull 模量计算。

实验和理论上(Trustrum 等,1979;Mc Dowell,2002)都已经证明韦伯(Weibull)分布可以用来描述脆性颗粒材料的拉伸强度分布,因此,采用韦伯分布来检验模型在模拟颗粒细观

强度方面的有效性。直径为 d 的颗粒不发生破碎的概率 P_s 可以表示成

$$P_s(d) = \exp\left[-\left(\frac{\sigma}{\sigma_0}\right)^m\right] \tag{10.3.6}$$

式中,σ 表示颗粒的拉伸强度,在平板压缩实验中一般定义为平板压力的最大值比上颗粒初始直径的平方;σ_0 表示直径为 d 的颗粒的特征应力,用来表征 37% 的颗粒不发生破碎时的应力;m 为韦伯模量,用来表征颗粒强度的分散程度,m 越小表示强度分散程度越大。式(10.3.6)可以变换形式成

$$\ln\ln\left(\frac{1}{P_s}\right) = \ln\frac{1}{\sigma_0^m} + m\ln\sigma \tag{10.3.7}$$

根据实验或模拟中得到的应力-时程曲线统计颗粒的拉伸强度 σ,将所有 σ 值升序排列,则每个 σ 对应的 P_s 可以利用 $\left(1-\frac{i}{n+1}\right)$ 来近似,n 表示颗粒总数。得到 P_s 和 σ 系列后,利用式(10.3.7)做线性拟合,所得直线斜率即为韦伯模量,横轴截距取 e 指数后即为特征应力。图 10.3.6 是实验和模拟的数据对比以及三条拟合直线的平均结果,由实验结果及多尺度模型计算出的韦伯模量和特征应力分别为 2.22,26.7 MPa;2.20,29.1 MPa(线弹性模型);2.19,21.0 MPa(Hertz-Mindlin 模型)。从对比结果可以看出,无论是线弹性模型还是 Hertz-Mindlin 模型,模拟与实验结果都比较吻合,说明团簇模型确实能够较好地模拟实际脆性颗粒的动态强度特征。

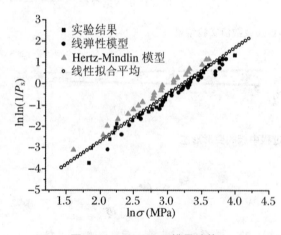

图 10.3.6 Weibull 模量计算

表 10.3.1 不同规模簇的参数

序号	粒子数	成键数	θ(°)	λ(°)
1	12	24	314	310
2	12	31	269	190
3	46	135	51	115
4	50	177	314	310
5	134	544	220	293
6	145	632	143	120

(5) 不同规模的簇颗粒动态压缩性能。

建立了三种规模的簇,在删除粒子前粒子数目分别为 13,55 和 147。每种簇选取两个,相关参数示于表 10.3.1。10 m/s 速度加载的实验结果示于图 10.3.7。可以看出,簇的压缩和破碎特性与四个参数都有很密切的关系。随着粒子数增多,成键数目增多,簇的拉伸强度会增加。θ 和 λ 本质上是影响了簇与墙体间的方位,在 10 m/s 压缩时簇来不及进行位置调整,所以初始方位会对压缩过程产生很大影响。

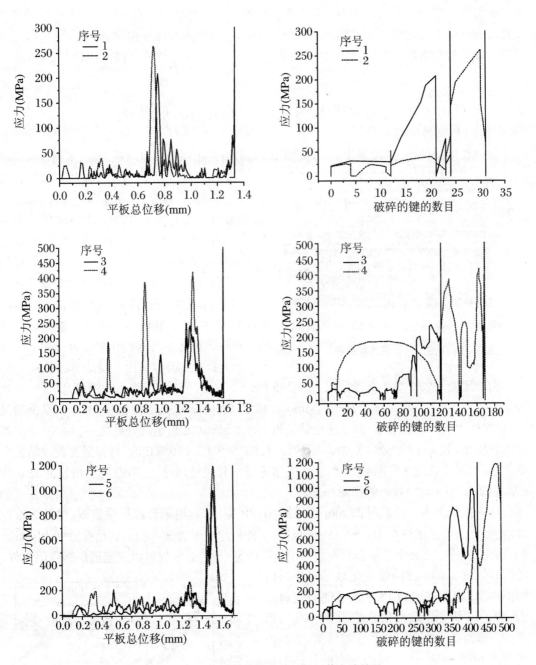

图 10.3.7 不同规模的簇的平板加载实验结果

3. 宏观尺度:试件和宏观应力

由于团簇是"自由"的,所以必须施加侧限使团簇堆积成形。压缩时采用应变率加载方式,上下两面约束"墙体"以等速向中心压缩,侧面柱形"墙体"呈固支状态,主要关注压缩过程中应力、孔隙比的关系和裂纹扩展的情况。试件的压缩曲线以孔隙比-应力的形式体现。如果细观尺度中选取的代表性单元足够大,其中包含的团簇足够多,那么细观尺度的应力表达式也可用于描述局部宏观应力。若干类似代表性单元的宏观应力再作平均即可得到整个试件的宏观应力。这种方法被称为应力测量圆法,在三维颗粒流模拟中,此种方法可以用于获取准确的材料常量。为简便起见,采用式(10.3.2)来表达试件宏观应力,即

$$\sigma = \frac{F^U + F^D}{2\pi R^2} \tag{10.3.8}$$

式中,F^U,F^D 分别表示上、下墙体对试件施加的压力,R 表示试件半径。

(1) 数值试件的形成。

宏观数值试件(或称代表性单元,见图10.3.8)由大量团簇随机堆积而成,下面以被动围压实验为例进行讨论。宏观数值试件的生成方法如下:首先生成由两块平板和一块圆柱形板围成的圆柱形边界,并在边界内随机生成374个刚性球体,粒径满足 150～245 μm 的均匀分布。然后再依次删除每一个刚球,并在其球心位置细观尺度试件中所述方法生成一个粒径相等的团簇。最后对颗粒集合体沿加载方法施加 5.0×10^7 m/s^2 的"重力"加速度进行静力沉降,沉降完成后,将上平板移动至与上表面粒子紧贴。最终颗粒体系的初始孔隙度为 0.714。

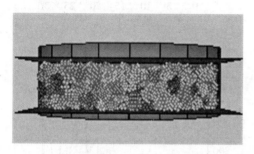

图 10.3.8　数值试件形态

(2) 数值实验与室内实验结果对比。

由于团簇和粒子平均直径分别为 197.5 μm 和 39.5 μm,对于线弹性模型,则 k^n 和 k^s 变为 3.95×10^6 N/m;而对于 Hertz-Mindlin 模型,由于 G,ν 是弹性常量,基本不受模型尺寸影响,所以与团簇模型中相同,这也是使用 Hertz-Mindlin 模型的好处之一。ρ,μ,α 也都同团簇模型,但 $\overline{k^n}$ 和 $\overline{k^s}$ 分别变为 1.27×10^6 GPa 和 9.53×10^5 GPa。材料强度受缺陷影响很大,所以尺寸效应非常明显,一般定性的结论是试件尺寸越小则强度越高,所以此处 σ 和 τ 取为(250 MPa, 50 MPa)的高斯分布。

室内被动围压实验采用 37 mm 杆径的 SHPB 完成,利用钢套筒提供侧限,材料为石英砂,经筛分后粒径维持 150～250 μm 范围,试件初始厚度为 9.0 mm,初始孔隙度为0.412。数值实验加载方式为下平板和侧面圆柱形板都固定不动,上平板以恒定速度压缩数值试件。实际和数值实验中都测量并记录了试件内的轴向应力、轴向应变以及套筒提供的侧向应力。应用土力学中常用的孔隙比-轴向应力形式的压缩曲线来对比模拟和实验结果,加载速度都用 11.5 m/s。由于模拟与实验材料的初始孔隙度不同,所以我们将纵坐标用初始孔隙比归一化以方便比较,模拟与实验对比结果示于图 10.3.9。图中显示的模拟与实验压缩曲线吻合较好,进一步证明了多尺度模型应用于动态加载的有效性。

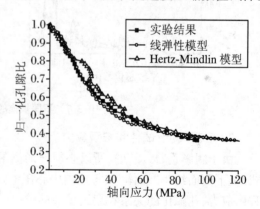

图 10.3.9　数值模拟与室内实验压缩曲线对比

通过以上讨论可知,虽然线弹性模型和模

力(如 F_j^c 表示接触力分量);ρ 是粒子密度;ω 表示角速度;"·"表示时间导数;$\sum_{N^P}$ 和 $\sum_{N^c}$ 分别表示对一个粒子的所有接触和所有粒子求和。

取 $i=j=3$ 可得轴向应力表达式,并用 z 表示轴向:

$$\sigma_{zz} = \frac{1}{V}(\sigma_c + \sigma_r + \sigma_d)$$

$$\sigma_c = \sum_{N^P}\sum_{N^c}(z^P - z^c)(F^n n_z + F_z^s)$$

$$\sigma_r = \frac{2}{15}\rho\pi R^5\left[(\omega_x^P)^2 + (\omega_y^P)^2\right]$$

$$\sigma_d = -\sum_{N^P} z^P F_z^d$$

(10.3.10)

式中,n_z 表示接触平面法向分量,即接触力分量包含法向分量 $F^n n_z$ 和切向分量 F_z^s 两部分。式(10.3.10)说明轴向应力可以分解为三部分:接触应力贡献 σ_c、颗粒的惯性旋转运动贡献 σ_r 和阻尼贡献 σ_d。我们分别计算了 $\alpha = 0.15$ 时两种速度加载下这三部分的贡献,示于图 10.3.13。我们发现颗粒旋转贡献一直很小,因而可以忽略。颗粒旋转与体系动能是相联系的,这说明无论动态还是静态加载脆性颗粒材料能量守恒方程中动能都是可以忽略的。同一应变水平下,加载速度较高时,σ_c,σ_d 也较大,这解释了图 10.3.12 中显示出的加载速度效应。同时也说明,通过引入波的衰减机制,可以在多尺度模型中考虑脆性颗粒材料的加载速度效应。另外,我们看到,阻尼耗散在较低速度加载时基本可以忽略,但在较高速度加载时则必须考虑,反而是旋转贡献一直可以忽略,由此说明 Li 等(2009)的动态应力公式是不准确的。

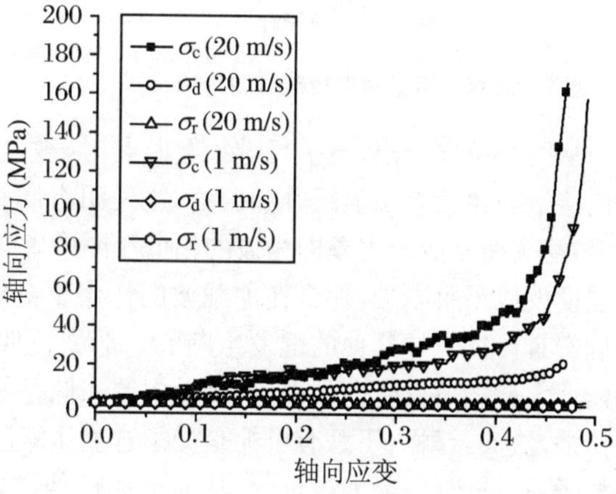

图 10.3.13 轴向应力分解

(3) 颗粒破碎过程中的波动效应。

阻尼对团簇强度有影响,也必然会影响颗粒破碎过程。分析同一加载速度(11.5 m/s)不同阻尼下颗粒破碎量随轴向应力变化的情况,如图 10.3.14 所示。为简便起见,颗粒破碎量用 Hardin 相对破碎率表征,下限粒径取为 30 μm。从图中可以看出,相同应力水平下当 α 较大时颗粒破碎量较小。前面提到阻尼主要是阻碍颗粒的加速运动,也即对应力波有衰减作用。因此不合实际的高阻尼会使颗粒碰撞减少,进而使颗粒破碎也减少。更重要的原因则是:因为颗粒破碎意味着团簇中有大量的键发生断裂,键中储存的弹性能瞬间释放也会发出应力波,而这种波会诱导周围颗粒发生破碎;但高阻尼会迅速将应力波衰减掉,从而减少了颗粒破碎。

下面利用团簇的平板压缩实验来证明颗粒破碎发出应力波会诱导临近键断裂,进而诱导新的颗粒破碎。任选一个团簇,键接模型选用接触键模型,这是因为接触键模型的断裂准则是用接触力作为指标的,而我们监测的也只能是接触力历史,所以为了方便判断一个键是否断裂,选用接触键模型。将团簇中某一个接触键的强度设成无穷大也即始终不会断裂,其余统一设成78.4 N[由40 MPa根据式(10.3.5)换算得到],其他参数与前面相同($\alpha=0.15$)。以5.0 m/s进行平板压缩实验,监测被选定接触中的法向和切向接触力(法向力为正,切向力给出的是负值)以及团簇单位时间内的断键数目随时间变化的情况,如图10.3.15所示。

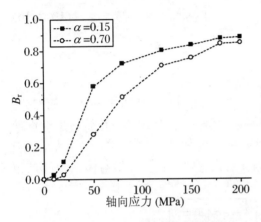

图10.3.14 阻尼对颗粒破碎的影响

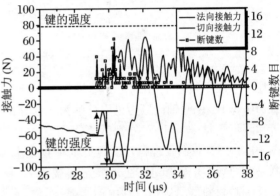

图10.3.15 接触力与断键数目历史

从图中可以看出,当平行键频繁断裂时,被监测接触中法向接触力会先下跌然后跃升,切向接触力也会有明显跃升和振荡,这说明有卸载波(压缩波)和加载波(拉伸波)先后经过接触,箭头所示的应力差即为波的幅值。图中虚线是键的强度,我们看到如果没有预先将键的强度设成不可断裂,那么在加载波的作用下键就会发生断裂。这说明颗粒破碎发出应力波确实有可能诱导其他的键发生断裂。那么拉伸加载波到底从何而来呢? 分析如下:当团簇内部大量的键发生断裂以后,接触中原来储存的弹性能瞬间释放,形成卸载压缩波并向四周传播,法向接触力下跌有可能是受了这些压缩波卸载的影响。当卸载波遇到自由面(主要是粒子-孔洞界面)会发生反射,从而形成拉伸波,对其之后经过的接触进行加载,如果接触力超过了键的强度键就会断裂。而后键中接触力出现了大幅振荡,正是因为波在传播过程中会在各个界面多次反射透射,波的性质发生改变,从而对接触力产生影响。如果阻尼较高,由于强衰减作用波的强度会大幅衰减,诱导键发生断裂的几率就会减小,从而颗粒破碎也会减少。上述讨论对我们认识颗粒材料的变形和破碎机理很有帮助,因为颗粒破碎过程中力链演化的驱动力可能就来源于应力波的作用。另外声发射的本质可能就是细观尺度上诸多应力波相互作用后在宏观尺度上的表现。

2. 颗粒破碎问题

作为多尺度模型的一个重要应用,我们研究了脆性颗粒材料的颗粒破碎问题。利用广度优先遍历算法,分析了由Hertze-Mindlin接触的团簇组成的也即接触模型为Hertz-Mindlin模型的数值试件加载后的颗粒尺寸分布,并得到了颗粒尺寸分布曲线随轴向应力演化的过程,将颗粒(团簇及其破碎产物)直径定义为颗粒最大尺寸,如图10.3.16所示。从图中可以看出,刚性粒子假设颗粒存在破碎极限,大约为30 μm,这显然与实际情况不符。

为了尽量降低模型中刚性粒子假设对颗粒破碎过程的限制,我们让团簇破碎产物中的刚球又变成一个等粒径可破碎团簇,具体实施过程如图 10.3.16 所示。但为了增大计算时步,节约计算成本,取 $\overline{E}$ = 14 GPa 而非 50 GPa,计算得 $\overline{k^n}$ = 3.56 × 10^5 GPa, $\overline{k^s}$ = 2.67×10^5 GPa。然后以 11.5 m/s 的速度对新试件进行被动围压动态加载。实验级配曲线随轴向应力的演化过程是通过对动态加载后的试件进行激光粒度分析得到的,模拟和实验级配曲线的对比结果如图 10.3.17 所示,从图中可以看出,经改进后的模型给出的级配曲线与实验曲线更加吻合,破碎极限虽仍然存在(这主要还是计算能力有限),但是已然降到了 5 μm 或更小,与实际情况更为符合。

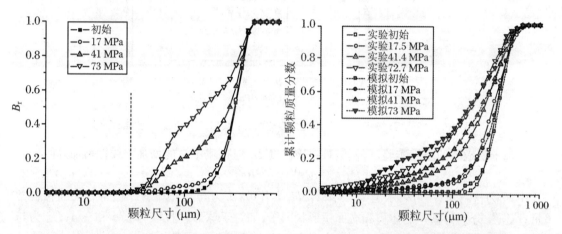

图 10.3.16 模拟级配曲线随轴向应力的演化   图 10.3.17 模拟与实验级配曲线对比

破碎力学理论通过引入内变量描述颗粒破碎,可以给出相对破碎率随静水压力的演化过程,如

$$p = p_{y0}\frac{1-\vartheta B}{(1-B)^{\frac{4}{3}}} \tag{10.3.11}$$

式中,p_{y0},p 分别是破碎刚开始和加载过程中的静水压,ϑ 是与初始和终止级配相关的参数,B 是表征颗粒破碎的内变量也即相对破碎率,采用 Itai Einav(2007)的定义:

$$B_r = \frac{\int_{d_m}^{d_M}[F(d)-F_0(d)]\mathrm{d}d}{\int_{d_m}^{d_M}[F_u(d)-F_0(d)]\mathrm{d}d} \tag{10.3.12}$$

式中,$F_0(d)$,$F(d)$ 和 $F_u(d)$ 分别表示初始、当前和最终的级配曲线函数,d 表示颗粒直径,$d_M(d_m)$ 表示当前体系中最大(小)粒径。但最终级配曲线不再采用分形近似,实验中观察到轴向应力 120 MPa 和 140 MPa 对应的级配曲线基本重合,所以将 140 MPa 对应的级配曲线取作模拟和实验的最终级配曲线。图 10.3.17 是数值、理论以及实验结果的对比,根据实验结果取理论曲线中破碎开始时的静水压力 p_{y0} 为 6.1 MPa。从图 10.3.18 可以看出多尺度模型相比破碎力学理论与实验结果在趋势和定量上吻合都更好。这说明我们对原有模型的改进是有效的,同时也验证了多尺度模型在模拟动态颗粒破碎方面的优越性,即无需另外假定颗粒破碎准则就可以模拟真实的颗粒破碎过程。

下面给出颗粒破碎度 B_r 的一个基于动态破碎能的模型(Huang 等,2013a,2014)。

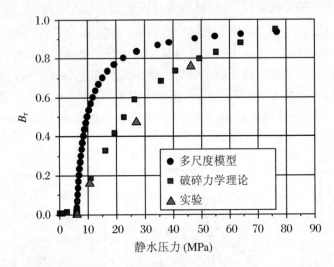

图 10.3.18 相对破碎率随静水压力变化曲线:数值、理论以及实验结果对比

基于松散砂的压缩实验,可假定颗粒破碎度 B_r 随孔隙比 e 的增加不线性增加,即

$$dB_r^H = -\xi de \tag{10.3.13}$$

式中,ξ 为材料参数,可表示为 $\xi = \mu \beta_V / \beta_s H_p$。其中,$\mu$ 为与颗粒材料摩擦角有关的材料常量;β_V,β_s 分别为颗粒的体积和表面积形状因子,如对于球形颗粒取为 $\pi/6$ 和 $\pi/4$;H_p 为与颗粒组装有关的参数,表征联系宏观应力和微观表面拉力的尺度参数。

将孔隙比 e 的表达式:$e = (1-\varepsilon)/(1-n_0) - 1$(其中,$n_0$ 为初始孔隙度)代入式(10.3.13),则有

$$dB_r^H = \xi C_c \frac{1}{\sigma} d\sigma \tag{10.3.14}$$

其中,$C_c = -de/d\ln\sigma = \sigma de/d\sigma$ 为颗粒材料的压缩性参数。

考虑到 $\sigma = \sigma_0$ 时,$B_r^H = 0$,对上式积分,可以得到

$$B_r^H = \alpha \ln(\sigma/\sigma_0), \quad \alpha = \xi C_c \tag{10.3.15}$$

另外,应变能 $W = \int \sigma d\varepsilon$,当考虑材料的弹塑性变形过程,总的应变能可以表示为塑性之前的应变能 W_{th} 和屈服之后的应变能 W_B 之和,即 $W = W_{th} + W_B$。进一步可表示为

$$W = W_{th} + \int_{\varepsilon_0}^{\varepsilon} \sigma d\varepsilon \tag{10.3.16}$$

式中,ε_0 对应于屈服时的应变,$W_{th} = \int_0^{\varepsilon_0} \sigma d\varepsilon$。

由孔隙比 e 的表达式,上式可表示为

$$W = W_{th} + C_c(1-n_0)(\sigma-\sigma_0), \quad \sigma_0 \leqslant \sigma \leqslant \sigma_Y \tag{10.3.17}$$

将式(10.3.15)代入式(10.3.17),可得到破碎度的表达式:

$$B_r^H = \xi C_c \ln\left[1 + \frac{W - W_{th}}{\sigma_0 C_c(1-n_0)}\right] \tag{10.3.18}$$

10.4 颗粒离散模型用于混凝土材料层裂特性研究[①]

10.4.1 混凝土层裂实验

1. 基于霍普金森压杆(SHPB)的层裂实验技术

实验在基于霍普金森压杆的 LPMM-Metz 装置上实现。该装置的设计思想来源于对已有实验方法和弹性波在混凝土杆中伴随有弥散现象的传播(如 Brara 等，1997)的最新理论研究。发展这个方法的主要目的是描述混凝土在短加载时间内的拉伸破坏。实验装置包括一块圆柱形混凝土样品(直径 40 mm，长 120 mm)，由空气枪发射短铝合金弹产生压缩入射波，通过硬铝合金的霍普金森压杆(直径 40 mm，长 1 000 mm)对样品加载，如图 10.4.1 所示。发射弹撞击后，在霍普金森压杆中产生一入射波并传入混凝土样品。由于压杆与样品接触面阻抗的不同，一小部分入射波反射回到压杆内；通过样品的大部分入射压缩波，在样品的自由表面反射为拉伸波。由于入射压缩波和反射拉伸波叠加，在混凝土样品中会产生随时间快速增加的拉应力，净拉伸波导致混凝土样品在距自由端一定的位置上断裂，该处拉应力达到临界值。短子弹的使用可以到达非常高的加载率。整个波传播过程由三个粘在压杆表面上特别设计的应变片记录，由这些记录波形可以确定由碎裂引起的断裂应力、样品里的应力历史、加载的临界时间和加载率或应变率。该实验技术更详细的描述也可参考 Klepaczko 和 Brara(2001)。

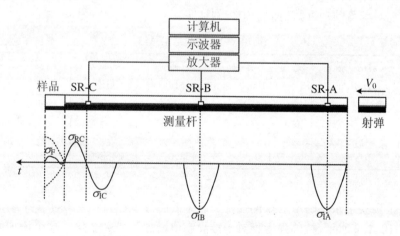

图 10.4.1 实验原理图(Brara 等,2001)

2. 混凝土样品

所有样品表面进行特殊加工，以确保在轴向的均匀和端面的平行。每块样品均从大块

---
① Brara 等,2001。

的混凝土中取出,以避免边界效应和集合体的分离,并避免非均匀性。每立方混凝土的配比如下:水为 200 kg、Portlan 水泥为 400 kg、细骨料(粒径 0~2 mm)为 1 783 kg,且水灰比为 0.5。样品预先装在黏合的铝铂里保持水分直到实验的时刻为止。由此得到的混凝土的一般物理力学参数如下:密度为 2.395 g/cm^3、杨氏模量为 35 GPa、准静态压缩强度为 42 MPa、准静态拉伸模量为 4.2 MPa。

3. 动态实验数据处理

在子弹撞击霍普金森杆以后,入射波和反射波被杆表面的应变片测量,其中两个应变片对称贴在距两端 120 mm 的地方,另一片贴在压杆的中心位置。应变片的信号被传入放大器,然后传入两个示波器,三个信号的记录可以同时完成,如图 10.4.1 中(SR-A~SR-B)和(SR-B~SR-C)。电压信号储存在与示波器相连的电脑硬盘里。

霍普金森压杆和样品的接触表面满足力平衡。样品内的加载历史由通过霍普金森杆表面测到的入射和反射应力脉冲确定。根据 Pochhammer(1876)和 Chree(1889)的理论以及最近发展起来的信号处理技术,需考虑波在杆中传播过程的耗散性(Franz 等,1983;Lifshitz 等,1993;Zhao 等,1997)。采用了样品中弹性波以一维方式传播以及横截面上瞬时局部断裂的假定。由此,在入射和反射信号基础上,重塑样品中传播的压力脉冲,并对交界面的弥散进行修正。入射波和从样品自由表面反射的波的叠加过程,可以给出拉力峰值的位置,确定样品的拉伸断裂应力、加载的临界时间以及应力率及应变率。

10.4.2　实验结果

应用湿混凝土共进行了三种不同冲击速度的五组实验,针对每一种速度重复测试了 3~5 个试样。实验可以观测到样品一至两处碎裂,碎裂面几乎是平的。断裂面到样品自由表面的平均距离变化范围仅 1%~5%。这一点证实了在横截面上应力均匀分布的假定。这种现象同时在对剥落的一维数值分析中得到证实。

表 10.4.1　实验结果总结

实验编号	入射应力脉冲 σ_I(MPa)	透射应力脉冲 σ_T(MPa)	动态拉伸应力 σ_F(MPa)	加载率 $\dot{\sigma}$(GPa/s)	应变率 $\dot{\varepsilon}$(s^{-1})	动态实验增加因子
1	51.5	35.5	19.0	894.0	21.5	4.5
2	79.0	58.0	33.0	1 686.0	40.6	7.8
3	103.0	91.0	53.0	4 468.0	108.0	12.6

注:Brara 等,2001。

湿混凝土实验结果反映出对拉伸强度加载率的高灵敏性,在表 10.4.1 中给出了相应的数值。如图 10.4.2 所示,拉伸强度相对于准静态值增加了 4~12 倍。这个增加同样可以通过在实验中用高速 CCD 拍摄的图片分析得到证实。实验系统包括 6 台高速 CCD 镜头(可达 10^6 帧/秒)和在连续照片之间的时序处理程序。这样,拉伸强度就能通过样品飞溅物的速度用一维波传播理论来求得。快速的 CCD 系统还能找出连续碎裂的顺序,对于分析过程这是一个重要信息。由于第一次碎裂过程产生的波较强,接下来的连续碎裂在拉伸强度的评估中没有考虑。图 10.4.3 所示的碎裂历史与表 10.4.1 的第二种情况一致。第一次碎裂最接近样品的自由端。飞行出去的样品碎片的速度估值可导出比由波传播分析得到的值(27 MPa)更接近的拉伸强度(28 MPa)。

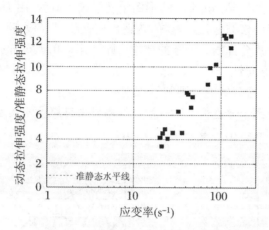

图 10.4.2　(湿混凝土实验结果)应变率与拉伸强度率的相关性
(Brara 等,2001)

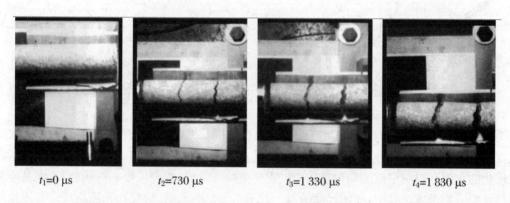

图 10.4.3　两个裂纹的断裂过程照片,样本左端加载(Brara 等,2001)

10.4.3　数值分析

1. 介质描述

数值分析采用离散元方法,把结构近似为刚性粒子的集合。通过相互作用的规则将各粒子互相联系,每个粒子的运动通过其所受的外加载荷单独计算。为了更好地模拟岩石力学特性,绝大多数的模拟采用任意尺寸的圆形粒子的密集集合,它们在接触点上绑定在一起。规则的和三角形粒子的情况由于易导致各向异性而在这里没有采用。因此,很难由数值方法建立一个由不同尺寸的圆形粒子组成的连续介质模型。虽然可提供足够的内存空间用于大量的数值计算,但是在描述混凝土的行为上仍然忽略了许多信息(Potyondy 等,1996)。以前的研究仅限于规则几何材料的动力学方面,至今没有得到一种成熟的离散单元法用于混凝土动力学研究。因此,这里提出一种新的逼近方法,它通过网格连接构造 Voronoi 多边形(图 10.4.1)。

图 10.4.4 表示连续介质构造中的步骤。整个结构用点组成的规则三角形网格描述[图 10.4.4(a)]。接下来,网格被随机从 $0\sim R_{init}$(规则网格中两点间的初始距离)离散,即图 10.4.4(b)。再下一步由 Voronoi 多边形的定义组成。最后,用 Delaunay 三角网格方法确定每一粒子与相邻点的格栅作用。这样,构造出的介质已经没有了几何上的间隙。这种划分网格的方法方便而且允许划分复杂的结构。此外,图 10.4.5 所示为这种离散模式的结构张量,即相互作用的方向性分布。由此可见,这种离散方式得到的结果是完全各向同性的,没有特殊的倾向性。这对处理规则和不规则的岩石或混凝土很重要。值得一提的是每个粒子在大小和重量上都十分近似。唯一明显的差异来自粒子的长度和连接方向上的局部离散。最大和最小的相互作用长度的比例是 10。

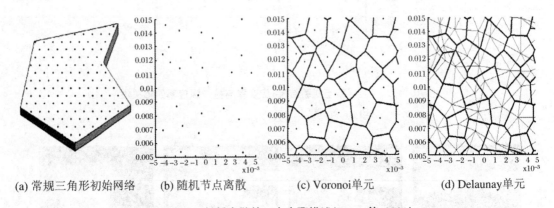

(a) 常规三角形初始网络　(b) 随机节点离散　(c) Voronoi 单元　(d) Delaunay 单元

图 10.4.4　材料离散的 4 个步骤描述(Brara 等,2001)

2. 相互作用规律

模拟混凝土力学行为的困难在于介质的成分不同,一般需要考虑的三种尺度如下:宏观尺度——介质是均匀和各向同性的,破坏过程包含在内部变量中;细观尺度——假定介质由在硬化的水泥和空洞组成的均匀基质中嵌入少量颗粒组成;微观尺度——颗粒、水泥基质和界面孔隙分别考虑。其中,细观尺度的每个粒子单元都由水泥、颗粒和孔隙组成。其质量等于水泥、颗粒和空穴的平均混和质量。初始的单元相互作用可以传递拉力、压力和剪切力。单元之间的相互作用分解为法向力 F_n 和切向力 F_s。力分解用法向刚度为 K_n 和切向刚度为 K_s 的弹簧表示,如图 10.4.6 所示。这种相互作用可近似描述水泥、集料和空穴组成的混合体的典型行为。相互作用力的系数是由两个单元的相对距离决定的。刚度 K_n 和 K_s 是常量,并且如 Hertz-Mindlin 接触问题一样独立于重叠区域。此外,Hertz-Mindlin 接触对颗粒组成的介质非常重要但对黏性连续介质不重要。因此,假定即使粒子不是圆形的,法向力总是从一个粒子指向另一个粒子。对两个多边形粒子的局部受力(垂直于接触线,见图 10.4.6)的真实方向的研究是可

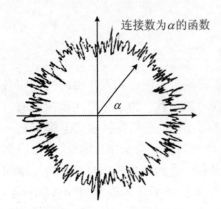

图 10.4.5　连接方位的分布(Brara 等,2001)

行的,但是这种计算方法在计算时间上耗费太多(Kun,Herrmann,1996)。材料最初的不规则状态由假定每个弹簧的平衡距离为初始长度 L_0(考虑到与其他结构的可能接触)来体现。在大变形情况下,必须加上摩擦接触的作用。摩擦接触在两个单元之间传递压力和剪切能。举例来说,在单轴压缩实验的断裂后的行为中,最主要的现象是邻近断裂表面的摩擦。

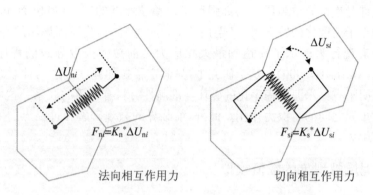

图 10.4.6 局部弹性定律和力的方向(Brara 等,2001)

由于这种情况下可能在很短的时间内产生较大的位移,这里采用了牛顿运动定律。为了得到单元的加速度,需计算单元总的非平衡力 F_{ext},其表达式如下:

$$\Delta F_{ext}^{(t)} = \sum_{\text{each link}} F_{ni} + F_{si} = \sum_{\text{each link}} K_{ni} \Delta U_{ni} + K_{si} \Delta U_{si}$$

$$F_{ext}^{(t)} = F_{ext}^{(t-1)} + \Delta F_{ext}^{(t)} \tag{10.4.1}$$

这样力 F_{ext} 就是单元所有的 F_{ni} 与 F_{si} 之和。

3. 解决方案

采用牛顿定律 $M\ddot{x} = F_{ext}$ 的显式积分,速度和位移由有限差分方程给出,即

加速度:

$$\ddot{x}\begin{Bmatrix} a_x \\ a_y \end{Bmatrix} : \ddot{x} = \frac{\sum(F_{ni}^{(t)} + F_{si}^{(t)})}{M_{particule}} \tag{10.4.2}$$

速度:

$$\dot{x}\begin{Bmatrix} v_x \\ v_y \end{Bmatrix} : \dot{x}^{(t+\Delta t/2)} = \dot{x}^{(t-\Delta t/2)} + \ddot{x}\Delta t \tag{10.4.3}$$

位移:

$$x\begin{Bmatrix} d_x \\ d_y \end{Bmatrix} : x^{(t+\Delta t)} = x^{(t-\Delta t)} + \dot{x}^{(t+\Delta t/2)}\Delta t \tag{10.4.4}$$

显式计算需要的时间步长很短。如果时间步长太长的话,许多数值不稳定性增加以至于无法模拟。在线弹性-伪黏性($M\ddot{x} + Kx = f^{ext}$)的情况下,计算的临界时间为 $\Delta t_c = 2/\omega_{max}$,其中 ω_{max} 是系统的自然共振频率(Bathe,1982)。频率的确定是基于最小粒子重量和最大介质刚度 K_n 的。时间步长的最大值需满足

$$\Delta t_c \leqslant 2C\sqrt{M_{min}/K_{max}} \tag{10.4.5}$$

这里常量 C 可以假定每个单元都与相邻几个单元有相互作用(Hart,1991)。常量 C 在这里的计算中被假定为 0.1。每次迭代时,对时间步长都这样进行评估。

4. 碎裂过程

碎裂过程可以看作细观尺度下内聚力的不可逆松弛过程。拉伸和剪切破坏各自或同时产生。这两种断裂形式可以通过细观尺度的连接方式来实现。在拉伸断裂中,所研究材料的脆性特征允许对连接简单施压。局部强度可用单位厚度的应力(单位 N/m)表示。这使得断裂阈值独立于离散化的特征尺寸(连接的平均尺寸)。不管局部规律的理想脆性,模拟压缩过程中的宏观行为展示了在达到最大拉应力之前拉伸失效导致的程序化的破坏过程(Camborde,Mariotti,2000)。这个研究中,只假定了拉伸脆性。这两种联系连接以一种简单的方式表明了有如水泥的程序化的破坏与准脆性材料有本质的联系。这可能是因为在断裂开始时有单元之间的摩擦力作用。此外,前临界的微观碎裂和过临界的微观碎裂也可以引入到计算中去。

10.4.4 水泥层裂现象的数值模拟

1. 模型和参数

对波的传播和圆柱压杆中层裂的模拟采用 5 000 个节点、二维轴对称的情况。图 10.4.7 所示为杆左端面开始承受入射压缩波作用,右端面初始为自由面,局部弹性模量 K_n 和 K_s 直接由整体的 E 和 ν 求出(E 和 ν 表示杨氏模量和泊松比),有以下关系(Kusano 等,1992):

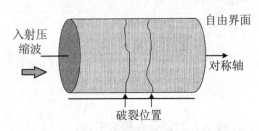

图 10.4.7 加载边界限(Brara 等,2001)

$$K_n = \frac{1}{\sqrt{3}} \frac{E}{(1+\nu)(1-2\nu)}$$
$$K_s = \frac{1}{\sqrt{3}} \frac{E(1-4\nu)}{(1+\nu)(1-2\nu)}$$
(10.4.6)

其中,$E = 45$ GPa,$\nu = 0.2$,局部弹性常量的最终值 $K_n = 38 \times 10^9$ N/m,$K_s = 7.6 \times 10^9$ N/m。

图 10.4.8 所示为模拟两次实验最大应力值分别为 38 MPa 和 70 MPa 时杆左端面的加载历史。由于所分析的两次测试的加载应力率完全不同(1 500 GPa/s 和 2 000 GPa/s),数值模拟将会揭示临界剥落应力的率效应。

2. 临界应力的定义

压杆横截面上的应力,即宏观应力可以通过由大约包含 30 个微粒的均质体表面上的力进行平均,求得

$$\sigma_{ij} = \frac{1}{2A} \sum_n f_i l_i \quad (10.4.7)$$

这里,A,l_j,f_i 和 n 分别表示均质体表面、颗粒间的中心距离、表面上的相互作用力和相互作用的个数。若假定表面 A 的形状为正方形,包含 30 个粒子,则如图 10.4.9

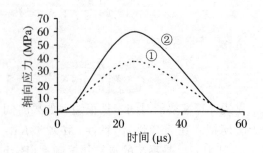

图 10.4.8 样品左界面所加应力(Brara 等,2001)
① 幅值~38 MPa; ② 幅值~60 MPa

所示,一共有3个要计算的应力区。

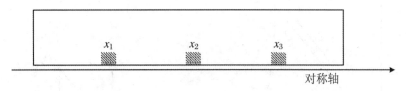

图 10.4.9 应力计算区域(Brara 等,2001)
注：$x_1 = 30$ mm,$x_2 = 60$ mm,$x_3 = 90$ mm。

3．离散单元法(DEM)模拟

关于混凝土动态压缩强度对应变率的依赖性,上述方法给出了较好的结果,并且没有任何局部应变率效应,这表明可将压缩强度的率敏感性的近似分析引入到动态拉伸强度的计算中。首先进行一系列的模拟,不考虑局部拉应力对应变率的依赖性。发现即使应变率非常高,数值模拟也不能正确地重建拉伸强度的宏观增加。层裂片的个数和断裂位置无法很好地预测,表明这种近似方法没有应变率效应。在这种情况下,惯性项不是主要的,必须包括内在的率的效果。这表明不断增长的拉伸和压缩强度上的率效应有不同的物理起源。在拉伸状态下,可能有以下几个原因：细观尺度下碎裂过程的速度有限；晶粒由分裂发生破碎而不是准静态加载时晶粒间的断裂；微裂纹的惯性(Klepaczko,1990a)；水分的存在,等等。

每种现象都发生在比集料尺寸低一个层次的尺度上。这就是为什么数值模拟时在忽略局部率效果后拉伸时没有显示出任何的应变率效应。为了验证这种行为是否是因为晶粒碎裂,而不是因为在准静态加载下的晶粒间的分裂,可用混凝土的两种成分(如颗粒和水泥)来模拟。为了构造集合体,可以构造一个有一定刚度和拉伸强度的粒子。为了模拟水泥基,必须引入一些不同性质的粒子,类似于网格法(Schlangen,Mier,1992)。这种处理只限于细观尺度的模型。这样,可以模拟实验室小型样品。此法不可能用于大型结构中,其计算时间是不可想象的。因此必须要找到实验观察到的率效果的更深一步的解释,这需要一个相互作用关系的明确整合。在每一连接的层次上增加了如图10.4.10所示的率的影响。数值上最简单的近似就是假定碎裂时的拉伸应力是率相关的。技术上的困难就是定出局部应变率的值。遗憾的是,没有可行的一般方法去平均接触距离以取得宏观应力-应变的值。取得细粒组成的介质的平均应变是均匀化的分析原则(Cambou 等,1995)。但这将会很难用于数值计算上。一个简单的估算应变的近似方法是把每个联系分解为如图10.4.11所示的情况。这样近似的情况下,平均应变率就很容易沿连接方向确定了(Bung,1994)。

4．累积层裂准则

在高应变率下混凝土压碎过程显示出拉伸强度是率相关的。考虑到关于层裂应力的实验结果和临界加载时间,Brara 和 Klepaczko(1999)对混凝土曾讨论过,这里将采用 Klepaczko(1990b)提出的层裂积累准则。这个局部准则的优点是考虑了基于热激活的率过程的物理概念。其积分形式如下：

$$t_{c_0} = \int_0^{t_{c_0}} \left[\frac{\sigma_F(t)}{\sigma_{F_0}} \right]^{\alpha(T)} \mathrm{d}t \tag{10.4.8}$$

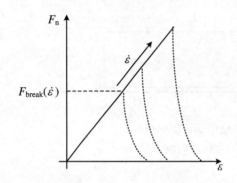
图10.4.10 在不同应变率下的假设行为,水平虚线表示某一特别应变率下的断裂水平
(Brara 等,2001)

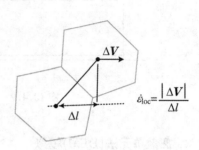
图10.4.11 联系应变率的原理
(Brara 等,2001)

这里,σ_{F_0},t_{c_0},$\alpha(T)$是在常温 T 下的三个材料常量,t_{c_0} 是 $\sigma_F(t_{c_0}) = \sigma_{F_0}$ 时最长的临界时间。指数 α 与温度相关,并且与物质分裂的激活能有关。当块体物质的加载不是瞬时的时候,对于层裂准则应该是相应的积分。在这里采用比例加载,准则的积分形式采用如下形式:

$$\sigma_F = \left[(\alpha+1)t_{c_0}E\sigma_{F_0}^\alpha\right]^{1/(\alpha+1)} \dot{\varepsilon}^{1/(\alpha+1)} \tag{10.4.9}$$

这里,E 是杨氏模量,$\dot{\varepsilon}$ 是应变率。

根据湿混凝土的实验结果,其材料参数可取为 $\alpha = 0.95$,$t_{c_0} = 50\ \mu s$,准静态拉伸强度 $\sigma_{F_0} = 4.2$ MPa。这里需要指出应变率指数 $1/(\alpha+1)$ 近似等于 $1/2$,类似于 Kipp 等(1980)提出的幂准则,该准则考虑应变率的断裂应力相关指数为 $1/3$。这里提到的准则基于断裂韧性并且源自高加载率下的脆性材料。后者虽然能很好地再现断裂应力相对断裂应变率的斜率关系,但求得的断裂应变率的值一般在高应变率下比较低(Reinhardt,1985)。累积的(渐增的)准则方程(10.4.8)和方程(10.4.9)非常符合实验数据。

5. 数字模拟结果

图 10.4.12 所示为上述两种拉伸应力作用下试样中层裂片的位置。数值模拟很好地预测了混凝土在短时间加载时的拉伸断裂。在低幅值情况下,只有一个从试样中心开始的断裂。而在高应力幅值情况下,则有 2 个层裂片,与高速摄影结果对比,断裂的位置和数量都模拟得很好。同时,可以观察到,在第二种情况下,每个碎片的速度不同。接近试样自由端的层裂片飞行速度更高。发生断裂的位置的应力随时间的变化如图 10.4.13 所示。计算结果表明,入射压力波为 30~60 MPa 的幅值。这表明,没有能量损失,波是单轴的。在波传播过程中,反射拉伸波叠加到入射压缩波,应力由压缩变成拉伸。图 10.4.13(a)中临界应力为 20 MPa,这与实验测定的 19 MPa 一致。在高幅值加载中,可以观察到两个甚至更多的断裂,但是判定第一次断裂很重要。图 10.4.12 和图 10.4.13(b)中的屈服值为 30 MPa,这也非常接近实验所测 33 MPa。数值分析证实了方程(10.4.8)所示的累积断裂准则描述的断裂存在时间延迟。

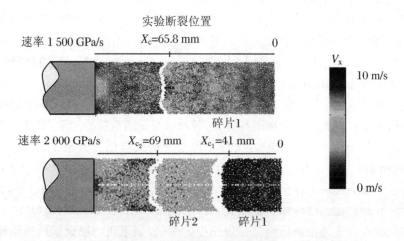

图 10.4.12 断裂位置的数值模拟和发射速度剖析(Brara 等,2001)

注:X_c 为实验所测断裂位置。

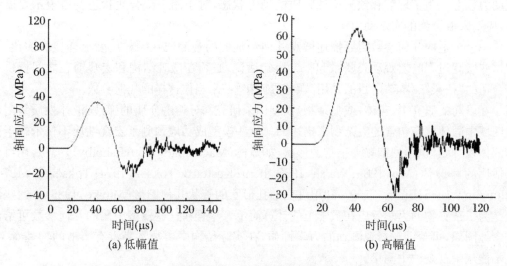

图 10.4.13 试样中心应力历史的数值模拟(Brara 等,2001)

10.5 固液混合物在颗粒接触范畴的本构关系[①]

10.5.1 模型的提出

长期以来,在地球科学的多个领域,固-液混合物都有很大的作用。这种介质的力学性质有很大的结构敏感性。宏观性质如弹性、黏性、渗透性,不仅依赖于体积,而且和液体状态

---

① Takei,1998。

的微观几何形状有关。在部分熔融介质中,熔融几何平衡形状显示了依赖于两面角的大范围变化,而两面角由固-液及固-固交界面能量的比值决定。当两面角很大时,熔化状态处于多面颗粒群孤立出的角落中;两面角小时,熔化渗透进入颗粒边界,固-固接触的面积减小(Bulau 等,1979;Von Bargen,Waff,1986)。基于声学性质(Stocker,Gordon,1975)和部分熔融中蠕变行为(Cooper 等,1986)的实验数据证明了在大量性质上几何熔融的强效应。

微观结构不是自然界中混合物固有的稳定特性,而是随系统的力学、温度和化学条件变化而演化的。对部分熔融介质在应力状态和形变下的效应已经开展了大量的研究(Nye,Mae,1972;Jin 等,1994;Hirth,Kohlstedt,1995a,b;Daines,Kohlstedt,1997)。Jin 等(1994)认为这个效应反映了在覆盖的样品变形,熔融状已经开始渗透颗粒边界,而样品也在结构的改变下开始软化。这种结构的变化,并不是在 Hirth 和 Kohlstedt(1995a,b)的实验研究中观测到的。上述理论也仍然处在争论中。然而,如果我们把观察延伸到地球不同的状态下,毫无疑问几何熔融随着熔融部分而变化,这些瞬变现象如火山性地震,当然,几何熔融的发展变化与熔化分馏物无关。由于结构的敏感性,结构演化显著地影响了混合物的宏观动力状态。为了理解和预测这种介质的动力状态,对于用一个合适状态变量表示发展结构,应引入混合物的宏观动力学。

一个合适的几何参数需要描述微观几何和他们的观测或在颗粒尺度上期望的演化,并把这些微观过程与宏观动态联系起来。换句话说,必须在微观结构和宏观动态之间提供一个合适的"桥梁"。本节的目的是用"颗粒界面接触"来当作这样的几何参数。

在以前的研究中,包体(或夹杂物)模型用来研究部分熔融介质的弹性,液体性质是由连续区域中固体状态包含的夹杂物来描述的。这些模型成功地预测了宏观性质不仅依赖于液体的体积,而且也强烈依赖夹杂物的形状,如球体(Mackenzie,1950;Eshelby,1957),用可变纵横比的扁球体(Wu,1966;Walsh,1965,1969;Kuster & Toksöz,1974;Toksöz 等,1976;Schmeling,1985;Endres,1997)和用可变细孔形状的管状几何图形(Mavko,1980)。这些形状是为了杂夹物的力学效应在数学上的计算简单。尽管在这些模型中用的几何参数可给出概念性图像,可帮助解释观测到的力学性质,在实际结构中参数本身没有清晰的物理意义,也不能从微观观测中测量。

颗粒模型应用到固-液混合物,这些模型中,混合物包含了固体颗粒和裂缝间的液体。每一个固体颗粒可作为一个微观单元,宏观力学性质由微观单元的行为决定。在更早的研究中,颗粒模型用来研究土壤或黏土的弹性性质(Brandt,1955;Duffy,Mindlin,1957;Digby,1981;Walton,1987)。这些模型中,有几个参数如孔隙度、有限应力、接触半径相互关联,决定力学性质的重要因素并不明显。

这里提出了一套普遍理论来介绍几何参数,接触 φ 由颗粒表面开始与邻近颗粒接触的部分来定义,取值为[0,1]。定义补充参数 $\psi=1-\varphi$ 为湿度,接触 φ(或湿度 ψ)可延拓成张量 $\varphi_{ij}(\psi_{ij})$ 来描述颗粒接触的各向异性。接触显示了决定颗粒混合物的宏观弹性的重要几何因子,包括各向异性,而其他因素如孔隙度这些性质仅仅通过接触间接地影响这些性质。从给出的公式中可看出,接触不依赖于液体的体积部分,并阐明对于接触和液体体积,在宏观本构关系中接触起相对重要的作用。这个公式对颗粒模型中部分熔融介质的应用是必不可少的,甚至在给出的熔化部分,颗粒的接触状态由接触显示了依赖于两面角的大范围变化。

接触可以适当地描述实际结构,接触 φ 这个量现在可以从微观观测中测量。因此声学性质便可作为熔化部分和两面角的函数导出。更进一步地试图将这个公式应用于固-液混合物的黏性行为并讨论接触通过运用普通几何参数可用于研究弹性和流变行为。

10.5.2　公式

根据确定的宏观应力-应变已开始用于这一研究中。σ_{ij}^s 为宏观应力在一个固体模型(矩阵)上的作用。$P^l \delta_{ij}$ 是流体静压力。它们是由每一个相中微观应力场状态的平均来定义的,这里状态的平均的精确定义是由 Drew(1983)的方程(10.5.1)给出的。材料单元总应力 σ_{ij}^B 是由 σ_{ij}^s 和 P^l 给出的,例如,

$$\sigma_{ij}^B = (1 - \xi)\sigma_{ij}^s + \varphi P^l \delta_{ij} \tag{10.5.1}$$

式中,ξ 表示液体相体积因子,δ_{ij} 为克洛尼克符号。注意 P^l 定义拉伸为正。假定液体相互相紧密联系在一起,并假定在颗粒尺寸标度中的瞬时压力平衡。u^s 和 u^l 分别为固体和液体宏观位移矢量,也是由在每一个相中微观位移场状态的平均来定义的。令 L 是平均长度标度,比微观结构的尺度大许多但比宏观现象的尺度小许多。平均取 $L \times L \times L$ 的立方体,并认为它们的位置与宏观的空间坐标 x 是一致的。如果每个相的密度在立方体中不是均匀的,u^s 和 u^l 为立方体的加权平均(Drew,1983),在这里不考虑这样的位置。固体相的宏观应变 u^s 和 x 定义如下:

$$\varepsilon_{ij}^f = \frac{1}{2}\left(\frac{\partial u_i^s}{\partial x_j} + \frac{\partial u_j^s}{\partial x_i}\right) \tag{10.5.2}$$

其中,ε_{ij}^f 在下文称为骨架应变,由固体位移矢量 u^s 确定。式(10.5.2)与固体应变同样都可用于多孔介质理论的发展(Biot,1956)研究和以后的工作(Nur,Byerlee,1971;Rice,Cleery,1976)以及用于部分熔化岩石压实理论中固体矩阵的变形(Mc Kenzie,1984;Scott,Stevenson,1984;Ribe,1987;Stevenson,1989)研究。这些研究是在二相介质连续力学近似的基础上每个相的与平均流动 u^s 和 $u^l(\dot{u}^s$ 和 $\dot{u}^l)$ 有关描述。这里目的在于推导宏观本构方程,涉及 u^s 的应变(或应变率)对于 σ_{ij}^s 和 P^l 是必需的。应注意 ε_{ij}^f 由固体相中的微观应变的相平均来确定。而 ε_{ij}^s 关系到 σ_{ij}^s,由固体材料的刚度、本构关系给出的 ε_{ij}^f 的行为不仅仅由固体材料来决定,而且也由微观结构来决定。宏观应变的确定将在后面关于有效介质理论中再讨论。

图 10.5.1 为在宏观和微观场关系的基础上提出运用宏观本构关系近似的简图。将 A 固体颗粒取作微观单元,而它的接触状态与邻近颗粒由接触函数或湿度函数描述。B 描述物理规律给出的颗粒变形。A 或 A′ 与骨架变形到颗粒的微观变形有关。C 或 C′ 关系到宏观应力到微观的吸引力或颗粒的应力。而 B 关系到微观力学场及颗粒的基本过程的详细说明;A(或 A′)和 C(或 C′)关系到宏观和微观场,包括某些平均或统计方法。

$L \times L \times L$ 的立方体中包含足够数量的固体颗粒,每个颗粒用角标 k 区别。$b_{,k}(r)$ 表示第 k 个固体颗粒的微观空间,r 表示颗粒中任意一点到颗粒中心的矢量。在立方体里面 $b_{,k}(r)$ 平均分开成两部分:① 对每个颗粒依据 r 的积分获得平均;② 若干颗粒之上依据 k 的求和获得平均。对于在一个立方体中的颗粒的接触状态,尺寸和形状没有考虑统计函数

的影响。在这个立方体中我们用平均结构等于每一个颗粒。在平均过程中步骤②是简单的。对于强度和伸长它仅仅是 1 或 $1-\varphi$ 的倍增因子。所以,下节的固体相平均过程用来获得宏观变量,固体相大部分通过在固体颗粒之上的微观空间的积分给出。

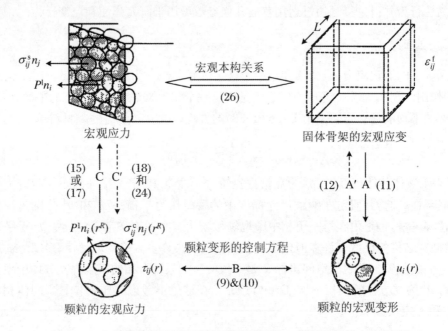

图 10.5.1 目前按照接近图示的简图取得了每一个固体颗粒中在微观机理领域的基础上固液混合物宏观本构关系

注:数值附属于箭头描述的方程在正文中详细说明了步骤(过程)。

1. 通过接触函数和接触度(或湿度函数和湿度)来描述固-液混合物

固-液混合物的每个固体颗粒考虑多面体的外形,常常通过棱形十二面体模仿。多面体的形状通过一个球用半径 R 来近似表示,而颗粒与邻近颗粒的接触状态由接触函数 $X^C(r^R)$ 颗粒面来描述。

$X^C(r^R)$ 的确定,如:

$$X^C(r^R) = \begin{cases} 1 & (颗粒接触用于固体在 r^R 中) \\ 0 & (颗粒接触用于液体在 r^R 中) \end{cases} \tag{10.5.3}$$

如图 10.5.2(a)所示,对于一个球形颗粒的微观坐标 r 和 r^R 分别由 (θ,ϕ,r) 和 (θ,ϕ,R) 在球坐标系中限定。通过用 $X^C(r^R)$,接触张量 φ_{ij} 由下式定义:

$$\varphi_{ij} = \frac{3}{4\pi}\int_{r=R} X^C(r^R) n_i n_j \mathrm{d}s \tag{10.5.4}$$

式中,$n_i(r^R)$ 是颗粒表面外法线矢量,$\mathrm{d}s = \sin\theta \mathrm{d}\theta \mathrm{d}\phi$。标量接触度 φ 由 φ_{ij} 的轨迹来定义:

$$\varphi = \frac{1}{3}\varphi_{ii} = \frac{1}{4\pi}\int_{r=R} X^C(r^R) \mathrm{d}s \tag{10.5.5}$$

在前人的研究中(Gurland,1966;Park,Yoon,1985),φ 称为接触度。通过这一条件的延伸,φ_{ij} 为接触度张量或简单的接触。φ_{ij} 是对称的,$\varphi_{ij} = \varphi_{ji}$,有 6 个独立的分量。如果 $X^C(r^R)$ 通过一系列球谐函数来表示,φ 由最低阶的 0 阶谐函数的系数确定。它取 0~1 之间的值,并表示与邻近颗粒的接触面积相对于这个颗粒的总表面积的比,即 φ 表示颗粒之间彼此接触面积的比例。令 L_{ss} 和 L_{sl} 是测量的固-固和固-液许多颗粒的横截面边界的总长度(即分别是固-固和固-液的接触界面的距离)。如果颗粒在不同随机高度上的部分穿过,φ 由 $2L_{ss}/(L_{sl}+2L_{ss})$ 计算,有相对好的精确度。φ_{ij} 的其他5个分量是由二阶谐函数的系数确定的,可描述接触各向异性。

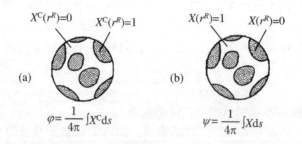

图 10.5.2

注:图(a)接触函数 X^C 定义为每个固体颗粒表面的描述颗粒与邻近颗粒的接触状态,在固体-固体接触面(画阴影线的区域)点 X^C 取1,通过液体相已变湿的其他部分(图上未画阴影线的区域)取0。接触度 φ 表示颗粒的总表面积与接触面积的比值。图(b)湿度函数 X 由 $1-X^C$ 确定,湿度 ψ 表示湿面积与颗粒的总表面积的比值。

可以用湿度函数代替接触函数 $X(r^R)$ 并由下式定义:

$$X(r^R) = 1 - X^C(r^R) \tag{10.5.6}$$

湿的面积取1,接触表面取0[图10.5.2(b)]。φ_{ij} 和 φ 由湿度张量 ψ_{ij} 和标量湿度 ψ 给出,分别由公式(10.5.4)和式(10.5.5)确定,$X^C(r^R)$ 是由 $X(r^R)$ 替代的。接触度和湿度的简单关系如下:

$$\psi_{ij} = \delta_{ij} - \varphi_{ij} \tag{10.5.7}$$
$$\psi = 1 - \varphi \tag{10.5.8}$$

依据接触函数和接触度的几何描述,对于那些相对未固结的混合物用小接触度可能有帮助,如在地幔中的部分熔融岩石。下面推导的本构关系,前者提出的数学表达式稍微简化。因此一套接触函数和接触度将在后面讨论。注意,在 $X^C(r^R)$ 这一项所获得的所有结果,φ_{ij} 和 φ 在 $X(r^R)$ 项中易于解释,ψ_{ij} 和 ψ 分别用式(10.5.6)、式(10.5.7)和式(10.5.8)得到。

2. 颗粒变形的控制方程

令 $u_i(r)$ 是固体颗粒的微观位移场(空间),$\tau_{ij}(r)$ 是固体颗粒的应力场。$u_i(r)$ 定义相对于颗粒中心表示的位移,而 $u_i(0)=0$。颗粒变形的运动方程已给出

$$\tau_{ij,j} = 0 \quad (\text{当 } r < R \text{ 时}) \tag{10.5.9}$$

与本构关系

$$\tau_{ij} = \lambda u_{p,p}\delta_{ij} + G(u_{i,j} + u_{j,i}) \quad (\text{当 } r < R \text{ 时}) \tag{10.5.10}$$

式中,λ 和 G 是拉梅常量,表示固体相的固有弹性。逗号之间的角标表示空间导数。在拉梅常量项中大部分问题已公式化,但是,一组体积模量 $K=(3\lambda+2G)/3$ 和同一方程中的剪切模量 G,图解之后讨论。固体相的泊松比 ν 已由 $\nu=(3K-2G)/(6K+2G)$ 给出。方程

(10.5.10)的颗粒也可扩大到线性黏弹性性质。通过运用这些方程,也可导出混合物的黏性。

方程(10.5.9)惯性项可被忽略,前提是颗粒形变变化的时间尺度比 R/c 大许多,其中 c 表示固体相的弹性波速度,这是一个合适的近似值。这些条件几乎满足所有地球物理和实验室涉及的现象。

除上述 $u(r)$ 之外,实际的颗粒位移有平移和刚体的转动分量。假定位移没有畸变,实际上对宏观本构关系没有贡献,在这里仅考虑 $u(r)$。因此,应用在每个颗粒上的牵引力假定了残余部分是由总力减去而获得的,而且总力矩分量来自实际牵引力。

方程(10.5.9)和方程(10.5.10)给出图 10.5.1 中的方法 B。对于颗粒形变的边界条件在下文中专门介绍。

3. 宏观结构应变与微观颗粒变形之间的关系

固体相的宏观应变是由式(10.5.2)确定的。固体结构变形涉及邻接颗粒的中心位移。如果在接触面上没有滑动,通过颗粒的形变来调整。这里关系到结构应变 ε_{ij}^f 到微观颗粒变形 $u_i(r)$,并考虑了每个固体颗粒组成成分的变形是通过在颗粒-颗粒接触面结构应变 ε_{ij}^f 来约束的。假定在接触面上没有滑动,要求由类似的理想连续介质来约束:

$$u_i(r^R) = \varepsilon_{ij}^f r_j^R \quad [当 X^C(r^R) = 1 时] \tag{10.5.11}$$

方程(10.5.11)给出图 10.5.1 标示 A 的方法。反向标示 A' 的方法易通过方程(10.5.11)乘 $X^C n_p$ 并在颗粒表面上积分。由 $r_i^R = Rn_i$,也可由 ε_{ij}^f 的对称性获得,即

$$\varepsilon_{ij}^f = \frac{1}{2V^S} T_{ijpq}^{-1} \int_{r=R} X^C (u_p n_q + u_q n_p) dS \tag{10.5.12}$$

这里,$V^S = 4\pi R^3/3$ 是颗粒总体积,$dS = R^2 \sin\theta d\theta d\phi$。$T_{ijpq}$ 由下式定义:

$$T_{ijpq} = \frac{1}{4}(\delta_{ip}\varphi_{jq} + \delta_{jp}\varphi_{iq} + \delta_{iq}\varphi_{jp} + \delta_{jq}\varphi_{ip}) \tag{10.5.13}$$

T_{ijpq}^{-1} 是 T_{ijpq} 的逆矩阵:

$$T_{ijpq}^{-1} T_{pqi'j'} = T_{ijpq} T_{pqi'j'}^{-1} = \frac{1}{2}(\delta_{ii'}\delta_{jj'} + \delta_{ij'}\delta_{ji'}) \tag{10.5.14}$$

注意,p 和 q 求和取 $p = x, y, z$ 和 $q = x, y, z$ 的9个分量。方程(10.5.12)意味着 ε_{ij}^f 仅仅由在 $X^C = 1$ 时的颗粒的变形来决定,与 $X^C = 0$ 时改变孔隙形状时颗粒变形的物理直觉一致,而不对宏观的结构应变直接起作用。

4. 宏观应力和微观应力场之间的关系

在颗粒尺度上的瞬时压力平衡被认为是流体静压力,并假定每个颗粒周围流体静压力是均匀的。因此微观液体应力等于宏观应力 P^l(流体静压力)。在固体相中不是那样,在固体相中,$X^C = 0$ 处颗粒的应力是 P^l,而牵引力一般是通过颗粒-颗粒接触面(即在 $X^C = 1$ 处,应力就不是 P^l)不同的 P^l 应用的。不同应力应用在颗粒面上是由颗粒的刚度维持引起颗粒内部复杂的应力场 $\tau_{ij}(r)$ 的。

宏观固体应力 σ_{ij}^S 是通过在固体颗粒上 $\tau_{ij}(r)$ 的积分值来计算的,即

$$\sigma_{ij}^S = \frac{1}{V^S} \int_{r \leqslant R} \tau_{ij}(r) dV \tag{10.5.15}$$

这里,$dV = R^2 \sin\theta d\theta d\phi dr$。令 $f_i(r^R)$ 是颗粒表面的牵引力,即

$$\tau_{ij}n_j = f_i \quad (\text{当 } r = R \text{ 时}) \tag{10.5.16}$$

由式(10.5.9)和式(10.5.16),式(10.5.15)中的积分值由 $f_i(r^R)$ 的面积分给出,如(Landau, Lifshitz,1965):

$$\sigma_{ij}^S = \frac{1}{2V^S}\int_{r=R}(f_i r_j^R + f_j r_i^R)\mathrm{d}S \tag{10.5.17}$$

方程(10.5.15)和方程(10.5.17)提供了运用由微观应力或牵引力计算宏观应力的方法。在图 10.5.1 中,标示 C 反向标示方法 C′的推导如下。

我们引入对称张量 $\sigma_{ij}^C(r^R)$ 以表示通过颗粒-颗粒接触面的接触应力的应用,则 $f_i(r^R)$ 写为

$$f_i(r^R) = X^C \sigma_{ij}^C n_j + (1-X^C)P^l n_i = X^C \sigma_{ij}^C n_j + P^l n_i \tag{10.5.18}$$

不同接触应力确定为

$$\sigma_{ij}^{C'}(r^R) = \sigma_{ij}^C(r^R) - P^l \delta_{ij} \tag{10.5.19}$$

将式(10.5.18)代入式(10.5.17),得

$$\sigma_{ij}^{S'} = \frac{R}{2V^S}\int_{r=R} X^C(\sigma_{ip}^{C'}n_p n_j + \sigma_{jp}^{C'}n_p n_i)\mathrm{d}S \tag{10.5.20}$$

不同固体应力 $\sigma_{ij}^{S'}$ 用宏观应力确定:

$$\sigma_{ij}^{S'} = \sigma_{ij}^S - P^l \delta_{ij} \tag{10.5.21}$$

$\sigma_{ij}^C(r^R)$ 分开成为常量部分,独立的 r^R 和依赖 r^R 的波动关系为

$$\sigma_{ij}^{C'}(r^R) = \bar{\sigma}_{ij}^{C'} + \tilde{\sigma}_{ij}^{C'}(r^R) \tag{10.5.22}$$

带波动的 $\tilde{\sigma}_{ij}^{C'}(r^R)$ 取值满足

$$\frac{R}{2V^S}\int_{r=R} X^C(\tilde{\sigma}_{ip}^{C'}n_p n_j + \tilde{\sigma}_{jp}^{C'}n_p n_i)\mathrm{d}S = 0 \tag{10.5.23}$$

假定 $\tilde{\sigma}_{ij}^{C'}(r^R)$ 代表在每个接触面内应力的集中。由式(10.5.22)和式(10.5.23)知,式(10.5.20)对于 $\bar{\sigma}_{ij}^{C'}$ 可能的解为

$$\bar{\sigma}_{ij}^{C'} = T_{ijpq}^{-1}\sigma_{pq}^{S'} \tag{10.5.24}$$

T_{ijpq}^{-1} 由式(10.5.13)和式(10.5.14)来确定。方程(10.5.24)预测小的接触引起 T_{ijpq}^{-1} 变大,而且放大接触应力。

10.5.3 宏观本构关系作为接触函数的推导

通过在上一节中的详细说明,推导了宏观本构关系。精确的关系可以通过在给出的 ε_{ij}^f 和 P^l 下推导获得 σ_{ij}^S。在图 10.5.1 中,A~C 按顺时针方向沿着实线箭头。给出的 ε_{ij}^f 在 $X^C=1$ 时由式(10.5.11)来约束颗粒变形,给出的 P^l 在 $X^C=0$ 时由式(10.5.18)来约束牵引力。精确的应力场 $\tau_{ij}(r)$ 结果可由式(10.5.9)和式(10.5.10)在 $X^C=1$ 时用边界条件式(10.5.11)和在 $X^C=0$ 时的式(10.5.18)解答。σ_{ij}^S 则是由 $\tau_{ij}(r)$ 通过式(10.5.15)获得的。但是,研究中颗粒的变形状态是在混合边界条件下的解答:位移是在 $X^C=1$ 时给出的,牵引力是在 $X^C=0$ 时给出的。在颗粒中解析方法不可能获得精确的应力场 $\tau_{ij}(r)$,某些数值计算是需要的。

不采用逼近而引进下面的近似导出解析关系。假定微观变形相应于 $\tilde{\sigma}_{ij}^{C'}(r^R)$,由式

(10.5.12)给出,在结构应变上有小的影响,接触应力被近似为常张量:

$$\sigma_{ij}^C(r^R) = \bar{\sigma}_{ij}^C \tag{10.5.25}$$

在近似条件下,图 10.5.1 中的方法 C' 是由式(10.5.18)和式(10.5.24)给出的,所以 $\varepsilon_{ij}^f, \sigma_{ij}^S$ 和 P^l 的导出按 C'—A' 逆时针方向沿着虚线箭头。在给出 $f_i(r^R)$ 获得 $u_i(r)$ 的条件下,我们解出式(10.5.9)和式(10.5.10)。因为边界条件是由完整颗粒表面上的牵引力给出的,这个方法可通过运用广义球谐函数解析实现。通过将获得的 $u_i(r)$ 代换入式(10.5.12), ε_{ij}^f 可作为 σ_{ij}^S 及 P^l 的函数而获得,并且 $X^C(r^R)$ 是完全解析的形式。

结果由下式给出:

$$\varepsilon_{ij}^f = S_{ijpq}(\sigma_{pq}^S - P^l \delta_{pq}) + \frac{1}{3K} P^l \delta_{ij} \tag{10.5.26}$$

这里,

$$S_{ijpq} = \sum_{l=0}^{\infty} \sum_{m=-l}^{l} \sum_{\alpha=-1}^{1} \sum_{\beta=-1}^{1} (-1)^m \frac{3}{2l+1} \times T_{iji'j'}^{-1} \chi_{l(i'j')}^{\alpha m} D_{\alpha\beta} \chi_{l(p'q')}^{\beta-m} T_{p'q'pq}^{-1} \tag{10.5.27}$$

其中, K 是固体相的体积模量。$\chi_{l(ij)}^{\alpha m}$ ($\alpha = -1, 0, 1, i, j = x, y, z$) 由 $X^C(r^R)$ 计算:

$$\chi_{l(ij)}^{\alpha m} = \frac{2l+1}{4\pi} \int_{r=R} X^C \frac{1}{2} C_{\alpha k}^+ (b_{ki} b_{rj} + b_{kj} b_{ri}) Y_l^{\alpha m^*} \mathrm{d}S \tag{10.5.28}$$

式中, $C_{\alpha k}^+$ 和 $b_{ki}(k = \theta, \phi, r)$ 是转换矩阵, $Y_l^{\alpha m^*}$ 是 GSH 函数的共轭复数。矩阵 $D_{\alpha\beta}$ 对应于 $r = R$,代表固体相的固有特性。注意,当 $l = 0$ 时,仅当 $\alpha = \beta = 0$ 时对式(10.5.27)才求和。

严格地说,宏观刚度由在近似式(10.5.25)基础上的这些结果给出,精确的刚度"下限"在精确的微观场的基础上满足混合边界条件,即精确的应变能储存在固体相中,在给定的 σ_{ij}^S 和 P^l 之下等于或比由上述的本构关系计算的值小。在每个接触面中应力集中的能力由 $\bar{\sigma}_{ij}^C$ 表示,差异具有相同数量级。假定在固体相中它在储存的总应变能中所占的比例足够小,则它在宏观本构关系的推导中是可以忽略的。注意,在混合物结构的演化中它起到一个基本角色的作用。

一旦微观结构依据 $X^C(r^R)$ 给出,宏观本构关系可以通过式(10.5.26)～式(10.5.28)获得。用 S_{ijpq} 对 $X^C(r^R)$ 的依赖性可预测宏观性质的结构依从性。S_{ijpq} 是对称的,即 i 和 j, p 和 q, ij 和 pq 是可以对换的。因此 $S_{ijpq} = (\partial \varepsilon_{ij}^f / \partial \sigma_{pq}^S)_{X^C, P^l}$,表示没有液体的固体骨架(结构)或液体压力保持为常量的响应。这种条件有时被认为是干的或排水的条件。Biot (1956)引进固体骨架这一概念,是将液体占有的区域替换成真空而形成的。通过运用这一条件, S_{ijpq} 在下文叫作骨架性质。颗粒-颗粒接触的状态由 $X^C(r^R)$ 指出,它明显地影响骨架性质。颗粒尺寸 R 在 S_{ijpq} 中不出现。已经证明,当 $X^C(r^R) = 1$ 时,对于所有 r^R, S_{ijpq} 由式(10.5.27)给出的与按照式(10.5.10)给出的固体相精确地一致。式(10.5.26)右边的第二项表示固体骨架一直到均匀静水压为止的响应 $(\partial \varepsilon_{ij}^f / \partial P^l)_{X^C, \sigma^S}$。在这种情况下,固体颗粒各向同性变形具有 $l = 0$ 阶的谐函数。因此,仅依靠固体相的体积模量与 $X^C(r^R)$ 无关。这与 Nur 和 Byerlee(1971)对一般的结构的理论研究的结果是一致的。

宏观变量 $\varepsilon_{ij}^f, \sigma_{ij}^S, P^l$ 和微观变量 $X^C(r^R)$ 一般是时间的函数,代表宏观状态演变的时间相关性。当演变的时候 $X^C(r^R)$ 的变化关系是可以忽略的,式(10.5.26)表示对于 $\varepsilon_{ij}^f, \sigma_{ij}^S$ 和 P^l 的增量线弹性或线性黏弹性应力-应变关系, S_{ijpq} 给出宏观柔量常量。这种现象作为地球的固-液混合物中地震波的传播或实验室样品中超声波的传播,常常满足这个条件。一旦 $X^C(r^R)$ 发生有限变化,式(10.5.26)描述非线性变量的关系,不再给出增量之间的关系,但是应该包含 $\varepsilon_{ij}^f, \sigma_{ij}^S$ 和 P^l 的实际值。方程规定 $X^C(r^R)$ 的演变必须获得给定的封闭的一套方程,一直到这些非线性介质的动态解答。

10.5.4 宏观本构关系作为接触函数 φ_{ij} 的固-液混合物的结构依赖性

到目前为止,导出的宏观本构关系作为 $X^C(r^R)$ 的函数。在地球或实验室热力学和/或化学中指出,从实用的观点看,不涉及所有可能通过 $X^C(r^R)$ 描述的结构的变化,但包括对各种力学过程中变化程度的预计。这些变化可通过比较小的许多参数来表示。大部分情况下,φ_{ij} 由式(10.5.4)提供合适的参数确定。需引入一简单而逼真的 $X^C(r^R)$ 的模型,由参数 φ_{ij} 表征。通过运用这个模型,结构的相关因子 S_{ijpq} 作为 φ_{ij} 的函数来计算,因此,S_{ijpq} 仅由 φ_{ij} 的认识来估算,或相反地,φ_{ij} 也可由 S_{ijpq} 估算。

1. 标准模型

从一个菱形十二面体颗粒的模拟[图 10.5.3(a)]出发,我们考虑作为一个菱形十二面体在同一方向有 12 个接触面的接触函数[图 10.5.3(b)]。每一个接触面由一个环的边界开始被简化,这里的面积用立体角 $4\pi\omega$ 表示,由 $4\pi\omega R^2$ 给出。方向是从颗粒的中心到环面的中心,具体表示为:$(\theta, \phi) = (\pi/2, \pi/6), (\pi/2, \pi/2), (\pi/2, 5\pi/6), (\pi/2, 7\pi/6), (\pi/2, 3\pi/2),$ $(\pi/2, 11\pi/6), (\theta^*, 0), (\theta^*, 3\pi/2), (\theta^*, 4\pi/3), (\pi-\theta^*, \pi/3), (\pi-\theta^*, \pi)$ 和 $(\pi-\theta^*, 5\pi/3)$,$\sin\theta^* = \sqrt{1/3}$。

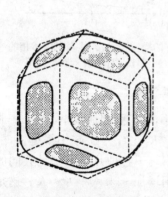 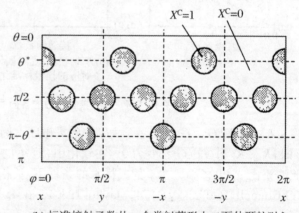

(a) 菱形十二面体颗粒　　　　　(b) 标准接触函数从一个类似菱形十二面体颗粒引入

图 10.5.3

注:12 个接触面(在上面画影线的范围)用 1 个相等的固体角环形边界。$\varphi = 0$ 的方向取在笛卡儿坐标 $+x$ 方向。

取所有 12 个接触面具有相同的 ω,一个各向同性混合物的简单模型将获得。当 ω 增加时,φ 增加。当 ω 超过 0.067 时,相当于 $\varphi \geqslant 0.804$,环面互相重叠;当 $\omega = 0.146$ 时,整个颗粒面用 12 个环面包裹。在 ω 的这个范围内,$X^C = 0$ 可应用于这个区域,不适用于环面的任何一个包裹,$X^C = 1$ 是用来提示的。因此,不作为包裹的原因如加倍计算的困扰,当 ω 从 0 增加到 0.164 时,φ 仅仅从 0 增加到 1。接触函数获得 ω 的各种值在下文被称作标准模型。

标准模型的特点取决于 φ。

标准模型是基于假定包皮对等为 12 以及接触面具有环面的外形。这些假定的影响在后面讨论。

2. 各向同性骨架(结构)的力学性质作为 φ 的函数

各向同性混合物的 S_{ijpq} 作为 φ 的函数导出。用 $\varphi = 1, 0.85, 0.7, 0.5, 0.3, 0.2, 0.1, 0.05, 0.03$ 和 0.012 十个标准模型来研究，S_{ijpq} 的每个 $X^C(r^R)$ 运用式(10.5.27)计算。计算得到的是各种固体相的泊松比在 $0 \sim 0.5$ 范围内时的结果。

对于 $X^C(r^R)GSH$ 扩大的面积分在数值上的计算，已检查比较小的网格，没有改变结果。式(10.5.27)的求和对于 l 收敛得很好，$l > l_{\max}$ 的影响是可以忽略的。

图 10.5.4 显示的结果对应于 $\nu \leq 0.45$。从给出的接触函数的对称性知，S_{ijpq} 是各向同性的，而且可以由两个参数 K_{sk} 和 G_{sk} 来表示：

$$S_{ijpq} = \frac{1}{9K_{sk}} \delta_{ij}\delta_{pq} + \frac{1}{4G_{sk}} \left(\delta_{ip}\delta_{jq} + \delta_{iq}\delta_{jp} - \frac{2}{3} \delta_{ij}\delta_{pq} \right) \tag{10.5.29}$$

式中，下标 sk 表示骨架的意思，K_{sk} 和 G_{sk} 在下文分别被称作固体骨架的体积和剪切模量。K_{sk} 和 G_{sk} 的关系通常运用在下一节给出的有效模量中。图 10.5.4 中，作为 φ 的函数，K_{sk} 和 G_{sk} 由对应的固体相模量归一化，泊松比 $\nu_{sk} = (3K_{sk} - 2G_{sk})/(6K_{sk} + 2G_{sk})$。

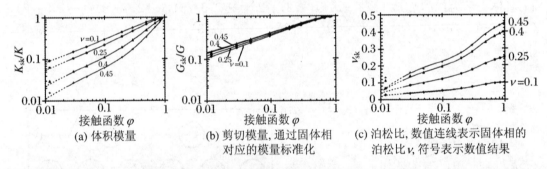

(a) 体积模量 　(b) 剪切模量，通过固体相对应的模量标准化 　(c) 泊松比，数值连线表示固体相的泊松比 ν，符号表示数值结果

图 10.5.4　作为接触函数的各向同性骨架的弹性性质

K_{sk}/K 和 G_{sk}/G 都表示了大结构的灵敏度。例如，φ 减小，它们强烈地减小，当 φ 变成 0 时，K_{sk}/K 和 G_{sk}/G 都变为 0。在软化中，随 φ 的减小，K_{sk}/K 比 G_{sk}/G 减小得更快，因此泊松比 ν_{sk} 也减小。在干的或排水的条件下，泊松比的减小对于各种几何模型是共同的(O'Connell, Budiansky, 1974; Mavko, 1980)。在给定 φ 时，用增加 ν 来减小 K_{sk}/K。这是因为固体相的固有刚度减小，增加了它的可变形度，使其变为了孔隙空间，因此降低了骨架的体积模量。当骨架通过液体($\nu = 0.5$)时，一个小的湿度 $\psi = 1 - \varphi$ 值可能强烈地降低 K_{sk}/K。在有气体气泡的流体中，声速的显著降低是众所周知的结果(Kieffer, 1977)。K_{sk}/K 强烈依赖于几何参数 φ，这是具有可调节刚度的固体骨架的特征。相当于 K_{sk}/K，在 G_{sk}/G 上 ν 的影响是很小的且是相反的。G_{sk}/G 和 ν 比较是相对不灵敏的，它以某种不变的方式依赖于 φ。

粗略地说，K_{sk} 和 G_{sk} 的对数曲线作为 φ 的函数表示在图 10.5.4(a) 和 10.5.4(b) 中，具有接近 0.5 的斜率。这可通过 Hertz 的两个弹性球体压缩的结果来证实。在这一研究中考虑了骨架变形的基本过程，考虑一个由许多半径为 R 的弹性球体组成的集合体的各向同性压缩和每一个具有半径 a 的接触面 N。h 为两个邻近球体的中心的相对位移，F 为在每个接触面上的合力。在公式中，$\varepsilon_{ii}^f/3$，$\sigma_{ii}^c/3$ 和 φ 分别涉及 $h/(2R)$，$F/(\pi a^2)$ 和 $\pi a^2 N/(4\pi R^2)$。由式(10.5.24)各向同性骨架的 σ_{ii}^S 通过 $\varphi\sigma_{ii}^C$ 已给出。因此，K_{sk} 的粗略估计接近于 $K_{sk} = 3^{-1}(\partial\sigma_{ii}^S/\partial\varepsilon_{ii}^f)_\varphi \sim N/(6\pi R)\cdot(\partial h/\partial F)_a^{-1}$。Hertz 接触理论指出：$(\partial h/\partial F)_a$ 是 $3(1-\nu^2)/(2Ea)$，E 和 ν 分别表示固体的杨氏模量和泊松比（Love，1927；Landau，Lifswhitz，1965）。所以，可估计 $K_{sk}\sim 2E\sqrt{N}/(9\pi)/(1-\nu^2)\cdot\varphi^{1/2}$，与关于 φ 的相关性的表示结果相吻合。图 10.5.4(a)和 10.5.4(b)的对数曲线显示了其不是在完全的直线上施加而是在轻微的曲线上（即稍有点非线性）施加的。每个颗粒接触的相互影响可以反映一般 φ 的能量降低。

图 10.5.5 显示了 $\nu=0.5$ 的结果，它可作为黏性的解释。固体颗粒可以由线性黏性流体通过 ξp 和 ηp 分别代替 K 和 G 来模拟，这里，$p=d/dt$，ξ 和 η 是固体相的体积和剪切黏性。通常 ξ 比 η 大许多（即 $\nu=0.5$），并且颗粒是不可压缩的。式(10.5.29)的 K_{sk} 和 G_{sk} 分别由 $\xi_{sk}p$ 和 $\eta_{sk}p$ 代替，ξ_{sk} 和 η_{sk} 表示固体骨架的体积和剪切黏性。图 10.5.5(a)和 10.5.5(b)显示了 ξ_{sk} 和 η_{sk} 由 η 归一化。ξ_{sk}/η 和 η_{sk}/η 表示大结构上的灵敏性。在 $\varphi=1$ 时，$\xi_{sk}/\eta=\infty$；在 $\varphi<1$ 时，ξ_{sk}/η 强烈地下降，意味着即使颗粒是不可压缩的，也因 φ 为非零骨架是可压缩的。在 $\varphi\approx 0.1$ 时，ξ_{sk}/η 取接近于 1 的值。

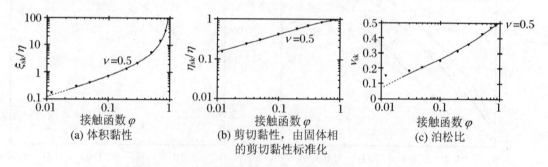

图 10.5.5 作为接触函数 φ 的各向同性骨架的黏性性质

注：$\varphi\rightarrow 1$，ξ_{sk}/η 趋近于无穷大，符号表示数值结果。

关于标准模型的数值结果可以近似公式的形式表示，因而可能获得没有包含任何数值计算的值。对于 $0.05\leqslant\nu\leqslant 0.45$ 和 $0.03\leqslant\varphi\leqslant 1$，$K_{sk}/K$ 和 G_{sk}/G 可以作为 ν 和 φ 的函数计算。对于 $\nu=0.5$ 和 $0.03\leqslant\varphi\leqslant 1$，$\xi_{sk}/\eta$ 和 η_{sk}/η 可以作为 φ 的函数计算。图 10.5.4 和图 10.5.5 中的线是由公式计算的，符号点表示数值结果。

如果 ν 已给定，现在可以确定归一化骨架模量作为唯一一个参数的 φ 的函数。标准模型用在这些计算中，但是包含两个主要关于包装的调整和接触面的环状的假定。这一小节的以下部分，通过对这些假定结果灵敏度的研究，I 显示可能的不精确性在作为 φ 的函数的 K_{sk}/K 和 G_{sk}/G 中给出，或相反地，在由 K_{sk}/K 或 G_{sk}/G 估算 φ 中给出。因此，多晶固体包装调整的平均数接近 14，tetrakaidekahedral 颗粒模型经常使用。对于标准模型包装的调整选择 12 仅仅是基于 Park，Yoon(1985)的讨论，用 tetrakaidekahedral 颗粒，ξ 比较高的时候很难表示近似球的颗粒，因为从中心到 6 个正方形面距离比到 8 个六角形面的距离大。在约束下，ξ 也逐步增加，如固定两面角可以包含包装的调整从 14~8 的变化。菱形十二面体的颗粒不具有这些困难,而且对于一般固-液混合物的描述,较好的研究在 φ 和 ξ 的更广泛的范围之上。

为了研究组合调整的影响,考虑用 14(或 8)接触面的接触函数,每一个接触函数有一个具有相等的立体角的环的边界。14 个环面的中心在 tetrakaidekahedral 14 个面的相同方向,而 8 个环面对于组合调整 8 的模型在 8 个六角形面的方向。作为标准模型以相同的方法,接触函数用不同的 φ 对于各种立体角和每一个接触函数 S_{ijpq} 是在各种 ν 时获得计算的。这一结果用线性刻度表示在图 10.5.6 中,对于组合调整 14 的结果表示在相对比较大的 φ(虚线)上,对于组合调整 8 的结果表示在相对比较小的 φ(点线)上。所以 G_{sk}/G 对于 ν 是不灵敏的,对于 G_{sk}/G 的结果仅显示了 $\nu = 0.25$ 的结果。在给定 ν 和 φ 时,与组合调整 12 的结果(实线)相比组合调整 14 K_{sk}/K 和 G_{sk}/G 稍大些,对于组合调整 8 它们是稍小的。组合调整引起的模量依赖,对于比较高阶的球谐函数的变形比一个弹性球更硬的特性,可以从 l 上 $D_{\alpha\beta}$ 的依赖看出。X^c 的系数 GSH 的分布对于比较大的(或小的)组合调整稍微移到比较高(或比较低)阶的谐函数,骨架的刚度增加(或减小)。

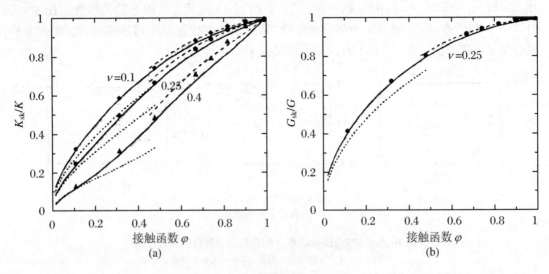

图 10.5.6

注:可能的不确定包括确定骨架模量作为唯一的参数(接触函数 φ)的函数。图(a)为体积模量。图(b)为骨架的剪切模量,数值表示固体相的泊松比 ν,实线表示由标准模型与环形的接触面和包装法协调 12 获得,虚点线表示包装法协调 14 的结果,虚线表示包装法协调 8 的结果,符号表示正方形接触面的结果。

假定关于接触面环的外形在一个大的接触上将是关键性的。研究大部分熔化的介质的平衡状态软化的几何形状时:在小的 φ 上,接触面可以是相互孤立的,它们的外形可以或多或少是圆形的;在大的 φ(约为 1)上,$X^c = 0$ 的区域可以取各种外形。当两面角小时,熔化存在于多面体颗粒的边缘上,$X^c = 0$ 的区域在颗粒面上构成了连续的网状系统。当两面角大时,熔化相位于颗粒的拐角的位置,而且在 $X^c = 0$ 的区域是互相隔离的。标准模型中 $X^c = 0$ 的区域在大 φ 时变为分离,类似于下面的情况。实验上述不同 φ 的影响,我们研究了用 12 个接触面的接触函数,每个接触函数是由两条纬度线的一部分和两条经度线的一部分弯曲的矩形边界。12 个接触面是在一个菱形十二面体的 12 个面的方向上的再处理。在这个模型中甚至在大 φ（大于 0.804）时，$X^C = 0$ 的面积在颗粒面上构成一连续网状系统。

这个模型的骨架模量计算用符号表示在图 10.5.6 中。在相对小的 φ（小于 0.75）时，接触面的形状在任何一个 K_{sk}/K 或 G_{sk}/G 上存在小的影响。在 $\varphi > 0.75$ 时，湿度的网络结构面积给出比标准模型稍大的刚度。让我们考虑刚度减小 δ，由 $\delta = (K - K_{sk})/K$ 或 $(G - G_{sk})/G$ 来确定。在 $\varphi > 0.75$ 时，δ 的误差大于 20%。对于标准模型，这个结果给出的刚度接近于比较低的极限。所以，准确地预测刚度 δ 的轻微降低，在 $\varphi > 0.75$ 时，需要更进一步的关于 X^C 的信息。所讨论的接触的范围相当于很小的 φ（小于 0.02）。如果现在的结果用于有如此小的 φ 的混合物，点应该是符号。

3. 基于各向异性的颗粒接触的宏观各向异性

这部分内容研究微观各向异性如何体现在宏观性质上。如果各向异性颗粒接触的详细描述以 $X^C(r^R)$ 的形式给出，在 S_{ijpq} 上精确的影响可以通过式(10.5.27)计算。理论的大部分集中在微观各向异性的方向和大小上，通过二阶球面谐波分量给出接触张量 φ_{ij} 的偏量的分量。假定 $X^C(r^R)$ 的各向异性的详细描述通过高谐波分量($l > 2$)对 S_{ijpq} 的影响很小，可得出一个由 φ_{ij} 推导出来的简单而有效的近似公式，能预测宏观各向异性的方向和大小。这个假定的合法性（有效）通过公式的简单模型结构来检验。

令 $X^{C0}(r^R)$ 是描述各向同性结构的接触函数。考虑一个以下的各向异性接触函数：

$$X^C(r^R) = X^{C0}(r^R) + \delta X^C(r^R) \tag{10.5.30}$$

这里，δX^C 表示在零阶和二阶谐波分量上的一个小的扰动。δX^C 代表利用在接触张量 $\delta \varphi_{ij}$ 上的一个小扰动。

对于 $X^C(r^R)$，S_{ijpq} 写为

$$S_{ijpq} = S^0_{ijpq} + \delta S_{ijpq} \tag{10.5.31}$$

这里，S^0_{ijpq} 表示对应于 X^{C0} 的各向同性部分，δS_{ijpq} 是由 δX^C 的小扰动引起的。δS_{ijpq} 给出的一阶 δX^C 为

$$\delta S_{ijpq} = \sum_{l,m} \sum_{\alpha,\beta} \frac{3(-1)^m}{2l+1} D_{\alpha\beta} \chi^{\alpha m 0}_{l(ij)} \chi^{\beta - m 0}_{l(pq)} \times (T^{-10}_{iji'j'} \delta T^{-1}_{p'q'pq} + \delta T^{-1}_{iji'j'} T^{-10}_{p'q'pq})$$

$$+ \sum_{l \leq 4, m} \sum_{\alpha,\beta} \frac{3(-1)^m}{2l+1} D_{\alpha\beta} T^{-10}_{iji'j'} T^{-10}_{p'q'pq} \times (\chi^{\alpha m 0}_{l(i'j')} \delta \chi^{\beta - m}_{l(p'q')} + \delta \chi^{\alpha m}_{l(i'j')} \chi^{\beta - m 0}_{l(p'q')}) \tag{10.5.32}$$

式中，T^{-10}_{ijpq} 和 $\chi^{\alpha m 0}_{l(ij)}$ 对应于 X^{C0}，δT^{-1}_{ijpq} 和 $\delta \chi^{\alpha m}_{l(ij)}$ 是由 δX^C 变化引起的，因为 δX^C 是根据 $l = 0$，2 的谐波分量给出的，$\delta \chi^{\alpha m}_{l(ij)}$ 仅仅对于 $l \leq 4$ 不为 0，根据 $3-j$ 符号的选择规则容易得出(Mochizuki,1988)。式(10.5.32)的第二项的求和中忽略了 $l = 4$ 的贡献，因为 $\chi^{\alpha m 0}_{4(ij)}$ 依赖于 X^{C0} 的每一个特殊形式。依照代数运算，式(10.5.32)可写为如下简单形式：

$$\delta S_{ijpq} = -\frac{1}{\varphi^0}[(S^0_{iji'j'} - S^S_{iji'j'})\delta T_{i'j'pq} + \delta T_{iji'j'}(S^0_{i'j'pq} - S^S_{i'j'pq})] \tag{10.5.33}$$

式中，φ^0 代表 X^{C0} 的接触，S^S_{ijpq} 表示固体相固有的柔度。因为 $\varphi^0 = 1$ 时，$S^0_{ijpq} = S^S_{ijpq}$，$S^0_{ijpq} - S^S_{ijpq}$ 基本上依赖 φ^0。微观各向异性出现在 δT_{ijpq} 的形式中，与式(10.5.13)的 $\delta \varphi_{ij}$ 有关。方程(10.5.33)明确地表示在表 10.5.1 中。根据 S_{ijpq} 的对称性，$-\delta S_{ijpq}$ 的 21 个分量已足够证明。因为 S^0_{ijpq} 和 S^S_{ijpq} 是各向同性的，$S^0_{ijpq} - S^S_{ijpq}$ 作为 $\Delta S_n (n = 1, 2, 3)$ 已表示。这里 n

取 1 是对应于 $ijpq = xxxx, yyyy$ 或 $zzzz$；n 取 2 是对应于 $ijpq = yyzz, zzxx$ 或 $xxyy$；n 取 3 是对应于 $ijpq = yzyz, zxzx$ 或 $xyxy$。

表 10.5.1 宏观各向异性柔度 δS_{ijpq}，导致各向异性颗粒接触

	$pq = xx$	yy	zz	yz	zx	xy
$ij = xx$	$\frac{2\delta\varphi_{xx}}{\varphi^0}\Delta S_1$	$\frac{\delta\varphi_{xx}+\delta\varphi_{yy}}{\varphi^0}\Delta S_2$	$\frac{\delta\varphi_{xx}+\delta\varphi_{zz}}{\varphi^0}\Delta S_2$	$\frac{\delta\varphi_{yz}}{\varphi^0}\Delta S_2$	$\frac{\delta\varphi_{zx}}{\varphi^0}\Delta S_1$	$\frac{\delta\varphi_{xy}}{\varphi^0}\Delta S_1$
yy	—	$\frac{2\delta\varphi_{yy}}{\varphi^0}\Delta S_1$	$\frac{\delta\varphi_{yy}+\delta\varphi_{zz}}{\varphi^0}\Delta S_2$	$\frac{\delta\varphi_{yz}}{\varphi^0}\Delta S_1$	$\frac{\delta\varphi_{zx}}{\varphi^0}\Delta S_2$	$\frac{\delta\varphi_{xy}}{\varphi^0}\Delta S_1$
zz	—	—	$\frac{2\delta\varphi_{zz}}{\varphi^0}\Delta S_1$	$\frac{\delta\varphi_{yz}}{\varphi^0}\Delta S_1$	$\frac{\delta\varphi_{zx}}{\varphi^0}\Delta S_1$	$\frac{\delta\varphi_{xy}}{\varphi^0}\Delta S_2$
yz	—	—	—	$\frac{\delta\varphi_{yy}+\delta\varphi_{zz}}{\varphi^0}\Delta S_3$	$\frac{\delta\varphi_{xy}}{\varphi^0}\Delta S_3$	$\frac{\delta\varphi_{zx}}{\varphi^0}\Delta S_3$
zx	—	—	—	—	$\frac{\delta\varphi_{xx}+\delta\varphi_{zz}}{\varphi^0}\Delta S_3$	$\frac{\delta\varphi_{yz}}{\varphi^0}\Delta S_3$
xy	—	—	—	—	—	$\frac{\delta\varphi_{xx}+\delta\varphi_{yy}}{\varphi^0}\Delta S_3$

通过运用式(10.5.33)，根据 $\delta\varphi_{ij}$ 可以预测宏观各向异性，或相反地，$\delta\varphi_{ij}$ 可以根据观测宏观各向异性预估。这个简单公式的主要结果有三点：① 这个公式通过展示 δS_{ijpq} 的每一项与 $\delta\varphi_{ij}$ 的对应项的关系预测了宏观各向异性；② $\delta\varphi_{ij}$ 通过 φ^0 的归一化决定了宏观各向异性的数值；③ 系数 $S_{ijpq}^0 - S_{ijpq}^S$ 基本上依赖 φ^0，这些结果应用到实际结构时应进行检验，因为式(10.5.33)是通过较高谐波分量($l>2$)以及 $\chi_{4(ij)}^{am0}$ 的贡献，忽略各向异性的详细描述而获得的。正如下面显示，结果①和②可以应用于实际结构。但是，对于结果③，应该谨慎使用；$S_{ijpq}^0 - S_{ijpq}^S$ 对 φ^0 的依赖不是像式(10.5.33)预测的那么大。

各向异性结构通过修改标准接触函数 X^{c0} 取得。在 $(\theta,\phi) = (\pi/2,\pi/2)$ 和 $(\pi/2,3\pi/2)$ 的方位中，两个环面的立体角 ω 由 $\delta\omega/\omega^0 = 20\%$ 到 $40\%, 60\%, 80\%, 100\%$ 逐渐增加，ω^0 对应于 X^{c0}。在 $\delta\omega/\omega^0 = 100\%$ 时，两个接触面完全消失。在 φ_{ij} 中，当 $\delta\varphi_{yy}<0$ 时，改变 φ_{ij} 的其他分量这一影响是可以忽略的。这些各向异性接触函数通过运用式(10.5.27)，S_{ijpq} 适合于这些各向异性接触函数。检验 φ^0 的影响，对于不同的 X^{c0} 用不同的 φ^0 计算检验 φ^0 的影响。结果的一部分以 C_{ijpq}/C_{ijpq}^0 的形式表示在图 10.5.7 中，这里 $C_{ijpq} = S_{ijpq}^{-1}$ 表示刚度且 $C_{ijpq}^0 = S_{ijpq}^{0-1}$。

$S_{ijpq} - S_{ijpq}^0$ 对于这些模型结构相当于 δS_{ijpq} 仅由 $\delta\varphi_{ij}$ 通过用式(10.5.33)预测。在图 10.5.7 中的虚线是由式(10.5.33)按照 $C_{ijpq} = C_{ijpq}^0 - C_{iji'j'}^0 \delta S_{i'j'p'q'} C_{p'q'pq}^0$ 计算的。在给定 φ^0 和 $\delta\varphi_{yy}$ 相对的 $S_{ijpq} - S_{ijpq}^0$ 的每个分量的数值用式(10.5.33)合理地预测，表示了结果①在实际结构点的实用性。在图 10.5.7 中也展示了因为比较小的 φ^0 宏观各向异性的数值结果在一给定 $\delta\varphi_{yy}/\varphi^0$ 上增长。结果②和③的实用性展示在实际结构上。但是，不像式(10.5.33)

通过 $S_{ijpq}^0 - S_{ijpq}^s$ 因子预测的那么大。

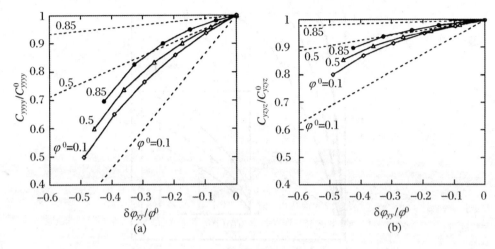

图 10.5.7

注:宏观刚度的变化应归于两个接触面在 $\pm y$ 的方向内逐渐减小。图(a)为 C_{yyyy},图(b)为 C_{yzyz},在 $\delta\varphi_{yy}=0$ 时,被每个初始值标准化。符号表示数值结果,虚线表示方程(10.5.33)的预测,$\nu=0.25$ 数值连接线表示初始接触 φ^0。注意 φ^0 通过式(10.5.33)预测的没有如此之大。

10.5.5 讨论

1. 湿度 ψ 和液体的体积分数 ξ

注意,液体的体积分数 ξ 不明显地出现在由式(10.5.26)表示的宏观本构关系中。这表示由 X^c 更确切地说由 φ_{ij} 描述的颗粒接触状态,是基本几何因子决定的颗粒组合宏观本构关系,ξ 仅通过 φ_{ij} 间接影响它。考虑各向同性组合的情况,X^c 则由一个参数 φ 表示。这里用湿度 $\psi=1-\varphi$ 而不是接触度 φ。ξ 和 ψ 分别代表体积分数和液体相交界面的几何形状。公式阐明了在宏观本构关系中 ξ 和 ψ 相对的作用:ψ 是基本的几何因子,决定宏观力学性质,而 ξ 仅间接通过 ψ 影响力学性质。

应注意,ξ 和 ψ 之间的关系依据每一个个别的组合表示一宽松的变化,如图 10.5.8 中线条图示。因此在给定 ξ 上,ψ 在阴影范围内可以取各种各样的值。在热力学平衡下典型的例子是局部熔融介质,在 ψ 中,当给定 ξ 时显示依赖二面角 θ_d 的宽松的变化。ψ 上 θ_d 的影响通过图 10.5.8 定量地显示在插图上。$\psi(\xi,\theta_d)$ 的曲线是基于 Von Bargen 和 Waff (1986)的结果,对于 $0\leqslant\xi\leqslant5\%$ 和 $20°\leqslant\theta_d\leqslant80°$ 的范围熔化几何图已计算。利用它们的结果,ψ 可由 $A_{sl}^V \cdot d/(A_{sl}^V \cdot d + 2A_{ss}^V \cdot d)$ 计算,这里 $A_{ss}^V \cdot d$ 和 $A_{sl}^V \cdot d$ 分别表示无量纲的固-固和固-液交界面的面积。

2. 局部熔融介质用 ξ 和 θ_d 确定时的声学性质

当 ψ 写成 ξ 的函数时,$M_{sk}(M=K,G,\xi,\eta)$ 作为 ψ 的函数能与 ξ 联系起来。可以推导得到 $\psi(\xi,\theta_d)$,将其代入 $M_{sk}(\psi)$ 中,得到 $M_{sk}[\psi(\xi,\theta_d)]$。图 10.5.9 中显示了 S 波速度作为 ξ 和 θ_d 的函数的情况。在低频段,S 波速度为 $\beta=\sqrt{(1-\xi)G_{sk}/\bar{\rho}}$(各向同性介质中),其中,$\bar{\rho}=(1-\xi)\rho^s+\xi\rho^l$。若忽略固体和液体的密度差,$\bar{\rho}\approx\rho^s$ 而 $\beta^s=\sqrt{G/\rho^s}$,β/β^s 由

$\sqrt{(1-\xi)G_{sk}/G}$ 确定,见图 10.5.9。

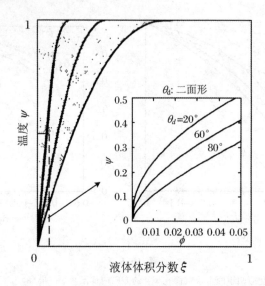

图 10.5.8

注:湿度 $\psi=1-\varphi$ 和液体体积分数 ξ 之间的关系按插图的变化解释。两个参数的可能范围为图解显示阴影的范围。在 $\xi=0$ 时,ψ 总是取 0,当 ξ 超过临界值,颗粒接触突然消失(即 $\psi=1$)。在适当的 ξ 时,ψ 表示根据每一个单独的混合物一个宽松的变化。在热力学平衡的条件下部分熔融介质中,ψ 在给定 ξ 中依赖二面角 θ_d 的不同。通过运用 Von Bargen,Waff(1986)的结果,ψ 作为 φ 和 θ_d 的函数位于比较低的小图中。

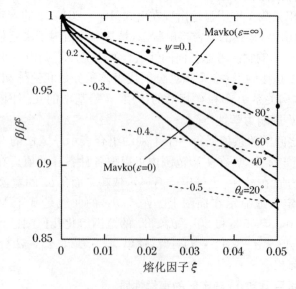

图 10.5.9

注:部分熔融介质的剪切波速度作为熔化因子中和二面角 θ_d(实线)的函数。$\nu=0.25$,虚线表示湿度 $\psi=1-\varphi$ 的轮廓线。符号表示在自相似一致的近似值下限的几何学的结果(Mavko,1980),下限的横截面的形状是图形的($\varepsilon=\infty$)或三角形的三个尖顶($\varepsilon=0$)。

3. 与以前的本构关系的比较

由式(10.5.26)得到的宏观本构关系可与前人的一些理论比较。在本书理论中,固体应变为 ε_{ij}^f,宏观应力可用式(10.5.1)与 σ_{ij}^s 和 ρ^l 联系起来。例如,将式(10.5.29)代入式(10.5.26)中,各向同性介质的本构关系可表达成与 Rice 和 Cleary(1976)提出的理论中方程(10.5.1)相同的形式。在前人的研究中,宏观本构关系可通过假定线性和各向同性之间的宏观变量而不考虑微观几何形状而推导出来。如果这种假定的方法叫"热力学近似"的话,当前的基于微观行为的方法就可称作"统计力学近似"。

此宏观本构关系是前人的一个理论推导和延伸。前人的这个理论包含了各向异性和一个新参数 X^c,或者更具体的是 φ_{ij},代表微观结构。考虑在颗粒尺度的微观结构时,φ_{ij} 不是一个常量而是随 ξ 的变化而变化的。φ_{ij} 的表达式中的各项指出了结构规则,非线性介质的宏观动力性质可用连续力学近似来描述。现在的研究对微观结构介绍了新参量 φ_{ij},其中的内部结构发展可用于将来的研究中。

此理论对于部分熔融介质很适用。由熔融因子 ξ 和二面角 θ_d 引起的结构变化已经定量地与湿度 ψ 的变化联系起来,剪切波速度也作为 ξ 和 θ_d 的函数推导出来,作为将当前的公式做进一步延伸的第一步,宏观黏性已经作为 ξ 的函数推出。ξ 还能用作连续介质力学近似的两相介质的状态变量,是研究微观结构和宏观动力学性质的合适桥梁。

10.6 岩石断裂破坏的水流、应力和损伤(FSD)耦合模型分析方法[①]

在采矿和土木工程中,由于挖掘隧道和地下室而引起的应力场重新分布可以导致新裂纹的成核。这些新生成的裂纹造成了岩体渗透性的急剧变化,从而导致流入隧道和地下室的水的增加(Tang 等,2002)。更有甚者,流动属性的应力相关变化还会影响到地下核废料贮存库的性能(Wang,1994)。例如,核废料贮存罐周围的应力突变可以导致岩体裂纹的生成和生长,进而形成一个良好透水破坏区。在岩土工程结构中,与液流相关的问题是无法通过实验的方法预先解决的,在地下水影响很强的区域建造岩土工程也会有相当的困难。类似地,在注水压载荷下斜坡附近的建筑安全性也遇到了不大不小的困难。预测断裂岩体中的液流行为特别是高应力状态下的液流行为是一项艰巨的任务。

当然,水压载荷下的含裂纹岩体也具有一些统一的特性:在同样载荷下,处在裂纹发展过程的岩体中的液体流动和传输行为与已经存在裂纹的岩体中的液体流动和传输行为大相径庭。事实上,已经存在裂纹的岩体的渗透率不会再发生改变,但是裂纹发展中的岩体的渗透率则会因为损伤的发展而发生巨大变化。因此,当检验岩石的水压行为时,必须确定各种渗透性损伤以及岩体中已经存在的原始裂纹的影响。在研究岩体

---

① Tang 等,2002。

水压载荷下液流行为时遇到的另外一个很重要的问题是要考虑由于岩体的力学多相非均匀性而产生的不规则流动路径。研究中,确定裂纹发展过程中的岩体的复杂流动路径的参数十分必要。

相应的数值分析方面,Rutqvist 等(2001a,b)回顾了近年来有关流动-应力和流动-应变耦合分析计算的程序代码。Noorishad(1971)开发了第一个用于计算在流动力和载荷耦合作用下产生裂纹的岩体中的流动分析程序。Witherpoon 等(2000)开发了流动力、体力和边界载荷耦合作用下的有限元程序。Gale(1975)开发了可以计算由流体力引起裂纹闭合和长大行为的数值模型。但是,这些方法几乎没有计及已存裂纹的扩展效应,新裂纹生长效应和在这些效应基础上流动、应力和损伤耦合效应。

为了解决流动-损伤耦合问题,需要一种能直接模拟在应力状态下岩体中裂纹起始、传播生长和合并过程的数值方法。众多的数值模拟技术都已经被用来模拟岩体的损伤行为。Li 和 Zimmermann(1997)用层状模型(laminate model)模拟裂纹传播的方法,一直以来在研究岩体结构变形和崩塌过程中扮演着重要的角色。Van Mier(1997)用网格模型(Hermann 等,1990)模拟了混凝土和砂岩的实验室尺度标本。Cundall(1988)和 Hart 等(1998)开发了独特的单元模型来解决岩体的断裂问题。Tang(1997)开发了基于 FEM 的计算岩体断裂过程的程序代码 RFPA。此部分将介绍 Tang(2002)模拟岩体在水压载荷与边界载荷作用下,随着裂纹的生长而产生的岩体响应方面的工作。

10.6.1 水流-应力-损伤耦合模型

1. FSD 耦合的实验结果

为了建立 FSD 模型,首先讨论岩体的渗透率作为应变和损伤的函数的双轴水压实验结果。研究样品有砂岩、石灰岩和从东滩煤矿取样的砾岩。样品直径为 50 mm,高为 80 mm。实验中,所有被测试的样品都处于完全饱和状态。实验在电液伺服压机上进行。实验系统包含了一个三轴压力室和一个注射式水泵,见图 10.6.1。压力室有一个中空的活塞,这样在进行三轴实验时样品中的水可以在轴向流动,水压差维持在 1.5 MPa。当加入轴向载荷时,从样品中流入流出的水可以通过注射式水泵上的刻度和流量计来测量。在不同载荷下的透水率就可以通过流量与样品横截面积的乘积来计算。当样品达到一定应变时,认为其发生破坏,实验停止。

实验共测试了 14 个样品,测试结果表明,力学载荷与轴向流动有很强的耦合性。图 10.6.2 所示为砂岩的一个典型的应力-应变及其相关渗透率变化的曲线结果。可以看出,沿着应力-应变曲线,载荷与渗透率有很紧密的关系。在应力-应变曲线的开始部分,轴向渗透率随着轴向载荷的增加而减小。这是因为加载初期,随着轴向载荷增大,样品中的预先存在的微裂纹和孔隙会闭合。在达到最大应力以前的第二个阶段,轴向渗透率随着载荷的增加而减小,最后过渡成渗透率随载荷的增加而增加,轴向渗透率的下降速率缓慢然后又逐渐增加是由于微裂纹的形成和传播的作用。在破坏前的第三个阶段,轴向渗透率随着大量微裂纹的生成而急剧增大。在这种情况下,渗透率一般随着外载荷的增加而减小。从图 10.6.2 中可以看出,当预裂纹真正开始响应减小渗透率之前,岩石破坏开始之前应力是在增大的,而后维持在一个较小的数值上。但是,这里渗透率的增大并不是应力减小的结果,而是因为岩石的破坏。

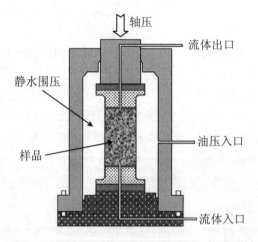

图 10.6.1　FSD 测试的实验装置(Tang 等,2002)

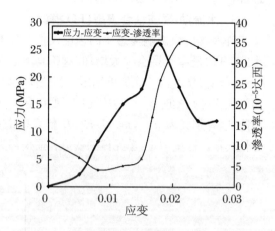

图 10.6.2　砂岩中应力-应变和渗透率之间关系的
实验结果(Tang 等,2002)

基于这些实验结果,可形成流动、应力和损伤的偶合模型,其基本假设为:岩土体处于饱和状态;流体的流动符合 Biot(1941)理论;岩土被看作是有残余应力的脆弹性材料,它的加载和卸载遵循弹性损伤理论;在拉伸情况下,当一个微元体的最小主应力超过了岩体的拉伸强度时,认为微元体破坏,而在剪切情况下,遵循 Mohr-Coulomb 破坏准则;在弹性变形下,透水性被看成是应力状态的函数;当单元体破坏时,透水性显著增加。岩体中的局部不均匀性即不同成分的分布遵循 Weibull 函数。

2. 水流动-应力耦合方程(FS 模型)

饱和岩土介质中的渗流与应力耦合过程可以用 Biot(1941)理论来解释。作为对 Biot 理论的扩展,在渗透率中加入应力的影响,则有以下方程成立(Yang 等,2001):

平衡方程:
$$\partial \sigma_{ij}/\partial X_{ij} + \rho X_j = 0 \tag{10.6.1}$$

几何方程:
$$\varepsilon_{ij} = (u_{i,j} + u_{j,i})/2 \tag{10.6.2}$$

本构方程:
$$\sigma'_{ij} = \sigma_{ij} - \alpha p \delta_{ij} = \lambda \delta_{ij} \varepsilon_V + 2G \varepsilon_{ij} \tag{10.6.3}$$

渗流方程:
$$k \nabla^2 p = 1/Q(\partial p/\partial t) - \alpha(\partial \varepsilon_V/\partial t) \tag{10.6.4}$$

耦合方程:
$$k(\sigma, p) = k_0 \exp\left[-\beta\left(\frac{\sigma_{ii}/3 - p}{H}\right)\right] \tag{10.6.5}$$

方程(10.6.3)~方程(10.6.5)基于 Biot(1941)理论。方程(10.6.5)给出了应力对渗透率的响应(Yang 等,2001)。正如上文中提到的那样,实验结果表明渗透率并不是一个常量,而是应力的函数,因为当应力状态发生改变的时候,裂纹的缝隙也相应在改变(Zhao,1994;

Jaeger 等,1979)。基于上述理论,渗透率与应力的关系符合指数衰减函数(Li 等,1997;Zhang 等,2000;Louis 等,1979)。

3. 水流动-损伤耦合模型(FD 模型)

许多含应力影响渗透率的理论仅仅对预裂纹区域成立。但是当样品加载到新的裂纹产生时,其渗透率无疑会大大增加,这正是本节所关注的问题。

弹性损伤本构关系的单轴压缩和拉伸应力-应变曲线如图 10.6.3 所示。当单元体的应力达到强度准则的时候,认为单元体开始破坏。在弹性损伤力学中,弹性模量会随着损伤的增加而降低,并定义为 $E=(1-D)E_0$,D 代表损伤变量,E 和 E_0 分别代表损伤和未损伤时单元的弹性模量。这里假定:单元体的变形和损伤都为各向同性弹性,所以 E,E_0 和 D 都是标量。

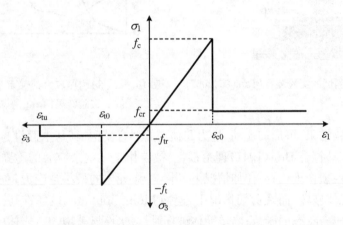

图 10.6.3 单轴压缩和拉伸下单元的弹性损伤本构关系(Tang 等,2002)

如上所述,岩体的损伤会导致渗透率的急剧增加。在弹性变形中,当岩体被压密时,渗透率会减小;而当岩体扩展变疏松时,渗透率会增加。但是,这种条件下渗透率的变化是有限的。当达到峰值载荷时,由于大量新裂纹的产生会导致岩体渗透率的急剧增加。从另一方面说,岩体的损伤导致了渗透率的增加。一旦达到峰值载荷后,渗透率又会重新进入缓慢的下降。这些过程可以用以下方程来描述。

当单元体的拉伸应力达到其拉伸强度 f_t 时,也就是 $\sigma_3 \leqslant -f_t$,损伤变量可以用下式描述:

$$D = \begin{cases} 0 & (\varepsilon_{t0} \leqslant \varepsilon) \\ 1 - f_{tr}/E_0\varepsilon & (\varepsilon_{tu} \leqslant \varepsilon \leqslant \varepsilon_0) \\ 1 & (\varepsilon \leqslant \varepsilon_{tu}) \end{cases} \tag{10.6.6}$$

这里 f_{tr} 表示残余拉伸强度。另外一个参数在图 10.6.3 中被定义。在这种情况下,渗透率可以描述为

$$k = \begin{cases} k_0 \exp[-\beta(\sigma_3 - \alpha p)] & (D = 0) \\ \xi k_0 \exp[-\beta(\sigma_3 - \alpha p)] & (0 < D \leqslant 1) \end{cases} \tag{10.6.7}$$

这里,$\xi(\xi>1)$ 是渗透率的损伤因子,它反映了由于损伤而造成的渗透率的增加。

为了描述单元体在压缩或剪切情况下的损伤,选择 Mohr-Coulomb 准则作为第二损伤准则,即:

$$F = \sigma_1 - \sigma_3[(1+\sin\varphi)/(1-\sin\varphi)] \geqslant f_c \tag{10.6.8}$$

这里，φ 是内摩擦角，f_c 是单轴压缩强度。单轴压缩下的损伤变量描述如下：

$$D = \begin{cases} 0 & (\varepsilon \leqslant \varepsilon_{co}) \\ 1 - f_{cr}/E_0\varepsilon & (\varepsilon_{co} \leqslant \varepsilon') \end{cases} \quad (10.6.9)$$

这里，f_{cr} 是残余压缩强度。

这时候的渗透率可以用下面的方程描述：

$$k = \begin{cases} k_0\exp[-\beta(\sigma_1 - \alpha p)] & (D = 0) \\ \xi k_0\exp[-\beta(\sigma_1 - \alpha p)] & (D > 0) \end{cases} \quad (10.6.10)$$

当方程组(10.6.6)~(10.6.10)扩展到三维情形时，可以用最大主应变 ε_3 替换方程(10.6.6)中的拉伸应变 ε；ε_1 替换方程(10.6.9)中的压缩应变 ε；用平均应力 $\sigma_{ii}/3$ 分别替换方程(10.6.7)和方程(10.6.10)中的 σ_3 和 σ_1。

10.6.2 用 RFPA^{2D} 源程序进行 FSD 模型的数值计算

Tang 等(2002)应用 RFPA^{2D} 源程序对 FSD 模型进行数值模拟。岩体的非均匀性计算用一种统计分布来分配模型单元的力学属性(杨氏模量、强度和渗透率)。此软件是一个单独的基于有限元方法的主程序，在计算过程中模型采用准静态加载，可结合渗流模型获得流体产生的孔隙压力场；在应力分析中采用有效应力准则来获得应力场；可运用 FS 耦合模型处理流动-应力耦合问题和流动-损伤耦合问题。

10.6.3 模型验证的实例及探讨

1. 数值模型实例

数值模型是一个二维矩形块，有 40 000 单元。每个单元都有不同的杨氏模量 E，单轴压缩 σ_c，泊松比 ν 和渗透系数 k。单元中还提供了由图 10.6.3 所描述的本构关系所控制的抵抗再压缩或拉伸变形。模型中所用到的输入参数选择了模拟的非均匀的和脆性岩体的参数，如表 10.6.1 所示。

表 10.6.1 材料力学参数(平均值)

参　量	参数取值	加 载 形 式	取　值
均一性指标 m	1.5, 2, 3, 6, 20	残余强度系数 $\lambda' = f_{cr}/f_c = f_{tr}/f_t$	0.2
杨氏模量 E(MPa)	33 800	孔隙水压系数(α)	0.1
内摩擦角 φ(°)	30	渗透率系数(K/m/d)	0.001
压缩力 f_c(MPa)	220	渗透率转变系数 ξ	20
压缩拉伸比 f_c/f_t	10	耦合系数 β	0.05
泊松比 ν	0.25		

非均匀性通过随机分配的各个单元的 E,σ_c,k 用 Weibull 分布来体现，其定义如下：

$$\varphi = m/s_0\,(s/s_0)^{m-1}\exp[-(s/s_0)^m] \quad (10.6.11)$$

这里，s 代表 E,σ_c,k；s_0 代表相应的平均值。参数 m 定义了分布函数的形状，也就是材料的均匀性的程度，称为均匀性指数。这里的计算共取了以下五个均匀性指数：$m = 1.5, 2, 3, 6, 20$。

具有 m 值越高的材料，其均匀性越高。m 值越低表示材料具有更多的非均匀性。

2. 有水压或无水压状态下岩石样品的破坏特性

首先，分别对有水压和无水压下样品强度及破坏特性的不同进行演示。两个样品的均匀性指数都是 $m=2$。由于连续性限制，每一块样品都被加以单调递增的轴向载荷直到它完全失去承载能力。当加载的时候，水压保持恒定。所得到结果如图10.6.4所示。数值模拟显示有水压加载下样品的峰值应力比无水压加载下样本的峰值应力低8%。饱和样品与干样品之间的强度差值比实验观察的要小。原因是水的弱化效应在计算模型中未考虑。

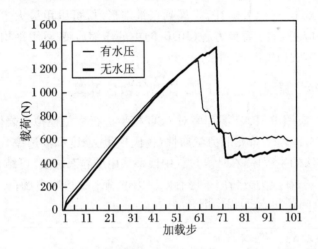

图 10.6.4　载荷与加载步关系（Tang 等，2002）

同时，计算结果表明，水压加载下的样品有较高的残余应力强度。因此，无水压的样品在达到峰值应力以后会有一个较大的应力卸载。这个现象说明无水压加载的样品中有更多的脆性裂纹。这两块样品中的 AE（声发射）事件同样揭示了以下推论：在破坏过程中饱和样品中记录到了相对较少的 AE 事件，如图 10.6.5 所示。

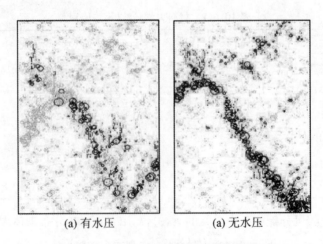

(a) 有水压　　　　　(a) 无水压

图 10.6.5　水压加载和无水压加载下的样品
的 AE 分布（Tang 等，2002）

3. 岩体破坏时渗透率的变化

图 10.6.6 所示是当均匀性指数 $m=5$ 的时候，由数值模拟得出的关于样品加载、渗透率和加载步骤以及相关的声发射事件(AE)的关系曲线。总的渗透率由以下方程给出：

$$K = LQ/\Delta P = L\sum q/\Delta P \qquad (10.6.12)$$

这里，$Q=\sum q$ 是样品中液体的总通量，L 是样品的长度，ΔP 是样品上的两次加载之间的水压差。

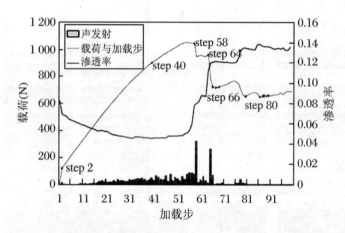

图 10.6.6　数值模拟样品(均匀性指数 $m=1.5$)的加载、渗透率和加载步以及声发射事件(AE)的关系曲线(Tang 等，2002)

图 10.6.6 的数值模拟与图 10.6.2 的实验结果比较一致。在弹性变形阶段，岩石的渗透率是减少的。当样品加载到非线性变形阶段时，渗透率会缓慢地增加直到样品屈服，屈服阶段可以观察到渗透率的增长。数值模拟结果显示每一段渗透率的增长都对应着应力的降低。当样品由位移控制加载时，可以观察到岩石样品突然破坏时，伴随着大量的声发射事件和应力的迅速下降。因此，可以推断出渗透率的突跃是由于样品内的突发损伤(由微裂纹引起)。图 10.6.6 中还可以明显地观察到渗透率与损伤的变化是联系在一起的，这表明损伤与渗透率之间可用函数关系描述。

图 10.6.7 展示了模拟得到的在水压和边界载荷作用下样品的宏观断裂形成和逐渐的破坏过程。其加载和 AE 计数曲线由图 10.6.6 所示。图 10.6.8 显示了破坏过程中应力场的数值模拟结果。应力的大小由图中的亮度等级表示。高亮度代表高应力状态。图 10.6.9 显示了破坏过程中发生 AE 源的位置点的连线。每条曲线对应的应力间隔由图 10.6.6 所示。每个圆点代表一个裂纹，圆的直径代表裂纹相关能量的大小。圆圈在水流突变(步)之前给出所有事件的位置，深色和浅色圆圈事件表示当水流步时分别由剪切和拉伸断裂引起。

图 10.6.9(a)为当加载到峰值应力的 85% 时 AE 事件的定位。注意事件分布在整个样品中，并显示当加载段时，发生均匀变形。在图 10.6.9(b) 中 AE 图形有引人注目的变化，当在 58 步时在 AE 事件中出现随微裂纹成核绘成的图。而有一些事件仍然出现在样品的整个体积中，大多数事件聚集在成核区域。成核区域是宏观裂纹面的位置。所以，在 64 步中性质不同的 AE 事件区域在对角方向从成核位置开始发展。图 10.6.9(c)和图 10.6.7(g)～(i)显

示 AE 事件区域与模拟断裂面或断层相一致。图 10.6.10 显示的是数值模拟得到的流动速度场,箭头表示速度矢量。当样品中的微裂纹有成核以后,便给液体流动提供了有效的通路,这时其断裂后的渗透率会比只有已存裂纹的样品的渗透率提高 3 倍,如图 10.6.6 所示的那样。

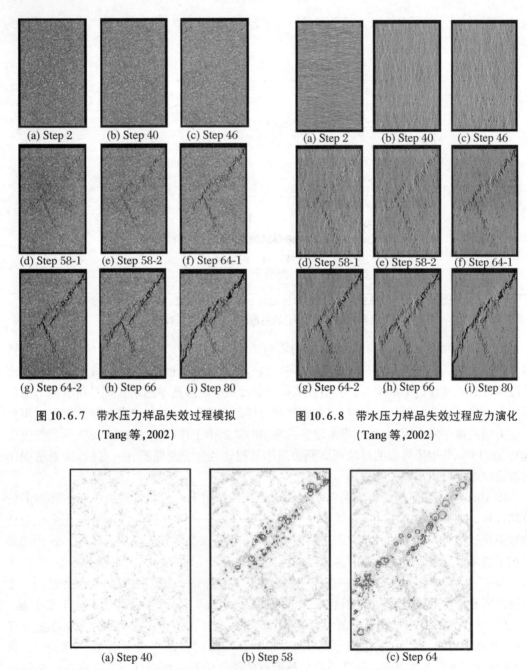

图 10.6.7　带水压力样品失效过程模拟 (Tang 等,2002)

图 10.6.8　带水压力样品失效过程应力演化 (Tang 等,2002)

图 10.6.9　数值模拟带水压样品破坏过程中 AE 位置点的连线图(Tang 等,2002)

4. 优先流动路径的演变

狭窄通道中流动问题的一个焦点——发生在渗透裂纹中的择优流动问题——很早就被注意到了(Brown 等,1998;Tsang,1987)。裂纹的起始和传播在液流行为中扮演着重要角色,它为液体流动提供了一个快速通路。通常对含裂纹岩体中的液体渗漏的描述都是基于宏观尺度连续概念和大规模的体积平均之上(Peters 等,1988)。这种研究预测了液体在空间上会有一个朝向不变的渗透方向(SU 等,2000)。但是,实验以及大量的研究工作提供证据表明液体并不是沿着岩体中裂纹的最快流动路径渗透的。尤其在高应力状态的岩体中,先存裂纹不断地扩张,新裂纹不断地聚集成核,从而流动路径也会有相当大的改变。

图 10.6.10 中模拟流动矢量的箭头显示出由于裂纹聚集成核的局部状态,裂纹是无法通过某些假设来量化统一其孔径的。已失效的样品中的非均匀孔径不可能代替断裂系统取等效的均匀孔径。由于渗透性的非均匀性,液体流场便是非均匀的了。数值模拟的结果揭示出液流迅速地通过新生成裂纹中的最优流动路径。当液体通过样品流动到一种非均匀性的样品微元体中时,具有低渗透率的单元就像栅栏一样阻碍了液体的流动。这就导致了液流的随机流动特性。有必要提出的是:这种表观的压力和流量的起伏随机性并不是真正意义上的随机性,而是由于我们定义的岩石样品的力学特性的随机分布结果决定的,也就是样品的非均匀性。

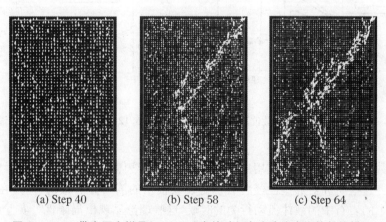

(a) Step 40　　　　(b) Step 58　　　　(c) Step 64

图 10.6.10　带水压力样品(m = 1.5)失效过程中流动速度场的数值模拟
(箭头为速度矢量,Tang 等,2002)

当裂纹成核以后,液体便会绕流进入样品中。当一个样品中的断裂后作为宏观断裂形成时宏观裂纹的数量比模型中微观裂纹大得多的时候,宏观裂纹中的液流渗入的比率也会远远超过模型中的微观裂纹。从图 10.6.10 中可以看出,依赖裂纹的择优流动会把液流通量加速到一个比普通模型预测值高的状态下。另外要说明的是,破坏样品中依赖裂纹的流动路径的曲折程度是依赖于材料的非均匀性的。

5. 岩石破坏过程中非均匀性对渗透率变化的影响

岩石是一种天然形成的材料而且具有非均匀性。当岩石处于应力场作用下(边界载荷和水压同时作用),其中的裂纹就会聚集成核,并且生长,这就很容易促使岩石在裂纹发展过程中的渗透率的变化。在裂纹发展过程中,材料的非均匀性在决定裂纹破坏和流动路径以及裂纹生长形式等方面扮演着重要角色。首先由 Weibull 在脆性材料中基于最弱连假设对自然断裂现象的统计做了解释,以研究材料破坏的非均匀效应(Weibull,1939)。此部分的研究是对 Hudson 和 Fairhurst(1969)在实验室测量的岩石工程性质的尺度效应的解释。新研究阐明在地质材料中断裂的非均匀效应的现象学的理解。Kim 和 Yao(1995)用数值模拟方法深入地阐述了这个效应。虽然有许多其他关于这个课题的研究,在液压和边界加载下岩石破坏中在液体流动方面非均匀效应的研究还是很少的。

基于表 10.6.1 中给出的 5 个不同的均匀性指数为参数进行数值模拟,对非均匀性岩石材料的加载位移曲线和相关渗透率对非均匀性的依赖关系进行了评估。其模拟的结果由图 10.6.11 和图 10.6.12 给出。可以清楚地看到,加载位移曲线和渗透率关系曲线与样品的非均匀性的依赖是很强的。在双轴压缩条件下,非均匀性的岩石在其加载位移曲线和渗透率变化关系曲线中表现出相对较弱的"破坏后"行为。样品的峰值应力和峰值渗透性也和均匀性指数相关,均匀性指数越高,应力峰值和渗透率峰值也越高。

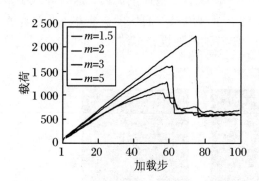

图 10.6.11　不同均匀性样品,加载位移曲线
(Tang 等,2002)

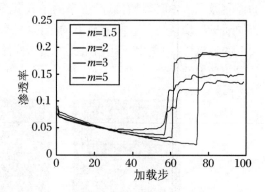

图 10.6.12　不同均匀性样品,渗透率位移曲线
(Tang 等,2002)

大量的数值计算研究已经被用来探索岩石材料中液体流动行为的控制因素,以求得到更好的结果。这些研究对那些已经含有确定裂纹损伤的岩石是有效的,但是在考察裂纹正在发展过程中的岩石中的液体流动行为的时候,这些理论显现出局限性。实验已经表明,裂纹的生长会诱发渗透率的显著变化。要研究裂纹生长过程中岩石中的液体流动特性并非易事。一个通常解决途径是将其等效成多孔介质中的流动行为。但这样做的难度在于不能把具有非统一孔径裂纹的介质用一个假设具有统一孔径的介质来等效。

数值模拟就是从另外一条途径,直接模拟在水压和边界载荷共同作用下裂纹的生长过程来研究此时岩石中的液体流动行为。上述模拟结果表明:渗透率变化量是受岩石中的不断变化发展的应力和损伤控制的。这其中包括由应力诱发的流动性的发展,依赖于岩石应力-应变关系在线性弹性、非线性或破坏后部分区域流动的增强和降低。在弹性变形阶段,岩石的渗透率随着岩石的压缩而降低。当微裂纹开始成核时,渗透率的降低速率会随着裂纹的聚集成核而减少再渐渐增加。当岩石中的宏观裂纹形成时,渗透率便会有一个引人注目的增长。同时,岩石的非均匀性在影响流动速度场和流动通道的形成方面扮演着重要的角色。均匀性越强的岩石样品在脆性破坏模式下,就会产生一个越大的应力卸载,从而导致了整体上渗透率的更大的突跃。

10.7 脆性变形状态下多孔颗粒岩石力学行为的孔隙裂纹模型[①]

本节将断裂力学分析应用于从二维圆孔状孔隙表面发育出的裂纹,研究一个用于预测和模拟脆性多孔岩石的力学行为和失效模式的模型。同时,以二维压缩实验的常规实验为基础,在假定预设的轴向应变条件下进行数值模拟。模型考虑了邻近裂纹的相互作用,当它们的应力强度因子达到岩石断裂韧性后裂纹开始扩展。圆筒状孔洞的裂纹扩展模拟和以相互作用的裂纹贯通为基础的失效准则,允许计算断裂时的临界应力,从而推导出理论上的应力-应变曲线。研究四种砂岩,它们的孔隙度变化范围在13%~25.5%之间,常规三轴压缩实验的围压范围为0~35 MPa。

10.7.1 模型的提出

地质材料在各种地球物理领域中得到广泛使用,控制它们的压缩和变形行为的力学机理已经成为一种主要的研究课题。岩石力学的一个重要目的就是提供有效方法用于预测岩石失效模式、力学强度、孔隙度演化和弹性模量。这些预测在不同的领域具有极大的价值。例如,热干岩中地热能的生产要求对非常深的地层构建一个宏观裂缝人工网络。另外一个例子是石油工业中的一个基本问题:减小和预测裂纹扩展过程以及生产引起的油藏变化,这些变化导致油藏收缩或者井筒失稳,造成沉陷、地震、喷砂等后果(Martin, Serdengecti, 1984; Veeken 等,1989; Teufel 等,1991)。

由实验研究知道,岩石的力学行为高度依赖于几种因素(孔隙度、颗粒尺寸、胶结作用等),这些因素的作用有时甚至相反。过去几年,已经建立起了岩石的力学行为和当前岩石的非均质性质(如孔隙、包体和微裂纹)之间紧密联系的关系。在压缩加载状态下脆性岩石失效的主要机制是成核过程和微裂纹扩展(Kranz, 1979; Costin, 1983; Aubertin 等,1997)。基本力学数据的应力-应变函数关系显示:相对较小的围压作用条件下,岩石样品展示了膨胀性和失效时应变软化以及脆断的特性。当膨胀发生时微裂纹开始扩展,并伴随着压力增加进一步扩展,直到裂纹贯通形成一条或多条宏观裂纹。

迄今为止,尚未有微观力学模型能够令人满意地描述岩石样品在双轴压缩作用下从初始到最终断裂的全过程。翼状裂纹模型(Costin, 1983; Ashby 等,1986; Horii 等,1986; Ashby 等,1990)被广泛用于解释低孔隙度结晶岩的实验数据,但仍不适用于颗粒状岩石的情况(Klein 等,2003)。事实上,这个模型考虑了二次裂纹的扩展,二次裂纹起始于预先存在的滑动裂纹的裂尖处[图10.7.1(a)],这样的裂纹在多孔颗粒状岩石中极少。相反,Sammis 和 Ashby(1986)提出的模型初看十分完美且更适合这种材料:它能更好地与这种材料的微观

[①] Klein 等,2004。

结构相吻合,因为它考虑了二维轴向圆孔裂纹的扩展[图10.7.1(b)]。在以前的工作中(Klein 等,2003)提出了一个关于 Bentheim 砂岩机理特征的模型,孔隙裂纹的几何形状表示在图 10.7.1(b)中。在这些工作的基础上,这里将通过引进排成一行的孔隙裂纹的整体相互影响,进一步利用损伤力学基础来处理,计算轴向和径向应变。

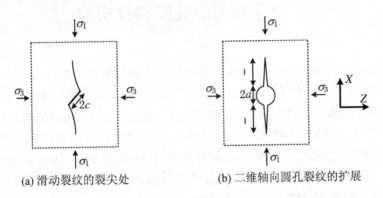

(a) 滑动裂纹的裂尖处　　　　(b) 二维轴向圆孔裂纹的扩展

图 10.7.1　裂纹的扩展

10.7.2　孔隙裂纹模型

1. 单孔隙的生长(扩展)

为了得到裂纹传播的条件,研究无限板中半径为 a 的柱面的单孔隙裂纹在受到双轴应力状态作用下裂纹的生长。利用坐标系定义:

$$X = \frac{x}{a} - 1, \quad Z = \frac{z}{a} \tag{10.7.1}$$

垂直应力沿轴的平面与 x 轴成一线,然后得到(Jaeger 等,1979)

$$\sigma_{zz}(X,0) = \sigma_1 \left[\lambda + \frac{1+\lambda}{2} \left(\frac{1}{1+X} \right)^2 - 3 \frac{1-\lambda}{2} \left(\frac{1}{1+X} \right)^4 \right] \tag{10.7.2}$$

其中,$\lambda = \sigma_3/\sigma_1$ 为最小和最大主应力的比值。

在单轴压缩下,圆孔周围产生应力集中。顶部和端部的 $|\sigma_1|$ 应力大小相等。拉应力随着远离圆孔很快衰减,并在消失于无穷远处之前变成压应力。当受到双轴压缩时,局部应力场的拉应力较小,超过 σ_3/σ_1 比值的某个门槛值时沿 x 轴无拉应力出现。

一对长为 l 的裂纹分别出现在圆孔的顶部和端部,它们受到 I 型载荷(对应 I 型裂纹)。每条裂纹都有一个应力强度因子 K_I^{iso}。K_I^{iso} 可以采用标准方法计算,它涉及对裂纹面周围局部应力场的积分(Sih 等,1968)。根据 Shah(1976),当圆孔的半径 a 远比裂纹长度短时,应力强度因子可用以下公式估计:

$$K_I^{iso} = \frac{\sqrt{a}}{\sqrt{\pi L}} \int_{-L}^{L} \sigma_{zz}(X,0) \left(\frac{L+X}{L-X} \right)^{1/2} dX \tag{10.7.3}$$

这里,$\sigma_{zz}(X,0)$ 由公式(10.7.2)给出,$L = 1/a$。

当裂纹长度较小时应引起注意,此时这个公式将不适用于 $L \ll 1$ 的情况。对于这样的情况,可通过忽略圆孔曲率得到一个估计应力强度因子更好的方法(Sih,1973),此时:

$$K_{\mathrm{I}}^{\mathrm{iso}} = \frac{2\sqrt{\pi l}}{\pi} \int_0^L \sigma_{zz}(X,0) \left[\frac{1 + G(X/L)}{(L^2 - X^2)^{1/2}}\right] \mathrm{d}X \tag{10.7.4}$$

其中,
$$G(X/L) = [1 - (X/L)^2][0.29 - 0.39(X/L)^2 + 0.77(X/L)^4 \\ - 0.99(X/L)^6 + 0.51(X/L)^8]$$

$K_{\mathrm{I}}^{\mathrm{iso}}$ 依赖于裂纹长度与圆孔半径相比是长还是短,为避免对同一个独立的圆孔采用不同 $K_{\mathrm{I}}^{\mathrm{iso}}$ 计算公式,此处选择一个等价的直线裂纹代替真正的孔隙裂纹(孔状半径 a^+ 小于轴向裂纹长度 l)。比较式(10.7.3)、式(10.7.4)的结果和 Sih(1973)列表给出的确切解,这里使用一个等价的直线裂纹长度 $2c = 2(l + 0.0107a)$ 代替真正的孔隙裂纹长度,其应力强度因子(Klein 等,2003)如下:

$$K_{\mathrm{I}}^{\mathrm{iso}} = \frac{\sqrt{a}}{\sqrt{\pi(L + 0.0107)}} \int_{-L-0.0107}^{L+0.0107} \sigma_{zz}(X,0) \left(\frac{L + 0.0107 + X}{L + 0.0107 - X}\right)^{1/2} \mathrm{d}X \tag{10.7.5}$$

2. 相邻孔隙裂纹间的相互作用

当裂纹密度增加时,裂纹之间的相互作用就不可能忽略。这里考虑两个相邻孔隙裂纹之间的相互作用,可认为裂尖处的总应力强度因子由两部分组成:单裂纹 $K_{\mathrm{I}}^{\mathrm{iso}}$ 部分和相互作用部分 $K_{\mathrm{I}}^{\mathrm{int}}$:

$$K_{\mathrm{I}} = K_{\mathrm{I}}^{\mathrm{iso}} + K_{\mathrm{I}}^{\mathrm{int}} \tag{10.7.6}$$

其中,$K_{\mathrm{I}}^{\mathrm{iso}}$ 由式(10.7.5)给出。

引入一个等价直线裂纹代替真正孔隙裂纹,由此可运用逐次近似的方法计算相互作用的部分 $K_{\mathrm{I}}^{\mathrm{int}}$(Sokolnikoff,1956;Muskhelishvili,1977)。这种迭代方法的基本规则参见图 10.7.2(具体可参见 Baud 等,1997)。在图中(a)步孔隙裂纹 1 在无限介质中处于受双轴应力的状态(σ_1 和 σ_3)。在孔隙裂纹 1 上外部应力场的影响造成孔隙裂纹 2 上的应力场 $\Delta_1\sigma_{ww}$ 的紊乱。保证孔隙裂纹 2 上边界条件,修改的应力场 $-\Delta_1\sigma_{ww}$ 应用在它上[图中(b)步]。这个修正应力场导致孔隙裂纹 1 上应力场行为的 $\Delta_1\sigma_{ww}$ 紊乱。另外,边界条件履行的要求,是修正应力场 $-\Delta_1\sigma_{ww}$ 必须应用在孔隙裂纹 1 上[图中(c)步],等等。由此,修正应力场,直至

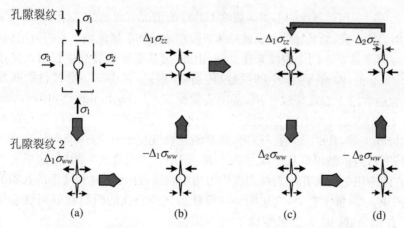

图 10.7.2 相邻裂纹相互作用的逐次逼近方法(按图示箭头方向进行)

它减小到可以忽略。这个步骤的最后结果是在固体中包含两个相互影响的裂纹的应力场。裂纹 1 的应力强度因子的相互作用部分 $K_{\mathrm{I}}^{\mathrm{int}}$，由所有应力紊乱条件 $\Delta_i \sigma_{zz}$ 的总和导出，对于孔隙裂纹 1 总应力强度因子 K_{I} 容易由方程(10.7.5)和方程(10.7.6)确定。对于孔隙裂纹 2 包含有类似的结果。

因为相互影响在裂纹上造成非均匀应力分布，将每一个裂纹划分变成 n 部分(例如 n 取为 40)，在每一部分上计算应力扰动。应力强度因子的相互作用的条件是在每一部分上存在应力扰动的作用。由此得到相互作用的影响并绘于图 10.7.3 中，这里的应力强度因子 K_{I} 和 $K_{\mathrm{I}}^{\mathrm{iso}}$，是对无限板包含两个完全相同的共线裂纹的计算，并将其作为裂纹长度 l 的函数来描述。无限板受单轴压缩的情况适用于平行的裂纹。固定围压适用于对于小裂纹长度，研究相互作用对应力强度因子的影响。此影响随 l 的增加而变化，导致临界裂纹长度 l_c 在凹面处变化。当裂纹长度比 l_c 大，传播变得不稳定；K_{I} 继续随 l 增加，施加围压时，在应力强度因子上相互作用的影响延迟：当 $\sigma_3 = 0$ MPa 时，$l_c \sim 35$ μm，而当 $\sigma_3 = 2.5$ MPa 时，$l_c \sim 40$ μm，见图 10.7.3。

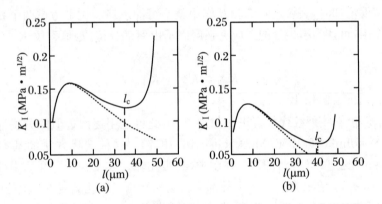

图 10.7.3 应力强度因子 K_{I}（实线）和 $K_{\mathrm{I}}^{\mathrm{iso}}$（圆点线）与裂纹长度 l 的关系

注：计算条件：围压(a) $\sigma_3 = 0$ MPa，(b) $\sigma_3 = 2.5$ MPa，孔隙半径 $a = 50$ μm 的两个共线裂纹，中心到中心孔隙间隔 $b = 200$ μm，轴向应力 $\sigma_1 = 50$ MPa。

相同步骤可以应用到裂纹的偏离即裂纹不共线的情况。以前的工作(Baud 等,1997)显示裂纹相互作用仍然存在，而且导致相反的结果。裂纹成核和汇聚依赖二者的初始相对的位置。

应力强度因子是基于两个裂纹来建立的，因此，可基于远处裂纹生长引入传播准则。这里利用 Giffith 准则，即当 $K_{\mathrm{I}} \geqslant K_{\mathrm{IC}}$ 时裂纹传播(扩展)。其中 K_{IC} 是材料的断裂韧性。断裂韧性的概念通常用于宏观裂纹扩展，多项实验研究表明(Schmidt 等,1979；Costin,1981；Schmidt 等,1978) K_{IC} 的大小随着裂纹尺寸变化，微观裂纹 K_{IC} 可以仅为宏观裂纹 K_{IC} 的 30%(Ouchterlony 等,1980)。对于砂岩，典型断裂韧性位于 $0.2 \sim 0.5$ MPa·m$^{1/2}$ 之间(Atkinson 等,1989)，但依然很难从微观上估计 K_{IC} 的值。为避开这个问题，这里引入一个不变形因子 Ω，它的作用是增大孔隙裂纹周围应力集中程度，Ω 也同时和真正的孔隙裂纹产生的应力集中高于模型的事实有关，真正的裂纹形状远比理想化的圆筒状的裂纹来得复杂。引入形状因子 Ω 的公式(10.7.2)就变成了：

$$\sigma_{zz}(X,0) = \Omega \sigma_1 \left[\lambda + \frac{1+\lambda}{2}\left(\frac{1}{1+X}\right)^2 - 3\frac{(1-\lambda)}{2}\left(\frac{1}{1+X}\right)^4 \right] \quad (10.7.7)$$

从这一点，σ_{zz} 这一新的限定将用于方程(10.7.6)中应力强度因子定义的计算。

3. 损伤力学

为了将前面的分析从一对相邻的裂纹扩展到全部裂纹的分析，这里考虑一个单位表面包含 N_A 个规则排列裂纹体的样品。假设应力沿其中心成对称分布，进一步假设不同行的邻近裂纹之间没有相互作用。这使模型目前具有一定局限性，即无法描述宏观破坏特别是实验中观测到的剪切带的真实几何形状。然而，这些假设并不会妨碍模型和许多关键物理现象吻合。

以相互作用的裂纹为基础，引入宏观破坏准则。裂纹扩展导致固体损伤的积累，它也可用于预测裂纹扩展引起的弹性模量变化，从而描述常规双轴条件下岩石样品变形。为了描述在双轴应力状态下固体损伤的积累，这里定义两个参数 D_1 和 D_3 ($0 \leqslant D_1, D_3 \leqslant 1$)，分别代表材料在轴向和水平方向无法承受应力的体积部分，在起始阶段它们均为 0。由此，假定物体破坏的行为可以通过初始无损伤材料的本构方程表示，这里施加的宏观应力张量 σ 被真应力张量 $\tilde{\sigma}$ 代替。在 1D 状态，真应力可以写成(Lmaitre 等,1985)：$\tilde{\sigma} = \sigma/(1-D)$，这里 D 是相应的损伤变量。

利用等效变形的原则，应用 Lamaitre 和 Chaboche(1985)基于大量微裂纹导出的轴向和径向应变，可得到受到双轴应力状态的固体包含大量共线孔隙裂纹的情况下，其轴向和径向应变的表达式：

$$\varepsilon_1 = \frac{1}{E_0}\frac{1}{1-D_1}\sigma_1 + \frac{1}{E_0}\frac{1}{1-D_1}\left(\frac{\nu_0}{1-\nu_0}D_1 - 2\nu_0\right)\sigma_3 \tag{10.7.8}$$

$$\varepsilon_3 = -\frac{\nu_0}{E_0}\frac{1}{1-D_3}\sigma_1 + \frac{1}{E_0}\frac{1}{1-D_3}\left(1-\nu_0 - \frac{\nu_0^2}{1-\nu_0}D_3\right)\sigma_3 \tag{10.7.9}$$

这里，ε_1 为轴向应变，ε_3 为径向应变，E_0 为固体中包含预先存在的孔隙裂纹的杨氏模量，ν_0 为它的泊松比。

应用这些方程，可求得参数 D_1 和 D_3。实验观测的轴向-径向应变曲线有水平渐近线，即说明在破裂时 $D_3 \rightarrow 1$。这个特性可得到类似于 Costin(1983)和 Grady 等(1980)关系式的关于 D_3 的表达式：

$$D_3 = \frac{2(a+l) - 2(a+l_0)}{b - 2(a+l_0)} \tag{10.7.10}$$

这里，a 为孔隙半径，l 为裂纹长度，l_0 为初始裂纹长度，b 为中心到中心的孔隙距离。

轴向应力-轴向应变曲线一般不具有这种趋势。实际上，随着曲线斜率的增加，平滑的转向是在达到峰值以前观测到的。这样与 D_3 相比，参数 D_1 在一个比较小的范围内变化而不能达到临界值 1。一般而言，它的范围在 0.5~0.9 之间。破裂时杨氏模量比初始杨氏模量 E_0 低 20%~40%。考虑到这些实验事实，Costin(1983)提出，D_1 可以通过 D_3 除以一个因子得到，该因子由破裂时杨氏模量的减小量推得。可是，为了能够模拟岩石的响应，这种方法意味着要完成这一实验。为了避免这一缺点，可计算理论杨氏模量，对于 D_1 取下式：

$$D_1 = D_3\left(1 - \frac{E}{E_0}\right) \tag{10.7.11}$$

计算变形样品的杨氏模量，这里采用 Betti 互惠的原理：让 $\sigma_1^2/(2E)$ 为有裂缝固体受到轴向应力 σ_1 作用的势能，$\sigma_1^2/(2E_0)$ 为初始固体的相应数量(O'Connell 等,1974；Budiansky 等,1976；Kemeny 等,1986)：

$$\frac{\sigma_1^2}{2E} = \frac{\sigma_1^2}{2E_0} + N_A U_e \qquad (10.7.12)$$

这里，U_e 为裂纹传播引起的附加势能。

根据方程(10.7.11)，E 定义为局部模量。此时，E 可从方程(10.7.12)推断并由应变能 U_e 表示为

$$U_e = \frac{2(1-\nu_0^2)}{E_0} \int_{c_0}^{c} K_I^2 \, dl \qquad (10.7.13)$$

其中，$c_0 = 0.0107a + l_0$，$c = 0.0107a + l$，a 是孔隙裂纹半径，l_0 是初始裂纹长度，l 是当前裂纹长度。

4. 数值模拟设计

图 10.7.4 所示为基于前面的研究预测和从模拟实验中观测到的孔隙颗粒岩石的力学行为而进行数值模拟的计算框图。此计算建立在施加轴向应变假设的基础上。初始阶段参数 D_1 和 D_2 均等于 0，同时定义了弹性模量 E_0 和 ν_0，几何参数 a、b 和 l_0，还定义了运行模拟所需的围压 $\sigma_1 = \sigma_3$，在此时固体受到静水压力作用，轴向应变 ε_1 等于固体弹性应变。程序开始时轴向应变 ε_1 增加一个小增量，通过式(10.7.8)和式(10.7.9)，可以从这个新值 ε_1 推导出一个新的轴向应力 σ_1：

$$\sigma_1 = \varepsilon_1 E_0 (1 - D_1) + \left(2\nu_0 - \frac{\nu_0}{1-\nu_0}\right)\sigma_3 \qquad (10.7.14)$$

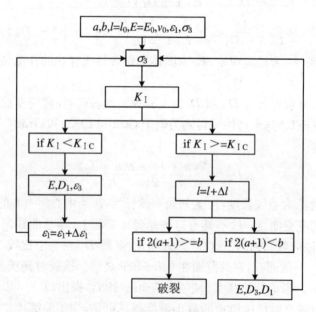

图 10.7.4 施加轴向应变时的数值模拟设计

知道应力状态和几何参数后，应力强度因子 K_I 就能很容易计算了。Griffith 准则就可用于判断裂纹是否应该扩展。如果 $K_I < K_{IC}$，则裂纹不扩展：仅依赖于几何因子的参数 D_3 保持不变，只要 $l = l_0$，$E = E_0$，则 $D_1 = 0$，但只要 l 与 l_0 不同，就要重新计算新的 E 和 D_1。径向应变 ε_3 由方程(10.7.9)计算，轴向应变 ε_1 是增加的。如果 $K_I \geqslant K_{IC}$，裂纹扩展：如果破坏准则(裂纹合并)满足程序终止，理论破坏的轴向应力是推断的；如果裂纹没有合并，参

数 D_1 和 D_3 可计算出来。施加轴向应变 ε_1,轴向应力的传播从方程(10.7.14)计算得到:为了满足恒定的轴向应变条件,在每一传播之后微小的轴向应力弛豫发生。考虑应力和几何形状的新状态,应力强度因子的评估延续此过程一直循环到 $K_I < K_{IC}$。之后每一个应变增量,计算轴向应力和相应的应力强度因子,破坏准则满足时过程结束。

10.7.3 砂岩的实验与理论的比较

1. 实验材料和实验方法

研究四种砂岩脆性域力学性质。其中三种(Bentheim,Diemelstadt 和 Wertheim 砂岩)来自德国。大块的 Diemelstadt 和 Wertheim 砂岩由 Rummel(Ruhr Universität Bochum)提供;Bentheim 砂岩块由 Gildehausen 采石场得来。实际上,Bentheim 砂岩以同样形式取自 Scehoonebeck 油田的储层岩石,有些是从采石场以北 10 km 处采集的。Vosges 砂岩是从法国 Rothbach 处得来。孔隙度、孔隙尺寸、孔隙密度、颗粒尺寸、断裂韧性,以及这些挑选的砂岩的形态分析列在表 10.7.1 中。孔隙度由干样品和饱和样品之间的重量差计算,断裂韧性由 Oucfhterlony(1988,1989)基于锯齿形断口弯曲的样品确定。

表 10.7.1 四种砂岩的岩石物理描述

砂岩	孔隙度 $\varphi(\%)$	孔隙密度 (mm^{-2})	孔隙尺寸 $2a(\mu m)$	颗粒尺寸 $2d(\mu m)$	断裂韧性 $K_{IC}(MPa \cdot m^{1/2})$	成分分析
Bentheim	23.0	20.7×10^6	80	210	0.35	石英 95%,长石 5%
Vosges	23.0	19.7×10^6	50	140	0.30	石英 61%,长石 28%,云母 4%,其他 7%
Diemelstadt	25.5	27.7×10^6	45	160	0.18	石英 68%,长石 26%,云母 2%,其他 4%
Wertheim	13.0	13.0×10^6	30	205	0.50	石英 58%,长石 33%,云母 5%,其他 4%

Vosges 砂岩的断裂韧性由于材料的不足没有测量,与 Bentheim 砂岩的比较估计它们有相同的孔隙度。孔隙密度、孔隙尺寸、颗粒尺寸通过用红色的环氧浸透未受损的样品的断面微观结构分析得到。颗粒尺寸 $2d$ 通过 0°~360°之间 6 个方向排列 Feret 直径测量取平均来确定。在三维空间中为了估计颗粒的真尺寸,对于球形颗粒可以运用统计因子的 3/2 精确地取得(Underwood,1970)。因为孔隙有复杂的形状,相同的孔隙直径 $2a$ 是从孔隙面积测量并利用圆柱体的孔隙近似(Klein 等,2003)推断的。

因为 Bentheim,Diemelstadt 和 Wertheim 砂岩的块体具有方向性是已知的,样品在垂直和平行岩芯方向钻取,Vosges 样品垂直于层理钻取。然后磨成直径为 20 cm,长度为 40 cm 的圆柱形样品,用纵向和横向应变计互相垂直贴在样品的中心部位。当加载时样品破损,应变片粘贴在快速硫化的环氧薄层上,环氧可充填孔隙表面。

然后,在常规三轴设备、干燥和室温条件下测试样品变形,Klein 等(2003)有详细阐述。实验使用的应变率为 $1.25 \times 10^{-5} \, s^{-1}$,围压变化的范围为 0~35 MPa。做实验时,用密封套将样品与传压介质(煤油)隔开。达到指定的围压后,计算机控制连接到压力传感器上,传感

器分辨压力幅值在 ±0.03 MPa。通过第二个计算机控制活塞从而调整不同的轴向压力,位移则通过外部的压力容器测量,压力容器传感器的精度为 ±0.2 μm。

2. 实验数据

如前所述,最大和最小主应力分别表示为 σ_1 和 σ_3。差应力表示为 $q = \sigma_1 - \sigma_3$,平均应力为 $P = (\sigma_1 + 2\sigma_3)/3$,体积应变由轴向和横向应变计的数据计算得到。

Bentheim,Vosges,Diemelstadt 和 Wertheim 砂岩脆性变形区的力学数据如图 10.7.5~图 10.7.8 所示。差应力为轴向应变的函数如图 10.7.5~图 10.7.8 各图中的(a)图所示,平均应力为体积应变的函数如图 10.7.5~图 10.7.8 各图中的(b)图所示。在图 10.7.5~

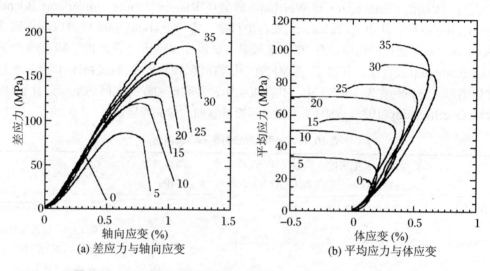

图 10.7.5 Bentheim 砂岩低围压三轴实验(每条曲线末端标明 MPa)

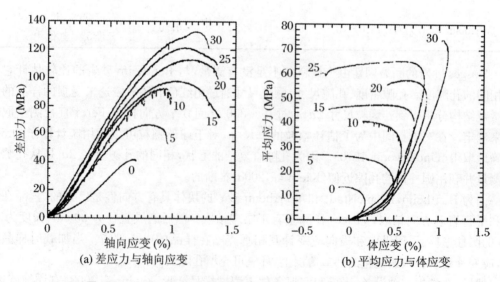

图 10.7.6 Vosges 砂岩低围压三轴实验(每条曲线末端标明 MPa)

图 10.7.8 的所有实验中,差应力达到峰值,超过峰值则发生应变软化并伴随着快速应力下降,直到残余应力水平。峰值应力随着围压的增加而增大,它是典型的莫尔型脆性破坏(Paterson,1978)。所有的样品刚开始时体积都缩小,很可能是由于裂纹闭合和弹性颗粒接触,但接近峰值应力时出现逆转,开始出现膨胀。目视检查样品可以确认局部剪切破坏沿着宏观剪切带斜面方向横穿样品。

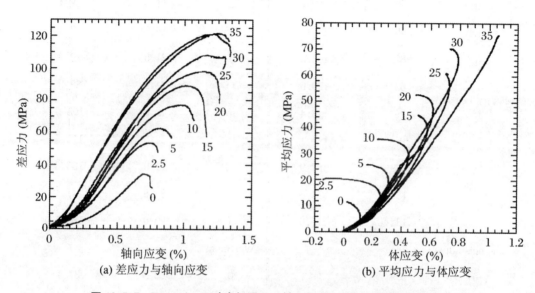

图 10.7.7　Diemelstadt 砂岩低围压三轴实验(每条曲线末端标明 MPa)

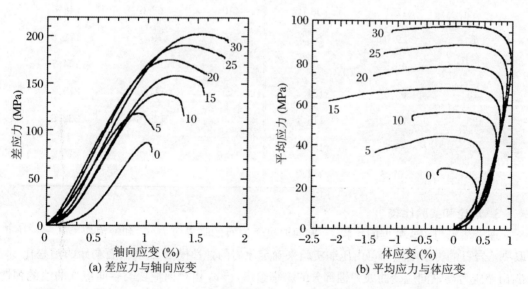

图 10.7.8　Wertheim 砂岩低围压三轴实验(每条曲线末端标明 MPa)

表 10.7.2 给出了所有样品的峰值应力和开始膨胀时临界应力 C',临界应力对应于平均应力-体积应变曲线开始偏离线性处(Wong 等,1997)。为了方便确定 C',先计算曲线的陡度。开始膨胀处就是陡度迅速增加处,如图 10.7.9 所示。

表 10.7.2 在脆性域砂岩样品实验数据

围压 σ_3(MPa)	膨胀开始 σ_1(MPa)	C'峰值应力 σ_1(MPa)	围压 σ_3(MPa)	膨胀开始 σ_1(MPa)	C'峰值应力 σ_1(MPa)
Bentheim			Vosges		
0	32	60.6	0	11.5	42.4
5	45	90.6	2.5	16.5	57.4
10	60	125.5	5	21.0	72.0
	62	129.6	7.5	34.2	88.9
15	79	142.4	10	42.0	103.0
20	95	174.1	15	56.5	113.5
25	118	187.9	20	71.0	133.8
30	130	214.8	25	85.5	147.1
	132	215.6	30	99.0	163.5
Diemelstadt			Wertheim		
0	6.9	34.2	0	23.2	87.4
0	7.4	35.2	5	48.2	123.3
2.5	17.1	56.0	10	68.6	148.6
5	29.0	67.3	15	79.5	172.8
10	46.0	87.1	20	93.3	194.7
15	65.0	104.2	25	112.0	215.2
20	73.3	118.1	30	125.8	232.6
25	86.7	133.2			
30	107.5	151.2			

3. 理论和实验比较

理论结果与实验数据的比较,一方面取决于岩石的临界应力(C'和峰值应力),另一方面取决于岩石的力学响应。可由压缩实验来确定原岩的弹性模量 E_0 和岩石初始的泊松比 ν_0:E_0 由差应力与轴向应变曲线弹性部分的斜率给出,$-\nu_0$ 由径向应变与轴向应变曲线的弹性部分的斜率给出。断裂韧性 K_{IC} 是控制破裂的发展的主要参数。它由锯齿形弯曲样品获得。孔隙半径 a 由完整样品的微观结构分析推断得到,b 是不同孔隙的中心到中心的间隔,是孔隙密度 N_A($b \sim 1/\sqrt{N_A}$)的函数。考虑应力强度因子 K_I 依赖于裂纹长度,且岩石的体积膨胀与裂纹的扩展有关,当 K_I 达到 K_{IC} 时,裂纹开始扩展,利用 C' 数据可得到初始裂纹

长度 l_0。与 l_0 的确定相类似,形状因子 Ω 也需要确定。对于给定的岩石,Ω 是常量,它反映的是孔隙附近的应力集中。可以通过画图确定控制 l_0 时的 Ω。以 Bentheim 砂岩为例,其 C' 可由下式给出:

$$\sigma_1(C') = 26.3 + 3.5\sigma_3 (\text{MPa}) \tag{10.7.15}$$

单轴加载情况,当孔隙半径 $a = 40~\mu\text{m}$,形状因子 $\Omega = 1$ 时,应力强度因子 K_I 低于 K_IC,这样裂纹不扩展(图 10.7.10)。当 $\Omega = 4.72$ 时,K_I-l 曲线的峰值与 $K_\text{I} = K_\text{IC}$ 对应,l_0 简化为与峰值对应的裂纹长度。当有围压 σ_3 存在时,形状因子 Ω 和前面确定的值一样保持不变。事实上,增加围压会减小应力强度因子(图 10.7.3),意味着必须适当增大最佳孔隙半径,以便裂纹扩展和实验中体积膨胀开始时的 C' 一致。这种压力依赖弥补了断裂韧性的压力依赖性,它可以从实验中观察到。初始裂纹长度总是由 K_I-l 曲线得到的。这就是说 l_0 是曲线峰值处对应的裂纹长度。有围压存在时的孔隙裂纹的形状得到优化,它和翼状裂纹模型的方法相似(Ashby 等,1986;Horii 等,1986;Ashby 等,1990),翼状裂纹模型同样需要增大优化的初始裂纹长度,以便和依赖于压力的 K_IC 取得平衡。

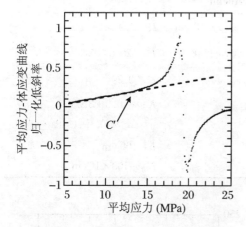

图 10.7.9　C' 的确定:基于围压 5 MPa 时 Diemelstadt 砂岩的三轴实验

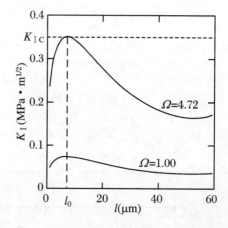

图 10.7.10　Bentheim 砂岩形状因子 Ω 的确定和在单轴压缩下对初始裂纹长度的控制

注:孔隙半径 $a = 40~\mu\text{m}$ 且轴向应力在 C' 时,$\sigma_1 = 26.3~\text{MPa}$。

在这些参数中,裂纹之间的距离 b 是控制断裂的唯一参数。为了控制它,可稍微调整从微观结构观测到的 b 值以使得 $\sigma_3 = 0$ 时实验和理论断裂阈值相符合,而当 $\sigma_3 \neq 0$ 时,在所有模拟中参数保持不变。

基于实验研究(Schmidt 等,1976;Schmidt 等,1977;Terrien 等,1983;Biret 等,1987;Biret 等,1989)结果,引入 K_IC 和 σ_3 的线性关系。

四种砂岩模拟参数见表 10.7.3,基于此参数进行模拟。实验和理论峰值应力的比较见图 10.7.11,由此可见,此模型一般与实验结果有良好的一致性。图中所示,实验和理论峰值应力之间的差最大在 10% 以下。较差的拟合结果出现在当围压 $\sigma_3 > 25$ MPa 时 Vosges 砂岩的模拟中,这可能源于试样的破坏方式已不再是完全的脆性。在围压为 30 MPa 时,几乎没有观测到膨胀(图 10.7.6),这表明岩石变形特性已经从脆性转为韧性状态。这些结果也显示调整 b 值与测量 b 值之间的关系。除了 Wertheim 砂岩之外,其余砂岩的差别在 13%

以下，Wertheim 砂岩达到了 64%。如此大的差别可能源于小孔隙的状态等因素，此类岩石富含二氧化硅。

表 10.7.3 数值模拟的参数

Bentheim		Vosges	
$\sigma_3 = 0, a = 40\ \mu\text{m}$	$\Omega = 4.72$	$\sigma_3 = 0, a = 25\ \mu\text{m}$	$\Omega = 15.1$
$\sigma_3 \neq 0, a$ 优化	$E_0 = 23.5\ \text{GPa}$	$\sigma_3 \neq 0, a$ 优化	$E_0 = 23.5\ \text{GPa}$
	$\nu_0 = 0.25$		$\nu_0 = 0.27$
	$K_{\text{IC}} = 0.35 + 3.33 \times 10^{-3} \sigma_3\ (\text{MPa} \cdot \text{m}^{1/2})$		$K_{\text{IC}} = 0.3 + 2 \times 10^{-3} \sigma_3\ (\text{MPa} \cdot \text{m}^{1/2})$
	$b = 225\ \mu\text{m}, N_A \sim 19.7 \times 10^6\ \text{m}^{-2}$		$b = 205\ \mu\text{m}, N_A \sim 25 \times 10^6\ \text{m}^{-2}$
Diemelstadt		Wertheim	
$\sigma_3 = 0, a = 22.5\ \mu\text{m}$	$\Omega = 8.55$	$\sigma_3 = 0, a = 15\ \mu\text{m}$	$\Omega = 9.9$
$\sigma_3 \neq 0, a$ 优化	$E_0 = 13.2\ \text{GPa}$	$\sigma_3 \neq 0, a$ 优化	$E_0 = 20.6\ \text{GPa}$
	$\nu_0 = 0.25$		$\nu_0 = 0.29$
	$K_{\text{IC}} = 0.18 + 2.25 \times 10^{-3} \sigma_3\ (\text{MPa} \cdot \text{m}^{1/2})$		$K_{\text{IC}} = 0.5 + 3.33 \times 10^{-3} \sigma_3\ (\text{MPa} \cdot \text{m}^{1/2})$
	$b = 176\ \mu\text{m}$		$b = 100\ \mu\text{m}$
	$N_A \sim 32.3 \times 10^6\ \text{m}^{-2}$		$N_A \sim 100 \times 10^6\ \text{m}^{-2}$

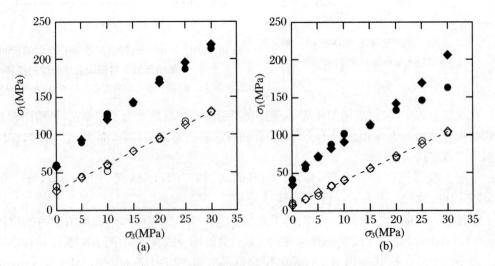

图 10.7.11 裂纹模型模拟结果（菱形）和实验数据（圆点）

注：图中(a)为 Bentheim 砂岩；(b)为 Vosges 砂岩；(c)为 Diemelstadt 砂岩；(d)为 Wertheim 砂岩。实心符号对应峰值应力，空心符号对应膨胀点 C'。

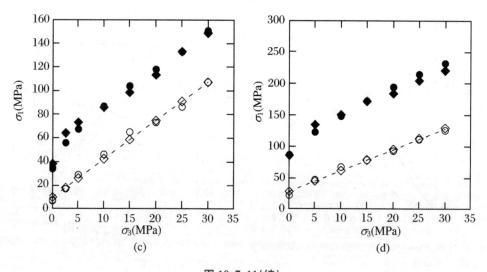

图 10.7.11(续)

关于岩石变形方面的理论研究,对四种岩石均可以进行相应的分析,这里只介绍 Vosges 和 Wertheim 砂岩的结果。图 10.7.12 和图 10.7.13 表明模型模拟结果与实验数据有良好的一致性。轴向和体积应变的数值与测量值接近,但此模型在高围压下过高估计了体积膨胀,这主要源于参数 D_3 的定义。围压的增加导致相互作用和不稳定性影响延迟,这使得 D_3 的值接近 1,从而体积膨胀明显。这个结果与其他的已发展到预测结晶岩力学行为的模型(Costin,1983;Kemeny 等,1987;Costin,1985)类似。

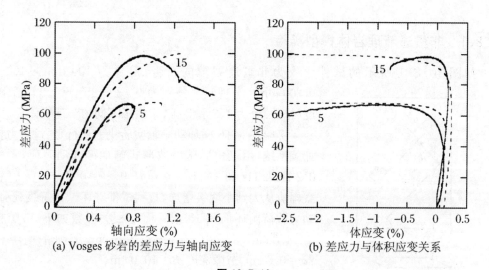

(a) Vosges 砂岩的差应力与轴向应变　　　(b) 差应力与体积应变关系

图 10.7.12

注:图中所示的数字表示围压,其单位为 MPa;图中实线是实验数据,虚线为理论模拟结果。

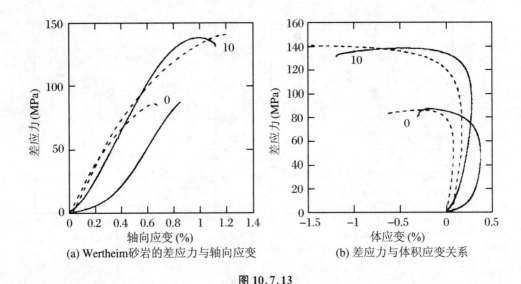

(a) Wertheim砂岩的差应力与轴向应变　　(b) 差应力与体积应变关系

图 10.7.13

注:图中所示的数字表示围压,其单位为 MPa;图中实线是实验数据,虚线为理论模拟结果。

10.8　节理岩块在动态循环加载作用下的力学特性和疲劳损伤模型[①]

10.8.1　非贯通节理岩体模型实验

如图 10.8.1 所示的试件含人为非贯通裂隙的石膏,尺寸为 100 mm × 100 mm × 200 mm。节理倾角分别为 0°,30°,45°,60°,90°,节隙密度(排数)分为 1,2 和 3 排,来模拟不同的节理岩体。

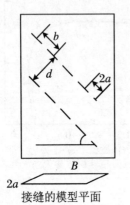

实验在 MTS 循环动三轴实验机上进行,通过应力控制加载系统,用三角形压力波形式施加循环动载荷,频率为 0.2 Hz,2 Hz 和 21 Hz。加载从 $0.2\sigma_c, 0.3\sigma_c, \cdots, \sigma_c$,将动载幅值从大到小逐级增加,直到试件破坏。在每级载荷下,动力载荷循环加载 15 次。模型相关参数如下:节隙排距 $d = 4.0$ cm,节隙中心距 $b = 2.5$ cm,节隙平均半长度 $2a = 0.5$ cm,节隙深度 $B = 10.0$ cm。

图 10.8.1　间歇接缝岩石群模型

---

① Li 等,2001。

10.8.2 节理岩体的动态强度特性

1. 动态应力-应变关系和动力强度特性

含节隙倾角(30°,90°)以及不含节隙倾角的试样在不同加载频率(如 0.2 Hz、2 Hz 和 21 Hz)下加载直至失效。在低频(加载频率 0.2 Hz)情况下,含节隙介质和无节隙完整介质都没有残余应力,然而在高频(21 Hz)加载情况下,使试件粉碎需要更多的循环次数,而且会出现更高的残余应力。图 10.8.2 为应变控制加载模式下非贯通节隙岩体试样(2 排节隙,节隙倾角为 30°)的动应力与加载循环数的关系。其动应力曲线说明了裂隙介质的动力强度随着动载频率的增加而增加,这是因为高加载频率减缓了试件内部损伤演化。

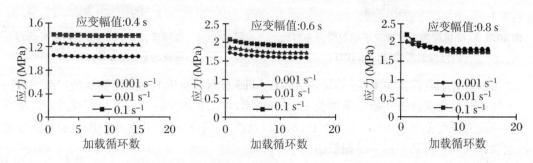

图 10.8.2 不同应变率下的破坏动应力模式(Li 等,2001)

2. 动力强度特性与节理的几何参数关系

非贯通节隙岩体试件的动力强度在节隙倾角不大于 30°时,随着节隙倾角(图 10.8.3)增加而上升;当节隙倾角在 30°到 45°之间时,其随着节隙倾角增加而降低,在节隙倾角为 45°时将会达到最低值。从 45°的节隙倾角开始,动力强度又将随着节隙倾角增加而上升,直到节隙倾角达到 90°为止。非贯通节隙岩体介质的动力强度和节隙倾角的这种关系与加载频率无关,如图 10.8.3 和表 10.8.1 所示。这种强度特性与准静态加载情况下得到的强度性质是不同的,最低强度在节隙倾角为 $45°+(\varphi/2)$ 时出现,φ 为节隙连通率。

表 10.8.1 不同节隙倾角情况下(2 排裂隙)的动力强度峰值(MPa)

加载频率 (Hz)	节理倾角(°)					无节理试样
	0	30	45	60	90	
0.2	2.30	2.47	2.13	2.84	3.57	3.64
2.0	2.46	2.49	2.13	3.22	4.18	4.23
21.0	2.74	2.90	2.31	3.59	4.52	4.65

注:Li 等,2001。

在准静态加载情况下,非贯通裂隙岩体介质的动力强度在所有的加载频率下随着裂隙密度的增加而单调递减,如图 10.8.4 和表 10.8.2 所示。无论裂隙密度和裂隙倾角是何种状况甚至不管介质中有没有裂隙存在,动力强度总是随着加载频率的增加而提高的。

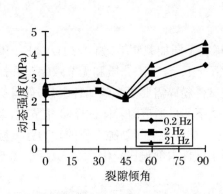

图10.8.3　2排裂隙密度情况下的裂隙倾角对动力强度的影响(Li等,2001)

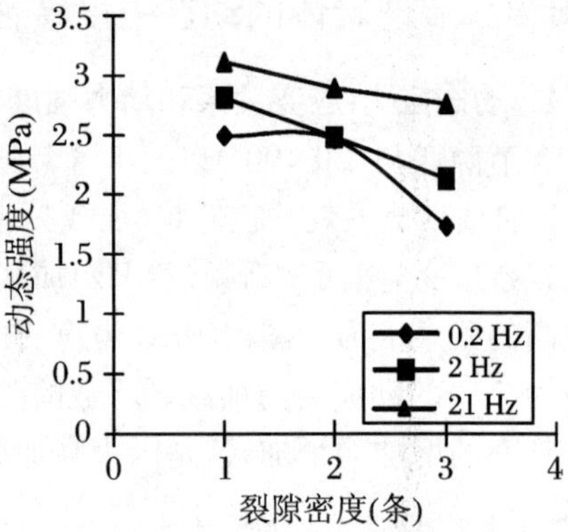

图10.8.4　裂隙倾角为30°时节隙密度对动力强度的影响(Li等,2001)

为了研究加载模式对实验结果的影响,在MTS材料实验机上用应变控制的加载方式进行了同样的对比实验。实验结果如表10.8.3所示,可以看出在应变控制加载模式的情况下得到的动力强度值与表10.8.1～表10.8.2以及图10.8.2～图10.8.4中所显示的在应力控制加载模式下得到的结果是相似的。

表10.8.2　不同节隙密度下的动力强度峰值(MPa)

频率(Hz)	节理密度(条)			完整试样
	1	2	3	
0.2	2.50	2.47	1.74	3.64
2.0	2.82	2.49	2.14	4.23
21.0	3.12	2.90	2.77	4.65

注:Li等,2001。裂隙倾角30°。

表10.8.3　$f(a,b,d)$的值

$d/2a$	$b/2a$				
	∞	5	2.5	1.67	1.25
∞	1.000	1.017	1.075	1.208	1.565
5.00	1.016	1.020	1.075	1.208	1.565
1.00	1.257	1.257	1.258	1.292	1.580
0.25	2.094	2.094	2.094	2.094	2.107

注:Li等,2001。

10.8.3　非贯通节理岩体的疲劳损伤模型

1. 单一节隙模式

非贯通裂隙岩体介质试样如图10.8.1所示。据断裂力学理论,动态单轴压缩或拉伸条件下,弹性体因单个裂隙存在而引起的能量增量可以写成

$$U_1 = \int_0^A G \mathrm{d}A = \frac{1-\nu^2}{E}\int_0^A \left(K_{\mathrm{I}}^2 + K_{\mathrm{II}}^2 + \frac{1}{1-\nu}K_{\mathrm{III}}^2 \right) \mathrm{d}A \tag{10.8.1}$$

其中,A表示带隙面积,E为杨氏模量,ν为泊松比,K_{I},K_{II},K_{III}为三类裂纹的应力强度因子。根据损伤理论,损伤单元的应变能增量可表示为

$$\Delta U = U_{\mathrm{d}} - U_0 = \frac{\sigma^2}{2E(1-D)} - \frac{\sigma^2}{2E} = \frac{\sigma^2}{2E}\left(\frac{D}{1-D}\right) \tag{10.8.2}$$

其中，D 为损伤变量。

通过不同方法得到的能量增量应该是相等的，即 $U_1 = \Delta U$。

损伤变量 D 由下式得到：
$$D = 1 - 1/(1 + K_d)$$

其中，
$$K_d = 1 + \frac{2}{V} \frac{1-\nu^2}{\sigma^2} \times \int_0^A \left(K_I^2 + K_{II}^2 + \frac{1}{1-\nu} K_{III}^2 \right) dA$$

2. 节隙行为

若节隙闭合，那么有效应力为

$$\sigma_n^* = \sigma_n - \sigma_n', \quad \tau_n^* = \tau_n - \tau_n' \tag{10.8.3}$$

其中，σ_n 和 τ_n 为作用于节隙面上的应力，σ_n' 和 τ_n' 为节隙表面间相互作用力。应力强度因子 K_I 和 K_{II} 可用下式表示：

$$K_I = 0$$
$$K_{II} = \left[-\frac{\sin(2\alpha)}{2}(\sigma_1 - \sigma_3) + (\sigma_1 \cos^2\alpha + \sigma_3 \sin^2\alpha)\tan\varphi \right]$$
$$\times \sqrt{\pi a} \quad (\tau_n > \sigma_n \tan\varphi) \tag{10.8.4}$$

式中，φ 为内摩擦角，α 为节隙面方位角。

如果裂隙不闭合，那么 K_I 和 K_{II} 用下式表示：

$$K_I = -\sigma_n^* \sqrt{\pi a} = -(\sigma_1 \cos^2\alpha + \sigma_3 \sin^2\alpha)\sqrt{\pi a} \tag{10.8.5a}$$

$$K_{II} = -\tau_n^* \sqrt{\pi a} = -\frac{\sin(2\alpha)}{2}(\sigma_1 - \sigma_3)\sqrt{\pi a} \tag{10.8.5b}$$

3. 多个节隙模式

如果一排中有一组等长、等距离的非贯通节隙，节隙参数如图 10.8.1 所示，应力强度因子可以写成

$$K_I = K_{I0} \sqrt{\frac{2}{\pi\varphi} \tan\frac{\pi}{2}\varphi}, \quad K_{II} = K_{II0} \sqrt{\frac{2}{\pi\varphi} \tan\frac{\pi}{2}\varphi} \tag{10.8.6}$$

其中，K_{I0} 为单个拉伸状态节隙的应力强度因子。K_I 为多个拉伸状态节隙的应力强度因子，以此类推。$\varphi = 2a/b$ 是节隙的连通率。

如果有如图 10.8.1 所示的节隙组成的"一组平行线"，那么含多排非贯通节隙岩体介质的应力强度因子可以用下式表示：

$$K_I = f(a,b,d) K_{I0}, \quad K_{II} = f(a,b,d) K_{II0} \tag{10.8.7}$$

在如图 10.8.1 所示的节隙假设下，Cherepanov(1979)提出如表 10.8.3 所示的节隙群交互作用因子。可得出单组多排节隙损伤变量，对于闭合节隙，有

$$K_d = \begin{cases} 1 & (\tan\alpha \leqslant \tan\varphi) \\ 1 + 4\pi(1-\nu^2)f^2(a,b,d)B\rho a^2 \cos^2\alpha(\sin\alpha - \cos\alpha\tan\varphi)^2 & (\tan\alpha > \tan\varphi) \end{cases}$$
$$\tag{10.8.8}$$

对于张开节隙，有

$$K_d = 4\pi(1-\nu^2)f^2(a,b,d)B\rho a^2 \cos^2\alpha \tag{10.8.9}$$

4. 多组节隙的情况

如果有 N_1 组单排节隙和 N_2 组多排节隙，此时损伤变量可表示为

$$D_g = 1 - \frac{1}{[1 + 4(1-\nu^2)]\left(2\sum_{i=1}^{N_1} M_i + \pi\sum_{i=1}^{N_2} L_i\right)} \quad (10.8.10)$$

其中，

$$M_i = \begin{cases} \dfrac{2B\rho a_i^2}{\varphi_i}\tan\dfrac{\pi}{2}\varphi_i \cos^2\alpha_i(\sin\alpha_i - \cos\alpha_i\tan\varphi_i)^2 & (\text{当 } \tan\alpha_i > \tan\varphi_i \text{ 时，第 } i \text{ 个节隙闭合}) \\ \dfrac{2B\rho a_i^2}{\varphi_i}\tan\dfrac{\pi}{2}\varphi_i \cos^2\alpha_i & (\text{当 } \tan\alpha_i < \tan\varphi_i \text{ 时，第 } i \text{ 个节隙张开}) \end{cases}$$

$$L_j = \begin{cases} f^2(a_j,b_j,d_j)B_j\rho a_j^2\cos^2\alpha_j(\sin\alpha_j - \cos\alpha_j\tan\varphi_j)^2 & (\text{当 } \tan\alpha_j > \tan\varphi_j \text{ 时，第 } j \text{ 个节隙闭合}) \\ f^2(a_j,b_j,d_j)B_j\rho a_j^2\cos^2\alpha_j & (\text{当 } \tan\alpha_j < \tan\varphi_j \text{ 时，第 } j \text{ 个节隙张开}) \end{cases}$$

当节隙闭合，且 $\tan\alpha_i \leqslant \tan\varphi_i$ 时，$M_i = L_i = 0$。

式(10.8.10)是单方向多组节隙体系的损伤变量，各个方向的疲劳损伤行为的损伤张量表达式可以由张量运算得出。

5. 疲劳损伤模型的验证

表10.8.4和表10.8.5显示了脆性材料变形模量实验与提出的疲劳损伤模型计算得到的结果的对比。总的来看：实验与疲劳损伤模型计算结果对比的误差都小于3.2%，随裂隙倾角的增大误差有减小的趋势；随裂隙密度的增加，损伤变量增大，模量减小，实验与理论计算结果对比的误差增大。综上可得到以下几个结论：节隙试样的变形模量随加载频率增加而提高；试件的不可逆变形随着加载频率的增加而降低，并且随加载循环次数的增加而提高；动力变形随着节隙密度的增加而提高，随着节隙倾角的增加而降低。

节隙试样的动力强度随着加载循环次数的增加而降低，并且随节隙倾角的改变而改变。残余动应力与单轴加载情况下的准静态残余应力不同，不能为0。

表10.8.4 不同裂隙倾角情况下变形行为的实验结果和理论分析结果的对比

裂隙角度(°)	0	30	45	60	90
损伤变量 D	0.133	0.104	0.071	0.037	0
模型计算模量(MPa)	323	333	346	358	372
实验测量模量(MPa)	332	340	357	360	369
相对误差(%)	2.79	2.10	3.18	0.56	−0.81

注：Li 等，2001。

表10.8.5 不同裂隙密度情况下变形行为的实验结果和理论分析结果的对比

裂纹数(排)	4	8	12
损伤变量 D	0.051	0.104	0.147
模型计算模量(MPa)	353	333	317
实验测量模量(MPa)	358	340	307
相对误差(%)	1.42	2.10	−3.15

注：Li 等，2001。

参 考 文 献

Antonyuk S, Tomas J, Heinrich S. 2005. Breakage behaviour of spherical granulates by compression[J]. Chemical Engineering Science, 60: 4031-4044.

Ashby M F, Hallam S D. 1986. The failure of brittle solids containing small cracks under compressive stress states[J]. Acta Metall, 34: 497-510.

Ashby M F, Sammis C G. 1990. The damage mechanics of brittle solid in compression[J]. Pure Appl. Geophys, 133: 489-521.

Atkinson B K, Meredith P G. 1989. Experimental fracture mechanics data for rocks and minerals[C]//Atkinson B K. Fracture mechanics of rocks. London: Academic Press: 477-525.

Aubertin M, Simon R. 1997. A damage initiation criterion for low porosity rocks[J]. Int. J. Rock Mech. Min. Sci., 34: 3-4.

Baud P, Reuschle T. 1997. A theoretical approach to the propagation of interacting cracks[J]. Geophys. J. Int., 130: 460-469.

Beekman W J, Meesters G M, Becker T, et al. 2003. Failure mechanism determination for industrial granules using a repeated compression test[J]. Powder Technology(1-3): 367-376.

Biot M A. 1941. General theory of three-dimensional consolidation[J]. J. Applied Physics, 12: 155-164.

Biot M A. 1956. Theorry of propagation of elastic waves in a fluid-saturated porous solid 1: low-frequency range[J]. J. Acoust, Soc. Am., 28: 168-178.

Biret F, Valentin G. 1987. Mesure de l'influence de la pression sur la propagation de fissure dans les roches[J]. Oil & Gas Science and Technology, 42: 807-825.

Biret F, Valentin G, Gordo B, Henry J P. 1989. Effect of pressure on rock toughness[C]//Maury V, Fourmaintraux D. Rock at great depth. Rotterdam: Balkema: 165-170.

Bolton M D, Nakata Y, Cheng Y P. 2008. Macro- and micro mechanical behaviour of DEM crushable materials[J]. Géotechnique, 58(6): 471-480.

Bragova A M, Lomunova A K, Sergeicheva I V. 2008. Determination of physicomechanical properties of soft soils from medium to high strain rates [J]. International Journal of Impact Engineering, 35(9): 967-976.

Brandt H. 1955. A study of the speed of sound in porous granular media[J]. J. Appl. Mech., 22: 479-486.

Brara A, Klepaczko J R, Kruszka L. 1997. Tensile testing and modeling of concrete under high loading rates[C]//Brandt L, Marshall. Brittle Matrix Composites 5 (BMC5). Warsaw: 281-290.

Brara A, Klepaczko J R. 1999. Etude expérimentale de la traction dynamique du béton par écaillage[C]//Recueil de communications GEO-réseau de laboratoires, Comportement des ouvrages en dynamique rapide. Aussois.

Brara A, Camborde F, Klepaczko J R, et al. 2001. Experimental and numerical study of concrete at high strain rates in tension[J]. Mechanics of Materials, 33(1): 33-45.

Brown S, Caprihan A, Hardy R. 1998. Experimental observation of fluid flow channels in a single fracture[J]. Geophysical Research Atmospheres, 103: 5125-5132.

Budiansky B, O'Connell R J. 1976. Elastic moduli of cracked solid[J]. Int. J. Solids Struct, 12: 81-97.

Bulau J R, Waff H S, Tyburczy J A. 1979. Mechanical and thermodynamic constraints on fluid distribution in partial melts[J]. J. Geophys. Res., 84: 6102-6108.

Bung H. 1994. Modélisation sous sollicitations rapides[J]. Séminaire CEA/DAM: 73-118.

Cambord F, Mariotti C, Donze F V. 2000. Numerical study of rock and concrete behaviour by discrete element modelling[J]. Computers and Geotechnics, 27: 225-247.

Cambou B, Dubujet P, Emeriault F, et al. 1995. Homogenization for granular materials[J]. Eur. J. Mech., A/Solids: 255-276.

Chang C S, Yang C, Kabir M G. 1992. Micromechanics modeling for stress-strain behavior of granular soils I: theory[J]. Journal of Géotechnique Engineering, 118(12): 1959-1974.

Chen Y P, Nakata Y, Bolton M D. 2003. Discrete element simulation of crushable soil [J]. Géotechnique, 53(7): 633-641.

Cherepanov G. 1979. Mechanics of brittle fracture[M]. New York: Mc Graw Hill.

Chree C. 1889. The equation of an isotopic solid in polar and cylindrical coordinates their solutions and applications[J]. Cambridge Philos. Soc. Trans., 14: 250-369.

Cooper R F, Kohlstedt D L. 1986. Rheology and structure of olivine-basalt partial melts[J]. J. Geophys. Res., 91: 9315-9323.

Costin L S. 1981. Static and dynamic fracture behavior of oil shale[J]. ASTM Spec. Tech. Publ. STP, 745: 169-184.

Costin L S. 1983. A microcrack model for the deformation and failure of brittle rock[J]. Geophys. Res., 88: 9485-9492.

Costin L S. 1985. Damage mechanics in the post failure regime[J]. Mech. Mater, 4: 149-160.

Cundall P A, Strack O D L. 1979. A discrete numerical model for granular assemblies[J]. Géotechnique, 29(1): 47-65.

Cundall P A. 1988. Computer simulations of dense sphere assemblies[C]//Satake M, Jenkins J T. Micromechanics of Granular Materials. Amsterdam: Elsevier Science Publishers: 113-123.

Cundall P A. 1988. Formulation of a three-dimensional distinct element model(part I): a scheme to detect and represent contacts in a system composed of many polyhedral blocks[J]. Int. J. Rock Mech. Min. Sci., 25: 107-116.

Daines M J, Kohlstedt D L. 1997. Influence of deformation on melt topology in peridotites[J]. J. Geophys. Res., 102: 10257-10271.

Deresiewicz H. 1958. Mechanics of granular matter[C]//Dryden H L, et al. Advances in Applied Mechanics, 5: 233-306.

Digby P J. 1981. The effective elastic moduli of porous granular rocks[J]. J. Appl. Mech., 48: 803-808.

Drew D A. 1983. Mathematical modeling of two-phase flow[J]. Annu. Rev. Fluid Mech., 15: 261-291.

Duffy J, Mindlin R D. 1957. Stress-strain relations and vibration of a granular medium[J]. Appl. Mech., 24: 585-593.

Endres A L. 1997. Geometrical models for poroelastic behaviour[J]. Geophys. J. Int., 128: 522-532.

Eshelby J D. 1957. The determination of the elastic field of an ellipsoidal inclusion, and related problems[J]. Proc. R. Soc. London Ser. A, 241: 376-396.

Feustel A J. 1995. Seismic attenuation in underground mines: measurement techniques and applications to site characterization[D]. Kingston: Oueen's Univ.

Franz C, Follansbee P S. 1983. Wave propagation in the split Hopkinson pressure bar[J]. J. Eng. Mater. Technol., 105: 61-66.

Gale J E. 1975. A numerical, field and laboratory study of flow in rocks with deformable fractures[D]. California: University of Berkeley.

Grady D E, Kipp M E. 1980. Continuum modeling of explosive fracture in oil shale[J]. Int. J. Rock Mech. Min. Sci. Geomech. Abstr., 17: 147-157.

Gurland J. 1966. An estimate of contact and continuity of dispersion in opaque samples[J]. Trans. Metall. Soc. AIME, 236: 642-646.

Hardin O. 1985. Crushing of soil particles [J]. Journal of Geotechnical Engineering, 110(10): 1177-1192.

Harris R A, Day S M. 1993. Dynamics of fault interaction: parallel strike-slip faults[J]. J. Geophys Res., 98: 4461-4472.

Hart R, Cundall P A, Lemos J. 1988. Formulation of a three-dimensional distinct element model(part Ⅱ): mechanical calculations for motion and interaction of a system composed of many polyhedral blocks [J]. Int. J. Rock Mech. Min. Sci., 25: 117-125.

Hazzard J F, Maxwell S C, Young R P. 1998. Micromechanical modeling of acoustic emissions[C]// Eurock 98. TrondheimL: Soc. of Pet. Eng.: 519-526.

Hazzard J F, Young R P. 2000. Micromechanical modeling of cracking and failure in brittle rocks[J]. Journal of Geophysical Research, 105(B7): 16683-16697.

Hill D P, et al. 1993. Seismicity remotely triggered by the magnitude 7.3 Landers, California, earthquake[J]. Science, 260: 1617-1623.

Hirth G, Kohlstedt D L. 1995a. Experimental constraints on the dynamics of the partially molten upper mantle: deformation in the diffusion creep regime[J]. J. Geophys. Res., 100:1981-2001.

Hirth G, Kohlstedt D L. 1995b. Experimental constraints on the dynamics of the partially molten upper mantle: deformation in the dislocation creep regime[J]. J. Geophys. Res., 100: 15441-15449.

Horii H, Nemat-Nasser S. 1986. Brittle failure in compression: splitting, faulting and brittle-ductile transition[J]. Philos Trans. R Soc. Lond. A, 319: 337-374.

Huang J Y, Xu S L, Zheng W, et al. 2011. Compression responses of brittle particle material subjected to dynamic loading[C]//Advances in heterogeneous material mechanics. International Conference on Heterogeneous Material Mechanics: 869-873.

黄俊宇,徐松林,王道荣,等.2013.脆性颗粒材料的动态多尺度模型研究[J].岩土力学,34(4):922-932.

黄俊宇,徐松林,胡时胜.2013.脆性颗粒材料的应变率效应机理研究[J].固体力学学报,34(3):247-250.

Huang J Y, Xu S L, Hu S S. 2014. Influence of particle breakage on the dynamic compression responses of brittle granular materials[J]. Mechanics of Materials, 68: 15-28.

Huang J Y, Xu S L, Hu S S. 2013a. Effects of grain size and gradation on the dynamic responses of quartz sands[J]. International Journal of Impact Engineering, 59: 1-10.

Huang J Y, Xu S L, Hu S S. 2013b. Numerical investigations of the dynamic shear behavior of rough rock joints[J]. Rock Mech. Rock Eng., 47(5): 1727-1742.

Hudson J A, Fairhurst C. 1969. Tensile strength, Weibull's theory and a general stastistical approach to rock failure[C]//Te'eni M. Proc. Int. Conf. on Structure, Solid Mechanics and Engineering Design in

Civil Engineering Materials(part Ⅱ). London: Wiley: 901-914.

Itasca Consulting Group. 1999. Particle flow code in 2 dimensions version 2.0, Minneapolis, Minnesota.

Einav I. 2007. Breakage mechanics(part Ⅱ): modelling granular materials[J]. Journal of the Mechanics and Physics of Solids, 55(1-3): 1298-1320.

Iwakuma T, Nemat- Nasser S. 1984. Finite elastic-plastic deformation of polycrystalline metals[J]. Proc. Roy. Soc. Londan A, 394: 87-119.

Jaeger J, Cook N. 1979. Fundamentals of Rock Mechanics[M]. 3rd ed. London: Chapman and Hall.

Jaeger H M, Nagel S R. 1996. Granular solids, liquids, and gases[J]. Reviews of Modern Physics, 68(4): 1259-1273.

Jin Z M, Green H W, Zhou Y. 1994. Melt topology in partially molten mantle peridotite during ductile deformation[J]. Nature, 372: 164-167.

Johnson K L. 1992.接触力学[M].徐秉业,等,译.北京:高等教育出版社.

Kelly D, Peck D C, James R S. 1993. Petrography of granitic rock samples from the 420 level of the underground researchLaboratory [R]. Pinawa, Manitoba. Laurentian Univ., Sudbury, Ont., Canada.

Kemeny J, Cook N G W. 1986. Effective moduli, non-linear deformation and strength of a cracked elastic solid[J]. Rock Mech. Min. Sci. Geomech. Abstr., 23: 107-118.

Kemeny J M, Cook N G W. 1987. Crack models for the failure of rocks in compression[C]//Second International Conference on Constitutive Laws for Engineering Materials, Tucson: 879-87.

Kemeny J M. 1991. A model for non-linear rock deformation under compression due to sub-critical crack-growth[J]. Int. J. Rock Mech. Min. Sci. Geomech. Abstr., 28: 459-467.

Kieffer S W. 1977. Sound speed in liquid-gas mixtures: water-air and water-steam[J]. J. Geophys. Res., 82: 2895-2904.

Kim K, Yao C. 1995. Effects of micromechanical propertyvariation on fracture processes in simple tension[A]//Rock mechanics. Rotterdam:A. A. Balkema: 471-476.

Kipp M E, Grady D E, Chen E P. 1980. Strain rate dependent fracture initiation[J]. Int. J. Fract., 16: 471-478.

Klein E, Reuschle T. 2003. A model for the mechanical behaviour of Bentheim sandstone in the brittle regime[J]. Pure Appl. Geophys., 160: 833-849.

Klein E, Reuschle T. 2004. A pore crack model for the mechanical behaviour of porous granular rocks in the brittle deformation regime[J]. Int. J. Rock Mechanics and Mining Sciences, 41(6): 975-986.

Klepaczko J R. 1990a. Dynamic crack initiation. Some experimental methods and modelling[C]//Kleapczko J R. Crack dynamics in metallic materials. New York: Springer: 428.

Klepaczko J R. 1990b. Behavior of rock like materials at high strain rates in compression[J]. Int. J. Plasticity, 6: 415-432.

Klepaczko J R, Brara A. 2001. An experimental method for dynamic tensile testing of concrete by spalling[J]. Int. J. Impact Eng., 25(4): 387-409.

Kranz R L. 1979. Crack-crack and crack-pore interactions in stressed granite[J]. Int. J. Rock Mech. Min. Sci. Geomech. Abstr., 16: 37-47.

Kun F, Herrmann H J. 1996. A study of fragmentation processes using a discrete element method[J]. Comput. Methods Appl. Mech. Eng., 138: 3-18.

Kusano N, Aoyagi T, Aizawa J, et al. 1992. Impulsive local damage analyses of concrete structure by the distinct element method[J]. Nucl. Eng. Design, 138: 105-110.

Kuster G T, Ttoksöz M N. 1974. Velocity and attenuation of seismic waves in two-phase media(part 1): Theoretical formulations[J]. J. Geophysics, 39: 587-606.

Landau L D, Lifshitz E M. 1965. Theory of elasticity[M]. Tarrytown N Y. Pergamon.

Lemaitre J, Chaboche J L. 1985. M! ecanique des mat! eriaux solides[M]. Paris: Dunod.

Leddra M J, Jones M E, Goldsmith A S. 1990. Laboratory investigation of the compaction of chalk under conditions of increasing effective stress[C]//Proceedings of the third North Sea Chalk Symposium. Copenhagen. Norw.

Li N, Chen W, Zhang P, et al. 2001. The mechanical properties and a fatigue-damage model for jointed rock masses subjected to dynamic cyclical loading[J]. Int. J. Rock Mech. Min. Sci., 38(7): 1071-1079.

Li S P, Wu D X. 1997. Effect of confining pressure, pore pressure and specimen dimension on permeability of Yinzhuang sandstone[J]. Int. J. Rock Mech. Min. Sci., 34(3/4): 435-441.

Li X, Yu H S, Li X S. 2009. Macro-micro relations in granular mechanics[J]. International Journal of Solids and Structures, 46(25-16): 4331-4341.

Li Y J, Zimmermann T. 1997. Numerical simulation of fracture propagation in an anisotropic layered medium[C]. Proceedings of the Ninth International Conference on Computing Methods and Advances in Geometry, Wuhan, China, 2-7: 319-24.

Lifshitz J M, Leber H. 1993. Data processing in the split Hopkinson pressure bar tests[J]. Int. J. Impact Eng., 15(6): 723-733.

Lim W L, McDowell G R. 2005. Discrete element modeling of railway ballast [J]. Granular Matter, 7(1): 19-29.

Liu S, Sun D, Wang Y. 2003. Numerical study of soil collapse behavior by discrete element modelling[J]. Computers and Geosciences, 30: 399-408.

Lockher DA, Byerlee J D, Kuksenko V, et al. 1991. Quasi-static fault growth and shear fracture energy in granite[J]. Nature, 350(7): 39-42.

Locknet D A, Byedee J D, Kuksenko V, et al. 1992. Observations of quasi-static fault growth from acoustic emissions[C]//Evans B, Wong T. Fault Mechanics and Transport Properties of Rocks. San Diego: 3-32.

Louis C. 1974. Rock hydraulics[M]//Muller L. Rock mechanics. Wein-New York: Springer: 300-387.

Love A E H. 1927. A treatise on the mathematical theory of Elasticity[M]. New York: Cambridge Univ. Press.

Mackenzie J K. 1950. The elastic constants of a solid containing spherical holes[J]. Proc. Phys. Soc., 63: 2-11.

Martin J C, Serdengecti S. 1984. Subsidence over oil and gas fields[J]. Geol. Soc. Am. Rev. Eng. Geol., 6: 23-24.

Martin C D. 1993. Strength of massive Lac du Bonnet granite around undergroundo penings[D]. Winnipeg: Univ. of Manitoba.

Mavko G M. 1980. Velocity and attenuation in partially molten rocks[J]. J. Geophys. Res., 85: 5173-5189.

Mc Dowell G R, Humphreys A. 2002. Yielding of granular materials[J]. Granular Matter, 4(1): 1-8.

Mc Kenzie D. 1984. The generation and compaction of partially molten rock[J]. J. Petrol., 25: 713-765.

Menendez B, ZhuW, Wong T F. 1996. Micromechanics of brittle faulting and cataclastic flow in berea sandstone[J]. Journal of Structural Geology, 18(1): 1-16.

Mindlin R D, Deresiewicz H. 1953. Elastic spheres in contact under varying oblique forces[J]. Journal of Applied Mechanics, 20: 327-344.

Muskhelishvili N I. 1977. Some basic problems of the mathematical theory of elasticity[M]. 3rd ed. Groningen: Noordhoff International Publishing.

Nemat-Nasser S. 1987. Anisotropy in response and falure modes of granatar materials[C]// IUTAM ICM Symposium, Aug.: 24-28.

Noorishad J. 1971. Seepagein fractured rock: finite element analysis of rock mass behaviour under coupled action of body forces, flow forces and external loads[D]. California: University of Berkeley.

Nur A, Byerlee J D. 1971. Anexact effective stress law for elastic deformation of rock with fluids[J]. J. Geophys. Res., 76: 6414-6419.

Nye J F, Mae S. 1972. The effect of non-hydrostatic stress on intergranular water veins and lenses in ice[J]. J. Glaciol., 11: 81-101.

O'Connell R J, Budiansky B. 1974. Seismic velocities in dry and saturated cracked solids[J]. J. Geophys Res, 79: 5412-5426.

Okui Y, Horii H. 1995. A micromechanics-basecd continuum theory for microcracking localization of rocks under compression in continuum models for materials with Microstructure[C]//Mfihlhaus H B. New York: John Wiley: 27-68.

Ouchterlony F. 1980. Review of fracture toughness testing of rocks[R]. Stockholm: Swedish Detonic Research Foundation.

Ouchterlony F. 1988. Suggested methods for determining the fracture toughness of rock[J]. Int. J. Rock Mech. Min. Sci. Geomech. Abstr., 25: 71-96.

Ouchterlony F. 1989. On the background to the formulae and accuracy of rock fracture toughness measurements using ISRM standard core specimens[J]. Int. J. Rock Mech. Min. Sci. Geomech. Abstr., 26: 13-23.

Park H H, Yoon D N. 1985. Effect of dihedral angle on the morphology of grains in amatrix phase[J]. Metall. Trans. A, 16: 923-928.

Paterson M S. 1978. Experimental deformation: the brittle field[M]. New York: Springer.

Peters R R, Klavetter E A. 1988. A continuum model for water movement in an unsaturated fractured rock mass[J]. Water Resour. Res., 24(3): 416-430.

Pochhammer L. 1876. On the propagation velocities of small oscillations in an unlimited isotropic circular cylinder[J]. J. Fur Die Reine und Angewandte Mathematik, 81: 324-326.

Potyondy D, Cundall P, Lee C. 1996. Modeling of rock using bonded assemblies of circular particles [C]// Aubertin M. Second North American Rock Mechanics Symposium: NARMS '96. Brookfield: A. A. Balkema: 1934-1944.

Potyondy D, Cundall P. 1999. Modeling of notch formation in the URL mine-byt unnel(phase IV): Enhancementsto the PFC model of rock[R]. Minneapolis: Report to Atomic Energy of Canada Limited.

Potyondy D O, Cundall P A. 2004. A bonded-particle model for rock[J]. Int. J. Rock Mechanics and Mining Sciences, 41(8): 1329-1364.

Read R S, Martin C D. 1992. Monitoring the excavation-induced response of granite[C]//Proc. U. S. Syrup. on Rock Mechanics: 201-210.

Reinhardt H W. 1985. Strain rate effects on the tensile strength of concrete as predicted by thermodynamic and fracture mechanic models[C]//Mindess, Shah. Cement-based Composites: Strain Rate Effects on Fracture, 64: 1-12.

Ribe N M. 1987. Theory of melt segregation: a review[J]. J. Volcanol. Geotherm. Res., 33: 241-253.

Rice J R, Cleary M P. 1976. Some basic stress diffusion solutions for fluid-saturated elastic porous media with compressible constituents[J]. Rev. Geophys., 14: 227-241.

Rutqvist J, Borgesson L, Chijimatsu M, et al. 2001a. Thermohydromechanics of partially saturated geological mediagoverning equations and formulation of four finite element models[J]. Int. J. Rock Mech. Min. Sci., 38: 105-127.

Rutqvist J, Borgesson L, Chijimatsu M, et al. 2001b. Coupled thermo-hydro-mechanical analysis of a heater test in fractured rock and bentonite at Kamaishi Mine: comparison of field results to predictions of four finite element models[J]. Int. J. Rock Mech. Min. Sci., 38: 129-142.

Sammis C G, Ashby F. 1986. The failure of brittle porous solids under compressive stress states[J]. Acta Metall, 34: 511-526.

Schlangen E, Mier J G M. 1992. Fracture modeling of granular materials[J]. Mater. Res. Soc. Symp. Proc., 278: 153-158.

Schmeling H. 1985. Numerical models on the influence of partial melt on elastic, anelastic and electric properties of rocks(part 1): elasticity and abelasticity[J]. Physics Earth Planet. Inter., 41: 34-57.

Schmidt R A, Benzley S E. 1976. Stress intensity factors of edge crack specimens under hydrostatic compression with application to measuring fracture toughness of rock[J]. Int. J. Fract., 12: 320-322.

Schmidt R A, Huddle C W. 1977. Effect of confining pressure on fracture toughness on Indiana Limestone[J]. Int. J. Rock Mech. Min. Sci., 14: 289-293.

Schmidt R A, Ingraffea A R. 1978. On the prediction of tensile strength of rock from fracture toughness or effective surface energy[R]. Albuquerque: Sandia National Laboratory.

Schmidt R A, Lutz T J. 1979. KIC and JIC of westerly granite-effect of thickness and plate dimensions[J]. ASTM Spec. Tech. Publ., 687: 166-182.

Scott D R, Stevenson D J. 1984. Magma solitons[J]. J. Geophys. Res. Lett., 11: 1161-1164.

Sebastian L G, Vallejo L E, Vesga L F. 2006. Visualization of crushing evolution in granular materials under compression using DEM[J]. International Journal of Geomechanics, 6(3): 195-200.

Shah R C. 1976. Mechanics of crack growth[C]//Proceedings of the Eighth National Symposium on Fracture Mechanics. ASTM Special Technical Publication.

Sih G C, Liebowitz H. 1968. Mathematical theories of brittle fracture[C]//Liebowitz H. Fracture, an advanced treatise. New York: Academic Press: 67-190.

Sih G C. 1973. Handbook of stress intensity factors for researchers and engineers[M]. Bethlehem PA: Lehigh University.

Sokolnikoff I S. 1956. Mathematical theory of elasticity[M]. 2nd ed. New York: Mc Graw-Hill.

Stevenson D J. 1989. Spontaneous small-scale melt segregation in partial melts undergoing deformation [J]. J. Geophys. Res. Lett., 16: 1067-1070.

Stocker R L, Gordon R B. 1975. Velocity and internal friction in partial melts[J]. J. Geophys. Res., 80: 4828-4836.

Su G W, Geller J T, Pruess K, et al. 2000. Overview of preferential flow in unsaturated fractures[C]// Faybishenko B, Witherspoon P A, Benson S M. Dynamics of fluids in fractured rock. Washington DC:

American Geophysical Union: 147-155.

孙其诚,王光谦.2009.颗粒物质力学导论[M].北京:科学出版社.

Tang C A. 1997. Numerical simulation on progressive failure leading to collapse and associated seismicity[J]. Int. J. Rock Mech. Min. Sci., 34(2): 249-261.

Tang C A, Yang T H, Tham L G, et al. 2002. Coupled analysis of flow, stress and damage (FSD) in rock failure[J]. Int. J. Rock Mech. Min. Sci., 39(4): 477-489.

Terrien M, Sarda J P, Chaye d'Albissin M, et al. 1983. Experimental study of the anisotropy of a sandstone and a marble[C]// International Congress CNRS No. 351. Villard de Lans.

Teufel L W, Rhett D W, Farrell H E. 1991. Effect of reservoir depletion and pore pressure drawdown on in situ stress and deformation in the Ekofisk field, North Sea[C]// Proc. US Rock Mech. Symp., 32: 63-72.

Thornton C. 1998. Coefficient of restitution for collinear collisions of elastic-perfectly plastic spheres[J]. Journal of Applied Mechanics, 64 (2): 383-386.

Toksöz M N, Cheng C H, Timur A. 1976. Velocities of seismic waves in porous rocks[J]. Geophysics, 41: 621-645.

Trustrum K, Jayatilaka A D E S. 1979. On estimating the Weibull modulus for a brittle material[J]. Journal of Materials Science, 14(5): 1080-1084.

Tsang Y W, Tsang C F. 1987. Channel model of flow through fractured media[J]. Water Resour. Res., 23(3): 467-479.

Underwood E E. 1970. Quantitative stereology[M]. Reading MA: Addison-Wesley.

Van Mier J G M. 1997. Fracture process of concrete[M]. New York: CRC Press.

Veeken C A M, Walters J V, Kenter C J, et al. 1989. Use of plasticity models for predicting borehole stability[C]//Maury V, Fourmaintraux D. Rock at great depth. Rotterdam: Balkema: 835-844.

Von Bargen, Waff H S. 1986. Permeabilities, interfacial areas and curvatures of partially molten systems: results of computations of equilibrium microstructures[J]. J. Geophys. Res., 91: 9261-9276.

Walsh J B. 1965. The effect of cracks on the compressibility of rock[J]. J. Geophys. Res., 70: 381-389.

Walsh J B. 1969. New analysis of attenuation in partially melted rock[J]. J. Geophys. Res., 74: 4333-4337.

Walton K. 1987. The effective elastic moduli of a random packing of spheres[J]. J. Mech. Phys. Solids, 35: 213-226.

王宝善.2003.颗粒状地球介质破坏演化的数值研究[D].合肥:中国科学技术大学.

Wang R, Kemeny J M. 1994. A study of the coupling between mechanical loading and flow properties in tuffaceous rock. Rock Mechanics[M]. Rotterdam: Balkema: 749-755.

Wong T, David C, Zhu W. 1997. The transition from brittle faulting to cataclastic flow in porous sandstones: mechanical deformation[J]. J. Geophys. Res., 102: 3009-3025.

Weibull W. 1939. A statistical theory of the strength of materials[J]. Ing Vet Ak Handl, 151: 5-44.

Weibull W. 1939. The phenomenon of rupture in solids[J]. Ing Vet Ak Handl, 153: 5-55.

Wilshaw T R. 1971. The hertzian fracture test[J]. Journal of Physics D: Applied Physics, 4: 1567-1581.

Witherspoon P A. 2000. Investigations at Berkeley on fracture flow in rocks: from the parallel plate model to chaotic systems[C]//Faybishenko B, Witherspoon P A, Benson S M. Dynamics of fluids in fractured rock. Washington DC: American Geophysical Union: 1-58.

Wu T T. 1966. The effect of inclusion shape on the elastic moduli of a two-phase material[J]. Int. J.

Solids Struct., 2: 1-8.

Yang M, Yue Z Q, Lee P K K, et al. 2001. Penetration of grout in fractured rocks[R]. University of Hong Kong: Department of Civil Engineering.

Zhang J, Wong T F, Davis D M. 1990. Micromechanics of pressure-induced grain crushing in porous rocks[J]. Journal of Geophysical Research, 95(B1): 341-352.

Zhao H, Gary G. 1997. A new method for the separation of waves. Application to the SHPB technique for an unlimited duration of measurement[J]. J. Mech. Phys. Solids, 45(7): 1185-1202.

Zhao Y S. 1994. Fluid mechanics of mining rock[M]. Beijing: Publishing House of the Chinese Coal Mining Industry.

Zhang J C, Bai M, Roegiers J C, et al. 2000. Experimental determination of stress-permeability relationship[C]//Pacific Rock. Rotterdam: Balkema: 817-822.

Zhang S L, Shen C, Deng J G. 2000. Testing study on the law of permeability variation in process of rock deformation and damage[J]. Chin. J Rock Mech, Eng., 19(S): 885-888.

第11章 岩土本构模型的工程应用

11.1 盐岩蠕变本构方程与核废料长期储存的预测[①]

11.1.1 概述

随着人们生活水平的不断提高,对赖以生存的环境要求也越来越高。而环境问题是21世纪地球科学所面临的三大难题之一,也是当今举世关注的最重大全球性问题之一。对生命活动有极其重要生态作用的地质环境的生态质量直接或间接地决定着国家的经济基础,所以地质生态环境是人类生存和发展的四维空间,它受岩石圈、水圈、大气圈、生物圈的综合影响(同时还受到人类自身活动的影响)。天然辐射环境和人为辐射环境是构成生态环境的极为重要的部分。

放射性废料来自各种各样的涉及放射性材料的科研和工业生产活动(井兰如等,2003):有来自核电厂的乏燃料芯棒,核武器研制和生产过程中产生的各种固态或液态放射性废料,科研和医疗卫生事业使用过的放射性材料和防-保护材料,核原料矿山开采中产生的废石、尾矿、废水,以及退役的核发电厂的反应堆及附属设施等。军用核废料和核电乏燃料属于高放射性废料,其辐射强度指标可达 $10^{16} \sim 10^{18}$(Bq/t,辐射强度的活度的单位,表示每吨放射性废料所产生的活度数值),并具有较强到极强的放热效应。液体状态下的军用核废料则具有极强的腐蚀效应。

放射性废料在最终处置前必须进行体积压缩、材料形态转化、密封加固等一系列加工过程以达到其最终(处置前)形式。低放射性和中低放射性废料在最终形式加工包括体积压缩、金属罐储存、混凝土浇灌、加顶密封等。浇灌材料也可用沥青或者高分子树脂,但混凝土浇灌因更适用于不同的地质化学环境而为大多数国家所采用。高放射性废料处置前以固态或液态存在。核反应堆使用过的乏燃料芯棒为固态,经过液化再加工可从中提取核武器制造所需要的钚。液态的废料具有极强的放射性、放热性和腐蚀性而不能直接处置。必须经过固化处理后成为硼硅酸盐玻璃态固体才能作为处置前的最终形式。一些非核武器国家(如瑞典、芬兰、瑞士、西班牙、德国、加拿大等)立法不允许对乏燃料芯棒再加工来提取核武

[①] Head,1980.

器原料。因此从核电厂退役的乏燃料芯棒就成为其最终处置形式。乏燃料芯棒具有较强的放热性和辐射性，而且其遇水后形成的溶液具有较强的腐蚀性。目前普遍采用的方法是，将具有极高初始温度的乏燃料芯棒从反应堆撤出后，在地表中间储存设施的冷却池中存放25～40年或干存放自然冷却，以使其温度降低到可进行安全的封装加工和运输的程度。然后将其密封在具有充分的力学性——结构强度和防腐蚀性能——的金属容器中。这种装有乏燃料芯棒的金属容器也可被视为废核燃料的最终处置形式。

放射性废料最终处置方式：

（1）必须保证核素不在超过公认的安全标准量的情况下进入生物圈。因此废料处理场必须距地表水体（湖泊、河流、水井、海洋等）有足够的距离以使核素的迁移接近生物圈时其放射性已衰变至安全量。

（2）必须保证废料处置工程设施的安全性不受人类活动（如资源开发、勘探等）或自然灾害活动（如地震、气候变迁）的影响。因此废料场不应选在可能的含经济矿物资源的地层中或地震烈度较高的地壳活动区域。而且其安全性不受周期性冰川侵入和后退过程所引发的地应力变化、温度变化、永冻、地下水化学变化以及海平面升降变化的影响。

（3）核废料的最终处置，包括再回收可能性，必须有可靠的技术实施手段。有关核废料地下处置场及其母岩的各种物理和化学过程必须得到充分的科学和工程表征，并为处置场局部或整体的性状预测和安全性评估模拟提供模型和数据保证。

目前国际最广泛采纳的高放核废料处置方法是利用深部地下工程的地质处置。该方法的基本要点是在距地表500～1 000 m的地下地质介质（花岗岩、黏土、岩盐、页岩等）中开挖单层或多层的巷道和峒室系统，将最终形式的放射性废料存放在预置的位置，然后将巷道、峒室加以回填隔离。

由于各国地质条件各不相同，处置母岩的选择也自然各异，但主要岩石类型为花岗岩（加拿大、中国、捷克、芬兰、印度、瑞典、法国、瑞士、日本、德国、保加利亚、乌克兰）、黏土或页岩（比利时、匈牙利、法国、瑞士、德国）、岩盐（白俄罗斯、荷兰、乌克兰）、泥灰岩（保加利亚）、超基性岩（印度尼西亚）、凝灰岩（美国）和沉积岩（日本）。波兰、斯洛伐克、西班牙和英国尚未最后确定核废料储存母岩类型（井兰如等，2003）。

在核时代的上半个世纪里，美国的核动力反应堆用过的核燃料棒，商用的已累计到约6万吨，还有军用的38万立方米强放射性核废料。若没有建成新的反应堆，就目前正在运转的反应堆寿命按平均40年计算，专家估计：在核电厂反应堆都达到其许可运行寿命的极限时，核电厂反应堆的核废料总量将达到84 000吨左右。我国按核电发展规划推算，到2010年积累的乏燃料将达到1 000吨，到2015年将达到2 000吨。在2020年以后，每年都将卸下近千吨乏燃料。对于这些高放射性废物，由于其中含有毒性极大、半衰期很长的放射性核素，所以放射性废物的地下处置是一个关乎国计民生，并在更高层面上对国家的核能、核废、国防和环境保护中的多尺度（包括时间和空间）多学科的综合问题，对它的安全处置也是一个世界性的难题。

核素迁移是高放射性废物处置库安全评价中的一个关键问题，从国际发展趋势来看，实践对象的空间尺度和时间尺度越来越大，没有模型研究和数值模拟是很难预测几千年、上万年甚至上百万年之后核素从处置库转向生物圈的情况，也就难以完成处置库的安全分析和环境核污染的评价。所以这方面的研究与人类生存和可持续发展息息相关。此部分既是本构模型的实际应用介绍,也是研究难度和研究机遇很大的多孔岩石模型的拓展和介绍。

盐岩腔是国际上公认的油气储备和放射性废物处置的理想场所(杨春和,2011),国外早已利用盐岩作为放射性废物仓库,并作为安全储存核废料的首选场址。国内"西气东输"配套盐穴储气库工程的建设标志着我国对盐岩的利用已迈入了一个新台阶。从更好地利用盐岩和安全方面考虑,必须对其物理力学特性进行深入研究。

11.1.2 实验方案的选取

我们知道盐(NaCl)是一种既具有脆性又具有非弹性的材料,通常是很弱的塑性材料。这里主要介绍盐在蠕变第二阶段的本构方程,探索盐在自然条件下怎样蠕变。另外要研究或预测把盐作为核仓库,将高浓度的核废料放在其中,盐将会有哪些性质。这些性质是与时间有关的力学性质,也就是蠕变性质以及与蠕变有关的变形和传导机制。蠕变性质的研究不仅仅对核废料贮藏有意义,对其他地下仓库和地下工程也很有意义。

从仓库来说,我们感兴趣的是蠕变条件:围压 50 MPa,温度 300 ℃,孔隙压力一般为围压的一半,即 25 MPa,最大主应力差达到了短期破裂应力,时间为 10^6 s(在实验室条件下能使条件固定所能达到的最长时间),即 10 天。

从本构方程来说,主要考虑的是应变张量和应力张量、压力、温度和时间的关系。我们要考虑初始阶段的蠕变、第二阶段的蠕变以及最终蠕变状况。盐具有良好的蠕变性、低渗透率及损伤自我修复的特性,所以它的破坏性质不是很重要,它的应变张量中扩容(膨胀)分量也不重要,因为盐几乎是不膨胀的,所以目前国内外公认其为能源储存及高放射性废物处置的首选介质,我们主要是讨论它的剪切变形特性。

1. 材料蠕变曲线回顾

在应力保持常量的情况下,一般材料的蠕变曲线具有如图 11.1.1(a)和(b)所示的特性。ε_t^* 为初始蠕变极限,ε_t^{**} 为稳态蠕变极限,$\dot{\varepsilon}_{ss}$ 为稳态蠕变率,起始点表示它的弹性性质。Ⅰ 为瞬时蠕变区,应变速率随时间而减小,为弹性应变,是可逆的。Ⅱ 为第二阶段蠕变,应变速率是时间的线性函数,结构中往往有位错发生和迁移,其变形机制以扩散为主。它是在某些晶体中的原子或原子团以集团形式通过晶格位移产生一定形式的应变。Ⅲ 是第三阶段蠕变,其应变速率随时间而增加,到某一个点发生破裂。主要机制实际上总是与膨胀有

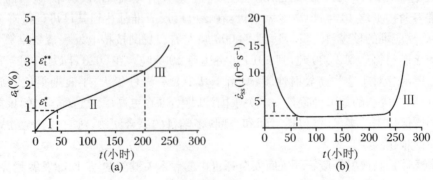

图 11.1.1　应力为常量的蠕变曲线(杨春和等,2000)

关。颗粒边界产生裂缝而张开,最终导致破坏。

对所有的材料来说,一般都能看到第Ⅰ阶段蠕变,在某些材料中有时看不到第Ⅱ、第Ⅲ阶段;对脆性材料来说,可以看到第Ⅰ阶段蠕变,紧接着看到的是第Ⅲ阶段蠕变,第Ⅱ阶段则看不到。对盐岩来说,第Ⅱ阶段蠕变持续较长,一般看不到第Ⅲ阶段蠕变。下面要介绍的主要是第Ⅱ阶段的蠕变,瞬时阶段的蠕变持续时间较短,对盐来说可以忽略。

2. 两种实验方法

测定材料的应变随时间变化的性质的方法有两种:其一是在经典的蠕变实验中,保持应力为常量,做出应变随时间的变化,见图 11.1.2(a)中曲线⑤,与图 11.1.1(a)相似;另一种也可称为蠕变实验,即保持应变速率为常量,求出差应力-应变关系曲线[图 11.1.2(b)]。第二种方法实际上是我们常作的单轴应力加载方式下的应力-应变曲线。图 11.1.2(c)为德国某天然气盐岩地下储存库的盐岩的蠕变曲线。该蠕变实验是在德国克劳斯塔尔工业大学废弃物处置与岩土力学研究所进行的。盐岩结晶程度较好,含盐量高(NaCl 含量>95%),杂质含量少。样品长 80 mm,直径 40 mm,重 217.5 g。加载应力 σ_1 为 40 MPa,$\sigma_2 = \sigma_3 = 15$ MPa,实验温度为 50 ℃。实验时间为 34 天,初始蠕变极限值 ε_{max} 为 2.600 0%,最大实验应变 ε 为 6.458 0%,稳态应变率 $\dot{\varepsilon}_{ss}$ 为 8.87×10^{-4}。从蠕变曲线可以看出,包含的弹性阶段很短暂,曲线上没有明显的反映。因此总体上可将蠕变曲线分为初始蠕变阶段(Ⅰ)和稳态蠕变阶段(Ⅱ),与图 11.1.2(a)的⑤号曲线相似。由于实验时间和所施加的应力水平的限制,未出现加速蠕变阶段。初始蠕变阶段一般持续 4 天左右。而稳态蠕变时间一般都很长,虽经 34 天的蠕变实验,但远没有结束稳态蠕变阶段的意思。可见,盐岩稳态蠕变时间可以持续很长。盐岩的蠕变随差应力增大而增加。

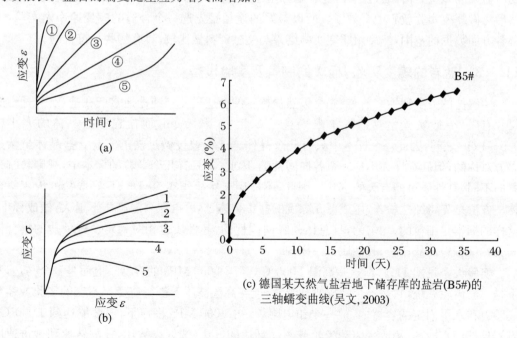

图 11.1.2 应变速率为常量的蠕变曲线

从图 11.1.2(a)和(b)都可见到相应的弹性应变阶段,它们的⑤号曲线左端均有一段表示较短的瞬时蠕变阶段。第Ⅱ蠕变阶段应力保持常量,应变仍在变化,这从两条⑤号曲线中都可看得出来。图 11.1.2(b)中也可看到工作硬化和软化阶段,即随着应变的增加应力在下降如⑤号曲线,这就是第Ⅲ蠕变阶段。若把应变条件改变一下,如把应变速率稍微提高一点,或者把温度降低一点,这时的 σ-ε 曲线就像两个的④号曲线那样。如果条件再有变化,就出现了图 11.1.2(a)中的③号~①号这样的曲线。在曲线①中,可以看到弹性变形阶段,但几乎看不到第Ⅱ阶段蠕变了。

3. 实验方案的选取

如何选择正确的蠕变实验方案是能不能得到一条我们需要的蠕变曲线的关键。如果对一种不知道力学性质的材料做实验,在实验中使用应力保持常量的方法[图 11.1.2(a)],则首先要选择一个合适的应力。若把应力值选得很低,结果导致长时间保持在第Ⅰ蠕变阶段,看不到第Ⅱ蠕变阶段;若把应力值选得很高,则只有一个弹性阶段即瞬时蠕变阶段,如图 11.1.2(a)中的曲线 1。因在很短时间内应变增长很快,结果是不等第Ⅱ蠕变阶段出现样品就破了。为了得到理想的蠕变曲线如要 45°斜率的线会有很多限制。如对时间要有所估计,一般能持续一分钟到一个星期,材料对应变应力敏感性也要有个要求,才能便于处理资料。

所以我们倾向于选择对其力学性质了解不多的材料,采用另一种方法,即固定应变速率的实验,也就是上述的第二种实验。用不同的应变速率做多次实验,得到一系列的 σ-ε 曲线。这种使应变速率保持常量的实验有许多优点。① 可以事先选好应变速率,算出实验的时间,如几秒钟、几天以至几个月,从而可以按照做实验所需的时间来控制应变速率。② 也可以估算所需要的最大应变量。③ 在单轴应力载荷条件下选择任意所需应变速率,可以得到所需的差应力值,通过这样的实验,知道了差应力的范围、时间的范围和应变量的范围,然后再做蠕变实验就心中有数了。所以最好的途径是先选一个合适的应变速率做实验,了解各方面数据的范围,然后用蠕变实验结果与文献资料做比较,看有哪些是符合的。

11.1.3 盐岩的蠕变实验:标本的制备及实验设备

了解盐的力学特性之前,首先是天然盐标本的合适尺寸。纯盐通常产在盐丘中,标本的尺寸有限,一般实验室食盐标本限于直径 2.5 cm,长 5 cm,而盐丘中盐晶体的大小在 0.5~1 cm 之间,因此一个标本中只有几个晶体。卡特教授做过盐的实验。盐晶体虽然是立方对称的,但其物性并不是完全各向同性的,因此,在只有几个颗粒的标本中,视颗粒排列方向不同,其性质可能有大的变化。因此,不能用天然盐作实验标本,只好取盐的人工集合体。方法是先将纯盐粉碎,压成低孔隙度的盐集合体,然后再在高温高压下退火,做成标本。这样的标本是细粒的、均匀的,且总体是各向同性的,其性质也相对稳定。这种盐的集合体与天然细颗粒的盐比较,其性质是一样的。

实验设备见图 11.1.3,这是高温 1000 ℃,高压 1000 MPa 的容器。上面是一个马达,其下是一套齿轮系统,它是一个螺旋驱动装置,能在高温高压下进行应变率不变的实验或蠕变实验。在水平固定的容器内,放一个铂电阻炉,在 1000 MPa 围压下,温度能达到 1000 ℃,容器外部用水冷却,用改变驱动齿轮或驱动马达的方法(选好齿数比,杆的转速和推进速度就定了)可使应变速率在 $10^{-2} \sim 10^{-8} \text{ s}^{-1}$ 之间变化,对于蠕变实验可持续 70 天,装在驱动装置和压力容器之间的推力轴承保证加载活塞能进行轴向位移。容器中传压介质为惰性气体

（氩气或二氧化碳），容器中氩气围压是外部的增压器产生的。样品的温度由碳化钨中央孔中的热电偶测量。腔内的温度梯度在高温时为 10 ℃，样品套为 0.2 mm 厚的铜套。对于高强度材料，样品尺寸比食盐小，其直径为 1 cm，长度为 2 cm，调节齿轮系统来改变转速，改变螺杆的推进速度。

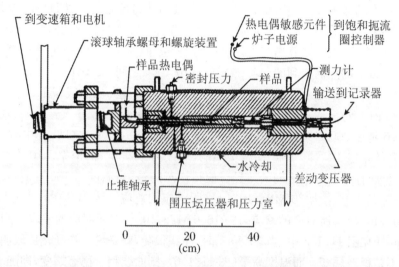

图 11.1.3　高温高压下进行常应变率或蠕变实验设备图

这样轴向活塞的推进速度是一个常量，标本尺寸也是一个常量，加力后应变速率 $d\varepsilon/dt$ 也保持常量。对盐做实验，其应变速率范围为 $10^{-1} \sim 10^{-8}\ s^{-1}$。把这些数据外推到地质（应变速率为 $10^{-14}\ s^{-1}$）上去不一定适用，除非对整个变形现象的物理机制有清楚的了解。因此在这样的应变速率范围内进行实验，企图找到在实验室里的物理本质与变形机制，与野外的资料比较，这样我们有理由把实验室的结果外推到野外地质环境中。对这种直径的标本，差应力的精度为 0.1 MPa，围压介质为 CO_2，压力值用放在外面的压力表来测量，其精度也为 0.1 MPa。标本中心温度为 400 ℃，精度为 1～2 ℃。对自然界的盐岩变形来说，400 ℃ 的温度太高了。在自然界中，400 ℃ 实际上处在很深的地方，在那么深的地方还没有找到过盐。为了比较物理现象和机制，故意提高了实验的温度和应变速率。

11.1.4　盐岩的蠕变实验结果

应力状态对盐岩时效的影响，见图 11.1.4，由图可见随围压的增加稳态蠕变率减小。但围压为 0～3 MPa 时，稳态蠕变率出现明显变化；而当 $\sigma_3 > 3$ MPa 时，稳态蠕变率可近似看作与围压无关，而仅仅是偏应力的函数。随着轴压的增大，其中稳态蠕变率明显增大。在常温三维状态下，其稳定蠕变率可表达为（杨春和等，2000）：

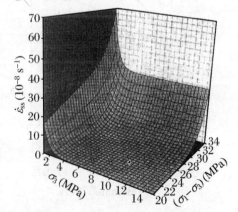

图 11.1.4　$\dot{\varepsilon}_{ss}$ 与 σ_3 和 $\sigma_1 - \sigma_3$ 曲面图（杨春和等，2000）

$$\dot{\varepsilon}_{ss} = A^* (\sigma_1 - \sigma_3)^n [A_1 + B_1 \exp(-\sigma_3/B_2)] \qquad (11.1.1)$$

其中，A^* 为温度和围压的函数，n 为材料常量，$A^* = 2.51 \times 10^{-8}$，$n = 6.4$，$A_1 = 0.015$，$B_1 = 1.1$，$B_2 = 3$。计算结果见图 11.1.4。

对应力路径给蠕变带来的影响也进行了研究，得到瞬态蠕变极限可以表达成稳态蠕变的线性函数，稳态蠕变率仅是应力状态的函数，与其加载路径无关。图 11.1.5 是盐的等应变速率实验。纵坐标为差应力，横坐标为应变的百分数。所有这些资料的实验，温度为 100 ℃。再考虑截面积的变化，就可以算出应力。图中每条 σ-ε 曲线是在每一个应变速率条件下，每一条线测 20 个以上的点而得到的。$\dot{\varepsilon}$ 在 $10^{-3} \sim 10^{-8}$ s^{-1} 之间，其中 1.5×10^{-6} s^{-1} 的曲线用数据点表示在上面，可以看到实验资料与这条曲线的离散度。从曲线中可以看到瞬时蠕变阶段，当 $\dot{\varepsilon}$ 达到 10^{-7} s^{-1} 或 10^{-8} s^{-1} 时，可明显看到第二蠕变阶段。

图 11.1.6 是在 200 ℃ 条件下 σ-ε 的变化，$\dot{\varepsilon}$ 在 $10^{-2} \sim 10^{-8}$ s^{-1} 之间，其中有一条拐弯的 σ-ε 曲线，一开始是以 10^{-7} s^{-1} 的速率做实验的，后改为 10^{-8} s^{-1} 的速率。10^{-7} s^{-1} 的两条曲线有些差别，反映标本与标本之间的差异。值得注意的是，当温度为 100 ℃ 时（图 11.1.5），10^{-4} s^{-1} 所对应的差应力为 30 MPa，10^{-8} s^{-1} 所对应的差应力为 10 MPa；当温度为 200 ℃ 时（图 11.1.6），10^{-4} s^{-1} 所对应的差应力为 18.6 MPa，10^{-8} s^{-1} 所对应的差应力则低多了，约为 3 MPa。同样在图 11.1.5 中，当 10^{-4} s^{-1} 时，曲线很陡，就是说工作硬化比较明显，表现为瞬态蠕变而不是稳态蠕变。而温度高了（图 11.1.6），则曲线趋于稳态蠕变，即随着温度的增加，工作硬化的程度减小了，到 10^{-8} s^{-1} 时看不到工作硬化阶段，因为曲线已经变平，但对应的应力同样降低了，随着温度的变化已看到两个区别。

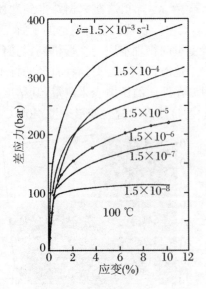

图 11.1.5 等应变速率的 σ-ε 曲线
（Maranini，2001）

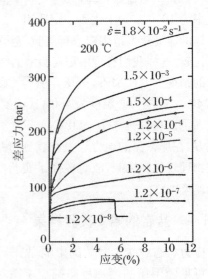

图 11.1.6 200 ℃ 的 σ-ε 曲线
（Maranini，2001）

11.1.5 描写蠕变的方程

图 11.1.7 是在 248 ℃ 条件下做的不同 $\dot{\varepsilon}$ 的实验。如果要达到同一应变值，即 10% 的应

变,在 $\dot{\varepsilon}$ 为 10^{-1} s^{-1} 时只要几秒钟就能够得到这条曲线,而 $\dot{\varepsilon}$ 为 10^{-7} s^{-1} 时则要几个星期才能得到这条曲线。从图上可看出,当 $\dot{\varepsilon}$ 比较高的时候,有工作硬化,随着 $\dot{\varepsilon}$ 的降低,工作硬化就逐渐让位于第二阶段的蠕变。

图 11.1.8 是 300 ℃ 条件下的 σ-ε 曲线,$\dot{\varepsilon}$ 在 $10^{-1} \sim 10^{-8}$ s^{-1} 之间。从同样图上部的曲线可以看到工作硬化阶段,从下部的曲线所看到的是第二阶段的蠕变,逐步地从第一种向第二种过渡。图 11.1.9 是 400 ℃ 条件下的 σ-ε 曲线,$\dot{\varepsilon}$ 在 $1.9 \times 10^{-1} \sim 1.2 \times 10^{-7}$ s^{-1} 之间。将图 11.1.9 同图 11.1.5 比较,可见随着温度的增加,所有对应的应力值都大大降低了。在比较高的温度下(如 400 ℃),即使在 $\dot{\varepsilon}$ 高时,工作硬化或瞬时蠕变也很快转为第二蠕变阶段。

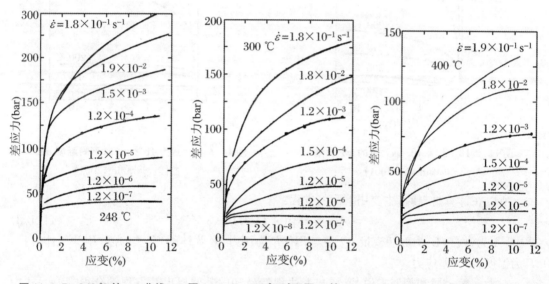

图 11.1.7　248 ℃ 的 σ-ε 曲线 (Maranini,2001)　　图 11.1.8　300 ℃ 时不同 $\dot{\varepsilon}$ 的 σ-ε 曲线(Maranini,2001)　　图 11.1.9　400 ℃ 时不同 $\dot{\varepsilon}$ 的 σ-ε 曲线(Maranini,2001)

从另一个角度来看 σ-ε 曲线的变化规律:

图 11.1.10 是前面几张图的综合,从另一个角度来表示 σ-ε 曲线。保持在 10^{-5} s^{-1} 的 $\dot{\varepsilon}$ 下,随着温度的上升,应力下降,曲线形状也不同。图 11.1.11 也是在相同 $\dot{\varepsilon}$ 下 (10^{-7} s^{-1}) 随着温度的增加,工作硬化让位于第二蠕变阶段,应力值也降低了。

现在我们已经知道,差应力或材料强度与两个因素有关或者是这两个因素的函数,一个是 $\dot{\varepsilon}$,另一个是温度。温度增加差应力减小,而 $\dot{\varepsilon}$ 增加,差应力值是增加的。根据这些实验结果可以导出高温条件下的流动率-扩散方程式:

$$\dot{\varepsilon} = A\exp[(-Q/RT)\sigma^N] \tag{11.1.2}$$

固体扩散必须有两个条件:第一个扩散条件是温度与绝对熔化温度(T_m)的比值必须大于或等于 0.4,即 $T/T_m \geqslant 0.4$,这个比值在解决材料的热活化塑性变形方面有很大作用。这里所得的盐的 T/T_m 比值在 $0.35 \sim 0.63$ 之间,正好在其范围内。第二个导致扩散的条件是差应力与剪切应力之比必须小于 10^{-3},即 $\sigma/G < 10^{-3}$。对盐岩来说,其比值范围为 $10^{-3} \sim 10^{-4}$。因此,盐的两个判据都符合固体扩散条件。

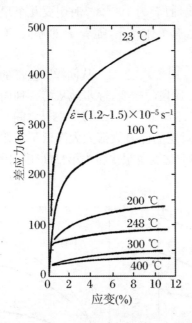

图 11.1.10 $\dot{\varepsilon}$ 为 10^{-5} s^{-1} 时的 σ-ε 曲线（Maranini,2001）

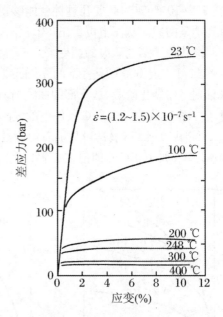

图 11.1.11 $\dot{\varepsilon}$ 为 10^{-7} s^{-1} 时不同温度 σ-ε 曲线（Maranini,2001）

所以在计算材料时,主要用下面的方程:

$$\dot{\varepsilon} = AG/T\exp(-Q/RT)(\sigma/G)^N \tag{11.1.3}$$

式中,A 为常量,G 为剪切模量,Q 是与 PV（P 为压力,V 为体积)有关的值,R 为气体常量,T 为温度,σ 为差应力。

对大多数金属和陶瓷来说,资料与上述魏特曼和内勃罗提出的方程符合得很好。式中的 G 可以互相补偿,实际上 G 是温度的函数。对于岩石材料来说,因为 $G/T(1/G)^N \approx 1$,所以可将上式简化为式(11.1.2)。有几种岩石符合这个方程。固体蠕变的激活能与原子扩散的激活能一样,对保持魏特曼方程来说,蠕变激活能与原子或原子团扩散的激活能应相同。魏特曼等人所做金属的 Q 值与位错有关,原子沿着一个位错面发生滑动,遇到障碍点时,就要攀移（随着温度的升高,扩散率加快,被阻碍的位错能从一个滑移面通过扩散攀移到另一个滑移面上去进行滑动的机制叫作位错攀移,攀移就是扩散),然后在另外一个位错面上滑动。已证明在 30～35 种金属、合金和陶瓷中,蠕变的激活能与扩散的激活能相等,不论是单原子如 Ca,Al,Fe 还是原子的化合物如氧化铝都如此,所以他们假设这个 Q 值与这种错动的机制有关。

上述方程式适合于高温蠕变,对低温或室温蠕变,则提出另一些方程以解释第二蠕变或准第二蠕变,即正好在初始蠕变与第二阶段蠕变的过渡区上。这些低温高应变率下几种氧化物或金属的方程式:

$$\dot{\varepsilon} = A\exp(-Q/RT)\sinh(B\sigma) \tag{11.1.4}$$

$$\dot{\varepsilon} = A\exp(-Q/RT)\exp(B\sigma) \tag{11.1.5}$$

这两个方程实际上是等价的。在温度比较低而应变率比较高时,盐岩资料符合式(11.1.4),在高温低应变率时,就过渡到式(11.1.5)。下面就把盐的资料与这两个方程式的符合情况以及二者的激活能外推到自然界,再讨论与预测核废料仓库有关的性质。

11.1.6 变形机制描述

为了应用这些方程,下面介绍变形机制方面的证据。图 11.1.12 为晶体的腐蚀表面,腐蚀坑说明存在的位错切割此面。这两张照片的条件恰好相反:(a)是在低温高应力高应变率条件下照的,(b)则是在高温低应力低 $\dot{\varepsilon}$ 条件下照的。从图(a)看出,腐蚀坑主要有两个高密度方向。在 NaCl 中这些位错产生在{110}三组面上[图 11.1.12(c)],其滑动方向为{110},加力方向也是沿{110}方向。位错密度是非常高的,它们沿这些面发育,这是第一个高密度位错方向。说明食盐晶格有很大畸变,并处于高能状态。

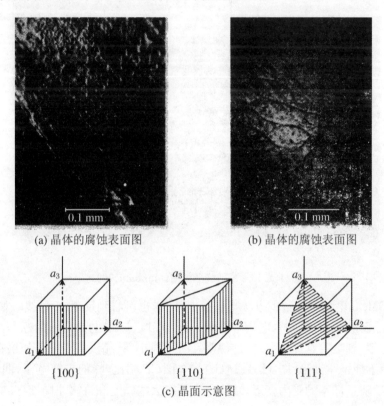

(a) 晶体的腐蚀表面图　　(b) 晶体的腐蚀表面图

(c) 晶面示意图

图 11.1.12 (Maranini,2001)

在高温低应力低 $\dot{\varepsilon}$ 条件下,如图 11.1.12(b)所示,相比之下,位错密度很小,其差别在于这里出现了许多多边形结构,在这些多边形的边上,位错密度非常高,这是第二个位错高密度方向,而在中心,位错密度则很小。由这些照片可见,沿着一个滑动面产生的位错越来越多,使结构分割,形成一个新的平衡边,这实际上好像是一个新的颗粒[图 11.1.12(b)的全图],照片周边就是新颗粒的边界。这证明由于位错的向外扩散,形成了小角度(小于 10°)的颗粒边界,这还不是重结晶。这个边界两边的两个颗粒的结晶轴之间的夹角非常小,这就是低角度。原来是一个颗粒,变形后位置没有很大的转动,一般称为亚颗粒。

还可以用 X 射线形貌照相法来研究高温或低温下材料亚颗粒边界的低角度。如果晶体上没有位错,晶格是完整的,则 X 射线照射到样品上而得到的反射图是均匀的、黑的。图 11.1.13(a) 基本上是黑的,这是没有变形的标本。图 11.1.13(b) 的样品表示低温高应变率高应力条件下的变形,如果标本的变形没有重结晶,也没有多角形化现象,沿滑动面有一系列错动面,晶格畸变,当用 X 射线来照射时,发生黑白相间的条纹,如图 11.1.13(b) 的这种现象。黑白相间的图形显示了一系列的错动方向。图 11.1.13(c) 为高温条件下的变形,开始显示了多角形化,也即亚颗粒的现象。这是在样品的不同变形部位对 X 射线的反射角度不同形成的。如果把 X 射线稍转动,反映的就是另一个颗粒,如果在这个样品上再进行腐蚀,就可以看到亚颗粒中间是没有什么位错的,位错集中在颗粒边界。

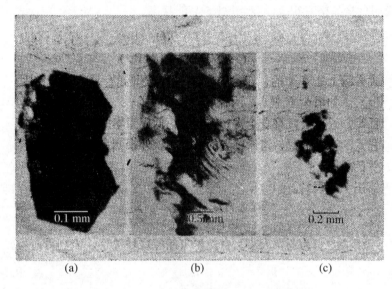

图 11.1.13　X 射线形貌图(Maranini,2001)

还可用 Galcal 电信号计数的方法找到证据,同样也可看到反射 X 射线。如图 11.1.14 所示,横轴为晶面的倾角,纵轴为电信号强度。图 11.1.14(a) 为未变形的标本,可看出曲线一开始一直是零,到某一点计数急增,这说明反射角很小,结晶没有变形。如果在 100 ℃、比较高的应变率下使标本变形[图 11.1.14(b)],与图(a)相比,峰的带变宽了,曲线上还出现了许多锯齿,反映了标本的受力变形,结构产生了很大的畸变和许多小畸变区。如果变形的温度还是 100 ℃,应变率降了很多,为 10^{-8},如图 11.1.14(c) 所示。由此可见,虽然峰的总的形状还是这样,但锯齿变得更陡了,变成了一个个小的峰,这反映了结构产生畸变和多角形化。如果把温度提高到 400 ℃,应变率保持为 10^{-5},如图 11.1.14(d) 所示,可看到有许多小峰的形状更突出了,这反映了有很多多角形化亚颗粒和重结晶。但其中每一个重结晶或亚颗粒还是与原来的类似。说明虽然有变形,但没有大的扰乱。

从上述三种变形证据可看到,变形实际上有两种机制:一种是沿着面产生位错,一种是垂直于这个面位错移动和扩散。这两种机制都符合魏特曼提出的两个理论公式。高温下的变形机制符合指数定律公式,低温下的变形服从双曲正弦关系式。

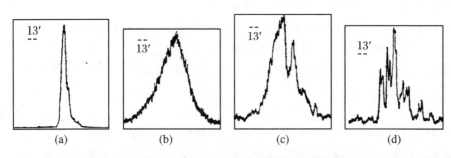

图 11.1.14　Galcal 电信号计数的方法图(Maranini,2001)

11.1.7　由蠕变本构方程预测盐岩的温度、压力和应变速率

现在把盐的一些力学性质资料归纳如下。图 11.1.15 的纵轴是 ε 为 10%时应力的对数,横轴为 $\dot\varepsilon$ 的对数。图中有一条大致横向的分界线,在这条线以下所取得的数据实际上是第二蠕变阶段的应力值,这条线以上则是工作硬化阶段的应力数据。注意,在 300 ℃ 等温线的时候,大多数数据都在等温线以下,这是由铝套造成的。把铝套的因素校正后,这些点就会落在曲线上。

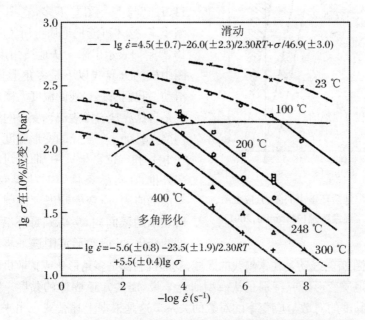

图 11.1.15　应变为 10%时的应力对数与应变率对数曲线的实测值
与实验值的对比(Maranini,2001)

高温条件下的流动律式(11.1.2)可用对数形式表示:
$$\lg\dot\varepsilon = \lg A - Q/(2.3RT) + N\lg\sigma \tag{11.1.6}$$

把高温条件下的资料即产生多角形化和扩散条件下的数据放到了这个方程中,用最小二乘法通过计算机处理。把每个实验中的应力值 σ、温度 T 和应变率 $\dot\varepsilon$ 数据代进去,得出的 A,Q,N 值使得所计算的 $\dot\varepsilon$ 与观测的 $\dot\varepsilon$ 的偏差最小。图 11.1.15 中 400~100 ℃ 这几条曲

线用高温低应变率(11.1.6)这个方程得出，A 值为 -5.6 ± 0.8，$Q=-23.5\pm1.9$，$N=5.5\pm0.4$。然后根据这些参数进行计算，找出符合式(11.1.6)的曲线。图上的点是在各种温度下实测出来的数据，与计算出来的曲线符合得很好。

在温度比较低、应变率比较高并产生工作硬化时，也用式(11.1.6)，只有最后一项用 $\beta\sigma$ 来代替，即

$$\lg\dot{\varepsilon} = \lg A - Q/(2.3RT) + \beta\sigma \tag{11.1.7}$$

A 值、Q 值和 $1/\beta$ 值见图 11.1.15 的上方，算出的值与测出的值也很一致。在图 11.1.15 这个双对数坐标图的上部区域是由位错滑动造成的，下部区域是由多角形化或扩散造成的，二者机制不同。

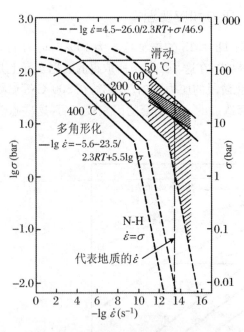

图 11.1.16　地质环境中的应力、应变率、温度范围(Maranini，2001)

从地质应用角度来说，令人感兴趣的温度是在 200 ℃ 以下，应变率应在图 11.1.16 所画的"代表地质的 $\dot{\varepsilon}$"那条纵线的右边。根据温度和应变率在地质上的要求，这些实验数据需向右边外推。从地质角度来说，不会考虑高温和高应变率的情况，考虑到某种变形机制的等温线和应变率范围，就找到了外推的基础。图 11.1.16 与上一图差不多，它把 $-\lg\dot{\varepsilon}$ 的尺寸缩小了，这才可能把地质上所关心的应变率(约 $10^{-14}\ \mathrm{s}^{-1}$)表示出来。从地质角度来说，显然在图中横的分界线以下是多角形化，此线以上是滑动。我们所感兴趣的温度大概是 200～50 ℃，它是自然界盐岩发生流动变形的温度。例如，美国德克萨斯一个盐丘的变形温度大约为 200 ℃，在 $\lg\sigma$ 和 $-\lg\dot{\varepsilon}$ 坐标中，曲线可向很低的应变率外推，在自然条件下对盐岩变形来说，我们考虑的应力、应变率和温度范围大约在疏斜线所表示的区间内，考虑到野外温度和压力随深度的变化，可把变形范围进一步缩小到如密斜线的区域，不论在疏斜线还是在密斜线的区域，变形机制都是多角形化或扩散机制。

从自然界地质变形研究特别是从模型研究来说，需要知道固体的黏度。图 11.1.17 表示计算的固体黏度的对数与应变率的对数的关系。这是根据上述公式求出来的。图中疏斜线区域是地质上比较重要的区域。密斜线画的窄条适合德克萨斯海岸地方变形的具体条件。在这种应变率和温度的地质条件下，我们可以得到岩盐黏度的范围为 $10^{18}\sim 10^{21}$，平均值为 10^{20} 泊。

图 11.1.18 的 A,B 两条曲线是德克萨斯油井里测到的两条地温线。横轴为温度，纵轴为应力，相应的纵轴是深度，可看到高温和低温两条地温线随深度的变化。a,b,c 是三条不同的应变率曲线，下线是高应变率。根据深度，可以算出它的压力。这样，我们就可以得出一个感兴趣的应力、温度和应变率的范围。在深度为 3.5 km 处，高应变率时，驱动应力的上

限为 3 MPa，而接近地表的低应变率时的应力约 0.8 MPa。

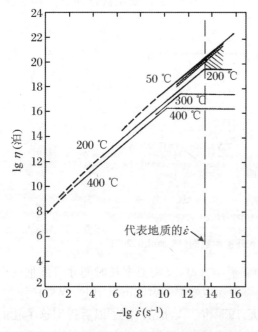

图 11.1.17 计算的固体黏度的对数与应变率的对数关系(Maranini,2001)

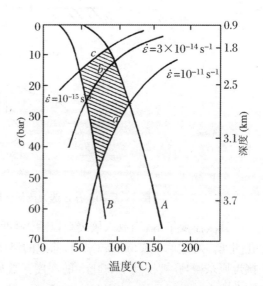

图 11.1.18 德克萨斯油井地温、应力、应变率关系(Maranini,2001)

驱动应力是由不同层物质密度差异引起的。因为盐的密度很低，其上覆沉积物的密度高，所以往往能驱使盐从下面往上升。我们所感兴趣的温度范围是下限略低于 50 ℃，上限略高于 100 ℃；应力范围是 $1.0 \sim 5.0$ MPa，应变率范围是 $10^{-11} \sim 10^{-15}$。

在图 11.1.19 上，纵轴为应变率的对数，横轴为温度。A，B 分别为高、低温地温线，另外五条斜线分别为 1.0 MPa，1.5 MPa，2.0 MPa，3.0 MPa，4.0 MPa 的等应力线。图中阴影区的范围与上图一样，表明了温度、应力和应变率范围。

11.1.8 天然盐岩作为废料仓库的性状随深度变化

完成了上述理论和实验工作以后，就可以预测盐在自然界的性状，我们可以利用这些资料来研究天然盐作为核废料仓库的性状随深度的变化。图 11.1.20 为一盐丘，在盐丘中挖了一个孔，该孔就有一定的温度、应

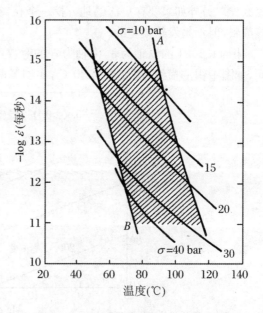

图 11.1.19 油井中应力、应变率、温度变化范围(Maranini,2001)

力,因为盐与上覆沉积物密度不同,在一定的应变率下,孔会被挤破。在核废料放进去以前,应当先测量一下周围的温度,从工程的角度来说,需要了解这个孔要从盐丘向下挖到多深,以便估算要多大的应变率才会将这个孔闭死。

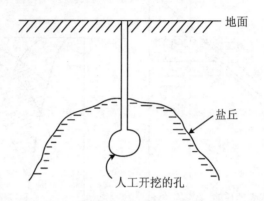

图 11.1.20　盐丘选为废料仓库的开挖示意图(Maranini, 2001)

其次需要了解,当放入核废料以后,附近的温度会升高,又需要多长时间才可能把这个孔闭死。对这两个实际问题来说,前述的温度、应力和应变率资料都可以用上。ASSE 盐矿,接近原东德,孔被挖到了 500 m 的深度。盐矿是 1950 年开始挖的,挖了以后得知这个孔的闭合速率。结果发现,它实际上处于一个稳态的闭合状态,速率是一个常量,约 10^{-11} s^{-1}。洞中的温度约为 30 ℃,由密度造成的驱动应力约为 15 MPa。我们可以利用在自然界所测得的温度、应力和应变率的数据,与实验室所做的盐的集合体的变形情况做比较,看它们符合的程度怎么样,然后就可以进一步预测堆了核废料以后的孔在其温度比原来的高之后会怎么样。另外如果要在更深的地方挖一个孔,它的驱动应力大了,那又会怎么样。现在放了核废料,但不是发热类型的。

图 11.1.21 的纵轴为 σ,横轴为 $\dot{\varepsilon}$ 的对数,ASSE 矿驱动应力范围估计为 14~15 MPa 之间,如图中粗的横线,温度约为 30 ℃,实测了两个 $\dot{\varepsilon}$ 数据,如图中两个圆圈。为了解它们与

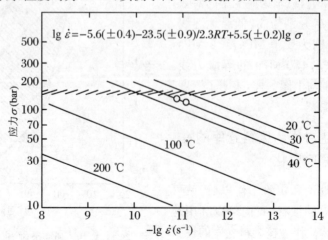

图 11.1.21　为高温低应变率条件下驱动应力,应变率对数与温度的关系(Maranini, 2001)

幂次律的符合程度,利用 N 值,看野外测得的两个数据与估算的驱动应力随深度变化有多远。利用图上所标出的方程式(11.1.6),算出图上的等温 σ-ε 曲线。两个实测的数据都在算出来的 30 ℃等温线上,实测值与计算值是符合的。这两个点与实际的应力值很接近,只稍低一点。

图 11.1.21 的计算值用的是高温下的流动方程,即产生扩散机制的方程,也就是在图 11.1.15、图 11.1.16 中的横线以下的情况。图 11.1.22 上用的是产生位错滑动机制的幂次方程式(11.1.7),也就是在图 11.1.15、图 11.1.16 中的横线以上的情况。在这个图上,横的粗线正好在 30 ℃等温线上的两个圆点之间,即两个实测速率值包括在矿上估计的应力值。用这个方程,计算值与实测值符合得很好。

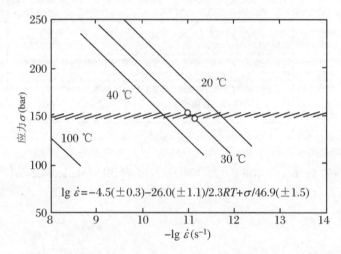

图 11.1.22 低温高应变率条件下驱动应力,应变率对数与温度的关系(Maranini,2001)

用实测资料校核了野外资料,并且知道了双曲正弦方程式。现在看一看温度为 30 ℃的一个盐洞的闭合速率怎么样。若我们用低温流动方程来算,要记住,这里考虑的是 30 ℃时的情形,计算结果是要用 1000 年才会闭合(图 11.1.23)。可以看出,600 m 深的孔的那条线定了以后,就可以沿着那条线,决定温度能上升多少,可看到相应的闭合时间。若温度上升到 60 ℃,则它的闭合时间大概不到 100 年。若考虑下面那个孔,孔深增加到 800 m,它的应力值也增加了。如果环境温度还是 30 ℃,那当然要 1000 年才会闭合。但如果放了核废料以后,温度达到 40~60 ℃,则这个洞 10~100 年就要闭合了。

不论是埋核废料或开矿,对开挖工程来说,为预测它的闭合时间,这些资料是很有用的。因为盐不发生扩容,所以它不存在第三蠕变阶段。因此我们感兴趣的是第一、第二阶段的蠕变。前面讲的都是第二阶段的蠕变及其方程,那么第一阶段的蠕变对孔洞的闭合是否也重要呢?

假如考虑了所有画的 σ-ε 曲线后,分析在所给温度和应变率下瞬时蠕变的价值,我们可以画一张图,表示在不同温度时,瞬时蠕变与时间对数的关系,可看到在高应变率下瞬时蠕变较大,低应变率下瞬时蠕变很小。若我们有了不同温度和应变率下的结果,可从应变率算出每个实验瞬时蠕变的时间,即盐保持瞬时蠕变的时间。从这些资料中我们看到在低应变率和 400 ℃下,整个瞬时蠕变阶段只需 10^4 s。在低一些温度下,瞬时蠕变阶段为 10^7 s,即 4

个月。所以如果要在盐丘中挖洞,挖完就需 1 年。这时瞬时蠕变阶段已经过去了。若瞬时蠕变已过去,则在本构方程中就不必考虑,将其简化为整个都属于第二蠕变阶段,本构方程就简单了。

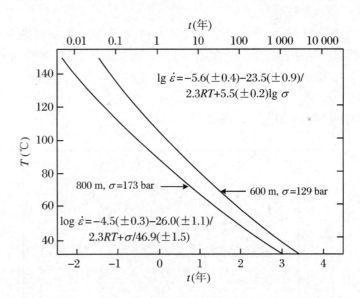

图 11.1.23　不同温度时预测盐洞的闭合时间 t（Maranini,2001）

11.2　节理岩体连续介质和离散元模型

11.2.1　节理岩体中温度-水流-变形耦合过程的一般处理

　　连续介质和离散元方法都被用来研究节理岩体中温度-水流-变形耦合过程。这一研究对于地下仓库核废料地下处理场的安全和工作性能的系统评价都十分重要。总结研究这一过程中所用的有限单元法和离散单元法的基本数学方法和数值化过程,特别是确立等效连续介质的本构参数的均质化确定方法,并通过一个核废料库的实例来比较两种方法的异同,最后对两种方法进行评述,并指出目前的研究课题和研究方向。

　　放射性核废料处理是举世关注的难题,目前,全世界有 30 多个核能发电国家,400 多座核电站。迄今为止,人类一方面利用核能发电;另一方面还没有任何国家找到安全、永久储存核废料的办法。现阶段都力求将深部岩石洞室(花岗岩、黏土岩、盐岩等)作为永久储存库。但是,水的渗流、放射性核素的迁移、人类的活动等均可能导致核泄漏,致使绝大部分发达国家停止兴建核电站,有的甚至立法不允许修建核电站。核废料的处理已成为举世关注的岩石力学难题。除本国研究外,还广泛进行多国合作,研究的内容涉及地球物理、地球化学及热力学、流体力学、岩土力学的耦合及流变效应,所考虑的时间约为 1 万年。

　　目前世界上最为广泛接受的核废料永久处置方案是在地下 500～1 000 m 的岩层里构造

永久处置场。由于核废料中放射性元素的衰变放热以及永久处置场库的开挖造成岩体应力场扰动,处置场库附近围岩的水文和应力-变形条件要发生变化。围岩中的力学变形、区域水流条件和放热引起的温度场三种过程相互影响,称之为力学变形-水流-温度的耦合过程(图11.2.1)(Tsang,1990)。对于这一耦合过程的物理规律的正确理解不仅仅对于核废料处置场的设计、施工、工作性能和安全评估是十分重要的,对于其他一些岩石工程问题,如地热提取、天然气和液体燃料的洞室贮存以及岩石圈-大气圈的相互作用过程等都有十分重要的意义。

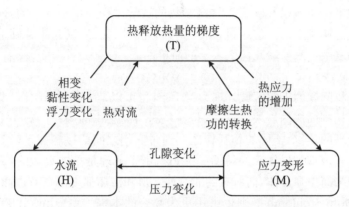

图 11.2.1　节理岩体中 T-H-M 耦合过程(井兰如,1996)

因为核废料处置场的安全工作年限的要求很高(可达 10 万年以上,欧洲要求 8 万年,温度 80 ℃;美国要求 12 万年,温度可达 400 ℃),以及地下贮存场库的开挖规模也很大,对于处置场库的安全和性能评价不可能完全依赖现场实验手段进行,数值模拟就成为一种不可缺少的手段。

1. 离散系统

在发展工程问题的数学模型时,有些问题可以通过若干个个体的组合而构成总体数学模型。这些个体的物理性状可以通过已知的数学模型来表达,而总体模型就可以通过建立个体之间的相互关系而构成,这种问题称为离散系统。

2. 连续系统

在另一些问题中,如果我们也想用类似方法建立个体模型,我们只能将问题的求解区域无限细分,而最终只能用数学上的"无限小"概念来近似。也就是说,问题总体只能通过无限个无限小的个体来构成。这种问题只能用微分方程来描述其场点处的性状,称为连续系统。在求解连续系统问题时,问题的求解区域常被分割为有限个子区域(单元),而这些子区域(单元)的性状则用简单的数学描述来近似,这一过程称为离散化。

这里指的"连续体"是一个宏观概念。对材料中存在的不连续面做不同的假设就导致了连续介质方法和离散介质方法两种不同的模型。其中主要的数值方法为有限元法、有限差分法、边界单元法,以及离散单元法。前 3 种方法是建立在介质是连续体假设上的。对于它们,也可以考虑少量的材料不连续面,但数量十分有限,以避免求解过程中的数值不稳定性。大规模滑移、沿不连续面的张开、单元脱离母体以及大转动等非线性现象均不能用常规的连续介质方法而需用离散介质方法来模拟。

3. 实际问题的处理

(1) 连续介质法。

建立在连续介质假设上的数值方法(有限元、边界元、有限差分等)往往在建立模型时忽略了大量存在的材料不连续面,以求得简单的几何形状和良好定义的微分方程。但这并不等于他们可以不考虑这些不连续面在物理上的影响。这一影响通常是用"等效连续体"概念来实现的。这样,往往会导致复杂的本构关系和材料参数。而这样建立的本构关系和参数只是在一个特定的"代表性单元体积"(二维是面积)的基础上才有其统计上的等效意义。推导等效连续体的本构关系以及确定其材料参数的数学过程并不是唯一的,而往往是建立在分析者本人的概念模型上的。这一过程称为均质化。因此,连续介质基础上的数值方法是以材料性状上的复杂性来换取几何区域上的简单性。

(2) 离散介质法。

离散单元法将问题的求解区域处理为若干个(也可以是大量的)子体的集合。这些子体可以是由节理面切割而成的岩块,也可以是颗粒材料问题中的颗粒。每一个子体的运动和变形都是单独处理的,各个子体的相互作用则通过它们之间的接触关系来表达。离散元因此具有更真实地表现节理岩体几何特性的能力。由于节理是单独表达的,因此岩块本身的力学性状可假设为简单弹性体,而所有的非线性变形和破坏都集中在节理面上,其本构关系可以用常用的 Mohr-Coulomb 准则也可用更为复杂的本构关系(Jing,1990;Jing 等,1993,1994)来近似表达。因此,离散单元法是用几何上的复杂性来换取材料性状和参数上的简单性。对于节理岩体的变形-水流-温度耦合过程而言,离散元法的一个优点是它可将问题部分地简化。因为在很多岩体中(如花岗岩体),水流主要是通过节理面来传导的,岩石块体自身的渗透、导热性很小,可忽略不计。

下面将系统地介绍用离散元法求解节理岩体力学变形-水流-温度耦合过程的数学原理和方法,并详细介绍建立等效连续体本构关系和材料参数的均质化方法。均质化方法是可用于任何连续介质假设上的数值方法,并可通过一个含有 6 580 个节理的关于变形-水流-温度耦合过程的初、边值问题的求解来显示不同数值方法的求解手段和结果。

11.2.2 离散元法:独立单元法

独立单元法(distinct element method)是离散单元法(dicrete element method)中的一种显式解法。它最初是由 Cundall 在 1971 年发表的关于求解块体运动的一篇文章中提出的,从那以后,该方法随着岩石力学、结构分析和多体问题的研究,产生并发展的数值方法。现已成了岩土工程中非常具有吸引力、为教学和科研中广泛应用的工具(Cundall,1971;Hart 等,1988;Cundall 等,1989;Hart,1991)。最初是为了解决在常应变下二维复杂几何体中块体的变形问题。后来逐渐发展到三维情况,并初步融合了热和黏滞流体作用。独立单元法的基本数学原理是求解微分方程的动态松弛解法,它通过一个中央差分格式来求解块体系统的运动微分方程。下面介绍其中最主要的数学方法。

1. 块体几何离散化和变形表达

岩块在独立单元法中表示为一般(或凸或凹)的直边多边体[3D,图 11.2.2(a)]或有限条边的多边形(2D)。块体是由输入个别(大型)的不连续面或输入成组的节理组切割而成的。每个块体都进一步划分为若干内部三角单元[图 11.2.2(a)]或四面体。在这种单元下，可应用高斯平均值公式和有限差分法中的控制体积法(Snow,1965)，每个单元的应变可近似表达为

$$\Delta \varepsilon_{ij} = \frac{\Delta t}{2}\left[\frac{\partial V_i}{\partial X_j} \pm \frac{\partial V_j}{\partial X_i}\right] \approx \frac{\Delta t}{4}\sum_{k=1}^{3}\{[(V_i^a + V_i^b)n_j \pm (V_j^a + V_j^b)n_i]\Delta S^k\} \quad (11.2.1)$$

式中，n_i 为单元边界 S 上的外法线矢量，ΔS^k 为第 k 个直边(其单位矢量是 n_i^k)的长度，V_i^a，V_i^b 是相邻两个节点 a 和 b 处的速度矢量[图 11.2.2(b)]，Δt 是时间步长。式中"+"只用于 $i=j$ 的情况。知道单元的应变情况后，其应力增量可很方便地通过岩石材料的本构关系求得。

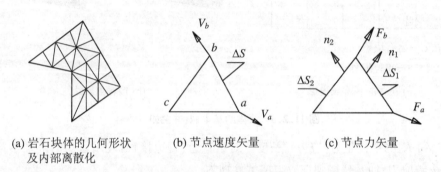

(a) 岩石块体的几何形状及内部离散化　　(b) 节点速度矢量　　(c) 节点力矢量

图 11.2.2　常应变三角形单元

2. 接触表达

表 11.2.1 列出了二维多边形的基本接触类型和导出接触类型，在散体单元法中，当两个块体中的两个顶点(或一个顶点和另一个块体中的一边)之间的距离小于或等于一个预先确定的值时，该两块体就被认为处于"接触"状态。其接触点处的接触力(或接触应力)则只能当接触处出现微小的"穿透"时，才能计算得出。

表 11.2.1　平面多边形的接触类型

接触类型	分　解
直边-顶点	基本类型
顶点-顶点	可分解为同一位置上的两个顶点-顶点接触
直边-直边	可分解为两个相接近的直边上的顶点-直边接触

注：井兰如，1996。

接触判断算法的目的是求出每一对潜在接触点的位置以及更新(修正)已存接触点处的接触力(接触应力)。正确判断接触类型才能正确地使用不同的接触本构关系。

为加速接触判断过程，整个求解区域通常分为若干基本域。每个块体都在它们的相应的基本域中"注册"。接触判断通常只在基本域中包含的顶点和直边中进行。当一个块体在运动中改变其基本域时，所有的块体的基本域"注册"就要重新更新一次[图 11.2.3(a)]。

从力学上讲，每个接触点处的力学效应均用一个法向的弹簧(刚度 K_n)和一个切向的弹簧(刚度 K_t)以及一个摩擦角为 φ 的滑块组成[图 11.2.3(b)]。对顶点-顶点或顶点-直边接

触,若其法向和切向的位移("穿透量")为 u_n 和 u_t,其法向和切向的接触力增量分别为

$$\Delta F_n = K_n \Delta u_n, \quad \Delta F_t = K_t \Delta u_t \tag{11.2.2}$$

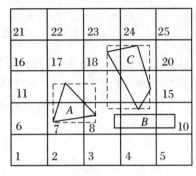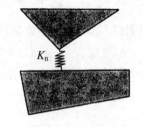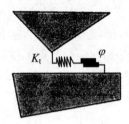

A, B, C—岩石块

$1, 2, 3, \cdots$—单位编号

(a) 块体的基本域投影   (b) 接触点表达

图 11.2.3   块体的基本域(井兰如,1996)

式中,K_n 和 K_t 的单位是力(应力)/长度。对于直边-直边接触,应用适当的节理本构关系来求出其接触应力,而其接触弹性应力增量分别为

$$\Delta \sigma_n = K_n \Delta u_n, \quad \Delta \sigma_t = K_t \Delta u_t \tag{11.2.3}$$

其中,σ_n 和 σ_t 则分别是法向和切向接触应力。接触力(或应力)的增量在每一个时间步长进行计算 $\Delta \sigma_n$ 和 $\Delta \sigma_t$,并叠加在该接触点处的初始力(或应力)上,再用相应的本构关系进行校核,以确定其应力变化路径。

3. 运动方程和数值求解

显式离散单元法的中心差分格式用来对块体集合的运动微分方程积分。在每个时间步长中,未知力(接触力或应力)以及单元内部应力都从已知的单元边界力(或应力)以及单元与邻近单元的几何关系来求解。因此任何复杂的非线性材料本构关系均能直接求解而无需繁琐地迭代收敛过程。运动微分方程的中心差分格式可写为

$$v_i^{(t+\frac{\Delta t}{2})} = v_i^{(t-\frac{\Delta t}{2})} + \left(\sum F_i/m + b_i\right)\Delta t, \quad F_i = F_i^c + \sum_{k=1}^{M} \sigma_{ij}(n_j^k \Delta S^k) \tag{11.2.4}$$

此处,v_i 是节点速度矢量,m 是集中在该节点处的质量,F_i 是单元合力,b_i 是体力,F_i^c 表示当一个节点位于块体边界上时的边界接触力的合力,M 为一个节点处所联结的邻近单元的数目。在下一个时间步长的位移则可写为

$$u_i^{(t+\Delta t)} = u_i^{(t)} + v_i^{(t+\frac{\Delta t}{2})}\Delta t \tag{11.2.5}$$

在每一个时间步长中,总是首先计算运动变量(速度、位移和加速度)。然后从接触类型和本构关系求得应变增量、接触力增量、单元应力增量及接触应力增量。图 11.2.4 表明独立单元法的计算顺序。

4. 水流和变形-水流耦合

对于耦合的变形-水流相互作用过程,散体单元法假设流体只通过连通的节理来传导,而岩块自身的渗透性可忽略不计。节理的传导率依赖于岩块自身的运动和变形而导致的岩

块之间的节理隙宽的变化[图11.2.5(a)]。反之,岩块的运动和变形也受到节理中水流压力变化的影响。水压力和隙宽因而构成了变形-水流耦合过程中的耦合变量。

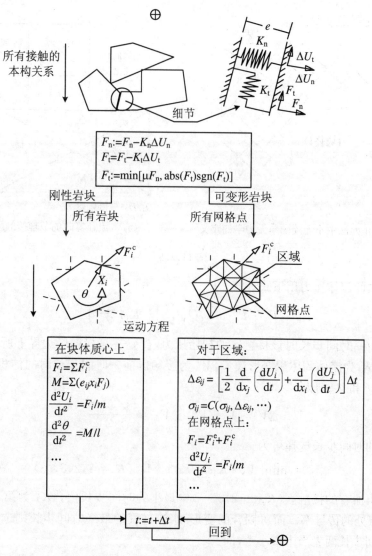

图11.2.4 离散单元法中的力学计算顺序和循环(井兰如,1996)

流体传导的分析是通过满足节理接触区的质量守恒定律来实现的,即直接求解连续性方程。图11.2.5(b)表示了流体计算时节理接触区(domain)的定义。计算中,每个接触点处都定义一个流体传导隙宽 e,它和法向力学变形量 u_n 的关系可表达为 $e = e^0 + u_n$, e^0 为 e 在零应力下的初始值。实验表明岩石节理即使在非常高的应力下仍具有一定的流体传导能力,因此在每个接触点处,都定义一个残余隙宽 e_{res},它不随应力变化。流体流通量是通过平行板模型得出的,写为

$$q_h = \frac{e^3}{12\eta} \frac{\Delta P}{L} \tag{11.2.6}$$

其中，η 为水的黏度，L 为接触点的附加长度，ΔP 为接触两端的压力差，q_h 为流通量。

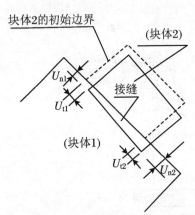
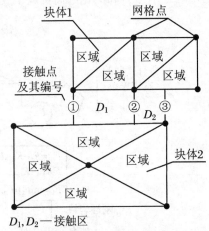

(a) 散体单元法中不连续面单元力学的定义　　(b) 水流计算时的节理接触区定义

图 11.2.5

接触区内的流体压力用下式计算：

$$P = P^0 + K_f Q\left(\frac{\Delta t}{V}\right) - K_f\left(\frac{\Delta V}{V_m}\right) \tag{11.2.7}$$

式中，P^0 为前一时间步长时该接触区的初始压力，Q 是在该接触区边界上所有接触点处流通量的总和，K_f 为流体的体积变形模量，V^0 为接触区前一时间步长时的体积，V 是本步长时的体积，ΔV 和 V_m 则为

$$\Delta V = V - V^0, \quad V_m = \frac{V + V^0}{2} \tag{11.2.8}$$

水流计算时的时间步长选择可为

$$\Delta t_h = \min\left[V_k \left(K_f \sum_{i=1} K_i^h\right)^{-1}\right] \quad (K = 1, 2, 3, \cdots) \tag{11.2.9}$$

上式即为求出所有的接触区（$K = 1, 2, 3, \cdots$）中最小的时间步长值。K_i^h 为第 K 个接触区中第 i 个接触点处的传导率。而对耦合的变形-水流过程的最终时间步长则选为变形时间步长和水流时间步长两者当中最小者，即

$$\Delta t = \min(\Delta t_m, \Delta t_h) \tag{11.2.10}$$

接触区内的水压力则分解为各个接触点处的接触力的增量，并纳入下一时间步长中接触点处力学平衡计算的方程。因此，总应力（或总力）适用于块体内部单元，而在接触点处用有效应力（有效力）的概念。

5. 热传导和温度-变形耦合

傅里叶的热传导定律用来计算岩块内部的热传导。边界条件为温度、热通量以及对流或辐射边界条件。其基本方程可简单地写为

$$q_i^t = -K_i^t \frac{\partial T}{\partial X_i} \quad (\text{对 } i \text{ 不求和}) \tag{11.2.11}$$

式中，$q_i^t (i = X, Z)$ 是热通量，K_i^t 为岩块的热传导率，T 为温度。温度变化可用标准的热传

导方程定义为

$$\frac{\partial T}{\partial t} = -\frac{1}{c_p \rho} \frac{\partial}{\partial X_i}\left(K_i^t \frac{\partial T}{\partial X_i}\right) = -\frac{1}{c_p \rho}\left(\frac{\partial q_i^t}{\partial X_i}\right) \tag{11.2.12}$$

其中,ρ为岩块密度,c_p为压力比热,用类似的控制体积法差分格式,将式(11.2.12)中的离散数值解写为

$$\Delta T \approx \frac{\Delta t}{2 c_p \rho} \sum_{k=1}^{3}\left[(q_i^{t,a} + q_i^{t,b}) n_i\right] \Delta S^k \tag{11.2.13}$$

其中,$q_i^{t,a}$,$q_i^{t,b}$分别为三角形单元中两相邻节点a,b上的热通量矢量,n_i为a,b两节点所在边的单元外法向矢量。

由热膨胀而引起的应力增量可写为

$$\Delta \sigma_{i,j} = -\delta_{ij} K_s \beta \Delta T \tag{11.2.14}$$

其中,K_s为岩块体积变形模量,β为热膨胀系数,ΔT为温度增量。图11.2.6表示为温度场影响时的计算顺序。

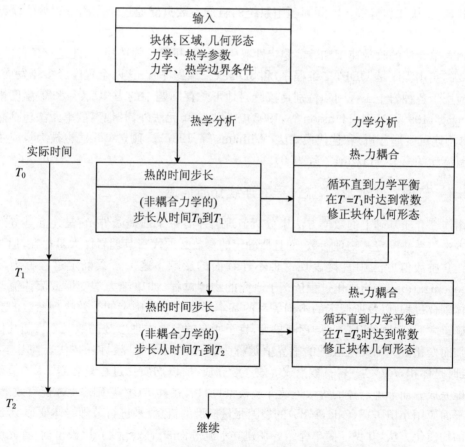

图 11.2.6　散体单元法中热-力耦合分析(井兰如,1996)

温度-变形耦合过程一般均考虑为单向的,即只考虑热膨胀引起的固体内的热应力增量,而不计由于机械功和节理面上摩擦生热的热效应,因为后者极其微小。水的黏性随温度

的变化可以很直接地引入计算。流体运动引起的热对流可以忽略不计,因为实验表明,对于节理岩体,即使在有水流存在的情况下,热传导是主要的热传递模式,而节理的存在几乎没有什么大的影响。水流的热对流效应只有当考虑的问题的尺度非常小而且非常接近热源时,才能显示出来(Abdallah 等,1995)。

独立单元法中接触点处的"穿透"或"重叠"在实际情况下是不可能发生的。虽然它可以作为一种节理变形量的数学表达,但由此可引起几种不良后果:① 当"穿透"量大到某一程度时,程序运算势必停止,而要采取某些补救措施,如提高接触刚度等,但这样很可能和实际中测量得到的刚度值矛盾。② "穿透"导致节理的隙宽为负值,因此不便用于水流计算。所有的节理隙宽和法向变形量都必须在一个假设的环境下运行,而不能直接从问题的几何条件得出。

独立单元法用虚拟阻尼来加速静态问题时的收敛速度。对时间步长进行的离散积分只是一种变相的迭代过程。因此阻尼格式和参数的选择对于问题的最后结果没有影响。但对动态问题而言,阻尼参数代表系统中能量耗散的机理和速率,如沿节理面的摩擦、微裂缝的生成和扩展、块体裂缝等。实际问题中系统的阻尼参数只能通过实际测量和数值模型实验选择。

独立单元法的收敛速度和数值稳定性取决于对时间步长的选择,因此是有条件的稳定。其主要的实用程序是 UDE(二维程序)和 3DEC(三维程序)。这两个程序经多年发展,已成功地应用于各种岩土工程问题特别是核废料地下贮存问题中的力学变形-水流-温度耦合过程(Jing 等,1990b,1991;Hansson 等,1995)。除独立单元法外,其他离散单元法包括隐式的 DDA(不连续变形分析)和迭代模式法(Williams 等,1987)。独立单元法也被大量应用于颗粒材料流动的模拟(Hazzard 等,2000)。

11.2.3 节理岩体变形-水流过程的连续介质描述

用连续介质基础上的数值方法来分析节理岩体有一个前提条件:它是建立其等效连续体的本构关系并确定其物理参数,而且所确定的参数必须代表节理岩体大量存在,但又无法在连续介质数值方法中直接表现这种不连续面的影响。这一参数确定过程称为均质化(homogenization)。均质化过程依赖于研究的物理过程(如单纯力学变形或流体流动或变形流体耦合过程)以及所假定的本构关系的基本形式。当所确定的等效物理参数的数学表达式确定之后,问题的几何区域逐渐扩大,直至所有的等效物理参数的数值不再随几何区域的增加而变化。这一几何区域的临界值被称为该过程及该节理岩体的"代表性基本面积"(三维时是体积,REV)。岩石被当成等效连续介质,所以均质化过程只有当 REV 值确定之后才能完成。而节理岩体的等效连续介质模型也只有在其 REV 基础之上才能有效。

下面应用小田匡宽(Oda,1985)的裂隙张量模型的概念,来进行节理岩体变形-水流耦合过程的均质化方法,并做一简单介绍。在建立水流过程的等效连续介质模型前,首先应该确定该节理网络系统是充分连接的。这就要应用几何拓扑的基本理论来确立节理网络系统连通性的判据(Jing 等,1996),有了这一判据就能实现这一判断。没有考虑温度过程,其原因是岩石节理对岩体的传热性质和传热过程几乎没有什么大的影响,即使在有水流的情况下也是如此。在下面所用的均质化方法中,所用的本构关系是 Biot 的液体弹性方程以及流体力学中的 Darcy 定律。

Biot 的液体弹性方程(Biot,1941)为

$$\Delta\sigma_{ij} = D_{ijkl}\varepsilon_{kl} - B_{ij}P = D_{ijkl}\varepsilon_{kl} + \alpha B_{ij}(B_{kl}\varepsilon_{kl} - \xi) \qquad (11.2.15)$$

其中,D_{ijkl} 为等效连续岩体的弹性张量,B_{ij} 为 Biot 耦合张量,ξ 为其等效连续岩体的孔隙度变化(或流体质量变化),P 为流体压力,α 为 Biot 参数。

Darcy 定律为

$$q_i = K_{ij}\frac{\partial P}{\partial X_j} = K_{ij}J_j \qquad (11.2.16)$$

式中,q_i 为流量,K_{ij} 为等效连续体的渗透张量。均质化的目的就是确定 D_{ijkl},B_{ij},K_{ij} 和 α 的数学形式。

1. 等效渗透张量

小田匡宽裂隙张量模型假设只有节理才传导水流,即岩石自身的渗透性可忽略不计。该模型又假设节理网络的总体效应可被视为各个节理的单独效应之和。应用平行板水流模型,由一个节理产生的流量可写为

$$q_i^k = \frac{\rho_f g}{12\eta}(e_k)^3 r_k J_i^k = \frac{\rho_f g}{12\eta}(e_k)^3 r_k (\delta_{ij} - n_i^k n_j^k) J_j \qquad (11.2.17)$$

下标(或上标)k 表示第 k 个节理。ρ_f 为流体密度,g 为重力加速度,η 为流体黏度,J_j^k 为压力梯度,n_i^k 为节理方向余弦(图 11.2.7)。对所有节理求和并在整个区域上取平均值,可得

$$q_i = \frac{1}{A}\sum_{k=1}^{M}q_i^k J_i^k = \frac{\rho_f g}{12\eta A}\sum_{k=1}^{M}[(e_k)^3 r_k(\delta_{ij} - n_i^k n_j^k)]J_j \qquad (11.2.18)$$

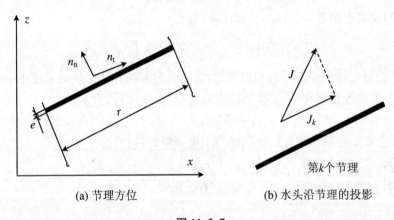

(a) 节理方位　　　　　　　　(b) 水头沿节理的投影

图 11.2.7

式中,M 为研究问题区域内的节理总数,e_k 为隙宽,r_k 为节理长度。比较式(11.2.18)和式(11.2.16),可以直接导出等效渗透性张量:

$$K_{ij} = \frac{\rho_f g}{12\eta A}\sum_{K=1}^{M}[(e_k)^3 r_K(\delta_{ij} - n_i^k n_j^k)] = \frac{\rho_f g}{12\eta}P_{ij} \qquad (11.2.19)$$

其中,A 是区域面积,P_{ij} 称为几何张量:

$$P_{ij} = \frac{1}{A}\sum_{k=1}^{M}[(e_k)^3 r_k(\delta_{ij} - n_i^k n_j^k)] \qquad (11.2.20)$$

它与问题的物理性质无关,只取决于区域的几何性质。如果逐渐增加面积 A 的大小,可发现 P_{ij} 的一个驻值,在此时的 A 值记为 A_h,就是所求的水流过程的 REV(图 11.2.8):

$$REV_h = A_h \tag{11.2.21}$$

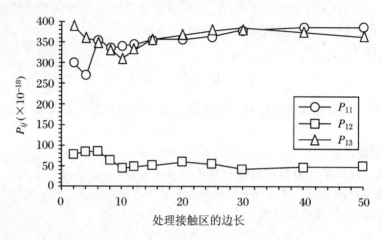

图 11.2.8 几何张量 P_{ij} 的三个分量随分析区域面积 A 的变化(井兰如,1996)

2. 等效变形张量和水流-岩石变形耦合参数

为了推导等效连续岩体的变形张量,假定等效体总应变可分解为完整岩块应变 ε_{ij}^r 和不连续面应变 ε_{ij}^d (Stietel 等,1996),即

$$\varepsilon_{ij} = \varepsilon_{ij}^r + \varepsilon_{ij}^d \tag{11.2.22}$$

进一步假设岩石是各向同性和线弹性体,则有

$$\varepsilon_{ij}^r = C_{ijkl}^r \sigma_{kl} = \left(\frac{1+\nu}{E}\delta_{ij}\delta_{jl} - \frac{\nu}{E}\delta_{ij}\delta_{kl}\right)\sigma_{kl} \tag{11.2.23}$$

其中,E,ν 是完整岩体的杨氏模量和泊松比,四阶张量 C_{ijkl}^r 称为岩块的柔度张量。应用水流渗透张量中类似的投影原理,不连续面的应力-应变关系可写为

$$\varepsilon_{ij}^d = C_{ijkl}^d (\sigma_{kl} + \delta_{ij}P) \tag{11.2.24}$$

其中,四阶张量 C_{ijkl}^d 被称为不连续面的网络柔度张量,并可写为

$$C_{ijkl}^d = \frac{1}{A}\sum_{p=1}^{M}\left[\left(\frac{1}{K_n} - \frac{1}{K_t}\right)r_p n_i^p n_j^p n_k^p n_l^p + \frac{r_p}{4K_t}(n_i^p n_j^p \delta_{kl} + n_j^p n_l^p \delta_{ik} + n_i^p n_k^p \delta_{il} + n_i^p n_l^p \delta_{jk})\right] \tag{11.2.25}$$

将式(11.2.23)~式(11.2.25)代入式(11.2.22),可得

$$\varepsilon_{ij} = \varepsilon_{ij}^r + \varepsilon_{ij}^d = C_{ijkl}^r \sigma_{kl} + C_{ijkl}^d (\sigma_{kl} + \delta_{ij}P)$$
$$= (C_{ijkl}^r + C_{ijkl}^d)\sigma_{kl} + C_{ijkl}^d \delta_{kl}P = C_{ijkl}\sigma_{kl} + C_{ij}^h P \tag{11.2.26}$$

其中,四阶张量 C_{ijkl} 被称为等效连续岩体的柔度张量。将式(11.2.26)与式(11.2.15)相比,则有

$$D_{ijkl} = (C_{ijkl})^{-1}, \quad B_{ij} = (C_{ijkl})^{-1} C_{ij}^h \tag{11.2.27}$$

分别为等效连续岩体的弹性张量和 Biot 耦合系数张量。

同样,从式(11.2.15)可知,流体的总变化(或孔隙度的变化)可写为

$$\xi = C_{ij}^{h}(D_{ijkl}\varepsilon_{kl} - B_{ij}P) \tag{11.2.28}$$

即

$$P = \frac{1}{C_{ij}^{h}(B_{ij} - \delta_{ij})}(\xi - B_{ij}\varepsilon_{ij}) \tag{11.2.29}$$

比较方程(11.2.29)与方程(11.2.15)可得 Biot 参数:

$$\alpha = [C_{ij}^{h}(B_{ij} - \delta_{ij})]^{-1} \tag{11.2.30}$$

到此,求得了等效连续岩体弹性张量 D_{ijkl},Biot 的耦合张量 B_{ij} 及 Biot 参数的数学表达式,也就是所有的等效连续岩体的本构参数都明显地表达出来了,且它们均是区域面积 A 的函数。如果参数 D_{ijkl},C_{ij}^{h} 和 α 的"代表性基本面积"REV_d,REV_h,REV_α 均存在(但不一定相等),则其水流-岩体-变形耦合过程的"代表性基本面积"可写为

$$REV = \max(A_h, A_d, A_\alpha) \tag{11.2.31}$$

其中,A_h,A_d,A_α 分别为 P_{ij} 几何张量的驻值。以上所推导的各项本构参数只有在该 REV 基础上才有效。

以上推导没有考虑温度场的影响,其原因是,实验表明,节理岩体中不连续面的存在并不影响岩体中热传导的基本特性,尤其是在硬岩情况下(如花岗岩),由水流引起的热对流效应影响很小。热效应的基本影响主要表现在水的黏度随温度的变化、岩石的热应力增量以及岩石的热膨胀,而这些参数可以在实验室中获得。

若所考虑的温度强度很高(如美国的内华达州 Rorca Mountain 核废料处理场温度可达 400 ℃,尤卡山已在 2002 年 7 月被确定为核废料的最终场址),则岩体在高温下的力学性质变化也应予以考虑。这里介绍的是欧洲民用核废料处理场(80 ℃),不涉及如此高温,故在此略去。

当等效连续介质的本构参数确定之后,建立连续水流-温度-力学变形耦合过程的数值方法就可通过直接并联求解连续介质的运动方程、流体连续性方程和热传导方程来达到,其方法不外是有限元法(FEM)、有限差分法(FDM)、边界单元法(BEM)等常用技术。

11.2.4 节理岩体中水流-温度-力学变形耦合过程的连续介质和离散单元法比较

为了验证关于核废料地下处置问题中节理岩体水流-温度-力学变形耦合过程的数值模型,一个大型的国际合作项目——DECOVALEX——从 1992 年起对各种有限元、有限差分、离散元以及节理网络模型(discrete fracture network model)进行了大量的综合性分析和比较(Jing 等,1994)。下面所列举的例子是在该项目中第一阶段的 9 个验证问题中的一个。问题的求解区域是一个 50 m×50 m 的区域(图 11.2.9)。该区域位于地表以下 500 m,并包含有 6580 条节理。区域中心开挖有一断面为 5 m×5 m 的贮存巷道。问题的几何条件以及温度、水流和力学变形的初、边值条件见图 11.2.9。节理网络取自瑞典斯特雷帕矿山的三维节理网络(图 11.2.10)。假设岩块自身是不透水的,且节理系统是完全连通的,完整岩块假设是各向同性,且无渗透性的线弹性体。

按步骤设计三个加载条件:

(1)在开挖的 50 m×50 m 区域的水流-力学变形初边值条件下,达到平衡和定常状态,即耦合的水流-弹性块体平衡。

(2) 开挖贮存巷道并达到第二次水流-弹性块体平衡状态。

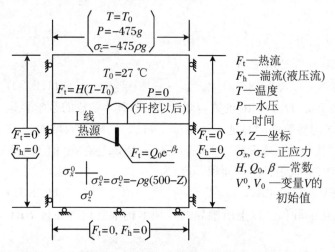

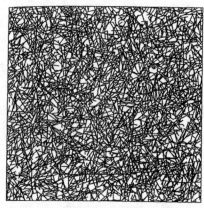

图11.2.9 算例中的几何区域及初边值条件(井兰如,1996)

图11.2.10 瑞典斯特雷帕矿山的三维节理网络

其中符号含义：
F_t——热流
F_h——湍流(液压流)
T——温度
P——水压
t——时间
X, Z——坐标
σ_x, σ_z——正应力
H, Q_0, β——常数
V^0, V_0——变量V的初始值

(3) 在巷道底部加上代表核废料热效应的热源,并在此条件下加热到100年(计算时间),图11.2.11表示8个不同的国际研究团队所用的不同数值方法、计算机程序及计算简化模型。沿着一条水平线I(图11.2.9),对当计算时间为4年的时温度T和水平方向正应力(S_{xx})以及流水巷道的涌水量(Q)进行了比较。选择4年为计算时间是因为此时热源处的温度达到了最大值(图11.2.12~图11.2.14)。

模型说明	示意图
AEA(NAPSAC 编码,DFN 模型) 通过 DFN 模型完整、清晰地表示了6 580个节理,不含热和岩石形变,含有应力近似的分析模型	
CEA/DMT(CASTEM 2000 编码,FEM 模型) 含 FEM 的等效连续介质法(1 344个单元,4 216个节点),由 Crack Tensor 理论(Oda,1986)均一化(尺度25 m×25 m)	
CNWRA(UDEC 编码,DEM 模型) 垂直对称和简化的裂纹网络(295个裂纹,337个块体,1 540个有限差分单元和10 853个节点)。内部一块小区域内是随机分布的裂纹,外面的大区域是人为规则排列的裂纹	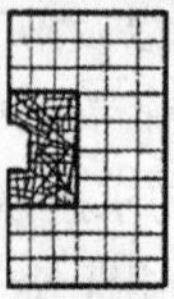
ITASCA(FLAC 编码,FDM 模型) 含 FDM 的等效连续介质法(735个有限差分单元和792个节点),外形没有均一化。垂直对称,渗透率非均一	

图11.2.11 八种不同构思的模型及标准程序(井兰如,1996)

INERIS（UDEC 编码，DEM 模型） 简化裂纹网络，内部区域为随机分布裂纹，外部区域为人为规则排列裂纹（564 个裂纹，677 个块体，24 391 个有限差分单元和 16 791 个节点）	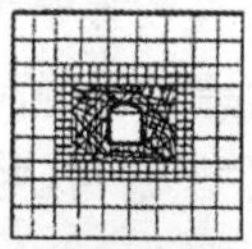
KPH（THAMS 编码，FEM 模型） 含 FEM 的等效连续介质法（674 个单元，2127 个节点）。由 Crack Tensor 理论（Oda，1986）均一化（尺度 10 m×10 m）。考虑了热对流	
NGI（UDEC 编码，DEM 模型） 含两个垂直对称模块（一个左半区域和一个右半区域）的简化裂纹网络，不含热，大约 512 个裂纹，510 个块体和 1 580 个有限差分单元	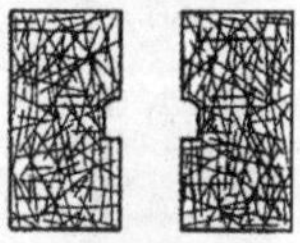
VIT（UDEC 编码，DEM 模型） 垂直对称（只含左半边）的简化裂纹网络，814 个裂纹，496 个块体，1 308 个有限差分单元和 2 222 个节点	

图 11.2.11（续）

结果表明（图 11.2.12），无论用何种方法，对温度场的预测均可达到相当一致的结果，而且热传导是节理岩体的主要传热机制。在 8 个模型中，2 个模型（CEA/DMT 和 KPH）考虑了节理中流动水流造成的热对流效应，但其对温度的影响是极其微小的。

由图 11.2.13 可见，应力结果要比温度结果分散得多，但其大趋势基本相同，其离散主要是由不同的热应力增量所致，且与不同的网格密度有关。当观察点远离热源及其巷道表面时，结果的一致性也越好。最大的离散度在于水流计算（图 11.2.14）。离散模型（独立单元法与离散节理网格法）与连续介质模型结果相差甚远。

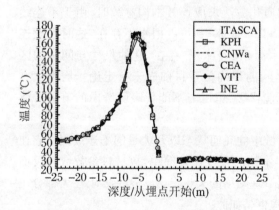

图 11.2.12　$t = 4$ 年时沿 I 线的温度分布
（井兰如，1996）

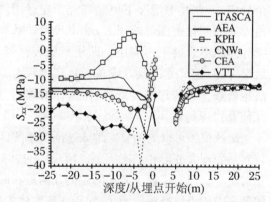

图 11.2.13　$t = 4$ 年时沿 I 线的正应力 S_{xx} 分布
（井兰如，1996）

计算表明，对于温度场而言，离散模型和连续介质模型结果相差无几，故均可应用。大量的实验室实验和现场实验的模拟计算结果也验证了这一点。对此，我们有足够的信心对力学即应力-应变-变形进行分析，只有在近场附近（即靠近热源和开挖区域）连续介质和离散元算法才有较显著的差别。其差别随距干扰源(热源和开挖扰动)的距离的增加而减小。而近场计算的结果依赖对近场岩体构造(节理分布)的了解程度。但对于水流计算而言,离散模型比连续模型更具优势,因为它能明显地表达导水结构的连通度及其分布,特别是对近场问题。

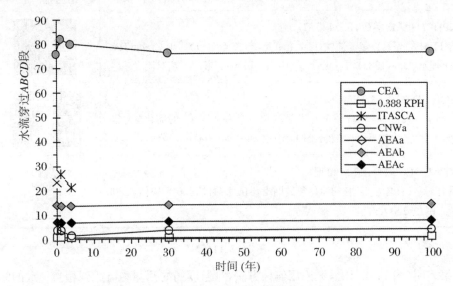

图 11.2.14 巷道涌水量随时间的变化(井兰如,1996)

注:ABCD 为洞室表面。

对于节理岩体来讲,很难说连续介质方法与独立单元法二者谁优。连续介质法发展历史较长,区域几何特征比较简单。基本方程和求解技术均发展得比较完善,且有很多经过大量实例或算例验证的商用程序可供不同应用目的的使用。它的主要不足是难以明显地表达大量的材料不连续面,以及不能模拟沿不连续面发生的大变形(滑移、转动和岩块完全分离)。在动态情况下更是如此。在运用均质化方法求取等效本构参数时,由于不连续面尺寸的变化范围可能很大,一个代表性基本面积(或体积)可能根本不存在,这时等效连续介质的概念就不再实用。即使当代表性基本面积(或体积)存在,它的尺寸与问题的区域尺寸、开挖尺寸以及有限单元代表性尺寸之间的正确关系目前尚未有定论。均质化方法也依赖于本构理论的选择,所选择的理论可能代表、也可能不能代表所考虑的节理岩体几何及物理特性。

离散模型可以更为真实地表达问题求解区域中的几何状态以及大量的不连续面。它比较容易处理大变形和动态问题。所应用的材料本构关系也比较简单,故材料参数数目反而相对减小。但它依赖于有关问题的几何形状即节理网络的大量参数。这一要求在大部分工程问题中均难以准确地满足,对于深部岩体工程更是如此。

克服上述两种方法的不足的办法,其一是将连续介质与离散模型相结合,即对一个求解域,在围绕开挖部分的一个小内部区域内用离散单元法求解,而其余部分用连续介质法求解。这种技术在离散元程序 UDEC 中已经做到,即用一个无限大的边界元区域包含一个很小的离散元区域(图11.2.15)。对于单纯的力学变形过程而言,这种组合法并不难实现。对于温度场而言也不成问题。但对于水流问题,则在两个区域的交界面处满足所有的物理方程并非易事。

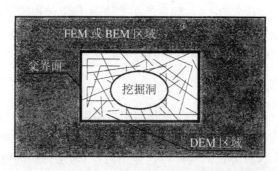

图 11.2.15　杂交的有限(边界)单元/离散单元对节理岩体的表达

另一个解决困难的办法是蒙特-卡洛方程。对于一个节理岩体的求解区域,通常我们只有该区域极小一部分区域(如巷道、边坡露头、钻孔、岩芯等)上的节理网络分布数据,由这些数据分析得到的关于该区域上节理岩体组的几何参数(走向、倾向、尺寸、隙宽等)的统计分布,可推导出这些参数所遵循的概率密度函数和分布特征方程。从这些概率密度函数和分布特征方程可应用蒙特-卡洛过程的方法推导出遵循它们的大量随机节理网络。在这些节理网络的基础上再进行所需要的数学-力学分析,如温度-水流-变形的耦合过程,并对其主要结果再进行统计分析,可得出主要结果参数的统计分布和均值、方差及置信度等主要参数,从而给设计和安全性分析提供更准确的依据。该方法的基本概念是以确定性分析作为数据处理的工具,而以不确定性分析作为分析参数的母体可提供一个结果参数的分布。该方法的缺点是要进行大量(但不是单纯重复)的计算才能使结果参数的分布满足大数定律的统计要求,大大增加了计算成本。但从算法和结果分析的可靠性而言,该方法是最具前途的方法之一。

由上述可见,离散单元法的优点是显而易见的,因而目前已成为计算岩石力学中的一个最活跃的分支。这是因为它的优点不可能为连续介质方法所取代(尤其是相对简单的本构方程和直观的不连续面表达),而其缺点则通过各种不确定性的算法(如蒙特-卡洛方法)可部分得到纠正。其计算工作量大的缺点则随着计算机的不断更新换代,已不成为问题。目前在这一领域的最重要的研究方向是更加可靠的节理本构关系模型的建立以及更加有效的求解温度-水流-变形耦合方程的方法。

11.3　核废料储存中岩体温度场-渗流场-力学场和化学场的耦合分析模型[①]

上述的 THMC(thermal hydraulic mechanical chemical)耦合效应分析、数值模型的建

---

① Yow 等,2002。

立及数值模拟可为核废料、CO_2、石油等地质处置可行性评价及处置系统的设计和运行监测提供必要的依据。考虑核废料、CO_2存储后的相关物理-化学过程的耦合模型是强非线性、非稳态、多相、多组分渗流偏微分方程与非线性固体变形方程耦合而成的复杂数理方程组,其数值求解集复杂性、多样性于一体,具有相当的难度。

11.3.1 核素迁移研究概况

核废料地质处置有两种基本方式——长期密封隔离和有控制的释放(井兰如等,2003)。

第一种方法是核废料在没有任何泄漏的条件下密封隔离在处置场内直至核废料的辐射强度衰变至无害程度。这种方式的实际可行性不高,原因是许多高放射性核废料中的超铀核素的半衰期都很长,可达数万甚至数十万年。现有的密封隔离技术还难以被证明在这样长的时间范围内是实际可行的。

第二种方式是让核废料中的核素在一个足够大的地质环境中有控制地释放。由于地质材料的吸附、扩散、弥散等滞后作用,被释放的核素离子有望以极缓慢的速度伴随着地下水的运动而传输并同时继续衰变。若传输的距离足够长,当其接近生物圈时其辐射强度已衰变至安全程度。地质材料一般均可被视为含有不同尺寸规模的不连续面的导水孔隙介质。核素在这样的孔隙介质中的迁移随着地下水的运动而进行。其基本机理包括通过完整岩石/黏土材料中的扩散/弥散、沿不连续面的对流、在不连续面上的吸附等机理(图 11.3.1)。这种方式成功的关键在于人们对核素迁移可能经过的地质材料中所有可能对核素迁移发生影响的各种物理-化学过程的充分理解和数学表征以及充分的实验和检测技术保障。上述二者各有其优劣,而目前国际上广泛采用的是二者的结合,即多屏障处置系统。

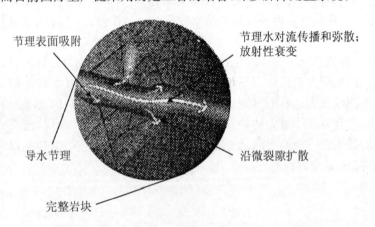

图 11.3.1 节理岩体中核素迁移和延滞的主要机理

核废料最终地下处理所涉及的物理-化学过程颇为复杂,而且随不同的地质储存介质和场地设计而不同。核废料处置场的主要组成部分从内向外为:乏燃料芯棒组件、金属储存罐、人工隔离缓冲回填层(包括存放井人工黏土隔离层和巷道废石/黏土混合回填体)、母岩。各部分涉及的物理-化学过程也大不相同,但可概括为六大类基本过程的不同组合:地质过程(G)、热传输过程(T)、流体(包括液体和气体及其混合体)流动过程(H)、介质应力变形(包括破坏、断裂、损伤等)过程(M)、化学反应(包括反应性和非反应性溶质与核素传输)

过程(C)、工程扰动过程(E)。其中地质过程决定问题的初始几何条件、边界条件和加载条件以及它们随地质过程的变化。它代表影响废料场岩石的天然的扰动过程(如地震、长期气候变化引起的周期性冰川侵入和消退、海平面升降等)以及初始地质条件(母岩岩石类型和矿物构成,地质构造特性特别是大型贯通的断裂带的几何状态和物理-化学特性,不同尺度范围内的不连续面组的分布特性,地热梯度等)。地质过程的定量化表述依赖于长期理论预测(如周期性冰川侵入和消退的频度、冰层厚度模型,冰下富氧水流状态和永冻层深度变化模型等)或观测(如地震频度/烈度和海平面升降的统计模型等)。工程扰动过程主要是工程勘查勘探(如钻孔和巷探工程)和核废料场逐步开挖、运行和回填封闭过程引起的对母岩的人为扰动。主要表现为问题的动边界和几何状态的变化[如竖井-巷道-斜坡道综合开拓系统的几何设计施工顺序和进度设计,支护手段设计,服务寿命预测,施工方法设计(如凿岩爆破、机械开挖等),钻孔平面几何布置及深度设计等],以及所引起的其他工程或非工程问题的处理(如通风、排水、供电、照明、安全、生活、地面设施和交通、社区关系、废石堆放和再利用、环境保护等)。而问题的控制微分方程和本构模型则主要由其余4个物理-化学过程及耦合效应所决定,即通常所称的 THMC-耦合过程。

多屏障处置系统的基本概念是,通过工程设施和设计使核素迁移经过若干层的人工及天然的屏障介质的延滞,使其辐射强度在接近生物圈边界时衰减到安全的剂量。目前国际上广泛接受的概念是3重屏障系统:金属存储容器;人工黏土充填层;自然屏障,即与第二人工黏土充填层直接接触的天然的储存母岩或其他地质介质。对该屏障的要求是要具有有利的地球化学环境和条件、稳定的长期地质力学条件和较低的导水度。进而有效地降低核素的辐射强度和迁移速度,延长其传输时间(即提供其衰变所需时间,可达数千、数万至数十万年),进而使不断衰变的核素在接近生物圈边界时其辐射量符合安全标准。一般要求地下储存场构成自然屏障的地质材料处于饱和状态,以便使核素迁移或者是受控于扩散过程(如黏土),或者是受控于岩石构造面中的水对流过程(如节理花岗岩)。对于位于地下水位以上的储存场(如美国的尤卡山顶部的储存场),则要求为无水的"干储存场"或极少量的自然水量补给。同时,地质材料的矿物构成能提供可以接受的地下水酸碱度(pH)和氧化还原(Eh)条件。

核素迁移研究是高放废料处置研究中地球化学的一个核心问题,它提供高放废料处置场址安全评价中的关键数据,也是数值模拟的基础,对此我们深为关注。几乎所有涉及核废料处置的国家都进行核素迁移的研究。在实验室核素迁移实验岩石标本体积大于 $1\ m^3$,在坑道中的尺寸更大。实验条件逐渐向处置库所处的物理化学环境逼近,这对变价元素来说,不少核素在氧化环境与还原环境中的地球化学行为是有显著差别的。在大多数实验室还未充分考虑温压条件。即使考虑温度,也都低于 $100\ ℃$。当然压力对化学反应的影响不如温度显著,但对一多体系的平衡来说,常因压力的突变而遭到破坏,因此在实验室,应尽量模拟处置场库条件下的 pH, Eh, T, P 条件,以便能提供更符合处置场库实际情况的安全评价数据。

利用我国高放废料处置预造场址甘肃北山的真实样品,进行关键核素的化学行为研究,获得了低氧、低浓度条件下,Np(镎)、Tc(锝)在北山不同厌氧环境中的弥散系数,并模拟了北山地下水的温度、黏度、pH 值、Fe^{2+} 和 Sn^{2+} 离子浓度等因素的变化对 Np,Ph,Pc 在地下水中的扩散系数的影响。建立了核素在天然单裂隙花岗岩中的二维扩散数学模型和对流-弥散数学模型,为四项耦合模型的研究打下了基础。

11.3.2 现场岩体中四项耦合效应行为

人们对资源开发、运输、储存、废料处理和安全的需求日益增长,自然和人工的原位过程正以逐渐显著的方式影响系统性能。例如,运输隧道、液化气体储存洞室、地热能开发、原位煤炭气化等许多工程会受到岩体性能耦合过程的影响,对于一些需要特殊长期性能的工程如用于核废料隔离的地下储藏室,耦合影响是特别敏感的。当在某一地下洞室中放入热的或冷的材料时,将会有力学、温度、水文和化学过程的相互作用以及对它们的结构整体性能的影响。此类难题在核废料隔离工程中显得尤其突出,这些工程对系统性能有着特殊的要求,发展较成熟的岩石力学领域正面临着以上挑战,需要研究相互作用或耦合进程的全过程对岩体行为的影响。图 11.3.2 示意了一些潜在的温度、力学、水文和化学过程的相互作用,粗箭头强调了具有显著工程意义的相互作用。这里包含了约 70 篇近几年的文献对岩石力学耦合过程的理解。其中影响岩体性能的主要是加热和冷却。已对地下结构和设备的热效应做了实验,温度主要集中在 200 ℃以内,力学效应在几十兆帕的岩体应力扰动的耦合过程(相当于几十至数百米深度处的压力)。气体和水是将污染物从污染地输运到人体和生态受体的重要介质。预测多孔和裂隙介质中的污染物输运是非常困难的,有关水流与其他岩石性质耦合作用的文献很少。化学效应包括裂缝愈合、矿物溶解和沉淀、风化引起的岩石弱化、污染物运动和输运等过程都隐含岩石工程的长期性能。对带有化学效应的相互耦合作用进行了调研,微生物和放射效应都会对岩石化学性能产生局部影响,这方面的工作也很少。

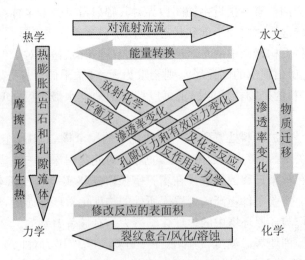

图 11.3.2 岩体行为中耦合进程的影响(Yow 等,2002)

注:粗箭头强调了具有显著工程意义的相互作用。

重要的岩石工程项目必须根据实际情况处理相关的耦合过程,用于核废料隔离的地质储藏室,必须实现特别长的工程周期这一明确的性能目标。储藏系统的设计、运行、优化需要对化学、水文、力学和温度加载与卸载等条件有足够的了解。

(1) 低温液体(如液化天然气)的洞室储存会引起局部岩石显著的温度卸载,并伴有相关的力学、化学和水文效应。被压缩的低温液体将改变洞室周围的压力场,减小化学反应速率。由于裂纹和缝隙中水的滞留和扩散而改变岩石强度。这种温度扰动与核废料放置引起的加热是相对立的,但许多测量和建模的方法是类似的。

(2) 通过加温而增加石油采收率和原位煤炭气化都使用了工程的热过程,当保持流体的导热性以便开采石油和气体时,这些热过程会迅速加热岩体的某些区域。同核废料处置的工程相比,尽管这些工程的热梯度在局部地方很陡,但有些材料和相关过程是类似的,固有的或增加的载荷和梯度(温度载荷或化学反应程度)将推动原位耦合过程。热扩散过程即使是在有裂隙的非均匀岩石中,其行为表现也如同预料的那样,因为对不同地质材料,与其他参数相比,热扩散率变化不大。其中水文和化学现象是很难预测的,因为参数值、不连续性、非均质性会按数量级改变,不可能用表征工具确定相关的空间尺度问题。表 11.3.1 定性地比较了影响岩体性能的四种主要过程。

表 11.3.1 影响岩体性能的基本过程的定性比较

	过程	典型现场参数变化	模拟现场数据的能力
T	热学	小于25%	高
M	力学	局部达到	中等
H	水文学	数量级	中等到低
C	化学	数量级	有问题的

注:Yow 等,2002。

11.3.3 四项耦合过程的时间和空间尺度

图 11.3.3 比较了伴有岩石耦合过程的实验、工程结构、自然现象在岩石中典型的时间和空间尺度。时间尺度反映了实验或工程的典型持续周期,而空间尺度坐标给出了地质尺寸的度量。图 11.3.3 显示了我们对多数岩石特性和过程的实验测量与实际工程的比较,实验室实验的量值(尺度毫米~厘米)较小,持续时间较短(秒~几天)。由于工程现场非均质性和参数变化并存,预测和外推大尺度、长时间工程的耦合效应是非常困难的。图 11.3.3 也表明,开采活动和民用土木结构的实践经验与大尺度、长时间的核废料储藏室是不相关的。

图 11.3.3 反映的另一方面就是各种过程的标度相关性。标有分子扩散(molecular diffusion)的粗实线表示经过一定的时间后,分子在水中扩散的特征距离,将扩散产物的平方根作为扩散空间尺度和时间尺度的坐标系统。由于分子的长度和时间标度非常小,实验室实验中的分子扩散能产生明显的混合效应;然而,对于在大尺度上的应用问题如土木结构在扩散直线上部或左边的直线表明,与经过同样长度坐标的工程运行周期 100 年相比,分子扩散过程需要更多的时间(几十万年)。因此,其他过程或过程的相互作用可能掩盖了以秒计的分子扩散。代表热扩散的细实线,与从野外尺度实验(field scale experiment)到核废料储藏(nuclear wast repostions)的工程是非常靠近的,这表明与大范围工程的尺度和持续时间相比,能量转换对标度系统的影响可能更显著。对于速度为 1 米/年的水的对流(adveclive flow),用虚线勾画了它的重要性,虚线与许多岩体碰撞的相关系统相交。与野外和实验室实验相比,水的对流更有可能影响全尺度的工程项目。

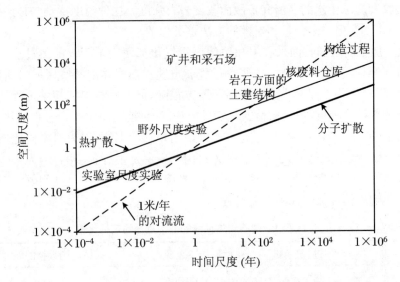

图 11.3.3 伴有岩石耦合过程的实验、工程结构、自然现象在岩石中典型的时间和空间尺度(Yow 等,2002)

在大尺度工程系统的分析、设计、建设和运行方面,放大比例是一个重要的技术问题。在实验室典型的小尺度条件下,对材料性质、力学加载、热能和水流通量进行多种控制是可能实现的;但随着系统尺度的增加,材料性质、裂缝、非均质性、载荷、流通量等的不确定性以及附加过程都会出现。

总之,工程系统的放大比例大约是按一个数量级逐步进行的,如在(Yucca 山),在标准 10 m 尺寸的单元岩石进行加热实验后,又在 1 m 尺寸块体进行了实验。所不同的是,从 10 m 尺寸块体实验中获得的短期结果能够为数值模型提供经验数据或校正数据,以便预测全尺度储藏室的运行情况。

更多的技术性挑战还有原位过程间耦合作用的程度和难以发展好的模型,以及将好的数据同好的模型比较以便为地学与工程应用提供基础。以上论述是目前对四项耦合的分析和认识,可为建立四项耦合模型提供参考。本节在前面三项耦合模型基础上加上了化学场的耦合,变成多孔介质典型的多组分(岩层固体骨架、水、CO_2、石油、天然气)、多相流[温度场 T、渗流场 H、力学场 M、化学场 C(包括化学反应与溶解反应)]复杂耦合过程。与上节相比,显然加大了理论分析和数值模拟及实验的难度。

11.4 寒区温度-渗流-应力-损伤耦合模型

研究低温及冻融循环条件下岩体热、水、力特性对于寒区工程冻胀机理研究及防寒保温设计具有十分重要的指导意义。本节将近些年国内外低温及冻融循环条件下岩石的物理力学特性,温度特性,渗流特性以及水、热、力耦合特性四个方面的研究现状及取得的研究成果做一介绍,并结合寒区隧道的特点,提出以现场监测、大量室内冻融实验和单轴、三轴压缩实验为手段,以研究低温相变条件下导热系数等热、水、力学参数为基础,以建立含相变低温岩体水热耦合模型和考虑空气温度和湿度影响的隧道风流场湍流模型为前提,以获得通风条件下寒区隧道温度-渗流-应力-损伤耦合模型为目的,用以研究寒区隧道围岩的冻胀破坏机制;同时,开发出兼具轻质、保温、抗冻、抗裂和抗震等功能的泡沫混凝土,用于寒区工程保温层及抗震层使用。

11.4.1 岩体冻融循环对工程建设的危害

在地球上存在许多天然的冻土地带,据统计,地球上多年冻土、季节性冻土和瞬时冻土区面积约占陆地面积的50%,主要分布在俄罗斯、加拿大、中国和美国的阿拉斯加及北欧等地,其中多年冻土面积占陆地面积的25%。我国永久性冻土和季节性冻土的分布区域占国土面积的70%以上,主要分布在西部和北部。我国国土面积约有53.5%左右属于季节性冻土区(徐敩祖等,2001)。在寒区,由于季节更替、昼夜循环,岩石材料承受着冻融循环而引起的物理风化作用,造成岩石内部的微裂缝扩张和传播,内部材质发生劣化,影响岩石的物理力学性质。因此,分析和了解岩石在冻融循环条件下微观结构的变化特征,对研究岩石冻融损伤的规律和寒区岩体工程的破坏机制有着重要的意义(周科平,2012)。岩石的冻融损伤给工程建造带来极大的危害。冻害的产生会造成铁路线纵向和横向的不平顺,严重威胁着行车的安全和效率。由于以往对冻土区铁路路基的防冻胀性认识不足,使得这些地区的铁路路基冻害现象时有发生,严重制约着铁路运输能力。据2005年统计表明,我国几个寒区的铁路局所辖线路产生了大量的病害,在哈尔滨铁路局所辖线路中,产生的冻胀病害部位达16 123处,总计33.45 km(刘华等,2011)。在我国,寒区分布面积广,在寒区工程建设和资源开采过程中,会遇到很多岩体工程冻融损伤破坏的难题,如寒区隧道常常出现衬砌开裂、剥落、挂冰及洞口处热融滑塌等病害,严重威胁着围岩的安全稳定(罗彦斌,2010)。牛富俊等(2004)研究了青藏高原冻土区热融滑塌型滑坡,它是一种特殊的滑坡类型,其变形以坍塌、滑动为主,这主要由于高含水量冻土的存在。高含水量冻土是一种温度极为敏感的土体,随着温度的升高,强度显著降低,因此对于热融滑塌型滑坡其成因可理解为:当斜坡体开挖后融化土体将在开挖临空面产生坍塌,土体坍塌后厚层地下冰处于半暴露状态或其覆盖层减薄,在融化季节地下冰融化,融化水使冰面之上的塌落土体处于饱和、过饱和状态,而地下冰面又提供了良好的滑动面,饱和、过饱的粉质黏土,在聚集在冰面与土层间的水的润滑作用下产生滑动。滑坡进一步引起地下冰的暴露,斜坡土体进一步开裂、坍塌、滑动,这种坍塌、滑动随着气温的波动周而复始地持续下去,但滑坡前缘的土体随着排水、固结及地下冰融化面的加深将逐渐趋于稳定。

规范规定,最冷月平均温度低于-15 ℃和受冻害影响的隧道要考虑冻胀力的作用。我国东北和西北地区的30多条铁路隧道都有冻害,有的隧道因受冻害影响常年8个多月不能使用(赖远明等,2009)。裂隙中的水结冰时会产生约9%的体积膨胀,从而产生冻胀荷载;冰融化时,水会渗入新扩展的裂隙,对裂隙面产生压力,从而导致裂隙扩展。反复冻融循环导致岩体损伤(Davidson,1985)。Winkler(1968)通过实验表明,若保持孔隙体积不变,孔隙冰在-5℃,-10℃和-20℃时的膨胀压力分别达到61.0 MPa,133.0 MPa 和211.5 MPa,同时岩体受荷载越大,内部产生的冻胀力也越大。仇文革等(2010)通过模型实验研究了隧道衬砌所受冻胀力的量值和分布规律,得出冻结深度越大则冻胀力越大,顶端约束越强,冻胀力越大。冻结活跃带的相变过程是冻岩问题的研究重点。冻融导致岩体内部应力状态发生改变,可能引起裂纹的萌生和扩展,并引起岩石渗流特性的改变。对于冻土的冻融作用引起的黄土地质灾害也是不容忽视的。尤其我国黄土地区多处在季节性冻土区,冻融作用引起的黄土地质灾害十分普遍。黄土冻融灾害的形成是冻融循环次数、冻结温度及冻结速率综合作用的结果。冻结速率是引发黄土冻融灾害的一个主要因素。在冬春交替季节,昼夜温度剧变引起的地质灾害屡见不鲜。如2010年3月10日,陕西子洲县槐树岔城九河坪村某山体由于在冻融作用下引起黄土崩塌,导致27人死亡。岩土工程冻融灾害问题是岩土工程界特别是冻土领域研究的热点之一(叶万军,2011)。

随着我国经济建设的蓬勃发展及西部大开发政策的进一步落实,在高海拔、严寒和冰川堆积体等条件下修建的隧道及其他交通工程的数量在不断增加。随着经济社会的飞速发展,针对高铁建设的高标准、严要求,对铁路路基的稳定性也提出了更高的要求。在东北高纬度地区修建了数十座寒区隧道,洞外的最低气温均在-50℃以下。在西部修建的大坂山、鹧鸪山等公路隧道的最低气温为-31℃。青藏铁路风火山隧道海拔4 800 m,最低气温为-37℃。东北和西北共建40座隧道,由于冻害的原因,有很多隧道在一年中将近半年以上的时间不能使用,有的完全报废。日本道路公团和铁道综合技术研究所统计表明,日本全国3 800座铁路隧道中有1 100座因冻害原因,在冬季运营期间危及到行车安全。公路隧道中,仅北海道地区的302座大型公路隧道中发生严重冻害的就达104座,为消除侧墙壁冰和拱部冰柱,在较多隧道设置电加热装置,投入的整治费用十分惊人。我国新疆天山2#隧道,因隧道渗漏极为严重,漏入水又在冬季结冰,无法保证正常通车,目前几乎报废;甘肃七道梁,由于冬季排水沟冻结而使隧道排水不畅,造成衬砌背后产生冻胀现象,诱发衬砌混凝土开裂、隧道渗漏、路面结冰,影响行车安全。产生这些问题的根源在于对寒区岩土工程的特殊地质环境和灾害机制认识不够。

对温度场的处理还应考虑到岩体的冻融损伤,也涉及低温环境下复杂的温度场、渗流场和应力场的耦合问题。造成岩体工程冻害的主要原因是岩体裂(孔)隙中的水随温度变化发生相变而产生冻胀融缩效应。这种环境区域是岩体中相变最为活跃的区域,也是温度场-渗流场-应力场(T-H-M)耦合作用强烈的区域(刘泉声,2011)。因此,研究低温及冻融循环条件下岩体温度、水、力特性对于寒区工程建设、经济开发、资源的开发和利用具有重要意义。

11.4.2 低温条件下岩土介质物理力学特性研究

11.4.2.1 物理特性研究

1. 冻岩质量变化规律

岩石在冻融过程中,质量会随着冻融次数的变化而变化,它是反映岩石抗冻性的一个非常直观的指标,也是研究岩石劣化机制的一个重要参考量。

朱立平等(1997)将单轴挤压后出现表面裂隙的立方体花岗岩岩块分成干燥、饱水和与硫酸钠溶液饱和三组,以西藏那曲气象站的温度记录为依据对其进行循环冻融实验,通过对冻融前、后岩样的质量测量得到在实验前、后各岩样的质量变化很小的结论。何国梁等(2004)将采自焦作的大理岩和砂岩分成干燥和饱和两组岩样,进行了循环冻融实验,以模拟岩石的风化,通过不同冻融次数后测量岩石的质量分析了循环冻融对岩石质量损失的影响。刘成禹等(2005)在对花岗岩的低温冻融损伤特性进行研究时发现:干燥大理岩质量上升而饱水大理岩质量下降,所有的岩样均没有破碎,也没有碎块剥落。因此,他们认为导致岩样冻融后质量变化的主要因素应是含水量的变化,干燥大理岩吸收了空气中水分而饱水,而大理岩则有少量水分蒸发。张继周等(2008)通过对三种岩石(粉砂质泥岩、辉绿岩和白云质灰岩)在两种水化环境下(蒸馏水饱和、饱和并经1%硝酸溶液浸泡侵蚀)分别进行循环冻融实验(每冻融循环各4 h,共8 h),研究发现:辉绿岩和白云质灰岩随冻融循环次数的增加,质量缓慢下降,粉砂质泥岩在最初15次冻融循环过程中,质量有增大(约增加0.27%)的现象,其原因主要是岩样在每次冻融循环过程中冰的冻融造成岩石内部微孔隙不断增大,从而使水分向内迁移。

迄今为止,冻融循环后的岩石质量变化趋势并不能一概而论,它与岩石的组成成分、所处环境和水分补给条件有关。目前对冻融循环条件下岩石质量变化的研究还处在定性描述阶段。

2. 未冻水含量

孔隙介质如岩石或土冻结后,并非其中所有的液态水都转变成固态的冰,而是由于固态表面能的作用,始终会保留一定量值的液态水(徐敩祖等,2001)。未冻水含量的任何变化,将导致岩石或土的力学性质出现非常明显甚至有时很剧烈的改变,所以未冻水含量的研究一直是一个热点方向,特别是近年来各种先进科学设备的出现,为该问题的研究提供了更有力的手段和更科学的方法。关于这方面的研究成果主要通过以下测试手段得到。

(1) 量热法。

所谓量热法就是通过测定冻土中的温度分布和变化,来间接确定冻土中未冻水含量的多少。该方法首先由Kolaian和Low(1963)提出,后来Anderson和Tice(1971)依据该测量原理,获得了如下未冻水含量经验公式:

$$w = w^* + (\bar{w} - w^*)e^{a(T-T_0)} \tag{11.4.1}$$

式中,w 为未冻水含量,w^* 为残余未冻水含量,T_0 为相变温度,$\bar{w}$ 为 T_0 温度时的最小含水量,a 为与介质性质相关的参数,T 为冻土的温度。

(2) 差示扫描法。

Handa等(1992)首先提出了该测量方法,后来Kozlowski(2003,2009)利用差示扫描法先后对土的未冻水含量的计算公式和相变温度的影响因素进行了相关实验研究,并且通过对比分析,得出了用差示扫描法测量冻土的未冻水含量比其他实验手段得到的结果更准确而全面的结论。

(3) 核磁共振(NMR)法。

核磁共振法是利用试件中的氢核受到射频场的干扰后,松弛时间不同产生的信号强度也不同的原理,来测定试样温度和含水量之间的关系。自从Tice等(1978)将核磁共振应用到冻土的未冻水含量测试以来,该方法就一直经久不衰。Ishizaki等(1996)提出粉土的未冻水含量与温度的关系可由以下幂函数表示：

$$\theta_u = 19.48T^{-0.318} \tag{11.4.2}$$

式中，θ_u 为未冻水含量。

此后，徐敩祖等(2001)、王丽霞等(2007)、覃英宏等(2008)也通过实验回归得到了未冻水含量和负温绝对值之间存在的指数关系。Sparrman 等(2004)在原来的核磁共振法的基础上，通过一系列的改进，还得到了新一代的核磁共振法。

周科平等(2012)以寒区黑龙江省黑河地区花岗岩为试样，研究在冻融循环条件下微观结构的变化特征，在冻结温度为 $-40\ ℃$、融解温度为 $20\ ℃$ 条件下分别进行 0,10,20,30,40 次冻融循环实验，并对冻融循环后的岩样进行核磁共振测量，得到经不同冻融循环次数后岩样的横向弛豫时间 T_2 分布及核磁共振成像图像。表明花岗岩的 T_2 分布有三个峰，第一、第二峰的面积之和占全部峰面积的 98% 以上，说明微孔隙占绝大多数；在经历 10,20,30,40 不同冻融循环次数后，岩石的 T_2 谱面积发生了明显变化，孔隙度分别增大了 14.0%，0.9%，16.2% 和 1.6%。核磁共振成像图像显示了冻融循环后岩样的孔隙空间分布情况。冻融循环条件下岩石核磁共振特征的变化规律，为岩石冻融损伤机制研究提供了可靠的实验数据。

(4) 时域反射法。

时域反射法是一种利用电磁脉冲，根据电磁波在土体中的传播速度来间接测定未冻含水量的方法，它由 Patterson 和 Smith(1980)率先用于未冻含水量的测量。Spaans 和 Baker(1995)发明了一种基于该原理的测量未冻含水量的装置；Christ 和 Kim(2009)利用时域反射法对 3 种类型的土进行了未冻水含量监测，发现土颗粒越粗，未冻水的含量越低。

(5) 超声波法。

Wyllie 等(1956)首先发现超声波可以用来测定未冻水含量，并提出了相应的计算公式：

$$\frac{1}{V} = \frac{\phi}{V_1} + \frac{1-\phi}{V_2} \tag{11.4.3}$$

式中，V 为冻土的波速，V_1，V_2 分别为水和固体介质的波速，ϕ 为孔隙度。

后来，Timur(1968)将式(11.4.3)的两项扩大到三项，得到计算公式如下：

$$\frac{1}{V} = \frac{v_w}{V_w} + \frac{v_i}{V_i} + \frac{v_s}{V_s} \tag{11.4.4}$$

式中，v_w，v_i，v_s 分别为水、冰和固体介质的波速；V_w，V_i，V_s 分别为水、冰和固体介质的体积含量。

Nakano 等(1972)通过比较冻土的横波和纵波特征发现，当水变冰时纵波波速会迅速减少，横波波速随冰含量的增加而增大。Wang 等(2006)测量了 3 种土在冻结条件下的波速，从而得到了各自的未冻水含量，并将测试结果与 Timur(1968)的进行了对比，显示了很好的一致性。盛煜等(2000)根据 Ishizaki 等(1996)的成果，推算出含有轮胎碎屑的 Tomakomai 粉土的体积未冻水含量：

$$W_u = [\gamma_d/(1+\beta)\rho_w]\theta_u \tag{11.4.5}$$

式中，W_u 为冻土体积未冻水含量，γ_d 为冻土干容重，ρ_w 为水的密度，β 为轮胎碎屑混合比，θ_u 由式(11.4.2)给出。

盛煜等(2000)通过进一步研究指出，冻土的超声波速度与体积未冻水含量基本可用线性关系来描述：

$$V = AW_u + B \tag{11.4.6}$$

式中，A，B 均为回归系数。

上述测定方法中：量热法（包括膨胀计测量法和绝热测热法）测定未冻水含量的精度较差，尤其是绝热测热法的测量装置复杂且实验控制边界条件要求严格；核磁共振法具有快速和精确等优点，但仪器设备昂贵；时域反射法具有简单、精度高和可直接用于现场（室内）的原状（原位土样）测定等优点，但仍需和其他方法（如核磁共振法）联合起来使用；另外，超声波速度与未冻水含量之间存在很好的函数关系，它提示了超声波速度用于冻土未冻水含量测试的可能性。

11.4.2.2 冻岩力学特性研究

冻岩的基本力学性质包括强度、变形特征和冻融损伤特征等，这在冻岩力学形成初期就得到了关注，后来在冻岩力学发展的几十年里，冻岩的基本力学性质研究又得到了极大的补充和完善。

在研究的初期，人们对其冻融破坏特征进行了大量的实验研究。Matsuoka(1990)通过室内实验，研究了三大岩类(28种沉积岩、8种火成岩和1种变质岩)半浸在水中的冻融破坏过程，指出毛细吸力和孔隙冰的冻胀联合作用是引起岩石冻融破坏的内在机制。Nicholson和Nicholson(2000)通过对10种含有原生裂隙的沉积岩进行冻融循环实验，分析了原生裂隙对岩石冻融破坏的影响，并将其归成4种冻融破坏模式。Mutlutük等(2004)在对10种不同类型岩石进行反复冻融循环实验的基础上，得出了随温度反复变化岩石完整性会受到一定的损失，且冻融循环变化频率越高、波动越剧烈，岩石的完整性损失就越大的结论。Chen等(2004)研究了日本Sapporo凝灰岩在不同含水量下的冻融破坏实验，发现当这种岩石含水量低于60%时，岩石冻融劣化很小，而当含水量高于70%时，岩石发生冻融破坏。

在总结冻融破坏特征的同时，人们对不同温度条件下的岩石强度和变形特征进行了大量的研究：

(1) 在强度特性研究方面：Inada 和 Yokota(1984)通过单轴压缩和拉伸实验，分别研究了花岗岩和安山岩在干燥和饱和时，−160～20 ℃的抗压强度与抗拉强度以及经历1和3次冻融循环后，室温下抗压强度与抗拉强度，指出花岗岩和安山岩无论是饱和状态还是干燥状态，抗拉和抗压强度均随温度降低而增大。徐光苗等(2006)以江西红砂岩和湖北页岩为代表，分别在不同冻结温度(−20～20 ℃)下探讨了温度和强度的关系。所测两类岩石的单轴抗压强度与弹性模量都随温度降低而增大，在−10～20 ℃范围内岩石的内聚力和内摩擦角 φ 都随温度降低而增加，不同含水状态(饱和与干燥)下的岩石从−5 ℃降至−10 ℃时导热系数均增大，且温度相同时饱和岩石的导热系数比干燥岩石大得多。杨更社等(2010)以陕西彬长矿区胡家河煤矿冻结立井为背景，以现场采集的煤岩和砂岩为代表，进行了常温(20 ℃)和不同冻结温度(−5 ℃，−10 ℃，−20 ℃)、不同围压条件下的三轴压缩实验，分别探讨了围压和冻结温度对冻结岩石三轴强度特性的影响规律。

(2) 在变形特性研究方面：Yamabe 和 Neaupane(2001)选取日本 Sirahama 砂岩，分别进行了岩石在一次冻融循环(20 ℃→−20 ℃→20 ℃)内热膨胀应变测试，不同温度(20 ℃，−5 ℃，−7 ℃，−10 ℃和−20 ℃)下单轴压缩实验及−20 ℃下不同围压(0 MPa，1 MPa，

3 MPa)三轴压缩实验,发现在一次冻融循环中,干燥岩样的轴向变形为弹性变形,而饱和岩样则发生了塑性变形。程磊(2009)和李慧军(2009)分别选取两种典型岩石——煤岩和砂岩——进行了系统的单轴、三轴压缩实验,分析了煤岩和砂岩在不同冻结温度、不同受力状态条件下的力学特性和变形特性,并对它们的同一性和差异性进行了比较分析。

在对低温及冻融循环后的岩石强度和变形特征进行分析的过程中,人们通过对其损伤劣化规律进行了分析,发展了不同损伤模型。赖远明等(2000)、杨更社等(2004)、张淑娟等(2004)借助CT扫描设备,研究了岩石的冻融损伤规律,分析了冻融循环次数与CT数、岩石强度的关系。Watanabe(2002)研究了含水量与未冻水含量对岩石冻融损伤强度的影响规律。李宁等(2001)通过在砂岩中预制裂隙来模拟裂隙岩体,研究了其在干燥、饱水及饱水冻结情况下的低周疲劳损伤特性,发现冻结对裂隙的低周疲劳特性影响较小,而裂隙对砂岩的疲劳损伤特性有很大影响。徐光苗(2006)将岩石的总损伤考虑为冻融损伤和受荷损伤的耦合,建立了冻融环境中的岩石总损伤演化方程和总损伤演化率方程,并给出了两种岩石不同冻融次数下总损伤率随应变的演化曲线。张慧梅和杨更社(2010)针对寒区工程结构的冻融受荷岩石,通过研究指出冻融与荷载的共同作用使岩石总损伤加剧,并表现出明显的非线性特征。

对低温及冻融条件下岩石力学特性的研究主要集中在实验层面上,涉及低温及冻融条件下岩土介质的本构模型的研究有待进一步深化。现在,地球科学研究发展越来越关注过程及其过程发生的速率(张知非等,1990)。

11.4.3 冻岩冻融过程热力学特性研究

岩土介质在冻融过程中的温度变化机制很复杂。到目前为止,冻土温度场的研究已经有170多年的历史了,但直到20世纪前期,基本上都处于前期探索阶段,只得到了一些大为简化的经验公式和一些经过近似处理的均质一维、二维线性稳定问题及一维非稳定线性问题的计算方法,20世纪70年代以来,随着计算技术的发展,数值计算方法在冻土温度场研究中得到了广泛应用,使以前由于几何形状复杂、地质条件特殊而难以解决的有关冻土温度场的一些难题都得到了不同程度的解决,尤其是非稳定相变温度场理论的问世以及在数值分析中的成功实现,使得寒区温度场的研究更趋完善和符合实际。

11.4.3.1 实验研究

Zhang等(2007)通过室内实验,研究了不同温度条件下西藏铁路路基的热对流情况,确定了路基基石的最佳粒径。赖远明等(2003)进行了长期现场观测,并根据观测到的隧道围岩温度,确定了围岩最大冻结深度。谢红强等(2006)根据鹧鸪山隧道区水文、地质条件,进行了隧道主体结构及围岩温度的现场测试研究,得出了隧道区环境温度、隧道结构体和围岩的温度场变化规律。陈建勋和罗彦斌(2008)以某寒冷地区公路隧道为依托,对隧道温度进行一年半的长期测试,结果表明:隧道洞内的年气温变化具有周期性,随时间大致呈正弦曲线变化;隧道内纵向气温随着进入隧道距离的增大,年平均温度逐渐下降,年温度振幅也下降,其变化规律呈指数函数曲线变化关系。Ma等(2007)对西藏铁路路基温度进行了多个断面的测试,测试结果表明,路基的冻结温度随着时间的增长在不断增加。张德华等(2007)结合青藏铁路二期工程格尔木—拉萨段风火山隧道的修建,对多年冻土隧道开挖直到贯通引起的围岩热学响应规律进行了现场实验研究。

11.4.3.2 冻岩热力学参数确定

在温度场的控制方程中,涉及一些重要的热力学参数,如导热系数、体积热容等,这些参数取值的合理与否直接关系到温度场求解的正确性。因此,很多学者也通过不同途径对这些参数进行了分析和研究。Park 等(2004)通过实验研究了韩国典型花岗岩和砂岩的热物理参数与温度的关系,发现当温度从 40 ℃向-160 ℃变化时,岩石的导热系数随温度降低而增大,但变化不大,而比热容和热膨胀系数随温度降低而降低,且降幅较大。吕康成等(2000)、水伟厚等(2002)根据实测隧道围岩温度,采用一维热传导模型、古典显式差分格式和最小二乘法,对一寒区隧道围岩(强风化花岗岩)的导温系数进行了反分析;Zhang 等(2007)提出了一种计算土的导热系数的新方法——随机混合介质模型;Nicolsky 等(2009)根据现场实测温度场,对土的热力学参数进行了反演分析。

11.4.3.3 温度场控制方程

温度场控制方程是得到温度场的解析解和数值解的核心与关键,因此,该领域的研究一直以来方兴未艾。这些年来,关于温度场控制方程的主要成果有:Mottaghy 和 Rath(2006)研究了相变潜热对温度的影响;Bronfenbrener(2009)利用经典的 Stefan 问题求解方法,得出了土在冻结过程中温度场的解析解。我国研究起步较晚,但成果显著。20 世纪 50 年代,余力教授开始对人工凿井温度场进行研究;赖远明等(2001)运用无量纲量和摄动技术求出了寒区圆形截面隧道温度场的解析解;何春雄等(1999)分析了隧道内空气分别为层流和紊流情况时,隧道内气温及围岩冻融状况和壁面温度随气温周期性变化的情况;张学富等(2004)对一已建成寒区隧道进行了算例分析,结果表明沿隧道轴向的初始温度不是均匀的,并且沿轴向也有热量传递,隧道围岩冻结深度沿轴向分布与隧道内大气平均温度沿轴向分布的规律不同,因而,他指出对寒区隧道进行三维温度场分析是必要的;徐敩祖等(1991)、李述训等(1995)也从不同侧面论述了寒区岩土介质温度场的有关问题,在温度场研究方面做出了重大贡献。

需要指出的是,以上绝大部分研究成果,都是基于将冻融过程中的岩土介质假设为两个部分——冻结区(frozen zone)和未冻区(unfrozen zone)——的前提下得到的,然而,近些年来,已有不少学者通过实验研究(Konrad,1982;Nakano,1990)和理论分析(Furukawa 等,1993;Bronfenbrener 等,1997;Lunardini,1991),发现二区域(已冻区和未冻区)模型没能准确反映岩土介质冻融过程中的温度状态,他们认为在已冻区和未冻区之间存在一个相变集中区——正冻区(freezing zone)或冻结缘(frozen fringe),该区域的大小主要取决于岩土介质的性质和温度条件,即"三区域"模型。由于寒区岩土工程的复杂性和多变性,再加上具体条件的差异性,传统的温度场的解析解不能给出复杂边界条件下的温度场分布,可以采用数值仿真方法获得比较准确的温度场分布。因此,根据实验结果,建立合理的温度场数学模型及其参数取值方法显得至关重要。

11.4.4 冻岩冻融过程渗流特性研究

由于冻土(岩)介质的特殊性和土中水分在其中运动的重要性,冻土(岩)中水分运动的研究受到世界上许多国家的重视。第七届国际多年冻土会议就在这方面的研究进展设置了专题,美国公路研究部门及其他国家的类似组织也多次组织了有关专题会议,近100多年来,各相关学科的研究工作者从不同角度和研究目的出发,对冻融过程中土中水的迁移问题进行了多角度的研究,在实验研究、参数取值方法及水分迁移数学模型等方面取得了一系列的重要成果。

11.4.4.1 实验研究

20世纪80年代,美国陆地寒区实验与工程实验室(US Army Cold Regions Research and Engineering Laboratory,简称CRREL)进行了一系列室内实验,以探索冻土中水分迁移的机制。Nakano(1994)对等温条件下的水分迁移进行了系列室内实验研究,指出冻融土中水分迁移的推动力主要包括土含水量梯度(土水势梯度)和温度梯度,二者既可以相互独立,也可以相互依赖。

从20世纪60年代开始,国内先后有东北水利科学研究院、长春水利科学研究所、哈尔滨工业大学土木工程系、北京建筑科学研究院以及中国科学院兰州冰川冻土研究所开展了冻土中的水相成分测试工作。进入70年代后,铁路、交通、水利和林业部门的有关单位逐步开展了现场观测。徐敩祖等(1995)、王家澄等(1996)对土冻结特性、冻结条件下的水分迁移、成冰作用、冻胀、盐分迁移及盐胀等问题进行了大量的室内实验研究。结果表明,冻土中的水分迁移与冻结缘中的土水势梯度有关,而该梯度主要取决于土体的性质、边界条件、冻结速度和冻胀速率等因素。

11.4.4.2 冻岩渗透系数取值方法

当应用数学物理方法对冻融条件下岩土介质的渗透特性进行定量分析时,无论是解析法还是数值法,都离不开相应的物理参数确定问题。冻土(岩)的物理参数是随未冻水含量和温度变化的,当温度低于0℃后,孔隙中的部分水凝结成冰,这将直接导致介质的渗透系数减小,从而影响整个水分场的分布。因此,在研究冻融条件下岩土介质的渗流场规律时,就不可避免地遇到了渗透系数的确定问题。关于这方面的研究成果,归纳起来,目前有以下四种思路:

(1) 引入冰的阻抗系数的概念。

Taylor和Luthin(1978)在研究冻土的渗透特性时发现,土冻结后,冰占据了原来水的位置,对水的流动产生了阻碍作用。为了反映这种作用的影响,他引用了"阻抗系数"这个概念,这样,冻结区的渗透系数的表达式就变为

$$k_f = 10^{-\Omega} k_u \tag{11.4.7}$$

式中,k_f、k_u分别为冻结区和未冻区的渗透系数,Ω为阻抗系数。

后来Jame等(1980),Hansson等(2004)都延续了这个概念,但是尚松浩等(1997)通过对比未引入这一概念和冰的阻抗系数的计算结果,发现计算结果对冰的阻抗系数不敏感。他进而指出,在低含水量条件下,不需要人为引入阻抗系数。这样不仅可以使计算简化,且避免了人为假定的引入,使模拟更趋于真实。

(2) 引入非饱和介质中的相对渗透系数的概念。

Koopmans和Miller(1966)提出低温饱和状态下的冰/水两相共存与非饱和状态下的

气/水两相共存具有相同的机制。Mc Kenzie 等(2007)依据此观点,提出了冰存在时孔隙的相对渗透系数的计算公式:

$$k_r = \begin{cases} [(10^{-6}-1)/B_T]T+1 & (T \geqslant T_0) \\ 10^{-6} & (T < T_0) \end{cases} \quad (11.4.8)$$

式中,k_r 为相对渗透系数,T 为介质温度,T_0 为相变温度,B_T 为与温度和饱和度相关的参数。

(3) 构造 Heaviside 函数。

徐光苗(2006)认为,当温度为 0～−1 ℃时,实测未冻水体积含量 χ 值随温度的降低急剧降低,而当温度低于 −1 ℃时,χ 值趋于稳定值。因此,可以构造一个 Heaviside 阶跃函数,使得 χ 值随温度的变化关系用连续型函数 $H(T)$ 来表示。Heaviside 函数为

$$H(T-T_{ref},\Delta T) = \begin{cases} 0 & (T-T_{ref} \leqslant -\Delta T) \\ 1 & (T-T_{ref} > \Delta T) \end{cases} \quad (11.4.9)$$

式中,T_{ref} 为参考温度,即为水的相变点温度,通常取 0 ℃(或 273.15 K);ΔT 为步长。

他进一步指出:岩(土)体在温度低于 $T_{ref} - \Delta T$ 的冻结区和未冻区的渗透系数为常量,则整个温度区间内的渗透系数,可以用 Heaviside 二阶阶跃函数表示为

$$k = k_f + (k_u - k_f)H(T-T_{ref},\Delta T) \quad (11.4.10)$$

式中,k,k_f 和 k_u 分别为整个区域、完全冻结区和未冻区的渗透系数。

(4) 构造与温度相关的函数。

Zhu 和 Carbee(1984)提出了温度与渗透系数具有如下形式的关系:

$$k = \alpha e^{\beta T} \quad (11.4.11)$$

式中,α,β 均为材料参数。

Li 等.(2002)利用该取值法准确地验证了自己提出的数学模型。

11.4.4.3 数学模型研究

对于冻土的渗流问题,普遍的方法是将非饱和土的达西定律与水流连续方程相结合来得到土中水分非稳定运动的基本方程(Richards 方程):

$$\frac{\partial \theta}{\partial t} = -\nabla q_1 = \nabla [K(\psi_m)\nabla \psi] \quad (11.4.12)$$

式中,θ,t 分别为含水量和时间,q_1 为水分迁移通量,ψ 为土水势,ψ_m 为基质势。

盛煜等(1993)通过引入迁移势(广义分凝势)的概念,提出了正冻土中水场计算的一维数学模型,确定冻结前缘区的水分迁移,从而可通过达西定律、迁移势确定整个正冻土的水分场。王铁行和胡长顺(2001)给出了冻土路基水分迁移问题的二维数值模型,提出水头应由重力水头、吸力水头、温度水头和相变界面水头四个部分组成,定义了温度水头和相变界面水头,并给出了相应的确定方法。

在冻土(岩)渗流特性三个方面的研究内容中,核心的问题为水分的迁移动力。自 19 世纪末以来,关于冻土中水分驱动力,曾提出过 14 种假说(徐敩祖等,2001)。其中包括结晶力理论、薄膜水迁移理论、水土势能理论和分凝势理论等。水分迁移取决于力学、物理和物理化学因素,合理渗流场模型能反映低温岩土介质水分迁移规律。

11.4.5 冻岩水、热、力耦合特性研究

11.4.5.1 温度-渗流耦合特性研究

在寒区岩土工程中,温度场分布和水分迁移规律对其物理力学性质及工程安全具有重要的影响,因此,研究岩体在不同施工环境及气候条件下温度场与渗流场的耦合具有重要的指导意义。冻融条件下的土壤水热迁移是一个多因素综合作用的复杂物理过程,对该问题的研究近50年来已取得了重要的进展,下面分两个方面来分别叙述。

(1) 温度-渗流耦合模型研究。

Philip 和 De Veries(1957)开创了土壤温度-渗流耦合研究的先河,基于多孔介质中液态黏性流动及热平衡原理,提出了水热迁移耦合模型。此后,许多科技工作者对这一问题进行了深入的研究,提出了各种各样的数学模型。这些模型大致可以分为两类。第一类是与岩土介质冻融过程中发生相变有关的热传导问题,该类问题仅研究岩土介质在冻融过程中与相变有关的热传导,即斯蒂芬(Stefan)问题。这方面的主要成果包括:Bronfenbrener 等(1999)、Lunardini(1981)、苗天德等(1999)。第二类为当系统发生热输运和相变时,同时伴随出现水分迁移,即所谓温度-渗流输运问题。这类问题主要强调由于热输运引起的与岩土介质冻融过程有关的水分迁移,以及由此导致的成冰特征和冻胀现象。针对第二类问题,又存在着两个分支:

① 第一个分支是在 Philip-Veries 模型基础上建立的机制模型。目前这类模型应用的较多。Fukuda 等(1985)、Lundin(1990)先后采用了机制模型模拟了冻土系统中的水热迁移,在模型中考虑了地气间的湿热交换,但没有考虑潜热交换和地表蒸发。国内方面,赖远明等(1999)、张学富等(2006)先后根据经典传热学和渗流理论,给出了考虑相变过程的寒区隧道围岩温度场-渗流场耦合控制方程,并运用 Galerkin 方法,对这一问题进行了有限元数值模拟。毛雪松等(2006)从水分场与温度场相互作用的角度,分别建立温度场单场控制方程和温度-渗流耦合效应的控制方程,应用有限元方法进行计算,并通过对单因素温度场的计算结果与温度-渗流耦合作用下的温度场计算结果比较,分析了水分迁移作用对路基温度场的影响。汪仁和和李栋伟(2007)基于相似理论原理和人工多圈管冻结模型实验,提出渗流方程中的导水系数是温度梯度的函数,建立了多圈管冻土中温度-渗流耦合数学模型,并采用有限元方法实现了对多圈管冻结温度场和水分场耦合的数值分析。

② 第二个分支是应用不可逆过程热力学原理描述岩土介质温度-渗流通量,称为热力学模型(Kay,Groenevelt 等,1974,1974),这一模型与机制模型在未冻区一致,其区别在于冻结区。模型中考虑了在温度梯度及水(包括固、液、气三相)势梯度作用下的水、气、热迁移。假定岩土介质中冰与水处于动平衡,其化学势相等,且冰压力为0,忽略重力影响,利用 Clapeyron 方程,得到冻结区未冻水的压力,因此在冻结区的未知量只有温度 T,水、气、热通量均为温度及温度梯度的函数。将这些通量关系与质量、能量守恒原理结合即可得到岩土介质中温度-渗流耦合迁移的热力学模型。Kung 和 Steenhuis(1986)利用该原理模拟了土柱一端突然降到负温的土壤冻结过程,其结果与实验规律一致。计算结果表明,水气迁移量比液态水迁移量小两个数量级,而对流传热量也比传导热量小两个数量级。因此,土壤冻结过程的水气迁移、对流传热对计算结果的影响较小,可以忽略。郭力等(1998)应用连续介质混合

物理论研究了饱和正冻土的水热迁移问题,提出了一个新的热力学模型。

(2) 温度-渗流耦合实验研究。

Konrad 和 Morgenstern(1981)进行了不同温度梯度下冻土的水分迁移实验。根据实验结果得出了水分迁移通量与温度梯度成正比的结论。翁家杰等(1999)就冻结过程发生的黏性土水分向冻结锋面迁移和集聚现象,论述了正冻土水分迁移现象及其原因。杨更社等(2006)研究了寒区冻融环境条件下软岩的水热迁移规律,对两种不同类型的软岩材料进行了开放系统下具有温度梯度的水热迁移实验研究。汪仁和和李栋伟(2007)根据相似理论推导出人工冻结温度场和水分场模型实验相似准则。以淮南一煤矿风井井筒工程条件为背景,进行了人工多圈管冻结模型实验,获得冻结壁形成过程中温度场和水分场的变化规律,证实了温度梯度是引起人工正冻土中水分迁移的主要原因。

总结这些研究成果,可以发现针对冻融条件下温度-渗流耦合问题的研究主要集中在温度-渗流耦合机制和数学模型的建立上。目前,对冻融条件下的温度-渗流耦合机制的认识已基本达成共识,耦合模型的建立,由于研究对象的差异等原因,至今仍是讨论的热点。合理的耦合模型应该考虑热传导、相变潜热和水分迁移对温度场和渗流场的影响。

11.4.5.2 水力、热力及水热力耦合特性研究

水力、热力及水热力耦合研究均主要以求得岩土体的本构模型为目的,基于对温度效应和冻融循环引起岩石损伤的认识,人们发展了不同的本构模型。

何平等(1999)根据连续介质力学和热力学原理,建立了冻土黏弹塑损伤耦合本构理论。在理论分析及实验验证的基础上,提出损伤演变规律及损伤门槛值的具体形式。同时分析了围压对冻土的强化及弱化机制,建立了与球应力相关的未冻水含量状态方程以及黏塑性耗散势函数。赖远明等(2007)从高温冻土内部裂隙、空洞等缺陷的随机分布出发,基于连续损伤理论和概率与数理统计理论,建立了高温冻土的单轴随机损伤本构模型。宁建国和朱志武(2007)从复合材料的细观力学机制出发,建立了含损伤的冻土弹性本构模型,并通过与不同冰体积含量和不同温度下的冻结砂土的应力-应变关系实验曲线的对比发现,由该损伤本构模型计算的结果与实测曲线比较吻合。Shoop 等(2008)认真分析了土的融化弱化行为,通过修正 D-P 准则,建立了含冻融损伤的应力-应变关系。Li 等(2009)建立了高含水率冻土在冻融条件下基于统计损伤理论的本构模型,对其中涉及的统计参数等进行了认真的分析和探讨。

研究低温及冻融循环条件下岩土体的本构模型,其中一个最主要的任务即求得冻胀量,基于对岩土介质的冻融破坏过程及其破坏机制的认识,人们发展了不同的冻胀模型,主要分为以下几类:

(1) 毛细理论模型。

毛细理论模型发展于 20 世纪 50 年代(Penner,1959)。根据毛细理论,冻结过程中水的迁移是由冰/水界面处产生的毛细吸力造成的,骨架颗粒的大小是影响介质冻胀率大小的最重要的因素,水和冰的吸力关系为

$$u_i - u_w = \frac{2\sigma_{iw}}{r_{iw}} \quad (11.4.13)$$

式中,u_i 为冰的压力,u_w 为孔隙水的压力,$u_i - u_w$ 为吸力,σ_{iw} 为冰/水界面上的表面张力(约

为 0.033 1 N/m，r_{iw} 为冰/水界面的弯曲半径。

毛细理论模型比较简单，但是它不能解释"不连续冰透镜的形成"现象，并且实验室得出来的冻胀力往往比用该理论计算出来的要大得多，所以该理论的正确性一直饱受争议（李宁等，2001b）。

(2) 刚冰模型。

认识到了毛细理论的不足之处之后，Mille(1978)根据次冻结理论认为，在冰透镜底面与冻结峰面之间，存在着一个低含水量、低导湿率和无冻胀的带，称为冻结缘，据此提出了著名的刚冰模型。根据该理论，在有效应力足够承担上覆荷载的冻结缘区域内，新的冰透镜体将由此产生。冻结缘理论克服了毛细理论的不足，得到了广大学者的认可，后被称为第二冻胀理论。

(3) 水动力模型。

Harlan(1973)在非饱和土和非完全冻结土水分迁移理论的基础上，提出正冻土中热质与水分迁移互作用的耦合模型。随后不少学者在这种思路指引下，发展了多种计算冻胀量的方法(Taylor 等，1978；Mu 等，1987)。Guymon 等(1980)提出的模型被认为是最先进的，可求解非塑性土季节性冻融过程问题，并经过了长期的应用与考验。但这些模型也有一大缺点，就是无法描述冰透镜体产生的离散性。

(4) 分凝势模型。

分凝势模型是由 Konrad 和 Morgenstern(1981)提出来的，他们认为冻结过程中分凝势、温度和水分的迁移速度具有如下关系：

$$V_0 = SP_0 \mathrm{grad} T \tag{11.4.14}$$

式中，V_0 为水分迁移速度，SP_0 为分凝势。

Konrad 和 Morgenstern(1982)还提出了考虑外界荷载作用的分凝势表达式：

$$SP = SP_0 \mathrm{e}^{-aP_e} \tag{11.4.15}$$

式中，SP 为考虑外荷载作用的分凝势，P_e 为外荷载，a 为与材料有关的参数。

冻胀量 h 的计算式如下：

$$\frac{\mathrm{d}h}{\mathrm{d}t} = 1.09 SP G_f + 0.09 n \frac{\mathrm{d}X}{\mathrm{d}t} \tag{11.4.16}$$

式中，n 为孔隙度，G_f 为温度梯度，X 为冻深。

Konrad 等(1984，1988，1996)、Nixon(1987)利用分凝势模型和数值分析冻胀量进行过研究。

(5) 热力学模型。

热力学模型是在冻土微元体中土、冰、水三相介质的质量守恒、能量守恒及熵不等式的理论基础上，提出的多相介质的自由能和耗散能表达式与多相介质的本构方程(Li 等，2008)。这个模型可以考虑由冻胀、水热迁移与水分冻结引起的孔隙吸力。Michalowski 等(1993，2006)根据该模型基本原理，建立了孔隙度变化率与冻胀量的关系。

(6) 温度-渗流-力(THM)三场耦合模型。

Neaupane 等(1999，2001)分别假定岩石为孔隙热弹性体和理想弹塑性体，基于连续介质力学假定和经典热力学理论，建立了考虑水分相变冻融岩体温度-应力-渗流耦合的质量、动量及能量控制方程一般形式,并对假想的液化天然气储存库进行有限元计算。赖远明等(1999b)、张学富(2004b)运用经典渗流力学和经典传热学原理,分别推导了寒区隧道围岩二维、三维 THM 耦合的控制方程,编制了有限元计算程序,结合青藏公路大阪山隧道、昆仑山隧道和风火山隧道进行了有限元数值模拟。何平等(2000)根据连续介质力学和热力学原理,建立了土体冻结过程中的三场耦合方程。陆宏轮(2001)应用混合物的连续介质理论,建立了冻融过程中饱和多孔介质的水分场、应力场和温度场耦合作用的数学模型,该模型以多孔骨架位移、水头和温度为基本变量,包括总质量守恒方程、总应力平衡方程和总能量守恒方程。Li 等(2000)、李宁等(2003)建立了全面考虑冻土中骨架、冰、水、气四相介质水、热、力与变形耦合作用的数理方程,并在引进国外大型岩土工程分析软件的平台上,开发出了饱和与准饱和冻土介质温度场、水分场和应力场三场耦合问题的有限元分析软件。徐光苗等(2004)从不可逆过程热力学和连续介质力学理论出发,建立了岩石冻结温度下非线性温度-渗流-应力耦合控制方程,并通过定义冻结岩体与冰的膨胀耦合系数,分析岩石的冻胀力。

总体上,目前对寒区岩土介质水力、热力及水热力耦合特性的研究大多是以温度-渗流耦合模型为基础,以冻胀力为研究目的,没有将应力与温度-渗流完全耦合起来。目前大部分的温度-渗流-应力耦合研究成果还没有将岩土介质在冻融过程中产生的损伤对温度-渗流-应力耦合特性的影响反映出来。

工程冻融损伤破坏的因素是岩体中水分的冻胀融缩作用(刘泉生等,2011)。寒区昼夜和季节交替产生的温度差异引起岩体中的水分反复冻融,水结冰会产生 9% 的体积膨胀,受到约束时产生巨大的体积膨胀力造成岩体损伤。冻胀损伤加剧了围岩的风化作用,围岩破碎程度的增加又为冻胀力的发育提供了更有利的条件,这种恶性循环严重威胁着围岩的稳定性(张继周等,2008;谭贤君等,2008)。裂隙中水冰相变是冻岩损伤的主导因素,要预防和控制工程岩体冻害事故的发生,应以水冰相变为切入点。岩体的冻融损伤涉及低温环境下复杂的温度场、渗流场和应力场的耦合问题。低温 THM 耦合过程如图 11.4.1 所示(正温为相变点温度以上,负温为相变点温度以下)。

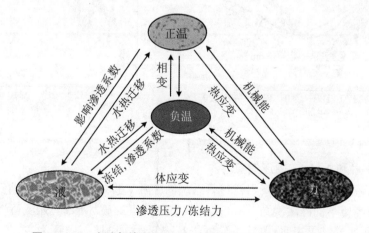

图 11.4.1　冻融条件下 THM 三场相互关系(刘泉生等,2011)

低温多场耦合与常温、高温多场耦合的主要区别在于：低温条件下，裂隙水发生相变产生冻胀力，并对裂隙网络产生巨大影响，多孔介质的渗流性也会发生很大改变。裂隙中冰透镜体的形成导致裂隙的渗透系数急剧下降。同时，温度的改变会对未冻水的黏性产生影响。裂隙中的水结冰时产生体积膨胀，会对封闭的裂隙产生冻胀荷载，可能导致裂隙的扩展。冰融化时，水会渗入新扩展的裂隙面。反复的冻融循环导致岩体损伤。此外，冻结缘水分的补给是影响冻胀的重要因素，而此区域的水分迁移驱动问题也是低温渗流场区别于常温、高温的重要环节。

11.4.6 寒区隧道温度-渗流-应力-损伤耦合模型

基于以上认识，结合寒区隧道的特点，以现场监测、大量室内冻融实验和单轴三轴压缩实验为手段，以研究低温相变条件下的导热系数等热、水、力学参数为基础，以建立含相变低温岩体水热耦合模型和考虑空气温度与湿度影响的隧道风流场湍流模型为前提，以建立了通风条件下寒区隧道温度-渗流-应力-损伤耦合模型为目的，用以研究寒区隧道施工及运营期间围岩及混凝土的冻胀破坏过程；同时，在防寒保温措施方面，开发出兼具轻质、保温、抗冻和抗裂等功能，特别适合于寒区工程保温层使用的泡沫混凝土。

1. 寒区隧道无线监测系统

针对西藏嘎隆拉隧道地处喜马拉雅断裂带、海拔高、气温低、雨量极其丰富、进出口两端气候截然不同等特点，在隧道现场埋设了一大批监测仪器：温度传感器、渗压计、土压力盒、钢筋计、混凝土应变计和地震动加速度计。结合嘎隆拉隧道工程实际，借助移动通信 GPRS 技术，研制了无线远程监测数据采集系统，实时监测隧道围岩和结构的温度、地下水渗流特征以及结构受力状况，部分监测结果见图 11.4.2 和图 11.4.3。

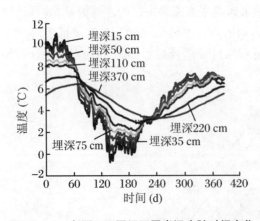

图 11.4.2 断面 1 不同埋深围岩温度随时间变化　　图 11.4.3 断面 1 围岩渗透压力随时间变化

2. 室内冻融和单轴、三轴压缩实验

通过对西藏嘎隆拉隧道现场岩样进行系统的冻融实验和单轴、三轴压缩实验，全面分析了该类岩石在经历不同冻融次数、不同受力状态条件下的破坏形式、强度特性、变形特性和冻融劣化特征，研究结果表明：单轴条件下岩石破坏形式以劈裂破坏为主，三轴条件下以剪切破坏为主；强度随冻融次数增加而减小；应力峰值对应的轴向应变值随着围压和冻融次数的增加而增加。冻融实验岩样破坏形态如图 11.4.4 所示。

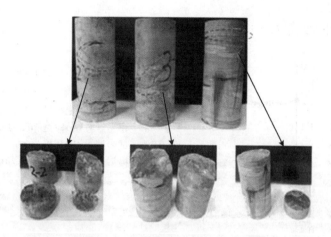

图 11.4.4　冻融实验岩样破坏形态

3. 基于随机混合模型的导热系数

从随机混合模型(RMM)(图 11.4.5)理念出发,考虑岩石未冻水含量对导热系数的影响,提出了计算低温相变岩土类材料导热系数的新方法,并通过与实验数据进行对比,验证了新方法的可行性。

(1) 研究思路。

将一定含水量的围岩看作由固体骨架、水分(包括水和冰)和气体组成的 4 组分复合介质,分别用下标 s,w,i 和 g 标记。若假定孔隙介质的初始孔隙度为 n,饱和度为 S_w,温度低于 0 ℃时,未冻水体积含量为 χ,则固体骨架、水、冰和气体所占的体积分数分别为 $1-n$,$\chi n S_w$,$(1-\chi)nS_w$ 和 $(1-S_w)n$。

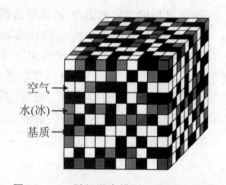

图 11.4.5　随机混合模型(RMM)示意图

如果围岩中的几种组分形态上都是立方体,尺寸相同,且在空间上是随机分布的。则能利用计算机很轻松地建立其空间结构模型,假设围岩的取样空间尺度为 L,取统一的离散尺度为 L_0,则每边切割的份数可表示为

$$d = L_0/L \tag{11.4.17}$$

式中,d 为每边的切割份数。

于是,取样空间中含有 d^N 个小立方体(N 为空间维数),从理论上讲,只要 L_0 足够小,就能很好地反映围岩的真实热力学特性。通过计算机生成 d^3 个 0~1 范围内的随机数 x,并将 x 一一对应地赋值在每个小立方体上,设定若 $x \geq n$,则认为该立方体成分为固体骨架;若 $nS_w \leq x < n$,则认为该立方体成分为气体;若 $\chi nS_w < x < nS_w$,则认为该立方体成分为冰;若 $x \leq \chi nS_w$,则认为该立方体成分为水。这样,在给定孔隙度 n、未冻水含量 χ 和饱和度 S_w 的条件下,就生成了一个随机结构的 3 或 4 组分的多孔介质模型(当温度 $T>0$ 时为 3 组分,当

温度 $T<0$ 时为 4 组分）。

（2）计算结果。

实验与模型计算结果对比情况如图 11.4.6 所示。

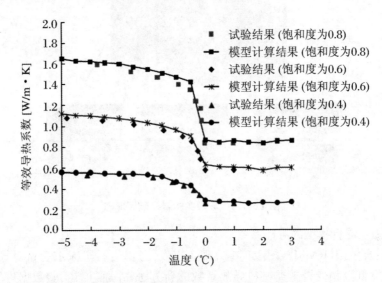

图 11.4.6 实验结果与模型计算结果对比

4. 低温相变岩体的温度-渗流耦合模型

根据冻融条件下岩体中水、热迁移规律，基于连续介质力学、热力学以及分凝势理论，建立了考虑热传导、相变潜热和渗流速度对温度分布影响的低温相变岩体温度-渗流全耦合控制方程，该模型可反映由 Soret 热扩散效应、分凝势引起的孔隙水流动对渗流速度以及渗透压力分布的影响。将研究成果与温度-渗流耦合室内实验进行了同等条件下的对比分析，证实了该耦合模型的正确性和参数取值方法的合理性（Hansson 等，2004）。

（1）热量的传输迁移过程中，有

$$C_{eq}\frac{\partial T}{\partial t} + \nabla \cdot (-\lambda_{eq}\nabla T) + [(v_w\nabla)(\rho c)_w T] = Q_{eq} \qquad (11.4.18a)$$

其中，

$$C_{eq} = \begin{cases} C_a = C_1 + \rho_w L_f \dfrac{\partial \theta_w}{\partial T} & (T \leqslant T_0) \\ C_2 & (T > T_0) \end{cases}$$

$$\lambda_{ef} = \begin{cases} \lambda_1 & (T \leqslant T_0) \\ \lambda_2 & (T > T_0) \end{cases}, \quad Q_e = \begin{cases} Q_1 & (T \leqslant T_0) \\ Q_2 & (T > T_0) \end{cases} \qquad (11.4.18b)$$

式中，C_{eq} 为等效热容；ρ_w 为流态水的密度；λ_{ef} 为岩体等效导热系数；c_a 为水的比热容；v_w 为流体渗流速度；Q_{eq} 为热源或汇；C_1，C_2 分别为已冻区和未冻区岩体的等效体积热容，它表示的是密度与体积热容的乘积；L_f 为相变潜热；θ_w 为水的体积分数；λ_1，λ_2 分别为已冻区和未冻区岩体的热传导系数；Q_1，Q_2 分别为已冻区和未冻区内部加热（放热）使控制体产生（消耗）的热量。

（2）水的渗流输运过程中，有

$$\frac{\partial(\rho_w\theta_w)}{\partial t}+\frac{\partial(\rho_i\theta_i)}{\partial t}+\nabla\left[-\frac{\rho_w k_w}{\mu_w}(\nabla\rho_w+\rho_w g_j)-\rho_w(SP_0-D_T)\nabla T\right]=\rho_w q_w$$

(11.4.19)

$$v_w=-\frac{k_w}{\mu_w}(\nabla p_w+\rho_w g_j)+(SP_0-D_T)\nabla T \tag{11.4.20}$$

式中,θ_w,θ_i 为水和冰的体积含量;ρ_w,ρ_i 分别为水和冰的密度;k_w 为水的渗透系数,μ_w 为水的动力黏滞系数;D_T 为温差作用下的水流扩散率;p_w 为孔隙水压力;g_j 为重力加速度;q_w 为源或汇;SP_0 为分凝势。

5. 隧道通风风流场湍流模型

应用流体力学、传热学和空气动力学的基本原理与方法,推导出隧道通风风流场湍流模型,应用该模型数值仿真空气的温度、湿度以及风速对围岩温度场的影响规律,研究结果表明:风速一定时,围岩温度随着风温的增加而增加;温度一定时,围岩温度随着风速的增加而降低,当风速大于 10 m/s,围岩温度场趋于稳定(图 11.4.7)。

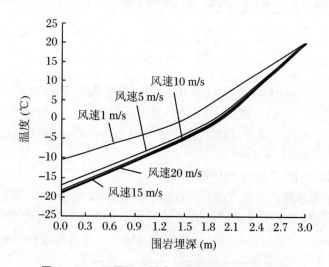

图 11.4.7 不同埋深围岩温度随风速变化曲线图

(1) 连续性方程为

$$\frac{\partial\rho}{\partial t}+\nabla(\rho u)=0 \tag{11.4.21}$$

式中,u 为空气运动速度;ρ 为空气的密度,可以由气体的状态方程确定。

(2) 运动方程为

$$\rho\frac{\partial u}{\partial t}+\nabla(\rho u)u=\nabla\left\{-pI+(\mu+\mu_t)\left[\nabla u+(\nabla u)^T-\frac{2}{3}(\nabla u)I\right]-\frac{2\rho k}{3}I\right\}+S_M$$

(11.4.22)

式中,I 为单位向量;p 为气体的压强;μ 为空气的动力黏滞系数;μ_t 为涡黏系数,也叫湍流黏性系数;$S_M=\rho X-\partial(\mu'\nabla u)/\partial x$,其中,$X$ 为沿坐标方向的体积力,μ' 为第二黏度系数,它是一个将应力与体积变形联系起来的量。有关第二黏度的研究较少,因为实际应用中其作用很小。对于气体,一个有效的近似取值是 $\mu'=2/3\mu(\nabla u)$。

(3) 能量方程为

$$\frac{\partial}{\partial t}(\rho c_p T) + \nabla(\rho c_p \boldsymbol{u} T) = \nabla\left[\left(\lambda_g + c_p \frac{\mu_t}{P_{rT}}\right)\nabla T\right] + Q_T \quad (11.4.23)$$

式中,c_p 为空气的体积热容;D_{12} 为水分扩散系数;C_{p1},C_{p2} 分别为水蒸气和空气的热容;λ_g 为空气的导热系数;P_{rT} 为湍流普朗特数;Q_T 为内部热源。

(4) 理想气体的状态方程为

$$p = \rho RT \quad (11.4.24)$$

式(11.4.21)～式(11.4.24)为经过时均化处理后控制湍流运动的几个基本方程。在这组方程中除了时均速度、压力等基本变量外,尚未确定的未知量还有湍流黏性系数 μ_t 和湍流脉动动能 k,如果能确定计算域内及其边界上的量值,那么上述方程完全封闭,通过数值计算就能求得湍流运动的解。

(5) k-ε 两方程湍流模型为

$$\rho \frac{\partial k}{\partial t} + \nabla(\rho k)\boldsymbol{u} = \nabla\left[\left(\mu + \frac{\mu_t}{\sigma_k}\right)\nabla k\right] + \mu_t P(\boldsymbol{u}) - \frac{2\rho k}{3}\nabla \boldsymbol{u} - \rho\varepsilon \quad (11.4.25a)$$

$$\rho \frac{\partial \varepsilon}{\partial t} + \nabla(\rho\varepsilon)\boldsymbol{u} = \nabla\left[\left(\mu + \frac{\mu_t}{\sigma_\varepsilon}\right)\nabla\varepsilon\right] + \frac{C_{\varepsilon 1}\varepsilon}{k}\left[\mu_t P(\boldsymbol{u}) - \frac{2\rho k}{3}\nabla\boldsymbol{u}\right] - \frac{C_{\varepsilon 2}\rho\varepsilon^2}{k} \quad (11.4.25b)$$

其中,

$$\begin{cases} P(\boldsymbol{u}) = \nabla \boldsymbol{u} : [\nabla \boldsymbol{u} + (\nabla \boldsymbol{u})^T] - 2/3(\nabla \boldsymbol{u})^2 \\ \mu_t = \rho C_\mu k^2/\varepsilon \end{cases} \quad (11.4.25c)$$

式中,C_μ,σ_k,σ_ε,$C_{\varepsilon 1}$ 和 $C_{\varepsilon 2}$ 均为经验常量,一般取 $C_\mu = 0.07$,$\sigma_k = 1.00$,$\sigma_\varepsilon = 1.30$,$C_{\varepsilon 1} = 1.44$,$C_{\varepsilon 2} = 1.92$。

6. 寒区隧道温度-渗流-应力-损伤耦合模型

根据某寒区隧道风化花岗岩冻融循环后的单、三轴压缩实验结果,研究冻融循环过程中岩石强度的劣化规律,提出了考虑岩石冻融的损伤本构模型。通过考虑体积变形、温度梯度、渗透压力和冻胀压力对岩石力学特性的影响,将温度-渗流耦合模型和冻融损伤本构模型融合在一起,建立能够反映寒区破碎地层岩石温度-渗流-应力-冻融损伤耦合模型,数值仿真某寒区管道工程的冻胀过程,与现场的实测结果对比表明:该模型能很好地反映围岩体由于负温所产生的冻胀现象(图 11.4.8 和图 11.4.9)。在此基础上,确定了某寒区隧道防寒保温材料的类型、厚度、安装位置和设防长度,得到了极端气候条件下围岩冻胀力大小,并对其在冻融循环荷载作用下的稳定性进行了分析。

(1) 温度场控制方程为

$$C_{eq}\frac{\partial T}{\partial t} + \nabla(-\lambda_{eq}\nabla T) + [(v_{w\nabla})(\rho cT)_w] + (1-n)T\gamma\frac{\partial \varepsilon_v}{\partial t} = Q_{eq} \quad (11.4.26a)$$

其中,

$$\gamma = (2\mu + 3\lambda)\beta_s \quad (11.4.26b)$$

式中,μ,λ 均为拉梅常量,β_s 为各向同性固体的线性热膨胀系数,ε_v 为岩体的体应变。

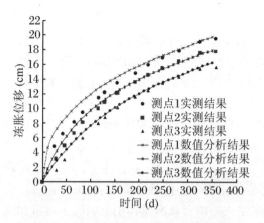

图 11.4.8 观测点冻胀实测结果与数值分析结果对比图

图 11.4.9 第 350 天寒区管道围岩冻胀变形图

(2) 地下水渗流场控制方程为

$$\frac{\partial(\rho_w\theta_w)}{\partial t} + \frac{\partial(\rho_i\theta_i)}{\partial t} + \nabla\left[-\frac{\rho_w k_w}{\mu_w}(\nabla p_w + \rho_w g_j) - \rho_w(SP_0 - D_T)\nabla T\right]$$

$$+ \left(\frac{\theta_w}{n}\rho_w + \frac{\theta_i}{n}\rho_i\right)\frac{\partial \varepsilon_v}{\partial t} = \rho_w q_w \tag{11.4.27}$$

(3) 考虑冻融损伤，用位移形式表达的热弹性平衡方程可写为

$$\left\{\frac{1}{2}\widetilde{C}^e_{ijkl}(u_{k,l}+u_{l,k}) - [\alpha_w p_w + \alpha_i p_i + \gamma(T_s - T_{s0})]\delta_{ij}\right\}_{,j} + \rho_e f_i = 0 \tag{11.4.28}$$

式中，$\{\cdot\}_{,j}$ 表示 $\partial\{\cdot\}/\partial x_j$；$u_i$ 为岩体骨架的位移分量；p_w，p_i 分别为孔隙水压力和冰压力；α_w，α_i 为增量有效应力系数；T_s，T_{s0} 分别为岩体的温度和参考温度；ρ_e 为岩体介质（骨架+水+空气+冰）的密度；f_i 为岩体介质的体积力分量，当只考虑重力时，有 $f_i = g_i = \{0,0,g\}^T$，g 为重力加速度竖向分量；δ_{ij} 为 Kronecker 符号；$\widetilde{C}^e_{ijkl}$ 为考虑冻融损伤的岩体骨架材料的弹性矩阵，其具体表达式为

$$\widetilde{C}^e_{ijkl} = \frac{E_0[1-D(N)]}{(1+\upsilon)(1-2\upsilon)} \cdot \begin{pmatrix} 1-\nu & \nu & \nu & 0 & 0 & 0 \\ & 1-\nu & \nu & 0 & 0 & 0 \\ & & 1-\nu & 0 & 0 & 0 \\ & & & \frac{1-2\nu}{2} & 0 & 0 \\ & & & & \frac{1-2\nu}{2} & \\ & & & & & \frac{1-2\nu}{2} \end{pmatrix} \tag{11.4.29}$$

$$D(N) = 1 - \frac{E(N)}{E_0} \tag{11.4.30}$$

式中，$D(N)$ 为冻融 N 次后的损伤因子；E_0，$E(N)$ 分别为冻融 0 和 N 次后的弹性模量。

11.4.7 小结

对低温及冻融循环条件下岩体热、水、力特性研究提出以导热系数等热、水、力学参数研究为基础,以建立含相变低温岩体水热耦合模型为前提,通过大量冻融实验和单轴、三轴压缩实验,建立寒区隧道温度-渗流-应力-损伤耦合模型,用以研究寒区隧道围岩的冻胀破坏机制,同时开发出兼具轻质、保温、抗冻、抗裂和抗震等功能的泡沫混凝土,用于寒区工程保温层及抗震层使用的基本思路。从该途径出发开展岩体的冻融损伤涉及低温环境下复杂的温度场、渗流场和应力场的耦合问题分析,仍有如下问题有待进一步研究:

(1) 国内外学者对低温及冻融循环条件下的岩土介质热、水、力特性进行了大量的研究,取得了丰硕的成果,但绝大部分研究成果把岩体视为各向同性孔隙介质,未考虑岩土介质的非均质性对其冻胀特性的影响,对裂隙岩体在三场耦合及冻胀作用下裂隙扩展机制的研究尚属起步阶段,有待在实验、理论和仿真等方面进一步深化。

(2) 结缘对冻结锋面水分补给和热迁移有重要影响,前人的研究多集中在冻土上,而对冻岩的研究较少。因裂隙网络的复杂性,岩体中的冻结过程更为复杂,冻结锋面附近的水分迁移是一个值得深入研究的问题。

(3) 裂隙岩体的冻融损伤涉及温度场、渗流场和应力场的耦合问题。要研究水/冰相变对岩体裂隙网络的损伤,必须考察冻融损伤的以下两个关键环节。其一,水/冰相变对岩体裂隙网络渗透性的影响。这也是区别岩体冻融损伤与土体冻融破坏的重要标志。当温度降至一定值时,岩体裂隙中的部分水会结冰,产生体积膨胀力造成裂隙扩展。围岩温度升高后,冰融化为水进入新生成的裂隙,冻结成冰的过程中再次产生冻胀作用,造成新的损伤,如此反复循环引起岩体裂隙网络的扩展演化和渗透性的改变。其二,低温 THM 耦合过程中温度场、应力场以及裂隙网络的损伤演化对水-冰相变过程的影响。水-冰相变的诱导因素是温度在冰点附近的交替变化,温度场直接影响冻结率,且温度梯度是未冻水迁移的重要驱动力,岩体所处的应力状态控制裂隙的张开度,从而影响裂隙对冻胀融缩的约束作用。对上述两个关键环节的研究,对揭示岩体冻融损伤机制、预防控制寒区工程岩体冻害具有十分重要的意义。

11.5 地震和摩擦的本构定律[①]

长期以来,地震被认为是黏滑(stick-slip)摩擦失稳的结果。对岩石摩擦的各种本构定律的研究显示:地震领域的各种现象——地震的起源和地震耦合,震前和震后现象,地震对应力瞬时现象的不敏感性——都是摩擦律丰富多彩的表现。传统的大地构造学认为,岩石圈由一层强的脆性层过渡到一层弱的可塑性层组成。它产生两种变形,即上层伴随的地震

---

① Scholz,1998;Tullis,1996。

的脆性断裂和下层耐震的塑性流动。虽然这种观念并非错误,但不准确并容易引起严重的误解。塑性项同样可以应用于两种常见的岩石变形机理:在临界温度之上岩石产生晶体塑性和碎裂流动,后者为固化较差的沉积物中发生的粒状变形。虽然都显示出塑性,但两种变形有不同的流变学机理。相应地,地震与强度和脆性的相关性同样不准确,采用过多,将导致对地震力学的严重曲解。

最近,出现了一个新的对地震机理更准确更具预测能力的模型,它基于构造地震很少有新剪切断裂(或断面)的出现或传播而产生。它们由沿着已有断层或板块边界面的突然滑动而产生。因此,与其说是断裂,它们更像是在断裂面(Scholz,1987)和摩擦磨损延伸(Cowei等,1992)过程中脆性断裂扮演一个次要的摩擦现象的角色。这种区别早期的研究者曾指出过(Gilbert,1884),但直到1966年Brace和Byerlee(1972)才指出地震必然是黏滑摩擦不稳定的结果。那么,地震是"滑"(表示断层短暂运动状态)的时期,而"黏"(表示断层长期准静状态)是地震间弹性应变积累的时期。随后,基于实验研究对岩石摩擦发展了一种完整的本构定律。令人吃惊的是,地震其他方面的大量现象似乎也源于断层面上的摩擦。这些传统上认为的控制这些过程的特性如强度、脆性和塑性,包含在摩擦稳定区域这个全局概念中。

11.5.1 岩石摩擦的本构定律

摩擦是很普遍的一种自然现象,而地震的形成和发展与板块的摩擦滑动紧密相连。摩擦滑动中伴随板块强度降低、能量释放等复杂过程。为了了解地震的机理,人们对岩石的摩擦和黏滑进行了大量的研究工作。近几年,摩擦、摩擦的本构定律,尤其是动摩擦研究十分活跃(Scholz,1998;Tullis,1996;Okada等,2001;Toro等,2004,2006;Xia等,2004)。破碎岩石的压缩强度不是由岩石本身性质决定而是受岩块间的摩擦力所控制的,加上实验室观察到的加速滑动先于不稳定滑动的事实,引导人们去探索岩石摩擦数据与预测地震间的关系(Tullis,1996)。对地震过程中板块动摩擦现象的研究,已经成为预报地震、揭示地震发展规律的主要途径,得到了众多学者广泛关注。Rice(2006),Scholz(1998),Kanamori等(1998)都结合地质材料的摩擦性能研究做了大量的工作。地震监测和实验室地震过程的模拟表明:地震过程的能量释放发生在瞬间,板块破裂以及破裂面的剪切滑动也极为迅速,这种滑动方式的传播速度甚至超过剪切波速度。Xia等(2004)在实验模拟地震过程中,依靠摩擦界面上瞬态成核超前断裂实验观察到次瑞利波到超剪切断裂的传播。因此,岩石的摩擦对于地质工程设计和地震机制、地震预报等问题的研究来说,都是十分重要的。这里主要介绍与本构相关的岩石摩擦的本构定律。

在黏滑摩擦的标准模型中,假定表面的剪切应力对法向应力的比率达到静态摩擦系数 μ_s 时滑动开始产生。一旦滑动开始,摩擦阻力降到较低的动态摩擦系数 μ_d。依靠系统的刚度,滑动阻力的弱化可能导致动态失稳。按照 Brace 和 Byerlee 的建议,我们将主要放在岩石摩擦的物理本质上,由此发现标准模型中的多数表述需要修正。首先,发现 μ_s 依赖滑动表面的历史。如果表面在载荷作用下保持静止持续的时间为 t,那么 μ_s 随 $\lg t$ 缓慢增加(Dieterich,1972)。其次,动态摩擦在稳态滑动区测量时依赖滑动速度 V(Scholz,1972)。这种随 $\lg V$ 而变化的依赖关系可能是正的也可能是负的,这取决于岩石类型和某种其他参数,如温度(Stesky等,1974)。最后,如果滑动速度突然改变,发现摩擦在一个特征滑动距离上会演化到新的稳态值(Rabinowicz,1958;Dieterich,1978)。

μ_s的时效和μ_d速度依赖是相关行为(Scholz,1990),即源于表面接触的蠕变以及随后真实接触面积随时间的增长(Scholz等,1976;Wang等,1994)。临界滑动距离解释为其上接触点数量改变的存储(记忆)距离(memory distance)(Dieterich,1978,1979;Ruina,1983)。所有这些实验结果为一个直观推断的富有启发性的经验模型(称为率和状态变量的本构定律)提供了很好的描述。这种形式的摩擦似乎不依赖于材料。以前的μ_s和μ_d的区别在该模型中消失。基础摩擦(base friction)μ_0有近似独立于岩石类型和温度的值(Stesky,1974;Byerlee,1978)。它通过一个涉及依赖滑动速度和状态变量θ的二阶效应加以修正。正是这二阶效应导致了这里要讨论的一些有趣的行为模式。在这里的讨论中我们不关心决定断面摩擦强度的基础摩擦。断层的孕震特征由摩擦的稳定性单独决定,与断层面的强度无关。断层强度对断层面摩擦生热有一定作用,这里不做讨论。

1. 率和状态变量的摩擦定律

考察简单的弹簧-滑块模型[图11.5.1(a)],滑块遵循率/状态变量摩擦定律。该系统的稳定性完全依赖于有效法向应力$\bar{\sigma}$、剪应力τ、弹簧系数K、摩擦参数和临界滑动距离L,并独立于稳态摩擦μ_0。已有大量的工作使用经验型本构律来适应摩擦行为的描述(Beeler等,1994;Beeler等,1996;Blanpied等,1995;Reinen,1993;Chester,1994;Blanpied等,1991;Dieterich,1979),由此得到了大量的各种函数形式,但是最广泛的使用形式只有两种。Beeler等(1994)使用的本构形式比较方便,因为两个本构定律中状态变量都含时间量纲。两个本构定律以同样的方程将摩擦表示为速度和状态变量的函数:

$$\mu = \mu_0 + a\ln(V/V_0) + b\ln(\theta V_0/L) \tag{11.5.1}$$

式中,各参数的意义可参见图11.5.1(b)。

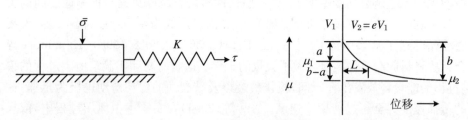

(a) 弹簧-滑块模型

(b) 动速度突然增加引起的摩擦响应。对于突然的速度改变,公式给出的行为由图形详细描述,直接效应在数量上由a度量,演化效应由b度量(Tullis,1995)

图11.5.1 摩擦模型和响应

直接效应包含在$a\ln(V/V_0)$项,演化效应包含在$b\ln(\theta V_0/L)$中。演化的本质是两个本构定律的不同所在。在称为"慢度律"的本构中,由于滑动是演化所要求的,状态变量θ按下式演化:

$$d\theta/dt = (\theta V/L)\ln(\theta V/L) \tag{11.5.2}$$

由于演化依赖慢度(与速度相反)或时间,演化又表示为

$$d\theta/dt = 1 - \theta V/L \tag{11.5.3}$$

已有多种形式的率/状态变量的本构定律来描述岩石摩擦的实验室观察结果。目前所

知的与实验数据符合最好的为 Dieterich-Ruina 律或慢度律,具体表达式为

$$\tau = [\mu_0 + a\ln(V/V_0) + b\ln(V_0\theta/L)]\bar{\sigma} \tag{11.5.4}$$

式中,τ 为有效法向剪切应力(施加的法向应力减去孔隙压力),V 是滑动速度,V_0 是参考速度,μ_0 是 $V = V_0$ 时的稳态摩擦,a 和 b 是材料性质参数,L 是临界滑动距离。

这些变量的意义在图 11.5.1(b)中有详细说明。该图真实地反映了实验观察到的摩擦对所加滑动速度由 V_1 到 V_2 的 e 倍增长,然后滑移速度降低的响应。观察到的一般性行为是静态摩擦随静态时间而增长。与此相关的动态摩擦随滑动速度的增长而降低。此外,速度改变时,转变到新的摩擦阻力需要滑动一段距离。这些特征也由图 11.5.1(b)阐明。从图 11.5.1(b)的行为中也可以看到两个竞争性的影响,即演化的影响和直接的影响。在率增长的最初,摩擦中的 a 有一个增长,这就是直接速度效应。接下来还涉及降幅为 b 的摩擦降低的演化效应。

2. 演化影响

岩石摩擦应用于地震方面最重要的也是唯一的部分在于静态接触的表面强度随时间而增长,这就是演化的影响。这种现象为滑动-静止-滑动(slip-hold-slip)实验所证实。实验中,在恒定的速度下摩擦阻力已经达到稳定状态后滑动停止一段时间。当滑动重新开始时,摩擦阻力升到比停止前的稳定值更大的峰值,随后衰减到初始的稳定值。图 11.5.2 表示,峰值与停留时间的对数之间有近似线性关系(Dieterich,1972;Beeler 等,1994)。这种现象是滑动间表面再加固和更高的滑动速度下趋向于摩擦阻力更低的原因。没有它,反复的不稳定滑动是不可能存在的。随滑动速度的增长而降低强度的潜力在于岩石摩擦允许失控不稳定性的方面(Rice 等,1983;Tullis,1988)。

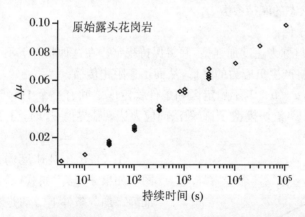

图 11.5.2 静态摩擦的增长为保持静态持续时间的函数(Tullis,1995)

速度突然改变后,摩擦阻力发展为在一个特征滑动距离上的新稳定阻力,这就是"演化效应"这个术语,被解释为:滑动要求破坏某一速度下建立的接触,并产生一组与新的速度相适应的平均时间的新接触。然而,对在接触粗糙面(asperities)上究竟发生了什么还不完全清楚。在各种摩擦实验中都能观察到的另一个效应是:当滑动速度突然增加时,滑动的阻力出现初始的增加(图 11.5.1),将其命名为直接效应,因为阻力改变的发生是瞬态的并与速度的改变具有同等意义。

3. 摩擦稳定性区域和地震成因

滑动的稳定性：摩擦阻力的绝对值对控制滑动的稳定性并不重要。然而，摩擦对时间、速度和位移的依赖与环境的弹性刚度相互作用，这既可能产生稳定滑动也可能产生不稳定滑动。稳定性已用后面描述的本构定律分析（Rice 等，1983；Dieterich，1978，1979；Gu 等，1984；Rice，Gu，1983；Blanpied 等 1986；Gu 等，1991，1992，1994）。

滑动稳定性最终由加载系统的刚度和摩擦阻力对位移依赖的相互作用来共同控制。在图 11.5.1(b)和图 11.5.2 显示的摩擦行为所在的系统中，摩擦阻力对位移的依赖本身是摩擦依赖速度的函数（Tullis，1988）。如果摩擦阻力随速度增加而减弱（这种行为称为速度弱化），那么不稳定滑动成为可能。总的来说，不稳定滑动不可能发生在速度加强材料即阻力随滑动速度一起增长的材料上。如果峰值之后阻力不表现出单调的变化（Tullis，1986），那么这种一般性就必须修正。

稳态摩擦：
$$\tau = [\mu_0 + (a-b)\ln(V/V_0)]\bar{\sigma} \tag{11.5.5}$$

公式(11.5.4)源于此式。存在一个连续区域的摩擦值的变化，但是如果动态摩擦 μ_d 定义为速度 V 时的稳态摩擦，那么 $d\mu_d/d(\ln V) = a-b$。类似地，如果将摩擦 μ_s 定义为静态接触一段时间 t 后的开始摩擦，那么对于长时间 t，$d\mu_s/d(\ln t) = b$。因为在稳定状态，状态变量与慢度律成比例关系 $\theta = L/V$，所以起名为慢度律。临界滑移距离常解释为更新接触总体（contact population）所需滑动距离。从这种观点看，θ 表示平均接触时间。

摩擦稳定性依赖的两个摩擦参数为 μ^{ss} 和定义为稳态摩擦的速度依赖的组合参数 $a-b$：
$$a - b = \partial \mu^{ss}/\partial(\ln V) \tag{11.5.6}$$

其中，μ^{ss} 表示稳定状态的摩擦参数。

定义稳定区的条件：

$a-b \geq 0$ 的材料称为速度加强型，并将保持稳定。在这种状态下不会有地震成核，传入这种物理场的地震将产生负应力的降低，从而迅速阻止传播。

在速度弱化区，$a-b<0$，不稳定区和条件稳定区之间有一个 Hopf 分岔。考察简单的带固定刚度 K 的弹簧-滑块模型，当有效法向应力达到临界值 $\bar{\sigma}_c$ 时，分岔产生。其定义为
$$\bar{\sigma}_c = KL/[-(a-b)] \tag{11.5.7}$$

图 11.5.3 是速度弱化系统呈现的稳定图。如果 $\bar{\sigma} \geq \bar{\sigma}_c$，如式(11.5.7)所定义的，在准静态加载条件下滑动是不稳定的，即对于接近零的速度扰动 ΔV（图 11.5.3），系统是不稳定的，这是不稳定场。在有条件稳定区，如果有效法向应力小于临界值，即 $\bar{\sigma} \leq \bar{\sigma}_c$，滑动在准静态加载下是稳定的，如果在动态加载下速度突变超过 ΔV，滑动将变为不稳定，也就是说需要一个有限的速度将其激发到不稳定状态。在这种有条件稳定场中，系统在准静态加载时是稳定的，但在足够强的动态加载下可以变为

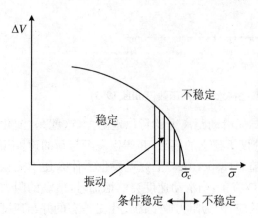

图 11.5.3 稳定和不稳定之间的转化

不稳定,如图11.5.3所示。地震仅在不稳定场中成核,但可以传播到有条件稳定场。在稳定转变的边界有一个分岔的狭窄区域,滑动以自我维持的振动形式发生(Scholz等,1972;Heslot等,1994;Gu等,1984)(图11.5.3的阴影区)。虽然图11.5.1(b)中描述的摩擦定律可以写成细节不同的几种形式(Beele等,1994),但这些细节并不影响稳定性状态的上述定义。这里讨论的断层的地震行为受这种稳定性的控制。

三个稳定性区域有如下的地震结果。地震成核仅在位于不稳定区的断层区发生。如果动态应力产生足够大的速度突变,地震可传播到条件稳定区。相反,地震传入稳定区,将使负应力的下降,导致大的能量降低,从而迅速制止地震的传播。

决定稳定性的主要参数 $a-b$ 反映材料性质。我们关心的主要参数在图11.5.4中有介绍。图11.5.4(a)显示花岗岩的 $a-b$ 对温度的依赖。它在低温时是负值,温度大于300℃变为正值。转变温度对应于花岗岩的主要矿物中最有延性的石英晶体塑性(Scholz,1988)的出现。一般来说,低孔隙度的结晶岩石,$a-b$ 由负变正的转变对应于摩擦微观机理上由弹脆性变形向晶体塑性变形的转化。另一个例子是,盐岩作为延性更好的矿物在25℃和70 MPa时经历两个同样的转变(Shimamoto,1986)。这些观察显示:对于连续地壳中的代表性岩石的花岗岩的断层,在温度为300℃的深度不发生地震,盐岩中的断层几乎在所有条件下都不发生地震。

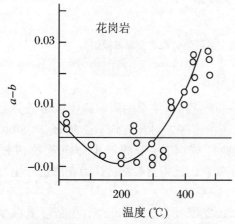
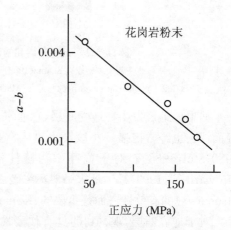

(a) 花岗岩的$a-b$对温度的依赖(Stesky等,1974;Blanpied等,1991)

(b) 颗粒状花岗岩的$a-b$对压力的依赖 这种影响因为岩化将随温度而增长

图11.5.4 摩擦参数 $a-b$ 的分类

断层不是裸岩(bare rock)表面的简单摩擦接触,它们通常衬有一层研磨出的碎屑,称为碎裂岩或断层泥。这些粒状材料的剪切包括附加的硬化机理(包括膨胀),倾向使 $a-b$ 的正值增加(Marone等,1990)。当这些材料固结不好时,$a-b$ 为正。但当温度和压力升高导致材料岩化时[图11.5.4(b)],它将减小。因此,由于这种松散加固材料的出现,断层在表面附近可能有稳定区(Marone等,1988)。

这些考虑允许对孕震的两个主要位置(地壳断层和俯冲带的界面,如图11.5.5所示)建立简单的模型。在图11.5.5中心画出摩擦稳定性参数 $\zeta=(a-b)\bar{\sigma}$ 预测的变化。由于未固结颗粒材料的出现,在一段狭窄的深度上参数ζ是正的。在较大范围的深度内,因为在临界温度塑性出现,稳定转化区以上和以下的区域是稳定的。稳定性参数超过公式(11.5.3)定义的阈值的区域是不稳定的。这样,不稳定部分定义孕震区域,地震可能成核的深度范围以震源深度表示,在图11.5.5右边给出了这样的一个例子。

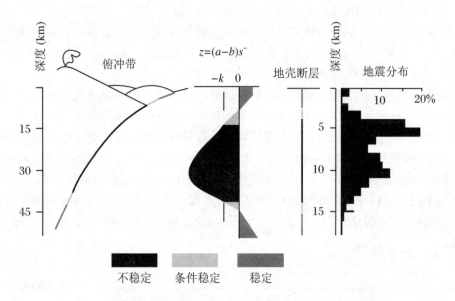

图 11.5.5　地壳断层和俯冲带作为深度函数的稳定性简单模型

注:中间的板块和地壳断层模型取自 Scholz(1988),俯冲带模型(左)取自 Byrne 等(1988),Hyndman 等(1993);靠近加利福尼亚 Parkfield 的 San Andreas 断层的一部分(Marone 等,1998)。

如果大地震发生在地壳断层,它通常有足够的能量穿越狭窄的阴影稳定区传播并突破表面。它也经常传播一小段距离进入深处的塑性稳定区。对此有地质上的证据(Sibson,1980;Stel,1986)。对于宽冲积物棱柱体的俯冲区域(俯冲带的增生体沉积物成棱形(Edward 等,1993)),大地震一般不突破表面。不管它们是否突破都被认为在决定产生海啸(tsunamis)的有效性方面是重要的(Kanamori 等,1992)。

对于地壳断层,观察到的具有代表性的上部转变深度在 3～4 km,但在断层上很少滑动,进而很少或没有断层泥出现(Marone 等,1988)。更低位置的转化发生在 15～20 km,对应于 300 ℃时石英塑性的出现,发生转化的深度依赖局部热梯度(Sibson,1982)。对于俯冲带,上层转变发生在削掉的海洋沉积物的冲积物棱柱基础之上,在那里它遇到足够强的岩石的阻挡(Byrne 等,1988)。由于沉积形成的楔形物的厚度变化很大,所以转化深度可能达到 10 km。更低的转化发生在俯冲带的 45 km 深度。更大的深度是更低的热梯度作用的结果。冷的海洋板块的俯冲,强烈影响热区域(Hyndman 等,1993)的俯冲板块老化中的变化,这个变化范围可能较大。由于海洋板块的玄武岩中不包含石英〔玄武岩中最富延性的矿物是长石,在 450 ℃时变为塑性(Scholz,1988)〕,这个转化也更深。因为孕震区比地壳断层更宽广(直到 150 km),也因为它们沿断层走向趋向更连续,迄今为止,俯冲区产生了世界上最大的地震。

11.5.2 地震耦合与地震类型

1. 地震耦合与地震类型

地震尺度的线性度量是地震矩 $M_0 = GlA$，l 是地震中的平均滑距，A 是总的断裂面积，G 剪切模量。断层或板块边界的力矩释放率是 $\dot{M}_0 = GvA$，v 是长期滑动速度。我们定义地震耦合系数 x 为地震总和决定的力矩释放率与通过板块-构造模型和地质数据确定 v 得到的释放总率之比。参数 x 对断层的总体稳定状态是一个良好的量度。如果断层完全在不稳定区，$x = 1$；如果完全在稳定区，$x = 0$；否则 x 在它们之间的某个数值。

对于大多数地壳断层，x 基本都为 1，也就是说，所有断层滑动发生在地震期间，这些断层被称为完全地震耦合。一个重要的例外是 San Andreas 断层"蠕变"部分，加利福尼亚中心一个 170 km 长的地段的断层无地震滑动。多数无震滑动作为"蠕变间隙性蠕动事件"发生，看起来与在稳定性边界观察到的震动行为一样。初步证据显示，断层的这部分在接近公式(11.5.3)分岔的条件稳定区域(图 11.5.5)。它距稳定边界足够远，可以防止断层邻近部分的地震传播很远进入这里。断层这部分反常行为的最可能机理是断层区出现了异常高的孔隙压力。将有效法向应力表示为 $\bar{\sigma} = \sigma_n - p_p$，$\sigma_n$ 是施加的法向应力，p_p 是孔隙压力。如果 p_p 接近 σ_n，稳定参数 ζ 可能降低，那么通常在图 11.5.5 的不稳定区的整个断层的深度范围转换到条件稳定区域。

对于地壳断层，这种地震解耦很少出现。但对于俯冲带却并不少见，会从完全耦合到几乎完全解耦(Ruff 等，1980)，区别似乎源于应力状态。大陆深井孔中的应力测量通常显示偏应力随深度而增加，这样在所有深度的应力就低于在有利方向的导致断层滑动的应力值，这种滑动有与实验值(约 0.6)相一致的摩擦系数。深井孔中观察到的孔隙压力一般随静水压力增加而增加，垂直应力通常随覆盖层的重量而增加。研究最多的是加利福尼亚的 San Andreas 断层，它似乎是个例外。在很低的剪切应力下似乎也在滑动(Zoback 等，1987)。只有断层的孔隙压力接近岩石静压力(超过上覆岩层的重量)，这种现象可以与摩擦律相容(Scholz，1996)。重要的一点是，地壳断层受到远处施加的载荷，其上的有效法向应力由岩石静压力减去孔隙压力得到，通常情况下这就是流体静压力。对于俯冲带，情况相反，驱动板块的力是由局部到俯冲带大范围的变化，导致板块界面支撑的有效法向应力产生很大变化。图 11.5.6 显示世界上绝大多数俯冲带上越过俯冲界面施加的法向力(相对标准状态)减小的分析。该力由板块构造驱动力计算。由地震数据确定的地震耦合参数 x 对应于临界值 $\bar{\sigma}_c$ 从高到低下降。临界值独立于图中显示的数据。由于地震数据的短缺，x 的值并不理想(Mc Caffrey，1997)，但也足以用来区分耦合区与解耦区。耦合区与解耦区在稳定转化边界的两边。在局部尺度上，出现了不规则性(如由海山的俯冲引起法向应力的局部增长)并导致解耦俯冲带变为局部耦合(Scholz 等，1997)。

三种稳定状态导致三种不同的地震类型。在稳定场的区域，沉积物棱柱体的外层和盐岩中的断层等全都是耐震的(Byrne 等，1988；Seeber 等，1981)。不稳定场中断层以长时间震间休眠隔断的偶发大地震为特征。条件稳定的断层(如 San Andreas 的蠕变部分和解耦的俯冲带)，以高频度的小活动事件而没有大事件(大事件就是震源厚度完全破裂的地震)为特征。这些小事件的总和对总的力矩释放贡献很小，它主要是抗震的(Scholz 等，1997；

Amelung 等,1997)。小事件在相同的地点反复发生(Nadeau 等,1995)。这些地点可能有小的几何上的不均匀性(法向应力更高)(Bakun 等,1980),将导致其向不稳定场的转化。

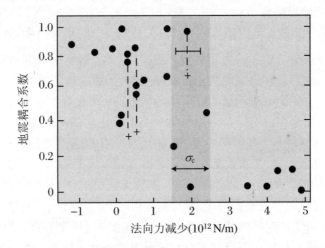

图 11.5.6 观测的地震耦合系数 x 对多数地球俯冲带标准状态法向力的计算减少量(Scholz 等,1995)

注:转化点 $\bar{\sigma}_c$ 的估计独立于 Izu-Bonin/Mariana Arc。

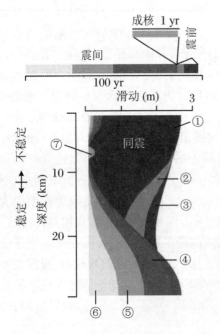

图 11.5.7 平移断层地震周期中作为深度函数的滑动,采用包含在 11 km 深处从不稳定到稳定摩擦转化的摩擦模型(Tsc 等,1986)

2. 地震周期不同时段的特点

如上所述,地震耦合断层以偶发大事件为特征。这种大事件被震间长时间的休眠分隔,休眠时将以前发生地震释放的应力储存起来。平移断层地震周期的摩擦模型显示在图 11.5.7(对 San Andreas 断层的特意回顾)(Tsc 等,1986;Rice, 1993)。在这个二维模型中,断层被从远处以恒定速度驱动,在地震周期不同的时间段上断层滑动是深度的函数。模型中仅有的假设为它遵循的摩擦律,其中参数 $a-b$ 如图 11.5.4(a)那样变化,并且 $\bar{\sigma}$ 以与前面总结的井孔数据相符合的方式随深度而增加。从不稳定到稳定区的转化深度在 11 km,与 San Andreas 断层典型的热梯度相一致。

在地震间隔期间(图中的④⑤⑥区),断层被其深处稳定部分的恒定滑动所加载。地震前的阶段出现成核期(图中的⑦区);在这阶段,滑动加速直到不稳定引起同震运动(图中的①区)。这些穿透到稳定性边界下面,对该区域重新加载,在加速的深层滑动的震后阶段(图中的②③区),在主震之后几年到 10 年的时间内以随时间指数衰减的速度释放。大地测量数据有力地支持这个模型的主要特征(Thatcher,1978;Savage 等,1978;Gilbert 等,1994);源于锁定深层(其上会产生同震滑动)之下的深层滑动的地震间的应变积累,伴随减速深层滑动的震后释放阶段(Savage 等,1997)。震前成核阶段有时与前震的事件相联系,并有可能是某些偶然观测到的前兆现象的原因(Scholz,1990)。

经常观察到称为滑动后浅释放的现象,其中断层在表面无地震滑动并与其下发生地震后流失时间的对数成比例。通常观察到的滑动后情况是一厚层固结较差的沉积物覆盖在断层上,部分或全部阻止地震从裂口突破到地表。滑动后可以由类似图 11.5.7 显示的模型来描述,但在顶部有厚的稳定层(Marone 等,1991)。图 11.5.8 举出了一个事例。这种现象也可在部分耦合俯冲带观察到,那里不稳定地块的地震在邻近条件稳定或稳定区域驱动着后滑动(Heki 等,1997)。另一典型的滑动后现象,遵循称为 Omori 律的双曲线衰减律的震后序列,也为率-状态变量摩擦律所预测(Dieterich,1994)。这部分理论已经通过测试观测成功检验(Gross 等,1997)。

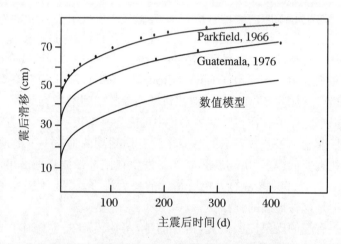

图 11.5.8 个大的平移地震表面观察到的震后滑动与数字模型结果(位于同震滑动的不稳定层上叠加的稳定层中)的比较(Marone 等,1991)

将一维弹簧滑块的不稳定条件方程(11.5.7),推广到二维或三维(尺寸为 L)的滑动地块时,根据 $K = \eta G/L$,刚度 K 与 L 成反比,η 是单位量级的几何常量。这显示,滑动地块达到临界尺寸 L_c(成核长度,由下式给出)时不稳定发生:

$$L_c = \frac{G\eta L}{(b-a)\bar{\sigma}} \tag{11.5.8}$$

一方面,成核过程的建模(Dieterich,1992)和实验观察(Scholz 等,1972;Ohnaka 等,1986)显示,稳定滑动起于一点,然后以加速滑动传播直至在 L_c 出现不稳定。这种成核在天然断层中是否发生? 它是否大到可以被探测到? 这些是地震短期预报的中心问题。但是,关键参数 L 的物理意义和尺度范围还不清楚。实验室中它非常小(约 10 μm)。各种尝试模拟的 L,假定它是表面接触形态的性质或者断层泥的厚度(Marone 等,1993),暗示在断层尺度上它可能大得多。如果对于天然断层,L_c 是常量,它也代表最小的地震尺度,在 $L_c <$ 10 m 的情况下,它是地震中观测到的最小断裂尺寸(Abercrombic 等,1993)。另一方面,前震区尺度和地震前兆阶段的观察都显示,成核长度是千米量级,其尺度是下一次地震的规模

(Dodge 等,1996;Ellsworth 等,1995)。

11.5.3 摩擦律的复杂性及地震机理研究中未解决的问题

1. 摩擦律的复杂性

当然,关于摩擦律还有许多细节没有搞清楚,如它的参数、尺度特性和在天然地震现象中的应用。L 尺度和它对成核的影响仅仅是这些问题中的一个。

但上述讨论至少让我们认识到,关于地震机理大多数最值得了解的已得到较好的理解,下面将描述目前正在讨论的重要问题。什么导致了地震的复杂性?震群遵循幂律尺寸分布规律,人们所知的 Gutenberg-Richter 幂律是展现"自组织临界状态"系统的标志(Bak 等,1988)。地震的内在动力学(很宽频带范围的速度和加速频谱,同时遵守以静态参数定义的自相似标度律(Scholz 等,1976))也展示了复杂性。这种复杂性是断层[表面形态具准分形标度(Power 等,1987)]不均匀分布的结果,或者是摩擦律的非线性的结果,或者两者都是。

遵循摩擦律中简单形式的弹簧耦合滑块的动态模型在重现 Gutenberg-Richter 统计学和所观察到的地震复杂性的许多方面取得了成功。一方面,假定这些模型没有内在的不均匀性,所以,结果显示复杂性仅仅来源于摩擦的非线性。另一方面,连续介质模型显示复杂性不容易由摩擦单独产生(Rice,1993;Ben-Zion 等,1995),除非摩擦参数假定为极限值(Cochard 等,1996)。但这些研究还远没有探讨摩擦参数空间的所有范围。此外(如下面将评论的),摩擦律仍十分简单。在实验室的实验中可能还有未揭示的其他方面。

新发现一类目前用一般公式表示的摩擦律没有预测到的地震——慢地震,特点为其力矩释放率比其他地震要低得多(Ihmlé 等,1996),发生在俯冲带的慢地震可能产生的海啸比由通常频段(Ihmlé 等,1996)测量的力矩所估计的要大许多。可以假设一些实验室没有认识到的附加耗散项是这种地震的解释。

虽然还有许多有趣的现象需要研究,由于简单,率-状态变量摩擦律在解释较大范围的地震现象的成功使人们相信:它们为将来令人兴奋的发现提供了基础。如果不探究细节,这两个广泛使用的本构律与实验数据还是比较吻合的。但两个本构律不能完全满足实验数据的各个方面(Scholz 等,1997),所以需要更好的本构律。如果导致观察到的行为的过程能够被理解,就可以找到合适的本构律,我们就有更大的信心将这种行为推广到实验室数据以外的范围。

2. 地震对转化的不敏感性

这个摩擦律的最后一个性质解除了地震的神秘面纱。直接摩擦效应和有限尺寸以及成核持续时间可以防止地震被高频应力振荡触发(Dieterich,1987;Johnson,1981)。如同过去 75 年反复证实的那样,地震不由地球潮汐触发(Heaton,1982),也不由其他地震传来的地震波触发(Cotton 等,1997)(岩浆系统除外)(Hill 等,1993)。在一段时间延迟之后,即使来自地震的最小残余静态应力也可能触发地震(King 等,1994)。

3. 不稳定滑动的可预测性

在实验室中,不稳定滑动出现之前,一般都先出现加载曲线的非线性和加速滑动。这是否是所有实验室实验的普遍特征还不清楚,因为探测这种行为需要对位移进行许多高精度的测量和更高精度的应力测量,目前使用的传感器安放在压力容器内紧靠样品的位置。

图 11.5.9 显示了在我们的旋转剪切装置(Tullis,1986)中用内应力和位移传感器测量的黏滑(stick slip)事件的典型结果。乍一看[图 11.5.9(a)],事件发生似乎没有任何预兆,但是紧接着相继进行的检测显示,存在加速滑动和在应力-时间曲线上预示着不稳定事件的非线性相关。有理由相信这种先驱性的加速滑动会在地球中发生。真正的问题在于它是否大到可以有效测量并为短期地震预报提供基础资料。为了回答这个问题,我们需要意识到怎样将实验室的结果外推到地球。在接下来的部分将要讨论的本构律就构成了它的基础。

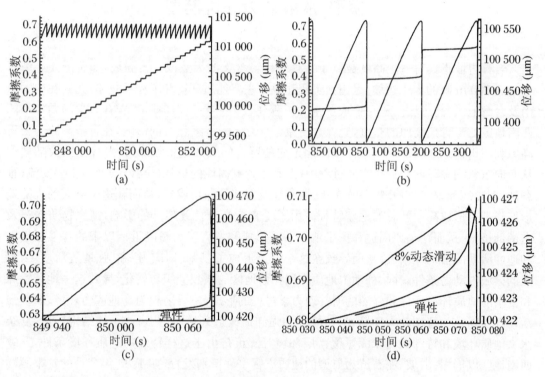

图 11.5.9

注:实验室中黏滑(stick slip)4 个连续的近距离观察(a)~(d),结果显示出现了一些前兆性滑动,锯齿线表示摩擦,阶梯线表示位移。数据来源于 25 MPa 法向压力下以 1 μm/s 速度滑动的石英岩样本(Tullis,1995)。

4. 真实条件下动态滑动的本构定律和数据的缺乏

动态地震滑动所特有的大位移、高滑动速度、高法向应力和受压孔隙流体的出现,没有实验室实验能同时包含以上因素。大部分涉及高滑动速度的实验(Okubo 等,1984,1986;Ohnaka,1986)是在低总位移、低法向应力和没有孔隙流体的条件下开展的。实验中如果无法探测到地震动态滑动中将发生的过程就意味着实验失败。主要的过程是剪切生热及其可能的熔化或者孔隙流体压力的增加。在低法向应力、较高速度和较大总位移条件下进行的一些实验中出现了剪切熔化(Spray,1987,1988;Shimamoto,1994)。对泡沫橡胶所做的实验显示了动态滑动过程中法向应力降低的重要性(Brune 等,1993)。虽然我们有大量与地震前发生的加速滑动相关的数据,但我们没有能描述可能导致自愈性滑动脉冲(Heaton,1990;Beeler 等,1996;Perrin 等,1994)的摩擦阻力对速度和位移的依赖数据,缺乏在地震事件中会滑动的断层面积上的热流的不规则性(Brune 等,1969;Lachenbruch 等,1973,

1980),以及主要断面绝对或相对弱化的其他证据(Hickman,1991;Zoback 等,1987;Rice, 1992)。可见动摩擦研究的重要性和必要性。

11.6 岩质边坡稳定性及其地质力学模型:滑坡动力分析模型

岩石边坡指具有一定高度被赋予工程和环境含义的天然或人工斜坡,如澜沧江小湾水电站近 700 m 高的人工边坡,是山区工程建设中主要地质环境和工程承载体,尤其在中国西南及台湾地区,高边坡问题几乎成了重大工程建设的首要工程地质和岩石力学问题。中国西南地区处于青藏高原的东侧,受青藏高原近百万年来持续隆升的影响,在青藏高原与云贵高原和四川盆地之间形成了总体呈南北走向的巨大的大陆地形坡降带,形成中国大陆地形从西向东急剧骤降的特点。在此过程中,发育于青藏高原的长江(金沙江)及其主要支流(雅砻江、大渡河和岷江)以及雅鲁藏布江、澜沧江及怒江等深切成谷,从而在这个巨大的大陆地形坡降带上形成高山峡谷的地貌特征。由于受青藏高原持续隆升的影响,高原物质向东及东南部挤出,从而在高原周边和扬子地台西缘形成和发育了大量晚近期以来的有强烈走滑和逆冲活动的活动性断裂,从而导致在这个带上形成了以"高地应力"和"强地震活动"为特点的区域内动力条件。内、外动力地质作用在该地区的强烈交织与转化,导致这一地区特殊和复杂的地质环境条件和强烈的河谷动力学过程的形成,主要表现为高地应力环境、断裂强活动性及强震的特殊动力环境、深切峡谷的强卸荷改造环境、复杂岩(土)体结构环境、复杂水文地质环境和特殊的河床深厚覆盖层环境等。正是由于这样特殊的地质环境条件,导致西南地区以崩塌、滑坡、泥石流为典型的地质灾害事件特别发育,如 1983 年 3 月的甘肃洒勒山滑坡、1989 年 7 月的四川华蓥山溪口滑坡、1991 年 9 月的云南昭通头寨沟滑坡、1996 年 6 月的云南元阳县老金山滑坡、2000 年 4 月的西藏波密易贡滑坡、2004 年 7 月的四川宣汉滑坡以及 2005 年 2 月的四川丹巴滑坡等。这类灾害往往具有规模大、机制复杂、危害大及防治难度高等特点,构成影响和制约这一地区重大工程建设和威胁人民生命财产安全的重要工程地质问题(黄润秋,2008a)。

2008 年 5 月 12 日 14 时 28 分,四川汶川县映秀镇(北纬 31.0°,东经 103.4°)发生里氏 8.0 级强烈地震。由于地震发生在地质环境比较脆弱的龙门山中的高山地区,加之地震震级高、持续时间长(约 120 s),震区地形地质环境复杂,地面震动响应强烈[地面峰值加速度最高达 $(1.5\sim2.0)g$],因而其触发地质灾害呈现出一系列与通常重力环境下地质灾害迥异的特征。例如,独特的震动破裂和溃滑失稳机制、超强的动力特性、大规模的高速抛射与远程运动、大量山体震裂松动与坡麓物质堆积、众多的崩滑堵江等。引发了大量的崩滑地质灾害,其数量之多、规模之大(规模大于 $1\,000\times10^4\,\mathrm{m}^3$ 的巨型滑坡达数十处)、类型之复杂及损失之惨重举世罕见。该次地震使四川盆地西缘(青藏高原的东缘)的龙门山断裂带之中央断裂和前山断裂迅速向北东方向破裂,形成长达近 300 km 的地震破裂带(黄润秋,2008b;何宏林,2008),同时使龙门山和四川盆地的边界沿线发生了 9 m 多的滑动(Parsons 等,2008)。该地震触发了大量的大型滑坡,如北川县唐家山滑坡、王家岩滑坡、景家山乱石窖滑塌、青川县东河口滑坡、石板沟滑坡、窝前滑坡、绵竹市清平乡文家沟滑坡、安县大光包滑坡等,已统计了 105 个大型滑坡。其中安县大光包滑坡是我国乃至世界目前发现的最大地震引起的滑坡(黄润秋等,2008),也是有记载以来的世界上规模最大的少数几个巨型滑坡之一(黄润秋,2009),分布面积约为 7.12 km^2,估算体积达 7.45×10^8 m^3。这些大型滑坡的分布明显受发震断层控制(黄润秋等,2008)。

1999 年 9 月 21 日凌晨 1 时 47 分 16 秒在台湾南投县集集镇(北纬 23.85°,东经 120.81°)附近发生了台湾近百年来的最大地震,台湾气象局测报为 7.3 级(ML)[相当于美国地质调查所表面规模的 7.6(MS)],震源深度为 7.5 km。几乎为纯逆断层机制,能量释放约 2.23×10^{27} dyn/cm,即相当于 Mw=7.7,地震破裂总长度约 105 km,宽度约 30 km,由于震源深度浅,强度大,持续时间长,造成的破坏力也是举世罕见的,受影响的地区几乎遍及全岛,受灾最严重的地区其断层所造成的地表错动,最大垂直位移为 11 m,最大水平位移 10 m。最大加速度高达 983 gal(1 gal=1 cm/s^2),相当于 1 个重力加速度(1g),较日本阪神大地震的最大加速度值约大 1.25 倍(林成功,2003)。

中国台湾具有岛弧及造山带地质构造背景。菲律宾板块以每年 7 cm 的速度向西北的欧亚大陆板块聚合;在台湾东北方外海的琉球弧沟系统、菲律宾板块正向北隐没入欧亚大陆板块之下;而在台湾东部两大板块即海岸山脉与中央山脉以花东纵谷为缝合线正处在相互碰撞中。由于板块间的碰撞挤压,台湾自上新世以来逐渐隆起,这是台湾造山运动的开始。这种造山运动构造发展由东往西逐渐扩展,造山运动的压缩应力使地壳缩短产生褶皱或断层,当地壳受压累积应力到某一程度时,突然使岩层瞬间发生破裂错动,并产生地震而将能量释放。这种地震诱发较大规模的、危害严重的次生地质灾害,导致典型的山体崩塌、滑坡、泥石流等地质灾害事件特别发育,西南及台湾地区受这种隆升影响的特殊地质环境形成了"V"形中高山峡谷地貌。

在岩土工程领域,不论是自然或人工边坡,也不论是加卸载、雨水、地震等原因,造成滑坡、坍塌破坏在世界各地屡见不鲜。对国家、人类社会及生命财产、生存环境等带来极大的冲击与危害,如何预防、设计、整治及降低这类滑坡破坏带来的灾害,是岩土工程界学者、专家等的责任,也是其钻研追求的最高目标。

近数十年来,地震引起的滑坡破坏所造成的危害或经济损失比其他类型的地质灾害的总和大得多。尤其在台湾,山坡地占全岛面积的 70%以上,人们不得不开发和利用山坡地,但又深怕地震时山坡地滑动带来的巨大危害。首先要了解如何将崩坍的滑坡以动力行为来模拟,并找出崩坍的确切原因,随后才能进一步分析研究,当地震来临时能够掌握滑坡的应力-应变行为的变化,或在岩土工程领域发展出一套可信度高的滑坡动力分析方法,设计出最佳滑坡整治方案。因此充分了解滑坡动力分析的理论与事先做好边坡、滑动的防范愈显重要。

虽然滑坡动力研究既耗时又费力,但对岩土工程界的研究者来说,则是值得探讨与追究的一个重点。也可以以纯学术角度来探讨、寻找、分析其滑坡破坏的真正原因,模拟其动力力学行为。

11.6.1 滑坡动力分析的研究现状

1921年,日本学者Sabro Okabe发表了岩土结构地震稳定性分析的文章后,国内外有关滑坡动力分析的研究文章才逐渐出现。概括起来,比较成熟的滑坡动力分析方法有拟静力法、块体分析法、动力数值分析法。

11.6.1.1 拟静力法

假定地震力对滑坡有影响时,可应用地震系数乘以滑动体的重量作为分析滑坡安全度的方法,其滑动体的抗滑安全度系数为

$$F_s = \frac{G_s LR}{EW + K_h gFW}$$

其中,G_s为土壤抗剪强度,L为滑动面长度,R为滑动圆弧面的半径,W为滑动体的重量,g为重力加速度,K_h为水平地震系数,E为滑动面圆心O与滑动体重心Q的水平距离,F为滑动面圆心O与滑动体重心Q的垂直距离。

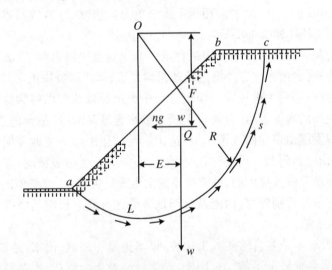

图11.6.1 滑坡的拟静力分析法

土壤抗剪强度的推算,通常都假设Mohr-Coulomb准则破坏即极限平衡理论计算:$G_s = C + \sigma'_n \tan\varphi$,式中$C,\varphi$分别为土壤的内聚力及内摩擦角,$\sigma'_n$为有效正应力。该方法往往分析结果与实际破坏状况误差很大,因此无法推算滑坡受地震后的变形状况,亦无法了解应力-应变的状况。

Monomobe和Matsuo以及Okabe等在Coulomb公式的基础上,提出破裂楔体作用于挡土结构后的侧向主动土压力,虽非完全应用在滑坡分析上,但对动土压力及水平地震加速度系数K_h有深刻的叙述,主要是建立在楔体破裂模式基础上的极限平衡法。后来,Monomobe等提出一种理论求取地震系数的方法,即剪力梁法。具体操作是在坝基地底给一震动波,再由求得的放大效应来决定地震系数(Dakoulas等,1986;Gazetas,1987)。Terzaghi(1950)曾建议$K_h = 0.1$代表严重的地震,$K_h = 0.2$代表猛烈的地震,$K_h = 0.5$代表毁灭性地震。

Seed 和 Whitman(1970)感兴趣的是如何在实际工程内决定 K_h 的范围。Seed(1979)曾对 14 个地震后没有受破坏的水坝做研究,当 K_h 在 0.1~0.12 之间时,安全系数可以在 1.0~1.5 之间,且此时水平加速度值约为坝顶峰值加速度值的 13%~20%。Marcuson(1981)建议以坝体受地震加速度作用产生放大效应的峰值加速度取为 1/2~2/3,并以此作为计算水平加速度值。Dakoulas 和 Gazetas(1986),Gazetas(1987)对放大效应来决定受地震系数或由有限元法进行了分析,得出评估地震系数的近似方法有下列四项:① 用任一深度前四个模态的振幅的平方和开根号求出每个位置的极大值;② 任一深度中,取所有模态反应最大的为代表;③ 利用有限元法或其他方法,求出最大地震力随深度变化的情形;④ 利用剪力梁法求出地震力随着深度变化的情形。

Seed 和 Martin(1966)在以剪力梁法求得坝体内的平均地震加速度的历时,再转换成等加速度的等值地震系数,以评估水平地震系数,其值比一般经验法则所建议的大。而 Ambraseys 和 Sarma(1967)用剪力梁法求出可能滑动块体的平均水平加速度历时,求出其最大值,并对地面的最大地表加速度做正规化,以求得坝体可能发生滑动的块体所对应的最大平均水平加速度系数,其值比一般经验法则的建议值大。因此,前人的研究显示,水平地震力应随着不同的坝体采用不同的水平加速度系数,且坝体破坏深度较深的 K_h 小于破坏深度较浅的。若假设滑动面都在坝底,则坝体越高所决定的地震系数会越小。剪力梁法假设坝体呈三角柱形,且假设滑动块为三角柱形理想形状。不同的动力特性的坝体会有不同的地震系数,不同特性的地震波亦可能会有不同的地震系数。因此利用剪力梁法所求的地震系数的范围可能会很大,是否适用于单边滑坡,在分析结果上可能会存在很大的问题,因为真正的边坡并非刚体,且最大加速度的历时会很短,使用最大加速度来计算,并不能代表真正的水平加速度系数 K_h。而拟静力法的假设视整体为一刚体,如此,用整个坡体受同一加速度的假设来做分析,但这往往与真实情况是不符的,真正的地震力作用于整个坡体时,坡体所受到的作用力由上到下都是不同的。Chen(1990)曾经以拟静力法,允许整个坡体可以由上到下使用不同地震力的方法来分析。即使这样,因为整个坡体受的地震力是短暂的,而以拟静力法作用于坡体的地震力是不随时间而改变的,这与实际不符。因此拟静力法想用一个地震加速度系数代替整个地震动力行为是不合理的,真实的地震是很难用一个拟静力的地震系数来代表的;真正的水平加速度系数的选择并不容易确定,这也是拟静力法的难点和缺点。

拟静力法除了以上所叙述的平衡分析法外,Seed(1966)另外提出了一套不错的分析方法来评估坝体地震滑动的潜势,其分析步骤如下:① 用切片法先求出未滑动前滑动势能面下的初始应力;② 以拟静力地震水平力计算出地震力作用后,再求滑动势能面上的主应力;③ 在实验室对试体以非均匀向固结后,再求滑坡坡体受反复荷载时的真正强度;④ 求出冲击次数与差应力的关系;⑤ 先求地震所引起的等值反复荷载次数,并利用④求出在对应某一反复次数时,其破坏时的主应力,并求出其他不同的主应力比下面破坏时的差应力的值,得出破坏时的强度破坏包络线;⑥ 利用所求得的强度破坏包络线评估滑动势能面上的安全系数。

由此可见,此法为总应力法,所求得的参数皆为不排水的参数,该分析将初始应力状态、主应力状态及反复应力所减少的强度、地震时不排水的状况加入考虑,可将拟静力法的不合理程度降低。

拟静力法变分法分析则是另一种选择,此法是利用极限平衡法中的切片法,并考虑地震力为一拟静力,将安全系数或稳定数表示成土壤参数,水平、垂直加速度系数,滑坡几何参数,水压力,渗流压力等的泛函数式,再对此函数式取变分求出极小值,配合边界条件,即可以一多项式或函数式表示出安全系数最小时对应的破坏面。不用试错法,直接以变分的方式即求出临界破坏面,以减少试错法所耗用的时间,这仍然是以拟静力的方式做分析,其存在以传统的拟静力来模拟滑坡受地震时的限制,即缺点仍然很多。应用变分法分析主要有:Revilla 和 Castillo(1977)利用 Janbu 的简化切片模式,应用变分法的技巧提出数学模式分析无摩擦角的黏土滑坡;Chen 和 Snitbhan(1975)采用极限平衡法,用摩尔-库仑法则,以变分法分析平面均质黏土滑坡的稳定性;Baker 和 Carber(1978)以极限平衡法分析一圆弧形式的非均质各项同性具有孔隙水及受外来荷载土壤滑坡的稳定性;Grastillo 和 Luaono(1982)指出 Baker 和 Garber 所建立的泛函数并未检核二次变分的性质,其所求得的安全系数可能只是局部极小值,而非整体边坡系统的最小安全系数,且经检核其稳定的假设后指出,上两种方法的变分法模式并不正确,因此在拟静力法的变分法分析中仍存在许多有待改进的问题。

11.6.1.2 块体分析法

本方法是 1965 年 Newmark 所提出的,首先推求边坡的临界滑动面,即在所有滑动面中找出抗滑安全系数最低者,再推求临界滑动面的抗滑安全系数为 1 时的相应地震加速度(通常只考虑水平定值加速度),此加速度值称为屈服加速度。依据 Newmark 的理论,地震加速度值若低于屈服加速度值,滑坡体将是安全的,若高于屈服加速度值,则为不安全。将高出的加速度积分两次,作为该时刻地震造成的变位,累计各次变位值,即为该地震产生的总位移量,如图 11.6.2 所示。其分析法最基本的理念如下。① 利用极限平衡的观念,先将极限平衡状态时安全系数等于 1 的屈服水平加速度求出,即屈服水平加速度的意义为地震时滑坡所能承受的最大水平加速度,而可用拟静力法求取临界破坏面的方法求出一般破坏面,可直接将其假设为圆弧面、平面或螺线面。② 当地震加速度超过此屈服加速度时,滑坡就会开始滑动,而产生速度以及永久位移,针对各种不同的假设破坏面(圆弧面、平面、块体、三楔形体或螺线面),对超过屈服加速度的地震加速度积分求得速度,再对速度积分求得永久位移量。③ 对于大量的地震记录求出其相对于不同屈服加速度与地表最大加速度比值的永久位移量,并将其上限求出,往后只要知道滑坡的屈服加速度及地震的最大加速度值,就可以由大量地震数据求出其上限值,概估此滑坡受地震时的上限永久变位量,以评估滑坡受地震时的安全性。

利用滑动块分析法以求解滑坡动力行为仍有

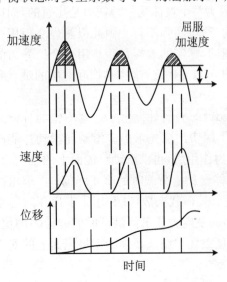

图 11.6.2 Newmark 双积分法示意图

许多假设限制条件。① 假设滑坡体仍为刚体,即忽略滑坡体的变形行为,如此可将复杂的动力行为以单自由度的摩擦滑动方程式来模拟,因而忽略了变形行为,所以此法比较适用于滑坡滑动深度较浅及土石材料刚度较大的滑坡。② 假设滑坡体材料为完全刚弹塑性材料,材料参数为凝聚力 C 及内摩擦角 φ。③ 假设破坏面上没有渐进式破坏的行为,亦即破坏面上所产生的凝聚力 C 及内摩擦角 φ 不变。④ 限制适用于干砂土或黏土,亦即不饱和土壤,而且土壤对地震动不敏感,以维持其强度不随地震的反复施力而减小太多。⑤ 对高塑性土壤不适用,因为阻尼会使地震力的效应降低,即其可吸收地震的能量。⑥ 不能考虑滑坡土壤液化行为。⑦ 对于较软且滑动面较深的滑坡较不适用。

虽然块体分析法有上述诸多假设限制,但与拟静力法比较,亦有它的优势。① 以拟静力法所假设的地震加速度系数其物理意义不明确,以 PGA 峰值代表地震加速度会高估其值,因为大部分地震力都小于此值,其值的求得虽有多种方法,但很多时候仍要靠经验取得,而在块体分析方法中直接以地震加速度记录作输入,以屈服加速度为基准求取该地震加速度下产生的永久位移,不会有因简化地震加速度为一拟静力地震加速度而导致失真的状况产生。② 在 Seed(1979) 的研究中提到,应用拟静力法来分析 1971 年的 San Fernando 的两个坝(upper and lower San Fernando dams),以拟静力法分析出来的安全系数大于 1 却是破坏,因此以拟静力法使用拟静力地震加速度系数作分析,以近似地震系数的方法,在评估安全系数大于 1 时并不一定代表安全。③ 块体分析法以真正的地震记录作分析评估永久位移量大小,在分析当中,当地震加速度太大时,安全系数可小于 1,而暂时滑动,当地震加速度变小甚至逆向时,滑坡安全系数又可能大于 1,而减速到静止,最后以累计永久位移量并以此来评估其安全性。此在观念上会比拟静力法好,因为拟静力法只用拟静力地震加速度值,以超过滑坡所能承受的加速度值来评估是否安全,而事实上地震加速度不一定能代表边坡经历地震时的安全性。④ 块体法较拟静力法能考虑地震加速度的特性,因为地震特性常有地区性,不同地区的地震加速度特性会有所不同,块体分析法可针对不同地震加速度记录分析求得不同地域的滑坡的永久位移量,而拟静力法则无法如此分析地震加速度的特性。

Newmark(1965) 提出的块体分析法将滑动分成只能单向滑动(unisymmetric sliding)以及双向皆可滑动(symmetric sliding)。前项可用来模拟滑坡受震时坡体只能向下坡滑动,视向上滑动的阻力为无限大。而后项可用来模拟一般以允许双向滑动的基础破坏的情形。Ambraseys(1988),Sarama(1975) 考虑的破坏面为无限平面滑坡。Sarama(1981) 则另外考虑圆弧形的滑动面。Swada(1993) 以及 Ling 和 Leshchinsky(1995) 则以螺线面作分析。Roberto 和 Ezio(1992) 则以三块楔形的假设先求坡滑的最可能破坏面,并在块体与块体之间以弹簧来模拟,对每个块体求出力平衡方程式,最后推得一矩阵型的方程式,得出真正的位移解。

Teresa,Claudia 和 Giovanni(1992) 将材料受地震弱化的因素考虑进来,将屈服加速度值也考虑成时间的函数,其受荷重速度的影响以时间及地震次数的函数来表示,但对放大效应假设是受滑坡影响不大。Luc,Alain 和 Jean(1992) 以剪力梁模式来分析具内聚力的土壤,求出滑坡体的加速度后以圆弧形破坏面分析永久位移量,但计算平均加速度时假设了破坏面为三角形。Hoe,Dov 和 Voshiyuki(1997) 则以同时考虑水平和垂直加速度,并考虑不同的水平和垂直加速度的比,以螺线破坏面为假设来求屈服的水平加速度,并分析永久位移量,但在分析永久位移量,即超过屈服加速度的地震加速度积分时,仍只考虑水平加速度,而不考虑垂直加速度。Lemos,Coeho(1991)和 Tika-Vassilikos(1993)则建议用一套与应变速率有关的材料强度的分析方法来分析块体的滑动。

11.6.1.3 动力数值分析法

在岩土工程领域,多数问题属于土壤-结构互制问题,常用的分析方法多为力平衡法及连续介质力学法。力平衡法只考虑力学的平衡,而连续介质力学法除了力系的平衡外,系统应变或位移的协调性(compatibility)亦为要求的条件,并能得到变位量,也可预估边坡破坏的地震反应。

数值分析法分成两种,即有限元及有限差分法。由于计算机和计算技术的发展,二维、三维和土壤的非线性行为等都从中可取得参考价值,如坝体的分析及重大或重要的滑坡工程。土壤的行为及现场的一些状况是无法完全掌握的,而地震本身也有其不确定性,若要安全模拟到与现场状况完全相同是很困难的。虽然动力数值分析法无法做到百分之百正确地定量分析设计,但仍可以提供滑坡体受地震加速度时的行为反应趋势,这些都可借数值分析法加以模拟。做危险与否、设计是否得当的评估分析,有限元法就利用变分法,将原来的连续体的运动方程式配合组成律,利用形状函数(shape functionp)配合变分法,将整个连体的质量分配(lumped)到节点上,化成多个节点的自由度震动方程式:

$$M\ddot{u} + C\dot{u} + Ku = F(=ma)$$

其中,M 为质量矩阵,C 为阻尼矩阵,K 为弹性矩阵,u 为节点位移矩阵,F 为基础地震输入加速度记录,$\ddot{u}$ 为加速度,$\dot{u}$ 为速度。简单地说,也就是将连体的波动转化成多个节点的震动,即波动可以想成是在空间不同位置的震动所组成的运动。此式实际上相当于质量块 M 受力 + 阻尼力 + 弹簧恢复力 = 地震加速度作用在单自由度系统的力。相当于单自由点 M 由刚性连接在地面的单自由度弹性框架支承。地面运动时,M 点沿单自由度受到一个惯性力的作用,其他分量的惯性力由刚性支架平衡。因此得到含惯性力的平衡方程。其中阻尼比 $\zeta = C/2M\omega$,ω 为体系的圆频率,$\omega^2 = K/M$,这是一个二阶线性常微分方程,其解由相应的齐次方程的通解再加上一个任意特解组成。而有限差分法则直接对控制方程式进行差分格式离散,以数学的差分方法直接解题。二者只是在求解控制方程式所用的方法上不同而已,但分析结果是非常接近的。

动力数值分析法分析步骤及考虑因素如下:① 决定代表边坡的分析断面;② 决定设计地震的加速度历时曲线;③ 推算地震前边坡的应力分布;④ 决定边坡及结构体构成材料的动态性质,如剪切模量、阻尼值、泊松比、杨氏模量、膨胀角、应力-应变关系等;⑤ 推算边坡受地震产生的应力变化;⑥ 推算边坡过剩孔隙水压及应变等的演化;⑦ 根据动态的应力、孔隙水压及土壤强度,研究判断边坡受地震的安全度;⑧ 若边坡受地震后可确保安全,则根据应变量推估边坡受地震后的总变形量。

动力数值分析法相关因素的考虑如下:

(1) 元素大小。元素大小需小于域内最小波长的 $1/8 \sim 1/4$,以避免波长小于此范围的波被滤掉,高频波其波长较短,若采用的元素大于此频率所对应波长的 $1/8 \sim 1/4$,则此频率的波会被滤掉,此种现象在有限元及有限差分法中都会发生。

(2) 边界条件。数值分析中的动力分析较静力法分析所使用的计算时间长,故增加元素才可以加快计算速度。减少元素,势必将网格加大,若网格太粗,可能会将重要的低频波滤掉。因此在网格不加大情况下,取边界近一些,并配合特殊的边界处理技巧,以避免波反射影响到所欲分析的区域。常用来处理动力分析问题时有如下三种边界。① 单元边界(elementary boundary),可模拟固定端或自由端边界,但会有反射干扰而有"box effect"产生。② 局部边界或吸收边界(local boudary 或 absorbent boudary),边界以阻尼模拟,可以吸收入射波的能量,减少反射波的能量,以模拟波向外散射,而不影响到所欲分析的区域,当阻尼为质量乘以波速乘以剖面面积时,此时波完全不会反射。③ 协调边界(consistant boundary),以边界积分方程式得出频率相关性、边界进度矩阵,以模拟任何方向的消能,入射角度不同的问题也可解决,即边界元法与有限元法的结合。

(3) 等值线性。将输入的地震波转换成不同频率的傅里叶级数相加,设出土壤的变形模数及阻尼比,以求出每一个频率的放大效应,最后再分成所有的频率到时间域,得出时间域的应变反应,再由所得最大应变值的平均应变,由平均应变配合已知的土壤非线性曲线,可查出在此平均应变下土壤的变形模数及阻尼比。若与前面所设的土壤参数误差值在允许的范围内,就结束分析;若误差值在允许范围外,则此变形模数及阻尼比为下一个循环的土壤参数,直到收敛为止。在快速傅里叶变换(FFT)出现后,频率域分析较时间域分析快,但本质上是多次迭代的线弹性分析,还不算真正的非线性分析。

(4) 非线性。因为真正的非线性分析既不能线性叠加又不能用频率域叠加的方法处理,只能在时间域内以积分方式得出位移以分析动力的问题。以梅森规则(Masing rule)配合双曲线模式(hyperbolic model)来模拟土壤受反复动力载荷行为的应力-应变关系(cyclic nonlinearstres-strain model)较常为工程界所接受,这是因为其输入的参数比较好取得。但以描绘曲线(curve fitting)来处理土壤的动力行为,不像弹塑性组成率模式有较严谨的数学模式推导,于是 Mzoz,Prevost 等利用实验所得的应力-应变曲线,由双曲线模式来模拟,再将此双曲线分成 11 线性段以模拟 11 个屈服面,有此线屈服面之后,就可以产生类似梅森规则的动力反复加载曲线(neted yield model)。利用此模式来评估坝体受地震后的非线性行为。

数值分析法大部分前人的研究都是以有限元法做坝体的行为分析,以求得坝体受地震后的反应或孔隙压力的值。但真正的非线性分析尚未产生时,只能以等值线性来做分析,这还不算是真正的非线性模式,只能算多次迭代的弹性分析,因此不能求永久位移。Lee,Serff 等利用地震前后的刚度减量,分析地震前的位移,其刚度为 G_i,再利用拟静力地震力求出地震后的位移,其刚度减小为 G_f,做两次静力有限元法分析,最后由其间的应变差求出永久变形。此法可求出水平及垂直的永久位移,但两次静力分析的结果还是无法显示出动力的特性。See 等提出应变潜能法分析(strain potential approach),由等值线性的动力分析法先求出坝体应力分布,再利用室内实验所得的反复剪应力比与剪应变的曲线关系,将此数值动力分析所求得的应力分布换算成残余应力分布,再由残余应变,将每个小元素的应变乘以元素的高度,并累积起来求得永久位移。在位移较大的区域,即坝体最可能滑动的范围内,其假设为实验室与现场的反复应力-应变行为相同才算合理。也可利用真正的非线性分析方法直接求得合理的永久位移。

11.6.2 滑坡动力分析研究方法

综上,仍以数值分析法对滑坡动力行为的模拟比较合理而接近事实,在岩土工程领域,大部分地下结构体均可归类于土壤-结构互制(soil structure interaction)问题。一般常将土壤视为理想弹塑性材料,并以极限平衡观念分析结构体或土体本身的安全稳定性,此种极限平衡观念以分析结构体或土体力系(力或弯矩)的平衡为基础,然而结构体或土体受力时的变形情况则无法掌握,此情况实为多数岩土工程分析中的盲点。本节以数值分析法中的有限元法来做滑坡动力分析的研究,亦能处理大部分岩土工程问题。然而对于岩土工程问题的应用分析,却仍有些不容易掌握的事项,其中最具决定的因素是岩土材料于各种应力路径或应力历史情况,应力-应变行为的确实模拟和在不同区域的岩土材料的变异性也增加了岩土工程问题分析时的困难度。此种情况对于使用较严谨的有限元法分析工具而言,可达到相当大的发挥空间。虽然有限元法提供复杂岩土工程问题分析时遵循途径与工具,然而岩土工程材料具有复杂性与变异性,我们必须认识到岩土工程问题分析不在于求得一个准确的结果,而在于获得合理的结果。

本节采用有限元法滑坡动力分析的软件及分析工具 PLAXIS,可分析各类型岩土工程静力与动力问题,软件的前处理十分简单与人性化,后处理的功能也相当完整。此外,除材料线弹性应力-应变、Mohr-Coulomb 模型外,还提供先进的砂土与黏性土的弹塑性土壤模型(soft soil model)及适用于硬化土壤模型(hardening soil model),并支持可考虑土壤固结或蠕变特性模型(soft soil creep model),各种应力-应变模式。界面元素(interface element)的应力-应变模型则使用 Mohr-Coulomb 模型,可依据土壤与相邻结构体的摩擦特性,输入强度参数的折减系数。此软件网格的建立,在选取分析问题的地层分布界线后,会自动产生网格,网格可依需求设定不同的疏密程度以及局部区域的疏密程度。再分析边坡稳定等岩土工程结构与土壤互制问题。在动力方面,有一般震动问题(打桩、震动基础)及地震力作用情况的结构-土壤互制问题。在输出网格应力及变形时可以详细列表或以图形表示,输出图形可为等值线(contour)、等值色阶(shading)及向量等形式选择。在前述的土壤本构模型中,弹塑性土壤模型、硬化土壤模型、蠕变特性土壤模型为考虑塑性变形的较先进土壤应力-应变本构模型,所输入的土壤参数可由一般实验室土壤实验结果得到,考虑土壤固结或蠕变行为的蠕变特性土壤模型需固结实验结果,以获得本构模型的输入参数。一般黏性土壤受载重产生应变时,几乎无膨胀行为。砂性土则依密度与内摩擦角值,受载重产生不同程度的体积膨胀行为。Mohr-Coulomb 模型及硬化土壤模型均使用膨胀角 ψ 控制土壤受剪切力时的膨胀行为。Mohr-Coulomb 模型于此软件中的土壤体积模拟如图 11.6.3 所示,其设定土壤内摩擦角 φ 大于 $30°$,土壤受力后膨胀,此时需输入膨胀角参数,膨胀角参数 $\psi = \varphi - 30°$。一般土壤在受高剪应变作用情况下,土壤体积大多趋近于临界状态,即土壤体积变化于高剪应变情况下成一定值,尤其于紧密砂土受高应变时,土壤体积的应变也趋于不变状态,然而一般模式无法适当考虑此情况。硬化土壤应力-应变模型即使用一膨胀抑制(dilatancy cut-off),于高密度土壤高剪应变时,土壤体积应维持不变。

下面以台湾暨南大学对外联络道路的滑坡在 9·21 集集大地震后遭受破坏为实例,做深入的分析研究。该滑坡距震中 17 km,距地震台 3 km,地震数据完整,地质数据齐全。

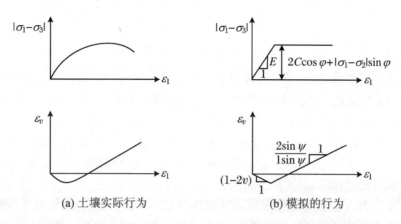

图 11.6.3 PLAXIS 程序 Mohr-Coulomb 模式的应力-应变曲线

11.6.3 滑坡动力数值模式

11.6.3.1 有限元法分析流程

一物体受力后的行为取决于系统平衡控制方程式，其建立一般多以虚位移原理来推导，虚位移原理的主要方程式如下：

$$\int_v \delta\boldsymbol{\varepsilon}^T \boldsymbol{\sigma} dv = \int_v \delta u^T f^b dv + \int_s \delta u^T f^s ds + \sum_i \delta(\hat{U}^i)^T F^i \tag{11.6.1}$$

式中，$\delta\boldsymbol{\varepsilon}$ 为虚应变量；$\boldsymbol{\sigma}$ 为分析系统应力；δu 为节点的虚位移量；f^b，f^s，F^i 分别为系统表面牵引力、系统总体力、集中荷载。

控制各单元变形形状由形函数来模拟，有限元法分析过程中表示为

$$u_x(x,y,z) = \sum_i H_i(x,y,z)\hat{U}_{xi} \tag{11.6.2}$$

式中，H_i 为函数表达式，$\hat{U}_{xi}$ 为元素各节点 x 方向的位移。

各元素的应变表示为

$$\boldsymbol{\varepsilon} = \boldsymbol{B}\hat{\boldsymbol{U}} \tag{11.6.3}$$

式中，$\boldsymbol{B}$ 表示几何协调性由形函数 H 的微分确定。分析系统单元方程式经过集合后，即可推导得出求取系统各未知节点位移的平衡方程式，简易推导过程如下：

$$\sum\int_v \delta\boldsymbol{\varepsilon}^T \boldsymbol{\sigma} dv = \sum\int_v \delta u^T f^b dv + \sum\int_s \delta u^T f^s ds + \sum \delta(\hat{U}^i)^T F^i \tag{11.6.4}$$

代入 $\boldsymbol{\sigma} = \boldsymbol{C}\boldsymbol{\varepsilon}$ 及形函数 H 后，并利用虚位移的任意性，式(11.6.4)可由下式表示：

$$\left(\sum\int_v \boldsymbol{B}^T \boldsymbol{C}\boldsymbol{B} dv\right)\hat{\boldsymbol{U}} = \sum\int_v H^T f^b dv + \sum\int_s H^T f^s ds + \sum F^i \tag{11.6.5}$$

式(11.6.5)右边为系统的力系向量，左边为刚度矩阵及位移。有限元法求解的平衡方程式一般表示为式(11.6.6)，即为一系统求解变位的联立方程式：

$$\boldsymbol{K}\hat{\boldsymbol{U}} = \boldsymbol{R} \tag{11.6.6}$$

式中，刚度矩阵 $\boldsymbol{K}$ 为

$$K = \sum \int_v \boldsymbol{B}^{\mathrm{T}} \boldsymbol{C} \boldsymbol{B} \mathrm{d}v \tag{11.6.7}$$

11.6.3.2 有限元法对材料应力-应变的模拟

有限元法使用土壤应力-应变结合律主要考虑其简便性与正确性。土壤受力后产生部分弹性变形与不可恢复的塑性变形,也就是土壤为弹塑性材料。影响土壤应力-应变行为的主要因素有土壤组成、应力历史、应力路径、排水情况、受力膨胀行为、边界条件、时间等。一般而言,越复杂的应力-应变组合律越能合理地模拟土壤行为,但有时土壤参数的求取比较困难。以工程应用而言,简单的工程问题不需运用复杂的土壤应力-应变组合律,因此土壤模式的选用需要视分析问题的特性与要求而定。

描述土壤应力-应变行为的数值模式由简单至复杂有线弹性、非线性弹性、刚塑性、弹塑性等。其中弹塑性又可分为理想弹塑性、应变硬化及应变软化三种。各种土壤应力-应变模式参见本书第3章和第4章。在高荷重情况下,土壤受较高的应力,基本上土壤已进入高度非线性阶段,弹塑性应力-应变组合律较适合此类问题的分析。此类模式的发展均依塑性理论,目前发展的弹塑性应力-应变组合律也有十余种以上。近十年来,有限元法分析岩土工程问题时多采用弹塑性应力-应变组合律模拟土壤行为,约在二十多年前普遍使用的土壤双曲线应力-应变关系则属于非线性弹性模式,虽然参数求取方便,但是在分析具有卸荷或应力释放的情况时,以双曲线应力-应变关系模拟土壤行为并不合适。当然,在荷载低时,有时使用弹性模式代表土壤,也可能得到令人满意的结果。因此需视分析问题的复杂性与精度的要求,选择合适的土壤应力-应变组合律。本节使用 Mohr-Coulomb 模型及硬化土壤模型两种材料应力-应变组合模型。

1. Mohr-Coulomb 弹塑性材料组合律(Mohr-Coulomb 模型)

当材料的应变进入弹塑性区域时,其应变、应变率可表示为

$$\boldsymbol{\varepsilon} = \boldsymbol{\varepsilon}^\mathrm{e} + \boldsymbol{\varepsilon}^\mathrm{p}, \quad \dot{\boldsymbol{\varepsilon}} = \dot{\boldsymbol{\varepsilon}}^\mathrm{e} + \dot{\boldsymbol{\varepsilon}}^\mathrm{p} \tag{11.6.8}$$

根据 Hooke 定律,弹性应变率可写成

$$\dot{\boldsymbol{\sigma}}' = \boldsymbol{D}^\mathrm{e} \dot{\boldsymbol{\varepsilon}}^\mathrm{e} = \boldsymbol{D}^\mathrm{e}(\dot{\boldsymbol{\varepsilon}} - \dot{\boldsymbol{\varepsilon}}^\mathrm{p})$$

再根据经典塑性理论的屈服函数 f(Hill,1950),计算修正关联流动法则导致高估岩土材料剪胀变形的影响,引入塑性势函数 $g(g \neq f)$。塑性应变可写成 $\dot{\boldsymbol{\varepsilon}}^\mathrm{p} = \lambda \frac{\partial g}{\partial \boldsymbol{\sigma}'}$,其中,$\lambda$ 代表塑性乘积系数,完全弹性时 $\lambda = 0$。

相应的加卸载条件及描述方法如下:

当 $\lambda = 0, f < 0$ 或 $\frac{\partial f^\mathrm{T}}{\partial \boldsymbol{\sigma}} \boldsymbol{D}^\mathrm{e} \dot{\boldsymbol{\varepsilon}} \leqslant 0$ 时,为卸载,采用弹性本构关系。

当 $\lambda = 0, f = 0$ 且 $\frac{\partial f^\mathrm{T}}{\partial \boldsymbol{\sigma}} \boldsymbol{D}^\mathrm{e} \dot{\boldsymbol{\varepsilon}} > 0$ 时,为加载,采用塑性本构关系。

对于理想弹塑性模型,由上述公式得出有效应力-应变关系如下:

$$\dot{\boldsymbol{\sigma}}' = \left(\boldsymbol{D}^\mathrm{e} - \frac{\alpha}{d} \boldsymbol{D}^\mathrm{e} \frac{\partial g}{\partial \boldsymbol{\sigma}'} \frac{\partial f^\mathrm{T}}{\partial \boldsymbol{\sigma}'} \boldsymbol{D}^\mathrm{e} \right) \dot{\boldsymbol{\varepsilon}} \tag{11.6.9}$$

其中,$d = \frac{\partial f^\mathrm{T}}{\partial \boldsymbol{\sigma}} \boldsymbol{D}^\mathrm{e} \frac{\partial g}{\partial \boldsymbol{\sigma}}$;$\alpha$ 仅为一个材料识别开关,当为弹性时取 0,当为塑性时取 1。为考虑

材料的多屈服面,Koiter(1960)提出塑性应变可用几个塑性势函数表示如下:

$$\dot{\boldsymbol{\varepsilon}}^p = \lambda_1 \frac{\partial g_1}{\partial \boldsymbol{\sigma}} + \lambda_2 \frac{\partial g_2}{\partial \boldsymbol{\sigma}} + \cdots \tag{11.6.10}$$

利用与 $g_1, g_2, \cdots$ 等相关的屈服函数 $f_1, f_2, \cdots$ 即可求出 $\lambda_1, \lambda_2, \cdots$。

Mohr-Coulomb 屈服条件中的 3 个屈服函数可用主应力表示为(Smith, Griffith, 1982):

$$\begin{aligned} f_1 &= \frac{1}{2}|\sigma_2' - \sigma_3'| + \frac{1}{2}(\sigma_2' + \sigma_3')\sin\varphi - c\cos\varphi \leqslant 0 \\ f_2 &= \frac{1}{2}|\sigma_3' - \sigma_1'| + \frac{1}{2}(\sigma_3' + \sigma_1')\sin\varphi - c\cos\varphi \leqslant 0 \\ f_3 &= \frac{1}{2}|\sigma_1' - \sigma_2'| + \frac{1}{2}(\sigma_1' + \sigma_2')\sin\varphi - c\cos\varphi \leqslant 0 \end{aligned} \tag{11.6.11}$$

在主应力空间中以上 3 个屈服面可由六角锥面表示(见第 4 章图 4.3.1 的 Mohr-Coulomb 屈服面)。与 Mohr-Coulomb 模式屈服函数相应的塑性势函数定义如下:

$$\begin{aligned} g_1 &= \frac{1}{2}|\sigma_2' - \sigma_3'| + \frac{1}{2}(\sigma_2' + \sigma_3')\sin\psi \\ g_2 &= \frac{1}{2}|\sigma_3' - \sigma_1'| + \frac{1}{2}(\sigma_3' + \sigma_1')\sin\psi \\ g_3 &= \frac{1}{2}|\sigma_1' - \sigma_2'| + \frac{1}{2}(\sigma_1' + \sigma_2')\sin\psi \end{aligned} \tag{11.6.12}$$

式中,ψ 为土壤的膨胀角,乃是塑性势函数中引入的又一个材料参数,其作用是表现土在塑性变形中的膨胀现象。因此 Mohr-Coulomb 共有 5 个参数(E, ν, φ, c, ψ),在砂性土壤中其密度与摩擦角影响体积膨胀行为,当体积增大到临界状态时,体积变化在高剪应变情况下成一定值,膨胀角参数值 ψ 被定义为土壤内摩擦角减去 30°,在黏土或 $\varphi < 30°$ 时,可取 $\psi = 0$(Bolton, 1986)。

2. 硬化土壤材料组合律(硬化土壤模型)

与全弹塑性模型相比,硬化土壤塑性模型的屈服面在主应力空间内不是固定的,但它可以由产生的塑性应变而扩大。根据硬化的方式,硬化可以分为剪切硬化和压缩硬化两种形式。剪切硬化用来模拟主偏应力作用下产生的不可恢复的应变(ε^p);压缩硬化用来模拟在主压应力和各向同性的荷载作用下产生的可恢复的应变(ε_v^p)。

硬化土壤模型是一个模拟不同类型土的特点的好模型,无论是软土还是硬土都适合(Schanz, 1998)。当作用主荷载时,土的刚度会有所下降,同时,不可恢复的应变也会发展。在三轴排水实验中,观察到的轴向应变和偏应力的关系能够近似用双曲线来描绘。这种曲线关系首先被 Kondner 提出来,之后就引用到双曲线模型中(Duncan, Chang, 1970)。然而,硬化土壤模型比这种双曲线模型更好,因为硬化土壤模型使用的是塑性理论而不是弹性理论,它包括了土壤的膨胀,并引入了屈服帽盖概念。

硬化土壤模型的一些基本特点:与应力相关的刚度指数关系 m 参数;由主偏压载荷产生的塑性应变 E_{50}^{ref} 参数;由主压缩产生的塑性应变 E_{oed}^{ref};弹性的卸载和加载(的模量和泊松比)E_{ur}^{ref}, ν_{ur} 参数;Mohr-Coulomb 模型破坏准则 c, φ, ψ 参数。硬化土壤模型的基本特征就是应力与土壤的刚度有关。在固结条件下的应力和应变,这个模型提出了

$E_{\mathrm{oed}} = E_{\mathrm{oed}}^{\mathrm{ref}}(\sigma/p^{\mathrm{ref}})^m$ 的关系。在特殊软土中实际上采用 $m=1$，在这种条件下也是在修正压缩指数 λ^* 和固结荷载模量间的一个简单关系：

$$E_{\mathrm{oed}}^{\mathrm{ref}} = p^{\mathrm{ref}}/\lambda^*, \quad \lambda^* = \lambda/(1+e_0) \tag{11.6.13}$$

式中，p^{ref} 为参考压力，即把切线固结模量作为一个特殊参考压力。它也是主荷载作用下的刚度与修正压缩指数 λ^* 的关系。

同样，当 $m=1$ 时反复加载和卸载模量与修正膨胀指数 k^* 的关系如下：

$$E_{\mathrm{ur}}^{\mathrm{ref}} = 3p^{\mathrm{ref}}(1-2\nu_{\mathrm{ur}})/k^*, \quad k^* = k/(1+e_0) \tag{11.6.14}$$

硬化土壤模型阐述的一个基本概念就是在主荷载作用下轴向应变 ε_1 和偏应力 q 之间的双曲线关系。标准的三轴排水实验得到屈服曲线可表示如下：

$$-\varepsilon_1 = \frac{1}{2E_{50}} \frac{q}{1-q/q_a} \tag{11.6.15}$$

式中，$q<q_f$，q_a 是剪应力强度的渐近值，如图 11.6.4 所示。E_{50} 是在主荷载作用下与刚度模量有关的约束应力，可由下式得到：

$$E_{50} = E_{50}^{\mathrm{ref}} \left(\frac{c\cot\varphi - \sigma_3'}{c\cot\varphi + p^{\mathrm{ref}}}\right)^m \tag{11.6.16}$$

式中，E_{50}^{ref} 是一个与参考围压 p^{ref} 对应的参考刚度模量。可设 $p^{\mathrm{ref}}=100$（应力单位）。实际刚度依赖最小主应力 σ_3'，在三轴排水实验中就是围压，σ_3' 对压缩的作用是可以忽略的。应力值相关性的大小由参数 m 决定。模拟软黏土应力相关性时取对数形式，相应的 $m=1$。Janbu(1963)提出对 Norwegian 砂和沉泥，m 值约为 0.5，Von Soos(1980)提出 m 值在 $0.5\sim1.0$ 之间。

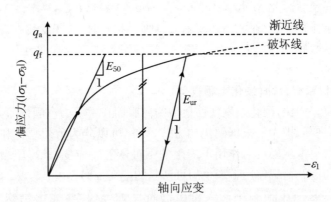

图 11.6.4 三轴排水实验双曲线的应力-应变关系

破坏时极限偏应力 q_f 和公式(11.6.15)中的 q_a 值可以定义为

$$q_f = (c\cot\varphi - \sigma_3')\frac{2\sin\varphi}{1-\sin\varphi}, \quad q_a = \frac{q_f}{R_f} \tag{11.6.17}$$

σ_3' 通常是可以忽略的。q_f 的关系可由 Mohr-Coulomb 破坏准则来推导。其中包括了强度参数 c 和 φ，当满足破坏条件 $q=q_f$ 时，就如 Mohr-Coulomb 描述的那样发生完全塑性屈服。

q_f 和 q_a 之间的比值可用破坏比 $R_f=0.9$ 表示。R_f 明显小于1。在反复卸载和加载的应力途径中，应力与刚度模量的关系为

$$E_{ur} = E_{ur}^{ref} \left(\frac{c\cot\varphi - \sigma_3'}{c\cot\varphi + p^{ref}} \right)^m \tag{11.6.18}$$

式中,E_{ur}^{ref}是与卸载和加载的参考压力p^{ref}有关的杨氏模量。在多数情况下可取$E_{ur}^{ref}=3E_{50}^{ref}$。在常规三轴荷载作用下$\sigma_2'=\sigma_3'$,$\sigma_1'$为主压应力。如图11.6.4所示,假设$q<q_f$,压应力和压应变是正的,则屈服函数可表示为

$$f = \bar{f} - \gamma^p \tag{11.6.19}$$

式中,$\bar{f}$是应力函数,γ^p是塑性应变函数,表达如下:

$$\bar{f} = \frac{1}{E_{50}} \frac{q}{1 - q/q_a} - \frac{2q}{E_{ur}}, \quad \gamma^p = -(2\varepsilon_1^p - \varepsilon_v^p) \approx -2\varepsilon_1^p \tag{11.6.20}$$

式中,q,q_a,E_{50}由式(11.6.16)和式(11.6.17)得来,同时上标p用来表示塑性应变。对于硬化土壤来说,塑性体积应变ε_v^p变化相对较小。可取$\gamma^p = -2\varepsilon_1^p$。初期荷载作用下屈服条件为$f=0$,将$\gamma^p = \bar{f}$代入式(11.6.20)可得

$$-\varepsilon_1^p \approx \frac{1}{2}\bar{f} = \frac{1}{2E_{50}} \frac{q}{1 - q/q_a} - \frac{q}{E_{ur}} \tag{11.6.21}$$

因此,硬化土壤模型除了考虑塑性应变,也考虑了弹性应变。塑性应变只在主载荷作用下发生,但弹性应变在主应变和反复卸载和加载下都会发生。在三轴排水实验的应力路径中$\sigma_2'=\sigma_3'=$常量时,弹性模量E_{ur}亦为常量,弹性应变可以通过以下方程得到:

$$-\varepsilon_1^p = \frac{q}{E_{ur}}, \quad -\varepsilon_2^e = -\varepsilon_3^e = -\nu_{ur}\frac{q}{E_{ur}} \tag{11.6.22}$$

式中,ν_{ur}是反复卸载和加载的泊松比,很明显侧向荷载作用(围压)对应变有了约束。

同时,应变在实验中每一个初始阶段都是不考虑的,在各向同性压缩实验(同时固结)的第一阶段,硬化土壤模型根据Hooke定律的弹性体积改变,但这些应变并不包括在式(11.6.22)中。在三轴实验的侧向荷载阶段,轴向应变是由综合公式(11.6.21)和公式(11.6.22)得到的:

$$-\varepsilon_1 = -\varepsilon_1^e - \varepsilon_1^p \approx \frac{1}{2E_{50}} \frac{q}{1 - q/q_a} \tag{11.6.23}$$

当$\varepsilon_v^p=0$即没有塑性体积应变时,上式是精确的。在实际性况下塑性体积应变不会等于零,但是对于硬化土壤来说,塑性体积变化在与轴向应变比较时为小。因此式(11.6.23)中的近似值是正确的。对于硬化参数γ^p,当屈服条件$f=0$时,屈服轨迹可在p'-q平面描绘出来。当标示这些轨迹时,不得不利用式(11.6.20)或式(11.6.16)的E_{50}和式(11.6.18)的E_{ur}。屈服轨迹的形状与指数m有关。当$m=1$时是直线,其余情况屈服轨迹曲线弯曲与指数m值的大小有关,图11.6.5为$m=0.5$时硬化土壤的屈服轨迹移动图形。在硬化土壤模型中还提出了一个$\dot{\varepsilon}_v^p$和$\dot{\gamma}^p$之间的关系。其流动法则是线性关系:

$$\dot{\varepsilon}_v^p = \sin\psi_m \dot{\gamma}^p, \quad \sin\psi_m = \frac{\sin\varphi_m - \sin\varphi_{cv}}{1 - \sin\varphi_m \sin\varphi_{cv}} \tag{11.6.24}$$

式中,ψ_m是膨胀角,φ_{cv}是临界状态的摩擦角,它是与材料强度有关的一个材料常量。φ_m是修正摩擦角,且$\sin\varphi_m = \dfrac{\sigma_1' - \sigma_3'}{\sigma_1' + \sigma_3' - 2c\cot\varphi}$。

Schanz和Vermeer(1996)提出的以上公式与Rowe(1962)提出的著名的应力膨胀理论

相吻合。应力膨胀理论最基本的观点就是材料在低应力比($\varphi_m < \varphi_{cv}$)情况下收缩,同时在高应力比($\varphi_m > \varphi_{cv}$)情况下膨胀。

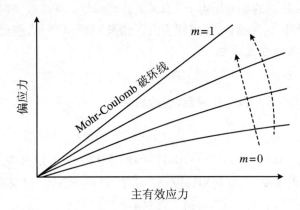

图 11.6.5 不同的屈服轨迹

在破坏时,膨胀摩擦角等于破坏角 φ,由式(11.6.24)可得

$$\sin \psi = \frac{\sin \varphi - \sin \varphi_{cv}}{1 - \sin \varphi \sin \varphi_{cv}} \tag{11.6.25a}$$

或者等同于

$$\sin \varphi_{cv} = \frac{\sin \varphi - \sin \psi}{1 - \sin \varphi \sin \psi} \tag{11.6.25b}$$

因此,临界状态角可从破坏角 φ 和 ψ 中计算得到。

11.6.3.3 动力有限元时程分析

在动力分析的数学领域里,时间积分的形成对于计算过程的稳定性和合理性有决定性的作用,显式和隐式积分是时间积分的两个极端。显式积分的优点是计算相对简单,缺点是计算过程不充分,并且在时间步长上强加一系列的限制;隐式积分方法更复杂,但它可以得到更可信的计算过程,并且通常可以得到更合理的精确解。

本节采用 Newmark 隐式时间积分法,由 Newmark 将位移 u 和速度 $\dot{u}$ 以时间 $t + \Delta t$ 的迭代方式表示如下:

$$\ddot{u}^{t+\Delta t} = c_0 \Delta u - c_2 \dot{u}^t - c_3 \ddot{u}^t, \quad \dot{u}^{t+\Delta t} = \dot{u}^t + c_6 \ddot{u}^t + c_7 \ddot{u}^{t+\Delta t}, \quad u^{t+\Delta t} = u^t + \Delta u \tag{11.6.26}$$

或

$$\ddot{u}^{t+\Delta t} = c_0 \Delta u - c_2 \dot{u}^t - c_3 \ddot{u}^t, \quad \dot{u}^{t+\Delta t} = c_0 \Delta u - c_4 \dot{u}^t - c_5 \ddot{u}^t, \quad u^{t+\Delta t} = u^t + \Delta u \tag{11.6.27}$$

式中,$c_0 \sim c_7$ 是与时间步数与积分参数 α, β 有关的系数。因此可将基本运动公式以时间步数写为

$$M\ddot{u}^{t+\Delta t} + C\dot{u}^{t+\Delta t} + Ku^{t+\Delta t} = F^{t+\Delta t} \tag{11.6.28}$$

再将 $c_0 \sim c_7$ 系数代入上式可写成

$$(c_0 M + c_1 C + K)\Delta u = F_{\text{ext}}^{t+\Delta t} + M(c_2 \dot{u}^t + c_3 \ddot{u}^t) + C(c_4 \dot{u}^t + c_5 \ddot{u}^t) - F_{\text{int}}^t \tag{11.6.29}$$

此等式即为动力分析软件采用的公式。其格式同于静力分析,所不同之处为,在刚度矩阵中考虑质量与阻尼矩阵,而在作用中考虑速度与加速度当前时间的影响。

11.6.3.4 动力分析的阻尼考虑

在岩土工程领域中,在动荷载作用下的动应力-应变关系中的小应变幅情况下,其主要问题是研究剪切模量和阻尼比的变化规律,如建筑物地基、机器基础或滑坡的动力分析等,有十分重要的作用。但在大应变幅情况下,除了研究剪切模量和阻尼比的变化外,材料强度的减小或附加变形的增大的影响更加重要,因为地基、基础和边坡都可能因强度的减小或附加变形的增大而影响到整体稳定性。

土中的阻尼通常是由土的黏性、摩擦以及土体塑性变形引起的。有的土模型中并没有包括土的黏性,而是假设了一个球形的材料条件,这个条件与体系的质量和刚度成正比(Rayleigh 阻尼):

$$C = \alpha M + \beta K \tag{11.6.30}$$

这里,C 表示阻尼矩阵,M 表示质量矩阵,K 表示刚度矩阵,α 和 β 为瑞利系数。α 是考虑阻尼体系中质量影响的参数,(若 M 大)α 值越大,(C 大,M 大,低频振动)较低频率体系衰减得越慢。β 是考虑阻尼体系中刚度影响的参数(K 大),β 值越大,(C 大,主要是高频振动)较高频率体系衰减得越快。

在单一源类型问题中使用的轴对称模型没有必要包括瑞利阻尼,因为大多数阻尼是由波的辐射引起的(几何阻尼),然而在平面应变模型中,诸如地震问题中瑞利阻尼可能被用来得到一个真值。Newmark 方法中的 α 和 β 根据 Newmark 理论利用迭代法得出与时间有关的积分。为了得到 α 和 β 的可靠值,必须满足以下条件:

$$\beta \geqslant 0.5 \quad \text{且} \quad \alpha \geqslant 0.25(0.5+\beta)^2$$

对于平均加速体系,使用标准设置,即 $\alpha=0.25, \beta=0.25$;对于 Newmark 阻尼体系,设置为 $\alpha=0.3025, \beta=0.6$。

在选择吸收边界时,阻尼可用来代替一定方向上的固定装置。阻尼确保了边界上应力的增加在没有回弹的情况下被吸收,然后边界开始移动。这里使用的吸收边界是基于 Lysmer 和 Kuhlmeyer 所描述的方法。在 x 方向阻尼吸收的正应力和剪应力为

$$\sigma_n = -c_1 \rho V_p \dot{u}_x, \quad \tau = -c_2 \rho V_s \dot{u}_y \tag{11.6.31}$$

式中,ρ 是材料的密度;V_p 和 V_s 分别为压缩波和剪切波波速,由材料刚度决定;c_1 和 c_2 是为了促进吸收效果而引进的放松系数。当压力波仅垂直地撞击在边界上时,放松就是多余的($c_1=c_2=1$)。对于剪切波吸收边界的阻尼效应在没有放松的情况下是不足够的。采用第二个特殊的系数,c_2 可以提高阻尼效应。经验表明,在边界用 $c_1=1$ 和 $c_2=0.25$ 可以使波在到达边界后得到合理的吸收。然而,这不可能使剪切波完全被吸收,以至于在当前剪切波情况下,限制的边界效应是显而易见的。

11.6.3.5 有限元法的非线性分析

岩土工程材料的非线性应力-应变行为使得应用有限元法时需考虑非线性分析。一般非线性有限元法分析用多阶加载方式考虑材料的非线性行为,分析的系统网格于各阶荷载施加时,产生相对应的位移或应变量,每阶加载的分析对应的不同的整体刚度矩阵均取决于

该阶土体的应力状态,即非线性有限元法分析时的整体刚度矩阵于分析过程中为一变化值,整体刚度矩阵于各加载运算的迭代计算维持不变。

虽然有限元网格系统外力分为多阶施加,由于材料应力-应变行为为非线性,若荷载分阶数量不够,各阶荷重下分析得到的系统应力或位移情况可能无法满足系统的平衡及分析结果不收敛,需进行迭代处理,常用的非线性收敛技巧有 Newton-Raphson 法、修正的 Newton-Raphson 法及初始应力法(initial stress method)等(Chen,Mizuno,1990),如此重复计算至系统外力与导致的内力差值低于一允许范围,即称该次运算收敛。因此随着施加荷载次数增多,各阶加载运算逐渐达到收敛,图 11.6.6 为 Newton-Raphson 法、修正的 Newton-Raphson 法的收敛技巧的示意图。

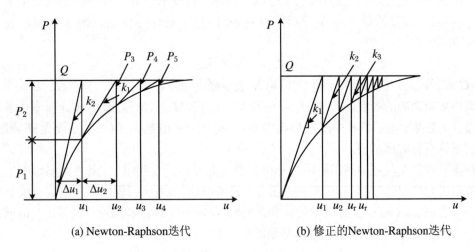

图 11.6.6 非线性问题的迭代过程

11.6.4 最佳整治方案的滑坡动力分析

11.6.4.1 最佳方案整治前的研判

滑坡动力分析结果显示,考虑一组合理的边坡坡度、高度、阶梯数量和相应的支护结构形式、布置及结构材料的分布,其优化最佳方案的合理数学模型为 $F_s = f(G_i, M_j, E_k, S_e)$。此式表明,滑坡动力分析的安全性并不是由单一因素所决定的,其意义是由一个 f 函数来决定的,它由四个要素组成:式中 $G_i = g(H, \alpha, \beta, b_i, h_i)$ 为边坡几何参数,其说明如图 11.6.7 所示;$M_j = M(c_j, \varphi_j, s_j, \nu_j, k_0)$ 为边坡破坏面的力学参数;$E_k = E(\alpha, f, t, \dot{u}, \ddot{u})$ 为经历的地震特征,α 为振幅,f 为频率,t 为时间,$\dot{u}$ 为速度,$\ddot{u}$ 为加速度;$S_e = S(s_e)$ 为结构形式、材料分布等。

滑坡动力分析优化最佳方案也可由三角模型图来表达,如图 11.6.8 所示。图中显示,M 视为边坡面的力学参数是不变的,置于大三角图形的中央,而地震特征 E,几何参数 G,结构形式 S 均视为可调整的参数,置于大三角图形的 3 个顶点上。因此在做滑坡动力分析时,可由已知的小 $\triangle MEG$ 确定 S,或由已知的小 $\triangle MES$ 确定 G,最后再由已知的小 $\triangle MGS$ 验算能否经历 E,同时在分析时其安全性必须达到或满足安全要求,即 $F_s \geqslant [F_s]$,如此反复地依三角模型原理来分析就可得到滑坡整治优化的最佳方案。

由前面的 1,7,8,9 四种方案的滑坡动力结果分析中得知(林成功,2003),最后均在如同 9·21 大地震来袭时出现 20 cm 以上的位移及 10% 以上的应变量。按材料力学原理,在材料变形中应变量达到 10% 以上时,有破坏的潜能,因此究竟何种整治方案才是最理想的整治方案? 必须先将前述四种方案的特点做如下比较:

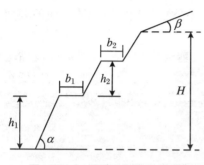

图 11.6.7　边坡几何参数说明

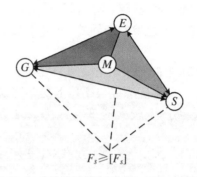

图 11.6.8　滑坡动力分析的三角形模型

(1) 虽然四种方案在大地震时有较大的应变,但其破坏潜能模式的共同点是在坡顶处先产生垂直向下的位移,而连带引起滑坡上边坡抗滑桩的扭曲变形,锚索也因此产生较大的变形,而下边坡除方案 8 外,均没有较大的变形,其原因系方案 1,7 及 9 滑坡下边坡中有抗滑桩、锚索、锚杆、加筋挡墙或明隧道,发挥了加固及稳定的作用,而在方案 8 中滑坡下边坡没有设置上述结构体,就引起了滑坡下边坡抗滑桩变形即产生最大的应变量,因此可归纳两点结论:① 同样采用抗滑桩、锚索、锚杆来加固及稳定滑坡上边坡,却无法达到最佳功效;② 在四种方案中,不论哪一种方案,引起最大位移处在坡顶处向下变形为最严重,其次为抗滑桩及锚索变形,再其次为锚杆或滑坡坡面变形。

(2) 由四种整治方案来看,其水平位移均由滑坡外侧转向水平方向且向滑坡内侧移动,水平位移大小仍由外向内逐渐加大,而垂直位移则在坡顶处为最大,滑坡上、下边坡抗滑桩与硬黏土层中,由上向下逐渐减小,因此可归纳出两点结论:① 水平位移与垂直位移其增加量与方向是不相同的,过去以拟静力法分析滑坡总位移量,认为水平位移是滑坡破坏最大的杀手,但由滑坡动力分析结果来看是不一定的,垂直位移同样可能带来破坏;② 由四种整治方案来看,水平位移最大量多半发生在滑坡上、下边坡抗滑桩附近,但除整治方案 8 以外,其下边坡的抗滑桩虽有水平位移但没有较大的变形,因此引起破坏潜能最大的关联除水平位移外,其垂直位移也扮演重要的角色。

(3) 由四种整治方案来看,其剪应变也有共同特色,即剪应变发生最大的地方集中在滑坡上边坡抗滑桩附近及硬黏土层中,而四种整治方案中,滑坡上边坡抗滑桩与硬黏土层交界处均有较大的应变,因此可归纳出两点结论:① 剪应变大的地方有引起滑坡破坏的潜能,而体积应变则对滑坡破坏影响较小;② 剪应变变化较大的地方在滑坡上边坡抗滑桩与硬黏土层交界处,这是因为滑坡中有硬黏土层存在。在方案 1,7,8 中,虽然滑坡下边坡的硬黏土层大部分已切除,但仍然没有斩草除根,仍保有滑坡上边坡的硬黏土层,留下了破坏的潜在可能。而在方案 9 中,在坡趾处有加筋挡土墙及明隧道加固稳定,所以没有产生大的应变,但会造成巨大的施工成本,因此不论是采用何种方案,硬黏土层在整治方案中都占有举足轻重的地位。

(4) 由四种整治方案来看,其水平加速度移动方向均有规律地由滑坡外侧向内侧前进,其大小是内大外小,而垂直速度则是有规律地由上向下逐渐增大,因此可归纳出两点结论:① 由于滑坡破坏潜能是由坡顶处产生位移所引起的,而垂直速度也是在坡顶处为最大,就垂直速度与垂直位移的关联性而言,其垂直速度有决定性的影响;② 滑坡整治除了应考虑上边坡的加固外,下边坡也应做适当加固,不然也会造成下边坡坡面的较大变形或位移。

(5) 由四种整治方案可看出,有效剪应力和总主剪应力均集中在滑坡的硬黏土中或集中在上、下抗滑桩与硬黏土交界处,这也说明了应力集中的地方必然是引起应变集中的地方。而产生较大应变与应力的地方则对滑坡滑动的变形或位移及安全有决定性的影响。

11.6.4.2 最佳整治方案结果分析

1. 最佳方案整治理念

图 11.6.9 为最佳整治方案的断面图,其特色为将滑坡中的顺向坡硬黏土层弱面全部切除,为了确保滑坡永久性安全,最关键的是将坡顶的路面内移数十米。因此解决了安全问题,在整治方案中已解决两大潜在威胁,一为硬黏土层问题,二为坡顶处垂直位移问题。这是因为坡顶有较大垂直位移说明地质情况不佳,坡顶路面内移可改善地质条件。在坡顶道路的上边坡增加一道锚杆护坡,在滑坡坡趾处,设置了加筋挡墙与锚杆护坡两道加固保护措施,而在滑坡坡面设置抗滑桩、锚索、锚杆,再采用缓坡分段开挖,阶梯式自然坡面,坡面除了整修滚压、夯实外,喷洒稳定液以防止雨水冲刷。最后坡面再以植生绿化处理,达到美化环境的效果。边坡滑动的防范愈显重要。

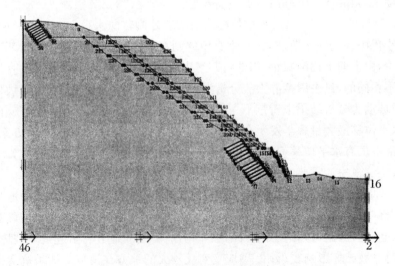

图 11.6.9 最佳整治方案设计断面图

2. 最佳整治方案结果分析

图 11.6.10 为最佳整治方案滑坡动力分析的结果图。由图可见最佳整治方案在经过相当于 9·21 大地震的烈度后,网格变形有限,只有很小的变形量,不论在滑坡坡顶上、坡趾处或

滑坡坡面上,都未显示出较大的位移,其最大的总位移量为 18.5 cm,也是位移量最小的结果。

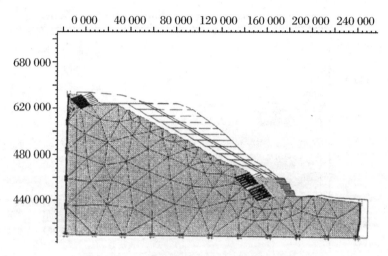

图 11.6.10　最佳方案动力分析的网格变形图

图 11.6.11 为滑坡垂直位移的向量图,由图可看出滑坡的垂直位移,其量与密度均集中在滑坡坡顶道路上边坡的锚杆护坡处,其方向向下,其大小随着方向由上向下逐渐减小。值得注意的是滑坡垂直位移方向在坡趾加筋挡墙处是向上的,其他地方均是向下的,其垂直位移量大小,向下的上大下小,向上的亦是上大下小,其最大垂直位移量为 5.8 cm。同时,水平位移的方向均由滑坡坡顶锚杆处及滑坡下边坡锚杆处,由外侧指向内侧,此两处亦是水平位移密度较大之处,其水平位移量的大小由上而下、由外而内逐渐增大。

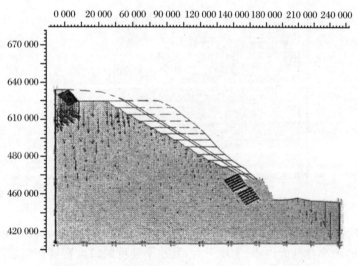

图 11.6.11　最佳方案动力分析的垂直位移向量图

图 11.6.12 为滑坡总位移的向量图,图中显示总位移的移动方向是由坡顶道路上边坡的锚杆护栏处外侧指向内侧及滑坡坡趾的加筋挡墙及锚杆处,亦是由外侧指向内侧。其总位移向量的大小是由外向内逐渐减小,密度亦在上述两处较大,滑坡其他总位

移量比较平均。

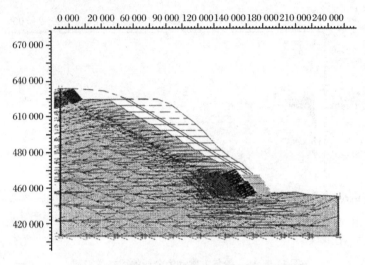

图 11.6.12　最佳方案动力分析的总位移向量图

图 11.6.13 为滑坡总速度的向量图,由图可见,滑坡总速度方向是由滑坡坡面顺时针方向内侧向上旋转,其较大密度均集中在滑坡坡顶和坡趾的锚杆处,最大总速度为 222.26×10^{-3} m/s。

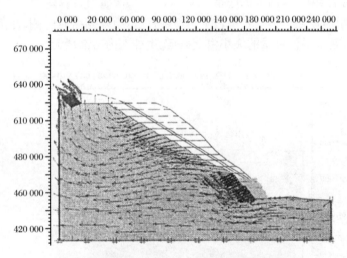

图 11.6.13　最佳方案动力分析的总速度向量图

图 11.6.14 为水平速度的向量图,由图显示,水平速度均由滑坡坡面外侧向滑坡内侧前进,其水平速度的大小是外大内小、上小下大,其水平速度的最大密度在滑坡坡趾锚杆处,其最小密度在滑坡坡顶锚杆处,其最大滑坡水平速度为 222.03×10^{-3} m/s。

图 11.6.15 为垂直速度的向量图,由图看出在滑坡坡顶处方向是向上的,大小是上大下小;在滑坡上边坡处方向是向下的,大小是上大下小;在滑坡下边坡处方向是向上的,大小也是上大下小;在滑坡坡趾加筋挡墙下方方向是向下的,亦是上大下小。值得一提的是,垂直速度密度最大处集中在滑坡坡顶部锚杆处及滑坡坡趾加筋挡墙底部。最大垂直

速度为 137.96×10^{-3} m/s。

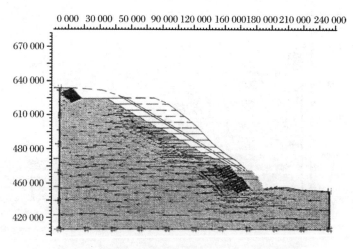

图 11.6.14　最佳方案动力分析的水平速度向量图

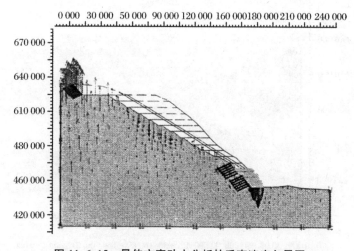

图 11.6.15　最佳方案动力分析的垂直速度向量图

图 11.6.16 为滑坡总加速度的向量分布图,由图可见,滑坡总加速度大部分集中在滑坡顶部锚杆处、滑坡坡趾锚杆及加筋挡墙处,其次为滑坡坡面处,滑坡总加速度方向呈不规则状,其最大总加速度值为 3.3 m/s^2。

图 11.6.17 为有效主应力向量图,由图可见,其有效主应力的方向由滑坡顶端及坡面向右下方倾斜,应力大小由滑坡顶端及坡面随着右下方的方向向滑坡底部渐次增大,而在滑坡顶部锚杆处、滑坡坡趾锚杆及加筋挡墙处有比较集中的密度。

图 11.6.18 为总主应力的向量图,由图可见,其总主应力的方向及大小与有效主应力的方向及大小相近,均由滑坡顶端向右下方倾斜,应力大小由滑坡顶端渐次向滑坡坡底增大,其总主应力大部分集中在滑坡顶部锚杆处及滑坡坡趾锚杆处。

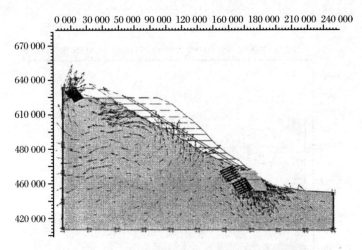

图 11.6.16　最佳方案动力分析的总加速度向量图

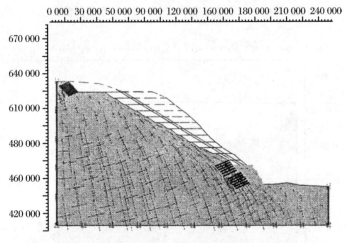

图 11.6.17　最佳方案动力分析的有效主应力向量图

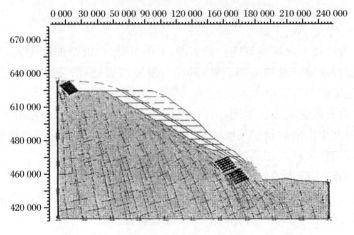

图 11.6.18　最佳方案动力分析的总主应力向量图

11.6.5 关于滑坡研究

在岩土工程领域里,不论是自然边坡或人工边坡,还是加载、卸载、雨水、地震等原因造成的滑坡崩坍、破坏在世界各地都屡见不鲜,对国家、社会、人类、生命、财产、环境等带来极大的冲击与危害。如何预防、设计、整治及降低其滑坡破坏所带来的灾害,是岩土工程界学者、专家、工程师等作评估、分析及发展技术的最高目标,提出最佳对策,是责任也是荣誉。

滑坡静力分析近数十年甚至百年来,经过前人的研究,随科技进步,已有相当成熟的理论及分析方法。但近数十年来由地震引起的滑坡破坏所造成的危害或经济损失比其他类型的地震灾害的总和大得多。尤其在我国台湾等地,山坡地占全岛面积70%以上,当地人不得不利用和开发山坡地,同时又怕地震导致山坡地滑动带来的巨大的危害。地震来临前是无预警性的,地震规模的大小亦无法预测,因此充分了解滑坡动力分析的理论与事先做好边坡滑动的防范愈显重要。

由于地震有其复杂性,而岩土体也有其复杂性,前人研究滑坡动力分析的理论或分析方法,不论国内外文献、报告或实际专题并不多见。滑坡研究重点结论归纳如下:

(1) 边坡动力结果分析表明:对于一给定的边坡存在一较合理的边坡坡度和相应的支护结构形式、布置及结构材料的分布,其合理的数学模型为 $F_s = f(G_i, M_j, E_k, S_l)$,式中 $G_i = g(H, \alpha, \beta, b_i, h_i)$ 为边坡几何参数,说明如图 11.6.7 所示。$M_j = M(c_j, \varphi_j, s_j, \nu_j, k_0)$ 为边坡破坏面的力学参数;$E_k = E(\alpha, f, t, \dot{u}, \ddot{u})$ 为经历的地震特征,α 为振幅,f 为频率,t 为时间,$\dot{u}$ 为速度,$\ddot{u}$ 为加速度;$S_e = S(s_e)$ 为结构形式、材料分布等。

(2) 合理边坡设计可由前面建立的滑坡动力分析三角模型图来表达,如图 11.6.8 所示。已知 △MEG 确定 $S \to F_s \geqslant [F_s]$;再由 △MES 确定 $G \to F_s \geqslant [F_s]$;最后验算:已知 △MGS 确定能否经历 E。

(3) 对于一定的岩土条件及地震条件,得出其无支护边坡的最佳结构形式,归结为一个几何优化问题,如图 11.6.19 所示:① 滑动可否修成阶梯式?应修多少阶? ② 造成的削坡角、等角、变角的最佳角度是多少度?

(4) 边坡的稳定安全系数应是一个边坡体内的分布函数,这个分布函数的某种组合才是边坡的综合安全系数,即 $F_s = f(F_{si})$。当边坡体内临界安全系数在扩展到某一极限时,边坡的失稳来临,于是安全系数为此临界点之前的安全储备。

(5) 揭示边坡动力分析应用连续介质力学的方法才能较详细地得到其位移场和应力场分布,而依据刚体力学分析的块体法或条分法,难以得到边坡失稳的真实状况,也难以判明边坡的动力稳定性态及安全性。

(6) 边坡动力分析的边界效应问题取决于地震输入的波长 λ,边坡失稳变形量的计算域宽不小于 2λ,如正弦波形,否则计算域内的位移反向形象难以捕捉,坡体内的剪切变形量难以揭示出来,其得到的数值分析结果可疑。同时地震加速度与深度的关系为 $\xi = \frac{\alpha_h}{\alpha_0} = 0.2 + 0.8e^{-\frac{h}{4}}$ (Kanai, Tanara, Losizava),如图 11.6.20 所示。

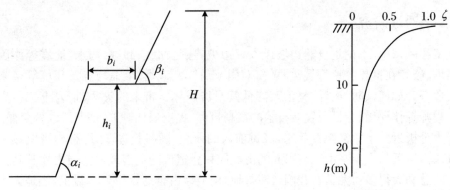

图 11.6.19 滑坡防护的几何结构优化　　图 11.6.20 地震加速度与深度的关系

（7）滑坡动力分析最佳方案求出途径，经过整理归纳，如图 11.6.21 所示。

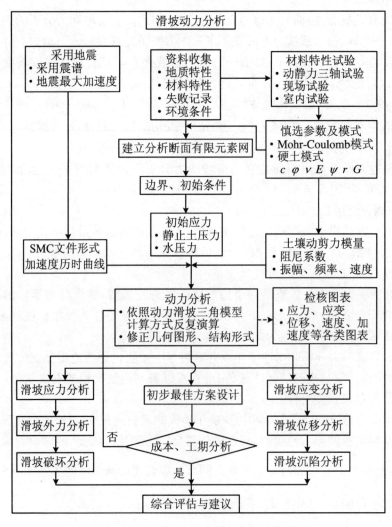

图 11.6.21 滑坡动力分析优化设计流程图

(8) 经过详细对比分析、探讨结果,求出滑坡最佳整治方案。原方案虽用拟静力分析安全系数在 1.5 以上,但用动力分析后,均有较大的应变量,具有滑动潜在能力,而且采用最大水平加速度 $0.33g$;而最佳整治方案采用水平加速度 $0.58g$,却只有 1.78% 微小的应变量。可见,本节采用滑坡动力分析最佳方案安全性最高。

(9) 不论拟静力还是动力分析过程中,所有地质及其他相关参数输入时,要经过严谨及专业的判断或整理再输入才能求得最合理的答案。

(10) 研究分析的前置考虑非常重要,如地震、地质、实验、失败记录等数据要丰富、正确、整理、筛选,最后再谨慎采用,才能得到最合理的分析结果。

(11) 分析滑坡主体的相关周边条件,以及各种状况研判与考虑周全、严谨,该滑坡大部分拟静力分析未将顺向坡的硬黏土层考虑进去,所得的答案不切实际,这就是最好的例子。

(12) 在整治方案中,选择各项结构体加固或保护,除了要重视结构体的材料强度、形式及特性外,还要布置在适当的位置,才能发挥应有的功效,否则会既达不到安全要求又浪费经费。

(13) 由于经过原四个预定整治方案的动力分析的结果对比、探讨才求得最佳整治方案。因此,任何一个最佳方案必须选择多项预订方案依据结论(2)动力滑坡三角模型处理后,反复演算才能得出最佳方案。

(14) 采用拟静力方法和其他方法分析滑坡时,若无法得知滑坡土体和结构体的应力-应变行为,也无法找出滑坡安全和不安全的真正原因,就很难找出最合理的答案,也就很难设计出最佳方案。

(15) 在地震区做滑坡分析时,若由静力、拟静力法分析,虽然求得的安全系数已达到一定要求,但不代表达到安全无扰的境界,应做动力分析,再将静力、拟静力、动力分析的结果详加对比探讨,求出最合理的答案。

(16) 最佳整治方案结果显示,当初研判原来的四个预订整治方案时,其整治理念及其优劣点是正确的。

(17) 滑坡位置越靠近震中,其垂直加速度对滑坡动力分析的结果及剪应变影响也越大。即便如此,滑坡动力分析尚有很多问题需要进行进一步研究。① 比较边坡动力分析的输入特性时,地震的强度、频谱及历时关系对边坡动力特性的影响,涉及多方面的动力相互作用问题,有待进一步研究。② 边坡的动力分析的失稳准则除强度准则外,还应引入位移准则特别是土质边坡位移准则,如何确定位移准则是一个有待研究的课题。③ 联合强度和变形准则研究边坡动力失稳过程,对预测预报边坡失稳有十分重要的意义。但这方面的研究工作甚少,因此,以边坡失稳的位移监测为依据,统计分析边坡失稳的黏性、蠕变模型尤其必要。④ 动力分析今后可考虑滑动体材料的动态性质,包含土体及各项结构体,再将放大效应与时间因素加入分析,应会有更佳的答案。

参 考 文 献

Abdallah G, Thoraval A, Sfeir A, et al. 1995. Thermal convection of fluid in fractured media[J]. Int. J. Rock Mech. Min. Sci. & Geomech. Abstr., 32(5): 465-480.

Abercrombie R, Leary P. 1993. Source parameters of small earthquakes recorded ant 2.5 km depth, Cajon Pass, southern California: implications for earthquake scaling[J]. Geophys. Res. Lett., 20: 1511-1514.

Ambraseys N N, Sarma S K. 1967. The response of earth dams to strong earthquake[J]. Géotechnique, 17(3): 181-213.

Ambraseys N N, Menu J M. 1988. Earthquake-induced ground displacements[J]. Earthquake Engineering and Structural Dynamics, 16: 985-1006.

Amelung F, King G C P. 1997. Earthquake scaling laws for creeping and non-creeping faults[J]. Geophys. Res. Lett., 24: 507-510.

Anderson D M, Tice A R. 1971. Low temperature phases of interfacial water in clay-water systems[J]. Soil Science Society of America, 35(1): 47-54.

Baker R, Garber B. 1978. Theoretical analysis of the stability of slopes[J]. Géotechnique, 28(4): 395-411.

Bakun W H, Stewart R M, Bufe C G, et al, 1980. Implication of seismicity for failure of a section of the San Andreas fault[J]. Bull. Seismol. Soc. Am., 70: 185-201.

Beeler N M, Tullis T E, Weeks J D. 1994. The roles of time and displacement in the evolution effect in rock friction[J]. Geophys. Res. Lett., 21: 1987-1990.

Beeler N M, Tullis T E. 1996. Self-healing slip pulses in dynamic rupture models due to velocity-dependent strength[J]. Bull. Seismol. Soc. Am, 86(4): 1130-1148.

Ben-Zion Y, Rice J R. 1995. Slip patterns and earthquake populations along different classes of faults in elastic solids[J]. J. Geophys. Res., 100: 12959-12983.

Bak P, Tang C, Wiesenfeld K. 1988. Self-organized criticality[J]. Phys. Rev. A, 38: 364-374.

Blanpied M L, Lockner D A, Byerlee J D. 1991. Fault stability inferred from granite sliding experiments at hydrothermal conditions[J]. Geophys. Res. Lett., 18: 609-612.

Biot M A. 1941. General theory of three-dimensional consolidation[J]. J. Applied Physics, 12: 155-164.

Bolton M D. 1986. The strength and dilatancy of sands[J]. Géotechnique, 36(1): 65-78; Discussion: 37(2): 219-226.

Brace W F, Byerlee J D. 1966. Stick slip as a mechanism for earthquakes[J]. Science, 153: 990-992.

Bronfenbrener L, Korin E. 1997. Kinetic model for crystallization in porous media[J]. International Journal of Heat Mass Transfer, 40(6): 1053-1059

Bronfenbrener L, Korin E. 1999. Thawing and refreezing around a buried pipe[J]. Chemical Engineering and Processing, 38(3): 239-247.

Bronfenbrener L. 2009. The modelling of the freezing process in fine-grained porous media: application to the frost heave estimation[J]. Cold Regions Science and Technology, 56(2): 120-134.

Brune J, Henyey T, Roy R. 1969. Heat flow, stress, and rate of slip along the San Andreas fault, California[J]. J. Geophys. Res., 74: 3821-3827.

Brune J, Brown S, Johnson P. 1993. Rupture mechanism and interface separation in foam ruber models of earthquakes: a possible solution to the heat flow paradox and the paradox of large overthrusts[J]. Tectonophysics, 218: 59-67.

Byerlee J D. 1978. Friction of rock[J]. Pure Appl. Geophys, 116: 615-626.

Byrne D E, Davis D M, Sykes L R. 1988. Loci and maximum size of thrust earthquakes and the mechanics of the shallow region of subduction zones[J]. Tectonics, 7: 833-857.

Castillo E, Rrvilla J. 1975. El calculo de variationes la estabillidad de taludes[R]. Revista del Laboratorio del Transporte y Mecaica del Suelo "Jose Luis Escario". Madrid: 31-37.

Castillo E, Revilla J. 1976. Una aplicacion del calculo de variacioones a la estabilidad de taludes[J]. J. Laboratorio del Transporte: 3-23.

Castillo E, Luceno A. 1982. A critical analysis of some variational methods in slope stability analysis[J]. International Journal for Numerical and Analytical Methods in Geomechanics, 6: 195-209.

Castillo E, Luceno A. 1982. A critical analysis of some variational methods in slope stability analysis[J]. Geomechanics, 6: 195-209.

陈建勋, 罗彦斌. 2008. 寒冷地区隧道温度场的变化规律[J]. 交通运输工程学报, 8(2): 44-48.

Chen T C, Yeung M R, Mori N. 2004. Effect of water saturation on deterioration of welded tuff due to freeze-thaw action[J]. Cold Regions Science and Technology, 38(2): 127-136.

Chen W F. 1975. Limit analysis and soil plasticity[M]. New York: Elsevier.

Chen W F, Snitbhan N. 1975. On slip surface and slope stability analysis[J]. Soil and Foundations, 15(3): 41-49.

Chen W F. 1980. Plasticity in soil mechanics and landslide[J]. Journal of Engineering Mechanics Division, 106.

Chen W F, Liu X L. 1990. Limit analysis in soil mechanics, developments in geotechnical engineering[M]. Amsterdam: Elsevier.

陈卫忠, 谭贤君, 于洪丹, 等. 2011. 低温及冻融环境下岩体热、水、力特性研究进展与思考[J]. 岩石力学与工程学报, 30(7): 1318-1336.

Chen Y F, Mizuno E. 1990. Nonlinear analysis in soil mechanics: theory and implementation[D]. Amsterdam: Elsevier.

程磊. 2009. 冻结条件下岩石力学特性实验研究及工程应用[D]. 西安: 西安科技大学.

Chester F M. 1994. Effects of temperature on friction: constitutive equations and experiments with quartz gouge[J]. J. Geophys. Res., 99: 7247-7262.

Christ M, Kim Y C. 2009. Experimental study on the physico-mechanical properties of frozen silt[J]. KSCE Journal of Civil Engineering, 13(5): 317-324.

Cochard A, Madariaga R. 1996. Complexity of seismicity due to highly rate-dependent friction[J]. J. Geophys. Res., 101: 25321-25336.

Cotton F, Coutant O. 1997. Dynamic stress variations due to shear faults in a plane layered medium[J]. Geophys. J. Int., 128: 676-688.

Cowie P A, Scholz C H. 1992. Growth of faults by the accumulation of seismic slip[J]. J. Geophys. Res., 97: 11085-11095.

Cundall P A. 1971. A computer model for simulating progressive, large scale movements in blocky rock systems[C]// Proc. Int. Symp. Rock Fractures(ISRM), Nancy.

Cundall P A. 1988. Formulation of a three-dimensional distinct element model(part Ⅰ): a scheme to detect and represent contacts in a system composed of many polyhedral blocks[J]. Int. J. Rock Mech. Min. Sci., 25: 107-116.

Cundall P A, Hart R. 1989. Numerical modelling of discontinua[C]// Mustoe, Henriksen, Huttelmaier. Panel Lecture, Proc. 1st U. S. DEM Conf, Denver.

Dakoulas P, Gazetas G. 1986. Seismik lateral vibration of embankment dams in semi-cylindrical valley[J]. Earthquake Engineering and Structural Dynamics, 13(1): 19-40.

Davidson G P, Nye J F. 1985. Photoelasticity study of ice pressure in rock cracks[J]. Cold Regions Science and Technology, 11(2): 141-153.

Dieterich J. 1972. Time-dependence of rock friction[J]. J. Geophys. Res., 77: 3690-3697.

Dieterich J. 1978. Time dependent friction and the mechanics of stick slip[J]. Pure Appl. Geophys., 116: 790-806.

Dieterich J. 1979. Modelling of rock friction(1): experimental results and constitutive equations[J]. J. Geophys. Res., 84: 2161-2168.

Dieterich J H. 1987. Nucleation and triggering of earthquake slip: effect of periodic stresses [J]. Tectonophysics, 144: 127-139.

Dieterich J. 1992. Nucleation on faults with rate and state-dependent strength[J]. Tectonophysics, 211: 115- 134.

Dieterich J. 1994. A constitutive law for rate of earthquake production and its application ot earthquake clustering[J]. J. Geophys. Res., 99: 2601- 2618.

Dodge D A, Beroza G C, Ellsworth W L. 1996. Detailed observations of California foreshock sequences: implications for the earthquake initiation process[J]. J. Geophys. Res., 101: 22371-22392.

Duncan J M, Chang Y. 1970. Non-linear analysis of stress and strain in soils[J]. J. the soil mechanics foundation division, 96(SM5): 1629-1653.

Edward J T, Fredrick K L. 1993. The earth an introduction to physical geology[M]. New York: Macmillan Publishing Company.

Ellsworth W L, Beroza G C. 1995. Seismic evidence for a seismic nucleation phase[J]. Science, 268: 851-855.

傅承义,陈运泰,祁贵重.1985.地球物理学基础[M].北京:科学出版社.

Fukuda M, Nakagawa S. 1985. Numerical analysis of frost heaving based upon the coupled heat and water flow model[C]//Proceedings of the 4th International Symposium on Ground Freezing: 71-75.

Furukawa Y, Shimada W. 1993. 3-dimensional pattern-formation during growth of ice dendrites, its relation to universal law of dendritic growth[J]. Journal of Crystal Growth, 128(2): 234-249.

Gazetas G. 1987. Seismic response of earth dams, some recent developments[J]. Soil Dynamics and Earthquake Engineering, 6(1): 3-47.

Gilbert G K. 1884. A theory of the earthquakes of the Great Basin, with a practical application[J]. Am. J. Sci. ⅩⅩⅦ: 49-54.

Gilbert L E, Scholz C H, Beavan J. 1994. Strain localization along the San Andreas fault: consequences for loading mechanisms[J]. J. Geophys. Res., 99: 23975-23984.

Groenvelt P H, Kay B D. 1974. On the interaction of water and heat transport in frozen and unfrozen soils(Ⅱ): the liquid phase[J]. Soil Science Society of America, 38(3): 401-404.

Gross S, Kisslinger C. 1997. Estimating tectonic stress rate and state with Landers aftershocks[J]. J. Geophys. Res., 102: 7603-7612.

Gu J C, Rice J R, Ruina A L, et al. 1984. Slip motion and stability of a single degree of freedom elastic system with rate and state dependent friction[J]. J. Mech. Phys. Solids, 32: 167-196.

Gu Y, Wong T F. 1991. Effects of loading velocity, stiffness, and inertia on the dynamics of a single degree of freedom spring-slider system[J]. J. Geophys. Res., 96: 21677-21691.

Gu Y, Wong T F. 1992. The transition from stable sliding to cyclic stick-slip: effect of cumulative slip and load point velocity on the nonlinear dynamical behavior in three rock-gouge systems[C]//Tillerson J R, Wawersik W R. Rock-Mechanics Proceedings of the 33rd U. S. Symposium. Rotterdam: A. A. Balkema: 151-158.

Gu Y, Wong T F. 1994. Development of shear localization in simulated quartz gouge: effect of cumulative slip and gouge particle size[J]. Pure Appl. Geophys., 143(1-3): 387-423.

郭力,苗天德,张慧,等.1998.饱和正冻土中水热迁移的热力学模型[J].岩土工程学报,20(5):87-91.

Guymon G L, Hromadka T V, Berg R L. 1980. A one-dimensional frost heave model based upon simulation of simultaneous heat and water flux[J]. Cold Regions Science and Technology, 3(3): 253-262.

Handa Y P, Zakrzewski M, Fairbridge C. 1992. Effect of restricted geometries on the structure and thermodynamic properties of ice[J]. Physics and Chemistry, 96(21): 8594-8599.

Hansson H, Jing L, Stephansson O. 1995. 3-D DEM modeling of coupled thermo-mechanical response for ahypothetical nuclear waste repository[C]//Proc. NUMOG. 5-Int. Symp. On Numerical MODELS IN geomechanics, Switzerland.

Hansson K, Imnek J, Mizoguchi M. 2004. Water flow and heat transport in frozen soil: numerical solution and freeze-thaw applications[J]. Vadose Zone Journal, 3(2): 693-704.

Harlan R L. 1973. Analysis of coupled heat-fluid transport in partially frozen soil[J]. Water Resources Research, 9(5): 1314-1323.

Hart R, Cundall P A, Lemos J. 1988. Formulation of a three-dimensional distinct element model(part Ⅱ): mechanical calculations for motion and interaction of a system composed of many polyhedral blocks [J]. Int. J. Rock Mech. Min. Sci., 25: 117-125.

Hart R. 1991. General report: an introduction to distinct element modelling for rock engineering[C]// Wittke. Proc. of 7th Cong. Aachen: 1881-1892.

Hazzard J F, Young R P. 2000. Micromechanical modeling of cracking and failure in brittle rocks[J]. Journal of Geophysical Research, 105(B7): 16683-16697.

何春雄,吴紫汪,朱林楠.1999.严寒地区隧道围岩冻融状况分析的导热与对流换热模型[J].中国科学:D辑,29(增1):1-7.

何国梁,张磊,吴刚.2004.循环冻融条件下岩石物理特性的实验研究[J].岩土力学,25(增2):52-56.

何宏林,孙昭民,王世元,等.2008.汶川MS 8.0地震地表破裂带,地震地质[J].30(2):359-362.

何平,程国栋,朱元林.1999.冻土黏弹塑损伤耦合本构理论[J].中国科学:D辑,29(增1):34-39.

何平,程国栋,俞祁浩,等.2000.饱和正冻土中的水、热、力场耦合模型[J].冰川冻土,22(2):135-138.

Head H C.1980.高浓度核应废料在盐中长期贮存的预测[R].在华讲学资料,张友南整理.

Heaton T H. 1990. Evidence for and implications of self-healing pulses of slip in earthquake rupture[J]. Phys. Earth Planet. Inter., 64: 1-20.

Heki K, Miyazaki S, Tsuji H. 1997. Silent fault slip following an interplate thrust earthquake at the Japan trench[J]. Nature, 386: 595-598.

Heslot F, Baumberger T, Perrin B, et al. 1994. Creep, stick-slip, and dry friction dynamics: experiments and a heuristic model[J]. Phys Reviw E, 49: 4973-4988.

Hickman S H. 1991. Stress in the lithosphere and the strength of active faults[J]. Rev. Geophys. Suppl., 29: 759-775.

Hill D P, et al. 1993. Seismicity in the western United States triggered by the M7.4 Landers, California, earthquake of June 28, 1992[J]. Science, 260: 1617-1623.

黄润秋.2008a.岩石高边坡发育的动力过程及其稳定性控制[J].岩石力学与工程学报,27(8):1535-1544.

黄润秋.2008b."5.12"汶川大地震地质灾害的基本特征及其对灾后重建影响的建议[J].中国地质教育,(2):21-24.

黄润秋,李为乐.2008."5.12"汶川大地震触发地质灾害的发育分布规律研究[J].岩石力学与工程学报,27(12):2585-2592.

黄润秋.2009.汶川8.0级地震触发崩滑灾害机制及其地质力学模式[J].岩石力学与工程学报,28(6):1239-1249.

Huang R Q, Li W L. 2009. A study on the development and distribution rules of geo-hazards triggered by "5.12" Wenchuan earthquake[J]. Science in China: Series E, 52(4): 810-819.

Hyndman R D, Wang K. 1993. Thermal constraints on the zone of major thrust earthquake failure: the Cascadia subduction zone[J]. J. Geophys. Res., 98: 2039-2060.

Ihmlé P F. 1996. Monte Carlo slip inversion in the frequency domain: application to the 1992 Nicaragua slow earthquake[J]. Geophys. Res. Lett., 23: 913-916.

Inada Y, Yokota K. 1984. Some studies of low temperature rock strength[J]. International Journal of Rock Mechanics and Mining Sciences and Geomechanics Abstracts, 21(3): 145-153.

Ishizaki T, Maruyama M, Furukawa Y, et al. 1996. Preempting of ice in porous silica glass[J]. Journal of Crystal Growth, 163(4): 455-460.

Issen K A, Rudnicki J W. 2000. Conditions for compaction bands in porous rock[J]. Journal of Geophysical Research, 105(B9): 21529-21536.

Jame Y W, Norum D I. 1980. Heat and mass transfer in a freezing unsaturated porous media[J]. Water Resources Research, 16(4): 811-819.

Janbu N. 1963. Soil compressibility as determined by oedometer and triaxial tests[C]//European Conference on Soil Mechanics and Foundation Engineering. Wiesbaden, 1: 19-25;2: 17-21.

纪文栋,杨春和,姚院峰,等.2011.应变加载速率对盐岩力学性能的影响[J].岩石力学与工程学报,30(12):2507-2513.

Jing L. 1990a. A two-dimensional constitutive model of rock joint with pre-and pos-peak behaviour[C]// Proc. Int. SYMP. ON Rock Joints. Loen: 633-638.

Jing L, Stephansson O. 1990b. Numerical modelling of intraplate earthquake by 2-dimensional distinct element method[J]. J. Gerlands Beitr. Geophysics, 99(5): 463-472.

Jing L, Stephansson O. 1990. Distinct element modeling of sublevel stoping[C]// Ed Wittke. Proc. of 7th Cong. ISRM. Aachen, 1: 741-746.

Jing L, Stephansson O, Nordlund E. 1993. Study of rock joints under cyclic laoding conditions[J]. Rock Mech. Rock Engineering, 26(3): 215-232.

Jing L, Nordlund E, Stephansson O. 1994. A 3-D constitutive model for rock joints with anisotropic friction and stress dependency in shear stiffness[J]. Int. J. Rock Mech. Min. Sci. & Geomech. Abstr.,

31(2): 173-178.

Jing L, Stephansson O. 1996. Network topology and homogenization of fractured rocks[C]//Jamtveit B. Fluid and transport in rocks: mechanisms and effects. Chapma & Hall.

井兰如.1996.节理岩体中温度-水流-变形耦合过程的连续介质及离散元模型[C]//瑞典斯德哥尔摩皇家工学院土木及环境工程系工程地质室.第四次全国岩石力学学术大会论文.

井兰如,冯夏庭.2003.放射性废料地下处置中主要岩石力学问题[C]//冯夏庭,黄理兴.21世纪的岩土力学与岩土工程:全球华人中青年学者岩土力学与工程学术论坛中国科学院岩土力学与工程学术研讨会: 102-118.

Johnson T. 1981. Time-dependent friction of granite: implications for precursory slip on faults[J]. J. Geophys. Res., 86: 6017-6028.

Kanamori H, Kikuchi M. 1993. The 1992 Nicaragua earthquake: a slow tsunami earthquake associated with subducted sediments[J]. Nature, 361: 714-716.

Kanamori H, Anderson D L, Heaton T H. 1998. Frictional melting during the rupture of the 1994 Bolivian earthquake[J]. Science, 279: 839-842.

Kay B D, Groenevelt P H. 1974. On the interaction of water and heat transport in frozen and unfrozen soils(I): basic theory; the vapor phase[J]. Soil Science Society of America, 38(3): 395-400.

King G C P, Stein R S, Lin J. 1994. Static stress changes and the triggering of earthquakes[J]. Bull. Seismol. Soc. Am., 84: 935-953.

Kolaian J H, Low P F. 1963. Calorimetric determination of unfrozen water in montmorillonite pastes[J]. Soil Science, 95(6): 376-384.

Konrad J M, Morgenstem N R. 1981. The segregation potential of a freezing soil[J]. Canadian Geotechnical Journal, 18(4): 482-491.

Konrad J M, Morgenstem N R. 1982. Effects of applied pressure on freezing soils[J]. Canadian Geotechnical Journal, 19(4): 494-505.

Konrad J M, Morgenstem N R. 1984. Frost heave prediction of chilled pipelines buried in unfrozen soils[J]. Canadian Geotechnical Journal, 21(1): 100-115.

Konrad J M. 1988. Influence of freezing mode on frost heave characteristics[J]. Cold Regions Science and Technology, 15(2): 161-175.

Konrad J M, Shen M. 1996. 2D frost action modeling using the segregation potential of soils[J]. Cold Regions Science and Technology, 24(3): 263-278.

Koopmans W R, Miller R D. 1966. Soil freezing and soil water characteristic curves[J]. Soil Science Society of America Journal, 30(6): 680-685.

Kozlowski T. 2003. A comprehensive method of determining the soil unfrozen water curves(part 1): application of the term of convolution[J]. Cold Regions Science and Technology, 36(1): 71-79.

Kozlowski T. 2009. Some factors affecting supercooling and the equilibrium freezing point in soil-water systems[J]. Cold Regions Science and Technology, 59(1): 25-33.

Kung S K J, Steenhuis T S. 1986. Heat and moisture transfer in a partly frozen nonheaving soil[J]. Soil Science Society of America, 50(5): 1114-1122.

Lachenbruch A H, Sass J H. 1973. Proceedings of the Conference on Tectonic Problems of the San Andreas Fault System[C]//Kovach R L, Nur A. Palo Alto: Stanford Univ. Press: 192-205.

Lachenbruch A H, Sass J H. 1980. Heat flow and energetic of the San Andreas fault zone[J]. J. Geophys. Res., 85: 6185-6222.

赖远明,吴紫汪,朱元林.1999.寒区隧道温度场和渗流场耦合问题的非线性分析[J].中国科学:D辑,29(增1):21-26.

赖远明,吴紫汪,朱元林,等.1999.寒区隧道温度场、渗流场和应力场耦合问题的非线性分析[J].岩土工程学报,21(5):529-533.

赖远明,吴紫汪,朱元林,等.2000.大坂山隧道围岩冻融损伤的CT分析[J].冰川冻土,22(3):206-210.

赖远明,喻文兵,吴紫汪,等.2001.寒区圆形截面隧道温度场的解析解[J].冰川冻土,2(2):126-130.

赖远明,吴紫汪,张淑娟,等.2003.寒区隧道保温效果的现场观察研究[J].铁道学报,25(1):81-86.

赖远明,李双洋,高志华,等.2007.高温冻结黏土单轴随机损伤本构模型及强度分布规律[J].冰川冻土,39(12):969-976.

Lemos L, Coelho P. 1991. Displacements of slopes under earthquake-loading[C]//Belkema M O. Proceedings of 2nd International Conference on Recent Advances in Geotechnical Earthquake Engineering and Soil Dynamics, Rotterdam: 1-6.

李慧军.2009.冻结条件下岩石力学特性的实验研究[D].西安:西安科技大学.

Li N, Chen B, Chen F X. 2000. The coupled heat-moisture-mechanic model of the frozen soil[J]. Cold Regions Science and Technology, 31(3): 199-205.

李宁,张平,程国栋.2001.冻结裂隙砂岩低频率循环动力特性实验研究[J].自然科学进展,11(11):1175-1180.

李宁,程国栋,徐敩祖.2001.冻土力学的研究进展与思考[J].力学进展,31(1):95-102.

Li N, Chen F X, Xu B. 2002. Theoretical frame of the saturated freezing soil[J]. Cold Regions Science and Technology, 35(2): 73-80.

李宁,陈波,陈飞熊.2003.寒区复合路基温度场、水分场、应力场三场耦合分析[J].土木工程学报,36(10):66-71.

Li N, Chen F X, Xu B, et al. 2008. Theoretical modeling framework for an unsaturated freezing soil[J]. Cold Regions Science and Technology, 54(1): 19-35.

李述训,程国栋.1995.冻融土中的温度-渗流输运问题[M].兰州:兰州大学出版社.

Li S Y, Lai Y M, Zhang S J, et al. 2009. An improved statistical damage constitutive model for warm frozen clay based on Mohr-Coulomb criterion[J]. Cold Regions Science and Technology, 57(2): 154-159.

林成功.2003.台湾921集集大地震滑坡动力分析研究[D].重庆:重庆大学.

刘成禹,何满潮,王树仁,等.2005.花岗岩低温冻融损伤特性的实验研究[J].湖南科技大学学报:自然科学版,20(1):37-40.

刘华,牛富俊,牛永红,等.2011.季节性冻土区高速铁路路基填料及防冻层设置研究[J].岩石力学与工程学报,30(12):2549-2557.

刘泉声,康永水,刘滨,等.2011.裂隙岩体水-冰相变及低温温度场-渗流场-应力场耦合研究[J].岩石力学与工程学报,30(11):2181-2188.

刘亚晨,席道瑛.2003.核废料贮存裂隙岩体中THM耦合过程的有限元分析[J].水文地质工程地质,3:81-87.

Ling H I, Leshchinsky D. 1995. Seismic Performance of Simple Slopes[J]. Soils and Foundations, 35(2):85-94.

陆宏轮.2001.饱和多孔介质冻融过程的混合物连续介质理论[J].西南交通大学学报,36(6):599-603.

Lunardini V J. 1981. Phase-change around insulated buried pipes: quasi-steady method[J]. Journal of Energy Resources Technology, 103(1): 201-207.

Lunardini V J. 1991. Heat transfer with freezing and thawing[M]. New York: Elsevier Science Publishers: 34-35.

Lundin L. 1990. Hydraulic properties in an operational model of frozen soil[J]. Journal of Hydrology, 118(1): 289-310.

罗彦斌.2010.寒区隧道冻害等级划分及防治技术研究[D].北京:北京交通大学.

吕康成,解赴东,张翊翱.2000.寒区隧道围岩导温系数反分析[J].西安建筑科技大学学报:自然科学版, 32(4):379-381.

马巍.2003.关于青藏铁路建设的若干重大问题[C]//冯夏庭,黄理兴.21世纪的岩土力学与岩土工程:全球华人中青年学者岩土力学与工程学术论坛中国科学院岩土力学与工程学术研讨会:90-101.

Ma W, Feng G L, Wu Q B, et al. 2007. Analysis of temperature fields under the embankment with crushed-rock structures along the Qinghai—Tibet Railway[J]. Cold Regions Science and Technology, 53(3): 259-270.

毛雪松,王秉纲,胡长顺.2006.多年冻土路基水分迁移热力学性能分析[J].路基工程,127(4):1-4.

Maranini E, Yamaguchi T. 2001. A non-associated viscoplastic model[J]. Mechanics of Materials, 33: 283-293.

Marcuson W F. 1981. Moderator's report for session on earth dams and stability of slopes under dynamic loads[C]//Proceedings, International Conference on Recent Advances in Geotechnical Earthquake Engineering and Soil Dynamics. St. Louis, 3: 1175.

Marone C, Scholz C. 1988. The depth of seismic faulting and the upper transition fromstable to unstable slip regimes[J]. Geophys. Res. Lett., 15: 621-624.

Marone C, Raleigh C, Scholz C. 1990. Frictional behavior and constitutive modelling of simulated fault gouge[J]. J. Geophys. Res., 95: 7007-7025.

Marone C, Scholz C H, Bilham R. 1991. On the mechanics of earthquake afterslip[J]. J. Geophys. Res., 96: 8441-8452.

Marone C. 1998. The effect of loading rate on static friction and the rate of fault healing during the earthquake cycle[J]. Nature, 391: 69-72.

Matsuoka N. 1990. Mechanisms of rock breakdown by frost action: An experimental approach[J]. Cold Regions Science and Technology, 17(3): 253-270.

Mc Caffrey R. 1997. Statistical significance of the seismic coupling coefficient[J]. Bull. Seismol. Soc. Am., 87: 1069-1073.

Mc Kenzie J M, Voss C I, Siegel D I. 2007. Groundwater flow with energy transport and water-ice phase change: numerical simulations, benchmarks, and application to freezing in peat bogs[J]. Advances in Water Resources, 30(4): 966-983.

苗天德,郭力,牛永红,等.1999.正冻土中水热迁移问题的混合物理论模型[J].中国科学:D辑,29(增1): 8-14.

Michalowski R. 1993. A constitutive model of saturated soils for frost heave simulations[J]. Cold Regions Science and Technology, 22(1): 47-63.

Michalowski R, Zhu M. 2006. Frost heave modelling using porosity rate function[J]. International Journal for Numerical and Analytical Methods in Geomechanics, 30(8): 703-722.

Miller R D. 1978. Frost heaving in non-colloidal softs[C]//Proceedings of the third Int. Conf. Permafrost. Edmonton. Alberta: 707-713.

Mottaghy D, Rath V. 2006. Latent heat effects in subsurface heat transport modelling and their impact on palaeo temperature reconstructions[J]. Geophysical Journal International, 164(1): 236-245.

Mu S, Ladanyi B. 1987. Modelling of coupled heat, moisture and stress field in freezing soil[J]. Cold Regions Science and Technology, 14(3): 237-246.

Mutlutük M, Altindag R, Türk G. 2004. A decay function model for the integrity loss of rock when subjected to recurrent cycles of freezing-thawing and heating-cooling[J]. International Journal of Rock Mechanics and Mining Sciences, 41(2): 237-244.

Nadeau R, Foxall W, Mc Evilly T. 1995. Clustering and periodic recurrence of microearthquakes on the San Andreas fault at Parkfield, California[J]. Science, 267: 503-507.

Nakano Y, Martin R J, Smith M. 1972. Ultrasonic velocities of the dilatational and shear waves in frozen soils[J]. Water Resources Research, 8(4): 1024-1030.

Nakano Y. 1990. Quasi-steady problems in freezing soils(Ⅰ): analysis of the steady growth of an ice layer[J]. Cold Regions Science and Technology, 17(3): 207-226.

Nakano Y. 1994. Quasi-steady problems in freezing soils(Ⅳ): analysis of the steady growth of an ice layer[J]. Cold Regions Science and Technology, 23(1): 1-17.

Neaupane K M, Yamabe T, Yoshinaka R. 1999. Simulation of a fully coupled thermo-hydro-mechanical system in freezing and thawing rock[J]. International Journal of Rock Mechanics and Mining Sciences, 36(5): 563-580.

Neaupane K M, Yamabe T. 2001. A fully coupled thermo-hydro- mechanical nonlinear model for a frozen medium[J]. Computers and Geotechnics, 28(8): 613-637.

Newmark N. 1965. Effects of earthquakes on dams and embankments[J]. Géotechnique, 15: 139-159.

Nicholson D T, Nicholson F H. 2000. Physical deterioration of sedimentary rocks subjected to experimental freeze-thaw weathering[J]. Earth Surface Processes and Landforms, 25(12): 1295-1307.

Nicolsky J, Romanovsky V E, Panteleev G G. 2009. Estimation of soil thermal properties using in-situ temperature measurements in the active layer and permafrost[J]. Cold Regions Science and Technology, 55(1): 120-129.

宁建国,朱志武.2007.含损伤的冻土本构模型及耦合问题数值分析[J].力学学报,39(1):70-76.

牛富俊,程国栋,赖远明,等.2004.青藏高原多年冻土区热融滑塌型斜坡失稳研究[J].岩土工程学报,26(3):402-406.

Nixon J F. 1987. Thermally induced heave beneath chilled pipelines in frozen ground[J]. Canadian Geotechnical Journal, 24(22): 260-266.

Oda M. 1985. Permeability tensor for discontinuous rock masses[J]. Geomechanique, 35(4): 483-495.

Ohnaka M, et al. 1986. Earthquake source mechanisms[M]. Washington DC: AGU Geophys. Monogr. Ser., 37: 13-24.

Okada A, Liou N S, Prakash V, et al. 2001. Tribology of high-speed metal-on-metal sliding at near-melt and fully-melt interfacial temperatures[J]. Wear, 249: 672-686.

Okubo P G, Dieterich J H. 1984. Effects of physical fault properties on frictional instabilities produced on simulated faults[J]. J. Geophys. Res., 89: 5815-5827.

Okubo P G, Dieterich J H. 1986. State varible fault constitutive relations for dynamic slip[J]. AGU Geophys. Monogr. Ser., 37: 25-35.

Ohnaka M, Kuwahana Y, Yamamoto K, et al. 1986. Earthquakes Source Mechanics[C]//Das S, Boatwright J, Scholz C. Am. Geophys. Un., Washington DC: 13-24.

Park C, Synn J H, Shin D S. 2004. Experimental study on the thermal characteristics of rock at low temperatures[J]. International Journal of Rock Mechanics and Mining Sciences, 41(supp.1): 81-86.

Parsons T, Chen J, Kirby E. 2008. Stress changes from the 2008 Wenchuan earthquake and increased hazard in the Sichuan basin[J]. Nature, 454: 509-510.

Patterson D E, Smith M W. 1980. The use of time domain reflectometry for measurement of unfrozen water content in frozen soils[J]. Cold Regions Science and Technology, 3(3): 205-210.

Penner E. 1959. The mechanism of frost heaving in soils[J]. Highway Research Board Bulletin, 225(1): 1-13.

Perrin G, Rice J R, Zheng G. 1994. Self-healing slip pulse on a frictional surface[J]. J. Mech. Phys. Solids, 43: 1461-1495.

Philip J R, De Veries D A. 1957. Moisture movement in porous material under temperature gradient[J]. Transactions of American Geophysical Union, 38(2): 222-232.

Power W L, Tullis T E, Brown S, et al. 1987. Roughness of natural fault surfaces[J]. Geophys. Res. Lett., 14: 29-32.

覃英宏,张建明,郑波,等.2008.基于连续介质热力学的冻土中未冻水含量与温度的关系[J].青岛大学学报:工程技术版,23(1):77-82.

Rabinowicz E. 1958. The intrinsic variables affecting the stick-slip process[J]. Proc. Phys. Soc. (London), 71: 668-675.

Reinen L A. 1993. The frictional behavior of serpentinite: experiments, constitutive models, and implications for natural faults[D]. Brown University.

Revilla J, Castillo F. 1977. The calculus of variations applied to stability of slopes[J]. Géotechnique, 27(1): 1-11.

Rice J R, Gu J C. 1983. Earthquake aftereffects and triggered seismic phenomena[J]. Pure Appl. Geophys., 121: 187-219.

Rice J R, Ruina A L. 1983. Stability of Steady Frictional Slipping[J]. J. Appl. Mech., 105: 343-349.

Rice J R. 1992. Fault mechanics and transport properties of rocks[M]. London: Academic Press: 476-503.

Rice J R. 1993. Spacio-temporal complexity of slip on a fault[J]. J. Geophys. Res., 98: 9885-9907.

Rice J R. 2006. Heating and weakening of faults during earthquake slip[J]. Journal of Geophysical Research, 111(B05): 148-227.

Rowe P W. 1962. The stress-dilatancy relation for static equilibrium of an assembly of particles in contact[J]. Proc. R. Soc., A269: 500-527.

Ruff L, Kanamori H. 1980. Seismicity and the subduction process[J]. Phys. Earth Planet. Inter., 23: 240-252.

Ruina A L. 1983. Slip instability and state variable friction laws[J]. J. Geophys. Res., 88: 10359-10370.

尚松浩,雷志栋,杨诗秀.1997.冻结条件下土壤温度-渗流耦合迁移数值模拟的改进[J].清华大学学报:自然科学版,37(8):62-64.

Sarma S K. 1975. Seismic stability of earth dams and embankments[J]. Géotechnique, 25: 743-761.

Sarma S K. 1981. Seismic displacement analysis of earth dams[J]. Journal of the Geotechnical Engineering Division, 107: 1735-1739.

Savage J C, Prescott W H. 1978. Asthenospheric readjustment and the earthquake cycle[J]. J. Geophys. Res., 83: 3369-3376.

Savage J C, Svarc J L. 1997. Postseismic deformation associated with the 1992 MW 1/4 7: 3 Landers earquake, southern California[J]. J. Geophys. Res., 102: 7565-7577.

Schanz T, Vermeer P A. 1996. Angles of friction and dilatancy of sand[J]. Géotechnique, 46(1): 145-151.

Schanz T. 1998. Zur modellierung des mechanischen verhaltens von reibungsmaterialien[D]. Habilitation: Stuttgart University.

Schanz T, Vermeer P A, Bonnier P G. 1999. The hardening soil model-formulation and verification[C]//Plaxis-Symposium: beyond 2000 in computational geotechnics. Amsterdam: 281-296.

Scholz C, Molnar P, Johnson T. 1972. Detailed studies of frictional sliding of granite and implications for the earthquake mechanism[J]. J. Geophys. Res., 77: 6392-6406.

Scholz C H, Engelder T. 1976. Role of asperity indentation and ploughing in rock friction[J]. Int. J. Rock Mech. Min. Sci., 13: 149-154.

Scholz C H. 1987. Wear and gouge formation in brittle faulting[J]. Geology, 15: 493-495.

Scholz C H. 1988. The brittle-plastic transition and the depth of seismic faulting[J]. Geol. Rundsch., 77: 319-328.

Scholz C H. 1990. The mechanics of earthquakes and faulting[M]. Cambridge: Cambridge Univ. Press.

Scholz C H, Campos J. 1995. On the mechanism of seismic decoupling and back-arc spreading in subduciton zones[J]. J. Geophys. Res., 100(B11): 22103-22105.

Scholz C H. 1996. Faults without friction?[J]. Nature, 381: 556-557.

Scholz C H, Small C. 1997. The effect of seamount subduction on seismic coupling[J]. Geology, 25: 487- 490.

Scholz C H. 1998. Earthquakes and friction laws[J]. Nature, 391: 37-42.

Seeber L, Armbruster J G, Quittmeyer R C. 1981. Seismicity and continental subduction in the Himalayan arc in Geodynamics: series V[C]// Gupta, Delany. Am. Geophys. Un., Washington DC: 215-242.

Seed H B. 1966. A method for earthquake resistance design of earth dams[J]. Journal of the Soil Mechanics and Foundations Division, 92: 13-41.

Seed H B, Whitman R V. 1970. Design of Earth Retaining Structures for Dynamic Loads[C]// ASCE Specialty Conference, Lateral Stresses in the Ground and Design of Earth Retaining Structures, Cornell Univ., Ithaca, New York: 103-147.

Seed H B. 1979. Considerations in the earthquake-resistant design of earth and rockfill dams[J]. Géotechnique, 29(3): 215-263.

Segall P, Rice J R. 1995. Dilatancy, compaction, and slip instability of a fluid infiltrated fault[J]. J. Geophys. Res., 100: 22155-22171.

盛煜,马巍,候仲杰.1993.正冻土中水分迁移的迁移势模型[J].冰川冻土,15(1):140-143.

盛煜,福田正己,金学三,等.2000.未冻水含量对含废弃轮胎碎屑冻土超声波速度的影响[J].岩土工程学报,22(6):716-719.

Shimamoto T. 1986. A transition between frictional slip and ductile flow undergoing large shearing deformation at room temperature[J]. Science, 231: 711-714.

Shimamoto T. 1994. Is friction melting equilibrium melting, or non-equilibrium melting?[J]. J. Tectonic Res. Group Japan, 39: 103-114.

Shoop S, Affleck R, Haehenel R, et al. 2008. Mechanical behavior modeling of thaw-weakened soil[J]. Cold Regions Science and Technology, 52(2): 191-206.

水伟厚,高广运,韩晓雷,等.2002.寒区隧道围岩导温系数及其冻深分析[J].地下空间,22(4):343-346.

Sibson R H. 1980. Transient discontinuities in ductile shear zones[J]. J. Struct. Geol., 2: 165-171.

Smith I M, Griffith D V. 1982. Programming the finite element method[M]. 2nd ed. Chisester: John Wiley and Sons.

Snow D T. 1965. A parallel plate model of fractured permeable media[D]. Berkeley: University of California.

Spaans E J A, Baker J M. 1995. Examining the use of time domain reflectometry for measuring liquid water content in frozen soil[J]. Water Resources Research, 31(12): 2917-2925.

Sparrman T, Öquist M, Klemedtsson L, et al. 2004. Quantifying unfrozen water in frozen soil by high-field 2H NMR[J]. Environmental Science and Technology, 38(20): 5420-5425.

Spray J G. 1987. Artificial generation of pseudotachylyte using friction welding apparatus: simulation of melting on a fault plane[J]. J. Struct. Geol., 9: 49-60.

Spray J G. 1988. Generation and crystallization of an amphibolites shear melt: an investigation using radial friction welding apparatus Contib[J]. Contrib. Mineral. Petrol., 99: 464-475.

Stel H. 1986. The effect of cyclic operation of brittle and ductile deformation on the metamorphic assemblage in cataclasites and mylonites[J]. Pure Appl. Geophys., 124: 289-307.

Stesky R, et al. 1974. Friction in faulted rock at high temperature and pressure[J]. Tectonophysics, 23: 177-203.

Stietel A, Millard A, Treille E, et al. 1996. Continuum representation of coupled hydromechanical processes of fractured media: homogenization and parameter identification[C]//Staphansson, Jing, Asang. Mathematical models for coupled thermo-hydro-mechanical processes in fractured media.

Sawada K, Furusawa M, Williamson N J. 1993. Conditions for the precise measurement of fish target strength in situ[J]. Journal of the Marine Acoustics Society of Japan, 20: 73-79.

谭贤君,陈卫忠,贾善坡,等.2008.含相变低温岩体水热耦合模型研究[J].岩石力学与工程学报,27(7): 1455-1461.

Taylor G S, Luthin J N. 1978. A model for coupled heat and moisture transfer during soil freezing[J]. Canadian Geotechnical Journal, 15(4): 548-555.

Terzaghi K. 1950. Mechanisms of land slides[M]. The geological survey of America: engineering geology (Berkley) volume.

Thatcher W. 1978. Nonlinear strain buildup and the earthquake cycle on the San Andreas fault[J]. J. Geophys. Res., 88: 5893-5902.

Tice A R, Burrous C M, Anderson D M. 1978. Phase composition measurements on soils at very high water contents by the pulsed nuclear magnetic resonance technique[J]. Transportation Research Record, 675(3): 11-14.

Tika-Vassilikos T E, Sarma S K, Ambraseys N N. 1993. Seismic displacement on shear surfaces in cohesive soils[J]. Earthquake Engineering and Structural Dynamics, 22: 709-721.

Timur A. 1968. Velocity of compressional waves in porous media at permafrost temperatures[J]. Geophysics, 33(4): 584-595.

Toro G D, Goldsby D L, Tullis T E. 2004. Friction falls towards zero in quartz rock as slip velocity approaches seismic rates[J]. Nature, 427: 436-439.

Toro G D, Hirose T, Nielsen S, et al. 2006. Natural and experimental evidenceof melt lubrication of faults during earthquakes[J]. Science, 311: 647-649.

Tsang C F. 1990. Coupled thermonechanical and hydrochemical processes in rock fractures[J]. Review of

Geophysics, 29: 537.

Tse S, Rice J. 1986. Crustal earthquake instability in relation to the depth variation of friction slip properties[J]. J. Geophys. Res., 91: 9452-9472.

Tullis T E, Weeks J D. 1986. Constitutive behavior and stability of frictional sliding of granite[J]. Pure Appl. Geophys., 124: 10-42.

Tullis T E. 1988. Rock Friction Constitutive Behavior from Laboratory Experiments and its Implications for an Earthquake Prediction Field Monitoring Program[J]. Pure and Appl. Geophys, 126: 555-558.

Tullis T E. 1996. Rock friction and its implications for earthquake prediction examined via models of parkfield earthquakes[J]. Proc. Natl. Acad. Sci., 93(9): 3803-3810.

Von Soos P. 1980. Eigenschaften von Boden und fels: ihre ermittlung im labor[C]// Grundbau Taschenbuch. Teil 1. 3 Anfl. Verlag W. Ernst und Sahn, Berlin.

Wang D Y, Zhu Y L, Maw, et al. 2006. Application of ultrasonic technology for physical-mechanical properties of frozen soils[J]. Cold Regions Science and Technology, 44(1): 12-19.

王家澄,张学珍,王玉杰.1996.扫描电子显微镜在冻土研究中的应用[J].冰川冻土,18(2):184-189.

王丽霞,胡庆立,凌贤长,等.2007.青藏铁路冻土未冻水含量与热参数实验[J].哈尔滨工业大学学报,39(10):1660-1663.

汪仁和,李栋伟.2007.人工多圈管冻结温度-渗流耦合数值模拟研究[J].岩石力学与工程学报,26(2):355-359.

王铁行,胡长顺.2001.冻土路基水分迁移数值模型[J].中国公路学报,14(4):5-9.

Wang W, Scholz C H. 1994. Micromechanics of the velocity and normal stress dependence of rock friction[J]. Pure Appl. Geophys., 143: 303-316.

Watanabe K. 2002. Amount of unfrozen water in frozen porous media saturated with solution[J]. Cold Regions Science and Technology, 34(2): 103-110.

翁家杰,周希圣,陈明雄,等.1999.冻结土体的水分迁移和固结作用[J].地下工程与隧道(1):2-10.

Williams J R, Mustoe G G W. 1987. Modal methods for analysis of discrete systems[J]. Computers and Geotechnics, 4: 1-19.

Winkler E M. 1968. Frost damage to stone and concrete: geological considerations[J]. Engineering Geology, 2(5): 315-323.

吴文.2003.盐岩的静、动力学特性实验研究与理论分析:盐岩中能源储存或废弃物处置的相关力学问题研究[D].武汉:中国科学院武汉岩土力学研究所.

Wyllie M R, Gregory A E, Gardner L W. 1956. Elastic wave velocities in heterogeneous and porous media[J]. Geophysics, 21(1): 41-70.

Xia K W, Rosakis A J, Kanamori H. 2004. Laboratory earthquakes: The sub-Rayleigh-to-Supershear Rupture transition[J]. Science, 303: 1859-1861.

谢红强,何川,李永林.2006.寒区隧道结构抗防冻实验研究及仿真分析[J].公路(2):184-188.

徐光苗.2006.寒区岩体低温、冻融损伤力学特性及多场耦合研究[D].武汉:中国科学院武汉岩土力学研究所.

徐敩祖,邓友生.1991.冻土中水分迁移的实验研究[M].北京:科学出版社.

徐敩祖,王家澄,张立新,等.1995.土体冻胀和盐胀机制[M].北京:科学出版社.

徐敩祖,王家澄,张立新.2001.冻土物理学[M].北京:科学出版社.

Yamabe T, Neaupane M. 2001. Determination of some thermo- mechanical properties of Sirahama sandstone under subzero temperature onditions[J]. International Journal of Rock Mechanics and Mining

Sciences,38(7):1029-1034.

杨春和等.2000.应力状态对盐岩时效的影响[J].岩石力学与工程学报,19(3):272.

杨更社,张全胜,任建喜,等.2004.冻结速度对铜川砂岩损伤CT数变化规律研究[J].岩石力学与工程学报,23(24):4099-4104.

杨更社,周春华,田应国,等.2006.软岩类材料冻融过程水热迁移的实验研究初探[J].岩石力学与工程学报,25(9):1765-1770.

叶万军,杨根社,李喜安,等.2011.冻结速率对Q2黄土性状影响的实验研究[J].岩石力学与工程学报,30(9):1912-1917.

Yow J L, Hunt J R. 2002. Coupled processes in rock mass performance with emphasis on nuclear waste isolation[J]. Int. J. of Roch Mech. Mining Sciences, 39: 143-145.

张德华,王梦恕,任少强.2007.青藏铁路多年冻土隧道围岩季节活动层温度及响应的实验研究[J].岩石力学与工程学报,26(3):614-619.

张慧梅,杨更社.2010.冻融与荷载耦合作用下岩石损伤模型的研究[J].岩石力学与工程学报,29(3):471-476.

张继周,缪林昌,杨振峰.2008.冻融条件下岩石损伤劣化机制和力学特性研究[J].岩石力学与工程学报,27(8):1688-1694.

Zhang H F, Ge X S, Ye H. 2007. Heat conduction and heat storage characteristics of soils[J]. Applied Thermal Engineering, 27(2): 369-373.

Zhang M Y, Lai Y M, Yu W B. 2007. Experimental study on influence of particle size on cooling effect of crushed-rock layer under closed and open tops[J]. Cold Regions Science and Technology, 48(3): 232-238.

张淑娟,赖远明,苏新民,等.2004.风火山隧道冻融循环条件下岩石损伤扩展室内模拟研究[J].岩石力学与工程学报,23(24):4105-4111.

张学富,赖远明,喻文兵,等.2004.风火山隧道多年冻土回冻预测分析[J].岩石力学与工程学报,23(24):4170-4178.

张学富.2004b.寒区隧道多场耦合问题的计算模型研究及其有限元分析[D].兰州:中国科学院寒区与旱区环境与工程研究所.

张学富,喻文兵,刘志强.2006.寒区隧道渗流场和温度场耦合问题的三维非线性分析[J].岩土工程学报,28(9):1095-1100.

周科平,李杰林,许玉娟,等.2012.冻融循环条件下岩石核磁共振特性的实验研究[J].岩石力学与工程学报,31(4):731-737.

朱立平,Whalleywb,王家澄.1997.寒冻条件下花岗岩小块体的风化模拟实验及其分析[J].冰川冻土,19(4):312-320.

Zhu Y, Carbee D L. 1984. Uniaxial compressive strength of frozen silt under constant deformation rates[J]. Cold Regions Science and Technology, 9(1): 3-15.

Zoback M D, et al. 1987. New evidence on the state of stress of the San Andreas fault system[J]. Science, 238: 1105-1111.